浙江省市政工程预算定额

（2018 版）

第一册　通用项目

中国计划出版社

2018　北　京

图书在版编目（CIP）数据

浙江省市政工程预算定额 ：2018版 ：全4本 / 浙江省建设工程造价管理总站主编. -- 北京 ：中国计划出版社，2018.12（2019.9重印）
ISBN 978-7-5182-0942-2

Ⅰ. ①浙… Ⅱ. ①浙… Ⅲ. ①市政工程—建筑预算定额—浙江 Ⅳ. ①TU723.34

中国版本图书馆CIP数据核字(2018)第242463号

浙江省市政工程预算定额
（2018 版）
浙江省建设工程造价管理总站 主编

中国计划出版社出版发行
网址：www.jhpress.com
地址：北京市西城区木樨地北里甲 11 号国宏大厦 C 座 3 层
邮政编码：100038 电话：（010）63906433（发行部）
北京市科星印刷有限责任公司印刷

880mm×1230mm 1/16 84.75 印张 2314 千字
2018 年 12 月第 1 版 2019 年 9 月第 4 次印刷
印数 10001—13000 册

ISBN 978-7-5182-0942-2
定价：418.00 元

主编单位：浙江省建设工程造价管理总站
批准部门：浙江省住房和城乡建设厅
浙江省发展和改革委员会
浙 江 省 财 政 厅
施行日期：二〇一九年一月一日

浙江省市政工程预算定额

（2018 版）

主 编 单 位：浙江省建设工程造价管理总站

专业主编单位：杭州市建设工程造价和投资管理办公室

参 编 单 位：台州市建设工程招标投标管理办公室
杭州市水处理设施建设发展中心
杭州市城市基础设施建设发展中心
杭州市城建设计研究院有限公司
浙江天平投资咨询有限公司
天健（浙江）工程咨询有限公司
中汇工程咨询有限公司
杭州市燃气集团有限公司
杭州市路灯管理所
杭州萧宏建设环境集团有限公司
方远建设集团股份有限公司
浙江省东阳市市政环境工程有限公司

主 编：秦 嘉 蒋挺辉

副 主 编：蔡临申 郑筱慧 钱丁丁 张冰冰

参 编：李 瑾 何 颖 钟永兵 朱慧芳 朱云峰 楼鹿鸣
国燕靖 徐国清 徐建立 甘少华 林 涛 马甜芳
钟玉英 张 茜 许有天 韩 萍 成俊凯 徐 能
余佩妮

顾 问：李江波

软 件 生 成：成都鹏业软件股份有限公司 杜彬

数 据 输 入：杭州擎洲软件有限公司 白炳利

审　核：浙江省建设工程计价依据（2018 版）编制工作专家组

组　长：邓文华　浙江省建设工程造价管理总站站长

副组长：赵智敏　浙江省发展和改革委员会基综办副主任
马　勇　浙江省财政厅经济建设处副处长
贾利松　浙江省住房和城乡建设厅综合计划与财务处副处长
韩　英　浙江省建设工程造价管理总站副站长
汪亚峰　浙江省建设工程造价管理总站副站长
季　挺　浙江省建设工程造价管理总站副站长

成　员：李仲尧　浙江省公共资源交易中心主任
俞富桥　浙江省财政项目预算评审中心副主任
李　锋　浙江省建筑业管理局市场监管处处长
张实现　浙江省建设工程造价管理协会原会长
陆开林　杭州市建设工程造价和投资管理办公室原主任
傅立群　宁波市建设工程造价管理处处长
季胜杰　温州市建设工程造价管理处主任
胡建明　浙江省建设工程造价管理总站副总工程师
田忠玉　浙江省建设工程造价管理总站定额管理处处长
蔡临申　浙江省建设工程造价管理总站造价信息处处长
毛红卫　浙江省建设投资集团股份有限公司副总经济师
单国良　歌山建设集团有限公司总裁助理
陈建华　万邦工程管理咨询有限公司总经理
黄志挺　建经投资咨询有限公司董事长
华钟鑫　浙江中达工程造价事务所有限公司董事长
蒋　磊　浙江耀信工程咨询有限公司董事长
史文军　浙江省建工集团有限责任公司原总经济师

审　定：浙江省建设工程计价依据（2018 版）编制工作领导小组

组　长：项永丹　浙江省住房和城乡建设厅厅长

副组长：朱永斌　浙江省住房和城乡建设厅党组成员、浙江省建筑业管理局局长
周华富　浙江省发展和改革委员会副主任
邢自霞　浙江省财政厅副厅长

成　员：方建新　浙江省发展和改革委员会基综办调研员
倪学军　浙江省财政厅经济建设处处长
叶军献　浙江省建筑业管理局副局长
施卫忠　浙江省住房和城乡建设厅综合与计划财务处处长
吴伟民　浙江省建筑业管理局副局长
邓文华　浙江省建设工程造价管理总站站长

关于颁发浙江省建设工程计价依据(2018版)的通知

浙建建〔2018〕61号

各市建委(建设局)、发展改革委、财政局:

为深化工程造价管理改革,完善工程计价依据体系,健全市场起决定性作用的工程造价管理机制,合理确定和有效控制工程造价,根据省住房城乡建设厅、省发展改革委、省财政厅联合印发的《关于组织编制〈浙江省建设工程计价依据(2018版)〉的通知》(建建发〔2017〕166号)要求,由省建设工程造价管理总站负责组织编制的《浙江省建设工程计价规则》(2018版)、《浙江省房屋建筑与装饰工程预算定额》(2018版)、《浙江省通用安装工程预算定额》(2018版)、《浙江省市政工程预算定额》(2018版)、《浙江省园林绿化及仿古建筑工程预算定额》(2018版)、《浙江省建设工程施工机械台班费用定额》(2018版)、《浙江省建筑安装材料基期价格》(2018版)、《浙江省城市轨道交通工程预算定额》(2018版)等8项工程计价成果(以下简称"2018版计价依据")通过审定,现予颁发,并就有关事项通知如下,请一并贯彻执行。

一、2018版计价依据是指导投资估算、设计概算、施工图预算、招标控制价、投标报价的编制以及工程合同价约定、竣工结算办理、工程计价纠纷调解处理、工程造价鉴定等的依据。规费取费标准是投资概算和招标控制价的编制依据,投标人根据国家法律法规及自身缴纳规费的实际情况,自主确定其投标费率,但在规费政策平稳过渡期内不得低于标准费率的30%。当规费相关政策发生变化时,再另行发文规定。

二、2018版计价依据自2019年1月1日起施行。《浙江省建设工程计价规则》(2010版)、《浙江省建筑工程预算定额》(2010版)、《浙江省安装工程预算定额》(2010版)、《浙江省市政工程预算定额》(2010版)、《浙江省园林绿化及仿古建筑工程预算定额》(2010版)、《浙江省建设工程施工费用定额》(2010版)、《浙江省施工机械台班费用定额》(2010版)、《浙江省建筑安装材料基期价格》(2010版)同时停止使用。

三、凡2018年12月31日前签订工程发承包合同的项目,或者虽然工程合同在2019年1月1日以后签订,但工程招投标的开标在2018年12月31日前完成的项目,除工程合同或招标文件有特别约定外,仍按2010版计价依据规定执行。涉及后续人工费动态调整的,统一采用人工综合价格指数进行调整。

四、各级建设、发展改革、财政等部门要高度重视2018版计价依据的贯彻实施工作,造价管理机构在2018版计价依据贯彻实施中要加强管理，有效地开展监督检查工作，确保2018版计价依据的正确执行。

2018版计价依据由省建设工程造价管理总站负责解释与管理。

浙江省住房和城乡建设厅

浙江省发展和改革委员会

浙 江 省 财 政 厅

2018年11月9日

总　说　明

一、《浙江省市政工程预算定额》(2018 版)(以下简称本定额)共分九册,具体包括:第一册《通用项目》、第二册《道路工程》、第三册《桥涵工程》、第四册《隧道工程》、第五册《给水工程》、第六册《排水工程》、第七册《燃气与集中供热工程》、第八册《路灯工程》、第九册《生活垃圾处理工程》。

二、本定额是指导设计概算、施工图预算、招标控制价的编审以及工程合同价约定、竣工结算办理、工程计价纠纷调解处理、工程造价鉴定等的依据。

三、本定额适用于城镇管辖范围内的新建、改建、扩建市政工程。

四、本定额是按照正常的施工条件,目前多数企业的施工机械装备程度,合理的施工工期、施工工艺和劳动组织编制的,反映了社会平均消耗量水平。

五、本定额是在《市政工程消耗量定额》ZYA 1－31－2015、《浙江省市政工程预算定额》(2010 版)的基础上,依据国家、浙江省有关现行产品标准、设计规范和施工验收规范、质量评定标准、安全技术操作规程进行编制的,同时参考了公路、水利等专业定额和其他省市相关定额,以及有代表性的工程设计、施工资料和其他资料。

六、关于人工工日消耗量:

本定额人工按定额用工的技术含量综合为一类人工和二类人工,其内容包括基本用工、超运距用工、人工幅度差和辅助用工。其中土石方工程人工为一类人工,其余均为二类人工。本定额中的人工每工日按 8 小时工作制计算。

七、关于材料消耗量:

1. 本定额中的材料消耗包括主要材料、辅助材料。材料消耗量包括净用量和损耗量。损耗量包括:从工地仓库、现场集中堆放地点或现场加工地点至操作或安装地点的现场施工场内运输损耗、施工操作损耗、施工现场堆放损耗等,规范(设计文件)规定的预留量、搭接量不在损耗量中考虑;

2. 本定额中的混凝土、沥青混凝土、砌筑砂浆、抹灰砂浆及各种胶泥等均按半成品消耗量以体积表示。本定额中混凝土的养护,除另有说明者外,均按自然养护考虑;

3. 本定额中的周转性材料已按规定的材料周转次数摊销计入定额内;

4. 用量少、价值小的材料合并为其他材料,以其他材料费的形式表示。

八、关于施工机械台班消耗量:

1. 本定额中的机械按常用机械、合理机械配备和施工企业的机械化装备程度,并结合工程实际综合确定;

2. 本定额中的机械台班消耗量已包括了机械幅度差内容;

3. 定额中均已包括材料、成品、半成品从工地仓库、现场集中堆放地点或现场加工地点至操作安装地点的水平和垂直运输所需要的人工和机械消耗量。如需要再次搬运的,应在二次搬运费项目中列支。

九、关于定额单价的取定:人工单价,一类人工 125 元/工日,二类人工 135 元/工日;材料单价按《浙江省建筑安装材料基期价格》(2018 版)取定;机械台班单价根据《浙江省施工机械台班费用定额》(2018 版)取定。

十、本定额中的混凝土、沥青混凝土、厂拌三渣等均按商品价考虑,其单价中除包括产品出厂价外,还包括了至施工现场的运输、装卸费用。采用泵送混凝土的,其单价包括泵送费用。

十一、本定额中混凝土项目按运至施工现场的商品混凝土编制,若实际采用现拌混凝土浇捣的,人工、机械消耗量调整如下:

1. 人工增加 0.392 工日/m^3；

2. 增加 500L 混凝土搅拌机 0.03 台班/m^3。

十二、混凝土定额中已按结构部位取定泵送混凝土或非泵送混凝土的材料价格，若定额所列混凝土形式与实际不同时，除混凝土单价换算外，人工消耗量调整如下：

1. 泵送商品混凝土调整为非泵送商品混凝土：定额人工乘以系数 1.35；

2. 非泵送商品混凝土调整为泵送商品混凝土：定额人工乘以系数 0.75。

十三、本定额中所使用的砂浆按干混预拌砂浆编制，若实际使用现拌砂浆或湿拌预拌砂浆时，按以下方法调整：

1. 实际使用现拌砂浆的，除将定额中的干混预拌砂浆调换为现拌砂浆外，另按相应定额中每立方米砂浆增加人工 0.382 工日、200L 灰浆搅拌机 0.167 台班，同时扣除原定额中干混砂浆罐式搅拌机台班。

2. 实际使用湿拌预拌砂浆的，除将定额中的干混预拌砂浆调换为湿拌预拌砂浆外，另按相应定额中每立方米砂浆扣除人工 0.20 工日，并扣除干混砂浆罐式搅拌机台班数量。

十四、本定额中混凝土养护已根据不同定额子目综合考虑养护材料。若定额按塑料薄膜考虑，实际使用土工布养护时，土工布消耗量按塑料薄膜定额用量乘以系数 0.4，其他不变；若定额按土工布考虑，而实际使用塑料薄膜养护时，塑料薄膜消耗量按土工布定额用量乘以系数 2.5，其他不变。

十五、本定额中周转材料的回库维修费及场外运费：

1. 钢模板（含钢支撑）的回库维修费已按其材料单价的 8% 计入消耗量；

2. 钢模板（含钢支撑）、木模、脚手架的场外运费已按机械台班形式计入定额子目，不另单独计算。

十六、本定额中混凝土及钢筋混凝土预制桩、小型预制构件等制作的工程量计算，应按施工图构件净用量另加 1.5% 损耗率。

十七、本定额施工用水、电是按现场有水、电考虑的，如现场无水、电时，可根据实际情况进行调整。

十八、本定额的工作内容中已说明了主要的施工工序，次要工序虽未说明，但已考虑在定额内。

十九、施工与生产同时进行、在有害身体健康的环境中施工时的降效增加费，本定额未考虑，发生时另行计算。

二十、本定额与浙江省其他工程预算定额的关系：凡本定额包含的项目，应按本定额项目执行；本定额缺项部分，可按其他工程预算定额有关册、章的相关说明执行。

二十一、本定额中用括号“（ ）”表示的消耗量，均未计入基价。

二十二、本定额中注有“××以内”或“××以下”者均包括××本身，“××以外”或“××以上”者，则不包括××本身。

二十三、本定额由浙江省建设工程造价管理总站负责解释与管理。

目　　录

第一册　通用项目

第四章　钢 筋 工 程

第五章　拆 除 工 程

第六章　措 施 项 目

第一册　通 用 项 目

册 说 明

一、《浙江省市政工程预算定额》(2018 版)第一册《通用项目》(以下简称本册定额),包括土石方工程,护坡、挡墙工程,地基加固、围护工程,钢筋工程,拆除工程,措施项目,其他项目共 7 章 607 个子目。

二、本册定额项目通用于《浙江省市政工程预算定额》(2018 版)其他专业册(专业册中指明不适用本册定额的除外)。

三、本册定额的编制依据:

1.《市政工程工程量计算规范》GB 50857—2013;

2.《市政工程消耗量定额》ZYA 1 - 31 - 2015;

3.《建设工程劳动定额——市政工程》(2008);

4.《浙江省市政工程预算定额》(2010 版);

5. 现行的设计、施工验收规范、安全操作规程、质量评定标准;

6. 现行的标准图集和具有代表性的工程设计图纸。

四、本册定额中的大型机械是按《浙江省施工机械台班费用定额》(2018 版)中机械的种类、型号、功率等分别考虑的,在执行中应根据企业的机械组合情况及施工组织设计方案分别套用相应定额。

五、本册定额子目表中的施工机械是按常规、科学、合理的施工组织设计或施工方案进行配备的。

六、未尽事宜详见各章节说明。

第一章
土石方工程

说　　明

一、本章定额分为土方工程和石方工程两部分，包括人工挖土方，人工挖沟槽、基坑土方，人工清理土堤基础，人工挖土堤台阶，人工装、运土方及人工挖淤泥、流砂等，共2节156个子目。

二、本章定额适用于各类市政工程(除有关专业册说明不适用本章定额外)。

三、干、湿土的划分首先以地质勘察资料为准，含水率大于或等于25%为湿土；或以地下常水位为准，常水位以上为干土，以下为湿土。挖运湿土时，人工和机械乘以系数1.18(机械运湿土除外)，干、湿土工程量分别计算。采用井点降水的土方应按干土计算。

四、人工夯实土堤、机械夯实土堤执行本章人工填土夯实平地、机械填土夯实平地子目。

五、挖掘机在垫板上作业，人工和机械乘以系数1.25，搭拆垫板的人工、材料和辅机摊销费按每1000m^3增加340元计算。

六、推土机推土的平均土层厚度小于30cm时，其推土机台班乘以系数1.25。

七、除大型支撑基坑土方开挖定额子目外，在支撑下挖土，按实挖体积人工乘以系数1.43，机械乘以系数1.20。先开挖后支撑的不属于支撑下挖土。

八、挖密实的钢渣，按挖四类土人工乘以系数2.50，机械乘以系数1.50。

九、大型支撑基坑土方开挖定额适用于地下连续墙、混凝土板桩、钢板桩等围护并带有大型横向支撑的深基坑开挖。定额中已包括湿土排水，若需要采用井点降水，其费用另计，并扣除定额中的污水泵消耗量及费用。

十、大型支撑基坑土方开挖由于场地狭小只能单面施工时，定额中机械按下表调整。

机械调整表

宽　　度	两边停机施工	单边停机施工
基坑宽15m以内	履带式起重机15t	履带式起重机25t
基坑宽15m以外	履带式起重机25t	履带式起重机40t

十一、石方爆破按炮眼法松动爆破和无地下渗水积水考虑，防水和覆盖材料未在定额内。采用火雷管可以换算，雷管数量不变，扣除胶质导线用量，增加导火索用量，导火索长度按每个雷管2.12m计算。抛掷和定向爆破另行处理。打眼爆破若要达到石料粒径要求，则增加的费用另计。

十二、本章定额不包括现场障碍物清理，障碍物清理费用另行计算。

工程量计算规则

一、本章定额的土、石方体积均以天然密实体积(自然方)计算,回填土按碾压夯实后的体积(实方)计算。土、石方体积换算见下表。

土、石方体积换算表

名　　称	虚方体积	天然密实度体积	夯实后体积	松填体积
土方	1.00	0.77	0.67	0.83
	1.20	0.92	0.80	1.00
	1.30	1.00	0.87	1.08
	1.50	1.15	1.00	1.25
石方	1.54	1.00	—	1.31

二、土、石方工程量按设计图纸尺寸以体积计算,修建机械上下坡的便道土方量并入土方工程量内。石方采用爆破开挖时,开挖坡面每侧允许超挖量:极软岩、软岩 20cm,较软岩、硬质岩 15cm。工作面宽度与石方超挖量不得重复计算,石方超挖仅计算坡面超挖,底部超挖不计。

三、夯实土堤按设计断面计算。清理土堤基础按设计规定以水平投影面积计算,清理厚度为 30cm 以内。

四、人工挖土堤台阶工程量,按挖前的堤坡斜面积计算,运土应另行计算。

五、除有特殊工艺要求的管道节点开挖土石方工程量按实计算外,其他管道接口作业坑和沿线各种井室所需增加开挖的土石方工程量按沟槽全部土石方量的 2.5% 计算。管沟回填土应扣除各种管道、基础、垫层和构筑物所占的体积。

六、挖土放坡系数和沟、槽底加宽应按图纸尺寸计算。若设计图纸或施工组织设计均未明确的,可按下表有关内容计算。

挖土放坡系数表

土壤类别	放坡起点深度(m)	人工开挖	机 械 开 挖		
			沟槽、坑内作业	沟槽、坑边作业	顺沟槽方向坑上作业
一、二类土	1.20	1:0.50	1:0.33	1:0.75	1:0.50
三类土	1.50	1:0.33	1:0.25	1:0.67	1:0.33
四类土	2.00	1:0.25	1:0.10	1:0.33	1:0.25

管沟底部每侧工作面宽度计算表

管道结构宽	混凝土管道基础 90°	混凝土管道基础 >90°	金属管道	构　筑　物	
				无防潮层	有防潮层
500 以内	400	400	300	400	600
1000 以内	500	500	400		
2500 以内	600	500	400		
2500 以上	700	600	500		

挖土交接处产生的重复工程量不扣除。如在同一断面内遇有数类土壤,其放坡系数可按各类土占全部深度的百分比加权计算。

管道结构宽:无管座按管道外径计算,有管座按管道基础外缘(不包括各类垫层)计算,构筑物按基础外缘计算，如设挡土板每侧增加 100mm。

塑料管道铺设沟槽开挖底宽度，若设计中有规定的按设计规定计算，设计未明确的按本规定计算：无支撑沟槽开挖，底宽度按管道结构宽每侧加 30cm 工作面计算；有支撑沟槽开挖，按下表计算。

有支撑沟槽开挖宽度

管径 深度(m)	DN150	DN225	DN300	DN400	DN500	DN600	DN800	DN1000
≤3.00	800	900	1000	1100	1200	1300	1500	1700
≤4.00	—	1100	1200	1300	1400	1500	1700	1900
>4.00	—	—	—	1400	1500	1600	1800	2000

七、土石方运距应以挖土重心至填土重心或弃土重心最近距离计算，挖土重心、填土重心、弃土重心按施工组织设计确定。如遇下列情况应增加运距：

1. 人力及人力车运土、石方上坡坡度在 15% 以上，推土机、铲运车重车上坡坡度大于 5%，斜道运距按斜道长度乘以下表中系数。

人力及人力车运土、石方坡度系数表

项　目	推　土　机				人力及人力车
坡度(%)	5～10	15 以内	20 以内	25 以内	15 以上
系　数	1.75	2.00	2.25	2.50	5.00

2. 采用人力垂直运输土、石方，垂直深度每米折合水平运距 7m 计算。

八、平整场地、沟槽、基坑和一般土石方的划分：厚度小于或等于 30cm 的就地挖、填土按平整场地计算；底宽小于或等于 7m，且底长大于 3 倍底宽按沟槽计算；底长小于或等于 3 倍底宽，且基坑底面积小于或等于 150m^2 按基坑计算。超出上述范围则为一般土、石方。

九、除大型支撑基坑土方开挖定额子目外，机械挖沟槽、基坑土方中如需人工辅助开挖（包括切边、修整底边），机械挖土按实挖土方量计算，人工挖土土方量按实套相应定额乘以系数 1.25，挖土深度按沟槽、基坑总深确定，但垂直深度不再折合水平运输距离。

十、人工装土汽车运土时，汽车运土 1km 以内定额中自卸汽车含量乘以系数 1.10。

十一、土壤及岩石分类具体见下表，土壤按一、二类土，三类土，四类土分类，岩石按软质岩、硬质岩分类。

土壤分类表

土壤分类	土 壤 名 称	开 挖 方 法
一、二类土	粉土、砂土（粉砂、细砂、中砂、粗砂、砾砂）、粉质黏土、弱中盐渍土、软土（淤泥质土、泥炭、泥炭质土）、软塑红黏土、冲填土	用锹、少许用镐、条锄开挖。机械能全部直接铲挖满载者
三类土	黏土、碎石土（圆砾、角砾）、混合土、可塑红黏土、硬塑红黏土、强盐渍土、素填土、压实填土	主要用镐、条锄，少许用锹开挖。机械需部分刨松方能铲挖满载者或可直接铲挖但不能满载者
四类土	碎石土（卵石、碎石、漂石、块石）、坚硬红黏土、超盐渍土、杂填土	全部用镐、条锄挖掘，少许用撬棍挖掘。机械需普遍刨松方能铲挖满载者

注：本表土的名称及其含义按现行国家标准《岩土工程勘察规范》GB 50021－2001（2009 年局部修订版）定义。

岩石分类表

岩石分类		代表性岩石	开 挖 方 法	单轴饱和抗压强度 R_c(MPa)
软质岩	极软岩	1. 全风化的各种岩石; 2. 强风化的软岩; 3. 各种半成岩	部分用手凿工具、部分用爆破法开挖	<5
	软岩	1. 强风化的坚硬岩; 2. 中等(弱)风化~强风化的较坚硬岩; 3. 中等(弱)风化的较软岩; 4. 未风化的泥岩、泥质页岩、绿泥石片岩、绢云母片岩等	用风镐和爆破法开挖	5~15
	较软岩	1. 强风化的坚硬岩; 2. 中等(弱)风化的较坚硬岩; 3. 未风化~微风化的:凝灰岩、千枚岩、砂质泥岩、泥灰岩、泥质砂岩、粉砂岩、砂质页岩等	用爆破法开挖	15~30
硬质岩	较坚硬岩	1. 中等(弱)风化的坚硬岩; 2. 未风化~微风化的:熔结凝灰岩、大理岩、板岩、白云岩、石灰岩、钙质砂岩、粗晶大理岩等		30~60
	坚硬岩	1. 未风化~微风化的; 2. 花岗岩、正长岩、闪长岩、辉绿岩、玄武岩、安山岩、片麻岩、硅质板岩、石英岩、硅质胶结的砾岩、石英砂岩、硅质石灰岩等		>60

注:本表依据《工程岩体分级标准》GB/T 50218—2014 进行分类。

一、土 方 工 程

1. 人工挖一般土方

工作内容：挖土、装土或抛土、修整底边、边坡等。　　　　**计量单位**：$100m^3$

定额编号				1-1	1-2	1-3	1-4
项目				一、二类土，深度在(m以内)			
				2	4	6	8
基价（元）				**642.00**	**926.50**	**1161.63**	**1472.50**
其中	人工费（元）			642.00	926.50	1161.63	1472.50
	材料费（元）			—	—	—	—
	机械费（元）			—	—	—	—
名称		单位	单价(元)	消耗量			
人工	一类人工	工日	125.00	5.136	7.412	9.293	11.780

工作内容：挖土、装土或抛土、修整底边、边坡等。　　　　**计量单位**：$100m^3$

定额编号				1-5	1-6	1-7	1-8
项目				三类土，深度在(m以内)			
				2	4	6	8
基价（元）				**1344.25**	**1679.50**	**2013.25**	**2631.25**
其中	人工费（元）			1344.25	1679.50	2013.25	2631.25
	材料费（元）			—	—	—	—
	机械费（元）			—	—	—	—
名称		单位	单价(元)	消耗量			
人工	一类人工	工日	125.00	10.754	13.436	16.106	21.050

工作内容：挖土、装土或抛土、修整底边、边坡等。　　　　**计量单位**：$100m^3$

定额编号				1-9	1-10	1-11	1-12
项目				四类土，深度在(m以内)			
				2	4	6	8
基价（元）				**2294.25**	**2724.25**	**3102.38**	**3748.38**
其中	人工费（元）			2294.25	2724.25	3102.38	3748.38
	材料费（元）			—	—	—	—
	机械费（元）			—	—	—	—
名称		单位	单价(元)	消耗量			
人工	一类人工	工日	125.00	18.354	21.794	24.819	29.987

2. 人工挖沟槽、基坑土方

工作内容:挖土、装土或抛土于沟、槽边1m以外堆放,修整底边、边坡。 **计量单位:**$100m^3$

定额编号				1-13	1-14	1-15	1-16
项目				一、二类土,深度在(m以内)			
				2	4	6	8
基价(元)				**1491.75**	**2152.50**	**2698.50**	**3420.75**
其中	人工费(元)			1491.75	2152.50	2698.50	3420.75
	材料费(元)			—	—	—	—
	机械费(元)			—	—	—	—
名称		单位	单价(元)	消耗量			
人工	一类人工	工日	125.00	11.934	17.220	21.588	27.366

注:一侧弃土时,乘以系数1.13。

工作内容:挖土、装土或抛土于沟、槽边1m以外堆放,修整底边、边坡。 **计量单位:**$100m^3$

定额编号				1-17	1-18	1-19	1-20
项目				三类土,深度在(m以内)			
				2	4	6	8
基价(元)				**2544.00**	**3178.50**	**3810.00**	**4980.00**
其中	人工费(元)			2544.00	3178.50	3810.00	4980.00
	材料费(元)			—	—	—	—
	机械费(元)			—	—	—	—
名称		单位	单价(元)	消耗量			
人工	一类人工	工日	125.00	20.352	25.428	30.480	39.840

注:一侧弃土时,乘以系数1.13。

工作内容:挖土、装土或抛土于沟、槽边1m以外堆放,修整底边、边坡。 **计量单位:**$100m^3$

定额编号				1-21	1-22	1-23	1-24
项目				四类土,深度在(m以内)			
				2	4	6	8
基价(元)				**3735.00**	**4359.00**	**4966.50**	**6000.75**
其中	人工费(元)			3735.00	4359.00	4966.50	6000.75
	材料费(元)			—	—	—	—
	机械费(元)			—	—	—	—
名称		单位	单价(元)	消耗量			
人工	一类人工	工日	125.00	29.880	34.872	39.732	48.006

注:一侧弃土时,乘以系数1.13。

3. 人工清理土堤基础

工作内容：挖除、检修土堤面废土层，清理场地，废土 30m 内运输。　　**计量单位：**100m²

定额编号				1-25	1-26	1-27
项目				清理土堤基础		
				厚度 10cm 以内	厚度 20cm 以内	厚度 30cm 以内
基价（元）				**184.50**	**343.50**	**514.50**
其中	人工费（元）			184.50	343.50	514.50
	材料费（元）			—	—	—
	机械费（元）			—	—	—
名称		单位	单价(元)	消耗量		
人工	一类人工	工日	125.00	1.476	2.748	4.116

4. 人工挖土堤台阶

工作内容：划线、挖土将刨松土方抛至下方。　　**计量单位：**100m²

定额编号				1-28	1-29	1-30	1-31	1-32	1-33
项目				横向坡度为 1:3.3 以下			横向坡度为 1:3.3～1:2		
				一、二类土	三类土	四类土	一、二类土	三类土	四类土
基价（元）				**92.25**	**165.00**	**264.00**	**198.00**	**343.50**	**541.50**
其中	人工费（元）			92.25	165.00	264.00	198.00	343.50	541.50
	材料费（元）			—	—	—	—	—	—
	机械费（元）			—	—	—	—	—	—
名称		单位	单价(元)	消耗量					
人工	一类人工	工日	125.00	0.738	1.320	2.112	1.584	2.748	4.332

工作内容：划线、挖土将刨松土方抛至下方。　　**计量单位：**100m²

定额编号				1-34	1-35	1-36
项目				横向坡度为 1:2 以上		
				一、二类土	三类土	四类土
基价（元）				**303.75**	**508.50**	**818.25**
其中	人工费（元）			303.75	508.50	818.25
	材料费（元）			—	—	—
	机械费（元）			—	—	—
名称		单位	单价(元)	消耗量		
人工	一类人工	工日	125.00	2.430	4.068	6.546

5. 人工装、运土方

工作内容:装土、运土、卸土、清理道路、铺、拆走道板。 计量单位:100m³

定额编号				1-37	1-38	1-39	1-40
项目				人工运土		双轮斗车运土	
				运距 20m 以内	100m 以内每增加 20m	运距 50m 以内	500m 以内每增加 50m
基价(元)				**999.00**	**216.00**	**872.50**	**171.00**
其中	人工费(元)			999.00	216.00	872.50	171.00
	材料费(元)			—	—	—	—
	机械费(元)			—	—	—	—
名称		单位	单价(元)	消耗量			
人工	一类人工	工日	125.00	7.992	1.728	6.980	1.368

工作内容:装土、运土、卸土、清理道路、铺、拆走道板。 计量单位:100m³

定额编号				1-41	1-42	1-43
项目				机动翻斗车运土		人工装汽车土方
				运距 200m 以内	3000m 以内每增加 200m	
基价(元)				**2254.91**	**232.88**	**845.00**
其中	人工费(元)			678.00	—	845.00
	材料费(元)			—	—	—
	机械费(元)			1576.91	232.88	—
名称		单位	单价(元)	消耗量		
人工	一类人工	工日	125.00	5.424	—	6.760
机械	机动翻斗车 1t	台班	197.36	7.990	1.180	—

注:如采用手扶拖拉机运土,也按机动翻斗车定额执行。

6. 人工挖运淤泥、流砂

工作内容:挖淤泥、流砂,装、运、卸淤泥、流砂,1.5m 内垂直运输。 计量单位:100m³

定额编号				1-44	1-45	1-46	1-47	1-48
项目				人工挖淤泥、流砂	人工运淤泥、流砂		双轮斗车运淤泥、流砂	
					运距 20m 以内	200m 以内每增加 20m	运距 50m 以内	500m 以内每增加 50m
基价(元)				**4743.00**	**1864.50**	**901.50**	**1347.63**	**752.00**
其中	人工费(元)			4743.00	1864.50	901.50	1347.63	752.00
	材料费(元)			—	—	—	—	—
	机械费(元)			—	—	—	—	—
名称		单位	单价(元)	消耗量				
人工	一类人工	工日	125.00	37.944	14.916	7.212	10.781	6.016

注:人工挖沟槽、基坑内淤泥、流砂,按本定额执行,但挖深超过 1.5m 时,超过部分工程量按垂直深度每 1m 折合水平距离 7m 增加工日,深度按全高计算。

7. 人工平整场地、填土夯实、原土夯实

工作内容：1. 场地平整：厚度30cm内的就地挖填，找平；

2. 松填土：5m内的就地取土、铺平。

定额编号				1-49	1-50	1-51
项目				平整场地	松填土	
					平地	槽、坑
计量单位				$100m^2$	$100m^3$	
基价（元）				**324.00**	**456.00**	**533.50**
其中	人工费（元）			324.00	456.00	533.50
	材料费（元）			—	—	—
	机械费（元）			—	—	—
名称		单位	单价（元）	消耗量		
人工	一类人工	工日	125.00	2.592	3.648	4.268

注：槽坑一侧填土时，乘以系数1.13。

工作内容：1. 填土夯实：填土、夯土；

2. 原土夯实：打夯。

定额编号				1-52	1-53	1-54	1-55
项目				填土夯实		原土夯实	
				平地	槽、坑	平地	槽、坑
计量单位				$100m^3$		$100m^2$	
基价（元）				**2043.00**	**2387.37**	**98.38**	**112.25**
其中	人工费（元）			2036.38	2380.75	98.38	112.25
	材料费（元）			6.62	6.62	—	—
	机械费（元）			—	—	—	—
名称		单位	单价（元）	消耗量			
人工	一类人工	工日	125.00	16.291	19.046	0.787	0.898
材料	水	m^3	4.27	1.550	1.550	—	—

注：槽坑一侧填土时，乘以系数1.13。

8. 推土机推土

工作内容：推土、弃土、平整、空回，修理边坡，工作面内排水。　　　　**计量单位**：$1000m^3$

定额编号				1-56	1-57	1-58	1-59	1-60	1-61
项目				推土机推距20m以内			推土机推距40m以内		
				一、二类土	三类土	四类土	一、二类土	三类土	四类土
基价（元）				**1852.69**	**1982.00**	**2327.64**	**2761.87**	**3067.60**	**3413.23**
其中	人工费（元）			360.00	360.00	360.00	360.00	360.00	360.00
	材料费（元）			—	—	—	—	—	—
	机械费（元）			1492.69	1622.00	1967.64	2401.87	2707.60	3053.23
名称		单位	单价（元）	消耗量					
人工	一类人工	工日	125.00	2.880	2.880	2.880	2.880	2.880	2.880
机械	履带式推土机105kW	台班	798.23	1.870	2.032	2.465	3.009	3.392	3.825

工作内容:推土、弃土、平整、空回,修理边坡,工作面内排水。 计量单位:1000m³

定额编号				1-62	1-63	1-64	1-65	1-66	1-67
项目				推土机推距60m以内			推土机推距80m以内		
				一、二类土	三类土	四类土	一、二类土	三类土	四类土
基价(元)				**3833.90**	**4153.19**	**4498.82**	**5204.46**	**5442.33**	**5584.42**
其中	人工费(元)			360.00	360.00	360.00	360.00	360.00	360.00
	材料费(元)			—	—	—	—	—	—
	机械费(元)			3473.90	3793.19	4138.82	4844.46	5082.33	5224.42
名称		单位	单价(元)	消耗量					
人工	一类人工	工日	125.00	2.880	2.880	2.880	2.880	2.880	2.880
机械	履带式推土机105kW	台班	798.23	4.352	4.752	5.185	6.069	6.367	6.545

9. 挖掘机挖土

工作内容:挖土,将土堆放在一边或装车,清理机下余土;工作面内排水,清理边坡。 计量单位:1000m³

定额编号				1-68	1-69	1-70	1-71	1-72	1-73
项目				挖掘机挖土 不装车			挖掘机挖土 装车		
				一、二类土	三类土	四类土	一、二类土	三类土	四类土
基价(元)				**2012.59**	**2297.84**	**2681.74**	**3057.45**	**3558.76**	**4068.61**
其中	人工费(元)			360.00	360.00	360.00	360.00	360.00	360.00
	材料费(元)			—	—	—	—	—	—
	机械费(元)			1652.59	1937.84	2321.74	2697.45	3198.76	3708.61
名称		单位	单价(元)	消耗量					
人工	一类人工	工日	125.00	2.880	2.880	2.880	2.880	2.880	2.880
机械	履带式单斗液压挖掘机1m³	台班	914.79	1.680	1.970	2.360	1.940	2.310	2.630
	履带式推土机105kW	台班	798.23	0.145	0.170	0.204	1.156	1.360	1.632

10. 长臂挖掘机挖土

工作内容:挖土,将土堆放在一边或装车,清理机下余土;工作面内排水,清理边坡。 计量单位:1000m³

定额编号				1-74	1-75	1-76	1-77
项目				长臂挖掘机挖土 不装车		长臂挖掘机挖土 装车	
				一、二类土	三类土	一、二类土	三类土
基价(元)				**3351.82**	**3920.50**	**3800.59**	**4454.76**
其中	人工费(元)			360.00	360.00	360.00	360.00
	材料费(元)			—	—	—	—
	机械费(元)			2991.82	3560.50	3440.59	4094.76
名称		单位	单价(元)	消耗量			
人工	一类人工	工日	125.00	2.880	2.880	2.880	2.880
机械	长臂挖掘机360型18m	台班	1187.23	2.520	2.999	2.898	3.449

11. 大型支撑基坑土方

工作内容：操作机械引斗挖土、装车，人工推铲、抠挖支撑下土体，挖引水沟、机械排水，人工整修底面。

计量单位：100m³

定额编号				1-78	1-79	1-80	1-81	1-82
项目				宽15m以内				
				深7m以内	深11m以内	深15m以内	深19m以内	深23m以内
基价（元）				**2067.41**	**2594.46**	**3197.65**	**3929.15**	**5260.75**
其中	人工费（元）			480.13	630.75	886.75	1330.13	2261.13
	材料费（元）			14.20	13.33	12.92	12.92	12.92
	机械费（元）			1573.08	1950.38	2297.98	2586.10	2986.70
名称		单位	单价(元)	消耗量				
人工	一类人工	工日	125.00	3.841	5.046	7.094	10.641	18.089
材料	其他材料费	元	1.00	14.20	13.33	12.92	12.92	12.92
机械	履带式推土机 105kW	台班	798.23	0.323	0.403	0.504	0.630	0.788
	履带式单斗液压挖掘机 $1m^3$	台班	914.79	0.518	0.432	0.445	0.445	0.445
	履带式起重机 15t	台班	702.00	0.968	1.469	1.756	1.932	2.209
	污水泵 100mm	台班	112.87	1.434	1.792	2.267	2.834	3.543

工作内容：操作机械引斗挖土、装车，人工推铲、抠挖支撑下土体，挖引水沟、机械排水，人工整修底面。

计量单位：100m³

定额编号				1-83	1-84	1-85	1-86	1-87
项目				宽15m以外				
				深7m以内	深11m以内	深15m以内	深19m以内	深23m以内
基价（元）				**2111.67**	**2670.22**	**3294.02**	**4034.74**	**5380.58**
其中	人工费（元）			471.13	624.75	885.50	1328.25	2258.00
	材料费（元）			13.33	12.95	12.35	12.35	12.35
	机械费（元）			1627.21	2032.52	2396.17	2694.14	3110.23
名称		单位	单价(元)	消耗量				
人工	一类人工	工日	125.00	3.769	4.998	7.084	10.626	18.064
材料	其他材料费	元	1.00	13.33	12.95	12.35	12.35	12.35
机械	履带式推土机 105kW	台班	798.23	0.323	0.403	0.504	0.630	0.788
	履带式单斗液压挖掘机 $1m^3$	台班	914.79	0.518	0.432	0.445	0.445	0.445
	履带式起重机 25t	台班	757.92	0.968	1.469	1.756	1.932	2.209
	污水泵 100mm	台班	112.87	1.434	1.792	2.267	2.834	3.543

12. 装载机装松散土

工作内容:铲土装车、修理边坡、清理机下余土。 计量单位:1000m³

定额编号				1-88
项目				装载机装松散土
基价(元)				**1761.86**
其中	人工费(元)			360.00
	材料费(元)			—
	机械费(元)			1401.86
名称		单位	单价(元)	消耗量
人工	一类人工	工日	125.00	2.880
机械	轮胎式装载机 1.5m³	台班	594.01	2.360

13. 装载机装运土方

工作内容:铲土、运土、卸土,人力清理机下余土。 计量单位:1000m³

定额编号				1-89	1-90	1-91	1-92	1-93
项目				装载机运距(m 以内)				
				20	60	80	100	150
基价(元)				**2231.13**	**3478.55**	**3894.36**	**4209.18**	**5177.42**
其中	人工费(元)			360.00	360.00	360.00	360.00	360.00
	材料费(元)			—	—	—	—	—
	机械费(元)			1871.13	3118.55	3534.36	3849.18	4817.42
名称		单位	单价(元)	消耗量				
人工	一类人工	工日	125.00	2.880	2.880	2.880	2.880	2.880
机械	轮胎式装载机 1.5m³	台班	594.01	3.150	5.250	5.950	6.480	8.110

14. 自卸汽车运土

工作内容:运土、卸土、空回。 计量单位:1000m³

定额编号				1-94	1-95
项目				自卸汽车运土方 运距	
				1km 以内	每增加 1km
基价(元)				**5564.89**	**1556.61**
其中	人工费(元)			—	—
	材料费(元)			—	—
	机械费(元)			5564.89	1556.61
名称		单位	单价(元)	消耗量	
机械	自卸汽车 15t	台班	794.19	7.007	1.960

15. 抓铲挖掘机挖淤泥、流砂

工作内容：挖淤泥、流砂，堆放一边或装车，清理机下余土。　　**计量单位**：$1000m^3$

定额编号				1-96	1-97	1-98	1-99
项目				淤泥、流砂			
				不装车		装车	
				深6m以内	深6m以外	深6m以内	深6m以外
基价（元）				**6294.08**	**7123.30**	**7123.30**	**7927.04**
其中	人工费（元）			1366.50	1546.50	1546.50	1720.50
	材料费（元）			—	—	—	—
	机械费（元）			4927.58	5576.80	5576.80	6206.54
名称		单位	单价(元)	消耗量			
人工	一类人工	工日	125.00	10.932	12.372	12.372	13.764
机械	抓铲挖掘机 $0.5m^3$	台班	649.22	7.590	8.590	8.590	9.560

16. 反铲挖掘机挖淤泥、流砂

工作内容：挖土、淤泥、流砂，堆放一边或装车，清理机下余土。　　**计量单位**：$1000m^3$

定额编号				1-100	1-101	1-102	1-103
项目				淤泥、流砂			
				不装车		装车	
				深6m以内	深6m以外	深6m以内	深6m以外
基价（元）				**4625.97**	**5320.27**	**5320.27**	**6118.36**
其中	人工费（元）			750.00	862.50	862.50	991.88
	材料费（元）			—	—	—	—
	机械费（元）			3875.97	4457.77	4457.77	5126.48
名称		单位	单价(元)	消耗量			
人工	一类人工	工日	125.00	6.000	6.900	6.900	7.935
机械	履带式单斗液压挖掘机 $1m^3$	台班	914.79	4.237	4.873	4.873	5.604

17. 河道水冲法清淤

工作内容：冲泥成浆、泥浆自排。　　**计量单位**：$100m^3$

定额编号				1-104
项目				河道水冲法清淤
基价（元）				**451.06**
其中	人工费（元）			375.00
	材料费（元）			—
	机械费（元）			76.06
名称		单位	单价(元)	消耗量
人工	一类人工	工日	125.00	3.000
机械	电动单级离心清水泵 100mm	台班	36.22	2.100

注：水冲法清淤中水为利用河水。

18. 船运淤泥、流砂

工作内容:运、卸淤泥、流砂、空回。 **计量单位**:1000m³

定额编号				1-105	1-106
项目				船运淤泥、流砂 运距	
				1km以内	每增加1km
基价(元)				**5151.30**	**1277.50**
其中	人工费(元)			—	—
	材料费(元)			—	—
	机械费(元)			5151.30	1277.50
名称		单位	单价(元)	消耗量	
机械	自航泥驳(封底)舱容积20m³	台班	350.00	14.718	3.650

19. 机械平整场地、填土夯实、原土夯实

工作内容:1. 平整场地:厚度在±30cm内就地挖、填、找平,工作面内排水;
2. 原土碾压:平土、碾压,工作面内排水。 **计量单位**:1000m²

定额编号				1-107	1-108	1-109
项目				平整场地	原土碾压	
				推土机75kW	拖式双筒羊足碾	内燃压路机
基价(元)				**454.10**	**96.82**	**135.26**
其中	人工费(元)			60.00	60.00	60.00
	材料费(元)			—	—	—
	机械费(元)			394.10	36.82	75.26
名称		单位	单价(元)	消耗量		
人工	一类人工	工日	125.00	0.480	0.480	0.480
机械	履带式推土机75kW	台班	625.55	0.630	—	—
	履带式拖拉机75kW	台班	582.61	—	0.060	—
	拖式双筒羊角碾6t	台班	31.12	—	0.060	—
	钢轮内燃压路机15t	台班	537.56	—	—	0.140

工作内容：填土碾压：回填、推平、碾压，工作面内排水。　　**计量单位**：$1000m^3$

定额编号				1-110	1-111	1-112
项目				填土碾压		
				拖式双筒羊足碾	内燃压路机	振动压路机
基价（元）				**1805.93**	**2613.71**	**2266.58**
其中	人工费（元）			360.00	360.00	360.00
	材料费（元）			—	—	—
	机械费（元）			1445.93	2253.71	1906.58
名称		单位	单价(元)	消耗量		
人工	一类人工	工日	125.00	2.880	2.880	2.880
机械	履带式拖拉机 75kW	台班	582.61	2.040	—	—
	拖式双筒羊角碾 6t	台班	31.12	2.040	—	—
	钢轮内燃压路机 12t	台班	455.44	—	4.410	—
	钢轮振动压路机 8t	台班	488.35	—	—	3.402
	履带式推土机 75kW	台班	625.55	0.310	0.392	0.392

工作内容：1. 原土夯实：平土、夯土；
2. 填土夯实：摊铺、碎土、平土、夯土。

定额编号				1-113	1-114	1-115	1-116
项目				原土夯实		填土夯实	
				平地	槽、坑	平地	槽、坑
计量单位				$100m^2$		$100m^3$	
基价（元）				**71.20**	**80.85**	**808.73**	**1051.68**
其中	人工费（元）			55.50	63.75	636.63	828.00
	材料费（元）			—	—	—	—
	机械费（元）			15.70	17.10	172.10	223.68
名称		单位	单价(元)	消耗量			
人工	一类人工	工日	125.00	0.444	0.510	5.093	6.624
机械	电动夯实机 250N·m	台班	28.03	0.560	0.610	6.140	7.980

二、石方工程

1.风镐凿石

工作内容:凿岩、清渣,攒堆待运、修边整体等。 **计量单位**:100m³

定额编号				1-117	1-118	1-119
项目				极软岩	软岩、较软岩	硬质岩
基价(元)				**4765.63**	**6360.47**	**10531.14**
其中	人工费(元)			2077.50	2775.00	4593.75
	材料费(元)			46.85	60.49	97.65
	机械费(元)			2641.28	3524.98	5839.74
名称		单位	单价(元)	消耗量		
人工	一类人工	工日	125.00	16.620	22.200	36.750
材料	合金钢钻头 一字型	个	8.62	4.440	5.856	9.714
	六角空心钢 综合	kg	2.48	3.000	3.432	4.608
	高压橡胶风管 ϕ25	m	12.93	0.088	0.116	0.192
机械	内燃空气压缩机 3m³/min	台班	329.10	7.553	10.080	16.699
	手持式风动凿岩机	台班	12.36	12.588	16.800	27.840

注:沟槽、基坑凿石方按相应定额子目乘以系数1.3。

2.液压岩石破碎机破碎岩石

工作内容:装拆凿岩机头、破碎石体、机械移动。 **计量单位**:100m³

定额编号				1-120	1-121	1-122	1-123
项目				极软岩	软岩、较软岩	较坚硬岩	坚硬岩
基价(元)				**1459.96**	**2179.28**	**3615.79**	**4565.13**
其中	人工费(元)			23.88	23.88	23.88	23.88
	材料费(元)			0.28	0.47	1.18	2.35
	机械费(元)			1435.80	2154.93	3590.73	4538.90
名称		单位	单价(元)	消耗量			
人工	一类人工	工日	125.00	0.191	0.191	0.191	0.191
材料	合金钎头 ϕ135	个	20.26	0.014	0.023	0.058	0.116
机械	履带式单头岩石破碎机 105kW	台班	1231.39	1.166	1.750	2.916	3.686

3. 切割机切割石方

工作内容:切割机锯缝、开凿石方、打碎、修边检底。 **计量单位**:100m³

定额编号				1-124	1-125	1-126
项目				软质岩	较坚硬岩	坚硬岩
基价(元)				**8482.13**	**18366.87**	**29358.77**
其中	人工费(元)			8357.00	18212.75	29175.63
	材料费(元)			26.35	30.80	37.36
	机械费(元)			98.78	123.32	145.78
名称		单位	单价(元)	消耗量		
人工	一类人工	工日	125.00	66.856	145.702	233.405
材料	刀片 D1000	片	4.74	0.153	0.191	0.225
	水	m³	4.27	6.000	7.000	8.500
机械	岩石切割机 3kW	台班	48.61	2.032	2.537	2.999

4. 机械打眼爆破石方

工作内容:布孔、打眼、封堵孔口;爆破材料检查领运、安放爆破线路;炮孔检查清理、装药、堵塞、警戒及放炮、处理暗地、危石,余料退库。 **计量单位**:100m³

定额编号				1-127	1-128	1-129	1-130
项目				平基			
				极软岩	软岩、较软岩	较坚硬岩	坚硬岩
基价(元)				**1027.58**	**1447.89**	**2096.22**	**2751.94**
其中	人工费(元)			384.00	534.00	774.00	996.00
	材料费(元)			375.23	472.89	611.18	780.77
	机械费(元)			268.35	441.00	711.04	975.17
名称		单位	单价(元)	消耗量			
人工	一类人工	工日	125.00	3.072	4.272	6.192	7.968
材料	电雷管	个	0.95	54.000	62.000	75.000	88.000
	硝铵炸药	kg	9.26	26.320	32.580	41.500	52.970
	导火线 1.5mm²	m	0.42	49.280	53.680	60.360	64.840
	导火线 2.5mm²	m	0.68	23.990	24.140	24.800	25.440
	导火线 4.0mm²	m	1.07	3.600	3.610	3.720	3.810
	合金钢钻头 一字型	个	8.62	1.000	2.000	3.000	5.000
	六角空心钢 综合	kg	2.48	2.200	3.150	4.650	6.930
	高压胶皮风管 ϕ25-6P-20m	m	15.52	0.340	0.570	0.920	1.250
	高压胶皮水管 ϕ19-6P-20m	m	12.07	0.340	0.570	0.920	1.250
	水	m³	4.27	3.720	6.720	10.930	14.820
机械	气腿式风动凿岩机	台班	13.62	1.880	3.140	5.110	6.930
	电动空气压缩机 6m³/min	台班	224.45	0.940	1.570	2.560	3.470
	风动锻钎机	台班	25.56	0.070	0.100	0.140	0.210
	电动修钎机	台班	111.00	0.270	0.390	0.570	0.870

工作内容:布孔、打眼、封堵孔口;爆破材料检查领运、安放爆破线路;炮孔检查清理、装药、堵塞、警戒及放炮、处理暗地、危石,余料退库。

计量单位:$100m^3$

定额编号				1-131	1-132	1-133	1-134
项目				沟槽、基坑			
				软岩	较软岩	较坚硬岩	坚硬岩
基价(元)				**2581.65**	**4030.74**	**5368.14**	**6937.40**
其中	人工费(元)			1074.00	1830.00	2190.00	2802.00
	材料费(元)			878.84	1124.21	1448.03	1793.80
	机械费(元)			628.81	1076.53	1730.11	2341.60
名称		单位	单价(元)	消耗量			
人工	一类人工	工日	125.00	8.592	14.640	17.520	22.416
材料	电雷管	个	0.95	198.000	232.000	275.000	315.000
	硝铵炸药	kg	9.26	61.150	77.670	99.180	124.400
	导火线 $1.5mm^2$	m	0.42	25.370	27.920	31.410	34.560
	导火线 $2.5mm^2$	m	0.68	26.360	26.920	27.520	27.800
	导火线 $4.0mm^2$	m	1.07	3.960	4.040	4.080	4.140
	合金钢钻头 一字型	个	8.62	3.000	5.000	7.000	11.000
	六角空心钢 综合	kg	2.48	5.130	7.520	11.150	16.250
	高压胶皮风管 ϕ25-6P-20m	m	15.52	0.680	1.130	1.840	2.490
	高压胶皮水管 ϕ19-6P-20m	m	12.07	0.680	1.130	1.840	2.490
	水	m^3	4.27	8.040	13.420	21.860	23.640
机械	气腿式风动凿岩机	台班	13.62	4.380	7.650	12.440	16.700
	电动空气压缩机 $6m^3/min$	台班	224.45	2.190	3.830	6.220	8.350
	风动锻钎机	台班	25.56	0.170	0.240	0.360	0.530
	电动修钎机	台班	111.00	0.660	0.960	1.400	2.040

5. 静力爆破石方

工作内容:布孔、钻孔、验孔、装膨胀剂、填色、风镐二次破碎、撬移。

计量单位:$100m^3$

定额编号				1-135	1-136	1-137	1-138
项目				平基		沟槽、基坑	
				较软岩	较坚硬岩	较软岩	较坚硬岩
基价(元)				**17199.04**	**24949.46**	**20193.82**	**30325.59**
其中	人工费(元)			4501.50	9928.50	5852.00	12907.00
	材料费(元)			7216.39	7029.16	7216.39	7029.16
	机械费(元)			5481.15	7991.80	7125.43	10389.43
名称		单位	单价(元)	消耗量			
人工	一类人工	工日	125.00	36.012	79.428	46.816	103.256
材料	六角空心钢 综合	kg	2.48	9.700	17.840	9.700	17.840
	合金钢钻头 ϕ22~26	个	30.17	17.800	27.670	17.800	27.670
	U 形膨胀剂	kg	2.79	2352.000	2176.000	2352.000	2176.000
	其他材料费	元	1.00	93.23	79.07	93.23	79.07
机械	手持式风动凿岩机	台班	12.36	35.910	41.864	46.683	54.423
	气腿式风动凿岩机	台班	13.62	18.324	27.396	23.821	35.615
	电动空气压缩机 $10m^3/min$	台班	394.85	10.064	14.903	13.083	19.374
	电动修钎机	台班	111.00	7.333	10.962	9.533	14.251

6. 微差控制爆破石方

工作内容：布孔、钻孔、验孔、改装药包、装药、塞堵、连线、覆盖、警戒、起爆、检查、处理盲泡，撬开及破碎及不规则的大石块，修理工具。

计量单位：100m³

定额编号				1-139	1-140	1-141	1-142
项目				平基		沟槽、基坑	
				较软岩	较坚硬岩	较软岩	较坚硬岩
基价（元）				**2888.76**	**3857.82**	**3417.89**	**4564.01**
其中	人工费（元）			1421.63	1714.88	1848.13	2229.38
	材料费（元）			1124.96	1504.30	1124.96	1504.30
	机械费（元）			342.17	638.64	444.80	830.33
名称		单位	单价（元）	消耗量			
人工	一类人工	工日	125.00	11.373	13.719	14.785	17.835
材料	六角空心钢 综合	kg	2.48	3.000	5.000	3.000	5.000
	黏土	m³	32.04	6.820	8.660	6.820	8.660
	合金钢钻头 一字型	个	8.62	2.010	3.250	2.010	3.250
	高压胶皮风管 ϕ25－6P－20m	m	15.52	0.210	0.400	0.210	0.400
	高压胶皮水管 ϕ19－6P－20m	m	12.07	0.350	0.660	0.350	0.660
	电雷管	个	0.95	113.690	147.190	113.690	147.190
	硝铵炸药	kg	9.26	28.130	39.530	28.130	39.530
	导火线 1.5mm²	m	0.42	222.920	288.600	222.920	288.600
	尼龙编织袋	只	1.58	222.920	288.600	222.920	288.600
	水	m³	4.27	4.150	7.850	4.150	7.850
	其他材料费	元	1.00	42.15	55.65	42.15	55.65
机械	气腿式风动凿岩机	台班	13.62	1.833	3.468	2.383	4.508
	电动空气压缩机 10m³/min	台班	394.85	0.737	1.389	0.958	1.806
	电动修钎机	台班	111.00	0.236	0.387	0.307	0.503

7. 明挖石碴运输

工作内容：清理道路，装、运、卸。

计量单位：100m³

定额编号				1-143	1-144	1-145	1-146	1-147	1-148
项目				人力运		双轮斗车运		人力装、机动翻斗车运	
				20m 以内	100m 以内每增 20m	50m 以内	500m 以内每增 50m	1000m 以内	3000m 以内每增 200m
基价（元）				**1299.00**	**280.50**	**1123.50**	**222.00**	**2931.82**	**302.75**
其中	人工费（元）			1299.00	280.50	1123.50	222.00	881.25	—
	材料费（元）			—	—	—	—	—	—
	机械费（元）			—	—	—	—	2050.57	302.75
名称		单位	单价（元）	消耗量					
人工	一类人工	工日	125.00	10.392	2.244	8.988	1.776	7.050	—
机械	机动翻斗车 1t	台班	197.36	—	—	—	—	10.390	1.534

8. 推土机推石碴

工作内容:集碴、推碴、弃碴、平整。 **计量单位**:1000m³

定额编号				1-149	1-150	1-151	1-152
项目				推碴运距			
				10m以内	20m以内	30m以内	40m以内
基价(元)				**2145.64**	**2918.33**	**3624.76**	**4329.60**
其中	人工费(元)			360.00	360.00	360.00	360.00
	材料费(元)			—	—	—	—
	机械费(元)			1785.64	2558.33	3264.76	3969.60
名称		单位	单价(元)	消耗量			
人工	一类人工	工日	125.00	2.880	2.880	2.880	2.880
机械	履带式推土机 105kW	台班	798.23	2.237	3.205	4.090	4.973

9. 挖掘机挖石碴

工作内容:集碴、挖碴、弃碴或装车、平整。 **计量单位**:1000m³

定额编号				1-153	1-154
项目				履带式液压挖掘机挖碴	
				不装车	装车
基价(元)				**3851.32**	**5813.63**
其中	人工费(元)			360.00	360.00
	材料费(元)			—	—
	机械费(元)			3491.32	5453.63
名称		单位	单价(元)	消耗量	
人工	一类人工	工日	125.00	2.880	2.880
机械	履带式单斗液压挖掘机 1m³	台班	914.79	3.060	4.110
	履带式推土机 105kW	台班	798.23	0.867	2.122

10. 自卸汽车运石碴

工作内容:运碴、卸碴、空回。 **计量单位**:1000m³

定额编号				1-155	1-156
项目				自卸汽车运石碴 运距	
				1km以内	每增加1km
基价(元)				**9052.97**	**2215.79**
其中	人工费(元)			—	—
	材料费(元)			—	—
	机械费(元)			9052.97	2215.79
名称		单位	单价(元)	消耗量	
机械	自卸汽车 15t	台班	794.19	11.399	2.790

第二章
护坡、挡墙工程

说　　明

一、本章定额包括抛石、石笼，滤层、泄水孔，护坡、台阶，基础、护底，压顶，挡墙，勾缝，伸缩缝，共8节45个子目。

二、本章定额适用于市政工程道路、城市内河及砌筑高度在8m以内的桥涵护坡、挡墙工程。

三、石笼以钢笼和铁丝制作，每个体积按0.5m^3计算，设计的石笼体积或制作材料不同时，可按实调整。

四、挡墙工程需搭设脚手架时执行本册定额第六章"措施项目"中脚手架定额。

五、块石如需冲洗时（利用旧料），每立方米块石增加人工0.12工日，水0.5m^3。

六、护坡、挡墙的钢筋执行本册定额第四章"钢筋工程"相应子目。

工程量计算规则

一、抛石工程量按设计断面以“m^3”计算。

二、滤沟、滤层按设计尺寸以“m^3”计算。

三、台阶以设计断面的实砌体积计算。

四、块石护脚砌筑高度超过 1.2m 需搭设脚手架时,可按脚手架工程相应项目计算,块石护脚在自然地面以下砌筑时,不计算脚手架费用。

五、护坡、基础、护底、压顶、挡墙的砌体工程量按设计砌体尺寸以“m^3”计算,嵌入砌体中的钢管、沉降缝、伸缩缝以及单孔面积在 0.3m^2 以内的预留孔所占体积不予扣除。

六、勾缝工程量按砌体表面积计算。

七、伸缩缝按缝宽按实际铺设的面积以“m^2”计算。

一、抛石、石笼

工作内容：铁笼制作、笼内装石、小木船浮运、就位、抛石、场内材料运输。 **计量单位：**10m³

定额编号				1-157	1-158	1-159	1-160
项目				陆上抛石	船上单面抛石	船上双面抛石	钢筋铁丝石笼
基价（元）				**1775.44**	**1778.38**	**1741.15**	**3365.30**
其中	人工费（元）			507.87	454.41	422.82	982.53
	材料费（元）			1267.57	1267.57	1267.57	2273.22
	机械费（元）			—	56.40	50.76	109.55
名称		单位	单价(元)	消耗量			
人工	二类人工	工日	135.00	3.762	3.366	3.132	7.278
材料	块石	t	77.67	16.320	16.320	16.320	18.660
	热轧光圆钢筋 综合	kg	3.97	—	—	—	93.280
	镀锌铁丝 10#	kg	5.38	—	—	—	82.810
	电焊条	kg	4.31	—	—	—	1.870
机械	交流弧焊机 32kV·A	台班	92.84	—	—	—	1.180
	木船 5t	台班	47.00	—	1.200	1.080	—

二、滤层、泄水孔

工作内容：1. 滤沟、滤层：挖沟、清沟、配料、堆筑、铺设、场内材料运输；
2. 护岸泄水孔：泄水孔加工、安装、清理。

定额编号				1-161	1-162	1-163	1-164
项目				砂石滤沟	砂滤层	碎石滤层	护岸泄水孔
计量单位				10m³			m
基价（元）				**2743.52**	**1888.70**	**1824.60**	**19.57**
其中	人工费（元）			1189.89	267.30	409.86	5.67
	材料费（元）			1553.63	1621.40	1414.74	13.90
	机械费（元）			—	—	—	—
名称		单位	单价(元)	消耗量			
人工	二类人工	工日	135.00	8.814	1.980	3.036	0.042
材料	碎石 综合	t	102.00	4.580	—	13.870	—
	黄砂 净砂	t	92.23	11.780	17.580	—	—
	PVC 塑料管 ϕ100	m	13.63	—	—	—	1.020

三、护坡、台阶

工作内容:选修石料、砌筑、养护、材料场内运输。　　计量单位:$10m^3$

定额编号				1-165	1-166	1-167	1-168	1-169
项目				护坡				
				干砌块石	干砌块石(灌浆)	浆砌块石	浆砌预制块	
							无底浆	有底浆
基价(元)				2292.72	2711.15	3785.91	4885.16	5699.19
其中	人工费(元)			753.30	436.86	787.86	1356.89	1598.94
	材料费(元)			1539.42	2273.32	2975.18	3525.36	4088.04
	机械费(元)			—	0.97	22.87	2.91	12.21
	名称	单位	单价(元)	消耗量				
人工	二类人工	工日	135.00	5.580	3.236	5.836	10.051	11.844
材料	块石	t	77.67	19.820	18.660	18.660	—	—
	非泵送商品混凝土 C15	m^3	399.00	—	1.900	—	—	—
	干混砌筑砂浆 DM M7.5	m^3	413.73	—	0.150	3.670	0.440	1.800
	水	m^3	4.27	—	0.900	1.750	1.680	1.680
	混凝土预制块 综合	m^3	345.00	—	—	—	9.670	9.670
机械	干混砂浆罐式搅拌机 20000L	台班	193.83	—	0.005	0.118	0.015	0.063

工作内容:选修石料、砌筑、养护、材料场内运输。　　计量单位:$10m^3$

定额编号				1-170	1-171	1-172	1-173	1-174
项目				锥型坡		台阶		
				浆砌块石	干砌块石	浆砌块石	浆砌料石	浆砌预制块
基价(元)				3981.12	2755.23	4367.83	4630.40	5118.59
其中	人工费(元)			983.07	1215.81	1371.87	1775.52	1248.21
	材料费(元)			2975.18	1539.42	2973.09	2843.06	3858.56
	机械费(元)			22.87	—	22.87	11.82	11.82
	名称	单位	单价(元)	消耗量				
人工	二类人工	工日	135.00	7.282	9.006	10.162	13.152	9.246
材料	块石	t	77.67	18.660	19.820	18.660	—	—
	料石	t	97.09	—	—	—	21.770	—
	混凝土预制块 综合	m^3	345.00	—	—	—	—	9.070
	干混砌筑砂浆 DM M7.5	m^3	413.73	3.670	—	3.670	1.750	1.750
	水	m^3	4.27	1.750	—	1.260	1.260	1.260
机械	干混砂浆罐式搅拌机 20000L	台班	193.83	0.118	—	0.118	0.061	0.061

工作内容：选修石料、砌筑、养护、材料场内运输。　　**计量单位**：$10m^3$

定额编号					1-175	1-176
项目					浆砌护脚	
					高(深)度 100cm 以内	高(深)度 200cm 以内
基价（元）					**3782.30**	**3722.21**
其中	人工费（元）				787.86	731.16
	材料费（元）				2971.57	2968.18
	机械费（元）				22.87	22.87
名称			单位	单价(元)	消耗量	
人工	二类人工		工日	135.00	5.836	5.416
材料	块石		t	77.67	18.450	18.450
	干混砌筑砂浆 DM M7.5		m^3	413.73	3.670	3.670
	水		m^3	4.27	3.200	2.690
	其他材料费		元	1.00	6.51	5.29
机械	干混砂浆罐式搅拌机 20000L		台班	193.83	0.118	0.118

四、基础、护底

工作内容：选修石料、砌筑、养护、材料场内运输。　　**计量单位**：$10m^3$

定额编号				1-177	1-178	1-179
项目				干砌块石	浆砌块石	砖砌体
基价（元）				**2159.72**	**3303.65**	**3973.93**
其中	人工费（元）			654.48	700.79	794.88
	材料费（元）			1505.24	2581.34	3160.05
	机械费（元）			—	21.52	19.00
名称		单位	单价(元)	消耗量		
人工	二类人工	工日	135.00	4.848	5.191	5.888
材料	标准砖 240×115×53	千块	388.00	—	—	5.230
	块石	t	77.67	19.380	18.660	—
	干混砌筑砂浆 DM M7.5	m^3	413.73	—	2.700	2.630
	水	m^3	4.27	—	3.500	10.000
机械	干混砂浆罐式搅拌机 20000L	台班	193.83	—	0.111	0.098

五、压　　顶

工作内容:调制砂浆,砌筑,制作、安拆模板,灌捣混凝土,养护,场内材料运输。

定额编号				1-180	1-181	1-182	1-183
项目				浆砌料石	浆砌预制块	现浇混凝土	
						混凝土	模板
计量单位				10m³			100m²
基价(元)				**4253.95**	**5056.12**	**4643.67**	**3881.26**
其中	人工费(元)			1562.36	1416.15	197.78	1583.55
	材料费(元)			2680.35	3628.73	4439.01	2217.96
	机械费(元)			11.24	11.24	6.88	79.75
名称		单位	单价(元)	消耗量			
人工	二类人工	工日	135.00	11.573	10.490	1.465	11.730
材料	料石	t	97.09	20.300	—	—	—
	混凝土预制块 综合	m³	345.00	—	8.440	—	—
	干混砌筑砂浆 DM M7.5	m³	413.73	1.660	1.680	—	—
	泵送商品混凝土 C20	m³	431.00	—	—	10.100	—
	木模板	m³	1445.00	—	—	—	1.498
	圆钉	kg	4.74	—	—	—	1.800
	镀锌铁丝 12#	kg	5.38	—	—	—	8.330
	水	m³	4.27	5.300	5.120	7.455	—
	无纺土工布	m²	8.62	—	—	6.273	—
机械	载货汽车 4t	台班	369.21	—	—	—	0.216
	混凝土振捣器 插入式	台班	4.65	—	—	1.480	—
	干混砂浆罐式搅拌机 20000L	台班	193.83	0.058	0.058	—	—

六、挡　　墙

工作内容:选修石料、砌筑、养护、材料场内运输。　　　　**计量单位**:10m³

定额编号				1-184	1-185	1-186	1-187
项目				干砌块石	浆砌块石	浆砌预制块	砖砌体
基价(元)				**2315.24**	**3900.09**	**4441.97**	**4256.15**
其中	人工费(元)			810.00	904.50	771.12	1089.72
	材料费(元)			1505.24	2973.69	3659.80	3147.24
	机械费(元)			—	21.90	11.05	19.19
名称		单位	单价(元)	消耗量			
人工	二类人工	工日	135.00	6.000	6.700	5.712	8.072
材料	块石	t	77.67	19.380	18.660	—	—
	混凝土预制块 综合	m³	345.00	—	—	7.730	—
	标准砖 240×115×53	千块	388.00	—	—	—	5.230
	干混砌筑砂浆 DM M7.5	m³	413.73	—	3.670	2.400	2.630
	水	m³	4.27	—	1.400	—	7.000
机械	干混砂浆罐式搅拌机 20000L	台班	193.83	—	0.113	0.057	0.099

工作内容:1. 混凝土:混凝土浇筑、捣固、抹平、养生等;

2. 模板:模板制作,安装、涂脱模剂;模板拆除、修理、整堆等。

定额编号				1-188	1-189
项目				现浇混凝土	
				混凝土	模板
计量单位				10m³	100m²
基价(元)				**4970.84**	**5236.06**
其中	人工费(元)			296.46	2227.50
	材料费(元)			4664.31	1377.94
	机械费(元)			10.07	1630.62
名称		单位	单价(元)	消耗量	
人工	二类人工	工日	135.00	2.196	16.500
材料	泵送商品混凝土 C30	m³	461.00	10.100	—
	无纺土工布	m²	8.62	0.328	—
	组合钢模板	kg	3.71	—	63.700
	钢模板连接件	kg	3.79	—	25.700
	钢支撑	kg	3.97	—	60.300
	铁件	kg	3.71	—	101.400
	木模板	m³	1445.00	—	0.260
	圆钉	kg	4.74	—	1.900
	脱模剂	kg	1.54	—	10.000
	模板嵌缝料	kg	1.42	—	5.000
	尼龙帽	个	0.60	—	35.700
	水	m³	4.27	1.260	—
机械	履带式起重机 5t	台班	476.74	—	2.800
	混凝土振捣器 平板式	台班	12.54	0.461	—
	混凝土振捣器 插入式	台班	4.65	0.922	—
	载货汽车 4t	台班	369.21	—	0.520
	汽车式起重机 8t	台班	648.48	—	0.160

七、勾缝

工作内容:调制砂浆、清扫石面、勾缝、养护,场内材料运输。 **计量单位**:100m²

定额编号				1-190	1-191	1-192	1-193	1-194
项目				干砌块石面	浆砌块石面	浆砌料石面	浆砌预制块面	干砌块石面
				勾平缝				勾凸缝
基价(元)				**679.67**	**644.84**	**589.07**	**547.11**	**1252.26**
其中	人工费(元)			436.32	401.49	400.28	400.28	832.82
	材料费(元)			240.25	240.25	186.46	145.09	414.01
	机械费(元)			3.10	3.10	2.33	1.74	5.43
名称		单位	单价(元)	消耗量				
人工	二类人工	工日	135.00	3.232	2.974	2.965	2.965	6.169
材料	干混砌筑砂浆 DM M7.5	m³	413.73	0.520	0.520	0.390	0.290	0.940
	水	m³	4.27	5.880	5.880	5.880	5.880	5.880
机械	干混砂浆罐式搅拌机 20000L	台班	193.83	0.016	0.016	0.012	0.009	0.028

工作内容:调制砂浆、清扫石面、勾缝、养护,场内材料运输。 **计量单位**:100m²

定额编号				1-195	1-196	1-197	1-198
项目				浆砌块石面		浆砌料石面	浆砌预制块面
				勾凸缝	勾凹缝		
基价(元)				**1209.33**	**960.74**	**905.78**	**863.01**
其中	人工费(元)			789.89	717.39	716.99	716.18
	材料费(元)			414.01	240.25	186.46	145.09
	机械费(元)			5.43	3.10	2.33	1.74
名称		单位	单价(元)	消耗量			
人工	二类人工	工日	135.00	5.851	5.314	5.311	5.305
材料	干混砌筑砂浆 DM M7.5	m³	413.73	0.940	0.520	0.390	0.290
	水	m³	4.27	5.880	5.880	5.880	5.880
机械	干混砂浆罐式搅拌机 20000L	台班	193.83	0.028	0.016	0.012	0.009

八、伸缩缝

工作内容:截铺油毡,配料、拌制熬涂沥青,场内材料运输,现场制作沥青板。 **计量单位**:10m²

定额编号				1-199	1-200	1-201
项目				伸缩缝		
				二毡三油	每增减一毡一油	沥青板
基价(元)				**237.70**	**83.44**	**978.19**
其中	人工费(元)			63.18	21.87	494.10
	材料费(元)			174.52	61.57	484.09
	机械费(元)			—	—	—
名称		单位	单价(元)	消耗量		
人工	二类人工	工日	135.00	0.468	0.162	3.660
材料	石油沥青	kg	2.67	48.670	15.140	33.000
	石油沥青油毡 350g	m²	1.90	20.400	10.200	—
	木柴	kg	0.16	24.340	7.350	79.560
	木板 δ20	m³	1638.00	—	—	0.230
	圆钉	kg	4.74	—	—	0.050
	其他材料费	元	1.00	1.92	0.59	6.27

第三章
地基加固、围护工程

说 明

一、本章定额包括地基注浆、高压旋喷桩、水泥搅拌桩、地下连续墙、渠式切割深层搅拌地下水泥土连续墙(TRD)、咬合灌注桩、碎石振冲桩、钢筋锚杆(索)、土钉、喷射混凝土(护坡),共10节66个子目。

二、本章定额按软土地层建筑地下构筑物时采用的地基加固方法和围护工艺进行编制。地基加固是控制地表沉降,提高土体承载力,降低土体渗透系数的一个手段,适用于深基坑底部稳定、基坑与边坡支护、隧道暗挖法施工、路基和其他建筑物基础加固等。

三、地基注浆所用的浆体材料(水泥、外加剂等)用量应按设计含量调整。

四、高压旋喷桩:

1. 定额已综合考虑接头处的复喷工料。高压旋喷桩中设计水泥用量与定额不同时,可根据设计有关规定进行调整。

2. 施工产生涌土、浮浆的清除外运,按成桩工程量乘以系数0.25计算,套用本册第一章中土方外运定额子目。

五、水泥搅拌桩:

1. 单、双轴深层水泥搅拌桩定额的水泥掺入量按加固土重(1800kg/m^3)的13%考虑,三轴水泥搅拌桩、钉型水泥土双向搅拌桩定额的水泥掺入量分别按加固土重(1800kg/m^3)的18%和13%考虑,如设计水泥掺量不同时按每增减1%定额计算。

2. 单、双轴水泥搅拌桩定额已综合考虑了正常施工工艺所需要的重复喷浆(粉)和搅拌。

3. 单、双轴深层水泥搅拌桩、三轴水泥搅拌桩定额按二搅二喷施工工艺考虑,设计不同时,每增一搅一喷按相应定额的人工消耗量和机械消耗量乘以系数0.4增加相应费用;每减一搅一喷按相应定额的人工消耗量和机械消耗量乘以系数0.4扣减相应费用。

4. 三轴水泥搅拌桩设计要求全断面套打时,相应定额的人工及机械乘以系数1.5,其余不变。

5. 水泥搅拌桩空搅部分费用按相应定额人工及搅拌桩机台班乘以系数0.5计算,其余不计。

6. 插、拔型钢定额中已综合考虑了正常施工条件下的型钢施工损耗,型钢的租赁使用费另行计取。若遇设计或场地原因要求只插不拔时,每吨工程量扣除人工0.26工日、50t履带式起重机0.042台班以及立式油压千斤顶、液压机所有台班消耗量,并增加型钢消耗量950kg。

7. 水泥搅拌桩桩顶凿除执行本定额第三册《桥涵工程》第九章“临时工程”中的凿除灌注桩定额子目并乘以系数0.1计算。

8. 深层水泥搅拌桩施工产生涌土、浮浆的清除外运,按成桩工程量乘以系数0.2计算,执行本册第一章土方外运定额子目。

9. 定额按不掺添加剂编制,如设计有要求,另按设计要求增加添加剂材料费。

六、地下连续墙:

1. 挖土成槽的护壁泥浆按普通泥浆编制,若需要采用重晶石泥浆可进行调整。

2. 导墙开挖、挖土成槽土方的运输、回填,套用本册定额第一章“土石方工程”相应定额。成槽产生的泥浆按成槽工程量乘以系数0.2计算。泥浆池搭拆、废浆处理及外运套用本定额第三册《桥涵工程》相应定额。地下连续墙墙顶凿除执行本定额第三册《桥涵工程》第九章“临时工程”中的凿除灌注桩定额子目。

3. 地下连续墙钢筋笼、钢筋网片、预埋铁件以及导墙钢筋制作、安装,执行本册定额第四章“钢筋工程”相应定额子目。

4. 地下连续墙在软岩与极软岩中施工时不计入岩增加费。

5. 地下连续墙墙底注浆管埋设及注浆定额执行本定额第三册《桥涵工程》钻孔灌注桩的相应定额。

七、渠式切割深层搅拌地下水泥土连续墙(TRD)、咬合灌注桩的导墙按地下连续墙导墙相应定额子目执行。渠式切割深层搅拌地下水泥土连续墙(TRD)施工产生涌土、浮浆的清除外运,按成桩工程量乘以系数0.25计算,执行本册第一章土方外运定额子目。渠式切割深层搅拌地下水泥土连续墙(TRD)墙顶凿除执行本定额第三册《桥涵工程》第九章临时工程中的凿除灌注桩定额子目乘以系数0.1。

八、振冲碎石桩空打部分按相应定额的人工及机械乘以系数0.5计算,其余不计。振冲碎石桩泥浆池建拆、泥浆外运工程量按成桩工程量乘以系数0.2计算,套用本定额第三册《桥涵工程》中的相应定额。

九、锚杆定额按水平施工编制,当设计为垂直锚杆时(≥75°)钻孔定额人工及机械消耗量乘以系数0.85,其他不变。锚杆、锚索注浆定额中注浆材料按水泥砂浆编制,如设计不同时,材料价格换算,其余不变。锚索制作、安装定额未包括钢绞线锚索回收,发生时另行计算回收费用。

十、高压旋喷桩、深层水泥搅拌桩、振冲碎石桩的单位工程打桩工程量少于$100m^3$时,打桩定额人工及机械乘以系数1.25。

工程量计算规则

一、地基注浆:

1. 分层注浆:钻孔按设计图纸规定深度以“m”计算,注浆工程量按设计图纸注明体积计算。

2. 压密注浆:钻孔按设计图纸规定深度以“m”计算,注浆工程量按以下规定计算:

(1)设计图纸明确加固土体体积的,按设计图纸注明的体积计算;

(2)设计图纸以布点形式图示土体加固范围的,则按两孔间距的一半作为扩散半径,以布点边线各加扩散半径,形成计算平面,计算注浆体积;

(3)如设计图纸注浆点在钻孔灌注桩之间,按两注浆孔距的一半作为每孔的扩散半径,以此圆柱体积计算注浆体积。

二、高压旋喷桩工程量,钻孔按原地面至设计桩底底面的距离以“延长米”计算,喷浆按设计加固桩截面面积乘以设计桩长以“m^3”计算,不扣除桩与桩之间的搭接。

三、水泥搅拌桩:

1. 深层水泥搅拌桩不分单轴、双轴和三轴,均按设计图示单个圆形截面积乘以桩长以“m^3”计算,不扣除重叠部分面积。加灌长度,设计有规定时,按设计要求计算;设计无规定时,加灌长度按0.5m计算;若设计桩顶标高至打桩前的原地面高差小于0.5m时,加灌长度按实际计算。

2. 空搅部分的长度按原地面至设计桩顶面的长度减去加灌长度计算。

3. 插、拔型钢工程量按设计图示型钢重量以“t”计算。

4. 钉型水泥土双向搅拌桩按单个桩截面面积乘以桩长计算,不扣除重叠部分面积。

四、地下连续墙:

1. 导墙开挖按设计长度乘开挖宽度及深度以“m^3”计算,浇捣混凝土按设计图示以“m^3”计算。

2. 成槽工程量按设计长度乘墙厚及成槽深度(自然地坪至连续墙底深度)以“m^3”计算。泥浆池建拆、泥浆外运工程量按成槽工程量乘以系数0.2计算。入岩增加费按设计长度乘以墙厚乘以入岩深度以“m^3”计算。

3. 工字钢封口制作工程量按设计图示尺寸及施工规范以“t”计算。

4. 连续墙混凝土浇注工程量按设计长度乘墙厚及墙深另加加灌高度以“m^3”计算。加灌高度,设计有规定时,按设计规定计算;设计无规定时,按0.5m计算;若设计墙顶标高至原地面高差小于0.5m时,加灌高度按实际计算。

5. 接头管、接头箱及清底置换按设计图示连续墙的单元以“段”为单位,其中清底置换按连续墙设计段数计算,接头管、接头箱吊拔按连续墙段数计算。定额中已包括接头管、接头箱的摊销费用。

五、渠式切割深层搅拌地下水泥土连续墙(TRD)工程量按成槽设计长度乘以墙厚及成槽深度另加加灌高度以“m^3”计算。加灌高度,设计有规定时,按设计规定计算;设计无规定时,按0.5m计算;若设计墙顶标高至原地面高差小于0.5m时,加灌高度按实际计算。

六、咬合灌注桩按设计图示单个圆形截面积乘以桩长以“m^3”计算,不扣除重叠部分面积。

七、振冲碎石桩按设计桩长另加加灌长度乘以设计桩径截面积,以“m^3”计算。加灌长度,设计有规定时,按设计规定计算;设计无规定时,按0.5m计算;若设计桩顶标高至原地面高差小于0.5m时,加灌高度按实际计算。

八、锚杆(索)钻孔、注浆工程量分不同孔径按设计图示入土长度以“延长米”计算。锚杆制作、安装工程量按设计图示重量以“t”计算。锚墩、承压板制作、安装按设计图示以“个”计算。

九、砂浆土钉、钢管护坡土钉工程量按设计图示长度以“m”为单位计算。

十、护坡喷射混凝土按设计图示尺寸以“m^2”计算,挂网按设计用钢量以“t”计算。

一、地 基 注 浆

1. 分 层 注 浆

工作内容：定位、钻孔；注护壁泥浆；放置注浆阀管；配置浆液、插入注浆芯管；分层劈裂注浆；检测注浆效果等。

定额编号				1-202	1-203
项目				钻孔	注浆
计量单位				m	m^3
基价(元)				**28.08**	**138.18**
其中	人工费(元)			16.20	22.68
	材料费(元)			11.51	106.11
	机械费(元)			0.37	9.39
	名称	单位	单价(元)	消耗量	
人工	二类人工	工日	135.00	0.120	0.168
材料	普通硅酸盐水泥 P·O 42.5 综合	t	346.00	—	0.164
	促进剂 KA	kg	4.61	—	10.300
	塑料注浆阀管	m	11.51	1.000	—
	其他材料费	元	1.00	—	1.88
机械	液压注浆泵 HYB50/50－1 型	台班	75.11	—	0.040
	灰浆搅拌机 200L	台班	154.97	—	0.040
	沉管设备	台班	12.40	0.030	0.015

2. 压 密 注 浆

工作内容：定位、钻孔；配置浆液、安插注浆管；分段压密注浆；检测注浆效果等。

定额编号				1-204	1-205
项目				钻孔	注浆
计量单位				m	m^3
基价(元)				**21.39**	**77.15**
其中	人工费(元)			16.20	23.63
	材料费(元)			4.82	45.06
	机械费(元)			0.37	8.46
	名称	单位	单价(元)	消耗量	
人工	二类人工	工日	135.00	0.120	0.175
材料	普通硅酸盐水泥 P·O 42.5 综合	t	346.00	—	0.128
	注浆管	kg	6.03	0.800	—
	其他材料费	元	1.00	—	0.77
机械	液压注浆泵 HYB50/50－1 型	台班	75.11	—	0.035
	灰浆搅拌机 400L	台班	161.27	—	0.035
	沉管设备	台班	12.40	0.030	0.015

二、高压旋喷桩

工作内容：测量放线，桩机移位、定位、钻孔、调制水泥浆，插入旋喷管，分层旋喷水泥浆、清理等。

定额编号				1-206	1-207	1-208	1-209
项目				钻孔	喷浆		
					单重管	双重管	三重管
					水泥掺量 25%		水泥掺量 30%
计量单位				10m	10m³		
基价（元）				**233.03**	**2073.80**	**2388.66**	**2994.02**
其中	人工费（元）			109.08	194.81	343.98	395.55
	材料费（元）			5.08	1646.26	1660.85	2001.91
	机械费（元）			118.87	232.73	383.83	596.56
名称		单位	单价(元)	消耗量			
人工	二类人工	工日	135.00	0.808	1.443	2.548	2.930
材料	普通硅酸盐水泥 P·O 42.5 综合	t	346.00	—	4.590	4.590	5.508
	高压橡胶管 ϕ100	m	32.41	—	—	0.443	0.885
	橡胶管	m	5.14	—	0.885	0.885	0.885
	喷射管	m	20.47	—	0.199	0.199	0.199
	水	m³	4.27	1.189	5.013	5.010	5.778
	其他材料费	元	1.00	—	28.09	28.34	34.16
机械	液压钻机 XU－100	台班	243.89	0.202	—	—	—
	单重管旋喷机	台班	369.96	—	0.289	—	—
	双重管旋喷机	台班	394.70	—	—	0.364	—
	三重管旋喷机	台班	419.43	—	—	—	0.419
	液压注浆泵 HYB50/50－1 型	台班	75.11	—	0.289	0.364	0.419
	灰浆搅拌机 200L	台班	154.97	—	0.289	0.364	0.419
	泥浆泵 100mm	台班	205.25	—	0.289	0.364	0.419
	电动空气压缩机 6m³/min	台班	224.45	—	—	0.364	0.419
	电动多级离心清水泵 ϕ200 $h\leq$280m	台班	344.57	0.202	—	—	0.419

三、水泥搅拌桩

1. 深层水泥搅拌桩

工作内容:机具就位,预搅下沉,拌制水泥浆或筛水泥粉,喷水泥浆或水泥粉,并搅拌提升,重复下、上搅拌,移位。

计量单位:10m³

定额编号				1-210	1-211	1-212	1-213	1-214
项目				三轴水泥搅拌桩	双轴搅拌桩	单轴搅拌桩	单头搅拌桩	水泥掺量每增减 1%
				二搅二喷	喷浆		喷粉	
基价(元)				**2003.48**	**1266.86**	**1494.35**	**1466.40**	**66.23**
其中	人工费(元)			200.07	202.50	380.70	380.70	—
	材料费(元)			1165.16	845.61	845.61	833.60	66.23
	机械费(元)			638.25	218.75	268.04	252.10	—
名称		单位	单价(元)	消耗量				
人工	二类人工	工日	135.00	1.482	1.500	2.820	2.820	—
材料	普通硅酸盐水泥 P·O 42.5 综合	t	346.00	3.272	2.363	2.363	2.363	0.182
	水	m³	4.27	3.524	3.048	3.048	—	0.762
	其他材料费	元	1.00	18.00	15.00	15.00	16.00	—
机械	单头搅拌桩机(喷浆)	台班	465.48	—	—	0.417	—	—
	三轴搅拌桩机 850 型	台班	2826.15	0.186	—	—	—	—
	双头搅拌桩机(喷浆)	台班	591.04	—	0.222	—	—	—
	灰浆搅拌机 200L	台班	154.97	0.186	0.444	0.417	—	—
	挤压式灰浆输送泵 3m³/h	台班	55.46	0.186	0.221	0.168	—	—
	电动单级离心清水泵 50mm	台班	29.31	—	0.221	—	—	—
	单头搅拌桩机(喷粉)	台班	473.29	—	—	—	0.417	—
	偏心式震动筛 12~16m³/h	台班	27.38	—	—	—	0.115	—
	电动空气压缩机 3m³/min	台班	122.54	—	—	—	0.421	—
	电动空气压缩机 10m³/min	台班	394.85	0.186	—	—	—	—

2. 插、拔型钢

工作内容:准备工作,安、拆插桩机具,刷脱膜剂,插型钢桩,安、拆拔桩机具,拔桩,堆放,清理。 **计量单位:**t

定额编号				1-215
项目				插、拔型钢
基价(元)				**735.87**
其中	人工费(元)			87.62
	材料费(元)			484.39
	机械费(元)			163.86
名称		单位	单价(元)	消耗量
人工	二类人工	工日	135.00	0.649
材料	型钢 综合	kg	3.84	50.000
	电焊条 E43 系列	kg	4.74	5.170
	减磨剂	kg	15.52	14.000
	氧气	m^3	3.62	2.580
	乙炔气	m^3	8.90	1.940
	其他材料费	元	1.00	24.00
机械	履带式起重机 50t	台班	1364.92	0.106
	交流弧焊机 32kV·A	台班	92.84	0.068
	立式油压千斤顶 200t	台班	11.52	0.113
	液压机 2000kN	台班	202.82	0.057

3. 钉型水泥土双向搅拌桩

工作内容:机具就位、搅拌水泥浆、喷浆搅拌下沉、搅拌、桩顶提升、桩顶整平、桩机移位。 **计量单位:**$10m^3$

定额编号				1-216
项目				钉型水泥土双向搅拌桩
基价(元)				**1595.38**
其中	人工费(元)			326.30
	材料费(元)			831.26
	机械费(元)			437.82
名称		单位	单价(元)	消耗量
人工	二类人工	工日	135.00	2.417
材料	普通硅酸盐水泥 P·O 42.5 综合	t	346.00	2.363
	水	m^3	4.27	3.200
机械	DM-3 喷浆搅拌机	台班	660.00	0.523
	灰浆搅拌机 200L	台班	154.97	0.523
	挤压式灰浆输送泵 $3m^3/h$	台班	55.46	0.209

四、地下连续墙

1. 导　墙

工作内容:1. 导墙开挖:放样、机械挖土、装车、人工整修,浇捣混凝土基座,沟槽排水;
2. 现浇导墙:配模单边立模,设置分隔板,浇捣混凝土、养护,折模、清理堆放。

定额编号				1-217	1-218	1-219
项目				导墙开挖	现浇混凝土导墙	
					混凝土	模板
计量单位				$100m^3$	$10m^3$	$10m^2$
基价(元)				**2100.83**	**4683.04**	**492.16**
其中	人工费(元)			1539.00	303.75	263.25
	材料费(元)			—	4376.40	206.42
	机械费(元)			561.83	2.89	22.49
名称		单位	单价(元)	消耗量		
人工	二类人工	工日	135.00	11.400	2.250	1.950
材料	泵送商品混凝土 C20	m^3	431.00	—	10.100	—
	钢模板	kg	5.96	—	—	6.232
	钢模板连接件	kg	3.79	—	—	1.173
	钢模支撑	kg	4.74	—	—	3.672
	木模板	m^3	1445.00	—	—	0.074
	铁件	kg	3.71	—	—	9.714
	圆钉	kg	4.74	—	—	0.194
	其他材料费	元	1.00	—	23.30	3.54
机械	履带式单斗液压挖掘机 $0.6m^3$	台班	624.26	0.900	—	—
	混凝土振捣器 插入式	台班	4.65	—	0.621	—
	载货汽车 4t	台班	369.21	—	—	0.048
	汽车式起重机 5t	台班	366.47	—	—	0.013

2. 挖 土 成 槽

工作内容：机具定位、安放跑板导轨、制浆、输送、循环分离泥浆，钻孔、挖土成槽、护壁整修测量等。 **计量单位：**10m³

定额编号				1-220	1-221	1-222	1-223	1-224	1-225
项目				履带式液压抓斗成槽					
				15m 以内	25m 以内	35m 以内	45m 以内	55m 以内	55m 以上
基价（元）				**2009.58**	**2264.00**	**2437.67**	**2805.87**	**3963.37**	**4687.01**
其中	人工费（元）			527.31	595.35	673.11	748.98	1259.55	1397.25
	材料费（元）			371.59	371.59	371.59	371.59	371.59	371.59
	机械费（元）			1110.68	1297.06	1392.97	1685.30	2332.23	2918.17
名称		单位	单价(元)	消耗量					
人工	二类人工	工日	135.00	3.906	4.410	4.986	5.548	9.330	10.350
材料	护壁泥浆	m³	30.17	7.538	7.538	7.538	7.538	7.538	7.538
	水	m³	4.27	21.000	21.000	21.000	21.000	21.000	21.000
	其他材料费	元	1.00	54.50	54.50	54.50	54.50	54.50	54.50
机械	履带式液压抓斗成槽机 KH180MHL－800	台班	2617.54	0.230	0.270	0.290	0.350	—	—
	超声波测壁机	台班	228.58	0.120	0.158	0.169	0.222	0.213	0.266
	泥浆制作循环设备	台班	1596.76	0.230	0.270	0.290	0.350	0.402	0.503
	自卸汽车 5t	台班	455.85	0.250	0.270	0.290	0.350	0.402	0.503
	履带式液压抓斗成槽机 SG60A	台班	3817.79	—	—	—	—	0.382	0.478

工作内容：准备机具、成槽出渣、清孔等。 **计量单位：**10m³

定额编号				1-226
项目				入岩增加费
基价（元）				**9957.29**
其中	人工费（元）			3555.90
	材料费（元）			—
	机械费（元）			6401.39
名称		单位	单价(元)	消耗量
人工	二类人工	工日	135.00	26.340
机械	泥浆泵 100mm	台班	205.25	1.584
	冲击成孔机 CZ－30	台班	419.69	14.478

3. 工字钢封口

工作内容:钢筋解捆、除锈,调直、下料、弯曲,焊接、除碴,绑扎成型,运输入模。 **计量单位:**t

定额编号				1-227	1-228
项目				制作	安装
基价(元)				**6252.53**	**300.63**
其中	人工费(元)			728.19	194.40
	材料费(元)			5181.00	22.89
	机械费(元)			343.34	83.34
名称		单位	单价(元)	消耗量	
人工	二类人工	工日	135.00	5.394	1.440
材料	枋木	m^3	776.00	—	0.003
	枕木	m^3	2457.00	—	0.005
	氯丁胶粘结剂	kg	12.24	6.180	—
	氧气	m^3	3.62	3.585	—
	乙炔气	m^3	8.90	2.689	—
	硬泡沫塑料板	m^3	474.00	1.360	—
	型钢 综合	t	3836.00	1.060	—
	电焊条	kg	4.31	75.910	1.630
	其他材料费	元	1.00	30.47	1.25
机械	履带式起重机 15t	台班	702.00	0.126	0.108
	交流弧焊机 42kV·A	台班	129.55	1.944	—
	交流弧焊机 32kV·A	台班	92.84	—	0.081
	电动空气压缩机 $1m^3/min$	台班	48.22	0.063	—

4. 接头管吊拔

工作内容:接口管对接组装,入槽就位,浇捣混凝土工程中上下移动,拔除、拆卸、冲洗堆放。 **计量单位:**段

定额编号				1-229	1-230	1-231	1-232	1-233	1-234
项目				接头管吊拔					
				15m 以内	25m 以内	35m 以内	45m 以内	55m 以内	55m 以上
基价(元)				**2447.33**	**2558.69**	**3220.56**	**3410.11**	**4557.63**	**4640.60**
其中	人工费(元)			1458.00	1458.00	1458.00	1458.00	1539.00	1539.00
	材料费(元)			130.43	206.69	381.69	510.14	538.72	621.69
	机械费(元)			858.90	894.00	1380.87	1441.97	2479.91	2479.91
名称		单位	单价(元)	消耗量					
人工	二类人工	工日	135.00	10.800	10.800	10.800	10.800	11.400	11.400
材料	接头管	kg	3.88	31.146	48.160	90.950	122.830	128.970	148.030
	水	m^3	4.27	1.667	3.000	4.000	4.000	4.000	5.000
	橡胶管	m	5.14	0.310	1.110	1.940	2.780	3.620	4.460
	钢丝绳 综合	kg	6.45	0.135	0.203	0.271	0.339	0.407	0.475
机械	履带式起重机 15t	台班	702.00	0.850	0.900	—	—	—	—
	履带式起重机 40t	台班	1242.97	—	—	0.900	—	—	—
	履带式起重机 60t	台班	1456.51	—	—	—	0.810	—	—
	履带式起重机 100t	台班	2737.92	—	—	—	—	0.810	0.810
	垂直顶升设备	台班	1456.65	0.180	0.180	0.180	0.180	0.180	0.180

5. 接头箱吊拔

工作内容：接口管对接组装，入槽就位，浇捣混凝土工程中上下移动，拔除、拆卸、冲洗堆放。 **计量单位**：段

定额编号				1-235	1-236	1-237	1-238	1-239	1-240
项目				接头箱吊拔					
				15m以内	25m以内	35m以内	45m以内	55m以内	55m以上
基价（元）				**2546.32**	**2679.32**	**3398.43**	**3885.99**	**5329.79**	**5881.85**
其中	人工费（元）			1458.00	1458.00	1458.00	1458.00	1458.00	1539.00
	材料费（元）			229.42	327.32	559.56	789.38	1014.37	1239.01
	机械费（元）			858.90	894.00	1380.87	1638.61	2857.42	3103.84
	名称	单位	单价(元)	消耗量					
人工	二类人工	工日	135.00	10.800	10.800	10.800	10.800	10.800	11.400
材料	接头箱	kg	4.31	50.020	70.040	120.960	171.880	222.880	273.800
	水	m^3	4.27	1.667	3.000	4.000	5.000	5.500	6.000
	橡胶管	m	5.14	1.000	2.000	3.500	4.500	5.000	5.500
	钢丝绳 综合	kg	6.45	0.244	0.366	0.488	0.635	0.709	0.782
机械	履带式起重机 15t	台班	702.00	0.850	0.900	—	—	—	—
	履带式起重机 40t	台班	1242.97	—	—	0.900	—	—	—
	履带式起重机 60t	台班	1456.51	—	—	—	0.900	—	—
	履带式起重机 100t	台班	2737.92	—	—	—	—	0.900	0.990
	垂直顶升设备	台班	1456.65	0.180	0.180	0.180	0.225	0.270	0.270

6. 浇捣混凝土连续墙

工作内容：1. 清底置换：地下墙接缝清刷、空压机吹气搅拌吸泥、清底置换；

2. 浇注混凝土：浇捣架就位、导管安折、商品混凝土浇注、吸泥浆入池。

定额编号				1-241	1-242
项目				清底置换	浇注混凝土
计量单位				段	$10m^3$
基价（元）				**1752.20**	**6001.72**
其中	人工费（元）			874.80	251.91
	材料费（元）			77.43	5665.63
	机械费（元）			799.97	84.18
	名称	单位	单价(元)	消耗量	
人工	二类人工	工日	135.00	6.480	1.866
材料	护壁泥浆	m^3	30.17	2.500	—
	非泵送水下商品混凝土 C30	m^3	462.00	—	12.120
	水	m^3	4.27	—	6.000
	其他材料费	元	1.00	2.00	40.57
机械	履带式起重机 15t	台班	702.00	0.810	0.113
	泥浆泵 100mm	台班	205.25	0.810	—
	电动空气压缩机 $1m^3/min$	台班	48.22	1.350	—
	地下墙混凝土浇捣架	台班	18.54	—	0.207
	混凝土振捣器 插入式	台班	4.65	—	0.219

五、渠式切割深层搅拌地下水泥土连续墙(TRD)

工作内容:桩机就位箱体、放护桶、定位、下切割箱体、拌制膨润土、上下左右移动切割、拌制水泥浆来回切割三遍、移位。

计量单位:$10m^3$

定额编号					1-243
项目					TRD 工法搅拌
基价(元)					**6171.91**
其中	人工费(元)				667.44
	材料费(元)				2147.65
	机械费(元)				3356.82
名称		单位	单价(元)		消耗量
人工	二类人工	工日	135.00		4.944
材料	硅酸钠 水玻璃	kg	0.70		41.400
	普通硅酸盐水泥 P·O 42.5 综合	t	346.00		3.272
	水	m^3	4.27		5.500
	膨润土	kg	0.47		900.000
	金属周转材料	kg	3.95		128.880
	其他材料费	元	1.00		31.00
机械	超声波测壁机	台班	228.58		0.124
	履带式单斗液压挖掘机 $1m^3$	台班	914.79		0.333
	灰浆搅拌机 400L	台班	161.27		0.276
	挤压式灰浆输送泵 $5m^3/h$	台班	77.66		0.276
	电动空气压缩机 $20m^3/min$	台班	568.57		0.276
	履带式起重机 100t	台班	2737.92		0.152
	TRD 搅拌桩机	台班	5572.00		0.428

六、咬合灌注桩

工作内容:桩机移位、成孔、固壁,混凝土灌注、养护,套管压拔等。　　**计量单位**:$10m^3$

定额编号					1-244	1-245
项目					钻孔	混凝土
基价(元)					**3726.00**	**5079.56**
其中	人工费(元)				961.61	204.12
	材料费(元)				137.24	4875.44
	机械费(元)				2627.15	—
名称			单位	单价(元)	消耗量	
人工	二类人工		工日	135.00	7.123	1.512
材料	非泵送水下商品混凝土 C25		m^3	448.00	—	10.747
	铁件		kg	3.71	10.500	—
	枕木		m^3	2457.00	0.040	—
	导管		kg	1.98	—	3.800
	六角螺栓		kg	8.75	—	0.410
	其他材料费		元	1.00	—	49.67
机械	钻孔咬合桩机		台班	1848.22	1.070	—
	电动多级离心清水泵 $\phi100$ $h\leq120m$		台班	167.48	0.984	—
	履带式起重机 40t		台班	1242.97	0.390	—

七、振冲碎石桩

工作内容:准备机具、移动桩机、成孔、灌注碎石、振实。　　**计量单位**:$10m^3$

定额编号				1-246	1-247	1-248
项目				桩径(mm)		
				600 以内	800 以内	800 以上
基价(元)				**3677.08**	**3388.69**	**3261.02**
其中	人工费(元)			564.98	458.60	398.66
	材料费(元)			2253.80	2253.80	2256.20
	机械费(元)			858.30	676.29	606.16
名称		单位	单价(元)	消耗量		
人工	二类人工	工日	135.00	4.185	3.397	2.953
材料	碎石 综合	t	102.00	21.205	21.205	21.205
	水	m^3	4.27	19.880	19.880	19.880
	其他材料费	元	1.00	6.00	6.00	8.40
机械	履带式起重机 25t	台班	757.92	0.514	0.405	0.363
	振冲器 ZCQ－75	台班	414.97	0.514	0.405	0.363
	轮胎式装载机 $1m^3$	台班	496.96	0.514	0.405	0.363

八、钢筋锚杆(索)

1. 锚杆、锚索钻孔

工作内容:钻孔机具安、拆,钻孔,安、拔防护套管。 **计量单位**:100m

定额编号				1-249	1-250	1-251	1-252	1-253
项目				锚钻孔孔径(mm)				
				土层机械钻孔			入岩增加费	
				150 以内	200 以内	250 以内	200 以内	200 以外
基价(元)				**2150.52**	**2414.75**	**2692.06**	**6223.30**	**7780.48**
其中	人工费(元)			1150.07	1293.84	1444.77	3306.15	4153.28
	材料费(元)			36.74	36.74	36.74	146.94	146.94
	机械费(元)			963.71	1084.17	1210.55	2770.21	3480.26
名称		单位	单价(元)	消耗量				
人工	二类人工	工日	135.00	8.519	9.584	10.702	24.490	30.765
材料	金属周转材料	kg	3.95	9.300	9.300	9.300	37.200	37.200
机械	锚杆钻孔机 MGL135	台班	454.58	2.120	2.385	2.663	6.094	7.656

2. 锚杆、锚索注浆

工作内容:搅拌灰浆、灌浆、浇捣端头锚固件保护混凝土。 **计量单位**:100m

定额编号				1-254	1-255	1-256
项目				孔径(mm)		
				150 以内	200 以内	250 以内
基价(元)				**1179.54**	**1901.96**	**2855.21**
其中	人工费(元)			355.32	549.32	818.51
	材料费(元)			671.22	1116.12	1684.22
	机械费(元)			153.00	236.52	352.48
名称		单位	单价(元)	消耗量		
人工	二类人工	工日	135.00	2.632	4.069	6.063
材料	非泵送商品混凝土 C25	m^3	421.00	0.129	0.169	0.227
	高压胶管 ϕ50	m	17.24	1.500	1.500	1.500
	水泥砂浆 1:1	m^3	294.20	2.009	3.464	5.312
机械	灰浆搅拌机 200L	台班	154.97	0.665	1.028	1.532
	液压注浆泵 HYB50/50-1 型	台班	75.11	0.665	1.028	1.532

3. 锚杆(索)制作、安装

工作内容:1. 锚杆制作安装:钢筋除锈、调直、切断、焊接、成型、包裹;

2. 锚索制作安装及张拉:制作、穿入孔内,就位、固定、张拉、锚固等;

3. 锚墩、承压板制作安装:制作、安装、锚固、防锈处理等。

定额编号				1-257	1-258	1-259	1-260
项目				锚杆制作、安装		锚索制作、安装及张拉	锚墩、承压板制作、安装
				钢筋	钢管		
计量单位				t			10 个
基价(元)				**4875.36**	**4793.10**	**10075.32**	**1982.22**
其中	人工费(元)			550.67	475.34	3077.19	1196.10
	材料费(元)			4290.26	4295.37	5953.89	786.12
	机械费(元)			34.43	22.39	1044.24	—
名称		单位	单价(元)	消耗量			
人工	二类人工	工日	135.00	4.079	3.521	22.794	8.860
材料	热轧带肋钢筋 HRB400 综合	t	3849.00	1.100	0.025	—	—
	钢管	t	3879.00	—	1.075	—	—
	电焊条 E55 系列	kg	10.34	4.000	—	8.710	—
	电焊条 E43 系列	kg	4.74	—	3.000	—	—
	板方材	m^3	1034.00	—	—	—	0.100
	石油沥青	kg	2.67	—	—	—	19.000
	热轧光圆钢筋 综合	kg	3.97	—	—	51.500	—
	钢绞线 综合	t	5336.00	—	—	1.030	—
	中厚钢板 综合	kg	3.79	—	—	—	98.280
	铁件	kg	3.71	—	—	19.330	12.700
	防锈漆 C53－1	kg	14.05	—	—	—	1.000
	聚氯乙烯软管 $D20\times2.5$	m	0.33	—	—	233.900	—
	非泵送商品混凝土 C30	m^3	438.00	—	—	—	0.430
	其他材料费	元	1.00	15.00	15.00	14.39	10.00
机械	钢筋切断机 40mm	台班	43.28	0.285	—	—	—
	管子切断机 150mm	台班	29.76	—	0.219	—	—
	半自动切割机 100mm	台班	92.61	—	—	0.162	—
	电动卷扬机－单筒慢速 10kN	台班	171.01	—	—	1.501	—
	预应力钢筋拉伸机 650kN	台班	24.94	—	—	3.468	—
	高压油泵 80MPa	台班	184.68	—	—	3.468	—
	交流弧焊机 32kV·A	台班	92.84	0.238	0.171	0.491	—

九、土　　钉

工作内容:搭拆操作平台、选眼位、打眼、洗眼,土钉制作、安装,调制砂浆、灌浆、封口等。　　**计量单位**:10m

定额编号				1-261	1-262
项目				砂浆土钉	钢管护坡土钉
基价(元)				**313.17**	**400.57**
其中	人工费(元)			125.55	182.25
	材料费(元)			153.16	185.91
	机械费(元)			34.46	32.41
名称		单位	单价(元)	消耗量	
人工	二类人工	工日	135.00	0.930	1.350
材料	普通硅酸盐水泥 P·O 42.5 综合	kg	0.34	30.590	98.000
	黄砂 净砂(中粗砂)	t	102.00	0.060	—
	钢筋 ϕ10 以外	kg	3.04	31.290	—
	中厚钢板 综合	kg	3.79	5.890	—
	合金钢钻头	个	21.55	0.300	—
	碳素结构钢镀锌焊接钢管 *DN*32×3.5	m	14.69	—	10.200
	板方材	m^3	1034.00	0.010	—
	水	m^3	4.27	0.381	—
	其他材料费	元	1.00	0.76	2.75
机械	气腿式风动凿岩机	台班	13.62	0.312	—
	电动空气压缩机 $10m^3/min$	台班	394.85	0.060	—
	气动灌浆机	台班	11.20	0.026	0.172
	灰浆搅拌机 400L	台班	161.27	0.009	0.189
	电动修钎机	台班	111.00	0.043	—

十、喷射混凝土(护坡)

工作内容:1. 挂网:钢筋网制作、挂网、绑扎点焊;

2. 支护:基层清理、喷射混凝土、收回弹料、找平面层等。

定额编号				1-263	1-264	1-265	1-266	1-267
项目				喷射混凝土挂网	喷射混凝土支护无筋(斜面)		喷射混凝土支护有筋(斜面)	
				制作、安装	初喷 5cm	每增 1cm	初喷 5cm	每增 1cm
计量单位				t	100m²			
基价(元)				**5461.21**	**3845.73**	**627.39**	**4394.19**	**688.38**
其中	人工费(元)			1059.35	1499.31	161.60	1874.07	201.42
	材料费(元)			4139.90	1920.54	380.54	1987.82	380.54
	机械费(元)			261.96	425.88	85.25	532.30	106.42
名称		单位	单价(元)	消耗量				
人工	二类人工	工日	135.00	7.847	11.106	1.197	13.882	1.492
材料	热轧光圆钢筋 综合	t	3966.00	1.020	—	—	—	—
	低合金钢焊条 E43 系列	kg	4.74	10.200	—	—	—	—
	镀锌铁丝	kg	6.55	0.800	—	—	—	—
	喷射混凝土 1:2.5:2	m³	337.71	—	5.500	1.100	5.500	1.100
	高压胶皮风管 ϕ25－6P－20m	m	15.52	—	1.500	0.200	5.750	0.200
	其他材料费	元	1.00	40.99	39.85	5.95	41.17	5.95
机械	钢筋调直机 14mm	台班	37.97	0.165	—	—	—	—
	钢筋切断机 40mm	台班	43.28	0.157	—	—	—	—
	交流弧焊机 32kV·A	台班	92.84	2.681	—	—	—	—
	混凝土喷射机 5m³/h	台班	203.74	—	0.755	0.151	0.944	0.189
	电动空气压缩机 10m³/min	台班	394.85	—	0.689	0.138	0.861	0.172

第四章

钢 筋 工 程

说 明

一、本章定额包括普通钢筋、预应力钢筋、预应力钢绞线、钢筋场内运输、地下连续墙钢筋笼安放，共5节71个子目。

二、本章定额适用于市政道路、桥梁、隧道、给排水及生活垃圾处理等工程。

三、定额中钢筋按圆钢及带肋钢筋两种分列，圆钢采用HPB300，带肋钢筋采用HRB400，钢板均按A3钢计列，预应力筋采用Ⅳ级钢、钢绞线和高强钢丝。因设计要求采用钢材与定额不符时，可以换算调整。

四、隧道洞内工程使用本章定额子目时，人工、机械消耗量应乘以系数1.20。

五、预应力构件中的非预应力钢筋按普通钢筋相应项目计算。

六、地下连续墙钢筋笼制作按普通钢筋相应定额计算。

七、现浇构件和预制构件的钢筋制作、安装均按本章定额执行。

八、本章定额中已包含150m的钢筋水平运输距离，若现场钢筋水平运距超过150m时，超运距费用另行套用钢筋水平运输定额。

九、以设计地坪为界，±3.00m以内的构筑物不计垂直运输费。超过+3.00m时，±0.00以上的全部钢筋按本章垂直运输定额计算垂直运输费；低于-3.00m时，±0.00以下的全部钢筋按本章垂直运输定额计算垂直运输费。

十、普通钢筋：

1. 钢筋工作内容包括加工制作、绑扎（焊接）成型、安放及浇捣混凝土时的维护用工等全部工作。

2. 钢筋的搭接（接头）数量应按设计图示及规范要求计算；设计图示及规范要求未标明的，ϕ10以上的长钢筋按每9m计算一个搭接（接头）。

3. 普通钢筋未包括冷拉、冷拔，如设计要求冷拉、冷拔时，费用另行计算。

4. 传力杆按ϕ22编制，若实际不同时，人工和机械消耗量应按下表系数调整。

传力杆人工、机械消耗量系数调整表

传力杆直径	ϕ28	ϕ25	ϕ22	ϕ20	ϕ18	ϕ16
调整系数	0.62	0.78	1.00	1.21	1.49	1.89

5. 植筋用钢筋的制作、安装按钢筋质量执行普通钢筋定额子目。植筋增加费工作内容包括钻孔和装胶。定额中的钢筋埋深按以下规定计算：

(1)钢筋直径规格为20mm以下的，按钢筋直径的15倍计算，并大于或等于100mm；

(2)钢筋直径规格为20mm以上的，按钢筋直径的20倍计算。

当设计埋深长度与定额不同时，定额中的人工、材料可调整。

十一、预应力钢筋、预应力钢绞线：

1. 预应力钢筋项目未包括时效处理，设计要求时效处理时，费用另行计算。

2. 预应力钢筋项目中已包括锚具安装的人工费，但未包含锚具数量，锚具材料费用另行计算。

3. 先张法预应力钢筋、钢绞线制作以及安装定额中未考虑张拉、冷拉台座，发生时按本章先张法预应力钢筋张拉台座、冷拉台座定额另行计算。

4. 后张法预应力张拉定额中未包括张拉脚手架，实际发生时另行计算。

5. 预应力钢绞线定额中钢绞线按ϕ15.24考虑，束长按一次张拉长度考虑。

6. 预应力钢绞线定额按两端张拉考虑,如设计采用单端张拉时,人工消耗量和机械消耗量乘以系数 0.8 计算。单端张拉或双端张拉应按设计规定确定,如果设计未规定,可按以下规则执行:直线 20m 以内的按单端张拉执行,直线 20m 以上和曲线预应筋均按双端张拉执行。

7. 预应力钢绞线智能张拉定额已包括制作安装压浆管道、压浆等相关内容。定额中已计入波纹管定位钢筋的消耗量,并已综合考虑了不同结构形式,定位钢筋固定预应力钢束设置原则为:直线段每 80cm,平、纵弯曲范围内每 50cm。当定位钢筋的设计消耗量与定额消耗量不同时,可按设计量予以调整。定额中的波纹管按塑料波纹管考虑,当设计采用金属波纹管成品或管材直径不同时,可根据设计规格予以调整。

8. 横向预应力钢绞线张拉,按两端设置锚具、双端张拉编制。如设计采用单端张拉时,人工消耗量和机械消耗量乘以系数 0.8 计算。

工程量计算规则

一、钢筋工程，应区分不同钢筋种类和规格，以"t"计算。

二、钢筋连接采用套筒冷压、直螺纹、锥螺纹、电渣压力焊和气压焊接头的，其数量按设计图示及规范要求，以"个"计算。

三、铁件、拉杆按设计图示尺寸，以"t"计算。

四、植筋增加费按"个"计算。

五、先张法预应力钢筋长度，按构件外型长度计算。后张法预应力钢筋按设计图示的预应力钢筋孔道长度，并区别不同锚具类型，分别按下列规定计算：

1. 低合金钢筋端采用螺杆锚具时，预应力的钢筋按孔道长度减0.35m，螺杆另计。

2. 低合金钢筋一端采用镦头插片，另一端采用螺杆锚具时，预应力钢筋长度按预留孔道长度计算，螺杆另计。

3. 低合金钢筋一端采用镦头插片，另一端采用帮条锚具时，预应力钢筋长度按孔道长度增加0.15m计算，如两端均采用帮条锚具，预应力钢筋长度按孔道长度增加0.3m计算。

4. 低合金钢筋采用后张混凝土自锚时，预应力钢筋长度按孔道长度加0.35m计算。

5. 钢绞线 采用JM、XM、OVM、QM型锚具，孔道长度在20m以内时，预应力钢筋长度按孔道长度增加1m；孔道长度20m以上时，预应力钢筋（钢铰线）长度按孔道长度增加1.8m；

六、构件预留的压浆管道安装工程量按设计图示孔道长度，以"m"计算，管道压浆工程量按设计图示张拉孔道断面面积乘管道长度，以"m^3"计算，不扣除预应力筋体积。

七、锚具为外购成品，包括锚头、锚杯、夹片、锚垫板和螺旋筋，工程量按设计用量计算。

八、钢筋笼安放，按设计图示尺寸及施工规范以"t"计算。

一、普 通 钢 筋

1. 普通钢筋制作、安装

工作内容：制作、绑扎、安装。　　计量单位：t

定额编号				1-268	1-269	1-270
项目				圆钢	带肋钢筋	冷轧扭钢筋
基价（元）				**5216.14**	**4716.01**	**5152.40**
其中	人工费（元）			1069.20	726.84	1126.71
	材料费（元）			4106.50	3963.66	3991.11
	机械费（元）			40.44	25.51	34.58
	名称	单位	单价(元)	消耗量		
人工	二类人工	工日	135.00	7.920	5.384	8.346
材料	热轧光圆钢筋 综合	t	3966.00	1.020	—	—
	热轧带肋钢筋 HRB400 综合	t	3849.00	—	1.020	—
	冷轧扭钢筋 ϕ10	kg	3.84	—	—	1020.000
	镀锌铁丝 ϕ0.7～1.0	kg	6.74	7.230	4.200	11.025
	低碳钢焊条 综合	kg	6.72	1.853	1.395	—
机械	钢筋调直机 14mm	台班	37.97	0.146	—	0.453
	钢筋切断机 40mm	台班	43.28	0.109	0.090	0.162
	钢筋弯曲机 40mm	台班	26.38	0.334	0.212	0.393
	直流弧焊机 32kW	台班	97.11	0.220	0.165	—

工作内容：除锈、制作、运输、安装、焊接(绑扎)。　　计量单位：t

定额编号				1-271	1-272	1-273
项目				钢筋网片	灌注桩钢筋笼	
					圆钢	带肋钢筋
基价（元）				**5160.77**	**5086.88**	**4996.66**
其中	人工费（元）			883.44	765.99	742.37
	材料费（元）			4106.35	4157.16	4042.75
	机械费（元）			170.98	163.73	211.54
	名称	单位	单价(元)	消耗量		
人工	二类人工	工日	135.00	6.544	5.674	5.499
材料	热轧光圆钢筋 综合	t	3966.00	1.025	1.020	—
	热轧带肋钢筋 HRB400 综合	t	3849.00	—	—	1.020
	低碳钢焊条 综合	kg	6.72	—	—	6.720
	镀锌铁丝 ϕ0.7～1.0	kg	6.74	—	9.597	3.373
	其他材料费	元	1.00	41.20	47.16	48.88
机械	钢筋调直机 14mm	台班	37.97	0.230	0.290	—
	钢筋切断机 40mm	台班	43.28	0.120	0.130	0.100
	钢筋弯曲机 40mm	台班	26.38	—	0.420	0.140
	轮胎式起重机 16t	台班	755.65	—	0.180	0.180
	直流弧焊机 32kW	台班	97.11	—	—	0.560
	对焊机 75kV·A	台班	119.25	—	—	0.110
	点焊机 长臂 75kV·A	台班	146.78	1.070	—	—

2.钢筋连接

工作内容:连接、挤压、焊接、清渣、清理等全部操作过程。　　**计量单位**:10个

定额编号				1-274	1-275	1-276	1-277	1-278
项目				机械连接			焊接	
				冷挤压套筒	锥螺纹套筒	直螺纹套筒	电渣压力焊	气压焊
基价(元)				**248.16**	**106.82**	**84.34**	**54.39**	**48.78**
其中	人工费(元)			43.20	40.50	40.50	40.50	40.50
	材料费(元)			174.12	64.42	37.35	2.58	6.90
	机械费(元)			30.84	1.90	6.49	11.31	1.38
名称		单位	单价(元)	消耗量				
人工	二类人工	工日	135.00	0.320	0.300	0.300	0.300	0.300
材料	冷挤压套筒	套	17.24	10.100	—	—	—	—
	锥螺纹套筒	只	6.21	—	10.100	—	—	—
	直螺纹连接套筒	只	3.53	—	—	10.100	—	—
	焊剂	kg	3.66	—	—	—	0.240	—
	氧气	m^3	3.62	—	—	—	—	0.700
	乙炔气	m^3	8.90	—	—	—	—	0.300
	其他材料费	元	1.00	—	1.70	1.70	1.70	1.70
机械	高压油泵 80MPa	台班	184.68	0.167	—	—	—	—
	锥形螺纹车机 45mm	台班	18.23	—	0.104	—	—	—
	螺栓套丝机 39mm	台班	28.85	—	—	0.225	—	—
	电渣焊机 电流 1000A	台班	174.04	—	—	—	0.065	—
	气压焊设备	台班	9.19	—	—	—	—	0.150

3.铁件、拉杆、植筋

(1)铁件

工作内容:铁件埋设、焊接固定。　　**计量单位**:t

定额编号				1-279	1-280	1-281
项目				铁件制作、安装		
				预埋铁件	止水螺杆	T型梁连接板
基价(元)				**7476.80**	**7894.86**	**13307.40**
其中	人工费(元)			2792.88	3511.35	4422.60
	材料费(元)			4282.20	4221.37	5524.79
	机械费(元)			401.72	162.14	3360.01
名称		单位	单价(元)	消耗量		
人工	二类人工	工日	135.00	20.688	26.010	32.760
材料	中厚钢板 综合	t	3750.00	0.673	—	1.050
	热轧光圆钢筋 综合	t	3966.00	0.243	1.040	—
	型钢 综合	kg	3.84	139.000	—	—
	低碳钢焊条 综合	kg	6.72	29.130	11.580	208.300
	氧气	m^3	3.62	10.600	—	30.470
	乙炔气	kg	7.60	3.530	—	10.160
	汽油 70#~90#	kg	6.12	—	3.090	—
机械	钢筋切断机 40mm	台班	43.28	0.060	0.080	—
	直流弧焊机 32kW	台班	97.11	4.110	1.634	34.600

(2)拉　　杆

工作内容:制作、防腐处理、张拉、放张、切断等。　　计量单位:t

定额编号				1-282	1-283
项目				拉杆(直径:mm)	
				20 以内	40 以内
基价(元)				11709.88	8090.91
其中	人工费(元)			3614.22	1925.37
	材料费(元)			7706.25	5938.30
	机械费(元)			389.41	227.24
名称		单位	单价(元)	消耗量	
人工	二类人工	工日	135.00	26.772	14.262
材料	热轧带肋钢筋 HRB400 ϕ18	kg	3.76	1020.000	—
	热轧带肋钢筋 HRB400 ϕ32	kg	3.89	—	1020.000
	石油沥青	kg	2.67	1248.000	621.000
	防锈漆	kg	14.05	13.420	6.680
	麻布	kg	8.99	20.540	10.230
	煤	kg	0.60	125.000	62.000
	低碳钢焊条 综合	kg	6.72	11.850	12.650
	氧气	m^3	3.62	1.472	0.546
	乙炔气	kg	7.60	0.490	0.180
	木柴	kg	0.16	12.480	6.620
机械	直流弧焊机 32kW	台班	97.11	4.010	2.340

(3)传　力　杆

工作内容:钢筋解捆、除锈、防腐处理、调直、下料、弯曲、焊接、除渣、绑扎成型、运输入模。　　计量单位:t

定额编号				1-284	1-285
项目				混凝土道路传力杆制作、安装	
				带套筒	不带套筒
基价(元)				5672.87	4735.99
其中	人工费(元)			814.05	656.91
	材料费(元)			4839.34	4059.60
	机械费(元)			19.48	19.48
名称		单位	单价(元)	消耗量	
人工	二类人工	工日	135.00	6.030	4.866
材料	热轧光圆钢筋 HPB300 ϕ22	kg	3.98	1020.000	1020.000
	底漆	kg	17.24	5.540	—
	汽油 $70^{\#}\sim90^{\#}$	kg	6.12	2.670	—
	石油沥青	kg	2.67	75.130	—
	滑石粉	kg	1.07	33.110	—
	煤	kg	0.60	12.000	—
	木柴	kg	0.16	2.870	—
	UPVC 塑料管 *De*50	m	6.03	70.350	—
机械	钢筋切断机 40mm	台班	43.28	0.450	0.450

(4)植筋增加费

工作内容:材料运输、孔点测定、钻孔、矫正、清灰、钢筋打磨、灌胶、养护等。　　**计量单位**:10个

定额编号				1-286	1-287	1-288	1-289	1-290
项目				植筋 钢筋直径(mm以内)				
				ϕ6.5	ϕ10	ϕ14	ϕ18	ϕ25
基价(元)				**12.19**	**28.17**	**66.64**	**125.42**	**289.71**
其中	人工费(元)			5.40	18.09	47.39	89.37	234.90
	材料费(元)			6.79	10.08	19.25	36.05	54.81
	机械费(元)			—	—	—	—	—
名称		单位	单价(元)	消耗量				
人工	二类人工	工日	135.00	0.040	0.134	0.351	0.662	1.740
材料	合金钢钻头 ϕ8	个	5.34	0.145	—	—	—	—
	合金钢钻头 ϕ14	个	9.91	—	0.232	—	—	—
	合金钢钻头 ϕ16~20	个	15.52	—	—	0.290	—	—
	合金钢钻头 ϕ22~26	个	30.17	—	—	—	0.380	—
	合金钢钻头 ϕ28~34	个	38.79	—	—	—	—	0.380
	结构胶	L	13.41	0.149	0.229	0.514	0.969	1.756
	丙酮	kg	8.16	0.280	0.350	0.700	1.090	1.622
	棉纱头	kg	10.34	0.140	0.140	0.140	0.140	0.140
	电	kW·h	0.78	0.176	0.220	0.330	0.550	0.770
	其他材料费	元	1.00	0.15	0.23	0.44	0.82	1.24

二、预应力钢筋

工作内容:1. 先张法:调直、下料、进入台座、安夹具、张拉、切断、整修等;

2. 后张法:调直、切断、编束、穿束、安装锚具、张拉、锚固、拆除、切割钢丝(束)、封锚等。　　**计量单位**:t

定额编号				1-291	1-292	1-293
项目				先张法制作、安装		后张法制作、安装
				高强钢丝	预应力钢筋	
基价(元)				**6258.67**	**4937.19**	**5712.18**
其中	人工费(元)			1371.74	651.24	1307.48
	材料费(元)			4815.58	4114.32	4161.15
	机械费(元)			71.35	171.63	243.55
名称		单位	单价(元)	消耗量		
人工	二类人工	工日	135.00	10.161	4.824	9.685
材料	高强钢丝 ϕ5	t	4543.00	1.060	—	—
	预应力带肋钢筋	t	3879.00	—	1.060	1.060
	水	m^3	4.27	—	0.605	0.495
	其他材料费	元	1.00	—	—	47.30
机械	钢筋切断机 40mm	台班	43.28	0.080	0.080	0.080
	预应力钢筋拉伸机 650kN	台班	24.94	1.580	0.615	0.565
	钢筋调直机 14mm	台班	37.97	0.750	—	—
	电动卷扬机－单筒慢速 50kN	台班	186.39	—	0.580	0.515
	对焊机 75kV·A	台班	119.25	—	0.375	0.330
	灰浆搅拌机 200L	台班	154.97	—	—	0.585

三、预应力钢绞线

1. 预应力钢绞线制作、安装

工作内容:1. 先张法:调直、下料、进入台座、按夹具、张拉、切断、整修等;

2. 后张法群锚:调直、切断、编束、穿束、安装锚具、张拉、锚固、拆除、切割钢丝(束)、封锚等。 **计量单位**:t

定额编号				1-294	1-295	1-296	1-297
项目				先张法	后张法群锚		
				钢绞线	束长 20m 以内		
					3 孔以内	7 孔以内	12 孔以内
基价(元)				**6990.08**	**9048.80**	**7353.40**	**6869.18**
其中	人工费(元)			691.74	2603.34	1389.96	1031.94
	材料费(元)			6154.24	5558.64	5555.75	5554.80
	机械费(元)			144.10	886.82	407.69	282.44
名称		单位	单价(元)	消耗量			
人工	二类人工	工日	135.00	5.124	19.284	10.296	7.644
材料	钢绞线	t	5336.00	1.140	1.040	1.040	1.040
	中厚钢板 综合	kg	3.71	13.000	—	—	—
	铁件	kg	3.71	4.370	—	—	—
	氧气	m^3	3.62	1.030	0.630	0.630	0.630
	镀锌铁丝 ϕ0.7~1.0	kg	6.74	—	0.750	0.320	0.180
	乙炔气	m^3	8.90	0.340	0.210	0.210	0.210
机械	高压油泵 80MPa	台班	184.68	0.500	3.920	1.680	0.980
	预应力钢筋拉伸机 900kN	台班	41.55	—	3.920	—	—
	预应力钢筋拉伸机 1200kN	台班	57.99	—	—	1.680	—
	预应力钢筋拉伸机 3000kN	台班	103.52	0.500	—	—	0.980

工作内容:1. 先张法:调直、下料、进入台座、按夹具、张拉、切断、整修等;

2. 后张法群锚:调直、切断、编束、穿束、安装锚具、张拉、锚固、拆除、切割钢丝(束)、封锚等。 **计量单位**:t

定额编号				1-298	1-299	1-300	1-301	1-302	1-303
项目				后张法群锚					
				束长 40m 以内			束长 80m 以内		
				7 孔以内	12 孔以内	19 孔以内	7 孔以内	12 孔以内	19 孔以内
基价(元)				**6639.63**	**6411.85**	**6355.86**	**6672.17**	**6466.34**	**6415.14**
其中	人工费(元)			909.63	750.06	720.09	869.13	717.66	689.31
	材料费(元)			5553.54	5552.59	5552.19	5660.29	5659.38	5658.97
	机械费(元)			176.46	109.20	83.58	142.75	89.30	66.86
名称		单位	单价(元)	消耗量					
人工	二类人工	工日	135.00	6.738	5.556	5.334	6.438	5.316	5.106
材料	钢绞线	t	5336.00	1.040	1.040	1.040	1.060	1.060	1.060
	镀锌铁丝 ϕ0.7~1.0	kg	6.74	0.320	0.180	0.120	0.319	0.185	0.124
	氧气	m^3	3.62	0.290	0.290	0.290	0.290	0.290	0.290
	乙炔气	m^3	8.90	0.100	0.100	0.100	0.104	0.104	0.104
机械	高压油泵 80MPa	台班	184.68	0.780	0.450	0.290	0.631	0.368	0.232
	预应力钢筋拉伸机 900kN	台班	41.55	0.780	—	—	0.631	—	—
	预应力钢筋拉伸机 1200kN	台班	57.99	—	0.450	—	—	0.368	—
	预应力钢筋拉伸机 3000kN	台班	103.52	—	—	0.290	—	—	0.232

2. 先张法预应力钢筋张拉台座、冷拉台座

工作内容:1. 张拉台座:挖基、回填、夯实、铺碎石垫层、台面、压柱、横系梁的模板、钢筋、混凝土全部操作、安装钢横梁;

2. 冷拉台座:挖槽、修整、埋设地锚、模板、钢筋、砼的全部操作、钢板切割、安装、就位等。　**计量单位**:座

定额编号				1-304	1-305	1-306
项目				60m 张拉台座(kN)		45m 冷拉台座
				3000	6000	
基价(元)				**75055.73**	**128336.99**	**44706.19**
其中	人工费(元)			19164.60	30253.50	13737.60
	材料费(元)			54114.88	94546.91	30910.59
	机械费(元)			1776.25	3536.58	58.00
名称		单位	单价(元)	消耗量		
人工	二类人工	工日	135.00	141.960	224.100	101.760
材料	非泵送商品混凝土 C20	m^3	412.00	27.100	27.100	39.700
	非泵送商品混凝土 C40	m^3	455.00	37.800	75.600	—
	板方材	m^3	1034.00	1.992	3.984	1.330
	热轧光圆钢筋 综合	t	3966.00	0.629	1.258	0.663
	热轧带肋钢筋 HRB400 综合	t	3849.00	1.841	3.682	—
	型钢 综合	kg	3.84	2353.000	4706.000	—
	中厚钢板 综合	kg	3.71	220.000	440.000	1954.000
	低碳钢焊条 综合	kg	6.72	179.900	359.800	—
	铁件	kg	3.71	27.800	55.600	4.200
	圆钉	kg	4.74	12.700	25.400	8.800
	镀锌铁丝 ϕ0.7~1.0	kg	6.74	12.300	24.600	—
	碎石 40 以内	t	102.00	23.580	23.580	—
	原木	m^3	1552.00	—	—	1.429
	水	m^3	4.27	64.000	104.000	41.000
	其他材料费	元	1.00	125.00	240.00	850.00
机械	交流弧焊机 32kV·A	台班	92.84	18.540	37.070	—
	其他机械费	元	1.00	55.00	95.00	58.00

3. 安装压浆管道和压浆

工作内容:1. 镀锌钢导管、波纹管:三通管安装、定位固定;
2. 橡胶管:管内塞钢筋或充气、安放定位、缠裹接头、抽拔、清洗胶管、清孔等;
3. 孔道压浆:砂浆配、拌、运、压浆等。

定额编号				1-307	1-308	1-309	1-310
项目				压浆管道			有粘结钢绞线孔道压浆
				橡胶管	镀锌钢导管	波纹管	
计量单位				100m			$10m^3$
基价(元)				**291.54**	**1388.31**	**1589.79**	**11723.06**
其中	人工费(元)			262.44	503.82	503.82	4284.90
	材料费(元)			29.10	884.49	1085.97	4557.21
	机械费(元)			—	—	—	2880.95
名称		单位	单价(元)	消耗量			
人工	二类人工	工日	135.00	1.944	3.732	3.732	31.740
材料	橡胶护套管	m	12.84	2.040	—	—	—
	JDG 镀锌钢导管 $\phi40\times1.6$	m	7.41	—	105.000	—	—
	波纹管 $\phi50$	m	10.00	—	—	107.840	—
	纯水泥浆	m^3	430.36	—	—	—	10.500
	水	m^3	4.27	—	—	—	9.000
	其他材料费	元	1.00	2.91	106.44	7.57	—
机械	液压注浆泵 HYB50/50-1 型	台班	75.11	—	—	—	6.740
	灰浆搅拌机 200L	台班	154.97	—	—	—	6.740
	机动翻斗车 1t	台班	197.36	—	—	—	6.740

4. 无粘结预应力钢绞线

工作内容:端头封闭。 **计量单位**:100 个

定额编号				1-311
项目				无粘结钢绞线端头封闭
基价(元)				**1476.70**
其中	人工费(元)			1080.00
	材料费(元)			396.70
	机械费(元)			—
名称		单位	单价(元)	消耗量
人工	二类人工	工日	135.00	8.000
材料	非泵送商品混凝土 C20	m^3	412.00	0.200
	白铝粉	kg	42.93	4.900
	杉板枋材	m^3	1625.00	0.044
	环氧砂浆 1:0.07:2:4	m^3	10815.35	0.003

5. 预应力钢绞线智能张拉

工作内容：制作、安装波纹管定位钢筋，塑料波纹管安装，安装压浆嘴、排气管，搭拆临时脚手架及操作平台，钢绞线束制作、穿束，安装锚具、智能程控张拉机安装、钢绞线张拉，切割钢绞线(束)头，封锚头，清洗孔道及孔道压浆，机具安拆及保养，张拉压浆数据分析汇总。

计量单位：t

定额编号				1-312	1-313	1-314	1-315
项目				后张法群锚			
				束长 20m 以内			
				3 孔以内	7 孔以内	12 孔以内	19 孔以内
基价（元）				**12642.06**	**9742.59**	**8411.83**	**7837.08**
其中	人工费（元）			2454.30	1296.00	947.70	731.43
	材料费（元）			8645.44	7679.76	6957.69	6719.52
	机械费（元）			1542.32	766.83	506.44	386.13
名称		单位	单价(元)	消耗量			
人工	二类人工	工日	135.00	18.180	9.600	7.020	5.418
材料	钢绞线	t	5336.00	1.040	1.040	1.040	1.040
	热轧带肋钢筋 HRB400 综合	t	3849.00	0.098	0.113	0.105	0.100
	集成压浆料	t	862.00	0.356	0.559	0.352	0.303
	低碳钢焊条 综合	kg	6.72	1.700	1.500	1.200	1.000
	镀锌铁丝 18# ~22#	kg	6.55	1.100	0.800	0.400	0.500
	波纹管 ϕ50	m	10.00	231.000	115.500	66.000	49.000
	其他材料费	元	1.00	83.30	43.20	30.00	24.00
机械	交流弧焊机 32kV·A	台班	92.84	1.290	1.160	0.900	0.740
	智能程控张拉机 LX－MSP 型	台班	565.15	1.850	0.790	0.530	0.390
	高速制浆机	台班	339.00	0.770	0.430	0.250	0.180
	其他机械费	元	1.00	116.00	66.90	38.60	36.00

工作内容:制作、安装波纹管定位钢筋,塑料波纹管安装,安装压浆嘴、排气管,搭拆临时脚手架及操作平台,钢绞线束制作、穿束,安装锚具、智能程控张拉机安装、钢绞线张拉,切割钢绞线(束)头,封锚头,清洗孔道及孔道压浆,机具安拆及保养,张拉压浆数据分析汇总。 **计量单位:**t

定额编号				1-316	1-317	1-318	1-319	1-320
项目				后张法群锚				
				束长 40m 以内				
				3 孔以内	7 孔以内	12 孔以内	19 孔以内	22 孔以内
基价(元)				**11670.77**	**9481.30**	**8031.10**	**7522.93**	**7272.84**
其中	人工费(元)			1879.20	923.40	639.90	477.90	429.30
	材料费(元)			8631.83	7874.43	6989.68	6719.02	6573.22
	机械费(元)			1159.74	683.47	401.52	326.01	270.32
名称		单位	单价(元)	消耗量				
人工	二类人工	工日	135.00	13.920	6.840	4.740	3.540	3.180
材料	钢绞线	t	5336.00	1.040	1.040	1.040	1.040	1.040
	热轧带肋钢筋 HRB400 综合	t	3849.00	0.093	0.158	0.100	0.095	0.093
	集成压浆料	t	862.00	0.371	0.584	0.405	0.317	0.250
	低碳钢焊条 综合	kg	6.72	1.700	1.600	1.400	1.100	0.900
	镀锌铁丝 18# ~22#	kg	6.55	1.100	0.700	0.400	0.500	0.500
	波纹管 ϕ50	m	10.00	231.100	115.500	66.000	49.000	42.000
	其他材料费	元	1.00	75.00	43.10	34.20	30.00	21.00
机械	交流弧焊机 32kV·A	台班	92.84	1.330	1.230	1.050	0.880	0.710
	智能程控张拉机 LX-MSP 型	台班	565.15	1.200	0.670	0.340	0.250	0.220
	高速制浆机	台班	339.00	0.720	0.370	0.210	0.180	0.130
	其他机械费	元	1.00	114.00	65.20	40.70	42.00	36.00

工作内容:制作、安装波纹管定位钢筋,塑料波纹管安装,安装压浆嘴、排气管,搭拆临时脚手架及操作平台,钢绞线束制作、穿束,安装锚具、智能程控张拉机安装、钢绞线张拉,切割钢绞线(束)头,封锚头,清洗孔道及孔道压浆,机具安拆及保养,张拉压浆数据分析汇总。 **计量单位:**t

定额编号				1-321	1-322	1-323	1-324
项目				后张法群锚			
				束长 80m 以内			
				12 孔以内	19 孔以内	22 孔以内	31 孔以内
基价(元)				**7977.26**	**7507.13**	**7289.11**	**6942.44**
其中	人工费(元)			672.30	510.30	469.80	380.70
	材料费(元)			6971.95	6716.10	6569.94	6383.73
	机械费(元)			333.01	280.73	249.37	178.01
名称		单位	单价(元)	消耗量			
人工	二类人工	工日	135.00	4.980	3.780	3.480	2.820
材料	钢绞线	t	5336.00	1.040	1.040	1.040	1.040
	热轧带肋钢筋 HRB400 综合	t	3849.00	0.100	0.095	0.093	0.091
	集成压浆料	t	862.00	0.385	0.314	0.246	0.188
	低碳钢焊条 综合	kg	6.72	1.400	1.200	1.000	0.700
	镀锌铁丝 18# ~22#	kg	6.55	0.600	0.500	0.500	0.500
	波纹管 ϕ50	m	10.00	66.000	49.000	42.000	30.000
	其他材料费	元	1.00	32.40	29.00	20.50	14.00
机械	交流弧焊机 32kV·A	台班	92.84	1.050	0.890	0.740	0.500
	智能程控张拉机 LX-MSP 型	台班	565.15	0.250	0.200	0.190	0.130
	高速制浆机	台班	339.00	0.160	0.130	0.110	0.080
	其他机械费	元	1.00	40.00	41.00	36.00	31.00

工作内容：制作、安装波纹管定位钢筋，塑料波纹管安装，安装压浆嘴、排气管，搭拆临时脚手架及操作平台，钢绞线束制作、穿束，安装锚具、智能程控张拉机安装、钢绞线张拉，切割钢绞线(束)头，封锚头，清洗孔道及孔道压浆，机具安拆及保养，张拉压浆数据分析汇总。

计量单位：t

定额编号				1-325	1-326	1-327
项目				后张法群锚		
				束长 120m 以内		束长 200m 以内
				22 孔以内	31 孔以内	
基价(元)				**7218.52**	**6919.60**	**7014.68**
其中	人工费(元)			453.60	388.80	453.60
	材料费(元)			6567.28	6386.64	6385.77
	机械费(元)			197.64	144.16	175.31
	名称	单位	单价(元)	消耗量		
人工	二类人工	工日	135.00	3.360	2.880	3.360
材料	钢绞线	t	5336.00	1.040	1.040	1.040
	热轧带肋钢筋 HRB400 综合	t	3849.00	0.091	0.091	0.091
	集成压浆料	t	862.00	0.253	0.193	0.195
	低碳钢焊条 综合	kg	6.72	1.000	0.700	0.700
	镀锌铁丝 18# ~22#	kg	6.55	0.500	0.500	0.500
	波纹管 $\phi50$	m	10.00	42.000	30.000	30.000
	其他材料费	元	1.00	19.50	12.60	10.00
机械	交流弧焊机 32kV·A	台班	92.84	0.740	0.510	0.520
	智能程控张拉机 LX－MSP 型	台班	565.15	0.120	0.090	0.090
	高速制浆机	台班	339.00	0.080	0.050	0.030
	其他机械费	元	1.00	34.00	29.00	66.00

工作内容：制作、安装波纹管定位钢筋，塑料波纹管安装，安装压浆嘴、排气管，搭拆临时脚手架及操作平台，钢绞线束制作、穿束，安装锚具、智能程控张拉机安装、钢绞线张拉，切割钢绞线(束)头，封锚头，清洗孔道及孔道压浆，机具安拆及保养，张拉压浆数据分析汇总。

计量单位：t

定额编号				1-328	1-329	1-330
项目				横向预应力钢绞线	负弯矩应力钢绞线	
					8m 以内	15m 以内
基价(元)				**11941.29**	**12972.25**	**12192.88**
其中	人工费(元)			2478.60	2713.50	2227.50
	材料费(元)			8003.78	7878.86	8204.87
	机械费(元)			1458.91	2379.89	1760.51
	名称	单位	单价(元)	消耗量		
人工	二类人工	工日	135.00	18.360	20.100	16.500
材料	钢绞线	t	5336.00	1.040	1.040	1.040
	热轧光圆钢筋 综合	t	3966.00	0.025	0.114	0.071
	低碳钢焊条 综合	kg	6.72	0.400	2.000	1.200
	镀锌铁丝 18# ~22#	kg	6.55	1.100	4.100	2.500
	波纹管 $\phi50$	m	10.00	231.000	177.700	230.200
	其他材料费	元	1.00	35.30	60.00	47.40
机械	交流弧焊机 32kV·A	台班	92.84	0.300	0.560	0.490
	智能程控张拉机 LX－MSP 型	台班	565.15	1.850	3.040	2.150
	高速制浆机	台班	339.00	0.770	1.660	1.350
	其他机械费	元	1.00	124.50	47.10	42.30

四、钢筋场内运输

工作内容:1. 水平运输:装车、运输、现场卸车;
2. 垂直运输。

计量单位:10t

定额编号				1-331	1-332	1-333	1-334
项目				水平运输	垂直运输		
				运距 500m 以内每增加 50m	提升高度 15m 以内	提升高度 22m 以内	提升高度 22m 以上
基价 (元)				**28.35**	**1518.69**	**1578.82**	**2517.02**
其中	人工费 (元)			28.35	283.50	291.87	305.78
	材料费 (元)			—	—	—	—
	机械费 (元)			—	1235.19	1286.95	2211.24
名称		单位	单价(元)	消耗量			
人工	二类人工	工日	135.00	0.210	2.100	2.162	2.265
机械	汽车式起重机 12t	台班	748.60	—	1.650	—	—
	履带式起重机 25t	台班	757.92	—	—	1.698	—
	履带式起重机 40t	台班	1242.97	—	—	—	1.779

五、地下连续墙钢筋笼安放

工作内容:绑扎泡沫塑料并试拼装、吊运入槽、校正对接、就位固定。

计量单位:t

定额编号				1-335	1-336	1-337	1-338
项目				钢筋笼安放深度 (m)			
				15 以内	25 以内	35 以内	35 以上
基价 (元)				**475.33**	**525.04**	**585.04**	**625.27**
其中	人工费 (元)			307.80	307.80	315.09	321.57
	材料费 (元)			45.90	48.85	49.29	48.66
	机械费 (元)			121.63	168.39	220.66	255.04
名称		单位	单价(元)	消耗量			
人工	二类人工	工日	135.00	2.280	2.280	2.334	2.382
材料	铁件	kg	3.71	8.526	8.912	8.922	9.910
	垫木	m^3	2328.00	0.002	0.002	0.002	—
	低碳钢焊条 综合	kg	6.72	1.008	1.208	1.267	1.330
	其他材料费	元	1.00	2.84	3.01	3.02	2.96
机械	履带式起重机 15t	台班	702.00	0.040	—	—	—
	履带式起重机 40t	台班	1242.97	—	0.050	—	—
	履带式起重机 60t	台班	1456.51	—	—	0.060	0.070
	交流弧焊机 32kV·A	台班	92.84	0.282	0.338	0.355	0.391
	汽车式起重机 12t	台班	748.60	0.090	0.100	0.134	0.156

第五章
拆 除 工 程

说　明

一、本章定额包括拆除旧路，拆除人行道，拆除侧、平石，拆除混凝土管道，拆除金属管道，拆除镀锌管，拆除砖石构筑物，拆除混凝土障碍物，伐树、挖树蔸，路面凿毛，水泥混凝土路面碎石化，共11节82个子目。

二、本章定额拆除均不包括挖土方，挖土方按本册定额第一章"土石方工程"有关子目执行。

三、风镐拆除项目中包括人工配合作业。

四、人工、风镐拆除后的旧料及岩石破碎机破碎后的废料应整理干净就近堆放整齐，其清理外运费用可套用本册第一章相应定额子目。如需运至指定地点回收利用，则应扣除回收价值。

五、管道拆除要求拆除后的旧管保持基本完好，破坏性拆除不得套用本章定额。拆除混凝土管道未包括拆除基础及垫层用工。人工或机械拆除基础、垫层时，按本章拆除砖石构筑物、拆除混凝土障碍物定额执行，其清理外运费用套用本册定额第一章"土石方工程"相应定额另行计算。

六、本章定额中未考虑地下水因素，若发生则另行计算。

七、人工拆除各种稳定层套用人工拆除有骨料多合土定额项目。人工拆除石灰土、二碴、三碴、二灰结石基层应根据材料组成情况执行拆除无骨料多合土基层或拆除有骨料多合土基层定额。风镐拆除石灰土执行风镐拆除无筋混凝土面层定额乘以系数0.70。风镐拆除二碴、三碴、二灰结石及水泥稳定层等半刚性基层执行风镐拆除无筋混凝土面层定额乘以系数0.80。

八、岩石破碎机拆除道路沥青混凝土面层、二碴、三碴、二灰结石及水泥稳定层等半刚性道路基层或底层，按岩石破碎机拆除无筋混凝土类路面层定额乘以系数0.80。岩石破碎机拆除坑、槽混凝土及钢筋混凝土，按岩石破碎机拆除无筋及有筋混凝土障碍物定额乘以系数1.30。

九、沥青混凝土路面切边执行本定额第二册《道路工程》锯缝机锯缝项目。

十、水泥混凝土路面多锤头碎石化和共振碎石化适用于原水泥路面的就地破碎处理再利用。

工程量计算规则

一、拆除旧路及人行道按实际拆除面积以“m^2”计算。

二、拆除侧、平石及各类管道按长度以“m”计算。

三、拆除构筑物及障碍物按其实体体积以“m^3”计算。

四、伐树、挖树蔸按实挖数以“棵”计算。

五、路面凿毛、路面铣刨按施工组织设计的面积以“m^2”计算。铣刨路面厚度大于5cm时须分层铣刨。

六、水泥混凝土路面多锤头碎石化和共振碎石化按设计顶面面积以“m^2”计算。

一、拆除旧路

1. 拆除沥青柏油类路面层

工作内容:拆除、清底、运输、旧料清理成堆。 **计量单位**:100m²

定额编号				1-339	1-340	1-341	1-342
项目				人工拆除		风镐拆除	
				厚 10cm 以内	每增 1cm	厚 10cm 以内	每增 1cm
基价(元)				**895.05**	**89.10**	**514.66**	**51.47**
其中	人工费(元)			895.05	89.10	415.80	41.04
	材料费(元)			—	—	3.14	0.25
	机械费(元)			—	—	95.72	10.18
名称		单位	单价(元)	消耗量			
人工	二类人工	工日	135.00	6.630	0.660	3.080	0.304
材料	合金钢钻头 一字型	个	8.62	—	—	0.200	0.020
	六角空心钢 综合	kg	2.48	—	—	0.320	0.030
	高压胶皮风管 φ25-6P-20m	m	15.52	—	—	0.040	—
机械	手持式风动凿岩机	台班	12.36	—	—	1.300	0.130
	电动空气压缩机 3m³/min	台班	122.54	—	—	0.650	0.070

2. 风镐拆除混凝土类路面层

工作内容:拆除、清底、运输、废渣清理成堆。 **计量单位**:100m²

定额编号				1-343	1-344	1-345	1-346
项目				无筋		有筋	
				厚 15cm 以内	每增 1cm	厚 15cm 以内	每增 1cm
基价(元)				**1152.16**	**76.67**	**1794.87**	**90.79**
其中	人工费(元)			922.32	61.56	1433.16	72.36
	材料费(元)			4.53	0.38	6.81	0.76
	机械费(元)			225.31	14.73	354.90	17.67
名称		单位	单价(元)	消耗量			
人工	二类人工	工日	135.00	6.832	0.456	10.616	0.536
材料	合金钢钻头 一字型	个	8.62	0.300	0.030	0.450	0.050
	六角空心钢 综合	kg	2.48	0.470	0.050	0.680	0.070
	高压胶皮风管 φ25-6P-20m	m	15.52	0.050	—	0.080	0.010
机械	手持式风动凿岩机	台班	12.36	3.060	0.200	4.820	0.240
	电动空气压缩机 3m³/min	台班	122.54	1.530	0.100	2.410	0.120

3. 岩石破碎机拆除混凝土类路面层

工作内容：拆除、清底、运输、废渣清理成堆。

计量单位：100m²

定额编号				1-347	1-348	1-349	1-350
项目				无筋		有筋	
				厚15cm以内	每增1cm	厚15cm以内	每增1cm
基价（元）				**1346.08**	**80.36**	**1391.23**	**104.99**
其中	人工费（元）			139.32	6.48	159.84	6.48
	材料费（元）			—	—	—	—
	机械费（元）			1206.76	73.88	1231.39	98.51
名称		单位	单价(元)	消耗量			
人工	二类人工	工日	135.00	1.032	0.048	1.184	0.048
机械	履带式单头岩石破碎机 105kW	台班	1231.39	0.980	0.060	1.000	0.080

4. 铣刨机铣刨沥青路面

工作内容：施工准备、铣刨、装车、场内运输、清理场地。

计量单位：1000m²

定额编号				1-351	1-352
项目				铣刨机铣刨路面	
				厚度3cm	每增减1cm
基价（元）				**3846.49**	**237.83**
其中	人工费（元）			324.00	19.44
	材料费（元）			—	—
	机械费（元）			3522.49	218.39
名称		单位	单价(元)	消耗量	
人工	二类人工	工日	135.00	2.400	0.144
机械	路面铣刨机 2000mm	台班	2610.79	1.000	0.062
	自卸汽车 5t	台班	455.85	2.000	0.124

5. 人工拆除基层或面层

工作内容：拆除、清底、运输、废渣清理成堆。

计量单位：100m²

定额编号				1-353	1-354	1-355	1-356	1-357	1-358
项目				碎(砾)石		碎砖		矿(炉)渣、砂砾	
				厚15cm以内	每增5cm	厚15cm以内	每增5cm	厚15cm以内	每增5cm
基价（元）				**887.76**	**293.76**	**1006.56**	**335.88**	**1183.68**	**395.28**
其中	人工费（元）			887.76	293.76	1006.56	335.88	1183.68	395.28
	材料费（元）			—	—	—	—	—	—
	机械费（元）			—	—	—	—	—	—
名称		单位	单价(元)	消耗量					
人工	二类人工	工日	135.00	6.576	2.176	7.456	2.488	8.768	2.928

工作内容：拆除、清底、运输、废渣清理成堆。　　计量单位：100m²

定额编号				1-359	1-360	1-361	1-362	1-363	1-364
项目				毛(块)石		条方石		钢渣	
				厚 20cm	每增 5cm	厚 15cm	每增 5cm	厚 20cm	每增 5cm
基价（元）				**1211.76**	**182.12**	**1942.92**	**648.00**	**2278.80**	**570.24**
其中	人工费（元）			1211.76	182.12	1942.92	648.00	2278.80	570.24
	材料费（元）			—	—	—	—	—	—
	机械费（元）			—	—	—	—	—	—
名称		单位	单价(元)	消耗量					
人工	二类人工	工日	135.00	8.976	1.349	14.392	4.800	16.880	4.224

工作内容：拆除、清底、运输、废渣清理成堆。　　计量单位：100m²

定额编号				1-365	1-366	1-367	1-368
项目				无骨料多合土		有骨料多合土	
				厚 10cm	每增 5cm	厚 10cm	每增 5cm
基价（元）				**672.84**	**336.96**	**763.56**	**382.32**
其中	人工费（元）			672.84	336.96	763.56	382.32
	材料费（元）			—	—	—	—
	机械费（元）			—	—	—	—
名称		单位	单价(元)	消耗量			
人工	二类人工	工日	135.00	4.984	2.496	5.656	2.832

二、拆除人行道

工作内容：拆除、清底、运输、旧料清理成堆。　　计量单位：100m²

定额编号				1-369	1-370	1-371
项目				预制人行道板	现浇混凝土面层	
					厚 10cm 以内	每增 1cm
基价（元）				**241.92**	**976.58**	**98.33**
其中	人工费（元）			241.92	902.88	90.72
	材料费（元）			—	3.14	0.25
	机械费（元）			—	70.56	7.36
名称		单位	单价(元)	消耗量		
人工	二类人工	工日	135.00	1.792	6.688	0.672
材料	合金钢钻头 一字型	个	8.62	—	0.200	0.020
	六角空心钢 综合	kg	2.48	—	0.320	0.030
	高压胶皮风管 ϕ25-6P-20m	m	15.52	—	0.040	—
机械	手持式风动凿岩机	台班	12.36	—	0.950	0.100
	电动空气压缩机 3m³/min	台班	122.54	—	0.480	0.050

三、拆除侧、平石

工作内容：刨出、刮净、运输、旧料清理成堆。　　计量单位：100m

定额编号				1-372	1-373	1-374
项目				侧、平石		混凝土侧平石（L型）
				混凝土	石质	
基价（元）				**241.92**	**318.60**	**314.28**
其中	人工费（元）			241.92	318.60	314.28
	材料费（元）			—	—	—
	机械费（元）			—	—	—
名称		单位	单价(元)	消耗量		
人工	二类人工	工日	135.00	1.792	2.360	2.328

四、拆除混凝土管道

工作内容：平整场地、清理工作坑、剔口、吊管、清理管腔污泥、旧料就近堆放。　　计量单位：100m

定额编号				1-375	1-376	1-377	1-378	1-379	1-380
项目				管径(mm以内)					
				ϕ300	ϕ450	ϕ600	ϕ1000	ϕ1500	ϕ2000
基价（元）				**2012.04**	**2719.98**	**2307.64**	**4732.80**	**6878.50**	**9724.93**
其中	人工费（元）			2012.04	2719.98	1035.99	1490.40	1960.20	2593.35
	材料费（元）			—	—	—	—	—	—
	机械费（元）			—	—	1271.65	3242.40	4918.30	7131.58
名称		单位	单价(元)	消耗量					
人工	二类人工	工日	135.00	14.904	20.148	7.674	11.040	14.520	19.210
机械	汽车式起重机 5t	台班	366.47	—	—	3.470	—	—	—
	汽车式起重机 8t	台班	648.48	—	—	—	5.000	—	—
	汽车式起重机 12t	台班	748.60	—	—	—	—	6.570	—
	汽车式起重机 16t	台班	875.04	—	—	—	—	—	8.150

五、拆除金属管道

工作内容：平整场地、清理工作坑、安拆导链、剔口、吊管、清理管腔污泥、旧料就近堆放。 **计量单位：**100m

定额编号				1-381	1-382	1-383
项目				人工拆除(管径 mm 以内)		
				ϕ200	ϕ400	ϕ600
基价（元）				**1526.15**	**2811.88**	**5800.24**
其中	人工费（元）			982.80	2343.60	5331.96
	材料费（元）			543.35	468.28	468.28
	机械费（元）			—	—	—
名称		单位	单价(元)	消耗量		
人工	二类人工	工日	135.00	7.280	17.360	39.496
材料	圆木桩	m^3	1379.00	0.217	0.184	0.184
	工字钢 Q235B 综合	t	4224.00	0.053	0.046	0.046
	镀锌铁丝 8#	kg	6.55	3.090	3.090	3.090

注：1. 焊接钢管拆除的氧气、乙炔气费用另计；
2. 若为法兰接口定额人工乘以系数 1.5。

工作内容：平整场地、清理工作坑、安拆导链、剔口、吊管、清理管腔污泥、旧料就近堆放。 **计量单位：**100m

定额编号				1-384	1-385	1-386	1-387	1-388
项目				机械拆除(管径 mm 以内)				
				ϕ300	ϕ500	ϕ800	ϕ1000	ϕ2000
基价（元）				**1167.77**	**2095.63**	**3800.42**	**5848.95**	**6924.15**
其中	人工费（元）			651.24	1264.68	2181.60	3906.36	4762.80
	材料费（元）			—	—	—	—	—
	机械费（元）			516.53	830.95	1618.82	1942.59	2161.35
名称		单位	单价(元)	消耗量				
人工	二类人工	工日	135.00	4.824	9.368	16.160	28.936	35.280
机械	汽车式起重机 12t	台班	748.60	0.690	1.110	—	—	—
	汽车式起重机 16t	台班	875.04	—	—	1.850	2.220	2.470

注：1. 焊接钢管拆除的氧气、乙炔气费用另计；
2. 若为法兰接口定额人工乘以系数 1.5。

六、拆除镀锌管

工作内容:锯管、拆管、清理、堆放。 计量单位:10m

定额编号				1-389	1-390	1-391	1-392	1-393
项目				公称直径(mm以内)				
				15~20	25~32	40~50	75	100
基价(元)				**17.51**	**21.86**	**26.27**	**84.59**	**119.50**
其中	人工费(元)			17.28	21.60	25.92	84.24	118.80
	材料费(元)			0.23	0.26	0.35	0.35	0.70
	机械费(元)			—	—	—	—	—
名称		单位	单价(元)	消耗量				
人工	二类人工	工日	135.00	0.128	0.160	0.192	0.624	0.880
材料	机油 综合	kg	2.91	0.080	0.090	0.120	0.120	0.240

七、拆除砖石构筑物

工作内容:1. 检查井:拆除井体、管口,旧料清理成堆;
2. 构筑物:拆除、旧料清理成堆。 计量单位:10m³

定额编号				1-394	1-395	1-396
项目				砖砌检查井深4m以内	砖砌雨水井深3m以内	砖砌其他构筑物
基价(元)				**1467.72**	**1162.08**	**929.88**
其中	人工费(元)			1467.72	1162.08	929.88
	材料费(元)			—	—	—
	机械费(元)			—	—	—
名称		单位	单价(元)	消耗量		
人工	二类人工	工日	135.00	10.872	8.608	6.888

注:1. 拆除井深在4m以外的检查井时,人工乘以系数1.31;
2. 拆除石砌检查井时,人工乘以系数1.10;
3. 拆除石砌构筑物时,人工乘以系数1.17。

八、拆除混凝土障碍物

工作内容：拆除、运输、旧料堆放整齐。　　　　**计量单位**：$10m^3$

定额编号				1-397	1-398	1-399	1-400	1-401	1-402
项目				人工拆除		风镐拆除		岩石破碎机拆除	
				无筋	有筋	无筋	有筋	无筋	有筋
基价（元）				**2565.00**	**4065.12**	**1798.31**	**2651.16**	**855.40**	**894.78**
其中	人工费（元）			2565.00	4065.12	1368.36	2012.04	51.30	73.44
	材料费（元）			—	—	3.14	4.68	—	—
	机械费（元）			—	—	426.81	634.44	804.10	821.34
名称		单位	单价（元）	消耗量					
人工	二类人工	工日	135.00	19.000	30.112	10.136	14.904	0.380	0.544
材料	合金钢钻头 一字型	个	8.62	—	—	0.200	0.300	—	—
	六角空心钢 综合	kg	2.48	—	—	0.320	0.470	—	—
	高压胶皮风管 ϕ25－6P－20m	m	15.52	—	—	0.040	0.060	—	—
机械	手持式风动凿岩机	台班	12.36	—	—	5.780	8.600	—	—
	电动空气压缩机 $3m^3/min$	台班	122.54	—	—	2.900	4.310	—	—
	履带式单头岩石破碎机 105kW	台班	1231.39	—	—	—	—	0.653	0.667

注：不包括桥涵构筑物拆除。

九、伐树、挖树蔸

工作内容：锯倒、砍枝、截断、刨挖、清理异物，就近堆放整齐。　　　　**计量单位**：10棵

定额编号				1-403	1-404	1-405	1-406	1-407
项目				伐树，离地面20cm处树干直径（cm以内）				
				ϕ20	ϕ30	ϕ40	ϕ50	ϕ50以外
基价（元）				**129.60**	**276.48**	**552.96**	**820.80**	**1840.32**
其中	人工费（元）			129.60	276.48	552.96	820.80	1840.32
	材料费（元）			—	—	—	—	—
	机械费（元）			—	—	—	—	—
名称		单位	单价（元）	消耗量				
人工	二类人工	工日	135.00	0.960	2.048	4.096	6.080	13.632

工作内容:锯倒、砍枝、截断、刨挖、清理异物,就近堆放整齐。 计量单位:10 棵

定额编号				1-408	1-409	1-410	1-411	1-412
项目				挖树蔸,离地面 20cm 处树干直径(cm 以内)				
				ϕ20	ϕ30	ϕ40	ϕ50	ϕ50 以外
基价(元)				**142.56**	**501.12**	**993.60**	**1425.60**	**1987.20**
其中	人工费(元)			142.56	501.12	993.60	1425.60	1987.20
	材料费(元)			—	—	—	—	—
	机械费(元)			—	—	—	—	—
名称		单位	单价(元)	消耗量				
人工	二类人工	工日	135.00	1.056	3.712	7.360	10.560	14.720

十、路面凿毛

工作内容:凿毛、清扫废渣。 计量单位:100m²

定额编号				1-413	1-414	1-415	1-416
项目				沥青混凝土		水泥混凝土	
				人工	风镐	人工	风镐
基价(元)				**345.60**	**219.61**	**644.76**	**368.01**
其中	人工费(元)			345.60	169.56	644.76	313.20
	材料费(元)			—	0.54	—	0.76
	机械费(元)			—	49.51	—	54.05
名称		单位	单价(元)	消耗量			
人工	二类人工	工日	135.00	2.560	1.256	4.776	2.320
材料	合金钢钻头 一字型	个	8.62	—	0.030	—	0.050
	六角空心钢 综合	kg	2.48	—	0.050	—	0.070
	高压胶皮风管 ϕ25-6P-20m	m	15.52	—	0.010	—	0.010
机械	电动空气压缩机 0.6m³/min	台班	33.06	—	1.090	—	1.190
	手持式风动凿岩机	台班	12.36	—	1.090	—	1.190

十一、水泥混凝土路面碎石化

工作内容:1. 多锤头碎石化:混凝土路面破碎、整平,撒布沥青和石屑、碾压和养护;

2. 共振碎石化:场地清理、路面碎化、整平、洒水、压稳、养护。 **计量单位**:1000m²

定额编号				1-417	1-418	1-419	1-420
项目				多锤头碎石化		共振碎石化	
				路面厚 24cm	每增减 1cm	路面厚 24cm	每增减 1cm
基价 (元)				**34913.66**	**301.81**	**36369.82**	**1430.23**
其中	人工费 (元)			437.40	16.20	1425.60	32.40
	材料费 (元)			25447.70	6.90	556.92	22.95
	机械费 (元)			9028.56	278.71	34387.30	1374.88
名称		单位	单价(元)	消耗量			
人工	二类人工	工日	135.00	3.240	0.120	10.560	0.240
材料	乳化沥青	kg	4.00	6180.000	—	—	—
	石屑	m³	58.25	9.660	—	—	—
	碎石 综合	m³	153.00	—	—	3.640	0.150
	其他材料费	元	1.00	165.00	6.90	—	—
机械	石屑撒布机	台班	386.00	0.200	—	—	—
	汽车式沥青喷洒机 4000L	台班	610.35	0.200	—	—	—
	钢轮振动压路机 15t	台班	907.60	—	—	0.890	—
	轮胎压路机 20t	台班	718.39	0.360	—	—	—
	多锤头破碎机(RHMA288)	台班	9007.00	0.850	0.030	—	—
	Z 型压路机(YZ18J)	台班	1044.00	0.680	—	—	—
	洒水车 4000L	台班	428.87	—	—	0.720	—
	共振破碎机(RB-500)	台班	22883.00	—	—	1.450	0.060
	其他机械费	元	1.00	204.80	8.50	90.40	1.90

第六章
措 施 项 目

说　明

一、本章定额包括打拔工具桩,支撑工程,脚手架工程,围堰工程,施工降水、排水,工程监测、监控,共6节172个子目。

二、打拔工具桩:

1. 打拔工具桩定额适用于市政各专业册的打拔工具桩。

2. 打拔工具桩定额中所指的水上作业,是以距岸线1.5m以外或者水深在2m以上的打拔桩。距岸线1.5m以内时,水深在1m以内者,按陆上作业考虑。如水深在1m以上2m以内者,其工程量则按水、陆各50%计算。

3. 水上打拔工具桩按两艘驳船捆扎成船台作业,驳船捆扎和拆除费用按本定额第三册《桥涵工程》相应定额执行。

4. 打拔工具桩均以直桩为准,如遇打斜桩(斜度小于或等于1:6,包括俯打、仰打)按相应定额人工、机械乘以系数1.35。

5. 导桩及导桩夹木的制作、安装、拆除,已包括在相应定额中。

6. 圆木桩按疏打计算,钢板桩按密打计算。如钢板桩需要疏打时,按相应定额人工乘以系数1.05。

7. 打拔桩架90°调面及超运距移动已综合考虑。

8. 竖、拆柴油打桩机架费用另行计算。

9. 钢板桩和木桩的防腐费用等,已包括在其他材料费用中。

10. 打拔工具桩应根据桩入土深度不同和土壤类别所占比例,分别执行相应项目。

11. 水上打拔工具桩如发生水上短驳,则另行计算其短驳费。

12. 打拔槽型钢板桩定额是按钢板桩周转摊销方式考虑。打拔拉森钢板桩定额是按拉森钢板桩市场租赁方式考虑。

三、支撑工程:

1. 支撑工程适用于沟槽、基坑、工作坑、检查井及大型基坑的支撑。

2. 挡土板间距不同时,不做调整。

3. 除槽钢挡土板外,本章定额均按横板、竖撑计算,如采用竖板、横撑时,其人工工日乘以系数1.2。

4. 定额中挡土板支撑按槽坑两侧同时支撑挡土板考虑,支撑面积为两侧挡土板面积之和,槽坑支撑宽度为4.1m以内。如槽坑宽度超过4.1m时,其两侧均按一侧支挡土板考虑。按槽坑一侧支撑挡土板面积计算时,工日数乘以系数1.33,除挡土板外,其他材料乘以系数2.00。

5. 放坡开挖不得再计算挡土板,如遇上层放坡、下层支撑则按实际支撑面积计算。

6. 钢桩挡土板中的槽钢桩按设计数量以"t"计算,按本章第一节"打拔工具桩"相应定额执行。

7. 如采用井字支撑时,按疏撑乘以系数0.61。

8. 大型基坑支撑安装及拆除定额是按钢支撑周转摊销方式考虑。

四、脚手架工程:

1. 脚手架定额中钢管脚手架已包括斜道及拐弯平台的搭设。砌筑物高度超过1.2m可计算脚手架搭拆费用。

2. 仓面脚手架不包括斜道,若发生则另按《浙江省房屋建筑和装饰工程预算定额》(2018版)中脚手架斜道计算;但采用井字架或吊扒杆转运施工材料时,不再计算斜道费用。对无筋或单层布筋的基础和垫层不计算仓面脚手费。

五、围堰工程:

1. 围堰工程适用于市政工程围堰施工项目。

2. 围堰定额未包括施工期内发生潮汛冲刷后所需的养护工料。潮汛养护工料费用可根据当地有关规定另计。如遇特大潮汛发生人力所不能抗拒的损失时,应根据实际情况,另行处理。

3. 围堰工程 50m 范围以内就地取土、砂、砂砾,均不计土方和砂、砂砾的材料价格。取 50m 范围以外的取土、砂、砂砾,应计算土方和砂、砂砾材料的挖、运费用,但应扣除定额中土方现场挖运的人工 20 工日/100m^3黏土。定额括号中所列黏土数量为取自然土方数量,结算中可按取土的实际情况调整。

4. 围堰定额中的各种木桩、钢桩按本章第一节"打拔工具桩"相应定额执行,数量按实计算。定额括号中所列打拔工具桩数量仅供参考。

5. 编织袋围堰定额中如使用麻袋装土围筑,材料应根据麻袋的规格、单价换算,但人工、机械和其他材料消耗量按定额规定执行。

6. 围堰施工中若未使用驳船,而采用搭设栈桥,则应扣除定额中驳船费用并套用相应脚手架子目。

7. 定额围堰尺寸的取定:

(1)土草围堰的堰顶宽为 1 ~2m,堰高为 4m 以内;

(2)土石混合围堰的堰顶宽为 2m,堰高为 6m 以内;

(3)圆木桩围堰的堰顶宽为 2 ~2.5m,堰高 5m 以内;

(4)钢桩围堰的堰顶宽为 2.5 ~3m,堰高 6m 以内;

(5)钢板桩围堰的堰顶宽为 2.5 ~3m,堰高 6m 以内;

(6)竹笼围堰竹笼间黏土填心的宽度为 2 ~2.5m,堰高 5m 以内;

(7)木笼围堰的堰顶宽度为 2.4m,堰高为 4m 以内。

8. 筑岛填心子目是指在围堰围成的区域内填土、砂及砂砾石。

9. 双层竹笼围堰竹笼间黏土填心的宽度超过 2.5m,超出部分执行筑岛填心子目。

10. 施工围堰的尺寸按有关设计施工规范确定。堰内坡脚至堰内基坑边缘距离根据河床土质及基坑深度而定,但不得小于 1m。

六、施工降水、排水:

1. 井点降水项目适用于地下水位较高的粉砂土、砂质粉土、黏质粉土或淤泥质夹薄层砂性土的地层。抽水定额适用于池塘、河道、围堰等处的明排水。

2. 轻型井点、喷射井点、大口径井点、深井井点的采用由施工组织设计确定。一般情况下,降水深度 6m 以内采用轻型井点,6m 以上 30m 以内采用相应的喷射井点,特殊情况下可选用大口径井点及深井井点。井点使用时间按施工组织设计确定。喷射井点定额包括两根观察孔制作,喷射井管包括了内管和外管。井点材料使用摊销量中已包括井点拆除时的材料损耗量。井点间距根据地质和降水要求由施工组织设计确定,一般轻型井点管间距为 1.2m,喷射井点管间距为 2.5m,大口径井点管间距为 10m。

3. 井点降水过程中,如需提供资料,则水位监测和资料整理费用另计。

4. 井点降水成孔过程中产生的泥水处理及挖沟排水工作应另行计算。遇有天然水源可用时,不计水费。

5. 井点降水必须保证连续供电,在电源无保证的情况下,使用备用电源的费用另计。

七、工程监测、监控:工程监测、监控是地下构筑物建造时,反映施工对周围建筑群影响程度的测试手段。工程监测、监控定额适用于建设单位确认需监测的工程项目,但不适用对特殊房屋及建筑物的特殊监测。监测单位应及时向建设单位提供可靠的测试数据,工程结束后监测数据立案成册。

工程量计算规则

一、打拔工具桩：

1. 打拔圆木桩：按设计桩长 L（检尺长）和圆木桩小头直径 D（检尺径）查《木材、立木材积速算表》计算圆木桩体积。

2. 凡打断、打弯的桩，均需拔除重打，但不重复计算工程量。

二、大型基坑支撑安装及拆除工程量按设计质量以"t"计算，其余支撑工程按施工组织设计确定的支撑面积以"m^2"计算。

三、脚手架工程量按墙面水平边线长度乘以墙面砌筑高度以"m^2"计算。柱形砌体按图示柱结构外围周长另加3.6m乘以砌筑高度以"m^2"计算；浇混凝土用仓面脚手按仓面的水平面积以"m^2"计算。

四、围堰工程分别采用立方米和延长米计量。用立方米计算的围堰工程按围堰的施工断面乘以围堰中心线的长度计算。以延长米计算的围堰工程按围堰中心线的长度计算。围堰高度按施工期内的最高临水面加0.5m计算。

五、施工降水、排水：

1. 轻型井点50根为一套；喷射井点30根为一套；大口径井点以10根为一套。井点使用以"套·天"计算，一天按24h计算。除轻型井点外，累计根数不足一套者按一套计算；轻型井点尾数25根以内的按0.5套，超过25根的按一套计算。井管的安装、拆除以"10根"计算。

2. 真空深井、直流深井和承压井降水的安装、拆除以"座"计算，井点使用的定额单位为"座·天"。

3. 湿土排水工程量按所挖湿土方量进行计算，抽水工程量按实际的排水量进行计算。

六、工程监测、监控：

1. 工程监测、监控包括地表监测孔布置、地下监测孔布置和监测三部分。其中地表测孔深度与定额不同时可内插计算。工程量由施工组织设计确定。

2. 监控测试以一个施工区域内监控的测定项目划分为三项以内、六项以内和六项以外，以"组日"为计量单位，监测时间由施工组织设计确定。

一、打拔工具桩

1. 陆上挖掘机打、拔圆木桩

工作内容:准备工作、木桩制作(加靴)、打桩、移动、拔桩、清场、整堆。　　计量单位:10m³

定额编号				1-421	1-422	1-423	1-424
项目				打 6m 以内		拔 6m 以内	
				一、二类土	三类土	一、二类土	三类土
基价(元)				**2277.66**	**3245.53**	**698.63**	**875.77**
其中	人工费(元)			648.81	810.81	122.31	153.09
	材料费(元)			1052.53	1712.04	—	—
	机械费(元)			576.32	722.68	576.32	722.68
名称		单位	单价(元)	消耗量			
人工	二类人工	工日	135.00	4.806	6.006	0.906	1.134
材料	圆木桩	m^3	1379.00	0.702	1.053	—	—
	桩靴	kg	4.85	—	34.970	—	—
	其他材料费	元	1.00	84.47	90.35	—	—
机械	履带式单斗液压挖掘机 $1m^3$	台班	914.79	0.630	0.790	0.630	0.790

2. 陆上挖掘机打、拔槽型钢板桩

工作内容:准备工作,打桩,移动,打、拔缆风桩,埋、拆地垄,拔桩,清场、整堆。　　计量单位:10t

定额编号				1-425	1-426	1-427	1-428
项目				打 6m 以内		拔 6m 以内	
				一、二类土	三类土	一、二类土	三类土
基价(元)				**2477.96**	**2711.58**	**706.32**	**886.24**
其中	人工费(元)			450.36	562.95	225.18	281.07
	材料费(元)			1118.89	1121.00	5.45	10.56
	机械费(元)			908.71	1027.63	475.69	594.61
名称		单位	单价(元)	消耗量			
人工	二类人工	工日	135.00	3.336	4.170	1.668	2.082
材料	槽型钢板桩	t	4828.00	0.230	0.230	—	—
	其他材料费	元	1.00	8.45	10.56	5.45	10.56
机械	履带式单斗液压挖掘机 $1m^3$	台班	914.79	0.520	0.650	0.520	0.650
	载货汽车 4t	台班	369.21	0.739	0.739	—	—
	汽车式起重机 8t	台班	648.48	0.247	0.247	—	—

3. 陆上挖掘机打、拔拉森钢板桩

工作内容:准备工作,打桩,移动,打、拔缆风桩,埋、拆地垄,拔桩,清场、整堆。　　**计量单位**:10t

定额编号				1-429	1-430	1-431	1-432	1-433	1-434
项目				打 8m 以内		打 12m 以内		打 12m 以上	
				一、二类土	三类土	一、二类土	三类土	一、二类土	三类土
基价（元）				**1606.77**	**1948.59**	**1387.40**	**1633.75**	**1274.44**	**1461.51**
其中	人工费（元）			299.70	349.65	267.30	320.76	230.85	283.50
	材料费（元）			—	—	—	—	—	—
	机械费（元）			1307.07	1598.94	1120.10	1312.99	1043.59	1178.01
名称		单位	单价(元)	消耗量					
人工	二类人工	工日	135.00	2.220	2.590	1.980	2.376	1.710	2.100
机械	履带式液压挖掘机带打拔桩机振动锤 BY－VH250	台班	1269.00	1.030	1.260	—	—	—	—
	履带式液压挖掘机带打拔桩机振动锤 BY－VH350	台班	1692.00	—	—	0.662	0.776	—	—
	履带式液压挖掘机带打拔桩机振动锤 BY－VH450	台班	2444.00	—	—	—	—	0.427	0.482

工作内容:准备工作,打桩,移动,打、拔缆风桩,埋、拆地垄,拔桩,清场、整堆。　　**计量单位**:10t

定额编号				1-435	1-436	1-437	1-438	1-439	1-440
项目				拔 8m 以内		拔 12m 以内		拔 12m 以上	
				一、二类土	三类土	一、二类土	三类土	一、二类土	三类土
基价（元）				**1515.78**	**1847.04**	**1304.53**	**1553.40**	**1216.39**	**1388.68**
其中	人工费（元）			284.85	328.05	253.80	304.70	219.24	269.33
	材料费（元）			—	—	—	—	—	—
	机械费（元）			1230.93	1518.99	1050.73	1248.70	997.15	1119.35
名称		单位	单价(元)	消耗量					
人工	二类人工	工日	135.00	2.110	2.430	1.880	2.257	1.624	1.995
机械	履带式液压挖掘机带打拔桩机振动锤 BY－VH250	台班	1269.00	0.970	1.197	—	—	—	—
	履带式液压挖掘机带打拔桩机振动锤 BY－VH350	台班	1692.00	—	—	0.621	0.738	—	—
	履带式液压挖掘机带打拔桩机振动锤 BY－VH450	台班	2444.00	—	—	—	—	0.408	0.458

4. 陆上柴油打桩机打圆木桩

工作内容:准备工作、木桩制作(加靴)、打桩、桩架调面、移动、打拔缆风桩、埋折地垄、清场整堆。

计量单位:$10m^3$

定额编号				1-441	1-442	1-443	1-444
项目				打5m以内		打8m以内	
				一、二类土	三类土	一、二类土	三类土
基价(元)				**3612.98**	**5012.73**	**2926.18**	**4066.42**
其中	人工费(元)			1880.69	2334.83	1388.07	1727.60
	材料费(元)			1081.86	1809.69	1080.06	1714.62
	机械费(元)			650.43	868.21	458.05	624.20
名称		单位	单价(元)	消耗量			
人工	二类人工	工日	135.00	13.931	17.295	10.282	12.797
材料	圆木桩	m^3	1379.00	0.702	1.053	0.702	1.053
	桩靴	kg	4.85	—	34.970	—	17.430
	其他材料费	元	1.00	113.80	188.00	112.00	178.00
机械	轨道式柴油打桩机 0.8t	台班	416.41	1.562	2.085	1.100	1.499

5. 陆上柴油打桩机打槽型钢板桩

工作内容:准备工作、打桩、桩架调面、移动、打拔缆风桩、埋折地垄、清场整堆。

计量单位:10t

定额编号				1-445	1-446	1-447	1-448
项目				打8m以内		打12m以内	
				一、二类土	三类土	一、二类土	三类土
基价(元)				**3058.24**	**3321.36**	**2805.77**	**3240.85**
其中	人工费(元)			1196.51	1311.80	973.49	1271.57
	材料费(元)			1132.76	1132.76	1132.87	1132.87
	机械费(元)			728.97	876.80	699.41	836.41
名称		单位	单价(元)	消耗量			
人工	二类人工	工日	135.00	8.863	9.717	7.211	9.419
材料	槽型钢板桩	t	4828.00	0.230	0.230	0.230	0.230
	其他材料费	元	1.00	22.32	22.32	22.43	22.43
机械	轨道式柴油打桩机 0.8t	台班	416.41	0.878	1.233	0.807	1.136
	载货汽车 4t	台班	369.21	0.739	0.739	0.739	0.739
	汽车式起重机 5t	台班	366.47	0.247	0.247	0.247	0.247

6. 水上柴油打桩机打圆木桩

工作内容：准备工作，木桩制作（加靴），船排固定、移动、打桩、清场、整堆。　　**计量单位**：$10m^3$

定额编号				1-449	1-450	1-451	1-452
项目				打 5m 以内		打 8m 以内	
				一、二类土	三类土	一、二类土	三类土
基价（元）				**3615.84**	**5260.22**	**2568.77**	**3731.69**
其中	人工费（元）			1602.59	2181.60	980.10	1329.89
	材料费（元）			1062.30	1717.16	1017.11	1586.05
	机械费（元）			950.95	1361.46	571.56	815.75
名称		单位	单价（元）	消耗量			
人工	二类人工	工日	135.00	11.871	16.160	7.260	9.851
材料	圆木桩	m^3	1379.00	0.702	1.053	0.702	1.053
	桩靴	kg	4.85	—	34.970	—	17.430
	其他材料费	元	1.00	94.24	95.47	49.05	49.43
机械	轨道式柴油打桩机 0.8t	台班	416.41	1.624	2.325	0.976	1.393
	驳船 30t	台班	84.60	3.247	4.649	1.952	2.786

7. 水上柴油打桩机打槽型钢板桩

工作内容：准备工作，船排固定、移动、打桩、清场、整堆。　　**计量单位**：10t

定额编号				1-453	1-454	1-455	1-456	1-457	1-458
项目				打 8m 以内		打 12m 以内		打 12m 以上	
				一、二类土	三类土	一、二类土	三类土	一、二类土	三类土
基价（元）				**2848.95**	**3323.19**	**2643.97**	**3103.22**	**2528.54**	**2935.75**
其中	人工费（元）			818.91	1090.53	702.27	964.17	633.69	869.40
	材料费（元）			1120.97	1120.97	1120.97	1120.97	1120.97	1120.97
	机械费（元）			909.07	1111.69	820.73	1018.08	773.88	945.38
名称		单位	单价（元）	消耗量					
人工	二类人工	工日	135.00	6.066	8.078	5.202	7.142	4.694	6.440
材料	槽型钢板桩	t	4828.00	0.230	0.230	0.230	0.230	0.230	0.230
	其他材料费	元	1.00	10.53	10.53	10.53	10.53	10.53	10.53
机械	轨道式柴油打桩机 0.8t	台班	416.41	0.932	1.278	0.781	1.118	0.701	0.994
	载货汽车 4t	台班	369.21	0.739	0.739	0.739	0.739	0.739	0.739
	汽车式起重机 5t	台班	366.47	0.247	0.247	0.247	0.247	0.247	0.247
	驳船 30t	台班	84.60	1.863	2.555	1.562	2.236	1.402	1.987

8. 水上挖掘机打、拔拉森钢板桩

工作内容：准备工作，船排固定，移动，打、拔缆风桩，埋、拆地垄，拔桩，清场、整堆。　　计量单位：10t

定额编号				1-459	1-460	1-461	1-462	1-463	1-464
项目				打8m以内		打12m以内		打12m以上	
				一、二类土	三类土	一、二类土	三类土	一、二类土	三类土
基价（元）				**1865.12**	**2289.68**	**1604.49**	**1922.76**	**1475.06**	**1718.57**
其中	人工费（元）			269.73	314.69	240.57	288.63	207.77	255.15
	材料费（元）			—	—	—	—	—	—
	机械费（元）			1595.39	1974.99	1363.92	1634.13	1267.29	1463.42
名称		单位	单价(元)	消耗量					
人工	二类人工	工日	135.00	1.998	2.331	1.782	2.138	1.539	1.890
机械	履带式液压挖掘机带打拔桩机振动锤 BY－VH250	台班	1269.00	1.133	1.386	—	—	—	—
	履带式液压挖掘机带打拔桩机振动锤 BY－VH350	台班	1692.00	—	—	0.728	0.854	—	—
	履带式液压挖掘机带打拔桩机振动锤 BY－VH450	台班	2444.00	—	—	—	—	0.470	0.530
	驳船 30t	台班	84.60	1.863	2.555	1.562	2.236	1.402	1.987

工作内容：准备工作，船排固定，移动，打、拔缆风桩，埋、拆地垄，拔桩，清场、整堆。　　计量单位：10t

定额编号				1-465	1-466	1-467	1-468	1-469	1-470
项目				拔8m以内		拔12m以内		拔12m以上	
				一、二类土	三类土	一、二类土	三类土	一、二类土	三类土
基价（元）				**1610.39**	**1966.52**	**1384.06**	**1648.09**	**1294.73**	**1474.24**
其中	人工费（元）			256.37	295.25	228.42	274.19	197.37	242.46
	材料费（元）			—	—	—	—	—	—
	机械费（元）			1354.02	1671.27	1155.64	1373.90	1097.36	1231.78
名称		单位	单价(元)	消耗量					
人工	二类人工	工日	135.00	1.899	2.187	1.692	2.031	1.462	1.796
机械	履带式液压挖掘机带打拔桩机振动锤 BY－VH250	台班	1269.00	1.067	1.317	—	—	—	—
	履带式液压挖掘机带打拔桩机振动锤 BY－VH350	台班	1692.00	—	—	0.683	0.812	—	—
	履带式液压挖掘机带打拔桩机振动锤 BY－VH450	台班	2444.00	—	—	—	—	0.449	0.504

二、支撑工程

1.木挡土板

工作内容:制作、运输、安装、拆除,堆放指定地点。 计量单位:100m²

定额编号				1-471	1-472	1-473	1-474
项目				密挡土板		疏挡土板	
				木支撑	钢支撑	木支撑	钢支撑
基价(元)				**2505.34**	**2093.69**	**1983.47**	**1640.89**
其中	人工费(元)			1299.24	988.20	1010.07	769.50
	材料费(元)			1185.06	1084.45	960.48	858.84
	机械费(元)			21.04	21.04	12.92	12.55
名称		单位	单价(元)	消耗量			
人工	二类人工	工日	135.00	9.624	7.320	7.482	5.700
材料	圆木桩	m^3	1379.00	0.226	—	0.226	—
	木模板	m^3	1445.00	0.065	0.060	0.051	0.049
	木挡土板	m^3	1789.00	0.395	0.395	0.240	0.237
	钢套管	kg	3.88	—	15.613	—	15.613
	铁撑脚	kg	8.17	—	19.301	—	19.301
	混凝土实心砖 240×115×53 MU10	千块	388.00	—	—	0.188	0.188
	镀锌铁丝 10#	kg	5.38	7.200	7.200	7.200	7.200
	扒钉	kg	3.73	9.140	9.140	9.140	9.140
机械	载货汽车 4t	台班	369.21	0.057	0.057	0.035	0.034

2.竹挡土板

工作内容:制作、运输、安装、拆除,堆放指定地点。 计量单位:100m²

定额编号				1-475	1-476	1-477	1-478
项目				密挡土板		疏挡土板	
				木支撑	钢支撑	木支撑	钢支撑
基价(元)				**1928.00**	**1517.80**	**1653.23**	**1318.36**
其中	人工费(元)			1291.95	980.91	1005.21	769.50
	材料费(元)			588.05	488.89	611.10	511.94
	机械费(元)			48.00	48.00	36.92	36.92
名称		单位	单价(元)	消耗量			
人工	二类人工	工日	135.00	9.570	7.266	7.446	5.700
材料	圆木桩	m^3	1379.00	0.226	—	0.226	—
	木模板	m^3	1445.00	0.064	0.060	0.064	0.060
	竹挡土板	m^2	21.55	5.155	5.155	3.866	3.866
	钢套管	kg	3.88	—	15.613	—	15.613
	铁撑脚	kg	8.17	—	19.301	—	19.301
	混凝土实心砖 240×115×53 MU10	千块	388.00	—	—	0.131	0.131
	镀锌铁丝 10#	kg	5.38	7.200	7.200	7.200	7.200
	扒钉	kg	3.73	9.140	9.140	9.140	9.140
机械	载货汽车 4t	台班	369.21	0.130	0.130	0.100	0.100

3. 钢制挡土板

工作内容:制作、运输、安装、拆除,堆放指定地点。　　计量单位:100m²

定额编号				1-479	1-480	1-481	1-482
项目				密挡土板		疏挡土板	
				木支撑	钢支撑	木支撑	钢支撑
基价(元)				**2331.16**	**1932.47**	**1942.13**	**1603.21**
其中	人工费(元)			1299.24	1001.16	1018.17	778.41
	材料费(元)			874.93	774.32	814.88	715.72
	机械费(元)			156.99	156.99	109.08	109.08
	名称	单位	单价(元)	消耗量			
人工	二类人工	工日	135.00	9.624	7.416	7.542	5.766
材料	圆木桩	m^3	1379.00	0.226	—	0.226	—
	木模板	m^3	1445.00	0.065	0.060	0.064	0.060
	钢挡土板	t	4310.00	0.092	0.092	0.064	0.064
	钢套管	kg	3.88	—	15.613	—	15.613
	铁撑脚	kg	8.17	—	19.301	—	19.301
	混凝土实心砖 240×115×53 MU10	千块	388.00	—	—	0.160	0.160
	镀锌铁丝 10#	kg	5.38	7.200	7.200	7.200	7.200
	扒钉	kg	3.73	9.140	9.140	9.140	9.140
机械	载货汽车 4t	台班	369.21	0.319	0.319	0.222	0.222
	汽车式起重机 5t	台班	366.47	0.107	0.107	0.074	0.074

4. 钢制桩挡土板支撑安拆

工作内容:制作、运输、安装、拆除,堆放指定地点。　　计量单位:100m²

定额编号				1-483	1-484
项目				木支撑	钢支撑
基价(元)				**600.16**	**534.37**
其中	人工费(元)			110.97	88.29
	材料费(元)			437.97	394.86
	机械费(元)			51.22	51.22
	名称	单位	单价(元)	消耗量	
人工	二类人工	工日	135.00	0.822	0.654
材料	圆木桩	m^3	1379.00	0.097	—
	木模板	m^3	1445.00	0.034	0.032
	槽钢 综合	t	4052.00	0.030	0.030
	钢套管	kg	3.88	—	6.691
	铁撑脚	kg	8.17	—	8.272
	镀锌铁丝 10#	kg	5.38	22.100	22.100
	扒钉	kg	3.73	3.920	3.920
机械	载货汽车 4t	台班	369.21	0.104	0.104
	汽车式起重机 5t	台班	366.47	0.035	0.035

5. 混凝土支撑制作

工作内容：混凝土浇筑、抹平、浇水养护等全部操作过程。

定额编号				1-485	1-486
项目				混凝土支撑制作	
				混凝土	模板
计量单位				$10m^3$	$10m^2$
基价（元）				**5028.03**	**565.72**
其中	人工费（元）			443.75	250.16
	材料费（元）			4581.42	231.32
	机械费（元）			2.86	84.24
名称		单位	单价(元)	消耗量	
人工	二类人工	工日	135.00	3.287	1.853
材料	泵送商品混凝土 C25	m^3	447.00	10.100	—
	无纺土工布	m^2	8.62	7.333	—
	圆钉	kg	4.74	—	2.550
	铁件	kg	3.71	—	16.442
	钢模板	kg	5.96	—	7.731
	木模板	m^3	1445.00	—	0.073
	零星卡具	kg	5.88	—	1.134
	水	m^3	4.27	0.821	—
机械	履带式起重机 10t	台班	589.37	—	0.055
	木工圆锯机 500mm	台班	27.50	—	0.007
	载货汽车 6t	台班	396.42	—	0.121
	混凝土振捣器 插入式	台班	4.65	0.615	—
	汽车式起重机 5t	台班	366.47	—	0.010

注：混凝土支撑拆除执行本册定额第五章拆除混凝土障碍物相应定额。

6. 大型基坑钢支撑安装、拆除

工作内容:1. 安装:吊车配合、围令、支撑驳运卸车,定位放样,槽壁面凿出预埋件,钢牛腿焊接,支撑拼接、焊接安全栏杆、安装定位,活络接头固定;
2. 拆除:切割、吊出支撑分段、装车及堆放。

计量单位:t

	定额编号			1-487	1-488	1-489	1-490
	项目			宽 15m 以内		宽 15m 以外	
				安装	拆除	安装	拆除
	基价(元)			**635.56**	**374.59**	**635.17**	**405.09**
其中	人工费(元)			170.10	232.47	161.19	196.02
	材料费(元)			280.35	—	220.59	—
	机械费(元)			185.11	142.12	253.39	209.07
	名称	单位	单价(元)	消耗量			
人工	二类人工	工日	135.00	1.260	1.722	1.194	1.452
材料	六角带帽螺栓	kg	5.47	2.550	—	2.140	—
	枕木	m^3	2457.00	0.030	—	0.020	—
	钢支撑	kg	3.97	27.000	—	27.000	—
	中厚钢板	kg	3.71	7.890	—	4.750	—
	预埋铁件	kg	3.75	11.620	—	7.000	—
	电焊条	kg	4.31	1.090	—	0.660	—
	钢围令	kg	1.30	5.250	—	3.180	—
	其他材料费	元	1.00	1.13	—	1.70	—
机械	履带式起重机 25t	台班	757.92	0.160	0.150	—	—
	履带式起重机 40t	台班	1242.97	—	—	0.160	0.150
	交流弧焊机 32kV·A	台班	92.84	0.130	0.050	0.080	0.030
	电动空气压缩机 $10m^3/min$	台班	394.85	0.020	0.020	0.010	0.010
	立式油压千斤顶 100t	台班	10.22	0.110	0.110	0.110	0.110
	载货汽车 4t	台班	369.21	0.087	0.040	0.087	0.040
	汽车式起重机 5t	台班	366.47	0.029	—	0.027	—

三、脚手架工程

1. 脚 手 架

工作内容：清理场地、搭脚手架、挂安全网，拆除、堆放、材料场内运输。 **计量单位**：100m²

定 额 编 号				1-491	1-492	1-493	1-494
项 目				钢管脚手架			
				单排		双排	
				4m 以内	8m 以内	4m 以内	8m 以内
基 价 （元）				**588.66**	**656.71**	**779.49**	**872.83**
其中	人 工 费 （元）			398.52	412.29	542.70	547.56
	材 料 费 （元）			153.22	207.50	188.79	277.27
	机 械 费 （元）			36.92	36.92	48.00	48.00
名 称		单位	单价(元)	消 耗 量			
人工	二类人工	工日	135.00	2.952	3.054	4.020	4.056
材料	脚手架钢管	t	3621.00	0.021	0.036	0.027	0.050
	脚手管扣件	个	4.14	2.190	4.390	3.200	6.480
	底座	个	2.03	0.240	0.250	0.450	0.430
	竹脚手片	m²	8.19	5.110	5.110	5.980	5.980
	安全网	m²	7.76	2.680	1.380	2.680	1.380
	其他材料费	元	1.00	4.98	5.90	7.09	8.83
机械	载货汽车 4t	台班	369.21	0.100	0.100	0.130	0.130

2. 浇混凝土用仓面脚手架

工作内容：清理场地、搭脚手架、挂安全网，拆除、堆放、材料场内运输。 **计量单位**：100m²

定 额 编 号				1-495
项 目				支架高度在 1.5m 以内
基 价 （元）				**908.13**
其中	人 工 费 （元）			388.80
	材 料 费 （元）			482.41
	机 械 费 （元）			36.92
名 称		单位	单价(元)	消 耗 量
人工	二类人工	工日	135.00	2.880
材料	圆木桩	m³	1379.00	0.200
	木脚手板	m³	1124.00	0.160
	圆钉	kg	4.74	0.700
	铁件	kg	3.71	1.000
	其他材料费	元	1.00	19.74
机械	载货汽车 4t	台班	369.21	0.100

四、围 堰 工 程

1. 土 草 围 堰

工作内容:清理基底,50m 范围内取、装、运土,草(编织)袋装土、封包运输,堆筑、填土夯实,拆除清理。

计量单位:100m³

定额编号				1-496	1-497
项目				筑土围堰	编织袋围堰
基价(元)				**4788.27**	**9819.63**
其中	人工费(元)			4485.78	7158.78
	材料费(元)			—	2423.67
	机械费(元)			302.49	237.18
名称		单位	单价(元)	消耗量	
人工	二类人工	工日	135.00	33.228	53.028
材料	黏土	m³	—	(121.000)	(93.000)
	尼龙编织袋	只	1.58	—	1490.000
	麻绳	kg	7.51	—	9.250
机械	电动夯实机 250N·m	台班	28.03	2.330	—
	驳船 50t	台班	118.00	2.010	2.010

2. 土石混合围堰

工作内容:1. 过水土、石围堰:包括清理基底,50m 内取土,块石抛填,浇捣溢流面混凝土,不包括拆除清理;

2. 不过水土、石围堰:包括清理基底,50m 内取土,块石抛填,干砌,堆筑,拆除清理。

计量单位:100m³

定额编号				1-498	1-499
项目				过水土、石围堰	不过水土、石围堰
基价(元)				**20549.28**	**19079.68**
其中	人工费(元)			5758.29	8101.62
	材料费(元)			14653.24	10735.34
	机械费(元)			137.75	242.72
名称		单位	单价(元)	消耗量	
人工	二类人工	工日	135.00	42.654	60.012
材料	黏土	m³	—	(41.660)	(40.070)
	块石	t	77.67	74.620	128.640
	碎石 综合	t	102.00	15.860	—
	非泵送商品混凝土 C20	m³	412.00	16.820	—
	木模板	m³	1445.00	0.065	—
	圆木桩	m³	1379.00	0.092	—
	砂砾 综合	t	50.11	—	12.950
	圆钉	kg	4.74	6.180	—
	水	m³	4.27	3.690	—
	其他材料费	元	1.00	44.10	94.95
机械	木工圆锯机 500mm	台班	27.50	0.035	—
	电动夯实机 250N·m	台班	28.03	0.923	0.745
	驳船 50t	台班	118.00	0.940	1.880

3. 圆木桩围堰

工作内容:安挡土篱笆、挂草帘、铁丝固定木桩,50m 内取土、夯填,拆除清理。 **计量单位:**10m

定额编号				1-500	1-501	1-502
项目				双排圆木桩围堰高		
				3m 以内	4m 以内	5m 以内
基价(元)				**4571.38**	**7949.12**	**10446.81**
其中	人工费(元)			3850.74	6947.37	9235.62
	材料费(元)			548.00	714.52	853.25
	机械费(元)			172.64	287.23	357.94
名称		单位	单价(元)	消耗量		
人工	二类人工	工日	135.00	28.524	51.462	68.412
材料	黏土	m^3	—	(63.180)	(105.300)	(131.630)
	圆木桩	m^3	—	(5.130)	(6.930)	(8.860)
	竹篱片	m^2	2.83	61.800	82.480	103.100
	草帘	m^2	2.76	63.000	83.360	104.200
	镀锌铁丝 8#	kg	6.55	24.150	28.620	28.620
	其他材料费	元	1.00	41.04	63.57	86.42
机械	电动夯实机 250N·m	台班	28.03	1.402	2.333	2.919
	驳船 50t	台班	118.00	1.130	1.880	2.340

4. 钢桩围堰

工作内容:安挡土篱笆、挂草帘、铁丝固定木桩,50m 取土、夯填,拆除清理。 **计量单位:**10m

定额编号				1-503	1-504	1-505
项目				双排钢桩围堰高		
				4m 以内	5m 以内	6m 以内
基价(元)				**7702.65**	**9908.02**	**14523.61**
其中	人工费(元)			6707.61	8726.13	13066.92
	材料费(元)			707.81	823.95	939.98
	机械费(元)			287.23	357.94	516.71
名称		单位	单价(元)	消耗量		
人工	二类人工	工日	135.00	49.686	64.638	96.792
材料	黏土	m^3	—	(105.300)	(131.630)	(189.540)
	槽钢 综合	t	—	(7.776)	(9.504)	(10.370)
	竹篱片	m^2	2.83	82.480	103.100	123.720
	草帘	m^2	2.76	83.360	104.200	125.040
	镀锌铁丝 8#	kg	6.55	28.360	28.360	28.360
	其他材料费	元	1.00	58.56	58.83	58.98
机械	电动夯实机 250N·m	台班	28.03	2.333	2.919	4.205
	驳船 50t	台班	118.00	1.880	2.340	3.380

5. 钢板桩围堰

工作内容:50m内取土、夯填、压草袋、拆除清理。　　　　计量单位:10m

定额编号					1-506	1-507	1-508
项目					双排钢板围堰高		
					4m 以内	5m 以内	6m 以内
基价(元)					6912.57	9384.67	14039.05
其中	人工费(元)				5991.57	8240.94	12403.53
	材料费(元)				633.77	785.79	1118.81
	机械费(元)				287.23	357.94	516.71
名称			单位	单价(元)	消耗量		
人工	二类人工		工日	135.00	44.382	61.044	91.878
材料	黏土		m^3	—	(103.080)	(128.580)	(185.000)
	钢板桩		t	—	(20.671)	(25.261)	(27.557)
	草袋		个	3.62	167.000	209.000	301.000
	其他材料费		元	1.00	29.23	29.21	29.19
机械	电动夯实机 250N·m		台班	28.03	2.333	2.919	4.205
	驳船 50t		台班	118.00	1.880	2.340	3.380

6. 双层竹笼围堰

工作内容:选料、破竹、笼内填石,安放,笼间填筑,50m内取土、夯填,拆除清理。　　　　计量单位:10m

定额编号					1-509	1-510	1-511
项目					双层竹笼围堰高		
					3m 以内	4m 以内	5m 以内
基价(元)					22045.65	30907.82	40964.30
其中	人工费(元)				8530.92	12841.74	17589.96
	材料费(元)				13367.23	17847.78	23102.94
	机械费(元)				147.50	218.30	271.40
名称			单位	单价(元)	消耗量		
人工	二类人工		工日	135.00	63.192	95.124	130.296
材料	黏土		m^3	—	(72.660)	(121.100)	(151.370)
	毛竹 毛竹 1.7m 起围径 27cm		根	25.86	105.000	140.000	176.000
	块石		t	77.67	135.140	180.180	234.820
	镀锌铁丝 12#		kg	5.38	21.650	32.480	43.300
	其他材料费		元	1.00	39.13	58.06	80.16
机械	驳船 50t		台班	118.00	1.250	1.850	2.300

7. 筑岛填心

工作内容：50m 内取土运砂、填筑、夯实，拆除清理。　　　　**计量单位**：$100m^3$

定额编号				1-512	1-513	1-514	1-515	1-516	1-517
7				填土		填砂		填砂砾石	
				夯填	松填	夯填	松填	夯填	松填
基价（元）				**4969.76**	**4170.89**	**18153.55**	**14067.44**	**15746.45**	**12267.52**
其中	人工费（元）			4638.87	3945.51	2827.71	2215.35	4142.34	2990.52
	材料费（元）			—	—	14928.87	11586.59	11220.20	9011.50
	机械费（元）			330.89	225.38	396.97	265.50	383.91	265.50
名称		单位	单价(元)	消耗量					
人工	二类人工	工日	135.00	34.362	29.226	20.946	16.410	30.684	22.152
材料	黏土	m^3	—	(105.000)	(90.000)	—	—	—	—
	黄砂 毛砂	t	87.38	—	—	170.850	132.600	—	—
	砂砾石	t	67.96	—	—	—	—	165.100	132.600
机械	电动夯实机 250N·m	台班	28.03	2.333	—	2.333	—	2.330	—
	驳船 50t	台班	118.00	2.250	1.910	2.810	2.250	2.700	2.250

五、施工降水、排水

1. 轻型井点

工作内容：1. 安装：井管装配、地面试管、铺总管、装拆水泵、钻机安拆、钻孔沉管、灌砂封口、连接、试抽；
2. 拆除：拔管、拆管、回填、清洗整理、堆放；
3. 使用：抽水、井管堵漏。

定额编号				1-518	1-519	1-520
项目				安装	拆除	使用
计量单位				10 根		套·天
基价（元）				**1188.59**	**780.03**	**583.58**
其中	人工费（元）			402.44	279.45	364.50
	材料费（元）			560.49	—	24.89
	机械费（元）			225.66	500.58	194.19
名称		单位	单价(元)	消耗量		
人工	二类人工	工日	135.00	2.981	2.070	2.700
材料	轻型井点总管 $D100$	m	47.22	0.011	—	0.040
	轻型井点总管 $\phi40$	m	26.53	0.220	—	0.830
	黄砂 净砂	t	92.23	4.720	—	—
	橡胶管 $D50$	m	17.24	1.700	—	—
	水	m^3	4.27	18.180	—	—
	其他材料费	元	1.00	11.87	—	0.98
机械	电动多级离心清水泵 $\phi150$ $h\leq180m$	台班	283.02	0.570	—	—
	污水泵 100mm	台班	112.87	0.570	—	—
	履带式起重机 5t	台班	476.74	—	1.050	—
	射流井点泵 9.50m	台班	64.73	—	—	3.000

2.喷射井点

工作内容:1. 安装:井管装配、地面试管、铺总管、装拆水泵、钻机安拆、钻孔沉管、灌砂封口、连接、试抽;
2. 拆除:拔管、拆管、灌砂、清洗整理、堆放;
3. 使用:抽水、井管堵漏。

定额编号				1-521	1-522	1-523
项目				井管深 10m		
				安装	拆除	使用
计量单位				10 根		套·天
基价(元)				**7202.19**	**1538.57**	**1148.09**
其中	人工费(元)			2203.20	662.85	243.00
	材料费(元)			3142.04	124.27	56.03
	机械费(元)			1856.95	751.45	849.06
	名称	单位	单价(元)	消耗量		
人工	二类人工	工日	135.00	16.320	4.910	1.800
材料	喷射井点井管 ϕ159	m	89.66	0.046	—	0.120
	喷射井点井管 *D*76	m	20.69	0.290	—	0.930
	滤网管	根	68.31	0.036	—	0.114
	喷射器	个	35.52	0.048	—	0.177
	法兰 PN1.6MPa *DN*150	副	151.00	0.013	—	0.042
	水箱	kg	4.29	0.356	—	1.120
	回水连接件	副	0.52	0.022	—	0.070
	黄砂 净砂	t	92.23	25.800	0.450	—
	水	m^3	4.27	174.000	18.600	—
	其他材料费	元	1.00	1.74	3.34	0.77
机械	液压钻机 G-2A	台班	484.95	1.173	—	—
	履带式起重机 10t	台班	589.37	1.173	1.275	—
	电动多级离心清水泵 ϕ150 $h \leq 180$m	台班	283.02	1.173	—	3.000
	污水泵 100mm	台班	112.87	2.346	—	—

工作内容:1. 安装:井管装配、地面试管、铺总管、装拆水泵、钻机安拆、钻孔沉管、灌砂封口、连接、试抽;
2. 拆除:拔管、拆管、灌砂、清洗整理、堆放;
3. 使用:抽水、井管堵漏。

定额编号				1-524	1-525	1-526
项目				井管深 15m		
				安装	拆除	使用
计量单位				10 根		套·天
基价(元)				**10525.80**	**2919.33**	**1163.55**
其中	人工费(元)			3346.11	1267.65	243.00
	材料费(元)			4475.63	332.05	71.49
	机械费(元)			2704.06	1319.63	849.06
名称		单位	单价(元)	消耗量		
人工	二类人工	工日	135.00	24.786	9.390	1.800
材料	喷射井点井管 $\phi159$	m	89.66	0.046	—	0.120
	喷射井点井管 $D76$	m	20.69	0.540	—	1.520
	滤网管	根	68.31	0.042	—	0.136
	喷射器	个	35.52	0.056	—	0.225
	法兰 PN1.6MPa $DN150$	副	151.00	0.013	—	0.042
	水箱	kg	4.29	0.356	—	1.120
	回水连接件	副	0.52	0.023	—	0.075
	黄砂 净砂	t	92.23	38.850	0.795	—
	碳素结构钢镀锌焊接钢管 $DN20\times2.8$	kg	4.66	0.860	—	—
	水	m^3	4.27	202.000	59.000	—
	其他材料费	元	1.00	2.29	6.80	0.81
机械	液压钻机 G-2A	台班	484.95	1.496	—	—
	履带式起重机 10t	台班	589.37	1.496	1.564	—
	电动多级离心清水泵 $\phi150$ $h\leqslant180m$	台班	283.02	1.496	0.782	3.000
	污水泵 100mm	台班	112.87	2.992	1.564	—
	电动空气压缩机 $6m^3/min$	台班	224.45	1.496	—	—

工作内容:1. 安装:井管装配、地面试管、铺总管、装拆水泵、钻机安拆、钻孔沉管、灌砂封口、连接、试抽;
2. 拆除:拔管、拆管、灌砂、清洗整理、堆放;
3. 使用:抽水、井管堵漏。

定额编号				1-527	1-528	1-529
项目				井管深 20m		
				安装	拆除	使用
计量单位				10 根		套·天
基价(元)				**13403.55**	**3739.56**	**1182.94**
其中	人工费(元)			4276.80	1620.00	243.00
	材料费(元)			5822.70	541.75	90.88
	机械费(元)			3304.05	1577.81	849.06
名称		单位	单价(元)	消耗量		
人工	二类人工	工日	135.00	31.680	12.000	1.800
材料	喷射井点井管 ϕ159	m	89.66	0.046	—	0.120
	喷射井点井管 *D*76	m	20.69	0.880	—	2.260
	滤网管	根	68.31	0.051	—	0.162
	喷射器	个	35.52	0.067	—	0.290
	法兰 PN1.6MPa *DN*150	副	151.00	0.013	—	0.042
	水箱	kg	4.29	0.356	—	1.120
	回水连接件	副	0.52	0.025	—	0.080
	碳素结构钢镀锌焊接钢管 *DN*20×2.8	kg	4.66	1.150	—	—
	黄砂 净砂	t	92.23	52.050	1.155	—
	水	m^3	4.27	230.000	100.000	—
	其他材料费	元	1.00	2.97	8.22	0.81
机械	液压钻机 G-2A	台班	484.95	1.828	—	—
	履带式起重机 10t	台班	589.37	1.828	1.870	—
	电动多级离心清水泵 ϕ150 $h\leq$180m	台班	283.02	1.828	0.935	3.000
	污水泵 100mm	台班	112.87	3.655	1.870	—
	电动空气压缩机 6m^3/min	台班	224.45	1.828	—	—

工作内容：1. 安装：井管装配、地面试管、铺总管、装拆水泵、钻机安拆、钻孔沉管、灌砂封口、连接、试抽；
2. 拆除：拔管、拆管、灌砂、清洗整理、堆放；
3. 使用：抽水、井管堵漏。

	定额编号			1-530	1-531	1-532
	项目			井管深 25m		
				安装	拆除	使用
	计量单位			10 根		套·天
	基价（元）			**16627.14**	**4710.47**	**1216.63**
其中	人工费（元）			5290.11	2054.97	243.00
	材料费（元）			7452.55	671.97	124.57
	机械费（元）			3884.48	1983.53	849.06
	名称	单位	单价(元)	消耗量		
人工	二类人工	工日	135.00	39.186	15.222	1.800
材料	喷射井点井管 ϕ159	m	89.66	0.046	—	0.120
	喷射井点井管 D76	m	20.69	1.450	—	3.530
	滤网管	根	68.31	0.070	—	0.223
	喷射器	个	35.52	0.096	—	0.378
	法兰 PN1.6MPa DN150	副	151.00	0.013	—	0.042
	水箱	kg	4.29	0.356	—	1.120
	回水连接件	副	0.52	0.027	—	0.085
	碳素结构钢镀锌焊接钢管 DN20×2.8	kg	4.66	1.440	—	—
	黄砂 净砂	t	92.23	67.650	1.410	—
	水	m^3	4.27	271.000	125.000	—
	其他材料费	元	1.00	3.49	8.18	0.92
机械	液压钻机 G-2A	台班	484.95	2.023	—	—
	履带式起重机 15t	台班	702.00	2.023	2.074	—
	电动多级离心清水泵 ϕ150 $h \leq 180$m	台班	283.02	2.023	1.037	3.000
	污水泵 100mm	台班	112.87	4.046	2.074	—
	电动空气压缩机 $6m^3$/min	台班	224.45	2.023	—	—

工作内容:1. 安装:井管装配、地面试管、铺总管、装拆水泵、钻机安折、钻孔沉管、灌砂封口、连接、试抽;
2. 拆除:拔管、拆管、灌砂、清洗整理、堆放;
3. 使用:抽水、井管堵漏。

定额编号				1-533	1-534	1-535
项目				井管深 30m		
				安装	拆除	使用
计量单位				10 根		套·天
基价(元)				**19465.47**	**5364.31**	**1256.27**
其中	人工费(元)			6104.16	2365.20	243.00
	材料费(元)			9117.76	804.08	164.21
	机械费(元)			4243.55	2195.03	849.06
	名称	单位	单价(元)	消耗量		
人工	二类人工	工日	135.00	45.216	17.520	1.800
材料	喷射井点井管 ϕ159	m	89.66	0.046	—	0.120
	喷射井点井管 *D*76	m	20.69	2.130	—	5.100
	滤网管	根	68.31	0.089	—	0.283
	喷射器	个	35.52	0.125	—	0.465
	法兰 PN1.6MPa *DN*150	副	151.00	0.013	—	0.042
	水箱	kg	4.29	0.356	—	1.120
	回水连接件	副	0.52	0.029	—	0.090
	碳素结构钢镀锌焊接钢管 *DN*20×2.8	kg	4.66	1.730	—	—
	黄砂 净砂	t	92.23	83.610	1.650	—
	水	m^3	4.27	312.000	150.000	—
	其他材料费	元	1.00	3.89	11.40	0.89
机械	液压钻机 G-2A	台班	484.95	2.210	—	—
	履带式起重机 15t	台班	702.00	2.210	2.295	—
	电动多级离心清水泵 ϕ150 $h\leq$180m	台班	283.02	2.210	1.148	3.000
	污水泵 100mm	台班	112.87	4.420	2.295	—
	电动空气压缩机 $6m^3$/min	台班	224.45	2.210	—	—

3. 大口径井点

工作内容:1. 安装:井管装配、地面试管、铺总管、装拆水泵箱、钻孔沉管、清孔、卸 ϕ400 滤水钢管、定位、安装滤水钢管、外壁灌砂、封口、连接、试抽;

2. 拆除:拔管、拆管、灌砂、清洗整理、堆放;

3. 使用:抽水、值班、井管堵漏。

定额编号				1-536	1-537	1-538
项目				井管深 15m		
				安装	拆除	使用
计量单位				10 根		套·天
基价(元)				**30947.25**	**14944.47**	**1384.61**
其中	人工费(元)			10562.40	5216.40	243.00
	材料费(元)			11969.56	4958.64	292.55
	机械费(元)			8415.29	4769.43	849.06
名称		单位	单价(元)	消耗量		
人工	二类人工	工日	135.00	78.240	38.640	1.800
材料	喷射井点井管 ϕ159	m	89.66	0.046	—	0.120
	井管 ϕ400	m	159.00	1.950	—	1.500
	大口径井点吸水器 15m	套	583.00	0.060	—	0.060
	水箱	kg	4.29	1.120	—	1.020
	黄砂 净砂	t	92.23	103.650	45.300	—
	水	m^3	4.27	480.000	180.000	—
	其他材料费	元	1.00	6.36	12.02	3.93
机械	工程钻机 SPJ-300	台班	425.00	5.525	—	—
	履带式起重机 10t	台班	589.37	5.525	—	—
	电动多级离心清水泵 ϕ150 $h\leq$180m	台班	283.02	5.525	3.825	3.000
	污水泵 100mm	台班	112.87	11.050	3.825	—
	振动沉拔桩机 400kN	台班	851.02	—	3.825	—

工作内容:1. 安装:井管装配、地面试管、铺总管、装拆水泵箱、钻孔沉管、清孔、卸 ϕ400 滤水钢管、定位、安装滤水钢管、外壁灌砂、封口、连接、试抽;
2. 拆除:拔管、拆管、灌砂、清洗整理、堆放;
3. 使用:抽水、值班、井管堵漏。

定额编号				1-539	1-540	1-541
项目				井管深 25m		
				安装	拆除	使用
计量单位				10 根		套·天
基价(元)				**44225.07**	**19303.76**	**1530.97**
其中	人工费(元)			13625.82	6729.48	243.00
	材料费(元)			19232.13	5685.10	438.91
	机械费(元)			11367.12	6889.18	849.06
名称		单位	单价(元)	消耗量		
人工	二类人工	工日	135.00	100.932	49.848	1.800
材料	喷射井点井管 ϕ159	m	89.66	0.046	—	0.120
	井管 ϕ400	m	159.00	2.930	—	2.250
	大口径井点吸水器 25m	套	668.00	0.090	—	0.090
	水箱	kg	4.29	1.120	—	1.020
	黄砂 净砂	t	92.23	169.280	48.990	—
	水	m^3	4.27	720.000	270.000	—
	其他材料费	元	1.00	10.12	13.85	5.90
机械	工程钻机 SPJ-300	台班	425.00	7.463	—	—
	履带式起重机 10t	台班	589.37	7.463	—	—
	电动多级离心清水泵 ϕ150 $h \leq 180m$	台班	283.02	7.463	5.525	3.000
	污水泵 100mm	台班	112.87	14.926	5.525	—
	振动沉拔桩机 400kN	台班	851.02	—	5.525	—

4. 真空深井降水

工作内容：钻孔、安装井管、地面管线连接、装水泵、滤砂、孔口封土及拆管、清洗、整理等全部操作过程；槽坑排水，抽水机具的安装、移动、拆除。

定额编号				1-542	1-543	1-544	1-545
项目				真空深井降水(井管深:m)			
				19		每增减 1	
				安、拆深井	使用	安、拆深井	使用
计量单位				座	座·天	座	座·天
基价（元）				**4371.32**	**185.78**	**105.20**	**0.38**
其中	人工费（元）			930.02	—	18.77	—
	材料费（元）			1864.23	5.99	40.49	0.38
	机械费（元）			1577.07	179.79	45.94	—
名称		单位	单价(元)	消耗量			
人工	二类人工	工日	135.00	6.889	—	0.139	—
材料	黄砂 净砂	t	92.23	7.070	—	0.400	—
	黏土	m^3	32.04	0.140	—	0.007	—
	钢板井管	m	190.00	6.000	0.020	—	0.002
	水	m^3	4.27	15.850	—	0.790	—
	其他材料费	元	1.00	—	2.19	—	—
机械	履带式电动起重机 5t	台班	235.09	1.680	—	0.018	—
	潜水泵 100mm	台班	30.38	0.100	3.000	—	—
	电动卷扬机－双筒快速 50kN	台班	266.20	1.330	—	—	—
	液压钻机 G－2A	台班	484.95	0.750	—	0.038	—
	泥浆泵 100mm	台班	205.25	0.750	—	0.038	—
	排放泥浆设备	台班	218.00	1.410	—	0.071	—
	真空泵 660m^3/h	台班	118.20	—	0.750	—	—

5. 直流深井降水

工作内容: 钻孔、安装井管、装水泵、滤砂、孔口封土及拆管、清洗、整理等全部操作过程。

定额编号				1-546	1-547	1-548
项目				直流深井降水(井管深:20m,钻孔 *D*800)		
				安、拆深井	每增减 1m	使用
计量单位				座		座·天
基价(元)				**6999.63**	**305.42**	**48.57**
其中	人工费(元)			1155.06	37.53	7.56
	材料费(元)			4122.56	206.48	—
	机械费(元)			1722.01	61.41	41.01
	名称	单位	单价(元)	消耗量		
人工	二类人工	工日	135.00	8.556	0.278	0.056
材料	黄砂 净砂	t	92.23	16.000	0.800	—
	黏土	m^3	32.04	0.580	0.029	—
	PVC-U 加筋管 *DN*400	m	101.00	21.000	1.050	—
	密目网	m^2	4.79	27.630	1.385	—
	镀锌铁丝	kg	6.55	13.500	0.660	—
	水	m^3	4.27	46.000	2.400	—
	其他材料费	元	1.00	90.10	4.51	—
机械	内燃空气压缩机 $12m^3/min$	台班	610.40	0.800	—	—
	转盘钻孔机 800mm	台班	492.54	1.768	0.088	—
	泥浆泵 100mm	台班	205.25	1.768	0.088	—
	潜水泵 100mm	台班	30.38	—	—	1.350

注: 直流深井降水成孔直径不同时,只调整相应的粗砂含量,其余不变,PVC-U 加筋管直径不同时,调整管材价格的同时,按管子周长的比例调整相应的密目网及铁丝。

6. 承压井降水

工作内容：钻孔、安装井管、装水泵、滤砂、孔口封土及拆管、清洗、整理等全部操作过程。

定额编号				1-549	1-550	1-551
项目				承压井降水(井管深:40m,钻孔 D800)		
				安、拆深井	每增减1m	使用
计量单位				座		座·天
基价(元)				**13995.63**	**326.42**	**98.70**
其中	人工费(元)			1904.99	37.53	7.56
	材料费(元)			9140.52	227.48	—
	机械费(元)			2950.12	61.41	91.14
	名称	单位	单价(元)	消耗量		
人工	二类人工	工日	135.00	14.111	0.278	0.056
材料	黄砂 净砂	t	92.23	32.000	0.800	—
	黏土	m^3	32.04	1.160	0.029	—
	碳素结构钢焊接钢管 DN400	m	121.00	42.400	1.050	—
	密目网	m^2	4.79	55.330	1.385	—
	镀锌铁丝	kg	6.55	26.700	0.660	—
	水	m^3	4.27	94.000	2.400	—
	其他材料费	元	1.00	180.30	4.51	—
机械	潜水泵 100mm	台班	30.38	—	—	3.000
	内燃空气压缩机 $12m^3$/min	台班	610.40	0.800	—	—
	转盘钻孔机 800mm	台班	492.54	3.528	0.088	—
	泥浆泵 100mm	台班	205.25	3.528	0.088	—

注：承压井降水成孔直径不同时，只调整相应的粗砂含量，其余不变。焊接钢管直径不同时，调整管材价格的同时，按管子周长的比例调整相应的密目网及铁丝。

7. 湿土排水、抽水

工作内容：1. 湿土排水：抽水机具的安装、移动、拆除以及施工期间的全部排水；

2. 抽水：水泵就位、抽水、移动等。

计量单位：$100m^3$

定额编号				1-552	1-553
项目				湿土排水	抽水
基价(元)				**689.99**	**98.39**
其中	人工费(元)			243.00	81.00
	材料费(元)			—	—
	机械费(元)			446.99	17.39
	名称	单位	单价(元)	消耗量	
人工	二类人工	工日	135.00	1.800	0.600
机械	污水泵 70mm	台班	81.27	5.500	—
	电动单级离心清水泵 100mm	台班	36.22	—	0.480

六、工程监测、监控

1. 地表监测孔布置

工作内容：测点布置、仪表标定、钻孔、导向管加工、预埋件加工埋设、安装导向管磁环、浇灌水泥浆、钻孔、测读初读数。

计量单位：孔

定额编号				1-554	1-555	1-556
项目				土体分层沉降		
				10m	20m	30m
基价（元）				**1093.40**	**1958.08**	**2822.85**
其中	人工费（元）			259.34	360.86	462.51
	材料费（元）			752.38	1491.71	2230.99
	机械费（元）			81.68	105.51	129.35
	名称	单位	单价(元)	消耗量		
人工	二类人工	工日	135.00	1.921	2.673	3.426
材料	导向铝管 φ30	m	19.63	12.000	24.000	36.000
	磁环	个	15.52	5.500	11.000	16.500
	磁环（夹具）	个	12.93	5.500	11.000	16.500
	保护圈盖	套	12.93	1.000	1.000	1.000
	塑料注浆阀管	m	11.51	10.500	21.000	31.500
	普通硅酸盐水泥 P·O 42.5 综合	kg	0.34	387.600	775.200	1162.800
	膨润土	kg	0.47	115.710	231.420	347.130
	促进剂 KA	kg	4.61	7.830	15.660	23.480
	其他材料费	元	1.00	4.30	8.47	12.64
机械	液压钻机 STE－1	台班	250.08	0.300	0.390	0.480
	泥浆泵 50mm	台班	44.35	0.150	0.180	0.210

工作内容：测点布置、仪表标定、钻孔、斜管加工焊接、埋设测斜管、浇灌水泥浆、做保护圈盖、测读初读数。

计量单位：孔

定额编号				1-557	1-558	1-559
项目				土体水平位移		
				10m	20m	30m
基价（元）				**900.74**	**1572.62**	**2244.45**
其中	人工费（元）			272.70	387.59	502.47
	材料费（元）			546.36	1079.52	1612.63
	机械费（元）			81.68	105.51	129.35
	名称	单位	单价(元)	消耗量		
人工	二类人工	工日	135.00	2.020	2.871	3.722
材料	塑料测斜管 φ80	m	16.81	11.000	22.000	33.000
	保护圈盖	套	12.93	1.000	1.000	1.000
	塑料注浆阀管	m	11.51	10.500	21.000	31.500
	普通硅酸盐水泥 P·O 42.5 综合	kg	0.34	387.600	775.200	1162.800
	膨润土	kg	0.47	115.710	231.420	347.130
	促进剂 KA	kg	4.61	7.830	15.660	23.480
	其他材料费	元	1.00	5.40	10.53	15.66
机械	液压钻机 STE－1	台班	250.08	0.300	0.390	0.480
	泥浆泵 50mm	台班	44.35	0.150	0.180	0.210

工作内容：测点布置、密封检查、钻孔、接线、预埋件加工、埋设、接线、埋设泥球形成止水隔离层、回填黄砂及原状土、钻孔、测读初读数。

计量单位：孔

定额编号				1-560	1-561	1-562	1-563
项目				孔隙水压力			水位观察孔
				10m	20m	30m	15m
基价（元）				**733.34**	**867.48**	**1016.61**	**1068.61**
其中	人工费（元）			208.44	237.87	267.30	267.30
	材料费（元）			449.88	532.08	614.27	715.03
	机械费（元）			75.02	97.53	135.04	86.28
	名称	单位	单价（元）	消耗量			
人工	二类人工	工日	135.00	1.544	1.762	1.980	1.980
材料	界面式孔隙水压计	支	344.00	1.000	1.000	1.000	—
	屏蔽线二芯	m	2.59	12.600	23.100	33.600	—
	保护圈盖	套	12.93	1.000	1.000	1.000	1.000
	膨润土	kg	0.47	115.710	231.420	347.130	271.000
	透水管	m	9.74	—	—	—	1.100
	碳素结构钢流体无缝钢管 70×3	m	36.34	—	—	—	15.400
	其他材料费	元	1.00	5.93	6.55	7.16	4.38
机械	液压钻机 STE－1	台班	250.08	0.300	0.390	0.540	0.345

工作内容：1. 地表桩：测点布置、预埋标志点、做保护圈盖、测读初读数；
2. 混凝土构件变形：测点布置、测点表面处理、粘贴应变片、做保护圈盖、接线、测读初读数；
3. 建筑物侧斜：测点布置、手枪钻打孔、安装倾斜预埋件、测读初读数；
4. 建筑物振动：测点布置、仪器标定、预埋传感器、测读初读数。

计量单位：个

定额编号				1-564	1-565	1-566	1-567
项目				地表桩	混凝土构件变形	建筑物倾斜	建筑物振动
基价（元）				**372.00**	**106.04**	**322.31**	**304.31**
其中	人工费（元）			109.62	37.40	40.10	40.10
	材料费（元）			249.17	68.64	269.00	251.00
	机械费（元）			13.21	—	13.21	13.21
	名称	单位	单价（元）	消耗量			
人工	二类人工	工日	135.00	0.812	0.277	0.297	0.297
材料	预埋标志点	个	17.24	1.000	—	—	—
	非泵送商品混凝土 C30	m^3	438.00	0.500	—	—	—
	保护圈盖	套	12.93	1.000	—	—	—
	应变片	片	6.11	—	4.800	—	—
	环氧密封胶	kg	15.52	—	0.110	—	—
	屏蔽线四芯	m	5.17	—	5.250	—	—
	倾斜预埋件	个	259.00	—	—	1.000	—
	振动预埋件	个	241.00	—	—	—	1.000
	仪器使用费	元	1.00	—	4.50	—	—
	其他材料费	元	1.00	—	5.96	10.00	10.00
机械	手提式冲击钻	台班	67.76	0.195	—	0.195	0.195

工作内容:1. 地下管线沉降位移:测点布置、开挖暴露管线、埋设抱箍标志头、回填、测读初读数;
2. 混凝土构件钢筋应力:测点布置、钢笼上安装钢筋计、排线固定、保护圈盖、测读初读数;
3. 混凝土构件混凝土应变:测点布置、钢笼上安装混凝土应变计、排线固定、保护圈盖、测读初读数。

计量单位:个

定额编号				1-568	1-569	1-570	1-571
项目				地下管线沉降	地下管线位移	混凝土构件钢筋应力	混凝土构件混凝土应变
基价(元)				**233.67**	**233.67**	**524.23**	**424.14**
其中	人工费(元)			88.16	88.16	53.46	50.76
	材料费(元)			129.00	129.00	430.95	337.58
	机械费(元)			16.51	16.51	39.82	35.80
名称		单位	单价(元)	消耗量			
人工	二类人工	工日	135.00	0.653	0.653	0.396	0.376
材料	管线抱箍标志	个	129.00	1.000	1.000	—	—
	钢筋应力计	个	321.00	—	—	1.100	—
	屏蔽线二芯	m	2.59	—	—	21.000	21.000
	保护圈盖	套	12.93	—	—	1.000	1.000
	混凝土应变计	个	267.00	—	—	—	1.000
	其他材料费	元	1.00	—	—	10.53	3.26
机械	手提冲击钻	台班	84.69	0.195	0.195	—	—
	直流弧焊机 20kW	台班	78.72	—	—	0.051	—
	履带式起重机 15t	台班	702.00	—	—	0.051	0.051

工作内容:1. 钢支撑轴力:测点布置、仪器标定、安装预埋件、安装轴力计、排线、加预应力读初读数;
2. 混凝土水化热:测点布置、安装预埋件、安装埋设、做保护装置、测读初读数;
3. 混凝土构件界面土压力(孔隙水压计):测点布置、预埋件加工、预埋件埋设、拆除预埋件、安装土压计(孔隙水压计)、测读初读数。

计量单位:个

定额编号				1-572	1-573	1-574	1-575
项目				钢支撑轴力	混凝土水化热	混凝土结构界面土压力	混凝土结构界面孔隙水压力
基价(元)				**2430.29**	**139.79**	**758.55**	**801.45**
其中	人工费(元)			80.19	50.76	189.81	189.81
	材料费(元)			2175.30	53.23	393.94	436.84
	机械费(元)			174.80	35.80	174.80	174.80
名称		单位	单价(元)	消耗量			
人工	二类人工	工日	135.00	0.594	0.376	1.406	1.406
材料	支撑轴力计 200t	个	1451.00	1.100	—	—	—
	反力架	个	276.00	1.000	—	—	—
	传力板	块	276.00	1.000	—	—	—
	屏蔽线二芯	m	2.59	10.500	10.500	5.300	5.300
	铂电阻温度计	支	26.03	—	1.000	—	—
	木模具	个	37.07	—	—	1.000	1.000
	碳素结构钢流体无缝钢管 50×3.5	m	24.64	—	—	0.310	0.310
	界面式土压计	支	305.00	—	—	1.100	—
	界面式孔隙水压计	支	344.00	—	—	—	1.100
机械	履带式起重机 15t	台班	702.00	0.249	0.051	0.249	0.249

工作内容：测点布置、仪器标定、钢笼安装测斜管、浇捣混凝土、定测斜管倾斜方向、测读初读数。　　计量单位：孔

定额编号				1-576	1-577	1-578
项目				墙体位移		
				20m	30m	40m
基价（元）				**1065.92**	**1317.22**	**1699.09**
其中	人工费（元）			128.25	154.98	181.71
	材料费（元）			543.85	768.42	992.99
	机械费（元）			393.82	393.82	524.39
名称		单位	单价(元)	消耗量		
人工	二类人工	工日	135.00	0.950	1.148	1.346
材料	塑料测斜管 $\phi80$	m	16.81	22.000	33.000	44.000
	碳素结构钢流体无缝钢管 102×4	m	53.45	1.030	1.030	1.030
	热轧光圆钢筋 综合	t	3966.00	0.030	0.040	0.050
机械	履带式起重机 15t	台班	702.00	0.561	0.561	0.747

工作内容：测点布置、仪器标定、钢笼安装 $\phi50$ 钢管、测读深度、测试、做测试报告。　　计量单位：孔

定额编号				1-579	1-580
项目				超声波	
				45m 以内	45m 以外
基价（元）				**4292.24**	**6154.17**
其中	人工费（元）			320.76	400.95
	材料费（元）			3971.48	5753.22
	机械费（元）			—	—
名称		单位	单价(元)	消耗量	
人工	二类人工	工日	135.00	2.376	2.970
材料	碳素结构钢流体无缝钢管 50×3.5	m	24.64	123.000	184.500
	活接头 $\phi50$	个	4.24	61.500	92.250
	仪器摊销	元	1.00	500.00	600.00
	仪器使用费	元	1.00	180.00	216.00

2. 地下监测孔布置

工作内容:1. 隧道直径变形(收敛):测点布置、仪器标定、埋设、测读初读数;
2. 隧道环缝纵缝变化:测点布置、仪器标定、埋设、测读初读数。

定额编号				1-581	1-582	1-583
项目				基坑回弹	混凝土支撑轴力	隧道纵向沉降及位移
计量单位				孔	断面	个
基价(元)				**2305.57**	**1586.11**	**118.46**
其中	人工费(元)			315.36	112.32	61.43
	材料费(元)			1661.45	1473.79	42.67
	机械费(元)			328.76	—	14.36
名称		单位	单价(元)	消耗量		
人工	二类人工	工日	135.00	2.336	0.832	0.455
材料	导向铝管 $\phi30$	m	19.63	30.000	—	—
	磁环	个	15.52	11.000	—	—
	磁环(夹具)	个	12.93	11.000	—	—
	保护圈盖	套	12.93	1.000	—	—
	塑料注浆阀管	m	11.51	26.250	—	—
	普通硅酸盐水泥 P·O 42.5 综合	kg	0.34	775.200	—	—
	膨润土	kg	0.47	231.420	—	—
	促进剂 KA	kg	4.61	15.660	—	—
	钢筋应力计	个	321.00	—	4.400	—
	屏蔽线二芯	m	2.59	—	15.800	—
	沉降预埋点	个	38.79	—	—	1.100
	仪器使用费	元	1.00	—	20.47	—
机械	液压钻机 G-2A	台班	484.95	0.645	—	—
	泥浆泵 50mm	台班	44.35	0.360	—	—
	射钉枪	台班	71.46	—	—	0.201

工作内容:1. 隧道直径变形(收敛):测点布置、仪器标定、埋设、测读初读数;
2. 隧道环缝纵缝变化:测点布置、仪器标定、埋设、测读初读数。

计量单位:环(个)

定额编号				1-584	1-585	1-586
项目				隧道直径变形(收敛)	隧道环缝纵缝变化	衬砌表面应变计
基价(元)				**171.65**	**384.86**	**345.63**
其中	人工费(元)			61.43	61.43	61.43
	材料费(元)			93.20	306.41	267.18
	机械费(元)			17.02	17.02	17.02
名称		单位	单价(元)	消耗量		
人工	二类人工	工日	135.00	0.455	0.455	0.455
材料	收敛标志点	个	17.24	4.400	—	—
	普通硅酸盐水泥 P·O 42.5 综合	kg	0.34	51.000	—	—
	接缝变化装置	个	259.00	—	1.000	—
	应变计	个	229.00	—	—	1.000
	预埋件	个	47.41	—	1.000	—
	应变计预埋件	个	38.18	—	—	1.000
机械	手提冲击钻	台班	84.69	0.201	0.201	0.201

3.监控测试

工作内容:测试及数据采集、监测日报表、阶段处理报告、最终报告、资料立案归档。　**计量单位**:组日

定额编号				1-587	1-588	1-589
项目				地面监测		
				3项以内	6项以内	6项以外
基价(元)				**229.58**	**459.15**	**688.73**
其中	人工费(元)			200.48	400.95	601.43
	材料费(元)			29.10	58.20	87.30
	机械费(元)			—	—	—
名称		单位	单价(元)	消耗量		
人工	二类人工	工日	135.00	1.485	2.970	4.455
材料	材料摊销费	元	1.00	25.80	51.60	77.40
	仪器摊销	元	1.00	3.30	6.60	9.90

工作内容:测试及数据采集、监测日报表、阶段处理报告、最终报告、资料立案归档。　**计量单位**:组日

定额编号				1-590	1-591	1-592
项目				地下监测		
				3项以内	6项以内	6项以外
基价(元)				**257.81**	**515.61**	**773.42**
其中	人工费(元)			227.21	454.41	681.62
	材料费(元)			30.60	61.20	91.80
	机械费(元)			—	—	—
名称		单位	单价(元)	消耗量		
人工	二类人工	工日	135.00	1.683	3.366	5.049
材料	材料摊销费	元	1.00	27.00	54.00	81.00
	仪器摊销	元	1.00	3.60	7.20	10.80

第七章

其 他 项 目

说　　明

一、本章定额包括固定式施工围挡、运输小型构件，场内运输半成品混合料，共 3 节 15 个子目。

二、本册定额的小型构件是指单件体积在 0.1m^3 以内的构件。

工程量计算规则

一、固定式施工围挡定额子目分混凝土基础、模板、砖砌体、围挡板,其中混凝土基础和砖砌体工程量分别按实体积以“m^3”计算,模板工程量按混凝土与模板的接触面积以“m^2”计算,围挡板工程量按其垂直投影面积以“m^2”计算。

二、小型构件、场内运输半成品混合料运输距离按预制、加工场地取料中心至施工现场堆放使用中心的距离计算。

一、固定式施工围挡

工作内容:1. 混凝土基础:混凝土运输、浇筑、养护;
2. 模板:制作、安装、涂脱模剂、拆除、修理、整堆;
3. 砖砌体:基础砌筑、材料运输、养护;
4. 围挡板:立杆制作、安装,材料运输,拆除。

定额编号				1-593	1-594	1-595	1-596
项目				混凝土基础	模板	砖砌体	围挡板
计量单位				$10m^3$	$10m^2$	$10m^3$	$100m^2$
基价(元)				**4540.47**	**370.91**	**4208.07**	**4506.27**
其中	人工费(元)			263.25	163.62	1132.38	549.45
	材料费(元)			4179.31	171.17	3056.50	3341.39
	机械费(元)			97.91	36.12	19.19	615.43
名称		单位	单价(元)	消耗量			
人工	二类人工	工日	135.00	1.950	1.212	8.388	4.070
材料	非泵送商品混凝土 C20	m^3	412.00	10.100	—	—	—
	无纺土工布	m^2	8.62	1.279	—	—	—
	钢模板	kg	5.96	—	6.370	—	—
	钢支撑	kg	3.97	—	2.510	—	—
	零星卡具	kg	5.88	—	13.010	—	—
	木模板	m^3	1445.00	—	0.030	—	—
	圆钉	kg	4.74	—	0.240	—	—
	脱模剂	kg	1.54	—	1.000	—	—
	模板嵌缝料	kg	1.42	—	0.500	—	—
	混凝土实心砖 240×115×53 MU10	千块	388.00	—	—	5.230	—
	干混砌筑砂浆 DM M7.5	m^3	413.73	—	—	2.421	—
	双面彩钢夹芯板 0.4×0.3×75	m^2	84.83	—	—	—	38.550
	脚手架钢管	t	3621.00	—	—	—	0.014
	脚手管扣件	个	4.14	—	—	—	1.190
	镀锌铁丝 14#	kg	5.38	—	—	—	2.320
	水	m^3	4.27	1.659	—	6.000	—
	其他材料费	元	1.00	—	—	—	3.09
机械	履带式电动起重机 5t	台班	235.09	0.390	—	—	—
	混凝土振捣器 平板式	台班	12.54	0.285	—	—	—
	混凝土振捣器 插入式	台班	4.65	0.570	—	—	—
	载货汽车 4t	台班	369.21	—	0.074	—	1.250
	汽车式起重机 5t	台班	366.47	—	0.024	—	0.420
	干混砂浆罐式搅拌机 20000L	台班	193.83	—	—	0.099	—

注:砖砌基础抹灰套用 3－529 定额。

二、运输小型构件

1.人 力 运 输

工作内容:装运、卸料、搭拆道板。 计量单位:10m³

定额编号				1-597	1-598	1-599	1-600
项目				人力运输		双轮车运输	
				运距 20m	运距 200m 以内每增加 20m	运距 50m	运距 500m 以内每增加 50m
基价(元)				**322.65**	**53.87**	**270.41**	**26.06**
其中	人工费(元)			322.65	53.87	270.41	26.06
	材料费(元)			—	—	—	—
	机械费(元)			—	—	—	—
名称		单位	单价(元)	消耗量			
人工	二类人工	工日	135.00	2.390	0.399	2.003	0.193

2.汽 车 运 输

工作内容:装、运输、卸。 计量单位:10m³

定额编号				1-601	1-602	1-603
项目				人力装卸	机械装卸	运距每增 1km
				运距 1km 以内		
基价(元)				**767.59**	**696.57**	**40.52**
其中	人工费(元)			380.70	107.60	—
	材料费(元)			—	—	—
	机械费(元)			386.89	588.97	40.52
名称		单位	单价(元)	消耗量		
人工	二类人工	工日	135.00	2.820	0.797	—
机械	载货汽车 5t	台班	382.30	1.012	0.860	0.106
	汽车式起重机 5t	台班	366.47	—	0.710	—

三、场内运输半成品混合料

1. 机动翻斗车运输

工作内容：机装、自卸、运输。　　计量单位：$10m^3$

定额编号				1-604	1-605
项目				运距 200m	运距 2km 以内 每增加 200m
基价（元）				**217.29**	**28.22**
其中	人工费（元）			126.90	—
	材料费（元）			—	—
	机械费（元）			90.39	28.22
名称		单位	单价(元)	消耗量	
人工	二类人工	工日	135.00	0.940	—
机械	机动翻斗车 1t	台班	197.36	0.458	0.143

2. 汽车运输

工作内容：装车、运输、自卸。　　计量单位：$10m^3$

定额编号				1-606	1-607
项目				运距 1km	运距每增 1km
基价（元）				**53.67**	**14.97**
其中	人工费（元）			—	—
	材料费（元）			—	—
	机械费（元）			53.67	14.97
名称		单位	单价(元)	消耗量	
机械	自卸汽车 8t	台班	516.08	0.104	0.029

附　　录

一、砂浆、混凝土强度等级配合比

说　　明

一、本配合比定额是依据《普通混凝土配合比设计规程》JGJ 55—2011、《砌筑砂浆配合比设计规程》JGI 98—2010 及《通用硅酸盐水泥》CB 175—2007 等有关规范，结合浙江省实际和浙江省建设工程计价依据(2010 版)中的“砂浆混凝土强度等级配合比”修订而成的。

二、本定额只编列材料消耗量，配制所需的人工、机械费已包括在各章节相应定额子目中。

三、定额中的材料用量均以干硬收缩压实后的密实体积计算，并考虑了配制损耗。

四、本定额的各项配合比仅供确定工程造价时使用，不能作为实际施工用料的配合比。实际施工中各项配合比内各种材料的需用量，应根据有关规范规定及试验部门提供的配合比用量配制，其材料用量与本定额不同时，除设计有特殊规定或企业自主报价时，可按实际试验资料进行调整外，其余均不调整。

五、本定额混凝土配合比细骨料是按中、细砂各 50% 综合，粗骨料按碎石编制的。如实际全部采用细砂时，可按混凝土配合比定额中水泥用量乘以系数 1.025；如使用卵石，且混凝土的强度等级在 C15 及其以上时，按相应碎石混凝土配合比定额的水泥用量乘以系数 0.975。

六、防水混凝土设计要求抗渗 P6 混凝土强度等级大于或等于 C25 或抗渗 P8 混凝土强度等级大于或等于 C40 时，均套用普通混凝土配合比定额。如设计要求抗渗 P8 混凝土强度等级为 C20 时，可套用 C25/P8 混凝土配合比定额。

七、设计要求按“内掺法”掺用膨胀剂(如 UEA)和其他制剂时，应按掺入量等量减扣相应混凝土配合比定额中的水泥用量。

1. 砂浆配合比

(1)砌筑砂浆

计量单位：m³

定额编号			1	2	3	4
项目			混合砂浆			
			强度等级			
			M2.5	M5.0	M7.5	M10.0
基价(元)			**219.46**	**227.82**	**228.35**	**231.51**
名称	单位	单价(元)	消耗量			
普通硅酸盐水泥 P·O 42.5 综合	kg	0.34	141.000	164.000	187.000	209.000
石灰膏	m³	270.00	0.113	0.115	0.088	0.072
黄砂 净砂	t	92.23	1.515	1.515	1.515	1.515
水	m³	4.27	0.300	0.300	0.300	0.300

计量单位：m³

定额编号			5	6
项目			批刀灰	
			强度等级	
			M1.5	M2.5
基价(元)			**260.23**	**265.62**
名称	单位	单价(元)	消耗量	
普通硅酸盐水泥 P·O 42.5 综合	kg	0.34	103.000	147.000
石灰膏	m³	270.00	0.395	0.378
黄砂 净砂	t	92.23	1.260	1.206
水	m³	4.27	0.550	0.550

计量单位：m³

定额编号			7	8	9	10
项目			水泥砂浆			
			强度等级			
			M2.5	M5.0	M7.5	M10.0
基价(元)			**209.01**	**212.41**	**215.81**	**222.61**
名称	单位	单价(元)	消耗量			
普通硅酸盐水泥 P·O 42.5 综合	kg	0.34	200.000	210.000	220.000	240.000
黄砂 净砂	t	92.23	1.515	1.515	1.515	1.515
水	m³	4.27	0.300	0.300	0.300	0.300

计量单位:m³

定额编号			11	12
项目			干硬水泥砂浆	
			1:2	1:3
基价(元)			**274.55**	**244.35**
名称	单位	单价(元)	消耗量	
普通硅酸盐水泥 P·O 42.5 综合	kg	0.34	462.000	339.000
黄砂 净砂	t	92.23	1.269	1.395
水	m³	4.27	0.100	0.100

计量单位:m³

定额编号			13	14	15	16	17	18
项目			石灰砂浆			石灰黄泥浆		防水砂浆
			1:2	1:2.5	1:3	1:2.5	1:3	
基价(元)			**251.34**	**249.67**	**236.24**	**131.26**	**120.86**	**359.03**
名称	单位	单价(元)	消耗量					
石灰膏	m³	270.00	0.450	0.396	0.336	0.400	0.360	—
普通硅酸盐水泥 P·O 42.5 综合	kg	0.34	—	—	—	—	—	462.000
黄砂 净砂	t	92.23	1.380	1.520	1.550	—	—	1.198
黄泥	m³	19.90	—	—	—	1.040	1.060	—
防水剂	kg	3.65	—	—	—	—	—	24.705
水	m³	4.27	0.600	0.600	0.600	0.600	0.600	0.300

(2)抹灰砂浆

计量单位:m³

定额编号			19	20	21	22	23	24
项目			水泥砂浆					
			1:1	1:1.5	1:2	1:2.5	1:3	1:4
基价(元)			**294.20**	**278.48**	**268.85**	**252.49**	**238.10**	**243.43**
名称	单位	单价(元)	消耗量					
普通硅酸盐水泥 P·O 42.5 综合	kg	0.34	638.000	534.000	462.000	393.000	339.000	295.000
黄砂 净砂	t	92.23	0.824	1.037	1.198	1.275	1.318	1.538
水	m³	4.27	0.300	0.300	0.300	0.300	0.300	0.300

计量单位:m³

定额编号			25	26	27	28	29	30
项目			钢丝网水泥砂浆		纯水泥浆	107 胶纯水泥浆	纯白水泥浆	白水泥砂浆
			1:1.8	1:2				1:2
基价(元)			**320.36**	**315.63**	**430.36**	**490.56**	**745.86**	**384.35**
名称	单位	单价(元)	消耗量					
普通硅酸盐水泥 P·O 42.5 综合	kg	0.34	604.000	573.000	1262.000	1262.000	—	—
白色硅酸盐水泥 425#、二级白度	kg	0.59	—	—	—	—	1262.000	462.000
黄砂 净砂	t	92.23	1.233	1.296	—	—	—	1.198
107 胶	kg	1.72	—	—	—	35.000	—	—
水	m³	4.27	0.300	0.300	0.300	0.300	0.300	0.300

计量单位:m³

定额编号			31	32	33	34	35
项目			混合砂浆				
			1:0.5:0.5	1:0.5:1	1:0.5:2	1:0.5:2.5	1:0.5:3
基价(元)			**383.20**	**310.12**	**303.82**	**290.65**	**281.51**
名称	单位	单价(元)	消耗量				
普通硅酸盐水泥 P·O 42.5 综合	kg	0.34	672.000	485.000	377.000	345.000	309.000
石灰膏	m³	270.00	0.399	0.289	0.249	0.205	0.184
黄砂 净砂	t	92.23	0.484	0.703	1.150	1.254	1.349
水	m³	4.27	0.550	0.550	0.550	0.550	0.550

计量单位:m³

定额编号			36	37	38	39	40
项目			混合砂浆				
			1:0.5:4	1:0.5:5	1:0.3:3	1:0.3:4	1:0.2:2
基价(元)			**265.24**	**239.80**	**277.99**	**244.22**	**287.68**
名称	单位	单价(元)	消耗量				
普通硅酸盐水泥 P·O 42.5 综合	kg	0.34	254.000	203.000	328.000	249.000	424.000
石灰膏	m³	270.00	0.151	0.121	0.118	0.089	0.101
黄砂 净砂	t	92.23	1.472	1.472	1.434	1.444	1.235
水	m³	4.27	0.550	0.550	0.550	0.550	0.550

计量单位:m^3

定额编号			41	42	43	44	45	46
项目			混合砂浆					
			1:1:1	1:1:2	1:1:4	1:1:6	1:2:1	1:3:9
基价(元)			**313.95**	**297.56**	**276.85**	**250.72**	**317.30**	**273.89**
名称	单位	单价(元)	消耗量					
普通硅酸盐水泥 P·O 42.5 综合	kg	0.34	391.000	318.000	229.000	170.000	282.000	108.000
石灰膏	m^3	270.00	0.467	0.378	0.274	0.203	0.672	0.386
黄砂 净砂	t	92.23	0.570	0.922	1.330	1.472	0.408	1.416
水	m^3	4.27	0.550	0.550	0.550	0.550	0.550	0.550

计量单位:m^3

定额编号			47	48	49	50
项目			石灰砂浆			
			1:2	1:2.5	1:3	1:4
基价(元)			**251.34**	**249.67**	**236.24**	**213.83**
名称	单位	单价(元)	消耗量			
石灰膏	m^3	270.00	0.450	0.396	0.336	0.253
黄砂 净砂	t	92.23	1.380	1.520	1.550	1.550
水	m^3	4.27	0.600	0.600	0.600	0.600

计量单位:m^3

定额编号			51	52	53	54	55
项目			纸筋灰浆	纸筋灰砂浆	水泥石灰纸筋砂浆		
				1:2	1:0.5:0.5	1:1:4	1:3:9
基价(元)			**331.19**	**276.10**	**397.03**	**285.42**	**283.07**
名称	单位	单价(元)	消耗量				
普通硅酸盐水泥 P·O 42.5 综合	kg	0.34	—	—	670.000	229.000	108.000
石灰膏	m^3	270.00	1.010	0.450	0.400	0.286	0.386
黄砂 净砂	t	92.23	—	1.380	0.459	1.260	1.341
纸筋	kg	0.98	57.500	25.700	17.100	12.240	16.650
水	m^3	4.27	0.500	0.500	0.500	0.500	0.500

计量单位:m^3

定额编号			56	57	58	59	60
项目			水泥石灰纸筋灰浆	纸筋混合灰浆	水泥石灰麻刀灰浆		麻刀快硬水泥
			1:0.5		1:2:4	1:2:9	
基价(元)			**430.83**	**402.87**	**328.16**	**287.97**	**990.08**
名称	单位	单价(元)	消耗量				
普通硅酸盐水泥 P·O 42.5 综合	kg	0.34	815.000	67.000	187.000	113.000	960.000
石灰膏	m^3	270.00	0.486	1.212	0.448	0.269	—
黄砂 净砂	t	92.23	—	—	1.035	1.396	—
纸筋	kg	0.98	20.790	51.750	—	—	—
麻刀	kg	2.76	—	—	16.600	16.600	240.000
水	m^3	4.27	0.500	0.500	0.550	0.550	0.300

计量单位:m^3

定额编号			61	62	63	64	65
项目			麻刀石灰砂浆	石灰麻刀浆	石膏纸筋灰浆	石膏砂浆	素石膏浆
			1:3				
基价(元)			**282.05**	**321.08**	**583.57**	**394.57**	**592.12**
名称	单位	单价(元)	消耗量				
石灰膏	m^3	270.00	0.336	1.010	—	—	—
黄砂 净砂	t	92.23	1.550	—	—	1.610	—
纸筋	kg	0.98	—	—	26.400	—	—
麻刀	kg	2.76	16.600	16.600	—	—	—
石膏粉	kg	0.68	—	—	817.000	360.000	867.000
水	m^3	4.27	0.600	0.600	0.500	0.300	0.600

计量单位:m^3

定额编号			66	67
项目			水泥石灰白石屑浆	水泥石灰珍珠岩
			1:1:6	
基价(元)			**190.68**	**365.67**
名称	单位	单价(元)	消耗量	
普通硅酸盐水泥 P·O 42.5 综合	kg	0.34	170.000	210.000
石灰膏	m^3	270.00	0.203	0.216
白石屑	t	53.40	1.418	—
膨胀珍珠岩粉	m^3	155.00	—	1.510
松香水	kg	4.74	—	0.120
氢氧化钠(烧碱)	kg	2.59	—	0.020
水	m^3	4.27	0.550	0.300

计量单位：m^3

定额编号			68	69	70	71	72	73
项目			水泥白石屑浆			白水泥白石屑浆		
			1:1.5	1:2	1:2.5	1:1.5	1:2	1:2.5
基价(元)			**280.15**	**258.85**	**236.38**	**449.18**	**404.88**	**363.41**
名称	单位	单价(元)	消耗量					
普通硅酸盐水泥 P·O 42.5 综合	kg	0.34	630.000	538.000	462.000	—	—	—
白色硅酸盐水泥 425#、二级白度	kg	0.59	—	—	—	630.000	538.000	462.000
白石屑	t	53.40	1.211	1.398	1.461	1.211	1.398	1.461
水	m^3	4.27	0.300	0.300	0.300	3.000	3.000	3.000

计量单位：m^3

定额编号			74	75	76
项目			水泥白石子浆		
			1:1	1:1.5	1:2
基价(元)			**442.40**	**439.66**	**435.67**
名称	单位	单价(元)	消耗量		
普通硅酸盐水泥 P·O 42.5 综合	kg	0.34	765.000	631.000	534.000
白石子 综合	t	187.00	0.968	1.197	1.352
水	m^3	4.27	0.300	0.300	0.300

计量单位：m^3

定额编号			77	78	79	80
项目			白水泥白石子浆		白水泥彩色石子浆	
			1:1.5	1:2	1:1.5	1:2
基价(元)			**693.08**	**657.40**	**728.99**	**697.95**
名称	单位	单价(元)	消耗量			
白色硅酸盐水泥 425#、二级白度	kg	0.59	751.000	636.000	751.000	636.000
白石子 综合	t	187.00	1.330	1.502	—	—
彩色石子 综合	t	214.00	—	—	1.330	1.502
水	m^3	4.27	0.300	0.300	0.300	0.300

(3)特种砂浆

计量单位:m³

定额编号			81	82	83	84
项目			金属屑砂浆	重晶石砂浆		耐热砂浆
			1:0.3:1.5	1:0.2:4	1:2:1	1:1.5
基价(元)			**2508.48**	**729.62**	**521.14**	**780.75**
名称	单位	单价(元)	消耗量			
普通硅酸盐水泥 P·O 42.5 综合	kg	0.34	923.000	395.000	454.000	—
矿渣水泥 32.5	kg	0.34	—	—	—	778.000
生石灰	kg	0.30	—	112.000	—	—
黄砂 净砂	t	92.23	0.289	—	0.459	—
钢屑(铁屑)	kg	1.45	1494.000	—	—	—
重晶石粉	kg	0.33	—	1697.000	978.000	—
耐火砖末	kg	0.42	—	—	—	1168.000
三氯化铁	kg	1.97	—	—	—	10.000
木醣浆	kg	4.26	—	—	—	1.000
水	m³	4.27	0.400	0.400	0.400	0.400

计量单位:m³

定额编号			85	86	87	88
项目			耐碱砂浆		耐油砂浆	不发火砂浆
			1:1	1:2		1:0.44:1.75
基价(元)			**561.03**	**620.83**	**310.10**	**854.08**
名称	单位	单价(元)	消耗量			
普通硅酸盐水泥 P·O 42.5 综合	kg	0.34	798.000	583.000	575.000	—
矿渣水泥 32.5	kg	0.34	—	—	—	639.000
黄砂 净砂	t	92.23	—	—	1.224	—
大理石粉	kg	0.43	—	—	—	281.000
大理石砂	kg	0.46	—	—	—	1118.000
生石灰	kg	0.30	960.000	1403.000	—	—
水	m³	4.27	0.400	0.400	0.400	0.400

计量单位：m³

定额编号			89	90	91	92
项目			水泥石英混合砂浆	107胶水泥砂浆	107胶稀水泥浆	水泥石子浆
			1:0.2:1.5	1:6:0.2		1:2.5
基价(元)			**561.94**	**279.43**	**371.85**	**307.08**
名称	单位	单价(元)	消耗量			
普通硅酸盐水泥 P·O 42.5 综合	kg	0.34	485.000	222.000	235.000	462.000
生石灰	kg	0.30	92.400	—	—	—
黄砂 净砂	t	92.23	0.688	1.300	—	—
碎石 综合	t	102.00	—	—	—	1.458
石英砂 综合	kg	0.97	314.000	—	—	—
107胶	kg	1.72	—	48.000	168.000	—
水	m³	4.27	0.300	0.350	0.700	0.300

计量单位：m³

定额编号			93	94
项目			菱苦土	菱苦土砂浆
			1:4	1:1.4:0.6
基价(元)			**401.38**	**595.15**
名称	单位	单价(元)	消耗量	
菱苦土粉	kg	0.97	411.120	565.290
锯沫	kg	1.72	1.510	0.730
黄砂 净砂	t	92.23	—	0.494

2. 普通混凝土配合比

(1)现浇现拌混凝土

计量单位：m³

定额编号			95	96	97	98	99	100
项目			碎石(最大粒径:16mm)					
			混凝土强度等级					
			C15	C20	C25	C30	C35	C40
基价(元)			**290.06**	**296.00**	**308.88**	**318.67**	**331.25**	**348.06**
名称	单位	单价(元)	消耗量					
普通硅酸盐水泥 P·O 42.5 综合	kg	0.34	268.000	304.000	357.000	408.000	460.000	528.000
黄砂 净砂	t	92.23	0.873	0.839	0.770	0.655	0.635	0.560
碎石 综合	t	102.00	1.152	1.121	1.133	1.163	1.131	1.137
水	m³	4.27	0.215	0.215	0.215	0.215	0.215	0.215

计量单位:m^3

定额编号			101	102	103
项目			碎石(最大粒径:16mm)		
			混凝土强度等级		
			C40	C45	C50
基价(元)			**345.30**	**357.74**	**370.09**
名称	单位	单价(元)	消耗量		
普通硅酸盐水泥 P·O 52.5 综合	kg	0.39	430.000	472.000	513.000
黄砂 净砂	t	92.23	0.645	0.631	0.565
碎石 综合	t	102.00	1.149	1.123	1.147
水	m^3	4.27	0.215	0.215	0.215

计量单位:m^3

定额编号			104	105	106	107	108	109
项目			碎石(最大粒径:20mm)					
			混凝土强度等级					
			C15	C20	C25	C30	C35	C40
基价(元)			**287.78**	**292.53**	**304.43**	**313.43**	**324.92**	**340.88**
名称	单位	单价(元)	消耗量					
普通硅酸盐水泥 P·O 42.5 综合	kg	0.34	250.000	283.000	332.000	380.000	428.000	492.000
黄砂 净砂	t	92.23	0.891	0.854	0.767	0.670	0.653	0.578
碎石 综合	t	102.00	1.174	1.144	1.176	1.192	1.160	1.171
水	m^3	4.27	0.200	0.200	0.200	0.200	0.200	0.200

计量单位:m^3

定额编号			110	111	112	113
项目			碎石(最大粒径:20mm)			
			混凝土强度等级			
			C40	C45		C50
基价(元)			**338.45**	**351.90**	**349.44**	**361.41**
名称	单位	单价(元)	消耗量			
普通硅酸盐水泥 P·O 42.5 综合	kg	0.34	—	538.000	—	—
普通硅酸盐水泥 P·O 52.5 综合	kg	0.39	401.000	—	439.000	478.000
黄砂 净砂	t	92.23	0.663	0.561	0.648	0.582
碎石 综合	t	102.00	1.177	1.141	1.153	1.181
水	m^3	4.27	0.200	0.200	0.200	0.200

计量单位：m^3

定额编号			114	115	116	117	118	119
项目			碎石(最大粒径:40mm)					
			混凝土强度等级					
			C10	C15	C20	C25	C30	C35
基价(元)			**269.57**	**276.46**	**284.89**	**298.96**	**305.80**	**316.52**
名称	单位	单价(元)	消耗量					
普通硅酸盐水泥 P·O 42.5 综合	kg	0.34	162.000	202.000	246.000	300.000	341.000	385.000
黄砂 净砂	t	92.23	0.989	0.913	0.820	0.747	0.691	0.676
碎石 综合	t	102.00	1.201	1.204	1.224	1.248	1.229	1.201
水	m^3	4.27	0.180	0.180	0.180	0.180	0.180	0.180

计量单位：m^3

定额编号			120	121	122
项目			碎石(最大粒径:40mm)		
			混凝土强度等级		
			C40	C45	C50
基价(元)			**330.72**	**341.19**	**349.33**
名称	单位	单价(元)	消耗量		
普通硅酸盐水泥 P·O 42.5 综合	kg	0.34	442.000	485.000	—
普通硅酸盐水泥 P·O 52.5 综合	kg	0.39	—	—	430.000
黄砂 净砂	t	92.23	0.600	0.587	0.604
碎石 综合	t	102.00	1.219	1.190	1.227
水	m^3	4.27	0.180	0.180	0.180

(2)现场预制混凝土

计量单位：m^3

定额编号			123	124	125	126	127	128	129
项目			碎石(最大粒径:16mm)						
			混凝土强度等级						
			C15	C20	C25	C30	C35	C40	
基价(元)			**290.55**	**299.89**	**308.41**	**329.71**	**341.51**	**351.42**	**357.29**
名称	单位	单价(元)	消耗量						
普通硅酸盐水泥 P·O 42.5 综合	kg	0.34	235.000	282.000	332.000	412.000	463.000	506.000	—
普通硅酸盐水泥 P·O 52.5 综合	kg	0.39	—	—	—	—	—	—	437.000
黄砂 净砂	t	92.23	0.958	0.886	0.794	0.730	0.670	0.630	0.700
碎石 综合	t	102.00	1.190	1.190	1.190	1.190	1.190	1.180	1.190
水	m^3	4.27	0.215	0.215	0.215	0.215	0.215	0.215	0.215

计量单位:m³

定额编号			130	131	132	133	134
项目			碎石(最大粒径:20mm)				
			混凝土强度等级				
			C15	C20	C25	C30	C35
基价(元)			**297.83**	**305.50**	**314.78**	**321.80**	**332.93**
名称	单位	单价(元)	消耗量				
普通硅酸盐水泥 P·O 42.5 综合	kg	0.34	243.000	287.000	330.000	374.000	420.000
黄砂 净砂	t	92.23	0.942	0.874	0.805	0.730	0.670
碎石 综合	t	102.00	1.250	1.240	1.250	1.240	1.250
水	m³	4.27	0.195	0.195	0.195	0.195	0.195

计量单位:m³

定额编号			135	136	137	138	139
项目			碎石(最大粒径:20mm)				
			混凝土强度等级				
			C40		C45		C50
基价(元)			**343.08**	**347.33**	**353.33**	**357.44**	**367.30**
名称	单位	单价(元)	消耗量				
普通硅酸盐水泥 P·O 42.5 综合	kg	0.34	458.000	—	505.000	—	—
普通硅酸盐水泥 P·O 52.5 综合	kg	0.39	—	396.000	—	429.000	464.000
黄砂 净砂	t	92.23	0.640	0.700	0.600	0.670	0.640
碎石 综合	t	102.00	1.250	1.250	1.230	1.250	1.240
水	m³	4.27	0.195	0.195	0.195	0.195	0.195

计量单位:m³

定额编号			140	141	142	143	144
项目			碎石(最大粒径:40mm)				
			混凝土强度等级				
			C15	C20	C25	C30	C35
基价(元)			**281.93**	**293.12**	**305.79**	**315.91**	**327.28**
名称	单位	单价(元)	消耗量				
普通硅酸盐水泥 P·O 42.5 综合	kg	0.34	189.000	239.000	292.000	344.000	388.000
黄砂 净砂	t	92.23	0.903	0.840	0.782	0.700	0.650
碎石 综合	t	102.00	1.310	1.310	1.310	1.310	1.320
水	m³	4.27	0.180	0.180	0.180	0.180	0.180

计量单位:m³

定　额　编　号			145	146	147	148	149
项　　　　目			碎石(最大粒径:40mm)				
			混凝土强度等级				
			C40		C45		C50
基　　价(元)			**336.41**	**340.87**	**346.32**	**349.27**	**357.57**
名　　称	单位	单价(元)	消　耗　量				
普通硅酸盐水泥 P·O 42.5 综合	kg	0.34	423.000	—	466.000	—	—
普通硅酸盐水泥 P·O 52.5 综合	kg	0.39	—	366.000	—	397.000	428.000
黄砂 净砂	t	92.23	0.620	0.680	0.580	0.640	0.610
碎石 综合	t	102.00	1.320	1.320	1.310	1.320	1.310
水	m³	4.27	0.180	0.180	0.180	0.180	0.180

(3)灌注桩混凝土

①沉管成孔桩混凝土

计量单位:m³

定　额　编　号			150	151	152
项　　　　目			碎石(最大粒径:40mm)		
			混凝土强度等级		
			C20	C25	C30
基　　价(元)			**311.09**	**317.22**	**327.72**
名　　称	单位	单价(元)	消　耗　量		
普通硅酸盐水泥 P·O 42.5 综合	kg	0.34	307.000	353.000	401.000
黄砂 净砂	t	92.23	0.794	0.702	0.650
碎石 综合	t	102.00	1.300	1.290	1.280
水	m³	4.27	0.205	0.205	0.205

②钻孔桩混凝土(水下混凝土)

计量单位:m³

定　额　编　号			153	154	155
项　　　　目			碎石(最大粒径:40mm)		
			混凝土强度等级		
			C20	C25	C30
基　　价(元)			**315.02**	**324.98**	**337.40**
名　　称	单位	单价(元)	消　耗　量		
普通硅酸盐水泥 P·O 42.5 综合	kg	0.34	349.000	397.000	449.000
黄砂 净砂	t	92.23	0.736	0.667	0.610
碎石 综合	t	102.00	1.250	1.250	1.250
水	m³	4.27	0.230	0.230	0.230

(4)泵送混凝土

计量单位:m³

定额编号			156	157	158	159
项目			碎石(最大粒径:16mm)			
			混凝土强度等级			
			C20	C25	C30	C35
基价(元)			**298.24**	**316.77**	**325.07**	**339.69**
名称	单位	单价(元)	消耗量			
普通硅酸盐水泥 P·O 42.5 综合	kg	0.34	406.000	451.000	485.000	525.000
黄砂 净砂	t	92.23	0.675	0.710	0.730	0.730
碎石 综合	t	102.00	0.950	0.950	0.900	0.910
水	m³	4.27	0.245	0.245	0.245	0.245

计量单位:m³

定额编号			160	161	162	163	164	165
项目			碎石(最大粒径:20mm)					
			混凝土强度等级					
			C20	C25	C30	C35	C40	C45
基价(元)			**294.58**	**312.70**	**319.26**	**335.58**	**342.89**	**362.22**
名称	单位	单价(元)	消耗量					
普通硅酸盐水泥 P·O 42.5 综合	kg	0.34	373.000	426.000	445.000	493.000	527.000	—
普通硅酸盐水泥 P·O 52.5 综合	kg	0.39	—	—	—	—	—	504.000
黄砂 净砂	t	92.23	0.780	0.770	0.760	0.760	0.670	0.680
碎石 综合	t	102.00	0.930	0.940	0.950	0.950	0.990	1.000
水	m³	4.27	0.225	0.225	0.225	0.225	0.220	0.220

计量单位:m³

定额编号			166
项目			碎石(最大粒径:20mm)
			混凝土强度等级
			C50
基价(元)			**374.61**
名称	单位	单价(元)	消耗量
普通硅酸盐水泥 P·O 52.5 综合	kg	0.39	540.000
黄砂 净砂	t	92.23	0.640
碎石 综合	t	102.00	1.020
水	m³	4.27	0.220

(5)防水混凝土

计量单位:m³

定额编号			167	168	169	170
项目			碎石(最大粒径:20mm)			
			混凝土强度等级			
			C20/P6	C25/P8	C30/P8	C35/P8
基价(元)			**321.26**	**331.25**	**340.16**	**340.69**
名称	单位	单价(元)	消耗量			
普通硅酸盐水泥 P·O 42.5 综合	kg	0.34	320.000	362.000	404.000	457.000
黄砂 净砂	t	92.23	0.936	0.936	0.912	0.750
碎石 综合	t	102.00	1.228	1.186	1.155	1.130
水	m³	4.27	0.205	0.205	0.205	0.205

计量单位:m³

定额编号			171	172	173	174
项目			碎石(最大粒径:40mm)			
			混凝土强度等级			
			C20/P6	C25/P8	C30/P8	C35/P8
基价(元)			**321.65**	**326.52**	**334.23**	**333.87**
名称	单位	单价(元)	消耗量			
普通硅酸盐水泥 P·O 42.5 综合	kg	0.34	312.000	336.000	375.000	424.000
黄砂 净砂	t	92.23	0.924	0.864	0.816	0.710
碎石 综合	t	102.00	1.270	1.292	1.281	1.210
水	m³	4.27	0.190	0.190	0.190	0.190

(6)泵送防水混凝土

计量单位:m³

定额编号			175	176	177	178
项目			碎石(最大粒径:20mm)			
			混凝土强度等级			
			C20/P6	C25/P8	C30/P8	C35/P8
基价(元)			**321.41**	**339.81**	**345.36**	**349.97**
名称	单位	单价(元)	消耗量			
普通硅酸盐水泥 P·O 42.5 综合	kg	0.34	367.000	409.000	451.000	522.000
黄砂 净砂	t	92.23	0.941	1.062	1.099	0.854
碎石 综合	t	102.00	1.067	0.998	0.879	0.909
水	m³	4.27	0.235	0.235	0.235	0.235

(7)喷射混凝土

计量单位:m^3

定 额 编 号			179
项 目			混凝土强度等级
			1:2.5:2
基 价(元)			**337.71**
名 称	单位	单价(元)	消 耗 量
普通硅酸盐水泥 P·O 42.5 综合	kg	0.34	401.000
黄砂 净砂	t	92.23	1.010
碎石 综合	t	102.00	0.810
促凝剂	kg	1.67	14.000
水	m^3	4.27	0.520

(8)道路路面混凝土

计量单位:m^3

定 额 编 号			180	181	182
项 目			碎石(最大粒径:40mm)		
			抗折强度等级(MPa)		
			4	4.5	5
基 价(元)			**320.74**	**328.04**	**335.37**
名 称	单位	单价(元)	消 耗 量		
普通硅酸盐水泥 P·O 42.5 综合	kg	0.34	304.000	345.000	420.000
黄砂 净砂	t	92.23	0.816	0.744	0.620
碎石 综合	t	102.00	1.386	1.386	1.320
水	m^3	4.27	0.175	0.175	0.175

(9)加气混凝土

计量单位:m^3

定 额 编 号			183	184	185
项 目			加气混凝土(容量 kg/m^3)		
			500	700	900
基 价(元)			**110.24**	**132.80**	**156.39**
名 称	单位	单价(元)	消 耗 量		
普通硅酸盐水泥 P·O 42.5 综合	kg	0.34	211.000	196.000	190.000
黄砂 净砂(细砂)	t	102.00	0.310	0.587	0.849
铝粉	kg	5.43	0.792	0.603	0.324
氢氧化钠(烧碱)	kg	2.59	0.585	0.585	0.585
水	m^3	4.27	0.250	0.350	0.450

(10)特种混凝土配合比

计量单位:m^3

定额编号			186	187	188
项目			耐热混凝土		
			耐热度(℃)		
			900 以内	1200 以内	1800 以内
基价(元)			**528.92**	**858.20**	**1182.71**
名称	单位	单价(元)	消耗量		
普通硅酸盐水泥 P·O 42.5 综合	kg	0.34	313.000	—	—
钒土水泥 32.5	kg	1.01	—	385.000	—
耐火水泥	kg	1.01	—	—	450.000
碎耐火砖	t	124.00	0.855	0.950	—
碎钒土耐火砖	t	156.00	—	—	1.110
耐火砖屑	t	501.00	0.630	0.700	—
钒土耐火砖屑	t	652.00	—	—	0.850
水	m^3	4.27	0.200	0.200	0.200

计量单位:m^3

定额编号			189	190	191	192
项目			耐碱混凝土		耐油混凝土	重晶石混凝土
			水泥用量			
			350kg	450kg		
基价(元)			**324.16**	**334.98**	**374.72**	**1343.93**
名称	单位	单价(元)	消耗量			
普通硅酸盐水泥 P·O 42.5 综合	kg	0.34	297.000	382.000	287.000	287.000
碎石 综合	t	102.00	1.050	0.966	1.260	—
黄砂 净砂	t	92.23	0.792	0.726	0.726	—
白坩土	t	777.00	—	—	0.104	—
石粉	kg	0.38	111.000	102.000	—	—
重晶石砂	kg	0.41	—	—	—	1030.000
重晶石	kg	0.49	—	—	—	1680.000
水	m^3	4.27	0.200	0.200	0.200	0.200

3. 防水材料配合比

定额编号			193	194	195	196
项目			石油沥青玛蹄脂	石油沥青砂浆		冷底子油
				1:2:7	1:0.53:0.53:3.12(不发火)	
计量单位			m³			kg
基价(元)			**2263.90**	**1311.80**	**2231.42**	**5.57**
名称	单位	单价(元)	消耗量			
石油沥青	kg	2.67	686.000	244.000	408.000	0.320
滑石粉	kg	1.07	404.000	468.000	—	—
黄砂 净砂	t	92.23	—	1.730	—	—
石棉泥	kg	4.31	—	—	219.000	—
硅藻土粉 生料	kg	0.57	—	—	224.000	—
白石屑	t	53.40	—	—	1.320	—
汽油 综合	kg	6.12	—	—	—	0.770

4. 垫层及保温材料配合比

计量单位:m^3

定额编号			197	198
项目			灰土	
			1:4	3:7
基价(元)			**91.43**	**110.60**
名称	单位	单价(元)	消耗量	
生石灰	kg	0.30	162.000	243.000
黏土	m³	32.04	1.310	1.150
水	m³	4.27	0.200	0.200

计量单位:m^3

定额编号			199	200	201	202
项目			三合土			
			碎砖		碎石	
			1:3:6	1:4:8	1:3:6	1:4:8
基价(元)			**143.53**	**140.23**	**239.06**	**238.42**
名称	单位	单价(元)	消耗量			
生石灰	kg	0.30	97.000	74.000	85.000	66.000
黄砂 净砂	t	92.23	0.836	0.865	0.750	0.764
碎砖	m³	31.07	1.160	1.190	—	—
碎石 综合	t	102.00	—	—	1.403	1.440
水	m³	4.27	0.300	0.300	0.300	0.300

计量单位:m^3

定额编号			203	204	205
项目			石灰炉(矿)渣		
			1:3	1:4	1:10
基价(元)			**169.70**	**165.74**	**131.00**
名称	单位	单价(元)	消耗量		
生石灰	kg	0.30	184.000	147.000	55.000
炉渣	m^3	102.00	1.110	1.180	1.110
水	m^3	4.27	0.300	0.300	0.300

计量单位:m^3

定额编号			206	207	208	209
项目			炉(矿)渣混凝土			
			CL3.5	CL5.0	CL7.5	CL10
基价(元)			**210.40**	**217.46**	**229.64**	**237.26**
名称	单位	单价(元)	消耗量			
普通硅酸盐水泥 P·O 42.5 综合	kg	0.34	92.000	114.000	147.000	174.000
生石灰	kg	0.30	76.000	95.000	122.000	144.000
炉渣	m^3	102.00	1.520	1.460	1.390	1.310
水	m^3	4.27	0.300	0.300	0.300	0.300

计量单位:m^3

定额编号			210	211	212	213	214	215
项目			水泥珍珠岩			水泥蛭石		
			1:8	1:10	1:12	1:8	1:10	1:12
基价(元)			**220.46**	**223.55**	**228.83**	**122.53**	**119.43**	**118.21**
名称	单位	单价(元)	消耗量					
普通硅酸盐水泥 P·O 42.5 综合	kg	0.34	141.000	120.000	105.000	147.000	124.000	110.000
膨胀珍珠岩粉	m^3	155.00	1.102	1.168	1.235	—	—	—
膨胀蛭石	m^3	62.14	—	—	—	1.140	1.216	1.273
水	m^3	4.27	0.400	0.400	0.400	0.400	0.400	0.400

5. 耐酸材料配合比

计量单位:m^3

定额编号			216	217	218
项目			水玻璃胶泥	水玻璃稀胶泥	水玻璃耐酸砂浆
			1:0.15:1.2:1.1	1:0.15:0.5:0.5	1:0.15:1.1:1:2.6
基价(元)			**2448.67**	**1978.50**	**2493.49**
名称	单位	单价(元)	消耗量		
硅酸钠 水玻璃	kg	0.70	649.000	890.000	409.000
氟硅酸钠	kg	1.98	98.000	134.000	63.000
石英粉 综合	kg	0.97	777.000	448.000	453.000
铸石粉	kg	1.47	712.000	446.000	411.000
石英砂 综合	kg	0.97	—	—	1071.000

计量单位:m^3

定额编号			219	220	221
项目			水玻璃耐酸混凝土	耐酸沥青混凝土	
				细粒式	中粒式
基价(元)			**1799.09**	**2215.39**	**2005.65**
名称	单位	单价(元)	消耗量		
硅酸钠 水玻璃	kg	0.70	283.000	—	—
氟硅酸钠	kg	1.98	42.000	—	—
石英粉 综合	kg	0.97	257.000	470.000	433.000
铸石粉	kg	1.47	284.000	—	—
石英砂 综合	kg	0.97	696.000	1106.000	936.000
石英石	kg	0.19	926.000	663.000	911.000
石油沥青	kg	2.67	—	210.000	189.000

计量单位:m^3

定额编号			222	223	224
项目			耐酸沥青胶泥		
			隔离层用	铺砌用	平面结合层用
			1:0.3:0.05	1:1:0.05	1:2:0.05
基价(元)			**3157.97**	**3056.76**	**2971.67**
名称	单位	单价(元)	消耗量		
石油沥青	kg	2.67	1013.000	810.000	631.000
石英粉 综合	kg	0.97	293.000	783.000	1220.000
石棉粉	kg	3.45	49.000	39.000	30.000

计量单位：m^3

定　额　编　号			225	226
项　　　目			沥青胶泥	沥青稀胶泥
				100∶30
基　　价　(元)			**2943.94**	**3037.45**
名　　称	单位	单价(元)	消　耗　量	
石油沥青	kg	2.67	1050.000	1029.060
石英粉 综合	kg	0.97	—	298.820
滑石粉	kg	1.07	131.250	—

计量单位：m^3

定　额　编　号			227	228
项　　　目			耐酸沥青砂浆	
			铺设压实用	涂抹用
			1.3∶2.6∶7.4	1.2∶1.3∶3.5
基　　价　(元)			**2774.90**	**2820.16**
名　　称	单位	单价(元)	消　耗　量	
石油沥青	kg	2.67	280.000	439.000
石英粉 综合	kg	0.97	543.000	461.000
石英砂 综合	kg	0.97	1547.000	1238.000

计量单位：m^3

定　额　编　号			229	230
项　　　目			硫磺砂浆	硫磺混凝土
			1∶0.35∶0.6∶0.05	
基　　价　(元)			**5165.29**	**2813.05**
名　　称	单位	单价(元)	消　耗　量	
石英粉 综合	kg	0.97	398.000	199.000
石英砂 综合	kg	0.97	683.000	342.000
硫磺 98%	kg	2.30	1149.000	575.000
聚硫橡胶	kg	25.86	57.000	29.000
石英石	kg	0.19	—	1136.000

计量单位:m^3

定额编号			231	232	233	234
项目			环氧树脂胶泥 1:0.08:0.1:2	酚醛树脂胶泥 1:0.08:0.06:1.8	环氧酚醛胶泥 0.7:0.3:0.06:1.8	环氧稀胶泥
基价(元)			**12868.18**	**15657.42**	**14257.48**	**17442.37**
名称	单位	单价(元)	消耗量			
环氧树脂	kg	15.52	652.000	—	475.000	862.000
酚醛树脂	kg	21.55	—	649.000	204.000	—
乙二胺	kg	18.53	52.000	—	41.000	60.320
苯磺酰氯	kg	5.24	—	52.000	—	—
丙酮	kg	8.16	65.000	—	68.000	258.610
酒精 工业用99.5%	kg	7.07	—	39.000	—	—
石英粉 综合	kg	0.97	1294.000	1158.000	1211.000	862.000

计量单位:m^3

定额编号			235	236	237	238
项目			环氧煤焦油胶泥 0.5:0.5:0.04:2.2	环氧呋喃胶泥 0.7:0.3:0.05:1.7	环氧打底料 1:1:0.07:0.15	环氧砂浆 1:0.07:2:4
基价(元)			**7381.41**	**13352.55**	**29487.76**	**10815.35**
名称	单位	单价(元)	消耗量			
环氧树脂	kg	15.52	308.000	495.000	1171.000	337.000
呋喃树脂	kg	16.47	—	214.000	—	—
煤焦油	kg	0.88	306.000	—	—	—
乙二胺	kg	18.53	25.000	35.000	86.000	167.000
丙酮	kg	8.16	25.000	42.000	1171.000	67.000
二甲苯	kg	6.03	61.000	—	—	—
石英粉 综合	kg	0.97	1337.000	1190.000	170.000	667.700
石英砂 综合	kg	0.97	—	—	—	1336.300

6. 干混砂浆配合比

(1)砌 筑 砂 浆

计量单位:m^3

定额编号			239	240	241	242	243
项目			强度等级				
			M5.0	M7.5	M10.0	M15.0	M20.0
基价(元)			**397.23**	**413.73**	**413.73**	**430.23**	**446.81**
名称	单位	单价(元)	消耗量				
干混砌筑砂浆 DM M5.0	kg	0.24	1650.000	—	—	—	—
干混砌筑砂浆 DM M7.5	kg	0.25	—	1650.000	—	—	—
干混砌筑砂浆 DM M10.0	kg	0.25	—	—	1650.000	—	—
干混砌筑砂浆 DM M15.0	kg	0.26	—	—	—	1650.000	—
干混砌筑砂浆 DM M20.0	kg	0.27	—	—	—	—	1650.000
水	m^3	4.27	0.289	0.289	0.289	0.289	0.306

(2)抹 灰 砂 浆

计量单位:m^3

定额编号			244	245	246	247
项目			强度等级			
			M5.0	M10.0	M15.0	M20.0
基价(元)			**413.85**	**430.35**	**446.85**	**446.95**
名称	单位	单价(元)	消耗量			
干混抹灰砂浆 DP M5.0	kg	0.25	1650.000	—	—	—
干混抹灰砂浆 DP M10.0	kg	0.26	—	1650.000	—	—
干混抹灰砂浆 DP M15.0	kg	0.27	—	—	1650.000	—
干混抹灰砂浆 DP M20.0	kg	0.27	—	—	—	1650.000
水	m^3	4.27	0.315	0.315	0.315	0.340

(3)地 面 砂 浆

计量单位:m^3

定额编号			248	249	250
项目			强度等级		
			M15.0	M20.0	M25.0
基价(元)			**443.08**	**443.08**	**460.16**
名称	单位	单价(元)	消耗量		
干混地面砂浆 DS M15.0	kg	0.26	1700.000	—	—
干混地面砂浆 DS M20.0	kg	0.26	—	1700.000	—
干混地面砂浆 DS M25.0	kg	0.27	—	—	1700.000
水	m^3	4.27	0.254	0.254	0.271

计量单位：m^3

定额编号			251
项目			水泥基自流平砂浆
基价（元）			**2347.08**
名称	单位	单价(元)	消耗量
水泥基自流平砂浆	kg	1.38	1700.000
水	m^3	4.27	0.254

二、单独计算的台班费用

说　　明

一、自升式塔式起重机、施工电梯基础费用:

1. 固定式基础未考虑打桩,发生时,可另行计算。

2. 高速卷扬机组合井架固定基础,按固定式基础乘以系数 0.2 计算。

3. 不带配重的自升塔式起重机固定式基础、混凝土搅拌站的基础按实际计算。

二、特、大型机械安装拆卸费用:

1. 安装、拆卸费中已包括机械安装后的试运转费用。

2. 自升式塔式起重机安装、拆卸费定额是按塔高 60m 确定的;如塔高超过 60m,每增加 15m,安装、拆卸费用(扣除试车台班后)增加 10% 。

3. 柴油打桩机安装、拆卸费中的试车台班是按 1.8t 轨道式柴油打桩机考虑的,实际打桩机规格不同,试车台班费按实进行调整。

4. 步履式柴油打桩机按相应规格柴油打桩机计算;多功能压桩机按相应规格静力压桩机计算;双头搅拌桩机按 1.8t 轨道式柴油打桩机乘以系数 0.7,单头搅拌桩机按 1.8t 轨道式柴油打桩机乘以系数 0.4,振动沉拔桩机、静压振拔桩机、转盘式钻孔桩机、旋喷桩机按 1.8t 轨道式柴油打桩机计算。

三、特、大型机械场外运输费用:

1. 场外运输费用中已包括机械的回程费用。

2. 场外运输费用为运距 25km 以内的机械进出场费用。

3. 凡利用自身行走装置转移的特、大型机械场外运输费用,按实际发生台班计算,不足 0.5 台班的按 0.5 台班计算,超过 0.5 台班不足 1 台班的按 1 台班计算。

4. 特、大型机械在同一施工点内、不同单位工程之间的转移,定额按 100m 以内综合考虑,如转移距离超过 100m:在 300m 以内的,按相应场外运输费用乘以系数 0.3;在 500m 以内的,按相应场外运输费用乘以系数 0.6。如机械为自行移运者,按“利用自身行走装置转移的特、大型机械场外运输费用”的有关规定进行计算。需解体或铺设轨道转移的,其费用另行计算。

5. 步履式柴油打桩机按相应规格柴油打桩机计算;多功能压桩机按相应规格静力压桩机计算;双头搅拌桩机按 5t 以内轨道式柴油打桩机乘以系数 0.7,单头搅拌桩机按 5t 以内轨道式柴油打桩机乘以系数 0.4,振动沉拔桩机、静压振拔桩机、旋喷桩机按 5t 以内轨道式柴油打桩机计算。

1. 塔式起重机、施工电梯基础费用

计量单位:台班

	定额编号			1001	1002
	项目			固定式基础(带配重)	施工电梯固定式基础
	台班单价 (元)			**24823.47**	**6231.39**
费用组成	人工费 (元)			2095.20	1620.00
	材料费 (元)			22653.52	4524.86
	机械费 (元)			74.75	86.53
	名称	单位	单价(元)	用量	
工料机用量	二类人工	工日	135.00	15.520	12.000
	非泵送商品混凝土 C30	m^3	438.00	31.720	6.150
	钢模板	kg	5.96	25.250	5.560
	木模板	m^3	1445.00	0.106	0.108
	黄砂 净砂(中粗砂)	t	102.00	7.561	4.320
	块石	t	77.67	—	3.900
	热轧光圆钢筋 综合	t	3966.00	1.906	0.205
	零星卡具	kg	5.88	2.610	2.650
	水	t	4.27	6.370	6.510
	其他材料费	元	—	83.540	42.000
	电动夯实机 250N·m	台班	28.03	0.108	0.110
	汽车式起重机 8t	台班	648.48	0.008	0.008
	载货汽车 6t	台班	396.42	0.029	0.029
	机动翻斗车 1t	台班	197.36	0.215	0.218
	钢筋调直机 14mm	台班	37.97	0.105	0.064
	钢筋切断机 40mm	台班	43.28	0.140	0.075
	木工圆锯机 500mm	台班	27.50	0.093	0.094
	交流弧焊机 32kV·A	台班	92.84	—	0.123
	对焊机 75kV·A	台班	119.25	—	0.034

2.安拆费用

计量单位:台次

定额编号			2001	2002	2003	2004	2005	2006	2007
项目			自升式塔式起重机	柴油打桩机	静力压桩机(kN)				
					900以内	1200以内	1600以内	4000以内	10000以内
台班单价 (元)			**25938.52**	**7968.86**	**6291.34**	**8168.57**	**10728.63**	**13514.06**	**15098.86**
费用组成	人工费 (元)		12825.00	4320.00	3240.00	4050.00	5400.00	6750.00	6750.00
	材料费 (元)		299.44	50.00	25.00	30.00	30.00	40.00	40.00
	机械费 (元)		12814.08	3598.86	3026.34	4088.57	5298.63	6724.06	8308.86
名称	单位	单价(元)	用量						
工料机用量 二类人工	工日	135.00	95.000	32.000	24.000	30.000	40.000	50.000	50.000
镀锌铁丝 综合	kg	5.40	50.000	5.000	—	—	—	—	—
镀锌六角螺栓 M12×50	个	0.46	64.000	50.000	—	—	—	—	—
其他材料费	元	—	—	—	25.000	30.000	30.000	40.000	40.000
自升式塔式起重机 2500kN·m	台班	1023.35	0.500	—	—	—	—	—	—
履带式柴油打桩机 3.5t	台班	832.40	—	0.500	—	—	—	—	—
汽车式起重机 8t	台班	648.48	—	2.000	1.000	1.000	1.000	2.000	2.000
汽车式起重机 20t	台班	942.85	5.000	2.000	2.000	3.000	4.000	4.000	5.000
汽车式起重机 40t	台班	1517.63	5.000	—	—	—	—	—	—
静力压桩机(液压) 900kN	台班	984.32	—	—	0.500	—	—	—	—
静力压桩机(液压) 1200kN	台班	1223.08	—	—	—	0.500	—	—	—
静力压桩机(液压) 1600kN	台班	1757.50	—	—	—	—	0.500	—	—
静力压桩机(液压) 4000kN	台班	3311.40	—	—	—	—	—	0.500	—
静力压桩机(液压) 10000kN	台班	4595.30	—	—	—	—	—	—	0.500

计量单位:台次

定额编号				2008	2009	2010	2011	2012
项目				架桥机	施工电梯			
				160t 以内	50m	100m	130m	200m
台班单价 (元)				**7486.72**	**9272.35**	**11355.99**	**14007.50**	**16380.71**
费用组成	人工费(元)			3510.00	5130.00	6750.00	8505.00	8505.00
	材料费(元)			—	54.24	54.24	59.52	100.20
	机械费(元)			3976.72	4088.11	4551.75	5442.98	7775.51
名称		单位	单价(元)	用量				
工料机用量	二类人工	工日	135.00	26.000	38.000	50.000	63.000	63.000
	镀锌铁丝 综合	kg	5.40	—	8.000	8.000	10.000	16.000
	镀锌六角螺栓 M12×50	个	0.46	—	24.000	24.000	12.000	30.000
	汽车式起重机 8t	台班	648.48	1.000	—	—	—	—
	汽车式起重机 20t	台班	942.85	3.000	—	—	—	8.000
	双笼施工电梯 2×1(t)50m	台班	300.86	—	0.500	—	—	—
	双笼施工电梯 2×1(t)100m	台班	353.09	—	—	0.500	—	—
	双笼施工电梯 2×1(t)130m	台班	385.47	—	—	—	0.500	—
	双笼施工电梯 2×1(t)200m	台班	465.41	—	—	—	—	0.500
	架桥机 160t	台班	999.37	0.500	—	—	—	—
	汽车式起重机 16t	台班	875.04	—	4.500	5.000	6.000	—

计量单位:台次

定额编号				2013	2014	2015	2016	2017
项目				潜水钻孔机	混凝土搅拌站	三轴搅拌机	履带式旋挖钻机	压滤机
台班单价 (元)				**4850.36**	**12867.77**	**10038.33**	**6928.45**	**1236.87**
费用组成	人工费(元)			3240.00	8505.00	3780.00	2295.00	270.00
	材料费(元)			9.20	—	131.00	50.00	—
	机械费(元)			1601.16	4362.77	6127.33	4583.45	966.87
名称		单位	单价(元)	用量				
工料机用量	二类人工	工日	135.00	24.000	63.000	28.000	17.000	2.000
	镀锌铁丝 综合	kg	5.40	—	—	20.000	5.000	—
	镀锌六角螺栓 M12×50	个	0.46	20.000	—	50.000	50.000	—
	汽车式起重机 8t	台班	648.48	2.000	—	—	1.000	—
	汽车式起重机 20t	台班	942.85	—	4.000	5.000	2.000	—
	汽车式起重机 40t	台班	1517.63	—	—	—	—	0.500
	潜水钻孔机 1500mm	台班	608.40	0.500	—	—	—	—
	混凝土搅拌站 45m^3/h	台班	1182.73	—	0.500	—	—	—
	三轴搅拌桩机 850 型	台班	2826.15	—	—	0.500	—	—
	履带式旋挖钻机 SH36	台班	4098.53	—	—	—	0.500	—
	压滤机 XMYZG400/1500－UB	台班	416.11	—	—	—	—	0.500

计量单位:台次

定额编号				2018	2019
项目				抓斗成槽机	TRD 搅拌桩机 Ⅲ型
台班单价 (元)				**14090.69**	**37421.20**
费用组成	人工费 (元)			810.00	4050.00
	材料费 (元)			131.00	131.00
	机械费 (元)			13149.69	33240.20
名称		单位	单价(元)	用量	
工料机用量	二类人工	工日	135.00	6.000	30.000
	镀锌铁丝 综合	kg	5.40	20.000	20.000
	镀锌六角螺栓 M12×50	个	0.46	50.000	50.000
	履带式液压抓斗成槽机 KH180MHL-1200	台班	3918.42	0.500	—
	汽车式起重机 80t	台班	3730.16	3.000	—
	TRD 搅拌桩机	台班	5572.00	—	0.500
	履带式起重机 80t	台班	2186.44	—	4.000
	履带式起重机 100t	台班	2737.92	—	6.000
	履带式单斗液压挖掘机 $2m^3$	台班	1320.23	—	4.000

3. 场外运输费用

计量单位：台次

定额编号				3001	3002	3003	3004	3005	3006
项目				履带式挖掘机		履带式推土机		履带式起重机	
				1m³ 以内	1m³ 以外	90kW 以内	90kW 以外	30t 以内	30t 以外
台班单价（元）				**3249.84**	**3921.70**	**2805.96**	**3603.15**	**4442.55**	**5550.85**
费用组成	人工费（元）			540.00	540.00	540.00	540.00	540.00	540.00
	材料费（元）			259.76	304.86	274.82	311.02	295.96	279.76
	机械费（元）			1528.51	2020.90	1429.95	1759.90	2446.48	3349.32
	架线（元）			271.60	271.60	—	271.60	271.60	271.60
	回程费（元）			649.97	784.34	561.19	720.63	888.51	1110.17
名称		单位	单价(元)	用量					
工料机用量	二类人工	工日	135.00	4.000	4.000	4.000	4.000	4.000	4.000
	枕木	m³	2457.00	0.080	0.080	0.080	0.080	0.080	0.080
	镀锌铁丝 综合	kg	5.40	5.000	10.000	5.000	5.000	5.000	2.000
	夹布橡胶平板 δ3	m²	19.31	—	—	0.780	0.780	—	—
	草袋	个	3.62	10.000	15.000	10.000	20.000	20.000	20.000
	履带式单斗液压挖掘机 1m³	台班	914.79	0.500	—	—	—	—	—
	履带式单斗液压挖掘机 2m³	台班	1320.23	—	0.500	—	—	—	—
	履带式推土机 90kW	台班	717.68	—	—	0.500	—	—	—
	履带式推土机 105kW	台班	798.23	—	—	—	0.500	—	—
	履带式起重机 30t	台班	865.31	—	—	—	—	0.500	—
	履带式起重机 50t	台班	1364.92	—	—	—	—	—	0.500
	载货汽车 15t	台班	653.04	—	—	—	—	1.000	2.000
	平板拖车组 40t	台班	1071.11	1.000	—	1.000	—	—	—
	平板拖车组 60t	台班	1360.78	—	1.000	—	1.000	1.000	1.000
	架线	次	388.00	0.700	0.700	—	0.700	0.700	0.700
	回程费	%	—	25	25	25	25	25	25

计量单位:台次

定额编号				3007	3008	3009	3010	3011	3012
项目				强夯机械	柴油打桩机(t)		压路机	锚杆钻孔机	沥青混凝土摊铺机
					5 以内	5 以外			
台班单价 (元)				**8349.54**	**8394.81**	**9714.80**	**2773.74**	**6278.85**	**4266.14**
费用组成	人工费 (元)			540.00	540.00	540.00	405.00	1080.00	810.00
	材料费 (元)			295.96	99.40	99.40	243.56	99.40	295.96
	机械费 (元)			4856.40	5085.29	6028.14	1298.83	3305.49	2306.95
	架线 (元)			271.60	271.60	271.60	271.60	—	—
	回程费 (元)			2385.58	2398.52	2775.66	554.75	1793.96	853.23
名称		单位	单价(元)	用量					
工料机用量	二类人工	工日	135.00	4.000	4.000	4.000	3.000	8.000	6.000
	枕木	m^3	2457.00	0.080	—	—	0.080	—	0.080
	镀锌铁丝 综合	kg	5.40	5.000	5.000	5.000	2.000	5.000	5.000
	草袋	个	3.62	20.000	20.000	20.000	10.000	20.000	20.000
	强夯机械 2000kN·m	台班	1016.54	0.500	—	—	—	—	—
	钢轮内燃压路机 12t	台班	455.44	—	—	—	0.500	—	—
	锚杆钻孔机 MGL135	台班	454.58	—	—	—	—	0.500	—
	沥青混凝土摊铺机 15t	台班	2471.67	—	—	—	—	—	0.500
	汽车式起重机 20t	台班	942.85	1.000	2.000	3.000	—	1.000	—
	载货汽车 4t	台班	369.21	2.000	—	—	—	—	—
	载货汽车 8t	台班	411.20	—	2.000	2.000	—	1.000	—
	载货汽车 15t	台班	653.04	2.000	2.000	2.000	—	1.000	—
	平板拖车组 40t	台班	1071.11	—	1.000	1.000	1.000	1.000	1.000
	平板拖车组 60t	台班	1360.78	1.000	—	—	—	—	—
	架线	次	388.00	0.700	0.700	0.700	0.700	—	—
	回程费	%	—	40	40	40	25	40	25

计量单位:台次

定额编号				3013	3014	3015	3016	3017
项目				静力压桩机(kN)				
				900	1200以内	1600以内	4000以内	10000以内
台班单价 (元)				**14885.53**	**16714.04**	**22130.54**	**26193.30**	**33178.39**
费用组成	人工费(元)			3240.00	3240.00	4860.00	4860.00	4860.00
	材料费(元)			99.40	99.40	99.40	99.40	99.40
	机械费(元)			7293.12	8599.20	10848.13	13750.10	18739.45
	回程费(元)			4253.01	4775.44	6323.01	7483.80	9479.54
	名称	单位	单价(元)	用量				
工料机用量	二类人工	工日	135.00	24.000	24.000	36.000	36.000	36.000
	镀锌铁丝 综合	kg	5.40	5.000	5.000	5.000	5.000	5.000
	草袋	个	3.62	20.000	20.000	20.000	20.000	20.000
	汽车式起重机 20t	台班	942.85	2.000	2.000	3.000	4.000	4.000
	载货汽车 15t	台班	653.04	5.000	7.000	9.000	12.000	18.000
	平板拖车组 40t	台班	1071.11	2.000	2.000	2.000	2.000	3.000
	回程费	%	—	40	40	40	40	40

计量单位:台次

定额编号				3018	3019	3020	3021	3022	3023
项目				自升式塔式起重机	架桥机	施工电梯(m)			
						50	100	130	200 以内
台班单价 (元)				**16593.97**	**11930.81**	**9065.37**	**11185.49**	**15359.11**	**17984.75**
费用组成	人工费(元)			3780.00	2835.00	1350.00	1890.00	2700.00	2970.00
	材料费(元)			202.68	63.20	74.00	102.90	139.90	176.90
	机械费(元)			9574.03	5623.81	5549.36	6611.32	8974.80	10687.52
	架线(元)			271.60	—	—	—	—	—
	回程费(元)			2765.66	3408.80	2092.01	2581.27	3544.41	4150.33
名称		单位	单价(元)	用量					
工料机用量	二类人工	工日	135.00	28.000	21.000	10.000	14.000	20.000	22.000
	镀锌铁丝 综合	kg	5.40	10.000	5.000	7.000	9.000	12.500	16.000
	草袋	个	3.62	37.000	10.000	10.000	15.000	20.000	25.000
	枕木	m^3	2457.00	0.006	—	—	—	—	—
	汽车式起重机 20t	台班	942.85	4.000	3.000	—	—	—	—
	载货汽车 15t	台班	653.04	4.000	1.000	3.000	3.500	5.000	6.000
	平板拖车组 40t	台班	1071.11	1.000	2.000	—	—	—	—
	汽车式起重机 8t	台班	648.48	2.000	—	3.000	3.500	5.000	6.000
	载货汽车 8t	台班	411.20	2.000	—	4.000	5.000	6.000	7.000
	架线	次	388.00	0.700	—	—	—	—	—
	回程费	%	—	20	40	30	30	30	30

计量单位:台次

定额编号					3024	3025	3026
项目					混凝土搅拌站	潜水钻孔机	转盘钻孔机
台班单价 (元)					**9488.33**	**4205.66**	**3817.04**
费用组成	人工费(元)				2700.00	675.00	675.00
	材料费(元)				63.20	28.90	28.90
	机械费(元)				4014.18	2660.63	2349.73
	回程费(元)				2710.95	841.13	763.41
名称		单位	单价(元)		用量		
工料机用量	二类人工	工日	135.00		20.000	5.000	5.000
	镀锌铁丝 综合	kg	5.40		5.000	2.000	2.000
	草袋	个	3.62		10.000	5.000	5.000
	汽车式起重机 8t	台班	648.48		—	1.500	1.500
	汽车式起重机 20t	台班	942.85		2.000	—	—
	载货汽车 8t	台班	411.20		2.000	1.500	1.000
	载货汽车 15t	台班	653.04		2.000	—	—
	平板拖车组 30t	台班	965.81		—	—	1.000
	平板拖车组 40t	台班	1071.11		—	1.000	—
	回程费	%	—		40	25	25

计量单位:台次

定额编号				3027	3028	3029	3030	3031	3032
项目				三轴搅拌机	履带式旋挖钻机	履带式抓斗成槽机	冲击成孔机	压滤机	TRD搅拌桩机 Ⅲ型
台班单价 (元)				**12605.38**	**7473.81**	**6182.85**	**3477.64**	**2357.92**	**52344.82**
费用组成	人工费(元)			1350.00	1620.00	1620.00	540.00	135.00	5400.00
	材料费(元)			99.40	295.96	295.96	295.96	—	99.40
	机械费(元)			8634.90	4063.09	3030.32	1946.15	1829.93	31889.76
	回程费(元)			2521.08	1494.76	1236.57	695.53	392.99	14955.66
名称		单位	单价(元)	用量					
工料机用量	二类人工	工日	135.00	10.000	12.000	12.000	4.000	1.000	40.000
	枕木	m^3	2457.00	—	0.080	0.080	0.080	—	—
	镀锌铁丝 综合	kg	5.40	5.000	5.000	5.000	5.000	—	5.000
	草袋	个	3.62	20.000	20.000	20.000	20.000	—	20.000
	履带式旋挖钻机 SH36	台班	4098.53	—	0.500	—	—	—	—
	履带式液压抓斗成槽机 KH180MHL-1200	台班	3918.42	—	—	0.500	—	—	—
	汽车式起重机 16t	台班	875.04	2.000	—	—	1.000	—	—
	汽车式起重机 20t	台班	942.85	2.000	—	—	—	—	—
	汽车式起重机 40t	台班	1517.63	—	—	—	—	0.500	—
	平板拖车组 40t	台班	1071.11	2.000	—	1.000	1.000	1.000	—
	平板拖车组 60t	台班	1360.78	—	1.000	—	—	—	8.000
	载货汽车 10t	台班	476.15	6.000	—	—	—	—	—
	载货汽车 15t	台班	653.04	—	1.000	—	—	—	2.000
	履带式起重机 80t	台班	2186.44	—	—	—	—	—	4.000
	履带式起重机 100t	台班	2737.92	—	—	—	—	—	4.000
	回程费	%	—	25	25	25	25	20	40

三、人工、材料(半成品)、机械台班单价取定表

序号	材料名称	型号规格	单位	单价(元)
1	一类人工		工日	125.00
2	二类人工		工日	135.00
3	钢筋	ϕ10 以外	kg	3.04
4	钢筋	综合	kg	3.04
5	冷轧扭钢筋	ϕ10	kg	3.84
6	热轧带肋钢筋	HRB400 综合	t	3849.00
7	热轧带肋钢筋	HRB400 综合	kg	3.85
8	热轧带肋钢筋	HRB400 ϕ10	kg	3.94
9	热轧带肋钢筋	HRB400 ϕ18	kg	3.76
10	热轧带肋钢筋	HRB400 ϕ32	kg	3.89
11	预应力带肋钢筋		t	3879.00
12	镀锌铁丝	ϕ0.7~1.0	kg	6.74
13	镀锌铁丝	ϕ1.2~1.8	kg	5.78
14	镀锌铁丝	ϕ2.0~4.0	kg	5.01
15	镀锌铁丝	综合	kg	5.40
16	钢丝	综合	kg	5.28
17	高强钢丝	ϕ5	t	4543.00
18	钢丝绳	综合	kg	6.45
19	钢绞线		t	5336.00
20	钢绞线	综合	t	5336.00
21	热轧光圆钢筋	综合	t	3966.00
22	热轧光圆钢筋	综合	kg	3.97
23	热轧光圆钢筋	HPB300 ϕ16	kg	3.98
24	热轧光圆钢筋	HPB300 ϕ18	kg	3.98
25	热轧光圆钢筋	HPB300 ϕ20	kg	3.98
26	热轧光圆钢筋	HPB300 ϕ22	kg	3.98
27	热轧光圆钢筋	HPB300 ϕ25	kg	3.98
28	热轧光圆钢筋	HPB300 综合	kg	3.98
29	热轧光圆钢筋	HPB300 综合	t	3981.00
30	镀锌圆钢	ϕ10~14	kg	4.67
31	镀锌圆钢	ϕ10	t	4.67
32	扁钢	Q235B 4×45	kg	3.96
33	扁钢	Q235B 4×60	kg	3.96
34	扁钢	Q235B 5×50	t	3957.00
35	扁钢	Q235B 10×100	kg	3.96
36	扁钢	Q235B 12×75	kg	3.96
37	扁钢	Q235B 综合	kg	3.96
38	不锈钢扁钢	综合	kg	15.95
39	镀锌扁钢	4×25	kg	4.50
40	镀锌扁钢	4×40	t	4009.00
41	镀锌扁钢	5×50	t	3922.00
42	镀锌扁钢	5×50	kg	3.92
43	镀锌扁钢	6×60	kg	3.66
44	镀锌扁钢	综合	kg	3.93

续表

序号	材料名称	型号规格	单位	单价(元)
45	六角空心钢	综合	kg	2.48
46	工字钢	Q235B 综合	t	4224.00
47	槽钢	Q235B 14#~20#	kg	3.97
48	槽钢	综合	t	4052.00
49	槽型钢板桩		t	4828.00
50	角钢	Q235B 30×30×3	kg	3.97
51	角钢	Q235B 40×40×5	t	3966.00
52	角钢	Q235B 50×50×5	kg	3.97
53	角钢	Q235B 综合	kg	3.97
54	H型钢	125×125×6.5	t	3750.00
55	不锈钢型钢	综合	kg	18.10
56	出土轨道		套	34.94
57	钢垫板		kg	4.74
58	钢垫板	δ2.5~5	kg	5.60
59	钢轨		t	4138.00
60	钢轨		kg	4.14
61	轻轨	24kg/m	kg	4.03
62	型钢	综合	t	3836.00
63	型钢	综合	kg	3.84
64	重轨		kg	4.44
65	不锈钢板	304	kg	15.95
66	不锈钢板	304 δ4~8	kg	14.91
67	不锈钢板	304 δ4	kg	14.91
68	不锈钢板	综合	kg	15.09
69	镀锌薄钢板	综合	m^2	38.97
70	镀锌薄钢板	δ0.55	kg	4.48
71	镀锌薄钢板	综合	kg	4.46
72	钢挡土板		t	4310.00
73	花纹钢板		kg	3.66
74	环圈钢板		t	4181.00
75	热轧薄钢板	Q235B δ0.7~0.9	kg	4.05
76	热轧薄钢板	Q235B δ1.0	t	3974.00
77	热轧薄钢板	Q235B δ2.0	kg	3.97
78	热轧薄钢板	Q235B δ3.0	m^2	20.30
79	热轧薄钢板	Q235B δ3.5	kg	3.77
80	热轧薄钢板	Q235B δ4.0	t	3721.00
81	热轧薄钢板	Q235B δ4.0	kg	3.72
82	热轧薄钢板	Q235B 综合	kg	3.97
83	双面彩钢夹芯板	0.4×0.3×75	m^2	84.83
84	斜板		m^2	216.00
85	中厚钢板		kg	3.71
86	中厚钢板	综合	kg	3.79
87	中厚钢板	60×110×1.5	块	0.58
88	中厚钢板	Q235B δ7	t	3709.00
89	中厚钢板	Q235B δ8	kg	3.91
90	中厚钢板	Q235B δ10	kg	3.71

续表

序号	材料名称	型号规格	单位	单价(元)
91	中厚钢板	Q235B δ12	kg	3.71
92	中厚钢板	Q235B δ20	kg	3.53
93	中厚钢板	Q235B δ30	kg	3.53
94	中厚钢板	综合	kg	3.71
95	中厚钢板	综合	t	3750.00
96	紫铜板	δ0.05~0.30	kg	58.27
97	紫铜板	δ2	kg	58.27
98	紫铜皮		kg	61.03
99	铜丝	16#	kg	58.28
100	铜丝	1.6~5	kg	58.45
101	铝板	1200×300×1	m^2	82.57
102	铝包带	1×10	kg	41.81
103	铝绑线	φ2	m	0.26
104	封铅	含铅 65% 含锡 35%	kg	22.04
105	黑铅粉		kg	17.00
106	青铅		kg	12.23
107	镀锌铁件		kg	3.73
108	钢纤维		t	4138.00
109	金属周转材料		kg	3.95
110	零星卡具		kg	5.88
111	铁件		kg	3.71
112	铁件镀锌费(热镀)		t	1379.00
113	铁件喷塑费		t	517.00
114	钍钨棒		kg	9.66
115	钨棒		kg	254.00
116	烟囱金属竖井架		kg	6.03
117	结皮海绵橡胶板		kg	12.07
118	耐酸橡胶板	δ3	kg	11.21
119	耐油橡胶板		kg	11.21
120	石棉橡胶板	δ1.5	m^2	11.43
121	石棉橡胶板	低压 δ0.8~6	kg	5.26
122	石棉橡胶板	高压 δ0.5~8	kg	6.90
123	石棉橡胶板	中压 δ0.6~8	kg	5.86
124	橡胶板		kg	5.09
125	橡胶板	δ1~15	kg	5.09
126	橡胶板	δ2	m^2	18.71
127	帘布橡胶条		kg	14.40
128	氯丁橡胶条		kg	46.21
129	自粘性橡胶带	20×5000	卷	2.67
130	F 管橡胶圈	φ600	只	67.24
131	F 管橡胶圈	φ800	只	72.41
132	F 管橡胶圈	φ1000	只	77.59
133	F 管橡胶圈	φ1200	只	93.10
134	F 管橡胶圈	φ1350	只	114.00
135	F 管橡胶圈	φ1500	只	134.00
136	F 管橡胶圈	φ1650	只	150.00

续表

序号	材料名称	型号规格	单位	单价(元)
137	F 管橡胶圈	ϕ1800	只	160.00
138	F 管橡胶圈	ϕ2000	只	181.00
139	F 管橡胶圈	ϕ2200	只	194.00
140	F 管橡胶圈	ϕ2400	只	207.00
141	O 型胶圈	(承插)ϕ200	只	2.59
142	O 型胶圈	(承插)ϕ300	只	3.45
143	O 型胶圈	(承插)ϕ400	只	5.17
144	O 型胶圈	(承插)ϕ500	只	6.03
145	O 型胶圈	(承插)ϕ600	只	7.76
146	O 型胶圈	(承插)ϕ700	只	15.52
147	O 型胶圈	(承插)ϕ800	只	18.97
148	O 型胶圈	(承插)ϕ900	只	21.55
149	O 型胶圈	(承插)ϕ1000	只	25.86
150	O 型胶圈	(承插)ϕ1100	只	31.03
151	O 型胶圈	(承插)ϕ1200	只	34.48
152	O 型胶圈	(承插)ϕ1350	只	37.93
153	O 型胶圈	(承插)ϕ1500	只	43.10
154	O 型胶圈	(承插)ϕ1650	只	44.83
155	O 型胶圈	(承插)ϕ1800	只	50.00
156	q 型胶圈	ϕ1350	只	222.00
157	q 型胶圈	ϕ1500	只	259.00
158	q 型胶圈	ϕ1650	只	272.00
159	q 型胶圈	ϕ1800	只	310.00
160	q 型胶圈	ϕ2000	只	422.00
161	q 型胶圈	ϕ2200	只	448.00
162	q 型胶圈	ϕ2400	只	500.00
163	防水橡胶圈		个	2.59
164	橡胶圈	*DN*400	个	65.09
165	橡胶圈(机接)	*DN*75	个	6.00
166	橡胶圈(机接)	*DN*100	个	6.00
167	橡胶圈(机接)	*DN*150	个	14.40
168	橡胶圈(机接)	*DN*200	个	21.00
169	橡胶圈(机接)	*DN*250	个	28.00
170	橡胶圈(机接)	*DN*300	个	31.00
171	橡胶圈(机接)	*DN*350	个	38.00
172	橡胶圈(机接)	*DN*450	个	60.00
173	橡胶圈(机接)	*DN*500	个	86.00
174	橡胶圈(机接)	*DN*600	个	110.00
175	摆式钢支座		t	3147.00
176	板式橡胶支座		$100cm^3$	3.79
177	钢盆式橡胶支座	3000kN 以内	个	4153.00
178	钢盆式橡胶支座	4000kN 以内	个	5391.00
179	钢盆式橡胶支座	5000kN 以内	个	7209.00
180	钢盆式橡胶支座	7000kN 以内	个	10487.00
181	钢盆式橡胶支座	10000kN 以内	个	17528.00
182	钢盆式橡胶支座	15000kN 以内	个	31904.00

续表

序号	材料名称	型号规格	单位	单价(元)
183	氯丁橡胶		kg	18.10
184	四氟板式橡胶支座		$100cm^3$	8.45
185	橡胶囊	$\phi36$	m	73.28
186	橡胶囊外套	$\phi600$	m	246.00
187	橡皮	3~5	kg	5.00
188	橡皮垫	2	m^2	17.67
189	高密度聚乙烯土工膜	$\delta1.5$	m^2	18.71
190	高密度聚乙烯土工膜	$\delta2.0$	m^2	25.60
191	聚氯乙烯薄膜		m^2	0.86
192	聚乙烯薄膜		m^2	0.86
193	塑料薄膜		m^2	0.86
194	塑料薄膜		kg	12.07
195	塑料布		m^2	5.79
196	土工膜		m^2	23.28
197	高密度聚乙烯防水板	$\delta10$	m^2	1.55
198	聚苯乙烯泡沫板		m^3	504.00
199	聚四氟乙烯板		kg	90.52
200	塑料板盲沟		m	10.34
201	塑料排水板	SPB-100-A	m	2.50
202	硬聚氯乙烯板	$\delta12$	kg	8.19
203	硬塑料板		m^2	38.79
204	聚四氟乙烯带	1×30	kg	68.97
205	密封带		m	0.22
206	三色塑料带	20mm×40m	m	0.69
207	生料带		kg	103.00
208	塑料带	20×40000	kg	12.07
209	塑料编织袋		m	1.03
210	碳精棒	$\phi48$	根	2.89
211	白布		m^2	5.34
212	白布		kg	11.64
213	白纱布带	19×20000	卷	1.21
214	白棕绳		kg	14.31
215	棉纱		kg	10.34
216	棉纱头		kg	10.34
217	棉纱线		kg	7.16
218	破布		kg	6.90
219	羊毛毡	6~8	m^2	50.86
220	麻布		kg	8.99
221	麻袋		个	5.17
222	麻绳		kg	7.51
223	麻丝		kg	2.76
224	线麻		kg	10.86
225	油麻丝		kg	20.69
226	帆布		m^2	15.34
227	尼龙编织袋		只	1.58
228	尼龙帽		个	0.60

续表

序号	材料名称	型号规格	单位	单价(元)
229	尼龙网	30 目	m^2	1.21
230	土工布		m^2	4.31
231	土工布袋		条	2.24
232	土工滤网		m^2	34.48
233	无纺布		m^2	7.93
234	无纺土工布		m^2	8.62
235	草袋		个	3.62
236	草帘		m^2	2.76
237	扒钉		kg	3.73
238	半圆头螺钉	M4×30	个	0.03
239	半圆头螺钉	M6~8×12~30	10 个	2.59
240	半圆头螺钉	M6×12	个	0.08
241	半圆头螺钉	M6×20	个	0.07
242	保护圈盖		套	12.93
243	不锈钢焊丝	1Cr18Ni9Ti	kg	47.41
244	不锈钢六角带帽螺栓	M10×150	百套	172.00
245	不锈钢六角带帽螺栓	M16×45	套	4.25
246	不锈钢六角带帽螺栓	M16×200	套	8.41
247	不锈钢六角螺栓	M16×45	个	1.98
248	不锈钢螺栓		个	10.34
249	弹簧垫圈	M16~30	10 个	2.41
250	地脚螺栓	M12×120	个	1.37
251	镀锌垫圈	M20	个	0.41
252	镀锌六角螺栓带螺母 2 平 1 弹	M16×100 内	10 套	20.13
253	镀锌六角螺栓带螺母 2 平 1 弹	M20×100 内	10 套	27.21
254	镀锌六角螺栓带帽		套	0.65
255	镀锌六角螺栓带帽		kg	5.47
256	镀锌六角螺栓带帽	M6×40	套	0.19
257	镀锌六角螺栓带帽	M8×80	套	0.52
258	镀锌六角螺栓带帽	M10×25	套	0.29
259	镀锌六角螺栓带帽	M10×70	套	0.51
260	镀锌六角螺栓带帽	M10×80	套	0.55
261	镀锌六角螺栓带帽	M10×100	套	0.65
262	镀锌六角螺栓带帽	M12×80	套	0.80
263	镀锌六角螺栓带帽	M12×100	套	0.94
264	镀锌六角螺栓带帽	M12×130	套	1.15
265	镀锌六角螺栓带帽	M14×50	套	0.84
266	镀锌六角螺栓带帽	M16×85	套	1.54
267	镀锌六角螺栓带帽	M16×430	套	9.16
268	镀锌六角螺栓带帽	M18×95	套	1.95
269	镀锌六角螺栓带帽	M12×100 2 平 1 弹垫	套	1.11
270	镀锌六角螺栓带帽	M16×100 2 平 1 弹垫	套	2.01
271	镀锌锁紧螺母	*DN*15×3	个	0.29
272	镀锌锁紧螺母	*DN*20×1.5	个	0.36
273	镀锌锁紧螺母	*DN*20×3	个	0.44
274	镀锌锁紧螺母	*DN*32×1.5	个	0.39

续表

序号	材料名称	型号规格	单位	单价(元)
275	镀锌锁紧螺母	$DN32\times3$	个	0.52
276	镀锌锁紧螺母	$DN50\times1.5$	个	1.90
277	镀锌锁紧螺母	$DN50\times3$	个	4.91
278	镀锌锁紧螺母	$DN65\times3$	个	7.03
279	镀锌锁紧螺母	$DN80\times3$	个	9.58
280	镀锌锁紧螺母	$DN100\times3$	个	12.21
281	镀锌铁丝		kg	6.55
282	镀锌铁丝	$8^{\#}$	kg	6.55
283	管片连接螺栓		kg	6.98
284	焊剂		kg	3.66
285	花篮螺栓	M12×200	个	5.17
286	花篮螺栓	M16×250	个	10.34
287	花篮螺栓	M20×300	个	18.97
288	金属膨胀螺栓	M8	套	0.31
289	金属膨胀螺栓	M10	套	0.48
290	金属膨胀螺栓	M12	套	0.64
291	金属膨胀螺栓	M6×50	套	0.18
292	金属膨胀螺栓	M8×60	套	0.27
293	金属膨胀螺栓	M8×80	套	0.28
294	金属膨胀螺栓	M10×80	套	0.48
295	举重臂螺丝		个	5.70
296	绝缘垫圈		m^2	37.07
297	六角螺栓		kg	8.75
298	六角带帽螺栓	综合	kg	5.47
299	六角带帽螺栓		套	0.28
300	六角带帽螺栓		kg	5.47
301	六角带帽螺栓		10 套	3.28
302	六角带帽螺栓	M8~10	套	0.44
303	六角带帽螺栓	M6×20	套	0.39
304	六角带帽螺栓	M8×30	套	0.29
305	六角带帽螺栓	M10×30	套	0.28
306	六角带帽螺栓	M10×35	10 套	3.10
307	六角带帽螺栓	M10×75	套	0.52
308	六角带帽螺栓	M12×55	套	0.53
309	六角带帽螺栓	M12×75	套	0.55
310	六角带帽螺栓	M12×100	套	0.59
311	六角带帽螺栓	M12×120	套	0.61
312	六角带帽螺栓	M16×25	套	0.65
313	六角带帽螺栓	M16×45	套	0.91
314	六角带帽螺栓	M16×60	套	1.04
315	六角带帽螺栓	M16×80	套	1.13
316	六角带帽螺栓	M16×90	套	1.38
317	六角带帽螺栓	M16×150	套	1.42
318	六角带帽螺栓	M16×200	套	1.67
319	六角带帽螺栓	M18×50	套	1.11
320	六角带帽螺栓	M18×95	套	1.47

续表

序号	材料名称	型号规格	单位	单价(元)
321	六角带帽螺栓	M20×65	套	1.84
322	六角带帽螺栓	M20×80	套	2.14
323	六角带帽螺栓	M20×100	套	2.22
324	六角带帽螺栓	M22×75	套	2.56
325	六角带帽螺栓	M22×90	套	2.79
326	六角带帽螺栓	M22×120	套	3.53
327	六角带帽螺栓	M27×95	套	5.95
328	六角带帽螺栓	M27×120	套	6.55
329	六角带帽螺栓	M30×130	套	10.34
330	六角带帽螺栓	M30×140	套	10.34
331	六角带帽螺栓	M36×160	套	17.41
332	六角带帽螺栓	M42×180	套	30.78
333	六角带帽螺栓	M≥30	套	11.21
334	六角带帽螺栓	综合	kg	5.47
335	螺栓		kg	5.69
336	螺栓顶托		个	51.12
337	铆钉	综合	kg	7.86
338	木螺钉	M4×50	个	0.06
339	木螺钉	M4×65	个	0.08
340	木螺钉	M5×30	个	0.06
341	木螺丝	1 寸	百个	2.16
342	金属膨胀螺栓	M6	10 套	1.90
343	金属膨胀螺栓	M8	10 套	3.10
344	金属膨胀螺栓	M10	套	0.48
345	金属膨胀螺栓	M16	套	1.34
346	普碳钢六角螺母		10 个	0.76
347	普碳钢六角螺母	M12	个	0.26
348	普碳钢六角螺栓	M10×40	百个	43.45
349	普碳钢六角螺栓	M10×60	百个	67.67
350	普碳钢六角螺栓	M10×100	百个	110.00
351	普碳钢六角螺栓	M10×150	百个	157.00
352	骑马钉		kg	6.90
353	双头带帽螺栓	M16×340	套	11.81
354	水泥钉		kg	5.60
355	塑料胀管	ϕ6~8	个	0.04
356	铜垫圈 M8		个	0.16
357	铜六角带帽螺栓	M8	套	3.32
358	铜螺母	M8	个	0.58
359	鞋钉	20	kg	8.72
360	压浆孔螺钉		个	7.59
361	鱼尾螺栓		kg	10.34
362	圆钉		kg	4.74
363	网门合页	110-55	副	6.90
364	肥皂		块	3.28
365	肥皂水		kg	6.90
366	不锈钢焊条	A102 ϕ2.5 以内	kg	31.90

续表

序号	材料名称	型号规格	单位	单价(元)
367	不锈钢焊条	奥 102	kg	31.90
368	冲击钻头	ϕ6～8	个	4.48
369	冲击钻头	ϕ12	个	4.48
370	冲击钻头	ϕ16	个	6.47
371	道钉		kg	5.60
372	低合金钢焊条	E43 系列	kg	4.74
373	低碳钢焊条	J427	kg	6.72
374	低碳钢焊条	J422 ϕ3.2	kg	4.74
375	低碳钢焊条	J422 ϕ4.0	kg	4.74
376	低碳钢焊条	J422 综合	kg	4.74
377	低碳钢焊条	综合	kg	6.72
378	电焊条		kg	4.31
379	电焊条	E43 系列	kg	4.74
380	电焊条	E55 系列	kg	10.34
381	镀锌悬吊铁件		kg	6.90
382	钢筋扎头	1#～5#	包	1.29
383	钢锯条		条	2.59
384	钢丝刷子		把	2.59
385	钢丝刷子	ϕ150	片	2.59
386	钢制磨料		kg	5.17
387	铬不锈钢电焊条		kg	38.79
388	管片钢模精加工制作		kg	12.50
389	焊丝	ϕ3.2	kg	10.78
390	焊锡		kg	103.00
391	焊锡膏		kg	31.03
392	焊锡丝		kg	86.21
393	合金钢钻头		个	21.55
394	合金钢钻头	ϕ8	个	5.34
395	合金钢钻头	ϕ10	个	5.60
396	合金钢钻头	ϕ14	个	9.91
397	合金钢钻头	ϕ16	个	11.64
398	合金钢钻头	ϕ16～20	个	15.52
399	合金钢钻头	ϕ22～26	个	30.17
400	合金钢钻头	ϕ28～34	个	38.79
401	合金钢钻头	ϕ50	个	59.10
402	合金钢钻头	ϕ150 以内	个	94.83
403	合金钢钻头	一字型	个	8.62
404	合金钎头	ϕ135	个	20.26
405	金钢石钻头		个	431.00
406	铝焊条	铝 109 ϕ4	kg	38.59
407	磨头		个	5.17
408	木砂纸		张	1.03
409	尼龙砂轮片	ϕ100	片	1.29
410	平垫铁	1#	块	3.45
411	平垫铁	综合	kg	6.90
412	切缝机片		片	155.00

续表

序号	材料名称	型号规格	单位	单价(元)
413	砂布		张	0.86
414	砂轮片		片	7.08
415	砂轮片	ϕ200	片	10.34
416	砂纸		张	0.52
417	石料切割锯片		片	27.17
418	松香焊锡丝	综合	m	1.03
419	塑料焊条		kg	8.03
420	碳钢焊丝		kg	12.93
421	碳钢气焊条	$<\phi2$	kg	10.34
422	碳钢氩弧焊丝		kg	12.93
423	铁绑线	ϕ2	m	0.10
424	铁砂布	$0^{\#}\sim2^{\#}$	张	1.03
425	铜焊粉		kg	30.17
426	铜焊条		kg	68.97
427	油漆刷	25～40	把	2.97
428	直角扣件		个	4.14
429	成品链条	L900	根	90.95
430	地锚杆		条	25.86
431	电缆头固定板(铁件)		kg	10.43
432	垫铁		kg	8.62
433	钢钎	ϕ22～25	kg	5.04
434	合金刀片		kg	7.76
435	平垫铁	Q195～Q235 $1^{\#}$	块	3.45
436	倾斜预埋件		个	259.00
437	送桩帽		kg	4.85
438	斜垫铁	$1^{\#}$	块	5.34
439	斜垫铁	Q195～Q235 $1^{\#}$	块	5.34
440	斜垫铁	综合	kg	8.62
441	心形环		个	5.40
442	预埋件		个	47.41
443	预埋铁件		kg	3.75
444	振动预埋件		个	241.00
445	钻杆		根	86.21
446	钻杆		m	32.76
447	钻杆接头		个	17.24
448	钢护筒		t	5862.00
449	钢帽	ϕ400	个	50.00
450	钢帽	ϕ600	个	142.00
451	冷挤压套筒		套	17.24
452	直螺纹连接套筒		只	3.53
453	中空注浆锚杆		m	25.86
454	锥螺纹套筒		只	6.21
455	自进式锚杆		m	34.48
456	镀锌铁丝	$10^{\#}$	kg	5.38
457	镀锌铁丝	$12^{\#}$	kg	5.38
458	镀锌铁丝	$14^{\#}$	kg	5.38

续表

序号	材料名称	型号规格	单位	单价(元)
459	镀锌铁丝	16#	kg	6.55
460	镀锌铁丝	20#	kg	6.55
461	镀锌铁丝	22#	kg	6.55
462	镀锌铁丝	8# ~12#	kg	6.55
463	镀锌铁丝	18# ~22#	kg	6.55
464	钢板网		m^2	10.28
465	钢丝网		m^2	6.29
466	钢丝网	综合	m^2	6.29
467	复合硅酸盐水泥	P·C 32.5R 综合	kg	0.32
468	复合硅酸盐水泥	P·C 32.5R 综合	t	319.00
469	普通硅酸盐水泥	P·O 42.5 综合	t	346.00
470	普通硅酸盐水泥	P·O 42.5 综合	kg	0.34
471	普通硅酸盐水泥	P·O 52.5 综合	kg	0.39
472	白色硅酸盐水泥	425#、二级白度	kg	0.59
473	膨胀水泥		kg	0.87
474	乳胶水泥		kg	11.29
475	黄砂	毛砂	t	87.38
476	黄砂	净砂	t	92.23
477	黄砂	净砂(中粗砂)	t	102.00
478	黄砂	净砂(中粗砂)	m^3	158.00
479	沥青砂		t	505.00
480	锰砂		m^3	58.25
481	砂砾	综合	t	50.11
482	石英砂	综合	m^3	1553.00
483	磁铁矿石		m^3	77.67
484	沥青碎石		t	330.00
485	砾石	5mm	t	67.96
486	砾石	10mm	t	67.96
487	砾石	15mm	t	67.96
488	砾石	20mm	t	67.96
489	砾石	30mm	t	67.96
490	砾石	40mm	t	67.96
491	卵石	综合	t	52.33
492	片石		t	67.96
493	砂砾石		t	67.96
494	石屑		t	38.83
495	碎石	综合	m^3	153.00
496	碎石	综合	t	102.00
497	碎石	40 ~60mm	t	102.00
498	碎石	40mm 以内	t	102.00
499	碎石	5 ~15mm	t	102.00
500	碎石	5 ~70mm	t	102.00
501	弯管机 WC27 -108		台班	165.53
502	厂拌粉煤灰三渣		m^3	136.00
503	矿渣		m^3	53.40
504	石屑		m^3	58.25

续表

序号	材料名称	型号规格	单位	单价(元)
505	塘渣		t	34.95
506	电弧焊机		台班	79.44
507	大白粉		kg	0.34
508	粉煤灰		t	136.00
509	粉煤灰		kg	0.14
510	滑石粉		kg	1.07
511	黄泥		m^3	19.90
512	块石灰		m^3	340.00
513	膨润土		kg	0.47
514	生石灰		t	305.00
515	生石灰		kg	0.30
516	石粉		kg	0.38
517	石膏粉		kg	0.68
518	石灰下脚		m^3	48.06
519	石英粉	综合	kg	0.97
520	羧甲基纤维素		kg	13.14
521	黏土		m^3	32.04
522	块石		t	77.67
523	块石	200～500mm	t	77.67
524	料石		t	97.09
525	条石		t	205.00
526	标准砖	240×115×53	千块	388.00
527	混凝土实心砖	240×115×53 MU10	千块	388.00
528	蒸压砂加气混凝土砌块	B06 A5.0(600×240×180)	块	8.62
529	载货汽车	2.5t	台班	229.32
530	钢管		kg	4.00
531	直流电焊机	15kW	台班	53.85
532	厂拌水泥稳定碎石		m^3	200.00
533	混凝土保护板	300×150×30	块	0.52
534	混凝土保护板	300×250×30	块	0.95
535	混凝土标桩	1200×100×100	个	18.10
536	混凝土垫块		m^3	284.00
537	混凝土块	250×50×125	m	1.08
538	混凝土预制块	综合	m^3	345.00
539	泵送商品混凝土	C20	m^3	431.00
540	泵送商品混凝土	C25	m^3	447.00
541	泵送商品混凝土	C30	m^3	461.00
542	泵送商品混凝土	C40	m^3	503.00
543	非泵送商品混凝土	C15	m^3	399.00
544	非泵送商品混凝土	C20	m^3	412.00
545	非泵送商品混凝土	C25	m^3	421.00
546	非泵送商品混凝土	C30	m^3	438.00
547	非泵送商品混凝土	C40	m^3	455.00
548	非泵送道路混凝土	4.0MPa	m^3	388.00
549	非泵送水下商品混凝土	C25	m^3	448.00
550	非泵送水下商品混凝土	C30	m^3	462.00

续表

序号	材料名称	型号规格	单位	单价(元)
551	干混地面砂浆	DS M25 散装	t	312.00
552	干混抹灰砂浆	DP M10 散装	t	218.00
553	干混砌筑砂浆	DM10.0	kg	0.25
554	湿拌砌筑砂浆	WMM10	m^3	409.00
555	粗粒式沥青混凝土		m^3	733.00
556	细粒式沥青混凝土		m^3	888.00
557	中粒式沥青混凝土		m^3	750.00
558	防水剂		kg	3.65
559	硫磺胶泥		kg	1.74
560	石油沥青玛瑶脂		kg	2.67
561	速凝剂		kg	0.91
562	养护液		kg	4.83
563	道木		m^3	1034.00
564	道木	250×200×2500	根	129.00
565	木材(成材)		m^3	2802.00
566	杉板枋材		m^3	1625.00
567	原木		m^3	1552.00
568	板枋材		m^3	2069.00
569	垫木		m^3	2328.00
570	木板		m^3	1667.00
571	木板	$\delta 20$	m^3	1638.00
572	木板	$\delta 25$	m^3	3103.00
573	枕木		m^3	2457.00
574	枕木	2000×200×200	根	138.00
575	枕木	2000×250×200	根	147.00
576	枕木	2500×200×160	根	155.00
577	枕木	2500×250×200	根	159.00
578	圆木台	(63~138)×22	块	0.29
579	木柴		kg	0.16
580	木衬垫	$\phi 600$	只	51.21
581	木衬垫	$\phi 800$	只	68.28
582	木衬垫	$\phi 1000$	只	85.34
583	木衬垫	$\phi 1200$	只	102.00
584	木衬垫	$\phi 1350$	只	111.00
585	木衬垫	$\phi 1500$	只	119.00
586	木衬垫	$\phi 1650$	只	128.00
587	木衬垫	$\phi 1800$	只	137.00
588	木衬垫	$\phi 2000$	只	158.00
589	木衬垫	$\phi 2200$	只	196.00
590	木衬垫	$\phi 2400$	只	214.00
591	木挡土板		m^3	1789.00
592	毛竹	毛竹 1.7m 起围径 27cm	根	25.86
593	竹笆		m^2	10.24
594	竹挡土板		m^2	21.55
595	竹篱片		m^2	2.83
596	胶塑板		kg	7.07

续表

序号	材料名称	型号规格	单位	单价(元)
597	膨润土防水毯		m^2	68.53
598	木丝板	25×610×1830	m^2	9.31
599	方整天然石板	8cm	m^2	172.00
600	花岗岩板		m^2	159.00
601	花岗岩板	δ40	m^2	129.00
602	花岗岩板	δ80	m^2	159.00
603	铝箔带	30×0.08	m	0.43
604	单轨焊接机		台班	57.69
605	PVC护栏	高550mm	m	75.86
606	钢管栏杆		kg	6.90
607	养护毯		m^2	2.84
608	白酚醛漆		kg	9.70
609	白漆		kg	8.62
610	白铅油		kg	8.34
611	白油漆		kg	20.60
612	苯乙烯涂料		kg	6.21
613	醇酸磁漆		kg	15.52
614	醇酸防锈漆		kg	7.76
615	醇酸漆稀释剂		kg	6.90
616	醇酸清漆		kg	12.50
617	醇酸调和漆	各色	kg	8.44
618	底漆		kg	17.24
619	丁醛自粘腻子		kg	6.90
620	酚醛磁漆		kg	12.07
621	酚醛调和漆		kg	11.29
622	氟碳漆面漆稀释剂		kg	13.79
623	氟碳罩面清漆		kg	76.72
624	红酚醛调和漆		kg	12.76
625	厚漆		kg	8.62
626	环氧富锌	底漆	kg	13.79
627	环氧沥青漆		kg	12.07
628	环氧煤沥青固化剂		kg	13.79
629	环氧煤沥青稀释剂		kg	11.21
630	环氧树脂		kg	15.52
631	聚氨酯固化剂		kg	36.21
632	聚氨酯磁漆		kg	12.48
633	聚氨酯底漆		kg	9.47
634	聚氨酯清漆		kg	16.38
635	聚醋酸乙烯乳液		kg	5.60
636	聚酰酯树脂		kg	34.66
637	绝缘清漆		kg	12.93
638	沥青绝缘漆		kg	10.34
639	沥青漆		kg	9.83
640	煤焦油沥青漆	L01-17	kg	7.51
641	喷漆		kg	12.93
642	铅油		kg	5.60

续表

序号	材料名称	型号规格	单位	单价(元)
643	铅油(厚漆)		kg	7.33
644	乳胶漆		kg	15.52
645	调和漆		kg	11.21
646	无光调和漆		kg	13.79
647	硝基磁漆		kg	12.48
648	油性调和漆	蓝、白、灰	kg	7.72
649	108 内墙涂料		kg	0.86
650	丙烯酸聚氨酯底漆		kg	15.52
651	丙烯酸聚氨酯中间漆		kg	17.24
652	成品腻子粉		kg	0.86
653	氟碳漆用光面腻子粉		kg	1.50
654	氟碳漆用抗裂腻子粉		kg	1.66
655	聚氨酯腻子		kg	10.34
656	聚氨酯涂料		kg	25.00
657	油性金属闪光漆		kg	25.86
658	真石面漆		kg	7.76
659	真石漆		kg	5.17
660	醇酸防锈漆	C53－1	kg	6.90
661	防锈漆		kg	14.05
662	防锈漆	C53－1	kg	14.05
663	酚醛防锈漆	红丹	kg	7.57
664	酚醛黑板漆		kg	7.16
665	红丹防锈漆		kg	6.90
666	金属氟碳漆面漆		kg	60.34
667	防水油		kg	6.00
668	沥青防水油膏		kg	6.90
669	煤沥青		t	1086.00
670	乳化沥青		kg	4.00
671	石油沥青		kg	2.67
672	石油沥青		t	2672.00
673	石油沥青胶		kg	2.33
674	胶粉油毡衬垫		kg	5.83
675	石油沥青油毡	350#	m^2	2.37
676	SBS 改性沥青防水涂料	H 型	kg	9.48
677	SBS 改性沥青防水涂料	L 型	kg	32.76
678	单组份聚氨酯防水涂料	Ⅰ型	kg	13.79
679	复合式防水板		m^2	22.41
680	环氧聚氨酯嵌缝膏		kg	2.22
681	建筑油膏		kg	2.49
682	聚四氟乙烯生料带	宽 40	m	0.43
683	聚四氟乙烯生料带	宽 20	m	0.29
684	密封膏		kg	56.03
685	模板嵌缝料		kg	1.42
686	内防水橡胶止水带		m	87.07
687	三元乙丙密封胶条		m	10.78
688	塑料油膏		kg	16.38

续表

序号	材料名称	型号规格	单位	单价(元)
689	外防水氯丁酚醛胶		kg	13.02
690	油浸石棉盘根	编织 ϕ6~10(250℃)	kg	17.93
691	塑料止水带		m	27.93
692	橡胶止水带		m	27.93
693	嵌缝料		kg	1.42
694	清油		kg	14.22
695	色粉		kg	3.19
696	石油沥青油毡	350g	m^2	1.90
697	熟桐油		kg	11.17
698	松香水		kg	4.74
699	脱漆剂		kg	7.62
700	稀释剂		kg	12.07
701	血料		kg	3.02
702	洞口止水环	ϕ600	套	845.00
703	洞口止水环	ϕ800	套	905.00
704	洞口止水环	ϕ1000	套	1086.00
705	洞口止水环	ϕ1200	套	2140.00
706	洞口止水环	ϕ1350	套	2648.00
707	洞口止水环	ϕ1500	套	2939.00
708	洞口止水环	ϕ1650	套	3225.00
709	洞口止水环	ϕ1800	套	3670.00
710	洞口止水环	ϕ2000	套	4340.00
711	洞口止水环	ϕ2200	套	5040.00
712	洞口止水环	ϕ2400	套	5622.00
713	变压器油		kg	8.62
714	锭子油	20#机油	kg	5.78
715	黄油		kg	9.05
716	机油	综合	kg	2.91
717	溶剂汽油		kg	5.40
718	溶剂油		kg	2.29
719	柴油		kg	5.09
720	柴油	0#	t	5086.00
721	柴油	0#	kg	5.09
722	机油	20#	kg	3.84
723	机油	10#~14#	kg	3.84
724	煤油		kg	3.79
725	汽油	70#~90#	kg	6.12
726	汽油	综合	kg	6.12
727	金属清洗剂		kg	11.03
728	油漆溶剂油		kg	3.79
729	润滑油		kg	4.33
730	脱模油		kg	4.31
731	液压油		kg	14.74
732	电力复合脂		kg	17.24
733	凡士林		kg	2.67
734	钙基润滑脂		kg	9.05

续表

序号	材料名称	型号规格	单位	单价(元)
735	黄甘油		kg	10.78
736	石蜡		kg	5.00
737	硬白蜡		kg	5.00
738	油脂		kg	12.59
739	白铝粉		kg	42.93
740	草酸		kg	3.88
741	硅酸钠	水玻璃	kg	0.70
742	磷酸二氢钠		kg	3.53
743	磷酸氢二钠		kg	5.22
744	硫酸	98%	kg	2.09
745	硫酸钙		kg	2.84
746	硫酸镁		kg	4.31
747	氢氟酸	45%	kg	7.84
748	氢氧化钠	烧碱	kg	2.59
749	硝酸		kg	1.98
750	盐(工业)		kg	0.74
751	盐酸		kg	0.82
752	丙酮		kg	8.16
753	二甲苯		kg	6.03
754	甲苯		kg	6.81
755	酒精	工业用99.5%	kg	7.07
756	聚酰胺	300#	kg	16.54
757	三氯乙烯		kg	10.09
758	三乙醇胺		kg	12.93
759	乙二胺		kg	18.53
760	硬脂酸	一级	kg	7.02
761	自粘性塑料带	20mm×20m	卷	3.02
762	U形膨胀剂		kg	2.79
763	丙烯酸聚氨酯固化剂		kg	14.30
764	丙烯酸聚氨酯稀释剂		kg	11.56
765	促进剂	KA	kg	4.61
766	催干剂		kg	16.38
767	氟碳漆固化剂		kg	54.31
768	隔离剂		kg	4.67
769	混凝土外加剂		kg	3.63
770	减磨剂		kg	15.52
771	界面剂		kg	1.73
772	膨胀剂		kg	2.76
773	碳酸钠	纯碱	kg	0.87
774	脱模剂		kg	1.54
775	微沫剂		kg	37.41
776	乙炔气		kg	7.60
777	发泡剂		kg	4.48
778	二氧化碳气体		m^3	1.03
779	氩气		m^3	7.00
780	氧气		m^3	3.62

续表

序号	材料名称	型号规格	单位	单价(元)
781	液化气		kg	5.42
782	乙炔气		m^3	8.90
783	107 胶		kg	1.72
784	环氧密封胶		kg	15.52
785	胶粘剂	SY-19	kg	13.27
786	结构胶		L	13.41
787	聚氨酯粘合剂		kg	26.29
788	氯丁胶粘结剂		kg	12.24
789	氯丁橡胶粘接剂		kg	14.81
790	锚固药卷		kg	1.55
791	密封胶	XY02#	kg	17.24
792	牛皮胶		kg	20.95
793	粘合剂	507	kg	12.84
794	粘合剂		kg	26.29
795	粘合剂		g	0.02
796	塑料胶条		kg	10.82
797	塑料粘胶带	20mm×50m	卷	15.37
798	自粘橡胶带	20×5	卷	1.60
799	铅粉石棉绳	ϕ6	kg	3.10
800	石棉		kg	3.92
801	石棉编绳	综合	kg	14.05
802	石棉扭绳	ϕ11~25	kg	2.27
803	石棉扭绳	综合	kg	2.27
804	石棉绒		kg	3.49
805	石棉编绳		kg	14.05
806	石棉编绳	ϕ6	kg	14.05
807	玻璃布	综合	m^2	2.59
808	低密度聚乙烯泡沫塑料	δ10	m^2	8.60
809	聚氨酯泡沫塑料		kg	30.17
810	聚苯乙烯泡沫板	δ30	m^2	15.13
811	聚苯乙烯硬泡沫塑料		m^3	560.00
812	可发性聚氨酯泡沫塑料		kg	19.66
813	硬聚氯乙烯板		kg	8.62
814	硬泡沫塑料板		m^3	474.00
815	玻璃纤维布		m^2	2.07
816	钢板井管		m	190.00
817	钢管		t	3879.00
818	钢管	*DN*200	kg	3.88
819	碳素结构钢焊接钢管	*DN*32×3.5	m	8.09
820	碳素结构钢焊接钢管	*DN*40×3.5	m	9.93
821	碳素结构钢焊接钢管	综合	t	3879.00
822	碳素结构钢镀锌焊接钢管	综合	t	3879.00
823	碳素结构钢镀锌焊接钢管	综合	kg	5.17
824	碳素结构钢焊接钢管	*DN*400	m	121.00
825	碳素结构钢焊接钢管	*DN*15×2.8	m	4.40
826	碳素结构钢焊接钢管	*DN*20×2.8	m	5.73

续表

序号	材料名称	型号规格	单位	单价(元)
827	碳素结构钢焊接钢管	DN25×3.2	m	8.34
828	碳素结构钢焊接钢管	DN25×3.2	kg	3.88
829	碳素结构钢焊接钢管	DN40×3.5	kg	3.88
830	碳素结构钢焊接钢管	DN50×3.8	kg	3.88
831	碳素结构钢焊接钢管	DN80×4.0	m	28.45
832	碳素结构钢焊接钢管	DN80×4.0	kg	3.88
833	碳素结构钢焊接钢管	DN100×4.0	m	37.24
834	碳素结构钢焊接钢管	DN150×4.5	m	62.41
835	碳素结构钢焊接钢管	DN150×4.5	kg	3.88
836	碳素结构钢焊接钢管	DN200×4.5	kg	3.88
837	碳素结构钢焊接钢管	综合	kg	3.88
838	碳素结构钢镀锌焊接钢管	DN20	m	7.90
839	碳素结构钢镀锌焊接钢管	DN20×2.8	kg	4.66
840	碳素结构钢镀锌焊接钢管	DN25×3.2	m	11.38
841	碳素结构钢镀锌焊接钢管	DN32×3.5	m	14.69
842	碳素结构钢镀锌焊接钢管	DN50×3.8	m	22.12
843	碳素结构钢镀锌焊接钢管	DN80×4.0	m	37.44
844	碳素结构钢镀锌焊接钢管	DN100×4.0	m	48.99
845	不锈钢管		t	13793.00
846	不锈钢管	φ76	m	22.97
847	不锈钢管	φ108	m	40.88
848	钢套管		kg	3.88
849	输送管		kg	4.74
850	碳素结构钢流体无缝钢管		kg	4.74
851	碳素结构钢流体无缝钢管	22×2.5	m	8.15
852	碳素结构钢流体无缝钢管	32×3.5	m	15.34
853	碳素结构钢流体无缝钢管	50×3	m	13.80
854	碳素结构钢流体无缝钢管	50×3.5	m	24.64
855	碳素结构钢流体无缝钢管	57×3.5	m	19.40
856	碳素结构钢流体无缝钢管	70×3	m	36.34
857	碳素结构钢流体无缝钢管	73×4	m	39.66
858	碳素结构钢流体无缝钢管	76×4	m	33.62
859	碳素结构钢流体无缝钢管	76×4	kg	4.74
860	碳素结构钢流体无缝钢管	89×4	m	36.98
861	碳素结构钢流体无缝钢管	102×4	m	53.45
862	碳素结构钢流体无缝钢管	108×4	m	40.34
863	碳素结构钢流体无缝钢管	108×4.5	m	58.45
864	碳素结构钢流体无缝钢管	108×4.5	kg	4.74
865	碳素结构钢流体无缝钢管	108×6	m	59.48
866	碳素结构钢流体无缝钢管	133×4	m	98.77
867	碳素结构钢流体无缝钢管	152×6	m	78.79
868	碳素结构钢流体无缝钢管	159×4.5	m	69.22
869	碳素结构钢流体无缝钢管	159×6	m	102.00
870	碳素结构钢流体无缝钢管	219×6	m	121.00
871	碳素结构钢流体无缝钢管	219×8	m	187.00
872	碳素结构钢流体无缝钢管	219×8	kg	4.74

续表

序号	材料名称	型号规格	单位	单价(元)
873	碳素结构钢流体无缝钢管	325×8	m	314.00
874	碳素结构钢流体无缝钢管	426×10	m	858.00
875	碳素结构钢流体无缝钢管	630×10	m	809.00
876	碳素结构钢流体无缝钢管	820×10	m	1162.00
877	碳素结构钢流体无缝钢管	1020×10	m	1449.00
878	碳素结构钢流体无缝钢管	1220×10	m	1736.00
879	碳素结构钢流体无缝钢管	综合	kg	4.74
880	承插铸铁排水管	*DN*150	m	92.67
881	导向铝管	ϕ30	m	19.63
882	铜管	ϕ12×1.2	kg	58.99
883	波纹管	ϕ50	m	10.00
884	HDPE 缠绕结构壁管(A 型)	SN8 *DN*200	m	52.33
885	HDPE 缠绕结构壁管(A 型)	SN8 *DN*300	m	84.57
886	HDPE 缠绕结构壁管(A 型)	SN8 *DN*400	m	147.00
887	HDPE 缠绕结构壁管(A 型)	SN8 *DN*500	m	228.00
888	HDPE 缠绕结构壁管(A 型)	SN8 *DN*600	m	346.00
889	HDPE 缠绕结构壁管(A 型)	SN8 *DN*800	m	601.00
890	HDPE 缠绕结构壁管(A 型)	SN8 *DN*1000	m	932.00
891	HDPE 承插管	*dn*225	m	63.84
892	HDPE 承插管	*dn*355	m	142.00
893	HDPE 承插管	*dn*450	m	242.00
894	HDPE 承插管	*dn*560	m	352.00
895	HDPE 承插管	*dn*710	m	586.00
896	HDPE 承插管	*dn*900	m	1243.00
897	HDPE 实壁管	*dn*160	m	63.84
898	HDPE 实壁管	*dn*200	m	63.84
899	HDPE 实壁管	*dn*250	m	63.84
900	HDPE 实壁管	*dn*1000	m	1707.00
901	PVC-U 加筋管	*DN*400	m	101.00
902	PVC 塑料管	ϕ100	m	13.63
903	UPVC 双壁波纹排水管	*DN*150	m	17.24
904	UPVC 双壁波纹排水管	*DN*250	m	35.37
905	UPVC 双壁波纹排水管	*DN*300	m	50.25
906	UPVC 双壁波纹排水管	*DN*400	m	63.22
907	UPVC 双壁波纹排水管	*DN*500	m	108.00
908	UPVC 双壁波纹排水管	*DN*600	m	167.00
909	UPVC 双壁波纹排水管	*DN*800	m	333.00
910	UPVC 双壁波纹排水管	*DN*1000	m	493.00
911	半硬塑料管	ϕ32	m	3.20
912	塑料测斜管	ϕ80	m	16.81
913	塑料打孔波纹管	ϕ100	m	13.79
914	塑料弹簧软管	ϕ50	m	9.74
915	塑料弹簧软管	ϕ110	m	28.88
916	UPVC 塑料管	*De*50	m	6.03
917	UPVC 塑料管	*De*75	m	11.21
918	塑料管综合		kg	9.72

续表

序号	材料名称	型号规格	单位	单价(元)
919	塑料软管	*De*9	m	0.41
920	塑料软管	*De*40	m	0.10
921	塑料软管	ϕ5	m	0.22
922	塑料软管	ϕ7	kg	6.89
923	塑料软管	ϕ12	m	1.16
924	塑料软管	ϕ20	m	1.44
925	塑料软管	ϕ25	m	0.16
926	塑料软管	综合	kg	7.59
927	塑料胀管	ϕ6×45	只	0.04
928	塑料注浆阀管		m	11.51
929	异型塑料管	ϕ2.5~5	m	0.94
930	硬聚氯乙烯管	ϕ12.5	m	1.72
931	硬塑料管	ϕ150	m	39.22
932	聚乙烯管		m	0.34
933	高压胶管	ϕ50	m	17.24
934	高压胶皮风管	ϕ25-6P-20m	m	15.52
935	高压胶皮水管	ϕ19-6P-20m	m	12.07
936	高压橡胶管	ϕ100	m	32.41
937	橡胶管		m	5.14
938	橡胶管	*D*50	m	17.24
939	橡胶管	*D*65	m	12.46
940	橡胶管	*D*125	m	30.51
941	橡胶管	*D*150	m	50.86
942	橡胶管	ϕ150 $\delta=6$	m	47.79
943	橡胶护套管		m	12.84
944	钢筋混凝土承插管	ϕ200×4000	m	40.52
945	钢筋混凝土承插管	ϕ250×4000	m	49.14
946	钢筋混凝土承插管	ϕ300×4000	m	56.03
947	钢筋混凝土承插管	ϕ400×4000	m	73.28
948	钢筋混凝土承插管	ϕ500×4000	m	103.00
949	钢筋混凝土承插管	ϕ600×4000	m	125.00
950	钢筋混凝土承插管	ϕ700×4000	m	159.00
951	钢筋混凝土承插管	ϕ800×3000	m	190.00
952	钢筋混凝土承插管	ϕ900×3000	m	216.00
953	钢筋混凝土承插管	ϕ1000×3000	m	289.00
954	钢筋混凝土承插管	ϕ1100×3000	m	319.00
955	钢筋混凝土承插管	ϕ1200×3000	m	397.00
956	钢筋混凝土承插管	ϕ1350×3000	m	474.00
957	钢筋混凝土承插管	ϕ1500×3000	m	612.00
958	钢筋混凝土承插管	ϕ1650×3000	m	819.00
959	钢筋混凝土承插管	ϕ1800×3000	m	1190.00
960	钢筋混凝土顶管(F管)	ϕ600×3000	m	414.00
961	钢筋混凝土顶管(F管)	ϕ800×3000	m	563.00
962	钢筋混凝土顶管(F管)	ϕ1000×3000	m	760.00
963	钢筋混凝土顶管(F管)	ϕ1200×3000	m	1041.00
964	钢筋混凝土顶管(F管)	ϕ1350×2500	m	1420.00

续表

序号	材料名称	型号规格	单位	单价(元)
965	钢筋混凝土顶管(F管)	$\phi1500\times2500$	m	1859.00
966	钢筋混凝土顶管(F管)	$\phi1650\times2500$	m	2025.00
967	钢筋混凝土顶管(F管)	$\phi1800\times2500$	m	2353.00
968	钢筋混凝土顶管(F管)	$\phi2000\times2500$	m	2814.00
969	钢筋混凝土顶管(F管)	$\phi2200\times2500$	m	3184.00
970	钢筋混凝土顶管(F管)	$\phi2400\times2500$	m	3757.00
971	钢筋混凝土管	$\phi300$	m	64.66
972	钢筋混凝土管	$\phi500$	m	103.00
973	混凝土透水管	$\phi200$	m	22.67
974	混凝土透水管	$\phi300$	m	33.15
975	混凝土透水管	$\phi380$	m	40.20
976	混凝土透水管	$\phi450$	m	51.47
977	井管	$\phi400$	m	159.00
978	玻璃管		m	34.48
979	导管		kg	1.98
980	高压皮龙管	$\phi150\times3$	根	151.00
981	滤管	$\phi30$	m	30.17
982	滤网管		根	68.31
983	喷射管		m	20.47
984	喷射井点井管	$D76$	m	20.69
985	喷射井点井管	$\phi159$	m	89.66
986	轻型井点总管	$D100$	m	47.22
987	轻型井点总管	$\phi40$	m	26.53
988	套管	$DN100$	根	27.86
989	套管	$DN200$	根	58.59
990	套管	$DN300$	根	91.38
991	透水管		m	9.74
992	粘胶布风筒	$\phi500$	m	11.21
993	粘胶布风筒	$\phi1000$	m	22.41
994	注浆管		kg	6.03
995	黑玛钢堵头	$DN15$	个	0.48
996	黑玛钢管箍	$DN15$	个	0.86
997	黑玛钢活接头	$DN15$	个	2.98
998	黑玛钢活接头	$DN25$	个	4.98
999	黑玛钢活接头	$DN32$	个	7.26
1000	镀锌扁钢卡子	25×4	kg	4.83
1001	镀锌补芯	$DN20$	个	1.12
1002	镀锌钢管接头	20×2.75	个	1.00
1003	镀锌钢管接头	32×3.25	个	2.10
1004	镀锌钢管接头	50×3.5	个	3.59
1005	镀锌钢管接头	80×4	个	6.21
1006	镀锌钢管接头	100×4	个	9.83
1007	镀锌管箍	$DN25$	个	1.65
1008	镀锌管堵	$DN20$	个	0.97
1009	镀锌管堵	$DN25$	个	1.59
1010	镀锌管堵	$DN32$	个	2.07

续表

序号	材料名称	型号规格	单位	单价(元)
1011	镀锌管堵	DN40	个	2.95
1012	镀锌管堵	DN50	个	3.93
1013	镀锌管接头	1.5×20	个	1.00
1014	镀锌管接头	1.5×32	个	2.10
1015	镀锌管接头	1.5×50	个	3.59
1016	镀锌活接头	DN15	个	2.78
1017	镀锌活接头	DN20	个	3.74
1018	镀锌活接头	DN25	个	5.34
1019	镀锌活接头	DN32	个	6.83
1020	镀锌活接头	DN40	个	9.06
1021	镀锌活接头	DN50	个	13.09
1022	镀锌活接头	DN65	个	30.17
1023	镀锌活接头	DN80	个	37.07
1024	镀锌活接头	DN100	个	49.24
1025	镀锌内接头	DN15	个	1.10
1026	镀锌内接头	DN20	个	1.45
1027	镀锌内接头	DN25	个	2.07
1028	镀锌内接头	DN32	个	3.26
1029	镀锌内接头	DN40	个	4.31
1030	镀锌内接头	DN50	个	6.16
1031	镀锌内接头	DN70	个	11.05
1032	镀锌内接头	DN80	个	17.29
1033	镀锌内接头	DN100	个	28.03
1034	镀锌三通	DN20	个	2.59
1035	镀锌丝堵	DN20	个	1.38
1036	镀锌丝堵	DN25	个	1.92
1037	镀锌弯头	DN20	个	2.63
1038	镀锌弯头	DN25	个	2.79
1039	镀锌弯头	DN32	个	3.10
1040	镀锌弯头	DN40	个	4.09
1041	镀锌弯头	DN50	个	7.76
1042	镀锌月弯	DN20	个	4.38
1043	镀锌月弯	DN25	个	7.54
1044	镀锌月弯	DN32	个	11.27
1045	镀锌月弯	DN40	个	14.23
1046	镀锌月弯	DN50	个	21.79
1047	盖堵	ϕ75 以内	个	10.78
1048	钢线卡子	ϕ6	个	2.59
1049	钢线卡子	ϕ10～20	个	2.59
1050	管堵	ϕ50	个	3.53
1051	活接头	ϕ50	个	4.24
1052	无缝钢管	ϕ32×2.5	m	8.58
1053	紫铜接头		个	33.91
1054	镀锌钢管塑料护口	DN20	个	0.09
1055	镀锌钢管塑料护口	DN50	个	0.24
1056	镀锌钢管塑料护口	DN80	个	0.38

续表

序号	材料名称	型号规格	单位	单价(元)
1057	镀锌钢管塑料护口	*DN*100	个	0.62
1058	塑料集水短管	*Dg*25 *L*=80	根	2.57
1059	塑料落水斗		个	11.21
1060	硬塑料管接头	*D*150	个	10.09
1061	U 形扣 综合		付	38.79
1062	吊管卡子	20	个	1.47
1063	吊管卡子	32	个	2.28
1064	镀锌管箍	*DN*20	个	1.02
1065	镀锌管箍	*DN*32	个	2.77
1066	镀锌管箍	*DN*50	个	4.93
1067	镀锌管箍	*DN*75	个	12.93
1068	镀锌管箍	*DN*100	个	24.14
1069	镀锌管箍	*DN*80	个	12.93
1070	镀锌管箍	*DN*100	个	24.14
1071	固定卡子	3×80	套	2.04
1072	管卡子	ϕ25	个	0.47
1073	管卡子	ϕ50	个	1.32
1074	管卡子(电线管用)	15~20	个	0.28
1075	管卡子(电线管用)	25~32	个	0.40
1076	管卡子(钢管用)	80	个	1.23
1077	管卡子(钢管用)	100	个	1.84
1078	滤头套箍	ϕ30	个	3.10
1079	塑料管卡	FCL20	个	0.72
1080	塑料管卡	FCL32	个	1.03
1081	塑料管卡子	50	个	0.32
1082	塑料管卡子	100	个	0.55
1083	塑料管卡子		个	0.69
1084	塑料管卡子	ϕ100 以外	个	0.69
1085	电热熔带	300×200×7	只	84.48
1086	电热熔带	400×200×7	只	109.00
1087	电热熔带	500×350×9	只	312.00
1088	电热熔带	600×350×9	只	353.00
1089	电热熔带	800×350×9	只	452.00
1090	电热熔带	1000×350×9	只	694.00
1091	回扩器	*DN*250	只	142.00
1092	回扩器	*DN*300	只	171.00
1093	回扩器	*DN*450	只	199.00
1094	回扩器	*DN*550	只	237.00
1095	回扩器	*DN*650	只	332.00
1096	回扩器	*DN*750	只	379.00
1097	回扩器	*DN*850	只	616.00
1098	回扩器	*DN*950	只	759.00
1099	回扩器	*DN*1000	只	901.00
1100	回水连接件		副	0.52
1101	热熔带	150×200×3	只	20.69
1102	热熔带	250×200×3	只	36.21

续表

序号	材料名称	型号规格	单位	单价(元)
1103	热熔带	300×350×3	只	43.10
1104	热熔带	400×350×3	只	62.07
1105	热熔带	500×350×3	只	90.52
1106	中继间	ϕ600	套	5172.00
1107	中继间	ϕ800	套	6034.00
1108	中继间	ϕ1000	套	7069.00
1109	中继间	ϕ1200	套	8190.00
1110	中继间	ϕ1350	套	9983.00
1111	中继间	ϕ1500	套	11379.00
1112	中继间	ϕ1650	套	12414.00
1113	中继间	ϕ1800	套	14706.00
1114	中继间	ϕ2000	套	17241.00
1115	中继间	ϕ2200	套	18776.00
1116	中继间	ϕ2400	套	19828.00
1117	法兰阀门	*DN*50	个	172.00
1118	截止阀	J41T－16 *DN*80	个	431.00
1119	截止阀	J41T－16 *DN*100	个	440.00
1120	截止阀	J41T－16 *DN*150	个	621.00
1121	截止阀	J11T－16K *DN*15	个	19.83
1122	截止阀	J11T－16K *DN*20	个	27.59
1123	截止阀	J11T－16K *DN*25	个	68.97
1124	截止阀	J11T－16K *DN*32	个	73.28
1125	截止阀	J11T－16K *DN*50	个	112.00
1126	闸阀	Z41H－16C *DN*80	个	517.00
1127	闸阀	Z41H－16C *DN*100	个	379.00
1128	闸阀	Z45T－10 *DN*50	个	250.00
1129	闸阀	Z45T－10 *DN*100	个	431.00
1130	闸阀	Z45T－10 *DN*125	个	560.00
1131	闸阀	Z45T－10 *DN*150	个	764.00
1132	闸阀	Z15T－10K *DN*20	个	12.93
1133	旋塞阀	X13T－10 *DN*15	个	68.97
1134	旋塞阀	X13T－10 *DN*20	个	90.52
1135	旋塞阀	X13T－10 *DN*50	个	172.00
1136	法兰	PN1.6MPa *DN*150	副	151.00
1137	平焊法兰	*DN*80	副	74.66
1138	平焊法兰	*DN*100	副	90.86
1139	平焊法兰	*DN*150	副	151.00
1140	平焊法兰	1.0MPa *DN*50	片	28.79
1141	平焊法兰	1.0MPa *DN*80	片	35.69
1142	平焊法兰	1.0MPa *DN*100	片	45.43
1143	平焊法兰	1.0MPa *DN*150	片	75.69
1144	绝缘垫片	3240 酚醛玻璃布板	m^2	34.48
1145	盲板	*DN*100	片	67.24
1146	盲板	*DN*200	片	176.00
1147	盲板	*DN*300	片	380.00
1148	弹簧垫片	综合	10个	0.86

续表

序号	材料名称	型号规格	单位	单价(元)
1149	风管		kg	2.59
1150	高压风管	ϕ25	m	11.21
1151	高压风管	ϕ50	m	51.72
1152	高压胶皮风管	ϕ50	m	17.24
1153	高压橡胶风管	ϕ25	m	12.93
1154	铁风筒	ϕ1500	m	172.00
1155	粘胶布风筒	ϕ1500	m	129.00
1156	2000A 大电流发生器		台班	31.34
1157	电能校验仪	ST9040	台班	56.07
1158	接地电阻测试仪	DET-3/2	台班	40.94
1159	手持式万用表	50000 计数	台班	6.96
1160	数字万用表	F-87	台班	6.14
1161	铂电阻温度计		支	26.03
1162	温度计	0~120℃	支	26.98
1163	弹簧压力表	Y100 0~16kg/cm^2	只	34.48
1164	钢筋应力计		个	321.00
1165	界面式孔隙水压计		支	344.00
1166	界面式土压计		支	305.00
1167	压力表	0~16MPa	只	19.22
1168	压力表	0~2.5MPa ϕ50	只	6.90
1169	混凝土应变计		个	267.00
1170	支撑轴力计	200t	个	1451.00
1171	警示带		m	2.33
1172	色带		卷	6.47
1173	压力表补芯		个	12.93
1174	应变计		个	229.00
1175	应变计预埋件		个	38.18
1176	应变片		片	6.11
1177	电缆测试仪	JH5132	台班	10.42
1178	灯泡		个	1.29
1179	防水灯头		个	3.02
1180	三相四孔插座	15A	个	18.97
1181	胶壳闸刀	220V/100A	个	30.17
1182	铁壳闸刀	380V/200A	个	56.03
1183	熔断器	220V/100A	个	4.31
1184	熔断器	380V/100A	个	4.31
1185	保险丝	10A	轴	7.33
1186	镀锌接地板	40×5×120	个	1.72
1187	蝶式绝缘子	ED-3	个	1.33
1188	拉紧绝缘子	J-2	个	6.90
1189	直瓷管	ϕ9-15×305	个	1.29
1190	直瓷管	ϕ19-25×300	个	5.60
1191	电气绝缘胶带	18mm×10m×0.13mm	卷	2.59
1192	黑胶布	20mm×20m	卷	1.29
1193	黄腊带	20mm×40m	卷	12.93
1194	尼龙扎带	综合	根	0.43

续表

序号	材料名称	型号规格	单位	单价(元)
1195	电表板酚醛布板		kg	17.24
1196	磁环	(夹具)	个	12.93
1197	青壳纸	δ0.1～1.0	kg	4.31
1198	磁环		个	15.52
1199	镀锡裸铜绞线	TJRX 16－25	kg	50.00
1200	镀锌裸铜绞线	16	kg	50.00
1201	花线	2×16/0.15	m	0.86
1202	绝缘导线	BX－10	m	1.90
1203	裸铜线	6	kg	50.00
1204	屏蔽线二芯		m	2.59
1205	屏蔽线四芯		m	5.17
1206	铜芯塑料绝缘线	BV1.5	m	0.78
1207	铜芯塑料绝缘线	BV2.5	m	1.29
1208	铜芯塑料绝缘线	BV6	m	3.02
1209	铜芯塑料绝缘线	BV16	m	7.63
1210	铜芯塑料绝缘线	BV25	m	11.21
1211	铜芯塑料绝缘线	BV35	m	16.38
1212	铜芯塑料绝缘线	BVR2.5	m	1.55
1213	铜芯塑料绝缘线	BVR4	m	2.16
1214	铜芯塑料绝缘线	BVV1×10	m	5.17
1215	铜芯橡皮绝缘线	BX 2.5	m	1.29
1216	橡胶四芯软缆	3×70＋1×25	m	164.00
1217	硬铜绞线	TJ－2.5－4	m	1.72
1218	硬铜绞线	TJ－6	kg	50.00
1219	电缆	35mm²	m	17.24
1220	电缆	YCW－3×6WH500W	m	18.97
1221	电力电缆	YHC3×16＋1×6	m	38.79
1222	电力电缆	YHC3×50＋1×6	m	129.00
1223	电力电缆	VV 3×70＋1×2	m	168.00
1224	橡胶三芯软缆	3×35	m	56.03
1225	橡套电力电缆	YHC 3×70＋1×25	m	103.00
1226	金属支架		kg	5.17
1227	支撑架		kg	5.17
1228	铜排	25×3	m	31.03
1229	管卡子(电线管用)	45～50	个	0.37
1230	聚丙烯斜管		m	18.10
1231	聚氯乙烯管	φ165	kg	10.17
1232	聚氯乙烯软管	D20×2.5	m	0.33
1233	钳接管	QJG－35	个	3.45
1234	钳接管	QJG－95	个	6.03
1235	钳接管	QL－35	个	3.45
1236	钳接管	QL－95	个	6.03
1237	钳接管	QL－150	个	12.93
1238	钳接管	QLG－150	个	12.93
1239	铝接线端子	16～35	个	1.72
1240	铝接线端子	50～95	个	4.31

续表

序号	材料名称	型号规格	单位	单价(元)
1241	铝接线端子	120~150	个	2.59
1242	铜接线端子	DT-6	个	2.24
1243	铜接线端子	DT-10	个	2.59
1244	铜接线端子	DT-16	个	2.59
1245	铜接线端子	DT-25	个	3.45
1246	铜接线端子	DT-35	个	4.31
1247	铜接线端子	DT-50	个	6.03
1248	铜接线端子	DT-70	个	8.62
1249	铜接线端子	DT-95	个	11.21
1250	铜接线端子	DT-120	个	14.66
1251	铜接线端子	DT-185	个	21.55
1252	铜接线端子	DT-240	个	30.17
1253	接头箱		kg	4.31
1254	接线盒	(50~70)×(50~70)×25	个	8.62
1255	并沟线夹	JB-1	只	4.31
1256	并沟线夹	JB-2	只	5.17
1257	并沟线夹	JB-3	只	6.03
1258	镀锌地线夹	20	套	0.78
1259	镀锌地线夹	32	套	0.95
1260	镀锌地线夹	50	套	1.03
1261	镀锌地线夹	80	套	1.55
1262	镀锌地线夹	100	套	2.16
1263	胶木线夹		个	0.17
1264	电缆固定压板	(铁件)	kg	3.62
1265	镀锌 M 型抱铁		个	6.00
1266	镀锌 V 型横箍		副	7.91
1267	镀锌扁钢抱箍	-40×4	副	6.81
1268	钢拉杆		kg	8.62
1269	管线抱箍标志		个	129.00
1270	锚环		个	17.24
1271	镀锌横担	L5×50×1500	根	25.86
1272	镀锌角钢横担	50×5×800	根	21.55
1273	镀锌接地线板	40×5×120	个	8.62
1274	镀锌电缆卡子	2×35	套	0.97
1275	镀锌电缆卡子	3×50	套	1.48
1276	镀锌电缆卡子	3×100	套	3.51
1277	走道板		kg	8.62
1278	镀锌铁拉板	40×4×200~350	块	4.31
1279	端子板	JX2-2510	组	12.93
1280	开关箱固定压板	4×50	副	2.59
1281	塑料护口(电线管用)	15	个	0.04
1282	塑料护口(电线管用)	20	个	0.09
1283	塑料护口(电线管用)	32	个	0.17
1284	塑料护口(电线管用)	50	个	0.26
1285	塑料护口(钢管用)	20	个	0.09
1286	塑料护口(钢管用)	32	个	0.16

续表

序号	材料名称	型号规格	单位	单价(元)
1287	塑料护口(钢管用)	50	个	0.24
1288	塑料护口(钢管用)	70	个	0.35
1289	塑料护口(钢管用)	80	个	0.38
1290	塑料护口(钢管用)	100	个	0.62
1291	铜压接管	$25mm^2$	个	2.59
1292	铜压接管	$95mm^2$	个	8.62
1293	铜压接管	$185mm^2$	个	17.24
1294	草纸		kg	6.90
1295	滤油纸	300×300	张	0.35
1296	草皮		m^2	15.52
1297	传力板		块	276.00
1298	钢板底座	300×300×6	kg	4.70
1299	钢顶柱横梁		t	7586.00
1300	钢筋扎头底板		kg	5.17
1301	钢模支撑		kg	4.74
1302	钢平台		kg	6.28
1303	钢支撑		kg	3.97
1304	钢制台座		kg	2.40
1305	辊轴钢支座		t	4652.00
1306	切线钢支座		t	5647.00
1307	预制型钢护栏		m	129.00
1308	复合水箅盖		m^2	103.00
1309	铸铁爬梯		kg	3.88
1310	水箱		kg	4.29
1311	圆木桩		m^3	1379.00
1312	底座		个	2.03
1313	镀锌支架支撑	L50×50×1320	副	39.73
1314	接缝变化装置		个	259.00
1315	门式钢支架		t	4043.00
1316	千斤顶支架		kg	5.12
1317	装配式钢支架		t	4336.00
1318	其他材料费		元	1.00
1319	校验材料费		元	1.00
1320	钍钨极棒		g	0.86
1321	导爆索		m	3.17
1322	导火线	$1.5mm^2$	m	0.42
1323	导火线	$2.5mm^2$	m	0.68
1324	导火线	$4.0mm^2$	m	1.07
1325	电雷管		个	0.95
1326	乳化炸药		kg	9.11
1327	硝铵炸药		kg	9.26
1328	草板纸	80#	张	2.67
1329	木工铅笔		支	1.29
1330	标志牌	塑料扁形	个	0.26
1331	导向钻刀片		只	216.00
1332	非电毫秒雷管		个	1.29

续表

序号	材料名称	型号规格	单位	单价(元)
1333	锯纹机刀片		套	862.00
1334	漂白粉		kg	3.88
1335	双面半导体布带	20×5000	m	2.27
1336	塑料手套	ST 型	个	3.88
1337	油浸石棉盘根	编织 φ6~10(250℃)	kg	27.59
1338	毛刷	2″	把	2.16
1339	泡沫条	φ18	m	0.39
1340	喷射器		个	35.52
1341	电		kW·h	0.78
1342	焦炭		kg	0.71
1343	煤		t	603.00
1344	煤		kg	0.60
1345	水		m^3	4.27
1346	定型钢模板		kg	5.91
1347	复合模板	综合	m^2	32.33
1348	钢模板		kg	5.96
1349	工具式钢模板		kg	5.91
1350	木模板		m^3	1445.00
1351	木模具		个	37.07
1352	组合钢模板		kg	3.71
1353	复合木模板面板		m^2	56.03
1354	钢模板连接件		kg	3.79
1355	安全网		m^2	7.76
1356	对接扣件		个	2.29
1357	反力架		个	276.00
1358	风镐凿子		根	4.31
1359	钢脚手配件直角扣件铸钢		个	4.14
1360	回转扣件		个	2.41
1361	脚手管扣件		个	4.14
1362	脚手架钢管		t	3621.00
1363	脚手架钢管		kg	3.62
1364	脚手架钢管底座		个	5.69
1365	密目网		m^2	4.79
1366	木脚手板		m^3	1124.00
1367	木脚手杆	φ100×6000 杉木	根	45.45
1368	木支撑		m^3	1552.00
1369	卸扣	φ24	个	20.34
1370	竹脚手片		m^2	8.19
1371	槽型钢板桩使用费		t·天	43.10
1372	吊斗摊销		kg	6.90
1373	铁撑板		t	3578.00
1374	铁撑板使用费		t·天	38.79
1375	铁撑脚		kg	8.17
1376	铁风筒	φ500	m	33.62
1377	铁风筒	φ1000	m	77.59
1378	桩帽		kg	4.03

续表

序号	材料名称	型号规格	单位	单价(元)
1379	桩靴		kg	4.85
1380	千斤顶支架油箱操作台		kg	5.47
1381	木板标尺		m^3	1152.00
1382	板方材		m^3	1034.00
1383	沉降预埋点		个	38.79
1384	刀片	D1000	片	4.74
1385	刀片	D1500	片	4.74
1386	枋木		m^3	776.00
1387	钢扶梯平台摊销		kg	5.13
1388	钢围令		kg	1.30
1389	扩孔器		个	264.00
1390	收敛标志点		个	17.24
1391	托绳地滚用钢材摊销		kg	4.03
1392	预埋标志点		个	17.24
1393	复合材料检查井盖	ϕ700	套	268.00
1394	铸铁检查井盖	ϕ600 轻型	套	184.00
1395	铸铁检查井盖	ϕ700 轻型	套	459.00
1396	铸铁检查井盖	ϕ600 重型	套	414.00
1397	铸铁检查井盖	ϕ700 重型	套	642.00
1398	玻璃纤维格栅		m^2	5.60
1399	土工复合排水网	5.0mm	m^2	1.03
1400	土工格栅		m^2	6.81
1401	道路侧石	370×150×1000	m	35.78
1402	道路侧石	L 型	m	35.78
1403	高侧石	500×150×1000	m	30.17
1404	广场砖	100×100	m^2	28.45
1405	混凝土平石	500×500×120	m	30.17
1406	人行道砖	200×100×60	m^2	39.91
1407	石质侧石	300×150×1000	m	69.90
1408	石质条	150×50	m	16.29
1409	标志牌		个	0.43
1410	安全广角镜	ϕ600	套	172.00
1411	安全广角镜	ϕ800	套	190.00
1412	标线漆		kg	10.34
1413	标志杆	F 杆	t	6207.00
1414	标志杆	T 杆	t	6207.00
1415	标志杆	门式架	t	6207.00
1416	标志杆	弯杆	t	6466.00
1417	玻璃钢柱体	120×100×1050	根	43.10
1418	草坪砖	600×400×100	m^2	31.03
1419	车道灯	302LED	组	733.00
1420	车道灯	402LED	组	1121.00
1421	底油		kg	9.91
1422	反光玻璃珠		kg	2.21
1423	反光膜		m^2	138.00
1424	反射器	180×40	片	3.45

续表

序号	材料名称	型号规格	单位	单价(元)
1425	防眩板	800×180×1.5	块	19.83
1426	防眩板	900×220×6	块	25.86
1427	非机动车灯	303LED	组	1164.00
1428	非机动车灯	304LED	组	1724.00
1429	辅灯	303LED	组	1293.00
1430	钢丝扁帚		盘	31.03
1431	高强模塑料平箅		套	129.00
1432	黄闪警示灯	ϕ300	个	560.00
1433	黄闪警示灯	ϕ400	个	815.00
1434	混凝土实心砖	53×115×240	千块	395.00
1435	机动车满屏灯	JD303LED	组	1207.00
1436	机动车满屏灯	JD403LED	组	1379.00
1437	矩形标志牌	600×300	块	71.55
1438	矩形标志牌	600×600	块	143.00
1439	矩形标志牌	800×400	块	127.00
1440	矩形标志牌	800×800	块	253.00
1441	矩形标志牌	1000×500	块	198.00
1442	矩形标志牌	1000×1000	块	397.00
1443	矩形标志牌	1200×600	块	285.00
1444	矩形标志牌	1200×1200	块	571.00
1445	矩形标志牌	1400×1000	块	555.00
1446	路边线轮廓标		个	8.62
1447	热熔涂料		kg	3.02
1448	人行道灯	静态	组	733.00
1449	三角形标志牌	△700mm	块	27.59
1450	三角形标志牌	△900mm	块	45.69
1451	三角形标志牌	△1100mm	块	67.24
1452	三角形标志牌	△1300mm	块	93.97
1453	松板枋材	模板	m^3	1422.00
1454	塑胶隔离墩	JD－01F360×800	个	51.72
1455	塑料防撞桶		个	68.97
1456	塑料水马		个	103.00
1457	塑料凸起路标		个	5.17
1458	太阳能凸起路标		个	51.72
1459	特型塑胶管	ϕ55×2.5	m	6.90
1460	围栏水马		个	103.00
1461	橡胶反光减速带	1000×380×50	m	67.24
1462	橡胶防撞桶		个	155.00
1463	橡胶警示柱	ϕ80	根	172.00
1464	预成型标带		m^2	43.10
1465	圆形标志牌	ϕ600	块	38.79
1466	圆形标志牌	ϕ800	块	66.38
1467	圆形标志牌	ϕ1000	块	104.00
1468	圆形标志牌	ϕ1200	块	151.00
1469	再生树脂复合材料检查井盖	350×250	套	125.00
1470	再生树脂复合材料检查井盖	500×450	套	147.00

续表

序号	材料名称	型号规格	单位	单价(元)
1471	再生树脂复合材料检查井盖	500×500	套	159.00
1472	振荡涂料		kg	5.86
1473	铸铝凸起路标		个	11.21
1474	铸铁平箅	260×420	套	244.00
1475	轻轨		kg	3.79
1476	钢轨枕		kg	4.62
1477	钢板垫板		kg	3.72
1478	钢轨鱼尾板	24~50kg/m	kg	4.87
1479	鱼尾板		kg	2.11
1480	盾构托架		t	2178.00
1481	JDG 镀锌钢导管	ϕ40×1.6	m	7.41
1482	PC 隔音板	10mm	m^2	70.69
1483	抽芯铆钉		个	0.22
1484	护壁泥浆		m^3	30.17
1485	接头管		kg	3.88
1486	氯丁乳胶水泥		kg	0.69
1487	安全设施及照明费		元	1.00
1488	材料摊销费		元	1.00
1489	槽型钢板桩使用费		t·d	9.02
1490	激光测量导向费		元	1.00
1491	其他机械费		元	1.00
1492	设备材料费		元	1.00
1493	铁撑板使用费		t·d	9.02
1494	仪器使用费		元	1.00
1495	仪器摊销		元	1.00
1496	大口径井点吸水器	15m	套	583.00
1497	大口径井点吸水器	25m	套	668.00
1498	粉末活性炭		m^3	4526.00
1499	颗粒活性炭		m^3	4224.00
1500	液压控制系统		套	1897.00
1501	其他材料费		%	1.00
1502	干混砌筑砂浆	DM7.5	m^3	414.00
1503	干混抹灰砂浆	PD20.0	m^3	447.00
1504	干混地面砂浆	DS15.0	m^3	443.00
1505	纯水泥浆		m^3	430.36
1506	干混地面砂浆	DS15.0	m^3	443.08
1507	干混地面砂浆	DS20.0	m^3	443.08
1508	干混抹灰砂浆	PD15.0	m^3	446.85
1509	干混抹灰砂浆	PD20.0	m^3	446.95
1510	干混砌筑砂浆	DM5.0	m^3	397.23
1511	干混砌筑砂浆	DM7.5	m^3	413.73
1512	干混砌筑砂浆	DM10.0	m^3	413.73
1513	水泥砂浆	1:1	m^3	294.20
1514	水泥砂浆	1:2	m^3	268.85
1515	水泥砂浆	1:2.5	m^3	252.49
1516	水泥砂浆	M7.5	m^3	215.81

续表

序号	材料名称	型号规格	单位	单价(元)
1517	水泥砂浆	M10.0	m^3	222.61
1518	环氧砂浆	1:0.07:2:4	m^3	10815.35
1519	冷底子油		kg	5.57
1520	沥青油膏	1:2	m^3	1337.00
1521	膨胀水泥砂浆	1:1	m^3	271.00
1522	石棉水泥	3:7	m^3	457.00
1523	水泥白石屑浆	1:2.5	m^3	236.38
1524	现场预制混凝土	C20(40)	m^3	293.12
1525	现浇现拌混凝土	C15(40)	m^3	276.46
1526	喷射混凝土	1:2.5:2	m^3	337.71
1527	石油沥青玛蹄脂		m^3	2263.90
1528	石油沥青砂浆	1:2:7	m^3	1311.80
1996	尼龙吊装带		m	280.00
1997	涤纶针刺土工布		m^2	10.18
1998	轧丝锚具	$\phi25$	套	26.99
1999	连接器(锚具)	$\phi25$	套	15.54
2000	非泵送商品混凝土	C50	m^3	632.00
2001	高强无收缩砂浆料	C60	kg	1.97
2002	高强无收缩砂浆料	C100	kg	2.72
2003	透水镀锌钢管(钻孔钢管)	$\phi50$	m	45.40
2004	石质平石	120×120×1000	m	22.34
2014	集成压浆料		t	862.00
2015	高分子材料	HS-1	kg	23.71
2016	镀锌束结	*DN*50	只	3.88
2017	中继间	$\phi3000$	套	26724.00
2018	中继间	$\phi2700$	套	23276.00
2019	橡胶沥青		t	4694.00
2020	无碱玻璃纤维		kg	8.10
2021	透水沥青混凝土		m^3	1491.00
2022	磨细粉煤灰		t	282.00
2023	高架进水口	铸铁	套	99.14
2024	钢筋混凝土顶管(F 管)	$\phi3000\times2500$	m	5603.00
2025	钢筋混凝土顶管(F 管)	$\phi2700\times2500$	m	4655.00
2026	钢筋混凝土承插管	$\phi3000\times3000$	m	4741.00
2027	钢筋混凝土承插管	$\phi2800\times3000$	m	4181.00
2028	钢筋混凝土承插管	$\phi2600\times3000$	m	3276.00
2029	钢筋混凝土承插管	$\phi2400\times3000$	m	2716.00
2030	钢筋混凝土承插管	$\phi2200\times3000$	m	2371.00
2031	钢筋混凝土承插管	$\phi2000\times3000$	m	2155.00
2032	改性沥青砂胶		kg	0.98
2033	二阶反应型防水粘结剂		kg	13.72
2034	镀锌六角螺栓带螺母、2 垫圈	M22×200 以内	10 套	67.24
2035	洞口止水环	$\phi2700$	套	6064.00
2036	不锈钢隔离护栏		m	216.00
2037	O 型胶圈	(承插)$\phi3000$	只	77.59
2038	O 型胶圈	(承插)$\phi2800$	只	72.41

续表

序号	材料名称	型号规格	单位	单价(元)
2039	O 型胶圈	(承插) ϕ2600	只	67.24
2040	O 型胶圈	(承插) ϕ2400	只	62.07
2041	O 型胶圈	(承插) ϕ2200	只	56.90
2042	O 型胶圈	(承插) ϕ2000	只	51.72
2043	F 管橡胶圈	ϕ3000	只	84.48
2044	F 管橡胶圈	ϕ2700	只	75.86
2045	洞口止水环	ϕ3000	套	6506.00
2046	钢盆式橡胶支座	20000kN 以内	个	32336.00
2047	钢盆式橡胶支座	25000kN 以内	个	44448.00
2048	钢盆式橡胶支座	30000kN 以内	个	59241.00
2049	土工复合排水网	30mm	m^2	267.00
2050	废旧轮胎		个	32.76
2051	基膜(丙烯酸乳液)		kg	10.34
2052	双组份液体环氧树脂		kg	38.79
2053	卵石	2.5~6	t	126.00
2054	镀锌六角带帽螺栓	M16×250 内 2 平 1 弹	10 套	17.02
2055	镀锌圆钢	ϕ16×1000	根	14.92
1529	履带式推土机	60kW	台班	432.39
1530	履带式推土机	75kW	台班	625.55
1531	履带式推土机	90kW	台班	717.68
1532	履带式推土机	105kW	台班	798.23
1533	履带式推土机	135kW	台班	927.41
1534	平地机	90kW	台班	565.91
1535	平地机	120kW	台班	747.25
1536	轮胎式装载机	$1m^3$	台班	496.96
1537	轮胎式装载机	$1.5m^3$	台班	594.01
1538	轮胎式装载机	$2m^3$	台班	665.62
1539	轮胎式装载机	$3m^3$	台班	850.27
1540	轮胎式装载机	$3.5m^3$	台班	936.72
1541	履带式拖拉机	60kW	台班	412.71
1542	履带式拖拉机	75kW	台班	582.61
1543	履带式单斗液压挖掘机	$0.6m^3$	台班	624.26
1544	履带式单斗液压挖掘机	$0.8m^3$	台班	815.93
1545	履带式单斗液压挖掘机	$1m^3$	台班	914.79
1546	履带式单斗液压挖掘机	$1.25m^3$	台班	1115.18
1547	拖式双筒羊角碾	6t	台班	31.12
1548	钢轮内燃压路机	8t	台班	353.82
1549	钢轮内燃压路机	12t	台班	455.44
1550	钢轮内燃压路机	15t	台班	537.56
1551	钢轮振动压路机	8t	台班	488.35
1552	钢轮振动压路机	10t	台班	573.86
1553	钢轮振动压路机	12t	台班	692.85
1554	钢轮振动压路机	15t	台班	907.60
1555	手扶式振动压实机	1t	台班	58.79
1556	轮胎压路机	9t	台班	368.87
1557	轮胎压路机	20t	台班	718.39

续表

序号	材料名称	型号规格	单位	单价(元)
1558	轮胎压路机	26t	台班	809.89
1559	电动夯实机	250N·m	台班	28.03
1560	电动装岩机	$0.2m^3$	台班	383.56
1561	气腿式风动凿岩机		台班	13.62
1562	手持式风动凿岩机		台班	12.36
1563	车载式碎石撒布机	3000mm	台班	374.13
1564	汽车式沥青喷洒机	4000L	台班	610.35
1565	沥青混凝土摊铺机	8t	台班	830.94
1566	沥青混凝土摊铺机	12t	台班	1060.42
1567	路面铣刨机	2000mm	台班	2610.79
1568	混凝土路面刻槽机		台班	321.59
1569	强夯机械	1200kN·m	台班	717.73
1570	强夯机械	2000kN·m	台班	1016.54
1571	强夯机械	3000kN·m	台班	1273.69
1572	强夯机械	4000kN·m	台班	1551.32
1573	稳定土拌合机	105kW	台班	790.49
1574	路面标线热熔涂料涂敷机		台班	562.36
1575	路面标线涂料喷涂机		台班	414.86
1576	履带式柴油打桩机	2.5t	台班	734.62
1577	履带式柴油打桩机	5t	台班	1899.34
1578	履带式柴油打桩机	7t	台班	2287.59
1579	履带式柴油打桩机	8t	台班	2351.83
1580	轨道式柴油打桩机	0.8t	台班	416.41
1581	轨道式柴油打桩机	1.2t	台班	619.87
1582	轨道式柴油打桩机	1.8t	台班	750.73
1583	轨道式柴油打桩机	2.5t	台班	884.28
1584	轨道式柴油打桩机	4t	台班	1269.82
1585	振动沉拔桩机	400kN	台班	851.02
1586	转盘钻孔机	800mm	台班	492.54
1587	转盘钻孔机	1500mm	台班	552.65
1588	长螺旋钻机	400mm	台班	484.40
1589	长螺旋钻机	600mm	台班	567.93
1590	长螺旋钻机	800mm	台班	656.80
1591	冲击成孔机	CZ-30	台班	419.69
1592	锚杆钻孔机	MGL135	台班	454.58
1593	双头搅拌桩机(喷浆)		台班	591.04
1594	单头搅拌桩机(喷浆)		台班	465.48
1595	单头搅拌桩机(喷粉)		台班	473.29
1596	振冲器	ZCQ-75	台班	414.97
1597	单重管旋喷机		台班	369.96
1598	双重管旋喷机		台班	394.70
1599	三重管旋喷机		台班	419.43
1600	三轴搅拌桩机	850 型	台班	2826.15
1601	履带式旋挖钻机	SR-25	台班	3203.52
1602	履带式旋挖钻机	SD-20	台班	2590.98
1603	履带式旋挖钻机	SH36	台班	4098.53

续表

序号	材料名称	型号规格	单位	单价(元)
1604	转盘钻孔机	2000mm	台班	674.01
1605	潜孔钻机(mm)38～115	液压	台班	449.57
1606	履带式电动起重机	5t	台班	235.09
1607	履带式起重机	5t	台班	476.74
1608	履带式起重机	10t	台班	589.37
1609	履带式起重机	15t	台班	702.00
1610	履带式起重机	25t	台班	757.92
1611	履带式起重机	40t	台班	1242.97
1612	履带式起重机	50t	台班	1364.92
1613	履带式起重机	60t	台班	1456.51
1614	履带式起重机	80t	台班	2186.44
1615	履带式起重机	100t	台班	2737.92
1616	履带式起重机	200t	台班	4985.45
1617	履带式起重机	250t	台班	5955.58
1618	履带式起重机	300t	台班	6588.97
1619	轮胎式起重机	8t	台班	583.30
1620	轮胎式起重机	16t	台班	755.65
1621	轮胎式起重机	20t	台班	938.37
1622	轮胎式起重机	40t	台班	1190.24
1623	汽车式起重机	8t	台班	648.48
1624	汽车式起重机	10t	台班	709.76
1625	汽车式起重机	12t	台班	748.60
1626	汽车式起重机	16t	台班	875.04
1627	汽车式起重机	20t	台班	942.85
1628	汽车式起重机	25t	台班	996.58
1629	汽车式起重机	30t	台班	1038.45
1630	汽车式起重机	32t	台班	1173.35
1631	汽车式起重机	40t	台班	1517.63
1632	汽车式起重机	50t	台班	2353.88
1633	汽车式起重机	60t	台班	2808.62
1634	汽车式起重机	75t	台班	3154.17
1635	汽车式起重机	80t	台班	3730.16
1636	汽车式起重机	100t	台班	4718.03
1637	汽车式起重机	125t	台班	8293.36
1638	汽车式起重机	150t	台班	8586.02
1639	汽车式起重机	160t	台班	9014.23
1640	汽车式起重机	200t	台班	10057.88
1641	门式起重机	5t	台班	356.69
1642	门式起重机	10t	台班	447.22
1643	门式起重机	20t	台班	589.07
1644	门式起重机	30t	台班	692.75
1645	门式起重机	40t	台班	873.49
1646	门式起重机	50t	台班	1113.02
1647	叉式起重机	3t	台班	404.69
1648	叉式起重机	5t	台班	409.00
1649	叉式起重机	6t	台班	446.02

续表

序号	材料名称	型号规格	单位	单价(元)
1650	叉式起重机	10t	台班	666.08
1651	叉式起重机	16t	台班	780.64
1652	自升式塔式起重机	600kN·m	台班	596.43
1653	桅杆式起重机	5t	台班	406.20
1654	架桥机	160t	台班	999.37
1655	少先吊	1t	台班	164.94
1656	履带式液压岩石破碎机	HB20G	台班	384.83
1657	履带式液压岩石破碎机	HB30G	台班	417.01
1658	立式油压千斤顶	100t	台班	10.22
1659	立式油压千斤顶	200t	台班	11.52
1660	立式油压千斤顶	300t	台班	16.55
1661	载货汽车	2t	台班	305.93
1662	载货汽车	3t	台班	341.35
1663	载货汽车	4t	台班	369.21
1664	载货汽车	5t	台班	382.30
1665	载货汽车	6t	台班	396.42
1666	载货汽车	8t	台班	411.20
1667	载货汽车	10t	台班	476.15
1668	载货汽车	12t	台班	587.20
1669	载货汽车	15t	台班	653.04
1670	载货汽车	20t	台班	745.51
1671	自卸汽车	5t	台班	455.85
1672	自卸汽车	8t	台班	516.08
1673	自卸汽车	15t	台班	794.19
1674	平板拖车组	20t	台班	835.65
1675	平板拖车组	30t	台班	965.81
1676	平板拖车组	40t	台班	1071.11
1677	平板拖车组	60t	台班	1360.78
1678	机动翻斗车	1t	台班	197.36
1679	轨道平车	5t	台班	34.23
1680	洒水车	4000L	台班	428.87
1681	泥浆罐车	5000L	台班	460.54
1682	电瓶车	2.5t	台班	175.17
1683	电瓶车	7t	台班	209.44
1684	电瓶车	8t	台班	212.72
1685	电瓶车	10t	台班	219.28
1686	电动卷扬机－单筒快速	5kN	台班	157.60
1687	电动卷扬机－单筒快速	10kN	台班	172.88
1688	电动卷扬机－双筒快速	30kN	台班	237.20
1689	电动卷扬机－双筒快速	50kN	台班	266.20
1690	电动卷扬机－单筒慢速	10kN	台班	171.01
1691	电动卷扬机－单筒慢速	30kN	台班	177.60
1692	电动卷扬机－单筒慢速	50kN	台班	186.39
1693	电动卷扬机－单筒慢速	80kN	台班	220.97
1694	电动卷扬机－单筒慢速	100kN	台班	234.87
1695	电动卷扬机－单筒慢速	200kN	台班	417.32

续表

序号	材料名称	型号规格	单位	单价(元)
1696	电动卷扬机－双筒慢速	30kN	台班	204.80
1697	电动卷扬机－双筒慢速	50kN	台班	223.12
1698	电动卷扬机－双筒慢速	80kN	台班	283.51
1699	电动卷扬机－双筒慢速	100kN	台班	304.96
1700	电动葫芦－单速	2t	台班	23.79
1701	电动葫芦－单速	3t	台班	26.36
1702	电动葫芦－单速	5t	台班	31.49
1703	皮带运输机	15×0.5m	台班	204.58
1704	平台作业升降车	16m	台班	338.17
1705	平台作业升降车	20m	台班	431.63
1706	平台作业升降车	22m	台班	473.69
1707	汽车式高空作业车	21m	台班	670.36
1708	双锥反转出料混凝土搅拌机	350L	台班	192.31
1709	双卧轴式混凝土搅拌机	350L	台班	245.41
1710	灰浆搅拌机	200L	台班	154.97
1711	灰浆搅拌机	400L	台班	161.27
1712	挤压式灰浆输送泵	$3m^3/h$	台班	55.46
1713	挤压式灰浆输送泵	$5m^3/h$	台班	77.66
1714	混凝土喷射机	$5m^3/h$	台班	203.74
1715	混凝土切缝机	7.5kW	台班	32.71
1716	偏心式震动筛	$12\sim16m^3/h$	台班	27.38
1717	混凝土搅拌站	$45m^3/h$	台班	1182.73
1718	干混砂浆罐式搅拌机	20000L	台班	193.83
1719	活塞式喷涂机	$3.6m^3/h$	台班	282.07
1720	钢筋调直机	14mm	台班	37.97
1721	钢筋切断机	40mm	台班	43.28
1722	钢筋弯曲机	40mm	台班	26.38
1723	预应力钢筋拉伸机	650kN	台班	24.94
1724	预应力钢筋拉伸机	900kN	台班	41.55
1725	预应力钢筋拉伸机	1200kN	台班	57.99
1726	预应力钢筋拉伸机	3000kN	台班	103.52
1727	木工圆锯机	500mm	台班	27.50
1728	木工圆锯机	1000mm	台班	70.06
1729	木工平刨床	300mm	台班	10.76
1730	木工平刨床	500mm	台班	21.04
1731	木工压刨床	单面600mm	台班	31.42
1732	木工打眼机	16mm	台班	8.38
1733	木工裁口机	多面400mm	台班	35.31
1734	普通车床	400×1000	台班	34.62
1735	普通车床	400×2000	台班	49.85
1736	普通车床	630×2000	台班	71.33
1737	龙门刨床	1000×3000	台班	160.09
1738	牛头刨床	650mm	台班	30.54
1739	立式铣床	320×1250	台班	28.05
1740	台式钻床	16mm	台班	3.90
1741	立式钻床	25mm	台班	5.80

续表

序号	材料名称	型号规格	单位	单价(元)
1742	立式钻床	50mm	台班	21.16
1743	摇臂钻床	63mm	台班	32.79
1744	锥形螺纹车机	45mm	台班	18.23
1745	螺栓套丝机	39mm	台班	28.85
1746	剪板机	13×2500	台班	93.56
1747	剪板机	20×2500	台班	128.07
1748	卷板机	20×2000	台班	54.54
1749	卷板机	20×2500	台班	84.13
1750	联合冲剪机	16mm	台班	61.10
1751	刨边机	9000mm	台班	288.92
1752	折方机	4×2000	台班	32.84
1753	开孔机	200mm	台班	14.94
1754	开孔机	400mm	台班	18.32
1755	开孔机	600mm	台班	20.07
1756	等离子切割机	400A	台班	239.40
1757	半自动切割机	100mm	台班	92.61
1758	管子切断机	60mm	台班	16.62
1759	管子切断机	150mm	台班	29.76
1760	管子切断机	250mm	台班	44.85
1761	管子切断套丝机	159mm	台班	21.59
1762	型钢剪断机	500mm	台班	82.19
1763	中频煨弯机	160kW	台班	74.70
1764	电动弯管机	108mm	台班	80.50
1765	液压弯管机	*D*60	台班	50.49
1766	液压机	2000kN	台班	202.82
1767	液压压接机	100t	台班	113.45
1768	风动锻钎机		台班	25.56
1769	电动锻钎机		台班	114.32
1770	岩石切割机	3kW	台班	48.61
1771	抛丸除锈机	1000mm	台班	671.40
1772	涂料机	300mm	台班	26.46
1773	涂料机	1000mm	台班	30.17
1774	涂料机	2000mm	台班	32.41
1775	万能母线煨弯机		台班	30.14
1776	压滤机	XMYZG400/1500 - UB	台班	416.11
1777	电动单级离心清水泵	50mm	台班	29.31
1778	电动单级离心清水泵	100mm	台班	36.22
1779	电动单级离心清水泵	150mm	台班	60.81
1780	电动单级离心清水泵	200mm	台班	93.34
1781	电动多级离心清水泵	出口直径 100mm 扬程 120m 以下	台班	167.48
1782	电动多级离心清水泵	出口直径 150mm 扬程 180m 以下	台班	283.02
1783	电动多级离心清水泵	出口直径 200mm 扬程 280m 以下	台班	344.57
1784	污水泵	70mm	台班	81.27
1785	污水泵	100mm	台班	112.87
1786	污水泵	150mm	台班	196.80
1787	泥浆泵	50mm	台班	44.35

续表

序号	材料名称	型号规格	单位	单价(元)
1788	泥浆泵	100mm	台班	205.25
1789	真空泵	$204m^3/h$	台班	62.52
1790	真空泵	$660m^3/h$	台班	118.20
1791	潜水泵	100mm	台班	30.38
1792	潜水泵	150mm	台班	56.98
1793	高压油泵	50MPa	台班	117.64
1794	高压油泵	80MPa	台班	184.68
1795	试压泵	25MPa	台班	21.19
1796	试压泵	30MPa	台班	21.74
1797	试压泵	60MPa	台班	23.30
1798	射流井点泵	9.50m	台班	64.73
1799	交流弧焊机	21kV·A	台班	63.33
1800	交流弧焊机	32kV·A	台班	92.84
1801	交流弧焊机	42kV·A	台班	129.55
1802	直流弧焊机	20kW	台班	78.72
1803	直流弧焊机	32kW	台班	97.11
1804	点焊机	长臂 75kV·A	台班	146.78
1805	对焊机	75kV·A	台班	119.25
1806	热熔对接焊机(综合)	250mm	台班	224.00
1807	热熔对接焊机(综合)	630mm	台班	296.00
1808	热熔焊机	800mm	台班	55.85
1809	氩弧焊机	500A	台班	97.67
1810	二氧化碳气体保护焊机	250A	台班	56.85
1811	自动埋弧焊机	500A	台班	110.61
1812	电渣焊机	电流 1000A	台班	174.04
1813	电焊条烘干箱	$45\times35\times45cm^3$	台班	8.99
1814	电焊条烘干箱	$60\times50\times75cm^3$	台班	16.84
1815	汽油发电机组	10kW	台班	270.44
1816	柴油发电机组	30kW	台班	409.55
1817	电动空气压缩机	$0.6m^3/min$	台班	33.06
1818	电动空气压缩机	$1m^3/min$	台班	48.22
1819	电动空气压缩机	$3m^3/min$	台班	122.54
1820	电动空气压缩机	$6m^3/min$	台班	224.45
1821	电动空气压缩机	$10m^3/min$	台班	394.85
1822	电动空气压缩机	$20m^3/min$	台班	568.57
1823	内燃空气压缩机	$3m^3/min$	台班	329.10
1824	内燃空气压缩机	$6m^3/min$	台班	417.52
1825	内燃空气压缩机	$9m^3/min$	台班	518.40
1826	内燃空气压缩机	$12m^3/min$	台班	610.40
1827	工业锅炉	1t/h	台班	1015.23
1828	水力出土盾构掘进机	5000mm	台班	1625.82
1829	刀盘式干出土土压平衡盾构掘进机	5000mm	台班	3250.71
1830	刀盘式干出土土压平衡盾构掘进机	7000mm	台班	6687.80
1831	刀盘式水力出土泥水平衡盾构掘进机	7000mm	台班	7020.28
1832	盾构同步压浆泵	$D2.1m\times7m$	台班	565.15
1833	垂直顶升设备		台班	1456.65

续表

序号	材料名称	型号规格	单位	单价(元)
1834	履带式液压抓斗成槽机	KH180MHL－800	台班	2617.54
1835	履带式液压抓斗成槽机	SG60A	台班	3817.79
1836	超声波测壁机		台班	228.58
1837	泥浆制作循环设备		台班	1596.76
1838	液压钻机	G－2A	台班	484.95
1839	刀盘式土压平衡顶管掘进机	1650mm	台班	468.16
1840	刀盘式土压平衡顶管掘进机	1800mm	台班	614.41
1841	刀盘式土压平衡顶管掘进机	2200mm	台班	733.85
1842	刀盘式土压平衡顶管掘进机	2400mm	台班	1407.51
1843	刀盘式土压平衡顶管掘进机	2800mm	台班	1520.38
1844	刀盘式土压平衡顶管掘进机	3000mm	台班	1637.17
1845	挤压法顶管设备	1000mm	台班	154.05
1846	挤压法顶管设备	1200mm	台班	159.42
1847	挤压法顶管设备	1400mm	台班	193.43
1848	挤压法顶管设备	1500mm	台班	202.98
1849	挤压法顶管设备	1650mm	台班	215.65
1850	挤压法顶管设备	1800mm	台班	273.86
1851	挤压法顶管设备	2000mm	台班	280.25
1852	挤压法顶管设备	2200mm	台班	315.37
1853	挤压法顶管设备	2400mm	台班	372.57
1854	人工挖土法顶管设备	1200mm	台班	139.48
1855	人工挖土法顶管设备	1650mm	台班	183.66
1856	人工挖土法顶管设备	2000mm	台班	224.56
1857	人工挖土法顶管设备	2460mm	台班	226.54
1858	悬臂式掘进机	318kW	台班	5043.01
1859	双液压注浆泵	PH2×5	台班	164.42
1860	液压注浆泵	HYB50/50－1 型	台班	75.11
1861	轴流通风机	7.5kW	台班	45.40
1862	轴流通风机	30kW	台班	146.68
1863	轴流通风机	100kW	台班	452.16
1864	轴流通风机	150kW	台班	555.34
1865	轴流通风机	220kW	台班	581.56
1866	离心通风机	$3200m^3/min$	台班	471.15
1867	吹风机	$4m^3/min$	台班	21.11
1868	组合烘箱		台班	134.40
1869	硅整流充电机	90A/190V	台班	207.90
1870	滤油机	LX100 型	台班	44.32
1871	潜水设备		台班	89.19
1872	液压升降机	9m	台班	25.07
1873	工程修理车	JX－12A	台班	667.47
1874	液压钻机	XU－100	台班	243.89
1875	电熔焊接机	DRH－160A	台班	12.20
1876	300kg 柏油喷布器		台班	43.42
1877	50t 木驳船		t·d	3.29
1878	DM－3 喷浆搅拌机		台班	660.00
1879	TRD 搅拌桩机		台班	5572.00

续表

序号	材 料 名 称	型 号 规 格	单位	单价(元)
1880	驳船	30t	台班	84.60
1881	驳船	50t	台班	118.00
1882	沉管设备		台班	12.40
1883	沉井钻吸机组配	50t 履带吊	台班	2922.00
1884	冲击钻		台班	39.93
1885	储气包	$4m^3$	台班	39.18
1886	船舶	5t	台班	54.50
1887	地下墙混凝土浇捣架		台班	18.54
1888	电动式离心泵	KQL*DN*125	台班	128.00
1889	电动式离心泵	KQL*DN*200	台班	358.00
1890	电动式离心泵	KQL*DN*300	台班	761.00
1891	电动式离心泵	KQL*DN*80	台班	53.31
1892	电动修钎机		台班	111.00
1893	对接熔接机	DRh-16A	台班	36.95
1894	风割机		台班	90.00
1895	高架车	20m	台班	486.00
1896	高架车	11m	台班	302.00
1897	高架车	13m	台班	326.00
1898	高架车	9m	台班	267.00
1899	工程车	小型	台班	94.55
1900	工程钻机	SPJ-300	台班	425.00
1901	简易打桩架		台班	58.70
1902	路面清扫车	$6m^3$	台班	877.00
1903	木驳船	30t	t·d	3.29
1904	木驳船	50t	t·d	3.29
1905	木驳船	80t	t·d	3.29
1906	木驳船	60t	t·d	3.29
1907	木船	5t	台班	47.00
1908	内切割机		台班	56.97
1909	泥浆系统		台班	525.00
1910	排放泥浆设备		台班	218.00
1911	气压焊设备		台班	9.19
1912	砂轮切割机	$\phi500$	台班	47.92
1913	射钉枪		台班	71.46
1914	石材切割机		台班	17.37
1915	手泵喷油机		台班	107.00
1916	手提冲击钻		台班	84.69
1917	手推式热熔底漆车		台班	100.00
1918	水泥混凝土真空吸水机		台班	16.92
1919	铁驳船	100t	t·d	3.01
1920	铁驳船	120t	t·d	3.01
1921	油泵车		台班	112.00
1922	排水板插拔机		台班	935.00
1923	石屑撒布机		台班	386.00
1924	手提式冲击钻		台班	67.76
1925	双轨焊接机		台班	119.00

续表

序号	材料名称	型号规格	单位	单价(元)
1926	千斤顶	20t	台班	1.41
1927	自航泥驳(封底)舱容积	$20m^3$	台班	350.00
1928	架桥机	800t	台班	4685.00
1929	铁驳船	80t	t·d	2.12
1930	索具 2 号		台班	62.77
1931	索具 3 号		台班	33.99
1932	索具 5 号		台班	10.46
1933	CCTV 检测机器人		台班	2263.00
1934	QV 检测系统		台班	1726.00
1935	刀盘式泥水平衡顶管掘进机	ϕ1000	台班	466.00
1936	刀盘式泥水平衡顶管掘进机	ϕ1200	台班	516.00
1937	刀盘式泥水平衡顶管掘进机	ϕ1800	台班	915.00
1938	刀盘式泥水平衡顶管掘进机	ϕ2000	台班	1159.00
1939	刀盘式泥水平衡顶管掘进机	ϕ2200	台班	1464.00
1940	刀盘式泥水平衡顶管掘进机	ϕ2400	台班	1695.00
1941	刀盘式泥水平衡顶管掘进机	ϕ3000	台班	2040.00
1942	刀盘式泥水平衡顶管掘进机	ϕ600	台班	449.00
1943	刀盘式泥水平衡顶管掘进机	ϕ800	台班	455.00
1944	Z 型压路机(YZ18J)		台班	1044.00
1945	多锤头破碎机(RHMA288)		台班	9007.00
1946	共振破碎机(RB-500)		台班	22883.00
1947	履带式液压挖掘机带打拔桩机振动锤	BY-VH250	台班	1269.00
1948	履带式液压挖掘机带打拔桩机振动锤	BY-VH350	台班	1692.00
1949	履带式液压挖掘机带打拔桩机振动锤	BY-VH450	台班	2444.00
1950	泡沫混凝土搅拌机 LM-60		台班	274.00
1951	泡沫混凝土输送泵 HT-60		台班	1425.00
1952	平行水钻机		台班	580.00
1953	热熔焊接机	110~250	台班	224.00
1954	聚乙烯专用断管机		台班	75.20
1955	全自动热熔焊接机	400	台班	457.00
1956	高速制浆机		台班	339.00
1957	不断水开洞机	ϕ100	台班	6212.00
1958	不断水开洞机	ϕ150	台班	7454.00
1959	不断水开洞机	ϕ200	台班	8946.00
1960	不断水开洞机	ϕ300	台班	12071.00
1961	不断水开洞机	ϕ500	台班	18094.00
1962	不断水开洞机	ϕ800	台班	25059.00
1963	不断水开洞机	ϕ1000	台班	30072.00
1964	刀盘式泥水平衡顶管掘进机	ϕ1400	台班	551.00
1965	刀盘式泥水平衡顶管掘进机	ϕ1600	台班	745.00
1966	抓铲挖掘机	$0.5m^3$	台班	649.22
1967	履带式单头岩石破碎机	105kW	台班	1231.39
1968	袋装砂井机不带门架		台班	418.76
1969	袋装砂井机带门架		台班	492.53
1970	冲孔桩机带冲抓锤		台班	451.63
1971	汽车式起重机	260t	台班	11393.30

续表

序号	材料名称	型号规格	单位	单价(元)
1972	汽车式起重机	500t	台班	14240.67
1973	立式油压千斤顶	500t	台班	17.34
1974	分离式油压千斤顶	50t	台班	8.91
1975	平板拖车组	80t	台班	1559.55
1976	气动灌浆机		台班	11.20
1977	电动灌浆机		台班	26.11
1978	混凝土振捣器	平板式	台班	12.54
1979	混凝土振捣器	插入式	台班	4.65
1980	混凝土振捣器	附着式	台班	12.54
1981	自动真空压浆系统	LJ－YJA1 型	台班	375.58
1982	剪板机	10×2500	台班	78.85
1983	剪板机	20×2000	台班	122.84
1984	板料校平机	16×2000	台班	896.18
1985	板料校平机	16×2500	台班	964.35
1986	智能程控张拉机	LX－MSP 型	台班	565.15
1987	长臂挖掘机 360 型	18m	台班	1187.23
1988	刀盘式水力出土泥水平衡盾构掘进机	11500mm	台班	13822.57
1989	矩形顶管设备	6900×4200	台班	8568.75
1990	矩形顶管附属设备	6900×4200	台班	2309.83
1991	工程地质液压钻机		台班	484.95
1992	液压钻机	STE－1	台班	250.08
1993	定向钻机非开挖铺管钻机	ST－25 型	台班	1801.16
1994	定向钻机非开挖铺管钻机	ST－35 型	台班	2263.97
1995	真空滤油机	6000L/h	台班	262.72
2005	电焊机（综合）		台班	115.00
2006	电熔焊接机	3.5kW	台班	37.60
2007	汽车式起重机	5t	台班	366.47
2008	钻孔咬合桩机		台班	1848.22
2009	水力出土盾构掘进机	6000mm	台班	1933.93
2010	刀盘式干出土土压平衡盾构掘进机	11500mm	台班	13136.60
2011	刀盘式土压平衡顶管掘进机	2000mm	台班	670.64
2012	刀盘式泥水平衡盾构掘进机	ϕ15500	台班	50760.00
2013	多功能高压清洗机		台班	247.00

浙江省市政工程预算定额

（2018 版）

第二册　道路工程
第三册　桥涵工程
第四册　隧道工程

中 国 计 划 出 版 社

2018　北　京

总 说 明

一、《浙江省市政工程预算定额》(2018 版)(以下简称本定额)共分九册,具体包括:第一册《通用项目》、第二册《道路工程》、第三册《桥涵工程》、第四册《隧道工程》、第五册《给水工程》、第六册《排水工程》、第七册《燃气与集中供热工程》、第八册《路灯工程》、第九册《生活垃圾处理工程》。

二、本定额是指导设计概算、施工图预算、招标控制价的编审以及工程合同价约定、竣工结算办理、工程计价纠纷调解处理、工程造价鉴定等的依据。

三、本定额适用于城镇管辖范围内的新建、改建、扩建市政工程。

四、本定额是按照正常的施工条件,目前多数企业的施工机械装备程度,合理的施工工期、施工工艺和劳动组织编制的,反映了社会平均消耗量水平。

五、本定额是在《市政工程消耗量定额》ZYA 1 - 31 - 2015、《浙江省市政工程预算定额》(2010 版)的基础上,依据国家、浙江省有关现行产品标准、设计规范和施工验收规范、质量评定标准、安全技术操作规程进行编制的,同时参考了公路、水利等专业定额和其他省市相关定额,以及有代表性的工程设计、施工资料和其他资料。

六、关于人工工日消耗量:

本定额人工按定额用工的技术含量综合为一类人工和二类人工,其内容包括基本用工、超运距用工、人工幅度差和辅助用工。其中土石方工程人工为一类人工,其余均为二类人工。本定额中的人工每工日按 8 小时工作制计算。

七、关于材料消耗量:

1. 本定额中的材料消耗包括主要材料、辅助材料。材料消耗量包括净用量和损耗量。损耗量包括:从工地仓库、现场集中堆放地点或现场加工地点至操作或安装地点的现场施工场内运输损耗、施工操作损耗、施工现场堆放损耗等,规范(设计文件)规定的预留量、搭接量不在损耗量中考虑;

2. 本定额中的混凝土、沥青混凝土、砌筑砂浆、抹灰砂浆及各种胶泥等均按半成品消耗量以体积表示。本定额中混凝土的养护,除另有说明者外,均按自然养护考虑;

3. 本定额中的周转性材料已按规定的材料周转次数摊销计入定额内;

4. 用量少、价值小的材料合并为其他材料,以其他材料费的形式表示。

八、关于施工机械台班消耗量:

1. 本定额中的机械按常用机械、合理机械配备和施工企业的机械化装备程度,并结合工程实际综合确定;

2. 本定额中的机械台班消耗量已包括了机械幅度差内容;

3. 定额中均已包括材料、成品、半成品从工地仓库、现场集中堆放地点或现场加工地点至操作安装地点的水平和垂直运输所需要的人工和机械消耗量。如需要再次搬运的,应在二次搬运费项目中列支。

九、关于定额单价的取定:人工单价,一类人工 125 元/工日,二类人工 135 元/工日;材料单价按《浙江省建筑安装材料基期价格》(2018 版)取定;机械台班单价根据《浙江省施工机械台班费用定额》(2018 版)取定。

十、本定额中的混凝土、沥青混凝土、厂拌三渣等均按商品价考虑,其单价中除包括产品出厂价外,还包括了至施工现场的运输、装卸费用。采用泵送混凝土的,其单价包括泵送费用。

十一、本定额中混凝土项目按运至施工现场的商品混凝土编制,若实际采用现拌混凝土浇捣的,人工、机械消耗量调整如下:

1. 人工增加 0.392 工日/m^3;

2. 增加 500L 混凝土搅拌机 0.03 台班/m^3。

十二、混凝土定额中已按结构部位取定泵送混凝土或非泵送混凝土的材料价格,若定额所列混凝土形式与实际不同时,除混凝土单价换算外,人工消耗量调整如下:

1. 泵送商品混凝土调整为非泵送商品混凝土:定额人工乘以系数 1.35;

2. 非泵送商品混凝土调整为泵送商品混凝土:定额人工乘以系数 0.75。

十三、本定额中所使用的砂浆按干混预拌砂浆编制,若实际使用现拌砂浆或湿拌预拌砂浆时,按以下方法调整:

1. 实际使用现拌砂浆的,除将定额中的干混预拌砂浆调换为现拌砂浆外,另按相应定额中每立方米砂浆增加人工 0.382 工日、200L 灰浆搅拌机 0.167 台班,同时扣除原定额中干混砂浆罐式搅拌机台班。

2. 实际使用湿拌预拌砂浆的,除将定额中的干混预拌砂浆调换为湿拌预拌砂浆外,另按相应定额中每立方米砂浆扣除人工 0.20 工日,并扣除干混砂浆罐式搅拌机台班数量。

十四、本定额中混凝土养护已根据不同定额子目综合考虑养护材料。若定额按塑料薄膜考虑,实际使用土工布养护时,土工布消耗量按塑料薄膜定额用量乘以系数 0.4,其他不变;若定额按土工布考虑,而实际使用塑料薄膜养护时,塑料薄膜消耗量按土工布定额用量乘以系数 2.5,其他不变。

十五、本定额中周转材料的回库维修费及场外运费:

1. 钢模板(含钢支撑)的回库维修费已按其材料单价的 8% 计入消耗量;

2. 钢模板(含钢支撑)、木模、脚手架的场外运费已按机械台班形式计入定额子目,不另单独计算。

十六、本定额中混凝土及钢筋混凝土预制桩、小型预制构件等制作的工程量计算,应按施工图构件净用量另加 1.5% 损耗率。

十七、本定额施工用水、电是按现场有水、电考虑的,如现场无水、电时,可根据实际情况进行调整。

十八、本定额的工作内容中已说明了主要的施工工序,次要工序虽未说明,但已考虑在定额内。

十九、施工与生产同时进行、在有害身体健康的环境中施工时的降效增加费,本定额未考虑,发生时另行计算。

二十、本定额与浙江省其他工程预算定额的关系:凡本定额包含的项目,应按本定额项目执行;本定额缺项部分,可按其他工程预算定额有关册、章的相关说明执行。

二十一、本定额中用括号“( )”表示的消耗量,均未计入基价。

二十二、本定额中注有“××以内”或“××以下”者均包括××本身,“××以外”或“××以上”者,则不包括××本身。

二十三、本定额由浙江省建设工程造价管理总站负责解释与管理。

目　　录

第二册　道路工程

第五章　交通管理设施

第三册　桥 涵 工 程

第一章　打 桩 工 程

第二章　钻孔灌注桩工程

第三章　砌 筑 工 程

第四章　钢结构安装工程

第五章　现浇混凝土工程

第六章　预制混凝土工程

第七章　立交箱涵工程

第八章　安 装 工 程

第九章　临 时 工 程

第十章　装 饰 工 程

第四册　隧 道 工 程

第一章　隧道开挖与出渣

第二章　临 时 工 程

第三章　隧 道 内 衬

第四章　盾构法掘进

第五章　隧 道 沉 井

第六章　垂 直 顶 升

第七章　地下混凝土结构

第八章　金 属 构 件

第九章　矩 形 顶 管

第二册　道 路 工 程

册 说 明

一、《浙江省市政工程预算定额》(2018 版)第二册《道路工程》(以下简称本册定额),包括路基处理、道路基层、道路面层、人行道及其他、交通管理设施,共 5 章 386 个子目。

二、本册定额适用于城镇范围内的新建、改建、扩建的市政道路工程。

三、本册定额编制依据:

1.《市政工程工程量计算规范》GB 50587—2013;

2.《城市道路交通标志和标线设置规范》GB 51038—2015;

3.《道路交通信号灯》GB 14887—2001;

4.《市政工程消耗量定额》ZYA 1 - 31 - 2015;

5.《浙江省市政工程预算定额》(2010 版);

6.《杭州市交通设施工程预算定额(试行)》;

7.《上海市市政工程预算定额》SHA1 - 31(01) - 2016;

8. 现行的设计、施工验收规范、安全操作规程、质量评定标准。

四、本册定额中的工序、人工、机械、材料等均系综合取定。

五、道路工程中的排水项目,执行本定额第六册《排水工程》相应项目。

六、道路基层及面层的铺筑厚度均为压实厚度。

七、本册定额的多合土项目按现场机拌考虑,部分基层项目考虑了厂拌。

八、本册定额凡使用石灰的子目,均不包括消解石灰的工作内容。编制预算中,应先计算出石灰总用量,然后套用消解石灰子目。

九、本册定额未包括智能交通系统。

十、未尽事宜详见各章节说明。

第一章
路 基 处 理

说　　明

一、本章定额包括路床(槽)整形、路基盲沟和弹软土基处理,共3节72个子目。

二、路床(槽)整形项目的内容,包括平均厚度10cm以内的人工挖高填低、整平路床,使之形成设计要求的纵横坡度,并应经压路机碾压密实。

三、边沟成型,综合考虑了边沟挖土的土类和边沟两侧边坡培整面积所需的挖土、培土、修整边坡及余土抛出沟外的全过程所需人工,边坡所出余土弃运至路基50m以外。

四、砂石盲沟定额断面与设计断面不同时,定额消耗量按比例换算。

五、混凝土滤管盲沟定额中不含滤管外滤层材料,发生时执行本定额第六册《排水工程》相应子目。

六、堆载预压工作内容中包括了堆载四面的放坡和修筑坡道,未包括堆载材料的运输,发生时费用另行计算。

七、真空预压砂垫层厚度按70cm考虑,当设计材料、厚度不同时,应做调整。

八、水泥粉煤灰碎石桩(CFG)发生土方场外运输时执行本定额第一册《通用项目》相应定额子目。水泥粉煤灰碎石桩(CFG)按C15强度等级的配合比编制,如设计强度等级不同,可按设计调整相应的材料消耗量。

九、袋装砂井直径按7cm编制,当设计砂井直径不同时,按砂井截面积比例调整黄砂用量,其他消耗量不变。袋装砂井、塑料排水板定额,其材料消耗量已包括砂袋、塑料排水板的预留长度。

十、铺设土工合成材料定额中未考虑块石、钢筋锚固等因素,如实际发生可按实计算有关费用。定额中土工布按300g/m^{2}取定,如实际规格为150、200、400g/m^{2}时,定额人工分别乘以系数0.7、0.8、1.2。

十一、路基填筑泡沫混凝土按干密度级别为500kg/m^{3}的配合比编制,如设计干密度级别不同,可按设计调整相应的材料消耗量。

工程量计算规则

一、路床(槽)碾压宽度应按设计道路底层宽度加加宽值计算。加宽值在设计无明确规定时按底层两侧各加 25cm 计算,人行道碾压加宽按一侧计算。

二、堆载预压、真空预压按设计图示尺寸加固面积以“m^2”计算。

三、强夯分满夯、点夯,区分不同的夯击能量,按设计图示尺寸的夯击范围计算,设计无规定时,按每边超边基础外缘的宽度 3m 计算。

四、掺石灰、改换片石,工程量按设计图示尺寸以“m^3”计算。

五、石灰砂桩工程量为设计桩断面乘以设计桩长以“m^3”计算。

六、水泥粉煤灰碎石桩(CFG)按设计图示桩长(包括桩尖)以“m”计算。弃土外运按成孔体积以“m^3”计算。

七、袋装砂井及塑料排水板工程量应按设计深度以“m”计算。

八、铺设土工合成材料工程量应按设计图示尺寸以“m^2”计算。

九、路基填筑应按填筑体积以“m^3”计算。

一、路床(槽)整形

工作内容:1.路床、人行道整形碾压:放样、挖高填低、推土机整平、找平、碾压、检验、人工配合处理机械碾压不到之处;
2.边沟成型:人工挖边沟土、培整边坡、整平沟底。

定额编号				2-1	2-2	2-3
项目				路床碾压检验	人行道整形碾压	土边沟成型
计量单位				100m²		10m³
基价(元)				**128.92**	**139.21**	**463.59**
其中	人工费(元)			26.33	125.55	463.59
	材料费(元)			—	—	—
	机械费(元)			102.59	13.66	—
名称		单位	单价(元)	消耗量		
人工	二类人工	工日	135.00	0.195	0.930	3.434
机械	钢轮内燃压路机 12t	台班	455.44	0.114	0.030	—
	履带式推土机 75kW	台班	625.55	0.081	—	—

二、路基盲沟

工作内容:放样、挖土、运料、填充夯实。　　**计量单位**:100m

定额编号				2-4	2-5
项目				砂石盲沟	滤管盲沟
				400×400	ϕ30
基价(元)				**3588.46**	**7230.87**
其中	人工费(元)			970.38	4033.80
	材料费(元)			2618.08	3197.07
	机械费(元)			—	—
名称		单位	单价(元)	消耗量	
人工	二类人工	工日	135.00	7.188	29.880
材料	碎石 综合	t	102.00	22.195	—
	黄砂 毛砂	t	87.38	3.900	—
	滤管 ϕ30	m	30.17	—	105.300
	其他材料费	元	1.00	13.41	20.17

三、弹软土基处理

1. 堆 载 预 压

工作内容:测量放线、安沉降盘、堆载、卸载、整平、观测。 计量单位:1000m²

定额编号				2-6	2-7	2-8	2-9
项目				预压荷载(kN/m²)			
				80	90	100	110
基价(元)				**42381.62**	**46692.11**	**53575.48**	**59341.41**
其中	人工费(元)			22453.20	25369.20	28285.20	31334.85
	材料费(元)			395.81	419.10	442.37	465.66
	机械费(元)			19532.61	20903.81	24847.91	27540.90
名称		单位	单价(元)	消耗量			
人工	二类人工	工日	135.00	166.320	187.920	209.520	232.110
材料	型钢 综合	t	3836.00	0.102	0.108	0.114	0.120
	其他材料费	元	1.00	4.54	4.81	5.07	5.34
机械	履带式推土机 75kW	台班	625.55	31.158	33.350	39.655	43.960
	载货汽车 4t	台班	369.21	0.113	0.113	0.113	0.113

工作内容:测量放线、安沉降盘、堆载、卸载、整平、观测。 计量单位:1000m²

定额编号				2-10	2-11	2-12	2-13
项目				预压荷载(kN/m²)			
				120	130	140	150
基价(元)				**65373.05**	**71378.17**	**77441.84**	**83459.11**
其中	人工费(元)			34578.90	37725.75	40860.45	44019.45
	材料费(元)			488.95	512.22	535.51	558.79
	机械费(元)			30305.20	33140.20	36045.88	38880.87
名称		单位	单价(元)	消耗量			
人工	二类人工	工日	135.00	256.140	279.450	302.670	326.070
材料	型钢 综合	t	3836.00	0.126	0.132	0.138	0.144
	其他材料费	元	1.00	5.61	5.87	6.14	6.41
机械	履带式推土机 75kW	台班	625.55	48.379	52.911	57.556	62.088
	载货汽车 4t	台班	369.21	0.113	0.113	0.113	0.113

2. 真 空 预 压

工作内容：测量放线，制、安、拆滤排水管，铺设砂垫层及薄膜，施工密封沟，安，拆真空设备，抽真空，观测。

计量单位：$1000m^2$

定额编号				2-14	2-15
项目				预压期(3 个月)	预压期(每增减 0.5 月)
基价（元）				**262126.46**	**7024.57**
其中	人工费（元）			56424.60	2430.00
	材料费（元）			175071.23	—
	机械费（元）			30630.63	4594.57
名称		单位	单价(元)	消耗量	
人工	二类人工	工日	135.00	417.960	18.000
材料	土工膜	m^2	23.28	2493.624	—
	土工布	m^2	4.31	2063.355	—
	UPVC 塑料管 *De*75	m	11.21	116.617	—
	UPVC 塑料管 *De*50	m	6.03	214.480	—
	黄砂 净砂	t	92.23	1141.000	—
	铁件	kg	3.71	19.000	—
	其他材料费	元	1.00	221.09	—
机械	电动单级离心清水泵 100mm	台班	36.22	310.215	46.532
	真空泵 $204m^3/h$	台班	62.52	310.215	46.532

3. 强 夯 地 基

(1) 满　　夯

工作内容：机具准备、夯击、夯锤位移、施工道路平整、资料记载。

计量单位：$100m^2$

定额编号				2-16	2-17	2-18	2-19
项目				夯击能量			
				1200kN·m 以内		2000kN·m 以内	
				1 遍 1 击	每增 1 击	1 遍 1 击	每增 1 击
基价（元）				**296.76**	**168.90**	**445.28**	**242.86**
其中	人工费（元）			111.24	65.61	147.83	74.66
	材料费（元）			—	—	—	—
	机械费（元）			185.52	103.29	297.45	168.20
名称		单位	单价(元)	消耗量			
人工	二类人工	工日	135.00	0.824	0.486	1.095	0.553
机械	履带式推土机 75kW	台班	625.55	0.113	0.063	0.144	0.082
	强夯机械 1200kN·m	台班	717.73	0.160	0.089	—	—
	强夯机械 2000kN·m	台班	1016.54	—	—	0.204	0.115

工作内容:机具准备、夯击、夯锤位移、施工道路平整、资料记载。 **计量单位**:100m²

定额编号				2-20	2-21	2-22	2-23
项目				夯击能量			
				3000kN·m 以内		4000kN·m 以内	
				1 遍 1 击	每增 1 击	1 遍 1 击	每增 1 击
基价(元)				**602.91**	**375.90**	**1044.21**	**766.00**
其中	人工费(元)			192.78	116.64	301.05	218.03
	材料费(元)			—	—	—	—
	机械费(元)			410.13	259.26	743.16	547.97
名称		单位	单价(元)	消耗量			
人工	二类人工	工日	135.00	1.428	0.864	2.230	1.615
机械	履带式推土机 75kW	台班	625.55	0.169	0.107	0.263	0.194
	强夯机械 3000kN·m	台班	1273.69	0.239	0.151	—	—
	强夯机械 4000kN·m	台班	1551.32	—	—	0.373	0.275

(2)点夯

工作内容:机具准备、夯击、夯锤位移、施工道路平整、资料记载。 **计量单位**:100m²

定额编号				2-24	2-25	2-26	2-27
项目				夯击能量			
				1200kN·m 以内			
				每 100m² 夯点			
				9 以内		每增加 1	
				4 击以下	每增 1 击	4 击以下	每增 1 击
基价(元)				**542.46**	**81.37**	**60.45**	**7.28**
其中	人工费(元)			220.32	41.18	24.44	2.97
	材料费(元)			—	—	—	—
	机械费(元)			322.14	40.19	36.01	4.31
名称		单位	单价(元)	消耗量			
人工	二类人工	工日	135.00	1.632	0.305	0.181	0.022
机械	履带式推土机 75kW	台班	625.55	0.196	—	0.022	—
	强夯机械 1200kN·m	台班	717.73	0.278	0.056	0.031	0.006

工作内容:机具准备、夯击、夯锤位移、施工道路平整、资料记载。　　　　**计量单位**:100m²

定　额　编　号				2-28	2-29	2-30	2-31
项　　目				夯击能量			
				2000kN·m 以内			
				每 100m² 夯点			
				9 以内		每增加 1	
				4 击以下	每增 1 击	4 击以下	每增 1 击
基　价 (元)				**800.28**	**113.74**	**89.27**	**12.25**
其中	人　工　费 (元)			250.02	45.63	27.81	5.13
	材　料　费 (元)			—	—	—	—
	机　械　费 (元)			550.26	68.11	61.46	7.12
名　称		单位	单价(元)	消　耗　量			
人工	二类人工	工日	135.00	1.852	0.338	0.206	0.038
机械	履带式推土机 75kW	台班	625.55	0.267	—	0.030	—
	强夯机械 2000kN·m	台班	1016.54	0.377	0.067	0.042	0.007

工作内容:机具准备、夯击、夯锤位移、施工道路平整、资料记载。　　　　**计量单位**:100m²

定　额　编　号				2-32	2-33	2-34	2-35
项　　目				夯击能量			
				3000kN·m 以内			
				每 100m² 夯点			
				9 以内		每增加 1	
				4 击以下	每增 1 击	4 击以下	每增 1 击
基　价 (元)				**1099.44**	**177.35**	**121.84**	**19.90**
其中	人　工　费 (元)			337.50	63.99	37.53	7.16
	材　料　费 (元)			—	—	—	—
	机　械　费 (元)			761.94	113.36	84.31	12.74
名　称		单位	单价(元)	消　耗　量			
人工	二类人工	工日	135.00	2.500	0.474	0.278	0.053
机械	履带式推土机 75kW	台班	625.55	0.314	—	0.035	—
	强夯机械 3000kN·m	台班	1273.69	0.444	0.089	0.049	0.010

工作内容:机具准备、夯击、夯锤位移、施工道路平整、资料记载。 **计量单位:**100m²

定额编号				2-36	2-37	2-38	2-39
项目				夯击能量			
				4000kN·m 以内			
				每 100m² 夯点			
				9 以内		每增加 1	
				4 击以下	每增 1 击	4 击以下	每增 1 击
基价(元)				**2349.04**	**408.77**	**261.11**	**46.02**
其中	人工费(元)			646.38	134.19	71.82	14.99
	材料费(元)			—	—	—	—
	机械费(元)			1702.66	274.58	189.29	31.03
名称		单位	单价(元)	消耗量			
人工	二类人工	工日	135.00	4.788	0.994	0.532	0.111
机械	履带式推土机 75kW	台班	625.55	0.604	—	0.067	—
	强夯机械 4000kN·m	台班	1551.32	0.854	0.177	0.095	0.020

4. 掺石灰、改换片石

工作内容:1. 人工操作:放样、挖土、掺料改换、整平、分层夯实、找平、清理杂物;
2. 机械操作:放样、机械挖土、掺料、推拌、分层排压、找平、碾压、清理杂物。 **计量单位:**10m³

定额编号				2-40	2-41	2-42	2-43	2-44
项目				人工操作			机械操作	
				5% 含灰量	8% 含灰量	改换片石	5% 含灰量	8% 含灰量
基价(元)				**661.54**	**825.18**	**2148.88**	**539.52**	**731.64**
其中	人工费(元)			400.95	408.24	844.02	95.45	131.22
	材料费(元)			260.59	416.94	1304.86	260.59	416.94
	机械费(元)			—	—	—	183.48	183.48
名称		单位	单价(元)	消耗量				
人工	二类人工	工日	135.00	2.970	3.024	6.252	0.707	0.972
材料	黄土	m³	—	(14.200)	(13.750)	—	(14.200)	(13.750)
	生石灰	t	305.00	0.850	1.360	—	0.850	1.360
	片石	t	67.96	—	—	19.088	—	—
	其他材料费	元	1.00	1.34	2.14	7.64	1.34	2.14
机械	钢轮内燃压路机 12t	台班	455.44	—	—	—	0.168	0.168
	履带式推土机 75kW	台班	625.55	—	—	—	0.171	0.171

5. 石 灰 砂 桩

工作内容：放样、挖孔、填料、夯实、清理余土至路边。　　　　**计量单位**：$10m^3$

定额编号				2-45	2-46
项目				石灰砂桩直径(cm)	
				10 以内	10 以上
基价（元）				**3584.17**	**3678.94**
其中	人工费（元）			1144.53	1239.30
	材料费（元）			2439.64	2439.64
	机械费（元）			—	—
名称		单位	单价(元)	消耗量	
人工	二类人工	工日	135.00	8.478	9.180
材料	生石灰	t	305.00	6.800	6.800
	黄砂 毛砂	t	87.38	3.900	3.900
	其他材料费	元	1.00	24.86	24.86

6. 水泥粉煤灰碎石桩（CFG）

工作内容：准备钻孔机具，钻孔就位，钻孔取土，土方现场转运，安装、拆除输送管，混合料配、拌、运输、灌注等。　　　　**计量单位**：10m

定额编号				2-47	2-48	2-49	2-50
项目				桩径(mm 以内)			
				ϕ300	ϕ400	ϕ450	ϕ500
基价（元）				**569.98**	**998.07**	**1245.59**	**1518.60**
其中	人工费（元）			205.74	360.59	449.55	546.75
	材料费（元）			221.49	393.28	497.08	613.46
	机械费（元）			142.75	244.20	298.96	358.39
名称		单位	单价(元)	消耗量			
人工	二类人工	工日	135.00	1.524	2.671	3.330	4.050
材料	普通硅酸盐水泥 P·O 42.5 综合	t	346.00	0.215	0.383	0.484	0.598
	粉煤灰	t	136.00	0.139	0.248	0.314	0.387
	石屑	t	38.83	0.448	0.796	1.007	1.243
	碎石 综合	t	102.00	1.033	1.837	2.324	2.869
	铁件	kg	3.71	0.308	0.308	0.308	0.308
	输送管	kg	4.74	0.269	0.478	0.604	0.746
	水	m^3	4.27	0.153	0.273	0.344	0.426
	其他材料费	元	1.00	2.36	4.18	5.29	6.52
机械	长螺旋钻机 400mm	台班	484.40	0.176	0.298	—	—
	长螺旋钻机 600mm	台班	567.93	—	—	0.301	0.354
	履带式起重机 5t	台班	476.74	0.064	0.113	0.143	0.177
	机动翻斗车 1t	台班	197.36	0.088	0.155	0.196	0.243
	双锥反转出料混凝土搅拌机 350L	台班	192.31	0.050	0.080	0.110	0.130

工作内容:准备钻孔机具,钻孔就位,钻孔取土,土方现场转运,安装、拆除输送管,混合料配、拌、运输、灌注等。

计量单位:10m

定额编号				2-51	2-52	2-53
项目				桩径(mm 以内)		
				ϕ600	ϕ700	ϕ800
基价(元)				**2158.91**	**2835.68**	**3629.80**
其中	人工费(元)			782.87	1023.30	1296.00
	材料费(元)			873.61	1204.63	1572.57
	机械费(元)			502.43	607.75	761.23
名称		单位	单价(元)	消耗量		
人工	二类人工	工日	135.00	5.799	7.580	9.600
材料	普通硅酸盐水泥 P·O 42.5 综合	t	346.00	0.861	1.172	1.531
	粉煤灰	t	136.00	0.558	0.759	0.992
	石屑	t	38.83	1.790	2.437	3.184
	碎石 综合	t	102.00	4.132	5.624	7.348
	铁件	kg	3.71	0.308	0.308	0.308
	输送管	kg	4.74	1.074	1.462	1.910
	水	m^3	4.27	0.613	1.546	1.802
	其他材料费	元	1.00	—	12.94	16.91
机械	长螺旋钻机 600mm	台班	567.93	0.485	—	—
	长螺旋钻机 800mm	台班	656.80	—	0.457	0.543
	履带式起重机 5t	台班	476.74	0.255	0.347	0.454
	机动翻斗车 1t	台班	197.36	0.349	0.467	0.622
	双锥反转出料混凝土搅拌机 350L	台班	192.31	0.190	0.260	0.340

7. 袋装砂井

工作内容:1. 带门架:轨道铺拆、装砂袋、定位、打钢管、下砂袋、拔钢管、门架机移位;

2. 不带门架:装砂袋、定位、打钢管、下砂袋、拔钢管、桩机移位。

计量单位:1000m

定额编号				2-54	2-55
项目				袋装砂井机	
				带门架	不带门架
基价(元)				**4356.20**	**4213.43**
其中	人工费(元)			1525.50	891.00
	材料费(元)			1791.46	1526.63
	机械费(元)			1039.24	1795.80
名称		单位	单价(元)	消耗量	
人工	二类人工	工日	135.00	11.300	6.600
材料	黄砂 毛砂	t	87.38	4.560	4.560
	塑料编织袋	m	1.03	1087.000	1087.000
	枕木	m^3	2457.00	0.033	—
	钢轨	t	4138.00	0.040	—
	铁件	kg	3.71	4.500	—
	其他材料费	元	1.00	10.10	8.57
机械	袋装砂井机带门架	台班	492.53	2.110	—
	袋装砂井机不带门架	台班	418.76	—	1.690
	履带式起重机 15t	台班	702.00	—	1.550

注:砂井直径按 7cm 计算,如砂井直径不同时,可按砂井截面积比率调整中(粗)砂用量,其他不变。

8. 塑料排水板

工作内容：定位、穿塑料排水板、剪板、插入、机械移位。　　**计量单位：**1000m

定额编号				2-56	2-57
项目				排水板插板机插板	
				板长15m以内	板长15m以上
基价（元）				**4716.86**	**4328.52**
其中	人工费（元）			592.25	534.60
	材料费（元）			2942.77	2848.63
	机械费（元）			1181.84	945.29
名称		单位	单价(元)	消耗量	
人工	二类人工	工日	135.00	4.387	3.960
材料	塑料排水板 SPB－100－A	m	2.50	1065.000	1050.000
	枕木	m^3	2457.00	0.033	0.025
	钢轨	t	4138.00	0.040	0.032
	铁件	kg	3.71	4.500	3.600
	其他材料费	元	1.00	16.97	16.43
机械	排水板插拔机	台班	935.00	1.264	1.011

9. 土工合成材料

工作内容：1. 土工布：清理平整基层、挖填锚固沟、场内运输、铺设土工布、缝合及锚固；
2. 土工格栅：清理平整基层、场内运输、铺设土工格栅、固定土工格栅。　　**计量单位：**$100m^2$

定额编号				2-58	2-59	2-60	2-61
项目				土工布		土工格栅	
				平铺	斜铺	平铺	斜铺
基价（元）				**626.35**	**671.21**	**887.78**	**931.93**
其中	人工费（元）			162.00	202.50	150.66	187.92
	材料费（元）			464.35	468.71	737.12	744.01
	机械费（元）			—	—	—	—
名称		单位	单价(元)	消耗量			
人工	二类人工	工日	135.00	1.200	1.500	1.116	1.392
材料	土工布	m^2	4.31	106.500	107.500	—	—
	土工格栅	m^2	6.81	—	—	107.000	108.000
	其他材料费	元	1.00	5.33	5.38	8.45	8.53

注：本定额按针缝计，如采用搭接，土工布乘以系数1.05。

工作内容:清理平整基层、场内运输、铺设。

计量单位:100m²

定额编号				2-62
项目				玻璃纤维格栅
基价(元)				**740.91**
其中	人工费(元)			163.08
	材料费(元)			577.83
	机械费(元)			—
	名称	单位	单价(元)	消耗量
人工	二类人工	工日	135.00	1.208
材料	玻璃纤维格栅	m²	5.60	102.000
	其他材料费	元	1.00	6.63

10. 水泥稳定土

工作内容:放样、运料(水泥)、上料、人工摊铺土方(水泥)、拌合、找平、碾压、人工拌合处理碾压不到之处。

计量单位:100m²

定额编号				2-63	2-64	2-65	2-66
项目				水泥含量:5%			
				人机配合		人工拌合	
				厚度(cm)			
				15	每增减 1	15	每增减 1
基价(元)				**1016.87**	**45.60**	**1226.28**	**72.60**
其中	人工费(元)			271.62	13.50	708.21	40.50
	材料费(元)			460.23	32.10	460.23	32.10
	机械费(元)			285.02	—	57.84	—
	名称	单位	单价(元)	消耗量			
人工	二类人工	工日	135.00	2.012	0.100	5.246	0.300
材料	黄土	m³	—	(21.690)	(1.450)	(21.690)	(1.450)
	普通硅酸盐水泥 P·O 42.5 综合	t	346.00	1.290	0.090	1.290	0.090
	水	m³	4.27	2.630	0.180	2.630	0.180
	其他材料费	元	1.00	2.66	0.19	2.66	0.19
机械	履带式推土机 75kW	台班	625.55	0.148	—	—	—
	履带式拖拉机 60kW	台班	412.71	0.203	—	—	—
	平地机 120kW	台班	747.25	0.068	—	—	—
	钢轮内燃压路机 12t	台班	455.44	0.127	—	0.127	—

11. 路基填筑

工作内容：铺筑、整平、冲撼、分层碾压。 计量单位：$10m^3$

定额编号				2-67	2-68	2-69	2-70	2-71	2-72
项目				砂	塘渣	石屑	粉煤灰	抛石挤淤	泡沫混凝土
基价（元）				1649.51	785.99	812.29	1948.31	1333.06	2361.43
其中	人工费（元）			94.77	31.59	95.04	94.77	28.35	299.70
	材料费（元）			1548.47	713.68	710.98	1832.53	1267.57	1616.59
	机械费（元）			6.27	40.72	6.27	21.01	37.14	445.14
名称		单位	单价(元)	消耗量					
人工	二类人工	工日	135.00	0.702	0.234	0.704	0.702	0.210	2.220
材料	黄砂 毛砂	t	87.38	17.680	—	—	—	—	—
	塘渣	t	34.95	—	20.420	—	—	—	—
	石屑	t	38.83	—	—	18.220	—	—	—
	粉煤灰	t	136.00	—	—	—	13.395	—	—
	块石	t	77.67	—	—	—	—	16.320	—
	普通硅酸盐水泥 P·O 42.5 综合	t	346.00	—	—	—	—	—	4.250
	发泡剂	kg	8.80	—	—	—	—	—	11.930
	水	m^3	4.27	0.840	—	0.820	2.532	—	3.200
	其他材料费	元	1.00	—	—	—	—	—	27.44
机械	履带式推土机 75kW	台班	625.55	—	0.029	—	—	0.025	—
	钢轮内燃压路机 8t	台班	353.82	—	—	—	0.029	—	—
	钢轮内燃压路机 15t	台班	537.56	—	0.042	—	0.020	0.040	—
	混凝土振捣器 平板式	台班	12.54	0.500	—	0.500	—	—	—
	泡沫混凝土输送泵 HT-60	台班	1425.00	—	—	—	—	—	0.262
	泡沫混凝土搅拌机 LM-60	台班	274.00	—	—	—	—	—	0.262

第二章

道 路 基 层

说　明

一、本章定额包括石灰、粉煤灰、土基层，石灰、粉煤灰、碎石基层，石灰、土、碎石基层，粉煤灰三渣基层，砂砾石底层（天然级配），卵石底层，碎石底层，块石底层，矿渣底层，塘渣底层，砂底层，石屑底层，沥青稳定碎石，水泥稳定碎石基层，水泥稳定碎石砂基层，顶层多合土养生，消解石灰，共 17 节 74 个子目。

二、多合土基层中各种材料是按常用的配合比编制的，当设计配合比与定额不符时，有关的材料消耗量可以调整。但人工和机械台班的消耗量不得调整。

三、混合料多层次铺筑时，其基础顶层需进行养生，养生期按 7d 考虑，其用水量已综合在顶层多合土养生定额内，使用时不得重复计算用水量。

四、各种底、基层材料消耗中如作面层封顶时不包括水的使用量，当作为面层封顶时如需加水碾压，加水量可另行计算。

五、基层混合料中的石灰均为生石灰的消耗量。

六、水泥稳定碎石基层分机拌人铺、机拌沥青摊铺机摊铺、厂拌人铺、厂拌沥青摊铺机摊铺，发生时分别套用相应定额子目。其他基层如采用沥青混凝土摊铺机摊铺的，可套用厂拌粉煤灰三渣基层（沥青混凝土摊铺机摊铺）相应定额子目，材料换算，其他不变。

七、本章中设有“每减 1cm”的子目，适用于压实厚度 20cm 以内；压实厚度在 20cm 以上按规范应按两层结构层铺筑，以此类推。

八、本章定额未包括搅拌点至施工地点半成品运输，发生时套用本定额第一册《通用项目》相应半成品运输定额。

九、现拌水泥稳定碎石基层定额中水泥掺量按 5% 和 6% 分别编制，如设计水泥掺入量不同，按设计调整换算。

工程量计算规则

一、道路工程路基应按设计道路基层图示尺寸以“m^2”计算。

二、道路工程多合土养生面积计算,按设计基层的顶层面积以“m^2”计算。

三、道路基层与底层工程量计算时不扣除各种井所占的面积。设计道路基层横断面是梯形时,应按其截面平均宽度计算面积。

一、石灰、粉煤灰、土基层

工作内容：放样、清理路床、运料、上料、铺石灰、焖水、配料拌合、排压、找平、碾压、人工处理碾压不到之处、清除杂物。

计量单位：100m²

定额编号				2-73	2-74	2-75	2-76
项目				石灰：粉煤灰：土 （12：35：53）		石灰：粉煤灰：土 （8：80：12）	
				人工拌合			
				厚20cm	每减1cm	厚20cm	每减1cm
基价（元）				**4462.30**	**202.38**	**6557.08**	**321.10**
其中	人工费（元）			1422.90	60.48	1444.50	68.85
	材料费（元）			2980.15	141.90	5053.33	252.25
	机械费（元）			59.25	—	59.25	—
名称		单位	单价（元）	消耗量			
人工	二类人工	工日	135.00	10.540	0.448	10.700	0.510
材料	黄土	m³	—	(13.707)	(0.685)	(3.103)	(0.155)
	生石灰	t	305.00	3.535	0.176	2.357	0.117
	粉煤灰	t	136.00	13.747	0.637	31.442	1.571
	水	m³	4.27	4.010	0.200	7.600	0.380
	其他材料费	元	1.00	15.26	0.73	25.88	1.29
机械	钢轮内燃压路机 12t	台班	455.44	0.064	—	0.064	—
	钢轮内燃压路机 15t	台班	537.56	0.056	—	0.056	—

工作内容：放样、清理路床、运料、上料、机械整平土方（粉煤灰）、铺石灰、焖水、拌合机拌合、排压、找平、碾压、人工拌合处理碾压不到之处、清除杂物。

计量单位：100m²

定额编号				2-77	2-78	2-79	2-80
项目				石灰：粉煤灰：土 （12：35：53）		石灰：粉煤灰：土 （8：80：12）	
				机拌			
				厚20cm	每减1cm	厚20cm	每减1cm
基价（元）				**3562.76**	**164.31**	**5681.17**	**255.74**
其中	人工费（元）			354.24	12.42	399.47	14.58
	材料费（元）			2980.15	148.73	5053.33	238.00
	机械费（元）			228.37	3.16	228.37	3.16
名称		单位	单价（元）	消耗量			
人工	二类人工	工日	135.00	2.624	0.092	2.959	0.108
材料	黄土	m³	—	(13.707)	(0.685)	(3.103)	(0.160)
	生石灰	t	305.00	3.535	0.176	2.357	0.120
	粉煤灰	t	136.00	13.747	0.687	31.442	1.460
	水	m³	4.27	4.010	0.200	7.600	0.380
	其他材料费	元	1.00	15.26	0.76	25.88	1.22
机械	履带式推土机 75kW	台班	625.55	0.090	—	0.090	—
	平地机 120kW	台班	747.25	0.060	—	0.060	—
	稳定土拌合机 105kW	台班	790.49	0.086	0.004	0.086	0.004
	钢轮内燃压路机 12t	台班	455.44	0.064	—	0.064	—
	钢轮内燃压路机 15t	台班	537.56	0.056	—	0.056	—

工作内容:放线、清理路床、运料、上料、摊铺洒水、配合压路机碾压、初期养护。 **计量单位**:100m²

定额编号				2-81	2-82
项目				石灰:粉煤灰:土 (8:80:12)	
				厂拌人铺	
				厚 20cm	每减 1cm
基价(元)				**505.59**	**21.46**
其中	人工费(元)			430.11	20.39
	材料费(元)			16.23	1.07
	机械费(元)			59.25	—
名称		单位	单价(元)	消耗量	
人工	二类人工	工日	135.00	3.186	0.151
材料	石灰,粉煤灰,土混合料	t	—	(29.170)	(1.460)
	水	m³	4.27	3.800	0.250
机械	钢轮内燃压路机 12t	台班	455.44	0.064	—
	钢轮内燃压路机 15t	台班	537.56	0.056	—

二、石灰、粉煤灰、碎石基层

工作内容:放线、运料、上料、铺石灰、焖水、拌合机拌合、找平、碾压、人工拌合处理碾压不到之处、清除杂物。 **计量单位**:100m²

定额编号				2-83	2-84
项目				石灰:粉煤灰:碎石 (10:20:70)	
				机拌	
				厚 20cm	每减 1cm
基价(元)				**6368.02**	**325.52**
其中	人工费(元)			1020.60	58.32
	材料费(元)			5220.19	267.20
	机械费(元)			127.23	—
名称		单位	单价(元)	消耗量	
人工	二类人工	工日	135.00	7.560	0.432
材料	生石灰	t	305.00	3.960	0.200
	粉煤灰	t	136.00	9.820	0.490
	碎石 综合	t	102.00	25.718	1.292
	水	m³	4.27	6.300	1.500
	其他材料费	元	1.00	26.73	1.37
机械	稳定土拌合机 105kW	台班	790.49	0.086	—
	钢轮内燃压路机 12t	台班	455.44	0.064	—
	钢轮内燃压路机 15t	台班	537.56	0.056	—

三、石灰、土、碎石基层

工作内容：1. 机拌：放线、运料、上料、铺石灰、焖水、拌合机拌合、找平、碾压、人工拌合处理碾压不到之处、清除杂物；

2. 厂拌：放线、运料、上料、配合压路机碾压、养护。

计量单位：$100m^2$

定额编号				2-85	2-86	2-87	2-88
项目				石灰：土：碎石（8：72：20）		石灰：土：碎石（10：60：30）	
				机拌		厂拌	
				厚20cm	每减1cm	厚20cm	每减1cm
基价（元）				**2565.53**	**142.12**	**352.34**	**20.39**
其中	人工费（元）			566.46	48.06	293.09	20.39
	材料费（元）			1871.84	94.06	—	—
	机械费（元）			127.23	—	59.25	—
名称		单位	单价(元)	消耗量			
人工	二类人工	工日	135.00	4.196	0.356	2.171	0.151
材料	黄土	m^3	—	(26.750)	(1.340)	—	—
	厂拌石灰土碎石	t	—	—	—	(41.820)	(2.090)
	碎石 综合	t	102.00	7.847	0.394	—	—
	生石灰	t	305.00	3.380	0.170	—	—
	水	m^3	4.27	7.240	0.360	—	—
	其他材料费	元	1.00	9.63	0.48	—	—
机械	稳定土拌合机 105kW	台班	790.49	0.086	—	—	—
	钢轮内燃压路机 12t	台班	455.44	0.064	—	0.064	—
	钢轮内燃压路机 15t	台班	537.56	0.056	—	0.056	—

四、粉煤灰三渣基层

工作内容:1. 机拌:放线、拌合机拌合、运料、上料、摊铺、焖水、找平、碾压、二层铺筑时下层扎毛、清理;

2. 厂拌:放样、清理路床、运料、上料、摊铺、焖水、找平、碾压、二层铺筑时下层扎毛、养护。

计量单位:100m²

定额编号				2-89	2-90	2-91	2-92
项目				机拌粉煤灰三渣基层		厂拌粉煤灰三渣基层	
				机拌人铺		厂拌人铺	
				厚 20cm	每减 1cm	厚 20cm	每减 1cm
基价(元)				**4500.62**	**212.31**	**3374.43**	**159.04**
其中	人工费(元)			938.79	40.77	499.37	18.23
	材料费(元)			3434.60	171.54	2815.81	140.81
	机械费(元)			127.23	—	59.25	—
名称		单位	单价(元)	消耗量			
人工	二类人工	工日	135.00	6.954	0.302	3.699	0.135
材料	石灰下脚	m^3	48.06	4.780	0.240	—	—
	粉煤灰	t	136.00	8.830	0.440	—	—
	碎石 综合	t	102.00	19.210	0.960	—	—
	厂拌粉煤灰三渣	m^3	136.00	—	—	20.400	1.020
	水	m^3	4.27	6.320	0.320	6.320	0.320
	其他材料费	元	1.00	17.59	0.88	14.42	0.72
机械	稳定土拌合机 105kW	台班	790.49	0.086	—	—	—
	钢轮内燃压路机 12t	台班	455.44	0.064	—	0.064	—
	钢轮内燃压路机 15t	台班	537.56	0.056	—	0.056	—

工作内容:放样、摊铺、找平、洒水、碾压、养护、清理场地。

计量单位:100m²

定额编号				2-93	2-94
项目				厂拌粉煤灰三渣基层	
				沥青混凝土摊铺机摊铺	
				厚 20cm	每减 1cm
基价(元)				**3053.07**	**140.24**
其中	人工费(元)			180.63	0.81
	材料费(元)			2805.94	139.43
	机械费(元)			66.50	—
名称		单位	单价(元)	消耗量	
人工	二类人工	工日	135.00	1.338	0.006
材料	厂拌粉煤灰三渣	m^3	136.00	20.400	1.020
	水	m^3	4.27	4.020	—
	其他材料费	元	1.00	14.37	0.71
机械	沥青混凝土摊铺机 8t	台班	830.94	0.030	—
	钢轮振动压路机 12t	台班	692.85	0.060	—

五、砂砾石底层(天然级配)

工作内容:放样、清理路床、取料、运料、上料、摊铺、找平、碾压。　　　**计量单位**:100m²

定额编号				2-95	2-96	2-97	2-98
项目				人工铺装		人机配合	
				厚 20cm	每减 1cm	厚 20cm	每减 1cm
基价(元)				**2675.45**	**129.18**	**2521.76**	**121.08**
其中	人工费(元)			406.35	17.55	218.70	9.45
	材料费(元)			2229.63	111.63	2229.63	111.63
	机械费(元)			39.47	—	73.43	—
名称		单位	单价(元)	消耗量			
人工	二类人工	工日	135.00	3.010	0.130	1.620	0.070
材料	砂砾石	t	67.96	32.640	1.632	32.640	1.632
	其他材料费	元	1.00	11.42	0.72	11.42	0.72
机械	钢轮内燃压路机 8t	台班	353.82	0.028	—	0.028	—
	钢轮内燃压路机 15t	台班	537.56	0.055	—	0.055	—
	平地机 90kW	台班	565.91	—	—	0.060	—

六、卵石底层

工作内容:放样、清理路床、取料、运料、上料、摊铺、灌砂、找平、碾压。　　　**计量单位**:100m²

定额编号				2-99	2-100	2-101	2-102
项目				人工铺装		人机配合	
				厚 20cm	每减 1cm	厚 20cm	每减 1cm
基价(元)				**2734.64**	**127.98**	**2310.95**	**105.70**
其中	人工费(元)			688.50	27.68	230.85	5.40
	材料费(元)			2006.67	100.30	2006.67	100.30
	机械费(元)			39.47	—	73.43	—
名称		单位	单价(元)	消耗量			
人工	二类人工	工日	135.00	5.100	0.205	1.710	0.040
材料	卵石 综合	t	52.33	32.463	1.623	32.463	1.623
	黄砂 毛砂	t	87.38	3.445	0.172	3.445	0.172
	其他材料费	元	1.00	6.86	0.34	6.86	0.34
机械	钢轮内燃压路机 8t	台班	353.82	0.028	—	0.028	—
	钢轮内燃压路机 15t	台班	537.56	0.055	—	0.055	—
	平地机 90kW	台班	565.91	—	—	0.060	—

七、碎 石 底 层

工作内容:放样、清理路床、取料、运料、上料、摊铺、灌缝、找平、碾压。 计量单位:100m²

定额编号				2-103	2-104	2-105	2-106
项目				人工铺装		人机配合	
				厚 20cm	每减 1cm	厚 20cm	每减 1cm
基价 (元)				**4231.24**	**205.62**	**3919.08**	**188.34**
其中	人工费 (元)			494.10	21.60	147.42	4.32
	材料费 (元)			3697.67	184.02	3697.67	184.02
	机械费 (元)			39.47	—	73.99	—
名称		单位	单价(元)	消耗量			
人工	二类人工	工日	135.00	3.660	0.160	1.092	0.032
材料	碎石 综合	t	102.00	36.066	1.803	36.066	1.803
	其他材料费	元	1.00	18.94	0.11	18.94	0.11
机械	钢轮内燃压路机 8t	台班	353.82	0.028	—	0.028	—
	钢轮内燃压路机 15t	台班	537.56	0.055	—	0.055	—
	平地机 90kW	台班	565.91	—	—	0.061	—

八、块 石 底 层

工作内容:放样、清理路床、取料、运料、上料、摊铺、找平、碾压。 计量单位:100m²

定额编号				2-107	2-108	2-109	2-110
项目				人工铺装		人机配合	
				厚 20cm	每减 1cm	厚 20cm	每减 1cm
基价 (元)				**4541.07**	**220.63**	**3917.12**	**189.44**
其中	人工费 (元)			769.50	36.59	108.00	5.40
	材料费 (元)			3681.95	184.04	3682.15	184.04
	机械费 (元)			89.62	—	126.97	—
名称		单位	单价(元)	消耗量			
人工	二类人工	工日	135.00	5.700	0.271	0.800	0.040
材料	块石	t	77.67	42.432	2.121	42.432	2.121
	碎石 综合	t	102.00	3.604	0.180	3.604	0.180
	其他材料费	元	1.00	18.65	0.94	18.85	0.94
机械	钢轮内燃压路机 8t	台班	353.82	0.033	—	0.033	—
	钢轮内燃压路机 15t	台班	537.56	0.145	—	0.145	—
	平地机 90kW	台班	565.91	—	—	0.066	—

九、矿 渣 底 层

工作内容:放样、清理路床、取料、运料、上料、摊铺、找平、洒水、碾压。　　**计量单位:**100m²

定额编号				2-111	2-112	2-113	2-114
项目				人工铺装		人机配合	
				厚 20cm	每减 1cm	厚 20cm	每减 1cm
基价（元）				**2127.55**	**93.77**	**1727.99**	**79.32**
其中	人工费（元）			517.59	17.42	65.61	2.97
	材料费（元）			1535.16	76.35	1534.96	76.35
	机械费（元）			74.80	—	127.42	—
名称		单位	单价(元)	消耗量			
人工	二类人工	工日	135.00	3.834	0.129	0.486	0.022
材料	矿渣	m³	53.40	28.150	1.400	28.150	1.400
	水	m³	4.27	4.000	0.200	4.000	0.200
	其他材料费	元	1.00	14.87	0.74	14.67	0.74
机械	钢轮内燃压路机 8t	台班	353.82	0.023	—	0.023	—
	钢轮内燃压路机 15t	台班	537.56	0.124	—	0.124	—
	平地机 90kW	台班	565.91	—	—	0.093	—

十、塘 渣 底 层

工作内容:放线、清理路床、取料、运料、上料、摊铺、找平、洒水、碾压。　　**计量单位:**100m²

定额编号				2-115	2-116	2-117	2-118
项目				人工铺装		人机配合	
				厚 20cm	每减 1cm	厚 20cm	每减 1cm
基价（元）				**2051.55**	**88.01**	**1647.57**	**74.20**
其中	人工费（元）			534.60	16.20	70.07	1.76
	材料费（元）			1448.83	71.81	1448.83	72.44
	机械费（元）			68.12	—	128.67	—
名称		单位	单价(元)	消耗量			
人工	二类人工	工日	135.00	3.960	0.120	0.519	0.013
材料	塘渣	t	34.95	40.840	2.024	40.840	2.042
	水	m³	4.27	3.290	0.164	3.290	0.164
	其他材料费	元	1.00	7.42	0.37	7.42	0.37
机械	钢轮内燃压路机 8t	台班	353.82	0.033	—	0.033	—
	钢轮内燃压路机 15t	台班	537.56	0.105	—	0.105	—
	平地机 90kW	台班	565.91	—	—	0.107	—

十一、砂 底 层

工作内容:放样、清理路床、取料、运料、上料、摊铺、找平、洒水、碾压。

计量单位:100m²

定额编号				2-119	2-120	2-121	2-122
项目				人工铺装		人机配合	
				厚 20cm	每减 1cm	厚 20cm	每减 1cm
基价 (元)				**3536.14**	**168.38**	**3192.07**	**157.31**
其中	人工费 (元)			390.02	12.42	15.39	1.35
	材料费 (元)			3119.23	155.96	3119.23	155.96
	机械费 (元)			26.89	—	57.45	—
名称		单位	单价(元)	消耗量			
人工	二类人工	工日	135.00	2.889	0.092	0.114	0.010
材料	黄砂 毛砂	t	87.38	35.360	1.768	35.360	1.768
	水	m³	4.27	3.160	0.158	3.160	0.158
	其他材料费	元	1.00	15.98	0.80	15.98	0.80
机械	钢轮内燃压路机 8t	台班	353.82	0.076	—	0.076	—
	平地机 90kW	台班	565.91	—	—	0.054	—

十二、石 屑 底 层

工作内容:放样、清理路床、取料、运料、上料、摊铺、找平、洒水、碾压。

计量单位:100m²

定额编号				2-123	2-124	2-125	2-126
项目				人工铺装		人机配合	
				厚 20cm	每减 1cm	厚 20cm	每减 1cm
基价 (元)				**1852.73**	**84.21**	**1508.66**	**72.74**
其中	人工费 (元)			390.02	12.42	15.39	0.95
	材料费 (元)			1435.82	71.79	1435.82	71.79
	机械费 (元)			26.89	—	57.45	—
名称		单位	单价(元)	消耗量			
人工	二类人工	工日	135.00	2.889	0.092	0.114	0.007
材料	石屑	t	38.83	36.440	1.822	36.440	1.822
	水	m³	4.27	3.160	0.158	3.160	0.158
	其他材料费	元	1.00	7.36	0.37	7.36	0.37
机械	钢轮内燃压路机 8t	台班	353.82	0.076	—	0.076	—
	平地机 90kW	台班	565.91	—	—	0.054	—

十三、沥青稳定碎石

工作内容:放样、清扫路基、人工摊铺、洒水、喷洒机喷油、嵌缝、碾压、侧平石保护、清理。 **计量单位:**100m²

定额编号				2-127	2-128
项目				厚度(cm)	
				5	每增减1
基价(元)				**2183.31**	**502.81**
其中	人工费(元)			268.25	29.84
	材料费(元)			1799.68	454.66
	机械费(元)			115.38	18.31
名称		单位	单价(元)	消耗量	
人工	二类人工	工日	135.00	1.987	0.221
材料	石油沥青	t	2672.00	0.240	0.060
	碎石 综合	t	102.00	11.234	2.856
	水	m^3	4.27	0.680	0.140
	其他材料费	元	1.00	9.63	2.43
机械	汽车式沥青喷洒机 4000L	台班	610.35	0.080	0.030
	钢轮内燃压路机 8t	台班	353.82	0.024	—
	钢轮内燃压路机 15t	台班	537.56	0.108	—

十四、水泥稳定碎石基层

工作内容:清理基层、放样、拌和、摊铺、找平、碾压、初期养护。 **计量单位:**100m²

定额编号				2-129	2-130	2-131	2-132
项目				现拌人铺			
				5%水泥稳定碎石基层		6%水泥稳定碎石基层	
				厚20cm	每减1cm	厚20cm	每减1cm
基价(元)				**4770.45**	**229.44**	**4902.69**	**235.95**
其中	人工费(元)			599.40	24.30	599.40	24.30
	材料费(元)			4008.73	200.41	4140.97	206.92
	机械费(元)			162.32	4.73	162.32	4.73
名称		单位	单价(元)	消耗量			
人工	二类人工	工日	135.00	4.440	0.180	4.440	0.180
材料	普通硅酸盐水泥 P·O 42.5 综合	t	346.00	2.200	0.110	2.640	0.132
	石屑	t	38.83	16.700	0.835	16.480	0.824
	碎石 综合	t	102.00	25.140	1.257	25.000	1.250
	水	m^3	4.27	3.320	0.155	3.700	0.155
	其他材料费	元	1.00	20.61	1.05	21.81	1.09
机械	钢轮内燃压路机 8t	台班	353.82	0.040	—	0.040	—
	钢轮振动压路机 12t	台班	692.85	0.079	—	0.079	—
	混凝土搅拌站 $45m^3/h$	台班	1182.73	0.079	0.004	0.079	0.004

工作内容:清理基层、放样、拌和、摊铺、找平、碾压、初期养护。

计量单位:$100m^2$

定额编号					2-133	2-134
项目					现拌沥青摊铺机摊铺	
					5% 水泥稳定碎石基层	
					厚 20cm	每减 1cm
基价(元)					**4454.53**	**213.70**
其中	人工费(元)				199.26	4.32
	材料费(元)				4009.17	200.41
	机械费(元)				246.10	8.97
	名称		单位	单价(元)	消耗量	
人工	二类人工		工日	135.00	1.476	0.032
材料	普通硅酸盐水泥 P·O 42.5 综合		t	346.00	2.200	0.110
	石屑		t	38.83	16.700	0.835
	碎石 综合		t	102.00	25.140	1.257
	水		m^3	4.27	3.320	0.155
	其他材料费		元	1.00	21.05	1.05
机械	钢轮内燃压路机 8t		台班	353.82	0.040	—
	钢轮振动压路机 12t		台班	692.85	0.079	—
	混凝土搅拌站 $45m^3/h$		台班	1182.73	0.079	0.004
	沥青混凝土摊铺机 12t		台班	1060.42	0.079	0.004

工作内容:放样、拌和、摊铺、碾压。

计量单位:$100m^2$

定额编号				2-135	2-136	2-137	2-138
项目				厂拌人铺		厂拌沥青摊铺机摊铺	
				5% 水泥稳定碎石基层			
				厚 20cm	每减 1cm	厚 20cm	每减 1cm
基价(元)				**4607.13**	**221.92**	**4253.99**	**209.19**
其中	人工费(元)			471.15	18.90	99.36	4.05
	材料费(元)			4067.09	203.02	4067.09	203.02
	机械费(元)			68.89	—	87.54	2.12
	名称	单位	单价(元)	消耗量			
人工	二类人工	工日	135.00	3.490	0.140	0.736	0.030
材料	厂拌水泥稳定碎石	m^3	200.00	20.200	1.010	20.200	1.010
	水	m^3	4.27	1.560	—	1.560	—
	其他材料费	元	1.00	20.43	1.02	20.43	1.02
机械	钢轮内燃压路机 8t	台班	353.82	0.040	—	0.040	—
	钢轮振动压路机 12t	台班	692.85	0.079	—	0.060	—
	沥青混凝土摊铺机 12t	台班	1060.42	—	—	0.030	0.002

十五、水泥稳定碎石砂基层

工作内容：放样、拌和、摊铺、碾压、养护。　　**计量单位：**$100m^2$

定额编号				2-139	2-140	2-141	2-142
项目				5% 水泥稳定碎石砂基层		6% 水泥稳定碎石砂基层	
				厚度(cm)			
				20	每减 1	20	每减 1
基价（元）				**5700.52**	**275.90**	**6072.37**	**294.39**
其中	人工费（元）			599.40	24.30	599.40	24.30
	材料费（元）			4935.24	246.87	5307.09	265.36
	机械费（元）			165.88	4.73	165.88	4.73
名称		单位	单价(元)	消耗量			
人工	二类人工	工日	135.00	4.440	0.180	4.440	0.180
材料	普通硅酸盐水泥 P·O 42.5 综合	t	346.00	2.160	0.108	2.680	0.134
	黄砂 毛砂	t	87.38	17.260	0.863	15.660	0.783
	碎石 综合	t	102.00	25.880	1.294	29.100	1.455
	水	m^3	4.27	3.320	0.159	3.620	0.181
	其他材料费	元	1.00	25.76	1.43	27.78	1.39
机械	钢轮内燃压路机 8t	台班	353.82	0.040	—	0.040	—
	钢轮内燃压路机 12t	台班	455.44	0.128	—	0.128	—
	混凝土搅拌站 $45m^3/h$	台班	1182.73	0.079	0.004	0.079	0.004

十六、顶层多合土养生

工作内容：抽水、运水、洒水养护。　　**计量单位：**$100m^2$

定额编号				2-143	2-144
项目				洒水车洒水	人工洒水
基价（元）				**27.40**	**28.97**
其中	人工费（元）			5.67	22.68
	材料费（元）			6.29	6.29
	机械费（元）			15.44	—
名称		单位	单价(元)	消耗量	
人工	二类人工	工日	135.00	0.042	0.168
材料	水	m^3	4.27	1.470	1.470
	其他材料费	元	1.00	0.01	0.01
机械	洒水车 4000L	台班	428.87	0.036	—

十七、消解石灰

工作内容:集中消解石灰、摊土机配合、小堆沿线消解、人工闷翻。　　计量单位:t

定额编号				2-145	2-146
项目				集中消解石灰	小堆沿线消解石灰
基价(元)				**28.97**	**13.40**
其中	人工费(元)			8.91	8.91
	材料费(元)			4.49	4.49
	机械费(元)			15.57	—
名称		单位	单价(元)	消耗量	
人工	二类人工	工日	135.00	0.066	0.066
材料	水	m^3	4.27	1.050	1.050
	其他材料费	元	1.00	0.01	0.01
机械	履带式推土机 60kW	台班	432.39	0.036	—

第三章

道 路 面 层

说　明

一、本章定额包括简易路面(易耗层),沥青表面处治,沥青贯入式路面,透层、黏层、封层,橡胶沥青应力吸收层(SAMI),黑色碎石路面,粗粒式沥青混凝土路面,中粒式沥青混凝土路面,细粒式沥青混凝土路面,透水沥青混凝土路面,水泥混凝土路面,伸缩缝,水泥混凝土路面防滑条,水泥混凝土路面养生,块料路面,土工布贴缝,共16节83个子目。

二、水泥混凝土路面,综合考虑了有筋、无筋等不同因素所影响的工效。水泥混凝土路面的传力杆、边缘(角隅)加固筋、纵向拉杆等,套用本定额第一册《通用项目》第四章"钢筋工程"相应定额子目。

三、水泥混凝土路面定额按商品混凝土考虑。

四、喷洒沥青油料定额中,透层、黏层、封层分别列有石油沥青和乳化沥青两种油料,具体应根据设计材质套用相应子目。如果设计喷油量不同,消耗量按设计调整。

五、摊铺彩色沥青混凝土面层时,套用细粒式沥青混凝土路面定额,主材换算,柴油消耗量乘以系数1.2。

六、橡胶沥青应力吸收层(SAMI)橡胶沥青喷油量按2.5kg/m^2编制,当设计喷油量不同时,按设计量调整。

七、水泥混凝土路面以平口为准,如设计为企口时,按相应定额执行,其中的人工消耗量乘以系数1.01。模板消耗量乘以系数1.05。

八、块料路面定额石材厚度按8cm厚编制,如设计厚度不同,主材换算;同时石材厚度每增加1cm,相应定额人工消耗量每100m^2增加1工日。

工程量计算规则

一、沥青混凝土、水泥混凝土及其他类型路面工程量按设计图示尺寸以“m^2”计算。带平石的面层应扣除平石面积,不扣除各类井所占面积。

二、伸缝嵌缝工程量按设计缝长乘以设计缝深以“m^2”计算。

三、缩缝锯缝机切缝、填灌缝工程量按设计图示尺寸以“延长米”计算。

四、路面防滑条工程量按设计图示尺寸以“m^2”计算。

五、模板工程量根据施工实际情况,按与混凝土接触面积以“m^2”计算。

六、土工布贴缝按混凝土路面缝长乘以设计宽度以“m^2”计算(纵横相交处面积不扣除)。

一、简易路面(易耗层)

工作内容:放样、运料、拌和、摊铺、找平、洒水、碾压。 **计量单位**:$100m^2$

定额编号				2-147	2-148
项目				黏土:砂	黏土:石屑
				(20:80)	
				厚度2cm	
基价(元)				**404.90**	**227.04**
其中	人工费(元)			68.58	71.42
	材料费(元)			313.32	132.62
	机械费(元)			23.00	23.00
	名称	单位	单价(元)	消耗量	
人工	二类人工	工日	135.00	0.508	0.529
材料	黄砂 净砂	t	92.23	3.150	—
	黏土	m^3	32.04	0.560	0.570
	石屑	t	38.83	—	2.842
	水	m^3	4.27	0.800	0.800
	其他材料费	元	1.00	1.44	0.59
机械	钢轮内燃压路机 8t	台班	353.82	0.065	0.065

二、沥青表面处治

工作内容:清扫路基、运料、分层撒料、洒油、找平、接茬、收边。 **计量单位**:$100m^2$

定额编号				2-149	2-150	2-151	2-152	2-153	2-154
项目				人工手泵喷油、撒料			机械喷油、撒料		
				单层式	双层式	三层式	单层式	双层式	三层式
基价(元)				**977.61**	**1598.54**	**2116.58**	**931.48**	**1448.28**	**1984.20**
其中	人工费(元)			164.57	228.15	274.05	153.63	215.19	253.40
	材料费(元)			777.65	1317.03	1765.61	698.41	1128.41	1525.13
	机械费(元)			35.39	53.36	76.92	79.44	104.68	205.67
	名称	单位	单价(元)	消耗量					
人工	二类人工	工日	135.00	1.219	1.690	2.030	1.138	1.594	1.877
材料	砾石 10	t	67.96	1.809	1.387	1.387	1.387	1.387	1.387
	砾石 20	t	67.96	1.659	2.502	2.774	2.081	2.081	2.774
	黄砂 净砂	t	92.23	0.615	0.615	0.615	0.630	0.630	0.630
	石油沥青	t	2672.00	0.180	0.370	0.530	0.150	0.310	0.440
	其他材料费	元	1.00	4.28	7.37	9.95	3.82	6.30	8.56
机械	手泵喷油机	台班	107.00	0.139	0.211	0.289	—	—	—
	汽车式沥青喷洒机 4000L	台班	610.35	—	—	—	0.089	0.106	0.239
	钢轮内燃压路机 8t	台班	353.82	0.058	0.087	0.130	0.071	0.113	0.169

三、沥青贯入式路面

工作内容:清扫整理下承层、安拆熬油设备、熬油、运油、沥青喷洒机洒油、铺洒主层骨料及嵌缝料、整形、碾压、找补、初期养护。

计量单位:100m²

定额编号				2-155	2-156	2-157	2-158	2-159
项目				厚度(cm)				
				4	5	6	7	8
基价(元)				2762.84	3333.02	3684.72	4240.93	4794.56
其中	人工费(元)			212.49	248.13	271.49	307.13	344.25
	材料费(元)			2329.59	2858.03	3181.49	3695.34	4204.53
	机械费(元)			220.76	226.86	231.74	238.46	245.78
	名称	单位	单价(元)	消耗量				
人工	二类人工	工日	135.00	1.574	1.838	2.011	2.275	2.550
材料	碎石 综合	t	102.00	7.915	11.234	12.757	15.395	17.884
	石屑	t	38.83	1.809	0.966	0.966	0.694	0.694
	黄砂 净砂	t	92.23	0.465	0.465	0.465	0.465	0.465
	石油沥青	t	2672.00	0.500	0.580	0.640	0.730	0.820
	煤	t	603.00	0.100	0.110	0.120	0.140	0.160
	其他材料费	元	1.00	12.83	15.68	17.44	20.24	23.01
机械	汽车式沥青喷洒机 4000L	台班	610.35	0.064	0.074	0.082	0.093	0.105
	钢轮内燃压路机 8t	台班	353.82	0.079	0.079	0.079	0.079	0.079
	钢轮内燃压路机 15t	台班	537.56	0.286	0.286	0.286	0.286	0.286

四、透层、黏层、封层

工作内容:清扫下承层、运油、加热、洒布车喷油、人工撒矿粉、移动挡板、保护平侧石。

计量单位:100m²

定额编号				2-160	2-161	2-162	2-163
项目				透层			
				粒料基层		半刚性基层	
				石油沥青	乳化沥青	石油沥青	乳化沥青
				1.2L/m²		1.1L/m²	
基价(元)				432.87	499.21	397.25	457.69
其中	人工费(元)			17.82	4.86	13.64	2.97
	材料费(元)			408.95	486.42	374.71	445.82
	机械费(元)			6.10	7.93	8.90	8.90
	名称	单位	单价(元)	消耗量			
人工	二类人工	工日	135.00	0.132	0.036	0.101	0.022
材料	石油沥青	t	2672.00	0.147	—	0.135	—
	乳化沥青	kg	4.00	—	119.950	—	109.956
	煤	t	603.00	0.021	—	0.016	—
	石屑	t	38.83	—	—	0.043	0.043
	其他材料费	元	1.00	3.50	6.62	2.67	4.33
机械	汽车式沥青喷洒机 4000L	台班	610.35	0.010	0.013	0.014	0.014
	钢轮内燃压路机 8t	台班	353.82	—	—	0.001	0.001

工作内容:清扫下承层、运油、加热、洒布车喷油移动挡板、保护平侧石。　　**计量单位:**100m²

定额编号				2-164	2-165	2-166	2-167
项目				黏层			
				沥青层		水泥混凝土	
				石油沥青	乳化沥青	石油沥青	乳化沥青
				0.5L/m²			
基价(元)				**176.03**	**206.81**	**171.70**	**204.24**
其中	人工费(元)			9.45	2.70	6.75	1.35
	材料费(元)			164.14	201.06	163.73	201.06
	机械费(元)			2.44	3.05	1.22	1.83
名称		单位	单价(元)	消耗量			
人工	二类人工	工日	135.00	0.070	0.020	0.050	0.010
材料	石油沥青	t	2672.00	0.061	—	0.061	—
	乳化沥青	kg	4.00	—	49.980	—	49.980
	其他材料费	元	1.00	1.15	1.14	0.74	1.14
机械	汽车式沥青喷洒机 4000L	台班	610.35	0.004	0.005	0.002	0.003

工作内容:清扫下承层、运油、加热、洒布车喷油移动挡板、保护平侧石、碾压、找补、初期养护。　　**计量单位:**100m²

定额编号				2-168	2-169	2-170	2-171
项目				封层			
				上封层		下封层	
				石油沥青	乳化沥青	石油沥青	乳化沥青
基价(元)				**447.17**	**519.41**	**456.43**	**520.37**
其中	人工费(元)			93.15	71.69	66.83	42.53
	材料费(元)			339.39	431.87	376.19	463.21
	机械费(元)			14.63	15.85	13.41	14.63
名称		单位	单价(元)	消耗量			
人工	二类人工	工日	135.00	0.690	0.531	0.495	0.315
材料	石油沥青	t	2672.00	0.108	—	0.119	—
	乳化沥青	kg	4.00	—	95.000	—	101.000
	石屑	t	38.83	1.210	1.210	1.390	1.390
	其他材料费	元	1.00	3.83	4.89	4.25	5.24
机械	汽车式沥青喷洒机 4000L	台班	610.35	0.006	0.008	0.004	0.006
	钢轮内燃压路机 8t	台班	353.82	0.031	0.031	0.031	0.031

五、橡胶沥青应力吸收层(SAMI)

工作内容:清扫下承层、运油、加热、洒布车喷油、同步碎石封层、碾压、找补、初期养护。 **计量单位:**100m²

定额编号				2-172	2-173
项目				厚度(cm)	
				1	每增减 0.1
基价(元)				**1626.91**	**152.46**
其中	人工费(元)			32.40	2.70
	材料费(元)			1405.31	142.93
	机械费(元)			189.20	6.83
名称		单位	单价(元)	消耗量	
人工	二类人工	工日	135.00	0.240	0.020
材料	橡胶沥青	t	4694.00	0.255	0.026
	碎石 5~15mm	t	102.00	1.887	0.189
	其他材料费	元	1.00	15.87	1.61
机械	汽车式沥青喷洒机 4000L	台班	610.35	0.019	0.002
	轮胎压路机 26t	台班	809.89	0.150	—
	车载式碎石撒布机 3000mm	台班	374.13	0.150	0.015

注:橡胶沥青喷油量按 2.5kg/m² 编制,设计喷油量不同可做调整。

六、黑色碎石路面

工作内容:清扫路基、整修侧平石、测温、摊铺、接茬、找平、点补、夯边、撒垫料、碾压、清理。 **计量单位:**100m²

定额编号				2-174	2-175	2-176	2-177	2-178
项目				人工摊铺				
				厚度(cm)				
				4	5	6	7	每增减 1
基价(元)				**3231.28**	**4001.25**	**4760.39**	**5512.85**	**783.18**
其中	人工费(元)			211.28	239.09	257.85	273.51	42.80
	材料费(元)			2914.82	3643.61	4372.40	5101.18	728.79
	机械费(元)			105.18	118.55	130.14	138.16	11.59
名称		单位	单价(元)	消耗量				
人工	二类人工	工日	135.00	1.565	1.771	1.910	2.026	0.317
材料	沥青碎石	t	330.00	8.739	10.924	13.109	15.294	2.185
	柴油 0#	t	5086.00	0.004	0.005	0.006	0.007	0.001
	其他材料费	元	1.00	10.61	13.26	15.91	18.56	2.65
机械	钢轮内燃压路机 8t	台班	353.82	0.118	0.133	0.146	0.155	0.013
	钢轮内燃压路机 15t	台班	537.56	0.118	0.133	0.146	0.155	0.013

工作内容：清扫路基、整修侧平石、测温、摊铺、接茬、找平、点补、夯边、撒垫料、碾压、清理。　　**计量单位**：100m²

定额编号				2-179	2-180	2-181	2-182	2-183
项目				机械摊铺				
				厚度(cm)				
				4	5	6	7	每增减1
基价（元）				**3184.21**	**3937.00**	**4702.23**	**5450.33**	**767.13**
其中	人工费（元）			128.25	146.48	155.52	163.49	25.25
	材料费（元）			2914.82	3631.08	4372.48	5101.27	728.81
	机械费（元）			141.14	159.44	174.23	185.57	13.07
名称		单位	单价(元)	消耗量				
人工	二类人工	工日	135.00	0.950	1.085	1.152	1.211	0.187
材料	沥青碎石	t	330.00	8.739	10.924	13.109	15.294	2.185
	柴油 0#	t	5086.00	0.004	0.005	0.006	0.007	0.001
	其他材料费	元	1.00	10.61	0.73	15.99	18.65	2.67
机械	钢轮内燃压路机 8t	台班	353.82	0.108	0.122	0.133	0.142	0.010
	钢轮内燃压路机 15t	台班	537.56	0.108	0.122	0.133	0.142	0.010
	沥青混凝土摊铺机 8t	台班	830.94	0.054	0.061	0.067	0.071	0.005

七、粗粒式沥青混凝土路面

工作内容：清扫路基、整修侧平石、测温、摊铺、接茬、找平、点补、撒垫料、碾压、清理。　　**计量单位**：100m²

定额编号				2-184	2-185	2-186	2-187	2-188
项目				人工摊铺				
				厚度(cm)				
				3	4	5	6	每增减1
基价（元）				**2435.96**	**3237.11**	**4024.50**	**4824.02**	**790.41**
其中	人工费（元）			119.88	148.23	162.81	189.54	18.63
	材料费（元）			2241.55	2988.73	3735.92	4483.09	746.16
	机械费（元）			74.53	100.15	125.77	151.39	25.62
名称		单位	单价(元)	消耗量				
人工	二类人工	工日	135.00	0.888	1.098	1.206	1.404	0.138
材料	粗粒式沥青混凝土	m³	733.00	3.030	4.040	5.050	6.060	1.010
	柴油 0#	kg	5.09	1.500	2.000	2.500	3.000	0.300
	其他材料费	元	1.00	12.92	17.23	21.54	25.84	4.30
机械	钢轮内燃压路机 12t	台班	455.44	0.059	0.078	0.097	0.116	0.019
	钢轮内燃压路机 15t	台班	537.56	0.051	0.069	0.087	0.105	0.018
	轮胎压路机 26t	台班	809.89	0.025	0.034	0.043	0.052	0.009

工作内容:清扫路基、整修侧平石、测温、摊铺、接茬、找平、点补、撒垫料、碾压、清理。 计量单位:100m²

定额编号				2-189	2-190	2-191	2-192	2-193
项目				机械摊铺				
				厚度(cm)				
				3	4	5	6	每增减 1
基价(元)				**2382.32**	**3167.16**	**3949.57**	**4732.65**	**788.40**
其中	人工费(元)			53.73	62.37	68.58	75.47	13.23
	材料费(元)			2241.55	2988.73	3735.92	4483.09	746.16
	机械费(元)			87.04	116.06	145.07	174.09	29.01
名称		单位	单价(元)	消耗量				
人工	二类人工	工日	135.00	0.398	0.462	0.508	0.559	0.098
材料	粗粒式沥青混凝土	m³	733.00	3.030	4.040	5.050	6.060	1.010
	柴油 0#	kg	5.09	1.500	2.000	2.500	3.000	0.300
	其他材料费	元	1.00	12.92	17.23	21.54	25.84	4.30
机械	钢轮内燃压路机 12t	台班	455.44	0.048	0.064	0.080	0.096	0.016
	钢轮内燃压路机 15t	台班	537.56	0.048	0.064	0.080	0.096	0.016
	轮胎压路机 26t	台班	809.89	0.024	0.032	0.040	0.048	0.008
	沥青混凝土摊铺机 8t	台班	830.94	0.024	0.032	0.040	0.048	0.008

八、中粒式沥青混凝土路面

工作内容:清扫路基、整修侧平石、测温、摊铺、接茬、找平、点补、撒垫料、碾压、清理。 计量单位:100m²

定额编号				2-194	2-195	2-196	2-197	2-198
项目				人工摊铺				
				厚度(cm)				
				3	4	5	6	每增减 1
基价(元)				**2501.50**	**3321.66**	**4127.59**	**4933.32**	**824.69**
其中	人工费(元)			131.90	162.81	179.01	195.21	35.64
	材料费(元)			2293.36	3057.81	3822.27	4586.72	763.43
	机械费(元)			76.24	101.04	126.31	151.39	25.62
名称		单位	单价(元)	消耗量				
人工	二类人工	工日	135.00	0.977	1.206	1.326	1.446	0.264
材料	中粒式沥青混凝土	m³	750.00	3.030	4.040	5.050	6.060	1.010
	柴油 0#	kg	5.09	1.500	2.000	2.500	3.000	0.300
	其他材料费	元	1.00	13.22	17.63	22.04	26.45	4.40
机械	钢轮内燃压路机 12t	台班	455.44	0.058	0.077	0.097	0.116	0.019
	钢轮内燃压路机 15t	台班	537.56	0.052	0.070	0.088	0.105	0.018
	轮胎压路机 26t	台班	809.89	0.027	0.035	0.043	0.052	0.009

工作内容：清扫路基、整修侧平石、测温、摊铺、接茬、找平、点补、撒垫料、碾压、清理。　　计量单位：100m²

定额编号				2-199	2-200	2-201	2-202	2-203
项目				机械摊铺				
				厚度(cm)				
				3	4	5	6	每增减1
基价（元）				**2432.51**	**3236.24**	**4035.92**	**4836.28**	**805.81**
其中	人工费（元）			52.11	62.37	68.58	75.47	13.37
	材料费（元）			2293.36	3057.81	3822.27	4586.72	763.43
	机械费（元）			87.04	116.06	145.07	174.09	29.01
	名称	单位	单价(元)	消耗量				
人工	二类人工	工日	135.00	0.386	0.462	0.508	0.559	0.099
材料	中粒式沥青混凝土	m³	750.00	3.030	4.040	5.050	6.060	1.010
	柴油 0#	kg	5.09	1.500	2.000	2.500	3.000	0.300
	其他材料费	元	1.00	13.22	17.63	22.04	26.45	4.40
机械	钢轮内燃压路机 12t	台班	455.44	0.048	0.064	0.080	0.096	0.016
	钢轮内燃压路机 15t	台班	537.56	0.048	0.064	0.080	0.096	0.016
	轮胎压路机 26t	台班	809.89	0.024	0.032	0.040	0.048	0.008
	沥青混凝土摊铺机 8t	台班	830.94	0.024	0.032	0.040	0.048	0.008

九、细粒式沥青混凝土路面

工作内容：清扫路基、整修侧平石、测温、摊铺、接茬、找平、点补、撒垫料、碾压、清理。　　计量单位：100m²

定额编号				2-204	2-205	2-206	2-207	2-208	2-209
项目				人工摊铺			机械摊铺		
				厚度(cm)					
				2	3	每增减1	2	3	每增减1
基价（元）				**2018.11**	**3000.00**	**1001.67**	**1951.92**	**2920.98**	**975.52**
其中	人工费（元）			118.53	156.87	57.24	46.85	61.56	21.20
	材料费（元）			1814.40	2721.60	907.17	1814.40	2721.60	907.17
	机械费（元）			85.18	121.53	37.26	90.67	137.82	47.15
	名称	单位	单价(元)	消耗量					
人工	二类人工	工日	135.00	0.878	1.162	0.424	0.347	0.456	0.157
材料	细粒式沥青混凝土	m³	888.00	2.020	3.030	1.010	2.020	3.030	1.010
	柴油 0#	kg	5.09	2.000	3.000	1.000	2.000	3.000	1.000
	其他材料费	元	1.00	10.46	15.69	5.20	10.46	15.69	5.20
机械	钢轮内燃压路机 12t	台班	455.44	0.067	0.093	0.028	0.050	0.076	0.026
	钢轮内燃压路机 15t	台班	537.56	0.058	0.084	0.026	0.050	0.076	0.026
	轮胎压路机 26t	台班	809.89	0.029	0.042	0.013	0.025	0.038	0.013
	沥青混凝土摊铺机 8t	台班	830.94	—	—	—	0.025	0.038	0.013

十、透水沥青混凝土路面

工作内容:1. 沥青摊铺:清扫基层、修整侧平石、测温、摊铺、接茬、找平、点补、撒填料、碾压、清理;
2. 排水管安装:放样、铺管、接口、定位。

定额编号					2-210	2-211	2-212
项目					透水沥青混凝土		透水钢管安装
					厚度(cm)		ϕ50 镀锌钢管
					5	每增减 1	
计量单位					100m^2		100m
基价(元)					**7796.00**	**1541.94**	**4725.55**
其中	人工费(元)				133.92	11.21	74.25
	材料费(元)				7586.20	1516.23	4651.30
	机械费(元)				75.88	14.50	—
名称			单位	单价(元)	消耗量		
人工	二类人工		工日	135.00	0.992	0.083	0.550
材料	透水镀锌钢管(钻孔钢管) ϕ50		m	45.40	—	—	102.000
	透水沥青混凝土		m^3	1491.00	5.050	1.010	—
	柴油		kg	5.09	2.500	0.300	—
	其他材料费		元	1.00	43.92	8.79	20.50
机械	钢轮振动压路机 10t		台班	573.86	0.041	0.005	—
	沥青混凝土摊铺机 8t		台班	830.94	0.063	0.014	—

十一、水泥混凝土路面

工作内容:1. 混凝土:放样、混凝土纵缝涂沥青油、浇筑、捣固、抹光或拉毛;
2. 模板:模板制作、安装、涂脱模剂;模板拆除、修理、整堆。

计量单位:100m²

定额编号				2-213	2-214	2-215
项目				道路混凝土		模板
				厚度(cm)		
				20	每增减 1	
基价(元)				**8477.32**	**401.54**	**4863.10**
其中	人工费(元)			539.60	6.48	3434.40
	材料费(元)			7917.32	394.33	1143.26
	机械费(元)			20.40	0.73	285.44
名称		单位	单价(元)	消耗量		
人工	二类人工	工日	135.00	3.997	0.048	25.440
材料	非泵送道路混凝土 4.0MPa	m³	388.00	20.200	1.010	—
	石油沥青	t	2672.00	0.010	—	—
	木模板	m³	1445.00	—	—	0.040
	钢模板	kg	5.96	—	—	66.170
	铁件	kg	3.71	—	—	180.000
	圆钉	kg	4.74	—	—	1.330
	脱模剂	kg	1.54	—	—	10.000
	水	m³	4.27	2.900	0.100	—
	其他材料费	元	1.00	40.62	2.02	1.58
机械	混凝土振捣器 平板式	台班	12.54	0.660	0.033	—
	混凝土振捣器 插入式	台班	4.65	1.340	0.067	—
	水泥混凝土真空吸水机	台班	16.92	0.348	—	—
	木工圆锯机 500mm	台班	27.50	—	—	4.730
	木工平刨床 300mm	台班	10.76	—	—	4.730
	载货汽车 4t	台班	369.21	—	—	0.160
	汽车式起重机 8t	台班	648.48	—	—	0.070

十二、伸　缩　缝

1. 伸　　缝

工作内容:切缝、放样、缝板制作、备料、熬制沥青、浸泡木板、拌和、嵌缝、烫平缝面。

计量单位:$10m^2$

定额编号				2-216	2-217	2-218
项目				伸缝		
				沥青木板	沥青玛琋脂	塑料胶
基价(元)				**980.15**	**1074.42**	**147.27**
其中	人工费(元)			519.75	280.80	141.75
	材料费(元)			460.40	792.20	4.23
	机械费(元)			—	1.42	1.29
名称		单位	单价(元)	消耗量		
人工	二类人工	工日	135.00	3.850	2.080	1.050
材料	石棉	kg	3.92	—	108.000	—
	木板 δ20	m^3	1638.00	0.221	—	—
	石油沥青	t	2672.00	0.033	0.127	—
	塑料胶条	kg	10.82	—	—	0.350
	煤	t	603.00	0.008	0.033	—
	木柴	kg	0.16	0.800	3.200	—
	其他材料费	元	1.00	5.27	9.08	0.44
机械	电动空气压缩机 $0.6m^3/min$	台班	33.06	—	0.043	0.039

2. 缩　　缝

工作内容:测量划线、锯缝机移动定位、清扫、清缝、填灌缝。

计量单位:100m

定额编号				2-219	2-220	2-221	2-222
项目				锯缝机切缝		人工填灌缝塑料油膏	
				缝深(cm)			
				5	每增减1	5	每增减1
基价(元)				**293.25**	**42.57**	**1156.81**	**231.36**
其中	人工费(元)			182.25	39.15	195.75	39.15
	材料费(元)			90.56	3.42	961.06	192.21
	机械费(元)			20.44	—	—	—
名称		单位	单价(元)	消耗量			
人工	二类人工	工日	135.00	1.350	0.290	1.450	0.290
材料	切缝机片	片	155.00	0.440	—	—	—
	塑料油膏	kg	16.38	—	—	58.000	11.600
	水	m^3	4.27	5.000	0.800	—	—
	其他材料费	元	1.00	1.01	—	11.02	2.20
机械	混凝土切缝机 7.5kW	台班	32.71	0.625	—	—	—

十三、水泥混凝土路面防滑条

工作内容：定位调直、拉压防滑条、机具运输。　　计量单位：$100m^2$

定额编号				2-223
项目				路面防滑条
基价（元）				**386.60**
其中	人工费（元）			71.28
	材料费（元）			138.45
	机械费（元）			176.87
名称		单位	单价(元)	消耗量
人工	二类人工	工日	135.00	0.528
材料	锯纹机刀片	套	862.00	0.120
	水	m^3	4.27	8.200
机械	混凝土路面刻槽机	台班	321.59	0.550

十四、水泥混凝土路面养生

工作内容：铺养护毯或涂养护液、铺塑料膜，养生。　　计量单位：$100m^2$

定额编号				2-224	2-225	2-226
项目				养护毯养护	养护液	塑料膜养护
基价（元）				**299.41**	**318.86**	**177.79**
其中	人工费（元）			81.00	145.80	64.80
	材料费（元）			218.41	155.21	112.99
	机械费（元）			—	17.85	—
名称		单位	单价(元)	消耗量		
人工	二类人工	工日	135.00	0.600	1.080	0.480
材料	养护毯	m^2	2.84	55.000	—	—
	养护液	kg	4.83	—	30.000	—
	聚氯乙烯薄膜	m^2	0.86	—	—	115.000
	水	m^3	4.27	14.000	2.000	3.000
	其他材料费	元	1.00	2.43	1.77	1.28
机械	电动空气压缩机 $0.6m^3/min$	台班	33.06	—	0.540	—

十五、块 料 路 面

工作内容:清理基层、铺砌、灌缝、补空、勾缝、扫漫、养护等全过程。 **计量单位**:100m²

定 额 编 号				2-227	2-228
项 目				青条石路面	花岗岩路面
基 价 (元)				**21530.06**	**20344.40**
其中	人工费(元)			2799.63	2875.50
	材料费(元)			18705.04	17443.90
	机械费(元)			25.39	25.00
名 称		单位	单价(元)	消 耗 量	
人工	二类人工	工日	135.00	20.738	21.300
材料	方整天然石板 8cm	m²	172.00	101.000	—
	花岗岩板 δ80	m²	159.00	—	101.000
	干混砌筑砂浆 DM M7.5	m³	413.73	3.075	3.075
	白色硅酸盐水泥 425#、二级白度	kg	0.59	—	4.000
	水	m³	4.27	2.600	2.600
	其他材料费	元	1.00	49.72	99.22
机械	干混砂浆罐式搅拌机 20000L	台班	193.83	0.131	0.129

十六、土工布贴缝

工作内容:清扫,撒油两遍,黏土工布。 **计量单位**:100m²

定 额 编 号				2-229
项 目				土工布贴缝
基 价 (元)				**1261.79**
其中	人工费(元)			191.43
	材料费(元)			1009.94
	机械费(元)			60.42
名 称		单位	单价(元)	消 耗 量
人工	二类人工	工日	135.00	1.418
材料	土工布	m²	4.31	119.000
	乳化沥青	kg	4.00	121.368
	其他材料费	元	1.00	11.58
机械	汽车式沥青喷洒机 4000L	台班	610.35	0.099

第四章
人行道及其他

说 明

一、本章定额包括人行道基础，人行道板安砌，铺草坪砖，花岗岩面层安砌，广场砖铺设，现浇人行道面层，侧、平石垫层，侧、平石安砌，现浇侧、平石，砌筑树池，共10节32个子目。

二、本章定额所采用的人行道板、侧平石、花岗岩等铺砌材料与设计不同时，应进行调整换算，除定额另有说明外，人工和机械消耗量不变。

三、各类垫层厚度如与设计不同时，材料、搅拌机械的消耗量应进行调整，人工消耗量不变。材料配合比如与设计不同时，材料应进行调整，人工、机械消耗量不变。

四、预制成品侧石安砌中，如其弧形转弯处为现场浇筑，则套用现浇侧石子目。

五、现场预制侧平石制作定额套用本定额第三册《桥涵工程》相应定额子目。

六、高度大于40cm的侧石按高侧石定额套用。

七、人行道板安砌定额中人行道板如采用异型板，其人工消耗量乘以系数1.1，材料消耗量不变。人行道砖人字纹铺装按异型考虑。

八、花岗岩面层安砌定额中石材厚度按4cm编制，如设计厚度不同，石材应做换算，同时石材厚度每增1cm，相应定额人工消耗量每100m^2增加0.5工日。

九、广场砖铺设离缝定额中广场砖消耗量已扣除缝宽面积，计算工程量时不得重复扣除。

十、广场砖铺贴定额中所指拼图案，指铺贴不同颜色或规格的广场砖形成环形、菱形等图案。分色线性铺装按不拼图案定额套用。

十一、现浇人行道面层按本色水泥编制，如设计配色与上光应另行增加颜料与上光费用。

工程量计算规则

一、人行道板、草坪砖、花岗岩板、广场砖铺设按设计图示尺寸以“m^2”计算,应扣除侧石、树池及单个面积大于0.3m^2以上矩形盖板等所占面积。当单个面积大于0.3m^2以上矩形盖板表面镶贴花岗岩等其他材质面层时,其工程量计入相应人行道铺设面积内。

二、侧、平石安砌、砌筑树池等项目以“m”计算,现浇侧石与零星砌砖以“m^3”计算。

三、现浇混凝土侧、平石模板按混凝土与模板的接触面积以“m^2”计算。

四、花坛、台阶花岗岩面层安砌按设计图示尺寸展开面积以“m^2”计算。

一、人行道基础

工作内容：放样、配制、运输、浇筑、找平、养护、清理场地。　　计量单位：100m²

定额编号					2-230	2-231
项目					混凝土	
					厚度10cm	每增减1cm
基价（元）					**4277.46**	**419.52**
其中	人工费（元）				213.03	14.04
	材料费（元）				4060.25	405.07
	机械费（元）				4.18	0.41
名称			单位	单价(元)	消耗量	
人工	二类人工		工日	135.00	1.578	0.104
材料	非泵送商品混凝土 C15		m^3	399.00	10.100	1.010
	水		m^3	4.27	2.175	—
	其他材料费		元	1.00	21.06	2.08
机械	混凝土振捣器 平板式		台班	12.54	0.333	0.033

二、人行道板安砌

工作内容：放样、运料、找平、安砌、灌缝、扫缝、清理场地。　　计量单位：100m²

定额编号					2-232	2-233
项目					人行道板	
					砂浆垫层	砂垫层
					厚度2cm	厚度5cm
基价（元）					**6487.52**	**5741.56**
其中	人工费（元）				1447.88	861.30
	材料费（元）				5025.10	4880.26
	机械费（元）				14.54	—
名称			单位	单价(元)	消耗量	
人工	二类人工		工日	135.00	10.725	6.380
材料	人行道砖 200×100×60		m^2	39.91	103.000	103.000
	黄砂 毛砂		t	87.38	—	8.490
	干混砌筑砂浆 DM M7.5		m^3	413.73	2.120	—
	水		m^3	4.27	2.136	—
	其他材料费		元	1.00	28.14	27.67
机械	干混砂浆罐式搅拌机 20000L		台班	193.83	0.075	—

三、铺草坪砖

工作内容:放样、运料、黄砂或砂浆找平、安砌、清理场地。　　计量单位:$100m^2$

定额编号				2-234	2-235
项目				铺草坪砖	
				砂垫层	砂浆垫层
				厚度2cm	
基价(元)				**4178.47**	**4894.55**
其中	人工费(元)			745.20	1192.05
	材料费(元)			3413.65	3667.20
	机械费(元)			19.62	35.30
	名称	单位	单价(元)	消耗量	
人工	二类人工	工日	135.00	5.520	8.830
材料	草坪砖 600×400×100	m^2	31.03	101.000	101.000
	黄砂 毛砂	t	87.38	3.200	—
	干混砌筑砂浆 DM M7.5	m^3	413.73	—	1.270
	水	m^3	4.27	—	1.811
机械	干混砂浆罐式搅拌机 20000L	台班	193.83	—	0.075
	其他机械费	元	1.00	19.62	20.76

四、花岗岩面层安砌

工作内容:放样、清理基层、调制水泥砂浆、刷水泥浆、锯板磨边、贴面层、清理净面。　　计量单位:$100m^2$

定额编号				2-236	2-237
项目				人行道、广场	花坛、台阶
基价(元)				**15972.94**	**16584.11**
其中	人工费(元)			1354.32	1780.92
	材料费(元)			14576.29	14523.10
	机械费(元)			42.33	280.09
	名称	单位	单价(元)	消耗量	
人工	二类人工	工日	135.00	10.032	13.192
材料	花岗岩板 δ40	m^2	129.00	102.000	104.000
	干混砌筑砂浆 DM M7.5	m^3	413.73	—	2.200
	白色硅酸盐水泥 425#、二级白度	kg	0.59	—	10.000
	干混砌筑砂浆 DM M10.0	m^3	413.73	3.075	—
	纯水泥浆	m^3	430.36	0.100	—
	石料切割锯片	片	27.17	0.360	3.500
	水	m^3	4.27	2.423	3.000
	其他材料费	元	1.00	82.91	83.09
机械	干混砂浆罐式搅拌机 20000L	台班	193.83	0.075	0.056
	石材切割机	台班	17.37	1.600	15.500

五、广场砖铺设

工作内容：放样弹线、清理基层、调制水泥砂浆、刷水泥浆、贴面层、勾逢、清理净面。 **计量单位**：100m²

定额编号				2-238	2-239	2-240	2-241
项目				离缝(缝宽1cm)		密缝	
				不拼图案	拼图案	不拼图案	拼图案
基价(元)				**6208.88**	**6434.33**	**6029.17**	**6272.17**
其中	人工费(元)			2814.75	3040.20	2211.30	2454.30
	材料费(元)			3357.71	3357.71	3781.06	3781.06
	机械费(元)			36.42	36.42	36.81	36.81
名称		单位	单价(元)	消耗量			
人工	二类人工	工日	135.00	20.850	22.520	16.380	18.180
材料	广场砖 100×100	m^2	28.45	84.300	84.300	101.000	101.000
	干混砌筑砂浆 DM M10.0	m^3	413.73	2.040	2.040	2.100	2.100
	干混抹灰砂浆 DP M20.0	m^3	446.95	0.177	0.177	—	—
	石料切割锯片	片	27.17	0.320	0.320	0.320	0.320
	水	m^3	4.27	2.112	2.112	2.112	2.112
	其他材料费	元	1.00	18.54	18.54	21.06	21.06
机械	干混砂浆罐式搅拌机 20000L	台班	193.83	0.075	0.075	0.077	0.077
	石材切割机	台班	17.37	1.260	1.260	1.260	1.260

六、现浇人行道面层

工作内容：放样、配制、运输、浇筑、找平、抹面、压缝、养护、清理场地。 **计量单位**：100m²

定额编号				2-242	2-243	2-244	2-245
项目				混凝土		1:2水泥砂浆面层	
				厚度6cm	每增减1cm	面层分格	面层压花
						厚2cm	
基价(元)				**2805.26**	**450.03**	**1827.60**	**2302.13**
其中	人工费(元)			361.80	44.55	902.61	1377.14
	材料费(元)			2439.28	405.07	910.45	910.45
	机械费(元)			4.18	0.41	14.54	14.54
名称		单位	单价(元)	消耗量			
人工	二类人工	工日	135.00	2.680	0.330	6.686	10.201
材料	非泵送商品混凝土 C15	m^3	399.00	6.060	1.010	—	—
	干混地面砂浆 DS M20.0	m^3	443.08	—	—	2.040	2.040
	水	m^3	4.27	2.080	—	0.523	0.523
	其他材料费	元	1.00	12.46	2.08	4.33	4.33
机械	混凝土振捣器 平板式	台班	12.54	0.333	0.033	—	—
	干混砂浆罐式搅拌机 20000L	台班	193.83	—	—	0.075	0.075

七、侧、平石垫层

工作内容:运料、备料、拌合、摊铺、找平、洒水、夯实。　　计量单位:m^3

定额编号				2-246	2-247	2-248
项目				人工铺装		
				混凝土垫层	砂垫层	砂浆粘结层
基价(元)				**513.65**	**193.21**	**556.96**
其中	人工费(元)			107.73	45.23	110.84
	材料费(元)			405.92	147.98	424.80
	机械费(元)			—	—	21.32
	名称	单位	单价(元)	消耗量		
人工	二类人工	工日	135.00	0.798	0.335	0.821
材料	非泵送商品混凝土 C15	m^3	399.00	1.010	—	—
	黄砂 毛砂	t	87.38	—	1.677	—
	干混砌筑砂浆 DM M7.5	m^3	413.73	—	—	1.020
	水	m^3	4.27	0.200	0.160	0.170
	其他材料费	元	1.00	2.08	0.76	2.07
机械	干混砂浆罐式搅拌机 20000L	台班	193.83	—	—	0.110

八、侧、平石安砌

工作内容:放样、开槽、运料、调配砂浆、安砌、勾缝、养护、清理。　　计量单位:100m

定额编号				2-249	2-250	2-251	2-252	2-253
项目				侧石		平石		混凝土高侧石
				混凝土	石质	混凝土	石质	
基价(元)				**4299.32**	**7979.44**	**3422.63**	**2771.74**	**4190.77**
其中	人工费(元)			644.63	866.84	340.88	466.70	1087.83
	材料费(元)			3654.30	7112.21	3081.56	2304.85	3102.36
	机械费(元)			0.39	0.39	0.19	0.19	0.58
	名称	单位	单价(元)	消耗量				
人工	二类人工	工日	135.00	4.775	6.421	2.525	3.457	8.058
材料	道路侧石 370×150×1000	m	35.78	101.000	—	—	—	—
	石质侧石 300×150×1000	m	69.90	—	101.000	—	—	—
	混凝土平石 500×500×120	m	30.17	—	—	101.000	—	—
	石质平石 120×120×1000	m	22.34	—	—	—	101.000	—
	高侧石 500×150×1000	m	30.17	—	—	—	—	101.000
	干混砌筑砂浆 DM M7.5	m^3	413.73	0.070	0.070	0.040	0.040	0.090
	其他材料费	元	1.00	11.56	23.35	17.84	31.96	17.95
机械	干混砂浆罐式搅拌机 20000L	台班	193.83	0.002	0.002	0.001	0.001	0.003

工作内容:放样、开槽、运料、调配砂浆、安砌、勾缝、养护、清理。　　**计量单位**:100m

定额编号					2-254	2-255
项目					连接型(L型)	
					勾缝	不勾缝
基价(元)					**5091.60**	**4970.00**
其中	人工费(元)				1424.25	1306.80
	材料费(元)				3666.77	3662.62
	机械费(元)				0.58	0.58
名称			单位	单价(元)	消耗量	
人工	二类人工		工日	135.00	10.550	9.680
材料	道路侧石L型		m	35.78	101.000	101.000
	干混砌筑砂浆DM M7.5		m^3	413.73	0.100	0.090
	其他材料费		元	1.00	11.62	11.60
机械	干混砂浆罐式搅拌机20000L		台班	193.83	0.003	0.003

九、现浇侧、平石

工作内容:1. 混凝土:混凝土配、拌、运输、浇筑、捣固、抹平、养生;
2. 模板:模板制作、安装、涂脱模剂;模板拆除、修理、整堆。

定额编号				2-256	2-257
项目				现浇侧、平石	侧、平石模板
计量单位				$10m^3$	$100m^2$
基价(元)				**5127.41**	**4459.20**
其中	人工费(元)			939.60	3090.15
	材料费(元)			4184.69	902.64
	机械费(元)			3.12	466.41
名称		单位	单价(元)	消耗量	
人工	二类人工	工日	135.00	6.960	22.890
材料	非泵送商品混凝土C20	m^3	412.00	10.100	—
	木模板	m^3	1445.00	—	0.080
	钢模板	kg	5.96	—	33.100
	铁件	kg	3.71	—	150.000
	圆钉	kg	4.74	—	2.660
	脱模剂	kg	1.54	—	10.000
	水	m^3	4.27	5.500	—
	其他材料费	元	1.00	—	5.26
机械	混凝土振捣器 插入式	台班	4.65	0.670	—
	木工圆锯机500mm	台班	27.50	—	9.460
	木工平刨床300mm	台班	10.76	—	9.460
	载货汽车4t	台班	369.21	—	0.160
	汽车式起重机8t	台班	648.48	—	0.070

十、砌筑树池

工作内容:放样、开槽、运料、调制砂浆、找平、安砌、勾逢、夯实、清理。

定额编号					2-258	2-259	2-260	2-261
项目					混凝土块	石质条	人行道砖立砌	零星砌砖
					规格(cm)			
					25×5×12.5	15×5		
计量单位					100m			10m^3
基价(元)					**461.58**	**2060.16**	**2827.37**	**4657.62**
其中	人工费(元)				339.39	392.85	328.86	1644.30
	材料费(元)				122.19	1667.31	2497.73	3012.74
	机械费(元)				—	—	0.78	0.58
名称		单位	单价(元)		消耗量			
人工	二类人工	工日	135.00		2.514	2.910	2.436	12.180
材料	混凝土块 250×50×125	m	1.08		101.000	—	—	—
	石质条 150×50	m	16.29		—	101.000	—	—
	人行道砖 200×100×60	m^2	39.91		—	—	33.830	—
	混凝土实心砖 240×115×53 MU10	千块	388.00		—	—	—	5.460
	干混砌筑砂浆 DM M7.5	m^3	413.73		0.030	0.030	2.730	2.110
	水	m^3	4.27		—	—	1.100	1.100
	其他材料费	元	1.00		0.70	9.61	13.39	16.59
机械	干混砂浆罐式搅拌机 20000L	台班	193.83		—	—	0.004	0.003

第五章
交通管理设施

说　　明

一、本章定额包括标志牌、标志杆、路面标线、信号灯安装、交通隔离设施、其他附属设施，共 6 节 125 个子目。

二、本章定额交通标志杆、门架杆、信号灯及标志牌按成品考虑。定额中的小型标志牌成品材料单价含铝槽、抱箍和螺栓费用，但不含反光膜的费用；大型标志牌为未计价材料。

三、柱式标志杆依据杆的直径和长度按“根”计算。若安装双柱式标志杆时，按相应定额消耗量乘以系数 2 计算。F 杆包括三 F、四 F，T 杆包括双 T、三 T、四 T 杆。

四、标志牌安装分三角形、圆形、正方形、长方形等。标志牌安装按地面组装，与标志杆进行连接、拼装成型考虑。

五、面积在 $1.5m^2$ 以内的标志牌，按形状分类，以“块”为单位，标志牌铝合金板厚度按 1.5mm 考虑，如实际设计不同，标志牌单价可做换算调整。

六、附着式反光轮廓标安装于波形梁护栏或其他护栏上，已综合考虑各种安装方法。路面突起路标采用黏合剂黏合于混凝土或沥青路面上。

七、路面标线包括纵向标线、横道线和标记。标记包括箭头、文字、字符、图形等。

八、路面标线定额中，如实际不刷底漆或不撒反光玻璃珠，则扣减定额中底漆、手推式热熔底漆车或反光玻璃珠的消耗量，其余不变。

九、信号灯按发光单元透光面尺寸（$\phi300$、$\phi400$）及功能（机动车信号灯、非机动车信号灯等）分类。本定额取各自其中一种规格作为定额基价，套用定额时信号灯单价按实际类型和规格型号进行换算调整，其余不变。

十、定额中全封闭固定式隔离护栏、机非塑胶隔离墩、防撞设施、减速垄、塑胶警示柱、路边线轮廓标等均为成品，计算时按成品价考虑。成品材料的规格、型号或材料不同时可做换算。

十一、基础挖填方及钢筋可执行本定额第一册《通用项目》相应定额。

十二、混凝土基础定额中未包括下部预埋件，发生时另行计算。

十三、手孔井定额中已综合了铺垫层、浇筑混凝土、砌井、水泥砂浆抹面、安装盖板等工作内容。

十四、定额中防撞筒、水马未包括灌水或灌砂的费用，发生时按实另计。

十五、人（手）孔井按照杭州市综合交通研究中心提供的设计图编制，如设计混凝土强度与定额不同时，可调整换算。

工程量计算规则

一、标志牌按设计图示尺寸数量以“块”计算。小型标志牌定额中反光膜数量及单价按一般情况考虑,如实际不同,反光膜数量及单价可调整,其余不变。

二、柱式标志杆依据杆的直径和长度以“根”为单位,悬臂式标志杆以“t”为单位。悬臂式弯杆质量按弯杆、上法兰、螺栓等的总质量计算,F(T)杆质量按立柱、横梁、法兰(立柱上法兰及横梁法兰)、加劲肋、盖帽、螺栓的总质量计算。

三、门式架以“t”为单位。门式架的质量按立柱、横梁、直斜腹杆、法兰(立柱及横梁)、加劲肋、柱帽、螺栓等的总质量之和计算。

四、路面标线线条按标线漆划的净面积计算。凸起路标按实际安装个数计算。预成型标带按贴铺路面面积计算。箭头按个数计算。文字、字符按单体的外围矩形面积计算,图形按外框尺寸面积计算。标线清除按实际清除面积计算。

五、信号灯按发光单元透光面积尺寸(ϕ300、ϕ400)及功能分类(机动车信号灯、非机动车信号灯等),以“组”为单位计算。

六、防眩板按设计安装长度以“延长米”为单位计算工程量,如防眩板实际安装的间距与定额取定不同时,可调整定额中的材料数量。

一、标　志　牌

工作内容：安装、位置调整等。　　计量单位：块

定额编号				2-262	2-263	2-264	2-265
项目				三角形(cm)			
				△70	△90	△110	△130
基价（元）				**119.02**	**170.15**	**230.94**	**305.19**
其中	人工费（元）			24.30	28.35	32.40	36.45
	材料费（元）			71.06	118.14	174.88	245.08
	机械费（元）			23.66	23.66	23.66	23.66
名称		单位	单价(元)	消耗量			
人工	二类人工	工日	135.00	0.180	0.210	0.240	0.270
材料	三角形标志牌 △700mm	块	27.59	1.000	—	—	—
	三角形标志牌 △900mm	块	45.69	—	1.000	—	—
	三角形标志牌 △1100mm	块	67.24	—	—	1.000	—
	三角形标志牌 △1300mm	块	93.97	—	—	—	1.000
	反光膜	m^2	138.00	0.315	0.525	0.780	1.095
机械	载货汽车 4t	台班	369.21	0.060	0.060	0.060	0.060
	液压升降机 9m	台班	25.07	0.060	0.060	0.060	0.060

工作内容：安装、位置调整等。　　计量单位：块

定额编号				2-266	2-267	2-268	2-269
项目				圆形(cm)			
				ϕ60	ϕ80	ϕ100	ϕ120
基价（元）				**148.76**	**225.94**	**327.64**	**458.53**
其中	人工费（元）			28.35	32.40	36.45	40.50
	材料费（元）			96.75	169.88	267.53	384.91
	机械费（元）			23.66	23.66	23.66	33.12
名称		单位	单价(元)	消耗量			
人工	二类人工	工日	135.00	0.210	0.240	0.270	0.300
材料	圆形标志牌 ϕ600	块	38.79	1.000	—	—	—
	圆形标志牌 ϕ800	块	66.38	—	1.000	—	—
	圆形标志牌 ϕ1000	块	104.00	—	—	1.000	—
	圆形标志牌 ϕ1200	块	151.00	—	—	—	1.000
	反光膜	m^2	138.00	0.420	0.750	1.185	1.695
机械	载货汽车 4t	台班	369.21	0.060	0.060	0.060	0.084
	液压升降机 9m	台班	25.07	0.060	0.060	0.060	0.084

工作内容:安装、位置调整等。 **计量单位**:块

定额编号				2-270	2-271	2-272	2-273
项目				正方形(cm)			
				60×60	80×80	100×100	120×120
基价(元)				**264.56**	**432.71**	**650.31**	**922.83**
其中	人工费(元)			28.35	32.40	36.45	40.50
	材料费(元)			212.55	376.65	590.20	849.21
	机械费(元)			23.66	23.66	23.66	33.12
名称		单位	单价(元)	消耗量			
人工	二类人工	工日	135.00	0.210	0.240	0.270	0.300
材料	矩形标志牌 600×600	块	143.00	1.000	—	—	—
	矩形标志牌 800×800	块	253.00	—	1.000	—	—
	矩形标志牌 1000×1000	块	397.00	—	—	1.000	—
	矩形标志牌 1200×1200	块	571.00	—	—	—	1.000
	反光膜	m^2	138.00	0.504	0.896	1.400	2.016
机械	载货汽车 4t	台班	369.21	0.060	0.060	0.060	0.084
	液压升降机 9m	台班	25.07	0.060	0.060	0.060	0.084

工作内容:安装、位置调整等。 **计量单位**:块

定额编号				2-274	2-275	2-276	2-277	2-278
项目				长方形(cm)				
				60×30	80×40	100×50	120×60	140×100
基价(元)				**154.29**	**240.83**	**350.66**	**484.21**	**889.64**
其中	人工费(元)			24.30	28.35	32.40	36.45	40.50
	材料费(元)			106.33	188.82	294.60	424.10	825.48
	机械费(元)			23.66	23.66	23.66	23.66	23.66
名称		单位	单价(元)	消耗量				
人工	二类人工	工日	135.00	0.180	0.210	0.240	0.270	0.300
材料	矩形标志牌 600×300	块	71.55	1.000	—	—	—	—
	矩形标志牌 800×400	块	127.00	—	1.000	—	—	—
	矩形标志牌 1000×500	块	198.00	—	—	1.000	—	—
	矩形标志牌 1200×600	块	285.00	—	—	—	1.000	—
	矩形标志牌 1400×1000	块	555.00	—	—	—	—	1.000
	反光膜	m^2	138.00	0.252	0.448	0.700	1.008	1.960
机械	载货汽车 4t	台班	369.21	0.060	0.060	0.060	0.060	0.060
	液压升降机 9m	台班	25.07	0.060	0.060	0.060	0.060	0.060

工作内容：安装、位置调整等。 计量单位：块

定额编号				2-279	2-280	2-281	2-282
项目				标志牌面积（m² 以内）			
				1.5～3	5	7	9
基价（元）				**142.19**	**227.42**	**330.85**	**440.45**
其中	人工费（元）			56.70	105.30	178.20	238.95
	材料费（元）			—	—	—	—
	机械费（元）			85.49	122.12	152.65	201.50
名称		单位	单价（元）	消耗量			
人工	二类人工	工日	135.00	0.420	0.780	1.320	1.770
材料	标志牌	块	—	（1.000）	（1.000）	（1.000）	（1.000）
机械	载货汽车 4t	台班	369.21	0.084	0.120	0.150	0.198
	汽车式起重机 8t	台班	648.48	0.084	0.120	0.150	0.198

工作内容：安装、位置调整等。 计量单位：块

定额编号				2-283	2-284	2-285
项目				标志牌面积（m²）		
				12 以内	15 以内	15 以上
基价（元）				**535.85**	**623.08**	**689.99**
其中	人工费（元）			291.60	348.30	396.90
	材料费（元）			—	—	—
	机械费（元）			244.25	274.78	293.09
名称		单位	单价（元）	消耗量		
人工	二类人工	工日	135.00	2.160	2.580	2.940
材料	标志牌	块	—	（1.000）	（1.000）	（1.000）
机械	载货汽车 4t	台班	369.21	0.240	0.270	0.288
	汽车式起重机 8t	台班	648.48	0.240	0.270	0.288

二、标 志 杆

1. 柱 式

工作内容:标杆安装及调整垂直度等。 计量单位:根

定额编号					2-286	2-287	2-288
项目					单柱式(mm 以内)		
					$\phi60\times3000$	$\phi76\times3550$	$\phi89\times5000$
基价(元)					**35.38**	**40.53**	**46.43**
其中	人工费(元)				24.30	28.35	32.40
	材料费(元)				—	—	—
	机械费(元)				11.08	12.18	14.03
	名称		单位	单价(元)	消耗量		
人工	二类人工		工日	135.00	0.180	0.210	0.240
材料	标志杆		根	—	(1.000)	(1.000)	(1.000)
机械	载货汽车 4t		台班	369.21	0.030	0.033	0.038

工作内容:标杆安装及调整垂直度等。 计量单位:根

定额编号					2-289	2-290	2-291
项目					单柱式(mm 以内)		
					$\phi114\times5050$	$\phi140\times4500$	$\phi140\times8000$
基价(元)					**63.75**	**70.75**	**103.71**
其中	人工费(元)				44.55	48.60	64.80
	材料费(元)				—	—	—
	机械费(元)				19.20	22.15	38.91
	名称		单位	单价(元)	消耗量		
人工	二类人工		工日	135.00	0.330	0.360	0.480
材料	标志杆		根	—	(1.000)	(1.000)	(1.000)
机械	载货汽车 4t		台班	369.21	0.052	0.060	—
	汽车式起重机 8t		台班	648.48	—	—	0.060

2. 悬臂式、门式架

工作内容：标杆、门式安装及调整垂直度等。

计量单位：t

定额编号				2-292	2-293	2-294	2-295
项目				悬臂式			门式架
				弯杆	F 杆	T 杆	
基价（元）				**7026.21**	**6722.53**	**6826.03**	**7556.14**
其中	人工费（元）			303.75	283.50	344.25	941.63
	材料费（元）			6466.00	6207.00	6207.00	6207.00
	机械费（元）			256.46	232.03	274.78	407.51
	名称	单位	单价(元)	消耗量			
人工	二类人工	工日	135.00	2.250	2.100	2.550	6.975
材料	标志杆 弯杆	t	6466.00	1.000	—	—	—
	标志杆 F 杆	t	6207.00	—	1.000	—	—
	标志杆 T 杆	t	6207.00	—	—	1.000	—
	标志杆 门式架	t	6207.00	—	—	—	1.000
机械	载货汽车 4t	台班	369.21	0.252	0.228	0.270	—
	载货汽车 6t	台班	396.42	—	—	—	0.390
	汽车式起重机 8t	台班	648.48	0.252	0.228	0.270	0.390

三、路面标线

1. 纵向标线

工作内容：1. 常温型：清扫、放样、划漆、护线等；

2. 热熔型：清扫、放样、上底漆、再清扫、划漆、撒下玻璃珠、修线形、护线等；

3. 振荡标线：同热熔型。

计量单位：$10m^2$

定额编号				2-296	2-297	2-298	2-299	2-300
项目				常温型		热熔型	震荡标线	黄侧石线
				立面标线	地面标线			常温型
基价（元）				**101.01**	**89.31**	**285.60**	**721.83**	**117.20**
其中	人工费（元）			42.93	19.98	66.96	64.80	47.39
	材料费（元）			53.65	53.65	167.40	565.74	54.13
	机械费（元）			4.43	15.68	51.24	91.29	15.68
	名称	单位	单价(元)	消耗量				
人工	二类人工	工日	135.00	0.318	0.148	0.496	0.480	0.351
材料	标线漆	kg	10.34	5.100	5.100	—	—	5.145
	热熔涂料	kg	3.02	—	—	45.000	—	—
	振荡涂料	kg	5.86	—	—	—	90.000	—
	反光玻璃珠	kg	2.21	—	—	4.000	4.000	—
	底油	kg	9.91	—	—	2.000	2.000	—
	其他材料费	元	1.00	0.92	0.92	2.84	9.68	0.93
机械	载货汽车 4t	台班	369.21	0.012	0.020	0.055	0.098	0.020
	路面标线涂料喷涂机	台班	414.86	—	0.020	—	—	0.020
	路面标线热熔涂料涂敷机	台班	562.36	—	—	0.055	0.098	—

工作内容:预成型标带:清扫、放样、涂胶层或胶结剂、贴附于路面等。　　　　**计量单位:**10m²

定额编号				2-301
项目				预成型标带
				热塑型
基价(元)				**740.29**
其中	人工费(元)			81.00
	材料费(元)			600.22
	机械费(元)			59.07
名称		单位	单价(元)	消耗量
人工	二类人工	工日	135.00	0.600
材料	预成型标带	m²	43.10	10.100
	环氧树脂	kg	15.52	10.300
	其他材料费	元	1.00	5.05
机械	载货汽车 4t	台班	369.21	0.160

2. 横　道　线

工作内容:清扫路面、定位放线、涂料制备、涂敷、漆划、养护。　　　　**计量单位:**10m²

定额编号				2-302	2-303	2-304
项目				常温型	热熔型	震荡标线
基价(元)				**157.02**	**351.84**	**786.63**
其中	人工费(元)			68.85	110.84	129.60
	材料费(元)			56.81	185.11	565.74
	机械费(元)			31.36	55.89	91.29
名称		单位	单价(元)	消耗量		
人工	二类人工	工日	135.00	0.510	0.821	0.960
材料	标线漆	kg	10.34	5.400	—	—
	热熔涂料	kg	3.02	—	51.000	—
	振荡涂料	kg	5.86	—	—	90.000
	反光玻璃珠	kg	2.21	—	3.670	4.000
	底油	kg	9.91	—	2.000	2.000
	其他材料费	元	1.00	0.97	3.16	9.68
机械	载货汽车 4t	台班	369.21	0.040	0.060	0.098
	路面标线涂料喷涂机	台班	414.86	0.040	—	—
	路面标线热熔涂料涂敷机	台班	562.36	—	0.060	0.098

3.标　　记

(1)箭　　头

工作内容:1. 常温型:清扫、放样、再清扫、粘胶带、划漆、除胶带、修线形、护线等;
2. 热熔型:清扫、放样、上底漆、再清扫、划漆、除胶带、撒玻璃珠、修线形、护线等。　　**计量单位**:个

定额编号				2-305	2-306	2-307	2-308	2-309	2-310
项目				直行(3m)		直行(6m)		直行(9m)	
				常温型	热熔型	常温型	热熔型	常温型	热熔型
基价(元)				**10.48**	**22.65**	**43.28**	**89.37**	**96.55**	**200.65**
其中	人工费(元)			5.27	7.70	20.93	30.78	47.39	69.39
	材料费(元)			2.86	9.79	11.37	38.99	25.64	87.93
	机械费(元)			2.35	5.16	10.98	19.60	23.52	43.33
名称		单位	单价(元)	消耗量					
人工	二类人工	工日	135.00	0.039	0.057	0.155	0.228	0.351	0.514
材料	标线漆	kg	10.34	0.259	—	1.029	—	2.322	—
	热熔涂料	kg	3.02	—	2.723	—	10.841	—	24.453
	反光玻璃珠	kg	2.21	—	0.193	—	0.767	—	1.729
	稀释剂	kg	12.07	0.011	—	0.044	—	0.099	—
	底油	kg	9.91	—	0.098	—	0.392	—	0.884
	其他材料费	元	1.00	0.05	0.17	0.20	0.67	0.44	1.50
机械	载货汽车 4t	台班	369.21	0.003	0.005	0.014	0.019	0.030	0.042
	路面标线热熔涂料涂敷机	台班	562.36	—	0.005	—	0.019	—	0.042
	路面标线涂料喷涂机	台班	414.86	0.003	—	0.014	—	0.030	—
	手推式热熔底漆车	台班	100.00	—	0.005	—	0.019	—	0.042

工作内容:1. 常温型:清扫、放样、再清扫、粘胶带、划漆、除胶带、修线形、护线等;
2. 热熔型:清扫、放样、上底漆、再清扫、划漆、除胶带、撒玻璃珠、修线形、护线等。　　**计量单位**:个

定额编号				2-311	2-312	2-313	2-314	2-315	2-316
项目				转弯(3m)		转弯(6m)		转弯(9m)	
				常温型	热熔型	常温型	热熔型	常温型	热熔型
基价(元)				**13.52**	**28.50**	**54.73**	**113.94**	**123.81**	**256.61**
其中	人工费(元)			6.75	9.86	26.87	39.29	60.48	88.56
	材料费(元)			3.63	12.45	14.53	49.89	32.75	112.35
	机械费(元)			3.14	6.19	13.33	24.76	30.58	55.70
名称		单位	单价(元)	消耗量					
人工	二类人工	工日	135.00	0.050	0.073	0.199	0.291	0.448	0.656
材料	标线漆	kg	10.34	0.329	—	1.316	—	2.966	—
	热熔涂料	kg	3.02	—	3.465	—	13.860	—	31.235
	反光玻璃珠	kg	2.21	—	0.245	—	0.980	—	2.209
	稀释剂	kg	12.07	0.014	—	0.056	—	0.126	—
	底油	kg	9.91	—	0.125	—	0.501	—	1.129
	其他材料费	元	1.00	0.06	0.21	0.25	0.90	0.56	1.95
机械	载货汽车 4t	台班	369.21	0.004	0.006	0.017	0.024	0.039	0.054
	路面标线热熔涂料涂敷机	台班	562.36	—	0.006	—	0.024	—	0.054
	路面标线涂料喷涂机	台班	414.86	0.004	—	0.017	—	0.039	—
	手推式热熔底漆车	台班	100.00	—	0.006	—	0.024	—	0.054

工作内容:1. 常温型:清扫、放样、再清扫、粘胶带、划漆、除胶带、修线形、护线等;
2. 热熔型:清扫、放样、上底漆、再清扫、划漆、除胶带、撒玻璃珠、修线形、护线等。 **计量单位**:个

定额编号				2-317	2-318	2-319	2-320	2-321	2-322
项目				直行转弯(3m)		直行转弯(6m)		直行转弯(9m)	
				常温型	热熔型	常温型	热熔型	常温型	热熔型
基价(元)				**18.63**	**38.21**	**73.35**	**152.10**	**165.19**	**342.41**
其中	人工费(元)			9.05	13.23	35.91	52.52	80.73	118.26
	材料费(元)			4.88	16.73	19.41	66.57	43.69	149.88
	机械费(元)			4.70	8.25	18.03	33.01	40.77	74.27
名称		单位	单价(元)	消耗量					
人工	二类人工	工日	135.00	0.067	0.098	0.266	0.389	0.598	0.876
材料	标线漆	kg	10.34	0.442	—	1.758	—	3.957	—
	热熔涂料	kg	3.02	—	4.653	—	18.513	—	41.679
	稀释剂	kg	12.07	0.019	—	0.075	—	0.168	—
	反光玻璃珠	kg	2.21	—	0.329	—	1.309	—	2.947
	底油	kg	9.91	—	0.168	—	0.669	—	1.507
	其他材料费	元	1.00	0.08	0.29	0.33	1.14	0.75	2.56
机械	载货汽车 4t	台班	369.21	0.006	0.008	0.023	0.032	0.052	0.072
	路面标线热熔涂料涂敷机	台班	562.36	—	0.008	—	0.032	—	0.072
	路面标线涂料喷涂机	台班	414.86	0.006	—	0.023	—	0.052	—
	手推式热熔底漆车	台班	100.00	—	0.008	—	0.032	—	0.072

工作内容:1. 常温型:清扫、放样、再清扫、粘胶带、划漆、除胶带、修线形、护线等;
2. 热熔型:清扫、放样、上底漆、再清扫、划漆、除胶带、撒玻璃珠、修线形、护线等。 **计量单位**:个

定额编号				2-323	2-324	2-325	2-326	2-327	2-328
项目				直行掉头(3m)		直行掉头(6m)		直行掉头(9m)	
				常温型	热熔型	常温型	热熔型	常温型	热熔型
基价(元)				**17.05**	**36.65**	**69.70**	**144.99**	**156.62**	**325.90**
其中	人工费(元)			8.51	12.56	34.02	49.82	76.68	112.32
	材料费(元)			4.62	15.84	18.43	63.19	41.52	142.40
	机械费(元)			3.92	8.25	17.25	31.98	38.42	71.18
名称		单位	单价(元)	消耗量					
人工	二类人工	工日	135.00	0.063	0.093	0.252	0.369	0.568	0.832
材料	标线漆	kg	10.34	0.418	—	1.669	—	3.760	—
	热熔涂料	kg	3.02	—	4.406	—	17.573	—	39.600
	反光玻璃珠	kg	2.21	—	0.312	—	1.243	—	2.800
	稀释剂	kg	12.07	0.018	—	0.071	—	0.160	—
	底油	kg	9.91	—	0.159	—	0.635	—	1.432
	其他材料费	元	1.00	0.08	0.27	0.32	1.08	0.71	2.43
机械	载货汽车 4t	台班	369.21	0.005	0.008	0.022	0.031	0.049	0.069
	路面标线热熔涂料涂敷机	台班	562.36	—	0.008	—	0.031	—	0.069
	路面标线涂料喷涂机	台班	414.86	0.005	—	0.022	—	0.049	—
	手推式热熔底漆车	台班	100.00	—	0.008	—	0.031	—	0.069

工作内容:1. 常温型:清扫、放样、再清扫、粘胶带、划漆、除胶带、修线形、护线等;
2. 热熔型:清扫、放样、上底漆、再清扫、划漆、除胶带、撒玻璃珠、修线形、护线等。　**计量单位**:个

定额编号				2-329	2-330	2-331	2-332	2-333	2-334
项目				转弯掉头(3m)		转弯掉头(6m)		转弯掉头(9m)	
				常温型	热熔型	常温型	热熔型	常温型	热熔型
基价(元)				**21.07**	**42.69**	**82.42**	**170.91**	**185.29**	**384.79**
其中	人工费(元)			10.13	14.72	40.23	59.00	90.72	132.84
	材料费(元)			5.45	18.69	21.80	74.77	49.09	168.39
	机械费(元)			5.49	9.28	20.39	37.14	45.48	83.56
名称		单位	单价(元)	消耗量					
人工	二类人工	工日	135.00	0.075	0.109	0.298	0.437	0.672	0.984
材料	标线漆	kg	10.34	0.494	—	1.974	—	4.446	—
	热熔涂料	kg	3.02	—	5.198	—	20.790	—	46.827
	反光玻璃珠	kg	2.21	—	0.368	—	1.470	—	3.311
	稀释剂	kg	12.07	0.021	—	0.084	—	0.189	—
	底油	kg	9.91	—	0.188	—	0.752	—	1.693
	其他材料费	元	1.00	0.09	0.32	0.37	1.28	0.84	2.88
机械	载货汽车 4t	台班	369.21	0.007	0.009	0.026	0.036	0.058	0.081
	路面标线热熔涂料涂敷机	台班	562.36	—	0.009	—	0.036	—	0.081
	路面标线涂料喷涂机	台班	414.86	0.007	—	0.026	—	0.058	—
	手推式热熔底漆车	台班	100.00	—	0.009	—	0.036	—	0.081

工作内容:1. 常温型:清扫、放样、再清扫、粘胶带、划漆、除胶带、修线形、护线等;
2. 热熔型:清扫、放样、上底漆、再清扫、划漆、除胶带、撒玻璃珠、修线形、护线等。　**计量单位**:个

定额编号				2-335	2-336
项目				禁止掉头(5m)	
				常温型	热熔型
基价(元)				**95.56**	**198.79**
其中	人工费(元)			46.71	68.58
	材料费(元)			25.33	86.88
	机械费(元)			23.52	43.33
名称		单位	单价(元)	消耗量	
人工	二类人工	工日	135.00	0.346	0.508
材料	标线漆	kg	10.34	2.294	—
	热熔涂料	kg	3.02	—	24.156
	反光玻璃珠	kg	2.21	—	1.708
	稀释剂	kg	12.07	0.098	—
	底油	kg	9.91	—	0.874
	其他材料费	元	1.00	0.43	1.49
机械	载货汽车 4t	台班	369.21	0.030	0.042
	路面标线热熔涂料涂敷机	台班	562.36	—	0.042
	路面标线涂料喷涂机	台班	414.86	0.030	—
	手推式热熔底漆车	台班	100.00	—	0.042

(2)文字、字符、图型

工作内容:1. 常温型:清扫、放样、再清扫、粘胶带、划漆、除胶带、修线形、护线等;
2. 热熔型:清扫、放样、上底漆、再清扫、划漆、除胶带、撒玻璃珠、修线形、护线等。

计量单位:$10m^2$

定额编号				2-337	2-338
项目				常温型	热熔型
基价(元)				**196.35**	**407.12**
其中	人工费(元)			95.85	140.40
	材料费(元)			51.89	178.00
	机械费(元)			48.61	88.72
名称		单位	单价(元)	消耗量	
人工	二类人工	工日	135.00	0.710	1.040
材料	标线漆	kg	10.34	4.700	—
	热熔涂料	kg	3.02	—	49.500
	反光玻璃珠	kg	2.21	—	3.500
	稀释剂	kg	12.07	0.199	—
	底油	kg	9.91	—	1.790
	其他材料费	元	1.00	0.89	3.04
机械	载货汽车 4t	台班	369.21	0.062	0.086
	路面标线涂料喷涂机	台班	414.86	0.062	—
	路面标线热熔涂料涂敷机	台班	562.36	—	0.086
	手推式热熔底漆车	台班	100.00	—	0.086

(3)清除标线

工作内容:清除油漆、清扫现场等。

计量单位:m^2

定额编号				2-339	2-340
项目				机械清除	化学清除
基价(元)				**16.87**	**80.02**
其中	人工费(元)			2.70	64.40
	材料费(元)			0.22	15.62
	机械费(元)			13.95	—
名称		单位	单价(元)	消耗量	
人工	二类人工	工日	135.00	0.020	0.477
材料	钢丝扁帚	盘	31.03	0.007	—
	脱漆剂	kg	7.62	—	2.050
机械	路面铣刨机 2000mm	台班	2610.79	0.004	—
	路面清扫车 $6m^3$	台班	877.00	0.004	—

四、信号灯安装

工作内容：现场组装、安装、调整、固定、接线、初步调试。　　**计量单位**：组

定额编号				2-341	2-342	2-343	2-344	2-345
项目				机动车道灯(3个/组)		非机动车道		人行道灯
				JD303LED	JD403LED	3个/组	4个/组	2个/组
基价（元）				**1340.98**	**1533.23**	**1291.23**	**1864.73**	**833.23**
其中	人工费（元）			101.25	121.50	94.50	108.00	67.50
	材料费（元）			1207.00	1379.00	1164.00	1724.00	733.00
	机械费（元）			32.73	32.73	32.73	32.73	32.73
	名称	单位	单价(元)	消耗量				
人工	二类人工	工日	135.00	0.750	0.900	0.700	0.800	0.500
材料	机动车满屏灯 JD303LED	组	1207.00	1.000	—	—	—	—
	机动车满屏灯 JD403LED	组	1379.00	—	1.000	—	—	—
	非机动车灯 303LED	组	1164.00	—	—	1.000	—	—
	非机动车灯 304LED	组	1724.00	—	—	—	1.000	—
	人行道灯 静态	组	733.00	—	—	—	—	1.000
机械	载货汽车 4t	台班	369.21	0.083	0.083	0.083	0.083	0.083
	液压升降机 9m	台班	25.07	0.083	0.083	0.083	0.083	0.083

工作内容：现场组装、安装、调整、固定、接线、初步调试。　　**计量单位**：组

定额编号				2-346	2-347	2-348	2-349	2-350
项目				车道灯(2个/组)		黄闪警灯		辅灯(3个/组)
				φ300	φ400	φ300	φ400	φ300
基价（元）				**839.98**	**1254.98**	**636.15**	**897.90**	**1406.73**
其中	人工费（元）			74.25	101.25	54.00	60.75	81.00
	材料费（元）			733.00	1121.00	560.00	815.00	1293.00
	机械费（元）			32.73	32.73	22.15	22.15	32.73
	名称	单位	单价(元)	消耗量				
人工	二类人工	工日	135.00	0.550	0.750	0.400	0.450	0.600
材料	车道灯 302LED	组	733.00	1.000	—	—	—	—
	车道灯 402LED	组	1121.00	—	1.000	—	—	—
	黄闪警示灯 φ300	个	560.00	—	—	1.000	—	—
	黄闪警示灯 φ400	个	815.00	—	—	—	1.000	—
	辅灯 303LED	组	1293.00	—	—	—	—	1.000
机械	载货汽车 4t	台班	369.21	0.083	0.083	0.060	0.060	0.083
	液压升降机 9m	台班	25.07	0.083	0.083	—	—	0.083

五、交通隔离设施

1. 柱式护栏制作、安装

工作内容:护栏、运输、挖洞,柱脚填石(砂浆)固定,夯实、护栏油漆。 **计量单位:**10 根

定额编号				2-351	2-352
项目				护栏设置部位	
				路肩上	挡土墙上
基价(元)				1137.44	742.00
其中	人工费(元)			641.25	433.35
	材料费(元)			467.52	290.22
	机械费(元)			28.67	18.43
名称		单位	单价(元)	消耗量	
人工	二类人工	工日	135.00	4.750	3.210
材料	非泵送商品混凝土 C20	m^3	412.00	0.530	0.330
	松板枋材 模板	m^3	1422.00	0.053	0.033
	热轧光圆钢筋 综合	t	3966.00	0.034	0.021
	圆钉	kg	4.74	1.600	1.000
	镀锌铁丝 18#~22#	kg	6.55	0.200	0.100
	油性调和漆 蓝、白、灰	kg	7.72	2.900	1.800
	其他材料费	元	1.00	7.67	4.76
机械	载货汽车 3t	台班	341.35	0.084	0.054

2. 分隔护栏安装

工作内容:1. 固定式隔离护栏、隔离墩安装:定位放样、挖洞、安装、校正、油漆、防腐等;

2. 活动式隔离护栏:划线、切割:煨弯、分段组合、连接;焊接;油漆;堆放;运输、现场安装等。

定额编号				2-353	2-354	2-355	2-356	2-357	2-358
项目				全封闭固定式隔离护栏安装			伸缩活动式隔离护栏制作、安装		机非塑胶隔离墩安装
				型钢道路护栏	PVC 道路护栏	不锈钢人行护栏	镀锌钢管	不锈钢管	
计量单位				m			t		m
基价(元)				**142.08**	**84.57**	**229.19**	**8650.05**	**16468.98**	**71.91**
其中	人工费(元)			7.83	4.73	7.83	3150.90	2867.40	26.46
	材料费(元)			131.30	77.62	218.41	5112.78	13249.56	40.65
	机械费(元)			2.95	2.22	2.95	386.37	352.02	4.80
名称		单位	单价(元)	消耗量					
人工	二类人工	工日	135.00	0.058	0.035	0.058	23.340	21.240	0.196
材料	预制型钢护栏	m	129.00	1.010	—	—	—	—	—
	PVC 护栏 高 550mm	m	75.86	—	1.010	—	—	—	—
	不锈钢隔离护栏	m	216.00	—	—	1.010	—	—	—
	金属膨胀螺栓 M8×80	套	0.28	2.700	2.700	—	—	—	—
	型钢 综合	t	3836.00	—	—	—	0.160	0.160	—
	碳素结构钢镀锌焊接钢管 综合	t	4741.00	—	—	—	0.900	—	—
	不锈钢管	t	13793.00	—	—	—	—	0.900	—
	电焊条	kg	4.31	—	—	—	26.900	26.900	—
	氧气	m^3	3.62	—	—	—	4.000	4.000	—
	乙炔气	m^3	8.90	—	—	—	1.700	1.700	—
	红丹防锈漆	kg	6.90	—	—	—	8.900	—	—
	塑胶隔离墩 JD-01F360×800	个	51.72	—	—	—	—	—	0.510
	特型塑胶管 $\phi55\times2.5$	m	6.90	—	—	—	—	—	2.000
	其他材料费	元	1.00	0.25	0.25	0.25	25.16	76.55	0.47
机械	载货汽车 4t	台班	369.21	0.008	0.006	0.008	0.013	0.013	0.013
	交流弧焊机 32kV·A	台班	92.84	—	—	—	4.110	3.740	—

3. 钢筋混凝土隔离墩

工作内容:1. 预制混凝土:配料、运输、搅捣、养生;
2. 模板:制作、安装、涂脱模剂、拆除、修理、整堆;
3. 安装:整修、安装就位、墩脚砂浆固定、油漆。

定额编号				2-359	2-360	2-361
项目				隔离墩预制		安装
				混凝土	模板	
计量单位				$10m^3$	$10m^2$	$10m^3$
基价(元)				**7490.62**	**584.48**	**1849.20**
其中	人工费(元)			3148.20	453.60	691.74
	材料费(元)			4326.28	119.63	278.44
	机械费(元)			16.14	11.25	879.02
名称		单位	单价(元)	消耗量		
人工	二类人工	工日	135.00	23.320	3.360	5.124
材料	非泵送商品混凝土 C20	m^3	412.00	10.100	—	—
	干混砌筑砂浆 DM M10.0	m^3	413.73	—	—	0.240
	养护毯	m^2	2.84	50.260	—	—
	圆钉	kg	4.74	—	0.600	—
	铁件	kg	3.71	—	4.430	—
	松板枋材 模板	m^3	1422.00	—	0.068	—
	脱模剂	kg	1.54	—	1.000	—
	模板嵌缝料	kg	1.42	—	0.500	—
	油性金属闪光漆	kg	25.86	—	—	6.530
	其他材料费	元	1.00	22.34	1.40	10.28
机械	混凝土振捣器 平板式	台班	12.54	1.287	—	—
	汽车式起重机 8t	台班	648.48	—	—	0.440
	载货汽车 4t	台班	369.21	—	—	1.608
	木工圆锯机 500mm	台班	27.50	—	0.294	—
	木工平刨床 300mm	台班	10.76	—	0.294	—

4.防 眩 板

工作内容:支撑板、压板和面板等金属构件的制作、运输、定位、安装等。 **计量单位**:延长米

定额编号				2-362	2-363
项目				防眩板尺寸	
				800×100×1.5	900×220×6
基价(元)				**160.75**	**351.61**
其中	人工费(元)			51.84	257.85
	材料费(元)			106.96	83.55
	机械费(元)			1.95	10.21
名称		单位	单价(元)	消耗量	
人工	二类人工	工日	135.00	0.384	1.910
材料	防眩板 800×180×1.5	块	19.83	4.000	—
	防眩板 900×220×6	块	25.86	—	2.000
	中厚钢板	kg	3.71	0.236	5.000
	碳素结构钢焊接钢管 *DN*50×3.8	kg	3.88	2.070	—
	碳素结构钢焊接钢管 *DN*25×3.2	kg	3.88	3.440	—
	金属膨胀螺栓 M10×80	套	0.48	4.000	8.000
	电焊条	kg	4.31	0.130	0.640
	油性调和漆 蓝、白、灰	kg	7.72	0.140	0.680
	其他材料费	元	1.00	1.82	1.43
机械	交流弧焊机 32kV·A	台班	92.84	0.021	0.110

5.防撞隔离设施

工作内容:钻孔、安装。 **计量单位**:个

定额编号				2-364	2-365	2-366	2-367
项目				防撞筒		水马	
				塑料防撞筒	橡胶防撞筒	塑料水马	围栏水马
基价(元)				**90.80**	**178.33**	**125.80**	**125.80**
其中	人工费(元)			16.20	16.20	16.20	16.20
	材料费(元)			70.17	157.70	104.80	104.80
	机械费(元)			4.43	4.43	4.80	4.80
名称		单位	单价(元)	消耗量			
人工	二类人工	工日	135.00	0.120	0.120	0.120	0.120
材料	塑料防撞桶	个	68.97	1.000	—	—	—
	橡胶防撞桶	个	155.00	—	1.000	—	—
	塑料水马	个	103.00	—	—	1.000	—
	围栏水马	个	103.00	—	—	—	1.000
	其他材料费	元	1.00	1.20	2.70	1.80	1.80
机械	载货汽车 4t	台班	369.21	0.012	0.012	0.013	0.013

6. 减速垄(减速带)

工作内容:钻孔、安装。 **计量单位**:10m

定额编号				2-368
项目				减速垄(减速带)
基价(元)				**882.46**
其中	人工费(元)			160.65
	材料费(元)			691.22
	机械费(元)			30.59
名称		单位	单价(元)	消耗量
人工	二类人工	工日	135.00	1.190
材料	橡胶反光减速带 1000×380×50	m	67.24	10.100
	其他材料费	元	1.00	12.10
机械	载货汽车 2t	台班	305.93	0.100

7. 警示柱

工作内容:1. 钢管警示柱:基础、杆件油漆、贴反光膜等;
2. 橡胶警示柱:清理地面、安装。 **计量单位**:根

定额编号				2-369	2-370
项目				钢管警示柱(地理式)	塑胶警示柱
				ϕ80	
基价(元)				**60.67**	**186.24**
其中	人工费(元)			12.15	9.72
	材料费(元)			48.52	176.52
	机械费(元)			—	—
名称		单位	单价(元)	消耗量	
人工	二类人工	工日	135.00	0.090	0.072
材料	碳素结构钢焊接钢管 *DN*80×4.0	kg	3.88	8.510	—
	非泵送商品混凝土 C25	m^3	421.00	0.028	—
	松板枋材 模板	m^3	1422.00	0.002	—
	圆钉	kg	4.74	0.002	—
	橡胶警示柱 ϕ80	根	172.00	—	1.000
	金属膨胀螺栓 M10	套	0.48	—	3.000
	水	m^3	4.27	0.011	—
	其他材料费	元	1.00	0.81	3.08

六、其他附属设施

1. 垫 层

工作内容：清底、挂线、卸料、摊铺、找平、夯实、检查标高、材料运输等。 **计量单位：**m^3

定额编号				2-371	2-372	2-373
项目				碎石垫层	砂砾石垫层	黄砂垫层
基价（元）				**242.60**	**164.31**	**196.34**
其中	人工费（元）			54.00	52.65	40.10
	材料费（元）			188.60	111.66	156.24
	机械费（元）			—	—	—
名称		单位	单价(元)	消耗量		
人工	二类人工	工日	135.00	0.400	0.390	0.297
材料	碎石 5～70	t	102.00	1.849	—	—
	砂砾石	t	67.96	—	1.643	—
	黄砂 毛砂	t	87.38	—	—	1.788

2. 混凝土基础

工作内容：1. 混凝土：配料、浇捣、养生；

2. 模板：制作、安装、涂脱模剂、拆除、修理、整堆。

定额编号				2-374	2-375
项目				混凝土基础	模板
计量单位				m^3	m^2
基价（元）				**541.77**	**37.91**
其中	人工费（元）			101.39	20.66
	材料费（元）			439.76	13.55
	机械费（元）			0.62	3.70
名称		单位	单价(元)	消耗量	
人工	二类人工	工日	135.00	0.751	0.153
材料	非泵送商品混凝土 C25	m^3	421.00	1.010	—
	养护毯	m^2	2.84	2.500	—
	松板枋材 模板	m^3	1422.00	—	0.004
	钢模板	kg	5.96	—	0.637
	零星卡具	kg	5.88	—	0.238
	钢模支撑	kg	4.74	—	0.501
	圆钉	kg	4.74	—	0.013
	水	m^3	4.27	0.166	—
	其他材料费	元	1.00	6.74	0.23
机械	混凝土振捣器 平板式	台班	12.54	0.028	—
	混凝土振捣器 插入式	台班	4.65	0.057	—
	汽车式起重机 8t	台班	648.48	—	0.002
	载货汽车 4t	台班	369.21	—	0.003
	木工圆锯机 500mm	台班	27.50	—	0.047

3. 人(手)孔井

工作内容:铺垫层、混凝土配制、浇筑混凝土基础、砌井、水泥砂浆抹面、安装窨井盖座等。

计量单位:座

定额编号				2-376	2-377	2-378
项目				井尺寸(mm)		
				350×250 (H=500以内)	500×450 (H=500以内)	500×500 (H=500以内)
基价(元)				**332.91**	**410.57**	**438.65**
其中	人工费(元)			104.63	128.25	135.00
	材料费(元)			226.24	279.47	300.59
	机械费(元)			2.04	2.85	3.06
	名称	单位	单价(元)	消耗量		
人工	二类人工	工日	135.00	0.775	0.950	1.000
材料	非泵送商品混凝土 C15	m^3	399.00	0.056	0.086	0.091
	非泵送商品混凝土 C25	m^3	421.00	0.029	0.031	0.041
	混凝土实心砖 53×115×240	千块	395.00	0.055	0.078	0.081
	干混砌筑砂浆 DM M7.5	m^3	413.73	0.023	0.033	0.034
	干混抹灰砂浆 DP M15.0	m^3	446.85	0.065	0.080	0.082
	再生树脂复合材料检查井盖 350×250	套	125.00	1.000	—	—
	再生树脂复合材料检查井盖 500×450	套	147.00	—	1.000	—
	再生树脂复合材料检查井盖 500×500	套	159.00	—	—	1.000
	水	m^3	4.27	0.007	0.098	0.114
	其他材料费	元	1.00	6.37	4.48	4.83
机械	机动翻斗车 1t	台班	197.36	0.010	0.014	0.015
	混凝土振捣器 平板式	台班	12.54	0.005	0.007	0.008

4. 安全广角镜安装

工作内容:放样、定位、钻孔、安装。

计量单位:套

定额编号				2-379	2-380
项目				安全广角镜(规格)	
				φ600	φ800
基价(元)				**260.69**	**278.99**
其中	人工费(元)			31.19	31.19
	材料费(元)			175.03	193.33
	机械费(元)			54.47	54.47
	名称	单位	单价(元)	消耗量	
人工	二类人工	工日	135.00	0.231	0.231
材料	安全广角镜 φ600	套	172.00	1.000	—
	安全广角镜 φ800	套	190.00	—	1.000
	其他材料费	元	1.00	3.03	3.33
机械	平台作业升降车 16m	台班	338.17	0.077	0.077
	载货汽车 4t	台班	369.21	0.077	0.077

5. 视线诱导器

工作内容：1. 柱式轮廓标：加工成型、油漆、装反射器；挖洞、柱脚浇混凝土、埋设铁件；安装、回填夯实等；
2. 栏式轮廓标：制作、粘贴反光膜、螺栓固定；
3. 路边线轮廓标：放样、定位、钻孔、安装。

定额编号				2-381	2-382	2-383
项目				玻璃钢柱式轮廓标	附着式轮廓标	路边线轮廓标
计量单位				10 根	10 块	10 只
基价（元）				**841.45**	**129.42**	**162.65**
其中	人工费（元）			157.55	68.99	41.45
	材料费（元）			651.78	28.31	97.64
	机械费（元）			32.12	32.12	23.56
名称		单位	单价(元)	消耗量		
人工	二类人工	工日	135.00	1.167	0.511	0.307
材料	玻璃钢柱体 120×100×1050	根	43.10	10.000	—	—
	反射器 180×40	片	3.45	10.000	—	—
	预埋铁件	kg	3.75	46.700	—	—
	镀锌薄钢板 综合	kg	4.46	—	0.800	—
	镀锌铁件	kg	3.73	—	1.620	—
	反光膜	m^2	138.00	—	0.132	—
	路边线轮廓标	个	8.62	—	—	10.000
	金属膨胀螺栓 M10	套	0.48	—	—	20.000
	其他材料费	元	1.00	11.15	0.48	1.84
机械	载货汽车 2t	台班	305.93	0.105	0.105	0.077

6. 凸起路标

工作内容：1. 凸起路标：放样、钻孔、安装等；
2. 预成型标带：清扫、放样、涂胶层或胶结剂、贴附于路面等。

计量单位：个

定额编号				2-384	2-385	2-386
项目				凸起路标		
				塑料	铸铝	太阳能
基价（元）				**16.08**	**21.99**	**62.50**
其中	人工费（元）			4.86	4.73	4.73
	材料费（元）			8.27	14.31	54.82
	机械费（元）			2.95	2.95	2.95
名称		单位	单价(元)	消耗量		
人工	二类人工	工日	135.00	0.036	0.035	0.035
材料	塑料凸起路标	个	5.17	1.000	—	—
	铸铝凸起路标	个	11.21	—	1.000	—
	太阳能凸起路标	个	51.72	—	—	1.000
	环氧树脂	kg	15.52	0.200	0.200	0.200
机械	载货汽车 4t	台班	369.21	0.008	0.008	0.008

第三册　桥 涵 工 程

册 说 明

一、《浙江省市政工程预算定额》(2018版)第三册《桥涵工程》(以下简称本册定额),包括打桩工程、钻孔灌注桩工程、砌筑工程、钢结构安装工程、现浇混凝土工程、预制混凝土工程、立交箱涵工程、安装工程、临时工程和装饰工程,共10章566个子目。

二、本册定额适用范围:

1. 城镇范围内的桥梁工程;

2. 单跨5m以内的各种板涵、拱涵工程;

3. 穿越城市道路及铁路的立交箱涵工程。

三、本册定额的编制依据:

1.《市政工程工程量计算规范》GB 50857—2013;

2.《市政工程消耗量定额》ZYA 1-31-2015;

3.《浙江省市政工程预算定额》(2010版);

4.《上海市市政预算定额》SHA 1-31(01)-2016;

5. 现行的设计、施工及验收技术规范。

四、本册定额有关说明:

1. 预制混凝土及钢筋混凝土构件均属现场预制,不适用于独立核算、执行产品出厂价格的构件厂所生产的构配件;采用商品构配件编制造价时,按构配件到达工地的价格计算。

2. 圆管涵执行本定额第六册《排水工程》定额,其中管道铺设及基础项目人工、机械费乘以系数1.25。

3. 本册定额中提升高度按原地面标高至梁底标高8m为界,若超过8m时,应考虑超高因素(悬浇箱梁除外):

(1)按提升高度不同将全桥划分为若干段,以超高段承台顶面以上模板的工程量,按下表调整相应定额中的人工消耗量、起重机械的规格及消耗量,且需分段计算;

(2)陆上安装钢筋混凝土梁可按下表调整相应定额中人工及起重机的台班消耗量,但起重机械的规格不做调整。

模板、陆上安装梁人工及起重机消耗量调整表

项目	模板			陆上安装钢筋混凝土梁	
	人工	5t履带式电动起重机		人工	起重机械
提升高度 H(m)	消耗量系数	消耗量系数	规格调整为	消耗量系数	消耗量系数
$H \leqslant 15$	1.02	1.02	15t履带式起重机	1.10	1.25
$H \leqslant 22$	1.05	1.05	25t履带式起重机	1.25	1.60
$H > 22$	1.10	1.10	40t履带式起重机	1.50	2.00

4. 本册定额河道水深取定为3m。

5. 本册定额中均未包括各类操作脚手架,发生时按本定额第一册《通用项目》相应定额执行。

6. 本册定额未包括预制构件的场外运输。

五、未尽事宜详见各章节说明。

第一章

打 桩 工 程

说　　明

一、本章定额内容包括打基础圆木桩、打钢筋混凝土方桩、打钢筋混凝土板桩、打钢筋混凝土管桩、打钢管桩、接桩、送桩、钢管桩内切割、钢管桩精割盖帽、钢管桩管内钻孔取土、钢管桩填芯，共 11 节 98 个子目。

二、定额中打桩土质类别综合取定。

三、本章定额均为打直桩，如打斜桩(包括俯打、仰打)斜率在 1∶6 以内时，人工乘以系数 1.33，机械乘以系数 1.43。

四、本章定额均考虑在已搭置的支架平台上操作，但不包括支架平台，其支架平台的搭设与拆除应按本册第九章“临时工程”有关项目计算。

五、船上打桩定额按两艘船只拼搭、捆绑考虑。

六、打板桩定额中，均已包括打、拔导向桩内容，不得重复计算。

七、陆上、支架上、船上打桩定额中均未包括运桩。

八、打 HPC 桩的定额桩径适用范围见下表。

HPC 桩适用范围

定额桩径	600	800	1000
适用范围	$\phi \leqslant 600$	$600 < \phi \leqslant 800$	$800 < \phi \leqslant 1000$

九、送桩定额按送 4m 为界，如实际超过 4m 时，按相应定额乘以下列调整系数：

1. 送桩 5m 以内乘以系数 1.2。
2. 送桩 6m 以内乘以系数 1.5。
3. 送桩 7m 以内乘以系数 2.0。
4. 送桩 7m 以上，以调整后 7m 为基础，每超过 1m 递增系数 0.75。

十、打钢管桩送桩，根据送桩深度，按相应打桩定额的人工、机械台班数量乘以下列系数计算：

1. 送桩深度小于或等于 2m，系数为 1.25。
2. 送桩深度小于或等于 4m，系数为 1.43。
3. 送桩深度大于 4m，系数为 1.67。

十一、打桩机械的安拆、场外运输费用按机械台班费用定额有关规定计算。

十二、如设计要求需凿除桩顶时，可套用本册第九章“临时工程”相应定额。

十三、如打基础圆木桩采用挖掘机时，可执行本定额第一册《通用项目》相应定额，圆木桩含量做相应调整。

工程量计算规则

一、打桩:

1. 钢筋混凝土方桩、板桩按桩长度(包括桩尖长度)乘以桩截面面积计算。

2. 钢筋混凝土管桩按桩长度(包括桩尖长度)乘以桩截面面积,减去空心部分体积计算。

3. 钢管桩按成品桩考虑,以"t"计算。

二、焊接桩型钢用量可按实调整。

三、送桩:

1. 陆上打桩时,以原地面平均标高增加 1m 为界线,界线以下至设计桩顶标高之间的打桩实体积为送桩工程量。

2. 支架上打桩时,以当地施工期间的最高潮水位增加 0.5m 为界线,界线以下至设计桩顶标高之间的打桩实体积为送桩工程量。

3. 船上打桩时,以当地施工期间的平均水位增加 1m 为界线,界线以下至设计桩顶标高之间的打桩实体积为送桩工程量。

一、打基础圆木桩

工作内容：制桩、安桩箍；运桩；移动桩架；安拆桩帽；吊桩、定位、校正、打桩、送桩；打拔缆风桩、松紧缆风绳；锯桩顶等。

计量单位：10m³

定额编号				3-1	3-2	3-3	3-4	3-5	3-6
项目				简易打桩机			0.6t 柴油打桩机		
				陆上	支架上	船上	陆上	支架上	船上
基价（元）				**17582.00**	**18727.10**	**19919.09**	**16784.24**	**17605.45**	**18281.29**
其中	人工费（元）			2310.12	3124.98	3421.44	1615.14	2160.27	2363.58
	材料费（元）			14507.67	14507.67	14507.67	14521.17	14521.17	14521.17
	机械费（元）			764.21	1094.45	1989.98	647.93	924.01	1396.54
名称		单位	单价(元)	消耗量					
人工	二类人工	工日	135.00	17.112	23.148	25.344	11.964	16.002	17.508
材料	圆木桩	m^3	1379.00	10.500	10.500	10.500	10.500	10.500	10.500
	原木	m^3	1552.00	0.013	0.013	0.013	—	—	—
	扒钉	kg	3.73	0.570	0.570	0.570	—	—	—
	垫木	m^3	2328.00	—	—	—	0.010	0.010	0.010
	草纸	kg	6.90	—	—	—	2.500	2.500	2.500
	白棕绳	kg	14.31	0.410	0.410	0.410	0.080	0.080	0.080
机械	电动卷扬机－单筒快速 10kN	台班	172.88	3.300	4.726	5.236	—	—	—
	简易打桩架	台班	58.70	3.300	4.726	5.236	—	—	—
	轨道式柴油打桩机 0.8t	台班	416.41	—	—	—	1.556	2.219	2.474
	木驳船 30t	t·d	3.29	—	—	236.300	—	—	111.350

二、打钢筋混凝土方桩

工作内容:准备、安拆桩帽、捆桩、吊桩、就位、打桩、校正、移动桩架安置或更换衬垫、测量、记录等。 **计量单位:**10m³

定额编号					3-7	3-8	3-9
项目					$L\leqslant 8$m		
					陆上	支架上	船上
基价(元)					**2188.97**	**2335.35**	**3509.38**
其中	人工费(元)				1109.84	1292.76	1772.01
	材料费(元)				72.39	72.39	72.39
	机械费(元)				1006.74	970.20	1664.98
名称			单位	单价(元)	消耗量		
人工	二类人工		工日	135.00	8.221	9.576	13.126
材料	钢筋混凝土方桩		m³	—	(10.100)	(10.100)	(10.100)
	桩帽		kg	4.03	4.710	4.710	4.710
	垫木		m³	2328.00	0.010	0.010	0.010
	白棕绳		kg	14.31	0.900	0.900	0.900
	草纸		kg	6.90	2.500	2.500	2.500
机械	履带式起重机 15t		台班	702.00	0.486	0.522	—
	履带式柴油打桩机 2.5t		台班	734.62	0.906	—	—
	轨道式柴油打桩机 1.2t		台班	619.87	—	0.974	2.168
	木驳船 50t		t·d	3.29	—	—	97.600

工作内容:准备、安拆桩帽、捆桩、吊桩、就位、打桩、校正、移动桩架安置或更换衬垫、测量、记录等。 **计量单位:**10m³

定额编号					3-10	3-11	3-12	3-13	3-14	3-15
项目					$8\text{m}<L\leqslant 16$m			$16\text{m}<L\leqslant 24$m		
					陆上	支架上	船上	陆上	支架上	船上
基价(元)					**1072.48**	**1193.81**	**1928.34**	**1466.74**	**1641.58**	**2647.32**
其中	人工费(元)				519.75	596.84	830.66	649.08	712.40	985.64
	材料费(元)				81.90	81.90	81.90	114.65	114.65	114.65
	机械费(元)				470.83	515.07	1015.78	703.01	814.53	1547.03
名称			单位	单价(元)	消耗量					
人工	二类人工		工日	135.00	3.850	4.421	6.153	4.808	5.277	7.301
材料	钢筋混凝土方桩		m³	—	(10.100)	(10.100)	(10.100)	(10.100)	(10.100)	(10.100)
	桩帽		kg	4.03	7.070	7.070	7.070	9.420	9.420	9.420
	垫木		m³	2328.00	0.010	0.010	0.010	0.020	0.020	0.020
	白棕绳		kg	14.31	0.900	0.900	0.900	0.900	0.900	0.900
	草纸		kg	6.90	2.500	2.500	2.500	2.500	2.500	2.500
机械	履带式起重机 15t		台班	702.00	0.227	0.245	—	0.451	0.470	—
	履带式柴油打桩机 2.5t		台班	734.62	0.424	—	—	0.526	—	—
	轨道式柴油打桩机 1.8t		台班	750.73	—	0.457	1.020	—	—	—
	轨道式柴油打桩机 2.5t		台班	884.28	—	—	—	—	0.548	1.210
	木驳船 50t		t·d	3.29	—	—	76.000	—	—	—
	木驳船 80t		t·d	3.29	—	—	—	—	—	145.000

工作内容：准备、安拆桩帽、捆桩、吊桩、就位、打桩、校正、移动桩架安置或更换衬垫、测量、记录等。　**计量单位：**10m³

定额编号				3-16	3-17	3-18	3-19	3-20
项目				24m＜L≤28m			28m＜L≤32m	32m＜L≤40m
				陆上	支架上	船上	陆上	
基价（元）				**1414.21**	**1311.71**	**2309.48**	**1178.80**	**1278.50**
其中	人工费（元）			419.31	437.81	697.41	334.13	324.54
	材料费（元）			147.44	147.44	147.44	166.38	185.41
	机械费（元）			847.46	726.46	1464.63	678.29	768.55
	名称	单位	单价(元)	消耗量				
人工	二类人工	工日	135.00	3.106	3.243	5.166	2.475	2.404
材料	钢筋混凝土方桩	m³	—	(10.100)	(10.100)	(10.100)	(10.100)	(10.100)
	桩帽	kg	4.03	11.780	11.780	11.780	16.480	21.200
	垫木	m³	2328.00	0.030	0.030	0.030	0.030	0.030
	白棕绳	kg	14.31	0.900	0.900	0.900	0.900	0.900
	草纸	kg	6.90	2.500	2.500	2.500	2.500	2.500
机械	履带式起重机 15t	台班	702.00	0.290	0.333	—	0.233	0.228
	履带式柴油打桩机 5t	台班	1899.34	0.339	—	—	0.271	—
	轨道式柴油打桩机 4t	台班	1269.82	—	0.388	0.850	—	—
	铁驳船 100t	t·d	3.01	—	—	128.000	—	—
	履带式柴油打桩机 7t	台班	2287.59	—	—	—	—	0.266

三、打钢筋混凝土板桩

工作内容：准备、打拔导桩、安拆导向夹桩、移动桩架、捆桩、吊桩、就位、打桩、校正、安置或更换衬垫、测量、记录等。

计量单位：10m³

定额编号				3-21	3-22	3-23	3-24	3-25	3-26
项目				L≤8m			L≤12m		
				陆上	支架上	船上	陆上	支架上	船上
基价（元）				**1996.74**	**2379.41**	**3197.27**	**1352.47**	**1656.39**	**2076.06**
其中	人工费（元）			618.03	803.39	1602.86	475.47	618.03	886.28
	材料费（元）			86.65	86.65	86.65	101.70	101.70	101.70
	机械费（元）			1292.06	1489.37	1507.76	775.30	936.66	1088.08
	名称	单位	单价(元)	消耗量					
人工	二类人工	工日	135.00	4.578	5.951	11.873	3.522	4.578	6.565
材料	钢筋混凝土板桩	m³	—	(10.100)	(10.100)	(10.100)	(10.100)	(10.100)	(10.100)
	桩帽	kg	4.03	7.070	7.070	7.070	10.600	10.600	10.600
	垫木	m³	2328.00	0.010	0.010	0.010	0.010	0.010	0.010
	白棕绳	kg	14.31	0.900	0.900	0.900	0.900	0.900	0.900
	草纸	kg	6.90	2.500	2.500	2.500	2.500	2.500	2.500
	其他材料费	元	1.00	4.75	4.75	4.75	5.57	5.57	5.57
机械	履带式起重机 15t	台班	702.00	0.705	0.813	—	0.374	0.452	—
	轨道式柴油打桩机 1.2t	台班	619.87	1.286	1.482	1.960	—	—	—
	轨道式柴油打桩机 1.8t	台班	750.73	—	—	—	0.683	0.825	1.090
	50t 木驳船	t·d	3.29	—	—	89.000	—	—	82.000

工作内容:准备、打拔导桩、安拆导向夹桩、移动桩架、捆桩、吊桩、就位、打桩、校正、安置或更换衬垫、测量、记录等。

计量单位:10m³

定额编号				3-27	3-28	3-29
项目				$L\leqslant16m$		
				陆上	支架上	船上
基价(元)				**1273.09**	**1658.53**	**1964.29**
其中	人工费(元)			380.43	494.37	714.42
	材料费(元)			134.12	134.61	135.10
	机械费(元)			758.54	1029.55	1114.77
名称		单位	单价(元)	消耗量		
人工	二类人工	工日	135.00	2.818	3.662	5.292
材料	钢筋混凝土板桩	m³	—	(10.100)	(10.100)	(10.100)
	桩帽	kg	4.03	14.130	14.130	14.130
	垫木	m³	2328.00	0.020	0.020	0.020
	白棕绳	kg	14.31	0.900	0.900	0.900
	草纸	kg	6.90	2.500	2.500	2.500
	其他材料费	元	1.00	0.49	0.98	1.47
机械	履带式起重机 15t	台班	702.00	0.528	0.639	—
	履带式柴油打桩机 2.5t	台班	734.62	0.528	—	—
	轨道式柴油打桩机 2.5t	台班	884.28	—	0.657	0.870
	木驳船 80t	t·d	3.29	—	—	105.000

四、打钢筋混凝土管桩

工作内容:准备工作;安拆桩帽;捆桩、吊桩、就位、打桩、校正;移动桩架;安置或更换衬垫;测量、记录等。

计量单位:10m³

定额编号				3-30	3-31	3-32	3-33	3-34	3-35
项目				打钢筋混凝土管桩(PC 桩)					
				$\phi400,L\leqslant24m$			$\phi550,L\leqslant24m$		
				陆上	支架上	船上	陆上	支架上	船上
基价(元)				**1894.98**	**2440.55**	**3009.89**	**2267.03**	**2425.11**	**3025.28**
其中	人工费(元)			626.54	783.95	1115.10	481.95	663.53	939.33
	材料费(元)			152.61	152.61	152.61	171.64	171.64	171.64
	机械费(元)			1115.83	1503.99	1742.18	1613.44	1589.94	1914.31
名称		单位	单价(元)	消耗量					
人工	二类人工	工日	135.00	4.641	5.807	8.260	3.570	4.915	6.958
材料	钢筋混凝土管桩	m³	—	(10.100)	(10.100)	(10.100)	(10.100)	(10.100)	(10.100)
	桩帽	kg	4.03	18.840	18.840	18.840	23.560	23.560	23.560
	垫木	m³	2328.00	0.020	0.020	0.020	0.020	0.020	0.020
	白棕绳	kg	14.31	0.900	0.900	0.900	0.900	0.900	0.900
	草纸	kg	6.90	2.500	2.500	2.500	2.500	2.500	2.500
机械	履带式起重机 15t	台班	702.00	0.700	0.879	—	0.537	0.740	—
	履带式柴油打桩机 2.5t	台班	734.62	0.850	—	—	—	—	—
	履带式柴油打桩机 5t	台班	1899.34	—	—	—	0.651	—	—
	轨道式柴油打桩机 2.5t	台班	884.28	—	1.003	1.360	—	—	—
	轨道式柴油打桩机 4t	台班	1269.82	—	—	—	—	0.843	1.150
	木驳船 80t	t·d	3.29	—	—	164.000	—	—	138.000

工作内容：准备工作；安拆桩帽；捆桩、吊桩、就位、打桩、校正；移动桩架；安置或更换衬垫；测量、记录等。

计量单位：m^3

定额编号				3-36	3-37	3-38	3-39	3-40	3-41
项目				陆上打钢筋混凝土管桩(PHC桩)					
				φ600		φ800		φ1000	
				L≤25m	L≤50m	L≤25m	L≤50m	L≤25m	L≤50m
基价（元）				**2269.38**	**2972.17**	**1923.24**	**2700.54**	**1883.59**	**2407.83**
其中	人工费（元）			493.97	591.98	399.33	517.46	334.13	435.38
	材料费（元）			190.62	190.62	251.86	251.86	313.10	313.10
	机械费（元）			1584.79	2189.57	1272.05	1931.22	1236.36	1659.35
	名称	单位	单价(元)	消耗量					
人工	二类人工	工日	135.00	3.659	4.385	2.958	3.833	2.475	3.225
材料	钢筋混凝土PHC桩	m^3	—	(10.100)	(10.100)	(10.100)	(10.100)	(10.100)	(10.100)
	桩帽	kg	4.03	28.270	28.270	37.690	37.690	47.110	47.110
	垫木	m^3	2328.00	0.020	0.020	0.030	0.030	0.040	0.040
	白棕绳	kg	14.31	0.900	0.900	0.900	0.900	0.900	0.900
	草纸	kg	6.90	2.500	2.500	2.500	2.500	2.500	2.500
机械	履带式起重机 15t	台班	702.00	0.553	0.662	0.443	0.584	0.373	0.491
	履带式柴油打桩机 5t	台班	1899.34	0.630	—	0.506	—	—	—
	履带式柴油打桩机 7t	台班	2287.59	—	0.754	—	0.665	0.426	—
	履带式柴油打桩机 8t	台班	2351.83	—	—	—	—	—	0.559

五、打钢管桩

工作内容：准备工作；安拆桩帽；捆桩、吊桩、就位、打桩、校正；移动桩架；安置或更换衬垫；测量、记录等。

计量单位：10t

定额编号				3-42	3-43	3-44	3-45	3-46	3-47
项目				φ406.40			φ609.60		
				L≤30m	L≤50m	L≤70m	L≤30m	L≤50m	L≤70m
基价（元）				**3962.60**	**4127.06**	**4384.35**	**4232.72**	**3369.23**	**3310.52**
其中	人工费（元）			1514.03	1056.51	1005.62	1060.83	756.14	722.25
	材料费（元）			99.10	128.92	166.72	176.43	189.45	227.25
	机械费（元）			2349.47	2941.63	3212.01	2995.46	2423.64	2361.02
	名称	单位	单价(元)	消耗量					
人工	二类人工	工日	135.00	11.215	7.826	7.449	7.858	5.601	5.350
材料	钢管桩	t	—	(10.100)	(10.100)	(10.100)	(10.100)	(10.100)	(10.100)
	桩帽	kg	4.03	5.560	12.960	22.340	9.730	12.960	22.340
	垫木	m^3	2328.00	0.020	0.020	0.020	0.046	0.046	0.046
	白棕绳	kg	14.31	0.900	0.900	0.900	0.900	0.900	0.900
	草纸	kg	6.90	2.500	2.500	2.500	2.500	2.500	2.500
机械	履带式起重机 15t	台班	702.00	1.539	1.093	1.043	1.113	0.787	0.751
	履带式柴油打桩机 2.5t	台班	734.62	1.539	—	—	—	—	—
	履带式柴油打桩机 5t	台班	1899.34	—	1.093	—	1.113	—	—
	履带式柴油打桩机 7t	台班	2287.59	—	—	1.043	—	0.787	—
	履带式柴油打桩机 8t	台班	2351.83	—	—	—	—	—	0.751
	风割机	台班	90.00	1.539	1.093	1.043	1.113	0.787	0.751

注：定额中不包括接桩费用，如发生接桩，按实际接头数量套用钢管桩接桩定额。

工作内容:准备工作;安拆桩帽;捆桩、吊桩、就位、打桩、校正;移动桩架;安置或更换衬垫;测量、记录等。

计量单位:10t

定额编号				3-48	3-49	3-50
项目				ϕ914.40		
				L≤30m	L≤50m	L≤70m
基价(元)				**3219.41**	**2706.80**	**2695.07**
其中	人工费(元)			752.63	542.97	519.62
	材料费(元)			324.47	362.27	408.62
	机械费(元)			2142.31	1801.56	1766.83
名称		单位	单价(元)	消耗量		
人工	二类人工	工日	135.00	5.575	4.022	3.849
材料	钢管桩	t	—	(10.100)	(10.100)	(10.100)
	桩帽	kg	4.03	12.960	22.340	33.840
	垫木	m^3	2328.00	0.104	0.104	0.104
	白棕绳	kg	14.31	0.900	0.900	0.900
	草纸	kg	6.90	2.500	2.500	2.500
机械	履带式起重机 15t	台班	702.00	0.796	0.585	0.562
	履带式柴油打桩机 5t	台班	1899.34	0.796	—	—
	履带式柴油打桩机 7t	台班	2287.59	—	0.585	—
	履带式柴油打桩机 8t	台班	2351.83	—	—	0.562
	风割机	台班	90.00	0.796	0.585	0.562

注:定额中不包括接桩费用,如发生接桩,按实际接头数量套用钢管桩接桩定额。

六、接　　桩

工作内容:1. 浆锚接桩:对接、校正,安装夹箍及拆除,熬制及灌注硫磺胶泥等;
2. 焊接桩:对接、校正,垫铁片,安角铁、焊接等;
3. 法兰接桩:上下对接、校正,垫铁片、上螺栓、绞紧,焊接等;
4. 钢管桩、钢筋混凝土管桩电焊接桩:准备工具,磨焊接头,上、下节桩对接,焊接等。　**计量单位**:个

定额编号				3-51	3-52	3-53	3-54	3-55	3-56
项目				方桩接桩			钢管桩电焊接桩		
				浆锚接桩	焊接桩	法兰接桩	ϕ406.40	ϕ609.60	ϕ914.40
基价(元)				**171.21**	**304.73**	**211.31**	**146.59**	**247.27**	**334.86**
其中	人工费(元)			44.28	95.45	78.98	61.97	66.83	71.82
	材料费(元)			26.64	117.45	62.77	26.59	35.01	49.84
	机械费(元)			100.29	91.83	69.56	58.03	145.43	213.20
名称		单位	单价(元)	消耗量					
人工	二类人工	工日	135.00	0.328	0.707	0.585	0.459	0.495	0.532
材料	木模板	m^3	1445.00	0.002	—	—	—	—	—
	木柴	kg	0.16	0.500	—	—	—	—	—
	硫磺胶泥	kg	1.74	12.850	—	—	—	—	—
	石油沥青	kg	2.67	—	—	14.000	—	—	—
	型钢 综合	kg	3.84	—	25.500	—	—	—	—
	低合金钢焊条 E43 系列	kg	4.74	—	4.000	1.040	—	—	—
	氧气	m^3	3.62	—	0.086	—	—	—	—
	乙炔气	m^3	8.90	—	0.029	—	—	—	—
	六角带帽螺栓	kg	5.47	—	—	3.740	—	—	—
	焊丝 ϕ3.2	kg	10.78	—	—	—	1.720	2.590	3.860
	其他材料费	元	1.00	1.31	—	—	8.05	7.09	8.23
机械	履带式起重机 15t	台班	702.00	0.047	0.038	—	—	—	—
	轨道式柴油打桩机 2.5t	台班	884.28	—	—	0.071	—	—	—
	轨道式柴油打桩机 4t	台班	1269.82	0.053	0.044	—	—	—	—
	履带式柴油打桩机 2.5t	台班	734.62	—	—	—	0.062	—	—
	履带式柴油打桩机 5t	台班	1899.34	—	—	—	—	0.070	—
	履带式柴油打桩机 8t	台班	2351.83	—	—	—	—	—	0.080
	交流弧焊机 32kV·A	台班	92.84	—	0.100	0.073	—	—	—
	自动埋弧焊机 500A	台班	110.61	—	—	—	0.064	0.064	0.163
	风割机	台班	90.00	—	—	—	0.060	0.060	0.078

工作内容:1. 浆锚接桩:对接、校正,安装夹箍及拆除,熬制及灌注硫磺胶泥等;
2. 焊接桩:对接、校正,垫铁片,安角铁、焊接等;
3. 法兰接桩:上下对接、校正,垫铁片、上螺栓、绞紧,焊接等;
4. 钢管桩、钢筋混凝土管桩电焊接桩:准备工具,磨焊接头,上、下节桩对接,焊接等。 **计量单位**:个

定额编号				3-57	3-58	3-59	3-60	3-61
项目				钢筋混凝土管桩(PC桩)		钢筋混凝土管桩(PHC桩)		
				电焊接桩				
				ϕ400	ϕ550	ϕ600	ϕ800	ϕ1000
基价(元)				**117.75**	**171.85**	**294.11**	**381.32**	**527.37**
其中	人工费(元)			16.74	22.82	24.98	33.21	41.58
	材料费(元)			8.72	11.99	12.99	17.35	21.71
	机械费(元)			92.29	137.04	256.14	330.76	464.08
名称		单位	单价(元)	消耗量				
人工	二类人工	工日	135.00	0.124	0.169	0.185	0.246	0.308
材料	低合金钢焊条E43系列	kg	4.74	1.840	2.530	2.740	3.660	4.580
机械	履带式电动起重机5t	台班	235.09	0.060	0.090	—	—	—
	履带式起重机15t	台班	702.00	0.029	—	0.100	0.130	0.160
	履带式柴油打桩机5t	台班	1899.34	—	—	0.089	0.115	—
	履带式柴油打桩机7t	台班	2287.59	—	—	—	—	0.142
	轨道式柴油打桩机2.5t	台班	884.28	0.053	—	—	—	—
	轨道式柴油打桩机4t	台班	1269.82	—	0.080	—	—	—
	交流弧焊机32kV·A	台班	92.84	0.118	0.154	0.182	0.227	0.290

七、送　　桩

工作内容:准备工作,安装、拆除送桩帽、送桩杆,打送桩,安置或更换衬垫,移动桩架,测量、记录等。 **计量单位**:$10m^3$

定额编号				3-62	3-63	3-64
项目				方桩送桩 $L\leqslant8$m		
				陆上	支架上	船上
基价(元)				**4196.81**	**4483.74**	**4715.26**
其中	人工费(元)			1427.22	1677.51	1932.66
	材料费(元)			140.30	140.30	140.30
	机械费(元)			2629.29	2665.93	2642.30
名称		单位	单价(元)	消耗量		
人工	二类人工	工日	135.00	10.572	12.426	14.316
材料	桩帽	kg	4.03	5.420	5.420	5.420
	送桩帽	kg	4.85	12.510	12.510	12.510
	垫木	m^3	2328.00	0.010	0.010	0.010
	草纸	kg	6.90	5.000	5.000	5.000
机械	履带式起重机15t	台班	702.00	1.236	1.455	—
	履带式柴油打桩机2.5t	台班	734.62	2.398	—	—
	轨道式柴油打桩机1.2t	台班	619.87	—	2.653	3.440
	木驳船30t	t·d	3.29	—	—	155.000

工作内容：准备工作，安装、拆除送桩帽、送桩杆，打送桩，安置或更换衬垫，移动桩架，测量、记录等。**计量单位**：$10m^3$

定额编号				3-65	3-66	3-67	3-68	3-69	3-70
项目				方桩送桩 8m < L ≤ 16m			方桩送桩 16m < L ≤ 24m		
				陆上	支架上	船上	陆上	支架上	船上
基价（元）				**3843.76**	**4413.62**	**5010.12**	**5303.99**	**6798.23**	**7163.19**
其中	人工费（元）			1291.95	1521.18	1745.55	1573.02	2160.27	2053.35
	材料费（元）			181.53	181.53	181.53	246.05	246.05	246.05
	机械费（元）			2370.28	2710.91	3083.04	3484.92	4391.91	4863.79
名称		单位	单价(元)	消耗量					
人工	二类人工	工日	135.00	9.570	11.268	12.930	11.652	16.002	15.210
材料	桩帽	kg	4.03	8.130	8.130	8.130	10.830	10.830	10.830
	送桩帽	kg	4.85	18.760	18.760	18.760	25.020	25.020	25.020
	垫木	m^3	2328.00	0.010	0.010	0.010	0.020	0.020	0.020
	草纸	kg	6.90	5.000	5.000	5.000	5.000	5.000	5.000
机械	履带式起重机 15t	台班	702.00	1.114	1.309	—	2.188	2.568	—
	履带式柴油打桩机 2.5t	台班	734.62	2.162	—	—	2.653	—	—
	轨道式柴油打桩机 1.8t	台班	750.73	—	2.387	3.090	—	—	—
	轨道式柴油打桩机 2.5t	台班	884.28	—	—	—	—	2.928	3.800
	木驳船 50t	t·d	3.29	—	—	232.000	—	—	—
	木驳船 80t	t·d	3.29	—	—	—	—	—	457.000

工作内容：准备工作，安装、拆除送桩帽、送桩杆，打送桩，安置或更换衬垫，移动桩架，测量、记录等。**计量单位**：$10m^3$

定额编号				3-71	3-72	3-73	3-74	3-75
项目				方桩送桩 24m < L ≤ 28m			方桩送桩 28m < L ≤ 32m	方桩送桩 32m < L ≤ 40m
				陆上	支架上	船上	陆上	
基价（元）				**8428.29**	**7649.53**	**8932.48**	**8306.09**	**11966.02**
其中	人工费（元）			1573.02	1848.42	2123.82	1594.89	2064.69
	材料费（元）			280.34	280.34	280.34	350.73	421.12
	机械费（元）			6574.93	5520.77	6528.32	6360.47	9480.21
名称		单位	单价(元)	消耗量				
人工	二类人工	工日	135.00	11.652	13.692	15.732	11.814	15.294
材料	桩帽	kg	4.03	11.780	11.780	11.780	16.490	21.200
	送桩帽	kg	4.85	26.500	26.500	26.500	37.100	47.700
	垫木	m^3	2328.00	0.030	0.030	0.030	0.030	0.030
	草纸	kg	6.90	5.000	5.000	5.000	5.000	5.000
机械	履带式起重机 15t	台班	702.00	2.188	2.568	—	2.218	2.865
	履带式柴油打桩机 5t	台班	1899.34	2.653	—	—	2.529	—
	履带式柴油打桩机 7t	台班	2287.59	—	—	—	—	3.265
	轨道式柴油打桩机 4t	台班	1269.82	—	2.928	3.790	—	—
	铁驳船 100t	t·d	3.01	—	—	570.000	—	—

工作内容:准备工作,安装、拆除送桩帽、送桩杆,打送桩,安置或更换衬垫,移动桩架,测量、记录等。 **计量单位**:10m³

定额编号				3-76	3-77	3-78	3-79	3-80	3-81
项目				ϕ400 钢筋混凝土管桩(PC 桩)			ϕ550 钢筋混凝土管桩(PC 桩)		
				陆上	支架上	船上	陆上	支架上	船上
基价(元)				**3931.76**	**7049.53**	**8743.14**	**10575.68**	**9433.71**	**11775.33**
其中	人工费(元)			1877.58	2208.87	2540.16	2101.14	2473.74	2844.72
	材料费(元)			392.01	392.01	392.01	469.73	469.73	469.73
	机械费(元)			1662.17	4448.65	5810.97	8004.81	6490.24	8460.88
名称		单位	单价(元)	消耗量					
人工	二类人工	工日	135.00	13.908	16.362	18.816	15.564	18.324	21.072
材料	桩帽	kg	4.03	18.850	18.850	18.850	23.550	23.550	23.550
	送桩帽	kg	4.85	48.450	48.450	48.450	60.570	60.570	60.570
	垫木	m³	2328.00	0.020	0.020	0.020	0.020	0.020	0.020
	草纸	kg	6.90	5.000	5.000	5.000	5.000	5.000	5.000
机械	履带式起重机 15t	台班	702.00	1.630	1.922	—	1.825	2.151	—
	履带式柴油打桩机 2.5t	台班	734.62	0.705	—	—	—	—	—
	履带式柴油打桩机 5t	台班	1899.34	—	—	—	3.540	—	—
	轨道式柴油打桩机 2.5t	台班	884.28	—	3.505	4.540	—	—	—
	轨道式柴油打桩机 4t	台班	1269.82	—	—	—	—	3.922	5.080
	木驳船 80t	t·d	3.29	—	—	546.000	—	—	611.000

工作内容:准备工作,安装、拆除送桩帽、送桩杆,打送桩,安置或更换衬垫,移动桩架,测量、记录等。 **计量单位**:10m³

定额编号				3-82	3-83	3-84	3-85	3-86	3-87
项目				钢筋混凝土管桩 ϕ600(PHC 桩)		钢筋混凝土管桩 ϕ800(PHC 桩)		钢筋混凝土管桩 ϕ1000(PHC 桩)	
				$L\leq25m$	$L\leq50m$	$L\leq25m$	$L\leq50m$	$L\leq25m$	$L\leq50m$
基价(元)				**10400.10**	**11616.10**	**10221.64**	**11392.99**	**10287.91**	**10458.91**
其中	人工费(元)			1974.78	1974.78	1907.55	1907.55	1676.70	1676.70
	材料费(元)			547.49	547.49	726.29	726.29	881.77	881.77
	机械费(元)			7877.83	9093.83	7587.80	8759.15	7729.44	7900.44
名称		单位	单价(元)	消耗量					
人工	二类人工	工日	135.00	14.628	14.628	14.130	14.130	12.420	12.420
材料	桩帽	kg	4.03	28.270	28.270	37.690	37.690	47.110	47.110
	送桩帽	kg	4.85	72.680	72.680	96.920	96.920	121.150	121.150
	垫木	m³	2328.00	0.020	0.020	0.030	0.030	0.030	0.030
	草纸	kg	6.90	5.000	5.000	5.000	5.000	5.000	5.000
机械	履带式起重机 15t	台班	702.00	2.748	2.748	2.646	2.646	2.336	2.336
	履带式柴油打桩机 5t	台班	1899.34	3.132	—	3.017	—	—	—
	履带式柴油打桩机 7t	台班	2287.59	—	3.132	—	3.017	2.662	—
	履带式柴油打桩机 8t	台班	2351.83	—	—	—	—	—	2.662

八、钢管桩内切割

工作内容:准备机具,测定标高,钢管桩内排水,内切割钢管,截除钢管、就地安放等。　　**计量单位:**根

定额编号				3-88	3-89	3-90
项目				ϕ406.40	ϕ609.60	ϕ914.40
基价(元)				**192.06**	**210.18**	**233.48**
其中	人工费(元)			67.23	74.52	81.81
	材料费(元)			20.95	21.38	25.69
	机械费(元)			103.88	114.28	125.98
名称		单位	单价(元)	消耗量		
人工	二类人工	工日	135.00	0.498	0.552	0.606
材料	氧气	m^3	3.62	3.180	3.250	3.900
	乙炔气	m^3	8.90	1.060	1.080	1.300
机械	内切割机	台班	56.97	0.078	0.086	0.095
	履带式起重机 40t	台班	1242.97	0.080	0.088	0.097

九、钢管桩精割盖帽

工作内容:准备机具,测定标高划线,整圆,排水,精割,清泥,除锈,安放及焊接盖帽。　　**计量单位:**个

定额编号				3-91	3-92	3-93
项目				精割盖帽		
				ϕ406.40	ϕ609.60	ϕ914.40
基价(元)				**187.06**	**237.24**	**317.56**
其中	人工费(元)			106.92	127.98	162.00
	材料费(元)			19.29	28.56	42.39
	机械费(元)			60.85	80.70	113.17
名称		单位	单价(元)	消耗量		
人工	二类人工	工日	135.00	0.792	0.948	1.200
材料	钢帽 ϕ400	个	—	(1.000)	—	—
	钢帽 ϕ600	个	—	—	(1.000)	—
	钢帽 ϕ900	个	—	—	—	(1.000)
	焊丝 ϕ3.2	kg	10.78	1.720	2.590	3.860
	其他材料费	元	1.00	0.75	0.64	0.78
机械	履带式起重机 15t	台班	702.00	0.063	0.086	0.124
	自动埋弧焊机 500A	台班	110.61	0.073	0.100	0.145
	风割机	台班	90.00	0.095	0.103	0.112

十、钢管桩管内钻孔取土

工作内容:准备钻孔机具,钻机就位,钻孔取土,土方现场 150m 运输。　　计量单位:10m³

定额编号				3-94
项目				管内钻孔取土
基价(元)				**1969.00**
其中	人工费(元)			814.86
	材料费(元)			—
	机械费(元)			1154.14
名称		单位	单价(元)	消耗量
人工	二类人工	工日	135.00	6.036
机械	履带式柴油打桩机 2.5t	台班	734.62	0.680
	长螺旋钻机 600mm	台班	567.93	0.680
	机动翻斗车 1t	台班	197.36	1.360

十一、钢管桩填芯

工作内容:冲洗管桩内芯,排水,填芯等。　　计量单位:10m³

定额编号				3-95	3-96	3-97	3-98
项目				钢管桩填芯			
				混凝土	土	黄砂	碎石
基价(元)				**5168.77**	**363.07**	**1713.83**	**2065.15**
其中	人工费(元)			976.59	348.44	212.09	352.22
	材料费(元)			4174.01	12.81	1499.92	1711.11
	机械费(元)			18.17	1.82	1.82	1.82
名称		单位	单价(元)	消耗量			
人工	二类人工	工日	135.00	7.234	2.581	1.571	2.609
材料	非泵送商品混凝土 C20	m³	412.00	10.100	—	—	—
	黄砂 毛砂	t	87.38	—	—	16.970	—
	碎石 综合	t	102.00	—	—	—	16.650
	水	m³	4.27	3.000	3.000	4.000	3.000
机械	潜水泵 100mm	台班	30.38	0.060	0.060	0.060	0.060
	混凝土振捣器 插入式	台班	4.65	3.515	—	—	—

第二章
钻孔灌注桩工程

说　　明

一、本章定额包括埋设钢护筒，人工挖孔桩，转盘式钻孔桩基成孔，旋挖桩机成孔，冲孔桩机成孔，泥浆池建造和拆除、泥浆运输，灌注桩混凝土，注浆管埋设及桩底后注浆，声测管制作、安装，共9节64个子目。

二、本章定额适用于桥涵工程钻孔灌注桩基础工程。

三、本章定额中涉及的各类土(岩石)层鉴别标准如下：

1. 砂土层：粒径为2～20mm的颗粒质量小于或等于50%总质量的土层，包括黏土、粉质黏土、粉土、粉砂、细砂、中砂、粗砂、砾砂。

2. 碎(卵)石层：粒径为2～20mm的颗粒质量大于50%总质量的土层，包括角砾、圆砾及粒径为20～200mm的碎石、卵石、块石、漂石，此外亦包括极软岩、软岩。

3. 岩石层：除极软岩、软岩以外的各类较软岩、较硬岩、坚硬岩。

四、埋设钢护筒定额中钢护筒按摊销量计算。若在深水作业，钢护筒无法拔出时，可按钢护筒实际用量(当实际用量不能确定时，可参考下表中重量)减去定额数量一次增列计算。

钢护筒定额每米重量表

桩径(mm)	600	800	1000	1200	1500	2000
每米护筒重量(kg/m)	120.28	155.37	184.96	286.06	345.09	554.99

五、人工挖孔桩：

1. 人工挖孔桩挖孔按设计注明的桩芯直径及孔深套用定额；桩孔土方需要外运时，按土方工程相应定额计算；挖孔时若遇淤泥、流砂、岩石层，可按实际挖、凿的工程量套用相应定额计算挖孔增加费。

2. 人工挖孔子目中，已综合考虑了孔内照明、通风。孔内垂直运输方式按人工考虑。

3. 护壁不分现浇或预制，均套用安设混凝土护壁定额。

六、灌注桩：

1. 转盘式、旋挖钻机成孔定额按砂土层编制，如设计要求进入岩石层时，套用相应定额计算岩石层成孔增加费；如设计要求穿越碎(卵)石层时，按套用岩石层成孔增加费子目乘以下表的系数计算穿越增加费。

穿越碎(卵)石层定额增加系数表

成孔方式	系数
转盘式钻机成孔	0.35
旋挖钻机成孔	0.25

2. 冲孔桩机成孔按不同土(岩)层分别编制定额子目。

3. 旋挖钻机成孔定额按湿作业成孔工艺考虑，如实际采用干作业成孔工艺，相应定额扣除黏土、水用量和泥浆泵台班，并不计泥浆工程量。

4. 成孔工艺灌注桩的充盈系数按常规地质情况编制，未考虑地下障碍物、溶洞、暗河等特殊地层。灌注混凝土定额中混凝土材料消耗量已包含了灌注充盈量，见下表。

灌注混凝土充盈系数表

项 目 名 称	充 盈 系 数
转盘式钻机成孔	1.20
旋挖钻机成孔	1.15
冲孔钻机成孔	1.35

七、桩孔空钻部分回填根据施工组织设计要求套用相应定额。填土则套用本定额第一册《通用项目》土石方工程松填土定额,填碎石则套用本册第五章“现浇混凝土工程”碎石垫层定额乘以系数0.7。

八、定额中未包括:钻机场外运输、截除余桩,其费用可套用相应定额和说明另行计算。

九、定额中不包括在钻孔中遇到障碍必须清除的工作,发生时另行计算。

十、套用转盘钻机成孔、旋挖桩机成孔、冲孔桩机带冲抓锤成孔、冲孔桩机带冲击锤成孔定额时,若工程量小于150m^3,定额的人工及机械乘以系数1.25。

十一、注浆管埋设定额按桩底注浆考虑,如设计采用侧向注浆,则人工和机械乘以系数1.2。利用声测管注浆时不得重复计算。注浆管埋设如遇材质、规格不同时,材料单价换算,其余不变。

十二、声测管按无缝钢管编制,具体尺寸及数量应按设计图纸确定。

十三、泥浆处置:

1. 定额分泥浆池建拆、泥浆运输、泥浆固化。定额未考虑泥浆废弃处置费,发生时按工程所在地市场价格计算。

2. 桩施工产生的渣土和经过固化后的泥浆弃运,按本定额第一册《通用项目》土方运输定额子目计算,其中泥浆固化后的外运工程量按固化前泥浆工程量的40%计算。

工程量计算规则

一、转盘式钻机成孔、旋挖钻机成孔工程量按成孔长度乘以设计桩截面积以“m^3”计算。成孔长度：陆上时，为原地面至设计桩底的长度；水上时，为水平面至设计桩底的长度减去水深。岩石层增加费工程量按实际入岩数量以“m^3”计算。设计要求穿越碎(卵)石层按地质资料表明长度乘以设计桩径截面积以“m^3”计算。

二、冲孔桩机冲抓(击)锤冲孔工程量分别按进入各类土层、岩石层的成孔长度乘以设计桩截面积以“m^3”计算。

三、人工挖孔桩工程量按护壁外围截面积乘以深度以“m^3”计算，孔深按自然地坪至设计桩底标高的长度计算。挖淤泥、流砂、入岩增加费按实际挖、凿数量以“m^3”计算。护壁按设计图示截面积乘以护壁长度“m^3”计算，护壁长度按打桩前的自然地坪标高至设计桩底标高(不含入岩长度)另加0.2m计算。

四、灌注桩混凝土工程量按桩长乘以设计桩截面积计算，桩长 = 设计桩长 + 设计加灌长度。设计未规定加灌长度时，加灌长度按不同设计桩长确定：25m以内按0.5m、35m以内按0.8m、35m以上按1.2m计算。灌注桩设计要求扩底时，其扩底扩大工程量按设计尺寸以体积计算，并入相应的工程量内。

五、桩孔回填按桩加灌后长度顶面至打桩前交付地坪标高的长度乘以桩孔截面积以“m^3”计算。

六、钻孔灌注桩如需搭设工作平台，可按本册第九章“临时工程”相应定额执行。

七、钻孔灌注桩钢筋笼按设计图纸重量计算，执行本定额第一册《通用项目》相应定额。

八、钻孔灌注桩需预埋铁件时，执行本定额第一册《通用项目》相应定额。

九、声测管按设计图纸质量以“t”计算。

十、注浆管工程量按打桩前的自然地坪标高至设计桩底标高的长度另加0.2m计算。

十一、桩底(侧)后注浆工程量按设计注浆量计算。

十二、泥浆(渣土)处置：

1. 各类成孔灌注桩泥浆(渣土)产生工程量按下表规定计算。

成孔灌注桩泥浆(渣土)工程量计算表

桩　型	泥浆(渣土)产生工程量	
	泥浆	渣土
转盘式钻机成孔灌注桩	按成孔工程量	—
旋挖钻机成孔灌注桩	按成孔工程量乘以系数0.2	按成孔工程量
冲抓锤成孔灌注桩	按成孔工程量乘以系数0.2	按成孔工程量
冲击锤成孔灌注桩	按成孔工程量	—
人工挖孔灌注桩	—	按成孔工程量

2. 泥浆池建造和拆除、泥浆运输工程量按上表中的泥浆工程量以“m^3”计算。

3. 泥浆固化按实际需要固化处理的泥浆工程量以“m^3”计算。

一、埋设钢护筒

工作内容:准备工作,挖土,吊装、就位、埋设、接护筒,定位下沉,还土、夯实,材料运输,拆除,清洗堆放等全部操作过程。

计量单位:10m

定额编号				3-99	3-100	3-101	3-102	3-103	3-104
项目				陆上					
				$\phi\leq600$	$\phi\leq800$	$\phi\leq1000$	$\phi\leq1200$	$\phi\leq1500$	$\phi\leq2000$
基价(元)				**1237.29**	**1641.27**	**2039.43**	**2576.26**	**3295.38**	**4264.20**
其中	人工费(元)			951.75	1268.46	1585.98	1947.24	2512.62	3133.89
	材料费(元)			155.29	197.18	233.03	358.50	442.10	699.48
	机械费(元)			130.25	175.63	220.42	270.52	340.66	430.83
	名称	单位	单价(元)	消耗量					
人工	二类人工	工日	135.00	7.050	9.396	11.748	14.424	18.612	23.214
材料	钢护筒	t	5862.00	0.026	0.033	0.039	0.060	0.074	0.117
	其他材料费	元	1.00	2.88	3.73	4.41	6.78	8.31	13.63
机械	履带式起重机 10t	台班	589.37	0.221	0.298	0.374	0.459	0.578	0.731

工作内容:准备工作,挖土,吊装、就位、埋设、接护筒,定位下沉,还土、夯实,材料运输,拆除,清洗堆放等全部操作过程。

计量单位:10m

定额编号				3-105	3-106	3-107	3-108	3-109	3-110
项目				支架上					
				$\phi\leq600$	$\phi\leq800$	$\phi\leq1000$	$\phi\leq1200$	$\phi\leq1500$	$\phi\leq2000$
基价(元)				**1030.93**	**1340.25**	**1572.20**	**1829.77**	**2392.03**	**3910.84**
其中	人工费(元)			388.80	517.59	605.88	659.34	856.98	1660.50
	材料费(元)			200.70	236.73	278.44	424.75	502.48	756.64
	机械费(元)			441.43	585.93	687.88	745.68	1032.57	1493.70
	名称	单位	单价(元)	消耗量					
人工	二类人工	工日	135.00	2.880	3.834	4.488	4.884	6.348	12.300
材料	圆钉	kg	4.74	0.010	0.010	0.010	0.010	0.010	0.010
	扒钉	kg	3.73	0.310	0.310	0.310	0.310	0.310	0.310
	钢护筒	t	5862.00	0.019	0.025	0.032	0.051	0.064	0.101
	钢轨	kg	4.14	12.720	12.720	12.720	20.350	20.350	27.980
	圆木桩	m^3	1379.00	0.004	0.004	0.004	0.004	0.004	0.004
	枋木	m^3	776.00	0.028	0.028	0.028	0.028	0.028	0.028
	板方材	m^3	1034.00	0.002	0.002	0.002	0.002	0.002	0.002
	其他材料费	元	1.00	6.15	7.00	7.68	11.02	12.55	18.23
机械	振动沉拔桩机 400kN	台班	851.02	0.300	0.400	0.450	0.490	0.520	0.550
	电动卷扬机-单筒快速 10kN	台班	172.88	0.470	0.620	0.770	0.830	1.490	2.590
	电动卷扬机-双筒慢速 50kN	台班	223.12	0.470	0.620	0.770	0.830	1.490	2.590

二、人工挖孔桩

1. 人 工 挖 孔

工作内容：孔内挖土，提运土方，弃土于50m内，筑沟抽水，修整桩底；送风、照明及安拆安全设施等。

计量单位：$10m^3$

定额编号				3-111	3-112	3-113	3-114	3-115	3-116
项目				桩径1000mm以内			桩径1000mm以上		
				孔深(m)					
				≤6	≤10	>10	≤6	≤10	>10
基价（元）				**932.79**	**1261.70**	**1649.50**	**814.80**	**999.79**	**1236.61**
其中	人工费（元）			846.45	1161.95	1531.58	690.12	854.96	1065.02
	材料费（元）			18.00	20.00	22.00	19.00	21.00	23.00
	机械费（元）			68.34	79.75	95.92	105.68	123.83	148.59
名称		单位	单价(元)	消耗量					
人工	二类人工	工日	135.00	6.270	8.607	11.345	5.112	6.333	7.889
材料	安全设施及照明费	元	1.00	18.00	20.00	22.00	19.00	21.00	23.00
机械	电动单级离心清水泵 50mm	台班	29.31	0.836	1.093	1.416	1.302	1.710	2.204
	吹风机 $4m^3/min$	台班	21.11	1.473	1.530	1.691	2.299	2.394	2.641
	电动葫芦－单速 5t	台班	31.49	0.314	0.399	0.504	0.485	0.618	0.779
	其他机械费	元	1.00	2.85	2.85	2.85	3.71	3.71	3.71

2. 人工挖孔增加费、制作安设混凝土护壁

工作内容：1. 人工挖孔增加费：挖淤泥、流砂，堵漏、防塌；机械凿岩，挖渣，弃渣于孔边5m以内，修整边底；桩孔内通风、照明。

2. 制作安设混凝土护壁：木模板制作、安装、拆除、整理堆放及场内运输，清理模板粘结物及模内杂物、刷隔离剂等；浇灌、养护或制作安设混凝土护壁。

计量单位：$10m^3$

定额编号				3-117	3-118	3-119
项目				人工挖孔增加费		制作安设混凝土护壁
				挖淤泥、流砂	入岩石层	
基价（元）				**955.38**	**1535.30**	**11783.68**
其中	人工费（元）			780.03	1455.03	5167.53
	材料费（元）			30.00	20.00	5718.42
	机械费（元）			145.35	60.27	897.73
名称		单位	单价(元)	消耗量		
人工	二类人工	工日	135.00	5.778	10.778	38.278
材料	泵送商品混凝土 C20	m^3	431.00	—	—	10.200
	木模板	m^3	1445.00	—	—	0.840
	圆钉	kg	4.74	—	—	17.600
	安全设施及照明费	元	1.00	—	—	25.00
	其他材料费	元	1.00	30.00	20.00	—
机械	电动单级离心清水泵 50mm	台班	29.31	4.959	—	—
	电动卷扬机－单筒慢速 50kN	台班	186.39	—	—	4.703
	手持式风动凿岩机	台班	12.36	—	3.078	1.710
	其他机械费	元	1.00	—	22.23	—

三、转盘式钻孔桩基成孔

工作内容:安拆泥浆系统、造浆;准备钻具,钻机就位;钻孔、出渣、提钻、压浆、清孔等。 **计量单位**:10m³

定额编号				3-120	3-121	3-122	3-123	3-124	3-125
项目				钻孔机成孔					
				桩径(mm 以内)					
				ϕ600	ϕ800	ϕ1000	ϕ1200	ϕ1500	ϕ2000
基价(元)				**3661.84**	**2718.19**	**2003.87**	**1636.03**	**1404.52**	**1135.61**
其中	人工费(元)			1598.94	1195.56	832.68	671.49	571.86	438.21
	材料费(元)			425.19	299.40	245.79	218.77	196.78	170.72
	机械费(元)			1637.71	1223.23	925.40	745.77	635.88	526.68
名称		单位	单价(元)	消耗量					
人工	二类人工	工日	135.00	11.844	8.856	6.168	4.974	4.236	3.246
材料	垫木	m³	2328.00	0.120	0.070	0.050	0.040	0.040	0.030
	黏土	m³	32.04	0.780	0.620	0.480	0.390	0.290	0.150
	水	m³	4.27	28.300	27.300	26.700	26.500	22.100	22.500
机械	转盘钻孔机 800mm	台班	492.54	2.347	1.753	—	—	—	—
	转盘钻孔机 1500mm	台班	552.65	—	—	1.221	0.984	0.839	—
	转盘钻孔机 2000mm	台班	674.01	—	—	—	—	—	0.599
	泥浆泵 100mm	台班	205.25	2.347	1.753	1.221	0.984	0.839	0.599

注:水上钻孔,定额人工和机械乘以系数 1.2。

工作内容:安拆泥浆系统、造浆;准备钻具,钻机就位;钻孔、出渣、提钻、压浆、清孔等。 **计量单位**:10m³

定额编号				3-126	3-127	3-128	3-129	3-130	3-131
项目				入岩增加费					
				桩径(mm 以内)					
				ϕ600	ϕ800	ϕ1000	ϕ1200	ϕ1500	ϕ2000
基价(元)				**13153.31**	**11711.79**	**10825.61**	**9510.43**	**7530.79**	**7268.04**
其中	人工费(元)			7380.45	6540.35	5700.11	4859.87	4050.41	3240.27
	材料费(元)			26.40	22.43	18.46	15.48	12.50	10.00
	机械费(元)			5746.46	5149.01	5107.04	4635.08	3467.88	4017.77
名称		单位	单价(元)	消耗量					
人工	二类人工	工日	135.00	54.670	48.447	42.223	35.999	30.003	24.002
材料	黏土	m³	32.04	0.824	0.700	0.576	0.483	0.390	0.312
机械	转盘钻孔机 800mm	台班	492.54	11.667	10.454	—	—	—	—
	转盘钻孔机 1500mm	台班	552.65	—	—	9.241	8.387	6.275	—
	转盘钻孔机 2000mm	台班	674.01	—	—	—	—	—	5.961

四、旋挖桩机成孔

工作内容：钻机就位，钻孔、提钻、出渣、渣土清理堆放、造浆、压浆、清孔等。　　**计量单位：**$10m^3$

定额编号				3-132	3-133	3-134	3-135
项目				旋挖桩机成孔			
				桩径(mm)			
				ϕ1000 以内	ϕ1500 以内	ϕ2000 以内	ϕ2000 以上
基价（元）				**3333.00**	**2319.52**	**2169.76**	**1874.73**
其中	人工费（元）			736.56	495.86	403.79	343.58
	材料费（元）			119.59	112.08	105.43	99.16
	机械费（元）			2476.85	1711.58	1660.54	1431.99
名称		单位	单价(元)	消耗量			
人工	二类人工	工日	135.00	5.456	3.673	2.991	2.545
材料	黏土	m^3	32.04	0.610	0.510	0.460	0.380
	水	m^3	4.27	19.800	19.400	18.500	18.100
	其他材料费	元	1.00	15.50	12.90	11.70	9.70
机械	履带式旋挖钻机 SD-20	台班	2590.98	0.718	0.489	—	—
	履带式旋挖钻机 SR-25	台班	3203.52	—	—	0.399	0.339
	履带式单斗液压挖掘机 $1m^3$	台班	914.79	0.070	0.070	0.080	0.100
	履带式起重机 40t	台班	1242.97	0.390	0.270	0.219	0.180
	泥浆泵 100mm	台班	205.25	0.330	0.219	0.180	0.150

注：水上钻孔，定额人工和机械乘以系数 1.2。

工作内容：钻机就位，钻孔、提钻、出渣、渣土清理堆放、造浆、压浆、清孔等。　　**计量单位：**$10m^3$

定额编号				3-136	3-137	3-138	3-139
项目				入岩增加费			
				桩径(mm)			
				ϕ1000 以内	ϕ1500 以内	ϕ2000 以内	ϕ2000 以上
基价（元）				**12694.92**	**8787.13**	**8458.70**	**7242.92**
其中	人工费（元）			2366.96	1642.28	1318.01	1118.21
	材料费（元）			168.73	138.84	108.96	86.07
	机械费（元）			10159.23	7006.01	7031.73	6038.64
名称		单位	单价(元)	消耗量			
人工	二类人工	工日	135.00	17.533	12.165	9.763	8.283
材料	金属周转材料	kg	3.95	9.600	7.900	6.200	4.900
	黏土	m^3	32.04	1.140	0.938	0.736	0.581
	水	m^3	4.27	22.080	18.170	14.260	11.265
机械	履带式旋挖钻机 SD-20	台班	2590.98	3.921	2.704	—	—
	履带式旋挖钻机 SR-25	台班	3203.52	—	—	2.195	1.885

五、冲孔桩机成孔

1. 冲孔桩机带冲抓锤成孔

工作内容:准备抓锤,桩机就位;冲抓、提锤、出渣;加水、加黏土、清孔等。

计量单位:$10m^3$

定额编号				3-140	3-141	3-142	3-143
项目				孔深 $H \leq 30m$		孔深 $H > 30m$	
				砂土层	碎(卵)石层	砂土层	碎(卵)石层
基价(元)				**2877.37**	**7294.15**	**3270.76**	**8368.22**
其中	人工费(元)			1057.73	2893.73	1229.04	3362.18
	材料费(元)			444.18	642.17	444.18	642.17
	机械费(元)			1375.46	3758.25	1597.54	4363.87
名称		单位	单价(元)	消耗量			
人工	二类人工	工日	135.00	7.835	21.435	9.104	24.905
材料	黏土	m^3	32.04	11.490	17.436	11.490	17.436
	水	m^3	4.27	17.304	18.540	17.304	18.540
	低合金钢焊条 E43 系列	kg	4.74	0.454	0.918	0.454	0.918
机械	冲孔桩机带冲抓锤	台班	451.63	2.611	7.145	3.035	8.301
	交流弧焊机 32kV·A	台班	92.84	0.080	0.161	0.080	0.161
	泥浆泵 100mm	台班	205.25	0.920	2.516	1.069	2.923

注:定额采用湿成孔施工工艺,如采用干成孔工艺施工,则扣除定额中的黏土、水材料费和泥浆泵机械费。

2. 冲孔桩机带冲击锤成孔

工作内容:准备冲锤,桩机就位;循环冲锤、提锤;加水、加黏土、清孔等。

计量单位:$10m^3$

定额编号				3-144	3-145	3-146	3-147	3-148	3-149
项目				孔深 $H \leq 30m$			孔深 $H > 30m$		
				砂土层	碎(卵)石层	岩石层	砂土层	碎(卵)石层	岩石层
基价(元)				**2953.70**	**7501.88**	**26804.76**	**3358.81**	**8609.86**	**31070.07**
其中	人工费(元)			1128.60	3087.59	11887.29	1311.39	3587.36	13811.58
	材料费(元)			444.18	642.17	397.41	444.18	642.17	397.41
	机械费(元)			1380.92	3772.12	14520.06	1603.24	4380.33	16861.08
名称		单位	单价(元)	消耗量					
人工	二类人工	工日	135.00	8.360	22.871	88.054	9.714	26.573	102.308
材料	黏土	m^3	32.04	11.490	17.436	9.192	11.490	17.436	9.192
	水	m^3	4.27	17.304	18.540	20.394	17.304	18.540	20.394
	低合金钢焊条 E43 系列	kg	4.74	0.454	0.918	3.337	0.454	0.918	3.337
机械	冲击成孔机 CZ-30	台班	419.69	2.787	7.624	29.352	3.238	8.858	34.102
	交流弧焊机 32kV·A	台班	92.84	0.080	0.161	0.586	0.080	0.161	0.586
	泥浆泵 100mm	台班	205.25	0.993	2.716	10.460	1.154	3.156	12.153

六、泥浆池建造和拆除、泥浆运输

工作内容:1. 泥浆池建造、拆除;泥浆装卸、运输、清理场地等;

2. 固化设备安装、调试,泥浆输送、沉淀、过滤、配置添加剂、固化、土方集堆。　　**计量单位**:$10m^3$

定额编号				3-150	3-151	3-152	3-153
项目				泥浆池建造、拆除	泥浆固化处理	泥浆运输	
						运距(km 以内)	
						5	每增减 1
基价(元)				**56.69**	**232.72**	**898.64**	**48.36**
其中	人工费(元)			29.16	11.88	334.53	—
	材料费(元)			27.34	70.39	—	—
	机械费(元)			0.19	150.45	564.11	48.36
	名称	单位	单价(元)	消耗量			
人工	二类人工	工日	135.00	0.216	0.088	2.478	—
材料	混凝土实心砖 240×115×53 MU10	千块	388.00	0.050	—	—	—
	干混砌筑砂浆 DM M5.0	m^3	397.23	0.020	—	—	—
	生石灰	kg	0.30	—	10.823	—	—
	粉煤灰	kg	0.14	—	14.625	—	—
	聚酰胺 300#	kg	16.54	—	3.8025	—	—
	其他材料费	元	1.00	—	2.200	—	—
机械	泥浆罐车 5000L	台班	460.54	—	—	1.064	0.105
	干混砂浆罐式搅拌机 20000L	台班	193.83	0.001	—	—	—
	泥浆泵 100mm	台班	205.25	—	—	0.361	—
	压滤机 XMYZG400/1500－UB	台班	416.11	—	0.475	—	—
	轮胎式装载机 $3.5m^3$	台班	936.72	—	0.095	—	—

注:固化剂种类和用量与定额不同时,应按实换算。

七、灌注桩混凝土

工作内容:安装、拆除导管、漏斗、浇捣等、材料运输等全部操作过程。　　**计量单位**:$10m^3$

定额编号				3-154	3-155	3-156	3-157
项目				人工挖孔	回旋钻孔	旋挖钻成孔	冲孔成孔
基价(元)				**4520.21**	**5933.21**	**5715.28**	**6657.56**
其中	人工费(元)			268.11	338.58	348.30	372.60
	材料费(元)			4252.10	5414.92	5187.27	6089.80
	机械费(元)			—	179.71	179.71	195.16
	名称	单位	单价(元)	消耗量			
人工	二类人工	工日	135.00	1.986	2.508	2.580	2.760
材料	非泵送商品混凝土 C25	m^3	421.00	10.100	—	—	—
	非泵送水下商品混凝土 C25	m^3	448.00	—	12.000	11.500	13.500
	导管	kg	1.98	—	3.800	3.800	3.800
	六角带帽螺栓	kg	5.47	—	0.410	0.410	0.410
	其他材料费	元	1.00	—	29.15	25.50	32.03
机械	履带式起重机 15t	台班	702.00	—	0.256	0.256	0.278

八、注浆管埋设及桩底后注浆

工作内容:1. 注浆管埋设:注浆管制作、焊接、埋设安装、清洗管道等全部过程;
2. 桩底后注浆:准备机具、浆液配置、压注浆等全部过程。

定额编号				3-158	3-159	3-160	3-161
项目				注浆管埋设	预留孔注浆		
				无缝钢管	水泥浆	水泥水玻璃双液浆	水泥砂浆
计量单位				100m	m^3		
基价(元)				**1211.61**	**417.98**	**643.86**	**575.12**
其中	人工费(元)			291.60	111.11	134.73	111.11
	材料费(元)			887.08	288.21	490.03	452.90
	机械费(元)			32.93	18.66	19.10	11.11
名称		单位	单价(元)	消耗量			
人工	二类人工	工日	135.00	2.160	0.823	0.998	0.823
材料	低合金钢焊条 E43 系列	kg	4.74	2.500	—	—	—
	无缝钢管 $\phi 32 \times 2.5$	m	8.58	101.000	—	—	—
	普通硅酸盐水泥 P·O 42.5 综合	t	346.00	—	0.765	0.441	—
	干混砌筑砂浆 DM M10.0	m^3	413.73	—	—	—	1.020
	氧气	m^3	3.62	0.660	—	—	—
	乙炔气	m^3	8.90	0.490	—	—	—
	枕木	m^3	2457.00	—	0.008	0.011	0.011
	硅酸钠 水玻璃	kg	0.70	—	—	390.000	—
	磷酸氢二钠	kg	5.22	—	—	6.600	—
	水	m^3	4.27	—	0.905	0.695	0.905
	其他材料费	元	1.00	1.90	—	—	—
机械	电动灌浆机	台班	26.11	—	0.121	0.138	0.121
	灰浆搅拌机 200L	台班	154.97	—	0.100	0.100	—
	干混砂浆罐式搅拌机 20000L	台班	193.83	—	—	—	0.041
	管子切断机 250mm	台班	44.85	0.105	—	—	—
	交流弧焊机 32kV·A	台班	92.84	0.304	—	—	—

注:注浆管如遇材质、规格不同,材料换算,其余不变。

九、声测管制作、安装

工作内容：声测管制作、焊接、埋设安装、清洗管道等全部过程。　　　　**计量单位：**t

定额编号				3-162
项目				声测管
基价（元）				**4883.05**
其中	人工费（元）			588.06
	材料费（元）			4175.08
	机械费（元）			119.91
	名称	单位	单价（元）	消耗量
人工	二类人工	工日	135.00	4.356
材料	中厚钢板	kg	3.71	1.000
	钢管	t	3879.00	1.060
	低合金钢焊条 E43 系列	kg	4.74	3.400
	镀锌铁丝 8#～12#	kg	6.55	1.300
	其他材料费	元	1.00	35.00
机械	交流弧焊机 32kV·A	台班	92.84	1.200
	其他机械费	元	1.00	8.50

注：声测管如遇材质、规格不同，材料换算，其余不变。

第三章
砌 筑 工 程

说　　明

一、本章定额包括浆砌块石、浆砌料石、浆砌混凝土预制块、砖砌体、拱圈底模，共5节16个子目。

二、本章定额适用于砌筑高度在8m以内的桥涵砌筑工程。本章定额未列的砌筑项目，可按本定额第一册《通用项目》相应定额执行。

三、砌筑定额中未包括垫层、拱背和台背的填充项目，如发生上述项目，可执行本定额第二册《道路工程》相应定额。

四、拱圈底模定额中不包括拱盔和支架，可按本册第九章“临时工程”相应定额执行。

工程量计算规则

一、砌筑工程量按设计砌体尺寸以“m^3”计算,嵌入砌体中的钢管、沉降缝、伸缩缝以及单孔面积在 $0.3m^2$ 以内的预留孔所占体积不予扣除。

二、拱圈底模工程量按模板接触砌体的面积计算。

一、浆 砌 块 石

工作内容：放样，安拆样架、样桩，选修、冲洗石料，砌筑，勾缝，湿治养生等。　　计量单位：10m³

定额编号				3-163	3-164	3-165
项目				浆砌块石		
				护拱	墩、台、墙	拱圈
基价（元）				**3152.31**	**3824.09**	**3792.79**
其中	人工费（元）			612.36	1050.84	1459.49
	材料费（元）			2518.43	2556.19	2040.04
	机械费（元）			21.52	217.06	293.26
名称		单位	单价(元)	消耗量		
人工	二类人工	工日	135.00	4.536	7.784	10.811
材料	块石	t	77.67	17.850	17.850	10.500
	干混砌筑砂浆 DM M7.5	m³	413.73	2.700	2.750	2.810
	水	m³	4.27	3.500	7.500	14.501
机械	干混砂浆罐式搅拌机 20000L	台班	193.83	0.111	0.113	0.115
	履带式起重机 15t	台班	702.00	—	0.278	0.386

二、浆 砌 料 石

工作内容：放样，安拆样架、样桩，选修、冲洗石料，砌筑，勾缝，湿治养生等。　　计量单位：10m³

定额编号				3-166	3-167	3-168	3-169
项目				墩、台、墙	栏杆	帽石、缘石	拱圈
基价（元）				**3779.37**	**4959.37**	**4064.31**	**4193.74**
其中	人工费（元）			1077.03	2425.68	1483.65	1396.17
	材料费（元）			2539.13	2526.32	2573.29	2573.29
	机械费（元）			163.21	7.37	7.37	224.28
名称		单位	单价(元)	消耗量			
人工	二类人工	工日	135.00	7.978	17.968	10.990	10.342
材料	料石	t	97.09	22.056	22.056	22.056	22.056
	干混砌筑砂浆 DM M7.5	m³	413.73	0.920	0.920	0.920	0.920
	水	m³	4.27	4.000	1.000	12.000	12.000
机械	干混砂浆罐式搅拌机 20000L	台班	193.83	0.038	0.038	0.038	0.038
	履带式起重机 15t	台班	702.00	0.222	—	—	0.309

三、浆砌混凝土预制块

工作内容:放样,安拆样架、样桩,选修预制块,砌筑,勾缝、湿治养生等。 计量单位:10m³

定额编号				3-170	3-171	3-172	3-173
项目				墩、台、墙	栏杆	帽石、缘石	拱圈
基价(元)				**5013.14**	**5594.82**	**5114.88**	**5219.19**
其中	人工费(元)			1031.94	1644.30	1270.08	1009.13
	材料费(元)			3778.51	3937.73	3833.36	4011.77
	机械费(元)			202.69	12.79	11.44	198.29
名称		单位	单价(元)	消耗量			
人工	二类人工	工日	135.00	7.644	12.180	9.408	7.475
材料	混凝土预制块 综合	m³	345.00	9.190	9.190	9.190	9.190
	干混砌筑砂浆 DM M7.5	m³	413.73	1.390	1.620	1.440	1.370
	板枋材	m³	2069.00	—	—	—	0.100
	圆钉	kg	4.74	—	—	—	1.000
	水	m³	4.27	7.700	22.701	15.700	14.700
机械	干混砂浆罐式搅拌机 20000L	台班	193.83	0.057	0.066	0.059	0.056
	履带式起重机 15t	台班	702.00	0.273	—	—	0.267

四、砖砌体

工作内容:放样,安拆样架、样桩,浸砖,砌砖,湿治养生等。 计量单位:10m³

定额编号				3-174	3-175	3-176	3-177
项目				墩、台、墙	栏杆	帽石、缘石	拱圈
基价(元)				**4203.22**	**4779.36**	**4075.93**	**4840.54**
其中	人工费(元)			919.49	1554.39	899.51	1210.55
	材料费(元)			3093.95	3204.23	3156.65	3385.77
	机械费(元)			189.78	20.74	19.77	244.22
名称		单位	单价(元)	消耗量			
人工	二类人工	工日	135.00	6.811	11.514	6.663	8.967
材料	混凝土实心砖 240×115×53 MU10	千块	388.00	5.310	5.310	5.310	5.310
	干混砌筑砂浆 DM M7.5	m³	413.73	2.421	2.605	2.490	2.460
	板枋材	m³	2069.00	—	—	—	0.100
	圆钉	kg	4.74	—	—	—	1.000
	水	m³	4.27	7.500	15.500	15.500	22.500
机械	干混砂浆罐式搅拌机 20000L	台班	193.83	0.099	0.107	0.102	0.101
	履带式起重机 15t	台班	702.00	0.243	—	—	0.320

五、拱 圈 底 模

工作内容：拱圈底模制作、安装、拆除。

计量单位：$10m^2$

定额编号				3-178
项目				拱圈底模
基价（元）				**734.43**
其中	人工费（元）			566.19
	材料费（元）			168.24
	机械费（元）			—
名称		单位	单价（元）	消耗量
人工	二类人工	工日	135.00	4.194
材料	木模板	m^3	1445.00	0.111
	圆钉	kg	4.74	1.180
	脱模剂	kg	1.54	1.000
	模板嵌缝料	kg	1.42	0.500

第四章
钢结构安装工程

说　　明

一、本章定额包括桥钢梁安装、钢管拱安装、钢立柱安装,共 3 节 7 个子目。

二、本章定额适用于工厂制作、现场吊装的钢结构。构件由制作工厂至安装现场的运输费用计入构件价格内。

三、钢梁安装定额中未包括临时支撑。

四、系杆、吊索定额中未包括锚具用量,但已包括锚具安装。

工程量计算规则

一、钢构件工程量按设计图纸的主材(不包括螺栓)质量以“t”计算。

二、钢梁质量为钢梁(含横隔板)、桥面板、横肋、横梁及锚筋等结构工程量之和。

三、钢拱肋的工程量包括拱肋钢管、横撑、腹板、拱脚处外侧钢板、拱脚接头钢板及各种加劲块。

四、钢立柱上的节点板、加强环、内衬管、牛腿等并入钢立柱工程量内。

一、钢 梁 安 装

工作内容:起吊就位、安装等。 **计量单位**:t

定额编号				3-179	3-180	3-181
项目				人行天桥		高架桥
				钢主梁	钢盖梁	钢箱梁
基价(元)				**1002.74**	**822.53**	**914.38**
其中	人工费(元)			297.68	519.75	297.68
	材料费(元)			467.74	149.33	416.88
	机械费(元)			237.32	153.45	199.82
名称		单位	单价(元)	消耗量		
人工	二类人工	工日	135.00	2.205	3.850	2.205
材料	热轧带肋钢筋 HRB400 综合	kg	3.85	11.400	—	—
	箱型钢梁	t	—	(1.000)	(1.000)	(1.000)
	型钢 综合	kg	3.84	8.600	—	—
	砂轮片	片	7.08	10.000	—	10.000
	六角带帽螺栓 综合	kg	5.47	1.140	—	12.260
	低合金钢焊条 E43 系列	kg	4.74	3.300	1.502	4.110
	铁件	kg	3.71	2.797	—	1.650
	乙炔气	m^3	8.90	14.000	6.890	12.170
	氧气	m^3	3.62	42.000	20.670	36.500
	其他材料费	元	1.00	11.13	6.06	12.97
机械	汽车式起重机 20t	台班	942.85	—	0.120	—
	汽车式起重机 80t	台班	3730.16	0.040	—	—
	汽车式起重机 160t	台班	9014.23	—	—	0.010
	交流弧焊机 32kV·A	台班	92.84	0.940	0.430	1.170
	电焊条烘干箱 45×35×45cm^3	台班	8.99	0.094	0.043	0.117

二、钢管拱安装

工作内容:1. 拱肋安装:起吊;调整扣索应力;横撑定位焊接;拱肋合拢;调整线型等;
2. 系杆吊索:穿系杆钢绞线;安装油泵及千斤顶;安装锚具、张拉、锚固、检查等。 **计量单位**:t

定额编号				3-182	3-183	3-184
项目				拱肋安装	系杆	吊索
基价(元)				**1582.04**	**2255.74**	**3984.02**
其中	人工费(元)			1108.08	1300.05	3171.15
	材料费(元)			140.31	805.44	136.81
	机械费(元)			333.65	150.25	676.06
名称		单位	单价(元)	消耗量		
人工	二类人工	工日	135.00	8.208	9.630	23.490
材料	热轧带肋钢筋 HRB400 综合	t	3849.00	0.002	0.004	0.001
	型钢 综合	t	3836.00	0.013	0.001	—
	中厚钢板 综合	t	3750.00	0.008	0.203	0.026
	六角带帽螺栓 综合	kg	5.47	0.520	—	—
	板枋材	m^3	2069.00	0.004	—	—
	钢丝绳 综合	kg	6.45	1.000	—	1.000
	钢拉杆	kg	8.62	—	1.000	—
	钢管拱肋	t	—	(1.000)	—	—
	系杆	t	—	—	(1.000)	—
	吊索	t	—	—	—	(1.000)
	低合金钢焊条 E43 系列	kg	4.74	4.220	1.500	4.200
	其他材料费	元	1.00	15.17	9.23	9.10
机械	汽车式起重机 20t	台班	942.85	—	0.055	—
	预应力钢筋拉伸机 3000kN	台班	103.52	1.207	0.189	3.134
	电动卷扬机-单筒慢速 50kN	台班	186.39	0.084	—	1.279
	电动卷扬机-单筒慢速 100kN	台班	234.87	0.339	0.166	—
	交流弧焊机 32kV·A	台班	92.84	1.210	0.425	1.208
	电焊条烘干箱 45×35×45cm^3	台班	8.99	0.121	0.042	0.121

三、钢立柱安装

工作内容:起吊就位、安装等。　　　　**计量单位**:t

定额编号				3-185
项目				钢立柱
基价(元)				**858.73**
其中	人工费(元)			480.60
	材料费(元)			210.62
	机械费(元)			167.51
名称		单位	单价(元)	消耗量
人工	二类人工	工日	135.00	3.560
材料	铆钉 综合	kg	7.86	0.124
	钢立柱	t	—	(1.000)
	低合金钢焊条 E43 系列	kg	4.74	2.030
	氧气	m^3	3.62	21.900
	乙炔气	m^3	8.90	7.370
	板枋材	m^3	2069.00	0.024
	其他材料费	元	1.00	5.50
机械	汽车式起重机 20t	台班	942.85	0.120
	交流弧焊机 32kV·A	台班	92.84	0.580
	电焊条烘干箱 45×35×45cm^3	台班	8.99	0.058

第五章
现浇混凝土工程

说　　明

一、本章定额包括基础，承台，支撑梁与横梁，墩身、台身，拱桥，箱梁，板，板梁，现浇混凝土箱涵，混凝土接头及灌缝，小型构件，防水层，桥面铺装及桥头搭板，钢管拱肋混凝土，复合模板及定型钢模，共15节94个子目。

二、本章定额适用于桥涵工程现浇各种混凝土构筑物。

三、本章定额中嵌石混凝土的块石含量按15%考虑，如与设计不同时，块石和混凝土消耗量应按下表进行调整，人工和机械不变。

嵌石混凝土块石、混凝土消耗量调整表

块石掺量(%)	10	15	20	25
每立方米块石掺量(t)	0.254	0.381	0.610	0.635

注：1. 块石掺量另加损耗率2%。

2. 混凝土用量扣除嵌石百分数后，乘以损耗率1%。

四、本章定额中均未包括预埋铁件，如设计要求预埋铁件时，可按设计用量套用本定额第一册《通用项目》相应定额。

五、承台分有底模及无底模两种，应按不同的施工方法套用本章相应项目。

六、本章定额中混凝土按常用强度等级列出，如设计要求不同时可以换算。

七、现浇混凝土箱涵定额适用于穿越城市道路的现浇箱涵。

八、本章定额中防撞护栏采用定型钢模，其他模板均按工具式钢模、木模综合取定。另外，结合桥梁实际情况综合了不分部位的复合模板与定型钢模板项目。

九、定型钢模板数量包括配件在内，接缝的橡胶板费用已摊入定型钢模板单价中。

十、现浇梁、板等模板定额中未包括支架部分，如发生时可按本册第九章“临时工程”相应定额执行。

十一、沥青混凝土桥面铺装及下穿箱涵路面铺装执行本定额第二册《道路工程》相应定额。

十二、伸缩缝混凝土采用钢纤维混凝土，定额中钢纤维用量按50kg/m^3考虑，如设计用量与定额用量不同时，应按设计用量调整。

十三、板与板梁的划分以跨径8m为界，即跨径小于或等于8m的为板，跨径大于8m的为板梁。

十四、当设计对混凝土结构的外观有特殊要求时，模板费用可根据实际情况另行调整。

工程量计算规则

一、混凝土工程量按设计尺寸以实体积计算(不包括空心板、梁的空心体积),不扣除钢筋、铁丝、铁件、预留压浆孔道和螺栓所占的体积。

二、模板工程量按模板接触混凝土的面积计算。

三、现浇混凝土墙、板上单孔面积在 0.3m^2 以内的孔洞体积不予扣除,洞侧壁模板面积亦不再计算;单孔面积在 0.3m^2 以上时,应予扣除,洞侧壁模板面积并入墙、板模板工程量之内计算。

四、现浇箱涵的底板、顶板按断面积乘长度以“m^3”计算,断面积包括与侧墙连接的扩大部分。侧墙按断面积乘长度以“m^3”计算, 侧墙的高度不包括侧墙的扩大部分,无扩大部分时,侧墙的高度按底板的上表面至顶板的下表面计算。

一、基　　础

工作内容:1. 碎石:安放流槽;碎石装运、找平;
2. 混凝土:装、运、抛块石;浇筑、捣固、抹平、养生;
3. 模板:模板制作,安装,涂脱模剂;模板拆除、修理、整堆。

计量单位:$10m^3$

定额编号				3-186	3-187
项目				垫层	
				碎石	混凝土
基价(元)				**2292.92**	**4522.98**
其中	人工费(元)			528.93	371.25
	材料费(元)			1763.99	4037.81
	机械费(元)			—	113.92
名称		单位	单价(元)	消耗量	
人工	二类人工	工日	135.00	3.918	2.750
材料	碎石 综合	t	102.00	17.294	—
	非泵送商品混凝土 C15	m^3	399.00	—	10.100
	水	m^3	4.27	—	1.853
机械	履带式电动起重机 5t	台班	235.09	—	0.466
	混凝土振捣器 平板式	台班	12.54	—	0.348

工作内容:1. 碎石:安放流槽;碎石装运、找平;
2. 混凝土:装、运、抛块石;浇筑、捣固、抹平、养生;
3. 模板:模板制作,安装,涂脱模剂;模板拆除、修理、整堆。

定额编号				3-188	3-189	3-190
项目				混凝土基础		
				毛石混凝土	混凝土	模板
计量单位				$10m^3$	$10m^3$	$10m^2$
基价(元)				**4165.87**	**4618.75**	**425.13**
其中	人工费(元)			349.92	351.00	218.16
	材料费(元)			3745.35	4179.31	170.85
	机械费(元)			70.60	88.44	36.12
名称		单位	单价(元)	消耗量		
人工	二类人工	工日	135.00	2.592	2.600	1.616
材料	非泵送商品混凝土 C20	m^3	412.00	—	10.100	—
	非泵送商品混凝土 C15	m^3	399.00	8.585	—	—
	块石	t	77.67	3.886	—	—
	无纺土工布	m^2	8.62	1.279	1.279	—
	工具式钢模板	kg	5.91	—	—	6.370
	钢支撑	kg	3.97	—	—	2.510
	零星卡具	kg	5.88	—	—	13.010
	木模板	m^3	1445.00	—	—	0.030
	圆钉	kg	4.74	—	—	0.240
	脱模剂	kg	1.54	—	—	1.000
	模板嵌缝料	kg	1.42	—	—	0.500
	水	m^3	4.27	1.659	1.659	—
机械	履带式电动起重机 5t	台班	235.09	0.280	0.351	—
	混凝土振捣器 平板式	台班	12.54	0.219	0.271	—
	混凝土振捣器 插入式	台班	4.65	0.436	0.542	—
	载货汽车 4t	台班	369.21	—	—	0.074
	汽车式起重机 5t	台班	366.47	—	—	0.024

二、承　　台

工作内容：1. 混凝土：浇筑、捣固、抹平、养生；
2. 模板：模板制作，安装，涂脱模剂；模板拆除、修理、整堆。

定额编号				3-191	3-192	3-193
项目				承台		
				混凝土	模板（无底模）	模板（有底模）
计量单位				$10m^3$	$10m^2$	
基价（元）				**4671.33**	**355.20**	**641.57**
其中	人工费（元）			286.20	203.31	258.39
	材料费（元）			4381.49	128.30	313.55
	机械费（元）			3.64	23.59	69.63
名称		单位	单价（元）	消耗量		
人工	二类人工	工日	135.00	2.120	1.506	1.914
材料	泵送商品混凝土 C20	m^3	431.00	10.100	—	—
	无纺土工布	m^2	8.62	1.998	—	—
	木模板	m^3	1445.00	—	0.036	0.208
	圆钉	kg	4.74	—	0.450	0.990
	脱模剂	kg	1.54	—	1.000	1.000
	铁件	kg	3.71	—	—	1.630
	工具式钢模板	kg	5.91	—	6.370	—
	钢支撑	kg	3.97	—	4.820	—
	零星卡具	kg	5.88	—	2.570	—
	模板嵌缝料	kg	1.42	—	0.500	0.500
	水	m^3	4.27	2.615	—	—
机械	履带式电动起重机 5t	台班	235.09	—	—	0.234
	木工圆锯机 500mm	台班	27.50	—	—	0.129
	混凝土振捣器 插入式	台班	4.65	0.783	—	—
	载货汽车 4t	台班	369.21	—	0.049	0.030
	汽车式起重机 5t	台班	366.47	—	0.015	—

三、支撑梁与横梁

工作内容:1. 混凝土:浇筑、捣固、抹平、养生;

2. 模板:模板制作,安装,涂脱模剂;模板拆除、修理、整堆。

定额编号				3-194	3-195	3-196	3-197
项目				支撑梁		横梁	
				混凝土	模板	混凝土	模板
计量单位				$10m^3$	$10m^2$	$10m^3$	$10m^2$
基价(元)				**4844.12**	**656.97**	**4763.23**	**656.91**
其中	人工费(元)			396.36	291.60	360.72	293.22
	材料费(元)			4443.76	308.43	4398.87	292.68
	机械费(元)			4.00	56.94	3.64	71.01
名称		单位	单价(元)	消耗量			
人工	二类人工	工日	135.00	2.936	2.160	2.672	2.172
材料	泵送商品混凝土 C20	m^3	431.00	10.100	—	10.100	—
	木模板	m^3	1445.00	—	0.209	—	0.194
	无纺土工布	m^2	8.62	5.176	—	2.589	—
	圆钉	kg	4.74	—	0.880	—	2.130
	脱模剂	kg	1.54	—	1.000	—	1.000
	模板嵌缝料	kg	1.42	—	0.500	—	0.500
	水	m^3	4.27	10.784	—	5.492	—
机械	履带式电动起重机 5t	台班	235.09	—	0.180	—	0.243
	木工圆锯机 500mm	台班	27.50	—	0.129	—	0.129
	混凝土振捣器 插入式	台班	4.65	0.861	—	0.783	—
	载货汽车 4t	台班	369.21	—	0.030	—	0.028

四、墩身、台身

工作内容:1. 混凝土:浇筑、捣固、抹平、养生;

2. 模板:模板制作,安装,涂脱模剂;模板拆除、修理、整堆。

定额编号				3-198	3-199	3-200	3-201
项目				轻型桥台		实体式桥台	
				混凝土	模板	混凝土	模板
计量单位				$10m^3$	$10m^2$	$10m^3$	$10m^2$
基价(元)				**4829.64**	**563.08**	**4667.58**	**573.68**
其中	人工费(元)			454.68	252.72	301.32	321.57
	材料费(元)			4368.26	241.44	4361.59	152.35
	机械费(元)			6.70	68.92	4.67	99.76
名称		单位	单价(元)	消耗量			
人工	二类人工	工日	135.00	3.368	1.872	2.232	2.382
材料	泵送商品混凝土 C20	m^3	431.00	10.100	—	10.100	—
	木模板	m^3	1445.00	—	0.161	—	0.032
	工具式钢模板	kg	5.91	—	—	—	6.372
	无纺土工布	m^2	8.62	0.396	—	0.405	—
	圆钉	kg	4.74	—	0.480	—	0.100
	铁件	kg	3.71	—	1.150	—	7.920
	脱模剂	kg	1.54	—	1.000	—	1.000
	模板嵌缝料	kg	1.42	—	0.500	—	0.500
	零星卡具	kg	5.88	—	—	—	2.570
	钢支撑	kg	3.97	—	—	—	4.820
	尼龙帽	个	0.60	—	—	—	3.500
	水	m^3	4.27	2.751	—	1.171	—
机械	履带式电动起重机 5t	台班	235.09	—	0.243	—	0.324
	木工圆锯机 500mm	台班	27.50	—	0.120	—	—
	混凝土振捣器 插入式	台班	4.65	1.440	—	1.005	—
	载货汽车 4t	台班	369.21	—	0.023	—	0.049
	汽车式起重机 5t	台班	366.47	—	—	—	0.015

工作内容:1. 混凝土:浇筑、捣固、抹平、养生;
2. 模板:模板制作,安装,涂脱模剂;模板拆除、修理、整堆。

定额编号				3-202	3-203	3-204	3-205
项目				拱桥墩身		拱桥台身	
				混凝土	模板	混凝土	模板
计量单位				$10m^3$	$10m^2$	$10m^3$	$10m^2$
基价(元)				**4647.18**	**646.26**	**4598.83**	**843.74**
其中	人工费(元)			284.04	285.93	234.36	277.83
	材料费(元)			4359.16	314.63	4360.05	478.56
	机械费(元)			3.98	45.70	4.42	87.35
名称		单位	单价(元)	消耗量			
人工	二类人工	工日	135.00	2.104	2.118	1.736	2.058
材料	泵送商品混凝土 C20	m^3	431.00	10.100	—	10.100	—
	木模板	m^3	1445.00	—	0.171	—	0.296
	无纺土工布	m^2	8.62	0.316	—	0.434	—
	圆钉	kg	4.74	—	0.820	—	1.430
	铁件	kg	3.71	—	16.550	—	11.270
	脱模剂	kg	1.54	—	1.000	—	1.000
	模板嵌缝料	kg	1.42	—	0.500	—	0.500
	水	m^3	4.27	0.781	—	0.751	—
机械	履带式电动起重机 5t	台班	235.09	—	0.126	—	0.290
	木工圆锯机 500mm	台班	27.50	—	0.249	—	0.120
	混凝土振捣器 插入式	台班	4.65	0.856	—	0.951	—
	载货汽车 4t	台班	369.21	—	0.025	—	0.043

工作内容:1. 混凝土:浇筑、捣固、抹平、养生;

2. 模板:模板制作,安装,涂脱模剂;模板拆除、修理、整堆。

定额编号				3-206	3-207	3-208	3-209
项目				柱式墩台身		墩帽	
				混凝土	模板	混凝土	模板
计量单位				$10m^3$	$10m^2$	$10m^3$	$10m^2$
基价(元)				**4929.05**	**849.69**	**4755.92**	**712.42**
其中	人工费(元)			555.12	521.64	361.80	331.29
	材料费(元)			4367.57	176.49	4389.01	290.61
	机械费(元)			6.36	151.56	5.11	90.52
名称		单位	单价(元)	消耗量			
人工	二类人工	工日	135.00	4.112	3.864	2.680	2.454
材料	泵送商品混凝土 C20	m^3	431.00	10.100	—	10.100	—
	无纺土工布	m^2	8.62	0.290	—	2.350	—
	工具式钢模板	kg	5.91	—	6.370	—	—
	木模板	m^3	1445.00	—	0.038	—	0.195
	圆钉	kg	4.74	—	0.350	—	1.390
	铁件	kg	3.71	—	6.870	—	—
	脱模剂	kg	1.54	—	1.000	—	1.000
	模板嵌缝料	kg	1.42	—	0.500	—	0.500
	零星卡具	kg	5.88	—	2.570	—	—
	钢支撑	kg	3.97	—	9.390	—	—
	尼龙帽	个	0.60	—	3.570	—	—
	水	m^3	4.27	2.804	—	3.665	—
机械	履带式电动起重机 5t	台班	235.09	—	0.513	—	0.324
	木工圆锯机 500mm	台班	27.50	—	—	—	0.146
	混凝土振捣器 插入式	台班	4.65	1.367	—	1.098	—
	载货汽车 4t	台班	369.21	—	0.064	—	0.028
	汽车式起重机 5t	台班	366.47	—	0.020	—	—

工作内容:1. 混凝土:浇筑、捣固、抹平、养生;
2. 模板:模板制作,安装,涂脱模剂;模板拆除、修理、整堆。

定额编号				3-210	3-211	3-212	3-213	3-214	3-215
项目				台帽		墩盖梁		台盖梁	
				混凝土	模板	混凝土	模板	混凝土	模板
计量单位				$10m^3$	$10m^2$	$10m^3$	$10m^2$	$10m^3$	$10m^2$
基价(元)				**4770.51**	**754.25**	**4787.88**	**681.10**	**5070.18**	**745.67**
其中	人工费(元)			376.92	321.57	401.76	405.00	380.16	445.50
	材料费(元)			4388.68	344.17	4381.01	124.35	4685.11	134.39
	机械费(元)			4.91	88.51	5.11	151.75	4.91	165.78
名称		单位	单价(元)	消耗量					
人工	二类人工	工日	135.00	2.792	2.382	2.976	3.000	2.816	3.300
材料	泵送商品混凝土 C20	m^3	431.00	10.100	—	10.100	—	—	—
	泵送商品混凝土 C30	m^3	461.00	—	—	—	—	10.100	—
	无纺土工布	m^2	8.62	2.058	—	1.605	—	1.639	—
	木模板	m^3	1445.00	—	0.234	—	0.033	—	0.040
	工具式钢模板	kg	5.91	—	—	—	6.370	—	6.370
	钢支撑	kg	3.97	—	—	—	5.010	—	5.010
	零星卡具	kg	5.88	—	—	—	2.570	—	2.570
	圆钉	kg	4.74	—	0.800	—	0.310	—	0.200
	铁件	kg	3.71	—	—	—	0.080	—	0.200
	脱模剂	kg	1.54	—	1.000	—	1.000	—	1.000
	模板嵌缝料	kg	1.42	—	0.500	—	0.500	—	0.500
	水	m^3	4.27	4.179	—	3.297	—	3.486	—
机械	履带式电动起重机 5t	台班	235.09	—	0.306	—	0.513	—	0.567
	木工圆锯机 500mm	台班	27.50	—	0.146	—	0.275	—	0.310
	混凝土振捣器 插入式	台班	4.65	1.055	—	1.098	—	1.055	—
	载货汽车 4t	台班	369.21	—	0.034	—	0.049	—	0.050
	汽车式起重机 5t	台班	366.47	—	—	—	0.015	—	0.015

五、拱　　桥

工作内容：1. 混凝土：浇筑、捣固、抹平、养生；
2. 模板：模板制作，安装，涂脱模剂；模板拆除、修理、整堆。

定额编号				3-216	3-217	3-218	3-219
项目				拱座		拱肋	
				混凝土	模板	混凝土	模板
计量单位				$10m^3$	$10m^2$	$10m^3$	$10m^2$
基价（元）				**5423.53**	**1186.06**	**5775.81**	**800.45**
其中	人工费（元）			741.96	871.56	1078.92	532.98
	材料费（元）			4674.28	293.42	4686.54	248.90
	机械费（元）			7.29	21.08	10.35	18.57
名称		单位	单价(元)	消耗量			
人工	二类人工	工日	135.00	5.496	6.456	7.992	3.948
材料	泵送商品混凝土 C30	m^3	461.00	10.100	—	10.100	—
	无纺土工布	m^2	8.62	1.086	—	1.354	—
	木模板	m^3	1445.00	—	0.189	—	0.168
	铁件	kg	3.71	—	1.380	—	—
	圆钉	kg	4.74	—	2.730	—	0.820
	脱模剂	kg	1.54	—	1.000	—	1.000
	模板嵌缝料	kg	1.42	—	0.500	—	0.500
	水	m^3	4.27	2.066	—	4.396	—
机械	木工圆锯机 500mm	台班	27.50	—	0.404	—	0.353
	混凝土振捣器 插入式	台班	4.65	1.568	—	2.225	—
	载货汽车 4t	台班	369.21	—	0.027	—	0.024

工作内容:1. 混凝土:浇筑、捣固、抹平、养生;
2. 模板:模板制作,安装,涂脱模剂;模板拆除、修理、整堆。

定额编号				3-220	3-221	3-222	3-223
项目				板拱		拱上构件	
				混凝土	模板	混凝土	模板
计量单位				$10m^3$	$10m^2$	$10m^3$	$10m^2$
基价(元)				**5287.74**	**895.79**	**5840.12**	**898.39**
其中	人工费(元)			547.56	489.24	1163.16	599.40
	材料费(元)			4722.94	254.01	4659.69	288.65
	机械费(元)			17.24	152.54	17.27	10.34
名称		单位	单价(元)	消耗量			
人工	二类人工	工日	135.00	4.056	3.624	8.616	4.440
材料	泵送商品混凝土 C30	m^3	461.00	10.100	—	—	—
	泵送商品混凝土 C25	m^3	447.00	—	—	10.100	—
	无纺土工布	m^2	8.62	5.181	—	9.001	—
	木模板	m^3	1445.00	—	0.172	—	0.196
	圆钉	kg	4.74	—	0.680	—	0.670
	脱模剂	kg	1.54	—	1.000	—	1.000
	模板嵌缝料	kg	1.42	—	0.500	—	0.500
	水	m^3	4.27	5.195	—	15.786	—
机械	履带式电动起重机 5t	台班	235.09	—	0.225	—	—
	木工圆锯机 500mm	台班	27.50	—	0.267	—	—
	混凝土振捣器 插入式	台班	4.65	1.579	—	3.715	—
	混凝土振捣器 平板式	台班	12.54	0.789	—	—	—
	载货汽车 4t	台班	369.21	—	0.250	—	0.028

六、箱　　梁

工作内容:1. 混凝土:浇筑、捣固、抹平、养生;

2. 模板:模板制作,安装,涂脱模剂;模板拆除、修理、整堆。

定额编号				3-224	3-225	3-226	3-227	3-228	3-229
项目				现浇混凝土0号块件		悬浇混凝土箱梁		支架上现浇混凝土箱梁	
				混凝土	模板	混凝土	模板	混凝土	模板
计量单位				$10m^3$	$10m^2$	$10m^3$	$10m^2$	$10m^3$	$10m^2$
基价（元）				**6084.31**	**1138.33**	**6330.67**	**1080.23**	**5927.20**	**865.94**
其中	人工费（元）			865.08	706.32	1081.08	646.38	649.08	485.19
	材料费（元）			5132.91	307.30	5145.08	319.18	5155.41	293.35
	机械费（元）			86.32	124.71	104.51	114.67	122.71	87.40
名称		单位	单价(元)	消耗量					
人工	二类人工	工日	135.00	6.408	5.232	8.008	4.788	4.808	3.594
材料	泵送商品混凝土 C40	m^3	503.00	10.100	—	10.100	—	10.100	—
	中厚钢板 综合	kg	3.71	4.000	—	5.000	—	7.000	—
	无纺土工布	m^2	8.62	2.150	—	2.638	—	2.814	—
	木模板	m^3	1445.00	—	0.205	—	0.215	—	0.196
	铁件	kg	3.71	—	1.036	—	0.592	—	1.144
	圆钉	kg	4.74	—	1.050	—	0.856	—	0.768
	脱模剂	kg	1.54	—	1.000	—	1.000	—	1.000
	模板嵌缝料	kg	1.42	—	0.500	—	0.500	—	0.500
	水	m^3	4.27	4.504	—	5.502	—	5.828	—
机械	履带式电动起重机 5t	台班	235.09	—	0.372	—	0.338	—	0.252
	混凝土振捣器 平板式	台班	12.54	1.452	—	1.452	—	1.452	—
	混凝土振捣器 插入式	台班	4.65	2.903	—	2.903	—	2.903	—
	混凝土振捣器 附着式	台班	12.54	4.355	—	5.806	—	7.257	—
	木工圆锯机 500mm	台班	27.50	—	0.952	—	0.864	—	0.648
	载货汽车 4t	台班	369.21	—	0.030	—	0.031	—	0.028

注:当箱梁内模无法拆除时,按无法拆除的模板工程量每 $10m^2$ 增加板方材 $0.30m^3$。

七、板

工作内容:1. 混凝土:浇筑、捣固、抹平、养生;
2. 模板:模板制作,安装,涂脱模剂;模板拆除、修理、整堆。

定额编号				3-230	3-231	3-232	3-233
项目				矩形实体连续板		矩形空心连续板	
				混凝土	模板	混凝土	模板
计量单位				$10m^3$	$10m^2$	$10m^3$	$10m^2$
基价(元)				**5001.56**	**370.07**	**5084.24**	**594.76**
其中	人工费(元)			272.97	178.20	327.24	313.47
	材料费(元)			4713.65	114.67	4740.13	226.16
	机械费(元)			14.94	77.20	16.87	55.13
名称		单位	单价(元)	消耗量			
人工	二类人工	工日	135.00	2.022	1.320	2.424	2.322
材料	泵送商品混凝土 C30	m^3	461.00	10.100	—	10.100	—
	无纺土工布	m^2	8.62	4.492	—	5.171	—
	木模板	m^3	1445.00	—	0.027	—	0.147
	工具式钢模板	kg	5.91	—	6.370	—	—
	钢支撑	kg	3.97	—	5.010	—	—
	零星卡具	kg	5.88	—	2.570	—	—
	铁件	kg	3.71	—	—	—	2.600
	圆钉	kg	4.74	—	0.160	—	0.390
	脱模剂	kg	1.54	—	1.000	—	1.000
	模板嵌缝料	kg	1.42	—	0.500	—	0.500
	水	m^3	4.27	4.410	—	9.240	—
机械	履带式电动起重机 5t	台班	235.09	—	0.225	—	0.198
	木工圆锯机 500mm	台班	27.50	—	0.026	—	0.030
	混凝土振捣器 平板式	台班	12.54	0.684	—	0.772	—
	混凝土振捣器 插入式	台班	4.65	1.368	—	1.545	—
	载货汽车 4t	台班	369.21	—	0.049	—	0.021
	汽车式起重机 5t	台班	366.47	—	0.015	—	—

八、板　梁

工作内容：1. 混凝土：浇筑、捣固、抹平、养生；
2. 模板：模板制作，安装，涂脱模剂；模板拆除、修理、整堆。

定额编号				3-234	3-235	3-236	3-237
项目				实心板梁		空心板梁	
				混凝土	模板	混凝土	模板
计量单位				$10m^3$	$10m^2$	$10m^3$	$10m^2$
基价（元）				**4943.10**	**537.01**	**5015.44**	**825.09**
其中	人工费（元）			248.67	331.29	298.08	509.49
	材料费（元）			4681.37	120.31	4700.49	245.49
	机械费（元）			13.06	85.41	16.87	70.11
名称		单位	单价(元)	消耗量			
人工	二类人工	工日	135.00	1.842	2.454	2.208	3.774
材料	泵送商品混凝土 C30	m^3	461.00	10.100	—	10.100	—
	无纺土工布	m^2	8.62	1.943	—	2.768	—
	木模板	m^3	1445.00	—	0.029	—	0.164
	工具式钢模板	kg	5.91	—	6.370	—	—
	钢支撑	kg	3.97	—	5.010	—	—
	零星卡具	kg	5.88	—	2.570	—	—
	圆钉	kg	4.74	—	0.740	—	1.320
	脱模剂	kg	1.54	—	1.000	—	1.000
	模板嵌缝料	kg	1.42	—	0.500	—	0.500
	水	m^3	4.27	1.995	—	4.809	—
机械	履带式电动起重机 5t	台班	235.09	—	0.261	—	0.166
	木工圆锯机 500mm	台班	27.50	—	0.017	—	0.808
	混凝土振捣器 平板式	台班	12.54	0.598	—	0.772	—
	混凝土振捣器 插入式	台班	4.65	1.195	—	1.545	—
	载货汽车 4t	台班	369.21	—	0.049	—	0.024
	汽车式起重机 5t	台班	366.47	—	0.015	—	—

九、现浇混凝土箱涵

工作内容:1. 混凝土:浇筑、抹平、养生;

2. 模板:模板制作,安装,涂脱模剂;模板拆除、维修、整堆。

定额编号				3-238	3-239	3-240	3-241	3-242	3-243
项目				底板		侧墙		顶板	
				混凝土	模板	混凝土	模板	混凝土	模板
计量单位				$10m^3$	$10m^2$	$10m^3$	$10m^2$	$10m^3$	$10m^2$
基价(元)				**4965.25**	**329.05**	**5010.73**	**372.67**	**4991.09**	**372.84**
其中	人工费(元)			286.88	184.41	331.97	197.51	302.00	207.63
	材料费(元)			4672.43	88.13	4675.58	112.01	4682.70	102.06
	机械费(元)			5.94	56.51	3.18	63.15	6.39	63.15
名称		单位	单价(元)	消耗量					
人工	二类人工	工日	135.00	2.125	1.366	2.459	1.463	2.237	1.538
材料	泵送商品混凝土 C30	m^3	461.00	10.100	—	10.100	—	10.100	—
	无纺土工布	m^2	8.62	1.333	—	0.580	—	1.574	—
	木模板	m^3	1445.00	—	0.016	—	0.016	—	0.016
	工具式钢模板	kg	5.91	—	6.370	—	6.370	—	6.370
	钢支撑	kg	3.97	—	2.257	—	5.681	—	5.681
	零星卡具	kg	5.88	—	2.538	—	2.538	—	2.538
	铁件	kg	3.71	—	—	—	2.120	—	—
	圆钉	kg	4.74	—	0.260	—	0.330	—	0.330
	尼龙帽	个	0.60	—	—	—	3.470	—	—
	脱模剂	kg	1.54	—	1.000	—	1.000	—	1.000
	模板嵌缝料	kg	1.42	—	0.500	—	0.500	—	0.500
	水	m^3	4.27	1.134	—	3.392	—	3.051	—
机械	履带式电动起重机 5t	台班	235.09	—	0.162	—	0.162	—	0.162
	混凝土振捣器 平板式	台班	12.54	0.271	—	—	—	0.293	—
	混凝土振捣器 插入式	台班	4.65	0.546	—	0.684	—	0.585	—
	载货汽车 4t	台班	369.21	—	0.038	—	0.052	—	0.052
	汽车式起重机 5t	台班	366.47	—	0.012	—	0.016	—	0.016

十、混凝土接头及灌缝

工作内容:1. 混凝土:浇筑、捣固、抹平、养生,砂浆勾缝、抹平、养护等;
2. 模板:模板制作,安装,涂脱模剂;模板拆除、修理、整堆。

定额编号				3-244	3-245	3-246	3-247	3-248
项目				板梁间灌缝	梁与梁接头		柱与柱接头	
					混凝土	模板	混凝土	模板
计量单位				$10m^3$	$10m^3$	$10m^2$	$10m^3$	$10m^2$
基价(元)				**7156.13**	**5809.33**	**780.77**	**5550.65**	**629.53**
其中	人工费(元)			1386.72	690.12	434.16	850.10	274.59
	材料费(元)			5769.41	5106.77	328.44	4700.55	337.70
	机械费(元)			—	12.44	18.17	—	17.24
	名称	单位	单价(元)	消耗量				
人工	二类人工	工日	135.00	10.272	5.112	3.216	6.297	2.034
材料	泵送商品混凝土 C30	m^3	461.00	10.100	—	—	10.100	—
	泵送商品混凝土 C40	m^3	503.00	—	10.100	—	—	—
	木模板	m^3	1445.00	0.232	—	0.205	—	0.211
	镀锌铁丝 8#~12#	kg	6.55	107.160	—	4.430	—	—
	无纺土工布	m^2	8.62	6.023	0.753	—	—	—
	塑料薄膜	m^2	0.86	—	—	—	22.495	—
	圆钉	kg	4.74	—	—	0.200	—	0.600
	脱模剂	kg	1.54	—	—	1.000	—	1.000
	模板嵌缝料	kg	1.42	—	—	0.500	—	0.500
	铁件	kg	3.71	—	—	—	—	7.470
	水	m^3	4.27	5.680	4.680	—	5.880	—
机械	木工圆锯机 500mm	台班	27.50	—	—	0.258	—	0.224
	混凝土振捣器 插入式	台班	4.65	—	2.676	—	—	—
	载货汽车 4t	台班	369.21	—	—	0.030	—	0.030

工作内容:1. 混凝土:浇筑、捣固、抹平、养生,砂浆勾缝、抹平、养护等;
2. 模板:模板制作,安装,涂脱模剂;模板拆除、修理、整堆。

定额编号				3-249	3-250	3-251	3-252	3-253
项目				肋与肋接头		拱上构件接头		板梁底砂浆勾缝
				混凝土	模板	混凝土	模板	
计量单位				$10m^3$	$10m^2$	$10m^3$	$10m^2$	10m
基价(元)				**6414.93**	**654.79**	**6819.42**	**1282.19**	**190.88**
其中	人工费(元)			1661.31	335.34	2053.35	869.13	186.30
	材料费(元)			4738.38	301.18	4746.77	372.10	4.58
	机械费(元)			15.24	18.27	19.30	40.96	—
名称		单位	单价(元)	消耗量				
人工	二类人工	工日	135.00	12.306	2.484	15.210	6.438	1.380
材料	泵送商品混凝土 C30	m^3	461.00	10.100	—	10.100	—	—
	干混抹灰砂浆 DP M10 散装	t	218.00	—	—	—	—	0.021
	木模板	m^3	1445.00	—	0.201	—	0.249	—
	圆钉	kg	4.74	—	1.790	—	2.120	—
	塑料薄膜	m^2	0.86	26.555	—	—	—	—
	无纺土工布	m^2	8.62	—	—	5.179	—	—
	脱模剂	kg	1.54	—	1.000	—	1.000	—
	模板嵌缝料	kg	1.42	—	0.500	—	0.500	—
	水	m^3	4.27	13.920	—	10.780	—	—
机械	木工圆锯机 500mm	台班	27.50	—	0.275	—	1.006	—
	混凝土振捣器 插入式	台班	4.65	3.278	—	4.151	—	—
	载货汽车 4t	台班	369.21	—	0.029	—	0.036	—

十一、小型构件

工作内容：1. 混凝土：浇筑、捣固、抹平、养生；

2. 模板：模板制作，安装，涂脱模剂；模板拆除、修理、整堆。

定额编号				3-254	3-255	3-256	3-257	3-258	3-259
项目				楼梯		防撞护栏		立柱、端柱、灯柱	
				混凝土	模板	混凝土	模板	混凝土	模板
计量单位				$10m^3$	$10m^2$	$10m^3$	$10m^2$	$10m^3$	$10m^2$
基价（元）				**4922.13**	**1043.40**	**4912.23**	**566.55**	**5363.15**	**802.24**
其中	人工费（元）			354.92	811.62	371.79	355.59	962.28	537.84
	材料费（元）			4558.47	130.40	4533.12	80.38	4400.87	241.37
	机械费（元）			8.74	101.38	7.32	130.58	—	23.03
名称		单位	单价（元）	消耗量					
人工	二类人工	工日	135.00	2.629	6.012	2.754	2.634	7.128	3.984
材料	泵送商品混凝土 C25	m^3	447.00	10.100	—	10.100	—	—	—
	非泵送商品混凝土 C25	m^3	421.00	—	—	—	—	10.100	—
	塑料薄膜	m^2	0.86	4.800	—	—	—	100.000	—
	无纺土工布	m^2	8.62	1.004	—	0.738	—	—	—
	板枋材	m^3	2069.00	—	0.051	—	—	—	—
	木模板	m^3	1445.00	—	—	—	—	—	0.150
	定型钢模板	kg	5.91	—	—	—	13.220	—	—
	组合钢模板	kg	3.71	—	2.968	—	—	—	—
	钢模板连接件	kg	3.79	—	1.097	—	—	—	—
	钢模支撑	kg	4.74	—	1.788	—	—	—	—
	铁件	kg	3.71	—	—	—	—	—	4.790
	圆钉	kg	4.74	—	0.260	—	—	—	0.970
	脱模剂	kg	1.54	—	—	—	1.000	—	1.000
	模板嵌缝料	kg	1.42	—	—	—	0.500	—	0.500
	水	m^3	4.27	7.256	—	2.825	—	14.700	—
机械	履带式起重机 15t	台班	702.00	—	0.127	—	—	—	—
	木工平刨床 500mm	台班	21.04	—	0.236	—	—	—	—
	木工圆锯机 500mm	台班	27.50	—	0.264	—	—	—	0.542
	混凝土振捣器 插入式	台班	4.65	0.800	—	1.575	—	—	—
	混凝土振捣器 平板式	台班	12.54	0.400	—	—	—	—	—
	载货汽车 4t	台班	369.21	—	—	—	0.042	—	0.022
	汽车式起重机 5t	台班	366.47	—	—	—	0.314	—	—

工作内容:1. 混凝土:浇筑、捣固、抹平、养生;
2. 模板:模板制作,安装,涂脱模剂;模板拆除、修理、整堆。

定额编号				3-260	3-261	3-262
项目				地梁、侧石、平石	支座垫石	地梁、侧石、平石
				混凝土		模板
计量单位				$10m^3$		$10m^2$
基价(元)				**4989.01**	**6036.89**	**461.45**
其中	人工费(元)			640.71	861.03	243.81
	材料费(元)			4334.81	5175.86	207.18
	机械费(元)			13.49	—	10.46
名称		单位	单价(元)	消耗量		
人工	二类人工	工日	135.00	4.746	6.378	1.806
材料	非泵送商品混凝土 C25	m^3	421.00	10.100	—	—
	泵送商品混凝土 C40	m^3	503.00	—	10.100	—
	无纺土工布	m^2	8.62	5.179	6.033	—
	木模板	m^3	1445.00	—	—	0.139
	圆钉	kg	4.74	—	—	0.860
	脱模剂	kg	1.54	—	—	1.000
	模板嵌缝料	kg	1.42	—	—	0.500
	水	m^3	4.27	8.915	10.200	—
机械	木工圆锯机 500mm	台班	27.50	—	—	0.112
	混凝土振捣器 插入式	台班	4.65	2.900	—	—
	载货汽车 4t	台班	369.21	—	—	0.020

十二、防　水　层

1. 桥 面 处 理

工作内容:清扫工作面,机械吊装就位,抛丸,回收钢砂,找补;钢桥面喷砂除锈、清理基面等。　　**计量单位**:$100m^2$

定额编号				3-263	3-264
项目				水泥混凝土桥面抛丸处理	钢桥面抛丸
基价(元)				**702.77**	**972.08**
其中	人工费(元)			399.60	339.12
	材料费(元)			42.08	364.53
	机械费(元)			261.09	268.43
名称		单位	单价(元)	消耗量	
人工	二类人工	工日	135.00	2.960	2.512
材料	钢制磨料	kg	5.17	8.000	65.000
	水	m^3	4.27	—	2.000
	其他材料费	元	1.00	0.72	19.94
机械	载货汽车 6t	台班	396.42	0.120	—
	汽车式起重机 8t	台班	648.48	0.130	—
	抛丸除锈机 1000mm	台班	671.40	0.180	0.280
	离心通风机 $3200m^3/min$	台班	471.15	—	0.140
	其他机械费	元	1.00	8.37	14.48

2. 桥面防水层

工作内容:清理面层;熬、涂沥青;铺油毡或玻璃布;防水砂浆配拌、运料、抹平;涂粘接剂;橡胶裁剪、铺设;喷涂防水涂料等。

计量单位:100m²

定额编号				3-265	3-266	3-267	3-268	3-269
项目				一涂沥青	一层油毡	防水砂浆 2cm	防水橡胶板 2mm	聚氨酯沥青防水涂料
基价(元)				**617.20**	**287.78**	**1666.43**	**3895.41**	**4085.60**
其中	人工费(元)			191.16	21.87	590.49	209.79	521.64
	材料费(元)			426.04	265.91	1059.66	3685.62	3550.93
	机械费(元)			—	—	16.28	—	13.03
名称		单位	单价(元)	消耗量				
人工	二类人工	工日	135.00	1.416	0.162	4.374	1.554	3.864
材料	煤沥青	t	1086.00	0.367	—	—	—	—
	煤	kg	0.60	43.000	—	—	—	—
	木柴	kg	0.16	10.500	—	—	—	—
	石油沥青油毡 350#	m²	2.37	—	112.200	—	—	—
	干混地面砂浆 DS M15.0	m³	443.00	—	—	2.050	—	—
	防水剂	kg	3.65	—	—	41.510	—	—
	橡胶板 δ2	m²	18.71	—	—	—	102.000	—
	氯丁橡胶粘接剂	kg	14.81	—	—	—	120.000	—
	单组份聚氨酯防水涂料 Ⅰ型	kg	13.79	—	—	—	—	257.500
机械	300kg 柏油喷布器	台班	43.42	—	—	—	—	0.300
	干混砂浆罐式搅拌机 20000L	台班	193.83	—	—	0.084	—	—

注:采用二毡三油或其他结构时,可根据数量分别套用上述定额。

工作内容:1. 桥面打磨清理、防水层喷涂、场内运输、清理基面等;
2. 涂防锈底漆、环氧树脂配置、喷涂、撒碎石、涂粘结剂、铺改性沥青砂胶等。

计量单位:100m²

定额编号					3-270	3-271
项目					增强纤维桥面防水层	钢桥面防水粘结层
					单层纤维	
基价(元)					**5250.93**	**7761.61**
其中	人工费(元)				567.00	779.76
	材料费(元)				4584.98	6843.51
	机械费(元)				98.95	138.34
名称		单位	单价(元)		消耗量	
人工	二类人工	工日	135.00		4.200	5.776
材料	SBS 改性沥青防水涂料 H 型	kg	9.48		150.000	—
	SBS 改性沥青防水涂料 L 型	kg	32.76		90.000	—
	改性沥青砂胶	kg	0.98		—	907.000
	石屑	m^3	58.25		—	66.300
	石粉	kg	0.38		—	30.600
	环氧富锌 底漆	kg	13.79		—	1.500
	环氧树脂	kg	15.52		—	92.000
	二阶反应型防水粘结剂	kg	13.72		—	20.800
	无碱玻璃纤维	kg	8.10		20.000	—
	其他材料费	元	1.00		52.58	347.15
机械	车载式碎石撒布机 3000mm	台班	374.13		—	0.200
	活塞式喷涂机 $3.6m^3/h$	台班	282.07		—	0.200
	载货汽车 6t	台班	396.42		0.200	—
	电动空气压缩机 $0.6m^3/min$	台班	33.06		0.440	—
	其他机械费	元	1.00		5.12	7.10

十三、桥面铺装及桥头搭板

工作内容：1. 混凝土：浇筑、抹平、养生；

2. 模板：模板制作，安装，涂脱模剂；模板拆除、维修、整堆。

定额编号				3-272	3-273	3-274	3-275	3-276
项目				桥面混凝土铺装		伸缩缝	桥头搭板及枕梁	
				基层	面层	钢纤维混凝土	混凝土	模板
计量单位				$10m^3$				$10m^2$
基价（元）				**5367.27**	**5468.71**	**7901.79**	**4881.93**	**454.54**
其中	人工费（元）			248.67	331.29	317.39	311.85	364.50
	材料费（元）			5114.42	5129.46	7578.18	4563.38	68.55
	机械费（元）			4.18	7.96	6.22	6.70	21.49
	名称	单位	单价（元）	消耗量				
人工	二类人工	工日	135.00	1.842	2.454	2.351	2.310	2.700
材料	泵送商品混凝土 C40	m^3	503.00	10.100	10.100	10.100	—	—
	泵送商品混凝土 C25	m^3	447.00	—	—	—	10.150	—
	无纺土工布	m^2	8.62	—	—	31.070	—	—
	钢纤维	t	4138.00	—	—	0.500	—	—
	板枋材	m^3	2069.00	—	—	0.017	—	0.015
	脱模剂	kg	1.54	—	—	0.150	—	0.525
	模板嵌缝料	kg	1.42	—	—	0.080	—	0.250
	钢模板连接件	kg	3.79	—	—	—	—	1.226
	工具式钢模板	kg	5.91	—	—	—	—	3.248
	钢模支撑	kg	4.74	—	—	—	—	2.556
	圆钉	kg	4.74	—	—	—	—	0.084
	水	m^3	4.27	6.000	8.000	29.400	4.410	—
	其他材料费	元	1.00	8.50	15.00	—	7.50	—
机械	混凝土振捣器 插入式	台班	4.65	—	—	0.570	0.594	—
	混凝土振捣器 平板式	台班	12.54	0.333	0.635	0.285	0.314	—
	木工圆锯机 500mm	台班	27.50	—	—	—	—	0.010
	木工平刨床 500mm	台班	21.04	—	—	—	—	0.010
	载货汽车 4t	台班	369.21	—	—	—	—	0.043
	汽车式起重机 5t	台班	366.47	—	—	—	—	0.014

注：如桥面需刻防滑槽，套用第二册《道路工程》相应定额。

十四、钢管拱肋混凝土

工作内容:安装进料管、增压管、钻气孔、安装导管、砂浆润滑、泵送混凝土。 **计量单位**:$10m^3$

定额编号				3-277
项目				钢管拱肋
基价(元)				**6154.63**
其中	人工费(元)			607.50
	材料费(元)			5528.51
	机械费(元)			18.62
名称		单位	单价(元)	消耗量
人工	二类人工	工日	135.00	4.500
材料	泵送商品混凝土 C40	m^3	503.00	10.100
	钢丝绳 综合	kg	6.45	0.010
	电焊条 E43 系列	kg	4.74	2.500
	碳素结构钢焊接钢管 综合	t	3879.00	0.044
	其他材料费	元	1.00	265.62
机械	电动卷扬机－单筒慢速 50kN	台班	186.39	0.060
	交流弧焊机 32kV·A	台班	92.84	0.070
	其他机械费	元	1.00	0.94

十五、复合模板及定型钢模

工作内容：复合模板及支撑制作；模板安装，涂刷隔离剂、脱模剂；模板拆除、修理、整堆等。　　**计量单位**：$10m^2$

定额编号				3-278	3-279
项目				复合模板	定型钢模
基价（元）				**614.41**	**744.80**
其中	人工费（元）			284.31	308.07
	材料费（元）			259.65	296.33
	机械费（元）			70.45	140.40
名称		单位	单价(元)	消耗量	
人工	二类人工	工日	135.00	2.106	2.282
材料	板枋材	m^3	2069.00	0.072	0.005
	复合模板 综合	m^2	32.33	2.468	—
	定型钢模板	kg	5.91	—	35.409
	钢支撑	kg	3.97	4.757	—
	圆钉	kg	4.74	0.179	—
	隔离剂	kg	4.67	1.000	—
	镀锌铁丝 ϕ0.7～1.0	kg	6.74	0.018	—
	塑料粘胶带 20mm×50m	卷	15.37	0.400	—
	脱模剂	kg	1.54	—	0.600
	碳素结构钢焊接钢管 综合	kg	3.88	—	0.300
	钢丝绳 综合	kg	6.45	—	7.600
	热轧光圆钢筋 综合	kg	3.97	—	0.300
	半硬塑料管 ϕ32	m	3.20	—	1.030
	铁件	kg	3.71	—	5.300
	安全网	m^2	7.76	—	0.188
	水	m^3	4.27	0.050	—
机械	履带式起重机 15t	台班	702.00	0.100	0.200
	木工圆锯机 500mm	台班	27.50	0.009	—

第六章
预制混凝土工程

说　　明

一、本章定额包括桩、立柱、板、梁、双曲拱构件、桁架拱构件、小型构件、板拱、先张法构件出槽堆放、预制构件场内运输，共10节71个子目。

二、本章定额适用于桥涵工程现场制作的预制构件。

三、本章定额中均未包括预埋铁件，如设计要求预埋铁件时，可按设计用量套用本定额第一册《通用项目》相应定额。

四、本章定额不包括地模、胎模费用，需要时可按本册第九章"临时工程"相应定额执行。

五、预制构件场内运输定额适用于陆上运输。

六、平板拖车运输中龙门架装车子目，未列龙门架费用，套用时按具体情况补列。

工程量计算规则

一、混凝土工程量计算:

1. 预制桩工程量按桩长度(包括桩尖长度)乘以桩横断面面积计算。

2. 预制空心构件按设计图尺寸扣除空心体积,以实体积计算。空心板梁的堵头板体积不计入工程量内,其消耗量已在定额中考虑。

3. 预制空心板梁,凡采用橡胶囊做内模的,考虑其压缩变形因素,可增加混凝土数量,当梁长在 16m 以内时,可按设计计算体积增加 7% ,若梁长大于 16m 时,则增加 9% 计算。如设计图已注明考虑橡胶囊变形时,不得再增加计算。如采用钢模时,不考虑内模压缩变形因素。

4. 预应力混凝土构件的封锚混凝土数量并入构件混凝土工程量计算。

二、模板工程量计算:

1. 预制构件中预应力混凝土构件及 T 形梁、I 形梁、双曲拱、桁架拱等构件均按模板接触混凝土的面积(包括侧模、底模)计算。

2. 灯柱、端柱、栏杆等小型构件按平面投影面积计算。

3. 预制构件中非预应力构件按模板接触混凝土的面积计算,不包括胎、地模。

4. 空心板梁中空心部分,如定额采用橡胶囊抽拔,其摊销量已包括在定额中,不再计算空心部分模板工程量;如采用钢模板时,模板工程量按其与混凝土的接触面积计算,并扣除橡胶囊的用量。

5. 空心板中空心部分,可按模板接触混凝土的面积计算工程量。

一、桩

工作内容:1. 混凝土:浇筑、捣固、抹平、养生;

2. 模板:模板制作、安装、涂脱模剂,模板拆除、修理、整堆。

定额编号				3-280	3-281	3-282	3-283
项目				方桩		板桩	
				混凝土	模板	混凝土	模板
计量单位				$10m^3$	$10m^2$	$10m^3$	$10m^2$
基价(元)				**5012.86**	**310.90**	**5065.12**	**644.15**
其中	人工费(元)			508.55	206.55	532.58	353.97
	材料费(元)			4488.80	89.24	4515.24	265.08
	机械费(元)			15.51	15.11	17.30	25.10
名称		单位	单价(元)	消耗量			
人工	二类人工	工日	135.00	3.767	1.530	3.945	2.622
材料	非泵送商品混凝土 C30	m^3	438.00	10.100	—	10.100	—
	无纺土工布	m^2	8.62	3.890	—	6.224	—
	木模板	m^3	1445.00	—	0.032	—	0.177
	工具式钢模板	kg	5.91	—	2.130	—	—
	钢支撑	kg	3.97	—	5.010	—	—
	零星卡具	kg	5.88	—	1.270	—	—
	圆钉	kg	4.74	—	0.170	—	1.490
	脱模剂	kg	1.54	—	1.000	—	1.000
	模板嵌缝料	kg	1.42	—	0.500	—	0.500
	水	m^3	4.27	7.370	—	8.850	—
机械	木工圆锯机 500mm	台班	27.50	—	—	—	0.327
	木工平刨床 500mm	台班	21.04	—	—	—	0.327
	混凝土振捣器 平板式	台班	12.54	0.699	—	0.792	—
	混凝土振捣器 插入式	台班	4.65	1.451	—	1.585	—
	载货汽车 4t	台班	369.21	—	0.032	—	0.025
	汽车式起重机 5t	台班	366.47	—	0.009	—	—

二、立　　柱

工作内容:1. 混凝土:浇筑、捣固、抹平、养生;
2. 模板:模板制作、安装、涂脱模剂,模板拆除、修理、整堆。

定额编号				3-284	3-285	3-286	3-287
项目				矩形		异型	
				混凝土	模板	混凝土	模板
计量单位				$10m^3$	$10m^2$	$10m^3$	$10m^2$
基价(元)				**4997.33**	**309.39**	**5057.22**	**632.99**
其中	人工费(元)			525.56	206.55	581.18	313.47
	材料费(元)			4456.31	86.83	4457.49	296.20
	机械费(元)			15.46	16.01	18.55	23.32
名称		单位	单价(元)	消耗量			
人工	二类人工	工日	135.00	3.893	1.530	4.305	2.322
材料	非泵送商品混凝土 C30	m^3	438.00	10.100	—	10.100	—
	塑料薄膜	m^2	0.86	18.095	—	22.495	—
	木模板	m^3	1445.00	—	0.029	—	0.190
	工具式钢模板	kg	5.91	—	2.130	—	—
	钢支撑	kg	3.97	—	5.010	—	—
	零星卡具	kg	5.88	—	1.270	—	—
	圆钉	kg	4.74	—	0.200	—	1.190
	铁件	kg	3.71	—	0.480	—	3.710
	脱模剂	kg	1.54	—	1.000	—	1.000
	模板嵌缝料	kg	1.42	—	0.500	—	0.500
	水	m^3	4.27	3.970	—	3.360	—
机械	木工圆锯机 500mm	台班	27.50	—	0.026	—	0.275
	木工平刨床 500mm	台班	21.04	—	0.026	—	0.275
	混凝土振捣器 平板式	台班	12.54	0.708	—	0.849	—
	混凝土振捣器 插入式	台班	4.65	1.416	—	1.699	—
	载货汽车 4t	台班	369.21	—	0.031	—	0.027
	汽车式起重机 5t	台班	366.47	—	0.009	—	—

三、板

工作内容:1. 混凝土:浇筑、捣固、抹平、养生;
2. 模板:模板制作、安装、涂脱模剂,模板拆除、修理、整堆。

定额编号				3-288	3-289	3-290	3-291	3-292	3-293
项目				矩形板		空心板		微弯板	
				混凝土	模板	混凝土	模板	混凝土	模板
计量单位				$10m^3$	$10m^2$	$10m^3$	$10m^2$	$10m^3$	$10m^2$
基价(元)				**5035.22**	**293.59**	**5061.86**	**441.94**	**5158.86**	**489.15**
其中	人工费(元)			521.10	179.82	532.17	276.21	591.71	287.55
	材料费(元)			4498.92	100.69	4513.85	145.95	4558.06	184.82
	机械费(元)			15.20	13.08	15.84	19.78	9.09	16.78
名称		单位	单价(元)	消耗量					
人工	二类人工	工日	135.00	3.860	1.332	3.942	2.046	4.383	2.130
材料	非泵送商品混凝土 C30	m^3	438.00	10.100	—	10.100	—	10.100	—
	无纺土工布	m^2	8.62	5.460	—	4.928	—	8.784	—
	木模板	m^3	1445.00	—	0.037	—	0.095	—	0.112
	工具式钢模板	kg	5.91	—	2.130	—	—	—	—
	钢支撑	kg	3.97	—	5.010	—	—	—	—
	零星卡具	kg	5.88	—	1.270	—	—	—	—
	圆钉	kg	4.74	—	0.420	—	0.510	—	1.900
	铁件	kg	3.71	—	0.820	—	1.080	—	3.160
	模板嵌缝料	kg	1.42	—	0.500	—	0.500	—	0.500
	脱模剂	kg	1.54	—	1.000	—	1.000	—	1.000
	水	m^3	4.27	6.570	—	11.140	—	13.710	—
机械	木工圆锯机 500mm	台班	27.50	—	0.026	—	0.301	—	0.224
	木工平刨床 500mm	台班	21.04	—	0.026	—	0.301	—	0.224
	混凝土振捣器 平板式	台班	12.54	0.696	—	0.725	—	0.725	—
	混凝土振捣器 插入式	台班	4.65	1.392	—	1.451	—	—	—
	载货汽车 4t	台班	369.21	—	0.032	—	0.014	—	0.016

四、梁

工作内容:1. 混凝土:浇筑、捣固、抹平、养生;

2. 模板:模板制作、安装、涂脱模剂,模板拆除、修理、整堆。

定额编号				3-294	3-295	3-296	3-297	3-298	3-299
项目				T 形梁		I 形梁		实心板梁	
				混凝土	模板	混凝土	模板	混凝土	模板
计量单位				$10m^3$	$10m^2$	$10m^3$	$10m^2$	$10m^3$	$10m^2$
基价(元)				**5238.08**	**714.83**	**5191.36**	**623.18**	**4944.06**	**342.54**
其中	人工费(元)			500.58	387.18	520.43	349.92	463.59	217.89
	材料费(元)			4686.49	260.58	4654.39	250.09	4468.61	107.08
	机械费(元)			51.01	67.07	16.54	23.17	11.86	17.57
名称		单位	单价(元)	消耗量					
人工	二类人工	工日	135.00	3.708	2.868	3.855	2.592	3.434	1.614
材料	非泵送商品混凝土 C40	m^3	455.00	10.100	—	10.100	—	—	—
	非泵送商品混凝土 C30	m^3	438.00	—	—	—	—	10.100	—
	无纺土工布	m^2	8.62	4.819	—	2.696	—	3.108	—
	木模板	m^3	1445.00	—	0.160	—	0.151	—	0.043
	工具式钢模板	kg	5.91	—	—	—	—	—	2.130
	钢支撑	kg	3.97	—	—	—	—	—	5.010
	零星卡具	kg	5.88	—	—	—	—	—	1.270
	圆钉	kg	4.74	—	0.190	—	1.080	—	0.580
	铁件	kg	3.71	—	7.070	—	6.610	—	—
	脱模剂	kg	1.54	—	1.000	—	1.000	—	1.000
	模板嵌缝料	kg	1.42	—	0.500	—	0.500	—	0.500
	水	m^3	4.27	11.580	—	8.350	—	4.220	—
机械	履带式电动起重机 5t	台班	235.09	—	0.180	—	—	—	—
	木工圆锯机 500mm	台班	27.50	—	0.335	—	0.310	—	0.043
	木工平刨床 500mm	台班	21.04	—	0.335	—	0.310	—	0.043
	混凝土振捣器 平板式	台班	12.54	0.739	—	0.757	—	0.543	—
	混凝土振捣器 插入式	台班	4.65	1.404	—	1.515	—	1.087	—
	混凝土振捣器 附着式	台班	12.54	2.808	—	—	—	—	—
	载货汽车 4t	台班	369.21	—	0.023	—	0.022	—	0.033
	汽车式起重机 5t	台班	366.47	—	—	—	—	—	0.009

工作内容：1. 混凝土：浇筑、捣固、抹平、养生；

2. 模板：模板制作、安装、涂脱模剂，模板拆除、修理、整堆。

定额编号				3-300	3-301	3-302	3-303	3-304	3-305
项目				空心板梁（非预应力）		空心板梁（预应力）		箱形梁	
				混凝土	模板	混凝土	模板	混凝土	模板
计量单位				$10m^3$	$10m^2$	$10m^3$	$10m^2$	$10m^3$	$10m^2$
基价（元）				**5082.29**	**857.14**	**5226.10**	**977.07**	**5446.13**	**992.75**
其中	人工费（元）			523.40	637.47	486.27	725.76	592.79	678.78
	材料费（元）			4543.56	110.87	4720.75	118.17	4647.45	208.90
	机械费（元）			15.33	108.80	19.08	133.14	205.89	105.07
名称		单位	单价(元)	消耗量					
人工	二类人工	工日	135.00	3.877	4.722	3.602	5.376	4.391	5.028
材料	非泵送商品混凝土 C30	m^3	438.00	10.100	—	—	—	—	—
	非泵送商品混凝土 C20	m^3	412.00	0.067	—	0.070	—	—	—
	非泵送商品混凝土 C40	m^3	455.00	—	—	10.100	—	10.100	—
	无纺土工布	m^2	8.62	5.019	—	3.615	—	2.435	—
	木模板	m^3	1445.00	—	0.038	—	0.035	—	0.134
	工具式钢模板	kg	5.91	—	2.130	—	2.130	—	—
	钢支撑	kg	3.97	—	5.010	—	5.010	—	—
	零星卡具	kg	5.88	—	1.270	—	1.270	—	—
	橡胶囊 ϕ36	m	73.28	—	0.140	—	0.120	—	—
	橡胶囊外套 ϕ600	m	246.00	—	—	—	0.060	—	—
	圆钉	kg	4.74	—	0.740	—	0.390	—	1.408
	铁件	kg	3.71	—	—	—	—	—	1.832
	脱模剂	kg	1.54	—	1.000	—	1.000	—	0.800
	模板嵌缝料	kg	1.42	—	0.500	—	0.500	—	0.400
	水	m^3	4.27	11.450	—	15.280	—	7.250	—
机械	履带式电动起重机 5t	台班	235.09	—	—	—	—	—	0.204
	木工圆锯机 500mm	台班	27.50	—	0.043	—	0.043	—	1.032
	木工平刨床 500mm	台班	21.04	—	0.043	—	0.043	—	1.032
	电动卷扬机－单筒快速 5kN	台班	157.60	—	0.487	—	0.619	—	—
	电动空气压缩机 0.6m^3/min	台班	33.06	—	0.438	—	0.556	—	—
	混凝土振捣器 平板式	台班	12.54	0.702	—	0.613	—	0.906	—
	混凝土振捣器 插入式	台班	4.65	1.404	—	2.450	—	2.720	—
	混凝土振捣器 附着式	台班	12.54	—	—	—	—	14.504	—
	载货汽车 4t	台班	369.21	—	0.033	—	0.032	—	0.019
	汽车式起重机 5t	台班	366.47	—	0.009	—	0.009	—	—

工作内容:1.混凝土:浇筑、捣固、抹平、养生;
2.模板:模板制作、安装、涂脱模剂,模板拆除、修理、整堆。

定额编号				3-306	3-307	3-308	3-309
项目				箱形块件		槽形梁	
				混凝土	模板	混凝土	模板
计量单位				$10m^3$	$10m^2$	$10m^3$	$10m^2$
基价(元)				**5417.29**	**1006.09**	**5277.74**	**1047.39**
其中	人工费(元)			595.89	664.20	541.35	698.22
	材料费(元)			4659.43	215.06	4639.46	218.81
	机械费(元)			161.97	126.83	96.93	130.36
名称		单位	单价(元)	消耗量			
人工	二类人工	工日	135.00	4.414	4.920	4.010	5.172
材料	非泵送商品混凝土 C40	m^3	455.00	10.100	—	10.100	—
	无纺土工布	m^2	8.62	3.424	—	2.133	—
	木模板	m^3	1445.00	—	0.140	—	0.142
	圆钉	kg	4.74	—	1.256	—	1.392
	铁件	kg	3.71	—	1.350	—	1.408
	模板嵌缝料	kg	1.42	—	0.400	—	0.400
	脱模剂	kg	1.54	—	0.800	—	0.800
	水	m^3	4.27	8.060	—	5.990	—
机械	履带式电动起重机 5t	台班	235.09	—	0.295	—	0.310
	木工圆锯机 500mm	台班	27.50	—	1.032	—	1.032
	木工平刨床 500mm	台班	21.04	—	1.032	—	1.032
	混凝土振捣器 平板式	台班	12.54	0.915	—	0.765	—
	混凝土振捣器 插入式	台班	4.65	2.746	—	2.293	—
	混凝土振捣器 附着式	台班	12.54	10.983	—	6.114	—
	载货汽车 4t	台班	369.21	—	0.020	—	0.020

五、双曲拱构件

工作内容：1. 混凝土：浇筑、捣固、抹平、养生；
2. 模板：模板制作、安装、涂脱模剂，模板拆除、修理、整堆。

定额编号				3-310	3-311
项目				拱肋	
				混凝土	模板
计量单位				$10m^3$	$10m^2$
基价（元）				**5447.59**	**582.02**
其中	人工费（元）			876.83	331.29
	材料费（元）			4557.58	226.35
	机械费（元）			13.18	24.38
	名称	单位	单价(元)	消耗量	
人工	二类人工	工日	135.00	6.495	2.454
材料	非泵送商品混凝土 C30	m^3	438.00	10.100	—
	无纺土工布	m^2	8.62	7.599	—
	木模板	m^3	1445.00	—	0.150
	圆钉	kg	4.74	—	1.550
	脱模剂	kg	1.54	—	1.000
	模板嵌缝料	kg	1.42	—	0.500
	水	m^3	4.27	15.990	—
机械	木工圆锯机 500mm	台班	27.50	—	0.335
	木工平刨床 500mm	台班	21.04	—	0.335
	混凝土振捣器 插入式	台班	4.65	2.834	—
	载货汽车 4t	台班	369.21	—	0.022

六、桁架拱构件

工作内容:1. 混凝土:浇筑、捣固、抹平、养生;
2. 模板:模板制作、安装、涂脱模剂,模板拆除、修理、整堆。

定额编号				3-312	3-313	3-314	3-315
项目				桁架梁及桁架拱片		横向联系构件	
				混凝土	模板	混凝土	模板
计量单位				$10m^3$	$10m^2$	$10m^3$	$10m^2$
基价(元)				**5447.28**	**1050.52**	**5620.79**	**759.41**
其中	人工费(元)			776.25	835.11	1043.55	529.74
	材料费(元)			4671.03	155.80	4577.24	183.42
	机械费(元)			—	59.61	—	46.25
名称		单位	单价(元)	消耗量			
人工	二类人工	工日	135.00	5.750	6.186	7.730	3.924
材料	非泵送商品混凝土 C30	m^3	438.00	10.100	—	10.100	—
	无纺土工布	m^2	8.62	19.576	—	12.119	—
	木模板	m^3	1445.00	—	0.106	—	0.122
	圆钉	kg	4.74	—	0.080	—	1.030
	脱模剂	kg	1.54	—	1.000	—	1.000
	模板嵌缝料	kg	1.42	—	0.500	—	0.500
	水	m^3	4.27	18.380	—	11.470	—
机械	木工圆锯机 500mm	台班	27.50	—	1.114	—	0.816
	木工平刨床 500mm	台班	21.04	—	1.114	—	0.816
	载货汽车 4t	台班	369.21	—	0.015	—	0.018

七、小 型 构 件

工作内容:1. 混凝土:浇筑、捣固、抹平、养生;
2. 模板:模板制作、安装、涂脱模剂,模板拆除、修理、整堆。

定额编号				3-316	3-317	3-318	3-319	3-320	3-321
项目				缘石、人行道、锚锭板		灯柱、端柱、栏杆		拱上构件	
				混凝土	模板	混凝土	模板	混凝土	模板
计量单位				$10m^3$	$10m^2$	$10m^3$	$10m^2$	$10m^3$	$10m^2$
基价(元)				**5136.76**	**533.70**	**5458.69**	**1017.23**	**5667.62**	**1101.91**
其中	人工费(元)			688.50	389.61	1051.65	766.26	1208.25	892.62
	材料费(元)			4432.92	119.79	4382.72	199.72	4459.37	125.98
	机械费(元)			15.34	24.30	24.32	51.25	—	83.31
名称		单位	单价(元)	消耗量					
人工	二类人工	工日	135.00	5.100	2.886	7.790	5.676	8.950	6.612
材料	非泵送商品混凝土 C25	m^3	421.00	10.100	—	10.100	—	10.100	—
	无纺土工布	m^2	8.62	12.129	—	—	—	12.949	—
	木模板	m^3	1445.00	—	0.068	—	0.128	—	0.083
	圆钉	kg	4.74	—	0.600	—	2.640	—	0.800
	铁件	kg	3.71	—	4.430	—	—	—	—
	脱模剂	kg	1.54	—	1.000	—	1.000	—	1.000
	模板嵌缝料	kg	1.42	—	0.500	—	0.500	—	0.500
	塑料薄膜	m^2	0.86	—	—	100.000	—	—	—
	水	m^3	4.27	17.861	—	10.450	—	22.400	—
机械	木工圆锯机 500mm	台班	27.50	—	0.421	—	0.919	—	1.625
	木工平刨床 500mm	台班	21.04	—	0.429	—	0.919	—	1.625
	混凝土振捣器 平板式	台班	12.54	1.223	—	1.939	—	—	—
	载货汽车 4t	台班	369.21	—	0.010	—	0.018	—	0.012

八、板　　拱

工作内容:1. 混凝土:浇筑、捣固、抹平、养生;

2. 模板:模板制作、安装、涂脱模剂,模板拆除、修理、整堆。

定额编号				3-322	3-323
项目				板拱	
				混凝土	模板
计量单位				$10m^3$	$10m^2$
基价(元)				**5154.65**	**728.26**
其中	人工费(元)			649.49	493.29
	材料费(元)			4490.65	191.21
	机械费(元)			14.51	43.76
	名称	单位	单价(元)	消耗量	
人工	二类人工	工日	135.00	4.811	3.654
材料	非泵送商品混凝土 C30	m^3	438.00	10.100	—
	无纺土工布	m^2	8.62	5.179	—
	木模板	m^3	1445.00	—	0.129
	圆钉	kg	4.74	—	0.540
	脱模剂	kg	1.54	—	1.000
	模板嵌缝料	kg	1.42	—	0.500
	水	m^3	4.27	5.200	—
机械	木工圆锯机 500mm	台班	27.50	—	0.757
	木工平刨床 500mm	台班	21.04	—	0.757
	混凝土振捣器 插入式	台班	4.65	3.120	—
	载货汽车 4t	台班	369.21	—	0.019

九、先张法构件出槽堆放

工作内容:行车起吊、运输、堆放等。

计量单位:$10m^3$

定额编号				3-324	3-325	3-326
项目				构件重		
				20t 以内	40t 以内	60t 以内
基价(元)				**400.97**	**649.81**	**1046.39**
其中	人工费(元)			249.48	344.25	377.46
	材料费(元)			2.46	2.46	2.46
	机械费(元)			149.03	303.10	666.47
	名称	单位	单价(元)	消耗量		
人工	二类人工	工日	135.00	1.848	2.550	2.796
材料	枕木	m^3	2457.00	0.001	0.001	0.001
机械	门式起重机 20t	台班	589.07	0.253	—	—
	门式起重机 40t	台班	873.49	—	0.347	0.763

十、预制构件场内运输

1. 垫滚子绞运

工作内容:构件垂直提升,铺垫、倒换、返回枕木、滚杠,绞运,安装、拆除卷扬机、地锚,清理等。　　**计量单位:**$10m^3$

定额编号				3-327	3-328	3-329	3-330	3-331	3-332
项目				构件重10t以内		构件重40t以内		构件重60t以内	
				100m	每增50m	100m	每增50m	100m	每增50m
基价（元）				**466.27**	**143.60**	**599.02**	**171.50**	**766.95**	**216.25**
其中	人工费（元）			250.97	40.10	316.85	40.10	409.59	39.29
	材料费（元）			201.28	96.49	262.91	121.77	323.14	159.85
	机械费（元）			14.02	7.01	19.26	9.63	34.22	17.11
名称		单位	单价(元)	消耗量					
人工	二类人工	工日	135.00	1.859	0.297	2.347	0.297	3.034	0.291
材料	板方材	m^3	1034.00	0.013	0.005	0.014	0.005	0.014	0.005
	枕木	m^3	2457.00	0.072	0.035	0.096	0.045	0.119	0.060
	碳素结构钢焊接钢管 综合	kg	3.88	1.435	0.720	1.435	0.720	1.435	0.720
	扒钉	kg	3.73	0.507	0.230	0.683	0.305	1.366	0.455
	其他材料费	元	1.00	3.48	1.67	4.45	2.10	5.62	2.77
机械	电动卷扬机－单筒慢速 10kN	台班	171.01	0.082	0.041	—	—	—	—
	电动卷扬机－单筒慢速 100kN	台班	234.87	—	—	0.082	0.041	—	—
	电动卷扬机－单筒慢速 200kN	台班	417.32	—	—	—	—	0.082	0.041

2. 载货汽车运输

工作内容:装卸、绑扎构件,移动、安装、拆除装卸工具,汽车等待装卸,运行、掉头、空回。　　**计量单位:**$10m^3$

定额编号				3-333	3-334	3-335	3-336	3-337	3-338
项目				第一个1km		每增运1km			
				载货汽车载重量(t)					
				6t以内	8t以内	10t以内	6t以内	8t以内	10t以内
基价（元）				**289.23**	**262.50**	**246.71**	**24.97**	**19.74**	**17.14**
其中	人工费（元）			9.72	9.32	8.64	—	—	—
	材料费（元）			28.62	28.62	28.62	—	—	—
	机械费（元）			250.89	224.56	209.45	24.97	19.74	17.14
名称		单位	单价(元)	消耗量					
人工	二类人工	工日	135.00	0.072	0.069	0.064	—	—	—
材料	枋木	m^3	776.00	0.024	0.024	0.024	—	—	—
	其他材料费	元	1.00	10.00	10.00	10.00	—	—	—
机械	载货汽车 6t	台班	396.42	0.338	—	—	0.063	—	—
	载货汽车 8t	台班	411.20	—	0.293	—	—	0.048	—
	载货汽车 10t	台班	476.15	—	—	0.249	—	—	0.036
	汽车式起重机 5t	台班	366.47	0.319	0.284	0.248	—	—	—

3. 平板拖车运输

工作内容:挂钩、起吊、装车、固定构件,等待装卸,运走、掉头、空回。 **计量单位**:$10m^3$

定额编号					3-339	3-340	3-341	3-342
项目					第一个1km			
					龙门架装车			
					构件重量(t以内)			
					10	15	25	40
基价(元)					**442.04**	**374.66**	**675.48**	**236.06**
其中	人工费(元)				116.37	98.55	74.79	49.95
	材料费(元)				43.12	32.58	21.94	12.91
	机械费(元)				282.55	243.53	578.75	173.20
	名称		单位	单价(元)	消耗量			
人工	二类人工		工日	135.00	0.862	0.730	0.554	0.370
材料	枋木		m^3	776.00	0.033	0.025	0.017	0.010
	铁件		kg	3.71	0.462	0.330	0.187	0.110
	其他材料费		元	1.00	15.80	11.96	8.05	4.74
机械	平板拖车组20t		台班	835.65	0.223	0.195	0.450	—
	平板拖车组30t		台班	965.81	—	—	0.145	—
	平板拖车组60t		台班	1360.78	—	—	—	0.096
	电动卷扬机-单筒慢速50kN		台班	186.39	0.382	0.325	0.245	0.164
	其他机械费		元	1.00	25.00	20.00	17.00	12.00

工作内容:挂钩、起吊、装车、固定构件,等待装卸,运走、掉头、空回。 **计量单位**:$10m^3$

定额编号					3-343	3-344	3-345	3-346
项目					第一个1km			
					起重机装车			
					构件重量(t以内)			
					10	15	25	40
基价(元)					**374.56**	**320.85**	**276.71**	**213.70**
其中	人工费(元)				52.25	36.86	28.49	19.04
	材料费(元)				43.17	32.58	21.94	12.91
	机械费(元)				279.14	251.41	226.28	181.75
	名称		单位	单价(元)	消耗量			
人工	二类人工		工日	135.00	0.387	0.273	0.211	0.141
材料	枋木		m^3	776.00	0.033	0.025	0.017	0.010
	铁件		kg	3.71	0.462	0.330	0.187	0.110
	其他材料费		元	1.00	15.85	11.96	8.05	4.74
机械	平板拖车组20t		台班	835.65	0.207	0.159	—	—
	平板拖车组30t		台班	965.81	—	—	0.118	—
	平板拖车组60t		台班	1360.78	—	—	—	0.078
	轮胎式起重机8t		台班	583.30	0.170	—	—	—
	轮胎式起重机20t		台班	938.37	—	0.121	—	—
	轮胎式起重机40t		台班	1190.24	—	—	0.091	0.061
	其他机械费		元	1.00	7.00	5.00	4.00	3.00

工作内容：挂钩、起吊、装车、固定构件，等待装卸，运走、掉头、空回。　　　　计量单位：$10m^3$

定额编号				3-347	3-348	3-349	3-350
项目				每增运1km			
				构件重量(t以内)			
				10	15	25	40
基价（元）				**44.29**	**42.62**	**34.77**	**31.30**
其中	人工费（元）			—	—	—	—
	材料费（元）			—	—	—	—
	机械费（元）			44.29	42.62	34.77	31.30
名称		单位	单价(元)	消耗量			
机械	平板拖车组20t	台班	835.65	0.053	0.051	—	—
	平板拖车组30t	台班	965.81	—	—	0.036	—
	平板拖车组60t	台班	1360.78	—	—	—	0.023

第七章

立交箱涵工程

说　明

一、本章定额包括透水管铺设,箱涵制作,箱涵外壁及滑板面处理,气垫安装、拆除及使用,箱涵顶进,箱涵内挖土、箱涵接缝处理,金属顶柱、护套及支架制作,共8节39个子目。

二、本章定额适用于穿越城市道路及铁路的立交箱涵顶进工程。

三、本章定额顶进土质按Ⅰ、Ⅱ类土考虑,若实际土质与定额不同时,可进行调整。

四、定额中未包括箱涵顶进的后靠背设施等,其发生费用可另行计算。

五、定额中未包括深基坑开挖、支撑及排水的工作内容,可套用有关定额计算。

六、立交桥引道的结构及路面铺筑工程,根据施工方法套用有关定额计算。

工程量计算规则

一、箱涵滑板下的肋楞,其工程量并入滑板内计算。

二、箱涵混凝土工程量,不扣除单孔面积 $0.3m^2$ 以下的预留孔洞所占体积。

三、顶柱、中继间护套及挖土支架均属专用周转性金属构件,定额中已按摊销量计列,不得重复计算。

四、箱涵顶进定额分空顶、无中继间实土顶和有中继间实土顶三类,其工程量计算如下:

1. 空顶工程量按空顶的单节箱涵重量乘以箱涵位移距离计算。

2. 实土顶工程量按被顶箱涵的重量乘以箱涵位移距离分段累计计算。

五、气垫只考虑在预制箱涵底板上使用,按箱涵底面积计算。气垫的使用天数由施工组织设计确定,但采用气垫后再套用顶进定额时应乘以系数 0.7。

六、箱涵顶进土方按设计图结构外围尺寸乘以箱涵长度以"m^3"计算。

一、透水管铺设

工作内容:1. 钢透水管:钢管钻孔、涂防锈漆、钢管埋设、碎石充填;

2. 混凝土透水管:浇捣管道垫层、透水管铺设、接口坞砂浆、填砂。

计量单位:10m

定额编号				3-351	3-352	3-353	3-354	3-355	3-356
项目				钢透水管		混凝土透水管			
				φ≤100	φ≤200	φ≤200	φ≤300	φ≤380	φ≤450
基价(元)				1204.87	2564.15	1265.99	1578.23	1860.15	2253.20
其中	人工费(元)			429.84	617.76	412.56	471.96	556.20	666.36
	材料费(元)			755.33	1920.45	851.64	1104.24	1301.68	1583.98
	机械费(元)			19.70	25.94	1.79	2.03	2.27	2.86
	名称	单位	单价(元)	消耗量					
人工	二类人工	工日	135.00	3.184	4.576	3.056	3.496	4.120	4.936
材料	碳素结构钢流体无缝钢管 108×4.5	kg	4.74	104.650	—	—	—	—	—
	碳素结构钢流体无缝钢管 219×8	kg	4.74	—	321.500	—	—	—	—
	防锈漆 C53-1	kg	14.05	1.830	3.250	—	—	—	—
	碎石 综合	t	102.00	2.290	3.440	—	—	—	—
	混凝土透水管 φ200	m	22.67	—	—	10.250	—	—	—
	混凝土透水管 φ300	m	33.15	—	—	—	10.250	—	—
	混凝土透水管 φ380	m	40.20	—	—	—	—	10.250	—
	混凝土透水管 φ450	m	51.47	—	—	—	—	—	10.250
	非泵送商品混凝土 C15	m^3	399.00	—	—	0.914	1.066	1.188	1.451
	热轧光圆钢筋 综合	t	3966.00	—	—	0.022	0.022	0.022	0.022
	水泥砂浆 M10.0	m^3	222.61	—	—	0.042	0.052	0.062	0.067
	黄砂 毛砂	t	87.38	—	—	1.808	2.750	3.600	4.295
机械	立式钻床 50mm	台班	21.16	0.931	1.226	—	—	—	—
	混凝土振捣器 平板式	台班	12.54	—	—	0.143	0.162	0.181	0.228

二、箱涵制作

工作内容:1.混凝土:浇筑、捣固、抹平、养生;
2.模板:模板制作、安装、涂脱模剂,模板拆除、修理、整堆。

定额编号				3-357	3-358	3-359
项目				滑板	底板	滑板、底板
				混凝土		模板
计量单位				$10m^3$	$10m^3$	$10m^2$
基价(元)				**4599.66**	**4810.47**	**299.96**
其中	人工费(元)			382.32	364.50	192.78
	材料费(元)			4211.16	4440.12	88.75
	机械费(元)			6.18	5.85	18.43
名称		单位	单价(元)	消耗量		
人工	二类人工	工日	135.00	2.832	2.700	1.428
材料	非泵送商品混凝土 C20	m^3	412.00	10.100	—	—
	非泵送商品混凝土 C30	m^3	438.00	—	10.100	—
	无纺土工布	m^2	8.62	4.812	1.332	—
	工具式钢模板	kg	5.91	—	—	6.470
	钢支撑	kg	3.97	—	—	2.260
	零星卡具	kg	5.88	—	—	2.540
	木模板	m^3	1445.00	—	—	0.016
	圆钉	kg	4.74	—	—	0.260
	脱模剂	kg	1.54	—	—	1.000
	模板嵌缝料	kg	1.42	—	—	0.500
	水	m^3	4.27	1.985	1.134	—
机械	混凝土振捣器 平板式	台班	12.54	0.283	0.268	—
	混凝土振捣器 插入式	台班	4.65	0.566	0.535	—
	载货汽车 4t	台班	369.21	—	—	0.038
	汽车式起重机 5t	台班	366.47	—	—	0.012

工作内容:1. 混凝土:浇筑、捣固、抹平、养生;
2. 模板:模板制作、安装、涂脱模剂,模板拆除、修理、整堆。

定额编号				3-360	3-361	3-362	3-363
项目				侧墙		顶板	
				混凝土	模板	混凝土	模板
计量单位				$10m^3$	$10m^2$	$10m^3$	$10m^2$
基价(元)				**5169.61**	**378.52**	**5126.48**	**379.07**
其中	人工费(元)			490.86	206.55	437.40	217.08
	材料费(元)			4675.57	109.93	4682.69	102.07
	机械费(元)			3.18	62.04	6.39	59.92
名称		单位	单价(元)	消耗量			
人工	二类人工	工日	135.00	3.636	1.530	3.240	1.608
材料	泵送商品混凝土 C30	m^3	461.00	10.100	—	10.100	—
	无纺土工布	m^2	8.62	0.579	—	1.573	—
	工具式钢模板	kg	5.91	—	6.370	—	6.370
	钢支撑	kg	3.97	—	5.680	—	5.680
	零星卡具	kg	5.88	—	2.540	—	2.540
	铁件	kg	3.71	—	2.120	—	—
	木模板	m^3	1445.00	—	0.016	—	0.016
	圆钉	kg	4.74	—	0.330	—	0.330
	脱模剂	kg	1.54	—	1.000	—	1.000
	模板嵌缝料	kg	1.42	—	0.500	—	0.500
	水	m^3	4.27	3.392	—	3.051	—
机械	履带式电动起重机 5t	台班	235.09	—	0.162	—	0.153
	混凝土振捣器 插入式	台班	4.65	0.683	—	0.584	—
	混凝土振捣器 平板式	台班	12.54	—	—	0.293	—
	载货汽车 4t	台班	369.21	—	0.049	—	0.049
	汽车式起重机 5t	台班	366.47	—	0.016	—	0.016

三、箱涵外壁及滑板面处理

工作内容:1. 外壁面处理:外壁面清洗,拌制水泥砂浆、熬制沥青、配料,墙面涂刷;
2. 滑板面处理:石蜡加热、涂刷、铺塑料薄膜层。

计量单位:100m²

定额编号				3-364	3-365	3-366	3-367
项目				箱涵外壁		滑板面层	
				防水砂浆	沥青层	石蜡层	塑料薄膜层
基价(元)				**2402.37**	**1302.40**	**853.97**	**1017.60**
其中	人工费(元)			1219.05	230.85	667.44	929.88
	材料费(元)			1167.04	1071.55	186.53	87.72
	机械费(元)			16.28	—	—	—
名称		单位	单价(元)	消耗量			
人工	二类人工	工日	135.00	9.030	1.710	4.944	6.888
材料	干混地面砂浆 DS M20.0	m^3	443.08	2.050	—	—	—
	石油沥青	kg	2.67	—	376.000	—	—
	石蜡	kg	5.00	—	—	36.810	—
	聚乙烯薄膜	m^2	0.86	—	—	—	102.000
	煤	kg	0.60	—	37.000	4.000	—
	木柴	kg	0.16	—	3.700	0.530	—
	防水剂	kg	3.65	58.600	—	—	—
	水	m^3	4.27	10.500	10.500	—	—
机械	干混砂浆罐式搅拌机 20000L	台班	193.83	0.084	—	—	—

四、气垫安装、拆除及使用

工作内容：设备及管路安装、拆除，气垫起动及使用。

定额编号				3-368	3-369
项目				安装、拆除	使用
计量单位				$100m^2$	$100m^2 \cdot d$
基价（元）				**4160.45**	**1588.70**
其中	人工费（元）			2601.72	205.74
	材料费（元）			1320.10	—
	机械费（元）			238.63	1382.96
名称		单位	单价（元）	消耗量	
人工	二类人工	工日	135.00	19.272	1.524
材料	碳素结构钢焊接钢管 综合	kg	3.88	87.000	—
	截止阀 J11T－16K *DN*50	个	112.00	0.100	—
	截止阀 J41T－16 *DN*80	个	431.00	1.540	—
	热轧薄钢板 Q235B 综合	kg	3.97	23.000	—
	氧气	m^3	3.62	1.490	—
	乙炔气	m^3	8.90	0.500	—
	电焊条	kg	4.31	18.920	—
	防锈漆 C53－1	kg	14.05	8.623	—
	铁件	kg	3.71	1.010	—
机械	履带式电动起重机 5t	台班	235.09	0.585	—
	交流弧焊机 32kV·A	台班	92.84	1.089	—
	内燃空气压缩机 $12m^3/min$	台班	610.40	—	1.296
	内燃空气压缩机 $6m^3/min$	台班	417.52	—	1.296
	储气包 $4m^3$	台班	39.18	—	1.296

五、箱 涵 顶 进

工作内容:安装顶进设备及横梁垫块;操作液压系统;安放顶铁,顶进,顶进完毕后设备拆除等。 **计量单位**:1000t·m

定额编号				3-370	3-371	3-372	3-373	3-374	3-375
项目				空顶(自重 t 以内)			无中继间实土顶(自重 t 以内)		
				1000	2000	3000	1000	2000	3000
基价 (元)				**2529.75**	**2965.04**	**3450.29**	**3633.53**	**4418.35**	**5309.94**
其中	人工费 (元)			1240.92	1468.53	1697.76	1864.62	2264.76	2661.66
	材料费 (元)			164.83	143.57	132.75	164.83	143.57	132.75
	机械费 (元)			1124.00	1352.94	1619.78	1604.08	2010.02	2515.53
名称		单位	单价(元)	消耗量					
人工	二类人工	工日	135.00	9.192	10.878	12.576	13.812	16.776	19.716
材料	箱涵顶柱	kg	—	(275.000)	(268.180)	(260.760)	(275.000)	(268.000)	(261.000)
	液压控制系统	套	1897.00	0.021	0.014	0.010	0.021	0.014	0.010
	千斤顶支架	kg	5.12	10.270	8.710	8.080	10.270	8.710	8.080
	板枋材	m^3	2069.00	0.035	0.035	0.035	0.035	0.035	0.035
机械	履带式起重机 15t	台班	702.00	1.136	1.354	1.533	1.689	2.062	2.437
	高压油泵 80MPa	台班	184.68	1.185	1.460	1.654	1.309	1.867	2.176
	立式油压千斤顶 200t	台班	11.52	9.347	11.528	—	15.335	18.897	—
	立式油压千斤顶 300t	台班	16.55	—	—	14.390	—	—	24.344

工作内容:安装顶进设备及横梁垫块;操作液压系统;安放顶铁,顶进,顶进完毕后设备拆除等。 **计量单位**:1000t·m

定额编号				3-376	3-377	3-378
项目				有中继间实土顶(自重 t 以内)		
				1000	2000	3000
基价 (元)				**4855.69**	**5683.77**	**7085.73**
其中	人工费 (元)			2585.52	2979.99	3808.62
	材料费 (元)			215.44	176.90	156.86
	机械费 (元)			2054.73	2526.88	3120.25
名称		单位	单价(元)	消耗量		
人工	二类人工	工日	135.00	19.152	22.074	28.212
材料	箱涵顶柱	kg	—	(412.340)	(402.800)	(391.140)
	中继间护套	kg	—	(50.480)	(33.840)	(28.650)
	千斤顶支架	kg	5.12	15.410	13.070	12.120
	液压控制系统	套	1897.00	0.042	0.028	0.020
	板方材	m^3	1034.00	0.055	0.055	0.055
机械	履带式起重机 15t	台班	702.00	2.133	2.545	3.005
	立式油压千斤顶 200t	台班	11.52	19.318	23.141	5.120
	立式油压千斤顶 300t	台班	16.55	—	—	24.344
	高压油泵 80MPa	台班	184.68	1.813	2.565	2.972

六、箱涵内挖土

工作内容:1. 人工挖土:安、拆挖土支架;铺钢轨,挖土,运土;机械配合吊土、出坑、堆放、清理;
2. 机械挖土:操作机械挖土,人工配合修底边;吊土、出坑、堆放、清理。

计量单位:$100m^3$

定额编号				3-379	3-380	3-381
项目				人工挖土		机械挖土
				人运机吊	机运机吊	
基价(元)				**9673.76**	**10459.15**	**4609.53**
其中	人工费(元)			5783.40	5334.66	1892.16
	材料费(元)			35.86	166.19	130.33
	机械费(元)			3854.50	4958.30	2587.04
名称		单位	单价(元)	消耗量		
人工	二类人工	工日	135.00	42.840	39.516	14.016
材料	挖土支架	kg	—	(15.490)	(15.490)	—
	板方材	m^3	1034.00	0.025	0.025	—
	氧气	m^3	3.62	0.271	0.271	—
	乙炔气	m^3	8.90	0.090	0.090	—
	电焊条	kg	4.31	1.910	1.910	—
	钢轨	kg	4.14	—	27.000	27.000
	铁件	kg	3.71	—	5.000	5.000
机械	汽车式起重机 8t	台班	648.48	5.922	5.922	1.773
	交流弧焊机 32kV·A	台班	92.84	0.153	0.153	—
	电动卷扬机－单筒慢速 50kN	台班	186.39	—	5.922	1.773
	履带式单斗液压挖掘机 $0.6m^3$	台班	624.26	—	—	1.773

七、箱涵接缝处理

工作内容:混凝土表面处理;材料调制、涂刷;嵌缝。

定额编号				3-382	3-383	3-384	3-385	3-386
项目				石棉水泥嵌缝	嵌防水膏	沥青二度	沥青封口	嵌沥青木丝板
计量单位				10m	10m	10m²		
基价(元)				**202.11**	**759.68**	**618.48**	**2327.46**	**354.00**
其中	人工费(元)			45.36	197.64	59.13	801.90	34.02
	材料费(元)			156.75	562.04	559.35	1525.56	319.98
	机械费(元)			—	—	—	—	—
	名称	单位	单价(元)	消耗量				
人工	二类人工	工日	135.00	0.336	1.464	0.438	5.940	0.252
材料	石棉绒	kg	3.49	32.130	—	—	—	—
	复合硅酸盐水泥 P·C 32.5R 综合	t	319.00	0.075	—	—	—	—
	沥青防水油膏	kg	6.90	—	79.800	—	—	—
	石油沥青	kg	2.67	—	—	194.000	556.000	82.000
	木丝板 25×610×1830	m²	9.31	—	—	—	—	10.200
	木柴	kg	0.16	—	—	80.000	54.000	8.000
	煤	kg	0.60	—	—	—	54.000	8.000
	油麻丝	kg	20.69	1.000	—	—	—	—
	冷底子油	kg	5.57	—	2.050	5.130	—	—

八、金属顶柱、护套及支架制作

工作内容:选料、划线、切割、焊接、矫正、油漆;堆放。

计量单位:t

定额编号				3-387	3-388	3-389
项目				箱涵顶柱	中继间护套	挖土支架
基价(元)				**6358.66**	**7511.81**	**7116.82**
其中	人工费(元)			1251.45	1859.76	1757.70
	材料费(元)			4234.10	4389.17	4819.41
	机械费(元)			873.11	1262.88	539.71
	名称	单位	单价(元)	消耗量		
人工	二类人工	工日	135.00	9.270	13.776	13.020
材料	中厚钢板 综合	kg	3.71	1060.000	1060.000	1060.000
	低合金钢焊条 E43 系列	kg	4.74	38.600	49.600	48.680
	氧气	m³	3.62	7.720	12.870	7.780
	乙炔气	m³	8.90	2.570	4.920	2.590
	防锈漆 C53-1	kg	14.05	4.820	9.330	43.050
机械	履带式起重机 15t	台班	702.00	0.984	1.153	0.063
	交流弧焊机 32kV·A	台班	92.84	1.952	4.711	5.337
	摇臂钻床 63mm	台班	32.79	0.034	0.491	—

注:本定额项目仅作调价用,摊销量已在定额中考虑。

第八章
安 装 工 程

说　明

一、本章定额包括安装排架立柱，安装柱式墩、台管节，安装矩形板、空心板、微弯板，安装梁，安装双曲拱构件，安装桁架拱构件，安装板拱，安装小型构件，安装混凝土立柱、盖梁及其他构件，钢管栏杆及扶手安装，安装支座，安装排(泄)水孔，安装伸缩缝，安装沉降缝，隔声屏障，共15节102个子目。

二、本章定额适用于桥涵工程混凝土构件的安装等项目。

三、预应力桁架梁安装执行板拱定额，人工、机械乘以系数1.2。

四、小型构件安装已包括150m场内运输，其他构件均未包括场内运输。小型构件指单件混凝土体积小于或等于0.05m^3的构件。

五、钢管栏杆及扶手定额中钢材材质、数量与设计不符时可以换算。

六、梳型钢板、钢板、橡胶板及毛勒伸缩缝均按成品考虑。

七、安装预制构件定额中，均未包括脚手架，如需要用脚手架时，可套用本定额第一册《通用项目》相应定额项目。

八、安装预制构件应根据施工现场具体情况，采用合理的施工方法，套用相应定额。

九、除安装梁分陆上、水上安装外，其他构件安装均未考虑船上吊装，发生时可增加船只费用。

十、安装排水管定额中已包括集水斗安装工作内容，但集水斗的材料费需按实另计。

十一、架桥机安装梁定额中不包括架桥机的安装及拆除、预制梁运输及喂梁。

十二、安装预制立柱及盖梁：

1. 砂浆接缝、连接套筒灌浆适用于预制拼装桥墩的构件连接。

2. 砂浆接缝厚度按2cm考虑，如厚度不同时可对砂浆用量进行调整。

3. 连接套筒每根长度为80cm，内径为ϕ70mm。

4. 预制立柱、预制盖梁安装未考虑地基处理，发生时套用相关定额。

十三、预制装配式防撞墙中不包括橡胶止水条及伸缩缝安装，发生时套用相关定额。

十四、隔声屏制作与安装定额不包括下部基础顶面的预埋铁件，预埋铁件可套用本定额第一册《通用项目》相应定额项目。

十五、隔声屏安装如需要搭、拆脚手架时，可套用本定额第一册《通用项目》相应定额项目。

工程量计算规则

一、本章定额安装预制构件以“m^3”为计量单位的,均按构件混凝土实体积(不包括空心部分)计算。

二、预制立柱及盖梁:

1. 砂浆接缝按接触面面积以“m^2”计算。

2. 连接套筒灌浆按根计算。

三、隔声屏障制作由金属构件和隔声屏板两部分组成。金属构件工程量按设计图示构件的总质量以“t”计算,如设计采用型钢或组成与定额不符时,可以调整。钢构件的防锈处理、零星配件等已包括在定额中,不得另行计算。隔声屏板按设计图示高度乘以长度以“m^2”计算,如隔声板设计材料与定额不同时,可以换算。

四、驳船未包括进出场费,发生时应另行计算。

一、安装排架立柱

工作内容:起吊设备就位;整修构件;吊装、定位、固定;混凝土填充。　　　　**计量单位**:10m³

定额编号				3-390
项目				起重机安装
基价(元)				**1512.20**
其中	人工费(元)			858.60
	材料费(元)			65.92
	机械费(元)			587.68
	名称	单位	单价(元)	消耗量
人工	二类人工	工日	135.00	6.360
材料	非泵送商品混凝土 C20	m^3	412.00	0.160
机械	汽车式起重机 10t	台班	709.76	0.828

二、安装柱式墩、台管节

工作内容:起吊设备就位;冲洗管节,整修构件;吊装、定位、固定;砂浆勾缝、座浆等。　　　　**计量单位**:10m³

定额编号				3-391	3-392	3-393	3-394	3-395
项目				起重机安装				
				$\phi\leq600$	$\phi\leq800$	$\phi\leq1000$	$\phi\leq1500$	$\phi\leq2000$
基价(元)				**229.79**	**373.31**	**452.62**	**1030.18**	**1690.52**
其中	人工费(元)			179.01	290.79	353.16	616.41	1185.03
	材料费(元)			—	—	0.02	0.03	0.05
	机械费(元)			50.78	82.52	99.44	413.74	505.44
	名称	单位	单价(元)	消耗量				
人工	二类人工	工日	135.00	1.326	2.154	2.616	4.566	8.778
材料	钢筋混凝土管 $\phi600$	m	—	(10.100)	—	—	—	—
	钢筋混凝土管 $\phi800$	m	—	—	(10.100)	—	—	—
	钢筋混凝土管 $\phi1000$	m	—	—	—	(10.100)	—	—
	钢筋混凝土管 $\phi1500$	m	—	—	—	—	(10.100)	—
	钢筋混凝土管 $\phi2000$	m	—	—	—	—	—	(10.100)
	干混砌筑砂浆 DM M10.0	kg	0.25	—	—	0.073	0.110	0.190
机械	履带式电动起重机 5t	台班	235.09	0.216	0.351	0.423	—	—
	履带式起重机 10t	台班	589.37	—	—	—	0.702	—
	履带式起重机 15t	台班	702.00	—	—	—	—	0.720

三、安装矩形板、空心板、微弯板

工作内容：安、拆地锚；竖、拆扒杆及移动；起吊设备就位；整修构件；吊装、定位；铺浆、固定。 **计量单位：**10m³

定额编号				3-396	3-397	3-398
项目				矩形板	空心板	微弯板
				起重机安装		扒杆安装
基价（元）				**581.83**	**372.15**	**3381.64**
其中	人工费（元）			393.66	207.36	2293.92
	材料费（元）			0.11	0.10	30.27
	机械费（元）			188.06	164.69	1057.45
	名称	单位	单价(元)	消耗量		
人工	二类人工	工日	135.00	2.916	1.536	16.992
材料	干混砌筑砂浆 DM M10.0	kg	0.25	0.420	0.400	0.780
	原木	m³	1552.00	—	—	0.007
	枋木	m³	776.00	—	—	0.002
	板方材	m³	1034.00	—	—	0.002
	圆钉	kg	4.74	—	—	0.002
	扒钉	kg	3.73	—	—	0.080
	铁件	kg	3.71	—	—	0.160
	钢丝绳 综合	kg	6.45	—	—	1.967
	白棕绳	kg	14.31	—	—	0.140
机械	电动卷扬机－双筒慢速 30kN	台班	204.80	—	—	1.921
	电动卷扬机－单筒快速 10kN	台班	172.88	—	—	3.841
	汽车式起重机 8t	台班	648.48	0.290	—	—
	汽车式起重机 12t	台班	748.60	—	0.220	—

四、安 装 梁

工作内容：整修构件、起吊设备就位、构件安装等。 **计量单位：**10m³

定额编号				3-399	3-400	3-401	3-402	3-403
项目				陆上安装板梁				
				起重机				
				$L\leqslant10$m	$L\leqslant13$m	$L\leqslant16$m	$L\leqslant20$m	$L\leqslant25$m
基价（元）				**269.83**	**428.04**	**386.64**	**428.47**	**520.06**
其中	人工费（元）			135.00	122.04	111.24	100.44	90.72
	材料费（元）			—	—	—	—	—
	机械费（元）			134.83	306.00	275.40	328.03	429.34
	名称	单位	单价(元)	消耗量				
人工	二类人工	工日	135.00	1.000	0.904	0.824	0.744	0.672
机械	汽车式起重机 20t	台班	942.85	0.143	—	—	—	—
	汽车式起重机 50t	台班	2353.88	—	0.130	0.117	—	—
	汽车式起重机 75t	台班	3154.17	—	—	—	0.104	—
	汽车式起重机 100t	台班	4718.03	—	—	—	—	0.091

工作内容：吊装机具移动就位；组装、拆卸船排；打、拔缆风桩；安拆卷扬机及索具；构件安装、就位、固定等。

计量单位：$10m^3$

定额编号				3-404	3-405	3-406	3-407	3-408
项目				水上安装板梁				
				L≤10m	L≤13m	L≤16m	L≤20m	L≤25m
基价（元）				**2359.43**	**2380.96**	**2485.80**	**2501.37**	**2486.27**
其中	人工费（元）			758.97	720.09	705.51	615.60	607.50
	材料费（元）			95.12	95.12	182.11	193.35	225.85
	机械费（元）			1505.34	1565.75	1598.18	1692.42	1652.92
名称		单位	单价(元)	消耗量				
人工	二类人工	工日	135.00	5.622	5.334	5.226	4.560	4.500
材料	原木	m^3	1552.00	0.005	0.005	0.002	0.002	0.002
	枋木	m^3	776.00	0.006	0.006	0.028	0.028	0.041
	板方材	m^3	1034.00	0.002	0.002	0.005	0.005	0.005
	圆钉	kg	4.74	0.009	0.009	0.009	0.009	0.003
	扒钉	kg	3.73	0.334	0.334	0.621	0.250	0.679
	钢丝绳 综合	kg	6.45	11.186	11.186	21.910	21.910	25.141
	白棕绳	kg	14.31	0.503	0.503	0.589	1.471	1.471
机械	履带式起重机 15t	台班	702.00	0.049	0.107	0.107	0.107	0.107
	电动卷扬机-双筒慢速 30kN	台班	204.80	2.500	—	—	—	—
	电动卷扬机-双筒慢速 50kN	台班	223.12	—	2.335	2.335	—	—
	电动卷扬机-双筒慢速 100kN	台班	304.96	—	—	—	2.123	2.017
	电动卷扬机-单筒快速 10kN	台班	172.88	4.800	4.671	4.671	4.246	4.034
	木驳船 30t	t·d	3.29	39.245	—	—	—	—
	木驳船 50t	t·d	3.29	—	49.280	59.136	—	—
	木驳船 80t	t·d	3.29	—	—	—	71.680	80.640

工作内容：整修构件、起吊设备就位、构件安装等。

计量单位：$10m^3$

定额编号				3-409	3-410	3-411	3-412
项目				陆上安装T形梁			
				起重机 L≤20m	起重机 L≤30m	起重机 L≤40m	起重机 L≤50m
基价（元）				**611.12**	**1298.95**	**1262.96**	**978.14**
其中	人工费（元）			119.07	113.00	97.61	85.19
	材料费（元）			—	—	—	—
	机械费（元）			492.05	1185.95	1165.35	892.95
名称		单位	单价(元)	消耗量			
人工	二类人工	工日	135.00	0.882	0.837	0.723	0.631
机械	汽车式起重机 75t	台班	3154.17	0.156	—	—	—
	汽车式起重机 100t	台班	4718.03	—	—	0.247	—
	汽车式起重机 125t	台班	8293.36	—	0.143	—	—
	汽车式起重机 150t	台班	8586.02	—	—	—	0.104

工作内容:吊装机具移动就位;组装、拆卸船排;打、拔缆风桩;安拆卷扬机及索具;构件安装、就位、固定等。

计量单位:$10m^3$

定额编号				3-413	3-414	3-415	3-416
项目				水上安装 T 形梁			
				L≤20m	L≤30m	L≤40m	L≤50m
基价(元)				**3435.76**	**3583.30**	**4151.23**	**4143.53**
其中	人工费(元)			933.53	896.13	862.79	832.55
	材料费(元)			75.59	75.59	177.62	180.08
	机械费(元)			2426.64	2611.58	3110.82	3130.90
名称		单位	单价(元)	消耗量			
人工	二类人工	工日	135.00	6.915	6.638	6.391	6.167
材料	圆钉	kg	4.74	0.014	0.014	0.014	0.014
	骑马钉	kg	6.90	0.601	0.601	0.601	0.601
	原木	m^3	1552.00	0.004	0.004	0.008	0.008
	枕木	m^3	2457.00	0.024	0.024	0.063	0.064
	板方材	m^3	1034.00	0.006	0.006	0.006	0.006
机械	履带式起重机 10t	台班	589.37	0.156	0.156	0.325	0.338
	电动卷扬机－单筒快速 10kN	台班	172.88	5.772	5.694	5.226	4.992
	电动卷扬机－双筒快速 50kN	台班	266.20	1.924	1.820	—	—
	电动卷扬机－双筒慢速 100kN	台班	304.96	0.962	0.910	2.613	2.496
	索具 2 号	台班	62.77	0.962	0.910	2.613	2.496
	索具 3 号	台班	33.99	1.924	1.820	—	—
	索具 5 号	台班	10.46	5.772	5.694	5.226	4.992
	铁驳船 80t	t·d	2.12	162.800	42.000	40.200	3.840
	铁驳船 120t	t·d	3.01	—	168.000	304.000	362.280

工作内容:1. 陆上安装:整修构件、起吊设备就位、构件安装等;
2. 水上安装:吊装机具移动就位;组装、拆卸船排;打、拔缆风桩;安拆卷扬机及索具;构件安装、就位、固定等。

计量单位:$10m^3$

定额编号				3-417	3-418	3-419	3-420
项目				陆上安装I形梁		水上安装I形梁	
				起重机		$L≤20m$	$L≤30m$
				$L≤20m$	$L≤30m$		
基价(元)				**661.44**	**858.05**	**2810.35**	**3876.54**
其中	人工费(元)			128.39	122.04	1034.64	1002.51
	材料费(元)			—	—	204.89	206.40
	机械费(元)			533.05	736.01	1570.82	2667.63
名称		单位	单价(元)	消耗量			
人工	二类人工	工日	135.00	0.951	0.904	7.664	7.426
材料	圆木桩	m^3	1379.00	—	—	0.002	0.002
	枋木	m^3	776.00	—	—	0.029	0.029
	板方材	m^3	1034.00	—	—	0.005	0.005
	扒钉	kg	3.73	—	—	3.635	3.635
	圆钉	kg	4.74	—	—	0.009	0.009
	钢丝绳 综合	kg	6.45	—	—	21.675	21.910
	白棕绳	kg	14.31	—	—	1.471	1.471
机械	履带式起重机 15t	台班	702.00	—	—	0.146	0.195
	汽车式起重机 75t	台班	3154.17	0.169	—	—	—
	汽车式起重机 100t	台班	4718.03	—	0.156	—	—
	电动卷扬机-单筒快速 10kN	台班	172.88	—	—	6.396	6.084
	电动卷扬机-双筒慢速 100kN	台班	304.96	—	—	—	3.042
	木驳船 50t	t·d	3.29	—	—	110.208	—
	木驳船 80t	t·d	3.29	—	—	—	167.552

工作内容:1. 陆上安装:整修构件、起吊设备就位、构件安装等;
2. 水上安装:吊装机具移动就位;组装、拆卸船排;打、拔缆风桩;安拆卷扬机及索具;构件安装、就位、固定等。

计量单位:10m³

定额编号				3-421	3-422	3-423	3-424
项目				陆上安装槽形梁		水上安装槽形梁	
				起重机 L≤30m	起重机 L>30m	L≤30m	L>30m
基价(元)				**1019.60**	**1275.21**	**3526.25**	**4450.60**
其中	人工费(元)			183.74	159.03	923.67	1016.01
	材料费(元)			—	—	214.23	282.72
	机械费(元)			835.86	1116.18	2388.35	3151.87
	名称	单位	单价(元)	消耗量			
人工	二类人工	工日	135.00	1.361	1.178	6.842	7.526
材料	板方材	m³	1034.00	—	—	0.034	0.040
	圆钉	kg	4.74	—	—	0.009	—
	原木	m³	1552.00	—	—	0.002	0.008
	扒钉	kg	3.73	—	—	3.635	4.003
	钢丝绳 综合	kg	6.45	—	—	21.910	29.916
	白棕绳	kg	14.31	—	—	1.471	1.471
机械	履带式起重机 15t	台班	702.00	—	—	0.244	0.345
	电动卷扬机-单筒快速 10kN	台班	172.88	—	—	5.466	6.013
	电动卷扬机-双筒慢速 100kN	台班	304.96	—	—	2.733	3.006
	汽车式起重机 75t	台班	3154.17	0.265	—	—	—
	汽车式起重机 150t	台班	8586.02	—	0.130	—	—
	木驳船 80t	t·d	3.29	—	—	133.325	289.800

工作内容:整修构件、起吊设备就位、构件安装等。

计量单位:10m³

定额编号				3-425	3-426
项目				陆上安装箱形梁	
				起重机 L≤30m	起重机 L≤35m
基价(元)				**1276.72**	**1256.04**
其中	人工费(元)			118.67	98.96
	材料费(元)			—	—
	机械费(元)			1158.05	1157.08
	名称	单位	单价(元)	消耗量	
人工	二类人工	工日	135.00	0.879	0.733
机械	履带式起重机 200t	台班	4985.45	0.220	—
	履带式起重机 250t	台班	5955.58	—	0.184
	其他机械费	元	1.00	61.25	61.25

工作内容:1. 架桥机调试、架桥机捆梁、吊梁、落梁、架桥机过孔前移等;
2. 架桥机就位、节段梁起吊、旋转、悬挂、节段梁干拼、临时张拉、架桥机过孔前移等;
3. 调制环氧树脂、涂刷、清理等。

定额编号				3-427	3-428	3-429
项目				混凝土梁	箱形节段梁	环氧树脂接缝
				双导梁架桥机安装	架桥机安装	
计量单位				10m³		10m²
基价(元)				**398.50**	**6597.69**	**1164.69**
其中	人工费(元)			224.37	1789.56	571.05
	材料费(元)			0.29	56.05	593.64
	机械费(元)			173.84	4752.08	—
名称		单位	单价(元)	消耗量		
人工	二类人工	工日	135.00	1.662	13.256	4.230
材料	钢筋 综合	kg	3.04	—	4.810	—
	中厚钢板 综合	kg	3.71	—	6.820	—
	轧丝锚具 ϕ25	套	26.99	—	0.390	—
	连接器(锚具) ϕ25	套	15.54	—	0.360	—
	环氧树脂	kg	15.52	—	—	38.250
	其他材料费	元	1.00	0.29	—	—
机械	履带式起重机 10t	台班	589.37	0.044	—	—
	履带式起重机 50t	台班	1364.92	—	0.211	—
	架桥机 160t	台班	999.37	0.146	—	—
	架桥机 800t	台班	4685.00	—	0.877	—
	立式油压千斤顶 500t	台班	17.34	—	0.060	—
	平台作业升降车 20m	台班	431.63	—	0.705	—
	其他机械费	元	1.00	2.00	50.00	—

注:箱形节段梁安装,钢筋用量根据实际用量调整。

五、安装双曲拱构件

工作内容:安、拆地锚;竖、拆扒杆及移动;起吊设备就位;整修构件;起吊、拼装、定位;固定、座浆、养生等。

计量单位:$10m^3$

定额编号				3-430	3-431	3-432	3-433
项目				扒杆安装			人力安装拱波
				拱肋	腹拱圈	横隔板系梁	
基价(元)				**6964.21**	**3576.66**	**3178.38**	**3737.56**
其中	人工费(元)			3739.77	2239.65	1997.46	3737.34
	材料费(元)			42.49	21.34	21.27	0.22
	机械费(元)			3181.95	1315.67	1159.65	—
名称		单位	单价(元)	消耗量			
人工	二类人工	工日	135.00	27.702	16.590	14.796	27.684
材料	干混砌筑砂浆 DM M10.0	kg	0.25	0.320	0.480	0.190	0.860
	原木	m^3	1552.00	0.008	0.004	0.004	—
	枋木	m^3	776.00	0.002	0.001	0.001	—
	板方材	m^3	1034.00	0.002	0.001	0.001	—
	铁件	kg	3.71	0.324	0.162	0.162	—
	扒钉	kg	3.73	0.161	0.081	0.081	—
	钢丝绳 综合	kg	6.45	3.067	1.534	1.534	—
	白棕绳	kg	14.31	0.335	0.168	0.168	—
机械	电动卷扬机-单筒快速 10kN	台班	172.88	8.425	4.779	4.213	—
	电动卷扬机-双筒慢速 30kN	台班	204.80	8.425	2.390	2.106	—

六、安装桁架拱构件

工作内容：安、拆地锚；竖、拆扒杆及移动；整修构件；起吊、安装、就位、校正、固定；座浆、填塞等。　　**计量单位**：10m³

定额编号					3-434	3-435
项目					扒杆安装	
					拱片	横向联系构件
基价（元）					**3752.46**	**3073.12**
其中	人工费（元）				1913.22	1598.94
	材料费（元）				191.88	44.22
	机械费（元）				1647.36	1429.96
名称			单位	单价(元)	消耗量	
人工	二类人工		工日	135.00	14.172	11.844
材料	原木		m^3	1552.00	0.017	0.008
	枋木		m^3	776.00	0.005	0.002
	板方材		m^3	1034.00	0.003	0.002
	铁件		kg	3.71	—	0.324
	六角带帽螺栓		kg	5.47	0.074	—
	扒钉		kg	3.73	0.264	0.162
	钢丝绳 综合		kg	6.45	21.097	2.973
	白棕绳		kg	14.31	1.471	0.503
机械	电动卷扬机－单筒快速 10kN		台班	172.88	4.160	3.611
	电动卷扬机－双筒慢速 50kN		台班	223.12	4.160	3.611

七、安装板拱

工作内容:安、拆地锚;竖、拆扒杆及移动;起吊设备就位;整修构件;起吊、安装、就位、校正、固定;座浆、填塞、养生等。

计量单位:10m³

定额编号				3-436	3-437
项目				扒杆安装	起重机安装
基价(元)				**3605.46**	**3767.62**
其中	人工费(元)			2032.29	973.62
	材料费(元)			97.67	0.04
	机械费(元)			1475.50	2793.96
	名称	单位	单价(元)	消耗量	
人工	二类人工	工日	135.00	15.054	7.212
材料	干混砌筑砂浆 DM M10.0	kg	0.25	0.140	0.140
	原木	m³	1552.00	0.009	—
	枋木	m³	776.00	0.003	—
	板方材	m³	1034.00	0.002	—
	六角带帽螺栓	kg	5.47	0.037	—
	扒钉	kg	3.73	0.132	—
	钢丝绳 综合	kg	6.45	10.549	—
	白棕绳	kg	14.31	0.736	—
机械	电动卷扬机 - 单筒快速 10kN	台班	172.88	3.726	—
	电动卷扬机 - 双筒慢速 50kN	台班	223.12	3.726	—
	汽车式起重机 40t	台班	1517.63	—	1.841

八、安装小型构件

工作内容:起吊设备就位;整修构件;起吊、安装、就位、校正、固定;座浆、填塞、养生等。

计量单位:10m³

定额编号				3-438	3-439	3-440	3-441	3-442
项目				端柱、灯柱	人行道板	缘石	锚锭板	栏杆
基价(元)				**2146.59**	**1034.37**	**1117.80**	**889.27**	**1979.96**
其中	人工费(元)			1291.14	1034.37	1117.80	803.52	1419.12
	材料费(元)			399.75	—	—	—	237.34
	机械费(元)			455.70	—	—	85.75	323.50
	名称	单位	单价(元)	消耗量				
人工	二类人工	工日	135.00	9.564	7.662	8.280	5.952	10.512
材料	板方材	m³	1034.00	0.002	—	—	—	0.037
	低合金钢焊条 E43 系列	kg	4.74	83.900	—	—	—	42.000
机械	汽车式起重机 5t	台班	366.47	0.144	—	—	0.234	0.333
	交流弧焊机 32kV·A	台班	92.84	4.340	—	—	—	2.170

九、安装混凝土立柱、盖梁及其他构件

1. 安装预制立柱

工作内容:1. 安装预制立柱:卸车、立柱翻转、安装、就位等;

2. 砂浆接缝:接缝面凿毛、清理、湿润、安拆挡浆模板、砂浆制作、铺设、清理等;

3. 套筒灌浆:套筒内清理、灌浆料拌制、压浆、封堵注浆口、清理等。

定额编号				3-443	3-444	3-445
项目				安装预制立柱	砂浆接缝	连接套筒灌浆
				重量100t以内	承台面	
计量单位				$10m^3$	m^2	10根
基价(元)				**1291.78**	**294.75**	**397.31**
其中	人工费(元)			228.15	75.47	90.18
	材料费(元)			227.39	204.21	292.48
	机械费(元)			836.24	15.07	14.65
名称		单位	单价(元)	消耗量		
人工	二类人工	工日	135.00	1.690	0.559	0.668
材料	预制钢筋混凝土立柱	m^3	—	(10.000)	—	—
	高强无收缩砂浆料 C60	kg	1.97	—	94.178	—
	高强无收缩砂浆料 C100	kg	2.72	—	—	104.167
	钢丝绳 综合	kg	6.45	1.680	—	—
	尼龙吊装带	m	280.00	0.379	—	—
	帆布	m^2	15.34	4.289	—	—
	六角带帽螺栓 综合	kg	5.47	2.130	—	—
	镀锌铁丝 综合	kg	5.40	0.013	—	—
	铁件	kg	3.71	2.421	1.710	—
	枕木	m^3	2457.00	0.006	—	—
	涤纶针刺土工布	m^2	10.18	0.903	—	—
	板式橡胶支座	$100cm^3$	3.79	—	2.877	—
	水	m^3	4.27	—	0.102	0.033
	其他材料费	元	1.00	—	1.00	9.00
机械	履带式起重机 250t	台班	5955.58	0.130	—	—
	平台作业升降车 22m	台班	473.69	0.116	—	—
	千斤顶 20t	台班	1.41	5.011	—	—
	灰浆搅拌机 200L	台班	154.97	—	0.006	0.007
	多功能高压清洗机	台班	247.00	—	0.033	0.040
	冲击钻	台班	39.93	—	0.043	—
	电动空气压缩机 $0.6m^3/min$	台班	33.06	—	0.099	0.007
	液压注浆泵 HYB50/50-1型	台班	75.11	—	—	0.046
	其他机械费	元	1.00	—	1.00	—

2. 安装预制盖梁

工作内容:1. 安装预制盖梁:卸车、安装、就位等;

2. 砂浆接缝:接缝面凿毛、清理、湿润、安拆挡浆模板、砂浆制作、铺设、清理等;

3. 连接套筒灌浆:套筒内清理、灌浆料拌制、压浆、封堵注浆口、清理等。

定额编号				3-446	3-447	3-448
项目				安装预制盖梁	砂浆接缝	连接套筒灌浆
				重量200t以内	盖梁底面	
计量单位				$10m^3$	m^2	10根
基价(元)				**1924.14**	**350.91**	**503.95**
其中	人工费(元)			428.36	74.12	133.52
	材料费(元)			413.35	223.20	285.43
	机械费(元)			1082.43	53.59	85.00
	名称	单位	单价(元)	消耗量		
人工	二类人工	工日	135.00	3.173	0.549	0.989
材料	预制钢筋混凝土盖梁	m^3	—	(10.000)	—	—
	高强无收缩砂浆料 C60	kg	1.97	—	94.178	—
	高强无收缩砂浆料 C100	kg	2.72	—	—	104.167
	钢丝绳 综合	kg	6.45	64.086	—	—
	铁件	kg	3.71	—	3.420	—
	板式橡胶支座	$100cm^3$	3.79	—	5.753	—
	水	m^3	4.27	—	0.042	0.023
	其他材料费	元	1.00	—	3.00	2.00
机械	履带式起重机 250t	台班	5955.58	0.180	—	—
	平台作业升降车 22m	台班	473.69	0.022	0.082	0.133
	多功能高压清洗机	台班	247.00	—	0.049	0.060
	灰浆搅拌机 200L	台班	154.97	—	0.006	0.007
	冲击钻	台班	39.93	—	0.043	—
	电动空气压缩机 $0.6m^3/min$	台班	33.06	—	—	0.007
	液压注浆泵 HYB50/50-1型	台班	75.11	—	—	0.078

3. 安装混凝土其他构件

工作内容：1. 安装纵、横系梁：整修构件、起吊设备就位、混凝土浇筑（人行道板需要）、构件安装、就位、校正、固定、焊接、养护等；

2. 安装预制装配式防撞墙：砂浆找平、预制防撞墙安装、就位及固定等。　　**计量单位**：$10m^3$

定额编号				3-449	3-450
项目				安装纵、横系梁	安装预制装配式防撞墙
基价（元）				**6031.14**	**1682.27**
其中	人工费（元）			3736.80	470.88
	材料费（元）			271.02	141.48
	机械费（元）			2023.32	1069.91
名称		单位	单价(元)	消耗量	
人工	二类人工	工日	135.00	27.680	3.488
材料	湿拌砌筑砂浆 WMM10	m^3	409.00	—	0.342
	中厚钢板 综合	t	3750.00	0.059	—
	电焊条 E43 系列	kg	4.74	10.500	—
	预制钢筋混凝土纵系梁、横系梁	m^3	—	(10.000)	—
	混凝土预制块 综合	m^3	—	—	(10.100)
	其他材料费	元	1.00	—	1.60
机械	电动卷扬机－单筒慢速 30kN	台班	177.60	6.520	—
	电动卷扬机－单筒慢速 50kN	台班	186.39	4.060	—
	交流弧焊机 32kV·A	台班	92.84	1.170	—
	千斤顶 20t	台班	1.41	—	0.727
	平台作业升降车 22m	台班	473.69	—	0.727
	汽车式起重机 25t	台班	996.58	—	0.727

十、钢管栏杆及扶手安装

工作内容:1. 钢管栏杆:选料、切口、挖孔、切割;安装、焊接、校正固定等(不包括混凝土捣脚);
2. 不锈钢栏杆:选料、切口、挖孔、切割;安装、焊接、校正固定等(不包括混凝土捣脚);
3. 钢管扶手:切割钢管、钢板;钢管挖眼、调直;安装、焊接等。

定额编号				3-451	3-452	3-453	3-454	3-455
项目				钢管栏杆		不锈钢栏杆		防撞护栏钢管扶手
						主桥栏杆	扶梯栏杆	
计量单位				100m	1t			
基价(元)				**9752.10**	**6132.37**	**19944.51**	**20866.17**	**5619.93**
其中	人工费(元)			2893.32	1873.53	3156.57	3840.21	1283.04
	材料费(元)			6364.96	3974.75	16261.20	16304.95	4128.00
	机械费(元)			493.82	284.09	526.74	721.01	208.89
名称		单位	单价(元)	消耗量				
人工	二类人工	工日	135.00	21.432	13.878	23.382	28.446	9.504
材料	碳素结构钢焊接钢管 综合	kg	3.88	1536.000	957.000	—	—	868.000
	中厚钢板 综合	kg	3.71	58.580	37.570	—	—	192.000
	钢筋 综合	kg	3.04	0.038	0.027	—	—	—
	氧气	m^3	3.62	9.530	5.750	—	—	—
	乙炔气	m^3	8.90	3.180	2.054	—	—	—
	电焊条	kg	4.31	29.010	19.263	—	—	11.100
	不锈钢管	t	13793.00	—	—	1.060	1.060	—
	不锈钢焊丝 1Cr18Ni9Ti	kg	47.41	—	—	9.180	9.727	—
	氩气	m^3	7.00	—	—	25.801	27.330	—
	钨棒	kg	254.00	—	—	4.011	4.039	—
	其他材料费	元	1.00	—	—	6.00	6.00	—
机械	交流弧焊机 32kV·A	台班	92.84	5.319	3.060	1.988	3.693	2.250
	管子切断机 150mm	台班	29.76	—	—	7.763	8.899	—
	汽车式起重机 5t	台班	366.47	—	—	0.061	0.061	—
	载货汽车 4t	台班	369.21	—	—	0.225	0.225	—
	其他机械费	元	1.00	—	—	5.72	7.89	—

注:采用其他型钢时,可以换算。

十一、安 装 支 座

工作内容：安装;定位、固定、焊接等。

定额编号				3-456	3-457	3-458	3-459	3-460	3-461
项目				钢支座			橡胶支座		油毛毡支座
				辊轴钢座	切线支座	摆式支座	板式橡胶支座	四氟板式橡胶支座	
计量单位				t			$100cm^3$		$10m^2$
基价（元）				**6257.88**	**9419.28**	**6148.40**	**5.41**	**16.16**	**182.95**
其中	人工费（元）			1195.56	2029.05	2029.05	1.62	1.62	59.94
	材料费（元）			5046.44	6431.01	3628.88	3.79	14.54	123.01
	机械费（元）			15.88	959.22	490.47	—	—	—
名称		单位	单价(元)	消耗量					
人工	二类人工	工日	135.00	8.856	15.030	15.030	0.012	0.012	0.444
材料	辊轴钢支座	t	4652.00	1.000	—	—	—	—	—
	切线钢支座	t	5647.00	—	1.000	—	—	—	—
	摆式钢支座	t	3147.00	—	—	1.000	—	—	—
	板式橡胶支座	$100cm^3$	3.79	—	—	—	1.000	—	—
	四氟板式橡胶支座	$100cm^3$	8.45	—	—	—	—	1.000	—
	烟囱金属竖井架	kg	6.03	—	—	—	—	—	20.400
	钢筋 综合	kg	3.04	37.000	207.000	132.000	—	—	—
	型钢 综合	kg	3.84	60.000	—	—	—	—	—
	中厚钢板 综合	kg	3.71	—	—	—	—	1.100	—
	不锈钢板 304	kg	15.95	—	—	—	—	0.100	—
	电焊条	kg	4.31	0.600	35.900	18.700	—	0.010	—
	铁件	kg	3.71	13.200	—	—	—	0.100	—
机械	交流弧焊机 32kV·A	台班	92.84	0.171	10.332	5.283	—	—	—

工作内容:安装;定位、固定、焊接等。　　计量单位:个

定额编号				3-462	3-463	3-464	3-465	3-466
项目				盆式金属橡胶组合支座(kN 以内)				
				3000	4000	5000	7000	10000
基价(元)				**4629.57**	**5962.21**	**7858.53**	**11405.61**	**18808.03**
其中	人工费(元)			251.91	316.71	364.50	607.50	769.50
	材料费(元)			4215.95	5469.72	7304.18	10601.76	17685.47
	机械费(元)			161.71	175.78	189.85	196.35	353.06
名称		单位	单价(元)	消耗量				
人工	二类人工	工日	135.00	1.866	2.346	2.700	4.500	5.700
材料	普通硅酸盐水泥 P·O 52.5 综合	t	388.00	0.010	0.020	0.020	0.032	0.041
	黄砂 净砂(中粗砂)	t	102.00	0.015	0.030	0.030	0.030	0.045
	钢盆式橡胶支座 3000kN 以内	个	4153.00	1.000	—	—	—	—
	钢盆式橡胶支座 4000kN 以内	个	5391.00	—	1.000	—	—	—
	钢盆式橡胶支座 5000kN 以内	个	7209.00	—	—	1.000	—	—
	钢盆式橡胶支座 7000kN 以内	个	10487.00	—	—	—	1.000	—
	钢盆式橡胶支座 10000kN 以内	个	17528.00	—	—	—	—	1.000
	低合金钢焊条 E43 系列	kg	4.74	1.800	1.900	2.100	2.300	2.600
	环氧树脂	kg	15.52	2.900	3.500	4.500	5.400	7.700
	其他材料费	元	1.00	4.00	4.57	4.57	4.57	5.14
机械	汽车式起重机 20t	台班	942.85	0.140	0.150	0.160	0.160	0.030
	汽车式起重机 30t	台班	1038.45	—	—	—	—	0.260
	交流弧焊机 32kV·A	台班	92.84	0.320	0.370	0.420	0.490	0.590

注:1. 预埋钢板套用本定额第一册《通用项目》钢筋工程中预埋铁件定额。
2. 支座垫石套用本册第五章“现浇混凝土工程”中支座垫石定额。

工作内容：安装；定位、固定、焊接等。　　计量单位：个

定额编号					3-467	3-468	3-469	3-470
项目					盆式金属橡胶组合支座(kN 以内)			
					15000	20000	25000	30000
基价（元）					33587.95	34651.22	47308.96	62427.43
其中	人工费（元）				1093.50	1630.80	2084.40	2343.60
	材料费（元）				32120.82	32615.87	44803.15	59643.71
	机械费（元）				373.63	404.55	421.41	440.12
名称		单位	单价(元)		消耗量			
人工	二类人工	工日	135.00		8.100	12.080	15.440	17.360
材料	普通硅酸盐水泥 P·O 52.5 综合	t	388.00		0.051	0.071	0.092	0.102
	黄砂 净砂(中粗砂)	t	102.00		0.075	0.090	0.120	0.135
	钢盆式橡胶支座 15000kN 以内	个	31904.00		1.000	—	—	—
	钢盆式橡胶支座 20000kN 以内	个	32336.00		—	1.000	—	—
	钢盆式橡胶支座 25000kN 以内	个	44448.00		—	—	1.000	—
	钢盆式橡胶支座 30000kN 以内	个	59241.00		—	—	—	1.000
	低合金钢焊条 E43 系列	kg	4.74		3.000	2.200	2.500	2.700
	环氧树脂	kg	15.52		10.900	14.700	18.700	21.300
	其他材料费	元	1.00		5.99	4.57	5.14	5.99
机械	汽车式起重机 20t	台班	942.85		0.040	0.060	0.070	0.080
	汽车式起重机 30t	台班	1038.45		0.260	0.260	0.260	0.260
	交流弧焊机 32kV·A	台班	92.84		0.710	0.840	0.920	1.020

注：1. 预埋钢板套用本定额第一册《通用项目》钢筋工程中预埋铁件定额。
2. 支座垫石套用本册第五章“现浇混凝土工程”中支座垫石定额。

十二、安装排(泄)水孔

工作内容：清孔；熬涂沥青；绑扎、安装等。　　计量单位：10m

定额编号				3-471	3-472	3-473
项目				钢管	铸铁管	塑料管
基价（元）				1061.10	1129.77	476.05
其中	人工费（元）			93.96	113.40	75.60
	材料费（元）			967.14	1016.37	400.45
	机械费（元）			—	—	—
名称		单位	单价(元)	消耗量		
人工	二类人工	工日	135.00	0.696	0.840	0.560
材料	碳素结构钢焊接钢管 综合	kg	3.88	230.928	—	—
	承插铸铁排水管 *DN*150	m	92.67	—	10.200	—
	硬塑料管 ϕ150	m	39.22	—	—	10.200
	石油沥青	kg	2.67	26.490	26.490	—
	湿拌砌筑砂浆 WMM10	m^3	409.00	0.001	0.001	0.001

工作内容:划线、截料;打眼钻孔;安装管箍、集水斗、PVC 管、接口涂胶等。

定额编号				3-474	3-475
项目				高架桥排水管	高架桥进水口
计量单位				10m	套
基价(元)				**569.46**	**152.74**
其中	人工费(元)			109.89	53.19
	材料费(元)			459.57	99.55
	机械费(元)			—	—
名称		单位	单价(元)	消耗量	
人工	二类人工	工日	135.00	0.814	0.394
材料	硬塑料管 $\phi150$	m	39.22	10.200	—
	塑料落水斗	个	11.21	1.010	—
	塑料管卡子 $\phi100$ 以外	个	0.69	4.040	—
	硬塑料管接头 $D150$	个	10.09	3.540	—
	高架进水口 铸铁	套	99.14	—	1.000
	湿拌砌筑砂浆 WMM10	m^3	409.00	—	0.001
	其他材料费	元	1.00	9.70	—

十三、安装伸缩缝

工作内容:焊接、安装;切割临时接头;热涂拌沥青及油浸;沥青玛琋脂嵌缝;铁皮加工;固定等。 **计量单位**:10m

定额编号				3-476	3-477	3-478
项目				梳型钢板	型钢伸缩缝	橡胶板
基价(元)				**1249.13**	**882.19**	**885.54**
其中	人工费(元)			659.34	490.86	699.03
	材料费(元)			310.99	143.91	64.89
	机械费(元)			278.80	247.42	121.62
名称		单位	单价(元)	消耗量		
人工	二类人工	工日	135.00	4.884	3.636	5.178
材料	梳型钢板伸缩缝	m	—	(10.000)	—	—
	钢板伸缩缝	m	—	—	(10.000)	—
	橡胶板伸缩缝	m	—	—	—	(10.000)
	石油沥青	kg	2.67	50.000	—	—
	沥青砂	t	505.00	0.047	—	—
	热轧光圆钢筋 综合	t	3966.00	0.007	0.006	0.002
	环氧树脂	kg	15.52	—	—	0.500
	低合金钢焊条 E43 系列	kg	4.74	26.580	25.340	10.380
机械	交流弧焊机 32kV·A	台班	92.84	3.003	2.665	1.310

注:梳型钢板、钢板、橡胶板及毛勒伸缩缝均按成品安装考虑,成品费用另计。

工作内容:焊接、安装;切割临时接头;熬涂拌沥青及油浸;沥青玛蹄脂嵌缝;铁皮加工;固定等。　　**计量单位:**10m

定额编号				3-479	3-480	3-481	3-482
项目				毛勒		沥青麻丝	镀锌铁皮沥青玛琋脂
				单组	双组		
基价（元）				**793.18**	**977.88**	**190.83**	**626.41**
其中	人工费（元）			345.06	413.91	155.52	179.01
	材料费（元）			39.72	51.19	35.31	447.40
	机械费（元）			408.40	512.78	—	—
	名称	单位	单价(元)	消耗量			
人工	二类人工	工日	135.00	2.556	3.066	1.152	1.326
材料	毛勒伸缩缝	m	—	(10.000)	(20.000)	—	—
	石油沥青	kg	2.67	—	—	1.600	—
	低合金钢焊条 E43 系列	kg	4.74	8.380	10.800	—	—
	石油沥青玛琋脂	kg	2.67	—	—	—	92.400
	镀锌薄钢板 综合	m^2	38.97	—	—	—	5.150
	油麻丝	kg	20.69	—	—	1.500	—
机械	交流弧焊机 32kV·A	台班	92.84	0.676	1.032	—	—
	汽车式起重机 8t	台班	648.48	0.533	0.643	—	—

注:梳型钢板、钢板、橡胶板及毛勒伸缩缝均按成品安装考虑,成品费用另计。

十四、安装沉降缝

工作内容:截、铺油毡或木丝板;熬涂沥青;安装、整修等。

定额编号				3-483	3-484	3-485	3-486	3-487
项目				油毡		沥青木丝板	发泡聚乙烯	安装橡胶止水带
				一毡	一油			
计量单位				$10m^2$	$10m^2$			10m
基价（元）				**26.60**	**75.37**	**392.85**	**135.39**	**584.81**
其中	人工费（元）			2.43	25.11	35.64	45.09	225.32
	材料费（元）			24.17	50.26	357.21	90.30	359.49
	机械费（元）			—	—	—	—	—
	名称	单位	单价(元)	消耗量				
人工	二类人工	工日	135.00	0.018	0.186	0.264	0.334	1.669
材料	石油沥青油毡 350#	m^2	2.37	10.200	—	—	—	—
	石油沥青	kg	2.67	—	18.360	96.000	—	0.030
	煤	kg	0.60	—	2.010	9.600	—	—
	木柴	kg	0.16	—	0.210	1.080	—	—
	木丝板 25×610×1830	m^2	9.31	—	—	10.200	—	3.825
	低密度聚乙烯泡沫塑料 δ10	m^2	8.60	—	—	—	10.500	—
	橡胶止水带	m	27.93	—	—	—	—	10.500
	汽油 综合	kg	6.12	—	—	—	—	4.745
	胶粘剂 SY-19	kg	13.27	—	—	—	—	0.050
	其他材料费	元	1.00	—	—	—	—	0.83

十五、隔 声 屏 障

工作内容: 1. 制作:划线、号料、切割、校正、焊接成型、镀锌、喷塑、编号、堆放;
2. 安装:运输、放样、定位、安装。

				3-488	3-489	3-490	3-491
定额编号				3-488	3-489	3-490	3-491
项目				隔声屏障制作		隔声屏障安装	
				金属构件	隔音屏体	金属构件	隔音屏体
计量单位				t	m^2	t	$10m^2$
基价(元)				**9100.22**	**89.91**	**2876.64**	**169.22**
其中	人工费(元)			2450.25	13.77	611.69	131.36
	材料费(元)			6503.02	76.14	477.32	5.00
	机械费(元)			146.95	—	1787.63	32.86
	名称	单位	单价(元)	消耗量			
人工	二类人工	工日	135.00	18.150	0.102	4.531	0.973
材料	H 形钢 125×125×6.5	t	3750.00	0.994	—	—	—
	型钢 综合	t	3836.00	0.032	—	—	—
	中厚钢板 Q235B δ10	kg	3.71	86.390	—	—	—
	电焊条	kg	4.31	30.000	—	38.750	—
	氧气	m^3	3.62	6.000	—	1.200	—
	乙炔气	m^3	8.90	2.600	—	0.362	—
	铁件镀锌费(热镀)	t	1379.00	1.060	—	—	—
	铁件喷塑费	t	517.00	1.060	—	—	—
	PC 隔音板 10mm	m^2	70.69	—	1.050	—	—
	螺栓	kg	5.69	—	—	9.800	—
	抽芯铆钉	个	0.22	—	—	1097.250	—
	其他材料费	元	1.00	148.34	1.92	5.58	5.00
机械	摇臂钻床 63mm	台班	32.79	1.908	—	—	—
	交流弧焊机 32kV·A	台班	92.84	0.909	—	1.935	—
	汽车式起重机 8t	台班	648.48	—	—	0.968	—
	载货汽车 4t	台班	369.21	—	—	2.655	0.089

第九章
临 时 工 程

说 明

一、本章定额内容包括搭、拆桩基础工作平台，搭、拆木垛，拱、板涵拱盔支架，桥梁支架，组装、拆卸船排，挂篮及扇形支架制作、安拆、推移，筑、拆胎、地模，凿除桩顶钢筋混凝土，共8节34个子目。

二、本章定额支架平台适用于陆上、支架上打桩及钻孔灌注桩。支架平台分陆上平台与水上平台二类，其划分范围及结构组成如下：

1. 水上支架平台：凡河道原有河岸线、向陆地延伸2.5m范围，均可套用水上支架平台。

2. 陆上支架平台：除水上支架平台范围以外的陆地部分，均属陆上支架平台，但不包括坑洼地段。如坑洼地段平均水深超过2m的部分，可套用水上支架平台；平均水深在1~2m时，按水上支架平台和陆上支架平台各取50%计算；如平均水深在1m以内时，按陆上工作平台计算。

3. 水上支架采用打圆木桩，在圆木桩上放盖梁、横梁大板，圆木桩固定采用型钢斜撑，桩与盖梁连接采用U形箍。如采用钢结构形式水上工作平台应另行计算。

三、桥涵拱盔、支架均不包括底模及地基加固在内。

四、组装、拆卸船排定额中未包括压舱费用。压舱材料取定为大石块，并按船排总吨位的30%计取（包括装、卸在内150m的二次运输费）。

五、打桩工作平台应根据相应的打桩定额中打桩机的锤重进行选择。桩孔灌注桩工作平台按孔径$\phi \leq 1000$mm套用锤重小于或等于2500kg打桩工作平台；$\phi > 1000$mm套用锤重小于或等于4000kg打桩工作平台。当钻孔桩采用硬地法施工时，陆上工作平台不再计算。

六、搭、拆水上工作平台定额中，已综合考虑了组装、拆卸船排及组装、拆卸打拔桩架工作内容，不得重复计算。

七、满堂式钢管支架，装配式钢支架、门式钢支架定额未含使用费。

八、水上安装挂篮需浮吊配合时应另行计算。

九、挂篮、扇形支架发生场外运输可另行计算。

十、地模定额中，砖地模厚度为7.5cm，混凝土地模定额中未包括毛砂垫层，发生时按本定额第六册《排水工程》相应定额执行。

工程量计算规则

一、搭拆打桩工作平台面积计算:

1. 桥梁打桩　　$F = N_1F_1 + N_2F_2$

每座桥台(桥墩)　$F_1 = (5.5 + A + 2.5) \times (6.5 + D)$

每条通道　　$F_2 = 6.5 \times [L - (6.5 + D)]$

2. 护岸打桩　　$F = (L + 6) \times (6.5 + D)$

3. 钻孔灌注桩　　$F = N_1F_1 + N_2F_2$

每座桥台(桥墩)　$F_1 = (A + 6.5) \times (6.5 + D)$

每条通道　　$F_2 = 6.5 \times [L - (6.5 + D)]$

上述公式中:F—— 工作平台总面积(m^2);

F_1—— 每座桥台(桥墩)工作平台面积(m^2);

F_2—— 桥台至桥墩间或桥墩至桥墩间通道工作平台面积(m^2);

N_1—— 桥台和桥墩总数量;

N_2—— 通道总数量;

D—— 二排桩之间距离(m);

L—— 桥梁跨径或护岸的第一根桩中心至最后一根桩中心之间的距离(m);

A—— 桥台(桥墩)每排桩的第一根桩中心至最后一根桩中心之间的距离(m)。

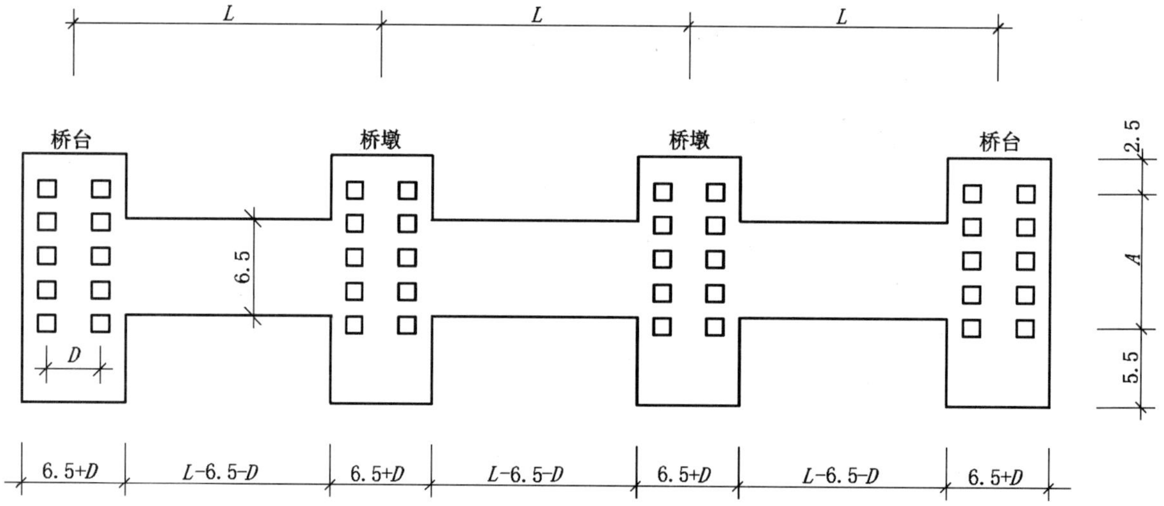

工作平台面积计算示意图

注:图中尺寸均为 m,桩中心距为 D,通道宽 6.5m。

二、凡台与墩或墩与墩之间不能连续施工时(如不能断航、断交通或拆迁工作不能配合),每个墩、台可计一次组装、拆卸柴油打桩架及设备运输费。

三、桥涵拱盔、支架空间体积计算:

1. 桥涵拱盔体积按起拱线以上弓形侧面积乘以(桥宽 +2m)计算;

2. 桥涵支架体积为结构底至原地面(水上支架为水上支架平台顶面)平均标高乘以纵向距离再乘以(桥宽 +2m)计算。

3. 现浇盖梁支架体积为盖梁底至承台顶面高度乘以长度(盖梁长 +1m)再乘以宽度(盖梁宽 +1m)计算,并扣除立柱所占体积。

4. 预制盖梁安装操作平台按水平投影面积计算。

5. 支架堆载预压工程量按施工组织设计要求计算,设计无要求时,按支架承载的梁体设计重量乘以系数1.1计算。定额中堆载材料按黄砂考虑,实际材料不同时按实际使用材料调整。

四、挂篮及扇形支架:

1. 定额中的挂篮形式为自锚式无压重轻型钢挂篮,钢挂篮重量按设计要求确定。推移工程量按挂篮重量乘以推移距离"t·m"为单位计算。

2. 0#块扇形支架安拆工程量按顶面梁宽计算,边跨采用挂篮施工时,其合龙段扇形支架的安拆工程量按梁宽的50%计算。

3. 挂篮、扇形支架的制作工程量按安拆定额括号中所列的摊销量计算。

一、搭、拆桩基础工作平台

工作内容:平整场地;铺碎石;碾压等。　　　　**计量单位**:100m^2

定额编号				3-492	3-493	3-494
项目				陆上工作平台		
				锤重(kg 以内)		
				2500	5000	8000
基价(元)				**2610.22**	**3581.28**	**4550.60**
其中	人工费(元)			843.48	934.74	1026.00
	材料费(元)			1582.02	2373.54	3164.04
	机械费(元)			184.72	273.00	360.56
名称		单位	单价(元)	消耗量		
人工	二类人工	工日	135.00	6.248	6.924	7.600
材料	碎石 综合	t	102.00	15.510	23.270	31.020
机械	轮胎压路机 9t	台班	368.87	0.028	0.028	0.028
	履带式推土机 90kW	台班	717.68	0.243	0.366	0.488

工作内容:竖拆桩架;制桩,打桩;装、拆桩箍;装钉支柱,盖木,斜撑,搁梁及铺板;拆除脚手板及拔桩;搬运材料,整理,堆放;组装,拆卸船排等。　　　　**计量单位**:100m^2

定额编号				3-495	3-496	3-497	3-498	3-499
项目				水上支架				
				锤重(kg 以内)				
				600	1200	1800	2500	4000
基价(元)				**12985.18**	**15308.70**	**19715.67**	**26172.73**	**37836.80**
其中	人工费(元)			6015.87	6914.16	8921.34	11182.86	16610.67
	材料费(元)			2363.37	2879.30	3669.93	4942.89	7169.95
	机械费(元)			4605.94	5515.24	7124.40	10046.98	14056.18
名称		单位	单价(元)	消耗量				
人工	二类人工	工日	135.00	44.562	51.216	66.084	82.836	123.042
材料	圆木桩	m^3	1379.00	1.008	1.302	1.751	2.493	3.827
	枋木	m^3	776.00	0.832	0.901	0.993	1.124	1.316
	型钢 综合	kg	3.84	56.000	64.000	75.000	89.000	111.000
	六角带帽螺栓	kg	5.47	8.500	10.970	16.210	25.140	38.590
	圆钉	kg	4.74	0.010	0.010	0.010	0.010	0.010
	铁件	kg	3.71	17.400	20.830	28.690	40.950	62.630
	镀锌铁丝 8# ~12#	kg	6.55	0.240	0.240	0.240	0.240	0.240
机械	履带式电动起重机 5t	台班	235.09	3.564	3.564	4.437	4.437	6.336
	轨道式柴油打桩机 0.8t	台班	416.41	1.557	1.953	2.556	3.564	5.373
	电动卷扬机 - 双筒快速 50kN	台班	266.20	2.376	2.970	3.897	5.409	8.136
	木驳船 30t	t·d	3.29	756.000	934.200	1209.600	1848.000	2481.300

二、搭、拆木垛

工作内容：平整场地，搭设、拆除等。　　**计量单位：**100m^3

定额编号				3-500
项目				搭、拆木垛
基价（元）				**2877.90**
其中	人工费（元）			1853.28
	材料费（元）			514.71
	机械费（元）			509.91
名称		单位	单价(元)	消耗量
人工	二类人工	工日	135.00	13.728
材料	枋木	m^3	776.00	0.607
	扒钉	kg	3.73	11.710
机械	履带式电动起重机 5t	台班	235.09	2.169

三、拱、板涵拱盔支架

工作内容：选料，制作、安装、校正、拆除，机械移动，清场、整堆等。　　**计量单位：**100m^3

定额编号				3-501	3-502
项目				拱、板涵	
				拱盔	支架
基价（元）				**7835.19**	**3916.46**
其中	人工费（元）			6027.21	2457.54
	材料费（元）			663.75	1116.16
	机械费（元）			1144.23	342.76
名称		单位	单价(元)	消耗量	
人工	二类人工	工日	135.00	44.646	18.204
材料	原木	m^3	1552.00	—	0.240
	枋木	m^3	776.00	0.706	0.886
	圆钉	kg	4.74	3.510	3.740
	扒钉	kg	3.73	26.610	10.300
机械	木工圆锯机 500mm	台班	27.50	4.524	—
	履带式电动起重机 5t	台班	235.09	4.338	1.458

四、桥梁支架

工作内容:1. 桁架式包括踏步,工作平台的制作,搭设,拆除,地锚埋设,拆除,缆风架设,拆除等;
2. 钢支架:平整场地;搭、拆钢管支架;材料堆放等;
3. 门式钢支架:地梁、门式钢支架、钢管搭、拆除;支架上帽梁安、拆。

计量单位:100m³

定额编号				3-503	3-504	3-505	3-506
项目				桁架式		满堂式钢管支架	门式钢支架
				拱盔	支架		
基价(元)				6669.25	5468.45	1188.24	818.54
其中	人工费(元)			3758.40	3401.19	1087.83	540.27
	材料费(元)			2412.45	1241.09	100.41	188.44
	机械费(元)			498.40	826.17	—	89.83
	名称	单位	单价(元)	消耗量			
人工	二类人工	工日	135.00	27.840	25.194	8.058	4.002
材料	原木	m³	1552.00	0.822	0.536	—	—
	枋木	m³	776.00	0.986	0.360	—	—
	圆钉	kg	4.74	4.790	1.010	—	—
	扒钉	kg	3.73	93.530	33.530	—	—
	碳素结构钢焊接钢管 *DN*50×3.8	kg	3.88	—	—	19.360	—
	碳素结构钢镀锌焊接钢管 *DN*20	m	7.90	—	—	0.310	—
	直角扣件	个	4.14	—	—	4.830	—
	对接扣件	个	2.29	—	—	0.560	—
	回转扣件	个	2.41	—	—	0.650	—
	碳素结构钢流体无缝钢管	kg	4.74	—	—	—	5.000
	型钢 综合	kg	3.84	—	—	—	11.000
	木模板	m³	1445.00	—	—	—	0.034
	门式钢支架	t	4043.00	—	—	—	0.017
	铁件	kg	3.71	—	—	—	1.250
机械	木工圆锯机 500mm	台班	27.50	1.582	3.268	—	—
	履带式电动起重机 5t	台班	235.09	1.935	3.132	—	—
	汽车式起重机 12t	台班	748.60	—	—	—	0.120

注:满堂式钢管支架、门式钢支架:定额只含搭拆,使用费单价(t·d)按各地实际价格确定,工程量按施工组织设计计算,如无明确规定分别按每立方米空间体积50kg和40kg计算(包括扣件等)。

工作内容:1. 装配式钢支架:安装;拆除、整理、堆放等;
2. 防撞墙悬挑支架:准备工作;焊接、固定;搭、拆支架,铺脚手板、安全网等;
3. 支架堆载预压:黄砂装袋,堆载;卸载,清理等;
4. 操作平台:平台制作、安装、拆除等。

定额编号				3-507	3-508	3-509	3-510
项目				装配式钢支架	防撞墙悬挑支架	支架堆载预压	预制盖梁安装操作平台
计量单位				$100m^3$	10m	t	$10m^2$
基价（元）				**6270.63**	**1360.54**	**54.31**	**794.31**
其中	人工费（元）			5067.36	813.24	24.30	417.15
	材料费（元）			273.17	315.85	25.98	86.83
	机械费（元）			930.10	231.45	4.03	290.33
名称		单位	单价(元)	消耗量			
人工	二类人工	工日	135.00	37.536	6.024	0.180	3.090
材料	圆木桩	m^3	1379.00	—	0.060	—	—
	型钢 综合	kg	3.84	—	17.000	—	11.907
	热轧薄钢板 Q235B 综合	kg	3.97	—	—	—	5.760
	碳素结构钢焊接钢管 综合	kg	3.88	—	2.000	—	—
	垫木	m^3	2328.00	—	0.003	—	—
	六角带帽螺栓	kg	5.47	—	17.200	—	—
	六角带帽螺栓 综合	kg	5.47	—	—	—	0.735
	电焊条 E43 系列	kg	4.74	—	10.640	—	1.776
	调和漆	kg	11.21	—	—	—	0.188
	红丹防锈漆	kg	6.90	—	—	—	0.243
	乙炔气	kg	7.60	—	—	—	0.084
	汽油 综合	kg	6.12	—	—	—	0.076
	氧气	m^3	3.62	—	—	—	0.253
	安全网	m^2	7.76	—	0.260	—	—
	镀锌铁丝 8#~12#	kg	6.55	—	1.000	—	—
	黄砂 毛砂	t	87.38	—	—	0.225	—
	尼龙编织袋	只	1.58	—	—	4.000	—
	装配式钢支架	t	4336.00	0.063	—	—	—
机械	汽车式起重机 5t	台班	366.47	2.538	—	0.011	—
	汽车式起重机 8t	台班	648.48	—	—	—	0.172
	交流弧焊机 32kV·A	台班	92.84	—	2.493	—	0.191
	平台作业升降车 22m	台班	473.69	—	—	—	0.340

注:装配式钢支架定额只含搭拆钢支架摊销量,其使用费单价(t·d)按各地实际价格确定,工程量按施工组织设计计算,如无明确规定按每立方米空间体积125kg计算。

五、组装、拆卸船排

工作内容:选料;捆绑船排;就位;拆除、整理、堆放等。　　计量单位:次

定额编号				3-511	3-512	3-513	3-514
项目				船吨位(t 以内)			
				60×2	80×2	100×2	120×2
基价(元)				**3001.70**	**4749.63**	**5668.21**	**9910.10**
其中	人工费(元)			1383.48	1892.97	2075.22	3658.77
	材料费(元)			624.64	1056.37	1362.58	1415.76
	机械费(元)			993.58	1800.29	2230.41	4835.57
名称		单位	单价(元)	消耗量			
人工	二类人工	工日	135.00	10.248	14.022	15.372	27.102
材料	枋木	m^3	776.00	0.352	0.708	1.030	1.075
	钢丝绳 综合	kg	6.45	20.820	30.260	33.910	35.110
	镀锌铁丝 8#~12#	kg	6.55	28.230	41.020	46.010	47.630
	扒钉	kg	3.73	6.890	9.180	9.180	9.180
	其他材料费	元	1.00	6.59	8.86	8.97	8.88
机械	木驳船 60t	t·d	3.29	302.000	—	—	—
	木驳船 80t	t·d	3.29	—	547.200	—	—
	铁驳船 100t	t·d	3.01	—	—	741.000	—
	铁驳船 120t	t·d	3.01	—	—	—	1606.500

六、挂篮及扇形支架制作、安拆、推移

工作内容:1. 挂篮:制作、安装、推移、拆除、清理等;

2. 0#扇形支架:制作、安装、推移、拆除、清理等。

定额编号				3-515	3-516	3-517	3-518	3-519
项目				挂篮			0#扇形支架	
				制作	安拆	推移	制作	安拆
计量单位				t		t·m	t	m
基价(元)				**7387.30**	**619.45**	**18.24**	**6926.21**	**3004.94**
其中	人工费(元)			2160.27	98.01	4.05	1839.51	2023.38
	材料费(元)			4520.91	21.42	4.48	4499.25	62.18
	机械费(元)			706.12	500.02	9.71	587.45	919.38
	名称	单位	单价(元)	消耗量				
人工	二类人工	工日	135.00	16.002	0.726	0.030	13.626	14.988
材料	型钢 综合	kg	3.84	1060.000	—	0.200	1060.000	—
	挂篮	t	—	—	(0.300)	—	—	—
	扇形支架	t	—	—	—	—	—	(3.253)
	低合金钢焊条 E43 系列	kg	4.74	44.800	2.500	—	40.229	8.190
	氧气	m^3	3.62	3.860	1.000	—	3.860	3.250
	乙炔气	m^3	8.90	1.280	0.332	—	1.280	1.078
	聚四氟乙烯板	kg	90.52	—	—	0.020	—	—
	黄油	kg	9.05	—	—	0.100	—	—
	防锈漆 C53-1	kg	14.05	5.790	—	—	5.790	—
	调和漆	kg	11.21	3.540	—	—	3.540	—
	溶剂油	kg	2.29	0.770	—	—	0.770	—
	其他材料费	元	1.00	90.00	3.00	1.00	90.00	2.00
机械	履带式起重机 15t	台班	702.00	0.200	—	—	—	—
	电动卷扬机-双筒慢速 50kN	台班	223.12	—	0.368	0.029	—	—
	汽车式起重机 8t	台班	648.48	—	—	—	0.159	—
	汽车式起重机 16t	台班	875.04	—	—	—	—	0.938
	汽车式起重机 75t	台班	3154.17	—	0.110	—	—	—
	交流弧焊机 32kV·A	台班	92.84	5.835	0.327	—	5.217	1.062
	龙门刨床 1000×3000	台班	160.09	0.095	—	—	—	—
	普通车床 630×2000	台班	71.33	0.095	—	—	—	—
	立式钻床 50mm	台班	21.16	0.095	—	—	—	—
	立式油压千斤顶 100t	台班	10.22	—	3.972	0.317	—	—

七、筑、拆胎、地模

工作内容:平整场地;模板制作、安装、拆除;混凝土筑、浇、砌、堆;拆除等。

	定额编号			3-520	3-521	3-522	3-523
	项目			砖地模	混凝土地模		土胎模
					混凝土	模板	
	计量单位			$100m^2$	$10m^3$	$10m^2$	$100m^2$
	基价(元)			**3445.50**	**5877.48**	**435.30**	**3217.38**
其中	人工费(元)			1492.83	1593.27	334.53	1302.75
	材料费(元)			1933.29	4178.04	93.55	1885.79
	机械费(元)			19.38	106.17	7.22	28.84
	名称	单位	单价(元)	消耗量			
人工	二类人工	工日	135.00	11.058	11.802	2.478	9.650
材料	干混砌筑砂浆 DM M10.0	kg	0.25	1.445	—	—	—
	干混地面砂浆 DS M25 散装	t	312.00	2.050	—	—	—
	混凝土实心砖 240×115×53 MU10	千块	388.00	2.852	—	—	—
	非泵送商品混凝土 C15	m^3	399.00	—	10.150	—	—
	无纺土工布	m^2	8.62	15.424	10.363	—	—
	木模板	m^3	1445.00	—	—	0.056	—
	圆钉	kg	4.74	—	—	2.190	—
	脱模剂	kg	1.54	—	—	1.000	—
	模板嵌缝料	kg	1.42	—	—	0.500	—
	块石灰	m^3	340.00	—	—	—	3.020
	黏土	m^3	32.04	—	—	—	26.810
	水	m^3	4.27	12.600	9.100	—	—
机械	干混砂浆罐式搅拌机 20000L	台班	193.83	0.100	—	—	—
	混凝土振捣器 平板式	台班	12.54	—	0.576	—	—
	电动空气压缩机 $1m^3/min$	台班	48.22	—	2.052	—	—
	木工圆锯机 500mm	台班	27.50	—	—	0.155	—
	载货汽车 4t	台班	369.21	—	—	0.008	—
	电动夯实机 250N·m	台班	28.03	—	—	—	1.029

注:如实施的地模结构与定额不同,可另行组价。

八、凿除桩顶钢筋混凝土

工作内容:拆除,旧料运输。　　　　**计量单位**:$10m^3$

定额编号				3-524	3-525
项目				凿除桩顶钢筋混凝土	
				预制混凝土桩	钻孔灌注桩
基价(元)				**2595.59**	**2156.25**
其中	人工费(元)			2293.11	1940.22
	材料费(元)			—	—
	机械费(元)			302.48	216.03
名称		单位	单价(元)	消耗量	
人工	二类人工	工日	135.00	16.986	14.372
机械	手持式风动凿岩机	台班	12.36	4.993	3.566
	电动空气压缩机 $1m^3/min$	台班	48.22	4.993	3.566

第十章
装 饰 工 程

说　明

一、本章定额包括水泥砂浆抹面、剁斧石、拉毛、镶贴面层、水质涂料、油漆，共6节41个子目。

二、本章定额适用于桥、涵构筑物的装饰项目。

三、镶贴面层定额中，贴面材料与定额不同时，可以调整换算，但人工与机械台班消耗量不变。

四、水质涂料不分面层类别，均按本章定额计算，由于涂料种类繁多，如采用其他涂料时，可以调整换算。

五、水泥白石子浆抹灰定额，均未包括颜料费用，如设计需要颜料调制时，应增加颜料费用。

六、油漆定额按手工操作计取，如采用喷漆时，应另行计算。本章定额中油漆种类与实际不同时，可以调整换算。

七、本章定额中均未包括施工脚手架，发生时可按本定额第一册《通用项目》相应定额执行。

八、本章定额缺项部分可参照《浙江省房屋建筑与装饰工程预算定额》(2018版)执行。

工程量计算规则

本章定额除金属面油漆以“t”计算外,其余项目均按装饰面积以“m^2”计算。

一、水泥砂浆抹面

工作内容：清理及修理基底，补表面；堵墙眼；湿治；砂浆抹灰等。 **计量单位**：100m²

定额编号				3-526	3-527	3-528	3-529	3-530
项目				人行道		墙面		栏杆
				分格	压花	有嵌线	无嵌线	
基价（元）				**1613.53**	**1900.27**	**2210.66**	**2042.18**	**2682.89**
其中	人工费（元）			631.80	918.54	1151.01	982.53	1623.24
	材料费（元）			965.45	965.45	1042.21	1042.21	1042.21
	机械费（元）			16.28	16.28	17.44	17.44	17.44
名称		单位	单价(元)	消耗量				
人工	二类人工	工日	135.00	4.680	6.804	8.526	7.278	12.024
材料	纯水泥浆	m³	430.36	0.103	0.103	0.103	0.103	0.103
	干混地面砂浆 DS M20.0	m³	443.08	2.050	2.050	—	—	—
	干混抹灰砂浆 DP M20.0	m³	446.95	—	—	2.204	2.204	2.204
	水	m³	4.27	3.000	3.000	3.000	3.000	3.000
机械	干混砂浆罐式搅拌机 20000L	台班	193.83	0.084	0.084	0.090	0.090	0.090

二、剁斧石

工作内容：清理基底及修补表面；刮底；嵌条；湿治；砂浆抹面；剁面；清场等。 **计量单位**：100m²

定额编号				3-531	3-532	3-533	3-534	3-535
项目				墙面、墙裙	梁、柱	拱圈	挑沿、腰线栏杆、扶手	压顶及其他
基价（元）				**4997.52**	**5937.12**	**7668.09**	**10406.70**	**13040.82**
其中	人工费（元）			4058.91	4998.51	6729.48	9468.09	12102.21
	材料费（元）			874.10	874.10	874.10	874.10	874.10
	机械费（元）			64.51	64.51	64.51	64.51	64.51
名称		单位	单价(元)	消耗量				
人工	二类人工	工日	135.00	30.066	37.026	49.848	70.134	89.646
材料	纯水泥浆	m³	430.36	0.103	0.103	0.103	0.103	0.103
	干混抹灰砂浆 DP M20.0	m³	446.95	1.281	1.281	1.281	1.281	1.281
	水泥白石屑浆 1∶2.5	m³	236.38	1.025	1.025	1.025	1.025	1.025
	水	m³	4.27	3.500	3.500	3.500	3.500	3.500
机械	干混砂浆罐式搅拌机 20000L	台班	193.83	0.053	0.053	0.053	0.053	0.053
	灰浆搅拌机 200L	台班	154.97	0.350	0.350	0.350	0.350	0.350

三、拉　　毛

工作内容:清理及修补基层表面;砂浆打底抹面;分格嵌条;湿治;罩面;拉毛;清场等。　　**计量单位**:100m²

定额编号				3-536	3-537	3-538	3-539	3-540
项目				墙面、墙裙	梁、柱	拱圈	挑沿、腰线栏杆、扶手	压顶及其他
基价(元)				**1772.33**	**2234.84**	**2815.61**	**2912.81**	**3010.01**
其中	人工费(元)			905.58	1368.09	1948.86	2046.06	2143.26
	材料费(元)			851.63	851.63	851.63	851.63	851.63
	机械费(元)			15.12	15.12	15.12	15.12	15.12
名称		单位	单价(元)	消耗量				
人工	二类人工	工日	135.00	6.708	10.134	14.436	15.156	15.876
材料	干混抹灰砂浆 DP M15.0	m³	446.85	0.615	0.615	0.615	0.615	0.615
	干混抹灰砂浆 DP M20.0	m³	446.95	1.281	1.281	1.281	1.281	1.281
	水	m³	4.27	1.000	1.000	1.000	1.000	1.000
机械	干混砂浆罐式搅拌机 20000L	台班	193.83	0.078	0.078	0.078	0.078	0.078

四、镶贴面层

工作内容:清理及修补基层表面;刮底;砂浆抹平;砍、打及磨光块料边缘;镶贴;修嵌缝隙;除污;打蜡擦亮;材料运输及清场等。　　**计量单位**:100m²

定额编号				3-541
项目				粘贴石材
基价(元)				**20371.79**
其中	人工费(元)			2557.98
	材料费(元)			17795.01
	机械费(元)			18.80
名称		单位	单价(元)	消耗量
人工	二类人工	工日	135.00	18.948
材料	花岗岩板	m²	159.00	101.000
	白色硅酸盐水泥 425#、二级白度	kg	0.59	15.300
	干混抹灰砂浆 DP M20.0	m³	446.95	2.358
	镀锌铁丝 18#～22#	kg	6.55	79.000
	铁件	kg	3.71	34.000
	草酸	kg	3.88	1.200
	煤油	kg	3.79	1.000
	硬白蜡	kg	5.00	2.500
	水	m³	4.27	2.000
机械	干混砂浆罐式搅拌机 20000L	台班	193.83	0.097

五、水 质 涂 料

工作内容：清理基底；砂浆抹面；抹腻子；涂刷；清场等。　　**计量单位**：$100m^2$

定额编号				3-542	3-543	3-544
项目				水泥浆	白水泥浆	108 涂料
基价（元）				**355.60**	**834.06**	**398.82**
其中	人工费（元）			315.90	783.27	340.20
	材料费（元）			39.70	50.79	58.62
	机械费（元）			—	—	—
名称		单位	单价(元)	消耗量		
人工	二类人工	工日	135.00	2.340	5.802	2.520
材料	复合硅酸盐水泥 PC 32.5R 综合	kg	0.32	40.250	—	—
	白色硅酸盐水泥 425#、二级白度	kg	0.59	—	46.900	—
	108 内墙涂料	kg	0.86	—	—	38.220
	生石灰	kg	0.30	4.220	—	—
	血料	kg	3.02	8.460	—	—
	107 胶	kg	1.72	—	10.250	0.140
	色粉	kg	3.19	—	1.720	—
	大白粉	kg	0.34	—	—	21.710
	羧甲基纤维素	kg	13.14	—	—	1.380

六、油　　漆

工作内容:清扫;批腻子;刷油漆等。　　　　计量单位:100m²

定额编号				3-545	3-546	3-547
项目				抹灰面		
				批腻子底油调和漆二遍	批腻子底油无光调和漆与调和漆各一遍	批腻子乳胶漆三遍
基价(元)				**971.59**	**956.55**	**1125.43**
其中	人工费(元)			630.99	507.87	414.72
	材料费(元)			340.60	448.68	710.71
	机械费(元)			—	—	—
	名称	单位	单价(元)	消耗量		
人工	二类人工	工日	135.00	4.674	3.762	3.072
材料	石膏粉	kg	0.68	2.990	2.990	2.050
	滑石粉	kg	1.07	13.860	13.860	13.860
	羧甲基纤维素	kg	13.14	0.310	0.310	0.340
	聚醋酸乙烯乳液	kg	5.60	1.550	1.550	1.700
	大白粉	kg	0.34	—	—	1.430
	熟桐油	kg	11.17	2.180	2.180	—
	清油	kg	14.22	1.550	1.550	—
	溶剂油	kg	2.29	7.510	7.510	—
	调和漆	kg	11.21	9.270	9.270	—
	无光调和漆	kg	13.79	9.270	17.100	—
	乳胶漆	kg	15.52	—	—	43.260
	酒精 工业用99.5%	kg	7.07	0.020	0.020	—
	木砂纸	张	1.03	7.000	7.000	8.000
	催干剂	kg	16.38	0.480	0.480	—
	白布	m²	5.34	0.080	0.100	0.070

工作内容:清扫;批腻子;刷油漆等。　　　　计量单位:100m²

定额编号				3-548	3-549	3-550
项目				混凝土面	拉毛面	混凝土栏杆
				乳胶漆二遍		
基价(元)				**804.05**	**1269.84**	**1916.16**
其中	人工费(元)			243.00	406.62	729.00
	材料费(元)			561.05	863.22	1187.16
	机械费(元)			—	—	—
	名称	单位	单价(元)	消耗量		
人工	二类人工	工日	135.00	1.800	3.012	5.400
材料	乳胶漆	kg	15.52	36.150	55.620	75.920
	木砂纸	张	1.03	—	—	8.000
	白布	m²	5.34	—	—	0.120

工作内容:1. 清扫、满刮腻子二遍、打磨、刷底漆、真石漆、罩面漆等;

2. 清扫、满刮抗裂腻子三遍、光面腻子二遍、打磨、刷底漆、中涂漆、金属氟碳漆、氟碳罩面清漆等。

计量单位:100m²

定额编号				3-551	3-552
项目				墙面	
				真石漆	氟碳漆
基价(元)				**5485.35**	**6007.77**
其中	人工费(元)			2500.20	2869.56
	材料费(元)			2985.15	3138.21
	机械费(元)			—	—
名称		单位	单价(元)	消耗量	
人工	二类人工	工日	135.00	18.520	21.256
材料	醇酸清漆	kg	12.50	27.675	—
	醇酸漆稀释剂	kg	6.90	3.120	—
	真石漆	kg	5.17	416.000	—
	真石面漆	kg	7.76	31.200	—
	成品腻子粉	kg	0.86	204.120	—
	氟碳漆用抗裂腻子粉	kg	1.66	—	285.120
	氟碳漆用光面腻子粉	kg	1.50	—	204.120
	丙烯酸聚氨酯底漆	kg	15.52	—	8.088
	丙烯酸聚氨酯中间漆	kg	17.24	—	16.054
	丙烯酸聚氨酯固化剂	kg	14.30	—	4.239
	丙烯酸聚氨酯稀释剂	kg	11.56	—	14.237
	金属氟碳漆面漆	kg	60.34	—	17.670
	氟碳罩面清漆	kg	76.72	—	6.109
	氟碳漆固化剂	kg	54.31	—	1.572
	氟碳漆面漆稀释剂	kg	13.79	—	4.786
	砂纸	张	0.52	8.080	12.000
	水	m^3	4.27	0.095	0.135
	其他材料费	元	1.00	44.70	38.16

工作内容:清理基层,调配油漆,涂刷。

计量单位:100m²

定额编号				3-553	3-554	3-555	3-556	3-557
项目				抹灰面聚氨酯漆				
				刮腻子	清漆		底漆	
					二遍	每增一遍	二遍	每增一遍
基价(元)				**439.65**	**893.87**	**465.72**	**917.68**	**567.22**
其中	人工费(元)			295.92	423.50	310.50	630.18	462.11
	材料费(元)			143.73	470.37	155.22	287.50	105.11
	机械费(元)			—	—	—	—	—
名称		单位	单价(元)	消耗量				
人工	二类人工	工日	135.00	2.192	3.137	2.300	4.668	3.423
材料	聚氨酯清漆	kg	16.38	—	27.800	9.174	—	—
	聚氨酯底漆	kg	9.47	—	—	—	24.000	7.920
	聚氨酯腻子	kg	10.34	13.900	—	—	—	—
	二甲苯	kg	6.03	—	—	—	7.400	3.700
	砂纸	张	0.52	—	—	—	30.000	15.000
	其他材料费	元	1.00	—	15.01	4.95	—	—

工作内容:清理基层,调配油漆,涂刷。 计量单位:100m²

定额编号				3-558	3-559	3-560	3-561
项目				抹灰面聚氨酯漆			
				中间漆		面漆	
				一遍	每增一遍	二遍	每增一遍
基价(元)				**463.15**	**410.30**	**798.28**	**463.57**
其中	人工费(元)			310.37	310.37	454.14	341.42
	材料费(元)			152.78	99.93	344.14	122.15
	机械费(元)			—	—	—	—
	名称	单位	单价(元)	消耗量			
人工	二类人工	工日	135.00	2.299	2.299	3.364	2.529
材料	聚氨酯磁漆	kg	12.48	3.000	1.000	24.000	8.000
	聚氨酯底漆	kg	9.47	9.000	6.000	—	—
	二甲苯	kg	6.03	3.700	3.700	7.400	3.700
	砂纸	张	0.52	15.000	16.000	—	—

工作内容:除锈、清扫;批腻子;刷油漆等。

定额编号				3-562	3-563	3-564	3-565	3-566
项目				金属面防锈漆一遍		金属面调和漆一遍		氟碳漆
				栏杆	其他金属面	栏杆	其他金属面	金属面
计量单位				t				100m²
基价(元)				**197.91**	**122.19**	**279.85**	**117.19**	**5004.62**
其中	人工费(元)			76.14	34.83	229.23	81.00	2347.38
	材料费(元)			121.77	87.36	50.62	36.19	2657.24
	机械费(元)			—	—	—	—	—
	名称	单位	单价(元)	消耗量				
人工	二类人工	工日	135.00	0.564	0.258	1.698	0.600	17.388
材料	防锈漆 C53-1	kg	14.05	6.500	4.670	—	—	—
	调和漆	kg	11.21	—	—	1.900	1.360	—
	酚醛防锈漆 红丹	kg	7.57	—	—	—	—	24.093
	氟碳漆用光面腻子粉	kg	1.50	—	—	—	—	85.554
	丙烯酸聚氨酯底漆	kg	15.52	—	—	—	—	7.975
	丙烯酸聚氨酯中间漆	kg	17.24	—	—	—	—	15.816
	金属氟碳漆面漆	kg	60.34	—	—	—	—	17.425
	氟碳漆面漆稀释剂	kg	13.79	—	—	—	—	4.784
	丙烯酸聚氨酯稀释剂	kg	11.56	—	—	—	—	14.217
	丙烯酸聚氨酯固化剂	kg	14.30	—	—	—	—	4.254
	氟碳罩面清漆	kg	76.72	—	—	—	—	6.017
	氟碳漆固化剂	kg	54.31	—	—	—	—	1.576
	溶剂油	kg	2.29	0.700	0.500	0.210	0.150	—
	铁砂布 0#~2#	张	1.03	28.000	20.000	28.000	20.000	—
	水	m³	4.27	—	—	—	—	0.010
	其他材料费	元	1.00	—	—	—	—	60.25

第四册　隧 道 工 程

册 说 明

一、《浙江省市政工程预算定额》(2018 版)第四册《隧道工程》(以下简称本册定额),由岩石隧道(第一章～第三章)和软土隧道(第四章～第九章)两大部分组成,包括隧道开挖与出渣、临时工程、隧道内衬、盾构法掘进、隧道沉井、垂直顶升、地下混凝土结构、金属构件、矩形顶管,共9章505个子目。

二、岩石隧道适用于城镇管辖范围内新建、改建和扩建的各种车行隧道、人行隧道、给排水隧道及电缆(公用事业)隧道等工程。软土隧道适用于城镇管辖范围内新建和扩建的各种车行隧道、人行隧道、给排水隧道及电缆(公用事业)隧道等工程。

三、本册定额的编制依据:

1.《市政工程工程量计算规范》GB 50857—2013;

2.《市政工程消耗量定额》ZYA 1－31－2015;

3.《公路工程预算定额》(2007);

4.《浙江省市政工程预算定额》(2010 版);

5.现行的设计、施工及验收标准、技术规范等。

四、岩石隧道根据现行的隧道设计和施工规范,将围岩按Ⅰ～Ⅵ级进行级别划分。软土隧道的围护土层一般指沿海地区细颗粒的软弱冲击土层,按土壤分类包括黏土、亚黏土、淤泥质亚黏土、淤泥质黏土、亚砂土、粉砂土和细砂。

五、本册定额按现有的施工方法、机械化程度及合理的劳动组织进行编制。

六、本册定额中的现浇混凝土工程,除岩石隧道的喷射混凝土支护采用现场拌制混凝土外,其他的现浇混凝土工程均采用商品混凝土。

七、本册定额缺项项目,按《浙江省市政工程预算定额》(2018 版)其他分册或本省其他专业工程预算定额的相关子目执行。隧道工程洞内其他项目,执行市政工程预算定额其他分册或本省其他专业工程预算定额的项目时,除章节另有说明外,其人工、机械消耗量乘以系数1.2。

八、未尽事宜详见各章节说明。

第一章
隧道开挖与出渣

说　明

一、本章定额包括平洞钻爆开挖，斜井钻爆开挖，竖井钻爆开挖，隧道内地沟钻爆开挖，平洞非爆开挖，斜井非爆开挖，竖井非爆开挖，隧道内地沟非爆开挖，隧道平洞出渣，隧道斜井、竖井出渣，共 10 节 150 个子目。

二、本章定额的围岩分级，详见《公路隧道设计规范》JTG D70—2004 中的"公路隧道围岩分级表"；隧道内地沟钻爆开挖、非爆开挖定额的岩石分类，详见本定额第一册《通用项目》中的"土壤及岩石分类表"。

三、本章的开挖定额均按光面爆破制订，已综合考虑了超挖和预留变形因素。

四、平洞全断面开挖适用于坡度在 5°以内的洞；斜井全断面开挖适用于坡度在 90°以内的井；竖井全断面开挖适用于垂直度为 90°的井。平洞和斜井洞内出渣的"机械装渣、自卸汽车运输"定额已综合考虑洞门外 500m 以内的运距，当洞门外运距超过 500m 时，按照本定额第一册《通用项目》中自卸汽车运石渣的定额计算增运部分的费用。洞内地沟开挖定额，只适用于洞内独立开挖的地沟，非独立开挖地沟不得执行本定额。

五、平洞各断面开挖的施工方法，斜井的上行和下行开挖，竖井的正井和反井开挖，均已综合考虑，施工方法不同时，不得换算。

六、爆破材料现场的运输用工已包含在本章定额内，但未包括由相关部门规定配送而发生的配送费，发生时按实计算。

七、出渣定额中岩石类别已综合取定，石质不同时不予调整。

八、平洞出渣"人力、机械装渣，轻轨斗车运输"子目中，重车上坡，坡度在 2.5% 以内的工效降低因素已综合在定额内，实际在 2.5% 以内的不同坡度，定额不得换算。

九、竖井出渣项目已包含卷扬机和吊斗费用，吊架费用另行计算。

十、斜井出渣"人装卷扬机轻轨运输"定额，无论实际向上或向下出渣均按本章定额执行。若从斜井底通过平洞出渣时，其平洞段的运输应执行相应的平洞运输定额。

十一、"斜井人装卷扬机轻轨运输"、"竖井人装卷扬机吊斗提升"出渣定额，均包括洞口外 50m 运输，若出洞口后运距超过 50m，运输方式与本运输方式相同时，超过部分可执行"平洞出渣、轻轨斗车运输，每增加 50m 运距"的定额；若出洞后，改变了运输方式，应执行本定额第一册《通用项目》中相应石渣运输定额。

十二、本章定额是按无地下水制订的(不含施工湿式作业积水)，如果施工出现地下水时，积水的排水费和施工的防水措施费，另行计算。

十三、隧道施工中出现塌方和溶洞时，由于塌方和溶洞造成的损失(含停工、窝工)及处理塌方和溶洞发生的费用，另行计算。

十四、隧道工程洞口的明洞开挖、仰坡及天沟开挖等执行本定额第一册《通用项目》土石方工程的相应开挖定额。

工程量计算规则

一、本章定额所指的岩石隧道长度是指隧道进、出口(不含与隧道相连的明洞)洞门端墙墙面之间的距离,即两端墙面与路面的交线同路线中线交点间的距离。双线隧道按上、下行隧道长度的平均值计算。

二、隧道的平洞、斜井、竖井的开挖、出渣工程量,按设计图示开挖断面尺寸计算,包含其洞身及附属洞室的数量。定额中已综合考虑超挖因素,不得将超挖数量计入工程量。

三、隧道内地沟的开挖和出渣工程量按设计断面尺寸以"m^3"计算,不得另行计算超挖量。

四、平洞出渣的运距按装渣重心至卸渣重心的直线距离计算,若平洞的轴线为曲线时,洞内段的运距按相应的轴线长度计算。

五、斜井出渣的运距按装渣重心至斜井口摘钩点的斜距离计算。

六、竖井的提升运距按装渣重心至井口吊斗摘钩点的垂直距离计算。

一、平洞钻爆开挖

1. 断面面积 $35m^2$ 以内

工作内容：选孔位、钻孔、装药、放炮、安全处理、爆破材料的领退。 **计量单位**：$100m^3$

定额编号				4-1	4-2	4-3	4-4	4-5	4-6
项目				洞长1km以内					
				围岩级别					
				Ⅰ级	Ⅱ级	Ⅲ级	Ⅳ级	Ⅴ级	Ⅵ级
基价（元）				**10763.03**	**8869.49**	**6431.20**	**5455.07**	**5411.82**	**5421.77**
其中	人工费（元）			4945.19	4047.71	3017.39	2504.66	2617.38	5249.75
	材料费（元）			2670.98	2186.00	1556.55	1458.14	1207.33	53.56
	机械费（元）			3146.86	2635.78	1857.26	1492.27	1587.11	118.46
	名称	单位	单价(元)	消耗量					
人工	二类人工	工日	135.00	36.631	29.983	22.351	18.553	19.388	38.887
材料	乳化炸药	kg	9.11	183.063	146.450	97.634	93.878	69.539	—
	非电毫秒雷管	个	1.29	220.196	205.516	171.263	158.089	146.379	—
	导爆索	m	3.17	66.272	61.854	51.545	47.580	44.056	—
	铜芯塑料绝缘线 BVR2.5	m	1.55	24.398	24.398	24.398	24.398	24.398	—
	合金钢钻头 一字型	个	8.62	15.043	10.749	7.257	6.699	6.203	—
	六角空心钢 综合	kg	2.48	23.894	17.074	11.527	10.640	9.852	6.100
	高压风管 $\phi25$	m	11.21	3.682	2.812	1.983	1.586	1.694	—
	高压胶皮水管 $\phi19-6P-20m$	m	12.07	3.682	2.812	1.983	1.586	1.694	—
	原木	m^3	1552.00	—	—	—	—	—	0.022
	水	m^3	4.27	36.818	28.116	19.825	15.860	16.944	—
	其他材料费	元	1.00	39.47	32.31	23.00	21.55	17.84	4.29
机械	气腿式风动凿岩机	台班	13.62	22.909	17.494	12.336	9.868	10.543	—
	风动锻钎机	台班	25.56	0.518	0.370	0.250	0.231	0.214	—
	电动空气压缩机 $10m^3/min$	台班	394.85	7.146	6.048	4.262	3.424	3.642	0.300

工作内容：选孔位、钻孔、装药、放炮、安全处理、爆破材料的领退。 **计量单位**：$100m^3$

定额编号				4-7	4-8	4-9	4-10	4-11	4-12
项目				洞长1km以上，每1km增加人工、机械					
				围岩级别					
				Ⅰ级	Ⅱ级	Ⅲ级	Ⅳ级	Ⅴ级	Ⅵ级
基价（元）				**221.73**	**175.43**	**127.52**	**104.70**	**109.76**	**91.57**
其中	人工费（元）			117.72	96.39	71.82	59.67	62.24	87.62
	材料费（元）			—	—	—	—	—	—
	机械费（元）			104.01	79.04	55.70	45.03	47.52	3.95
	名称	单位	单价(元)	消耗量					
人工	二类人工	工日	135.00	0.872	0.714	0.532	0.442	0.461	0.649
机械	气腿式风动凿岩机	台班	13.62	0.273	0.208	0.147	0.117	0.126	—
	电动空气压缩机 $10m^3/min$	台班	394.85	0.254	0.193	0.136	0.110	0.116	0.010

2. 断面面积 $65m^2$ 以内

工作内容:选孔位、钻孔、装药、放炮、安全处理、爆破材料的领退。 **计量单位**:$100m^3$

定额编号				4-13	4-14	4-15	4-16	4-17	4-18
项目				洞长 1km 以内					
				围岩级别					
				Ⅰ级	Ⅱ级	Ⅲ级	Ⅳ级	Ⅴ级	Ⅵ级
基价(元)				**9197.21**	**7305.37**	**5586.95**	**4545.63**	**4510.48**	**5001.21**
其中	人工费(元)			4129.25	3319.65	2579.72	2108.43	2201.72	4852.71
	材料费(元)			2203.76	1802.84	1469.83	1202.05	994.90	49.79
	机械费(元)			2864.20	2182.88	1537.40	1235.15	1313.86	98.71
名称		单位	单价(元)	消耗量					
人工	二类人工	工日	135.00	30.587	24.590	19.109	15.618	16.309	35.946
材料	乳化炸药	kg	9.11	151.500	121.200	101.000	77.692	57.550	—
	非电毫秒雷管	个	1.29	176.571	164.800	137.333	126.769	117.379	—
	导爆索	m	3.17	54.857	51.200	42.667	39.385	36.467	—
	铜芯塑料绝缘线 BVR2.5	m	1.55	20.563	20.563	20.563	20.563	20.563	—
	合金钢钻头 一字型	个	8.62	12.452	8.898	6.007	5.545	5.134	—
	六角空心钢 综合	kg	2.48	19.778	14.133	9.541	8.807	8.155	4.940
	高压风管 φ25	m	11.21	3.048	2.327	1.641	1.313	1.403	—
	高压胶皮水管 φ19-6P-20m	m	12.07	3.048	2.327	1.641	1.313	1.403	—
	原木	m^3	1552.00	—	—	—	—	—	0.022
	水	m^3	4.27	30.476	23.273	16.410	13.128	14.026	—
	其他材料费	元	1.00	32.57	26.64	21.72	17.76	14.70	3.39
机械	气腿式风动凿岩机	台班	13.62	18.963	14.481	10.211	8.169	8.727	—
	风动锻钎机	台班	25.56	0.429	0.307	0.207	0.191	0.177	—
	电动空气压缩机 $10m^3/min$	台班	394.85	6.572	5.009	3.528	2.834	3.015	0.250

工作内容:选孔位、钻孔、装药、放炮、安全处理、爆破材料的领退。 **计量单位**:$100m^3$

定额编号				4-19	4-20	4-21	4-22	4-23	4-24
项目				洞长 1km 以上,每 1km 增加人工、机械					
				围岩级别					
				Ⅰ级	Ⅱ级	Ⅲ级	Ⅳ级	Ⅴ级	Ⅵ级
基价(元)				**204.81**	**160.42**	**118.09**	**96.16**	**101.18**	**73.71**
其中	人工费(元)			98.28	79.11	60.75	50.22	52.38	73.71
	材料费(元)			—	—	—	—	—	—
	机械费(元)			106.53	81.31	57.34	45.94	48.80	—
名称		单位	单价(元)	消耗量					
人工	二类人工	工日	135.00	0.728	0.586	0.450	0.372	0.388	0.546
机械	气腿式风动凿岩机	台班	13.62	0.226	0.172	0.122	0.097	0.104	—
	电动空气压缩机 $10m^3/min$	台班	394.85	0.262	0.200	0.141	0.113	0.120	—

3. 断面面积 100m² 以内

工作内容：选孔位、钻孔、装药、放炮、安全处理、爆破材料的领退。 **计量单位**：100m³

定额编号				4-25	4-26	4-27	4-28	4-29	4-30
项目				洞长 1km 以内					
				围岩级别					
				Ⅰ级	Ⅱ级	Ⅲ级	Ⅳ级	Ⅴ级	Ⅵ级
基价（元）				**8784.78**	**7012.19**	**5364.31**	**4420.12**	**4408.48**	**3879.29**
其中	人工费（元）			4118.58	3343.82	2597.94	2197.67	2283.80	3757.73
	材料费（元）			2019.06	1651.11	1345.76	1081.00	910.59	42.59
	机械费（元）			2647.14	2017.26	1420.61	1141.45	1214.09	78.97
	名称	单位	单价(元)	消耗量					
人工	二类人工	工日	135.00	30.508	24.769	19.244	16.279	16.917	27.835
材料	乳化炸药	kg	9.11	138.875	111.100	92.583	71.218	52.754	—
	非电毫秒雷管	个	1.29	158.226	147.677	123.064	113.598	105.183	—
	导爆索	m	3.17	50.694	47.314	39.428	36.395	33.700	—
	铜芯塑料绝缘线 BVR2.5	m	1.55	18.666	18.666	18.666	18.666	18.666	—
	合金钢钻头 一字型	个	8.62	11.507	8.222	5.551	5.124	4.744	—
	六角空心钢 综合	kg	2.48	18.277	13.061	8.817	8.139	7.536	3.670
	高压风管 ϕ25	m	11.21	2.816	2.151	1.516	1.213	1.296	—
	高压胶皮水管 ϕ19－6P－20m	m	12.07	2.816	2.151	1.516	1.213	1.296	—
	原木	m³	1552.00	—	—	—	—	—	0.020
	水	m³	4.27	28.163	21.506	15.165	7.678	12.961	—
	其他材料费	元	1.00	29.84	24.40	19.89	15.98	13.46	2.45
机械	气腿式风动凿岩机	台班	13.62	17.524	13.382	9.436	7.549	8.065	—
	风动锻钎机	台班	25.56	0.397	0.283	0.191	0.177	0.164	—
	电动空气压缩机 10m³/min	台班	394.85	6.074	4.629	3.260	2.619	2.786	0.200

工作内容：选孔位、钻孔、装药、放炮、安全处理、爆破材料的领退。 **计量单位**：100m³

定额编号				4-31	4-32	4-33	4-34	4-35	4-36
项目				洞长 1km 以上，每 1km 增加人工、机械					
				围岩级别					
				Ⅰ级	Ⅱ级	Ⅲ级	Ⅳ级	Ⅴ级	Ⅵ级
基价（元）				**174.63**	**131.51**	**102.80**	**85.30**	**68.31**	**44.96**
其中	人工费（元）			95.18	77.22	60.21	51.30	31.86	44.96
	材料费（元）			—	—	—	—	—	—
	机械费（元）			79.45	54.29	42.59	34.00	36.45	—
	名称	单位	单价(元)	消耗量					
人工	二类人工	工日	135.00	0.705	0.572	0.446	0.380	0.236	0.333
机械	气腿式风动凿岩机	台班	13.62	0.209	0.159	0.112	0.090	0.096	—
	电动空气压缩机 10m³/min	台班	394.85	0.194	0.132	0.104	0.083	0.089	—

4. 断面面积 200m² 以内

工作内容:选孔位、钻孔、装药、放炮、安全处理、爆破材料的领退。 **计量单位**:100m³

定额编号				4-37	4-38	4-39	4-40	4-41	4-42
项目				洞长 1km 以内					
				围岩级别					
				Ⅰ级	Ⅱ级	Ⅲ级	Ⅳ级	Ⅴ级	Ⅵ级
基价(元)				**8415.66**	**6715.02**	**5146.61**	**4269.62**	**4239.50**	**3207.17**
其中	人工费(元)			3997.35	3244.05	2531.12	2152.58	2234.39	3143.88
	材料费(元)			1908.01	1557.85	1268.10	1034.46	853.78	23.80
	机械费(元)			2510.30	1913.12	1347.39	1082.58	1151.33	39.49
	名称	单位	单价(元)	消耗量					
人工	二类人工	工日	135.00	29.610	24.030	18.749	15.945	16.551	23.288
材料	乳化炸药	kg	9.11	132.563	106.050	88.375	67.981	50.356	—
	非电毫秒雷管	个	1.29	145.645	135.935	113.279	104.565	96.820	—
	导爆索	m	3.17	48.077	44.872	37.393	34.517	31.960	—
	铜芯塑料绝缘线 BVR2.5	m	1.55	11.995	11.995	11.995	11.995	11.995	—
	合金钢钻头 一字型	个	8.62	10.913	7.798	5.264	4.860	4.500	—
	六角空心钢 综合	kg	2.48	17.334	12.386	8.362	7.719	7.147	1.780
	高压风管 ϕ25	m	11.21	2.671	2.040	1.438	1.151	1.229	—
	高压胶皮水管 ϕ19-6P-20m	m	12.07	2.671	2.040	1.438	1.151	1.229	—
	原木	m³	1552.00	—	—	—	—	—	0.012
	水	m³	4.27	26.709	20.396	14.382	11.506	12.292	—
	其他材料费	元	1.00	28.20	23.02	18.74	15.29	12.62	0.76
机械	气腿式风动凿岩机	台班	13.62	16.619	12.691	8.949	7.159	7.649	—
	风动锻钎机	台班	25.56	0.376	0.269	0.181	0.167	0.155	—
	电动空气压缩机 10m³/min	台班	394.85	5.760	4.390	3.092	2.484	2.642	0.100

工作内容:选孔位、钻孔、装药、放炮、安全处理、爆破材料的领退。 **计量单位**:100m³

定额编号				4-43	4-44	4-45	4-46	4-47	4-48
项目				洞长 1km 以上,每 1km 增加人工、机械					
				围岩级别					
				Ⅰ级	Ⅱ级	Ⅲ级	Ⅳ级	Ⅴ级	Ⅵ级
基价(元)				**233.98**	**186.13**	**140.59**	**117.81**	**87.60**	**74.79**
其中	人工费(元)			158.63	128.79	100.44	85.46	53.19	74.79
	材料费(元)			—	—	—	—	—	—
	机械费(元)			75.35	57.34	40.15	32.35	34.41	—
	名称	单位	单价(元)	消耗量					
人工	二类人工	工日	135.00	1.175	0.954	0.744	0.633	0.394	0.554
机械	气腿式风动凿岩机	台班	13.62	0.198	0.151	0.107	0.085	0.091	—
	电动空气压缩机 10m³/min	台班	394.85	0.184	0.140	0.098	0.079	0.084	—

二、斜井钻爆开挖

1. 断面面积 $5m^2$ 以内

工作内容：选孔位、钻孔、装药、放炮、安全处理、爆破材料的领退。　　　　**计量单位**：$100m^3$

定额编号				4-49	4-50	4-51	4-52	4-53	4-54
项目				围岩级别					
				Ⅰ级	Ⅱ级	Ⅲ级	Ⅳ级	Ⅴ级	Ⅵ级
基价（元）				**17997.29**	**13717.49**	**10067.38**	**8098.96**	**8318.84**	**7604.70**
其中	人工费（元）			9599.99	7373.70	5449.01	4394.39	4668.98	7388.01
	材料费（元）			3213.72	2582.26	2054.38	1693.20	1458.28	98.23
	机械费（元）			5183.58	3761.53	2563.99	2011.37	2191.58	118.46
名称		单位	单价（元）	消耗量					
人工	二类人工	工日	135.00	71.111	54.620	40.363	32.551	34.585	54.726
材料	乳化炸药	kg	9.11	174.762	139.810	116.508	89.622	66.386	—
	非电毫秒雷管	个	1.29	272.067	253.929	211.607	195.330	180.861	—
	导爆索	m	3.17	63.394	59.168	49.307	45.514	42.143	—
	铜芯塑料绝缘线 BVR2.5	m	1.55	40.808	40.808	40.808	40.808	40.808	—
	合金钢钻头 一字型	个	8.62	28.779	20.565	13.883	12.846	11.866	5.200
	六角空心钢 综合	kg	2.48	45.713	32.666	22.053	20.356	18.848	—
	高压风管 $\phi25$	m	11.21	9.056	6.574	4.482	3.501	3.831	—
	高压胶皮水管 $\phi19-6P-20m$	m	12.07	9.056	6.574	4.482	3.501	3.831	—
	原木	m^3	1552.00	—	—	—	—	—	0.030
	水	m^3	4.27	90.563	65.742	44.824	35.011	38.311	—
	其他材料费	元	1.00	47.49	38.16	30.36	25.02	21.55	6.85
机械	气腿式风动凿岩机	台班	13.62	28.175	20.453	13.946	10.892	11.919	—
	风动锻钎机	台班	25.56	0.496	0.355	0.240	0.221	0.205	—
	电动空气压缩机 $10m^3/min$	台班	394.85	12.124	8.798	5.997	4.704	5.126	0.300

2. 断面面积 $10m^2$ 以内

工作内容:选孔位、钻孔、装药、放炮、安全处理、爆破材料的领退。 计量单位:$100m^3$

定额编号				4-55	4-56	4-57	4-58	4-59	4-60
项目				围岩级别					
				Ⅰ级	Ⅱ级	Ⅲ级	Ⅳ级	Ⅴ级	Ⅵ级
基价(元)				**14790.64**	**11303.82**	**8318.08**	**6693.91**	**6875.61**	**6412.10**
其中	人工费(元)			7991.73	6177.87	4592.97	3712.23	3936.33	6228.77
	材料费(元)			2570.01	2057.45	1633.17	1340.62	1151.31	84.62
	机械费(元)			4228.90	3068.50	2091.94	1641.06	1787.97	98.71
名称		单位	单价(元)	消耗量					
人工	二类人工	工日	135.00	59.198	45.762	34.022	27.498	29.158	46.139
材料	乳化炸药	kg	9.11	142.663	114.130	95.109	73.161	54.193	—
	非电毫秒雷管	个	1.29	190.253	177.570	147.975	136.592	126.474	—
	导爆索	m	3.17	51.719	48.272	40.226	37.132	34.382	—
	高压胶皮水管 φ19-6P-20m	m	12.07	7.388	5.363	3.657	2.856	3.126	—
	铜芯塑料绝缘线 BVR2.5	m	1.55	26.218	26.218	26.218	26.218	26.218	—
	合金钢钻头 一字型	个	8.62	23.479	16.778	11.327	10.455	9.681	4.700
	六角空心钢 综合	kg	2.48	37.294	26.650	17.991	16.607	15.377	—
	高压风管 φ25	m	11.21	7.388	5.363	3.657	2.856	3.126	—
	原木	m^3	1552.00	—	—	—	—	—	0.025
	水	m^3	4.27	73.885	53.635	36.569	28.563	31.256	—
	其他材料费	元	1.00	37.98	30.41	24.14	19.81	17.01	5.31
机械	气腿式风动凿岩机	台班	13.62	22.987	16.687	11.377	8.886	9.724	—
	风动锻钎机	台班	25.56	0.405	0.289	0.195	0.180	0.167	—
	电动空气压缩机 $10m^3/min$	台班	394.85	9.891	7.177	4.893	3.838	4.182	0.250

3. 断面面积 $20m^2$ 以内

工作内容：选孔位、钻孔、装药、放炮、安全处理、爆破材料的领退。 **计量单位：**$100m^3$

定额编号				4-61	4-62	4-63	4-64	4-65	4-66
项目				围岩级别					
				Ⅰ级	Ⅱ级	Ⅲ级	Ⅳ级	Ⅴ级	Ⅵ级
基价（元）				**11980.48**	**9171.71**	**6769.90**	**5456.62**	**5602.59**	**5289.64**
其中	人工费（元）			6561.41	5089.10	3805.65	3086.24	3265.11	5166.86
	材料费（元）			2038.01	1628.96	1291.72	1058.53	907.78	43.81
	机械费（元）			3381.06	2453.65	1672.53	1311.85	1429.70	78.97
名称		单位	单价(元)	消耗量					
人工	二类人工	工日	135.00	48.603	37.697	28.190	22.861	24.186	38.273
材料	乳化炸药	kg	9.11	114.130	91.304	76.087	58.528	43.354	—
	非电毫秒雷管	个	1.29	141.970	132.506	110.422	101.928	94.377	—
	导爆索	m	3.17	41.351	38.594	32.162	29.688	27.489	—
	铜芯塑料绝缘线 BVR2.5	m	1.55	18.342	18.342	18.342	18.342	18.342	—
	合金钢钻头 一字型	个	8.62	18.772	13.414	9.056	8.359	7.740	—
	六角空心钢 综合	kg	2.48	29.817	21.307	14.384	13.278	12.294	4.100
	高压风管 $\phi25$	m	11.21	5.907	4.288	2.924	2.284	2.499	—
	高压胶皮水管 $\phi19-6P-20m$	m	12.07	5.907	4.288	2.924	2.284	2.499	—
	原木	m^3	1552.00	—	—	—	—	—	0.020
	水	m^3	4.27	59.072	42.882	29.238	22.837	24.990	—
	其他材料费	元	1.00	30.12	24.07	19.09	15.64	13.42	2.60
机械	气腿式风动凿岩机	台班	13.62	18.378	13.341	9.096	7.105	7.775	—
	风动锻钎机	台班	25.56	0.324	0.231	0.156	0.144	0.134	—
	电动空气压缩机 $10m^3/min$	台班	394.85	7.908	5.739	3.912	3.068	3.344	0.200

三、竖井钻爆开挖

1. 断面面积 $5m^2$ 以内

工作内容:选孔位、钻孔、装药、放炮、安全处理、爆破材料的领退。 计量单位:$100m^3$

定额编号				4-67	4-68	4-69	4-70	4-71	4-72
项目				围岩级别					
				Ⅰ级	Ⅱ级	Ⅲ级	Ⅳ级	Ⅴ级	Ⅵ级
基价(元)				19749.67	15193.82	11301.65	9119.56	9246.98	5576.85
其中	人工费(元)			10991.43	8474.76	6295.05	5086.26	5394.47	5394.47
	材料费(元)			4102.22	3340.59	2703.43	2226.71	1884.09	63.92
	机械费(元)			4656.02	3378.47	2303.17	1806.59	1968.42	118.46
名称		单位	单价(元)	消耗量					
人工	二类人工	工日	135.00	81.418	62.776	46.630	37.676	39.959	39.959
材料	乳化炸药	kg	9.11	251.167	200.930	167.445	128.803	95.410	—
	非电毫秒雷管	个	1.29	391.013	364.930	304.121	280.727	259.933	—
	导爆索	m	3.17	91.110	85.032	70.863	65.412	60.567	—
	铜芯塑料绝缘线 BVR2.5	m	1.55	63.763	63.763	63.763	63.763	63.763	—
	合金钢钻头 一字型	个	8.62	25.851	18.472	12.471	11.512	10.659	—
	六角空心钢 综合	kg	2.48	41.061	29.341	19.809	18.285	16.931	5.200
	高压风管 φ25	m	11.21	8.135	5.905	4.026	3.145	3.441	—
	高压胶皮水管 φ19-6P-20m	m	12.07	8.135	5.905	4.026	3.145	3.441	—
	原木	m^3	1552.00	—	—	—	—	—	0.030
	水	m^3	4.27	81.348	59.050	40.263	31.448	34.413	—
	其他材料费	元	1.00	60.62	49.37	39.95	32.91	27.84	4.46
机械	气腿式风动凿岩机	台班	13.62	25.309	18.371	12.527	9.784	10.707	—
	风动锻钎机	台班	25.56	0.446	0.319	0.215	0.199	0.184	—
	电动空气压缩机 $10m^3/min$	台班	394.85	10.890	7.902	5.387	4.225	4.604	0.300

2. 断面面积 $10m^2$ 以内

工作内容：选孔位、钻孔、装药、放炮、安全处理、爆破材料的领退。　　　　**计量单位**：$100m^3$

定额编号				4-73	4-74	4-75	4-76	4-77	4-78
项目				围岩级别					
				Ⅰ级	Ⅱ级	Ⅲ级	Ⅳ级	Ⅴ级	Ⅵ级
基价（元）				**18501.57**	**14296.42**	**10709.98**	**8636.47**	**8629.20**	**4709.48**
其中	人工费（元）			9162.72	7112.88	5316.30	4305.42	4556.93	4556.93
	材料费（元）			4682.83	3805.07	3090.51	2524.46	2103.85	53.84
	机械费（元）			4656.02	3378.47	2303.17	1806.59	1968.42	98.71
名称		单位	单价(元)	消耗量					
人工	二类人工	工日	135.00	67.872	52.688	39.380	31.892	33.755	33.755
材料	乳化炸药	kg	9.11	313.959	251.162	209.306	161.004	119.262	—
	非电毫秒雷管	个	1.29	391.013	364.930	304.121	280.727	259.933	—
	导爆索	m	3.17	91.110	85.032	70.863	65.412	60.567	—
	铜芯塑料绝缘线 BVR2.5	m	1.55	63.763	63.763	63.763	63.763	63.763	—
	合金钢钻头 一字型	个	8.62	25.851	18.472	12.471	11.512	10.569	—
	六角空心钢 综合	kg	2.48	41.061	29.341	19.809	18.285	16.931	4.700
	高压风管 ϕ25	m	11.21	8.135	5.905	4.026	3.145	3.441	—
	高压胶皮水管 ϕ19－6P－20m	m	12.07	8.135	5.905	4.026	3.145	3.441	—
	原木	m^3	1552.00	—	—	—	—	—	0.025
	水	m^3	4.27	81.348	59.050	40.263	31.448	34.413	—
	其他材料费	元	1.00	69.20	56.23	45.67	37.31	31.09	3.38
机械	气腿式风动凿岩机	台班	13.62	25.309	18.371	12.527	9.784	10.707	—
	风动锻钎机	台班	25.56	0.446	0.319	0.215	0.199	0.184	—
	电动空气压缩机 $10m^3/min$	台班	394.85	10.890	7.902	5.387	4.225	4.604	0.250

3. 断面面积 $25m^2$ 以内

工作内容:选孔位、钻孔、装药、放炮、安全处理、爆破材料的领退。 **计量单位:**$100m^3$

定额编号				4-79	4-80	4-81	4-82	4-83	4-84
项目				围岩级别					
				Ⅰ级	Ⅱ级	Ⅲ级	Ⅳ级	Ⅴ级	Ⅵ级
基价(元)				**14516.92**	**11124.06**	**8236.49**	**6640.69**	**6786.67**	**3799.66**
其中	人工费(元)			7273.40	5655.96	4250.48	3454.92	3650.13	3650.13
	材料费(元)			2525.52	2047.81	1654.56	1356.77	1143.42	70.56
	机械费(元)			4718.00	3420.29	2331.45	1829.00	1993.12	78.97
名称		单位	单价(元)	消耗量					
人工	二类人工	工日	135.00	53.877	41.896	31.485	25.592	27.038	27.038
材料	乳化炸药	kg	9.11	158.903	127.118	105.935	81.489	60.362	—
	非电毫秒雷管	个	1.29	198.110	184.903	154.086	142.233	131.698	—
	导爆索	m	3.17	57.702	53.855	44.879	41.427	38.358	—
	铜芯塑料绝缘线 BVR2.5	m	1.55	36.494	36.494	36.494	36.494	36.494	—
	合金钢钻头 一字型	个	8.62	16.372	11.699	7.898	7.291	6.750	4.100
	六角空心钢 综合	kg	2.48	26.005	18.583	12.545	11.580	10.723	—
	高压风管 $\phi25$	m	11.21	5.152	3.740	2.550	1.992	2.179	—
	高压胶皮水管 $\phi19-6P-20m$	m	12.07	5.152	3.740	2.550	1.992	2.179	—
	原木	m^3	1552.00	—	—	—	—	—	0.020
	水	m^3	4.27	51.520	37.400	25.500	19.917	21.795	—
	其他材料费	元	1.00	37.32	30.26	24.45	20.05	16.90	4.18
机械	气腿式风动凿岩机	台班	13.62	25.646	18.617	12.693	9.914	10.849	—
	风动锻钎机	台班	25.56	0.451	0.202	0.136	0.126	0.117	—
	电动空气压缩机 $10m^3/min$	台班	394.85	11.035	8.007	5.458	4.282	4.666	0.200

四、隧道内地沟钻爆开挖

工作内容：选孔位、钻孔、装药、放炮、安全处理、爆破材料的领退，弃渣堆放在沟边。 **计量单位：**$100m^3$

定额编号				4-85	4-86	4-87	4-88	4-89
项目				沟深1m以内				
				坚硬岩	较硬岩	较软岩	软岩	极软岩
基价（元）				**13357.89**	**10026.86**	**7966.56**	**6788.55**	**6537.21**
其中	人工费（元）			7797.33	6108.21	5066.01	4460.67	4397.76
	材料费（元）			1979.96	1564.78	1265.91	1081.79	945.62
	机械费（元）			3580.60	2353.87	1634.64	1246.09	1193.83
名称		单位	单价(元)	消耗量				
人工	二类人工	工日	135.00	57.758	45.246	37.526	33.042	32.576
材料	乳化炸药	kg	9.11	91.910	78.558	67.140	57.390	49.046
	非电毫秒雷管	个	1.29	297.273	254.087	211.464	185.615	158.633
	铜芯塑料绝缘线 BVR2.5	m	1.55	36.414	36.414	36.414	36.414	36.414
	合金钢钻头 一字型	个	8.62	28.301	18.520	12.823	10.960	9.367
	六角空心钢 综合	kg	2.48	35.962	23.534	16.294	13.930	11.903
	高压风管 $\phi25$	m	11.21	6.234	4.099	2.846	2.163	2.079
	高压胶皮水管 $\phi19-6P-20m$	m	12.07	6.234	4.099	2.846	2.163	2.079
	水	m^3	4.27	45.716	30.058	20.872	15.858	15.247
	其他材料费	元	1.00	29.26	23.12	18.71	15.99	13.97
机械	气腿式风动凿岩机	台班	13.62	19.395	12.752	8.855	6.728	6.469
	风动锻钎机	台班	25.56	0.390	0.256	0.177	0.151	0.129
	电动空气压缩机 $10m^3/min$	台班	394.85	8.374	5.505	3.823	2.914	2.792

工作内容:选孔位、钻孔、装药、放炮、安全处理、爆破材料的领退,弃渣堆放在沟边。 计量单位:100m³

定额编号				4-90	4-91	4-92	4-93	4-94
项目				沟深 2m 以内				
				坚硬岩	较硬岩	较软岩	软岩	极软岩
基价(元)				**12952.65**	**10188.88**	**8474.04**	**7474.53**	**7274.22**
其中	人工费(元)			8432.64	7012.44	6122.39	5593.86	5541.89
	材料费(元)			1566.24	1234.36	1003.07	852.74	747.17
	机械费(元)			2953.77	1942.08	1348.58	1027.93	985.16
名称		单位	单价(元)	消耗量				
人工	二类人工	工日	135.00	62.464	51.944	45.351	41.436	41.051
材料	乳化炸药	kg	9.11	83.325	71.220	60.868	52.025	44.466
	非电毫秒雷管	个	1.29	136.244	116.451	99.524	85.065	72.705
	铜芯塑料绝缘线 BVR2.5	m	1.55	33.966	33.966	33.966	33.966	33.966
	合金钢钻头 一字型	个	8.62	23.347	15.278	10.578	9.040	7.728
	六角空心钢 综合	kg	2.48	29.668	19.415	13.442	11.490	9.820
	高压风管 ϕ25	m	11.21	5.143	3.381	2.348	1.784	1.715
	高压胶皮水管 ϕ19-6P-20m	m	12.07	5.143	3.381	2.348	1.784	1.715
	水	m³	4.27	37.714	24.796	17.219	13.082	12.579
	其他材料费	元	1.00	23.15	18.24	14.82	12.60	11.04
机械	气腿式风动凿岩机	台班	13.62	16.000	10.520	7.305	5.550	5.337
	风动锻钎机	台班	25.56	0.322	0.211	0.146	0.122	0.107
	电动空气压缩机 10m³/min	台班	394.85	6.908	4.542	3.154	2.404	2.304

五、平洞非爆开挖

1. 岩石破碎机开挖

工作内容:机械定位、钻孔、凿打岩石、清理、堆积、安全处理。 计量单位:100m³

定额编号				4-95	4-96	4-97	4-98	4-99
项目				断面 35m² 以内				
				围岩级别				
				Ⅰ级	Ⅱ级	Ⅲ级	Ⅳ级	Ⅴ级
基价(元)				**37480.01**	**28834.24**	**21585.63**	**17272.63**	**13822.69**
其中	人工费(元)			7826.09	6020.19	4515.08	3612.06	2889.68
	材料费(元)			88.56	71.15	57.59	50.41	44.67
	机械费(元)			29565.36	22742.90	17012.96	13610.16	10888.34
名称		单位	单价(元)	消耗量				
人工	二类人工	工日	135.00	57.971	44.594	33.445	26.756	21.405
材料	板方材	m³	1034.00	0.021	0.021	0.021	0.021	0.021
	水	m³	4.27	15.654	11.578	8.401	6.721	5.376
机械	平行水钻机	台班	580.00	37.161	28.586	21.439	17.151	13.721
	履带式液压岩石破碎机 HB30G	台班	417.01	14.457	11.120	8.261	6.609	5.287
	履带式单斗液压挖掘机 1m³	台班	914.79	2.168	1.668	1.239	0.991	0.793

工作内容：机械定位、钻孔、凿打岩石、清理、堆积、安全处理。 **计量单位：**100m³

定额编号				4-100	4-101	4-102	4-103	4-104
项目				断面 65m² 以内				
				围岩级别				
				Ⅰ级	Ⅱ级	Ⅲ级	Ⅳ级	Ⅴ级
基价（元）				**29080.29**	**22374.04**	**16348.04**	**13403.38**	**10727.98**
其中	人工费（元）			6019.25	4630.23	3071.93	2778.17	2222.64
	材料费（元）			74.18	60.55	49.91	44.27	39.76
	机械费（元）			22986.86	17683.26	13226.20	10580.94	8465.58
名称		单位	单价(元)	消耗量				
人工	二类人工	工日	135.00	44.587	34.298	22.755	20.579	16.464
材料	板方材	m³	1034.00	0.021	0.021	0.021	0.021	0.021
	水	m³	4.27	12.288	9.095	6.603	5.282	4.226
机械	平行水钻机	台班	580.00	28.581	21.986	16.489	13.191	10.553
	履带式液压岩石破碎机 HB30G	台班	417.01	11.565	8.897	6.609	5.287	4.230
	履带式单斗液压挖掘机 1m³	台班	914.79	1.735	1.335	0.991	0.793	0.635

工作内容：机械定位、钻孔、凿打岩石、清理、堆积、安全处理。 **计量单位：**100m³

定额编号				4-105	4-106	4-107	4-108	4-109
项目				断面 100m² 以内				
				围岩级别				
				Ⅰ级	Ⅱ级	Ⅲ级	Ⅳ级	Ⅴ级
基价（元）				**19198.61**	**14912.69**	**11372.58**	**9102.51**	**7338.06**
其中	人工费（元）			3883.68	2987.55	2240.60	1792.53	1434.11
	材料费（元）			57.39	48.77	42.28	38.17	34.88
	机械费（元）			15257.54	11876.37	9089.70	7271.81	5869.07
名称		单位	单价(元)	消耗量				
人工	二类人工	工日	135.00	28.768	22.130	16.597	13.278	10.623
材料	板方材	m³	1034.00	0.021	0.021	0.021	0.021	0.021
	水	m³	4.27	8.355	6.337	4.817	3.854	3.083
机械	平行水钻机	台班	580.00	18.441	14.186	10.639	8.511	6.809
	履带式液压岩石破碎机 HB30G	台班	417.01	8.230	6.584	5.267	4.214	3.371
	履带式单斗液压挖掘机 1m³	台班	914.79	1.235	0.987	0.790	0.632	0.562

2. 静力破碎开挖

工作内容:布孔、钻孔、验孔、装膨胀剂、填塞、破碎、撬移、安全处理。　　　　**计量单位**:$100m^3$

定额编号					4-110	4-111	4-112	4-113	4-114
项目					围岩级别				
					Ⅰ~Ⅱ级	Ⅲ级	Ⅳ级	Ⅴ级	Ⅵ级
基价(元)					**38453.92**	**33783.46**	**24052.20**	**19648.87**	**15803.40**
其中	人工费(元)				17701.34	16262.37	10864.53	9317.97	7742.12
	材料费(元)				7128.62	6517.86	5772.76	3973.85	2611.73
	机械费(元)				13623.96	11003.23	7414.91	6357.05	5449.55
名称		单位	单价(元)		消耗量				
人工	二类人工	工日	135.00		131.121	120.462	80.478	69.022	57.349
材料	膨胀剂	kg	2.76		2352.000	2176.000	1958.400	1325.625	848.400
	合金钢钻头 一字型	个	8.62		36.200	27.700	17.800	15.260	13.082
	钢钎 ϕ22~25	kg	5.04		25.100	17.800	9.700	8.316	7.129
	水	m^3	4.27		46.500	43.000	38.700	33.178	28.443
机械	气腿式风动凿岩机	台班	13.62		49.600	40.900	27.300	23.404	20.064
	电动锻钎机	台班	114.32		20.700	14.700	9.800	8.402	7.203
	电动空气压缩机 $10m^3$/min	台班	394.85		26.800	22.200	15.000	12.860	11.024

3. 悬臂式掘进开挖

工作内容:测量放线、机械定位、截割岩石、清理机下余土、工作面排水、移动机械。　　　　**计量单位**:$100m^3$

定额编号				4-115	4-116	4-117	4-118
项目				断面 $35m^2$ 以内		断面 $65m^2$ 以内	
				围岩级别			
				Ⅲ级	Ⅳ级	Ⅲ级	Ⅳ级
基价(元)				**22282.10**	**16497.05**	**17404.35**	**13246.34**
其中	人工费(元)			2304.86	1372.82	1468.80	941.36
	材料费(元)			2658.90	1427.45	1802.62	881.10
	机械费(元)			17318.34	13696.78	14132.93	11423.88
名称		单位	单价(元)	消耗量			
人工	二类人工	工日	135.00	17.073	10.169	10.880	6.973
材料	截齿 P5MS-3880-1770	个	276.00	8.560	4.610	5.900	2.790
	水	m^3	4.27	69.400	36.320	40.800	26.010
机械	悬臂式掘进机 318kW	台班	5043.01	2.979	2.356	2.431	1.965
	履带式单斗液压挖掘机 $0.8m^3$	台班	815.93	2.813	2.225	2.296	1.856

六、斜井非爆开挖

工作内容：钻孔、机械凿打岩石、清理、堆积、安全处理。　　**计量单位**：$100m^3$

定额编号				4-119	4-120	4-121	4-122	4-123
项目				岩石破碎机开挖				
				围岩级别				
				Ⅰ级	Ⅱ级	Ⅲ级	Ⅳ级	Ⅴ级
基价（元）				**16578.12**	**12755.36**	**9232.17**	**7389.87**	**5916.09**
其中	人工费（元）			7987.82	6144.39	4608.23	3686.58	2949.35
	材料费（元）			85.29	68.86	54.79	48.18	42.88
	机械费（元）			8505.01	6542.11	4569.15	3655.11	2923.86
名称		单位	单价(元)	消耗量				
人工	二类人工	工日	135.00	59.169	45.514	34.135	27.308	21.847
材料	板方材	m^3	1034.00	0.021	0.021	0.021	0.021	0.021
	水	m^3	4.27	14.888	11.042	7.747	6.198	4.958
机械	履带式液压岩石破碎机 HB20G	台班	384.83	16.291	12.531	8.752	7.002	5.601
	履带式单斗液压挖掘机 $1m^3$	台班	914.79	2.444	1.880	1.313	1.050	0.840

七、竖井非爆开挖

工作内容：切割、开凿石方、清理、堆积岩石、安全处理。　　**计量单位**：$100m^3$

定额编号				4-124	4-125	4-126	4-127	4-128
项目				人机配合开挖				
				围岩级别				
				Ⅰ级	Ⅱ级	Ⅲ级	Ⅳ级	Ⅴ级
基价（元）				**22929.92**	**16912.99**	**12522.13**	**10017.64**	**8014.16**
其中	人工费（元）			22038.75	16186.23	12005.96	9604.71	7683.80
	材料费（元）			136.89	123.75	92.83	74.26	59.41
	机械费（元）			754.28	603.01	423.34	338.67	270.95
名称		单位	单价(元)	消耗量				
人工	二类人工	工日	135.00	163.250	119.898	88.933	71.146	56.917
材料	刀片 $D1500$	片	4.74	1.378	1.099	0.773	0.618	0.495
	水	m^3	4.27	30.530	27.761	20.883	16.706	13.365
机械	岩石切割机 3kW	台班	48.61	15.517	12.405	8.709	6.967	5.574

八、隧道内地沟非爆开挖

工作内容:机械开挖、弃渣堆放在沟边。　　　　**计量单位**:$100m^3$

定额编号				4-129	4-130	4-131	4-132	4-133
项目				机械开挖				
				坚硬岩	较硬岩	较软岩	软岩	极软岩
基价(元)				**12234.83**	**8033.29**	**5287.90**	**4540.42**	**3923.79**
其中	人工费(元)			7236.81	4139.64	2288.93	2027.16	1799.28
	材料费(元)			35.87	31.20	26.67	26.67	26.67
	机械费(元)			4962.15	3862.45	2972.30	2486.59	2097.84
名称		单位	单价(元)	消耗量				
人工	二类人工	工日	135.00	53.606	30.664	16.955	15.016	13.328
材料	刀片 D1000	片	4.74	0.361	0.277	0.222	0.222	0.222
	水	m^3	4.27	8.000	7.000	6.000	6.000	6.000
机械	履带式液压岩石破碎机 HB20G	台班	384.83	10.800	8.100	5.892	4.714	3.771
	履带式单斗液压挖掘机 $0.6m^3$	台班	624.26	0.870	0.870	0.870	0.870	0.870
	岩石切割机 3kW	台班	48.61	5.408	4.160	3.328	2.662	2.130

九、隧道平洞出渣

工作内容:石渣装、运、卸,清理道路。　　　　**计量单位**:$100m^3$

定额编号				4-134	4-135	4-136	4-137	4-138
项目				人力双轮车运输		人力或机械装渣,轻轨斗车运输		人力或机械装渣,轻轨斗车运输
				运距 60m 内	每增运 20m	人力装	机械装	每增运距 50m
						运距 100m 内		
基价(元)				**4762.80**	**379.89**	**4078.88**	**4083.60**	**416.68**
其中	人工费(元)			4762.80	379.89	3657.15	2449.44	366.26
	材料费(元)			—	—	152.44	152.44	—
	机械费(元)			—	—	269.29	1481.72	50.42
名称		单位	单价(元)	消耗量				
人工	二类人工	工日	135.00	35.280	2.814	27.090	18.144	2.713
材料	板方材	m^3	1034.00	—	—	0.140	0.140	—
	扒钉	kg	3.73	—	—	2.060	2.060	—
机械	电动装岩机 $0.2m^3$	台班	383.56	—	—	—	3.278	—
	轨道平车 5t	台班	34.23	—	—	7.867	6.556	1.473

工作内容：石渣装、卷扬机提升、卸（含扒平）及人工推运（距井口 50m 内）。 **计量单位**：$100m^3$

定额编号				4-139	4-140	4-141	4-142
项目				平洞石渣			
				经斜井运输		经竖井运输	
				运距 25m 以内	每增运 25m	运距 25m 以内	每增运 25m
基价（元）				**1734.03**	**433.20**	**1704.33**	**361.70**
其中	人工费（元）			1015.88	338.72	914.36	274.32
	材料费（元）			—	—	109.23	—
	机械费（元）			718.15	94.48	680.74	87.38
名称		单位	单价（元）	消耗量			
人工	二类人工	工日	135.00	7.525	2.509	6.773	2.032
材料	吊斗摊销	kg	6.90	—	—	15.831	—
机械	电动卷扬机－单筒慢速 30kN	台班	177.60	3.833	0.532	3.833	0.492
	轨道平车 5t	台班	34.23	1.093	—	—	—

工作内容：装载机装，汽车运、卸、空回，清理道路。 **计量单位**：$100m^3$

定额编号				4-143	4-144	4-145	4-146
项目				机械装渣、电瓶车运输		机械装渣、自卸汽车运输	
				运距 500m 以内	每增运 200m	运距 1km 以内	每增运 1km
基价（元）				**4662.43**	**434.76**	**1815.38**	**392.76**
其中	人工费（元）			1541.70	245.30	90.72	18.09
	材料费（元）			152.44	—	—	—
	机械费（元）			2968.29	189.46	1724.66	374.67
名称		单位	单价（元）	消耗量			
人工	二类人工	工日	135.00	11.420	1.817	0.672	0.134
材料	板方材	m^3	1034.00	0.140	—	—	—
	扒钉	kg	3.73	2.060	—	—	—
机械	电动装岩机 $0.2m^3$	台班	383.56	3.457	—	—	—
	轨道平车 5t	台班	34.23	10.924	1.821	—	—
	电瓶车 7t	台班	209.44	3.642	0.607	—	—
	硅整流充电机 90A/190V	台班	207.90	2.432	—	—	—
	轮胎式装载机 $2m^3$	台班	665.62	—	—	0.493	—
	自卸汽车 8t	台班	516.08	—	—	2.706	0.726

十、隧道斜井、竖井出渣

工作内容：装渣、运、卸(含扒平)、空回，清理道路。　　　　计量单位：$100m^3$

				4-147	4-148	4-149	4-150
定额编号				4-147	4-148	4-149	4-150
项目				斜井人装、卸扬机轻轨运输		竖井人装、卷扬机吊斗提升	
				运距 25m 以内	每增运 25m	运距 25m 以内	每增运 25m
基价（元）				**5254.04**	**1063.03**	**4733.34**	**894.87**
其中	人工费（元）			3203.55	581.85	3036.29	648.54
	材料费（元）			185.81	—	370.91	—
	机械费（元）			1864.68	481.18	1326.14	246.33
名称		单位	单价(元)	消耗量			
人工	二类人工	工日	135.00	23.730	4.310	22.491	4.804
材料	吊斗摊销	kg	6.90	—	—	31.662	—
	板方材	m^3	1034.00	0.140	—	0.140	—
	扒钉	kg	3.73	2.060	—	2.060	—
	托绳地滚用钢材摊销	kg	4.03	8.280	—	—	—
机械	电动卷扬机 - 单筒慢速 30kN	台班	177.60	7.467	2.252	7.467	1.387
	轨道平车 5t	台班	34.23	15.733	2.373	—	—

第二章
临 时 工 程

说　明

一、本章定额包括洞内通风，洞内通风筒安、拆年摊销，洞内风、水管道安、拆年摊销，洞内电路架设、拆除年摊销，洞内外轻便轨道铺、拆年摊销，洞内施工排水，共6节48个子目。

二、本章定额按年摊销量计算，"一年内"不足一年按一年计算，超过一年按"每增一季"定额增加，不足一季（三个月）按一季计算（不分月）。

三、洞内施工排水定额仅适用于反坡排水的情况，排水量按10以内考虑。超过10排水量时，抽水机台班按下表中的系数调整。

抽水台班系数调整表

涌水量（m^3/h）	10以内	15以内	20以内
调整系数	1.00	1.20	1.35

注：当排水量超过20m^3/h时，根据采取治水措施后的排水量采用表中系数调整。

工程量计算规则

一、洞内通风按洞长长度计算。洞长按主洞加支洞的长度之和计算。

二、粘胶布通风筒及铁风筒按每一洞口施工长度减20m计算。

三、风、水钢管按洞长加100m计算。

四、照明线路按洞长计算,如施工组织设计规定需要安装双排照明时,应按实际双线部分增加。

五、动力线路按洞长加50m计算。

六、轻便轨道以施工组织设计所布置的起、止点为准,定额为单线,如实际为双线应加倍计算,对所设置的道岔,每处按相应轨道折合30m计算。

七、本章计算规则中的洞长=主洞+支洞(均以洞口断面为起止点,不含明槽)。

八、洞内排水按隧道不同长度考虑,以排水量来计算工程量。

一、洞 内 通 风

工作内容：洞内通风、通风安装、调试、使用、维护及拆除。 **计量单位：**1000m

定额编号				4-151	4-152	4-153	4-154
项目				开挖断面 $35m^2$ 以内		开挖断面 $65m^2$ 以内	
				运行			
				洞长 1km 以内	洞长 1km 以外，每增 100m	洞长 1km 以内	洞长 1km 以外，每增 100m
基价（元）				**85066.01**	**8632.09**	**374310.12**	**38140.65**
其中	人工费（元）			22316.85	2231.69	19526.40	1952.64
	材料费（元）			—	—	—	—
	机械费（元）			62749.16	6400.40	354783.72	36188.01
名称		单位	单价(元)	消耗量			
人工	二类人工	工日	135.00	165.310	16.531	144.640	14.464
机械	轴流通风机 7.5kW	台班	45.40	1382.140	140.978	—	—
	轴流通风机 30kW	台班	146.68	—	—	2418.760	246.714

工作内容：洞内通风、通风安装、调试、使用、维护及拆除。 **计量单位：**1000m

定额编号				4-155	4-156	4-157	4-158
项目				开挖断面 $100m^2$ 以内		开挖断面 $200m^2$ 以内	
				运行			
				洞长 1km 以内	洞长 1km 以外，每增 100m	洞长 1km 以内	洞长 1km 以外，每增 100m
基价（元）				**334432.65**	**34075.25**	**329945.45**	**33619.73**
其中	人工费（元）			18377.55	1837.76	17356.95	1735.70
	材料费（元）			—	—	—	—
	机械费（元）			316055.10	32237.49	312588.50	31884.03
名称		单位	单价(元)	消耗量			
人工	二类人工	工日	135.00	136.130	13.613	128.570	12.857
机械	轴流通风机 150kW	台班	555.34	569.120	58.050	—	—
	轴流通风机 220kW	台班	581.56	—	—	537.500	54.825

二、洞内通风筒安、拆年摊销

工作内容:铺设管道、清扫污物、维修保养、拆除及材料运输。 **计量单位:**100m

定额编号				4-159	4-160	4-161	4-162
项目				ϕ500 通风筒以内			
				粘胶布轻便软管		$\delta=2$ 薄钢板风筒	
				一年内	每增一季	一年内	每增一季
基价(元)				**7002.45**	**1318.84**	**9207.37**	**1473.52**
其中	人工费(元)			6494.72	1237.14	7858.62	1237.14
	材料费(元)			507.73	81.70	1189.89	203.48
	机械费(元)			—	—	158.86	32.90
	名称	单位	单价(元)	消耗量			
人工	二类人工	工日	135.00	48.109	9.164	58.212	9.164
材料	粘胶布风筒 ϕ500	m	11.21	33.000	6.600	—	—
	铁风筒 ϕ500	m	33.62	—	—	20.000	4.000
	圆钉	kg	4.74	—	—	1.500	—
	镀锌铁丝 16#	kg	6.55	15.000	—	25.000	—
	型钢 综合	kg	3.84	—	—	57.100	11.420
	环氧沥青漆	kg	12.07	1.500	0.300	—	—
	电焊条	kg	4.31	—	—	0.500	0.100
	六角带帽螺栓	kg	5.47	3.000	0.600	10.380	2.080
	醇酸防锈漆	kg	7.76	—	—	7.300	1.460
	其他材料费	元	1.00	5.03	0.81	11.78	2.01
机械	台式钻床 16mm	台班	3.90	—	—	0.860	0.170
	电动卷扬机-双筒慢速 80kN	台班	283.51	—	—	0.480	0.100
	直流弧焊机 32kW	台班	97.11	—	—	0.200	0.040

工作内容：铺设管道、清扫污物、维修保养、拆除及材料运输。　　　　**计量单位：**100m

定额编号				4-163	4-164	4-165	4-166
项目				ϕ1000 通风筒以内			
				粘胶布轻便软管		δ=2 薄钢板风筒	
				一年内	每增一季	一年内	每增一季
基价（元）				**10757.25**	**2012.94**	**14657.56**	**2379.37**
其中	人工费（元）			9742.14	1855.58	11787.93	1855.58
	材料费（元）			1015.11	157.36	2588.62	465.54
	机械费（元）			—	—	281.01	58.25
名称		单位	单价(元)	消耗量			
人工	二类人工	工日	135.00	72.164	13.745	87.318	13.745
材料	粘胶布风筒 ϕ1000	m	22.41	33.000	6.600	—	—
	铁风筒 ϕ1000	m	77.59	—	—	20.000	4.000
	圆钉	kg	4.74	—	—	3.000	—
	镀锌铁丝 16#	kg	6.55	30.000	—	50.000	—
	型钢 综合	kg	3.84	—	—	114.200	22.840
	环氧沥青漆	kg	12.07	3.000	0.600	—	—
	电焊条	kg	4.31	—	—	1.000	0.200
	六角带帽螺栓	kg	5.47	6.000	0.120	20.720	4.160
	醇酸防锈漆	kg	7.76	—	—	14.600	2.920
	其他材料费	元	1.00	10.05	1.56	25.63	21.20
机械	台式钻床 16mm	台班	3.90	—	—	1.522	0.301
	电动卷扬机－双筒慢速 80kN	台班	283.51	—	—	0.849	0.177
	直流弧焊机 32kW	台班	97.11	—	—	0.354	0.071

工作内容:铺设管道、清扫污物、维修保养、拆除及材料运输。 计量单位:100m

定额编号				4-167	4-168	4-169	4-170
项目				ϕ1500 通风筒以内			
				粘胶布轻便软管		$\delta=2$ 薄钢板风筒	
				一年内	每增一季	一年内	每增一季
基价(元)				**19314.93**	**3664.26**	**23110.25**	**3745.49**
其中	人工费(元)			14613.08	2783.43	17681.90	2783.43
	材料费(元)			4701.85	880.83	5006.69	874.88
	机械费(元)			—	—	421.66	87.18
名称		单位	单价(元)	消耗量			
人工	二类人工	工日	135.00	108.245	20.618	130.977	20.618
材料	粘胶布风筒 ϕ1500	m	129.00	33.000	6.600	—	—
	铁风筒 ϕ1500	m	172.00	—	—	20.000	4.000
	圆钉	kg	4.74	—	—	4.500	—
	镀锌铁丝 16#	kg	6.55	45.000	—	75.000	—
	型钢 综合	kg	3.84	—	—	171.300	34.260
	环氧沥青漆	kg	12.07	4.500	0.900	—	—
	电焊条	kg	4.31	—	—	1.500	0.300
	六角带帽螺栓	kg	5.47	9.000	1.800	31.140	2.080
	醇酸防锈漆	kg	7.76	—	—	21.900	4.380
	其他材料费	元	1.00	46.55	8.72	49.57	8.66
机械	台式钻床 16mm	台班	3.90	—	—	2.282	0.451
	电动卷扬机-双筒慢速 80kN	台班	283.51	—	—	1.274	0.265
	直流弧焊机 32kW	台班	97.11	—	—	0.531	0.106

三、洞内风、水管道安、拆年摊销

工作内容：铺设管道、阀门，清扫污物、除锈、校正维修保养、拆除及材料运输。　　　　**计量单位：**100m

<table>
<tr><td colspan="4">定　额　编　号</td><td>4-171</td><td>4-172</td><td>4-173</td><td>4-174</td></tr>
<tr><td colspan="4" rowspan="3">项　　目</td><td colspan="4">镀锌钢管水管</td></tr>
<tr><td colspan="2">$\phi25$</td><td colspan="2">$\phi50$</td></tr>
<tr><td>一年内</td><td>每增一季</td><td>一年内</td><td>每增一季</td></tr>
<tr><td colspan="4">**基　价（元）**</td><td>**3433.34**</td><td>**497.21**</td><td>**4508.39**</td><td>**642.91**</td></tr>
<tr><td rowspan="3">其中</td><td colspan="3">人　工　费（元）</td><td>3145.37</td><td>448.47</td><td>3937.95</td><td>547.56</td></tr>
<tr><td colspan="3">材　料　费（元）</td><td>279.31</td><td>47.01</td><td>546.33</td><td>90.52</td></tr>
<tr><td colspan="3">机　械　费（元）</td><td>8.66</td><td>1.73</td><td>24.11</td><td>4.83</td></tr>
<tr><td colspan="2">名　称</td><td>单位</td><td>单价(元)</td><td colspan="4">消　耗　量</td></tr>
<tr><td>人工</td><td>二类人工</td><td>工日</td><td>135.00</td><td>23.299</td><td>3.322</td><td>29.170</td><td>4.056</td></tr>
<tr><td rowspan="10">材料</td><td>碳素结构钢镀锌焊接钢管 DN25×3.2</td><td>m</td><td>11.38</td><td>17.500</td><td>3.000</td><td>—</td><td>—</td></tr>
<tr><td>碳素结构钢镀锌焊接钢管 DN50×3.8</td><td>m</td><td>22.12</td><td>—</td><td>—</td><td>17.500</td><td>3.000</td></tr>
<tr><td>管卡子 $\phi25$</td><td>个</td><td>0.47</td><td>20.000</td><td>2.000</td><td>—</td><td>—</td></tr>
<tr><td>管卡子 $\phi50$</td><td>个</td><td>1.32</td><td>—</td><td>—</td><td>20.000</td><td>2.000</td></tr>
<tr><td>镀锌管箍 DN25</td><td>个</td><td>1.65</td><td>6.000</td><td>0.600</td><td>—</td><td>—</td></tr>
<tr><td>镀锌管箍 DN50</td><td>个</td><td>4.93</td><td>—</td><td>—</td><td>6.000</td><td>0.600</td></tr>
<tr><td>截止阀 J11T－16K DN25</td><td>个</td><td>68.97</td><td>0.600</td><td>0.120</td><td>—</td><td>—</td></tr>
<tr><td>截止阀 J11T－16K DN50</td><td>个</td><td>112.00</td><td>—</td><td>—</td><td>0.600</td><td>0.120</td></tr>
<tr><td>铅油(厚漆)</td><td>kg</td><td>7.33</td><td>0.500</td><td>—</td><td>0.700</td><td>—</td></tr>
<tr><td>其他材料费</td><td>元</td><td>1.00</td><td>15.81</td><td>2.66</td><td>30.92</td><td>5.12</td></tr>
<tr><td rowspan="2">机械</td><td>管子切断机 60mm</td><td>台班</td><td>16.62</td><td>0.177</td><td>0.035</td><td>0.531</td><td>0.106</td></tr>
<tr><td>管子切断套丝机 159mm</td><td>台班</td><td>21.59</td><td>0.265</td><td>0.053</td><td>0.708</td><td>0.142</td></tr>
</table>

工作内容:铺设管道、阀门,清扫污物、除锈 、校正维修保养、折除及材料运输。 计量单位:100m

定额编号				4-175	4-176	4-177	4-178
项目				镀锌钢管水管			
				φ80		φ100	
				一年内	每增一季	一年内	每增一季
基价(元)				**5987.64**	**864.93**	**6963.75**	**984.36**
其中	人工费(元)			4868.37	663.80	5537.16	747.36
	材料费(元)			1089.37	184.72	1396.69	231.01
	机械费(元)			29.90	16.41	29.90	5.99
名称		单位	单价(元)	消耗量			
人工	二类人工	工日	135.00	36.062	4.917	41.016	5.536
材料	碳素结构钢镀锌焊接钢管 *DN*80×4.0	m	37.44	17.500	3.000	—	—
	碳素结构钢镀锌焊接钢管 *DN*100×4.0	m	48.99	—	—	17.500	3.000
	管卡子(钢管用) 80	个	1.23	20.000	2.000	—	—
	管卡子(钢管用) 100	个	1.84	—	—	20.000	2.000
	镀锌管箍 *DN*80	个	12.93	6.000	0.600	—	—
	镀锌管箍 *DN*100	个	24.14	—	—	6.000	0.600
	截止阀 J41T－16 *DN*80	个	431.00	0.600	0.120	—	—
	截止阀 J41T－16 *DN*100	个	440.00	—	—	0.600	0.120
	铅油(厚漆)	kg	7.33	1.600	—	2.000	—
	其他材料费	元	1.00	61.66	10.46	79.06	13.08
机械	管子切断机 60mm	台班	16.62	0.531	0.880	0.531	0.106
	管子切断机 150mm	台班	29.76	0.708	0.060	0.708	0.142

工作内容:铺设管道、阀门,清扫污物、除锈 、校正维修保养、拆除及材料运输。　　**计量单位**:100m

定额编号				4-179	4-180	4-181	4-182	4-183	4-184
项目				钢管					
				$\phi80$		$\phi100$		$\phi150$	
				一年内	每增一季	一年内	每增一季	一年内	每增一季
基价(元)				**7751.97**	**1070.07**	**8523.69**	**1184.71**	**11700.70**	**1659.45**
其中	人工费(元)			6262.25	786.78	6710.18	842.81	8692.79	1090.53
	材料费(元)			1161.44	217.24	1418.08	263.93	2256.99	418.33
	机械费(元)			328.28	66.05	395.43	77.97	750.92	150.59
名称		单位	单价(元)	消耗量					
人工	二类人工	工日	135.00	46.387	5.828	49.705	6.243	64.391	8.078
材料	碳素结构钢焊接钢管 *DN*80×4.0	m	28.45	17.500	3.000	—	—	—	—
	碳素结构钢焊接钢管 *DN*100×4.0	m	37.24	—	—	17.500	3.000	—	—
	碳素结构钢焊接钢管 *DN*150×4.5	m	62.41	—	—	—	—	17.500	3.000
	平焊法兰 *DN*80	副	74.66	2.550	0.510	—	—	—	—
	平焊法兰 *DN*100	副	90.86	—	—	2.550	0.510	—	—
	平焊法兰 *DN*150	副	151.00	—	—	—	—	2.550	0.510
	截止阀 J41T－16 *DN*80	个	431.00	0.600	0.120	—	—	—	—
	截止阀 J41T－16 *DN*100	个	440.00	—	—	0.600	0.120	—	—
	截止阀 J41T－16 *DN*150	个	621.00	—	—	—	—	0.600	0.120
	六角带帽螺栓	kg	5.47	11.410	2.280	16.090	3.220	23.110	4.620
	低碳钢焊条 综合	kg	6.72	8.820	1.770	10.620	2.130	15.840	3.170
	醇酸防锈漆	kg	7.76	3.500	0.700	4.000	0.800	6.000	1.200
	其他材料费	元	1.00	65.74	12.30	80.27	14.94	127.75	23.68
机械	直流弧焊机 20kW	台班	78.72	3.866	0.778	4.538	0.911	9.439	1.893
	电动弯管机 108mm	台班	80.50	0.265	0.053	0.442	0.071	—	—
	管子切断机 150mm	台班	29.76	0.088	0.018	0.088	0.018	0.265	0.053

四、洞内电路架设、拆除年摊销

工作内容:线路沿壁架设、安装、随用、随移、安全检查、维修保养、拆除及材料运输。　　计量单位:100m

定额编号				4-185	4-186	4-187	4-188
项目				照明		动力	
				一年内	每增一季	一年内	每增一季
基价(元)				11532.96	3502.59	8786.01	2361.86
其中	人工费(元)			3168.99	1527.93	4392.36	1527.93
	材料费(元)			8363.97	1974.66	4393.65	833.93
	机械费(元)			—	—	—	—
名称		单位	单价(元)	消耗量			
人工	二类人工	工日	135.00	23.474	11.318	32.536	11.318
材料	橡胶三芯软缆 3×35	m	56.03	26.000	5.000	—	—
	橡胶四芯软缆 3×70+1×25	m	164.00	—	—	26.000	5.000
	板方材	m^3	1034.00	0.056	—	0.056	—
	胶壳闸刀 220V/100A	个	30.17	0.100	0.020	—	—
	铁壳闸刀 380V/200A	个	56.03	—	—	0.100	0.020
	熔断器 220V/100A	个	4.31	0.500	0.100	—	—
	熔断器 380V/100A	个	4.31	—	—	0.750	0.150
	防水灯头	个	3.02	14.000	0.840	—	—
	灯泡	个	1.29	112.000	22.400	—	—
	端子板 JX2-2510	组	12.93	—	—	0.250	0.050
	三相四孔插座 15A	个	18.97	—	—	0.250	0.050
	六角带帽螺栓	kg	5.47	2.560	0.510	0.530	0.110
	醇酸防锈漆	kg	7.76	1.100	0.220	1.100	0.220
	电	kW·h	0.78	8400.000	2100.000	—	—
	其他材料费	元	1.00	82.81	19.55	43.50	8.26

五、洞内外轻便轨道铺、拆年摊销

工作内容：铺设枕木、轻轨、校平调顺、固定、拆除、材料运输及保养维修。　　　　**计量单位：**100m

定额编号				4-189	4-190	4-191	4-192	4-193	4-194
项目				轻便轨道(kg/m)					
				15		18		24	
				一年内	每增一季	一年内	每增一季	一年内	每增一季
基价（元）				**10089.77**	**1351.97**	**12424.53**	**1755.77**	**12777.67**	**1811.45**
其中	人工费（元）			5179.01	468.45	5327.78	480.87	5377.32	484.92
	材料费（元）			4910.76	883.52	7096.75	1274.90	7400.35	1326.53
	机械费（元）			—	—	—	—	—	—
名称		单位	单价(元)	消耗量					
人工	二类人工	工日	135.00	38.363	3.470	39.465	3.562	39.832	3.592
材料	枕木	m^3	2457.00	1.050	0.200	1.750	0.330	1.750	0.330
	钢轨	kg	4.14	430.000	70.000	450.000	70.000	510.000	80.000
	鱼尾板	kg	2.11	16.910	3.210	18.430	3.490	28.690	5.440
	鱼尾螺栓	kg	10.34	6.910	1.280	7.940	1.470	7.940	1.470
	钢板垫板	kg	3.72	25.190	4.580	81.280	15.240	81.280	15.240
	道钉	kg	5.60	19.520	3.660	31.520	5.910	35.680	6.690
	镀锌铁丝 16#	kg	6.55	10.650	2.130	13.650	2.730	13.650	2.730
	圆钉	kg	4.74	1.000	0.200	1.000	0.200	1.000	0.200
	其他材料费	元	1.00	166.06	29.88	239.99	43.11	250.25	44.86

六、洞内施工排水

工作内容：水泵安拆，集水坑设置，排水，维护。　　　　**计量单位：**100m^3水量

定额编号				4-195	4-196	4-197	4-198
项目				隧道长度			
				1km 以内	2km 以内	3km 以内	4km 以内
基价（元）				**50.69**	**51.27**	**55.38**	**61.53**
其中	人工费（元）			8.10	8.10	8.10	8.10
	材料费（元）			8.00	8.00	8.00	8.00
	机械费（元）			34.59	35.17	39.28	45.43
名称		单位	单价(元)	消耗量			
人工	二类人工	工日	135.00	0.060	0.060	0.060	0.060
材料	其他材料费	元	1.00	8.00	8.00	8.00	8.00
机械	电动单级离心清水泵 50mm	台班	29.31	1.180	1.200	1.340	1.550

第三章

隧 道 内 衬

说　　明

一、本章定额包括混凝土及钢筋混凝土衬砌平洞，斜井衬砌，竖井衬砌和支护，石料衬彻，洞内喷射混凝土支护，锚杆，防水板与止水带(条)，排水管，拱、墙背压浆，隧道钢支撑，管棚、小导管，共11节55个子目。

二、隧道内衬现浇混凝土边墙，拱部均考虑了施工操作平台，竖井采用的脚手架已综合考虑在定额内，不另计算。喷射混凝土定额中已考虑喷射操作平台费用。

三、混凝土边墙、拱部衬砌，按先拱后墙、先墙后拱的衬砌比例综合考虑。本章定额中已综合考虑超挖回填因素，当设计采用的混凝土与本章定额不同时，可进行换算调整。

四、隧道混凝土衬砌定额中已综合考虑了周转模板的材料消耗量，编制预算时不得另行计算。

五、料石砌拱部，不分拱跨大小和拱体厚度均执行本章定额。

六、隧道内衬施工中，凡处理地震、涌水、流砂、坍塌等特殊情况所采取的必要措施，必须做好签证和隐蔽验收手续。

七、本章定额中，喷射混凝土已综合考虑回弹量。钢纤维混凝土定额中，当设计采用的钢纤维掺入量与本章定额不同时或采用其他材料时，可进行换算调整。

八、边墙、拱顶、仰拱、洞门墙、中隔墙、斜井、竖井等衬砌混凝土定额均按使用商品混凝土考虑，喷射混凝土定额按现场拌制考虑。喷射混凝土定额已包括混合料200m的运输，超过该运距时另行按本定额第一册《通用项目》中场内运输半成品混合料定额计算现场运输增加的费用。

九、斜井支护按平洞的相关支护定额计算。

十、隧道钢支撑定额是按永久性支护考虑编制的，如作为临时支护使用时，应按规定计取回收。编制预算时，临时支护的钢支撑按下表规定的周转次数计算耗用量，如因工程规模或工期限制达不到规定的周转次数时，可按施工组织设计的工程量编制预算，并按下表规定的回收率计算回收费用。

临时支护钢支撑回收率计算表

回收项目	周转次数					计算基数
	50	40	30	20	10	
型钢、钢板、钢筋	—	30%	50%	65%	80%	材料原价

工程量计算规则

一、隧道内衬现浇混凝土和石料衬砌的工程量,按设计图示尺寸以“m^3”计算,不扣除单孔面积 0.3m^2 以内孔洞所占体积。

二、隧道边墙为直墙时,以起拱线为分界线,以下为边墙,以上为拱部;隧道为单心圆或多心圆断面时,以拱部120°为分界线,以下为边墙,以上为拱部。边墙底部的扩大部分工程量(含附壁水沟),应并入相应厚度边墙体积内计算。拱部两端支座,先拱后墙的扩大部分工程量,应并入拱部体积内计算。

三、喷射混凝土数量及厚度按设计图所示计算,不另增加超挖、填平补齐的数量。

四、混凝土初喷5cm为基本层,每增1cm按增加定额计算,若作临时支护可按一个基本层计算。

五、砂浆锚杆及药卷锚杆工程量按锚杆设计图示尺寸以重量计算,锁定钢筋、定位钢筋等重量已包含在定额消耗量内,不单独计算;中空注浆锚杆、自进式锚杆的工程量按锚杆设计长度计算。

六、定额中砂浆锚杆按 $\phi22$ 计算,若实际不同时,定额人工、机械应按下表中系数调整,锚杆按净重计算不加损耗。

砂浆锚杆人工、机械系数调整表

锚杆直径	$\phi28$	$\phi25$	$\phi22$	$\phi20$	$\phi18$	$\phi16$
调整系数	0.62	0.78	1.00	1.21	1.49	1.89

七、模板工程量按模板与混凝土的接触面积以“m^2”计算。

八、防水板按设计敷设面积计算工程量;止水带(条)、盲沟、透水管的工程量均按设计数量计算。纵向弹簧管按隧道纵向每侧铺设长度之和计算。环向盲沟按隧道横断面敷设长度计算。

九、拱、墙背压浆的工程量按设计数量计算。

十、钢支撑工程量按钢架的设计重量计算,连接钢筋的数量不得并入钢架的工程量中,定额中已综合考虑连接钢筋的数量。

十一、管棚、小导管的工程量按设计钢管长度计算。当管径不同时,可调整定额中钢管的消耗量。

一、混凝土及钢筋混凝土衬砌平洞

工作内容:1. 模板台车浇注混凝土:岩面清理;台车就位、调整;档头板制作、安装、拆除、修理、堆放;台车维护;混凝土浇筑、养生等;

2. 模架浇筑混凝土:岩面清理;模架制作、安装、拆除、移动;模板制作、安装、拆除、修理、堆放;混凝土浇筑、养生等;

3. 中隔墙混凝土浇筑:模板及支撑制作、安装、拆除、修理、堆放;混凝土浇筑、养生等;

4. 洞门墙:搭拆脚手架;模板制作、安装、拆除、修理、堆放;混凝土浇筑、养生等。

计量单位:10m^3

定额编号				4-199	4-200	4-201	4-202	4-203	4-204
项目				混凝土					
				拱顶、边墙模筑混凝土		仰拱混凝土衬砌	仰拱回填	连拱隧道中隔墙	洞门墙
				模板台车	模架				
基价(元)				**6157.61**	**7558.81**	**4775.99**	**4299.64**	**5163.23**	**6751.92**
其中	人工费(元)			445.50	2301.75	315.90	202.50	680.40	1530.90
	材料费(元)			5601.03	5216.43	4443.32	4080.37	4446.89	4897.07
	机械费(元)			111.08	40.63	16.77	16.77	35.94	323.95
	名称	单位	单价(元)	消耗量					
人工	二类人工	工日	135.00	3.300	17.050	2.340	1.500	5.040	11.340
材料	非泵送商品混凝土 C15	m^3	399.00	—	—	—	10.100	—	—
	非泵送商品混凝土 C25	m^3	421.00	11.700	11.700	10.400	—	10.100	10.100
	原木	m^3	1552.00	—	0.012	—	—	0.004	0.072
	木模板	m^3	1445.00	0.012	0.024	0.010	—	0.008	0.082
	枕木	m^3	2457.00	0.013	—	—	—	—	—
	碳素结构钢流体无缝钢管	kg	4.74	—	—	—	—	—	8.000
	型钢 综合	kg	3.84	—	8.000	—	—	2.000	12.000
	中厚钢板 综合	kg	3.79	—	28.000	—	—	10.000	—
	钢模板	kg	5.96	56.339	—	—	—	9.899	28.259
	铁件	kg	3.71	—	8.000	—	—	2.400	15.300
	圆钉	kg	4.74	—	0.100	—	—	0.100	0.200
	镀锌铁丝 8#~12#	kg	6.55	—	1.800	—	—	0.600	0.300
	水	m^3	4.27	11.000	12.000	11.000	11.000	12.000	12.000
	设备材料费	元	1.00	236.00	—	—	—	—	—
	其他材料费	元	1.00	7.30	7.40	3.50	3.50	7.90	51.40
机械	混凝土振捣器 插入式	台班	4.65	2.660	2.660	2.660	2.660	2.660	2.660
	汽车式起重机 5t	台班	366.47	0.074	—	—	—	0.010	0.030
	汽车式起重机 12t	台班	748.60	—	—	—	—	—	0.340
	载货汽车 4t	台班	369.21	0.182	0.063	—	—	0.042	0.102
	其他机械费	元	1.00	4.40	5.00	4.40	4.40	4.40	8.40

二、斜 井 衬 砌

工作内容:岩面及基底清理;脚手架及衬砌平台制作、安装、拆除;模板制作、安装、拆除及维修;混凝土浇筑、养生等。

计量单位:10m³

定额编号				4-205	4-206
项目				模筑混凝土	仰拱混凝土
基价(元)				**7559.31**	**5702.53**
其中	人工费(元)			2875.50	1231.20
	材料费(元)			4542.83	4330.35
	机械费(元)			140.98	140.98
名称		单位	单价(元)	消耗量	
人工	二类人工	工日	135.00	21.300	9.120
材料	非泵送商品混凝土 C25	m³	421.00	10.100	10.100
	原木	m³	1552.00	0.012	—
	木模板	m³	1445.00	0.024	0.010
	型钢 综合	kg	3.84	8.000	—
	中厚钢板 综合	kg	3.79	28.000	2.000
	铁件	kg	3.71	8.000	0.400
	圆钉	kg	4.74	0.100	—
	镀锌铁丝 8# ~12#	kg	6.55	1.800	—
	水	m³	4.27	12.000	12.000
	其他材料费	元	1.00	7.40	3.50
机械	电动卷扬机 - 单筒慢速 50kN	台班	186.39	0.690	0.690
	混凝土振捣器 插入式	台班	4.65	2.660	2.660

三、竖井衬砌和支护

工作内容：1. 模筑混凝土：岩面清理；搭、拆、移工作台；模板制作、安装、拆除及维修；混凝土浇筑、养生等；

2. 喷射混凝土：清洗岩面；安、拆、移机具；混凝土配料、上料、喷射、养生、冲洗机具；

3. 锚杆：搭、拆、移工作台；锚杆及附件制作、吊运、钻机、安装；调制砂浆、灌浆、锚固。

定额编号				4-207	4-208	4-209	4-210
项目				模筑混凝土	喷射混凝土支护		锚杆
					初喷 5cm	每增 1cm	
计量单位				$10m^3$	$100m^2$		t
基价（元）				**6578.96**	**5527.95**	**807.54**	**12141.61**
其中	人工费（元）			1393.20	1527.66	191.16	4552.20
	材料费（元）			4647.90	2734.01	413.51	4462.86
	机械费（元）			537.86	1266.28	202.87	3126.55
名称		单位	单价(元)	消耗量			
人工	二类人工	工日	135.00	10.320	11.316	1.416	33.720
材料	非泵送商品混凝土 C25	m^3	421.00	10.100	—	—	—
	喷射混凝土 1:2.5:2	m^3	337.71	—	7.500	1.150	—
	水泥砂浆 1:1	m^3	294.20	—	—	—	0.340
	原木	m^3	1552.00	0.015	—	—	0.001
	木模板	m^3	1445.00	0.049	—	—	0.002
	热轧带肋钢筋 HRB400 综合	t	3849.00	—	—	—	1.100
	六角空心钢 综合	kg	2.48	—	—	—	13.900
	合金钢钻头 一字型	个	8.62	—	—	—	9.000
	钢模板	kg	5.96	22.859	—	—	—
	铁件	kg	3.71	0.900	—	—	—
	镀锌铁丝 10#	kg	5.38	—	—	—	0.100
	高压胶皮风管 $\phi50$	m	17.24	—	4.000	0.500	—
	水	m^3	4.27	12.000	19.200	2.400	—
	其他材料费	元	1.00	110.90	50.24	6.28	11.90
机械	电动卷扬机－单筒慢速 50kN	台班	186.39	0.630	0.358	0.071	1.280
	电动卷扬机－单筒慢速 200kN	台班	417.32	0.180	0.104	0.021	0.360
	电动卷扬机－双筒慢速 80kN	台班	283.51	0.560	0.319	0.064	—
	电动多级离心清水泵 $\phi150$ $h\leqslant180m$	台班	283.02	0.480	0.315	0.055	—
	电动空气压缩机 $10m^3/min$	台班	394.85	—	1.065	0.185	6.160
	混凝土喷射机 $5m^3/h$	台班	203.74	—	1.238	0.165	—
	混凝土振捣器 插入式	台班	4.65	2.660	—	—	—
	气腿式风动凿岩机	台班	13.62	—	—	—	12.890
	载货汽车 4t	台班	369.21	0.080	—	—	—
	汽车式起重机 5t	台班	366.47	0.024	—	—	—
	双卧轴式混凝土搅拌机 350L	台班	245.41	—	1.238	0.165	—
	其他机械费	元	1.00	—	—	—	129.90

四、石料衬砌

工作内容:运料、拌浆、表面修凿、搭拆简易脚手架;拱部钢拱架制作、安装、拆除;选料、砌筑、勾缝、养护等。

计量单位:$10m^3$

定额编号				4-211	4-212	4-213	4-214	4-215	4-216
项目				洞门		拱部		边墙	
				浆砌块石	浆砌条石	浆砌块石	浆砌料石	浆砌块石	浆砌料石
基价(元)				**4683.52**	**6791.88**	**6086.11**	**6824.88**	**4918.10**	**5653.88**
其中	人工费(元)			1636.20	1530.36	3061.80	3199.50	2154.60	2292.30
	材料费(元)			3016.11	5256.09	2994.82	3603.80	2734.01	3340.00
	机械费(元)			31.21	5.43	29.49	21.58	29.49	21.58
名称		单位	单价(元)	消耗量					
人工	二类人工	工日	135.00	12.120	11.336	22.680	23.700	15.960	16.980
材料	干混砌筑砂浆 DM M5.0	m^3	397.23	3.930	0.700	—	—	—	—
	干混砌筑砂浆 DM M7.5	m^3	413.73	—	—	2.880	2.090	2.880	2.090
	块石	t	77.67	17.952	—	17.952	—	17.952	—
	料石	t	97.09	—	—	—	24.000	—	24.000
	条石	t	205.00	—	24.000	—	—	—	—
	木模板	m^3	1445.00	0.020	0.020	0.128	0.128	0.038	0.038
	原木	m^3	1552.00	—	—	0.042	0.042	—	—
	型钢 综合	kg	3.84	—	—	1.000	1.000	—	—
	热轧光圆钢筋 综合	kg	3.97	—	—	6.000	6.000	—	—
	中厚钢板 综合	kg	3.79	—	—	1.000	1.000	—	—
	铁件	kg	3.71	—	—	5.100	5.100	—	—
	碳素结构钢流体无缝钢管	kg	4.74	—	—	—	—	11.000	11.000
	圆钉	kg	4.74	—	—	0.200	0.200	0.300	0.300
	镀锌铁丝 8#~12#	kg	6.55	—	—	4.800	4.800	0.400	0.400
	水	m^3	4.27	7.200	6.500	12.000	12.000	7.200	6.500
	其他材料费	元	1.00	1.02	1.37	24.80	24.80	6.30	6.30
机械	干混砂浆罐式搅拌机 20000L	台班	193.83	0.161	0.028	0.115	0.084	0.115	0.084
	其他机械费	元	1.00	—	—	7.20	5.30	7.20	5.30

工作内容：运料、拌浆、表面修凿、搭拆简易脚手架；拱部钢拱架制作、安装、拆除；选料、砌筑、勾缝、养护等。

计量单位：$10m^3$

定额编号				4-217	4-218	4-219
项目				水沟		
				浆砌块石	浆砌清条石	浆砌砖
基价（元）				**4661.47**	**6431.21**	**3878.57**
其中	人工费（元）			1579.23	1188.41	806.76
	材料费（元）			3051.03	5237.37	3054.17
	机械费（元）			31.21	5.43	17.64
名称		单位	单价(元)	消耗量		
人工	二类人工	工日	135.00	11.698	8.803	5.976
材料	块石	t	77.67	17.952	—	—
	条石	t	205.00	—	24.000	—
	混凝土实心砖 240×115×53 MU10	千块	388.00	—	—	5.340
	干混砌筑砂浆 DM M7.5	m^3	413.73	3.930	0.700	2.280
	水	m^3	4.27	7.200	6.500	9.120
机械	干混砂浆罐式搅拌机 20000L	台班	193.83	0.161	0.028	0.091

五、洞内喷射混凝土支护

工作内容：清洗岩面；安、拆、移机具；混凝土或钢纤维混凝土配料、上料、喷射、养生、冲洗机具；移动喷浆架。

计量单位：$100m^2$

定额编号				4-220	4-221	4-222	4-223
项目				喷射混凝土(拱部)			
				混凝土		钢纤维混凝土	
				初喷 5cm	每增 1cm	初喷 5cm	每增 1cm
基价（元）				**5004.49**	**793.60**	**6358.59**	**1039.82**
其中	人工费（元）			1283.04	187.25	1667.79	243.27
	材料费（元）			2883.28	484.43	3768.81	662.37
	机械费（元）			838.17	121.92	921.99	134.18
名称		单位	单价(元)	消耗量			
人工	二类人工	工日	135.00	9.504	1.387	12.354	1.802
材料	喷射混凝土 1∶2.5∶2	m^3	337.71	7.850	1.360	7.850	1.360
	高压胶皮风管 $\phi 50$	m	17.24	4.000	0.500	4.000	0.500
	钢纤维	t	4138.00	—	—	0.214	0.043
	板方材	m^3	1034.00	0.021	—	0.021	—
	脚手架钢管	kg	3.62	2.586	—	2.586	—
	水	m^3	4.27	19.200	2.400	19.200	2.400
	其他材料费	元	1.00	50.24	6.28	50.24	6.28
机械	混凝土喷射机 $5m^3/h$	台班	203.74	1.038	0.151	1.142	0.166
	双卧轴式混凝土搅拌机 350L	台班	245.41	1.038	0.151	1.142	0.166
	电动空气压缩机 $10m^3/min$	台班	394.85	0.942	0.137	1.036	0.151

工作内容:清洗岩面;安、拆、移机具;混凝土或钢纤维混凝土配料、上料、喷射、养生、冲洗机具;移动喷浆架。

计量单位:100m²

定额编号				4-224	4-225	4-226	4-227
项目				喷射混凝土(边墙)			
				混凝土		钢纤维混凝土	
				初喷 5cm	每增 1cm	初喷 5cm	每增 1cm
基价(元)				**4708.77**	**699.42**	**6006.48**	**937.49**
其中	人工费(元)			1130.09	164.70	1469.07	214.25
	材料费(元)			2847.51	428.05	3733.04	605.99
	机械费(元)			731.17	106.67	804.37	117.25
名称		单位	单价(元)	消耗量			
人工	二类人工	工日	135.00	8.371	1.220	10.882	1.587
材料	喷射混凝土 1∶2.5∶2	m³	337.71	7.800	1.200	7.800	1.200
	高压胶皮风管 ϕ50	m	17.24	3.500	0.438	3.500	0.438
	钢纤维	t	4138.00	—	—	0.214	0.043
	板方材	m³	1034.00	0.021	—	0.021	—
	脚手架钢管	kg	3.62	2.586	—	2.586	—
	水	m³	4.27	19.200	2.400	19.200	2.400
	其他材料费	元	1.00	39.97	5.00	39.97	5.00
机械	混凝土喷射机 5m³/h	台班	203.74	0.900	0.132	0.990	0.145
	双卧轴式混凝土搅拌机 350L	台班	245.41	0.900	0.132	0.990	0.145
	电动空气压缩机 10m³/min	台班	394.85	0.828	0.120	0.911	0.132

六、锚　　杆

工作内容：1. 砂浆锚杆：搭、拆、移脚手架；锚杆及附件制作、运输；钻孔、安装、砂浆拌合、灌注、锚固；
2. 药卷锚杆：搭、拆、移脚手架；锚杆及附件制作、运输；钻孔、安装、药卷制作、灌注、锚固；
3. 中空注浆及自进式锚杆：搭、拆、移脚手架，锚杆运输、钻进，安装附件，砂浆拌合、灌注、锚固。

定额编号				4-228	4-229	4-230	4-231
项目				锚杆			
				砂浆锚杆	药卷锚杆	中空注浆锚杆	自进式锚杆
计量单位				t		100m	
基价（元）				**10582.68**	**10649.09**	**4415.53**	**5389.79**
其中	人工费（元）			3928.50	3484.49	1069.20	1069.20
	材料费（元）			4568.05	5078.47	2775.20	3607.31
	机械费（元）			2086.13	2086.13	571.13	713.28
名称		单位	单价(元)	消耗量			
人工	二类人工	工日	135.00	29.100	25.811	7.920	7.920
材料	水泥砂浆 1:1	m^3	294.20	0.340	—	0.240	0.240
	锚固药卷	kg	1.55	—	399.840	—	—
	原木	m^3	1552.00	0.013	0.013	0.007	0.007
	板方材	m^3	1034.00	0.024	0.024	0.013	0.013
	热轧带肋钢筋 HRB400 综合	t	3849.00	1.100	1.100	—	—
	六角空心钢 综合	kg	2.48	13.900	13.900	5.100	—
	合金钢钻头 一字型	个	8.62	9.000	9.000	3.000	—
	中空注浆锚杆	m	25.86	—	—	101.000	—
	自进式锚杆	m	34.48	—	—	—	101.000
	圆钉	kg	4.74	0.100	0.100	0.100	0.100
	镀锌铁丝 8# ~12#	kg	6.55	1.800	1.800	0.900	0.900
	水	m^3	4.27	13.000	13.000	5.000	5.000
	其他材料费	元	1.00	9.30	—	2.20	2.20
机械	气腿式风动凿岩机	台班	13.62	9.280	9.280	3.150	3.150
	机动翻斗车 1t	台班	197.36	0.550	0.550	0.170	0.170
	电动空气压缩机 $10m^3/min$	台班	394.85	4.430	4.430	1.150	1.510
	其他机械费	元	1.00	102.00	102.00	40.60	40.60

七、防水板与止水带(条)

工作内容:1. 防水板:搭、拆、移工作平台,基面处理、钻孔、钉锚固钉,下料、运至现场、拼接就位、焊接、检查;
2. 橡胶止水带:取运料、钢筋除锈、制作,钢筋卡就位、安装止水带、固定检查,移动工作平台;
3. 橡胶止水条:清洗混凝土表面,安装止水条、固定检查。

定额编号				4-232	4-233	4-234
项目				复合防水板	橡胶止水带	橡胶止水条
计量单位				$100m^2$	10m	
基价(元)				**2936.26**	**1111.27**	**452.62**
其中	人工费(元)			340.20	186.30	166.05
	材料费(元)			2561.06	924.07	286.57
	机械费(元)			35.00	0.90	—
名称		单位	单价(元)	消耗量		
人工	二类人工	工日	135.00	2.520	1.380	1.230
材料	复合式防水板	m^2	22.41	106.000	—	—
	内防水橡胶止水带	m	87.07	—	10.250	—
	橡胶止水带	m	27.93	—	—	10.250
	其他材料费	元	1.00	185.60	31.60	0.29
机械	其他机械费	元	1.00	35.00	0.90	—

八、排水管

工作内容:1. 塑料排水管:取运料,铺挂排水管、联接、固定,移动工作台;
2. 环向无纺布:取运料,铺挂无纺布、塑料布、铁丝网,钻孔、膨胀螺丝固定,移动工作台。

定额编号				4-235	4-236	4-237	4-238	4-239	4-240
项目				纵向排水管		横向排水管	环向排水管		
				弹簧管	HPDE 管		弹簧管	无纺布	塑料板盲沟
计量单位				100m		m	100m		
基价(元)				**3221.16**	**1835.85**	**23.54**	**2596.74**	**1432.82**	**2268.16**
其中	人工费(元)			275.40	275.40	8.10	1490.40	1093.50	1150.20
	材料费(元)			2945.76	1560.45	15.44	1106.34	339.32	1117.96
	机械费(元)			—	—	—	—	—	—
名称		单位	单价(元)	消耗量					
人工	二类人工	工日	135.00	2.040	2.040	0.060	11.040	8.100	8.520
材料	塑料弹簧软管 $\phi50$	m	9.74	—	—	—	102.000	—	—
	塑料弹簧软管 $\phi110$	m	28.88	102.000	—	—	—	—	—
	塑料打孔波纹管 $\phi100$	m	13.79	—	102.000	—	—	—	—
	PVC 塑料管 $\phi100$	m	13.63	—	—	1.000	—	—	—
	金属膨胀螺栓 M8×60	套	0.27	—	—	—	418.000	418.000	—
	土工布	m^2	4.31	—	35.700	0.350	—	51.000	—
	塑料板盲沟	m	10.34	—	—	—	—	—	106.000
	其他材料费	元	1.00	—	—	0.30	—	6.65	21.92

九、拱、墙背压浆

工作内容：搭拆脚手架，钻孔，砂浆制作、压浆，检查，堵孔。　　**计量单位**：$10m^3$

定额编号				4-241	4-242	4-243	4-244
项目				Ⅰ～Ⅲ级围岩		Ⅳ～Ⅴ级围岩	
				预留孔压浆	钻孔压浆	预留孔压浆	钻孔压浆
基价（元）				**6006.13**	**7087.45**	**5780.07**	**6560.04**
其中	人工费（元）			1401.30	2195.10	1166.40	1757.70
	材料费（元）			4528.93	4541.82	4537.77	4550.66
	机械费（元）			75.90	350.53	75.90	251.68
	名称	单位	单价(元)	消耗量			
人工	二类人工	工日	135.00	10.380	16.260	8.640	13.020
材料	纯水泥浆	m^3	430.36	10.250	10.250	10.250	10.250
	板方材	m^3	1034.00	0.077	0.077	0.077	0.077
	合金钢钻头 一字型	个	8.62	—	1.000	—	1.000
	水	m^3	4.27	6.000	7.000	8.000	9.000
	其他材料费	元	1.00	12.50	12.50	12.80	12.80
机械	气腿式风动凿岩机	台班	13.62	—	1.610	—	1.020
	电动空气压缩机 $10m^3/min$	台班	394.85	—	0.640	—	0.410
	其他机械费	元	1.00	75.90	75.90	75.90	75.90

十、隧道钢支撑

工作内容：下料、成型、钻孔、焊接、修正；安装就位、紧固螺栓；拆除、整理、堆放。　　**计量单位**：1t 钢架

定额编号				4-245	4-246	4-247	4-248
项目				制作、安装		每增一次安装	每增一次拆除
				型钢钢架	格栅钢架		
基价（元）				**6140.82**	**8085.51**	**518.40**	**178.20**
其中	人工费（元）			1514.70	2916.00	518.40	178.20
	材料费（元）			4331.17	4599.59	—	—
	机械费（元）			294.95	569.92	—	—
	名称	单位	单价(元)	消耗量			
人工	二类人工	工日	135.00	11.220	21.600	3.840	1.320
材料	型钢 综合	kg	3.84	960.000	61.000	—	—
	中厚钢板 综合	kg	3.71	100.000	54.000	—	—
	热轧光圆钢筋 综合	t	3966.00	—	0.072	—	—
	热轧带肋钢筋 HRB400 综合	t	3849.00	0.048	0.953	—	—
	电焊条	kg	4.31	4.100	14.000	—	—
	铁件	kg	3.71	15.000	15.100	—	—
	其他材料费	元	1.00	15.70	95.00	—	—
机械	交流弧焊机 32kV·A	台班	92.84	1.010	3.850	—	—
	载货汽车 4t	台班	369.21	0.530	0.520	—	—
	其他机械费	元	1.00	5.50	20.50	—	—

十一、管棚、小导管

工作内容:1. 管棚:场地清理、搭设脚手架,布眼、钻孔、清孔,钢管制作、运输、就位、顶进;
2. 超前小导管:清理、搭设脚手架,布眼、钻孔、清孔,钢管制作、运输、就位、顶进;
3. 注浆:浆液制作、注浆、检查、堵孔。

定额编号				4-249	4-250	4-251	4-252	4-253
项目				管棚(管径:mm)		超前小导管	注浆	
				80	108		水泥浆	水泥水玻璃浆
计量单位				10m		100m	10m³	
基价(元)				**1617.23**	**2227.35**	**3795.40**	**7843.65**	**6712.73**
其中	人工费(元)			348.30	413.10	2025.00	1587.60	1660.50
	材料费(元)			613.38	876.50	1375.79	5962.47	4589.75
	机械费(元)			655.55	937.75	394.61	293.58	462.48
名称		单位	单价(元)	消耗量				
人工	二类人工	工日	135.00	2.580	3.060	15.000	11.760	12.300
材料	碳素结构钢流体无缝钢管	kg	4.74	108.000	161.000	251.000	—	—
	纯水泥浆	m³	430.36	—	—	—	7.711	—
	板方材	m³	1034.00	0.025	0.025	—	0.112	0.140
	六角空心钢 综合	kg	2.48	—	—	3.800	—	—
	合金钢钻头 ϕ50	个	59.10	—	—	2.000	—	—
	合金钢钻头 ϕ150 以内	个	94.83	0.180	0.200	—	—	—
	复合硅酸盐水泥 P·C 32.5R 综合	t	319.00	—	—	—	7.711	4.410
	硅酸钠 水玻璃	kg	0.70	—	—	—	—	3900.000
	磷酸二氢钠	kg	3.53	—	—	—	—	66.000
	水	m³	4.27	2.000	2.000	9.000	9.500	7.300
	其他材料费	元	1.00	50.00	60.00	20.00	27.78	44.05
机械	潜孔钻机 38~115mm 液压	台班	449.57	0.610	0.880	—	—	—
	机动翻斗车 1t	台班	197.36	—	—	0.290	—	—
	气腿式风动凿岩机	台班	13.62	—	—	3.960	—	—
	电动空气压缩机 20m³/min	台班	568.57	0.610	0.880	0.460	—	—
	载货汽车 4t	台班	369.21	0.020	0.020	—	—	—
	灰浆搅拌机 400L	台班	161.27	—	—	—	1.242	1.420
	液压注浆泵 HYB50/50-1 型	台班	75.11	—	—	—	1.242	—
	双液压注浆泵 PH2×5	台班	164.42	—	—	—	—	1.420
	其他机械费	元	1.00	27.10	34.40	21.90	—	—

第四章
盾构法掘进

说　　明

一、本章定额包括盾构吊装及吊拆、车架安装及拆除、水力出土盾构掘进、刀盘式泥水平衡盾构掘进、刀盘式土压平衡盾构掘进、衬砌壁后压浆、预制钢筋混凝土管片、预制管片成环水平试拼装、钢筋混凝土管片场内运输、管片设置密封条、柔性接缝环、洞口混凝土环圈、管片嵌缝、管片手孔封堵、负环管片拆除、隧道内管线路拆除，共16节118个子目。

二、盾构车架安装按井下一次安装就位考虑，如井下车架安装受施工现场影响，需要增加车架转换时，其费用另计。

三、盾构机及车架场外运输费按实另计。

四、盾构掘进定额分为水力出土盾构、刀盘式泥水平衡盾构、刀盘式土压平衡盾构三种掘进机掘进。盾构掘进机选型，应根据地质报告、隧道覆土层厚度、地表沉降量要求及掘进机技术性能等条件进行确定。

五、如盾构掘进地层遇有下表情形时，相应定额的人工、机械、材料消耗量按下表中系数调整。

盾构掘进软硬不均、上软下硬段系数调整表

地质类型	强度、断面、长度	定额调整系数
软硬不均、上软下硬	1. 同一掘进断面强度、断面要求： (1)有单轴饱和和抗压强度大于或等于60MPa硬岩面，且硬岩面占掘进断面的比例大于或等于25%； (2)有单轴饱和抗压强度小于或等于20MPa的软土(岩)面，且软土(岩)面占掘进断面的比例大于或等于25%； 2. 长度要求：符合以上掘进断面、强度要求的连续长度大于或等于30m	人工和机械消耗量乘以系数1.4，不构成实体的损耗材料消耗量乘以系数2.0，另行增加4500元/延米的带压开仓费

注：1. 断面单轴饱和抗压强度以地勘资料确认为准，硬岩占断面比和软土(岩)面占断面比均按"掘进断面中达到强度标准的地勘岩芯长度/掘进断面岩芯总长度"确定。

2. 软硬不均、上软下硬地质影响长度指在盾构掘进路线方向上符合本表要求的软硬不均、上软下硬的地层累计长度，系数只在影响长度内调整。

3. 如采取注浆加固等措施处理软硬不均地质，盾构掘进通过该受影响段，则采取措施的措施费另计，人工和机械消耗量乘以系数1.1，不构成实体的损耗材料消耗量乘以系数1.25。

4. 不构成实体的损耗性材料是指：水、电、各种油脂、泡沫添加剂、膨润土、盾构刀具费。

盾构掘进孤石段系数调整表

地质类型	通过方式	定额调整系数
孤石	盾构机直接掘进孤石影响段	人工和机械消耗量乘以系数1.25，不构成实体的损耗性材料消耗量乘以系数1.5
	采用了其他措施处理，如爆破解小孤石等，再盾构掘进通过影响	人工和机械消耗量乘以系数1.1，不构成实体的损耗性材料消耗量乘以系数1.25，其他措施费用另计

注：1. 孤石情况按地勘资料、签证等确认。

2. 一个孤立孤石影响长度按1.0个盾构管片结构外径计；孤石在掘进方向上的间距大于1倍盾构结构外径的按孤立孤石考虑；孤石在掘进方向上的间距小于1.0倍盾管片结构外径的连续孤石群，其影响长度按掘进线路上相距最远的孤石间距离再加1.0个盾构管片结构外径计；系数只在影响长度内调整。

3. 不构成实体的损耗性材料是指：水、电、各种油脂、泡沫添加剂、膨润土、盾构刀具费。

六、盾构掘进出土，其土方(泥浆)以出井口至堆土场地为止，土方和泥浆需外运时费用另计。

七、采用水力出土和泥水平衡盾构掘进时，井口到泥浆沉淀池的管路铺设费用按实另计。泥水平衡盾构掘进所需泥水分离处理系统的安拆等费用另计。

八、泥浆经泥水分离处理形成渣土后,其外运费用应执行本定额第一册《通用项目》的相应土方外运定额;泥浆不经处理直接外运则执行本定额第三册《桥涵工程》中泥浆运输定额。

九、给排水隧道的盾构壳体废弃费用另计。

十、盾构掘进定额已综合考虑了管片的宽度和成环块数等因素,执行定额时不做调整。

十一、盾构掘进定额中包含贯通测量费用,不包括设置平面控制网、高程控制网、过江水准及方向、高程传递等测量,发生时费用另计。

十二、预制混凝土管片及管片成环水平试拼装定额适用于施工单位现场预制管片。预制混凝土管片采用高精度钢模和高标号混凝土,定额中已含钢模摊销费,管片预制场地费和管片场外运输费另计。管片的场内运输定额适用于管片预制场地驳运到中转场地堆放或预制管片自现场堆放场地运至吊装井口堆放。

十三、同步压浆和分步压浆中的压浆材料与定额不同时,可以据实调整。

工程量计算规则

一、掘进过程中的施工阶段分为：

1. 负环段：从拼装后靠管片起至盾尾离开出洞井内壁止。

2. 出洞段：从盾尾离开出洞井内壁起，按下表计算掘进长度。

$\phi\leqslant4000$	$\phi\leqslant5000$	$\phi\leqslant6000$	$\phi\leqslant7000$	$\phi\leqslant11500$	$\phi\leqslant15500$
40m	50m	80m	100m	150m	200m

3. 正常段：从出口段掘进结束至进洞段掘进开始的全段掘进。

4. 进洞段：按盾构切口距进洞井外壁的距离，按下表计算掘进长度。

$\phi\leqslant4000$	$\phi\leqslant5000$	$\phi\leqslant6000$	$\phi\leqslant7000$	$\phi\leqslant11500$	$\phi\leqslant15500$
25m	30m	50m	80m	100m	150m

二、衬砌压浆量根据盾尾间隙，由施工组织设计确定。

三、柔性接缝环适用于盾构工作井洞门与圆隧道的接缝处理，长度按管片中心圆周长以“m”计算。

四、管片嵌缝按设计图示以“环”为单位计算，管片手孔封堵按设计图示以“个”为单位计算。管片手孔封堵使用材料与定额不同时可按实调整。

五、预制混凝土管片工程量按实体积加1%损耗计算，管片试拼装以每100环管片拼装1组(3环)计算。

一、盾构吊装及吊拆

工作内容:起吊机械设备及盾构载运车就位、盾构吊入井底基座、盾构安装。 **计量单位**:台

	定额编号			4-254	4-255	4-256	4-257
	项目			盾构整体吊装		盾构分体吊装	
				φ5000 以内	φ7000 以内	φ11500 以内	φ15500 以内
	基价(元)			**62151.39**	**91861.24**	**856738.46**	**1033806.51**
其中	人工费(元)			19634.40	28965.60	286915.77	443621.61
	材料费(元)			11545.95	15595.49	93733.09	186888.99
	机械费(元)			30971.04	47300.15	476089.60	403295.91
	名称	单位	单价(元)	消耗量			
人工	二类人工	工日	135.00	145.440	214.560	2125.302	3286.086
材料	型钢 综合	kg	3.84	500.000	760.000	2463.500	5649.923
	盾构托架	t	2178.00	0.800	0.920	—	—
	轻轨	kg	3.79	—	—	1417.876	—
	中厚钢板 综合	t	3750.00	0.400	0.550	5.883	14.237
	钢丝绳 综合	kg	6.45	155.122	196.488	757.900	1834.118
	枕木	m^3	2457.00	1.490	1.960	13.533	23.750
	橡胶板	kg	5.09	27.500	32.500	62.082	150.238
	低碳钢焊条 J422 φ3.2	kg	4.74	30.500	51.000	410.800	994.136
	机油 10# ~ 14#	kg	3.84	20.000	22.500	51.675	125.054
	柴油	kg	5.09	38.857	48.571	185.640	449.249
	氧气	m^3	3.62	50.000	60.000	912.600	2208.492
	乙炔气	kg	7.60	16.670	20.000	456.300	1104.246
	其他材料费	元	1.00	855.26	1417.77	8521.19	16989.91
机械	履带式起重机 25t	台班	757.92	6.812	7.962	16.100	—
	履带式起重机 40t	台班	1242.97	—	—	19.320	—
	履带式起重机 50t	台班	1364.92	1.769	3.538	—	—
	履带式起重机 200t	台班	4985.45	3.760	—	—	—
	履带式起重机 300t	台班	6588.97	—	4.653	9.660	31.846
	门式起重机 10t	台班	447.22	—	—	31.740	46.146
	汽车式起重机 60t	台班	2808.62	—	—	100.464	—
	汽车式起重机 150t	台班	8586.02	—	—	7.176	11.776
	交流弧焊机 32kV·A	台班	92.84	13.051	16.223	53.554	145.230
	电动卷扬机 - 双筒慢速 100kN	台班	304.96	11.269	14.008	43.541	—
	电动空气压缩机 $20m^3/min$	台班	568.57	—	—	—	80.640
	二氧化碳气体保护焊机 250A	台班	56.85	—	—	—	217.846

工作内容：起吊机械设备及盾构载运车就位、盾构吊入井底基座、盾构安装。　　　　**计量单位**：台

定额编号				4-258	4-259	4-260	4-261
项目				盾构整体吊拆		盾构分体吊拆	
				ϕ5000 以内	ϕ7000 以内	ϕ11500 以内	ϕ15500 以内
基价（元）				**48797.48**	**72630.44**	**358551.24**	**763823.64**
其中	人工费（元）			15681.60	23133.60	137327.40	189540.00
	材料费（元）			9716.97	13023.78	50406.44	109337.58
	机械费（元）			23398.91	36473.06	170817.40	464946.06
名称		单位	单价(元)	消耗量			
人工	二类人工	工日	135.00	116.160	171.360	1017.240	1404.000
材料	型钢 综合	kg	3.84	350.000	530.000	1326.500	2042.200
	盾构托架	t	2178.00	0.640	0.740	—	—
	轻轨	kg	3.79	—	—	763.471	—
	中厚钢板 综合	t	3750.00	0.240	0.330	3.168	7.667
	钢丝绳 综合	kg	6.45	155.122	196.488	408.100	987.602
	枕木	m^3	2457.00	1.490	1.960	7.289	17.635
	橡胶板	kg	5.09	—	—	33.753	81.682
	低合金钢焊条 E43 系列	kg	4.74	14.280	23.877	207.124	501.240
	机油 $10^{\#}\sim14^{\#}$	kg	3.84	4.000	4.500	27.825	67.337
	柴油	kg	5.09	46.629	58.286	99.960	241.903
	氧气	m^3	3.62	75.000	90.000	491.400	1189.188
	乙炔气	kg	7.60	25.000	30.000	245.700	594.594
	其他材料费	元	1.00	635.69	1075.36	4582.40	9939.78
机械	履带式起重机 25t	台班	757.92	5.095	6.369	8.670	—
	履带式起重机 40t	台班	1242.97	—	—	9.046	—
	履带式起重机 50t	台班	1364.92	1.415	2.831	—	—
	履带式起重机 60t	台班	1456.51	—	—	45.230	—
	履带式起重机 200t	台班	4985.45	3.008	—	—	—
	履带式起重机 300t	台班	6588.97	—	3.724	5.202	17.148
	门式起重机 10t	台班	447.22	—	—	19.320	66.976
	汽车式起重机 150t	台班	8586.02	—	—	3.864	30.470
	电动卷扬机－双筒慢速 100kN	台班	304.96	6.369	7.917	26.503	—
	交流弧焊机 32kV·A	台班	92.84	7.189	8.941	31.770	86.155
	电动空气压缩机 $20m^3/min$	台班	568.57	—	—	—	80.282
	二氧化碳气体保护焊机 250A	台班	56.85	—	—	—	118.642

二、车架安装及拆除

工作内容:车架吊入井底,井下组装就位与盾构连接,车架上设备安装、水电气安装。　　计量单位:节

定额编号				4-262	4-263	4-264	4-265
项目				车架安装(t以内)			
				10	30	50	100
基价(元)				**4793.59**	**7098.04**	**9041.67**	**344753.57**
其中	人工费(元)			1170.45	1755.68	2340.90	14885.91
	材料费(元)			1819.08	2378.46	2947.98	135962.15
	机械费(元)			1804.06	2963.90	3752.79	193905.51
名称		单位	单价(元)	消耗量			
人工	二类人工	工日	135.00	8.670	13.005	17.340	110.266
材料	六角带帽螺栓 综合	kg	5.47	22.000	32.000	42.000	—
	轻轨	kg	3.79	119.415	124.390	129.365	—
	枕木	m^3	2457.00	0.200	0.250	0.300	—
	中厚钢板 综合	t	3750.00	0.160	0.240	0.320	—
	氧气	m^3	3.62	6.580	7.890	9.200	128.291
	乙炔气	kg	7.60	2.190	2.630	3.070	64.145
	低合金钢焊条 E43 系列	kg	4.74	2.388	2.865	3.342	116.185
	型钢 综合	t	3836.00	—	—	—	30.037
	二氧化碳气体	m^3	1.03	—	—	—	42.764
	白油漆	kg	20.60	—	—	—	12.180
	砂轮片	片	7.08	—	—	—	600.583
	白布	kg	11.64	—	—	—	200.198
	其他材料费	元	1.00	102.97	155.60	218.37	12360.20
机械	履带式起重机 100t	台班	2737.92	—	—	0.750	—
	履带式起重机 50t	台班	1364.92	—	1.062	—	—
	履带式起重机 25t	台班	757.92	0.973	—	—	—
	门式起重机 10t	台班	447.22	1.194	1.946	—	7.672
	门式起重机 50t	台班	1113.02	—	—	0.848	—
	汽车式起重机 150t	台班	8586.02	—	—	—	3.432
	汽车式起重机 200t	台班	10057.88	—	—	—	14.966
	电动卷扬机-双筒慢速 100kN	台班	304.96	1.194	1.283	1.372	—
	立式油压千斤顶 100t	台班	10.22	—	—	—	759.062
	交流弧焊机 32kV·A	台班	92.84	1.815	2.723	3.631	29.334

工作内容：车架吊入井底，井下组装就位与盾构连接，车架上设备安装、水电气安装。　　**计量单位**：节

定额编号				4-266	4-267	4-268	4-269
项目				车架拆除(t以内)			
				10	30	50	100
基价(元)				**4567.16**	**6796.07**	**7850.50**	**195549.56**
其中	人工费(元)			1046.52	1580.18	2113.83	10135.13
	材料费(元)			1934.74	2609.79	3307.69	49118.47
	机械费(元)			1585.90	2606.10	2428.98	136295.96
	名称	单位	单价(元)	消耗量			
人工	二类人工	工日	135.00	7.752	11.705	15.658	75.075
材料	枕木	m^3	2457.00	0.220	0.280	0.340	—
	中厚钢板 综合	t	3750.00	0.080	0.130	0.180	—
	氧气	m^3	3.62	8.550	10.260	11.970	48.873
	乙炔气	kg	7.60	2.850	3.420	3.990	24.436
	低合金钢焊条 E43 系列	kg	4.74	1.199	1.433	1.667	56.291
	型钢 综合	t	3836.00	0.222	0.280	0.338	10.410
	白油漆	kg	20.60	0.215	0.273	0.331	—
	砂轮片	片	7.08	0.216	0.275	0.334	180.175
	白布	kg	11.64	0.212	0.269	0.326	75.074
	其他材料费	元	1.00	175.89	279.62	406.21	6406.76
机械	履带式起重机 100t	台班	2737.92	—	—	0.500	—
	履带式起重机 50t	台班	1364.92	—	1.008	—	—
	履带式起重机 25t	台班	757.92	0.929	—	—	—
	门式起重机 10t	台班	447.22	1.132	1.849	—	2.746
	门式起重机 50t	台班	1113.02	—	—	0.565	—
	汽车式起重机 200t	台班	10057.88	—	—	—	12.639
	电动卷扬机－双筒慢速 100kN	台班	304.96	0.955	0.908	0.861	—
	立式油压千斤顶 100t	台班	10.22	—	—	—	575.552
	交流弧焊机 32kV·A	台班	92.84	0.908	1.362	1.816	22.234

三、水力出土盾构掘进

工作内容:操作盾构掘进机,高压供水、水力出土,管片拼装,连接螺栓紧固、装拉杆,施工管路铺设,照明、运输、供气通风,施工测量、通讯,排泥水输出井口,一般故障排除。

计量单位:m

定额编号				4-270	4-271	4-272	4-273
项目				ϕ≤5000 水力出土盾构掘进			
				负环段	出洞段	正常段	进洞段
基价(元)				9721.90	7765.91	4399.54	6600.99
其中	人工费(元)			4392.63	2057.27	982.26	1613.79
	材料费(元)			1939.70	1762.06	1393.43	1609.06
	机械费(元)			3389.57	3946.58	2023.85	3378.14
	名称	单位	单价(元)	消耗量			
人工	二类人工	工日	135.00	32.538	15.239	7.276	11.954
材料	非泵送商品混凝土 C20	m^3	412.00	0.259	—	—	—
	管片连接螺栓	kg	6.98	29.530	59.061	59.061	59.061
	钢轨枕	kg	4.62	6.208	6.208	6.208	6.208
	轻轨	kg	3.79	5.692	5.692	5.692	5.692
	走道板	kg	8.62	13.660	13.660	13.660	13.660
	金属支架	kg	5.17	7.840	7.840	7.840	7.840
	碳素结构钢焊接钢管 *DN*150×4.5	kg	3.88	10.090	10.090	10.090	10.090
	碳素结构钢焊接钢管 *DN*80×4.0	kg	3.88	3.730	3.730	3.730	3.730
	风管	kg	2.59	12.100	12.110	12.110	12.110
	钢管栏杆	kg	6.90	6.950	6.950	6.950	6.950
	钢支撑	kg	3.97	110.080	—	—	—
	低合金钢焊条 E43 系列	kg	4.74	4.551	—	—	—
	电	kW·h	0.78	641.000	622.650	288.750	484.050
	锭子油 20#机油	kg	5.78	26.040	24.050	11.130	18.690
	油脂	kg	12.59	—	17.750	17.750	17.750
	其他材料费	元	1.00	176.34	160.19	126.68	146.28
机械	水力出土盾构掘进机 5000mm	台班	1625.82	0.700	1.280	0.600	1.000
	履带式起重机 15t	台班	702.00	1.230	—	—	—
	门式起重机 10t	台班	447.22	—	1.053	0.487	0.814
	电瓶车 2.5t	台班	175.17	—	0.992	0.464	0.768
	轨道平车 5t	台班	34.23	—	0.992	0.464	0.768
	硅整流充电机 90A/190V	台班	207.90	—	0.854	0.400	0.669
	轴流通风机 100kW	台班	452.16	1.066	1.100	0.914	1.532
	电动单级离心清水泵 150mm	台班	60.81	1.092	1.015	0.469	0.785
	电动多级离心清水泵 ϕ150h≤180m	台班	283.02	1.256	1.168	0.540	0.902
	交流弧焊机 32kV·A	台班	92.84	2.778	1.289	0.599	0.998
	电动空气压缩机 6m^3/min	台班	224.45	1.008	—	—	—

工作内容：操作盾构掘进机，高压供水、水力出土，管片拼装，连接螺栓紧固、装拉杆，施工管路铺设，照明、运输、供气通风，施工测量、通信，排泥水输出井口，一般故障排除。　**计量单位**：m

	定　额　编　号			4-274	4-275	4-276	4-277
	项　目			$\phi\leq6000$ 水力出土盾构掘进			
				负环段	出洞段	正常段	进洞段
	基　价（元）			**12834.23**	**10603.25**	**6177.43**	**9102.64**
其中	人工费（元）			5290.52	2665.04	1257.66	2080.22
	材料费（元）			3286.09	3145.02	2424.30	2844.75
	机械费（元）			4257.62	4793.19	2495.47	4177.67
	名　称	单位	单价（元）	消　耗　量			
人工	二类人工	工日	135.00	39.189	19.741	9.316	15.409
材料	非泵送商品混凝土 C20	m^3	412.00	0.438	—	—	—
	管片连接螺栓	kg	6.98	55.803	111.606	111.606	111.606
	钢轨枕	kg	4.62	12.029	12.029	12.029	12.029
	轻轨	kg	3.79	7.374	7.374	7.374	7.374
	走道板	kg	8.62	17.680	17.680	17.680	17.680
	金属支架	kg	5.17	11.550	11.550	11.550	11.550
	碳素结构钢焊接钢管 *DN*150×4.5	kg	3.88	28.770	28.770	28.770	28.770
	碳素结构钢焊接钢管 *DN*80×4.0	kg	3.88	4.820	4.820	4.820	4.820
	风管	kg	2.59	15.680	15.680	15.680	15.680
	钢管栏杆	kg	6.90	8.990	8.990	8.990	8.990
	钢支撑	kg	3.97	162.790	—	—	—
	低合金钢焊条 E43 系列	kg	4.74	5.000	—	—	—
	电	kW·h	0.78	1205.400	1202.250	554.400	932.400
	锭子油 20#机油	kg	5.78	48.200	48.090	22.160	37.280
	油脂	kg	12.59	—	26.670	26.670	26.670
	其他材料费	元	1.00	298.74	285.91	220.39	258.61
机械	水力出土盾构掘进机 6000mm	台班	1933.93	0.811	1.241	0.579	0.970
	履带式起重机 25t	台班	757.92	1.299	—	—	—
	门式起重机 10t	台班	447.22	—	1.353	0.637	1.053
	电瓶车 2.5t	台班	175.17	—	1.272	0.592	0.992
	轨道平车 5t	台班	34.23	—	1.272	0.592	0.992
	硅整流充电机 90A/190V	台班	207.90	—	1.100	0.508	0.854
	轴流通风机 100kW	台班	452.16	1.272	1.263	1.174	1.962
	电动单级离心清水泵 200mm	台班	93.34	1.330	1.495	0.690	1.168
	电动多级离心清水泵 $\phi150$ $h\leq180$m	台班	283.02	1.504	1.495	0.690	1.168
	交流弧焊机 32kV·A	台班	92.84	3.007	1.716	0.762	1.280
	电动空气压缩机 $6m^3$/min	台班	224.45	1.339	—	—	—

四、刀盘式泥水平衡盾构掘进

工作内容:操作盾构掘进机,水力出土,管片拼装,螺栓紧固,施工管路铺设,照明、运输、供气通风,施工测量、通信,排泥水输出井口。

计量单位:m

定额编号					4-278	4-279	4-280	4-281
项目					ϕ≤7000 刀盘式泥水平衡盾构掘进			
					负环段	出洞段	正常段	进洞段
基价(元)					17296.97	16816.85	8835.93	14106.41
其中	人工费(元)				5912.87	3431.43	1440.45	2671.52
	材料费(元)				4436.17	4363.89	3123.05	3882.38
	机械费(元)				6947.93	9021.53	4272.43	7552.51
名称		单位	单价(元)		消耗量			
人工	二类人工	工日	135.00		43.799	25.418	10.670	19.789
材料	非泵送商品混凝土 C20	m^3	412.00		0.557	—	—	—
	管片连接螺栓	kg	6.98		82.026	164.062	164.062	164.062
	钢轨枕	kg	4.62		16.265	16.265	16.265	16.265
	轻轨	kg	3.79		7.473	7.473	7.473	7.473
	走道板	kg	8.62		17.930	17.930	17.930	17.930
	金属支架	kg	5.17		12.870	12.870	12.870	12.870
	碳素结构钢焊接钢管 *DN*200×4.5	kg	3.88		29.180	29.180	29.180	29.180
	碳素结构钢焊接钢管 *DN*80×4.0	kg	3.88		4.890	4.890	4.890	4.890
	风管	kg	2.59		15.900	15.900	15.900	15.900
	钢管栏杆	kg	6.90		13.670	13.670	13.670	13.670
	钢支撑	kg	3.97		185.740	—	—	—
	低合金钢焊条 E43 系列	kg	4.74		5.243	—	—	—
	电	kW·h	0.78		2273.250	2120.140	868.772	1634.612
	锭子油 20#机油	kg	5.78		49.604	56.519	23.176	43.571
	油脂	kg	12.59		—	31.190	31.190	31.190
	其他材料费	元	1.00		219.80	253.41	181.36	225.45
机械	刀盘式水力出土泥水平衡盾构掘进机 7000mm	台班	7020.28		0.491	0.912	0.455	0.788
	履带式起重机 50t	台班	1364.92		1.294	—	—	—
	门式起重机 10t	台班	447.22		—	1.256	0.518	0.969
	电瓶车 2.5t	台班	175.17		—	1.360	0.560	1.051
	轨道平车 5t	台班	34.23		—	2.720	1.114	2.097
	硅整流充电机 90A/190V	台班	207.90		—	1.177	0.484	0.907
	轴流通风机 100kW	台班	452.16		1.281	1.009	0.416	0.779
	电动单级离心清水泵 200mm	台班	93.34		1.522	2.398	0.986	1.849
	电动多级离心清水泵 ϕ150 h≤180m	台班	283.02		1.522	2.398	0.986	1.849
	交流弧焊机 32kV·A	台班	92.84		3.349	1.320	0.544	1.019
	电动空气压缩机 $6m^3$/min	台班	224.45		1.211	—	—	—

工作内容：操作盾构掘进机，水力出土，管片拼装，螺栓紧固，施工管路铺设，照明、运输、供气通风，施工测量、通信，排泥水输出井口。

计量单位：m

定额编号				4-282	4-283	4-284	4-285
项目				ϕ≤11500 刀盘式泥水平衡盾构掘进			
				负环段	出洞段	正常段	进洞段
基价（元）				**44012.07**	**42860.86**	**21394.05**	**34393.94**
其中	人工费（元）			14140.04	6432.48	2665.85	4970.97
	材料费（元）			8783.26	9119.85	7034.57	8310.65
	机械费（元）			21088.77	27308.53	11693.63	21112.32
名称		单位	单价(元)	消耗量			
人工	二类人工	工日	135.00	104.741	47.648	19.747	36.822
材料	非泵送商品混凝土 C20	m^3	412.00	0.657	—	—	—
	管片连接螺栓	kg	6.98	216.240	432.480	432.480	432.480
	钢轨枕	kg	4.62	26.389	26.389	26.389	26.389
	轻轨	kg	3.79	25.933	25.933	25.933	25.933
	走道板	kg	8.62	58.020	58.020	58.020	58.020
	金属支架	kg	5.17	35.720	35.720	35.720	35.720
	钢管 *DN*200	kg	3.88	63.100	63.100	63.100	63.100
	风管	kg	2.59	15.860	15.860	15.860	15.860
	碳素结构钢焊接钢管 *DN*80×4.0	kg	3.88	25.790	25.790	25.790	25.790
	钢管栏杆	kg	6.90	22.170	22.170	22.170	22.170
	钢支撑	kg	3.97	301.260	—	—	—
	低合金钢焊条 E43 系列	kg	4.74	5.721	—	—	—
	电	kW·h	0.78	3786.300	3438.750	1409.100	2651.250
	锭子油 20#机油	kg	5.78	101.100	91.670	37.590	70.670
	油脂	kg	12.59	—	48.930	48.930	48.930
	其他材料费	元	1.00	798.48	829.08	639.51	755.51
机械	刀盘式水力出土泥水平衡盾构掘进机 11500mm	台班	13822.57	1.052	1.655	0.714	1.280
	履带式起重机 50t	台班	1364.92	2.419	—	—	—
	门式起重机 10t	台班	447.22	—	1.757	0.724	1.356
	电瓶车 8t	台班	212.72	—	1.904	0.784	1.472
	轨道平车 5t	台班	34.23	—	3.808	1.560	2.936
	硅整流充电机 90A/190V	台班	207.90	—	1.646	0.677	1.269
	轴流通风机 100kW	台班	452.16	2.401	1.891	0.780	1.460
	电动单级离心清水泵 200mm	台班	93.34	2.840	4.476	1.840	3.450
	电动多级离心清水泵 ϕ150 h≤180m	台班	283.02	2.840	4.476	1.840	3.450
	交流弧焊机 32kV·A	台班	92.84	6.263	2.469	1.017	1.906
	电动空气压缩机 $6m^3$/min	台班	224.45	2.271	—	—	—

工作内容:操作盾构掘进机,水力出土,管片拼装,螺栓紧固,施工管路铺设,照明、运输、供气通风,施工测量、通信,排泥水输出井口。

计量单位:m

定额编号				4-286	4-287	4-288	4-289
项目				ϕ≤15500 刀盘式泥水平衡盾构掘进			
				负环段	出洞段	正常段	进洞段
基价(元)				**108102.61**	**96384.34**	**72153.24**	**95657.87**
其中	人工费(元)			11952.09	9590.40	6984.09	9590.40
	材料费(元)			41361.71	24218.39	18804.93	24218.39
	机械费(元)			54788.81	62575.55	46364.22	61849.08
名称		单位	单价(元)	消耗量			
人工	二类人工	工日	135.00	88.534	71.040	51.734	71.040
材料	非泵送商品混凝土 C25	m^3	421.00	1.286	—	—	—
	钢支撑	kg	3.97	5112.000	—	—	—
	螺纹法兰	副	100.00	5.333	5.333	5.333	5.333
	支撑架	kg	5.17	2.500	2.500	2.500	2.500
	电	kW·h	0.78	10885.714	14400.000	10800.000	14400.000
	高压风管 ϕ50	m	51.72	1.000	1.000	1.000	1.000
	钢管栏杆	kg	6.90	3.904	3.904	3.904	3.904
	走道板	kg	8.62	10.244	10.244	10.244	10.244
	碳素结构钢焊接钢管 综合	t	3879.00	0.470	0.470	0.470	0.470
	板枋材	m^3	2069.00	0.200	0.200	0.200	0.200
	管片连接螺栓	kg	6.98	324.360	553.544	553.544	553.544
	橡套电力电缆 YHC 3×70+1×25	m	103.00	3.030	3.030	3.030	3.030
	中厚钢板 综合	t	3750.00	0.583	0.486	—	0.486
	油脂	kg	12.59	3.799	105.000	81.900	105.000
	液压油	kg	14.74	9.962	9.962	9.962	9.962
	低碳钢焊条 J422 综合	kg	4.74	6.428	6.428	6.428	6.428
	水	m^3	4.27	78.927	78.927	78.927	78.927
	其他材料费	元	1.00	3760.16	2201.67	1709.54	2201.67
机械	刀盘式泥水平衡盾构掘进机 ϕ15500	台班	50760.00	0.750	1.000	0.750	1.000
	平台作业升降车 20m	台班	431.63	1.327	0.885	0.663	0.885
	平板拖车组 80t	台班	1559.55	2.688	1.792	1.344	1.792
	履带式起重机 80t	台班	2186.44	1.327	0.885	0.663	0.885
	门式起重机 10t	台班	447.22	1.292	0.862	0.646	0.862
	门式起重机 50t	台班	1113.02	1.327	0.885	0.663	0.885
	汽车式起重机 30t	台班	1038.45	1.380	0.920	0.690	0.920
	载货汽车 20t	台班	745.51	1.344	1.792	0.672	0.896
	轴流通风机 100kW	台班	452.16	1.344	0.896	0.672	0.896
	电动单级离心清水泵 200mm	台班	93.34	3.981	2.654	1.990	2.654
	污水泵 150mm	台班	196.80	3.981	2.654	1.990	2.654
	交流弧焊机 32kV·A	台班	92.84	2.723	1.815	0.681	1.185
	电动空气压缩机 20m^3/min	台班	568.57	4.480	2.987	2.240	2.987

五、刀盘式土压平衡盾构掘进

工作内容：操作盾构掘进机，干式出土；管片拼装；螺栓紧固，施工管路铺设；照明、运输、供气通风；施工测量、通信；井口土方装车。

计量单位：m

定额编号				4-290	4-291	4-292	4-293
项目				$\phi \leq 5000$ 刀盘式土压平衡盾构掘进			
				负环段	出洞段	正常段	进洞段
基价（元）				**9155.38**	**8972.51**	**4703.93**	**6668.11**
其中	人工费（元）			3263.49	1654.29	893.30	1131.03
	材料费（元）			2340.65	2233.67	1725.01	1870.13
	机械费（元）			3551.24	5084.55	2085.62	3666.95
名称		单位	单价(元)	消耗量			
人工	二类人工	工日	135.00	24.174	12.254	6.617	8.378
材料	非泵送商品混凝土 C20	m^3	412.00	0.308	—	—	—
	管片连接螺栓	kg	6.98	33.779	67.558	67.558	67.558
	钢轨枕	kg	4.62	7.349	7.349	7.349	7.349
	轻轨	kg	3.79	5.622	5.622	5.622	5.622
	走道板	kg	8.62	13.500	13.500	13.500	13.500
	金属支架	kg	5.17	7.750	7.750	7.750	7.750
	碳素结构钢焊接钢管 *DN*80×4.0	kg	3.88	3.680	3.680	3.680	3.680
	风管	kg	2.59	11.970	11.970	11.970	11.970
	钢管栏杆	kg	6.90	6.860	6.860	6.860	6.860
	钢支撑	kg	3.97	108.760	—	—	—
	低合金钢焊条 E43 系列	kg	4.74	4.757	—	—	—
	电	kW·h	0.78	834.750	823.200	432.600	554.400
	水	m^3	4.27	45.570	40.740	21.420	24.410
	锭子油 20#机油	kg	5.78	27.830	27.410	14.390	18.570
	油脂	kg	12.59	—	22.260	22.260	22.260
	其他材料费	元	1.00	212.79	203.06	156.82	170.01
机械	刀盘式干出土土压平衡盾构掘进机 5000mm	台班	3250.71	0.580	1.140	0.355	0.760
	履带式起重机 25t	台班	757.92	1.017	—	—	—
	门式起重机 10t	台班	447.22	—	0.929	0.487	0.628
	电瓶车 2.5t	台班	175.17	—	0.872	0.456	0.592
	轨道平车 5t	台班	34.23	—	1.744	0.920	1.176
	硅整流充电机 90A/190V	台班	207.90	—	0.754	0.400	0.508
	轴流通风机 100kW	台班	452.16	0.878	0.869	0.914	1.174
	电动单级离心清水泵 200mm	台班	93.34	1.044	1.026	0.540	0.690
	交流弧焊机 32kV·A	台班	92.84	2.296	1.135	0.599	0.762
	电动空气压缩机 $6m^3$/min	台班	224.45	0.835	—	—	—

工作内容:操作盾构掘进机,干式出土;管片拼装;螺栓紧固,施工管路铺设;照明、运输、供气通风;施工测量、通信;井口土方装车。

计量单位:m

定额编号				4-294	4-295	4-296	4-297
项目				ϕ≤7000 刀盘式土压平衡盾构掘进			
				负环段	出洞段	正常段	进洞段
基价(元)				**16520.64**	**14710.95**	**9620.34**	**11811.65**
其中	人工费(元)			6015.74	2886.17	1614.87	2018.79
	材料费(元)			3786.41	4315.88	3404.05	3691.30
	机械费(元)			6718.49	7508.90	4601.42	6101.56
名称		单位	单价(元)	消耗量			
人工	二类人工	工日	135.00	44.561	21.379	11.962	14.954
材料	非泵送商品混凝土 C20	m^3	412.00	0.557	—	—	—
	管片连接螺栓	kg	6.98	82.026	164.062	164.062	164.062
	钢轨枕	kg	4.62	18.421	18.421	18.421	18.421
	轻轨	kg	3.79	8.468	8.468	8.468	8.468
	走道板	kg	8.62	20.310	20.310	20.310	20.310
	金属支架	kg	5.17	14.580	14.580	14.580	14.580
	碳素结构钢焊接钢管 *DN*80×4.0	kg	3.88	5.530	5.530	5.530	5.530
	风管	kg	2.59	18.010	18.010	18.010	18.010
	钢管栏杆	kg	6.90	15.480	15.480	15.480	15.480
	钢支撑	kg	3.97	26.480	—	—	—
	低合金钢焊条 E43 系列	kg	4.74	5.244	—	—	—
	电	kW·h	0.78	1731.450	1653.750	910.350	1144.500
	水	m^3	4.27	70.040	58.490	32.130	40.430
	锭子油 20#机油	kg	5.78	55.020	52.500	28.880	36.330
	油脂	kg	12.59	—	31.190	31.190	31.190
	其他材料费	元	1.00	344.22	392.35	309.46	335.57
机械	刀盘式干出土土压平衡盾构掘进机 7000mm	台班	6687.80	0.497	0.830	0.525	0.650
	履带式起重机 50t	台班	1364.92	1.513	—	—	—
	门式起重机 10t	台班	447.22	—	1.318	0.442	0.920
	电瓶车 2.5t	台班	175.17	—	1.240	0.424	0.864
	轨道平车 5t	台班	34.23	—	2.480	0.848	1.736
	硅整流充电机 90A/190V	台班	207.90	—	1.077	0.369	0.746
	轴流通风机 100kW	台班	452.16	1.308	1.236	1.362	1.720
	电动单级离心清水泵 200mm	台班	93.34	1.548	1.460	0.495	1.017
	交流弧焊机 32kV·A	台班	92.84	3.413	1.588	0.545	1.126
	电动空气压缩机 $6m^3$/min	台班	224.45	1.233	—	—	—

工作内容：操作盾构掘进机，干式出土；管片拼装；螺栓紧固，施工管路铺设；照明、运输、供气通风；施工测量、通信；井口土方装车。

计量单位：m

定额编号				4-298	4-299	4-300	4-301
项目				φ≤11500 刀盘式土压平衡盾构掘进			
				负环段	出洞段	正常段	进洞段
基价（元）				36167.17	34295.46	22696.69	29169.99
其中	人工费（元）			11774.30	5750.33	3055.05	3902.45
	材料费（元）			8201.70	8360.30	6957.56	7491.44
	机械费（元）			16191.17	20184.83	12684.08	17776.10
名称		单位	单价(元)	消耗量			
人工	二类人工	工日	135.00	87.217	42.595	22.630	28.907
材料	非泵送商品混凝土 C20	m^3	412.00	0.657	—	—	—
	管片连接螺栓	kg	6.98	216.240	432.480	432.480	432.480
	钢轨枕	kg	4.62	28.217	28.217	28.217	28.217
	轻轨	kg	3.79	60.145	60.145	60.145	60.145
	走道板	kg	8.62	31.100	31.100	31.100	31.100
	金属支架	kg	5.17	35.720	35.720	35.720	35.720
	碳素结构钢焊接钢管 *DN*80×4.0	kg	3.88	16.960	16.960	16.960	16.960
	风管	kg	2.59	27.580	27.580	27.580	27.580
	钢管栏杆	kg	6.90	3.320	3.320	3.320	3.320
	钢支撑	kg	3.97	322.220	—	—	—
	低合金钢焊条 E43 系列	kg	4.74	5.721	—	—	—
	电	kW·h	0.78	3150.000	3076.500	1620.150	2077.950
	水	m^3	4.27	106.790	28.250	48.090	61.640
	锭子油 20#机油	kg	5.78	84.000	82.010	43.260	55.440
	油脂	kg	12.59	—	48.930	48.930	48.930
	其他材料费	元	1.00	745.61	760.03	632.51	681.04
机械	刀盘式干出土土压平衡盾构掘进机 11500mm	台班	13136.60	0.870	1.353	0.833	1.152
	履带式起重机 50t	台班	1364.92	2.001	—	—	—
	门式起重机 10t	台班	447.22	—	1.433	0.955	1.217
	电瓶车 8t	台班	212.72	—	1.552	0.560	1.320
	轨道平车 5t	台班	34.23	—	3.104	1.120	2.640
	硅整流充电机 90A/190V	台班	207.90	—	1.346	0.485	1.138
	轴流通风机 100kW	台班	452.16	1.998	1.541	2.052	2.625
	电动单级离心清水泵 200mm	台班	93.34	2.362	1.822	0.659	1.548
	交流弧焊机 32kV·A	台班	92.84	5.210	2.015	0.717	1.716
	电动空气压缩机 $6m^3/min$	台班	224.45	1.887	—	—	—

六、衬砌壁后压浆

工作内容:制浆、运浆,盾尾同步压浆,补压浆,封堵、清洗。 **计量单位**:$10m^3$

定额编号				4-302	4-303	4-304	4-305
项目				同步压浆			
				水泥粉煤灰	水泥砂浆	水泥、水玻璃	惰性浆
基价(元)				4214.86	5618.60	6454.41	3822.33
其中	人工费(元)			1530.90	1671.03	2170.80	1453.14
	材料费(元)			1585.86	2849.47	3185.51	1271.09
	机械费(元)			1098.10	1098.10	1098.10	1098.10
名称		单位	单价(元)	消耗量			
人工	二类人工	工日	135.00	11.340	12.378	16.080	10.764
材料	普通硅酸盐水泥 P·O 52.5 综合	kg	0.39	1.593	—	3.000	—
	水泥砂浆 1∶2.5	m^3	252.49	—	10.500	—	—
	粉煤灰	t	136.00	9.269	—	—	6.400
	黄砂 净砂(中粗砂)	t	102.00	—	—	—	2.800
	三乙醇胺	kg	12.93	—	2.100	—	—
	磷酸二氢钠	kg	3.53	—	—	66.000	—
	硅酸钠 水玻璃	kg	0.70	—	—	3900.000	—
	膨润土	kg	0.47	331.000	—	—	2.640
	微沫剂	kg	37.41	1.000	—	—	—
	高压皮龙管 $\phi150\times3$	根	151.00	0.040	0.040	0.040	0.040
	盖堵 $\phi75$ 以内	个	10.78	0.356	0.356	0.356	0.356
	水	m^3	4.27	7.500	—	7.300	7.500
	其他材料费	元	1.00	89.77	161.29	180.31	71.95
机械	门式起重机 5t	台班	356.69	1.020	1.020	1.020	1.020
	灰浆搅拌机 400L	台班	161.27	2.100	2.100	2.100	2.100
	盾构同步压浆泵 $D2.1m\times7m$	台班	565.15	0.700	0.700	0.700	0.700

工作内容：制浆、运浆，盾尾同步压浆，补压浆，封堵、清洗。 **计量单位：**10m³

定额编号					4-306	4-307	4-308	4-309
项目					分步压浆			
					水泥粉煤灰	水泥砂浆	水泥、水玻璃	惰性浆
基价（元）					**3977.47**	**5381.21**	**6217.02**	**3584.94**
其中	人工费（元）				1530.90	1671.03	2170.80	1453.14
	材料费（元）				1585.86	2849.47	3185.51	1271.09
	机械费（元）				860.71	860.71	860.71	860.71
名称		单位	单价(元)		消耗量			
人工	二类人工	工日	135.00		11.340	12.378	16.080	10.764
材料	普通硅酸盐水泥 P·O 52.5 综合	kg	0.39		1.593	—	3.000	—
	水泥砂浆 1∶2.5	m³	252.49		—	10.500	—	—
	粉煤灰	t	136.00		9.269	—	—	6.400
	黄砂 净砂(中粗砂)	t	102.00		—	—	—	2.800
	三乙醇胺	kg	12.93		—	2.100	—	—
	磷酸二氢钠	kg	3.53		—	—	66.000	—
	硅酸钠 水玻璃	kg	0.70		—	—	3900.000	—
	膨润土	kg	0.47		331.000	—	—	2.640
	微沫剂	kg	37.41		1.000	—	—	—
	高压皮龙管 $\phi150\times3$	根	151.00		0.040	0.040	0.040	0.040
	盖堵 $\phi75$ 以内	个	10.78		0.356	0.356	0.356	0.356
	水	m³	4.27		7.500	—	7.300	7.500
	其他材料费	元	1.00		89.77	161.29	180.31	71.95
机械	门式起重机 5t	台班	356.69		1.020	1.020	1.020	1.020
	灰浆搅拌机 400L	台班	161.27		2.631	2.631	2.631	2.631
	电动灌浆机	台班	26.11		2.780	2.780	2.780	2.780

七、预制钢筋混凝土管片

工作内容:钢模安装、拆卸清理、刷油;测量检验;吊运混凝土、浇捣;入养护池蒸养;出槽堆放、抗渗质检。

计量单位:$10m^3$

定额编号				4-310	4-311	4-312	4-313
项目				预制钢筋混凝土管片			
				ϕ4000 以内	ϕ5000 以内	ϕ6000 以内	ϕ7000 以内
基价(元)				15228.06	15060.08	14231.73	13585.82
其中	人工费(元)			2810.30	2747.39	2444.85	2207.39
	材料费(元)			8134.01	8100.28	7963.56	7859.90
	机械费(元)			4283.75	4212.41	3823.32	3518.53
名称		单位	单价(元)	消耗量			
人工	二类人工	工日	135.00	20.817	20.351	18.110	16.351
材料	非泵送商品混凝土 C50	m^3	632.00	10.100	10.100	10.100	10.100
	管片钢模精加工制作	kg	12.50	112.000	110.000	100.000	92.000
	混凝土外加剂	kg	3.63	39.380	39.380	39.380	39.380
	压浆孔螺钉	个	7.59	11.941	10.946	9.951	9.951
	脱模油	kg	4.31	6.270	6.160	5.600	5.150
	电	kW·h	0.78	12.400	11.920	11.400	10.520
	其他材料费	元	1.00	80.53	80.20	78.85	77.82
机械	门式起重机 5t	台班	356.69	2.132	2.097	1.902	1.752
	门式起重机 10t	台班	447.22	2.132	2.097	1.902	1.752
	工业锅炉 1t/h	台班	1015.23	1.468	1.447	1.312	1.206
	自卸汽车 5t	台班	455.85	2.368	2.320	2.111	1.943

工作内容：钢模安装、拆卸清理、刷油；测量检验；吊运混凝土、浇捣；入养护池蒸养；出槽堆放、抗渗质检。

计量单位：见表

定额编号				4-314	4-315	4-316
项目				预制钢筋混凝土管片		
				ϕ11500 以内	ϕ15500 以内	钢筋制作
计量单位				$10m^3$		t
基价（元）				**13395.66**	**13376.92**	**6392.27**
其中	人工费（元）			2139.89	1791.72	1393.20
	材料费（元）			7806.75	7598.12	4249.33
	机械费（元）			3449.02	3987.08	749.74
名称		单位	单价(元)	消耗量		
人工	二类人工	工日	135.00	15.851	13.272	10.320
材料	非泵送商品混凝土 C50	m^3	632.00	10.100	10.100	—
	管片钢模精加工制作	kg	12.50	90.000	77.000	—
	混凝土外加剂	kg	3.63	39.380	39.380	—
	压浆孔螺钉	个	7.59	6.966	1.700	—
	脱模油	kg	4.31	5.040	4.220	—
	电	kW·h	0.78	4.760	4.037	—
	热轧光圆钢筋 综合	t	3966.00	—	—	0.210
	热轧带肋钢筋 HRB400 综合	t	3849.00	—	—	0.820
	预埋铁件	kg	3.75	—	—	39.900
	低合金钢焊条 E43 系列	kg	4.74	—	—	5.768
	其他材料费	元	1.00	77.29	75.23	83.32
机械	门式起重机 5t	台班	356.69	1.716	—	0.876
	门式起重机 10t	台班	447.22	1.716	4.002	—
	门式起重机 50t	台班	1113.02	—	0.679	—
	工业锅炉 1t/h	台班	1015.23	1.184	1.019	—
	自卸汽车 5t	台班	455.85	1.903	—	0.282
	载货汽车 20t	台班	745.51	—	0.546	—
	钢筋调直机 14mm	台班	37.97	—	—	0.314
	钢筋切断机 40mm	台班	43.28	—	—	0.210
	钢筋弯曲机 40mm	台班	26.38	—	—	0.224
	交流弧焊机 32kV·A	台班	92.84	—	—	2.587
	电焊机 综合	台班	115.00	—	—	0.362

八、预制管片成环水平试拼装

工作内容:钢制台座制作,校准,管片场内运输,吊拼装、拆除,管片成环量测检验及数据记录。 **计量单位**:环

定额编号				4-317	4-318	4-319	4-320	4-321	4-322
项目				预制管片成环水平试拼装					
				φ4000 以内	φ5000 以内	φ6000 以内	φ7000 以内	φ11500 以内	φ15500 以内
基价(元)				**2804.48**	**3599.82**	**4192.39**	**5163.70**	**7244.50**	**19504.28**
其中	人工费(元)			1296.00	1670.49	2153.25	2635.47	3628.13	5704.83
	材料费(元)			264.50	326.30	388.10	449.90	714.41	494.40
	机械费(元)			1243.98	1603.03	1651.04	2078.33	2901.96	13305.05
	名称	单位	单价(元)	消耗量					
人工	二类人工	工日	135.00	9.600	12.374	15.950	19.522	26.875	42.258
材料	钢制台座	kg	2.40	107.000	132.000	157.000	182.000	289.000	200.000
	其他材料费	元	1.00	7.70	9.50	11.30	13.10	20.81	14.40
机械	门式起重机 5t	台班	356.69	2.291	2.955	3.043	—	—	—
	门式起重机 10t	台班	447.22	—	—	—	3.096	4.273	11.270
	汽车式起重机 16t	台班	875.04	—	—	—	—	—	3.002
	汽车式起重机 50t	台班	2353.88	—	—	—	—	—	0.920
	载货汽车 4t	台班	369.21	1.156	1.487	1.532	—	—	—
	载货汽车 6t	台班	396.42	—	—	—	1.750	—	—
	载货汽车 8t	台班	411.20	—	—	—	—	2.410	3.002
	载货汽车 20t	台班	745.51	—	—	—	—	—	3.002

九、钢筋混凝土管片场内运输

工作内容:从堆放起吊,行车配合、装车、驳运到中转场地;垫道木、吊车配合按类堆放。 **计量单位**:10m³

定额编号				4-323	4-324	4-325	4-326	4-327	4-328
项目				管片场内运输					
				φ4000 以内	φ5000 以内	φ6000 以内	φ7000 以内	φ11500 以内	φ15500 以内
基价(元)				**536.25**	**555.23**	**605.41**	**649.28**	**512.26**	**604.89**
其中	人工费(元)			90.59	108.54	145.67	131.49	104.76	137.97
	材料费(元)			10.34	11.37	12.41	13.44	14.48	155.10
	机械费(元)			435.32	435.32	447.33	504.35	393.02	311.82
	名称	单位	单价(元)	消耗量					
人工	二类人工	工日	135.00	0.671	0.804	1.079	0.974	0.776	1.022
材料	板方材	m³	1034.00	0.010	0.011	0.012	0.013	0.014	0.150
机械	门式起重机 5t	台班	356.69	0.310	0.310	0.318	—	—	—
	门式起重机 10t	台班	447.22	—	—	—	0.527	0.265	—
	门式起重机 50t	台班	1113.02	—	—	—	—	—	0.150
	汽车式起重机 8t	台班	648.48	0.322	0.322	0.331	0.245	0.254	—
	载货汽车 4t	台班	369.21	0.314	0.314	0.323	—	—	—
	载货汽车 8t	台班	411.20	—	—	—	0.267	0.267	—
	平板拖车组 30t	台班	965.81	—	—	—	—	—	0.150

十、管片设置密封条

工作内容：管片吊运堆放；编号、表面清理、涂刷粘接剂；粘贴泡沫挡土衬垫及三元乙丙橡胶密封条；管片边角嵌贴丁基腻子胶。

计量单位：环

定额编号				4-329	4-330	4-331	4-332	4-333	4-334
项目				三元乙丙密封条					
				φ4000 以内	φ5000 以内	φ6000 以内	φ7000 以内	φ11500 以内	φ15500 以内
基价（元）				**594.71**	**804.19**	**990.94**	**1221.56**	**2117.50**	**3325.58**
其中	人工费（元）			222.21	257.31	329.13	444.56	514.49	552.29
	材料费（元）			350.59	441.96	537.99	627.98	1195.85	2240.78
	机械费（元）			21.91	104.92	123.82	149.02	407.16	532.51
名称		单位	单价(元)	消耗量					
人工	二类人工	工日	135.00	1.646	1.906	2.438	3.293	3.811	4.091
材料	可发性聚氨酯泡沫塑料	kg	19.66	0.090	0.230	0.420	0.683	0.930	1.480
	三元乙丙密封胶条	m	10.78	28.730	36.420	43.710	50.980	96.000	184.800
	丁醛自粘腻子	kg	6.90	1.510	1.670	2.240	2.440	5.750	8.060
	氯丁胶粘结剂	kg	12.24	1.510	1.670	2.240	2.440	5.570	8.060
	其他材料费	元	1.00	10.21	12.87	15.67	18.29	34.83	65.27
机械	门式起重机 5t	台班	356.69	—	0.212	0.265	—	—	—
	门式起重机 10t	台班	447.22	—	—	—	0.265	0.725	0.956
	组合烘箱	台班	134.40	0.163	0.218	0.218	0.227	0.617	0.781

十一、柔性接缝环

工作内容:1. 临时防水环板:盾构出洞后接缝处淤泥处理,钢板环圈定位,焊接,预留压浆孔;钢板环圈切割;吊拆堆放;
2. 临时止水缝:洞口安装止水带及防水圈。环板安装后堵压,防水材料封堵。

定额编号				4-335	4-336	4-337
项目				柔性接缝环(施工阶段)		
				临时防水环板	临时止水缝	
					ϕ7000 以内	ϕ15500 以内
计量单位				t	m	
基价(元)				**9583.68**	**1941.83**	**2905.58**
其中	人工费(元)			1832.36	410.40	724.14
	材料费(元)			5269.19	1275.05	1925.06
	机械费(元)			2482.13	256.38	256.38
	名称	单位	单价(元)	消耗量		
人工	二类人工	工日	135.00	13.573	3.040	5.364
材料	环圈钢板	t	4181.00	1.060	—	—
	中厚钢板 综合	kg	3.79	4.770	—	—
	六角带帽螺栓 综合	kg	5.47	4.660	1.310	1.965
	枕木	m^3	2457.00	0.126	—	—
	普通硅酸盐水泥 P·O 52.5 综合	kg	0.39	—	91.800	163.200
	黄砂 净砂	t	92.23	—	0.090	0.160
	帘布橡胶条	kg	14.40	—	4.438	6.657
	聚氨酯粘合剂	kg	26.29	—	19.980	29.970
	可发性聚氨酯泡沫塑料	kg	19.66	—	31.007	46.510
	压浆孔螺钉	个	7.59	12.061	—	—
	氧气	m^3	3.62	16.467	—	—
	乙炔气	kg	7.60	5.497	—	—
	低合金钢焊条 E43 系列	kg	4.74	34.330	—	—
	其他材料费	元	1.00	128.52	25.00	37.75
机械	门式起重机 10t	台班	447.22	3.974	0.495	0.495
	交流弧焊机 32kV·A	台班	92.84	6.030	—	—
	电动灌浆机	台班	26.11	—	0.541	0.541
	轴流通风机 7.5kW	台班	45.40	3.195	0.460	0.460

工作内容：1. 拆除洞口环管片：拆卸连接螺栓；吊车配合拆除管片；凿除涂料、壁面清洗；

2. 安装钢环片：钢环片分块吊装；焊接固定；

3. 柔性接缝环：壁内刷涂料；安放内外壁止水带；压乳胶水泥。

定额编号				4-338	4-339	4-340	4-341	4-342
项目				柔性接缝环(正式阶段)				
				拆除临时钢环板	拆除洞口环管片	安装钢环板	柔性接缝环	
							ϕ7000 以内	ϕ15500 以内
计量单位				t	m^3	t	m	
基价（元）				**2554.96**	**2818.23**	**5766.47**	**2618.37**	**3952.13**
其中	人工费（元）			1163.57	1265.49	1744.61	705.78	1011.83
	材料费（元）			84.14	14.67	1272.85	1539.69	2173.59
	机械费（元）			1307.25	1538.07	2749.01	372.90	766.71
	名称	单位	单价(元)	消耗量				
人工	二类人工	工日	135.00	8.619	9.374	12.923	5.228	7.495
材料	六角带帽螺栓 综合	kg	5.47	—	—	31.030	—	—
	枕木	m^3	2457.00	—	—	0.080	—	—
	环氧树脂	kg	15.52	—	—	—	0.755	1.002
	乳胶水泥	kg	11.29	—	—	—	78.120	105.787
	外防水氯丁酚醛胶	kg	13.02	—	—	—	10.160	13.758
	内防水橡胶止水带	m	87.07	—	—	—	1.050	1.422
	氯丁橡胶条	kg	46.21	—	—	—	0.400	0.542
	结皮海绵橡胶板	kg	12.07	—	—	—	28.250	38.255
	聚苯乙烯硬泡沫塑料	m^3	560.00	—	—	—	0.060	0.081
	防水橡胶圈	个	2.59	—	—	128.000	5.402	8.405
	压浆孔螺钉	个	7.59	—	—	5.971	—	—
	螺栓套管	个	0.62	—	—	128.000	—	—
	低合金钢焊条 E43 系列	kg	4.74	3.680	1.545	85.921	—	—
	氧气	m^3	3.62	10.700	1.170	4.960	—	—
	乙炔气	kg	7.60	3.570	0.390	1.650	—	—
	聚氨酯涂料	kg	25.00	—	—	—	—	3.413
	其他材料费	元	1.00	0.83	0.15	12.60	15.24	21.52
机械	门式起重机 10t	台班	447.22	2.719	1.477	4.078	0.759	1.567
	电动卷扬机－双筒慢速 100kN	台班	304.96	—	2.624	—	—	—
	电动空气压缩机 $1m^3/min$	台班	48.22	—	0.783	—	—	—
	交流弧焊机 32kV·A	台班	92.84	0.983	0.426	9.966	—	—
	电动灌浆机	台班	26.11	—	—	—	—	0.970
	轴流通风机 7.5kW	台班	45.40	—	—	—	0.737	0.894

十二、洞口混凝土环圈

工作内容:洞口环圈混凝土浇筑、养护,模板制作、安装、拆除。　　计量单位:m³

定额编号				4-343
项目				洞口混凝土环圈
基价(元)				**2160.83**
其中	人工费(元)			758.30
	材料费(元)			635.04
	机械费(元)			767.49
	名称	单位	单价(元)	消耗量
人工	二类人工	工日	135.00	5.617
材料	泵送商品混凝土 C25	m³	447.00	1.010
	木模板	m³	1445.00	0.110
	低合金钢焊条 E43 系列	kg	4.74	1.292
	其他材料费	元	1.00	18.50
机械	门式起重机 10t	台班	447.22	1.495
	轴流通风机 7.5kW	台班	45.40	1.389
	交流弧焊机 32kV·A	台班	92.84	0.386

十三、管片嵌缝

工作内容:管片嵌缝槽表面处理、配料嵌缝。　　计量单位:环

定额编号				4-344	4-345	4-346	4-347	4-348	4-349
项目				氯丁乳胶水泥					
				ϕ4000 以内	ϕ5000 以内	ϕ6000 以内	ϕ7000 以内	ϕ11500 以内	ϕ15500 以内
基价(元)				**288.67**	**425.07**	**530.78**	**648.36**	**1251.54**	**1795.26**
其中	人工费(元)			227.48	336.96	411.48	486.68	999.81	1417.50
	材料费(元)			38.73	54.50	72.78	92.91	136.42	191.76
	机械费(元)			22.46	33.61	46.52	68.77	115.31	186.00
	名称	单位	单价(元)	消耗量					
人工	二类人工	工日	135.00	1.685	2.496	3.048	3.605	7.406	10.500
材料	钢平台	kg	6.28	5.000	7.000	9.100	11.500	13.580	19.012
	氯丁乳胶水泥	kg	0.69	10.325	14.799	21.945	29.090	72.799	103.026
	其他材料费	元	1.00	0.21	0.33	0.49	0.62	0.91	1.28
机械	门式起重机 5t	台班	356.69	0.015	0.023	0.029	0.037	0.096	0.134
	电动灌浆机	台班	26.11	0.548	0.812	1.171	1.860	2.407	3.370
	电瓶车 2.5t	台班	175.17	0.016	0.024	0.032	0.040	0.104	—
	载货汽车 4t	台班	369.21	—	—	—	—	—	0.136

工作内容:管片嵌缝槽表面处理;配料嵌缝。　　**计量单位**:环

定额编号				4-350	4-351	4-352	4-353	4-354	4-355
项目				环氧聚氨酯嵌缝膏					
				φ4000 以内	φ5000 以内	φ6000 以内	φ7000 以内	φ11500 以内	φ15500 以内
基价(元)				**306.93**	**450.48**	**566.26**	**693.05**	**1344.40**	**1935.07**
其中	人工费(元)			227.48	336.96	411.48	486.68	999.81	1417.50
	材料费(元)			55.92	78.48	106.12	135.10	222.51	311.97
	机械费(元)			23.53	35.04	48.66	71.27	122.08	205.60
名称		单位	单价(元)	消耗量					
人工	二类人工	工日	135.00	1.685	2.496	3.048	3.605	7.406	10.500
材料	钢平台	kg	6.28	5.000	7.000	9.100	11.500	13.580	19.012
	环氧聚氨酯嵌缝膏	kg	2.22	6.300	9.030	13.390	17.750	44.420	62.864
	泡沫条 φ18	m	0.39	16.400	20.500	24.600	28.700	47.150	63.220
	其他材料费	元	1.00	4.14	6.48	9.65	12.28	20.23	28.36
机械	门式起重机 5t	台班	356.69	0.018	0.027	0.035	0.044	0.115	0.161
	电动灌浆机	台班	26.11	0.548	0.812	1.171	1.860	2.407	3.370
	电瓶车 2.5t	台班	175.17	0.016	0.024	0.032	0.040	0.104	—
	载货汽车 4t	台班	369.21	—	—	—	—	—	0.163

十四、管片手孔封堵

工作内容:手孔清洗;人工拌浆;堵手孔、抹平。　　**计量单位**:100 个

定额编号				4-356	4-357	4-358	4-359	4-360	4-361
项目				管片手孔封堵					
				φ4000 以内	φ5000 以内	φ6000 以内	φ7000 以内	φ11500 以内	φ15500 以内
基价(元)				**275.28**	**360.77**	**436.33**	**510.86**	**1012.23**	**2541.61**
其中	人工费(元)			63.45	77.09	95.31	113.40	349.25	668.25
	材料费(元)			123.43	154.30	185.27	216.06	354.86	1090.84
	机械费(元)			88.40	129.38	155.75	181.40	308.12	782.52
名称		单位	单价(元)	消耗量					
人工	二类人工	工日	135.00	0.470	0.571	0.706	0.840	2.587	4.950
材料	普通硅酸盐水泥 P·O 42.5 综合	kg	0.34	259.000	324.000	389.000	453.600	745.000	1005.000
	界面剂	kg	1.73	0.056	0.056	0.056	0.056	0.084	2.470
	基膜(丙烯酸乳液)	kg	10.34	—	—	—	—	—	58.230
	钢平台	kg	6.28	5.423	6.770	8.134	9.490	15.590	21.014
	其他材料费	元	1.00	1.22	1.53	1.83	2.14	3.51	10.80
机械	门式起重机 5t	台班	356.69	0.238	0.348	0.417	0.484	0.800	1.078
	电瓶车 2.5t	台班	175.17	0.020	0.030	0.040	0.050	0.130	—
	载货汽车 4t	台班	369.21	—	—	—	—	—	1.078

十五、负环管片拆除

工作内容:拆除后盾构支撑,清除管片内污垢杂物;拆除井内轨道;清除井内污泥;凿除后靠混凝土;切割连接螺栓;管片吊出井口;装车。

计量单位:m

				4-362	4-363	4-364	4-365	4-366	4-367
定额编号				4-362	4-363	4-364	4-365	4-366	4-367
项目				负环管片拆除					
				φ4000 以内	φ5000 以内	φ6000 以内	φ7000 以内	φ11500 以内	φ15500 以内
基价(元)				**2674.62**	**3083.42**	**4474.88**	**5858.85**	**11193.77**	**18388.30**
其中	人工费(元)			1782.00	2059.97	3186.27	4312.44	8981.28	9537.75
	材料费(元)			164.14	175.24	207.93	240.42	319.80	869.82
	机械费(元)			728.48	848.21	1080.68	1305.99	1892.69	7980.73
	名称	单位	单价(元)	消耗量					
人工	二类人工	工日	135.00	13.200	15.259	23.602	31.944	66.528	70.650
材料	钢支撑	kg	3.97	6.070	5.650	5.780	5.900	6.040	24.359
	脚手架钢管	kg	3.62	—	—	—	—	—	72.860
	氧气	m^3	3.62	2.750	2.750	2.810	2.860	3.960	5.540
	乙炔气	kg	7.60	0.920	0.920	0.940	0.950	0.132	1.850
	低合金钢焊条 E43 系列	kg	4.74	3.530	3.642	3.642	3.642	3.745	5.540
	电	kW·h	0.78	115.500	130.900	170.500	210.100	304.700	385.350
	支撑架	kg	5.17	2.525	2.525	2.580	2.626	3.636	24.120
	脚手架钢管底座	个	5.69	—	—	—	—	—	1.170
	其他材料费	元	1.00	3.22	3.44	4.08	4.71	6.27	17.06
机械	履带式起重机 15t	台班	702.00	0.858	1.000	1.274	1.539	2.229	0.734
	门式起重机 50t	台班	1113.02	—	—	—	—	—	2.707
	交流弧焊机 32kV·A	台班	92.84	1.053	1.216	1.552	1.879	2.723	1.552
	电动空气压缩机 $1m^3/min$	台班	48.22	0.589	0.691	0.876	1.061	1.558	1.822
	长螺旋钻机 400mm	台班	484.40	—	—	—	—	—	8.713

十六、隧道内管线路拆除

工作内容：贯通后隧道内水管、风管、走道板、拉杆、钢轨、轨枕、各种施工支架拆除；吊运出井口、装车或堆放；隧道内淤泥清除。

计量单位：100m

定额编号				4-368	4-369	4-370	4-371
项目				隧道内管线路拆除			
				φ5000 以内	φ7000 以内	φ11500 以内	φ15500 以内
基价（元）				**14989.78**	**18737.41**	**29485.08**	**52232.03**
其中	人工费（元）			4888.76	6110.78	8061.12	15946.88
	材料费（元）			1560.88	1951.15	3129.22	3690.65
	机械费（元）			8540.14	10675.48	18294.74	32594.50
名称		单位	单价（元）	消耗量			
人工	二类人工	工日	135.00	36.213	45.265	59.712	118.125
材料	氧气	m^3	3.62	6.640	8.300	19.720	27.608
	乙炔气	kg	7.60	2.210	2.770	6.570	12.680
	电	kW·h	0.78	1919.200	2399.000	3797.000	4410.000
	其他材料费	元	1.00	23.07	28.83	46.24	54.54
机械	门式起重机 5t	台班	356.69	4.472	5.591	—	—
	门式起重机 10t	台班	447.22	—	—	14.378	—
	汽车式起重机 32t	台班	1173.35	—	—	—	5.529
	轨道平车 5t	台班	34.23	16.402	20.506	15.976	—
	电动卷扬机－单筒快速 10kN	台班	172.88	9.099	11.376	18.009	11.058
	电动多级离心清水泵 φ100 $h \leqslant 120$m	台班	167.48	13.653	17.064	20.010	13.800
	电瓶车 2.5t	台班	175.17	10.251	12.816	20.286	—
	硅整流充电机 90A/190V	台班	207.90	3.503	4.376	6.251	—
	平台作业升降车 16m	台班	338.17	—	—	—	9.952
	交流弧焊机 32kV·A	台班	92.84	—	—	—	11.328
	平板拖车组 80t	台班	1559.55	—	—	—	11.200

第五章

隧 道 沉 井

说　　明

一、本章定额包括沉井基坑垫层，沉井制作，金属脚手架、砖封预留孔洞，吊车挖土下沉，水力机械冲吸泥下沉，不排水潜水员吸泥下沉，钻吸法出土下沉，触变泥浆制作和输送、环氧沥青防水层，砂石料填心(排水下沉)，砂石料填心(不排水下沉)，混凝土封底，钢封门安装，钢封门拆除，共13节41个子目。

二、本章定额适用于软土隧道工程中采用沉井方法施工的盾构工作井及暗埋段连续沉井。

三、沉井定额按矩形和圆形综合取定。

四、定额中列有几种沉井下沉方法，套用何种沉井下沉定额由批准的施工组织设计确定。挖土下沉不包括土方外运费，水力出土不包括砌筑集水坑及排泥水处理费用。

五、水力机械出土下沉及钻吸法吸泥下沉等子目均包括井内、外管路及附属设备的费用。

工程量计算规则

一、沉井工程的井点布置及工程量按批准的施工组织设计计算,执行本定额第一册《通用项目》相应定额。

二、基坑开挖的底部尺寸按沉井外壁每侧加宽 2.0m 计算,执行本定额第一册《通用项目》基坑挖土定额。

三、沉井基坑砂垫层及刃脚基础垫层工程量按批准的施工组织设计计算。

四、刃脚的计算高度从刃脚踏面至井壁外凸口计算,如沉井井壁没有外凸口时,则从刃脚踏面至底板顶面为准。底板下的地梁并入底板计算。框架梁的工程量包括切入井壁部分的体积。井壁、隔墙或底板混凝土中,不扣除单孔面积 0.3m^2 以内的孔洞所占体积。

五、沉井制作的脚手架安、拆,不论分几次下沉,其工程量均按井壁中心线周长与隔墙长度之和乘以井高计算。

六、沉井下沉的土方工程量按沉井外壁所围的平面投影面积乘以下沉深度(预制时刃脚底面至下沉后设计刃脚底面的高度),并分别乘以土方回淤系数计算。回淤系数:排水下沉深度大于 10m 时为 1.05;不排水下沉深度大于 15m 时为 1.02。

七、沉井触变泥浆的工程量按刃脚外凸口的水平面积乘以高度计算。

八、沉井砂石料填心、混凝土封底的工程量按设计图纸或批准的施工组织设计计算。

九、钢封门安、拆工程量按施工图用量计算。钢封门制作费另计,拆除后应回收 70% 的主材原值。

一、沉井基坑垫层

工作内容:1. 砂垫层:平整基坑;运砂;分层铺平;浇水振实、抽水;

2. 刃脚基础垫层:配模、立模、拆模;混凝土吊运、浇捣、养护。

计量单位:$10m^3$

定额编号				4-372	4-373
项目				砂垫层	刃脚基础垫层
基价(元)				**2005.78**	**6270.12**
其中	人工费(元)			631.80	1262.25
	材料费(元)			1155.38	4710.18
	机械费(元)			218.60	297.69
	名称	单位	单价(元)	消耗量	
人工	二类人工	工日	135.00	4.680	9.350
材料	黄砂 毛砂	t	87.38	12.890	—
	非泵送商品混凝土 C20	m^3	412.00	—	10.100
	木模板	m^3	1445.00	—	0.210
	圆钉	kg	4.74	—	5.010
	草袋	个	3.62	—	36.800
	水	m^3	4.27	4.124	9.820
	其他材料费	元	1.00	11.44	46.64
机械	自卸汽车 5t	台班	455.85	0.170	—
	木工圆锯机 1000mm	台班	70.06	—	0.431
	混凝土振捣器 平板式	台班	12.54	0.840	1.010
	履带式起重机 15t	台班	702.00	0.186	0.363

二、沉井制作

工作内容:配模、立模、拆模;钢筋制作、绑扎;商品混凝土泵送、浇、养护;施工缝处理、凿毛等。

计量单位:$10m^3$

定额编号				4-374	4-375	4-376	4-377
项目				混凝土			
				刃脚	框架	井壁、隔墙	底板
基价(元)				**5101.16**	**4953.17**	**4966.14**	**5294.90**
其中	人工费(元)			413.37	404.33	418.50	725.76
	材料费(元)			4568.33	4545.72	4545.45	4567.51
	机械费(元)			119.46	3.12	2.19	1.63
	名称	单位	单价(元)	消耗量			
人工	二类人工	工日	135.00	3.062	2.995	3.100	5.376
材料	泵送商品混凝土 C25	m^3	447.00	10.100	10.100	10.100	10.100
	草袋	个	3.62	0.280	0.940	0.480	0.600
	水	m^3	4.27	1.730	1.170	1.500	1.270
	其他材料费	元	1.00	45.23	22.62	22.61	45.22
机械	混凝土振捣器 插入式	台班	4.65	0.590	0.670	0.470	0.350
	电动空气压缩机 $6m^3/min$	台班	224.45	0.520	—	—	—

工作内容:配模、立模、拆模;钢筋制作、绑扎;商品混凝土泵送、浇、养护;施工缝处理、凿毛等。 计量单位:10m²

定额编号				4-378	4-379	4-380	4-381
项目				模板			
				刃脚	框架	井壁、隔墙	底板
基价(元)				**1199.93**	**1588.32**	**893.48**	**1263.23**
其中	人工费(元)			517.59	512.73	444.69	682.02
	材料费(元)			579.95	860.50	351.86	531.82
	机械费(元)			102.39	215.09	96.93	49.39
名称		单位	单价(元)	消耗量			
人工	二类人工	工日	135.00	3.834	3.798	3.294	5.052
材料	钢模板	kg	5.96	5.969	3.819	7.129	—
	零星卡具	kg	5.88	1.790	1.690	2.160	—
	钢模支撑	kg	4.74	2.794	1.744	3.274	—
	六角带帽螺栓	kg	5.47	28.990	16.080	23.110	—
	尼龙帽	个	0.60	5.550	5.290	5.550	—
	木模板	m³	1445.00	0.240	0.490	0.100	0.360
	圆钉	kg	4.74	1.300	1.610	0.360	1.340
	其他材料费	元	1.00	5.74	12.72	5.20	5.27
机械	履带式起重机 15t	台班	702.00	0.080	0.230	0.097	—
	汽车式起重机 5t	台班	366.47	0.012	0.008	0.014	—
	木工圆锯机 1000mm	台班	70.06	0.223	0.223	0.038	0.431
	载货汽车 4t	台班	369.21	0.071	0.095	0.057	0.052

三、金属脚手架、砖封预留孔洞

工作内容：1. 金属脚手架：材料搬运；搭拆脚手架；拆除材料分类堆放；

2. 砖封预留孔洞：调制砂浆；砌筑；水泥砂浆抹面；沉井后拆除清理。

定额编号				4-382	4-383
项目				金属脚手架	砖封预留孔洞
计量单位				$100m^2$	$10m^3$
基价（元）				**2537.83**	**7522.74**
其中	人工费（元）			1728.00	3263.76
	材料费（元）			694.27	3654.43
	机械费（元）			115.56	604.55
名称		单位	单价(元)	消耗量	
人工	二类人工	工日	135.00	12.800	24.176
材料	脚手架钢管	kg	3.62	78.290	—
	钢脚手配件直角扣件铸钢	个	4.14	31.120	—
	板方材	m^3	1034.00	0.020	—
	竹笆	m^2	10.24	19.090	—
	镀锌铁丝 22#	kg	6.55	7.620	—
	安全网	m^2	7.76	1.170	—
	干混抹灰砂浆 DP M20.0	m^3	447.00	—	0.850
	干混砌筑砂浆 DM M5.0	m^3	397.23	—	2.780
	混凝土实心砖 240×115×53 MU10	千块	388.00	—	5.500
	其他材料费	元	1.00	6.87	36.18
机械	履带式起重机 15t	台班	702.00	—	0.690
	载货汽车 4t	台班	369.21	0.313	—
	干混砂浆罐式搅拌机 20000L	台班	193.83	—	0.620

四、吊车挖土下沉

工作内容：吊车挖土、装车、卸土；人工挖刃脚及地梁下土体；纠偏控制沉井标高；清底修平、排水。　**计量单位**：$100m^3$

定额编号				4-384	4-385	4-386
项目				排水下沉(m以内)		
				8	12	16
基价（元）				**4102.53**	**4962.81**	**6183.75**
其中	人工费（元）			1603.80	1978.02	2507.22
	材料费（元）			377.25	377.25	377.25
	机械费（元）			2121.48	2607.54	3299.28
名称		单位	单价(元)	消耗量		
人工	二类人工	工日	135.00	11.880	14.652	18.572
材料	枕木	m^3	2457.00	0.090	0.090	0.090
	钢扶梯平台摊销	kg	5.13	20.840	20.840	20.840
	其他材料费	元	1.00	49.21	49.21	49.21
机械	履带式起重机 15t	台班	702.00	2.875	3.538	4.494
	电动单级离心清水泵 200mm	台班	93.34	1.106	1.327	1.548

五、水力机械冲吸泥下沉

工作内容:安装、拆除水力机械和管路;搭拆施工钢平台;水枪压力控制;水力机械冲吸泥下沉、纠偏等。

计量单位:100m³

定额编号					4-387	4-388
项目					下沉深度(m 以内)	
					15	20
基价(元)					**5093.07**	**6481.34**
其中	人工费(元)				1936.17	2651.67
	材料费(元)				1282.37	1282.37
	机械费(元)				1874.53	2547.30
名称			单位	单价(元)	消耗量	
人工	二类人工		工日	135.00	14.342	19.642
材料	碳素结构钢流体无缝钢管		kg	4.74	219.000	219.000
	钢扶梯平台摊销		kg	5.13	20.840	20.840
	其他材料费		元	1.00	137.40	137.40
机械	履带式起重机 15t		台班	702.00	0.124	0.124
	电动多级离心清水泵 $\phi150$ $h\leq180$m		台班	283.02	5.420	7.460
	电动单级离心清水泵 150mm		台班	60.81	4.169	5.738

六、不排水潜水员吸泥下沉

工作内容:安装、拆除吸泥起重设备;升、降移动吸泥管;吸泥下沉纠偏;控制标高;排泥管、进水管装拆。

计量单位:100m³

定额编号					4-389	4-390	4-391
项目					下沉深度(m 以内)		
					13	17	25
基价(元)					**15132.51**	**18032.97**	**21555.12**
其中	人工费(元)				4490.64	5363.82	6424.11
	材料费(元)				216.95	216.95	216.95
	机械费(元)				10424.92	12452.20	14914.06
名称			单位	单价(元)	消耗量		
人工	二类人工		工日	135.00	33.264	39.732	47.586
材料	碳素结构钢流体无缝钢管		kg	4.74	19.560	19.560	19.560
	钢扶梯平台摊销		kg	5.13	20.840	20.840	20.840
	其他材料费		元	1.00	17.33	17.33	17.33
机械	履带式起重机 10t		台班	589.37	5.538	6.615	7.923
	电动多级离心清水泵 $\phi150$ $h\leq180$m		台班	283.02	7.200	8.600	10.300
	电动单级离心清水泵 200mm		台班	93.34	6.369	7.608	9.111
	电动空气压缩机 20m³/min		台班	568.57	6.063	7.242	8.674
	潜水设备		台班	89.19	12.126	14.484	17.347

工作内容：安装、拆除吸泥起重设备；升、降移动吸泥管；吸泥下沉纠偏；控制标高；排泥管、进水管装拆。

计量单位：100m³

定额编号				4-392	4-393
项目				下沉深度(m以内)	
				29	32
基价（元）				**25375.04**	**30447.74**
其中	人工费（元）			7733.88	9293.13
	材料费（元）			216.95	216.95
	机械费（元）			17424.21	20937.66
名称		单位	单价(元)	消耗量	
人工	二类人工	工日	135.00	57.288	68.838
材料	碳素结构钢流体无缝钢管	kg	4.74	19.560	19.560
	钢扶梯平台摊销	kg	5.13	20.840	20.840
	其他材料费	元	1.00	17.33	17.33
机械	履带式起重机 10t	台班	589.37	9.538	11.462
	电动多级离心清水泵 $\phi150$ $h\leq180m$	台班	283.02	12.400	14.900
	电动单级离心清水泵 200mm	台班	93.34	10.969	13.181
	电动空气压缩机 $20m^3/min$	台班	568.57	10.442	12.547
	潜水设备	台班	89.19	14.940	17.952

七、钻吸法出土下沉

工作内容：管路敷设、取水、机械移位；破碎土体、冲吸泥浆、排泥；测量检查；下沉纠偏；纠偏控制标高；管路及泵维修；清泥平整等。

计量单位：100m³

定额编号				4-394	4-395	4-396	4-397
项目				下沉深度(m以内)			
				20	25	30	35
基价（元）				**23346.12**	**26908.22**	**32421.84**	**38007.08**
其中	人工费（元）			4368.20	5036.04	6162.75	7266.11
	材料费（元）			884.28	640.63	527.38	512.38
	机械费（元）			18093.64	21231.55	25731.71	30228.59
名称		单位	单价(元)	消耗量			
人工	二类人工	工日	135.00	32.357	37.304	45.650	53.823
材料	碳素结构钢流体无缝钢管	kg	4.74	48.310	34.980	28.470	27.460
	六角带帽螺栓	kg	5.47	5.640	4.260	3.470	3.470
	橡胶管 $\phi150$　$\delta=6$	m	47.79	1.150	0.860	0.690	0.650
	闸阀 Z45T－10 *DN*150	个	764.00	0.220	0.160	0.140	0.140
	电力电缆 YHC3×50＋1×6	m	129.00	2.580	1.840	1.470	1.400
	钢扶梯平台摊销	kg	5.13	5.160	3.960	3.660	3.940
	其他材料费	元	1.00	42.11	30.51	25.11	24.40
机械	沉井钻吸机组配 50t 履带吊	台班	2922.00	5.190	6.090	7.380	8.670
	电动多级离心清水泵 $\phi150$ $h\leq180m$	台班	283.02	8.112	9.520	11.544	13.560
	电动单级离心清水泵 150mm	台班	60.81	8.112	9.520	11.544	13.560
	潜水设备	台班	89.19	1.562	1.831	2.222	2.607

八、触变泥浆制作和输送、环氧沥青防水层

工作内容:1. 触变泥浆制作和输送:沉井泥浆管路预埋;泥浆池至井壁管路敷设;触变泥浆制作、输送;泥浆性能指标测试;
2. 环氧沥青防水层:清洗混凝土表面;调制涂料、涂刷;搭拆简易脚手。

定额编号				4-398	4-399
项目				触变泥浆制作、输送	环氧沥青防水层(两度)
计量单位				$10m^3$	$100m^2$
基价(元)				**4531.30**	**2490.87**
其中	人工费(元)			392.04	1240.11
	材料费(元)			2178.24	1250.76
	机械费(元)			1961.02	—
名称		单位	单价(元)	消耗量	
人工	二类人工	工日	135.00	2.904	9.186
材料	碳素结构钢流体无缝钢管	kg	4.74	25.150	—
	六角带帽螺栓	kg	5.47	1.170	—
	型钢 综合	kg	3.84	25.910	—
	碳酸钠 纯碱	kg	0.87	56.600	—
	羧甲基纤维素	kg	13.14	34.280	—
	高压橡胶管 ϕ100	m	32.41	0.080	—
	橡胶板 δ1~15	kg	5.09	10.440	—
	膨润土	kg	0.47	2631.500	—
	水	m^3	4.27	8.810	—
	聚氨酯固化剂	kg	36.21	—	25.650
	环氧沥青漆	kg	12.07	—	25.650
	其他材料费	元	1.00	123.30	12.38
机械	泥浆泵 50mm	台班	44.35	1.177	—
	泥浆泵 100mm	台班	205.25	9.300	—

九、砂石料填心(排水下沉)

工作内容:装运砂石料;吊入井底,依次铺石料、黄砂;整平;工作面排水。　　**计量单位:**10m³

定额编号				4-400	4-401	4-402
项目				井内铺块石	井内铺碎石	井内铺黄砂
基价(元)				**2217.17**	**2477.25**	**2086.67**
其中	人工费(元)			559.71	556.47	375.03
	材料费(元)			1408.27	1587.55	1493.51
	机械费(元)			249.19	333.23	218.13
名称		单位	单价(元)	消耗量		
人工	二类人工	工日	135.00	4.146	4.122	2.778
材料	块石	t	77.67	17.776	—	—
	碎石 综合	t	102.00	—	15.259	—
	黄砂 毛砂	t	87.38	—	—	16.757
	其他材料费	元	1.00	27.61	31.13	29.28
机械	履带式起重机 15t	台班	702.00	0.310	0.416	0.257
	潜水泵 150mm	台班	56.98	0.554	0.723	0.662

十、砂石料填心(不排水下沉)

工作内容:装运石料;吊入井底;潜水员铺平石料。　　**计量单位:**10m³

定额编号				4-403	4-404
项目				井内水下抛铺块石	井内水下铺碎石
基价(元)				**3015.19**	**3506.53**
其中	人工费(元)			631.80	622.08
	材料费(元)			1408.27	1587.55
	机械费(元)			975.12	1296.90
名称		单位	单价(元)	消耗量	
人工	二类人工	工日	135.00	4.680	4.608
材料	块石	t	77.67	17.776	—
	碎石 综合	t	102.00	—	15.259
	其他材料费	元	1.00	27.61	31.13
机械	履带式起重机 15t	台班	702.00	0.885	1.177
	电动空气压缩机 10m³/min	台班	394.85	0.722	0.962
	潜水设备	台班	89.19	0.771	1.018

十一、混凝土封底

工作内容:1. 商品混凝土干封底:混凝土输送;浇捣、养护;
2. 水下混凝土封底:搭拆浇捣平台、导管及送料架;混凝土输送、浇捣;测量平整;抽水;凿除凸面混凝土;废混凝土块吊出井口。

计量单位:$10m^3$

定额编号				4-405	4-406
项目				混凝土干封底	水下混凝土封底
基价(元)				**4998.13**	**6871.73**
其中	人工费(元)			398.52	905.58
	材料费(元)			4568.03	5270.93
	机械费(元)			31.58	695.22
名称		单位	单价(元)	消耗量	
人工	二类人工	工日	135.00	2.952	6.708
材料	泵送商品混凝土 C20	m^3	431.00	10.100	11.443
	型钢 综合	kg	3.84	—	46.500
	碳素结构钢流体无缝钢管	kg	4.74	—	11.040
	枕木	m^3	2457.00	0.060	—
	氧气	m^3	3.62	—	0.190
	乙炔气	m^3	8.90	—	0.060
	电焊条	kg	4.31	—	0.820
	其他材料费	元	1.00	67.51	103.35
机械	混凝土振捣器 平板式	台班	12.54	0.560	—
	履带式起重机 15t	台班	702.00	—	0.708
	电动空气压缩机 $10m^3/min$	台班	394.85	—	0.180
	潜水泵 150mm	台班	56.98	0.431	0.223
	电动多级离心清水泵 $\phi150$ $h\leq180m$	台班	283.02	—	0.300
	潜水设备	台班	89.19	—	0.331

十二、钢封门安装

工作内容:铁件焊接定位;钢封门吊装、横扁担梁定位;焊接、缝隙封堵。 **计量单位**:t

定额编号				4-407	4-408	4-409
项目				ϕ4000 以内	ϕ5000 以内	ϕ7000 以内
基价(元)				**832.94**	**750.89**	**625.84**
其中	人工费(元)			438.21	413.91	360.45
	材料费(元)			184.06	145.55	91.32
	机械费(元)			210.67	191.43	174.07
名称		单位	单价(元)	消耗量		
人工	二类人工	工日	135.00	3.246	3.066	2.670
材料	钢封门	t	—	(1.000)	(1.000)	(1.000)
	型钢 综合	kg	3.84	32.410	24.580	10.420
	热轧带肋钢筋 HRB400 综合	kg	3.85	4.500	3.500	4.500
	电焊条	kg	4.31	6.150	5.390	5.280
	普通硅酸盐水泥 P·O 42.5 综合	kg	0.34	14.000	14.000	12.000
	硅酸钠 水玻璃	kg	0.70	2.820	2.730	2.220
	玻璃布 综合	m^2	2.59	1.420	1.370	1.130
	其他材料费	元	1.00	5.36	4.24	2.66
机械	履带式起重机 15t	台班	702.00	0.230	—	—
	履带式起重机 25t	台班	757.92	—	0.195	0.177
	交流弧焊机 32kV·A	台班	92.84	0.530	0.470	0.430

十三、钢封门拆除

工作内容:切割、吊装定位钢梁及连接铁件;钢封门吊拔堆放。 **计量单位**:t

定额编号				4-410	4-411	4-412
项目				ϕ4000 以内	ϕ5000 以内	ϕ7000 以内
基价(元)				**606.17**	**535.42**	**459.63**
其中	人工费(元)			307.80	288.36	242.19
	材料费(元)			7.68	7.68	7.68
	机械费(元)			290.69	239.38	209.76
名称		单位	单价(元)	消耗量		
人工	二类人工	工日	135.00	2.280	2.136	1.794
材料	氧气	m^3	3.62	1.110	1.110	1.110
	乙炔气	m^3	8.90	0.370	0.370	0.370
	其他材料费	元	1.00	0.37	0.37	0.37
机械	履带式起重机 15t	台班	702.00	0.301	—	—
	履带式起重机 25t	台班	757.92	—	0.230	0.203
	电动卷扬机-单筒慢速 100kN	台班	234.87	0.338	0.277	0.238

第六章

垂 直 顶 升

说　　明

一、本章定额包括顶升管节、复合管片制作，垂直顶升设备安装、拆除，管节垂直顶升，止水框、联系梁安装，阴极保护安装及附件制作，滩地揭顶盖，共 6 节 21 个子目。

二、本章定额适用于管节外壁断面小于 $4m^2$、每座顶升高度小于 10m 的不出土垂直顶升。

三、预制管节制作混凝土已包括内模摊销费及管节制成后的外壁涂料。管节中的钢筋已归入顶升钢壳制作的子目中。

四、阴极保护安装不包括恒电位仪、阳极、参比电极的原值。

五、滩地揭顶盖只适用于滩地水深不超过 0.5m 的区域，本章定额未包括进出水口的围护工程，发生时可套用相应定额计算。

工程量计算规则

一、复合管片不分直径,管节不分大小,均执行本章定额。

二、顶升车架及顶升设备的安拆,以每顶升一组出口为安拆一次计算。顶升车架制作费按顶升一组摊销 50% 计算。

三、顶升管节外壁如需压浆时,则套用分块压浆定额计算。

四、垂直顶升管节试拼装工程量按所需顶升的管节数计算。

一、顶升管节、复合管片制作

工作内容:1. 顶升管节制作:钢模板制作、装折、清扫、刷油、骨架入模,混凝土拌制,吊运、浇捣、蒸养,法兰打孔;
2. 复合管片制作:安放钢壳;钢模安折、清理刷油;吊运、浇捣、蒸养;
3. 管节试拼装:吊车配合;管节试拼、编号对螺孔、检验校正;搭平台、场地平整。

				4-413	4-414	4-415
定额编号				4-413	4-414	4-415
项目				顶升管节制作	复合管片制作	管节试拼装
计量单位				10m³		节
基价(元)				**44472.83**	**32970.31**	**40114.94**
其中	人工费(元)			15284.70	6504.71	345.60
	材料费(元)			11578.90	19066.32	39469.94
	机械费(元)			17609.23	7399.28	299.40
名称		单位	单价(元)	消耗量		
人工	二类人工	工日	135.00	113.220	48.183	2.560
材料	非泵送商品混凝土 C40	m³	455.00	10.100	10.100	—
	管片钢模精加工制作	kg	12.50	—	165.000	—
	热轧光圆钢筋 综合	t	3966.00	—	0.230	—
	热轧带肋钢筋 HRB400 综合	t	3849.00	—	2.930	10.050
	压浆孔螺钉	个	7.59	—	11.280	0.100
	型钢 综合	kg	3.84	99.100	—	—
	中厚钢板	kg	3.71	422.200	—	—
	聚氨酯固化剂	kg	36.21	82.500	—	—
	环氧沥青漆	kg	12.07	164.900	—	—
	电	kW·h	0.78	1.562	10.520	—
	水	m³	4.27	—	7.000	3.000
	其他材料费	元	1.00	57.61	94.86	773.92
机械	轮胎式装载机 1m³	台班	496.96	2.560	—	—
	门式起重机 10t	台班	447.22	21.320	6.590	—
	履带式起重机 10t	台班	589.37	—	—	0.508
	皮带运输机 15×0.5m	台班	204.58	8.300	—	—
	载货汽车 4t	台班	369.21	3.400	1.219	—
	立式钻床 50mm	台班	21.16	18.770	—	—
	工业锅炉 1t/h	台班	1015.23	3.400	3.942	—

二、垂直顶升设备安装、拆除

工作内容:1. 顶升车架安装:清理修正轨道,车架组装、固定;
2. 顶升车架拆除:吊拆、运输、堆放,工作面清理;
3. 顶升设备安装:制作基座,设备吊运、就位;
4. 顶升设备拆除:油路、电路拆除,基座拆除,设备吊运、堆放。

定额编号				4-416	4-417	4-418	4-419
项目				顶升车架		顶升设备	
				安装	拆除	安装	拆除
计量单位				t		套	
基价(元)				**3511.73**	**2746.57**	**6370.45**	**2939.07**
其中	人工费(元)			1173.56	1013.45	1515.24	931.10
	材料费(元)			511.19	207.46	2335.46	605.81
	机械费(元)			1826.98	1525.66	2519.75	1402.16
名称		单位	单价(元)	消耗量			
人工	二类人工	工日	135.00	8.693	7.507	11.224	6.897
材料	中厚钢板	kg	3.71	13.890	6.940	303.630	41.610
	型钢 综合	kg	3.84	—	—	175.010	—
	轻轨 24kg/m	kg	4.03	23.485	—	—	—
	六角带帽螺栓	kg	5.47	32.840	—	—	—
	卸扣 ϕ24	个	20.34	1.060	1.060	4.040	4.040
	钢丝绳 综合	kg	6.45	6.774	6.774	17.022	17.022
	枕木	m^3	2457.00	0.040	0.040	0.080	0.080
	氧气	m^3	3.62	0.880	1.740	6.110	3.330
	乙炔气	m^3	8.90	0.290	0.580	2.040	1.110
	电焊条 E43 系列	kg	4.74	1.339	—	10.562	—
	镀锌铁丝 ϕ0.7~1.0	kg	6.74	0.693	0.693	5.189	5.189
	其他材料费	元	1.00	5.06	2.05	23.12	6.00
机械	门式起重机 10t	台班	447.22	1.990	1.725	2.574	1.583
	轨道平车 5t	台班	34.23	3.680	3.200	4.768	2.936
	电瓶车 2.5t	台班	175.17	1.840	1.600	2.384	1.472
	硅整流充电机 90A/190V	台班	207.90	1.592	1.385	2.062	1.277
	交流弧焊机 32kV·A	台班	92.84	0.753	—	2.641	—
	轴流通风机 7.5kW	台班	45.40	1.935	1.684	2.509	1.550

三、管节垂直顶升

工作内容：1. 首节顶升：车架就位、转向法兰安装；管节吊运；拆除纵环向螺栓；安装闷头、盘根、压条、压板等操作设备；顶升到位等；
2. 中间节顶升：管节吊运；穿螺栓、粘贴橡胶板；拆除纵环向螺栓；顶升到位；
3. 尾节顶升：同中间节内容；到位后安装压板；撑筋焊接并与管片连接。　**计量单位**：节

定额编号				4-420	4-421	4-422
项目				首节顶升	中间节顶升	尾节顶升
基价（元）				**7994.83**	**2130.79**	**6284.36**
其中	人工费（元）			2633.31	730.62	1784.43
	材料费（元）			2078.77	332.61	1429.82
	机械费（元）			3282.75	1067.56	3070.11
名称		单位	单价(元)	消耗量		
人工	二类人工	工日	135.00	19.506	5.412	13.218
材料	中厚钢板	kg	3.71	237.800	7.990	242.270
	碳素结构钢流体无缝钢管 152×6	m	78.79	0.240	0.240	0.240
	普通硅酸盐水泥 P·O 42.5 综合	kg	0.34	18.360	92.820	92.820
	六角带帽螺栓	kg	5.47	42.410	13.060	13.060
	枕木	m^3	2457.00	0.070	0.040	0.040
	橡胶板 δ1～15	kg	5.09	10.370	4.500	4.500
	氧气	m^3	3.62	11.300	0.420	10.080
	乙炔气	m^3	8.90	3.770	0.140	3.360
	硅酸钠 水玻璃	kg	0.70	9.790	48.870	48.870
	粘合剂 507	kg	12.84	0.470	0.210	0.210
	电焊条	kg	4.31	0.430	0.430	34.540
	油浸石棉盘根 编织 φ6～10(250℃)	kg	27.59	21.570	—	—
	电	kW·h	0.78	28.540	12.960	30.860
	其他材料费	元	1.00	8.05	8.24	11.67
机械	垂直顶升设备	台班	1456.65	0.850	0.380	0.920
	门式起重机 10t	台班	447.22	1.420	0.380	0.920
	电动卷扬机－单筒慢速 80kN	台班	220.97	1.450	0.380	0.920
	电瓶车 2.5t	台班	175.17	1.750	0.380	0.920
	轨道平车 5t	台班	34.23	3.500	0.760	1.840
	硅整流充电机 90A/190V	台班	207.90	1.420	0.380	0.920
	轴流通风机 7.5kW	台班	45.40	3.500	0.760	1.840
	污水泵 100mm	台班	112.87	1.750	0.380	0.920
	交流弧焊机 32kV·A	台班	92.84	0.120	0.120	5.520

四、止水框、联系梁安装

工作内容:1. 止水框安装:吊运、安装就位;校正;搭拆脚手架;

2. 联系梁安装:吊运、安装就位;焊接、校正;搭拆脚手架。

计量单位:t

定额编号				4-423	4-424
项目				安装止水框	安装联系梁
基价(元)				**4676.85**	**3921.56**
其中	人工费(元)			1891.35	1619.19
	材料费(元)			446.31	355.71
	机械费(元)			2339.19	1946.66
名称		单位	单价(元)	消耗量	
人工	二类人工	工日	135.00	14.010	11.994
材料	电焊条	kg	4.31	89.790	72.340
	氧气	m^3	3.62	2.610	1.450
	乙炔气	m^3	8.90	0.870	0.480
	电	kW·h	0.78	40.440	36.900
	其他材料费	元	1.00	10.58	5.62
机械	门式起重机 5t	台班	356.69	1.420	0.940
	电瓶车 2.5t	台班	175.17	2.400	2.190
	轨道平车 5t	台班	34.23	2.400	2.190
	硅整流充电机 90A/190V	台班	207.90	1.420	0.940
	交流弧焊机 32kV·A	台班	92.84	8.800	8.170
	轴流通风机 7.5kW	台班	45.40	4.800	4.380

五、阴极保护安装及附件制作

工作内容：1. 恒电位仪安装：恒电位仪检查、安装；电器连接调试、接电缆；
2. 电极安装：支架制作；电极体安装；接通电缆、封环氧。　　**计量单位**：只

定额编号					4-425	4-426	4-427	4-428
项目					恒电位仪安装	阳极安装	阴极安装	参比电极安装
基价（元）					**2256.73**	**2379.19**	**2052.94**	**1133.24**
其中	人工费（元）				503.82	819.72	356.40	267.30
	材料费（元）				1366.11	1193.15	1450.24	716.58
	机械费（元）				386.80	366.32	246.30	149.36
名称		单位	单价(元)		消耗量			
人工	二类人工	工日	135.00		3.732	6.072	2.640	1.980
材料	预埋铁件	kg	3.75		46.410	54.400	15.150	3.030
	碳素结构钢流体无缝钢管 76×4	kg	4.74		—	—	—	17.410
	六角带帽螺栓	kg	5.47		8.160	10.200	4.080	1.020
	环氧树脂	kg	15.52		—	0.510	0.310	0.200
	硬聚氯乙烯管 ϕ12.5	m	1.72		—	30.600	—	30.600
	橡胶管	m	5.14		12.240	—	—	—
	橡胶板 δ1～15	kg	5.09		—	—	0.210	—
	紫铜接头	个	33.91		—	1.000	1.000	—
	电焊条	kg	4.31		0.550	1.320	0.880	0.220
	电缆 35mm^2	m	17.24		60.000	30.000	50.000	30.000
	铜芯塑料绝缘线 BV16	m	7.63		—	—	51.000	—
	防锈漆 C53－1	kg	14.05		1.540	—	0.820	—
	胶塑板	kg	7.07		—	26.730	—	—
	电	kW·h	0.78		—	116.250	50.540	37.910
	其他材料费	元	1.00		26.12	36.35	25.45	13.66
机械	汽车式起重机 8t	台班	648.48		0.575	—	—	—
	门式起重机 5t	台班	356.69		—	0.460	0.310	0.200
	电瓶车 2.5t	台班	175.17		—	0.460	0.310	0.200
	硅整流充电机 90A/190V	台班	207.90		—	0.420	0.280	0.180
	交流弧焊机 32kV·A	台班	92.84		0.150	0.370	0.250	0.060

工作内容:1. 隧道内电缆铺设:安装护套管、支架、电缆敷设、固定、接头、封口、挂牌等;
2. 过渡箱制作安装:箱体制作;安装定位;电缆接线。

定额编号				4-429	4-430	4-431	4-432
项目				隧道内电缆铺设	接线箱制作	分支箱制作	过渡盒制作
计量单位				100m	只		
基价(元)				**3407.12**	**750.19**	**602.60**	**546.77**
其中	人工费(元)			925.83	118.26	118.26	118.26
	材料费(元)			2064.49	394.28	315.74	263.31
	机械费(元)			416.80	237.65	168.60	165.20
名称		单位	单价(元)	消耗量			
人工	二类人工	工日	135.00	6.858	0.876	0.876	0.876
材料	预埋铁件	kg	3.75	13.010	0.510	0.810	0.300
	电缆 YCW-3×6WH500W	m	18.97	105.000	—	—	—
	环氧树脂	kg	15.52	—	—	16.980	8.160
	硬聚氯乙烯板	kg	8.62	—	6.720	3.370	1.940
	硬聚氯乙烯管 ϕ12.5	m	1.72	—	8.680	4.340	3.880
	聚氯乙烯管 ϕ165	kg	10.17	0.200	—	—	—
	紫铜接头	个	33.91	—	9.230	—	3.080
	铜丝 1.6~5	kg	111.00	0.103	—	—	—
	其他材料费	元	1.00	10.39	6.52	12.66	7.70
机械	门式起重机 5t	台班	356.69	0.230	0.260	—	0.260
	汽车式起重机 8t	台班	648.48	0.210	—	0.260	—
	电动卷扬机-单筒慢速 50kN	台班	186.39	0.230	—	—	—
	电瓶车 2.5t	台班	175.17	0.230	0.400	—	0.200
	硅整流充电机 90A/190V	台班	207.90	0.200	0.360	—	0.180
	载货汽车 4t	台班	369.21	0.200	—	—	—

六、滩地揭顶盖

工作内容:安装卷扬机、搬运、清除杂物;拆除螺栓、揭去顶盖;安装取水头。　　**计量单位**:只

定额编号				4-433
项目				滩地揭顶盖
基价(元)				**3286.57**
其中	人工费(元)			2528.01
	材料费(元)			262.76
	机械费(元)			495.80
名称		单位	单价(元)	消耗量
人工	二类人工	工日	135.00	18.726
材料	枕木	m^3	2457.00	0.013
	橡胶板 δ1~15	kg	5.09	3.320
	钢丝绳 综合	kg	6.45	6.580
	不锈钢螺栓	个	10.34	16.320
	其他材料费	元	1.00	2.73
机械	电动卷扬机-单筒慢速 50kN	台班	186.39	2.660

第七章

地下混凝土结构

说　明

一、本章定额包括基坑垫层，钢丝网水泥护坡，钢筋混凝土地梁、底板，钢筋混凝土墙、柱、梁，钢筋混凝土平台、顶板，钢筋混凝土楼梯、电缆沟、侧石，钢筋混凝土内衬弓形底板、支承墙，隧道内衬侧墙及顶内衬、行车道槽形板安装，隧道内车道，共9节36个子目。

二、本章定额适用于地下车行或人行通道、隧道暗埋段、引道段沉井内部结构、隧道内路面等地下设施的现浇内衬混凝土工程。

三、定额中混凝土浇捣未含脚手架费用，发生时执行本定额第一册《通用项目》相应定额。

四、圆形隧道路面以大型槽形板作底模，如采用其他形式时定额允许调整。

五、隧道内衬施工未包括各种滑模、台车及操作平台费用，可另行计算。

工程量计算规则

一、现浇混凝土工程量按施工图计算,不扣除单孔面积 $0.3m^2$ 以内的孔洞所占体积。

二、有梁板的柱高,自柱基础顶面至梁、板顶面计算,梁高以设计高度为准。梁与柱交接,梁长算至柱侧面(即柱间净长)。

三、结构定额中未列预埋件费用,可另行计算。

四、隧道路面沉降缝、变形缝执行本定额第二册《道路工程》相关定额,其人工、机械乘以系数 1.1。

一、基 坑 垫 层

工作内容:1. 砂垫层:砂石料吊车吊运;摊铺平整分层浇水振实;

2. 混凝土垫层:配模、立模、拆模;商品混凝土浇捣、养护。　　**计量单位**:$10m^3$

定额编号				4-434	4-435
项目				砂垫层	混凝土垫层
基价(元)				**2146.19**	**5237.67**
其中	人工费(元)			510.30	543.51
	材料费(元)			1483.42	4599.42
	机械费(元)			152.47	94.74
名称		单位	单价(元)	消耗量	
人工	二类人工	工日	135.00	3.780	4.026
材料	黄砂 毛砂	t	87.38	16.874	—
	泵送商品混凝土 C20	m^3	431.00	—	10.100
	草袋	个	3.62	—	47.840
	木模板	m^3	1445.00	—	0.020
	圆钉	kg	4.74	—	0.460
	水	m^3	4.27	2.100	9.850
机械	履带式起重机 15t	台班	702.00	0.170	0.110
	混凝土振捣器 平板式	台班	12.54	0.510	0.170
	潜水泵 100mm	台班	30.38	0.880	0.470
	载货汽车 4t	台班	369.21	—	0.003

二、钢丝网水泥护坡

工作内容:1. 混凝土护坡:修整边坡;铺设钢丝网片;混凝土浇捣抹平养护;

2. 砂浆护坡:修整边坡;铺设钢丝网片;砂浆配、拌、运,浇铺抹平养护。

计量单位:$100m^2$

定额编号				4-436	4-437	4-438	4-439
项目				混凝土护坡		水泥砂浆护坡	
				厚10cm	每增减2cm	厚5cm	每增减1cm
基价(元)				**6957.06**	**1111.49**	**4936.51**	**726.96**
其中	人工费(元)			1180.98	236.52	1339.74	268.11
	材料费(元)			5587.77	874.97	3202.27	415.80
	机械费(元)			188.31	—	394.50	43.05
名称		单位	单价(元)	消耗量			
人工	二类人工	工日	135.00	8.748	1.752	9.924	1.986
材料	泵送商品混凝土 C20	m^3	431.00	10.100	2.020	—	—
	干混砌筑砂浆 DM M10.0	m^3	413.73	—	—	5.020	1.000
	钢丝网	m^2	6.29	105.000	—	105.000	—
	热轧光圆钢筋 综合	t	3966.00	0.020	—	0.010	—
	木模板	m^3	1445.00	0.080	—	0.040	—
	脱模油	kg	4.31	0.880	—	0.880	—
	镀锌铁丝 22#	kg	6.55	2.580	—	2.580	—
	圆钉	kg	4.74	1.700	—	1.700	—
	草袋	个	3.62	71.760	—	71.760	—
	水	m^3	4.27	14.750	—	14.750	—
	其他材料费	元	1.00	27.80	4.35	15.93	2.07
机械	履带式起重机 15t	台班	702.00	0.240	—	0.480	0.050
	木工圆锯机 500mm	台班	27.50	0.560	—	0.560	—
	干混砂浆罐式搅拌机 20000L	台班	193.83	—	—	0.206	0.041
	载货汽车 4t	台班	369.21	0.012	—	0.006	—

三、钢筋混凝土地梁、底板

工作内容：1. 地梁：水泥砂浆砌砖，混凝土浇捣养护；

2. 底板：配模，立模，拆模，混凝土浇捣养护。

定额编号				4-440	4-441	4-442	4-443
项目				混凝土		模板	
				地梁	底板	地梁(砖模)	底板
计量单位				$10m^3$		$10m^2$	
基价（元）				**4995.54**	**4877.19**	**3521.57**	**908.30**
其中	人工费（元）			214.65	149.85	292.01	469.80
	材料费（元）			4720.18	4717.30	2781.34	251.60
	机械费（元）			60.71	10.04	448.22	186.90
名称		单位	单价(元)	消耗量			
人工	二类人工	工日	135.00	1.590	1.110	2.163	3.480
材料	泵送商品混凝土 C30	m^3	461.00	10.100	10.100	—	—
	黄砂 净砂	t	92.23	—	—	10.485	—
	现浇现拌混凝土 C15(40)	m^3	276.46	—	—	2.870	—
	混凝土实心砖 240×115×53 MU10	千块	388.00	—	—	1.970	—
	干混砌筑砂浆 DM M7.5	m^3	413.73	—	—	0.620	—
	钢模板	kg	5.96	—	—	—	6.800
	六角带帽螺栓	kg	5.47	—	—	—	8.400
	钢模支撑	kg	4.74	—	—	—	2.380
	尼龙帽	个	0.60	—	—	—	5.300
	木模板	m^3	1445.00	—	—	—	0.100
	圆钉	kg	4.74	—	—	—	0.300
	脱模油	kg	4.31	—	—	—	1.100
	草袋	个	3.62	3.850	13.520	—	—
	水	m^3	4.27	0.800	2.870	—	—
	其他材料费	元	1.00	46.73	—	—	—
机械	混凝土振捣器 插入式	台班	4.65	2.210	2.160	—	—
	履带式起重机 15t	台班	702.00	—	—	0.600	0.170
	汽车式起重机 5t	台班	366.47	—	—	—	0.060
	潜水泵 100mm	台班	30.38	1.660	—	0.730	—
	木工圆锯机 500mm	台班	27.50	—	—	—	0.140
	干混砂浆罐式搅拌机 20000L	台班	193.83	—	—	0.025	—
	载货汽车 4t	台班	369.21	—	—	—	0.113

四、钢筋混凝土墙、柱、梁

工作内容:1. 墙、柱、梁:配模,立模,拆模;混凝土浇捣养护;混凝土表面处理;

2. 衬墙:地下墙墙面凿毛,清洗;配模,立模,拆模;混凝土浇捣养护;混凝土表面处理。 **计量单位**:$10m^3$

定额编号				4-444	4-445	4-446	4-447
项目				混凝土			
				墙	衬墙	柱	梁
基价(元)				**4968.47**	**4990.26**	**5010.90**	**5141.82**
其中	人工费(元)			203.31	234.09	285.12	285.12
	材料费(元)			4763.44	4754.08	4719.78	4851.03
	机械费(元)			1.72	2.09	6.00	5.67
	名称	单位	单价(元)	消耗量			
人工	二类人工	工日	135.00	1.506	1.734	2.112	2.112
材料	泵送商品混凝土 C30	m^3	461.00	10.100	10.100	10.100	10.100
	草袋	个	3.62	11.540	11.540	—	34.660
	水	m^3	4.27	4.310	2.140	3.970	5.020
	其他材料费	元	1.00	47.16	47.07	46.73	48.03
机械	混凝土振捣器 插入式	台班	4.65	0.370	0.450	1.290	1.220

工作内容:1. 墙:配模,立模,拆模;混凝土浇捣养护;混凝土表面处理;

2. 衬墙:地下墙墙面凿毛,清洗,配模,立模,拆模,混凝土浇捣养护,混凝土表面处理;

3. 柱、梁:配模、立模、拆模,混凝土浇捣养护,混凝土表面处理。 **计量单位**:$10m^2$

定额编号				4-448	4-449	4-450	4-451
项目				模板			
				墙	衬墙	柱	梁
基价(元)				**634.20**	**790.19**	**783.05**	**967.21**
其中	人工费(元)			358.83	498.96	512.73	589.68
	材料费(元)			180.64	195.68	155.25	196.53
	机械费(元)			94.73	95.55	115.07	181.00
	名称	单位	单价(元)	消耗量			
人工	二类人工	工日	135.00	2.658	3.696	3.798	4.368
材料	钢模板	kg	5.96	7.629	7.859	7.699	7.699
	零星卡具	kg	5.88	3.650	3.890	3.890	7.780
	钢模支撑	kg	4.74	5.364	3.474	5.384	7.524
	六角带帽螺栓	kg	5.47	6.280	7.560	4.500	4.690
	尼龙帽	个	0.60	8.000	8.000	2.860	2.980
	木模板	m^3	1445.00	0.030	0.040	0.020	0.020
	圆钉	kg	4.74	0.220	0.170	0.210	0.210
	脱模油	kg	4.31	1.100	1.100	1.100	1.100
	螺栓顶托	个	51.12	—	—	—	0.140
机械	电动空气压缩机 $0.6m^3/min$	台班	33.06	0.060	0.590	0.050	0.190
	木工圆锯机 500mm	台班	27.50	0.070	0.040	0.120	0.100
	履带式起重机 15t	台班	702.00	0.090	0.070	0.090	0.110
	汽车式起重机 5t	台班	366.47	0.018	0.016	0.031	0.086
	载货汽车 4t	台班	369.21	0.057	0.054	0.057	0.076
	载货汽车 5t	台班	382.30	—	—	0.038	0.092

五、钢筋混凝土平台、顶板

工作内容：配模、立模、拆模；混凝土浇捣养护；混凝土表面处理。

定额编号				4-452	4-453	4-454	4-455
项目				混凝土			模板
				板厚 0.3m 以内	板厚 0.5m 以内	板厚 0.5m 以外	
计量单位				$10m^3$			$10m^2$
基价（元）				**4978.47**	**4928.61**	**4900.10**	**1162.14**
其中	人工费（元）			162.81	157.14	147.42	567.00
	材料费（元）			4813.06	4769.10	4750.54	373.89
	机械费（元）			2.60	2.37	2.14	221.25
名称		单位	单价(元)	消耗量			
人工	二类人工	工日	135.00	1.206	1.164	1.092	4.200
材料	泵送商品混凝土 C30	m^3	461.00	10.100	10.100	10.100	—
	钢模板	kg	5.96	—	—	—	6.339
	零星卡具	kg	5.88	—	—	—	10.580
	钢模支撑	kg	4.74	—	—	—	18.344
	六角带帽螺栓	kg	5.47	—	—	—	2.230
	尼龙帽	个	0.60	—	—	—	1.460
	木模板	m^3	1445.00	—	—	—	0.100
	螺栓顶托	个	51.12	—	—	—	0.430
	圆钉	kg	4.74	—	—	—	0.560
	脱模油	kg	4.31	—	—	—	1.100
	草袋	个	3.62	23.920	14.350	10.240	—
	水	m^3	4.27	5.320	3.240	2.420	—
	其他材料费	元	1.00	47.65	47.22	47.04	—
机械	混凝土振捣器 插入式	台班	4.65	0.560	0.510	0.460	—
	木工圆锯机 500mm	台班	27.50	—	—	—	0.170
	电动空气压缩机 $0.6m^3/min$	台班	33.06	—	—	—	0.160
	履带式起重机 15t	台班	702.00	—	—	—	0.110
	汽车式起重机 5t	台班	366.47	—	—	—	0.118
	载货汽车 4t	台班	369.21	—	—	—	0.246

六、钢筋混凝土楼梯、电缆沟、侧石

工作内容:配模、立模、拆模;混凝土浇捣养护;混凝土表面处理。

定额编号				4-456	4-457	4-458	4-459	4-460	4-461
项目				混凝土			模板		
				楼梯	电缆沟	车道侧石	楼梯	电缆沟	车道侧石
计量单位				$10m^3$			$10m^2$		
基价(元)				**6738.32**	**6134.64**	**5735.78**	**1137.70**	**602.75**	**618.12**
其中	人工费(元)			763.16	640.71	348.30	703.89	288.36	396.90
	材料费(元)			4915.27	4607.08	4682.18	242.85	165.23	129.98
	机械费(元)			1059.89	886.85	705.30	190.96	149.16	91.24
名称		单位	单价(元)	消耗量					
人工	二类人工	工日	135.00	5.653	4.746	2.580	5.214	2.136	2.940
材料	非泵送商品混凝土 C30	m^3	438.00	10.100	10.100	10.100	—	—	—
	六角带帽螺栓	kg	5.47	—	—	—	4.310	6.020	3.590
	尼龙帽	个	0.60	—	—	—	2.740	8.000	5.710
	木模板	m^3	1445.00	—	—	—	0.040	0.020	0.020
	螺栓顶托	个	51.12	—	—	—	0.800	—	—
	圆钉	kg	4.74	—	—	—	0.210	0.210	0.210
	脱模油	kg	4.31	—	—	—	1.100	1.100	1.100
	钢模支撑	kg	4.74	—	—	—	9.600	5.310	—
	钢模板	kg	5.96	—	—	—	7.520	7.520	7.520
	零星卡具	kg	5.88	—	—	—	3.890	3.890	4.670
	草袋	个	3.62	111.280	31.200	52.000	—	—	—
	水	m^3	4.27	9.360	5.790	5.570	—	—	—
	其他材料费	元	1.00	48.67	45.61	46.36	—	—	—
机械	混凝土振捣器 插入式	台班	4.65	6.010	5.030	0.710	—	—	—
	木工圆锯机 500mm	台班	27.50	—	—	—	0.210	0.260	0.100
	履带式起重机 15t	台班	702.00	1.470	1.230	1.000	0.140	0.100	0.050
	汽车式起重机 5t	台班	366.47	—	—	—	0.083	0.068	0.053
	载货汽车 4t	台班	369.21	—	—	—	0.153	0.127	0.092

七、钢筋混凝土内衬弓形底板、支承墙

工作内容：隧道内冲洗；配模、立模、折模；混凝土浇捣养护。

定额编号				4-462	4-463	4-464	4-465
项目				混凝土		模板	
				弓形底板	支承墙	弓形底板	支承墙
计量单位				$10m^3$		$10m^2$	
基价（元）				**5340.42**	**5302.29**	**3288.55**	**737.37**
其中	人工费（元）			521.64	515.16	814.86	412.29
	材料费（元）			4813.11	4780.95	1893.42	234.68
	机械费（元）			5.67	6.18	580.27	90.40
名称		单位	单价(元)	消耗量			
人工	二类人工	工日	135.00	3.864	3.816	6.036	3.054
材料	泵送商品混凝土 C30	m^3	461.00	10.100	10.100	—	—
	钢模板	kg	5.96	—	—	—	7.609
	零星卡具	kg	5.88	—	—	—	3.840
	钢模支撑	kg	4.74	—	—	11.714	5.384
	六角带帽螺栓	kg	5.47	—	—	12.750	6.290
	尼龙帽	个	0.60	—	—	7.950	4.030
	木模板	m^3	1445.00	—	—	0.330	0.030
	圆钉	kg	4.74	—	—	2.130	0.230
	脱模油	kg	4.31	—	—	—	1.100
	钢轨鱼尾板 24～50kg/m	kg	4.87	—	—	19.090	0.270
	轻轨 24kg/m	kg	4.03	—	—	278.180	3.700
	电	kW·h	0.78	120.000	76.000	80.000	50.000
	水	m^3	4.27	3.690	4.270	—	—
	其他材料费	元	1.00	47.65	47.34	—	—
机械	混凝土振捣器 插入式	台班	4.65	1.220	1.330	—	—
	门式起重机 10t	台班	447.22	—	—	0.110	0.120
	汽车式起重机 5t	台班	366.47	—	—	0.014	0.018
	木工圆锯机 500mm	台班	27.50	—	—	1.500	0.150
	电瓶车 2.5t	台班	175.17	—	—	0.910	0.010
	轨道平车 5t	台班	34.23	—	—	1.820	0.020
	硅整流充电机 90A/190V	台班	207.90	—	—	0.910	0.010
	轴流通风机 7.5kW	台班	45.40	—	—	0.910	0.010
	载货汽车 4t	台班	369.21	—	—	0.088	0.057

八、隧道内衬侧墙及顶内衬、行车道槽形板安装

工作内容:1. 顶内衬:牵引内衬滑模及操作平台,定位、上油、校正、脱卸清洗,混凝土泵送或集料斗电瓶车运至工作面浇捣养护,混凝土表面处理;

2. 槽形板:槽形板吊入隧道内驳运;行车安装,混凝土充填,焊接固定,槽形板下支撑搭拆。

定额编号				4-466	4-467
项目				侧墙及顶内衬	槽形板安装
计量单位				$10m^3$	$100m^2$
基价(元)				**7225.34**	**6302.59**
其中	人工费(元)			1580.31	1128.33
	材料费(元)			4947.60	2321.94
	机械费(元)			697.43	2852.32
名称		单位	单价(元)	消耗量	
人工	二类人工	工日	135.00	11.706	8.358
材料	泵送商品混凝土 C30	m^3	461.00	10.100	—
	车道槽形板	m^2	—	—	(101.000)
	木模板	m^3	1445.00	—	0.700
	枕木	m^3	2457.00	—	0.040
	钢模支撑	kg	4.74	—	50.319
	零星卡具	kg	5.88	—	30.240
	螺栓顶托	个	51.12	—	2.000
	预埋铁件	kg	3.75	—	47.710
	电焊条	kg	4.31	—	3.720
	脱模油	kg	4.31	4.910	—
	轻轨 24kg/m	kg	4.03	9.490	67.320
	电	kW·h	0.78	156.000	262.000
	水	m^3	4.27	3.140	—
	其他材料费	元	1.00	97.01	22.99
机械	门式起重机 10t	台班	447.22	0.350	1.970
	门式起重机 5t	台班	356.69	—	0.950
	电瓶车 2.5t	台班	175.17	0.460	—
	电瓶车 8t	台班	212.72	—	2.920
	轨道平车 5t	台班	34.23	0.170	5.840
	硅整流充电机 90A/190V	台班	207.90	0.830	2.530
	电动空气压缩机 $0.6m^3/min$	台班	33.06	—	0.750
	电动卷扬机 - 单筒慢速 100kN	台班	234.87	1.040	—
	交流弧焊机 32kV·A	台班	92.84	—	1.040
	轴流通风机 7.5kW	台班	45.40	0.830	—
	载货汽车 4t	台班	369.21	—	0.359
	汽车式起重机 5t	台班	366.47	—	0.086

九、隧道内车道

工作内容：配模、立模、拆模；混凝土浇捣、制缝、扫面；湿治，沥青灌缝。　　**计量单位**：$10m^3$

定额编号				4-468	4-469
项目				引道道路	隧道道路
基价（元）				**6677.70**	**7599.92**
其中	人工费（元）			1365.66	2207.25
	材料费（元）			5217.65	5193.09
	机械费（元）			94.39	199.58
名称		单位	单价(元)	消耗量	
人工	二类人工	工日	135.00	10.116	16.350
材料	泵送商品混凝土 C30	m^3	461.00	10.100	10.100
	木模板	m^3	1445.00	0.070	0.130
	脱模油	kg	4.31	0.630	—
	石油沥青胶	kg	2.33	25.630	11.280
	草袋	个	3.62	50.960	—
	电	kW·h	0.78	150.000	325.000
	水	m^3	4.27	10.500	4.200
	其他材料费	元	1.00	51.66	51.42
机械	木工圆锯机 500mm	台班	27.50	0.490	0.450
	履带式起重机 15t	台班	702.00	0.110	—
	门式起重机 10t	台班	447.22	—	0.380
	电动空气压缩机 $0.6m^3/min$	台班	33.06	—	0.310
	载货汽车 4t	台班	369.21	0.010	0.019

第八章
金 属 构 件

说　明

一、本章定额包括顶升管片钢壳，钢管片，顶升止水框、联系梁、车架，走道板、钢跑板，盾构基座、钢围令、钢闸墙，钢轨枕、钢支架，钢扶梯、钢栏杆，钢支撑、钢封门，共8节26个子目。

二、本章定额适用于软土层隧道施工中的钢管片、复合管片钢壳及盾构工作井布置、隧道内施工用的金属支架、安全通道、钢闸墙、垂直顶升的金属构件以及隧道明挖法施工中大型支撑等加工制作。

三、本章定额仅适用于施工单位加工制作，需外加工者则按实结算。

四、本定额钢支撑按 ϕ600mm 考虑，采用12mm 钢板卷管焊接而成，若采用成品钢管时定额不做调整。

五、钢管片制作已包括台座摊销费，侧面环板燕尾槽加工不包括在内。

六、复合管片钢壳包括台模摊销费，钢筋在复合管片混凝土浇捣子目内。

七、垂直顶升管节钢骨架已包括法兰、钢筋和靠模摊销费。

八、构件制作均按焊接计算，不包括安装螺栓在内。

工程量计算规则

一、金属构件的工程量按设计图纸的主材(型钢、钢板、方钢、圆钢等)的重量以“t”计算,不扣除孔眼、缺角、切肢、切边的重量。圆形和多边形的钢板按作方计算。

二、支撑由活络头、固定头和本体组成,本体按固定头单价计算。

一、顶升管节钢壳

工作内容：划线、号料、切割、金加工、校正；焊接、钢筋成型；法兰与钢筋焊接成型等。　　计量单位：t

定额编号				4-470	4-471	4-472
项目				首节	中间节	尾节
基价（元）				**17947.09**	**9673.61**	**10228.39**
其中	人工费（元）			3620.70	2400.84	2536.11
	材料费（元）			10696.76	4286.90	4706.41
	机械费（元）			3629.63	2985.87	2985.87
名称		单位	单价(元)	消耗量		
人工	二类人工	工日	135.00	26.820	17.784	18.786
材料	中厚钢板	kg	3.71	461.000	957.000	976.000
	不锈钢板 综合	kg	15.09	438.000	—	—
	型钢 综合	kg	3.84	36.510	38.170	38.170
	碳素结构钢流体无缝钢管 50×3.5	m	24.64	—	—	12.090
	活接头 φ50	个	4.24	—	—	3.770
	管堵 φ50	个	3.53	—	—	3.770
	氧气	m^3	3.62	14.150	29.570	31.260
	乙炔气	m^3	8.90	4.720	9.860	10.420
	电焊条	kg	4.31	48.660	87.610	89.860
	不锈钢焊条 奥 102	kg	31.90	39.500	—	—
	炭精棒 φ48	根	2.89	212.820	—	—
	其他材料费	元	1.00	58.78	17.46	18.49
机械	门式起重机 5t	台班	356.69	6.573	4.299	4.299
	牛头刨床 650mm	台班	30.54	1.000	0.708	0.708
	板料校平机 16×2000	台班	896.18	0.185	0.254	0.254
	交流弧焊机 32kV·A	台班	92.84	6.730	12.960	12.960
	等离子切割机 400A	台班	239.40	1.938	—	—

二、钢 管 片

工作内容:划线、号料、切割、校正、滚圆弧、刨边、刨槽;上模具焊接成型、焊预埋件;钻孔;吊运油漆等。 **计量单位:**t

	定 额 编 号			4-473	4-474	4-475
	项 目			钢管片		复合管片钢壳
				1t 以内	1t 以外	
	基 价 (元)			**11548.21**	**10766.40**	**9299.98**
其中	人工费 (元)			3106.35	3018.87	1955.34
	材料费 (元)			4640.46	4601.27	4630.14
	机械费 (元)			3801.40	3146.26	2714.50
	名 称	单位	单价(元)	消 耗 量		
人工	二类人工	工日	135.00	23.010	22.362	14.484
材料	中厚钢板	kg	3.71	1060.000	941.300	1060.000
	型钢 综合	kg	3.84	—	118.700	—
	举重臂螺丝	个	5.70	1.420	0.740	—
	活接头 ϕ50	个	4.24	—	1.440	11.000
	管堵 ϕ50	个	3.53	—	0.740	11.000
	氧气	m^3	3.62	22.000	19.170	31.900
	乙炔气	m^3	8.90	7.330	6.390	10.630
	电焊条	kg	4.31	59.080	49.750	38.000
	防锈漆 C53－1	kg	14.05	17.430	17.430	—
	环氧沥青漆	kg	12.07	—	—	17.430
	其他材料费	元	1.00	55.36	54.72	27.82
机械	门式起重机 5t	台班	356.69	4.733	4.653	4.246
	龙门刨床 1000×3000	台班	160.09	5.277	2.100	1.838
	板料校平机 16×2000	台班	896.18	0.492	0.408	0.385
	摇臂钻床 63mm	台班	32.79	1.869	1.738	2.400
	牛头刨床 650mm	台班	30.54	1.408	0.938	—
	剪板机 20×2000	台班	122.84	0.200	0.100	—
	交流弧焊机 32kV·A	台班	92.84	7.525	7.398	5.192

三、顶升止水框、联系梁、车架

工作内容:划线、号料、切割、折方、拼装、校正;焊接成型;油漆;堆放。 **计量单位**:t

定额编号				4-476	4-477	4-478	4-479
项目				止水框	联系梁	转向法兰	顶升车架
基价(元)				**12398.87**	**8344.92**	**13260.41**	**8397.29**
其中	人工费(元)			3420.63	852.12	4158.54	1898.64
	材料费(元)			4968.16	4706.09	5350.01	4450.54
	机械费(元)			4010.08	2786.71	3751.86	2048.11
名称		单位	单价(元)	消耗量			
人工	二类人工	工日	135.00	25.338	6.312	30.804	14.064
材料	中厚钢板	kg	3.71	1060.000	1060.000	1200.000	530.000
	型钢 综合	kg	3.84	—	—	—	524.650
	热轧光圆钢筋 综合	kg	3.97	—	—	—	2.270
	氧气	m^3	3.62	51.180	27.880	33.470	12.100
	乙炔气	m^3	8.90	17.060	9.290	11.160	4.030
	电焊条	kg	4.31	95.259	67.737	90.434	19.860
	防锈漆 C53-1	kg	14.05	17.430	18.700	17.430	18.700
	其他材料费	元	1.00	43.00	35.20	42.86	32.57
机械	门式起重机 10t	台班	447.22	2.128	1.403	4.423	2.848
	电瓶车 2.5t	台班	175.17	3.190	2.910	—	—
	轨道平车 5t	台班	34.23	5.376	2.910	—	—
	硅整流充电机 90A/190V	台班	207.90	2.870	2.620	—	—
	普通车床 630×2000	台班	71.33	—	—	—	0.023
	板料校平机 16×2000	台班	896.18	0.162	0.123	0.177	0.077
	摇臂钻床 63mm	台班	32.79	0.800	—	2.200	0.254
	牛头刨床 650mm	台班	30.54	—	—	1.023	—
	剪板机 20×2000	台班	122.84	—	—	—	0.077
	龙门刨床 1000×3000	台班	160.09	1.838	—	—	—
	交流弧焊机 32kV·A	台班	92.84	13.499	9.640	16.284	7.389

四、走道板、钢跑板

工作内容:划线、号料、切割、折方、拼装、校正;焊接成型;油漆;堆放。 计量单位:t

				4-480	4-481	4-482
定额编号				4-480	4-481	4-482
项目				走道板	配套定型走道板	钢轨跑板
基价(元)				**5652.21**	**8451.56**	**6428.00**
其中	人工费(元)			1366.74	2919.92	625.19
	材料费(元)			3493.00	4836.55	4946.08
	机械费(元)			792.47	695.09	856.73
名称		单位	单价(元)	消耗量		
人工	二类人工	工日	135.00	10.124	21.629	4.631
材料	型钢 综合	kg	3.84	694.440	68.040	—
	重轨	kg	4.44	—	—	948.190
	中厚钢板	kg	3.71	—	—	75.478
	热轧薄钢板 Q235B 综合	kg	3.97	—	474.120	—
	碳素结构钢镀锌焊接钢管 综合	kg	4.74	—	325.420	—
	钢板网	m^2	10.28	34.230	27.920	—
	氧气	m^3	3.62	9.110	43.360	5.500
	乙炔气	m^3	8.90	3.040	14.450	1.830
	电焊条 E43 系列	kg	4.74	22.594	22.950	17.735
	防锈漆	kg	14.05	17.000	17.000	17.000
	其他材料费	元	1.00	68.49	230.31	96.98
机械	履带式起重机 15t	台班	702.00	—	—	1.026
	剪板机 10×2500	台班	78.85	0.485	—	—
	折方机 4×2000	台班	32.84	—	3.562	—
	交流弧焊机 32kV·A	台班	92.84	8.124	6.227	1.470

五、盾构基座、钢围令、钢闸墙

工作内容：划线、号料、切割、拼装、校正；焊接成型；油漆；堆放。　　　　**计量单位：**t

定额编号				4-483	4-484	4-485
项目				盾构基座	钢围令	钢闸墙
基价（元）				**6619.05**	**5785.11**	**7003.43**
其中	人工费（元）			1135.35	788.40	1684.13
	材料费（元）			4460.80	4481.44	4739.92
	机械费（元）			1022.90	515.27	579.38
名称		单位	单价(元)	消耗量		
人工	二类人工	工日	135.00	8.410	5.840	12.475
材料	型钢 综合	kg	3.84	1041.000	742.755	114.800
	中厚钢板	kg	3.71	19.000	337.245	992.800
	碳素结构钢流体无缝钢管	kg	4.74	—	—	5.900
	氧气	m^3	3.62	4.800	5.280	14.910
	乙炔气	m^3	8.90	1.600	1.760	4.970
	电焊条 E43 系列	kg	4.74	14.110	10.300	40.900
	防锈漆 C53－1	kg	14.05	17.000	17.000	17.000
	汽油 综合	kg	6.12	5.447	5.447	5.447
	其他材料费	元	1.00	22.19	22.30	23.58
机械	履带式起重机 15t	台班	702.00	1.097	0.734	—
	门式起重机 5t	台班	356.69	—	—	1.185
	摇臂钻床 63mm	台班	32.79	—	—	0.485
	板料校平机 16×2500	台班	964.35	—	—	0.146
	交流弧焊机 32kV·A	台班	92.84	2.723	—	—

六、钢轨枕、钢支架

工作内容:划线、号料、切割、校正;焊接成型;油漆;编号、堆放。　　计量单位:t

定额编号				4-486	4-487	4-488
项目				钢轨枕	角钢支架	混合支架
基价(元)				**6298.59**	**7199.57**	**7397.34**
其中	人工费(元)			1261.98	2580.66	2011.23
	材料费(元)			4609.98	4560.15	4692.14
	机械费(元)			426.63	58.76	693.97
名称		单位	单价(元)	消耗量		
人工	二类人工	工日	135.00	9.348	19.116	14.898
材料	型钢 综合	kg	3.84	968.200	1060.000	670.600
	中厚钢板	kg	3.71	92.110	—	160.400
	热轧带肋钢筋 HRB400 综合	kg	3.85	—	—	229.000
	氧气	m^3	3.62	20.880	30.560	25.330
	乙炔气	m^3	8.90	6.960	10.190	8.440
	电焊条	kg	4.31	28.820	—	42.830
	防锈漆 C53-1	kg	14.05	17.000	17.000	17.000
	汽油 综合	kg	6.12	5.500	5.500	5.500
	其他材料费	元	1.00	16.11	15.92	16.38
机械	摇臂钻床 63mm	台班	32.79	0.723	1.792	2.100
	钢筋切断机 40mm	台班	43.28	—	—	0.200
	交流弧焊机 32kV·A	台班	92.84	4.340	—	6.640

七、钢扶梯、钢栏杆

工作内容:划线、切割;煨弯、分段组合;焊接;油漆。 **计量单位**:t

定额编号				4-489	4-490	4-491	4-492
项目				板式扶梯	格式扶梯	垂直扶梯	钢管栏杆
基价(元)				**7276.51**	**8005.69**	**8162.14**	**9480.82**
其中	人工费(元)			1956.02	2493.05	3246.89	3199.37
	材料费(元)			4507.36	4422.30	4464.01	5420.98
	机械费(元)			813.13	1090.34	451.24	860.47
名称		单位	单价(元)	消耗量			
人工	二类人工	工日	135.00	14.489	18.467	24.051	23.699
材料	型钢 综合	kg	3.84	770.000	640.000	648.700	—
	花纹钢板	kg	3.66	290.000	—	—	—
	热轧光圆钢筋 综合	kg	3.97	—	410.000	197.200	—
	热轧带肋钢筋 HRB400 综合	kg	3.85	—	—	214.100	—
	碳素结构钢镀锌焊接钢管 综合	kg	4.74	—	—	—	1020.000
	氧气	m^3	3.62	21.790	—	—	28.740
	乙炔气	m^3	8.90	7.260	—	—	9.580
	电焊条	kg	4.31	13.300	11.690	18.330	24.990
	防锈漆 C53-1	kg	14.05	17.000	17.000	17.000	17.000
	汽油 综合	kg	6.12	5.500	5.500	5.500	5.500
	其他材料费	元	1.00	15.83	14.11	14.32	16.66
机械	门式起重机 5t	台班	356.69	1.681	2.229	—	1.327
	钢筋切断机 40mm	台班	43.28	—	0.430	0.430	—
	交流弧焊机 32kV·A	台班	92.84	2.300	2.980	4.660	4.170

八、钢支撑、钢封门

工作内容:放样、落料;卷筒找圆;油漆;堆放。 计量单位:t

定额编号				4-493	4-494	4-495
项目				钢支撑(活络头)	钢支撑(固定头)	承插式钢封门
基价(元)				**8775.50**	**8129.23**	**5447.24**
其中	人工费(元)			2221.83	1756.89	774.36
	材料费(元)			4632.87	4481.08	4380.01
	机械费(元)			1920.80	1891.26	292.87
名称		单位	单价(元)	消耗量		
人工	二类人工	工日	135.00	16.458	13.014	5.736
材料	型钢 综合	kg	3.84	106.300	54.400	1058.000
	中厚钢板	kg	3.71	953.700	1005.600	—
	热轧带肋钢筋 HRB400 综合	kg	3.85	—	—	2.000
	氧气	m^3	3.62	22.720	9.800	0.390
	乙炔气	m^3	8.90	7.570	3.270	0.130
	电焊条	kg	4.31	57.120	43.370	4.620
	防锈漆 C53-1	kg	14.05	17.000	17.000	17.000
	汽油 综合	kg	6.12	5.500	5.500	5.500
	其他材料费	元	1.00	18.13	17.39	14.60
机械	履带式起重机 15t	台班	702.00	2.026	1.998	0.318
	普通车床 630×2000	台班	71.33	—	0.254	—
	牛头刨床 650mm	台班	30.54	1.562	—	—
	摇臂钻床 63mm	台班	32.79	0.038	0.031	—
	剪板机 20×2000	台班	122.84	0.215	0.492	—
	刨边机 9000mm	台班	288.92	0.038	0.031	—
	交流弧焊机 32kV·A	台班	92.84	4.440	4.310	0.750

第九章

矩 形 顶 管

说　　明

一、本章定额包括矩形顶管机吊装吊拆、安拆矩形顶管设备及附属设施、矩形顶管机顶进、矩形顶管顶进触变泥浆减阻、管节防水、浆液置换，共6节10个子目。

二、本章定额适用于6.9m×4.2m矩形顶管机施工的地下人行通道。

三、吊装指现场吊装及调试，吊拆指拆卸装车。矩形顶管机及附属设备的场外运输费用另计。

四、在单位工程中，顶进距离小于或等于20m时，顶进定额中的人工及机械消耗量乘以系数1.3。

五、顶进中挖掘的土方以吊出井口至集土点为止，土方装车、外运费用另计。

六、矩形顶管顶进定额中已经综合考虑了管节吊装。

七、矩形顶管柔性接缝环可参照本册第四章“盾构法掘进”的相应定额。

八、预制管节按成品构件外购价格另计。

工程量计算规则

一、顶进距离按设计图示顶进长度以“延长米”计算;

二、浆液置换以顶管机外壁与管节外径间隙的体积乘以2倍的充填系数计算。

一、矩形顶管机吊装吊拆

工作内容:1.起吊设备、矩形顶管机吊入井,矩形顶管机安装、调试;
2.拆除矩形顶管与管节连杆、起吊机械及附属设备就位、矩形顶管机整体吊出井口,上液压轴线车装车。

计量单位:台

定额编号				4-496	4-497
项目				矩形顶管机吊装	矩形顶管机吊拆
基价(元)				**73912.91**	**62226.56**
其中	人工费(元)			18785.25	14088.60
	材料费(元)			32449.19	28358.12
	机械费(元)			22678.47	19779.84
名称		单位	单价(元)	消耗量	
人工	二类人工	工日	135.00	139.150	104.360
材料	中厚钢板 综合	t	3750.00	0.550	0.330
	型钢 综合	kg	3.84	760.000	530.000
	电焊条	kg	4.31	51.000	25.500
	橡胶板	kg	5.09	32.500	—
	柴油	kg	5.09	52.400	60.000
	钢支撑	kg	3.97	4360.000	3950.000
	钢丝绳 综合	kg	6.45	190.000	190.000
	机油 综合	kg	2.91	22.500	4.500
	氧气	m^3	3.62	65.200	90.000
	乙炔气	m^3	8.90	24.100	30.000
	枕木	m^3	2457.00	1.960	1.960
	其他材料费	元	1.00	2949.93	2341.50
机械	汽车式起重机 500t	台班	14240.67	1.050	1.050
	履带式起重机 25t	台班	757.92	3.145	2.845
	电动卷扬机-双筒慢速 100kN	台班	304.96	13.459	6.729
	交流弧焊机 32kV·A	台班	92.84	13.331	6.665

二、安拆矩形顶管设备及附属设施

工作内容:划线、号料、切割、金加工、校正;焊接、钢筋成型;法兰与钢筋焊接成型等。 **计量单位:**套

定额编号				4-498	4-499
项目				安拆顶进后座	安拆矩形顶管附属设施
基价(元)				**20584.43**	**84804.33**
其中	人工费(元)			4217.40	30034.80
	材料费(元)			9530.54	12860.16
	机械费(元)			6836.49	41909.37
名称		单位	单价(元)	消耗量	
人工	二类人工	工日	135.00	31.240	222.480
材料	泵送商品混凝土 C20	m^3	431.00	4.500	—
	镀锌铁丝 综合	kg	5.40	0.095	—
	风镐凿子	根	4.31	0.600	—
	中厚钢板 综合	t	3750.00	0.419	—
	木模板	m^3	1445.00	1.016	—
	圆钉	kg	4.74	0.473	—
	槽型钢板桩使用费	t·天	43.10	—	130.000
	槽型钢板桩	t	4828.00	—	0.028
	槽钢 Q235B 14# ~20#	kg	3.97	—	2.400
	钢管栏杆	kg	6.90	—	63.000
	骑马钉	kg	6.90	0.096	4.040
	铁撑板	t	3578.00	0.550	0.500
	铁撑板使用费	t·天	38.79	—	50.000
	枕木	m^3	2457.00	1.010	1.189
	水	m^3	4.27	0.429	—
	其他材料费	元	1.00	94.36	—
机械	手持式风动凿岩机	台班	12.36	2.130	—
	电动空气压缩机 $6m^3/min$	台班	224.45	1.140	—
	履带式起重机 60t	台班	1456.51	4.500	9.400
	分离式油压千斤顶 50t	台班	8.91	—	4.120
	电动卷扬机-单筒慢速 30kN	台班	177.60	—	4.150
	平板拖车组 60t	台班	1360.78	—	14.520
	潜水泵 100mm	台班	30.38	—	4.230
	电动葫芦-单速 2t	台班	23.79	—	24.200
	矩形顶管附属设备 6900×4200	台班	2309.83	—	2.400
	油泵车	台班	112.00	—	12.840

三、矩形顶管机顶进

工作内容：操作顶管机、安拆压浆管、电瓶车土箱出土管节吊装、管路铺设、施工测量、通讯。 **计量单位：**m

定额编号				4-500
项目				矩形顶管机顶进
基价（元）				**22530.54**
其中	人工费（元）			6230.25
	材料费（元）			3402.62
	机械费（元）			12897.67
名称		单位	单价(元)	消耗量
人工	二类人工	工日	135.00	46.150
材料	电焊条	kg	4.31	8.200
	油脂	kg	12.59	65.750
	机油 综合	kg	2.91	14.060
	液压油	kg	14.74	78.450
	电	kW·h	0.78	1450.000
	水	m^3	4.27	11.520
	其他材料费	元	1.00	162.03
机械	矩形顶管设备 6900×4200	台班	8568.75	0.850
	履带式起重机 200t	台班	4985.45	0.850
	电动单级离心清水泵 200mm	台班	93.34	0.900
	电瓶车 10t	台班	219.28	0.920
	硅整流充电机 90A/190V	台班	207.90	0.860
	轨道平车 5t	台班	34.23	1.840
	交流弧焊机 32kV·A	台班	92.84	0.720
	轴流通风机 100kW	台班	452.16	1.730

四、矩形顶管顶进触变泥浆减阻

工作内容:安拆操作机械、取料、拌浆、压浆、清理。

定额编号				4-501	4-502
项目				顶进触变泥浆减阻	压浆孔封拆
计量单位				m	孔
基价(元)				**2747.22**	**110.17**
其中	人工费(元)			127.58	75.74
	材料费(元)			2483.00	34.43
	机械费(元)			136.64	—
	名称	单位	单价(元)	消耗量	
人工	二类人工	工日	135.00	0.945	0.561
材料	膨润土	kg	0.47	456.000	—
	高分子材料 HS-1	kg	23.71	95.000	—
	镀锌管堵 *DN*50	个	3.93	—	1.000
	镀锌束结 *DN*50	只	3.88	—	1.000
	环氧树脂	kg	15.52	—	1.715
	水	m^3	4.27	3.800	—
机械	自动真空压浆系统 LJ-YJA1 型	台班	375.58	0.159	—
	灰浆搅拌机 400L	台班	161.27	0.477	—

五、管节防水

工作内容:吊车配合、表面清理、涂刷粘接剂、粘贴泡沫挡土衬垫及防水橡胶条、管片边角嵌贴丁基腻子胶。

计量单位:环

定额编号				4-503	4-504
项目				橡胶止水条	管节嵌缝
基价(元)				**3060.96**	**1012.38**
其中	人工费(元)			435.78	821.88
	材料费(元)			2246.22	151.59
	机械费(元)			378.96	38.91
	名称	单位	单价(元)	消耗量	
人工	二类人工	工日	135.00	3.228	6.088
材料	胶粉油毡衬垫	kg	5.83	4.860	—
	聚氨酯泡沫塑料	kg	30.17	0.450	—
	氯丁橡胶粘接剂	kg	14.81	2.440	—
	氯丁橡胶条	kg	46.21	45.140	—
	丁醛自粘腻子	kg	6.90	2.440	—
	环氧聚氨酯嵌缝膏	kg	2.22	—	35.750
	钢平台	kg	6.28	—	11.500
	其他材料费	元	1.00	65.42	—
机械	履带式起重机 25t	台班	757.92	0.500	—
	汽车式起重机 8t	台班	648.48	—	0.060

六、浆 液 置 换

工作内容：配制搅拌浆液、注浆、清理等。　　　　**计量单位**：m^3

定额编号				4-505
项目				浆液置换
基价（元）				**465.75**
其中	人工费（元）			135.00
	材料费（元）			283.47
	机械费（元）			47.28
名称		单位	单价(元)	消耗量
人工	二类人工	工日	135.00	1.000
材料	普通硅酸盐水泥 P·O 42.5 综合	t	346.00	0.380
	硅酸钠 水玻璃	kg	0.70	120.000
	磨细粉煤灰	t	282.00	0.200
	水	m^3	4.27	0.780
	其他材料费	元	1.00	8.26
机械	灰浆搅拌机 400L	台班	161.27	0.200
	液压注浆泵 HYB50/50－1 型	台班	75.11	0.200

总　说　明

一、《浙江省市政工程预算定额》(2018 版)(以下简称本定额)共分九册,具体包括:第一册《通用项目》、第二册《道路工程》、第三册《桥涵工程》、第四册《隧道工程》、第五册《给水工程》、第六册《排水工程》、第七册《燃气与集中供热工程》、第八册《路灯工程》、第九册《生活垃圾处理工程》。

二、本定额是指导设计概算、施工图预算、招标控制价的编审以及工程合同价约定、竣工结算办理、工程计价纠纷调解处理、工程造价鉴定等的依据。

三、本定额适用于城镇管辖范围内的新建、改建、扩建市政工程。

四、本定额是按照正常的施工条件,目前多数企业的施工机械装备程度,合理的施工工期、施工工艺和劳动组织编制的,反映了社会平均消耗量水平。

五、本定额是在《市政工程消耗量定额》ZYA 1 - 31 - 2015、《浙江省市政工程预算定额》(2010 版)的基础上,依据国家、浙江省有关现行产品标准、设计规范和施工验收规范、质量评定标准、安全技术操作规程进行编制的,同时参考了公路、水利等专业定额和其他省市相关定额,以及有代表性的工程设计、施工资料和其他资料。

六、关于人工工日消耗量:

本定额人工按定额用工的技术含量综合为一类人工和二类人工,其内容包括基本用工、超运距用工、人工幅度差和辅助用工。其中土石方工程人工为一类人工,其余均为二类人工。本定额中的人工每工日按 8 小时工作制计算。

七、关于材料消耗量:

1. 本定额中的材料消耗包括主要材料、辅助材料。材料消耗量包括净用量和损耗量。损耗量包括:从工地仓库、现场集中堆放地点或现场加工地点至操作或安装地点的现场施工场内运输损耗、施工操作损耗、施工现场堆放损耗等,规范(设计文件)规定的预留量、搭接量不在损耗量中考虑;

2. 本定额中的混凝土、沥青混凝土、砌筑砂浆、抹灰砂浆及各种胶泥等均按半成品消耗量以体积表示。本定额中混凝土的养护,除另有说明者外,均按自然养护考虑;

3. 本定额中的周转性材料已按规定的材料周转次数摊销计入定额内;

4. 用量少、价值小的材料合并为其他材料,以其他材料费的形式表示。

八、关于施工机械台班消耗量:

1. 本定额中的机械按常用机械、合理机械配备和施工企业的机械化装备程度,并结合工程实际综合确定;

2. 本定额中的机械台班消耗量已包括了机械幅度差内容;

3. 定额中均已包括材料、成品、半成品从工地仓库、现场集中堆放地点或现场加工地点至操作安装地点的水平和垂直运输所需要的人工和机械消耗量。如需要再次搬运的,应在二次搬运费项目中列支。

九、关于定额单价的取定:人工单价,一类人工 125 元/工日,二类人工 135 元/工日;材料单价按《浙江省建筑安装材料基期价格》(2018 版)取定;机械台班单价根据《浙江省施工机械台班费用定额》(2018 版)取定。

十、本定额中的混凝土、沥青混凝土、厂拌三渣等均按商品价考虑,其单价中除包括产品出厂价外,还包括了至施工现场的运输、装卸费用。采用泵送混凝土的,其单价包括泵送费用。

十一、本定额中混凝土项目按运至施工现场的商品混凝土编制,若实际采用现拌混凝土浇捣的,人工、机械消耗量调整如下:

1. 人工增加 0.392 工日/m^3；

2. 增加 500L 混凝土搅拌机 0.03 台班/m^3。

十二、混凝土定额中已按结构部位取定泵送混凝土或非泵送混凝土的材料价格，若定额所列混凝土形式与实际不同时，除混凝土单价换算外，人工消耗量调整如下：

1. 泵送商品混凝土调整为非泵送商品混凝土：定额人工乘以系数 1.35；

2. 非泵送商品混凝土调整为泵送商品混凝土：定额人工乘以系数 0.75。

十三、本定额中所使用的砂浆按干混预拌砂浆编制，若实际使用现拌砂浆或湿拌预拌砂浆时，按以下方法调整：

1. 实际使用现拌砂浆的，除将定额中的干混预拌砂浆调换为现拌砂浆外，另按相应定额中每立方米砂浆增加人工 0.382 工日、200L 灰浆搅拌机 0.167 台班，同时扣除原定额中干混砂浆罐式搅拌机台班。

2. 实际使用湿拌预拌砂浆的，除将定额中的干混预拌砂浆调换为湿拌预拌砂浆外，另按相应定额中每立方米砂浆扣除人工 0.20 工日，并扣除干混砂浆罐式搅拌机台班数量。

十四、本定额中混凝土养护已根据不同定额子目综合考虑养护材料。若定额按塑料薄膜考虑，实际使用土工布养护时，土工布消耗量按塑料薄膜定额用量乘以系数 0.4，其他不变；若定额按土工布考虑，而实际使用塑料薄膜养护时，塑料薄膜消耗量按土工布定额用量乘以系数 2.5，其他不变。

十五、本定额中周转材料的回库维修费及场外运费：

1. 钢模板（含钢支撑）的回库维修费已按其材料单价的 8% 计入消耗量；

2. 钢模板（含钢支撑）、木模、脚手架的场外运费已按机械台班形式计入定额子目，不另单独计算。

十六、本定额中混凝土及钢筋混凝土预制桩、小型预制构件等制作的工程量计算，应按施工图构件净用量另加 1.5% 损耗率。

十七、本定额施工用水、电是按现场有水、电考虑的，如现场无水、电时，可根据实际情况进行调整。

十八、本定额的工作内容中已说明了主要的施工工序，次要工序虽未说明，但已考虑在定额内。

十九、施工与生产同时进行、在有害身体健康的环境中施工时的降效增加费，本定额未考虑，发生时另行计算。

二十、本定额与浙江省其他工程预算定额的关系：凡本定额包含的项目，应按本定额项目执行；本定额缺项部分，可按其他工程预算定额有关册、章的相关说明执行。

二十一、本定额中用括号“（ ）”表示的消耗量，均未计入基价。

二十二、本定额中注有“××以内”或“××以下”者均包括××本身，“××以外”或“××以上”者，则不包括××本身。

二十三、本定额由浙江省建设工程造价管理总站负责解释与管理。

目　　录

第五册　给 水 工 程

第四章　管道附属构筑物

第五章　取 水 工 程

第六册　排 水 工 程

第一章　管 道 铺 设

第二章　井、渠(管)道基础及砌筑

第三章　不开槽施工管道工程

第四章　给排水构筑物

第五章　给排水机械设备安装

第六章　模板、井字架工程

第五册　给 水 工 程

册　说　明

一、《浙江省市政工程预算定额》(2018 版)第五册《给水工程》(以下简称本册定额),包括管道安装,管道防腐,管件制作、安装,管道附属构筑物和取水工程,共 5 章 568 个子目。

二、本册定额适用于城镇范围内的新建、扩建市政给水工程。

三、本册定额主要编制依据:

1.《生活饮用水卫生标准》GB 5749—2006;

2.《市政工程消耗量定额》ZYA 1－31－2015;

3.《通用安装工程消耗量定额》TY 02－31－2015;

4.《建设工程劳动定额－市政工程》(2008);

5.《浙江省市政工程预算定额》(2010 版);

6.《上海市城镇给排水工程预算定额》SHA 8－31(01)－2016;

7.《室外给水管道附属构筑物标准图集》05S502;

8.现行设计、施工及验收标准规范。

四、本册定额管道、管件安装均按沟深 3m 内考虑,如超过 3m 时,另行计算。

五、本册定额均按无地下水考虑。

六、以下与给水相关工程项目,执行相应册的有关定额:

1.给水管道沟槽和给水构筑物的土石方工程、打拔工具桩、围堰工程、支撑工程、脚手架工程、拆除工程、井点降水、临时便桥等执行本定额第一册《通用项目》有关定额。

2.给水管过河工程及取水头工程中的打桩工程、桥管基础、承台、混凝土桩等执行本定额第三册《桥涵工程》有关定额。

3.给水工程中的沉井工程、构筑物工程、顶管工程、给水专用机械设备安装均执行本定额第六册《排水工程》有关定额。

4.过桥钢管安装、法兰安装、阀门(除与承盘、插盘短管法兰连接阀门外)安装均执行本定额第七册《燃气与集中供热工程》有关定额。

5.管道除锈、防腐除本册包括内容外执行《浙江省通用安装工程预算定额》(2018 版)的有关定额。

七、未尽事宜详见各章节说明。

第一章

管 道 安 装

说　明

一、本章定额包括衬塑镀锌钢管安装(螺纹连接)、钢管安装(电弧焊)、承插铸铁管安装、球墨铸铁管安装(胶圈接口)、预应力(自应力)混凝土管安装(胶圈接口)、塑料管安装、新旧管连接、管道试压、管道消毒冲洗,共9节190个子目。

二、本章定额管节长度是综合取定的。

三、管道安装工作内容除各节所列内容之外,还包括施工场内管材运输、外观检查、沿沟摆管、关口清理等。

四、套管内的管道铺设按相应的管道安装人工、机械乘以系数1.2。

五、衬塑镀锌钢管安装定额包含管件安装,管件不得另行计算。

六、除衬塑镀锌钢管外,管道安装均不包括管件(指三通、弯头、异径管)、阀门的安装,管件安装执行本册有关定额。

七、混凝土管安装不需要接口时,执行本定额第六册《排水工程》有关定额。

八、本章定额给定的消毒冲洗水量,如水质达不到饮用水标准,水量不足时,可按实调整,其他不变。

九、新旧管线连接项目所指的管径是指新旧管中最大的管径。

十、实际施工时管道规格与定额子目规格不符时,按相近规格套用,主材按实际规格计算。

十一、本章定额不包括以下内容:

1. 管道试压、消毒冲洗、新旧管道连接的排水工作内容,按批准的施工组织设计另计。

2. 新旧管连接所需的工作坑及工作坑垫层、抹灰执行本定额第六册《排水工程》有关定额。

3. 塑料管安装(对接熔接、电熔管件熔接)执行本定额第七册《燃气与集中供热工程》有关定额。

工程量计算规则

一、管道安装均按施工图中心线的长度计算(支管长度从主管中心开始计算到支管末端交接处的中心),管件、阀门所占长度已在管道施工损耗中综合考虑,计算工程量时均不扣除其所占长度。

二、遇有新旧管连接时,除球墨铸铁管新旧管连接(胶圈接口)外,管道安装工程量计算到碰头的阀门旧管连接处,阀门及与阀门相连的承(插)盘短管、法兰盘的安装均包括在新旧管连接定额内,不再另计。球墨铸铁管新旧管连接(胶圈接口),阀门及与阀门相连的承(插)盘短管的安装不包括在新旧管连接定额内,另计。如旧管预留口,则不能套用新旧管连接定额。旧管预留口支墩拆除执行本定额第一册《通用项目》相应定额。

一、衬塑镀锌钢管安装(螺纹连接)

工作内容:检查及清扫管材、切管、套丝、调直、安装。 计量单位:10m

定额编号				5-1	5-2	5-3	5-4
项目				公称直径(mm 以内)			
				15	20	25	32
基价(元)				40.45	46.12	52.10	61.50
其中	人工费(元)			39.42	45.09	50.90	59.67
	材料费(元)			1.03	1.03	1.20	1.83
	机械费(元)			—	—	—	—
	名称	单位	单价(元)	消耗量			
人工	二类人工	工日	135.00	0.292	0.334	0.377	0.442
材料	衬塑镀锌钢管	m	—	(10.150)	(10.150)	(10.150)	(10.150)
	衬塑镀锌钢管接头	个	—	(1.920)	(1.920)	(1.920)	(1.920)
	白漆	kg	8.62	0.040	0.040	0.040	0.040
	机油 20#	kg	3.84	0.050	0.050	0.070	0.090
	钢锯条	条	2.59	0.180	0.180	0.210	0.260
	聚四氟乙烯生料带 宽20	m	0.29	0.066	0.066	—	—
	聚四氟乙烯生料带 宽40	m	0.43	—	—	0.082	1.039
	其他材料费	元	1.00	0.01	0.01	0.01	0.02

工作内容:检查及清扫管材、切管、套丝、调直、安装。 计量单位:10m

定额编号				5-5	5-6	5-7	5-8
项目				公称直径(mm 以内)			
				40	50	65	80
基价(元)				68.21	74.80	87.95	100.53
其中	人工费(元)			64.67	70.47	81.14	93.15
	材料费(元)			3.54	4.01	5.95	6.52
	机械费(元)			—	0.32	0.86	0.86
	名称	单位	单价(元)	消耗量			
人工	二类人工	工日	135.00	0.479	0.522	0.601	0.690
材料	衬塑镀锌钢管	m	—	(10.150)	(10.150)	(10.150)	(10.150)
	衬塑镀锌钢管接头	个	—	(1.860)	(1.850)	(1.750)	(1.720)
	白漆	kg	8.62	0.050	0.050	0.050	0.050
	机油 20#	kg	3.84	0.110	0.120	0.120	0.150
	钢锯条	条	2.59	0.410	0.530	0.640	0.760
	聚四氟乙烯生料带 宽20	m	0.29	5.480	5.880	—	—
	聚四氟乙烯生料带 宽40	m	0.43	—	—	7.760	8.100
	其他材料费	元	1.00	0.04	0.04	0.06	0.06
机械	管子切断机 60mm	台班	16.62	—	0.019	—	—
	管子切断机 150mm	台班	29.76	—	—	0.029	0.029

工作内容:检查及清扫管材、切管、套丝、调直、安装。 **计量单位**:10m

定额编号					5-9	5-10
项目					公称直径(mm 以内)	
					100	150
基价(元)					**112.09**	**129.09**
其中	人工费(元)				102.87	114.21
	材料费(元)				7.30	10.03
	机械费(元)				1.92	4.85
	名称		单位	单价(元)	消耗量	
人工	二类人工		工日	135.00	0.762	0.846
材料	白漆		kg	8.62	0.050	0.060
	机油 20#		kg	3.84	0.160	0.180
	钢锯条		条	2.59	0.910	1.310
	衬塑镀锌钢管		m	—	(10.150)	(10.150)
	衬塑镀锌钢管接头		个	—	(1.630)	(1.510)
	聚四氟乙烯生料带 宽 40		m	0.43	8.900	12.400
	其他材料费		元	1.00	0.07	0.10
机械	管子切断机 150mm		台班	29.76	0.019	0.048
	普通车床 630×2000		台班	71.33	0.019	0.048

二、钢管安装(电弧焊)

工作内容:切管、坡口、对口、焊接、打磨、安装。 **计量单位**:10m

定额编号				5-11	5-12	5-13	5-14
项目				管外径×壁厚(mm 以内)			
				φ108×4	φ159×6	φ219×6	φ325×6
基价(元)				**93.60**	**126.13**	**185.95**	**286.04**
其中	人工费(元)			83.84	111.92	161.73	218.43
	材料费(元)			4.01	6.25	9.93	20.84
	机械费(元)			5.75	7.96	14.29	46.77
	名称	单位	单价(元)	消耗量			
人工	二类人工	工日	135.00	0.621	0.829	1.198	1.618
材料	钢板卷管	m	—	(10.150)	(10.150)	(10.150)	(10.150)
	中厚钢板 综合	kg	3.79	0.100	0.140	0.210	0.300
	角钢 Q235B 30×30×3	kg	3.97	0.111	0.160	0.200	0.200
	电焊条	kg	4.31	0.400	0.600	1.286	3.106
	乙炔气	m^3	8.90	0.115	0.129	0.141	0.281
	氧气	m^3	3.62	0.099	0.336	0.367	0.730
	尼龙砂轮片 φ100	片	1.29	0.034	0.056	0.091	0.127
	其他材料费	元	1.00	0.04	0.06	0.10	0.21
机械	汽车式起重机 5t	台班	366.47	—	—	—	0.010
	载货汽车 4t	台班	369.21	—	—	—	0.060
	交流弧焊机 21kV·A	台班	63.33	0.089	0.123	0.220	0.317
	电焊条烘干箱 60×50×75cm^3	台班	16.84	0.007	0.010	0.021	0.052

工作内容：切管、坡口、对口、焊接、打磨、安装。　　**计量单位：**10m

定额编号				5-15	5-16	5-17	5-18
项目				管外径×壁厚(mm以内)			
				ϕ426×8	ϕ529×10	ϕ630×10	ϕ720×10
基价（元）				**467.29**	**648.04**	**763.64**	**932.81**
其中	人工费（元）			312.93	454.82	550.67	646.52
	材料费（元）			26.69	38.70	44.74	50.64
	机械费（元）			127.67	154.52	168.23	235.65
名称		单位	单价(元)	消耗量			
人工	二类人工	工日	135.00	2.318	3.369	4.079	4.789
材料	钢板卷管	m	—	(10.150)	(10.150)	(10.150)	(10.150)
	中厚钢板 综合	kg	3.79	0.380	0.380	0.380	0.380
	角钢 Q235B 30×30×3	kg	3.97	0.310	0.370	0.450	0.500
	电焊条	kg	4.31	4.095	6.135	7.329	8.392
	乙炔气	m^3	8.90	0.319	0.469	0.492	0.546
	氧气	m^3	3.62	0.830	1.220	1.280	1.420
	尼龙砂轮片 ϕ100	片	1.29	0.209	0.297	0.370	0.424
	其他材料费	元	1.00	0.26	0.38	0.44	0.50
机械	汽车式起重机 5t	台班	366.47	0.143	0.153	0.162	—
	汽车式起重机 8t	台班	648.48	—	—	—	0.181
	载货汽车 4t	台班	369.21	0.086	0.115	0.115	0.115
	交流弧焊机 21kV·A	台班	63.33	0.669	0.857	1.016	1.160
	电焊条烘干箱 60×50×75cm^3	台班	16.84	0.068	0.102	0.122	0.140

工作内容：切管、坡口、对口、焊接、打磨、安装。　　**计量单位：**10m

定额编号				5-19	5-20	5-21	5-22
项目				管外径×壁厚(mm以内)			
				ϕ820×10	ϕ920×10	ϕ1020×12	ϕ1220×12
基价（元）				**1056.85**	**1183.43**	**1338.82**	**1725.36**
其中	人工费（元）			734.94	824.45	908.42	1228.37
	材料费（元）			56.70	64.70	88.46	106.37
	机械费（元）			265.21	294.28	341.94	390.62
名称		单位	单价(元)	消耗量			
人工	二类人工	工日	135.00	5.444	6.107	6.729	9.099
材料	钢板卷管	m	—	(10.150)	(10.150)	(10.150)	(10.150)
	中厚钢板 综合	kg	3.79	0.380	0.380	0.430	0.710
	角钢 Q235B 30×30×3	kg	3.97	0.590	0.640	1.190	1.420
	电焊条	kg	4.31	9.574	10.756	15.355	18.401
	乙炔气	m^3	8.90	0.569	0.708	0.773	0.892
	氧气	m^3	3.62	1.480	1.840	2.010	2.320
	尼龙砂轮片 ϕ100	片	1.29	0.522	0.587	0.692	1.045
	其他材料费	元	1.00	0.56	0.64	0.88	1.05
机械	汽车式起重机 8t	台班	648.48	0.200	0.229	0.258	0.277
	载货汽车 4t	台班	369.21	0.134	0.134	0.162	0.200
	交流弧焊机 21kV·A	台班	63.33	1.316	1.473	1.745	2.084
	电焊条烘干箱 60×50×75cm^3	台班	16.84	0.160	0.179	0.256	0.307

工作内容:切管、坡口、对口、焊接、打磨、安装。 计量单位:10m

定额编号				5-23	5-24	5-25	5-26
项目				管外径×壁厚(mm 以内)			
				ϕ1420×14	ϕ1528×14	ϕ1620×16	ϕ1820×16
基价(元)				**2233.98**	**2409.35**	**2602.31**	**2926.07**
其中	人工费(元)			1583.28	1594.49	1742.85	1929.15
	材料费(元)			145.84	170.32	199.38	229.92
	机械费(元)			504.86	644.54	660.08	767.00
名称		单位	单价(元)	消耗量			
人工	二类人工	工日	135.00	11.728	11.811	12.910	14.290
材料	钢板卷管	m	—	(10.150)	(10.150)	(10.150)	(10.150)
	中厚钢板 综合	kg	3.79	0.110	0.110	0.110	0.920
	角钢 Q235B 30×30×3	kg	3.97	1.420	1.420	2.570	2.570
	电焊条	kg	4.31	26.864	32.256	37.648	42.342
	乙炔气	m^3	8.90	1.138	1.181	1.223	1.585
	氧气	m^3	3.62	2.960	3.070	3.180	4.120
	尼龙砂轮片 ϕ100	片	1.29	1.336	1.495	1.654	1.891
	其他材料费	元	1.00	1.44	1.69	1.97	2.28
机械	汽车式起重机 8t	台班	648.48	0.305	—	—	—
	汽车式起重机 12t	台班	748.60	—	0.430	0.430	0.525
	载货汽车 4t	台班	369.21	0.200	0.205	0.210	0.220
	直流弧焊机 20kW	台班	78.72	2.867	3.022	3.177	3.568
	电焊条烘干箱 60×50×75cm^3	台班	16.84	0.448	0.538	0.627	0.706

三、承插铸铁管安装

1. 膨胀水泥接口

工作内容:检查及清扫管材、切管、管道安装、调制接口材料、接口、养护。 计量单位:10m

定额编号				5-27	5-28	5-29	5-30
项目				公称直径(mm 以内)			
				75	100	150	200
基价(元)				**84.15**	**88.07**	**113.05**	**177.38**
其中	人工费(元)			77.49	79.65	100.71	161.19
	材料费(元)			6.66	8.42	12.34	16.19
	机械费(元)			—	—	—	—
名称		单位	单价(元)	消耗量			
人工	二类人工	工日	135.00	0.574	0.590	0.746	1.194
材料	承插铸铁给水管	m	—	(10.000)	(10.000)	(10.000)	(10.000)
	膨胀水泥	kg	0.87	1.749	2.178	3.201	4.114
	氧气	m^3	3.62	0.055	0.099	0.132	0.231
	乙炔气	m^3	8.90	0.018	0.033	0.044	0.077
	油麻丝	kg	20.69	0.231	0.284	0.420	0.536

工作内容：检查及清扫管材、切管、管道安装、调制接口材料、接口、养护。 计量单位：10m

定额编号				5-31	5-32	5-33	5-34
项目				公称直径(mm以内)			
				300	400	500	600
基价（元）				**236.78**	**258.59**	**329.49**	**419.73**
其中	人工费（元）			181.71	188.19	240.44	280.13
	材料费（元）			21.52	30.25	42.30	52.36
	机械费（元）			33.55	40.15	46.75	87.24
名称		单位	单价(元)	消耗量			
人工	二类人工	工日	135.00	1.346	1.394	1.781	2.075
材料	离心球墨铸铁上水管 综合	m	—	(10.000)	(10.000)	(10.000)	(10.000)
	膨胀水泥	kg	0.87	5.500	7.546	10.648	13.222
	氧气	m^3	3.62	0.264	0.495	0.627	0.759
	乙炔气	m^3	8.90	0.088	0.165	0.209	0.253
	油麻丝	kg	20.69	0.725	0.987	1.397	1.733
机械	汽车式起重机 5t	台班	366.47	0.054	0.072	0.090	—
	汽车式起重机 8t	台班	648.48	—	—	—	0.108
	载货汽车 5t	台班	382.30	0.036	0.036	0.036	0.045

工作内容：检查及清扫管材、切管、管道安装、调制接口材料、接口、养护。 计量单位：10m

定额编号				5-35	5-36	5-37	5-38
项目				公称直径(mm以内)			
				700	800	900	1000
基价（元）				**553.58**	**588.27**	**720.13**	**811.48**
其中	人工费（元）			385.83	400.01	514.35	532.71
	材料费（元）			63.00	74.23	85.92	106.05
	机械费（元）			104.75	114.03	119.86	172.72
名称		单位	单价(元)	消耗量			
人工	二类人工	工日	135.00	2.858	2.963	3.810	3.946
材料	离心球墨铸铁上水管 综合	m	—	(10.000)	(10.000)	(10.000)	(10.000)
	膨胀水泥	kg	0.87	15.961	18.898	22.011	27.401
	氧气	m^3	3.62	0.891	0.990	1.100	1.232
	乙炔气	m^3	8.90	0.297	0.330	0.367	0.411
	油麻丝	kg	20.69	2.090	2.478	2.877	3.581
机械	汽车式起重机 8t	台班	648.48	0.135	0.144	0.153	—
	汽车式起重机 16t	台班	875.04	—	—	—	0.162
	载货汽车 5t	台班	382.30	0.045	0.054	0.054	0.081

工作内容:检查及清扫管材、切管、管道安装、调制接口材料、接口、养护。 计量单位:10m

定额编号				5-39	5-40	5-41
项目				公称直径(mm以内)		
				1200	1400	1600
基价(元)				**968.16**	**1260.89**	**1537.59**
其中	人工费(元)			653.27	865.35	1090.53
	材料费(元)			134.29	176.63	212.27
	机械费(元)			180.60	218.91	234.79
名称		单位	单价(元)	消耗量		
人工	二类人工	工日	135.00	4.839	6.410	8.078
材料	离心球墨铸铁上水管 综合	m	—	(10.000)	(10.000)	(10.000)
	膨胀水泥	kg	0.87	35.068	46.706	56.441
	氧气	m^3	3.62	1.342	1.452	1.584
	乙炔气	m^3	8.90	0.447	0.484	0.528
	油麻丝	kg	20.69	4.589	6.111	7.382
机械	汽车式起重机 16t	台班	875.04	0.171	—	—
	汽车式起重机 20t	台班	942.85	—	0.189	0.198
	载货汽车 5t	台班	382.30	0.081	—	—
	载货汽车 8t	台班	411.20	—	0.099	0.117

2. 胶圈接口

工作内容:检查及清扫管材、切管、管道安装、上胶圈。 计量单位:10m

定额编号				5-42	5-43	5-44	5-45
项目				公称直径(mm以内)			
				150	200	300	400
基价(元)				**107.15**	**171.50**	**230.46**	**246.29**
其中	人工费(元)			105.71	169.29	190.76	197.64
	材料费(元)			1.44	2.21	2.42	4.04
	机械费(元)			—	—	37.28	44.61
名称		单位	单价(元)	消耗量			
人工	二类人工	工日	135.00	0.783	1.254	1.413	1.464
材料	承插铸铁给水管	m	—	(10.000)	(10.000)	(10.000)	(10.000)
	橡胶圈 *DN*150	个	—	(2.575)	—	—	—
	橡胶圈 *DN*200	个	—	—	(2.575)	—	—
	橡胶圈 *DN*300	个	—	—	—	(2.060)	—
	橡胶圈 *DN*400	个	—	—	—	—	(2.060)
	氧气	m^3	3.62	0.132	0.231	0.264	0.495
	乙炔气	m^3	8.90	0.044	0.077	0.088	0.165
	润滑油	kg	4.33	0.131	0.158	0.158	0.179
机械	汽车式起重机 5t	台班	366.47	—	—	0.060	0.080
	载货汽车 5t	台班	382.30	—	—	0.040	0.040

工作内容:检查及清扫管材、切管、管道安装、上胶圈。　　　　**计量单位**:10m

定额编号				5-46	5-47	5-48
项目				公称直径(mm 以内)		
				500	600	700
基价(元)				**312.95**	**436.52**	**582.58**
其中	人工费(元)			288.90	333.45	459.00
	材料费(元)			5.09	6.14	7.19
	机械费(元)			18.96	96.93	116.39
名称		单位	单价(元)	消耗量		
人工	二类人工	工日	135.00	2.140	2.470	3.400
材料	离心球墨铸铁上水管 综合	m	—	(10.000)	(10.000)	(10.000)
	橡胶圈 *DN*500	个	—	(2.060)	—	—
	橡胶圈 *DN*600	个	—	—	(2.060)	—
	橡胶圈 *DN*700	个	—	—	—	(2.060)
	氧气	m^3	3.62	0.627	0.759	0.891
	乙炔气	m^3	8.90	0.209	0.253	0.297
	润滑油	kg	4.33	0.221	0.263	0.305
机械	汽车式起重机 5t	台班	366.47	0.010	—	—
	汽车式起重机 8t	台班	648.48	—	0.120	0.150
	载货汽车 5t	台班	382.30	0.040	0.050	0.050

工作内容:检查及清扫管材、切管、管道安装、上胶圈。　　　　**计量单位**:10m

定额编号				5-49	5-50	5-51
项目				公称直径(mm 以内)		
				800	900	1000
基价(元)				**640.92**	**767.21**	**884.95**
其中	人工费(元)			506.25	625.05	683.10
	材料费(元)			7.98	8.98	9.94
	机械费(元)			126.69	133.18	191.91
名称		单位	单价(元)	消耗量		
人工	二类人工	工日	135.00	3.750	4.630	5.060
材料	离心球墨铸铁上水管 综合	m	—	(10.000)	(10.000)	(10.000)
	橡胶圈 *DN*800	个	—	(2.060)	—	—
	橡胶圈 *DN*900	个	—	—	(2.060)	—
	橡胶圈 *DN*1000	个	—	—	—	(2.060)
	氧气	m^3	3.62	0.990	1.100	1.232
	乙炔气	m^3	8.90	0.330	0.367	0.411
	润滑油	kg	4.33	0.336	0.399	0.420
机械	汽车式起重机 8t	台班	648.48	0.160	0.170	—
	汽车式起重机 16t	台班	875.04	—	—	0.180
	载货汽车 5t	台班	382.30	0.060	0.060	0.090

工作内容:检查及清扫管材、切管、管道安装、上胶圈。 **计量单位**:10m

定额编号					5-52	5-53	5-54
项目					公称直径(mm 以内)		
					1200	1400	1600
基价(元)					**1155.33**	**1358.34**	**1745.64**
其中	人工费(元)				943.65	1102.95	1471.37
	材料费(元)				11.02	12.16	13.39
	机械费(元)				200.66	243.23	260.88
	名称		单位	单价(元)	消耗量		
人工	二类人工		工日	135.00	6.990	8.170	10.899
材料	离心球墨铸铁上水管 综合		m	—	(10.000)	(10.000)	(10.000)
	橡胶圈 *DN*1200		个	—	(2.060)	—	—
	橡胶圈 *DN*1400		个	—	—	(2.060)	—
	橡胶圈 *DN*1600		个	—	—	—	(2.060)
	氧气		m^3	3.62	1.342	1.452	1.584
	乙炔气		m^3	8.90	0.447	0.484	0.528
	润滑油		kg	4.33	0.504	0.599	0.683
机械	汽车式起重机 16t		台班	875.04	0.190	—	—
	汽车式起重机 20t		台班	942.85	—	0.210	0.220
	载货汽车 5t		台班	382.30	0.090	—	—
	载货汽车 8t		台班	411.20	—	0.110	0.130

四、球墨铸铁管安装(胶圈接口)

工作内容:检查及清扫管材、切管、管道安装、上胶圈。 **计量单位**:10m

定额编号				5-55	5-56	5-57	5-58
项目				公称直径(mm 以内)			
				150	200	300	400
基价(元)				**90.04**	**135.20**	**172.95**	**239.69**
其中	人工费(元)			89.10	133.65	133.65	191.70
	材料费(元)			0.94	1.55	2.02	3.38
	机械费(元)			—	—	37.28	44.61
	名称	单位	单价(元)	消耗量			
人工	二类人工	工日	135.00	0.660	0.990	0.990	1.420
材料	离心球墨铸铁上水管 综合	m	—	(10.000)	(10.000)	(10.000)	(10.000)
	橡胶圈 *DN*150	个	—	(1.720)	—	—	—
	橡胶圈 *DN*200	个	—	—	(1.720)	—	—
	橡胶圈 *DN*300	个	—	—	—	(1.720)	—
	橡胶圈 *DN*400	个	—	—	—	—	(1.720)
	氧气	m^3	3.62	0.085	0.151	0.220	0.414
	乙炔气	m^3	8.90	0.028	0.050	0.073	0.138
	润滑油	kg	4.33	0.088	0.128	0.133	0.151
机械	汽车式起重机 5t	台班	366.47	—	—	0.060	0.080
	载货汽车 5t	台班	382.30	—	—	0.040	0.040

工作内容:检查及清扫管材、切管、管道安装、上胶圈。 计量单位:10m

定额编号				5-59	5-60	5-61	5-62
项目				公称直径(mm 以内)			
				500	600	700	800
基价(元)				**320.77**	**407.14**	**543.57**	**597.76**
其中	人工费(元)			264.60	305.10	421.20	464.40
	材料费(元)			4.23	5.11	5.98	6.67
	机械费(元)			51.94	96.93	116.39	126.69
名称		单位	单价(元)	消耗量			
人工	二类人工	工日	135.00	1.960	2.260	3.120	3.440
材料	离心球墨铸铁上水管 综合	m	—	(10.000)	(10.000)	(10.000)	(10.000)
	橡胶圈 *DN*500	个	—	(1.720)	—	—	—
	橡胶圈 *DN*600	个	—	—	(1.720)	—	—
	橡胶圈 *DN*700	个	—	—	—	(1.720)	—
	橡胶圈 *DN*800	个	—	—	—	—	(1.720)
	氧气	m^3	3.62	0.521	0.633	0.743	0.825
	乙炔气	m^3	8.90	0.174	0.211	0.248	0.275
	润滑油	kg	4.33	0.184	0.218	0.251	0.285
机械	汽车式起重机 5t	台班	366.47	0.100	—	—	—
	汽车式起重机 8t	台班	648.48	—	0.120	0.150	0.160
	载货汽车 5t	台班	382.30	0.040	0.050	0.050	0.060

工作内容:检查及清扫管材、切管、管道安装、上胶圈。 计量单位:10m

定额编号				5-63	5-64	5-65	5-66	5-67
项目				公称直径(mm 以内)				
				900	1000	1200	1400	1600
基价(元)				**715.77**	**825.26**	**1015.81**	**1263.19**	**1531.60**
其中	人工费(元)			575.10	625.05	805.95	1009.80	1259.55
	材料费(元)			7.49	8.30	9.20	10.16	11.17
	机械费(元)			133.18	191.91	200.66	243.23	260.88
名称		单位	单价(元)	消耗量				
人工	二类人工	工日	135.00	4.260	4.630	5.970	7.480	9.330
材料	离心球墨铸铁上水管 综合	m	—	(10.000)	(10.000)	(10.000)	(10.000)	(10.000)
	橡胶圈 *DN*900	个	—	(1.720)	—	—	—	—
	橡胶圈 *DN*1000	个	—	—	(1.720)	—	—	—
	橡胶圈 *DN*1200	个	—	—	—	(1.720)	—	—
	橡胶圈 *DN*1400	个	—	—	—	—	(1.720)	—
	橡胶圈 *DN*1600	个	—	—	—	—	—	(1.720)
	氧气	m^3	3.62	0.919	1.029	1.121	1.212	1.322
	乙炔气	m^3	8.90	0.306	0.343	0.374	0.404	0.441
	润滑油	kg	4.33	0.332	0.351	0.418	0.502	0.568
机械	汽车式起重机 8t	台班	648.48	0.170	—	—	—	—
	汽车式起重机 16t	台班	875.04	—	0.180	0.190	—	—
	汽车式起重机 20t	台班	942.85	—	—	—	0.210	0.220
	载货汽车 5t	台班	382.30	0.060	0.090	0.090	—	—
	载货汽车 8t	台班	411.20	—	—	—	0.110	0.130

五、预应力(自应力)混凝土管安装(胶圈接口)

工作内容:检查及清扫管材、管道安装、上胶圈、对口、调直、牵引。　　**计量单位:**10m

定额编号				5-68	5-69	5-70	5-71	5-72	5-73
项目				公称直径(mm 以内)					
				300	400	500	600	700	800
基价(元)				**293.31**	**429.17**	**530.82**	**681.81**	**875.73**	**924.42**
其中	人工费(元)			231.12	351.27	437.13	528.80	692.15	719.42
	材料费(元)			0.69	0.78	0.96	1.13	1.30	1.47
	机械费(元)			61.50	77.12	92.73	151.88	182.28	203.53
名称		单位	单价(元)	消耗量					
人工	二类人工	工日	135.00	1.712	2.602	3.238	3.917	5.127	5.329
材料	预应力混凝土管	m	—	(10.000)	(10.000)	(10.000)	(10.000)	(10.000)	(10.000)
	橡胶圈 *DN*300	个	—	(2.060)	—	—	—	—	—
	橡胶圈 *DN*400	个	—	—	(2.060)	—	—	—	—
	橡胶圈 *DN*500	个	—	—	—	(2.060)	—	—	—
	橡胶圈 *DN*600	个	—	—	—	—	(2.060)	—	—
	橡胶圈 *DN*700	个	—	—	—	—	—	(2.060)	—
	橡胶圈 *DN*800	个	—	—	—	—	—	—	(2.060)
	润滑油	kg	4.33	0.160	0.180	0.221	0.260	0.300	0.340
机械	汽车式起重机 5t	台班	366.47	0.100	0.120	0.140	—	—	—
	汽车式起重机 8t	台班	648.48	—	—	—	0.160	0.200	0.220
	载货汽车 5t	台班	382.30	0.030	0.040	0.050	0.050	0.050	0.060
	电动卷扬机 - 双筒慢速 50kN	台班	223.12	0.060	0.080	0.100	0.130	0.150	0.170

工作内容:检查及清扫管材、管道安装、上胶圈、对口、调直、牵引。 **计量单位:**10m

定额编号				5-74	5-75	5-76	5-77	5-78	5-79
项目				公称直径(mm 以内)					
				900	1000	1200	1400	1600	1800
基价(元)				**1261.38**	**1398.62**	**1768.88**	**2147.96**	**2653.51**	**3104.68**
其中	人工费(元)			1030.05	1065.69	1398.20	1686.83	2024.19	2428.65
	材料费(元)			1.65	1.82	2.17	2.60	2.94	3.29
	机械费(元)			229.68	331.11	368.51	458.53	626.38	672.74
名称		单位	单价(元)	消耗量					
人工	二类人工	工日	135.00	7.630	7.894	10.357	12.495	14.994	17.990
材料	预应力混凝土管	m	—	(10.000)	(10.000)	(10.000)	(10.000)	(10.000)	(10.000)
	橡胶圈 *DN*900	个	—	(2.060)	—	—	—	—	—
	橡胶圈 *DN*1000	个	—	—	(2.060)	—	—	—	—
	橡胶圈 *DN*1200	个	—	—	—	(2.060)	—	—	—
	橡胶圈 *DN*1400	个	—	—	—	—	(2.060)	—	—
	橡胶圈 *DN*1600	个	—	—	—	—	—	(2.060)	—
	橡胶圈 *DN*1800	个	—	—	—	—	—	—	(2.060)
	润滑油	kg	4.33	0.380	0.420	0.500	0.600	0.680	0.760
机械	汽车式起重机 8t	台班	648.48	0.250	—	—	—	—	—
	汽车式起重机 16t	台班	875.04	—	0.280	0.310	—	—	—
	汽车式起重机 20t	台班	942.85	—	—	—	0.350	—	—
	汽车式起重机 32t	台班	1173.35	—	—	—	—	0.380	0.410
	载货汽车 5t	台班	382.30	0.060	—	—	—	—	—
	载货汽车 8t	台班	411.20	—	0.090	0.090	—	—	—
	载货汽车 10t	台班	476.15	—	—	—	0.120	—	—
	载货汽车 15t	台班	653.04	—	—	—	—	0.150	0.150
	电动卷扬机-双筒慢速 50kN	台班	223.12	0.200	0.220	0.270	0.320	0.370	0.420

六、塑料管安装

1. 塑料管安装(粘接)

工作内容:检查及清扫管材、管道安装、粘结、调直。

计量单位:10m

定额编号				5-80	5-81	5-82	5-83
项目				管外径(mm 以内)			
				25	32	50	75
基价(元)				**29.54**	**31.86**	**43.81**	**58.78**
其中	人工费(元)			29.16	31.32	43.07	57.65
	材料费(元)			0.38	0.54	0.74	1.05
	机械费(元)			—	—	—	0.08
名称		单位	单价(元)	消耗量			
人工	二类人工	工日	135.00	0.216	0.232	0.319	0.427
材料	塑料管	m	—	(10.000)	(10.000)	(10.000)	(10.000)
	钢锯条	条	2.59	0.015	0.019	0.024	—
	铁砂布 0# ~2#	张	1.03	0.174	0.261	0.348	0.522
	丙酮	kg	8.16	0.008	0.010	0.015	0.023
	粘合剂	g	0.02	5.000	7.000	10.000	16.000
机械	木工圆锯机 500mm	台班	27.50	—	—	—	0.003

工作内容:检查及清扫管材、管道安装、粘结、调直。

计量单位:10m

定额编号				5-84	5-85	5-86	5-87
项目				管外径(mm 以内)			
				110	125	140	160
基价(元)				**77.38**	**88.63**	**96.96**	**111.71**
其中	人工费(元)			75.74	86.67	94.77	109.35
	材料费(元)			1.56	1.88	2.11	2.25
	机械费(元)			0.08	0.08	0.08	0.11
名称		单位	单价(元)	消耗量			
人工	二类人工	工日	135.00	0.561	0.642	0.702	0.810
材料	塑料管	m	—	(10.000)	(10.000)	(10.000)	(10.000)
	铁砂布 0# ~2#	张	1.03	0.522	0.696	0.696	0.696
	丙酮	kg	8.16	0.047	0.054	0.065	0.070
	粘合剂	g	0.02	32.000	36.000	43.000	48.000
机械	木工圆锯机 500mm	台班	27.50	0.003	0.003	0.003	0.004

2. 塑料管安装(胶圈接口)

工作内容:检查及清扫管材、管道安装、上胶圈、对口、调直。　　**计量单位**:10m

定额编号				5-88	5-89	5-90	5-91
项目				管外径(mm 以内)			
				90	125	160	250
基价(元)				**77.08**	**87.81**	**110.61**	**189.00**
其中	人工费(元)			76.14	86.67	109.35	187.11
	材料费(元)			0.86	1.06	1.15	1.75
	机械费(元)			0.08	0.08	0.11	0.14
名称		单位	单价(元)	消耗量			
人工	二类人工	工日	135.00	0.564	0.642	0.810	1.386
材料	塑料管	m	—	(10.000)	(10.000)	(10.000)	(10.000)
	橡胶圈 *DN*90	个	—	(2.060)	—	—	—
	橡胶圈 *DN*125	个	—	—	(2.060)	—	—
	橡胶圈 *DN*160	个	—	—	—	(2.060)	—
	橡胶圈 *DN*250	个	—	—	—	—	(2.060)
	铁砂布 0#~2#	张	1.03	0.522	0.696	0.696	1.104
	润滑油	kg	4.33	0.074	0.080	0.101	0.141
机械	木工圆锯机 500mm	台班	27.50	0.003	0.003	0.004	0.005

工作内容:检查及清扫管材、管道安装、上胶圈、对口、调直。　　**计量单位**:10m

定额编号				5-92	5-93	5-94	5-95
项目				管外径(mm 以内)			
				315	355	400	500
基价(元)				**225.59**	**271.22**	**298.96**	**344.67**
其中	人工费(元)			223.56	268.92	296.46	341.82
	材料费(元)			1.86	2.13	2.31	2.57
	机械费(元)			0.17	0.17	0.19	0.28
名称		单位	单价(元)	消耗量			
人工	二类人工	工日	135.00	1.656	1.992	2.196	2.532
材料	塑料管	m	—	(10.000)	(10.000)	(10.000)	(10.000)
	橡胶圈 *DN*315	个	—	(2.060)	—	—	—
	橡胶圈 *DN*350	个	—	—	(2.060)	—	—
	橡胶圈 *DN*400	个	—	—	—	(2.060)	—
	橡胶圈 *DN*500	个	—	—	—	—	(2.060)
	铁砂布 0#~2#	张	1.03	1.217	1.304	1.478	1.565
	润滑油	kg	4.33	0.141	0.181	0.181	0.221
机械	木工圆锯机 500mm	台班	27.50	0.006	0.006	0.007	0.010

3. 塑料管安装(电熔连接)

工作内容:切管、管座整理、安装、切管、对口、电熔连接。 **计量单位:**10m

定额编号				5-96	5-97	5-98	5-99	5-100
项目				管外径(mm 以内)				
				160	200	315	400	500
基价(元)				**51.04**	**60.08**	**81.11**	**104.33**	**131.68**
其中	人工费(元)			48.33	56.70	75.60	96.93	121.64
	材料费(元)			0.05	0.07	0.14	0.24	0.45
	机械费(元)			2.66	3.31	5.37	7.16	9.59
	名称	单位	单价(元)	消耗量				
人工	二类人工	工日	135.00	0.358	0.420	0.560	0.718	0.901
材料	塑料管	m	—	(10.000)	(10.000)	(10.000)	(10.000)	(10.000)
	铁砂布 $0^{\#}\sim2^{\#}$	张	1.03	0.025	0.047	0.108	0.206	0.392
	三氯乙烯	kg	10.09	0.002	0.002	0.003	0.003	0.004
机械	电熔焊接机 DRH-160A	台班	12.20	0.218	0.271	0.440	0.587	0.786

工作内容:切管、管座整理、安装、切管、对口、电熔连接。 **计量单位:**10m

定额编号				5-101	5-102	5-103	5-104
项目				管外径(mm 以内)			
				600	700	800	900
基价(元)				**206.78**	**238.37**	**264.46**	**296.85**
其中	人工费(元)			170.10	190.22	209.12	229.23
	材料费(元)			0.66	0.86	1.07	1.25
	机械费(元)			36.02	47.29	54.27	66.37
	名称	单位	单价(元)	消耗量			
人工	二类人工	工日	135.00	1.260	1.409	1.549	1.698
材料	塑料管	m	—	(10.000)	(10.000)	(10.000)	(10.000)
	铁砂布 $0^{\#}\sim2^{\#}$	张	1.03	0.578	0.764	0.951	1.119
	三氯乙烯	kg	10.09	0.005	0.006	0.007	0.008
	其他材料费	元	1.00	0.01	0.01	0.02	0.02
机械	电熔焊接机 DRH-160A	台班	12.20	0.986	1.186	1.386	1.586
	汽车式起重机 8t	台班	648.48	0.037	0.043	0.050	0.063
	载货汽车 8t	台班	411.20	—	0.012	0.012	0.015

工作内容：切管、管座整理、安装、切管、对口、电熔连接。　　计量单位：10m

定额编号				5-105	5-106	5-107	5-108	5-109
项目				管外径(mm 以内)				
				1000	1200	1500	1800	2000
基价（元）				**331.56**	**363.89**	**404.52**	**464.19**	**525.94**
其中	人工费（元）			251.64	269.33	288.23	308.34	328.46
	材料费（元）			1.44	1.62	1.82	2.00	2.12
	机械费（元）			78.48	92.94	114.47	153.85	195.36
名称		单位	单价(元)	消耗量				
人工	二类人工	工日	135.00	1.864	1.995	2.135	2.284	2.433
材料	塑料管	m	—	(10.000)	(10.000)	(10.000)	(10.000)	(10.000)
	铁砂布 0# ~2#	张	1.03	1.288	1.457	1.626	1.793	1.901
	三氯乙烯	kg	10.09	0.009	0.010	0.011	0.012	0.013
	其他材料费	元	1.00	0.02	0.02	0.03	0.03	0.03
机械	电熔焊接机 DRH-160A	台班	12.20	1.786	1.986	2.186	2.386	2.586
	汽车式起重机 8t	台班	648.48	0.076	0.092	0.117	0.167	0.219
	载货汽车 8t	台班	411.20	0.018	0.022	0.029	0.040	0.053

七、新旧管连接

1.铸铁管新旧管连接(膨胀水泥接口)

工作内容:定位、断管、临时加固、安装管件、接口、通水试验。 计量单位:处

定额编号				5-110	5-111	5-112	5-113
项目				公称直径(mm以内)			
				100	200	300	400
基价(元)				**549.64**	**833.31**	**1431.64**	**2017.79**
其中	人工费(元)			502.20	755.19	1237.55	1765.67
	材料费(元)			47.44	78.12	113.95	171.98
	机械费(元)			—	—	80.14	80.14
名称		单位	单价(元)	消耗量			
人工	二类人工	工日	135.00	3.720	5.594	9.167	13.079
材料	法兰阀门	个	—	(1.000)	(1.000)	(1.000)	(1.000)
	铸铁三通	个	—	(1.000)	(1.000)	(1.000)	(1.000)
	铸铁套管	个	—	(1.000)	(1.000)	(1.000)	(1.000)
	铸铁承盘短管	个	—	(1.000)	(1.000)	(1.000)	(1.000)
	铸铁插盘短管	个	—	(1.000)	(1.000)	(1.000)	(1.000)
	镀锌铁丝 10#	kg	5.38	0.309	0.309	0.412	0.412
	板方材	m^3	1034.00	0.009	0.012	0.014	0.015
	石棉橡胶板 低压δ0.8~6	kg	5.26	0.340	0.660	0.800	1.380
	膨胀水泥	kg	0.87	3.476	6.215	9.900	14.080
	六角带帽螺栓	kg	5.47	2.866	5.096	8.293	14.504
	氧气	m^3	3.62	0.154	0.319	0.484	0.880
	乙炔气	m^3	8.90	0.051	0.106	0.161	0.293
	钢锯条	条	2.59	2.100	3.150	3.360	4.200
	油麻丝	kg	20.69	0.452	0.809	1.292	1.838
	其他材料费	元	1.00	0.18	0.30	0.45	0.71
机械	汽车式起重机 8t	台班	648.48	—	—	0.100	0.100
	载货汽车 5t	台班	382.30	—	—	0.040	0.040

工作内容:定位、断管、临时加固、安装管件、接口、通水试验。　　计量单位:处

定额编号				5-114	5-115	5-116
项目				公称直径(mm以内)		
				500	600	700
基价(元)				2498.57	3086.22	3764.73
其中	人工费(元)			2218.32	2615.22	3188.84
	材料费(元)			213.49	354.61	446.53
	机械费(元)			66.76	116.39	129.36
名称		单位	单价(元)	消耗量		
人工	二类人工	工日	135.00	16.432	19.372	23.621
材料	法兰阀门	个	—	(1.000)	(1.000)	(1.000)
	铸铁三通	个	—	(1.000)	(1.000)	(1.000)
	铸铁套管	个	—	(1.000)	(1.000)	(1.000)
	铸铁承盘短管	个	—	(1.000)	(1.000)	(1.000)
	铸铁插盘短管	个	—	(1.000)	(1.000)	(1.000)
	镀锌铁丝 10#	kg	5.38	0.515	0.515	0.618
	板方材	m^3	1034.00	0.017	0.037	0.040
	石棉橡胶板 低压 δ0.8~6	kg	5.26	1.660	1.680	2.060
	膨胀水泥	kg	0.87	17.996	23.144	28.710
	六角带帽螺栓	kg	5.47	18.136	35.894	47.206
	氧气	m^3	3.62	1.056	1.353	1.617
	乙炔气	m^3	8.90	0.352	0.451	0.539
	钢锯条	条	2.59	5.040	5.880	6.720
	油麻丝	kg	20.69	2.352	3.024	3.759
	其他材料费	元	1.00	0.88	1.56	1.99
机械	汽车式起重机 8t	台班	648.48	—	0.150	0.170
	汽车式起重机 5t	台班	366.47	0.130	—	—
	载货汽车 5t	台班	382.30	0.050	0.050	0.050

工作内容:定位、断管、临时加固、安装管件、接口、通水试验。 **计量单位**:处

定额编号				5-117	5-118	5-119	5-120	5-121	5-122
项目				公称直径(mm 以内)					
				800	900	1000	1200	1400	1600
基价(元)				**4451.96**	**5204.54**	**5903.03**	**7621.04**	**9454.56**	**11566.60**
其中	人工费(元)			3744.50	4350.38	4929.80	6182.46	7214.00	8257.55
	材料费(元)			561.31	695.04	753.96	1201.81	1958.41	2999.82
	机械费(元)			146.15	159.12	219.27	236.77	282.15	309.23
名称		单位	单价(元)	消耗量					
人工	二类人工	工日	135.00	27.737	32.225	36.517	45.796	53.437	61.167
材料	法兰阀门	个	—	(1.000)	(1.000)	(1.000)	(1.000)	(1.000)	(1.000)
	铸铁三通	个	—	(1.000)	(1.000)	(1.000)	(1.000)	(1.000)	(1.000)
	铸铁套管	个	—	(1.000)	(1.000)	(1.000)	(1.000)	(1.000)	(1.000)
	铸铁承盘短管	个	—	(1.000)	(1.000)	(1.000)	(1.000)	(1.000)	(1.000)
	铸铁插盘短管	个	—	(1.000)	(1.000)	(1.000)	(1.000)	(1.000)	(1.000)
	镀锌铁丝 10#	kg	5.38	0.721	0.824	0.927	1.030	1.236	1.442
	板方材	m^3	1034.00	0.044	0.079	0.084	0.095	0.159	0.174
	石棉橡胶板 低压 δ0.8~6	kg	5.26	2.320	2.600	2.620	2.920	4.320	4.900
	膨胀水泥	kg	0.87	34.353	40.359	49.236	61.842	81.037	100.430
	六角带帽螺栓	kg	5.47	62.628	75.378	78.540	148.206	258.550	430.542
	氧气	m^3	3.62	1.848	2.068	2.310	2.541	2.772	3.014
	乙炔气	m^3	8.90	0.616	0.689	0.770	0.847	0.924	1.005
	钢锯条	条	2.59	7.560	8.400	9.240	10.920	12.600	14.280
	油麻丝	kg	20.69	4.494	5.282	6.447	8.096	10.605	13.146
	其他材料费	元	1.00	2.54	3.16	3.35	5.66	9.55	15.10
机械	汽车式起重机 8t	台班	648.48	0.190	0.210	—	—	—	—
	汽车式起重机 16t	台班	875.04	—	—	0.220	0.240	—	—
	汽车式起重机 20t	台班	942.85	—	—	—	—	0.260	0.280
	载货汽车 5t	台班	382.30	0.060	0.060	0.070	0.070	—	—
	载货汽车 8t	台班	411.20	—	—	—	—	0.090	0.110

2. 球墨铸铁管新旧管连接(胶圈接口)

工作内容:定位,断管,安装管件,接口,临时加固,通水试验。　　**计量单位:**处

定额编号				5-123	5-124	5-125	5-126	5-127	5-128
项目				公称直径(mm 以内)					
				100	200	300	400	500	600
基价(元)				**399.05**	**727.58**	**1124.66**	**1519.43**	**1864.07**	**2263.04**
其中	人工费(元)			386.37	705.51	1086.21	1465.29	1791.72	2155.14
	材料费(元)			12.68	22.07	31.73	43.75	58.30	71.65
	机械费(元)			—	—	6.72	10.39	14.05	36.25
	名称	单位	单价(元)	消耗量					
人工	二类人工	工日	135.00	2.862	5.226	8.046	10.854	13.272	15.964
材料	铸铁三通	个	—	(1.000)	(1.000)	(1.000)	(1.000)	(1.000)	(1.000)
	铸铁套管	个	—	(1.000)	(1.000)	(1.000)	(1.000)	(1.000)	(1.000)
	橡胶圈 *DN*100	个	—	(3.060)	—	—	—	—	—
	橡胶圈 *DN*200	个	—	—	(3.060)	—	—	—	—
	橡胶圈 *DN*300	个	—	—	—	(3.060)	—	—	—
	橡胶圈 *DN*400	个	—	—	—	—	(3.060)	—	—
	橡胶圈 *DN*500	个	—	—	—	—	—	(3.060)	—
	橡胶圈 *DN*600	个	—	—	—	—	—	—	(3.060)
	氧气	m^3	3.62	0.154	0.319	0.484	0.880	1.056	1.353
	乙炔气	m^3	8.90	0.051	0.106	0.161	0.293	0.352	0.451
	钢锯条	条	2.59	2.100	3.150	3.360	4.200	5.040	5.880
	膨胀水泥	kg	0.87	1.740	3.287	5.500	7.546	10.648	13.222
	油麻丝	kg	20.69	0.227	0.431	0.725	0.987	1.397	1.733
	其他材料费	元	1.00	0.02	0.04	0.06	0.09	0.12	0.15
机械	汽车式起重机 5t	台班	366.47	—	—	0.010	0.020	0.030	—
	汽车式起重机 8t	台班	648.48	—	—	—	—	—	0.050
	载货汽车 5t	台班	382.30	—	—	0.008	0.008	0.008	0.010

工作内容:定位,断管,安装管件,接口,临时加固,通水试验。 **计量单位**:处

定额编号				5-129	5-130	5-131	5-132	5-133
项目				公称直径(mm 以内)				
				800	1000	1200	1400	1600
基价(元)				**2981.84**	**3874.09**	**4769.35**	**5732.66**	**10110.66**
其中	人工费(元)			2846.48	3659.85	4504.14	5449.95	9810.45
	材料费(元)			98.35	137.36	170.82	170.82	170.82
	机械费(元)			37.01	76.88	94.39	111.89	129.39
名称		单位	单价(元)	消耗量				
人工	二类人工	工日	135.00	21.085	27.110	33.364	40.370	72.670
材料	铸铁三通	个	—	(1.000)	(1.000)	(1.000)	(1.000)	(1.000)
	铸铁套管	个	—	(1.000)	(1.000)	(1.000)	(1.000)	(1.000)
	橡胶圈 *DN*800	个	—	(3.060)	—	—	—	—
	橡胶圈 *DN*1000	个	—	—	(3.060)	—	—	—
	橡胶圈 *DN*1200	个	—	—	—	(3.060)	—	—
	橡胶圈 *DN*1400	个	—	—	—	—	(3.060)	—
	橡胶圈 *DN*1600	个	—	—	—	—	—	(3.060)
	氧气	m^3	3.62	1.484	2.310	2.541	2.541	2.541
	乙炔气	m^3	8.90	0.616	0.770	0.847	0.847	0.847
	钢锯条	条	2.59	7.560	9.240	10.920	10.920	10.920
	膨胀水泥	kg	0.87	18.898	27.401	35.068	35.068	35.068
	油麻丝	kg	20.69	2.478	3.581	4.589	4.589	4.589
	其他材料费	元	1.00	0.20	0.28	0.34	0.34	0.34
机械	汽车式起重机 8t	台班	648.48	0.050	—	—	—	—
	汽车式起重机 16t	台班	875.04	—	0.080	0.100	0.120	0.140
	载货汽车 5t	台班	382.30	0.012	0.018	0.018	0.018	0.018

3. 钢管新旧管连接(焊接)

工作内容：定位、断管、安装管件、临时加固、通水试验。　　**计量单位：**处

定额编号				5-134	5-135	5-136	5-137
项目				公称直径(mm 以内)			
				200	300	400	500
基价(元)				**473.16**	**664.71**	**956.66**	**1136.46**
其中	人工费(元)			368.69	481.01	675.81	793.40
	材料费(元)			63.48	92.26	145.24	177.46
	机械费(元)			40.99	91.44	135.61	165.60
名称		单位	单价(元)	消耗量			
人工	二类人工	工日	135.00	2.731	3.563	5.006	5.877
材料	钢板卷管	m	—	(0.410)	(0.460)	(0.510)	(0.560)
	法兰	片	—	(2.000)	(2.000)	(2.000)	(2.000)
	法兰阀门	个	—	(1.000)	(1.000)	(1.000)	(1.000)
	镀锌铁丝 10#	kg	5.38	0.309	0.412	0.412	0.515
	板方材	m^3	1034.00	0.012	0.014	0.015	0.017
	石棉橡胶板 低压 δ0.8~6	kg	5.26	0.660	0.800	1.380	1.659
	六角带帽螺栓	kg	5.47	5.096	8.293	14.504	18.136
	电焊条	kg	4.31	2.283	3.436	5.969	7.364
	氧气	m^3	3.62	1.173	1.597	2.133	2.435
	乙炔气	m^3	8.90	0.391	0.532	0.711	0.812
	砂轮片 ϕ200	片	10.34	0.015	0.018	0.035	0.044
	其他材料费	元	1.00	0.34	0.49	0.78	0.95
机械	汽车式起重机 5t	台班	366.47	—	0.040	0.110	0.130
	载货汽车 5t	台班	382.30	—	0.040	0.040	0.050
	直流弧焊机 20kW	台班	78.72	0.510	0.764	0.995	1.230
	电焊条烘干箱 60×50×75cm^3	台班	16.84	0.050	0.080	0.100	0.120

工作内容:定位、断管、安装管件、临时加固、通水试验。 **计量单位**:处

定额编号				5-138	5-139	5-140	5-141
项目				公称直径(mm 以内)			
				600	700	800	900
基价(元)				**1587.56**	**1967.15**	**2282.13**	**2514.74**
其中	人工费(元)			1034.24	1319.63	1509.71	1729.35
	材料费(元)			309.07	383.37	487.05	487.05
	机械费(元)			244.25	264.15	285.37	298.34
名称		单位	单价(元)	消耗量			
人工	二类人工	工日	135.00	7.661	9.775	11.183	12.810
材料	钢板卷管	m	—	(0.610)	(0.660)	(0.710)	(0.710)
	法兰	片	—	(2.000)	(2.000)	(2.000)	(2.000)
	法兰阀门	个	—	(1.000)	(1.000)	(1.000)	(1.000)
	镀锌铁丝 10#	kg	5.38	0.618	0.618	0.721	0.721
	板方材	m^3	1034.00	0.037	0.040	0.044	0.044
	石棉橡胶板 低压 δ0.8~6	kg	5.26	1.680	2.060	2.320	2.320
	六角带帽螺栓	kg	5.47	35.894	47.206	62.628	62.628
	电焊条	kg	4.31	9.563	10.577	12.991	12.991
	氧气	m^3	3.62	2.860	3.232	3.562	3.562
	乙炔气	m^3	8.90	0.953	1.077	1.187	1.187
	砂轮片 ϕ200	片	10.34	0.059	0.068	0.079	0.079
	其他材料费	元	1.00	1.65	2.06	2.63	2.63
机械	汽车式起重机 8t	台班	648.48	0.150	0.170	0.190	0.210
	载货汽车 5t	台班	382.30	0.050	0.050	0.060	0.060
	直流弧焊机 20kW	台班	78.72	1.590	1.676	1.730	1.730
	电焊条烘干箱 60×50×75cm^3	台班	16.84	0.160	0.170	0.180	0.180

工作内容:定位、断管、安装管件、临时加固、通水试验。　　**计量单位**:处

定额编号				5-142	5-143	5-144	5-145
项目				公称直径(mm 以内)			
				1000	1200	1400	1600
基价(元)				**2827.53**	**3429.08**	**4287.19**	**5576.12**
其中	人工费(元)			1911.47	2409.21	2737.67	3122.69
	材料费(元)			604.86	640.62	1072.06	1806.79
	机械费(元)			311.20	379.25	477.46	646.64
名称		单位	单价(元)	消耗量			
人工	二类人工	工日	135.00	14.159	17.846	20.279	23.131
材料	钢板卷管	m	—	(0.760)	(0.810)	(0.910)	(1.020)
	法兰	片	—	(2.000)	(2.000)	(2.000)	(2.000)
	法兰阀门	个	—	(1.000)	(1.000)	(1.000)	(1.000)
	镀锌铁丝 10#	kg	5.38	0.824	0.927	1.030	1.236
	板方材	m^3	1034.00	0.079	0.084	0.095	0.159
	石棉橡胶板 低压 δ0.8~6	kg	5.26	2.600	2.620	2.920	4.320
	六角带帽螺栓	kg	5.47	75.378	78.540	148.206	258.550
	电焊条	kg	4.31	14.492	16.283	22.157	31.770
	氧气	m^3	3.62	3.968	4.658	5.996	7.616
	乙炔气	m^3	8.90	1.323	1.553	1.999	2.539
	砂轮片 φ200	片	10.34	0.088	0.105	0.139	0.178
	其他材料费	元	1.00	3.24	3.43	5.81	9.81
机械	汽车式起重机 8t	台班	648.48	0.220	0.240	0.260	—
	汽车式起重机 16t	台班	875.04	—	—	—	0.280
	载货汽车 5t	台班	382.30	0.060	0.070	0.070	0.090
	电焊条烘干箱 60×50×75cm^3	台班	16.84	0.185	0.190	0.250	0.350
	直流弧焊机 20kW	台班	78.72	1.810	2.460	3.530	4.590

工作内容:定位、断管、安装管件、临时加固、通水试验。 **计量单位**:处

定额编号				5-146	5-147
项目				公称直径(mm 以内)	
				1800	2000
基价(元)				**7064.44**	**7982.10**
其中	人工费(元)			3540.24	3953.34
	材料费(元)			2824.56	3260.38
	机械费(元)			699.64	768.38
名称		单位	单价(元)	消耗量	
人工	二类人工	工日	135.00	26.224	29.284
材料	钢板卷管	m	—	(1.120)	(1.220)
	法兰	片	—	(2.000)	(2.000)
	法兰阀门	个	—	(1.000)	(1.000)
	镀锌铁丝 10#	kg	5.38	1.442	1.442
	板方材	m^3	1034.00	0.174	0.268
	石棉橡胶板 低压 δ0.8~6	kg	5.26	4.900	5.200
	六角带帽螺栓	kg	5.47	430.542	486.336
	电焊条	kg	4.31	41.278	46.383
	氧气	m^3	3.62	9.196	10.302
	乙炔气	m^3	8.90	3.065	3.434
	砂轮片 ϕ200	片	10.34	0.204	0.229
	其他材料费	元	1.00	15.46	17.77
机械	汽车式起重机 16t	台班	875.04	0.300	0.320
	载货汽车 8t	台班	411.20	0.110	0.130
	直流弧焊机 20kW	台班	78.72	4.880	5.420
	电焊条烘干箱 60×50×75cm^3	台班	16.84	0.460	0.490

4. 新旧管不断水连接

工作内容: 放样、定位、切割、组对、焊接。　　　　**计量单位:** 处

	定额编号			5-148	5-149	5-150	5-151
	项目			公称直径(mm 以内)			
				100	150	200	300
	基价(元)			**2704.17**	**3256.77**	**3941.82**	**5322.35**
其中	人工费(元)			725.76	863.46	1048.28	1225.53
	材料费(元)			31.42	38.39	46.07	55.52
	机械费(元)			1946.99	2354.92	2847.47	4041.30
	名称	单位	单价(元)	消耗量			
人工	二类人工	工日	135.00	5.376	6.396	7.765	9.078
材料	热轧光圆钢筋 综合	kg	3.97	0.930	0.930	0.930	0.930
	中厚钢板 综合	kg	3.79	0.420	0.420	0.420	0.420
	法兰	片	—	(2.000)	(2.000)	(2.000)	(2.000)
	不断水连接钢制哈夫三通	个	—	(1.000)	(1.000)	(1.000)	(1.000)
	法兰阀门	个	—	(1.000)	(1.000)	(1.000)	(1.000)
	氧气	m^3	3.62	1.720	1.770	1.850	2.610
	乙炔气	m^3	8.90	0.573	0.590	0.617	0.870
	电焊条	kg	4.31	3.190	4.730	6.390	7.420
	白漆	kg	8.62	0.100	0.100	0.100	0.100
	其他材料费	元	1.00	0.20	0.20	0.20	0.20
机械	不断水开洞机 φ100	台班	6212.00	0.300	—	—	—
	不断水开洞机 φ150	台班	7454.00	—	0.300	—	—
	不断水开洞机 φ200	台班	8946.00	—	—	0.300	—
	不断水开洞机 φ300	台班	12071.00	—	—	—	0.300
	汽车式起重机 8t	台班	648.48	—	—	—	0.350
	载货汽车 5t	台班	382.30	0.130	0.180	0.230	0.300
	交流弧焊机 21kV·A	台班	63.33	0.532	0.788	1.196	1.237

工作内容:放样、定位、切割、组对、焊接。

计量单位:处

定额编号				5-152	5-153	5-154
项目				公称直径(mm 以内)		
				500	800	1000
基价(元)				**12979.07**	**22602.25**	**29980.34**
其中	人工费(元)			1467.59	1670.09	1821.56
	材料费(元)			107.03	154.14	204.08
	机械费(元)			11404.45	20778.02	27954.70
名称		单位	单价(元)	消耗量		
人工	二类人工	工日	135.00	10.871	12.371	13.493
材料	法兰	片	—	(2.000)	(2.000)	(2.000)
	法兰阀门	个	—	(1.000)	(1.000)	(1.000)
	不断水连接钢制哈夫三通	个	—	(1.000)	(1.000)	(1.000)
	热轧光圆钢筋 综合	kg	3.97	3.480	3.480	3.480
	中厚钢板 综合	kg	3.79	0.750	0.800	0.800
	电焊条	kg	4.31	13.260	19.310	28.605
	氧气	m^3	3.62	4.600	7.480	8.935
	乙炔气	m^3	8.90	1.533	2.493	2.978
	白漆	kg	8.62	0.300	0.500	0.500
	其他材料费	元	1.00	0.34	0.49	0.78
机械	不断水开洞机 ϕ500	台班	18094.00	0.600	—	—
	不断水开洞机 ϕ800	台班	25059.00	—	0.800	—
	不断水开洞机 ϕ1000	台班	30072.00	—	—	0.900
	汽车式起重机 8t	台班	648.48	0.400	0.530	0.630
	载货汽车 5t	台班	382.30	0.300	0.350	0.440
	直流弧焊机 20kW	台班	78.72	2.210	3.218	3.978

八、管 道 试 压

工作内容：制堵盲板、安拆打压设备、灌水加压、清理现场。　　　　**计量单位：**100m

定额编号				5-155	5-156	5-157	5-158	5-159	5-160
项目				公称直径(mm 以内)					
				100	200	300	400	500	600
基　价（元）				**180.54**	**274.87**	**336.97**	**447.00**	**556.77**	**703.21**
其中	人工费（元）			131.90	203.85	241.25	310.10	377.73	449.96
	材料费（元）			38.36	58.57	83.21	122.21	164.29	238.34
	机械费（元）			10.28	12.45	12.51	14.69	14.75	14.91
名称		单位	单价(元)	消耗量					
人工	二类人工	工日	135.00	0.977	1.510	1.787	2.297	2.798	3.333
材料	法兰阀门 *DN*50	个	172.00	0.007	0.007	0.007	0.007	0.007	0.013
	平焊法兰 1.0MPa *DN*50	片	28.79	0.013	0.013	0.013	0.013	0.013	0.026
	中厚钢板 综合	kg	3.71	0.817	2.460	3.873	4.737	6.020	6.930
	碳素结构钢镀锌焊接钢管 *DN*50×3.8	m	22.12	1.020	1.020	1.020	1.020	1.020	2.040
	石棉橡胶板 低压 δ0.8～6	kg	5.26	0.600	0.900	0.897	2.100	2.100	2.100
	六角带帽螺栓	kg	5.47	0.150	0.240	0.380	0.670	1.110	1.560
	电焊条	kg	4.31	0.300	0.300	0.300	0.480	0.600	1.090
	氧气	m^3	3.62	0.264	0.385	0.385	0.517	0.649	0.781
	乙炔气	m^3	8.90	0.088	0.128	0.128	0.172	0.216	0.260
	水	m^3	4.27	0.864	3.450	7.770	13.820	21.590	31.090
	其他材料费	元	1.00	0.49	0.70	0.90	1.30	1.65	2.35
机械	立式钻床 25mm	台班	5.80	0.020	0.030	0.040	0.050	0.060	0.060
	试压泵 25MPa	台班	21.19	0.100	0.200	0.200	0.300	0.300	0.300
	直流弧焊机 20kW	台班	78.72	0.100	0.100	0.100	0.100	0.100	0.100
	电焊条烘干箱 60×50×75cm^3	台班	16.84	0.010	0.010	0.010	0.010	0.010	0.020

工作内容:制堵盲板、安拆打压设备、灌水加压、清理现场。

计量单位:100m

定额编号				5-161	5-162	5-163	5-164	5-165	5-166
项目				公称直径(mm 以内)					
				800	1000	1200	1400	1600	1800
基价(元)				**1002.75**	**1293.69**	**1634.51**	**1991.51**	**2419.24**	**2883.96**
其中	人工费(元)			621.95	730.62	842.94	978.48	1137.78	1321.38
	材料费(元)			361.89	507.33	725.41	936.28	1180.56	1448.82
	机械费(元)			18.91	55.74	66.16	76.75	100.90	113.76
名称		单位	单价(元)	消耗量					
人工	二类人工	工日	135.00	4.607	5.412	6.244	7.248	8.428	9.788
材料	法兰阀门 *DN*50	个	172.00	0.013	0.013	—	—	—	—
	闸阀 Z41H-16C *DN*80	个	517.00	—	—	0.013	0.013	0.013	0.013
	平焊法兰 1.0MPa *DN*50	片	28.79	0.026	0.026	—	—	—	—
	平焊法兰 1.0MPa *DN*80	片	35.69	—	—	0.026	0.026	0.026	0.026
	中厚钢板 Q235B δ10	kg	3.71	8.793	10.470	12.560	14.653	16.747	—
	中厚钢板 Q235B δ20	kg	3.53	—	—	—	—	—	18.840
	碳素结构钢镀锌焊接钢管 *DN*50×3.8	m	22.12	2.040	2.040	—	—	—	—
	碳素结构钢镀锌焊接钢管 *DN*80×4.0	m	37.44	—	—	2.040	2.040	2.040	2.040
	石棉橡胶板 低压 δ0.8~6	kg	5.26	3.700	3.700	4.900	6.100	7.300	8.500
	六角带帽螺栓	kg	5.47	1.770	2.050	2.340	2.630	2.920	3.210
	电焊条	kg	4.31	1.340	1.850	2.000	2.040	2.920	3.280
	氧气	m^3	3.62	1.045	1.300	1.562	1.815	2.080	2.343
	乙炔气	m^3	8.90	0.348	0.433	0.521	0.605	0.693	0.781
	水	m^3	4.27	55.264	86.350	124.340	169.250	221.060	279.770
	其他材料费	元	1.00	3.38	4.45	6.37	7.97	9.82	11.83
机械	立式钻床 25mm	台班	5.80	0.070	0.100	0.100	0.100	0.120	0.120
	试压泵 25MPa	台班	21.19	0.300	0.500	0.500	0.500	0.700	0.700
	汽车式起重机 8t	台班	648.48	—	0.050	0.060	0.070	—	—
	汽车式起重机 16t	台班	875.04	—	—	—	—	0.070	0.080
	直流弧焊机 20kW	台班	78.72	0.150	0.150	0.200	0.250	0.300	0.350
	电焊条烘干箱 60×50×75cm^3	台班	16.84	0.020	0.020	0.020	0.030	0.030	0.040

工作内容：制堵盲板、安拆打压设备、灌水加压、清理现场。　　　　**计量单位：**100m

定额编号				5-167	5-168	5-169	5-170	5-171	5-172
项目				公称直径(mm 以内)					
				2000	2200	2400	2600	2800	3000
基价（元）				**3413.14**	**4030.77**	**4700.28**	**5450.01**	**6286.39**	**7213.48**
其中	人工费（元）			1536.71	1783.49	2074.28	2416.23	2814.89	3278.61
	材料费（元）			1749.81	2104.63	2467.48	2858.09	3278.34	3728.17
	机械费（元）			126.62	142.65	158.52	175.69	193.16	206.70
名称		单位	单价(元)	消耗量					
人工	二类人工	工日	135.00	11.383	13.211	15.365	17.898	20.851	24.286
材料	闸阀 Z41H－16C *DN*80	个	517.00	0.013	—	—	—	—	—
	闸阀 Z41H－16C *DN*100	个	379.00	—	0.013	0.013	0.013	0.013	0.013
	平焊法兰 1.0MPa *DN*80	片	35.69	0.026	—	—	—	—	—
	平焊法兰 1.0MPa *DN*100	片	45.43	—	0.026	0.026	0.026	0.026	0.026
	中厚钢板 Q235B δ20	kg	3.53	20.930	23.030	25.120	27.210	29.310	31.400
	碳素结构钢镀锌焊接钢管 *DN*80×4.0	m	37.44	2.040	—	—	—	—	—
	碳素结构钢镀锌焊接钢管 *DN*100×4.0	m	48.99	—	2.040	2.040	2.040	2.040	2.040
	石棉橡胶板 低压 δ0.8～6	kg	5.26	9.700	11.000	12.100	13.300	14.500	15.700
	六角带帽螺栓	kg	5.47	3.500	3.700	4.080	4.370	4.660	4.950
	电焊条	kg	4.31	3.650	4.400	5.370	5.810	6.255	6.700
	氧气	m^3	3.62	2.596	2.860	3.124	3.377	3.652	3.905
	乙炔气	m^3	8.90	0.865	0.953	1.041	1.126	1.217	1.302
	水	m^3	4.27	345.400	417.930	497.330	583.730	676.980	777.150
	其他材料费	元	1.00	14.05	16.83	19.48	22.31	25.35	28.59
机械	立式钻床 25mm	台班	5.80	0.150	0.150	0.150	0.200	0.200	0.200
	试压泵 25MPa	台班	21.19	0.700	0.850	1.000	1.000	1.000	1.000
	汽车式起重机 16t	台班	875.04	0.090	0.100	0.110	—	—	—
	汽车式起重机 20t	台班	942.85	—	—	—	0.120	0.130	0.140
	直流弧焊机 20kW	台班	78.72	0.400	0.450	0.500	0.500	0.600	0.650
	电焊条烘干箱 60×50×75cm^3	台班	16.84	0.040	0.050	0.050	0.050	0.060	0.070

九、管道消毒冲洗

工作内容：溶解漂白粉、灌水消毒、冲洗。　　　　**计量单位：**100m

定额编号				5-173	5-174	5-175	5-176	5-177	5-178
项目				公称直径(mm 以内)					
				100	200	300	400	500	600
基价（元）				**146.62**	**244.50**	**359.60**	**524.19**	**728.17**	**994.18**
其中	人工费（元）			111.92	148.50	175.64	195.75	220.05	258.39
	材料费（元）			34.70	96.00	183.96	328.44	508.12	735.79
	机械费（元）			—	—	—	—	—	—
名称		单位	单价(元)	消耗量					
人工	二类人工	工日	135.00	0.829	1.100	1.301	1.450	1.630	1.914
材料	水	m^3	4.27	8.000	22.000	42.000	75.000	116.000	168.000
	漂白粉	kg	3.88	0.140	0.530	1.190	2.110	3.300	4.750

工作内容:溶解漂白粉、灌水消毒、冲洗。 **计量单位**:100m

定额编号				5-179	5-180	5-181	5-182	5-183	5-184
项目				公称直径(mm以内)					
				800	1000	1200	1400	1600	1800
基价(元)				**1589.13**	**2370.03**	**3401.86**	**4239.65**	**5962.02**	**8734.00**
其中	人工费(元)			296.73	354.65	433.08	506.93	591.57	621.95
	材料费(元)			1292.40	2015.38	2968.78	3732.72	5370.45	8112.05
	机械费(元)			—	—	—	—	—	—
名称		单位	单价(元)	消耗量					
人工	二类人工	工日	135.00	2.198	2.627	3.208	3.755	4.382	4.607
材料	水	m^3	4.27	295.000	460.000	678.000	856.000	1234.000	1870.000
	漂白粉	kg	3.88	8.441	13.190	19.000	20.000	26.100	32.770

工作内容:溶解漂白粉、灌水消毒、冲洗。 **计量单位**:100m

定额编号				5-185	5-186	5-187	5-188	5-189	5-190
项目				公称直径(mm以内)					
				2000	2200	2400	2600	2800	3000
基价(元)				**10664.33**	**12599.20**	**14530.50**	**16461.97**	**17453.82**	**18442.85**
其中	人工费(元)			652.19	684.32	718.20	753.84	791.24	830.39
	材料费(元)			10012.14	11914.88	13812.30	15708.13	16662.58	17612.46
	机械费(元)			—	—	—	—	—	—
名称		单位	单价(元)	消耗量					
人工	二类人工	工日	135.00	4.831	5.069	5.320	5.584	5.861	6.151
材料	水	m^3	4.27	2308.000	2746.000	3184.000	3621.000	3841.000	4060.000
	漂白粉	kg	3.88	40.460	48.830	55.830	63.521	67.400	71.200

第二章

管 道 防 腐

说　　明

一、本章定额包括铸铁管(钢管)地面离心机械内涂、铸铁管(钢管)地面人工内涂、IPN8710 防腐涂料、保护层安装、氯磺化聚乙烯漆、环氧煤沥青、熔结环氧粉末防腐,共 7 节 40 个子目。

二、地面防腐综合考虑了现场和厂内集中防腐两种施工方法。

三、钢管管道接口处防腐执行相应定额。

四、除本册定额已包括内容外,其他管道防腐执行《浙江省通用安装工程预算定额》(2018 版)的有关定额。

工程量计算规则

管道防腐按施工图中心线长度计算,计算工程量时不扣除管件、阀门所占的长度,但管件、阀门的防腐也不另行计算。

一、铸铁管(钢管)地面离心机械内涂

工作内容:剥管,冲洗,内涂,搭拆工作台。　　　计量单位:10m

定额编号				5-191	5-192	5-193	5-194
项目				公称直径(mm 以内)			
				150	200	300	400
基价(元)				60.22	71.38	110.87	214.46
其中	人工费(元)			45.50	51.30	70.47	151.61
	材料费(元)			10.83	14.37	21.88	34.02
	机械费(元)			3.89	5.71	18.52	28.83
名称		单位	单价(元)	消耗量			
人工	二类人工	工日	135.00	0.337	0.380	0.522	1.123
材料	复合硅酸盐水泥 P·C 32.5R 综合	t	319.00	0.020	0.027	0.041	0.064
	黄砂 净砂(中粗砂)	t	102.00	0.041	0.053	0.081	0.125
	水	m^3	4.27	0.063	0.082	0.126	0.200
机械	灰浆搅拌机 200L	台班	154.97	0.020	0.030	0.040	0.070
	涂料机 300mm	台班	26.46	0.030	0.040	0.050	—
	涂料机 1000mm	台班	30.17	—	—	—	0.110
	汽车式起重机 5t	台班	366.47	—	—	0.030	0.040

工作内容:剥管,冲洗,内涂,搭拆工作台。　　　计量单位:10m

定额编号				5-195	5-196	5-197
项目				公称直径(mm 以内)		
				500	600	700
基价(元)				243.01	290.87	356.37
其中	人工费(元)			165.65	182.39	204.26
	材料费(元)			43.02	51.70	80.35
	机械费(元)			34.34	56.78	71.76
名称		单位	单价(元)	消耗量		
人工	二类人工	工日	135.00	1.227	1.351	1.513
材料	复合硅酸盐水泥 P·C 32.5R 综合	t	319.00	0.081	0.097	0.151
	黄砂 净砂(中粗砂)	t	102.00	0.158	0.191	0.296
	水	m^3	4.27	0.249	0.299	0.466
机械	灰浆搅拌机 200L	台班	154.97	0.080	0.090	0.120
	涂料机 1000mm	台班	30.17	0.120	0.130	0.150
	汽车式起重机 5t	台班	366.47	0.050	—	—
	汽车式起重机 8t	台班	648.48	—	0.060	0.075

工作内容:剥管,冲洗,内涂,搭拆工作台。 计量单位:10m

定额编号					5-198	5-199	5-200	5-201
项目					公称直径(mm 以内)			
					800	900	1000	1200
基价(元)					**396.56**	**444.17**	**554.05**	**701.04**
其中	人工费(元)				207.09	233.15	308.21	373.14
	材料费(元)				114.47	129.07	143.13	206.30
	机械费(元)				75.00	81.95	102.71	121.60
名称		单位	单价(元)		消耗量			
人工	二类人工	工日	135.00		1.534	1.727	2.283	2.764
材料	复合硅酸盐水泥 P·C 32.5R 综合	t	319.00		0.215	0.243	0.269	0.388
	黄砂 净砂(中粗砂)	t	102.00		0.422	0.474	0.527	0.759
	水	m^3	4.27		0.665	0.750	0.834	1.197
机械	灰浆搅拌机 200L	台班	154.97		0.120	0.140	0.140	0.220
	涂料机 1000mm	台班	30.17		0.150	0.170	0.220	—
	涂料机 2000mm	台班	32.41		—	—	—	0.270
	汽车式起重机 8t	台班	648.48		0.080	0.085	—	—
	汽车式起重机 16t	台班	875.04		—	—	0.085	0.090

工作内容:剥管,冲洗,内涂,搭拆工作台。 计量单位:10m

定额编号				5-202	5-203	5-204
项目				公称直径(mm 以内)		
				1400	1600	1800
基价(元)				**821.27**	**1071.63**	**1458.07**
其中	人工费(元)			446.99	539.06	650.03
	材料费(元)			240.31	385.74	648.35
	机械费(元)			133.97	146.83	159.69
名称		单位	单价(元)	消耗量		
人工	二类人工	工日	135.00	3.311	3.993	4.815
材料	复合硅酸盐水泥 P·C 32.5R 综合	t	319.00	0.452	0.603	0.804
	黄砂 净砂(中粗砂)	t	102.00	0.884	1.818	3.738
	水	m^3	4.27	1.395	1.862	2.483
机械	灰浆搅拌机 200L	台班	154.97	0.250	0.290	0.330
	涂料机 2000mm	台班	32.41	0.320	0.380	0.440
	汽车式起重机 20t	台班	942.85	0.090	0.095	0.100

二、铸铁管(钢管)地面人工内涂

工作内容:清理管腔、搅拌砂浆、抹灰、成品堆放。　　计量单位:10m

定额编号				5-205	5-206	5-207	5-208
项目				公称直径(mm 以内)			
				800	900	1000	1200
基价(元)				**987.20**	**1103.51**	**1246.18**	**1490.99**
其中	人工费(元)			753.57	847.53	949.59	1139.13
	材料费(元)			163.16	179.16	200.52	239.01
	机械费(元)			70.47	76.82	96.07	112.85
名称		单位	单价(元)	消耗量			
人工	二类人工	工日	135.00	5.582	6.278	7.034	8.438
材料	复合硅酸盐水泥 P·C 32.5R 综合	t	319.00	0.306	0.337	0.377	0.449
	黄砂 净砂(中粗砂)	t	102.00	0.603	0.659	0.738	0.881
	水	m^3	4.27	0.945	1.040	1.166	1.386
机械	汽车式起重机 8t	台班	648.48	0.080	0.085	—	—
	汽车式起重机 16t	台班	875.04	—	—	0.085	0.090
	灰浆搅拌机 200L	台班	154.97	0.120	0.140	0.140	0.220

工作内容:清理管腔、搅拌砂浆、抹灰、成品堆放。　　计量单位:10m

定额编号				5-209	5-210	5-211
项目				公称直径(mm 以内)		
				1400	1600	1800
基价(元)				**1735.60**	**2506.75**	**2806.78**
其中	人工费(元)			1331.37	2005.43	2250.72
	材料费(元)			280.63	366.81	412.18
	机械费(元)			123.60	134.51	143.88
名称		单位	单价(元)	消耗量		
人工	二类人工	工日	135.00	9.862	14.855	16.672
材料	复合硅酸盐水泥 P·C 32.5R 综合	t	319.00	0.527	0.690	0.775
	黄砂 净砂(中粗砂)	t	102.00	1.035	1.349	1.517
	水	m^3	4.27	1.628	2.132	2.394
机械	汽车式起重机 20t	台班	942.85	0.090	0.095	0.100
	灰浆搅拌机 200L	台班	154.97	0.250	0.290	0.320

工作内容:清理管腔、搅拌砂浆、抹灰、成品堆放。 **计量单位**:10m

定额编号				5-212	5-213	5-214	5-215	5-216	5-217
项目				公称直径(mm 以内)					
				2000	2200	2400	2600	2800	3000
基价(元)				**3142.07**	**3471.65**	**3807.05**	**4145.20**	**4525.34**	**4897.80**
其中	人工费(元)			2495.88	2754.00	2997.81	3259.31	3480.98	3771.63
	材料费(元)			488.24	542.52	618.48	670.08	801.94	858.70
	机械费(元)			157.95	175.13	190.76	215.81	242.42	267.47
名称		单位	单价(元)	消耗量					
人工	二类人工	工日	135.00	18.488	20.400	22.206	24.143	25.785	27.938
材料	复合硅酸盐水泥 P·C 32.5R 综合	t	319.00	0.918	1.020	1.163	1.260	1.508	1.615
	黄砂 净砂(中粗砂)	t	102.00	1.797	1.997	2.276	2.466	2.951	3.159
	水	m^3	4.27	2.835	3.150	3.591	3.890	4.656	4.988
机械	汽车式起重机 20t	台班	942.85	0.110	0.120	0.130	0.150	0.170	0.190
	灰浆搅拌机 200L	台班	154.97	0.350	0.400	0.440	0.480	0.530	0.570

三、IPN8710 防腐涂料

工作内容:运料、表面清洗、调配涂料、刷涂。 **计量单位**:$10m^2$

定额编号				5-218	5-219	5-220	5-221	5-222
项目				管道内防腐		管道外防腐		
				底漆一道	面漆两道	底漆一道	中间玻璃布上一层	面漆一道
基价(元)				**50.60**	**87.86**	**47.70**	**42.84**	**42.84**
其中	人工费(元)			46.98	84.24	46.98	42.12	42.12
	材料费(元)			3.62	3.62	0.72	0.72	0.72
	机械费(元)			—	—	—	—	—
名称		单位	单价(元)	消耗量				
人工	二类人工	工日	135.00	0.348	0.624	0.348	0.312	0.312
材料	防腐涂料 IPN8710-2B	kg	—	(1.980)	(3.300)	—	—	—
	防腐涂料 IPN8710-3	kg	—	—	—	(1.980)	(3.450)	(1.650)
	破布	kg	6.90	0.200	0.200	0.100	0.100	0.100
	铁砂布 0#~2#	张	1.03	2.000	2.000	—	—	—
	其他材料费	元	1.00	0.18	0.18	0.03	0.03	0.03

四、保护层安装

工作内容：剪布、卷布、缠布、绑铁丝。　　　　**计量单位：**10m²

定额编号				5-223
项目				玻璃布
				管道
基价（元）				**30.67**
其中	人工费（元）			30.51
	材料费（元）			0.16
	机械费（元）			—
名称		单位	单价(元)	消耗量
人工	二类人工	工日	135.00	0.226
材料	玻璃丝布 δ0.5	m²	—	(14.000)
	镀锌铁丝 14#	kg	5.38	0.030

五、氯磺化聚乙烯漆

工作内容：运料、表面清洗、调配、涂刷。　　　　**计量单位：**10m²

定额编号				5-224	5-225	5-226	5-227
项目				管道			
				底漆一道	中间漆一道	中间漆增一道	面漆一道
基价（元）				**152.06**	**122.82**	**122.14**	**114.32**
其中	人工费（元）			99.77	81.68	81.00	73.17
	材料费（元）			11.43	0.28	0.28	0.29
	机械费（元）			40.86	40.86	40.86	40.86
名称		单位	单价(元)	消耗量			
人工	二类人工	工日	135.00	0.739	0.605	0.600	0.542
材料	氯磺化聚乙烯底漆	kg	—	(2.350)	—	—	—
	氯磺化聚乙烯中间漆	kg	—	—	(2.000)	(1.700)	—
	氯磺化聚乙烯面漆	kg	—	—	—	—	(1.700)
	氯磺化聚乙烯稀释剂	kg	—	(0.550)	(0.520)	(0.520)	(0.540)
	汽油 综合	kg	6.12	1.500	—	—	—
	破布	kg	6.90	0.200	—	—	—
	铁砂布 0#～2#	张	1.03	0.220	—	—	—
	其他材料费	元	1.00	0.64	0.28	0.28	0.29
机械	轴流通风机 7.5kW	台班	45.40	0.900	0.900	0.900	0.900

六、环氧煤沥青

工作内容:运料、表面清洗、调配、涂刷。 计量单位:10m^2

定额编号				5-228	5-229
项目				管道	
				一底	一油
基价(元)				**37.08**	**44.04**
其中	人工费(元)			30.78	36.45
	材料费(元)			6.30	7.59
	机械费(元)			—	—
名称		单位	单价(元)	消耗量	
人工	二类人工	工日	135.00	0.228	0.270
材料	环氧煤沥青底漆	kg	—	(2.500)	—
	环氧煤沥青面漆	kg	—	—	(2.800)
	环氧煤沥青稀释剂	kg	11.21	0.180	0.200
	环氧煤沥青固化剂	kg	13.79	0.200	0.260
	煤油	kg	3.79	0.060	0.060
	其他材料费	元	1.00	1.30	1.54

七、熔结环氧粉末防腐

工作内容:运料、表面清洗、调配、涂刷。 计量单位:10m^2

定额编号				5-230
项目				人工涂刷(0.2mm厚)
基价(元)				**562.78**
其中	人工费(元)			237.60
	材料费(元)			325.18
	机械费(元)			—
名称		单位	单价(元)	消耗量
人工	二类人工	工日	135.00	1.760
材料	双组份液体环氧树脂	kg	38.79	8.300
	其他材料费	元	1.00	3.22

第三章
管件制作、安装

说 明

一、本章定额包括钢管件制作、钢管件安装、铸铁管件安装(膨胀水泥接口)、铸铁法兰盲板安装、承插式预应力混凝土转换件安装(膨胀水泥接口)、塑料管件安装、分水栓安装、马鞍卡子安装、二合三通安装(膨胀水泥接口)、铸铁穿墙管安装、法兰式水表安装、法兰阀门安装(与铸铁承盘、插盘连接)、自动双口排气阀安装、室外消火栓安装、埋地式水表箱安装、铸铁管钻眼攻丝,共16节257个子目。

二、钢管件制作的重量是按《室外给水管道附属构筑物标准图集》05S502计算的,管壁厚度取定同直管。

三、铸铁管件安装适用于铸铁三通、弯头、套管、渐缩管、短管、承盘、插盘的安装,并综合考虑了承口、插口、带盘的接口。与承盘插盘短管法兰连接的阀门安装以"个"计,包括两个垫片及两副法兰用的螺栓。其他阀门或法兰安装执行本定额第七册《燃气与集中供热工程》有关定额。

四、铸铁管件安装(胶圈接口)也适用于球墨铸铁管件的安装。

五、钢弯头、异径管安装、钢制三通安装定额中,当采用成品件时,可计取钢弯头、异径管、钢三通的主材费,不可再套用制作定额。

六、钢制三通、哈夫三通、马鞍卡子安装所列直径是指主管直径。

七、Y形三通钢管件制作套用钢制三通,定额乘以系数1.2。

八、法兰式水表安装仅为水表安装以"个"计。与水表前后连接的阀门及止回阀、管件另执行有关定额。

九、法兰伸缩节套用相应阀门定额。

十、本章定额不包括以下内容:

1. 与马鞍卡子相连的阀门安装执行本定额第七册《燃气与集中供热工程》有关定额。

2. 分水栓、马鞍卡子、二合三通(哈夫三通)安装的排水内容,应按批准的施工组织设计另计。

工程量计算规则

一、管件、分水栓、马鞍卡子、二合三通、水表、与铸铁承盘插盘短管法兰连接阀门、自动双口排气阀的安装按图示数量以“个”为单位计算。

二、钢管件制作工程量,按不同弯头角度(30°、45°、60°、90°)、管外径×壁厚,以制作焊接弯头的个数计算。

三、弯头(异径管)安装工程量,按不同管外径×壁厚,以安装弯头(异径管)的个数计算。管外径以大口径为准。

四、钢管件制作是按无内涂管材考虑,实际制作时如发生有内涂衬的,可按其相应定额中的人工乘以系数 1.1。

五、室外消火栓按图示数量以“套”为单位计算。

一、钢管件制作

1. 钢制弯头制作(30°)

工作内容:放样,下料,坡口,组装,焊接。　　计量单位:个

定额编号				5-231	5-232	5-233	5-234
项目				管外径×壁厚(mm 以内)			
				φ219×6	φ325×6	φ426×8	φ529×10
基价(元)				**102.00**	**135.91**	**183.91**	**257.09**
其中	人工费(元)			75.74	97.20	133.92	179.28
	材料费(元)			12.62	19.02	24.43	34.32
	机械费(元)			13.64	19.69	25.56	43.49
名称		单位	单价(元)	消耗量			
人工	二类人工	工日	135.00	0.561	0.720	0.992	1.328
材料	钢板卷管	m	—	(0.240)	(0.240)	(0.290)	(0.340)
	中厚钢板 综合	kg	3.79	0.230	0.520	0.720	0.790
	电焊条 E43 系列	kg	4.74	1.212	1.821	2.402	3.598
	氧气	m^3	3.62	0.870	1.220	1.490	2.070
	乙炔气	m^3	8.90	0.306	0.430	0.525	0.729
	尼龙砂轮片 φ100	片	1.29	0.077	0.105	0.156	0.167
	其他材料费	元	1.00	0.03	0.04	0.05	0.07
机械	汽车式起重机 5t	台班	366.47	—	—	—	0.029
	交流弧焊机 21kV·A	台班	63.33	0.210	0.303	0.393	0.503
	电焊条烘干箱 60×50×75cm³	台班	16.84	0.020	0.030	0.040	0.060

工作内容:放样,下料,坡口,组装,焊接。　　计量单位:个

定额编号				5-235	5-236	5-237	5-238
项目				管外径×壁厚(mm 以内)			
				φ630×10	φ720×10	φ820×10	φ920×10
基价(元)				**310.01**	**352.01**	**397.73**	**467.00**
其中	人工费(元)			218.43	245.03	272.84	319.55
	材料费(元)			38.70	45.01	49.86	59.45
	机械费(元)			52.88	61.97	75.03	88.00
名称		单位	单价(元)	消耗量			
人工	二类人工	工日	135.00	1.618	1.815	2.021	2.367
材料	钢板卷管	m	—	(0.360)	(0.390)	(0.440)	(0.470)
	中厚钢板 综合	kg	3.79	0.860	0.920	0.990	1.060
	电焊条 E43 系列	kg	4.74	4.298	4.992	5.615	6.309
	氧气	m^3	3.62	2.180	2.590	2.820	3.710
	乙炔气	m^3	8.90	0.768	0.912	0.993	1.306
	尼龙砂轮片 φ100	片	1.29	0.206	0.219	0.265	0.274
	其他材料费	元	1.00	0.08	0.09	0.10	0.12
机械	交流弧焊机 21kV·A	台班	63.33	0.596	0.679	0.772	0.864
	汽车式起重机 5t	台班	366.47	0.038	0.048	0.067	0.086
	电焊条烘干箱 60×50×75cm³	台班	16.84	0.072	0.082	0.094	0.105

工作内容:放样,下料,坡口,组装,焊接。 计量单位:个

定额编号				5-239	5-240	5-241	5-242	5-243	5-244
项目				管外径×壁厚(mm 以内)					
				ϕ1020×12	ϕ1220×12	ϕ1420×14	ϕ1528×14	ϕ1620×16	ϕ1820×16
基价(元)				**560.48**	**692.14**	**931.06**	**1049.37**	**1148.91**	**1290.41**
其中	人工费(元)			389.75	483.30	623.57	693.63	763.83	857.39
	材料费(元)			64.87	79.31	109.64	151.32	174.00	194.28
	机械费(元)			105.86	129.53	197.85	204.42	211.08	238.74
名称		单位	单价(元)	消耗量					
人工	二类人工	工日	135.00	2.887	3.580	4.619	5.138	5.658	6.351
材料	钢板卷管	m	—	(0.490)	(0.590)	(0.660)	(0.690)	(0.720)	(0.780)
	中厚钢板 综合	kg	3.79	1.640	2.220	2.289	2.655	2.900	3.380
	电焊条 E43 系列	kg	4.74	9.006	10.792	15.756	18.918	22.081	24.834
	氧气	m^3	3.62	4.060	4.870	6.500	7.485	8.470	9.230
	乙炔气	m^3	8.90	0.088	0.165	0.209	2.636	2.982	3.250
	尼龙砂轮片 ϕ100	片	1.29	0.274	0.373	0.520	0.569	0.618	0.794
	其他材料费	元	1.00	0.13	0.16	0.22	0.30	0.35	0.39
机械	交流弧焊机 21kV·A	台班	63.33	1.024	1.222	1.682	1.772	1.863	2.093
	电焊条烘干箱 60×50×75cm^3	台班	16.84	0.150	0.180	0.263	0.315	0.368	0.414
	汽车式起重机 5t	台班	366.47	0.105	0.134	—	—	—	—
	汽车式起重机 8t	台班	648.48	—	—	0.134	0.134	0.134	0.153

2. 钢制弯头制作(45°、60°)

工作内容:放样、下料、坡口、组装、焊接。 计量单位:个

定额编号				5-245	5-246	5-247	5-248
项目				管外径×壁厚(mm 以内)			
				ϕ219×6	ϕ325×6	ϕ426×8	ϕ529×10
基价(元)				**159.86**	**211.85**	**285.85**	**400.90**
其中	人工费(元)			107.33	136.35	188.19	252.59
	材料费(元)			25.32	36.09	46.60	64.99
	机械费(元)			27.21	39.41	51.06	83.32
名称		单位	单价(元)	消耗量			
人工	二类人工	工日	135.00	0.795	1.010	1.394	1.871
材料	钢板卷管 45°弯头用	m	—	(0.310)	(0.320)	(0.390)	(0.470)
	钢板卷管 60°弯头用	m	—	(0.400)	(0.400)	(0.510)	(0.620)
	中厚钢板 综合	kg	3.79	0.850	1.040	1.450	1.580
	电焊条 E43 系列	kg	4.74	2.425	3.643	4.804	7.196
	氧气	m^3	3.62	1.540	2.160	2.650	3.610
	乙炔气	m^3	8.90	0.542	0.761	0.933	1.271
	尼龙砂轮片 ϕ100	片	1.29	0.124	0.172	0.268	0.300
	其他材料费	元	1.00	0.05	0.07	0.09	0.13
机械	汽车式起重机 5t	台班	366.47	—	—	—	0.048
	交流弧焊机 21kV·A	台班	63.33	0.419	0.606	0.785	1.006
	电焊条烘干箱 60×50×75cm^3	台班	16.84	0.040	0.061	0.080	0.120

工作内容：放样、下料、坡口、组装、焊接。 计量单位：个

定额编号				5-249	5-250	5-251	5-252
项目				管外径×壁厚(mm以内)			
				φ630×10	φ720×10	φ820×10	φ920×10
基价（元）				**479.72**	**547.85**	**622.28**	**720.39**
其中	人工费（元）			303.08	342.23	383.94	448.34
	材料费（元）			74.19	85.28	95.33	106.67
	机械费（元）			102.45	120.34	143.01	165.38
	名称	单位	单价(元)	消耗量			
人工	二类人工	工日	135.00	2.245	2.535	2.844	3.321
材料	钢板卷管 45°弯头用	m	—	(0.510)	(0.550)	(0.630)	(0.670)
	钢板卷管 60°弯头用	m	—	(0.670)	(0.730)	(0.840)	(0.890)
	中厚钢板 综合	kg	3.79	1.730	1.830	1.980	2.130
	电焊条 E43 系列	kg	4.74	8.596	9.844	11.231	12.617
	氧气	m^3	3.62	3.890	4.590	5.000	5.620
	乙炔气	m^3	8.90	1.370	1.616	1.761	1.979
	尼龙砂轮片 φ100	片	1.29	0.359	0.397	0.487	0.487
	其他材料费	元	1.00	0.15	0.17	0.19	0.21
机械	汽车式起重机 5t	台班	366.47	0.067	0.086	0.115	0.143
	交流弧焊机 21kV·A	台班	63.33	1.192	1.359	1.543	1.728
	电焊条烘干箱 60×50×75cm³	台班	16.84	0.143	0.164	0.187	0.210

工作内容：放样、下料、坡口、组装、焊接。 计量单位：个

定额编号				5-253	5-254	5-255	5-256	5-257	5-258
项目				管外径×壁厚(mm以内)					
				φ1020×12	φ1220×12	φ1420×14	φ1528×14	φ1620×16	φ1820×16
基价（元）				**890.08**	**1097.17**	**1419.93**	**1638.26**	**1791.80**	**2012.33**
其中	人工费（元）			545.00	673.79	866.97	963.63	1060.16	1188.95
	材料费（元）			147.36	178.62	247.22	291.00	334.78	377.09
	机械费（元）			197.72	244.76	305.74	383.63	396.86	446.29
	名称	单位	单价(元)	消耗量					
人工	二类人工	工日	135.00	4.037	4.991	6.422	7.138	7.853	8.807
材料	钢板卷管 45°弯头用	m	—	(0.710)	(0.840)	(0.940)	(0.980)	(1.020)	(1.110)
	钢板卷管 60°弯头用	m	—	(0.940)	(1.120)	(1.260)	(1.310)	(1.360)	(1.480)
	中厚钢板 综合	kg	3.79	3.280	4.430	4.820	5.310	5.800	6.610
	电焊条 E43 系列	kg	4.74	18.011	21.585	31.511	37.836	44.161	49.667
	氧气	m^3	3.62	7.200	8.630	11.530	13.270	15.010	16.880
	乙炔气	m^3	8.90	2.535	3.039	4.060	4.673	5.285	5.944
	尼龙砂轮片 φ100	片	1.29	0.497	0.678	0.950	1.030	1.109	1.440
	其他材料费	元	1.00	0.29	0.36	0.49	0.58	0.67	0.75
机械	汽车式起重机 5t	台班	366.47	0.172	0.229	0.229	—	—	—
	汽车式起重机 8t	台班	648.48	—	—	—	0.229	0.229	0.258
	交流弧焊机 21kV·A	台班	63.33	2.047	2.444	3.363	3.545	3.726	4.185
	电焊条烘干箱 60×50×75cm³	台班	16.84	0.300	0.360	0.525	0.631	0.736	0.828

3. 钢制弯头制作(90°)

工作内容:放样、下料、坡口、组装、焊接。 计量单位:个

定额编号				5-259	5-260	5-261	5-262
项目				管外径×壁厚(mm 以内)			
				ϕ219×6	ϕ325×6	ϕ426×8	ϕ529×10
基价(元)				258.00	344.69	480.21	679.38
其中	人工费(元)			175.64	223.97	306.86	410.67
	材料费(元)			41.50	61.56	96.73	142.33
	机械费(元)			40.86	59.16	76.62	126.38
名称		单位	单价(元)	消耗量			
人工	二类人工	工日	135.00	1.301	1.659	2.273	3.042
材料	钢板卷管	m	—	(0.600)	(0.620)	(0.800)	(1.000)
	中厚钢板 综合	kg	3.79	1.710	2.080	2.880	3.150
	电焊条 E43 系列	kg	4.74	3.637	5.464	7.205	10.794
	氧气	m^3	3.62	2.590	4.050	7.550	11.610
	乙炔气	m^3	8.90	0.912	1.426	2.659	4.088
	尼龙砂轮片 ϕ100	片	1.29	0.164	0.237	0.373	0.418
	其他材料费	元	1.00	0.08	0.12	0.19	0.28
机械	汽车式起重机 5t	台班	366.47	—	—	—	0.076
	交流弧焊机 21kV·A	台班	63.33	0.629	0.910	1.178	1.508
	电焊条烘干箱 60×50×75cm^3	台班	16.84	0.061	0.091	0.120	0.180

工作内容:放样、下料、坡口、组装、焊接。 计量单位:个

定额编号				5-263	5-264	5-265	5-266
项目				管外径×壁厚(mm 以内)			
				ϕ630×10	ϕ720×10	ϕ820×10	ϕ920×10
基价(元)				773.29	885.32	1002.82	1162.63
其中	人工费(元)			493.56	556.74	622.22	727.38
	材料费(元)			124.40	142.97	159.26	178.14
	机械费(元)			155.33	185.61	221.34	257.11
名称		单位	单价(元)	消耗量			
人工	二类人工	工日	135.00	3.656	4.124	4.609	5.388
材料	钢板卷管	m	—	(1.080)	(1.180)	(1.380)	(1.460)
	中厚钢板 综合	kg	3.79	3.450	3.650	3.950	4.250
	电焊条 E43 系列	kg	4.74	12.895	14.766	16.846	18.926
	氧气	m^3	3.62	7.300	8.600	9.360	10.520
	乙炔气	m^3	8.90	2.570	3.028	3.296	3.704
	尼龙砂轮片 ϕ100	片	1.29	0.507	0.603	0.699	0.712
	其他材料费	元	1.00	0.25	0.29	0.32	0.36
机械	汽车式起重机 5t	台班	366.47	0.105	0.143	0.191	0.239
	交流弧焊机 21kV·A	台班	63.33	1.788	2.038	2.315	2.593
	电焊条烘干箱 60×50×75cm^3	台班	16.84	0.215	0.246	0.281	0.315

工作内容：放样、下料、坡口、组装、焊接。　　**计量单位**：个

定额编号				5-267	5-268	5-269	5-270	5-271	5-272
项目				管外径×壁厚(mm 以内)					
				ϕ1020×12	ϕ1220×12	ϕ1420×14	ϕ1528×14	ϕ1620×16	ϕ1820×16
基价（元）				**1437.40**	**1774.69**	**2399.38**	**2658.94**	**2897.47**	**3255.68**
其中	人工费（元）			885.20	1095.39	1410.89	1568.70	1726.38	1936.71
	材料费（元）			245.33	297.98	408.06	489.86	550.83	621.69
	机械费（元）			306.87	381.32	580.43	600.38	620.26	697.28
名称		单位	单价(元)	消耗量					
人工	二类人工	工日	135.00	6.557	8.114	10.451	11.620	12.788	14.346
材料	钢板卷管	m	—	(1.560)	(1.820)	(2.060)	(2.140)	(2.220)	(2.420)
	中厚钢板 综合	kg	3.79	6.550	8.850	9.640	10.620	11.600	13.520
	电焊条 E43 系列	kg	4.74	27.017	32.377	47.266	56.754	66.242	74.501
	氧气	m^3	3.62	13.480	16.160	21.460	24.775	28.090	31.600
	乙炔气	m^3	8.90	4.747	5.690	7.556	9.891	9.891	11.127
	尼龙砂轮片 ϕ100	片	1.29	0.703	0.959	1.348	1.474	1.599	2.057
	其他材料费	元	1.00	0.49	0.59	0.81	0.98	1.10	1.24
机械	汽车式起重机 5t	台班	366.47	0.286	0.382	—	—	—	—
	汽车式起重机 8t	台班	648.48	—	—	0.382	0.382	0.382	0.430
	交流弧焊机 21kV·A	台班	63.33	3.071	3.667	5.044	5.317	5.589	6.277
	电焊条烘干箱 60×50×75cm^3	台班	16.84	0.450	0.540	0.788	0.946	1.104	1.242

4. 钢制三通制作

工作内容：放样、下料、坡口、组装、焊接。　　**计量单位**：个

定额编号				5-273	5-274	5-275	5-276
项目				管外径×壁厚(mm 以内)			
				ϕ219×6	ϕ325×6	ϕ426×8	ϕ529×10
基价（元）				**173.43**	**256.61**	**336.50**	**443.53**
其中	人工费（元）			134.87	184.28	248.67	331.56
	材料费（元）			22.58	31.59	40.25	55.84
	机械费（元）			15.98	40.74	47.58	56.13
名称		单位	单价(元)	消耗量			
人工	二类人工	工日	135.00	0.999	1.365	1.842	2.456
材料	钢板卷管	m	—	(0.838)	(0.911)	(0.981)	(1.247)
	中厚钢板 综合	kg	3.79	0.850	1.040	1.450	1.580
	电焊条 E43 系列	kg	4.74	1.423	2.138	2.820	4.224
	氧气	m^3	3.62	1.780	2.490	3.050	4.230
	乙炔气	m^3	8.90	0.627	0.877	1.074	1.489
	尼龙砂轮片 ϕ100	片	1.29	0.127	0.127	0.178	0.292
	砂轮片 ϕ200	片	10.34	0.036	0.046	0.046	0.075
	其他材料费	元	1.00	0.05	0.06	0.08	0.11
机械	汽车式起重机 5t	台班	366.47	—	0.048	0.048	0.048
	交流弧焊机 21kV·A	台班	63.33	0.246	0.356	0.461	0.590
	电焊条烘干箱 60×50×75cm^3	台班	16.84	0.024	0.036	0.047	0.070

工作内容:放样、下料、坡口、组装、焊接。 计量单位:个

定额编号				5-277	5-278	5-279	5-280
项目				管外径×壁厚(mm以内)			
				ϕ630×10	ϕ720×10	ϕ820×10	ϕ920×10
基价(元)				**575.75**	**623.73**	**677.53**	**821.99**
其中	人工费(元)			428.09	465.21	510.98	635.85
	材料费(元)			57.76	66.99	73.19	91.01
	机械费(元)			89.90	91.53	93.36	95.13
名称		单位	单价(元)	消耗量			
人工	二类人工	工日	135.00	3.171	3.446	3.785	4.710
材料	钢板卷管	m	—	(1.218)	(1.434)	(1.727)	(2.262)
	中厚钢板 综合	kg	3.79	0.307	0.364	0.462	0.655
	电焊条 E43 系列	kg	4.74	5.046	5.778	6.592	7.406
	氧气	m^3	3.62	4.500	5.300	5.560	7.480
	乙炔气	m^3	8.90	1.585	1.866	1.958	2.634
	尼龙砂轮片 ϕ100	片	1.29	1.730	1.830	1.980	2.130
	其他材料费	元	1.00	0.05	0.07	0.09	0.16
机械	汽车式起重机 5t	台班	366.47	0.200	0.200	0.200	0.200
	交流弧焊机 21kV·A	台班	63.33	0.076	0.076	0.076	0.076
	电焊条烘干箱 60×50×75cm^3	台班	16.84	0.700	0.797	0.906	1.011

工作内容:放样、下料、坡口、组装、焊接。 计量单位:个

定额编号				5-281	5-282	5-283	5-284	5-285	5-286
项目				管外径×壁厚(mm以内)					
				ϕ1020×12	ϕ1220×12	ϕ1420×14	ϕ1528×14	ϕ1620×16	ϕ1820×16
基价(元)				**992.98**	**1332.31**	**1472.02**	**1570.57**	**1668.27**	**1875.37**
其中	人工费(元)			764.51	1015.61	1086.21	1146.83	1207.44	1354.59
	材料费(元)			121.53	147.69	181.03	211.14	240.48	264.32
	机械费(元)			106.94	169.01	204.78	212.60	220.35	256.46
名称		单位	单价(元)	消耗量					
人工	二类人工	工日	135.00	5.663	7.523	8.046	8.495	8.944	10.034
材料	钢板卷管	m	—	(1.846)	(2.601)	(3.438)	(3.511)	(3.583)	(4.483)
	中厚钢板 综合	kg	3.79	3.280	4.430	4.820	5.310	5.800	6.610
	电焊条 E43 系列	kg	4.74	10.572	12.669	18.496	22.208	25.921	29.153
	氧气	m^3	3.62	8.300	9.950	10.390	11.660	12.930	12.675
	乙炔气	m^3	8.90	2.923	3.504	3.659	4.106	4.463	4.553
	尼龙砂轮片 ϕ100	片	1.29	0.655	0.694	1.143	1.573	2.003	3.542
	砂轮片 ϕ200	片	10.34	0.178	0.238	0.298	0.440	0.584	0.926
	其他材料费	元	1.00	0.24	0.29	0.36	0.42	0.48	0.53
机械	汽车式起重机 5t	台班	366.47	0.076	—	—	—	—	—
	汽车式起重机 8t	台班	648.48	—	0.115	0.115	0.115	0.115	0.143
	交流弧焊机 21kV·A	台班	63.33	1.202	1.435	1.974	2.081	2.187	2.456
	电焊条烘干箱 60×50×75cm^3	台班	16.84	0.176	0.211	0.308	0.370	0.432	0.486

二、钢管件安装

1. 弯管(异径管)安装

工作内容:切管、管口修整、管件组装、焊接。 计量单位:个

定额编号				5-287	5-288	5-289	5-290	5-291
项目				管外径×壁厚(mm以内)	管外径×壁厚(mm以内)		管外径×壁厚(mm以内)	
				φ108×6	φ159×6	φ219×8	φ325×8	φ426×8
基价(元)				**65.58**	**91.80**	**124.91**	**190.30**	**284.33**
其中	人工费(元)			47.66	65.61	83.57	129.87	181.44
	材料费(元)			6.91	10.91	17.70	26.16	33.75
	机械费(元)			11.01	15.28	23.64	34.27	69.14
名称		单位	单价(元)	消耗量				
人工	二类人工	工日	135.00	0.353	0.486	0.619	0.962	1.344
材料	钢制管件	个	—	(1.000)	(1.000)	(1.000)	(1.000)	(1.000)
	中厚钢板 综合	kg	3.79	0.150	0.270	0.410	0.500	0.690
	电焊条 E43 系列	kg	4.74	0.656	0.984	2.019	3.168	4.177
	氧气	m^3	3.62	0.449	0.724	0.910	1.280	1.560
	乙炔气	m^3	8.90	0.173	0.279	0.350	0.492	0.600
	尼龙砂轮片 φ100	片	1.29	0.041	0.088	0.115	0.163	0.245
	其他材料费	元	1.00	0.01	0.01	0.02	0.03	0.03
机械	汽车式起重机 5t	台班	366.47	—	—	—	—	0.057
	载货汽车 5t	台班	382.30	—	—	—	—	0.010
	交流弧焊机 21kV·A	台班	63.33	0.171	0.237	0.364	0.527	0.683
	电焊条烘干箱 60×50×75cm³	台班	16.84	0.011	0.016	0.035	0.053	0.070

工作内容:切管、管口修整、管件组装、焊接。 **计量单位**:个

定额编号				5-292	5-293	5-294	5-295
项目				管外径×壁厚(mm 以内)			
				ϕ529×10	ϕ630×10	ϕ720×10	ϕ820×10
基价(元)				**377.26**	**444.89**	**502.77**	**601.27**
其中	人工费(元)			247.19	293.22	326.70	368.55
	材料费(元)			48.26	55.74	63.75	71.65
	机械费(元)			81.81	95.93	112.32	161.07
名称		单位	单价(元)	消耗量			
人工	二类人工	工日	135.00	1.831	2.172	2.420	2.730
材料	钢制管件	个	—	(1.000)	(1.000)	(1.000)	(1.000)
	中厚钢板 综合	kg	3.79	0.750	0.870	0.880	0.970
	电焊条 E43 系列	kg	4.74	6.257	7.475	8.560	9.766
	氧气	m^3	3.62	2.160	2.320	2.710	2.950
	乙炔气	m^3	8.90	0.831	0.892	1.042	1.135
	尼龙砂轮片 ϕ100	片	1.29	0.381	0.474	0.543	0.644
	其他材料费	元	1.00	0.05	0.06	0.06	0.07
机械	载货汽车 5t	台班	382.30	0.010	0.019	0.019	0.029
	汽车式起重机 5t	台班	366.47	0.057	0.057	0.076	—
	汽车式起重机 8t	台班	648.48	—	—	—	0.096
	交流弧焊机 21kV·A	台班	63.33	0.874	1.037	1.181	1.342
	电焊条烘干箱 60×50×75cm^3	台班	16.84	0.104	0.125	0.143	0.163

工作内容:切管、管口修整、管件组装、焊接。 **计量单位**:个

定额编号				5-296	5-297	5-298	5-299	5-300	5-301
项目				管外径×壁厚(mm 以内)					
				ϕ1020×12	ϕ1220×12	ϕ1420×14	ϕ1520×14	ϕ1620×16	ϕ1820×16
基价(元)				**785.01**	**939.78**	**1199.81**	**1308.30**	**1416.00**	**1692.90**
其中	人工费(元)			473.18	561.33	697.01	748.04	798.93	990.77
	材料费(元)			111.57	134.39	188.86	222.94	257.01	287.96
	机械费(元)			200.26	244.06	313.94	337.32	360.06	414.17
名称		单位	单价(元)	消耗量					
人工	二类人工	工日	135.00	3.505	4.158	5.163	5.541	5.918	7.339
材料	钢制管件	个	—	(1.000)	(1.000)	(1.000)	(1.000)	(1.000)	(1.000)
	中厚钢板 综合	kg	3.79	1.620	2.130	2.440	2.590	2.740	2.740
	电焊条 E43 系列	kg	4.74	15.662	18.770	27.401	32.901	38.401	43.189
	氧气	m^3	3.62	4.250	5.090	6.800	7.830	8.860	9.970
	乙炔气	m^3	8.90	1.635	1.958	2.615	3.012	3.408	3.835
	尼龙砂轮片 ϕ100	片	1.29	0.886	1.062	1.283	1.393	1.503	1.816
	其他材料费	元	1.00	0.11	0.13	0.19	0.22	0.26	0.29
机械	汽车式起重机 8t	台班	648.48	0.038	0.048	0.057	0.067	0.076	0.096
	载货汽车 5t	台班	382.30	0.153	0.191	0.220	0.234	0.248	0.286
	交流弧焊机 21kV·A	台班	63.33	1.780	2.126	2.924	3.082	3.240	3.639
	电焊条烘干箱 60×50×75cm^3	台班	16.84	0.261	0.313	0.457	0.548	0.640	0.720

2. 三通安装

工作内容：切管、管口修整、管件组装、焊接。　　**计量单位：**个

定额编号				5-302	5-303	5-304	5-305	5-306
项目				管外径×壁厚(mm 以内)				
				ϕ108×6	ϕ159×6	ϕ219×8	ϕ325×8	ϕ426×8
基价（元）				**92.72**	**122.81**	**175.28**	**316.96**	**377.30**
其中	人工费（元）			66.83	85.32	108.54	168.89	235.85
	材料费（元）			9.91	15.36	32.44	44.42	56.19
	机械费（元）			15.98	22.13	34.30	103.65	85.26
	名称	单位	单价(元)	消耗量				
人工	二类人工	工日	135.00	0.495	0.632	0.804	1.251	1.747
材料	钢制管件	个	—	(1.000)	(1.000)	(1.000)	(1.000)	(1.000)
	中厚钢板 综合	kg	3.79	0.150	0.210	0.490	0.600	0.828
	电焊条 E43 系列	kg	4.74	0.951	1.426	3.053	4.593	6.057
	氧气	m^3	3.62	0.674	1.086	2.251	2.838	3.381
	乙炔气	m^3	8.90	0.259	0.418	0.866	1.092	1.300
	尼龙砂轮片 ϕ100	片	1.29	0.062	0.101	0.173	0.264	0.367
	其他材料费	元	1.00	0.01	0.02	0.03	0.04	0.06
机械	汽车式起重机 5t	台班	366.47	—	—	—	0.048	0.076
	载货汽车 5t	台班	382.30	—	—	—	0.095	0.019
	交流弧焊机 21kV·A	台班	63.33	0.248	0.343	0.528	0.765	0.765
	电焊条烘干箱 60×50×75cm³	台班	16.84	0.016	0.024	0.051	0.077	0.101

工作内容：切管、管口修整、管件组装、焊接。　　**计量单位：**个

定额编号				5-307	5-308	5-309	5-310	5-311
项目				管外径×壁厚(mm 以内)				
				ϕ529×10	ϕ630×10	ϕ720×10	ϕ820×10	ϕ920×10
基价（元）				**511.86**	**615.49**	**741.88**	**867.18**	**981.21**
其中	人工费（元）			321.44	381.11	424.71	479.12	541.76
	材料费（元）			78.96	94.69	106.78	121.25	135.47
	机械费（元）			111.46	139.69	210.39	266.81	303.98
	名称	单位	单价(元)	消耗量				
人工	二类人工	工日	135.00	2.381	2.823	3.146	3.549	4.013
材料	钢制管件	个	—	(1.000)	(1.000)	(1.000)	(1.000)	(1.000)
	中厚钢板 综合	kg	3.79	0.900	1.044	1.056	1.164	1.244
	电焊条 E43 系列	kg	4.74	8.886	10.615	12.156	13.868	15.580
	氧气	m^3	3.62	4.630	5.596	6.247	7.055	7.854
	乙炔气	m^3	8.90	1.781	2.152	2.403	2.714	3.021
	尼龙砂轮片 ϕ100	片	1.29	0.571	0.710	0.814	1.002	1.126
	其他材料费	元	1.00	0.08	0.09	0.11	0.12	0.14
机械	汽车式起重机 5t	台班	366.47	0.096	0.124	—	—	—
	汽车式起重机 8t	台班	648.48	—	—	0.153	0.191	0.220
	载货汽车 5t	台班	382.30	0.029	0.033	0.038	0.048	0.057
	交流弧焊机 21kV·A	台班	63.33	0.990	1.242	1.472	1.906	2.134
	电焊条烘干箱 60×50×75cm³	台班	16.84	0.148	0.177	0.203	0.231	0.260

工作内容:切管、管口修整、管件组装、焊接。　　**计量单位**:个

定额编号				5-312	5-313	5-314	5-315	5-316	5-317
项目				管外径×壁厚(mm以内)					
				ϕ1020×12	ϕ1220×12	ϕ1420×14	ϕ1520×14	ϕ1620×16	ϕ1820×16
基价(元)				**1155.69**	**1372.34**	**1655.54**	**1870.95**	**2014.55**	**2403.07**
其中	人工费(元)			615.20	729.68	833.36	972.41	1038.56	1287.90
	材料费(元)			184.27	221.89	302.37	348.29	394.20	457.25
	机械费(元)			356.22	420.77	519.81	550.25	581.79	657.92
名称		单位	单价(元)	消耗量					
人工	二类人工	工日	135.00	4.557	5.405	6.173	7.203	7.693	9.540
材料	钢制管件	个	—	(1.000)	(1.000)	(1.000)	(1.000)	(1.000)	(1.000)
	中厚钢板 综合	kg	3.79	1.944	2.556	3.172	3.367	3.562	4.154
	电焊条 E43 系列	kg	4.74	22.240	26.653	38.087	45.732	53.377	60.033
	氧气	m^3	3.62	9.880	11.869	15.197	16.430	17.662	21.721
	乙炔气	m^3	8.90	3.801	4.565	5.845	6.319	6.793	8.354
	尼龙砂轮片 ϕ100	片	1.29	1.329	1.593	1.925	2.090	2.254	2.723
	其他材料费	元	1.00	0.18	0.22	0.30	0.35	0.39	0.46
机械	汽车式起重机 8t	台班	648.48	0.248	0.286	0.315	0.329	0.344	0.382
	载货汽车 5t	台班	382.30	0.076	0.096	0.124	0.138	0.153	0.191
	交流弧焊机 21kV·A	台班	63.33	2.528	3.018	4.065	4.284	4.504	5.058
	电焊条烘干箱 60×50×75cm³	台班	16.84	0.371	0.444	0.635	0.762	0.890	1.001

三、铸铁管件安装(膨胀水泥接口)

1.膨 胀 水 泥

工作内容:切管、管口处理、管件安装、调制接口材料、接口、养护。　　**计量单位**:个

定额编号				5-318	5-319	5-320	5-321
项目				公称直径(mm以内)			
				75	100	150	200
基价(元)				**42.03**	**44.38**	**62.48**	**81.32**
其中	人工费(元)			36.72	37.67	52.65	68.31
	材料费(元)			5.31	6.71	9.83	13.01
	机械费(元)			—	—	—	—
名称		单位	单价(元)	消耗量			
人工	二类人工	工日	135.00	0.272	0.279	0.390	0.506
材料	铸铁管件	个	—	(1.000)	(1.000)	(1.000)	(1.000)
	膨胀水泥	kg	0.87	1.399	1.740	2.559	3.287
	氧气	m^3	3.62	0.044	0.075	0.101	0.183
	乙炔气	m^3	8.90	0.015	0.025	0.034	0.061
	油麻丝	kg	20.69	0.183	0.227	0.334	0.431
	其他材料费	元	1.00	0.01	0.01	0.02	0.03

工作内容：切管、管口处理、管件安装、调制接口材料、接口、养护。　　**计量单位**：个

定额编号				5-322	5-323	5-324	5-325
项目				公称直径(mm 以内)			
				300	400	500	600
基价（元）				**104.03**	**146.69**	**201.97**	**280.57**
其中	人工费（元）			75.74	105.98	145.53	191.84
	材料费（元）			21.57	30.32	42.39	52.48
	机械费（元）			6.72	10.39	14.05	36.25
名称		单位	单价(元)	消耗量			
人工	二类人工	工日	135.00	0.561	0.785	1.078	1.421
材料	铸铁管件	个	—	(1.000)	(1.000)	(1.000)	(1.000)
	膨胀水泥	kg	0.87	5.500	7.546	10.648	13.222
	氧气	m^3	3.62	0.264	0.495	0.627	0.759
	乙炔气	m^3	8.90	0.088	0.165	0.209	0.253
	油麻丝	kg	20.69	0.725	0.987	1.397	1.733
	其他材料费	元	1.00	0.05	0.07	0.09	0.12
机械	汽车式起重机 5t	台班	366.47	0.010	0.020	0.030	—
	汽车式起重机 8t	台班	648.48	—	—	—	0.050
	载货汽车 5t	台班	382.30	0.008	0.008	0.008	0.010

工作内容：切管、管口处理、管件安装、调制接口材料、接口、养护。　　**计量单位**：个

定额编号				5-326	5-327	5-328	5-329
项目				公称直径(mm 以内)			
				700	800	900	1000
基价（元）				**377.09**	**401.92**	**526.38**	**608.67**
其中	人工费（元）			277.70	290.52	383.81	425.52
	材料费（元）			63.14	74.39	86.10	106.27
	机械费（元）			36.25	37.01	56.47	76.88
名称		单位	单价(元)	消耗量			
人工	二类人工	工日	135.00	2.057	2.152	2.843	3.152
材料	铸铁管件	个	—	(1.000)	(1.000)	(1.000)	(1.000)
	膨胀水泥	kg	0.87	15.961	18.898	22.011	27.401
	氧气	m^3	3.62	0.891	0.990	1.100	1.232
	乙炔气	m^3	8.90	0.297	0.330	0.367	0.411
	油麻丝	kg	20.69	2.090	2.478	2.877	3.581
	其他材料费	元	1.00	0.14	0.16	0.18	0.22
机械	汽车式起重机 8t	台班	648.48	0.050	0.050	0.080	—
	汽车式起重机 16t	台班	875.04	—	—	—	0.080
	载货汽车 5t	台班	382.30	0.010	0.012	0.012	0.018

工作内容:切管、管口处理、管件安装、调制接口材料、接口、养护。 **计量单位**:个

定额编号				5-330	5-331	5-332
项目				公称直径(mm以内)		
				1200	1400	1600
基价(元)				**808.10**	**1084.78**	**1545.03**
其中	人工费(元)			579.15	804.47	1208.52
	材料费(元)			134.56	176.98	212.68
	机械费(元)			94.39	103.33	123.83
	名称	单位	单价(元)	消耗量		
人工	二类人工	工日	135.00	4.290	5.959	8.952
材料	铸铁管件	个	—	(1.000)	(1.000)	(1.000)
	膨胀水泥	kg	0.87	35.068	46.706	56.441
	氧气	m^3	3.62	1.342	1.452	1.584
	乙炔气	m^3	8.90	0.447	0.484	0.528
	油麻丝	kg	20.69	4.589	6.111	7.382
	其他材料费	元	1.00	0.27	0.35	0.41
机械	汽车式起重机 16t	台班	875.04	0.100	—	—
	汽车式起重机 20t	台班	942.85	—	0.100	0.120
	载货汽车 5t	台班	382.30	0.018	—	—
	载货汽车 8t	台班	411.20	—	0.022	0.026

2.胶圈接口

工作内容:选胶圈、清洗管口、上胶圈。管口处理、管件安装、上胶圈、对口、调直、牵引。 **计量单位**:个

定额编号				5-333	5-334	5-335	5-336
项目				公称直径(mm以内)			
				150	200	300	400
基价(元)				**74.84**	**97.34**	**110.14**	**155.80**
其中	人工费(元)			73.71	95.58	100.98	141.35
	材料费(元)			1.13	1.76	2.44	4.06
	机械费(元)			—	—	6.72	10.39
	名称	单位	单价(元)	消耗量			
人工	二类人工	工日	135.00	0.546	0.708	0.748	1.047
材料	铸铁管件	个	—	(1.000)	(1.000)	(1.000)	(1.000)
	橡胶圈 *DN*150	个	—	(2.060)	—	—	—
	橡胶圈 *DN*200	个	—	—	(2.060)	—	—
	橡胶圈 *DN*300	个	—	—	—	(2.060)	—
	橡胶圈 *DN*400	个	—	—	—	—	(2.060)
	氧气	m^3	3.62	0.101	0.183	0.264	0.495
	乙炔气	m^3	8.90	0.034	0.061	0.088	0.165
	润滑油	kg	4.33	0.105	0.126	0.158	0.179
	其他材料费	元	1.00	0.01	0.01	0.02	0.02
机械	汽车式起重机 5t	台班	366.47	—	—	0.010	0.020
	载货汽车 5t	台班	382.30	—	—	0.008	0.008

工作内容：选胶圈、清洗管口、上胶圈。管口处理、管件安装、上胶圈、对口、调直、牵引。　计量单位：个

定额编号				5-337	5-338	5-339	5-340
项目				公称直径(mm 以内)			
				500	600	700	800
基价（元）				**234.63**	**346.45**	**491.96**	**498.44**
其中	人工费（元）			215.46	304.02	448.47	454.95
	材料费（元）			5.12	6.18	7.24	7.24
	机械费（元）			14.05	36.25	36.25	36.25
	名称	单位	单价(元)	消耗量			
人工	二类人工	工日	135.00	1.596	2.252	3.322	3.370
材料	铸铁管件	个	—	(1.000)	(1.000)	(1.000)	(1.000)
	橡胶圈 *DN*500	个	—	(2.060)	—	—	—
	橡胶圈 *DN*600	个	—	—	(2.060)	—	—
	橡胶圈 *DN*700	个	—	—	—	(2.060)	—
	橡胶圈 *DN*800	个	—	—	—	—	(2.060)
	氧气	m^3	3.62	0.627	0.759	0.891	0.891
	乙炔气	m^3	8.90	0.209	0.253	0.297	0.297
	润滑油	kg	4.33	0.221	0.263	0.305	0.305
	其他材料费	元	1.00	0.03	0.04	0.05	0.05
机械	汽车式起重机 5t	台班	366.47	0.030	—	—	—
	汽车式起重机 8t	台班	648.48	—	0.050	0.050	0.050
	载货汽车 5t	台班	382.30	0.008	0.010	0.010	0.010

工作内容：选胶圈、清洗管口、上胶圈。管口处理、管件安装、上胶圈、对口、调直、牵引。　计量单位：个

定额编号				5-341	5-342	5-343	5-344	5-345
项目				公称直径(mm 以内)				
				900	1000	1200	1400	1600
基价（元）				**656.27**	**768.90**	**1037.79**	**1401.58**	**1973.72**
其中	人工费（元）			590.76	682.02	932.31	1286.01	1836.41
	材料费（元）			9.04	10.00	11.09	12.24	13.48
	机械费（元）			56.47	76.88	94.39	103.33	123.83
	名称	单位	单价(元)	消耗量				
人工	二类人工	工日	135.00	4.376	5.052	6.906	9.526	13.603
材料	铸铁管件	个	—	(1.000)	(1.000)	(1.000)	(1.000)	(1.000)
	橡胶圈 *DN*900	个	—	(2.060)	—	—	—	—
	橡胶圈 *DN*1000	个	—	—	(2.060)	—	—	—
	橡胶圈 *DN*1200	个	—	—	—	(2.060)	—	—
	橡胶圈 *DN*1400	个	—	—	—	—	(2.060)	—
	橡胶圈 *DN*1600	个	—	—	—	—	—	(2.060)
	氧气	m^3	3.62	1.100	1.232	1.342	1.452	1.584
	乙炔气	m^3	8.90	0.367	0.411	0.447	0.484	0.528
	润滑油	kg	4.33	0.399	0.420	0.504	0.599	0.683
	其他材料费	元	1.00	0.06	0.06	0.07	0.08	0.09
机械	汽车式起重机 8t	台班	648.48	0.080	—	—	—	—
	汽车式起重机 16t	台班	875.04	—	0.080	0.100	—	—
	汽车式起重机 20t	台班	942.85	—	—	—	0.100	0.120
	载货汽车 5t	台班	382.30	0.012	0.018	0.018	—	—
	载货汽车 8t	台班	411.20	—	—	—	0.022	0.026

四、铸铁法兰盲板安装

工作内容:检查估量、加垫、固定、紧螺栓。

计量单位:个

定额编号				5-346	5-347	5-348	5-349	5-350	5-351
项目				公称直径(mm以内)					
				50	100	150	200	300	400
基价(元)				31.52	40.63	61.04	65.00	102.51	156.45
其中	人工费(元)			27.68	32.00	45.90	49.55	78.17	113.81
	材料费(元)			3.84	8.63	15.14	15.45	24.34	42.64
	机械费(元)			—	—	—	—	—	—
名称		单位	单价(元)	消耗量					
人工	二类人工	工日	135.00	0.205	0.237	0.340	0.367	0.579	0.843
材料	法兰盲板	片	—	(1.000)	(1.000)	(1.000)	(1.000)	(1.000)	(1.000)
	石棉橡胶板 低压δ0.8~6	kg	5.26	0.070	0.180	0.280	0.340	0.400	0.710
	六角带帽螺栓	kg	5.47	0.635	1.404	2.498	2.498	4.065	7.112

工作内容:检查估量、加垫、固定、紧螺栓。

计量单位:个

定额编号				5-352	5-353	5-354	5-355	5-356	5-357
项目				公称直径(mm以内)					
				500	600	700	800	900	1000
基价(元)				212.94	283.49	310.86	330.21	345.02	428.36
其中	人工费(元)			159.84	184.55	186.98	205.88	213.30	235.58
	材料费(元)			53.10	98.94	123.88	124.33	131.72	192.78
	机械费(元)			—	—	—	—	—	—
名称		单位	单价(元)	消耗量					
人工	二类人工	工日	135.00	1.184	1.367	1.385	1.525	1.580	1.745
材料	法兰盲板	片	—	(1.000)	(1.000)	(1.000)	(1.000)	(1.000)	(1.000)
	石棉橡胶板 低压δ0.8~6	kg	5.26	0.850	1.510	1.595	1.680	1.880	2.080
	六角带帽螺栓	kg	5.47	8.890	16.635	21.114	21.114	22.272	33.243

工作内容:检查估量、加垫、固定、紧螺栓。　　　　计量单位:个

定额编号				5-358	5-359	5-360
项目				公称直径(mm 以内)		
				1200	1400	1600
基价(元)				**482.67**	**530.81**	**604.49**
其中	人工费(元)			267.17	285.66	331.83
	材料费(元)			215.50	245.15	272.66
	机械费(元)			—	—	—
名称		单位	单价(元)	消耗量		
人工	二类人工	工日	135.00	1.979	2.116	2.458
材料	法兰盲板	片	—	(1.000)	(1.000)	(1.000)
	石棉橡胶板 低压δ0.8~6	kg	5.26	1.460	2.160	2.450
	六角带帽螺栓	kg	5.47	37.992	42.741	47.490

五、承插式预应力混凝土转换件安装(膨胀水泥接口)

工作内容:管件安装、接口、养护。　　　　计量单位:个

定额编号				5-361	5-362	5-363	5-364	5-365	5-366
项目				公称直径(mm 以内)					
				300	400	500	600	700	800
基价(元)				**148.46**	**245.51**	**339.63**	**470.25**	**528.58**	**586.66**
其中	人工费(元)			134.87	228.96	316.58	405.00	454.28	502.61
	材料费(元)			13.59	16.55	23.05	29.00	38.05	47.04
	机械费(元)			—	—	—	36.25	36.25	37.01
名称		单位	单价(元)	消耗量					
人工	二类人工	工日	135.00	0.999	1.696	2.345	3.000	3.365	3.723
材料	混凝土转换件	个	—	(1.000)	(1.000)	(1.000)	(1.000)	(1.000)	(1.000)
	膨胀水泥	kg	0.87	4.400	6.037	8.518	10.578	12.769	15.118
	油麻丝	kg	20.69	0.472	0.546	0.756	0.957	1.302	1.638
机械	汽车式起重机 8t	台班	648.48	—	—	—	0.050	0.050	0.050
	载货汽车 5t	台班	382.30	—	—	—	0.010	0.010	0.012

工作内容:管件安装、接口、养护。

计量单位:个

定额编号				5-367	5-368	5-369	5-370	5-371	5-372
项目				公称直径(mm 以内)					
				900	1000	1200	1400	1600	1800
基价(元)				**691.69**	**800.68**	**1051.22**	**1295.97**	**1551.77**	**1806.77**
其中	人工费(元)			576.45	652.05	847.26	1042.47	1238.49	1433.70
	材料费(元)			58.77	71.75	109.57	150.17	189.45	228.73
	机械费(元)			56.47	76.88	94.39	103.33	123.83	144.34
名称		单位	单价(元)	消耗量					
人工	二类人工	工日	135.00	4.270	4.830	6.276	7.722	9.174	10.620
材料	混凝土转换件	个	—	(1.000)	(1.000)	(1.000)	(1.000)	(1.000)	(1.000)
	膨胀水泥	kg	0.87	17.609	21.920	28.054	37.364	45.153	52.941
	油麻丝	kg	20.69	2.100	2.546	4.116	5.687	7.258	8.829
机械	汽车式起重机 8t	台班	648.48	0.080	—	—	—	—	—
	汽车式起重机 16t	台班	875.04	—	0.080	0.100	—	—	—
	汽车式起重机 20t	台班	942.85	—	—	—	0.100	0.120	0.140
	载货汽车 5t	台班	382.30	0.012	0.018	0.018	—	—	—
	载货汽车 8t	台班	411.20	—	—	—	0.022	0.026	0.030

六、塑料管件安装

1. 粘　　接

工作内容:切管、坡口、清理工作面、管件安装。

计量单位:个

定额编号				5-373	5-374	5-375	5-376
项目				管外径(mm 以内)			
				25	32	50	75
基价(元)				**3.09**	**3.90**	**7.50**	**10.81**
其中	人工费(元)			2.70	3.38	6.75	9.72
	材料费(元)			0.39	0.52	0.75	1.01
	机械费(元)			—	—	—	0.08
名称		单位	单价(元)	消耗量			
人工	二类人工	工日	135.00	0.020	0.025	0.050	0.072
材料	塑料管件	个	—	(1.000)	(1.000)	(1.000)	(1.000)
	钢锯条	条	2.59	0.020	0.020	0.030	—
	铁砂布 0# ~2#	张	1.03	0.200	0.300	0.400	0.600
	丙酮	kg	8.16	0.006	0.007	0.012	0.018
	粘合剂	g	0.02	4.200	5.200	8.200	12.400
机械	木工圆锯机 500mm	台班	27.50	—	—	—	0.003

工作内容：切管、坡口、清理工作面、管件安装。　　计量单位：个

定额编号				5-377	5-378	5-379	5-380
项目				管外径(mm 以内)			
				110	125	140	160
基价(元)				16.36	19.38	22.19	23.99
其中	人工费(元)			14.85	17.55	20.25	21.87
	材料费(元)			1.43	1.75	1.86	2.01
	机械费(元)			0.08	0.08	0.08	0.11
名称		单位	单价(元)	消耗量			
人工	二类人工	工日	135.00	0.110	0.130	0.150	0.162
材料	塑料管件	个	—	(1.000)	(1.000)	(1.000)	(1.000)
	铁砂布 0# ~2#	张	1.03	0.600	0.800	0.800	0.800
	丙酮	kg	8.16	0.038	0.043	0.047	0.055
	粘合剂	g	0.02	25.200	28.600	32.500	36.700
机械	木工圆锯机 500mm	台班	27.50	0.003	0.003	0.003	0.004

2. 胶　圈

工作内容：切管、坡口、清理工作面、管件安装、上胶圈。　　计量单位：个

定额编号				5-381	5-382	5-383	5-384
项目				管外径(mm 以内)			
				90	125	160	250
基价(元)				13.97	16.69	20.88	35.36
其中	人工费(元)			12.96	15.39	19.44	33.21
	材料费(元)			0.93	1.22	1.33	2.01
	机械费(元)			0.08	0.08	0.11	0.14
名称		单位	单价(元)	消耗量			
人工	二类人工	工日	135.00	0.096	0.114	0.144	0.246
材料	塑料管件	个	—	(1.000)	(1.000)	(1.000)	(1.000)
	橡胶圈 *DN*90	个	—	(2.369)	—	—	—
	橡胶圈 *DN*125	个	—	—	(2.369)	—	—
	橡胶圈 *DN*160	个	—	—	—	(2.369)	—
	橡胶圈 *DN*250	个	—	—	—	—	(2.369)
	铁砂布 0# ~2#	张	1.03	0.600	0.800	0.800	1.270
	润滑油	kg	4.33	0.072	0.091	0.116	0.162
机械	木工圆锯机 500mm	台班	27.50	0.003	0.003	0.004	0.005

工作内容:切管、坡口、清理工作面、管件安装、上胶圈。 计量单位:个

定额编号				5-385	5-386	5-387	5-388
项目				管外径(mm以内)			
				315	355	400	500
基价(元)				**42.10**	**50.41**	**55.49**	**63.98**
其中	人工费(元)			39.69	47.79	52.65	60.75
	材料费(元)			2.24	2.45	2.65	2.95
	机械费(元)			0.17	0.17	0.19	0.28
名称		单位	单价(元)	消耗量			
人工	二类人工	工日	135.00	0.294	0.354	0.390	0.450
材料	塑料管件	个	—	(1.000)	(1.000)	(1.000)	(1.000)
	橡胶圈 *DN*315	个	—	(2.369)	—	—	—
	橡胶圈 *DN*350	个	—	—	(2.369)	—	—
	橡胶圈 *DN*400	个	—	—	—	(2.369)	—
	橡胶圈 *DN*500	个	—	—	—	—	(2.369)
	铁砂布 0# ~2#	张	1.03	1.400	1.500	1.700	1.800
	润滑油	kg	4.33	0.184	0.208	0.208	0.254
机械	木工圆锯机 500mm	台班	27.50	0.006	0.006	0.007	0.010

3.电熔连接

工作内容:切管、管座整理、安装、切管、对口、电熔连接。 计量单位:个

定额编号				5-389	5-390	5-391	5-392	5-393
项目				管外径(mm以内)				
				160	200	315	400	500
基价(元)				**19.95**	**25.13**	**25.99**	**35.23**	**39.70**
其中	人工费(元)			17.69	22.68	23.22	32.27	36.59
	材料费(元)			0.27	0.27	0.29	0.29	0.29
	机械费(元)			1.99	2.18	2.48	2.67	2.82
名称		单位	单价(元)	消耗量				
人工	二类人工	工日	135.00	0.131	0.168	0.172	0.239	0.271
材料	塑料管件(电熔熔接)	个	—	(1.000)	(1.000)	(1.000)	(1.000)	(1.000)
	铁砂布 0# ~2#	张	1.03	0.260	0.260	0.280	0.280	0.280
机械	电熔焊接机 3.5kW	台班	37.60	0.053	0.058	0.066	0.071	0.075

工作内容:切管、管座整理、安装、切管、对口、电熔连接。　　**计量单位**:个

定额编号				5-394	5-395	5-396	5-397	5-398
项目				管外径(mm 以内)				
				600	700	800	900	1000
基价(元)				**40.85**	**45.46**	**50.60**	**55.01**	**59.51**
其中	人工费(元)			37.53	41.99	46.98	49.68	52.52
	材料费(元)			0.31	0.31	0.31	0.33	0.33
	机械费(元)			3.01	3.16	3.31	5.00	6.66
名称		单位	单价(元)	消耗量				
人工	二类人工	工日	135.00	0.278	0.311	0.348	0.368	0.389
材料	塑料管件(电熔熔接)	个	—	(1.000)	(1.000)	(1.000)	(1.000)	(1.000)
	铁砂布 $0^{\#}\sim2^{\#}$	张	1.03	0.300	0.300	0.300	0.320	0.320
机械	电熔焊接机 3.5kW	台班	37.60	0.080	0.084	0.088	0.133	0.177

工作内容:切管、管座整理、安装、切管、对口、电熔连接。　　**计量单位**:个

定额编号				5-399	5-400	5-401	5-402
项目				管外径(mm 以内)			
				1200	1500	1800	2000
基价(元)				**63.86**	**68.23**	**72.49**	**76.98**
其中	人工费(元)			55.22	57.92	60.48	63.32
	材料费(元)			0.33	0.35	0.35	0.35
	机械费(元)			8.31	9.96	11.66	13.31
名称		单位	单价(元)	消耗量			
人工	二类人工	工日	135.00	0.409	0.429	0.448	0.469
材料	塑料管件(电熔熔接)	个	—	(1.000)	(1.000)	(1.000)	(1.000)
	铁砂布 $0^{\#}\sim2^{\#}$	张	1.03	0.320	0.340	0.340	0.340
机械	电熔焊接机 3.5kW	台班	37.60	0.221	0.265	0.310	0.354

七、分水栓安装

工作内容:定位、开关阀门、开孔、接驳、通水试验。 **计量单位:**个

定额编号				5-403	5-404	5-405	5-406	5-407
项目				公称直径(mm 以内)				
				20	25	32	40	50
基价(元)				**161.19**	**183.20**	**209.56**	**238.58**	**283.81**
其中	人工费(元)			146.34	161.46	179.28	198.99	223.97
	材料费(元)			14.85	21.74	30.28	39.59	59.84
	机械费(元)			—	—	—	—	—
名称		单位	单价(元)	消耗量				
人工	二类人工	工日	135.00	1.084	1.196	1.328	1.474	1.659
材料	镀锌弯头 DN20	个	2.63	1.010	—	—	—	—
	镀锌弯头 DN25	个	2.79	—	1.010	—	—	—
	镀锌弯头 DN32	个	3.10	—	—	1.010	—	—
	镀锌弯头 DN40	个	4.09	—	—	—	1.010	—
	镀锌弯头 DN50	个	7.76	—	—	—	—	1.010
	镀锌月弯 DN20	个	4.38	1.010	—	—	—	—
	镀锌月弯 DN25	个	7.54	—	1.010	—	—	—
	镀锌月弯 DN32	个	11.27	—	—	1.010	—	—
	镀锌月弯 DN40	个	14.23	—	—	—	1.010	—
	镀锌月弯 DN50	个	21.79	—	—	—	—	1.010
	镀锌管堵 DN20	个	0.97	1.010	—	—	—	—
	镀锌管堵 DN25	个	1.59	—	1.010	—	—	—
	镀锌管堵 DN32	个	2.07	—	—	1.010	—	—
	镀锌管堵 DN40	个	2.95	—	—	—	1.010	—
	镀锌管堵 DN50	个	3.93	—	—	—	—	1.010
	镀锌活接头 DN20	个	3.74	1.010	—	—	—	—
	镀锌活接头 DN25	个	5.34	—	1.010	—	—	—
	镀锌活接头 DN32	个	6.83	—	—	1.010	—	—
	镀锌活接头 DN40	个	9.06	—	—	—	1.010	—
	镀锌活接头 DN50	个	13.09	—	—	—	—	1.010
	镀锌内接头 DN20	个	1.45	2.020	—	—	—	—
	镀锌内接头 DN25	个	2.07	—	2.020	—	—	—
	镀锌内接头 DN32	个	3.26	—	—	2.020	—	—
	镀锌内接头 DN40	个	4.31	—	—	—	2.020	—
	镀锌内接头 DN50	个	6.16	—	—	—	—	2.020
	其他材料费	元	1.00	0.08	0.13	0.19	0.25	0.36

八、马鞍卡子安装

工作内容：定位、安装、钻孔、通水试验。　　计量单位：个

定额编号				5-408	5-409	5-410	5-411	5-412	5-413
项目				公称直径(mm 以内)					
				100	150	200	300	400	500
基价(元)				**125.89**	**138.73**	**166.90**	**196.48**	**304.40**	**333.94**
其中	人工费(元)			123.66	136.35	164.30	193.05	300.92	329.54
	材料费(元)			0.74	0.74	0.96	1.14	1.19	1.39
	机械费(元)			1.49	1.64	1.64	2.29	2.29	3.01
	名称	单位	单价(元)	消耗量					
人工	二类人工	工日	135.00	0.916	1.010	1.217	1.430	2.229	2.441
材料	铸铁马鞍卡子	个	—	(1.000)	(1.000)	(1.000)	(1.000)	(1.000)	(1.000)
	橡胶板 δ1～15	kg	5.09	0.145	0.145	0.189	0.223	0.233	0.273
机械	开孔机 200mm	台班	14.94	0.100	0.110	0.110	—	—	—
	开孔机 400mm	台班	18.32	—	—	—	0.125	0.125	—
	开孔机 600mm	台班	20.07	—	—	—	—	—	0.150

工作内容：定位、安装、钻孔、通水试验。　　计量单位：个

定额编号				5-414	5-415	5-416	5-417	5-418
项目				公称直径(mm 以内)				
				600	700	800	900	1000
基价(元)				**417.12**	**536.75**	**638.80**	**777.56**	**918.00**
其中	人工费(元)			411.75	493.83	594.00	711.72	829.58
	材料费(元)			1.86	2.66	3.37	4.56	6.32
	机械费(元)			3.51	40.26	41.43	61.28	82.10
	名称	单位	单价(元)	消耗量				
人工	二类人工	工日	135.00	3.050	3.658	4.400	5.272	6.145
材料	铸铁马鞍卡子	个	—	(1.000)	(1.000)	(1.000)	(1.000)	(1.000)
	橡胶板 δ1～15	kg	5.09	0.365	0.522	0.662	0.895	1.242
机械	开孔机 600mm	台班	20.07	0.175	0.200	0.220	0.240	0.260
	汽车式起重机 8t	台班	648.48	—	0.050	0.050	0.080	—
	汽车式起重机 16t	台班	875.04	—	—	—	—	0.080
	载货汽车 5t	台班	382.30	—	0.010	0.012	0.012	0.018

九、二合三通安装(膨胀水泥接口)

工作内容:管口处理、定位、安装、钻孔、接口、通水试验。 **计量单位**:个

定额编号				5-419	5-420	5-421	5-422
项目				公称直径(mm 以内)			
				100	150	200	300
基价(元)				**224.80**	**316.98**	**364.69**	**476.87**
其中	人工费(元)			204.66	293.76	332.37	429.17
	材料费(元)			18.65	21.58	30.68	38.69
	机械费(元)			1.49	1.64	1.64	9.01
名称		单位	单价(元)	消耗量			
人工	二类人工	工日	135.00	1.516	2.176	2.462	3.179
材料	二合三通	个	—	(1.000)	(1.000)	(1.000)	(1.000)
	膨胀水泥	kg	0.87	1.740	2.559	3.287	5.500
	六角带帽螺栓	kg	5.47	2.275	2.275	3.456	3.456
	油麻丝	kg	20.69	0.227	0.334	0.431	0.725
机械	开孔机 200mm	台班	14.94	0.100	0.110	0.110	—
	开孔机 400mm	台班	18.32	—	—	—	0.125
	汽车式起重机 5t	台班	366.47	—	—	—	0.010
	载货汽车 5t	台班	382.30	—	—	—	0.008

工作内容:管口处理、定位、安装、钻孔、接口、通水试验。 **计量单位**:个

定额编号				5-423	5-424	5-425	5-426
项目				公称直径(mm 以内)			
				400	500	600	800
基价(元)				**790.14**	**851.30**	**1149.01**	**1558.62**
其中	人工费(元)			731.57	765.86	1031.67	1419.26
	材料费(元)			45.89	68.38	77.58	97.93
	机械费(元)			12.68	17.06	39.76	41.43
名称		单位	单价(元)	消耗量			
人工	二类人工	工日	135.00	5.419	5.673	7.642	10.513
材料	二合三通	个	—	(1.000)	(1.000)	(1.000)	(1.000)
	膨胀水泥	kg	0.87	7.546	10.648	13.222	18.898
	六角带帽螺栓	kg	5.47	3.456	5.524	5.524	5.524
	油麻丝	kg	20.69	0.987	1.397	1.733	2.478
机械	开孔机 400mm	台班	18.32	0.125	—	—	—
	开孔机 600mm	台班	20.07	—	0.150	0.175	0.220
	汽车式起重机 5t	台班	366.47	0.020	0.030	—	—
	汽车式起重机 8t	台班	648.48	—	—	0.050	0.050
	载货汽车 5t	台班	382.30	0.008	0.008	0.010	0.012

十、铸铁穿墙管安装

工作内容：切管、管件安装、接口、养护。　　　　计量单位：个

定额编号				5-427	5-428	5-429	5-430
项目				公称直径(mm 以内)			
				法兰	承口	法兰	承口
				DN100		DN150	
基价（元）				**243.86**	**160.36**	**265.16**	**207.20**
其中	人工费（元）			194.40	132.84	214.65	176.58
	材料费（元）			49.46	27.52	50.51	30.62
	机械费（元）			—	—	—	—
名称		单位	单价(元)	消耗量			
人工	二类人工	工日	135.00	1.440	0.984	1.590	1.308
材料	铸铁穿墙管	个	—	(1.000)	(1.000)	(1.000)	(1.000)
	角钢 Q235B 综合	kg	3.97	5.050	5.050	5.050	5.050
	石棉橡胶板 低压 δ0.8～6	kg	5.26	0.350	—	0.550	—
	复合硅酸盐水泥 P·C 32.5R 综合	kg	0.32	—	1.140	—	1.600
	六角带帽螺栓	kg	5.47	5.040	—	5.040	—
	氧气	m^3	3.62	—	0.060	—	0.100
	乙炔气	m^3	8.90	—	0.020	—	0.033
	石棉绒	kg	3.49	—	0.500	—	0.680
	油麻丝	kg	20.69	—	0.240	—	0.340

工作内容：切管、管件安装、接口、养护。　　　　计量单位：个

定额编号				5-431	5-432	5-433	5-434
项目				公称直径(mm 以内)			
				法兰	承口	法兰	承口
				DN200		DN300	
基价（元）				**320.01**	**263.24**	**448.13**	**355.82**
其中	人工费（元）			268.92	229.23	371.79	302.13
	材料费（元）			51.09	34.01	69.62	46.97
	机械费（元）			—	—	6.72	6.72
名称		单位	单价(元)	消耗量			
人工	二类人工	工日	135.00	1.992	1.698	2.754	2.238
材料	铸铁穿墙管	个	—	(1.000)	(1.000)	(1.000)	(1.000)
	角钢 Q235B 综合	kg	3.97	5.050	5.050	6.060	6.060
	石棉橡胶板 低压 δ0.8～6	kg	5.26	0.660	—	0.800	—
	复合硅酸盐水泥 P·C 32.5R 综合	kg	0.32	—	2.080	—	3.520
	六角带帽螺栓	kg	5.47	5.040	—	7.560	—
	氧气	m^3	3.62	—	0.160	—	0.240
	乙炔气	m^3	8.90	—	0.053	—	0.080
	石棉绒	kg	3.49	—	0.900	—	1.520
	油麻丝	kg	20.69	—	0.440	—	0.720
机械	汽车式起重机 5t	台班	366.47	—	—	0.010	0.010
	载货汽车 5t	台班	382.30	—	—	0.008	0.008

工作内容:切管、管件安装、接口、养护。　　**计量单位**:个

定额编号				5-435	5-436	5-437	5-438
项目				公称直径(mm 以内)			
				法兰	承口	法兰	承口
				*DN*400		*DN*500	
基价(元)				**608.76**	**509.92**	**839.71**	**693.05**
其中	人工费(元)			511.92	443.07	699.84	585.63
	材料费(元)			86.45	56.46	105.12	72.67
	机械费(元)			10.39	10.39	34.75	34.75
名称		单位	单价(元)	消耗量			
人工	二类人工	工日	135.00	3.792	3.282	5.184	4.338
材料	铸铁穿墙管	个	—	(1.000)	(1.000)	(1.000)	(1.000)
	角钢 Q235B 综合	kg	3.97	6.060	6.060	6.060	6.060
	石棉橡胶板 低压 δ0.8~6	kg	5.26	1.380	—	1.660	—
	复合硅酸盐水泥 P·C 32.5R 综合	kg	0.32	—	4.920	—	6.940
	六角带帽螺栓	kg	5.47	10.080	—	12.600	—
	电焊条	kg	4.31	—	—	0.790	0.790
	氧气	m^3	3.62	—	0.500	—	0.560
	乙炔气	m^3	8.90	—	0.167	—	0.187
	石棉绒	kg	3.49	—	2.080	—	2.960
	油麻丝	kg	20.69	—	0.980	—	1.400
机械	汽车式起重机 5t	台班	366.47	0.020	0.020	0.030	0.030
	载货汽车 5t	台班	382.30	0.008	0.008	0.008	0.008
	直流弧焊机 20kW	台班	78.72	—	—	0.260	0.260
	电焊条烘干箱 45×35×45cm^3	台班	8.99	—	—	0.026	0.026

工作内容：切管、管件安装、接口、养护。　　**计量单位**：个

定额编号				5-439	5-440	5-441	5-442
项目				公称直径(mm以内)			
				法兰	承口	法兰	承口
				DN600		DN700	
基价（元）				**945.74**	**825.57**	**1111.73**	**966.57**
其中	人工费（元）			778.41	685.26	884.52	768.69
	材料费（元）			110.38	83.36	163.10	133.77
	机械费（元）			56.95	56.95	64.11	64.11
名称		单位	单价(元)	消耗量			
人工	二类人工	工日	135.00	5.766	5.076	6.552	5.694
材料	铸铁穿墙管	个	—	(1.000)	(1.000)	(1.000)	(1.000)
	角钢 Q235B 综合	kg	3.97	6.060	6.060	15.150	15.150
	石棉橡胶板 低压δ0.8～6	kg	5.26	2.660	—	2.980	—
	复合硅酸盐水泥 P·C 32.5R 综合	kg	0.32	—	8.500	—	10.420
	六角带帽螺栓	kg	5.47	12.600	—	15.120	—
	电焊条	kg	4.31	0.790	0.790	1.060	1.060
	氧气	m^3	3.62	—	0.700	—	0.820
	乙炔气	m^3	8.90	—	0.233	—	0.273
	石棉绒	kg	3.49	—	3.600	—	4.480
	油麻丝	kg	20.69	—	1.740	—	2.160
机械	汽车式起重机 8t	台班	648.48	0.050	0.050	0.050	0.050
	载货汽车 5t	台班	382.30	0.010	0.010	0.010	0.010
	直流弧焊机 20kW	台班	78.72	0.260	0.260	0.350	0.350
	电焊条烘干箱 45×35×45cm³	台班	8.99	0.026	0.026	0.035	0.035

工作内容:切管、管件安装、接口、养护。　　　　计量单位:个

定额编号				5-443	5-444	5-445	5-446
项目				公称直径(mm 以内)			
				法兰	承口	法兰	承口
				*DN*800		*DN*900	
基价(元)				**1193.06**	**1081.96**	**1372.27**	**1301.69**
其中	人工费(元)			963.09	870.75	1094.31	1047.33
	材料费(元)			165.09	146.33	189.65	166.05
	机械费(元)			64.88	64.88	88.31	88.31
名称		单位	单价(元)	消耗量			
人工	二类人工	工日	135.00	7.134	6.450	8.106	7.758
材料	铸铁穿墙管	个	—	(1.000)	(1.000)	(1.000)	(1.000)
	角钢 Q235B 综合	kg	3.97	15.150	15.150	17.170	17.170
	石棉橡胶板 低压 δ0.8~6	kg	5.26	3.360	—	3.760	—
	复合硅酸盐水泥 P·C 32.5R 综合	kg	0.32	—	12.340	—	13.920
	六角带帽螺栓	kg	5.47	15.120	—	17.640	—
	电焊条	kg	4.31	1.060	1.060	1.210	1.210
	氧气	m^3	3.62	—	0.900	—	1.000
	乙炔气	m^3	8.90	—	0.300	—	0.333
	石棉绒	kg	3.49	—	5.260	—	5.960
	油麻丝	kg	20.69	—	2.580	—	2.940
机械	汽车式起重机 8t	台班	648.48	0.050	0.050	0.080	0.080
	载货汽车 5t	台班	382.30	0.012	0.012	0.012	0.012
	直流弧焊机 20kW	台班	78.72	0.350	0.350	0.400	0.400
	电焊条烘干箱 45×35×45cm^3	台班	8.99	0.035	0.035	0.040	0.040

工作内容：切管、管件安装、接口、养护。　　计量单位：个

定额编号				5-447	5-448	5-449	5-450
项目				公称直径(mm以内)			
				法兰	承口	法兰	承口
				DN1000		DN1200	
基价(元)				**1453.11**	**1452.87**	**1920.88**	**1881.51**
其中	人工费(元)			1152.63	1151.01	1579.50	1534.14
	材料费(元)			191.75	193.13	210.37	216.36
	机械费(元)			108.73	108.73	131.01	131.01
名称		单位	单价(元)	消耗量			
人工	二类人工	工日	135.00	8.538	8.526	11.700	11.364
材料	铸铁穿墙管	个	—	(1.000)	(1.000)	(1.000)	(1.000)
	角钢 Q235B 综合	kg	3.97	17.170	17.170	17.170	17.170
	石棉橡胶板 低压 δ0.8～6	kg	5.26	4.160	—	4.940	—
	复合硅酸盐水泥 P·C 32.5R 综合	kg	0.32	—	17.440	—	22.520
	六角带帽螺栓	kg	5.47	17.640	—	20.160	—
	电焊条	kg	4.31	1.210	1.210	1.380	1.380
	氧气	m^3	3.62	—	1.120	—	1.220
	乙炔气	m^3	8.90	—	0.373	—	0.407
	石棉绒	kg	3.49	—	7.480	—	9.000
	油麻丝	kg	20.69	—	3.900	—	4.620
机械	汽车式起重机 16t	台班	875.04	0.080	0.080	0.100	0.100
	载货汽车 5t	台班	382.30	0.018	0.018	0.018	0.018
	直流弧焊机 20kW	台班	78.72	0.400	0.400	0.460	0.460
	电焊条烘干箱 45×35×45cm^3	台班	8.99	0.040	0.040	0.046	0.046

十一、法兰式水表安装

工作内容：制垫加垫、水表安装、调试、上螺栓。　　计量单位：个

定额编号				5-451	5-452	5-453	5-454
项目				公称直径(mm以内)			
				50	80	100	150
基价(元)				**28.83**	**39.00**	**53.87**	**68.47**
其中	人工费(元)			24.30	34.16	44.42	52.25
	材料费(元)			4.53	4.84	9.45	16.22
	机械费(元)			—	—	—	—
名称		单位	单价(元)	消耗量			
人工	二类人工	工日	135.00	0.180	0.253	0.329	0.387
材料	法兰水表	只	—	(1.000)	(1.000)	(1.000)	(1.000)
	六角带帽螺栓	kg	5.47	0.669	0.669	1.472	2.604
	石棉橡胶板 低压 δ0.8～6	kg	5.26	0.070	0.130	0.170	0.280
	其他材料费	元	1.00	0.50	0.50	0.50	0.50

工作内容：制垫加垫、水表安装、调试、上螺栓。 计量单位：个

定额编号				5-455	5-456	5-457
项目				公称直径(mm 以内)		
				200	250	300
基价(元)				82.09	116.62	121.47
其中	人工费(元)			65.61	91.94	94.91
	材料费(元)			16.48	24.68	26.56
	机械费(元)			—	—	—
名称		单位	单价(元)	消耗量		
人工	二类人工	工日	135.00	0.486	0.681	0.703
材料	法兰水表	只	—	(1.000)	(1.000)	(1.000)
	六角带帽螺栓	kg	5.47	2.604	4.065	4.380
	石棉橡胶板 低压 δ0.8~6	kg	5.26	0.330	0.370	0.400
	其他材料费	元	1.00	0.50	0.50	0.50

十二、法兰阀门安装(与铸铁承盘、插盘连接)

工作内容：制垫加垫、阀门安装、调试、上螺栓。 计量单位：个

定额编号				5-458	5-459	5-460	5-461	5-462	5-463
项目				公称直径(mm 以内)					
				100	200	300	400	500	600
基价(元)				58.12	96.38	189.53	283.63	352.65	542.79
其中	人工费(元)			39.96	64.26	98.55	133.11	158.49	226.94
	材料费(元)			18.16	32.12	50.51	87.90	109.40	212.76
	机械费(元)			—	—	40.47	62.62	84.76	103.09
名称		单位	单价(元)	消耗量					
人工	二类人工	工日	135.00	0.296	0.476	0.730	0.986	1.174	1.681
材料	法兰阀门	个	—	(1.000)	(1.000)	(1.000)	(1.000)	(1.000)	(1.000)
	六角带帽螺栓	kg	5.47	2.892	5.146	8.374	14.651	18.313	36.246
	石棉橡胶板 低压 δ0.8~6	kg	5.26	0.350	0.660	0.800	1.380	1.660	2.660
	其他材料费	元	1.00	0.50	0.50	0.50	0.50	0.50	0.50
机械	汽车式起重机 5t	台班	366.47	—	—	0.100	0.150	0.200	0.250
	载货汽车 5t	台班	382.30	—	—	0.010	0.020	0.030	0.030

工作内容:制垫加垫、阀门安装、调试、上螺栓。 计量单位:个

定额编号				5-464	5-465
项目				公称直径(mm 以内)	
				800	1000
基价(元)				**930.34**	**1236.73**
其中	人工费(元)			319.68	443.21
	材料费(元)			360.75	452.00
	机械费(元)			249.91	341.52
名称		单位	单价(元)	消耗量	
人工	二类人工	工日	135.00	2.368	3.283
材料	法兰阀门	个	—	(1.000)	(1.000)
	六角带帽螺栓	kg	5.47	62.628	78.540
	石棉橡胶板 低压δ0.8~6	kg	5.26	3.360	4.160
	其他材料费	元	1.00	0.50	0.50
机械	汽车式起重机 8t	台班	648.48	0.350	0.450
	载货汽车 5t	台班	382.30	0.060	0.130

十三、自动双口排气阀安装

工作内容:制垫加垫、排气阀安装、调试、上螺栓。 计量单位:个

定额编号				5-466	5-467	5-468	5-469	5-470	5-471
项目				公称直径(mm 以内)					
				50	80	100	150	200	300
基价(元)				**23.89**	**34.11**	**45.81**	**61.95**	**65.91**	**103.68**
其中	人工费(元)			19.44	29.16	36.45	45.90	49.55	78.17
	材料费(元)			4.45	4.95	9.36	16.05	16.36	25.51
	机械费(元)			—	—	—	—	—	—
名称		单位	单价(元)	消耗量					
人工	二类人工	工日	135.00	0.144	0.216	0.270	0.340	0.367	0.579
材料	自动排气阀	个	—	(1.000)	(1.000)	(1.000)	(1.000)	(1.000)	(1.000)
	六角带帽螺栓	kg	5.47	0.654	0.689	1.446	2.573	2.573	4.187
	石棉橡胶板 低压δ0.8~6	kg	5.26	0.070	0.130	0.180	0.280	0.340	0.400
	其他材料费	元	1.00	0.50	0.50	0.50	0.50	0.50	0.50

十四、室外消火栓安装

1. 室外地下式消火栓

工作内容:管口除沥青、制垫、加垫、紧螺栓、消火栓安装。

计量单位:套

定额编号				5-472	5-473	5-474	5-475	5-476	5-477
项目				1.0MPa			1.6MPa		
				浅型	深Ⅰ型	深Ⅱ型	浅型	深Ⅰ型	深Ⅱ型
基价(元)				**57.83**	**57.83**	**63.86**	**139.24**	**139.24**	**86.54**
其中	人工费(元)			53.46	53.46	53.46	76.14	76.14	76.14
	材料费(元)			4.37	4.37	10.40	57.71	57.71	10.40
	机械费(元)			—	—	—	5.39	5.39	—
	名称	单位	单价(元)	消耗量					
人工	二类人工	工日	135.00	0.396	0.396	0.396	0.564	0.564	0.564
材料	地下式消防栓	套	—	(1.000)	(1.000)	(1.000)	(1.000)	(1.000)	(1.000)
	普通硅酸盐水泥 P·O 42.5 综合	kg	0.34	0.447	0.447	—	—	—	—
	油麻丝	kg	20.69	0.114	0.114	—	—	—	—
	石棉绒	kg	3.49	0.117	0.117	—	—	—	—
	石棉橡胶板 低压 δ0.8~6	kg	5.26	—	—	0.164	0.164	0.164	0.164
	六角带帽螺栓	kg	5.47	—	—	1.472	1.472	1.472	1.472
	黑玛钢堵头 *DN*15	个	0.48	1.010	1.010	1.010	1.010	1.010	1.010
	平焊法兰 1.0MPa *DN*100	片	45.43	—	—	—	1.000	1.000	—
	电焊条	kg	4.31	—	—	—	0.210	0.210	—
	氧气	m^3	3.62	0.098	0.098	—	0.149	0.149	—
	乙炔气	m^3	8.90	0.032	0.032	—	0.049	0.049	—
	清油	kg	14.22	—	—	0.019	0.019	0.019	0.019
	铅油	kg	5.60	—	—	0.095	0.095	0.095	0.095
	破布	kg	6.90	0.048	0.048	0.029	0.029	0.029	0.029
机械	交流弧焊机 32kV·A	台班	92.84	—	—	—	0.057	0.057	—
	电焊条烘干箱 60×50×75cm³	台班	16.84	—	—	—	0.006	0.006	—

2. 室外地上式消火栓

工作内容:管口除沥青、制垫、加垫、紧螺栓、消火栓安装。 **计量单位:**套

定额编号				5-478	5-479	5-480	5-481
项目				1.0MPa			
				浅100型	深100型	浅150型	深150型
基价(元)				**73.22**	**85.37**	**104.07**	**116.22**
其中	人工费(元)			68.85	81.00	98.01	110.16
	材料费(元)			4.37	4.37	6.06	6.06
	机械费(元)			—	—	—	—
名称		单位	单价(元)	消耗量			
人工	二类人工	工日	135.00	0.510	0.600	0.726	0.816
材料	地上消火栓	套	—	(1.000)	(1.000)	(1.000)	(1.000)
	普通硅酸盐水泥 P·O 42.5 综合	kg	0.34	0.447	0.447	0.646	0.646
	油麻丝	kg	20.69	0.114	0.114	0.162	0.162
	石棉绒	kg	3.49	0.117	0.117	0.173	0.173
	氧气	m^3	3.62	0.098	0.098	0.163	0.163
	乙炔气	m^3	8.90	0.032	0.032	0.054	0.054
	黑玛钢堵头 *DN*15	个	0.48	1.010	1.010	1.010	1.010
	破布	kg	6.90	0.048	0.048	0.048	0.048

工作内容:管口除沥青、制垫、加垫、紧螺栓、消火栓安装。 **计量单位:**套

定额编号				5-482	5-483	5-484	5-485
项目				1.6MPa			
				浅100型	深100型	浅150型	深150型
基价(元)				**154.63**	**167.59**	**219.54**	**231.69**
其中	人工费(元)			91.53	104.49	121.50	133.65
	材料费(元)			57.71	57.71	89.72	89.72
	机械费(元)			5.39	5.39	8.32	8.32
名称		单位	单价(元)	消耗量			
人工	二类人工	工日	135.00	0.678	0.774	0.900	0.990
材料	地上消火栓	套	—	(1.000)	(1.000)	(1.000)	(1.000)
	石棉橡胶板 低压 δ0.8~6	kg	5.26	0.164	0.164	0.266	0.266
	六角带帽螺栓	kg	5.47	1.472	1.472	1.472	1.472
	黑玛钢堵头 *DN*15	个	0.48	1.010	1.010	1.010	1.010
	平焊法兰 1.0MPa *DN*100	片	45.43	1.000	1.000	—	—
	平焊法兰 1.0MPa *DN*150	片	75.69	—	—	1.000	1.000
	电焊条	kg	4.31	0.210	0.210	0.276	0.276
	氧气	m^3	3.62	0.149	0.149	0.235	0.235
	乙炔气	m^3	8.90	0.049	0.049	0.078	0.078
	清油	kg	14.22	0.019	0.019	0.029	0.029
	铅油	kg	5.60	0.095	0.095	0.133	0.133
	破布	kg	6.90	0.029	0.029	0.029	0.029
机械	交流弧焊机 32kV·A	台班	92.84	0.057	0.057	0.088	0.088
	电焊条烘干箱 60×50×75cm^3	台班	16.84	0.006	0.006	0.009	0.009

十五、埋地式水表箱安装

工作内容:浇捣、养护、检查、就位、安装、找正、固定、清理。

计量单位:座

定额编号				5-486
项目				埋地式水表箱安装
基价(元)				**47.96**
其中	人工费(元)			27.00
	材料费(元)			20.96
	机械费(元)			—
名称		单位	单价(元)	消耗量
人工	二类人工	工日	135.00	0.200
材料	复合型水表井 580×450×300	套	—	(1.000)
	非泵送商品混凝土 C15	m^3	399.00	0.052
	其他材料费	元	1.00	0.21

十六、铸铁管钻眼攻丝

工作内容:划线,安装工具,钻眼攻丝。

计量单位:处

定额编号				5-487
项目				公称直径(mm 以内)
				20~32
基价(元)				**31.69**
其中	人工费(元)			31.59
	材料费(元)			0.10
	机械费(元)			—
名称		单位	单价(元)	消耗量
人工	二类人工	工日	135.00	0.234
材料	其他材料费	元	1.00	0.10

第四章
管道附属构筑物

说　　明

一、本章定额包括砖砌圆形阀门井、砖砌矩形卧式阀门井、砖砌矩形水表井、消火栓井、圆形排泥湿井、管道支墩(挡墩),共6节67个子目。

二、砖砌圆形阀门井、矩形卧式阀门井、矩形水表井、消火栓井、圆形排泥湿井是按《室外给水管道附属构筑物标准图集》05S502编制的,全部按无地下水考虑。

三、本章定额所指的井深是指垫层顶面至铸铁井盖顶面的距离。井深大于1.5m时,应按本定额第六册《排水工程》有关项目计取脚手架搭拆费。

四、本章定额是按普通铸铁井盖、井座考虑的,如设计要求采用球墨铸铁井盖、井座,其材料单价换算,其他不变。

五、排气阀井可套用阀门井的有关定额。

六、矩形卧式阀门井筒每增0.2m定额,包括2个井筒同时增加0.2m。

七、本章定额不包括以下内容:

1. 模板安装、拆除,钢筋制作、安装。如发生时,模板安装、拆除执行本定额第六册《排水工程》有关定额,钢筋制作、安装执行本定额第一册《通用项目》有关定额;

2. 预制盖板、成型钢筋的场外运输,如发生时,执行本定额第一册《通用项目》有关定额;

3. 圆形排泥湿井的进水管、溢流管的安装执行本册有关定额。

工程量计算规则

一、各种井均按施工图数量以“座”计算。

二、管道支墩按施工图以实体积计算,不扣除钢筋、铁件所占的体积。

三、埋地式复合型水表箱安装按图示数量以“座”计算。

一、砖砌圆形阀门井

1. 收　口　式

工作内容：混凝土搅拌、浇捣、养护、砌砖、勾缝、安装井盖。　　　计量单位：座

定额编号				5-488	5-489	5-490	5-491
项目				井内径(m)			
				1.2		1.4	
				井深(m)			
				1.6	每增减0.2	1.8	每增减0.2
基价（元）				1766.33	135.08	2023.39	151.77
其中	人工费（元）			472.64	49.82	555.12	56.16
	材料费（元）			1293.41	85.26	1467.96	95.61
	机械费（元）			0.28	—	0.31	—
名称		单位	单价(元)	消耗量			
人工	二类人工	工日	135.00	3.501	0.369	4.112	0.416
材料	非泵送商品混凝土 C20	m^3	412.00	0.053	—	0.053	—
	干混砌筑砂浆 DM M7.5	m^3	414.00	0.721	0.075	0.872	0.085
	混凝土实心砖 240×115×53 MU10	千块	388.00	1.085	0.113	1.314	0.129
	碎石 综合	t	102.00	0.204	—	0.277	—
	钢筋混凝土管 ϕ300	m	64.66	0.564	—	0.564	—
	铸铁检查井盖 ϕ700 轻型	套	459.00	1.000	—	1.000	—
	铸铁爬梯	kg	3.88	7.474	2.495	11.211	2.495
	煤焦油沥青漆 L01－17	kg	7.51	0.765	0.091	0.901	0.091
	水	m^3	4.27	0.253	—	0.303	—
机械	电动夯实机 250N·m	台班	28.03	0.010	—	0.011	—

工作内容:混凝土搅拌、浇捣、养护、砌砖、勾缝、安装井盖。 **计量单位**:座

定额编号				5-492	5-493	5-494	5-495
项目				井内径(m)			
				1.6		1.8	
				井深(m)			
				2.1	每增减 0.2	2.3	每增减 0.2
基价(元)				**2475.34**	**168.48**	**2852.44**	**185.57**
其中	人工费(元)			739.40	62.91	878.58	69.66
	材料费(元)			1735.52	105.57	1973.33	115.91
	机械费(元)			0.42	—	0.53	—
	名称	单位	单价(元)	消耗量			
人工	二类人工	工日	135.00	5.477	0.466	6.508	0.516
材料	非泵送商品混凝土 C20	m^3	412.00	0.053	—	0.053	—
	干混砌筑砂浆 DM M7.5	m^3	414.00	1.131	0.095	1.344	0.105
	混凝土实心砖 240×115×53 MU10	千块	388.00	1.704	0.144	2.024	0.160
	碎石 综合	t	102.00	0.362	—	0.458	—
	钢筋混凝土管 φ300	m	64.66	0.564	—	0.564	—
	铸铁检查井盖 φ700 轻型	套	459.00	1.000	—	1.000	—
	铸铁爬梯	kg	3.88	11.211	2.495	14.948	2.495
	煤焦油沥青漆 L01-17	kg	7.51	0.901	0.091	1.037	0.091
	水	m^3	4.27	0.385	—	0.421	—
机械	电动夯实机 250N·m	台班	28.03	0.015	—	0.019	—

工作内容:混凝土搅拌、浇捣、养护、砌砖、勾缝、安装井盖。 **计量单位**:座

定额编号				5-496	5-497	5-498	5-499
项目				井内径(m)			
				2.0		2.2	
				井深(m)			
				2.8	每增减 0.2	3.5	每增减 0.2
基价(元)				**3487.84**	**202.70**	**4470.45**	**219.80**
其中	人工费(元)			1137.38	76.41	1507.68	83.16
	材料费(元)			2349.82	126.29	2961.99	136.64
	机械费(元)			0.64	—	0.78	—
	名称	单位	单价(元)	消耗量			
人工	二类人工	工日	135.00	8.425	0.566	11.168	0.616
材料	非泵送商品混凝土 C20	m^3	412.00	0.053	—	0.053	—
	干混砌筑砂浆 DM M7.5	m^3	414.00	1.675	0.116	2.296	0.126
	混凝土实心砖 240×115×53 MU10	千块	388.00	2.571	0.175	3.373	0.191
	碎石 综合	t	102.00	0.566	—	0.685	—
	钢筋混凝土管 φ300	m	64.66	0.564	—	0.564	—
	铸铁检查井盖 φ700 轻型	套	459.00	1.000	—	1.000	—
	铸铁爬梯	kg	3.88	18.685	2.495	26.159	2.495
	煤焦油沥青漆 L01-17	kg	7.51	1.174	0.091	1.446	0.091
	水	m^3	4.27	0.578	—	0.747	—
机械	电动夯实机 250N·m	台班	28.03	0.023	—	0.028	—

工作内容：混凝土搅拌、浇捣、养护、砌砖、勾缝、安装井盖。　**计量单位**：座

定额编号				5-500	5-501	5-502	5-503
项目				井内径(m)			
				2.4		2.8	
				井深(m)			
				3.7	每增减0.2	4.2	每增减0.2
基价（元）				**4764.50**	**236.65**	**5722.51**	**270.31**
其中	人工费（元）			1571.40	90.05	1752.71	103.41
	材料费（元）			3192.26	146.60	3968.68	166.90
	机械费（元）			0.84	—	1.12	—
名称		单位	单价(元)	消耗量			
人工	二类人工	工日	135.00	11.640	0.667	12.983	0.766
材料	非泵送商品混凝土 C20	m^3	412.00	0.053	—	0.053	—
	干混砌筑砂浆 DM M7.5	m^3	414.00	2.449	0.136	3.215	0.156
	混凝土实心砖 240×115×53 MU10	千块	388.00	3.768	0.206	4.832	0.237
	碎石　综合	t	102.00	0.816	—	1.110	—
	钢筋混凝土管 ϕ300	m	64.66	0.564	—	0.564	—
	铸铁检查井盖 ϕ700 轻型	套	459.00	1.000	—	1.000	—
	铸铁爬梯	kg	3.88	26.159	2.495	29.896	2.495
	煤焦油沥青漆 L01－17	kg	7.51	1.446	0.091	1.583	0.091
	水	m^3	4.27	0.819	—	1.041	—
机械	电动夯实机 250N·m	台班	28.03	0.030	—	0.040	—

2.直 筒 式

工作内容:混凝土搅拌、浇捣、养护、砌砖、勾缝、安装井盖。 **计量单位**:座

定额编号				5-504	5-505	5-506	5-507
项目				井内径(m)			
				1.2		1.4	
				井深(m)			
				1.5	每增减 0.2	1.7	每增减 0.2
基价(元)				**1949.87**	**134.54**	**2236.33**	**151.22**
其中	人工费(元)			559.98	49.28	686.34	56.03
	材料费(元)			1384.87	85.26	1543.76	95.19
	机械费(元)			5.02	—	6.23	—
名称		单位	单价(元)	消耗量			
人工	二类人工	工日	135.00	4.148	0.365	5.084	0.415
材料	现场预制混凝土 C20(40)	m^3	293.12	0.248	—	0.329	—
	非泵送商品混凝土 C20	m^3	412.00	0.053	—	0.053	—
	干混砌筑砂浆 DM M7.5	m^3	414.00	0.742	0.075	0.896	0.084
	混凝土实心砖 240×115×53 MU10	千块	388.00	1.085	0.113	1.247	0.129
	碎石 综合	t	102.00	0.204	—	0.277	—
	钢筋混凝土管 ϕ300	m	64.66	0.564	—	0.564	—
	铸铁检查井盖 ϕ700 轻型	套	459.00	1.000	—	1.000	—
	铸铁爬梯	kg	3.88	7.474	2.495	7.474	2.495
	煤焦油沥青漆 L01-17	kg	7.51	0.765	0.091	0.765	0.091
	草袋	个	3.62	2.018	—	2.673	—
	电	kW·h	0.78	0.360	—	0.440	—
	水	m^3	4.27	0.835	—	0.520	—
机械	机动翻斗车 1t	台班	197.36	0.024	—	0.030	—
	电动夯实机 250N·m	台班	28.03	0.010	—	0.011	—

工作内容:混凝土搅拌、浇捣、养护、砌砖、勾缝、安装井盖。 **计量单位**:座

定额编号				5-508	5-509	5-510	5-511
项目				井内径(m)			
				1.6		1.8	
				井深(m)			
				2.0	每增减 0.2	2.3	每增减 0.2
基价(元)				**2762.29**	**167.82**	**3290.30**	**185.99**
其中	人工费(元)			904.77	62.64	1116.59	69.66
	材料费(元)			1847.63	105.18	2161.53	116.33
	机械费(元)			9.89	—	12.18	—
名称		单位	单价(元)	消耗量			
人工	二类人工	工日	135.00	6.702	0.464	8.271	0.516
材料	现场预制混凝土 C20(40)	m^3	293.12	0.559	—	0.693	—
	非泵送商品混凝土 C20	m^3	412.00	0.053	—	0.053	—
	混凝土实心砖 240×115×53 MU10	千块	388.00	1.604	0.143	1.979	0.160
	干混砌筑砂浆 DM M7.5	m^3	414.00	1.093	0.095	1.344	0.106
	碎石 综合	t	102.00	0.362	—	0.458	—
	钢筋混凝土管 ϕ300	m	64.66	0.564	—	0.564	—
	铸铁检查井盖 ϕ700 轻型	套	459.00	1.000	—	1.000	—
	铸铁爬梯	kg	3.88	8.181	2.495	11.211	2.495
	煤焦油沥青漆 L01－17	kg	7.51	0.901	0.091	0.901	0.091
	草袋	个	3.62	3.411	—	4.233	—
	电	kW·h	0.78	0.600	—	0.680	—
	水	m^3	4.27	0.789	—	0.934	—
机械	机动翻斗车 1t	台班	197.36	0.048	—	0.059	—
	电动夯实机 250N·m	台班	28.03	0.015	—	0.019	—

工作内容:混凝土搅拌、浇捣、养护、砌砖、勾缝、安装井盖。　　　　**计量单位:**座

定额编号				5-512	5-513	5-514	5-515
项目				井内径(m)			
				2.0		2.2	
				井深(m)			
				2.7	每增减 0.2	3.2	每增减 0.2
基价(元)				**3987.98**	**202.70**	**4913.66**	**219.80**
其中	人工费(元)			1403.46	76.41	1787.67	83.16
	材料费(元)			2570.06	126.29	3108.82	136.64
	机械费(元)			14.46	—	17.17	—
名称		单位	单价(元)	消耗量			
人工	二类人工	工日	135.00	10.396	0.566	13.242	0.616
材料	现场预制混凝土 C20(40)	m^3	293.12	0.839	—	0.995	—
	非泵送商品混凝土 C20	m^3	412.00	0.053	—	0.053	—
	干混砌筑砂浆 DM M7.5	m^3	414.00	1.669	0.116	2.149	0.126
	混凝土实心砖 240×115×53 MU10	千块	388.00	2.527	0.175	3.171	0.191
	碎石 综合	t	102.00	0.447	—	0.685	—
	钢筋混凝土管 ϕ300	m	64.66	0.564	—	0.564	—
	铸铁检查井盖 ϕ700 轻型	套	459.00	1.000	—	1.000	—
	铸铁爬梯	kg	3.88	14.948	2.495	18.685	2.495
	煤焦油沥青漆 L01-17	kg	7.51	1.037	0.091	1.174	0.091
	草袋	个	3.62	5.106	—	6.063	—
	电	kW·h	0.78	0.800	—	0.960	—
	水	m^3	4.27	1.147	—	1.393	—
机械	机动翻斗车 1t	台班	197.36	0.070	—	0.083	—
	电动夯实机 250N·m	台班	28.03	0.023	—	0.028	—

工作内容：混凝土搅拌、浇捣、养护、砌砖、抹水泥砂浆、勾缝、安装盖板、安装井盖。　**计量单位**：座

定额编号				5-516	5-517	5-518	5-519
项目				井内径(m)			
				2.4		2.8	
				井深(m)			
				3.4	每增减0.2	4.1	每增减0.2
基价（元）				**5641.27**	**236.65**	**7534.63**	**270.87**
其中	人工费（元）			2085.75	90.05	2855.79	103.55
	材料费（元）			3535.73	146.60	4652.65	167.32
	机械费（元）			19.79	—	26.19	—
名称		单位	单价(元)	消耗量			
人工	二类人工	工日	135.00	15.450	0.667	21.154	0.767
材料	现场预制混凝土 C20(40)	m^3	293.12	1.171	—	1.554	—
	非泵送商品混凝土 C20	m^3	412.00	0.053	—	0.053	—
	干混砌筑砂浆 DM M7.5	m^3	414.00	2.492	0.136	3.379	0.157
	混凝土实心砖 240×115×53 MU10	千块	388.00	3.685	0.206	5.008	0.237
	碎石 综合	t	102.00	0.816	—	1.110	—
	钢筋混凝土管 ϕ300	m	64.66	0.564	—	0.564	—
	铸铁检查井盖 ϕ700 轻型	套	459.00	1.000	—	1.000	—
	铸铁爬梯	kg	3.88	22.422	2.495	26.159	2.495
	煤焦油沥青漆 L01－17	kg	7.51	1.310	0.091	9.338	0.091
	草袋	个	3.62	7.145	—	11.771	—
	电	kW·h	0.78	1.080	—	1.400	—
	水	m^3	4.27	1.624	—	2.172	—
机械	机动翻斗车 1t	台班	197.36	0.096	—	0.127	—
	电动夯实机 250N·m	台班	28.03	0.030	—	0.040	—

二、砖砌矩形卧式阀门井

工作内容:混凝土搅拌、浇捣、养护、砌砖、抹水泥砂浆、勾缝、安装盖板、安装井盖。 **计量单位:**座

定额编号				5-520	5-521	5-522	5-523	5-524	5-525
项目				井室净空尺寸(m)					井筒每增0.2m
				3.25×2×2.5	3.5×2×2.75	4×2×2.75	4.25×2×3	4.75×2×3	
				井深(m)					
				2.85	3.1		3.35		
基价(元)				11184.13	12288.86	13466.24	16024.28	17128.26	413.69
其中	人工费(元)			3424.68	3766.10	4086.32	4686.80	5009.72	312.66
	材料费(元)			7639.33	8392.67	9236.27	11170.76	11938.06	100.25
	机械费(元)			120.12	130.09	143.65	166.72	180.48	0.78
名称		单位	单价(元)	消耗量					
人工	二类人工	工日	135.00	25.368	27.897	30.269	34.717	37.109	2.316
材料	现场预制混凝土 C20(40)	m³	293.12	1.746	1.878	2.132	2.263	2.507	—
	非泵送商品混凝土 C20	m³	412.00	3.625	3.829	4.237	4.799	5.238	—
	干混抹灰砂浆 DP M20.0	m³	446.95	0.020	0.020	0.020	0.026	0.026	—
	干混砌筑砂浆 DM M7.5	m³	414.00	3.761	4.256	4.601	5.852	6.182	0.076
	混凝土实心砖 240×115×53 MU10	千块	388.00	7.442	8.464	9.577	12.485	13.430	0.155
	钢筋混凝土管 ϕ300	m	64.66	1.025	1.025	1.025	1.025	1.025	—
	钢筋混凝土管 ϕ500	m	103.00	0.564	0.564	0.564	0.564	0.564	—
	铸铁检查井盖 ϕ700 轻型	套	459.00	2.000	2.000	2.000	2.000	2.000	—
	铸铁爬梯	kg	3.88	11.211	14.948	18.685	18.685	18.685	2.082
	煤焦油沥青漆 L01-17	kg	7.51	1.393	1.550	1.666	1.686	1.686	0.076
	草袋	个	3.62	15.006	18.076	20.057	22.781	24.910	—
	电	kW·h	0.78	2.160	2.280	2.560	2.840	3.080	—
	水	m³	4.27	6.608	7.135	7.983	9.251	10.127	—
机械	机动翻斗车 1t	台班	197.36	0.423	0.449	0.501	0.556	0.610	—
	干混砂浆罐式搅拌机 20000L	台班	193.83	0.189	0.214	0.231	0.294	0.310	0.004

三、砖砌矩形水表井

工作内容：混凝土搅拌、浇捣、养护、砌砖、抹水泥砂浆、勾缝、安装盖板、安装井盖。　　计量单位：座

定额编号				5-526	5-527	5-528	5-529
项目				井室净空尺寸(m)			
				1.5×1		1.75×1.25	
				井室净高(m)			
				1.9	每增减0.2	1.9	每增减0.2
基价（元）				**2365.33**	**156.57**	**2815.46**	**180.83**
其中	人工费（元）			764.64	56.43	944.46	66.02
	材料费（元）			1578.12	99.36	1842.73	114.03
	机械费（元）			22.57	0.78	28.27	0.78
名称		单位	单价(元)	消耗量			
人工	二类人工	工日	135.00	5.664	0.418	6.996	0.489
材料	现场预制混凝土 C20(40)	m^3	293.12	0.193	—	0.274	—
	非泵送商品混凝土 C20	m^3	412.00	0.800	—	1.010	—
	干混抹灰砂浆 DP M20.0	m^3	446.95	0.003	—	0.007	—
	干混砌筑砂浆 DM M7.5	m^3	414.00	0.738	0.072	0.858	0.084
	混凝土实心砖 240×115×53 MU10	千块	388.00	1.525	0.157	1.774	0.182
	钢筋混凝土管 ϕ300	m	64.66	0.564	—	0.564	—
	铸铁检查井盖 ϕ600 轻型	套	184.00	1.000	—	1.000	—
	铸铁爬梯	kg	3.88	11.211	2.078	11.211	2.078
	煤焦油沥青漆 L01－17	kg	7.51	0.901	0.076	0.901	0.076
	草袋	个	3.62	4.531	—	5.806	—
	电	kW·h	0.78	0.400	—	0.520	—
	水	m^3	4.27	1.388	—	1.754	—
机械	机动翻斗车 1t	台班	197.36	0.078	—	0.101	—
	干混砂浆罐式搅拌机 20000L	台班	193.83	0.037	0.004	0.043	0.004

工作内容:混凝土搅拌、浇捣、养护、砌砖、抹水泥砂浆、勾缝、安装盖板、安装井盖。 **计量单位:**座

定额编号				5-530	5-531	5-532	5-533
项目				井室净空尺寸(m)			
				2.0×1.5		2.5×1.5	
				井室净高(m)			
				1.9	每增减 0.2	1.9	每增减 0.2
基价(元)				**3511.18**	**233.60**	**4015.80**	**265.97**
其中	人工费(元)			1161.54	80.33	1338.53	91.94
	材料费(元)			2314.32	152.11	2635.86	172.67
	机械费(元)			35.32	1.16	41.41	1.36
名称		单位	单价(元)	消耗量			
人工	二类人工	工日	135.00	8.604	0.595	9.915	0.681
材料	现场预制混凝土 C20(40)	m^3	293.12	0.305	—	0.376	—
	非泵送商品混凝土 C20	m^3	412.00	1.245	—	1.467	—
	干混抹灰砂浆 DP M20.0	m^3	446.95	0.007	—	0.011	—
	干混砌筑砂浆 DM M7.5	m^3	414.00	1.157	0.116	1.318	0.131
	混凝土实心砖 240×115×53 MU10	千块	388.00	2.379	0.246	2.725	0.283
	钢筋混凝土管 ϕ300	m	64.66	0.564	—	0.564	—
	铸铁检查井盖 ϕ600 轻型	套	184.00	1.000	—	1.000	—
	铸铁爬梯	kg	3.88	11.211	2.078	11.211	2.078
	煤焦油沥青漆 L01-17	kg	7.51	0.901	0.076	0.901	0.076
	草袋	个	3.62	7.243	—	8.580	—
	电	kW·h	0.78	0.640	—	0.720	—
	水	m^3	4.27	2.190	—	2.580	—
机械	机动翻斗车 1t	台班	197.36	0.122	—	0.145	—
	干混砂浆罐式搅拌机 20000L	台班	193.83	0.058	0.006	0.066	0.007

工作内容：混凝土搅拌、浇捣、养护、砌砖、抹水泥砂浆、勾缝、安装盖板、安装井盖。　　**计量单位：**座

定额编号				5-534	5-535	5-536	5-537
项目				井室净空尺寸(m)			
				3.0×1.75		3.5×2	
				井室净高(m)			
				1.9	每增减0.2	1.9	每增减0.2
基价（元）				**4780.80**	**283.81**	**5710.26**	**354.87**
其中	人工费（元）			1619.19	102.74	1949.27	123.80
	材料费（元）			3107.01	179.71	3695.19	229.33
	机械费（元）			54.60	1.36	65.80	1.74
名称		单位	单价(元)	消耗量			
人工	二类人工	工日	135.00	11.994	0.761	14.439	0.917
材料	现场预制混凝土 C20(40)	m^3	293.12	0.650	—	0.771	—
	非泵送商品混凝土 C20	m^3	412.00	1.929	—	2.338	—
	干混抹灰砂浆 DP M20.0	m^3	446.95	0.014	—	0.018	—
	干混砌筑砂浆 DM M7.5	m^3	414.00	1.476	0.148	1.778	0.176
	混凝土实心砖 240×115×53 MU10	千块	388.00	3.034	0.283	3.666	0.381
	钢筋混凝土管 ϕ300	m	64.66	0.564	—	0.564	—
	铸铁检查井盖 ϕ600 轻型	套	184.00	1.000	—	1.000	—
	铸铁爬梯	kg	3.88	11.211	2.078	11.211	2.078
	煤焦油沥青漆 L01-17	kg	7.51	0.901	0.076	0.901	0.076
	草袋	个	3.62	11.379	—	13.863	—
	电	kW·h	0.78	1.040	—	1.240	—
	水	m^3	4.27	3.391	—	4.101	—
机械	机动翻斗车 1t	台班	197.36	0.203	—	0.245	—
	干混砂浆罐式搅拌机 20000L	台班	193.83	0.075	0.007	0.090	0.009

工作内容:混凝土搅拌、浇捣、养护、砌砖、抹水泥砂浆、勾缝、安装盖板、安装井盖。　　计量单位:座

定额编号				5-538	5-539	5-540	5-541
项目				井室净空尺寸(m)			
				4.25×2.25		5.0×2.25	
				井室净高(m)			
				1.9	每增减 0.2	1.9	每增减 0.2
基价(元)				**8703.80**	**556.14**	**11354.09**	**754.38**
其中	人工费(元)			2708.10	177.12	3391.34	233.42
	材料费(元)			5896.56	376.11	7830.65	516.89
	机械费(元)			99.14	2.91	132.10	4.07
名称		单位	单价(元)	消耗量			
人工	二类人工	工日	135.00	20.060	1.312	25.121	1.729
材料	现场预制混凝土 C20(40)	m^3	293.12	1.106	—	1.431	—
	非泵送商品混凝土 C20	m^3	412.00	3.414	—	4.505	—
	干混砌筑砂浆 DM M7.5	m^3	414.00	2.954	0.300	4.085	0.417
	干混抹灰砂浆 DP M20.0	m^3	446.95	0.025	—	0.034	—
	混凝土实心砖 240×115×53 MU10	千块	388.00	6.005	0.627	8.282	0.865
	钢筋混凝土管 ϕ300	m	64.66	0.564	—	0.564	—
	铸铁检查井盖 ϕ600 重型	套	414.00	1.000	—	1.000	—
	铸铁爬梯	kg	3.88	11.211	2.078	11.211	2.078
	煤焦油沥青漆 L01-17	kg	7.51	0.901	0.076	0.901	0.076
	草袋	个	3.62	20.391	—	27.028	—
	电	kW·h	0.78	1.800	—	2.360	—
	水	m^3	4.27	6.036	—	8.177	—
机械	机动翻斗车 1t	台班	197.36	0.356	—	0.467	—
	干混砂浆罐式搅拌机 20000L	台班	193.83	0.149	0.015	0.206	0.021

四、消 火 栓 井

工作内容:混凝土搅拌、浇捣、养护、砌砖、勾缝、安装井盖。　　**计量单位:**座

定额编号				5-542	5-543	5-544
项目				浅型	深型(m)	
					井深 1.2	每增减 0.25
基价 (元)				**405.88**	**1410.92**	**170.83**
其中	人工费 (元)			76.01	360.72	63.72
	材料费 (元)			328.71	1045.85	106.14
	机械费 (元)			1.16	4.35	0.97
名称		单位	单价(元)	消耗量		
人工	二类人工	工日	135.00	0.563	2.672	0.472
材料	非泵送商品混凝土 C20	m^3	412.00	0.053	0.053	—
	干混砌筑砂浆 DM M7.5	m^3	414.00	0.122	0.428	0.093
	混凝土实心砖 240×115×53 MU10	千块	388.00	0.177	0.894	0.141
	碎石 综合	t	102.00	—	0.204	—
	铸铁检查井盖 ϕ600 轻型	套	184.00	1.000	—	—
	铸铁检查井盖 ϕ700 轻型	套	459.00	—	1.000	—
	铸铁爬梯	kg	3.88	—	3.737	3.113
	煤焦油沥青漆 L01-17	kg	7.51	0.492	0.628	0.114
	电	kW·h	0.78	—	0.200	—
	水	m^3	4.27	—	0.181	—
机械	电动夯实机 250N·m	台班	28.03	—	0.010	—
	干混砂浆罐式搅拌机 20000L	台班	193.83	0.006	0.021	0.005

五、圆形排泥湿井

工作内容:混凝土搅拌、浇捣、养护、砌砖、抹水泥砂浆、勾缝、安装井盖。　　计量单位:座

定额编号				5-545	5-546	5-547	5-548	5-549	5-550
项目				井内径 0.7m		井内径 1.0m		井内径 1.2m	
				井深 2.5m	增减 0.2m	井深 3.5m	增减 0.2m	井深 4.5m	增减 0.2m
基价(元)				**2014.86**	**98.96**	**3112.77**	**128.67**	**4228.21**	**148.80**
其中	人工费(元)			569.03	37.53	994.68	49.28	1434.38	57.92
	材料费(元)			1432.96	60.85	2097.06	78.61	2764.69	89.91
	机械费(元)			12.87	0.58	21.03	0.78	29.14	0.97
名称		单位	单价(元)	消耗量					
人工	二类人工	工日	135.00	4.215	0.278	7.368	0.365	10.625	0.429
材料	非泵送商品混凝土 C20	m^3	412.00	0.358	—	0.505	—	0.619	—
	干混抹灰砂浆 DP M20.0	m^3	446.95	0.120	0.009	0.234	0.014	0.360	0.017
	干混砌筑砂浆 DM M7.5	m^3	414.00	0.595	0.048	1.075	0.063	1.586	0.073
	混凝土实心砖 240×115×53 MU10	千块	388.00	0.918	0.073	1.664	0.097	2.457	0.112
	碎石 综合	t	102.00	0.271	—	0.400	—	0.500	—
	钢筋混凝土管 ϕ300	m	64.66	0.564	—	0.564	—	0.564	—
	铸铁检查井盖 ϕ700 轻型	套	459.00	1.000	—	1.000	—	1.000	—
	铸铁爬梯	kg	3.88	22.422	2.078	33.633	2.078	41.107	2.078
	煤焦油沥青漆 L01－17	kg	7.51	1.310	0.076	1.719	0.076	1.992	0.076
	草袋	个	3.62	1.857	—	2.749	—	3.442	—
	电	kW·h	0.78	0.160	—	0.200	—	0.240	—
	水	m^3	4.27	0.590	—	0.924	—	1.235	—
机械	机动翻斗车 1t	台班	197.36	0.028	—	0.040	—	0.049	—
	电动夯实机 250N·m	台班	28.03	0.013	—	0.019	—	0.024	—
	干混砂浆罐式搅拌机 20000L	台班	193.83	0.036	0.003	0.065	0.004	0.097	0.005

六、管道支墩(档墩)

工作内容:混凝土搅拌、浇捣、养护。　　　　**计量单位**:$10m^3$

定额编号				5-551	5-552	5-553	5-554
项目				每处(m^3 以内)			每处(m^3 以外)
				1	3	5	
基价(元)				**6827.35**	**6194.24**	**5967.99**	**5799.97**
其中	人工费(元)			2369.12	1746.50	1530.77	1372.28
	材料费(元)			4299.75	4289.26	4278.74	4269.21
	机械费(元)			158.48	158.48	158.48	158.48
名称		单位	单价(元)	消耗量			
人工	二类人工	工日	135.00	17.549	12.937	11.339	10.165
材料	非泵送商品混凝土 C20	m^3	412.00	10.200	10.200	10.200	10.200
	草袋	个	3.62	16.848	14.300	11.750	9.440
	电	kW·h	0.78	8.160	8.160	8.160	8.160
	水	m^3	4.27	7.025	6.727	6.426	6.153
机械	机动翻斗车 1t	台班	197.36	0.803	0.803	0.803	0.803

第五章
取 水 工 程

说　明

一、本章定额包括大口井内套管安装，辐射井管安装，钢筋混凝土渗渠管制作、安装，渗渠滤料填充，共4节14个子目。

二、大口井内套管安装：

1. 大口井套管为井底封闭套管，按法兰套管全封闭接口考虑。

2. 大口井底作反滤层时，执行渗渠滤料填充项目。

三、本章定额不包括以下内容，如发生时，按以下规定执行：

1. 辐射井管的防腐执行《浙江省通用安装工程预算定额》（2018版）的有关定额。

2. 模板制作、安装、拆除，沉井工程执行本定额第六册《排水工程》有关定额。其中渗渠制作的模板安装、拆除人工按相应项目乘以系数1.2。

3. 土石方开挖、回填、脚手架搭拆、围堰工程、钢筋制作、安装执行本定额第一册《通用项目》有关定额。

4. 船上打桩及桩的制作执行本定额第三册《桥涵工程》有关定额。

5. 水下管线铺设执行本定额第七册《燃气与集中供热工程》有关定额。

工程量计算规则

大口井内套管、辐射井管安装按设计图中心线长度计算。

一、大口井内套管安装

工作内容：套管、盲板安装、接口、封闭。　　计量单位：处

定额编号				5-555	5-556	5-557
项目				套管内径(mm以内)		
				100	200	300
基价(元)				**322.83**	**531.69**	**886.38**
其中	人工费(元)			209.93	265.55	354.24
	材料费(元)			112.90	266.14	532.14
	机械费(元)			—	—	—
名称		单位	单价(元)	消耗量		
人工	二类人工	工日	135.00	1.555	1.967	2.624
材料	盲板 *DN*100	片	67.24	1.000	—	—
	盲板 *DN*200	片	176.00	—	1.000	—
	盲板 *DN*300	片	380.00	—	—	1.000
	套管 *DN*100	根	27.86	1.000	—	—
	套管 *DN*200	根	58.59	—	1.000	—
	套管 *DN*300	根	91.38	—	—	1.000
	橡胶板 δ1～15	kg	5.09	0.200	0.330	0.400
	六角带帽螺栓	kg	5.47	0.421	1.540	4.380
	油麻丝	kg	20.69	0.520	0.770	1.200
	膨胀水泥	kg	0.87	3.780	5.600	10.440
	水	m^3	4.27	0.100	0.150	0.200

二、辐射井管安装

工作内容：钻孔、井内辐射管安装、焊接、顶进。　　计量单位：m

定额编号				5-558	5-559	5-560	5-561
项目				套管外径(mm以内)			
				φ108	φ159	φ219	φ325
基价(元)				**244.40**	**322.76**	**493.35**	**739.92**
其中	人工费(元)			139.86	170.10	235.98	317.25
	材料费(元)			63.26	108.13	196.13	326.79
	机械费(元)			41.28	44.53	61.24	95.88
名称		单位	单价(元)	消耗量			
人工	二类人工	工日	135.00	1.036	1.260	1.748	2.350
材料	碳素结构钢流体无缝钢管 108×6	m	59.48	1.020	—	—	—
	碳素结构钢流体无缝钢管 159×6	m	102.00	—	1.020	—	—
	碳素结构钢流体无缝钢管 219×8	m	187.00	—	—	1.020	—
	碳素结构钢流体无缝钢管 325×8	m	314.00	—	—	—	1.020
	电焊条	kg	4.31	0.600	0.950	1.250	1.510
机械	挤压法顶管设备 1000mm	台班	154.05	0.230	0.230	0.330	0.500
	交流弧焊机 21kV·A	台班	63.33	0.090	0.140	0.160	0.290
	电焊条烘干箱 60×50×75cm^3	台班	16.84	0.009	0.014	0.016	0.029

三、钢筋混凝土渗渠管制作、安装

工作内容:混凝土搅拌、浇捣、养护、渗渠安装、连接找平。

定额编号				5-562	5-563	5-564	5-565
项目				混凝土渗渠制作		混凝土渗渠安装	
				$\phi600$	$\phi1000$	$\phi600$	$\phi1000$
				延长米		10 延长米	
基价(元)				**320.08**	**419.16**	**647.75**	**1004.81**
其中	人工费(元)			206.69	244.62	524.88	722.79
	材料费(元)			113.39	174.54	—	—
	机械费(元)			—	—	122.87	282.02
	名称	单位	单价(元)	消耗量			
人工	二类人工	工日	135.00	1.531	1.812	3.888	5.354
材料	非泵送商品混凝土 C20	m^3	412.00	0.224	0.347	—	—
	草袋	个	3.62	5.439	8.174	—	—
	电	kW·h	0.78	0.800	1.000	—	—
	水	m^3	4.27	0.184	0.282	—	—
机械	汽车式起重机 8t	台班	648.48	—	—	0.160	—
	汽车式起重机 16t	台班	875.04	—	—	—	0.280
	载货汽车 5t	台班	382.30	—	—	0.050	—
	载货汽车 8t	台班	411.20	—	—	—	0.090

四、渗渠滤料填充

工作内容:筛选滤料、填充、整平。

计量单位:$10m^3$

定额编号				5-566	5-567	5-568
项目				滤料粒径(mm 以内)		
				8	16	32
基价(元)				**3098.09**	**3057.89**	**3000.40**
其中	人工费(元)			1739.21	1701.14	1645.79
	材料费(元)			955.55	953.42	951.28
	机械费(元)			403.33	403.33	403.33
	名称	单位	单价(元)	消耗量		
人工	二类人工	工日	135.00	12.883	12.601	12.191
材料	砾石 5mm	t	67.96	13.872	—	—
	砾石 15mm	t	67.96	—	13.872	—
	砾石 30mm	t	67.96	—	—	13.872
	水	m^3	4.27	3.000	2.500	2.000
机械	桅杆式起重机 5t	台班	406.20	0.750	0.750	0.750
	机动翻斗车 1t	台班	197.36	0.500	0.500	0.500

第六册　排 水 工 程

册 说 明

一、《浙江省市政工程预算定额》(2018 版)第六册《排水工程》(以下简称本册定额),包括:管道铺设,井、渠(管)道基础及砌筑、浇筑,不开槽施工管道工程,给排水构筑物,给排水机械设备安装,模板、井字脚手架,共6章1175个子目。

二、本册定额适用于城镇范围内新建、改建、扩建的市政排水管渠工程。

三、本册定额的编制依据:

1.《市政工程工程量计算规范》GB 50857—2013;

2.《市政工程消耗量定额》ZYA 1 -31 -2015;

3.《浙江省市政工程预算定额》(2010 版);

4.《上海市城镇给排水工程预算定额》SHA 8 -31(02) -2016;

5. 现行设计、施工及验收标准规范;

6. 典型工程现场测算;

7. 其他有关规定及依据。

四、本册定额与建筑、安装定额的界限划分及执行范围:

1. 给排水构筑物工程中的泵站上部建筑工程以及本册定额中未包括的建筑工程,执行《浙江省房屋建筑与装饰工程预算定额》(2018 版)有关子目。

2. 给排水机械设备安装中的通用机械应执行《浙江省通用安装工程预算定额》(2018 版)有关子目。

3. 管道接口、检查井、给排水构筑物需做防腐处理的,执行《浙江省房屋建筑与装饰工程预算定额》(2018 版)和《浙江省通用安装工程预算定额》(2018 版)有关子目。

五、本册定额与本定额其他册定额的关系:

本册定额所涉及的土、石方挖、运,脚手架,支撑,围堰,打、拔桩,降(排)水,拆除,钢筋等工程,除各章节另有说明外,应按本定额第一册《通用项目》相应定额执行。

六、本册定额需说明的有关事项:

1. 本册定额所称混凝土管管径均指内径,钢管、塑料管均指公称直径,如实际管径、长度与定额取定不同时可进行调整换算。

2. 本册定额各项目中的混凝土强度等级和砂浆标号与设计要求不同时,允许换算,但数量不变。

3. 本册定额各章所需的模板、井字架均执行第六章的相应项目。

4. 本册定额按无地下水考虑,如有地下水,需降(排)水、湿土排水时执行本定额第一册《通用项目》相应定额;需设排水盲沟时执行本定额第二册《道路工程》相应定额。

七、未尽事宜详见各章节说明。

第一章
管 道 铺 设

说　　明

一、本章定额包括混凝土管道铺设、塑料排水管铺设、排水管道接口、管道闭水试验、管道检测，共5节243个子目。

二、ϕ300～700mm混凝土管铺设分为人工下管和人机配合下管，ϕ800～3000mm为人机配合下管，ϕ150～400mm塑料管为人工下管，ϕ500～1000mm为人机配合下管。

三、如在无基础的槽内铺设混凝土管道，其人工、机械乘以系数1.18。

四、如遇有特殊情况，必须在支撑下串管铺设，人工、机械乘以系数1.33。

五、管道铺设采用胶圈接口时，如排水管管材为成套购置(即管材单价中已包括了胶圈价格)，则胶圈接口定额中的胶圈费用不再计取。

六、排水管道接口定额中，企口管的膨胀水泥砂浆接口和石棉水泥接口适于360°，其他接口均是按管座120°和180°列项的。如管座角度不同，按相应材质的接口做法，以管道接口调整表进行调整(见下表)。

管道接口调整系数表

序号	项 目 名 称	实做角度	调整基数或材料	调整系数
1	水泥砂浆接口	90°	120°定额基价	1.330
2	水泥砂浆接口	135°	120°定额基价	0.890
3	钢丝网水泥砂浆接口	90°	120°定额基价	1.330
4	钢丝网水泥砂浆接口	135°	120°定额基价	0.890
5	企口管膨胀水泥砂浆接口	90°	定额中水泥砂浆	0.750
6	企口管膨胀水泥砂浆接口	120°	定额中水泥砂浆	0.670
7	企口管膨胀水泥砂浆接口	135°	定额中水泥砂浆	0.625
8	企口管膨胀水泥砂浆接口	180°	定额中水泥砂浆	0.500
9	企口管石棉水泥接口	90°	定额中水泥砂浆	0.750
10	企口管石棉水泥接口	120°	定额中水泥砂浆	0.670
11	企口管石棉水泥接口	135°	定额中水泥砂浆	0.625
12	企口管石棉水泥接口	180°	定额中水泥砂浆	0.500

注：现浇混凝土外套环、变形缝接口，通用于平口、企口管。

七、定额中的水泥砂浆接口、钢丝网水泥砂浆接口均不包括内抹口，如设计要求内抹口时，按抹口周长每100延米增加水泥砂浆0.042m^3、人工9.22工日计算。

八、管道检测不分新旧管道，已综合考虑。本章定额不包括管道清淤、冲洗、封堵等前期工作费用，发生时按实际另行计算。

九、本章各项所需模板执行本册定额第六章"模板、井字架工程"的相应定额，钢筋加工执行本定额第一册《通用项目》相应定额。

工程量计算规则

一、管道铺设按井中至井中的中心扣除检查井长度,以延长米计算工程量。每座检查井扣除长度:矩形检查井按管线方向井内径计算,圆形检查井按管线方向井内径每侧减 15cm 计算。雨水口井所占长度不予扣除。

二、管道接口区分管径和做法,以实际接口个数计算工程量。

三、管道闭水试验以实际闭水长度计算,不扣各种井所占长度。

四、管道检测长度按检查井间的中心长度以“100m”计算。当检测长度小于或等于 100m 时,按 100m 计算;当检测长度大于 100m 时,按实际检测长度计算。

一、混凝土管道铺设

1. 平接(企口)式(ϕ300～3000)

工作内容:排管、下管、调直、找平、槽上搬运。　　**计量单位:**100m

定额编号				6-1	6-2	6-3	6-4	6-5
项目				人工下管 管径(mm 以内)				
				300	400	500	600	700
基价(元)				**913.68**	**1074.87**	**1417.50**	**1786.86**	**2079.27**
其中	人工费(元)			913.68	1074.87	1417.50	1786.86	2079.27
	材料费(元)			—	—	—	—	—
	机械费(元)			—	—	—	—	—
名称		单位	单价(元)	消耗量				
人工	二类人工	工日	135.00	6.768	7.962	10.500	13.236	15.402
材料	钢筋混凝土管 ϕ300	m	—	(101.000)	—	—	—	—
	钢筋混凝土管 ϕ400	m	—	—	(101.000)	—	—	—
	钢筋混凝土管 ϕ500	m	—	—	—	(101.000)	—	—
	钢筋混凝土管 ϕ600	m	—	—	—	—	(101.000)	—
	钢筋混凝土管 ϕ700	m	—	—	—	—	—	(101.000)

工作内容:排管、下管、调直、找平、槽上搬运。　　**计量单位:**100m

定额编号				6-6	6-7	6-8	6-9	6-10
项目				人机配合下管 管径(mm 以内)				
				300	400	500	600	700
基价(元)				**848.23**	**1012.86**	**1336.92**	**1679.15**	**1959.13**
其中	人工费(元)			630.99	741.15	987.39	1217.43	1437.75
	材料费(元)			—	—	—	—	—
	机械费(元)			217.24	271.71	349.53	461.72	521.38
名称		单位	单价(元)	消耗量				
人工	二类人工	工日	135.00	4.674	5.490	7.314	9.018	10.650
材料	钢筋混凝土管 ϕ300	m	—	(101.000)	—	—	—	—
	钢筋混凝土管 ϕ400	m	—	—	(101.000)	—	—	—
	钢筋混凝土管 ϕ500	m	—	—	—	(101.000)	—	—
	钢筋混凝土管 ϕ600	m	—	—	—	—	(101.000)	—
	钢筋混凝土管 ϕ700	m	—	—	—	—	—	(101.000)
机械	汽车式起重机 8t	台班	648.48	0.335	0.419	0.539	0.712	0.804

工作内容:排管、下管、调直、找平、槽上搬运。 **计量单位**:100m

定额编号				6-11	6-12	6-13	6-14	6-15
项目				人机配合下管 管径(mm以内)				
				800	900	1000	1100	1200
基价(元)				**2303.98**	**2881.65**	**3459.97**	**3547.35**	**3615.57**
其中	人工费(元)			1622.43	2008.80	2401.65	2209.68	2228.31
	材料费(元)			—	—	—	—	—
	机械费(元)			681.55	872.85	1058.32	1337.67	1387.26
	名称	单位	单价(元)	消耗量				
人工	二类人工	工日	135.00	12.018	14.880	17.790	16.368	16.506
材料	钢筋混凝土管 ϕ800	m	—	(101.000)	—	—	—	—
	钢筋混凝土管 ϕ900	m	—	—	(101.000)	—	—	—
	钢筋混凝土管 ϕ1000	m	—	—	—	(101.000)	—	—
	钢筋混凝土管 ϕ1100	m	—	—	—	—	(101.000)	—
	钢筋混凝土管 ϕ1200	m	—	—	—	—	—	(101.000)
机械	汽车式起重机 8t	台班	648.48	1.051	1.346	1.632	—	—
	汽车式起重机 12t	台班	748.60	—	—	—	1.695	1.758
	叉式起重机 3t	台班	404.69	—	—	—	0.170	0.176

工作内容:排管、下管、调直、找平、槽上搬运。 **计量单位**:100m

定额编号				6-16	6-17	6-18	6-19	6-20
项目				人机配合下管 管径(mm以内)				
				1350	1500	1650	1800	2000
基价(元)				**4103.55**	**5279.87**	**6347.55**	**7982.81**	**11146.20**
其中	人工费(元)			2430.00	2826.90	3290.22	4042.71	5281.20
	材料费(元)			—	—	—	—	—
	机械费(元)			1673.55	2452.97	3057.33	3940.10	5865.00
	名称	单位	单价(元)	消耗量				
人工	二类人工	工日	135.00	18.000	20.940	24.372	29.946	39.120
材料	钢筋混凝土管 ϕ1350	m	—	(101.000)	—	—	—	—
	钢筋混凝土管 ϕ1500	m	—	—	(101.000)	—	—	—
	钢筋混凝土管 ϕ1650	m	—	—	—	(101.000)	—	—
	钢筋混凝土管 ϕ1800	m	—	—	—	—	(101.000)	—
	钢筋混凝土管 ϕ2000	m	—	—	—	—	—	(101.000)
机械	汽车式起重机 16t	台班	875.04	1.827	2.678	—	—	—
	汽车式起重机 20t	台班	942.85	—	—	3.096	—	—
	汽车式起重机 25t	台班	996.58	—	—	—	3.784	—
	汽车式起重机 32t	台班	1173.35	—	—	—	—	4.730
	叉式起重机 5t	台班	409.00	0.183	0.268	—	—	—
	叉式起重机 6t	台班	446.02	—	—	0.310	0.379	—
	叉式起重机 10t	台班	666.08	—	—	—	—	0.473

工作内容:排管、下管、调直、找平、槽上搬运。　　**计量单位**:100m

定额编号				6-21	6-22	6-23	6-24	6-25
项目				人机配合下管 管径(mm以内)				
				2200	2400	2600	2800	3000
基价(元)				**14265.56**	**18959.53**	**21776.74**	**32324.37**	**40839.72**
其中	人工费(元)			7012.98	7880.49	9060.93	10283.22	11511.59
	材料费(元)			—	—	—	—	—
	机械费(元)			7252.58	11079.04	12715.81	22041.15	29328.13
名称		单位	单价(元)	消耗量				
人工	二类人工	工日	135.00	51.948	58.374	67.118	76.172	85.271
材料	钢筋混凝土管 ϕ2200	m	—	(101.000)	—	—	—	—
	钢筋混凝土管 ϕ2400	m	—	—	(101.000)	—	—	—
	钢筋混凝土管 ϕ2600	m	—	—	—	(101.000)	—	—
	钢筋混凝土管 ϕ2800	m	—	—	—	—	(101.000)	—
	钢筋混凝土管 ϕ3000	m	—	—	—	—	—	(101.000)
机械	汽车式起重机 32t	台班	1173.35	5.849	—	—	—	—
	汽车式起重机 40t	台班	1517.63	—	6.993	8.063	—	—
	汽车式起重机 50t	台班	2353.88	—	—	—	9.133	—
	汽车式起重机 60t	台班	2808.62	—	—	—	—	10.202
	叉式起重机 10t	台班	666.08	0.585	0.700	—	—	—
	载货汽车 12t	台班	587.20	—	—	0.816	0.925	—
	载货汽车 15t	台班	653.04	—	—	—	—	1.033

2. 承插式(ϕ200 ~ 3000)

工作内容:排管、下管、调直、找平、槽上搬运。　　**计量单位**:100m

定额编号				6-26	6-27	6-28	6-29	6-30	6-31
项目				人工下管 管径(mm以内)					
				200	250	300	400	500	600
基价(元)				**4838.53**	**5808.78**	**6607.54**	**8516.65**	**11869.10**	**14500.15**
其中	人工费(元)			746.01	845.64	948.51	1115.37	1466.10	1875.15
	材料费(元)			4092.52	4963.14	5659.03	7401.28	10403.00	12625.00
	机械费(元)			—	—	—	—	—	—
名称		单位	单价(元)	消耗量					
人工	二类人工	工日	135.00	5.526	6.264	7.026	8.262	10.860	13.890
材料	钢筋混凝土承插管 $\phi 200 \times 4000$	m	40.52	101.000	—	—	—	—	—
	钢筋混凝土承插管 $\phi 250 \times 4000$	m	49.14	—	101.000	—	—	—	—
	钢筋混凝土承插管 $\phi 300 \times 4000$	m	56.03	—	—	101.000	—	—	—
	钢筋混凝土承插管 $\phi 400 \times 4000$	m	73.28	—	—	—	101.000	—	—
	钢筋混凝土承插管 $\phi 500 \times 4000$	m	103.00	—	—	—	—	101.000	—
	钢筋混凝土承插管 $\phi 600 \times 4000$	m	125.00	—	—	—	—	—	101.000

工作内容:排管、下管、调直、找平、槽上搬运。 **计量单位**:100m

定额编号				6-32	6-33	6-34	6-35	6-36
项目				人机配合下管 管径(mm 以内)				
				300	400	500	600	700
基价(元)				**6457.31**	**8421.72**	**11692.71**	**14377.62**	**18100.46**
其中	人工费(元)			653.67	801.90	1027.08	1397.25	1498.50
	材料费(元)			5659.03	7401.28	10403.00	12625.00	16059.00
	机械费(元)			144.61	218.54	262.63	355.37	542.96
名称		单位	单价(元)	消耗量				
人工	二类人工	工日	135.00	4.842	5.940	7.608	10.350	11.100
材料	钢筋混凝土承插管 φ300×4000	m	56.03	101.000	—	—	—	—
	钢筋混凝土承插管 φ400×4000	m	73.28	—	101.000	—	—	—
	钢筋混凝土承插管 φ500×4000	m	103.00	—	—	101.000	—	—
	钢筋混凝土承插管 φ600×4000	m	125.00	—	—	—	101.000	—
	钢筋混凝土承插管 φ700×4000	m	159.00	—	—	—	—	101.000
机械	汽车式起重机 8t	台班	648.48	0.223	0.337	0.405	0.548	—
	汽车式起重机 12t	台班	748.60	—	—	—	—	0.688
	叉式起重机 3t	台班	404.69	—	—	—	—	0.069

工作内容:排管、下管、调直、找平、槽上搬运。 **计量单位**:100m

定额编号				6-37	6-38	6-39	6-40	6-41
项目				人机配合下管 管径(mm 以内)				
				800	900	1000	1100	1200
基价(元)				**21535.58**	**24830.02**	**32607.11**	**35845.85**	**43864.54**
其中	人工费(元)			1692.90	2089.80	2297.16	2376.54	2395.17
	材料费(元)			19190.00	21816.00	29189.00	32219.00	40097.00
	机械费(元)			652.68	924.22	1120.95	1250.31	1372.37
名称		单位	单价(元)	消耗量				
人工	二类人工	工日	135.00	12.540	15.480	17.016	17.604	17.742
材料	钢筋混凝土承插管 φ800×3000	m	190.00	101.000	—	—	—	—
	钢筋混凝土承插管 φ900×3000	m	216.00	—	101.000	—	—	—
	钢筋混凝土承插管 φ1000×3000	m	289.00	—	—	101.000	—	—
	钢筋混凝土承插管 φ1100×3000	m	319.00	—	—	—	101.000	—
	钢筋混凝土承插管 φ1200×3000	m	397.00	—	—	—	—	101.000
机械	汽车式起重机 12t	台班	748.60	0.827	—	—	—	—
	汽车式起重机 16t	台班	875.04	—	1.009	1.224	—	—
	汽车式起重机 20t	台班	942.85	—	—	—	1.271	—
	汽车式起重机 25t	台班	996.58	—	—	—	—	1.318
	叉式起重机 3t	台班	404.69	0.083	—	—	—	—
	叉式起重机 5t	台班	409.00	—	0.101	0.122	0.127	—
	叉式起重机 6t	台班	446.02	—	—	—	—	0.132

工作内容：排管、下管、调直、找平、槽上搬运。　　**计量单位**：100m

定额编号					6-42	6-43	6-44	6-45	6-46
项目					人机配合下管 管径(mm 以内)				
					1350	1500	1650	1800	2000
基价(元)					**52469.78**	**67322.46**	**89950.38**	**131356.98**	**232334.65**
其中	人工费(元)				2560.41	3020.49	3568.86	4296.24	4976.37
	材料费(元)				47874.00	61812.00	82719.00	120190.00	217655.00
	机械费(元)				2035.37	2489.97	3662.52	6870.74	9703.28
名称		单位	单价(元)		消耗量				
人工	二类人工	工日	135.00		18.966	22.374	26.436	31.824	36.862
材料	钢筋混凝土承插管 $\phi1350\times3000$	m	474.00		101.000	—	—	—	—
	钢筋混凝土承插管 $\phi1500\times3000$	m	612.00		—	101.000	—	—	—
	钢筋混凝土承插管 $\phi1650\times3000$	m	819.00		—	—	101.000	—	—
	钢筋混凝土承插管 $\phi1800\times3000$	m	1190.00		—	—	—	101.000	—
	钢筋混凝土承插管 $\phi2000\times3000$	m	2155.00		—	—	—	—	101.000
机械	汽车式起重机 32t	台班	1173.35		1.641	2.008	—	—	—
	汽车式起重机 40t	台班	1517.63		—	—	2.322	—	—
	汽车式起重机 50t	台班	2353.88		—	—	—	2.839	4.011
	叉式起重机 10t	台班	666.08		0.165	0.201	—	—	—
	载货汽车 12t	台班	587.20		—	—	0.236	—	—
	载货汽车 15t	台班	653.04		—	—	—	0.288	0.401

工作内容：排管、下管、调直、找平、槽上搬运。　　**计量单位**：100m

定额编号					6-47	6-48	6-49	6-50	6-51
项目					人机配合下管 管径(mm 以内)				
					2200	2400	2600	2800	3000
基价(元)					**257995.62**	**297587.47**	**357244.85**	**455449.93**	**515470.75**
其中	人工费(元)				6395.09	7500.74	8607.33	9703.67	10798.79
	材料费(元)				239471.00	274316.00	330876.00	422281.00	478841.00
	机械费(元)				12129.53	15770.73	17761.52	23465.26	25830.96
名称		单位	单价(元)		消耗量				
人工	二类人工	工日	135.00		47.371	55.561	63.758	71.879	79.991
材料	钢筋混凝土承插管 $\phi2200\times3000$	m	2371.00		101.000	—	—	—	—
	钢筋混凝土承插管 $\phi2400\times3000$	m	2716.00		—	101.000	—	—	—
	钢筋混凝土承插管 $\phi2600\times3000$	m	3276.00		—	—	101.000	—	—
	钢筋混凝土承插管 $\phi2800\times3000$	m	4181.00		—	—	—	101.000	—
	钢筋混凝土承插管 $\phi3000\times3000$	m	4741.00		—	—	—	—	101.000
机械	汽车式起重机 50t	台班	2353.88		5.014	6.519	7.342	—	—
	汽车式起重机 60t	台班	2808.62		—	—	—	8.165	8.988
	载货汽车 15t	台班	653.04		0.501	0.652	0.734	0.816	0.899

二、塑料排水管铺设

工作内容:挂线、清扫基座、成品管材管件场内运输、铺设。　　计量单位:100m

定额编号				6-52	6-53	6-54	6-55	6-56
项目				管径(mm 以内)				
				DN150	DN250	DN300	DN400	DN500
基价(元)				2037.87	3927.33	5488.47	6918.30	11573.39
其中	人工费(元)			278.51	324.00	375.84	489.24	489.24
	材料费(元)			1759.36	3603.33	5112.63	6429.06	10976.50
	机械费(元)			—	—	—	—	107.65
名称		单位	单价(元)	消耗量				
人工	二类人工	工日	135.00	2.063	2.400	2.784	3.624	3.624
材料	UPVC 双壁波纹排水管 DN150	m	17.24	101.500	—	—	—	—
	UPVC 双壁波纹排水管 DN250	m	35.37	—	101.500	—	—	—
	UPVC 双壁波纹排水管 DN300	m	50.25	—	—	101.500	—	—
	UPVC 双壁波纹排水管 DN400	m	63.22	—	—	—	101.500	—
	UPVC 双壁波纹排水管 DN500	m	108.00	—	—	—	—	101.500
	其他材料费	元	1.00	9.50	13.27	12.25	12.23	14.50
机械	汽车式起重机 8t	台班	648.48	—	—	—	—	0.166

工作内容:挂线、清扫基座、成品管材管件场内运输、铺设。　　计量单位:100m

定额编号				6-57	6-58	6-59
项目				管径(mm 以内)		
				DN600	DN800	DN1000
基价(元)				17783.97	35084.00	51450.24
其中	人工费(元)			575.91	939.60	1012.50
	材料费(元)			16971.36	33826.00	50072.00
	机械费(元)			236.70	318.40	365.74
名称		单位	单价(元)	消耗量		
人工	二类人工	工日	135.00	4.266	6.960	7.500
材料	UPVC 双壁波纹排水管 DN600	m	167.00	101.500	—	—
	UPVC 双壁波纹排水管 DN800	m	333.00	—	101.500	—
	UPVC 双壁波纹排水管 DN1000	m	493.00	—	—	101.500
	其他材料费	元	1.00	20.86	26.50	32.50
机械	汽车式起重机 8t	台班	648.48	0.365	0.491	0.564

三、排水管道接口

1. 平(企)接口

(1)水泥砂浆接口(120°管基)

工作内容:清理管口、调运砂浆、填缝、抹带、压实、养生。 **计量单位**:10 个口

定额编号				6-60	6-61	6-62	6-63
项目				管径(mm 以内)			
				300	400	500	600
基价(元)				**98.82**	**111.72**	**125.87**	**141.63**
其中	人工费(元)			78.03	84.38	92.34	100.98
	材料费(元)			20.40	26.95	33.14	40.26
	机械费(元)			0.39	0.39	0.39	0.39
名称		单位	单价(元)	消耗量			
人工	二类人工	工日	135.00	0.578	0.625	0.684	0.748
材料	干混抹灰砂浆 DP M20.0	m^3	446.95	0.030	0.040	0.048	0.058
	干混抹灰砂浆 DP M15.0	m^3	446.85	0.002	0.003	0.005	0.007
	塑料薄膜	m^2	0.86	5.606	7.115	8.672	10.274
	水	m^3	4.27	0.252	0.315	0.389	0.462
	其他材料费	元	1.00	0.20	0.27	0.33	0.40
机械	干混砂浆罐式搅拌机 20000L	台班	193.83	0.002	0.002	0.002	0.002

工作内容:清理管口、调运砂浆、填缝、抹带、压实、养生。 **计量单位**:10 个口

定额编号				6-64	6-65	6-66	6-67
项目				管径(mm 以内)			
				700	800	900	1000
基价(元)				**158.67**	**179.06**	**202.51**	**232.43**
其中	人工费(元)			112.19	124.07	140.94	164.30
	材料费(元)			45.90	54.41	60.99	67.55
	机械费(元)			0.58	0.58	0.58	0.58
名称		单位	单价(元)	消耗量			
人工	二类人工	工日	135.00	0.831	0.919	1.044	1.217
材料	干混抹灰砂浆 DP M20.0	m^3	446.95	0.066	0.076	0.085	0.093
	干混抹灰砂浆 DP M15.0	m^3	446.85	0.008	0.013	0.015	0.018
	塑料薄膜	m^2	0.86	11.783	13.407	14.918	16.427
	水	m^3	4.27	0.525	0.599	0.672	0.735
	其他材料费	元	1.00	0.45	0.54	0.60	0.67
机械	干混砂浆罐式搅拌机 20000L	台班	193.83	0.003	0.003	0.003	0.003

(2)水泥砂浆接口(180°管基)

工作内容:清理管口、调运砂浆、填缝、抹带、压实、养生。 计量单位:10 个口

定额编号				6-68	6-69	6-70	6-71
项目				管径(mm 以内)			
				300	400	500	600
基价(元)				79.74	89.17	101.30	112.88
其中	人工费(元)			63.59	69.12	75.47	82.62
	材料费(元)			15.76	19.66	25.44	29.87
	机械费(元)			0.39	0.39	0.39	0.39
名称		单位	单价(元)	消耗量			
人工	二类人工	工日	135.00	0.471	0.512	0.559	0.612
材料	干混抹灰砂浆 DP M20.0	m^3	446.95	0.023	0.029	0.037	0.043
	干混抹灰砂浆 DP M15.0	m^3	446.85	0.002	0.002	0.004	0.005
	塑料薄膜	m^2	0.86	4.211	5.331	6.521	7.711
	水	m^3	4.27	0.189	0.242	0.294	0.347
	其他材料费	元	1.00	0.16	0.19	0.25	0.30
机械	干混砂浆罐式搅拌机 20000L	台班	193.83	0.002	0.002	0.002	0.002

工作内容:清理管口、调运砂浆、填缝、抹带、压实、养生。 计量单位:10 个口

定额编号				6-72	6-73	6-74	6-75
项目				管径(mm 以内)			
				700	800	900	1000
基价(元)				127.10	142.86	162.23	184.73
其中	人工费(元)			91.40	101.79	115.43	133.11
	材料费(元)			35.12	40.49	46.22	51.04
	机械费(元)			0.58	0.58	0.58	0.58
名称		单位	单价(元)	消耗量			
人工	二类人工	工日	135.00	0.677	0.754	0.855	0.986
材料	干混抹灰砂浆 DP M20.0	m^3	446.95	0.050	0.057	0.064	0.070
	干混抹灰砂浆 DP M15.0	m^3	446.85	0.007	0.009	0.012	0.014
	塑料薄膜	m^2	0.86	8.831	10.067	11.211	12.333
	水	m^3	4.27	0.399	0.452	0.504	0.557
	其他材料费	元	1.00	0.35	0.40	0.46	0.51
机械	干混砂浆罐式搅拌机 20000L	台班	193.83	0.003	0.003	0.003	0.003

(3)钢丝网水泥砂浆接口(120°管基)

工作内容:清理管口、调运砂浆、填缝、抹带、压实、养生。　　**计量单位**:10 个口

定额编号				6-76	6-77	6-78	6-79	6-80	6-81
项目				管径(mm 以内)					
				600	700	800	900	1000	1100
基价(元)				**300.37**	**354.07**	**408.61**	**466.33**	**525.34**	**641.23**
其中	人工费(元)			224.64	265.01	307.13	351.27	393.80	433.62
	材料费(元)			75.15	88.28	100.51	114.09	130.38	205.48
	机械费(元)			0.58	0.78	0.97	0.97	1.16	2.13
名称		单位	单价(元)	消耗量					
人工	二类人工	工日	135.00	1.664	1.963	2.275	2.602	2.917	3.212
材料	干混抹灰砂浆 DP M20.0	m^3	446.95	0.082	0.096	0.108	0.122	0.134	0.260
	干混抹灰砂浆 DP M15.0	m^3	446.85	0.013	0.018	0.023	0.029	0.043	0.053
	钢丝网	m^2	6.29	3.535	4.011	4.486	4.961	5.436	7.224
	塑料薄膜	m^2	0.86	10.059	11.626	13.192	14.761	16.328	18.157
	水	m^3	4.27	0.249	0.289	0.328	0.368	0.410	0.586
	其他材料费	元	1.00	0.74	0.87	1.00	1.13	1.29	2.03
机械	干混砂浆罐式搅拌机 20000L	台班	193.83	0.003	0.004	0.005	0.005	0.006	0.011

工作内容:清理管口、调运砂浆、填缝、抹带、压实、养生。　　**计量单位**:10 个口

定额编号				6-82	6-83	6-84	6-85	6-86	6-87
项目				管径(mm 以内)					
				1200	1350	1500	1650	1800	2000
基价(元)				**692.08**	**788.76**	**910.41**	**998.84**	**1138.64**	**1322.68**
其中	人工费(元)			463.46	529.47	618.44	674.19	779.49	917.19
	材料费(元)			226.10	256.58	288.87	321.16	355.27	401.03
	机械费(元)			2.52	2.71	3.10	3.49	3.88	4.46
名称		单位	单价(元)	消耗量					
人工	二类人工	工日	135.00	3.433	3.922	4.581	4.994	5.774	6.794
材料	干混抹灰砂浆 DP M20.0	m^3	446.95	0.284	0.318	0.353	0.387	0.422	0.468
	干混抹灰砂浆 DP M15.0	m^3	446.85	0.063	0.079	0.098	0.118	0.141	0.173
	钢丝网	m^2	6.29	7.805	8.676	9.547	10.417	11.289	12.450
	塑料薄膜	m^2	0.86	19.723	22.075	24.427	26.777	29.129	32.264
	水	m^3	4.27	0.638	0.715	0.794	0.874	0.954	1.060
	其他材料费	元	1.00	2.24	2.54	2.86	3.18	3.52	3.97
机械	干混砂浆罐式搅拌机 20000L	台班	193.83	0.013	0.014	0.016	0.018	0.020	0.023

工作内容:清理管口、调运砂浆、填缝、抹带、压实、养生。 **计量单位:**10 个口

定额编号				6-88	6-89	6-90	6-91	6-92
项目				管径(mm 以内)				
				2200	2400	2600	2800	3000
基价(元)				**1564.07**	**1802.67**	**1949.00**	**2109.66**	**2269.57**
其中	人工费(元)			1109.97	1306.26	1414.53	1521.86	1628.64
	材料费(元)			449.06	490.79	528.46	581.02	633.56
	机械费(元)			5.04	5.62	6.01	6.78	7.37
	名称	单位	单价(元)	消耗量				
人工	二类人工	工日	135.00	8.222	9.676	10.478	11.273	12.064
材料	干混抹灰砂浆 DP M20.0	m^3	446.95	0.515	0.558	0.597	0.644	0.690
	干混抹灰砂浆 DP M15.0	m^3	446.85	0.209	0.237	0.261	0.307	0.354
	钢丝网	m^2	6.29	13.610	14.675	15.691	16.853	18.013
	塑料薄膜	m^2	0.86	35.400	38.273	41.015	44.150	47.286
	水	m^3	4.27	1.168	1.266	1.359	1.469	1.579
	其他材料费	元	1.00	4.45	4.86	5.23	5.75	6.27
机械	干混砂浆罐式搅拌机 20000L	台班	193.83	0.026	0.029	0.031	0.035	0.038

(4)钢丝网水泥砂浆接口(180°管基)

工作内容:清理管口、调运砂浆、填缝、抹带、压实、养生。 **计量单位:**10 个口

定额编号				6-93	6-94	6-95	6-96	6-97	6-98
项目				管径(mm 以内)					
				600	700	800	900	1000	1100
基价(元)				**249.35**	**292.91**	**337.92**	**386.63**	**436.57**	**528.53**
其中	人工费(元)			189.81	224.10	258.26	296.33	331.83	365.58
	材料费(元)			58.96	68.23	78.88	89.52	103.77	161.21
	机械费(元)			0.58	0.58	0.78	0.78	0.97	1.74
	名称	单位	单价(元)	消耗量					
人工	二类人工	工日	135.00	1.406	1.660	1.913	2.195	2.458	2.708
材料	干混抹灰砂浆 DP M20.0	m^3	446.95	0.062	0.071	0.081	0.091	0.101	0.195
	干混抹灰砂浆 DP M15.0	m^3	446.85	0.013	0.018	0.023	0.029	0.043	0.053
	钢丝网	m^2	6.29	2.794	3.150	3.506	3.862	4.219	5.591
	塑料薄膜	m^2	0.86	7.543	8.179	9.895	11.071	12.245	13.619
	水	m^3	4.27	0.188	0.217	0.247	0.278	0.309	0.442
	其他材料费	元	1.00	0.58	0.68	0.78	0.89	1.03	1.60
机械	干混砂浆罐式搅拌机 20000L	台班	193.83	0.003	0.003	0.004	0.004	0.005	0.009

工作内容：清理管口、调运砂浆、填缝、抹带、压实、养生。 **计量单位：**10 个口

定额编号				6-99	6-100	6-101	6-102	6-103	6-104
项目				管径(mm 以内)					
				1200	1350	1500	1650	1800	2000
基价(元)				**571.24**	**651.42**	**753.39**	**827.05**	**944.61**	**1099.27**
其中	人工费(元)			391.50	446.85	521.91	568.49	657.59	773.69
	材料费(元)			177.80	202.24	228.96	255.65	283.72	321.90
	机械费(元)			1.94	2.33	2.52	2.91	3.30	3.68
名称		单位	单价(元)	消耗量					
人工	二类人工	工日	135.00	2.900	3.310	3.866	4.211	4.871	5.731
材料	干混抹灰砂浆 DP M20.0	m^3	446.95	0.213	0.238	0.265	0.291	0.317	0.352
	干混抹灰砂浆 DP M15.0	m^3	446.85	0.063	0.079	0.098	0.118	0.141	0.173
	钢丝网	m^2	6.29	6.027	6.680	7.335	7.986	8.639	9.510
	塑料薄膜	m^2	0.86	14.792	16.556	18.320	20.084	21.846	24.198
	水	m^3	4.27	0.482	0.542	0.601	0.662	0.724	0.807
	其他材料费	元	1.00	1.76	2.00	2.27	2.53	2.81	3.19
机械	干混砂浆罐式搅拌机 20000L	台班	193.83	0.010	0.012	0.013	0.015	0.017	0.019

工作内容：清理管口、调运砂浆、填缝、抹带、压实、养生。 **计量单位：**10 个口

定额编号				6-105	6-106	6-107	6-108	6-109
项目				管径(mm 以内)				
				2200	2400	2600	2800	3000
基价(元)				**1301.77**	**1501.62**	**1624.44**	**1760.11**	**1895.96**
其中	人工费(元)			936.09	1101.20	1192.32	1282.91	1373.22
	材料费(元)			361.42	395.77	427.08	471.58	516.54
	机械费(元)			4.26	4.65	5.04	5.62	6.20
名称		单位	单价(元)	消耗量				
人工	二类人工	工日	135.00	6.934	8.157	8.832	9.503	10.172
材料	干混抹灰砂浆 DP M20.0	m^3	446.95	0.386	0.418	0.448	0.483	0.518
	干混抹灰砂浆 DP M15.0	m^3	446.85	0.209	0.237	0.261	0.307	0.354
	钢丝网	m^2	6.29	10.381	11.179	11.942	12.812	13.684
	塑料薄膜	m^2	0.86	26.550	28.705	30.763	33.113	35.465
	水	m^3	4.27	0.889	0.964	1.035	1.120	1.206
	其他材料费	元	1.00	3.58	3.92	4.23	4.67	5.11
机械	干混砂浆罐式搅拌机 20000L	台班	193.83	0.022	0.024	0.026	0.029	0.032

(5)膨胀水泥砂浆接口

工作内容:清理管口、调运砂浆、填缝、抹带、压实、养生。

计量单位:10 个口

定额编号				6-110	6-111	6-112	6-113	6-114
项目				管径(mm 以内)				
				1100	1200	1350	1500	1650
基价(元)				**282.67**	**287.15**	**356.13**	**444.91**	**518.92**
其中	人工费(元)			259.20	259.20	321.57	402.57	467.37
	材料费(元)			23.28	27.76	34.37	41.95	51.16
	机械费(元)			0.19	0.19	0.19	0.39	0.39
	名称	单位	单价(元)	消耗量				
人工	二类人工	工日	135.00	1.920	1.920	2.382	2.982	3.462
材料	干混抹灰砂浆 DP M20.0	m^3	446.95	0.027	0.033	0.041	0.050	0.062
	膨胀水泥砂浆 1:1	m^3	271.00	0.034	0.040	0.050	0.062	0.075
	塑料薄膜	m^2	0.86	2.066	2.242	2.530	2.802	3.091
	水	m^3	4.27	0.007	0.008	0.010	0.012	0.015
	其他材料费	元	1.00	0.19	0.21	0.28	0.34	0.40
机械	干混砂浆罐式搅拌机 20000L	台班	193.83	0.001	0.001	0.001	0.002	0.002

工作内容:清理管口、调运砂浆、填缝、抹带、压实、养生。

计量单位:10 个口

定额编号				6-115	6-116	6-117	6-118
项目				管径(mm 以内)			
				1800	2000	2200	2400
基价(元)				**600.70**	**670.70**	**790.60**	**899.21**
其中	人工费(元)			539.46	596.16	700.65	797.04
	材料费(元)			60.66	73.96	89.17	101.20
	机械费(元)			0.58	0.58	0.78	0.97
	名称	单位	单价(元)	消耗量			
人工	二类人工	工日	135.00	3.996	4.416	5.190	5.904
材料	干混抹灰砂浆 DP M20.0	m^3	446.95	0.074	0.090	0.109	0.124
	膨胀水泥砂浆 1:1	m^3	271.00	0.089	0.110	0.133	0.151
	塑料薄膜	m^2	0.86	3.363	3.747	4.116	4.484
	水	m^3	4.27	0.018	0.022	0.026	0.030
	其他材料费	元	1.00	0.50	0.61	0.76	0.87
机械	干混砂浆罐式搅拌机 20000L	台班	193.83	0.003	0.003	0.004	0.005

(6)石棉水泥接口

工作内容:清理管口、调运砂浆、填缝、抹带、压实、养生。 **计量单位:**10 个口

定额编号				6-119	6-120	6-121	6-122	6-123
项目				管径(mm 以内)				
				1100	1200	1350	1500	1650
基价(元)				**282.32**	**285.56**	**355.75**	**444.58**	**517.21**
其中	人工费(元)			259.20	259.20	321.57	402.57	467.37
	材料费(元)			23.12	26.36	34.18	42.01	49.84
	机械费(元)			—	—	—	—	—
名称		单位	单价(元)	消耗量				
人工	二类人工	工日	135.00	1.920	1.920	2.382	2.982	3.462
材料	干混抹灰砂浆 DP M20.0	m^3	446.95	0.018	0.020	0.026	0.032	0.038
	石棉水泥 3:7	m^3	457.00	0.032	0.037	0.048	0.059	0.070
	塑料薄膜	m^2	0.86	0.204	0.221	0.250	0.277	0.304
	其他材料费	元	1.00	0.28	0.32	0.41	0.51	0.60

工作内容:清理管口、调运砂浆、填缝、抹带、压实、养生。 **计量单位:**10 个口

定额编号				6-124	6-125	6-126	6-127
项目				管径(mm 以内)			
				1800	2000	2200	2400
基价(元)				**600.33**	**671.29**	**793.72**	**904.37**
其中	人工费(元)			539.46	596.16	700.65	797.04
	材料费(元)			60.87	75.13	93.07	107.33
	机械费(元)			—	—	—	—
名称		单位	单价(元)	消耗量			
人工	二类人工	工日	135.00	3.996	4.416	5.190	5.904
材料	干混抹灰砂浆 DP M20.0	m^3	446.95	0.046	0.058	0.071	0.082
	石棉水泥 3:7	m^3	457.00	0.086	0.105	0.131	0.151
	塑料薄膜	m^2	0.86	0.326	0.370	0.408	0.444
	其他材料费	元	1.00	0.73	0.90	1.12	1.29

(7)q 型胶圈接口

工作内容:清理、管道接口、上胶圈。　　计量单位:10 个口

定额编号				6-128	6-129	6-130	6-131	6-132	6-133	6-134
项目				管径(mm 以内)						
				1350	1500	1650	1800	2000	2200	2400
基价(元)				**2470.48**	**2854.51**	**2997.94**	**3392.08**	**4539.86**	**4830.30**	**5382.93**
其中	人工费(元)			225.18	235.71	246.24	257.58	272.16	299.70	326.43
	材料费(元)			2245.30	2618.80	2751.70	3134.50	4267.70	4530.60	5056.50
	机械费(元)			—	—	—	—	—	—	—
	名称	单位	单价(元)	消耗量						
人工	二类人工	工日	135.00	1.668	1.746	1.824	1.908	2.016	2.220	2.418
材料	q 型胶圈 ϕ1350	只	222.00	10.000	—	—	—	—	—	—
	q 型胶圈 ϕ1500	只	259.00	—	10.000	—	—	—	—	—
	q 型胶圈 ϕ1650	只	272.00	—	—	10.000	—	—	—	—
	q 型胶圈 ϕ1800	只	310.00	—	—	—	10.000	—	—	—
	q 型胶圈 ϕ2000	只	422.00	—	—	—	—	10.000	—	—
	q 型胶圈 ϕ2200	只	448.00	—	—	—	—	—	10.000	—
	q 型胶圈 ϕ2400	只	500.00	—	—	—	—	—	—	10.000
	其他材料费	元	1.00	25.30	28.80	31.70	34.50	47.70	50.60	56.50

2. 混凝土套环接口

(1)混凝土套环接口(120°管基)

工作内容:清理管口、调运砂浆、填缝、抹带、压实、养生。　　计量单位:10 个口

定额编号				6-135	6-136	6-137	6-138	6-139	6-140
项目				管径(mm 以内)					
				600	700	800	900	1000	1100
基价(元)				**302.92**	**348.59**	**403.06**	**454.66**	**516.87**	**592.86**
其中	人工费(元)			124.34	139.05	157.41	176.72	201.42	235.58
	材料费(元)			178.09	208.93	244.79	277.00	314.26	355.69
	机械费(元)			0.49	0.61	0.86	0.94	1.19	1.59
	名称	单位	单价(元)	消耗量					
人工	二类人工	工日	135.00	0.921	1.030	1.166	1.309	1.492	1.745
材料	非泵送商品混凝土 C20	m^3	412.00	0.381	0.441	0.512	0.572	0.642	0.722
	干混抹灰砂浆 DP M15.0	m^3	446.85	0.028	0.039	0.051	0.065	0.081	0.097
	塑料薄膜	m^2	0.86	7.132	8.068	8.986	9.923	10.857	11.794
	水	m^3	4.27	0.166	0.189	0.212	0.237	0.262	0.286
	其他材料费	元	1.00	1.76	2.07	2.42	2.74	3.11	3.52
机械	混凝土振捣器 平板式	台班	12.54	0.011	0.016	0.018	0.021	0.023	0.031
	混凝土振捣器 插入式	台班	4.65	0.033	0.047	0.054	0.062	0.068	0.092
	干混砂浆罐式搅拌机 20000L	台班	193.83	0.001	0.001	0.002	0.002	0.003	0.004

工作内容:清理管口、调运砂浆、填缝、抹带、压实、养生。　　**计量单位**:10 个口

定额编号				6-141	6-142	6-143	6-144	6-145	6-146
项目				管径(mm 以内)					
				1200	1350	1500	1650	1800	2000
基价(元)				**664.76**	**1390.12**	**1584.40**	**1679.02**	**1833.19**	**2035.31**
其中	人工费(元)			268.79	497.21	577.94	616.28	674.73	750.87
	材料费(元)			394.30	890.88	1003.81	1059.39	1154.71	1279.86
	机械费(元)			1.67	2.03	2.65	3.35	3.75	4.58
名称		单位	单价(元)	消耗量					
人工	二类人工	工日	135.00	1.991	3.683	4.281	4.565	4.998	5.562
材料	非泵送商品混凝土 C20	m^3	412.00	0.792	1.946	2.177	2.267	2.447	2.678
	干混抹灰砂浆 DP M15.0	m^3	446.85	0.116	0.146	0.180	0.217	0.259	0.319
	塑料薄膜	m^2	0.86	12.711	14.883	16.286	17.672	19.076	20.929
	水	m^3	4.27	0.311	0.531	0.586	0.640	0.698	0.775
	其他材料费	元	1.00	3.90	8.82	9.94	10.49	11.43	12.67
机械	混凝土振捣器 平板式	台班	12.54	0.034	0.040	0.049	0.068	0.076	0.085
	混凝土振捣器 插入式	台班	4.65	0.101	0.120	0.146	0.204	0.227	0.255
	干混砂浆罐式搅拌机 20000L	台班	193.83	0.004	0.005	0.007	0.008	0.009	0.012

工作内容:清理管口、调运砂浆、填缝、抹带、压实、养生。　　**计量单位**:10 个口

定额编号				6-147	6-148	6-149	6-150	6-151
项目				管径(mm 以内)				
				2200	2400	2600	2800	3000
基价(元)				**2257.68**	**2438.38**	**2603.15**	**2802.84**	**3010.04**
其中	人工费(元)			840.11	907.07	970.25	1037.75	1106.73
	材料费(元)			1412.34	1525.43	1626.46	1757.84	1895.25
	机械费(元)			5.23	5.88	6.44	7.25	8.06
名称		单位	单价(元)	消耗量				
人工	二类人工	工日	135.00	6.223	6.719	7.187	7.687	8.198
材料	非泵送商品混凝土 C20	m^3	412.00	2.919	3.129	3.320	3.541	3.771
	干混抹灰砂浆 DP M15.0	m^3	446.85	0.386	0.439	0.483	0.566	0.654
	塑料薄膜	m^2	0.86	22.802	24.505	26.132	27.987	29.858
	水	m^3	4.27	0.853	0.923	0.987	1.069	1.153
	其他材料费	元	1.00	13.98	15.10	16.10	17.40	18.76
机械	混凝土振捣器 平板式	台班	12.54	0.095	0.105	0.115	0.125	0.135
	混凝土振捣器 插入式	台班	4.65	0.285	0.315	0.325	0.347	0.368
	干混砂浆罐式搅拌机 20000L	台班	193.83	0.014	0.016	0.018	0.021	0.024

(2)混凝土套环接口(180°管基)

工作内容:清理管口、调运砂浆、填缝、抹带、压实、养生。　　**计量单位**:10 个口

定额编号				6-152	6-153	6-154	6-155	6-156	6-157
项目				管径(mm 以内)					
				600	700	800	900	1000	1100
基价(元)				**252.24**	**296.04**	**340.03**	**387.94**	**441.18**	**508.52**
其中	人工费(元)			106.65	121.23	136.49	154.04	175.37	206.15
	材料费(元)			145.16	174.10	202.59	232.90	264.56	300.79
	机械费(元)			0.43	0.71	0.95	1.00	1.25	1.58
	名称	单位	单价(元)	消耗量					
人工	二类人工	工日	135.00	0.790	0.898	1.011	1.141	1.299	1.527
材料	非泵送商品混凝土 C20	m^3	412.00	0.291	0.341	0.391	0.441	0.491	0.552
	干混抹灰砂浆 DP M15.0	m^3	446.85	0.038	0.054	0.069	0.088	0.110	0.132
	塑料薄膜	m^2	0.86	7.132	8.068	8.986	9.923	10.857	11.794
	水	m^3	4.27	0.168	0.193	0.218	0.243	0.270	0.295
	其他材料费	元	1.00	1.44	1.72	2.01	2.31	2.62	2.98
机械	混凝土振捣器 平板式	台班	12.54	0.009	0.012	0.014	0.016	0.018	0.023
	混凝土振捣器 插入式	台班	4.65	0.026	0.036	0.042	0.047	0.053	0.069
	干混砂浆罐式搅拌机 20000L	台班	193.83	0.001	0.002	0.003	0.003	0.004	0.005

工作内容:清理管口、调运砂浆、填缝、抹带、压实、养生。　　**计量单位**:10 个口

定额编号				6-158	6-159	6-160	6-161	6-162	6-163
项目				管径(mm 以内)					
				1200	1350	1500	1650	1800	2000
基价(元)				**571.40**	**1147.53**	**1312.57**	**1465.62**	**1627.47**	**1849.08**
其中	人工费(元)			235.31	419.04	489.24	542.16	600.89	678.78
	材料费(元)			334.24	726.32	820.61	919.95	1022.06	1165.48
	机械费(元)			1.85	2.17	2.72	3.51	4.52	4.82
	名称	单位	单价(元)	消耗量					
人工	二类人工	工日	135.00	1.743	3.104	3.624	4.016	4.451	5.028
材料	非泵送商品混凝土 C20	m^3	412.00	0.602	1.494	1.665	1.846	2.026	2.277
	干混抹灰砂浆 DP M15.0	m^3	446.85	0.158	0.198	0.246	0.296	0.353	0.435
	塑料薄膜	m^2	0.86	12.711	14.883	16.286	17.672	19.076	20.929
	水	m^3	4.27	0.321	0.545	0.604	0.660	0.722	0.804
	其他材料费	元	1.00	3.31	7.19	8.12	9.11	10.12	11.54
机械	混凝土振捣器 平板式	台班	12.54	0.026	0.031	0.037	0.052	0.058	0.065
	混凝土振捣器 插入式	台班	4.65	0.077	0.092	0.111	0.156	0.273	0.194
	干混砂浆罐式搅拌机 20000L	台班	193.83	0.006	0.007	0.009	0.011	0.013	0.016

工作内容：清理管口、调运砂浆、填缝、抹带、压实、养生。　　　　计量单位：10 个口

定额编号				6-164	6-165	6-166	6-167	6-168
项目				管径(mm 以内)				
				2200	2400	2600	2800	3000
基价（元）				**2093.99**	**2301.20**	**2501.67**	**2749.83**	**3000.24**
其中	人工费（元）			771.26	843.08	914.36	991.17	1067.85
	材料费（元）			1317.14	1451.76	1580.38	1750.75	1923.40
	机械费（元）			5.59	6.36	6.93	7.91	8.99
名称		单位	单价(元)	消耗量				
人工	二类人工	工日	135.00	5.713	6.245	6.773	7.342	7.910
材料	非泵送商品混凝土 C20	m^3	412.00	2.538	2.778	3.019	3.300	3.581
	干混抹灰砂浆 DP M15.0	m^3	446.85	0.526	0.599	0.658	0.772	0.891
	塑料薄膜	m^2	0.86	22.802	24.505	26.132	27.987	29.858
	水	m^3	4.27	0.888	0.963	1.030	1.120	1.211
	其他材料费	元	1.00	13.04	14.37	15.65	17.33	19.04
机械	混凝土振捣器 平板式	台班	12.54	0.072	0.079	0.086	0.093	0.100
	混凝土振捣器 插入式	台班	4.65	0.216	0.237	0.259	0.284	0.329
	干混砂浆罐式搅拌机 20000L	台班	193.83	0.019	0.022	0.024	0.028	0.032

3.承插接口

(1)水泥砂浆接口

工作内容：清理管口、调运砂浆、填缝、抹带、压实、养生。　　　　计量单位：10 个口

定额编号				6-169	6-170	6-171	6-172	6-173	6-174	6-175	6-176
项目				管径(mm 以内)							
				200	250	300	350	400	450	500	600
基价（元）				**33.86**	**40.06**	**53.85**	**59.64**	**62.76**	**69.79**	**72.78**	**84.15**
其中	人工费（元）			29.84	34.70	46.71	49.82	49.82	53.73	53.60	57.38
	材料费（元）			4.02	5.36	7.14	9.82	12.94	16.06	19.18	26.77
	机械费（元）			—	—	—	—	—	—	—	—
名称		单位	单价(元)	消耗量							
人工	二类人工	工日	135.00	0.221	0.257	0.346	0.369	0.369	0.398	0.397	0.425
材料	干混地面砂浆 DS M20.0	m^3	443.08	0.009	0.012	0.016	0.022	0.029	0.036	0.043	0.060
	其他材料费	元	1.00	0.03	0.04	0.05	0.07	0.09	0.11	0.13	0.19

(2)沥青油膏接口

工作内容:清理管口、调运砂浆、填缝、抹带、压实、养生。　　**计量单位:**10 个口

定额编号				6-177	6-178	6-179	6-180	6-181	6-182	6-183	6-184
项目				管径(mm 以内)							
				200	250	300	350	400	450	500	600
基价(元)				**35.40**	**41.62**	**55.12**	**61.08**	**65.15**	**71.10**	**73.82**	**83.29**
其中	人工费(元)			29.97	34.83	46.98	50.22	50.22	53.46	53.46	57.51
	材料费(元)			5.43	6.79	8.14	10.86	14.93	17.64	20.36	25.78
	机械费(元)			—	—	—	—	—	—	—	—
	名称	单位	单价(元)	消耗量							
人工	二类人工	工日	135.00	0.222	0.258	0.348	0.372	0.372	0.396	0.396	0.426
材料	沥青油膏 1∶2	m^3	1337.00	0.004	0.005	0.006	0.008	0.011	0.013	0.015	0.019
	其他材料费	元	1.00	0.08	0.10	0.12	0.16	0.22	0.26	0.30	0.38

(3)混凝土管胶圈(承插)接口

工作内容:清理、管道接口、上胶圈。　　**计量单位:**10 个口

定额编号				6-185	6-186	6-187	6-188	6-189
项目				管径(mm 以内)				
				200	300	400	500	600
基价(元)				**131.01**	**150.41**	**179.46**	**198.75**	**227.92**
其中	人工费(元)			102.06	111.78	122.31	132.03	142.56
	材料费(元)			28.95	38.63	57.15	66.72	85.36
	机械费(元)			—	—	—	—	—
	名称	单位	单价(元)	消耗量				
人工	二类人工	工日	135.00	0.756	0.828	0.906	0.978	1.056
材料	O 型胶圈(承插)ϕ200	只	2.59	10.150	—	—	—	—
	O 型胶圈(承插)ϕ300	只	3.45	—	10.150	—	—	—
	O 型胶圈(承插)ϕ400	只	5.17	—	—	10.150	—	—
	O 型胶圈(承插)ϕ500	只	6.03	—	—	—	10.150	—
	O 型胶圈(承插)ϕ600	只	7.76	—	—	—	—	10.150
	润滑油	kg	4.33	0.547	0.747	0.947	1.122	1.328
	其他材料费	元	1.00	0.29	0.38	0.57	0.66	0.85

工作内容：清理、管道接口、上胶圈。　　　**计量单位**：10 个口

定　额　编　号				6-190	6-191	6-192	6-193	6-194
项　　　目				管径(mm 以内)				
				700	800	900	1000	1100
基　价　(元)				**318.72**	**365.57**	**402.64**	**458.25**	**521.85**
其中	人工费　(元)			153.09	163.62	173.34	183.87	193.59
	材料费　(元)			165.63	201.95	229.30	274.38	328.26
	机械费　(元)			—	—	—	—	—
名　称		单位	单价(元)	消　耗　量				
人工	二类人工	工日	135.00	1.134	1.212	1.284	1.362	1.434
材料	O 型胶圈（承插）ϕ700	只	15.52	10.150	—	—	—	—
	O 型胶圈（承插）ϕ800	只	18.97	—	10.150	—	—	—
	O 型胶圈（承插）ϕ900	只	21.55	—	—	10.150	—	—
	O 型胶圈（承插）ϕ1000	只	25.86	—	—	—	10.150	—
	O 型胶圈（承插）ϕ1100	只	31.03	—	—	—	—	10.150
	润滑油	kg	4.33	1.493	1.709	1.917	2.121	2.322
	其他材料费	元	1.00	1.64	2.00	2.27	2.72	3.25

工作内容：清理、管道接口、上胶圈。　　　**计量单位**：10 个口

定　额　编　号				6-195	6-196	6-197	6-198	6-199
项　　　目				管径(mm 以内)				
				1200	1350	1500	1650	1800
基　价　(元)				**568.63**	**616.41**	**680.02**	**709.19**	**773.73**
其中	人工费　(元)			204.12	214.65	224.37	234.90	244.62
	材料费　(元)			364.51	401.76	455.65	474.29	529.11
	机械费　(元)			—	—	—	—	—
名　称		单位	单价(元)	消　耗　量				
人工	二类人工	工日	135.00	1.512	1.590	1.662	1.740	1.812
材料	O 型胶圈（承插）ϕ1200	只	34.48	10.150	—	—	—	—
	O 型胶圈（承插）ϕ1350	只	37.93	—	10.150	—	—	—
	O 型胶圈（承插）ϕ1500	只	43.10	—	—	10.150	—	—
	O 型胶圈（承插）ϕ1650	只	44.83	—	—	—	10.150	—
	O 型胶圈（承插）ϕ1800	只	50.00	—	—	—	—	10.150
	润滑油	kg	4.33	2.523	2.954	3.159	3.363	3.780
	其他材料费	元	1.00	3.61	3.98	4.51	4.70	5.24

工作内容:清理、管道接口、上胶圈。 **计量单位**:10 个口

定额编号					6-200	6-201	6-202	6-203	6-204	6-205
项目					管径(mm 以内)					
					2000	2200	2400	2600	2800	3000
基价(元)					**804.29**	**871.36**	**936.97**	**1004.34**	**1071.03**	**1138.09**
其中	人工费(元)				255.69	267.17	277.83	290.25	302.00	314.01
	材料费(元)				548.60	604.19	659.14	714.09	769.03	824.08
	机械费(元)				—	—	—	—	—	—
名称			单位	单价(元)	消耗量					
人工	二类人工		工日	135.00	1.894	1.979	2.058	2.150	2.237	2.326
材料	O 型胶圈(承插)ϕ2000		只	51.72	10.150	—	—	—	—	—
	O 型胶圈(承插)ϕ2200		只	56.90	—	10.150	—	—	—	—
	O 型胶圈(承插)ϕ2400		只	62.07	—	—	10.150	—	—	—
	O 型胶圈(承插)ϕ2600		只	67.24	—	—	—	10.150	—	—
	O 型胶圈(承插)ϕ2800		只	72.41	—	—	—	—	10.150	—
	O 型胶圈(承插)ϕ3000		只	77.59	—	—	—	—	—	10.150
	润滑油		kg	4.33	4.205	4.774	5.220	5.665	6.110	6.555
	其他材料费		元	1.00	5.43	5.98	6.53	7.07	7.61	8.16

4. 塑料排水管接口

(1)承插式橡胶圈接口

工作内容:清理接口,管道连接。 **计量单位**:10 个口

定额编号				6-206	6-207	6-208	6-209	6-210
项目				管径(mm 以内)				
				*DN*150	*DN*250	*DN*300	*DN*400	*DN*500
基价(元)				**34.45**	**82.48**	**114.46**	**133.38**	**162.60**
其中	人工费(元)			33.21	79.38	110.16	127.98	156.33
	材料费(元)			1.24	3.10	4.30	5.40	6.27
	机械费(元)			—	—	—	—	—
名称		单位	单价(元)	消耗量				
人工	二类人工	工日	135.00	0.246	0.588	0.816	0.948	1.158
材料	橡胶圈 *DN*150	个	—	(10.150)	—	—	—	—
	橡胶圈 *DN*250	个	—	—	(10.150)	—	—	—
	橡胶圈 *DN*300	个	—	—	—	(10.150)	—	—
	橡胶圈 *DN*400	个	—	—	—	—	(10.150)	—
	橡胶圈 *DN*500	个	—	—	—	—	—	(10.150)
	其他材料费	元	1.00	1.24	3.10	4.30	5.40	6.27

工作内容:清理接口,管道连接。　　　　计量单位:10 个口

定额编号				6-211	6-212	6-213
项目				管径(mm 以内)		
				DN600	DN800	DN1000
基价(元)				197.88	241.74	294.10
其中	人工费(元)			190.76	232.74	283.50
	材料费(元)			7.12	9.00	10.60
	机械费(元)			—	—	—
名称		单位	单价(元)	消耗量		
人工	二类人工	工日	135.00	1.413	1.724	2.100
材料	橡胶圈 DN600	个	—	(10.150)	—	—
	橡胶圈 DN800	个	—	—	(10.150)	—
	橡胶圈 DN1000	个	—	—	—	(10.150)
	其他材料费	元	1.00	7.12	9.00	10.60

(2)热熔接口

工作内容:水平对齐、清理接口、热熔连接、冷却。　　　　计量单位:10 个口

定额编号				6-214	6-215	6-216	6-217	6-218
项目				管径(mm 以内)				
				DN150	DN250	DN300	DN400	DN500
基价(元)				245.07	451.56	554.08	766.09	1084.52
其中	人工费(元)			33.21	79.38	110.16	127.98	156.33
	材料费(元)			211.86	372.18	443.92	638.11	928.19
	机械费(元)			—	—	—	—	—
名称		单位	单价(元)	消耗量				
人工	二类人工	工日	135.00	0.246	0.588	0.816	0.948	1.158
材料	热熔带 150×200×3	只	20.69	10.150	—	—	—	—
	热熔带 250×200×3	只	36.21	—	10.150	—	—	—
	热熔带 300×350×3	只	43.10	—	—	10.150	—	—
	热熔带 400×350×3	只	62.07	—	—	—	10.150	—
	热熔带 500×350×3	只	90.52	—	—	—	—	10.150
	其他材料费	元	1.00	1.86	4.65	6.45	8.10	9.41

(3)电热熔接口

工作内容:水平对齐、清理接口、热熔连接、冷却。 计量单位:10个口

定额编号				6-219	6-220	6-221	6-222	6-223	6-224
项目				管径(mm以内)					
				DN300	DN400	DN500	DN600	DN800	DN1000
基价(元)				**967.88**	**1228.76**	**3332.22**	**3839.10**	**4896.59**	**7451.15**
其中	人工费(元)			76.14	82.62	85.05	166.05	197.64	231.66
	材料费(元)			874.37	1128.03	3228.33	3653.10	4677.89	7193.62
	机械费(元)			17.37	18.11	18.84	19.95	21.06	25.87
名称		单位	单价(元)	消耗量					
人工	二类人工	工日	135.00	0.564	0.612	0.630	1.230	1.464	1.716
材料	电热熔带 300×200×7	只	84.48	10.150	—	—	—	—	—
	电热熔带 400×200×7	只	109.00	—	10.150	—	—	—	—
	电热熔带 500×350×9	只	312.00	—	—	10.150	—	—	—
	电热熔带 600×350×9	只	353.00	—	—	—	10.150	—	—
	电热熔带 800×350×9	只	452.00	—	—	—	—	10.150	—
	电热熔带 1000×350×9	只	694.00	—	—	—	—	—	10.150
	其他材料费	元	1.00	16.90	21.68	61.53	70.15	90.09	149.52
机械	对接熔接机 DRh-16A	台班	36.95	0.470	0.490	0.510	0.540	0.570	0.700

四、管道闭水试验

工作内容:调制砂浆、砌堵、抹灰、注水、排水、拆堵、清理现场等。 计量单位:100m

定额编号				6-225	6-226	6-227	6-228	6-229	6-230
项目				管径(mm以内)					
				300	400	500	600	800	1000
基价(元)				**179.63**	**259.01**	**380.77**	**491.23**	**760.27**	**1117.93**
其中	人工费(元)			100.71	134.60	184.41	221.40	315.09	444.83
	材料费(元)			78.53	124.02	195.78	269.25	444.21	671.55
	机械费(元)			0.39	0.39	0.58	0.58	0.97	1.55
名称		单位	单价(元)	消耗量					
人工	二类人工	工日	135.00	0.746	0.997	1.366	1.640	2.334	3.295
材料	碳素结构钢焊接钢管 DN40×3.5	m	9.93	0.030	0.030	0.030	0.030	0.030	0.030
	干混抹灰砂浆 DP M20.0	m^3	446.95	0.005	0.006	0.012	0.014	0.023	0.037
	干混砌筑砂浆 DM M7.5	m^3	413.73	0.027	0.036	0.058	0.070	0.124	0.194
	混凝土实心砖 240×115×53 MU10	千块	388.00	0.041	0.073	0.115	0.165	0.290	0.456
	镀锌铁丝 10#	kg	5.38	0.680	0.680	0.680	0.680	0.680	0.680
	橡胶管	m	5.14	1.500	1.500	1.500	1.500	1.500	1.500
	水	m^3	4.27	8.434	14.994	24.894	35.847	58.485	87.350
	其他材料费	元	1.00	1.54	2.43	3.84	5.28	8.71	13.17
机械	干混砂浆罐式搅拌机 20000L	台班	193.83	0.002	0.002	0.003	0.003	0.005	0.008

工作内容：调制砂浆、砌堵、抹灰、注水、排水、拆堵、清理现场等。　　**计量单位**：100m

定额编号				6-231	6-232	6-233	6-234	6-235	6-236
项目				管径(mm 以内)					
				1200	1350	1500	1650	1800	2000
基　价（元）				**1557.55**	**1956.48**	**2366.11**	**3534.74**	**4154.39**	**5081.67**
其中	人工费（元）			583.47	709.97	851.85	1366.47	1581.39	1918.89
	材料费（元）			971.75	1243.21	1510.19	2160.71	2564.08	3151.73
	机械费（元）			2.33	3.30	4.07	7.56	8.92	11.05
名称		单位	单价(元)	消耗量					
人工	二类人工	工日	135.00	4.322	5.259	6.310	10.122	11.714	14.214
材料	碳素结构钢焊接钢管 *DN*40×3.5	m	9.93	0.030	0.030	0.030	0.030	0.030	0.030
	干混抹灰砂浆 DP M20.0	m^3	446.95	0.053	0.067	0.083	0.100	0.119	0.147
	干混砌筑砂浆 DM M7.5	m^3	413.73	0.280	0.354	0.437	0.851	1.015	1.249
	混凝土实心砖 240×115×53 MU10	千块	388.00	0.657	0.832	1.027	1.890	2.251	2.778
	镀锌铁丝 10#	kg	5.38	0.680	0.680	0.680	0.680	0.680	0.680
	橡胶管	m	5.14	1.500	1.500	1.500	1.500	1.500	1.500
	水	m^3	4.27	128.006	165.795	199.658	228.705	270.638	332.073
	其他材料费	元	1.00	19.05	24.38	29.61	42.37	50.28	61.80
机械	干混砂浆罐式搅拌机 20000L	台班	193.83	0.012	0.017	0.021	0.039	0.046	0.057

工作内容：调制砂浆、砌堵、抹灰、注水、排水、拆堵、清理现场等。　　**计量单位**：100m

定额编号				6-237	6-238	6-239	6-240	6-241
项目				管径(mm 以内)				
				2200	2400	2600	2800	3000
基　价（元）				**6106.48**	**7198.66**	**8584.14**	**9843.69**	**11187.74**
其中	人工费（元）			2292.44	2702.43	3203.55	3665.93	4159.22
	材料费（元）			3802.22	4482.66	5364.11	6158.96	7007.20
	机械费（元）			11.82	13.57	16.48	18.80	21.32
名称		单位	单价(元)	消耗量				
人工	二类人工	工日	135.00	16.981	20.018	23.730	27.155	30.809
材料	碳素结构钢焊接钢管 *DN*40×3.5	m	9.93	0.030	0.030	0.030	0.030	0.030
	干混抹灰砂浆 DP M20.0	m^3	446.95	0.177	0.211	0.236	0.274	0.314
	干混砌筑砂浆 DM M7.5	m^3	413.73	1.512	1.723	2.106	2.394	2.700
	混凝土实心砖 240×115×53 MU10	千块	388.00	3.361	4.001	4.680	5.320	6.000
	镀锌铁丝 10#	kg	5.38	0.680	0.680	0.680	0.680	0.680
	橡胶管	m	5.14	1.500	1.500	1.500	1.500	1.500
	水	m^3	4.27	399.828	473.897	574.854	667.315	766.446
	其他材料费	元	1.00	74.55	87.90	105.18	120.76	137.40
机械	干混砂浆罐式搅拌机 20000L	台班	193.83	0.061	0.070	0.085	0.097	0.110

五、管道检测

工作内容:启闭井盖,有毒气体测试、强制通风,设备调试,检测设备下井,管道检测,图像判读,取出检测设备,清理装车,场内运输等。

计量单位:100m

定额编号				6-242	6-243
项目				潜望镜检测(QV检测)	电视检测(CCTV检测)
基价(元)				**1490.52**	**1664.26**
其中	人工费(元)			207.90	196.43
	材料费(元)			—	—
	机械费(元)			1282.62	1467.83
名称		单位	单价(元)	消耗量	
人工	二类人工	工日	135.00	1.540	1.455
机械	QV检测系统	台班	1726.00	0.517	—
	CCTV检测机器人	台班	2263.00	—	0.485
	柴油发电机组30kW	台班	409.55	0.517	0.485
	载货汽车2t	台班	305.93	0.517	0.485
	其他机械费	元	1.00	20.37	23.27

第二章

井、渠(管)道基础及砌筑

说　明

一、本章定额包括井垫层和底板,井砌筑、浇筑、抹灰,井盖(箅)制作、安装,渠(管)道垫层及基础,渠道砌筑,渠道抹灰与勾缝,渠道沉降缝,钢筋混凝土盖板、过梁的预制安装,排水管道出水口,方沟闭水试验,共10节233个子目。

二、本章项目均不包括脚手架,当井深超过1.5m时,执行本册第六章井字脚手架子目;砌墙高度超过1.2m,抹灰高度超过1.5m所需脚手架执行本定额第一册《通用项目》相关子目。

三、本章所列各项目所需模板的制作、安装、拆除执行本册第六章"模板、井字架工程"相应定额,钢筋(铁件)的加工执行本定额第一册《通用项目》相应定额。

四、井砖砌流槽工程量并入井室砌体工程量内计算。

五、石砌体均按块石考虑,如采用片石时,石料与砂浆用量分别乘以系数1.09和1.19,其他不变。

六、井室不分内外抹灰,均套用井抹灰子目。

七、砖砌检查井降低执行本定额第一册《通用项目》拆除构筑物相应定额。

八、井砌筑中铁爬梯按实际用量,执行本定额第一册《通用项目》相应定额。

九、混凝土枕基和管座不分角度均按相应定额执行。

十、管道基础伸缩缝执行本定额第一册《通用项目》相应定额。

十一、嵌石混凝土定额中的块石含量按25%计算,如实际不符,应进行调整。

十二、干砌、浆砌出水口的平坡、锥坡、翼墙按本定额第一册《通用项目》相应子目执行。

十三、本章小型构件是指单件体积在0.05m^3以内的构件。凡大于0.05m^3的检查井过梁,执行混凝土过梁制作、安装定额。

十四、拱(弧)形混凝土盖板的安装按相应体积的矩形板定额人工、机械乘以系数1.15执行。

十五、定额中砖砌、石砌一字式、门字式、八字式排水管道出水口按《给排水标准图集》(2002)合订本S2的设计进行编制。

工程量计算规则

一、本章所列各项目的工程量应按设计图示尺寸计算,其中:

1. 砌筑(不扣除管径 500mm 以内管道所占体积)按体积以“m^3”计算;
2. 抹灰、勾缝按面积以“m^2”计算;
3. 各种井的预制构件按实体积以“m^3”计算;
4. 井、渠(管)道垫层、基础按实体积以“m^3”计算;
5. 沉降缝应区分材质按沉降缝的断面积或铺设长度分别以“m^2”和“m”计算;
6. 各类混凝土盖板的制作按实体积以“m^3”计算,安装应区分单件(块)体积,以“m^3”计算。

二、各类井的井深按井底基础以上至井盖顶计算。

三、管道出水口区分型式、材质及管径,以“处”计算。

四、方沟(包括存水井)闭水试验的工程量按实际闭水长度的用水量以“m^3”计算。

一、井垫层和底板

工作内容:砂石垫层:清基、挂线、拌料、摊铺、找平、夯实、检查标高、材料运输等。 **计量单位:**10m^3

定额编号					6-244	6-245	6-246	6-247	6-248
项目					垫层				
					块石	碎石	砂	砂砾石	
								天然级配	人工级配
基价(元)					2248.40	2474.72	2201.26	1891.70	2070.72
其中	人工费(元)				569.43	602.64	607.50	568.62	588.06
	材料费(元)				1659.63	1851.34	1573.02	1302.34	1461.92
	机械费(元)				19.34	20.74	20.74	20.74	20.74
名称		单位	单价(元)		消耗量				
人工	二类人工	工日	135.00		4.218	4.464	4.500	4.212	4.356
材料	块石	t	77.67		21.216	—	—	—	—
	碎石 综合	t	102.00		—	18.034	—	—	—
	砂砾石	t	67.96		—	—	—	19.000	—
	砾石 40mm	t	67.96		—	—	—	—	13.982
	黄砂 毛砂	t	87.38		—	—	17.875	—	5.729
	其他材料费	元	1.00		11.78	11.87	11.10	11.10	11.10
机械	电动夯实机 250N·m	台班	28.03		0.690	0.740	0.740	0.740	0.740

工作内容:混凝土垫层、底板:清基、挂线、捣固、抹平、养生、材料运输。 **计量单位:**10m^3

定额编号				6-249	6-250
项目				垫层	底板
				混凝土	
基价(元)				4727.31	4994.41
其中	人工费(元)			619.25	660.42
	材料费(元)			4100.64	4325.09
	机械费(元)			7.42	8.90
名称		单位	单价(元)	消耗量	
人工	二类人工	工日	135.00	4.587	4.892
材料	非泵送商品混凝土 C15	m^3	399.00	10.100	—
	非泵送商品混凝土 C25	m^3	421.00	—	10.100
	水	m^3	4.27	9.587	9.587
	其他材料费	元	1.00	29.80	32.05
机械	混凝土振捣器 平板式	台班	12.54	0.592	0.710

二、井砌筑、浇筑、抹灰

1. 砌　　筑

工作内容:清理现场、配料砌筑、材料运输。

计量单位:10m³

定额编号				6-251	6-252	6-253	6-254	6-255
项目				砖砌		石砌		井底流槽
				圆形	矩形	圆形	矩形	石砌
基价(元)				**4675.50**	**4061.05**	**4712.64**	**4053.23**	**5214.04**
其中	人工费(元)			1175.31	885.47	1243.08	952.43	1740.69
	材料费(元)			3385.35	3093.97	3304.18	2970.62	3302.02
	机械费(元)			114.84	81.61	165.38	130.18	171.33
名称		单位	单价(元)	消耗量				
人工	二类人工	工日	135.00	8.706	6.559	9.208	7.055	12.894
材料	干混砌筑砂浆 DM M7.5	m³	413.73	3.239	2.286	4.643	3.670	3.670
	干混抹灰砂浆 DP M20.0	m³	446.95	—	—	—	—	0.735
	混凝土实心砖 240×115×53 MU10	千块	388.00	5.181	5.449	—	—	—
	块石	t	77.67	—	—	17.528	18.442	18.442
	水	m³	4.27	1.088	1.145	—	—	—
	其他材料费	元	1.00	30.40	29.08	21.83	19.84	22.73
机械	机动翻斗车 1t	台班	197.36	0.466	0.332	0.672	0.529	0.710
	干混砂浆罐式搅拌机 20000L	台班	193.83	0.118	0.083	0.169	0.133	0.161

2. 浇　　筑

工作内容:清理现场、混凝土搅捣、养生、材料运输。

计量单位:10m³

定额编号				6-256	6-257	6-258
项目				井身		井底流槽
				圆形	矩形	
基价(元)				**4584.46**	**4574.88**	**5453.01**
其中	人工费(元)			332.10	322.38	1097.28
	材料费(元)			4238.32	4238.46	4348.34
	机械费(元)			14.04	14.04	7.39
名称		单位	单价(元)	消耗量		
人工	二类人工	工日	135.00	2.460	2.388	8.128
材料	非泵送商品混凝土 C20	m³	412.00	10.100	10.100	10.100
	塑料薄膜	m²	0.86	—	—	95.181
	水	m³	4.27	3.390	3.425	9.608
	其他材料费	元	1.00	62.64	62.64	64.26
机械	混凝土振捣器 平板式	台班	12.54	1.120	1.120	0.589

3. 勾缝及抹灰

(1)砖　墙

工作内容:清理墙面、筛砂、调制砂浆、勾缝、抹灰,清扫落地灰、材料运输等。　　计量单位:100m²

定额编号				6-259	6-260	6-261	6-262
项目				勾缝	抹灰		
					井壁	井底	流槽
基价(元)				672.78	2934.44	2265.92	2633.39
其中	人工费(元)			566.46	1874.21	1205.69	1573.16
	材料费(元)			97.66	982.95	982.95	982.95
	机械费(元)			8.66	77.28	77.28	77.28
名称		单位	单价(元)	消耗量			
人工	二类人工	工日	135.00	4.196	13.883	8.931	11.653
材料	干混抹灰砂浆 DP M20.0	m³	446.95	0.216	2.174	2.174	2.174
	水	m³	4.27	0.052	0.528	0.528	0.528
	其他材料费	元	1.00	0.90	9.03	9.03	9.03
机械	机动翻斗车 1t	台班	197.36	0.036	0.314	0.314	0.314
	干混砂浆罐式搅拌机 20000L	台班	193.83	0.008	0.079	0.079	0.079

(2)石　墙

工作内容:清理墙面、筛砂、调制砂浆、勾缝、抹灰,清扫落地灰、材料运输等。　　计量单位:100m²

定额编号				6-263	6-264	6-265	6-266
项目				勾缝	抹灰		
					井壁	井底	流槽
基价(元)				1204.49	3126.80	2262.53	2630.00
其中	人工费(元)			950.13	2068.34	1204.07	1571.54
	材料费(元)			236.47	982.95	982.95	982.95
	机械费(元)			17.89	75.51	75.51	75.51
名称		单位	单价(元)	消耗量			
人工	二类人工	工日	135.00	7.038	15.321	8.919	11.641
材料	干混抹灰砂浆 DP M20.0	m³	446.95	0.523	2.174	2.174	2.174
	水	m³	4.27	0.127	0.528	0.528	0.528
	其他材料费	元	1.00	2.17	9.03	9.03	9.03
机械	机动翻斗车 1t	台班	197.36	0.072	0.305	0.305	0.305
	干混砂浆罐式搅拌机 20000L	台班	193.83	0.019	0.079	0.079	0.079

4. 井壁(墙)凿洞

工作内容:凿洞、拌制砂浆、接管口、补齐管口、抹平墙面,清理场地。 计量单位:10m²

定额编号				6-267	6-268	6-269	6-270
项目				砖墙		石墙	
				24cm以内	37cm以内	50cm以内	70cm以内
基价(元)				**972.09**	**1209.83**	**1879.96**	**2404.66**
其中	人工费(元)			743.99	931.23	1512.27	1967.09
	材料费(元)			224.61	274.34	362.07	430.79
	机械费(元)			3.49	4.26	5.62	6.78
名称		单位	单价(元)	消耗量			
人工	二类人工	工日	135.00	5.511	6.898	11.202	14.571
材料	干混抹灰砂浆 DP M20.0	m³	446.95	0.280	0.390	0.584	0.736
	干混抹灰砂浆 DP M15.0	m³	446.85	0.217	0.217	0.217	0.217
	水	m³	4.27	0.121	0.147	0.195	0.231
	其他材料费	元	1.00	1.98	2.44	3.25	3.88
机械	干混砂浆罐式搅拌机 20000L	台班	193.83	0.018	0.022	0.029	0.035

三、井盖(箅)制作、安装

1. 钢筋混凝土井盖、井圈制作

工作内容:配料、混凝土捣固、抹面、养生,材料场内运输等。 计量单位:10m³

定额编号				6-271	6-272	6-273	6-274
项目				井盖	井圈	平箅	小型构件
基价(元)				**5233.91**	**5101.29**	**5310.60**	**5108.08**
其中	人工费(元)			740.88	813.11	1019.25	813.11
	材料费(元)			4485.64	4280.79	4283.96	4287.58
	机械费(元)			7.39	7.39	7.39	7.39
名称		单位	单价(元)	消耗量			
人工	二类人工	工日	135.00	5.488	6.023	7.550	6.023
材料	非泵送商品混凝土 C25	m³	421.00	10.100	—	—	—
	非泵送商品混凝土 C20	m³	412.00	—	10.100	10.100	10.100
	塑料薄膜	m²	0.86	147.472	—	—	—
	水	m³	4.27	15.897	20.265	21.000	21.840
	其他材料费	元	1.00	38.83	33.06	33.09	33.12
机械	混凝土振捣器 平板式	台班	12.54	0.589	0.589	0.589	0.589

2. 井盖、井箅安装

工作内容：准备工作、调制砂浆、铺浆、安装。

定额编号				6-275	6-276	6-277	6-278
项目				检查井盖			小型构件
				铸铁井盖	混凝土井盖	高强模塑料井盖	
计量单位				10套			$10m^3$
基价（元）				**6984.11**	**573.88**	**3166.43**	**514.85**
其中	人工费（元）			398.79	445.77	358.29	300.24
	材料费（元）			6585.32	128.11	2808.14	214.61
	机械费（元）			—	—	—	—
名称		单位	单价(元)	消耗量			
人工	二类人工	工日	135.00	2.954	3.302	2.654	2.224
材料	混凝土井盖	套	—	—	(10.000)	—	—
	小型混凝土构件	m^3	—	—	—	—	(10.100)
	铸铁检查井盖 ϕ700 重型	套	642.00	10.000	—	—	—
	复合材料检查井盖 ϕ700	套	268.00	—	—	10.000	—
	干混抹灰砂浆 DP M20.0	m^3	446.95	0.284	0.284	0.284	0.420
	煤焦油沥青漆 L01－17	kg	7.51	4.920	—	—	—
	垫木	m^3	2328.00	—	—	—	0.011
	麻绳	kg	7.51	—	—	—	0.050
	其他材料费	元	1.00	1.44	1.18	1.21	0.91

工作内容：准备工作、调制砂浆、铺浆、安装。

定额编号				6-279	6-280	6-281	6-282
项目				雨水井箅			地沟水箅
				铸铁井箅	混凝土井箅	高强模塑料井箅	
计量单位				10套			$10m^2$
基价（元）				**2979.38**	**549.58**	**1758.61**	**1466.97**
其中	人工费（元）			378.68	421.47	340.47	274.32
	材料费（元）			2600.70	128.11	1418.14	1192.65
	机械费（元）			—	—	—	—
名称		单位	单价(元)	消耗量			
人工	二类人工	工日	135.00	2.805	3.122	2.522	2.032
材料	混凝土雨水井箅	套	—	—	(10.000)	—	—
	铸铁平箅 260×420	套	244.00	10.000	—	—	—
	高强模塑料平箅	套	129.00	—	—	10.000	—
	复合水箅盖	m^2	103.00	—	—	—	10.200
	干混抹灰砂浆 DP M20.0	m^3	446.95	0.284	0.284	0.284	0.310
	煤焦油沥青漆 L01－17	kg	7.51	4.305	—	—	—
	其他材料费	元	1.00	1.44	1.18	1.21	3.50

3. 检查井防沉降处理

工作内容:清理现场、混凝土搅捣、养生、材料运输。 **计量单位**:$10m^3$

定额编号				6-283
项目				井基座混凝土加固
基价(元)				**4954.68**
其中	人工费(元)			619.25
	材料费(元)			4326.53
	机械费(元)			8.90
名称		单位	单价(元)	消耗量
人工	二类人工	工日	135.00	4.587
材料	非泵送商品混凝土 C25	m^3	421.00	10.100
	塑料薄膜	m^2	0.86	3.080
	水	m^3	4.27	1.837
	其他材料费	元	1.00	63.94
机械	混凝土振捣器 平板式	台班	12.54	0.710

四、渠(管)道垫层及基础

1. 垫层

工作内容:清底、挂线、拌料、摊铺、找平、夯实、检查标高。 **计量单位**:$10m^3$

定额编号				6-284	6-285	6-286	6-287
项目				毛石		碎石	
				灌浆	干铺	灌浆	干铺
基价(元)				**3545.41**	**2229.77**	**3267.82**	**2441.51**
其中	人工费(元)			900.05	550.80	548.64	569.43
	材料费(元)			2614.06	1659.63	2692.68	1851.34
	机械费(元)			31.30	19.34	26.50	20.74
名称		单位	单价(元)	消耗量			
人工	二类人工	工日	135.00	6.667	4.080	4.064	4.218
材料	干混砌筑砂浆 DM M5.0	m^3	397.23	2.690	—	2.835	—
	碎石 综合	t	102.00	—	—	15.123	18.034
	块石	t	77.67	19.584	21.216	—	—
	水	m^3	4.27	1.606	—	1.639	—
	其他材料费	元	1.00	17.56	11.78	16.99	11.87
机械	电动夯实机 250N·m	台班	28.03	0.439	0.690	0.233	0.740
	干混砂浆罐式搅拌机 20000L	台班	193.83	0.098	—	0.103	—

工作内容:清底、挂线、拌料、摊铺、找平、夯实、检查标高。　　计量单位:10m^3

定额编号				6-288	6-289	6-290	6-291	6-292
项目				砂砾石		砂	块片石	混凝土
				天然级配	人工级配			
基价(元)				**1806.65**	**1980.81**	**1977.19**	**2325.94**	**4406.63**
其中	人工费(元)			483.57	498.15	380.70	645.57	302.94
	材料费(元)			1302.34	1461.92	1574.07	1659.63	4088.92
	机械费(元)			20.74	20.74	22.42	20.74	14.77
名称		单位	单价(元)	消耗量				
人工	二类人工	工日	135.00	3.582	3.690	2.820	4.782	2.244
材料	非泵送商品混凝土 C15	m^3	399.00	—	—	—	—	10.100
	黄砂 毛砂	t	87.38	—	5.729	17.875	—	—
	砂砾石	t	67.96	19.000	—	—	—	—
	砾石 40mm	t	67.96	—	13.982	—	—	—
	块石	t	77.67	—	—	—	21.216	—
	水	m^3	4.27	—	—	—	—	5.166
	其他材料费	元	1.00	11.10	11.10	12.15	11.78	36.96
机械	电动夯实机 250N·m	台班	28.03	0.740	0.740	0.800	0.740	—
	混凝土振捣器 平板式	台班	12.54	—	—	—	—	1.178

工作内容:清底、挂线、拌料、摊铺、找平、夯实、检查标高。　　计量单位:10m^3

定额编号				6-293	6-294	6-295
项目				砾石	2∶8 灰土	3∶7 灰土
基价(元)				**1771.11**	**2027.76**	**2316.60**
其中	人工费(元)			514.35	1156.68	1218.24
	材料费(元)			1225.59	794.28	1019.32
	机械费(元)			31.17	76.80	79.04
名称		单位	单价(元)	消耗量		
人工	二类人工	工日	135.00	3.810	8.568	9.024
材料	砾石 40mm	t	67.96	18.034	—	—
	黄泥	m^3	19.90	—	13.668	11.995
	生石灰	t	305.00	—	1.683	2.530
	水	m^3	4.27	—	2.100	2.100
机械	电动夯实机 250N·m	台班	28.03	1.112	2.740	2.820

2. 渠(管)道基础

(1)平　　基

工作内容:清底、挂线、调制砂浆,选砌砖石、抹平、夯实,混凝土捣固、养生,材料运输、清理场地等。　**计量单位:**10m³

定额编号				6-296	6-297	6-298	6-299
项目				砖石平基		混凝土平基	
				砌砖	块石	嵌石混凝土	混凝土
基价(元)				**4223.60**	**4013.47**	**4234.73**	**4576.81**
其中	人工费(元)			1083.38	1017.23	629.24	464.94
	材料费(元)			3123.16	2970.46	3594.61	4104.03
	机械费(元)			17.06	25.78	10.88	7.84
名称		单位	单价(元)	消耗量			
人工	二类人工	工日	135.00	8.025	7.535	4.661	3.444
材料	干混砌筑砂浆 DM M7.5	m^3	413.73	2.419	3.670	—	—
	混凝土实心砖 240×115×53 MU10	千块	388.00	5.377	—	—	—
	非泵送商品混凝土 C15	m^3	399.00	—	—	7.610	10.100
	块石	t	77.67	—	18.442	6.480	—
	塑料薄膜	m^2	0.86	—	—	29.026	29.026
	水	m^3	4.27	1.667	—	1.187	1.640
	其他材料费	元	1.00	28.95	19.68	24.89	42.16
机械	干混砂浆罐式搅拌机 20000L	台班	193.83	0.088	0.133	—	—
	混凝土振捣器 平板式	台班	12.54	—	—	0.868	0.296
	混凝土振捣器 插入式	台班	4.65	—	—	—	0.888

(2)负拱基础

工作内容:清底、挂线、调制砂浆,选砌砖石、抹平、夯实,混凝土捣固、养生,材料运输、清理场地等。　**计量单位:**10m³

定额编号				6-300	6-301
项目				砖负拱基础	混凝土负拱基础
基价(元)				**4317.20**	**5057.49**
其中	人工费(元)			1192.05	957.42
	材料费(元)			3108.87	4092.23
	机械费(元)			16.28	7.84
名称		单位	单价(元)	消耗量	
人工	二类人工	工日	135.00	8.830	7.092
材料	干混砌筑砂浆 DM M7.5	m^3	413.73	2.317	—
	混凝土实心砖 240×115×53 MU10	千块	388.00	5.449	—
	非泵送商品混凝土 C15	m^3	399.00	—	10.100
	塑料薄膜	m^2	0.86	—	29.026
	水	m^3	4.27	1.653	1.640
	其他材料费	元	1.00	28.99	30.36
机械	干混砂浆罐式搅拌机 20000L	台班	193.83	0.084	—
	混凝土振捣器 平板式	台班	12.54	—	0.296
	混凝土振捣器 插入式	台班	4.65	—	0.888

(3)混凝土枕基、管座

工作内容:清理现场、配料、混凝土搅捣、养生,预制构件安装、材料运输。　　**计量单位**:$10m^3$

定额编号				6-302	6-303	6-304	6-305
项目				混凝土枕基		混凝土管座	满包混凝土加固
				预制	安装		
基价(元)				**5651.36**	**2285.82**	**5067.69**	**4611.50**
其中	人工费(元)			1461.24	2285.82	370.98	421.20
	材料费(元)			4182.31	—	4688.87	4184.91
	机械费(元)			7.81	—	7.84	5.39
名称		单位	单价(元)	消耗量			
人工	二类人工	工日	135.00	10.824	16.932	2.748	3.120
材料	预制混凝土枕基	m^3	—	—	(10.100)	—	—
	非泵送商品混凝土 C15	m^3	399.00	10.100	—	—	10.100
	泵送商品混凝土 C25	m^3	447.00	—	—	10.100	—
	塑料薄膜	m^2	0.86	105.006	—	105.006	112.200
	水	m^3	4.27	7.050	—	7.050	5.950
	其他材料费	元	1.00	32.00	—	53.76	33.11
机械	混凝土振捣器 平板式	台班	12.54	0.295	—	0.296	—
	混凝土振捣器 插入式	台班	4.65	0.884	—	0.888	1.160

3.沟槽回填

工作内容:填料回填、洒水、分层整平夯实。　　**计量单位**:$10m^3$

定额编号				6-306	6-307	6-308	6-309	6-310	6-311
项目				黄砂	石屑	砂砾石		碎石	塘碴
						天然级配	人工级配		
基价(元)				**1837.34**	**975.86**	**1551.87**	**1726.98**	**2115.91**	**975.26**
其中	人工费(元)			281.07	281.07	251.10	266.63	266.63	251.91
	材料费(元)			1551.63	690.15	1291.24	1450.82	1839.47	712.98
	机械费(元)			4.64	4.64	9.53	9.53	9.81	10.37
名称		单位	单价(元)	消耗量					
人工	二类人工	工日	135.00	2.082	2.082	1.860	1.975	1.975	1.866
材料	黄砂 毛砂	t	87.38	17.680	—	—	5.729	—	—
	石屑	t	38.83	—	17.600	—	—	—	—
	砂砾石	t	67.96	—	—	19.000	—	—	—
	砾石 40mm	t	67.96	—	—	—	13.982	—	—
	碎石 综合	t	102.00	—	—	—	—	18.034	—
	塘渣	t	34.95	—	—	—	—	—	20.400
	水	m^3	4.27	1.580	1.580	—	—	—	—
机械	混凝土振捣器 平板式	台班	12.54	0.370	0.370	—	—	—	—
	电动夯实机 250N·m	台班	28.03	—	—	0.340	0.340	0.350	0.370

五、渠 道 砌 筑

1. 墙身、拱盖

工作内容：清理基底、调制砂浆、筛砂、挂线砌筑，清整墙面、材料运输、清整场地。 计量单位：10m³

定额编号				6-312	6-313	6-314	6-315	6-316	6-317
项目				墙身			拱盖		
				砖砌	石砌	预制块	砖砌	石砌	预制块
基价（元）				**4380.58**	**4614.24**	**4972.29**	**4606.81**	**4792.44**	**5373.51**
其中	人工费（元）			1235.39	1614.20	1362.29	1466.51	1792.40	1763.51
	材料费（元）			3127.94	2974.26	3604.19	3123.24	2974.26	3604.19
	机械费（元）			17.25	25.78	5.81	17.06	25.78	5.81
名称		单位	单价(元)	消耗量					
人工	二类人工	工日	135.00	9.151	11.957	10.091	10.863	13.277	13.063
材料	干混砌筑砂浆 DM M7.5	m³	413.73	2.450	3.670	0.820	2.419	3.670	0.820
	混凝土实心砖 240×115×53 MU10	千块	388.00	5.356	—	—	5.377	—	—
	混凝土预制块 综合	m³	345.00	—	—	9.294	—	—	9.294
	块石	t	77.67	—	18.442	—	—	18.442	—
	水	m³	4.27	1.695	0.891	0.431	1.687	0.891	0.431
	其他材料费	元	1.00	28.94	19.68	56.66	28.95	19.68	56.66
机械	干混砂浆罐式搅拌机 20000L	台班	193.83	0.089	0.133	0.030	0.088	0.133	0.030

2. 混凝土方沟

工作内容：混凝土捣固、养生，材料运输等。 计量单位：10m³

定额编号				6-318	6-319	6-320
项目				沟底板	壁板	顶板
基价（元）				**4604.14**	**4714.28**	**4674.04**
其中	人工费（元）			337.50	447.12	421.20
	材料费（元）			4258.83	4261.64	4245.00
	机械费（元）			7.81	5.52	7.84
名称		单位	单价(元)	消耗量		
人工	二类人工	工日	135.00	2.500	3.312	3.120
材料	非泵送商品混凝土 C20	m³	412.00	10.100	10.100	10.100
	塑料薄膜	m²	0.86	30.360	12.602	29.396
	水	m³	4.27	6.600	8.395	5.950
	其他材料费	元	1.00	43.34	53.76	33.11
机械	混凝土振捣器 平板式	台班	12.54	0.295	—	0.296
	混凝土振捣器 插入式	台班	4.65	0.884	1.188	0.888

3. 墙 帽

工作内容:调制拌和砂浆、砌筑、清整砌体、混凝土搅捣、养生、材料运输、清理场地。 计量单位:10m³

定额编号				6-321	6-322	6-323	6-324	6-325
项目				混凝土		砌筑		
				有筋	无筋	预制块	块石	砖
基价(元)				5530.43	5449.09	4784.35	4673.64	4520.24
其中	人工费(元)			1171.94	1083.78	1215.14	1673.60	1395.09
	材料费(元)			4350.65	4350.46	3563.40	2974.26	3108.87
	机械费(元)			7.84	14.85	5.81	25.78	16.28
名称		单位	单价(元)	消耗量				
人工	二类人工	工日	135.00	8.681	8.028	9.001	12.397	10.334
材料	非泵送商品混凝土 C20	m³	412.00	10.100	10.100	—	—	—
	干混砌筑砂浆 DM M7.5	m³	413.73	—	—	0.820	3.670	2.317
	混凝土预制块 综合	m³	345.00	—	—	9.340	—	—
	混凝土实心砖 240×115×53 MU10	千块	388.00	—	—	—	—	5.449
	块石	t	77.67	—	—	—	18.442	—
	塑料薄膜	m²	0.86	173.345	173.345	—	—	—
	水	m³	4.27	9.454	9.410	0.431	0.891	1.653
	其他材料费	元	1.00	—	—	—	19.68	28.99
机械	干混砂浆罐式搅拌机 20000L	台班	193.83	—	—	0.030	0.133	0.084
	混凝土振捣器 平板式	台班	12.54	0.296	1.184	—	—	—
	混凝土振捣器 插入式	台班	4.65	0.888	—	—	—	—

六、渠道抹灰与勾缝

1. 抹 灰

工作内容:润湿墙面、调拌砂浆、抹灰、材料运输、清理场地。 计量单位:100m²

定额编号				6-326	6-327	6-328	6-329	6-330
项目				底面	砖墙墙面	石墙墙面	正拱面	负拱面
基价(元)				1828.18	2375.20	2526.67	2592.68	2853.64
其中	人工费(元)			631.94	1178.96	1330.43	1396.44	1657.40
	材料费(元)			1117.02	1117.02	1117.02	1117.02	1117.02
	机械费(元)			79.22	79.22	79.22	79.22	79.22
名称		单位	单价(元)	消耗量				
人工	二类人工	工日	135.00	4.681	8.733	9.855	10.344	12.277
材料	干混抹灰砂浆 DP M20.0	m³	446.95	2.174	2.174	2.174	2.174	2.174
	防水剂	kg	3.65	35.871	35.871	35.871	35.871	35.871
	水	m³	4.27	0.538	0.538	0.538	0.538	0.538
	其他材料费	元	1.00	12.12	12.12	12.12	12.12	12.12
机械	机动翻斗车 1t	台班	197.36	0.314	0.314	0.314	0.314	0.314
	干混砂浆罐式搅拌机 20000L	台班	193.83	0.089	0.089	0.089	0.089	0.089

2. 勾　　缝

工作内容:清理墙面、调拌砂浆、砌堵脚手孔、勾缝、材料运输、清理场地。　　**计量单位:**100m²

	定额编号			6-331	6-332	6-333	6-334
	项目			砖墙	片石墙		
					平缝	凹缝	凸缝
	基价(元)			**672.78**	**984.48**	**1308.89**	**1590.09**
其中	人工费(元)			566.46	560.25	884.66	995.22
	材料费(元)			97.66	393.36	393.36	551.61
	机械费(元)			8.66	30.87	30.87	43.26
	名称	单位	单价(元)	消耗量			
人工	二类人工	工日	135.00	4.196	4.150	6.553	7.372
材料	干混抹灰砂浆 DP M20.0	m³	446.95	0.216	0.870	0.870	1.220
	水	m³	4.27	0.052	0.211	0.211	0.296
	其他材料费	元	1.00	0.90	3.61	3.61	5.07
机械	机动翻斗车 1t	台班	197.36	0.036	0.125	0.125	0.176
	干混砂浆罐式搅拌机 20000L	台班	193.83	0.008	0.032	0.032	0.044

工作内容:清理墙面、调拌砂浆、砌堵脚手孔、勾缝、材料运输、清理场地。　　**计量单位:**100m²

	定额编号			6-335	6-336	6-337
	项目			块石墙		
				平缝	凹缝	凸缝
	基价(元)			**799.13**	**1123.40**	**1330.91**
其中	人工费(元)			545.54	869.81	974.70
	材料费(元)			235.11	235.11	330.06
	机械费(元)			18.48	18.48	26.15
	名称	单位	单价(元)	消耗量		
人工	二类人工	工日	135.00	4.041	6.443	7.220
材料	干混抹灰砂浆 DP M20.0	m³	446.95	0.520	0.520	0.730
	水	m³	4.27	0.126	0.126	0.177
	其他材料费	元	1.00	2.16	2.16	3.03
机械	机动翻斗车 1t	台班	197.36	0.075	0.075	0.106
	干混砂浆罐式搅拌机 20000L	台班	193.83	0.019	0.019	0.027

七、渠道沉降缝

工作内容：熬制、裁料、涂刷底油、配料、拌制、铺贴安装、材料运输、清理场地。　　**计量单位：**$100m^2$

定额编号				6-338	6-339	6-340	6-341
项目				二毡三油	每增减一毡一油	二布三油	每增减一布一油
基价(元)				**2947.95**	**1039.39**	**3403.82**	**1216.06**
其中	人工费(元)			938.79	413.91	1164.78	513.54
	材料费(元)			2009.16	625.48	2239.04	702.52
	机械费(元)			—	—	—	—
	名称	单位	单价(元)	消耗量			
人工	二类人工	工日	135.00	6.954	3.066	8.628	3.804
材料	石油沥青油毡 350g	m^2	1.90	239.760	116.490	—	—
	石油沥青玛琋脂	m^3	2263.90	0.540	0.170	—	—
	石油沥青	kg	2.67	—	—	524.700	163.240
	木柴	kg	0.16	240.900	70.400	214.500	61.600
	玻璃纤维布	m^2	2.07	—	—	250.300	121.760
	冷底子油	kg	5.57	48.480	—	48.480	—
	其他材料费	元	1.00	22.53	8.02	15.62	4.77

工作内容：熬制、裁料、涂刷底油、配料、拌制、铺贴安装、材料运输、清理场地。　　**计量单位：**100m

定额编号				6-342	6-343	6-344	6-345
项目				油浸麻丝	建筑油膏	预埋橡胶止水带	预埋塑料止水带
基价(元)				**1663.47**	**677.20**	**3969.26**	**3949.46**
其中	人工费(元)			906.39	450.36	891.00	891.00
	材料费(元)			757.08	226.84	3078.26	3058.46
	机械费(元)			—	—	—	—
	名称	单位	单价(元)	消耗量			
人工	二类人工	工日	135.00	6.714	3.336	6.600	6.600
材料	石油沥青	kg	2.67	216.240	—	—	—
	建筑油膏	kg	2.49	—	87.770	—	—
	橡胶止水带	m	27.93	—	—	105.000	—
	塑料止水带	m	27.93	—	—	—	105.000
	木柴	kg	0.16	99.000	27.000	—	—
	麻丝	kg	2.76	55.080	—	—	—
	丙酮	kg	8.16	—	—	3.040	3.040
	环氧树脂	kg	15.52	—	—	3.040	3.040
	甲苯	kg	6.81	—	—	2.400	2.400
	乙二胺	kg	18.53	—	—	0.240	0.240
	其他材料费	元	1.00	11.86	3.97	52.83	33.03

八、钢筋混凝土盖板、过梁的预制安装

1.预　　制

工作内容:配料、混凝土捣固、抹面、养生。　　　　计量单位:10m³

定额编号				6-346	6-347	6-348	6-349	6-350
项目				矩形盖板(板厚:cm)				
				10 以内	20 以内	30 以内	40 以内	40 以外
基价(元)				5470.47	5338.60	5273.44	5247.42	5244.92
其中	人工费(元)			989.01	980.10	978.35	976.59	976.59
	材料费(元)			4473.65	4350.69	4287.28	4263.02	4260.52
	机械费(元)			7.81	7.81	7.81	7.81	7.81
	名称	单位	单价(元)	消耗量				
人工	二类人工	工日	135.00	7.326	7.260	7.247	7.234	7.234
材料	非泵送商品混凝土 C20	m^3	412.00	10.100	10.100	10.100	10.100	10.100
	塑料薄膜	m^2	0.86	253.344	144.144	87.360	65.520	63.336
	水	m^3	4.27	13.187	6.967	3.856	2.687	2.556
	其他材料费	元	1.00	38.27	35.78	34.49	34.00	33.94
机械	混凝土振捣器 平板式	台班	12.54	0.295	0.295	0.295	0.295	0.295
	混凝土振捣器 插入式	台班	4.65	0.884	0.884	0.884	0.884	0.884

工作内容:配料、混凝土捣固、抹面、养生。　　　　计量单位:10m³

定额编号				6-351	6-352	6-353	6-354	6-355
项目				预制混凝土过梁(体积:m³)		弧(拱)形盖板	井室盖板	槽形盖板
				0.5 以内	1.0 以内			
基价(元)				5303.36	5085.75	5505.88	5622.20	5627.37
其中	人工费(元)			853.61	727.52	1082.16	1239.44	1148.45
	材料费(元)			4441.94	4350.42	4415.91	4374.95	4471.11
	机械费(元)			7.81	7.81	7.81	7.81	7.81
	名称	单位	单价(元)	消耗量				
人工	二类人工	工日	135.00	6.323	5.389	8.016	9.181	8.507
材料	非泵送商品混凝土 C20	m^3	412.00	10.100	10.100	10.100	10.100	—
	非泵送商品混凝土 C25	m^3	421.00	—	—	—	—	10.100
	塑料薄膜	m^2	0.86	228.018	144.144	199.355	162.490	164.128
	水	m^3	4.27	11.865	6.967	10.818	8.847	9.090
	其他材料费	元	1.00	33.98	35.51	37.07	36.23	39.05
机械	混凝土振捣器 平板式	台班	12.54	0.295	0.295	0.295	0.295	0.295
	混凝土振捣器 插入式	台班	4.65	0.884	0.884	0.884	0.884	0.884

2.安　　装

(1)渠 道 盖 板

工作内容：构件提升、就位、固定、铺底灰、调配砂浆、勾抹缝隙。　　　　计量单位：10m³

定额编号				6-356	6-357	6-358	6-359	6-360	6-361
项目				矩形盖板(单块体积：m³)					
				0.1以内	0.3以内	0.5以内	0.7以内	1.0以内	1.0以外
基价(元)				**2225.40**	**1563.76**	**1325.86**	**1143.40**	**1047.43**	**978.81**
其中	人工费(元)			1603.94	895.46	742.64	653.00	588.60	531.50
	材料费(元)			611.19	373.83	290.10	241.96	210.98	184.61
	机械费(元)			10.27	294.47	293.12	248.44	247.85	262.70
名称		单位	单价(元)	消耗量					
人工	二类人工	工日	135.00	11.881	6.633	5.501	4.837	4.360	3.937
材料	预制混凝土盖板	m³	—	(10.100)	(10.100)	(10.100)	(10.100)	(10.100)	(10.100)
	干混砌筑砂浆 DM M10.0	m³	413.73	1.460	0.893	0.693	0.578	0.504	0.441
	水	m³	4.27	0.355	0.217	0.168	0.140	0.122	0.107
	其他材料费	元	1.00	5.63	3.44	2.67	2.23	1.94	1.70
机械	汽车式起重机 8t	台班	648.48	—	0.416	0.416	0.354	0.354	—
	汽车式起重机 12t	台班	748.60	—	—	—	—	—	0.327
	载货汽车 8t	台班	411.20	—	0.045	0.045	0.036	0.036	0.036
	干混砂浆罐式搅拌机 20000L	台班	193.83	0.053	0.032	0.025	0.021	0.018	0.016

工作内容：构件提升、就位、固定、铺底灰、调配砂浆、勾抹缝隙。　　　　计量单位：10m³

定额编号				6-362
项目				槽形盖板
基价(元)				**1326.14**
其中	人工费(元)			754.52
	材料费(元)			278.70
	机械费(元)			292.92
名称		单位	单价(元)	消耗量
人工	二类人工	工日	135.00	5.589
材料	预制混凝土盖板	m³	—	(10.100)
	干混砌筑砂浆 DM M10.0	m³	413.73	0.662
	水	m³	4.27	0.161
	其他材料费	元	1.00	4.12
机械	汽车式起重机 8t	台班	648.48	0.416
	载货汽车 8t	台班	411.20	0.045
	干混砂浆罐式搅拌机 20000L	台班	193.83	0.024

(2)井 室 盖 板

工作内容:构件提升、就位、固定、铺底灰、调配砂浆、勾抹缝隙。

计量单位:10m³

定额编号				6-363	6-364	6-365	6-366	6-367	6-368	6-369
项目				矩形盖板(单块体积:m³)						
				0.05 以内	0.1 以内	0.3 以内	0.5 以内	0.7 以内	1.0 以内	1.0 以外
基价(元)				**2865.12**	**2539.93**	**2024.97**	**1865.59**	**1666.51**	**1421.26**	**1144.83**
其中	人工费(元)			1891.35	1890.95	1203.93	1087.83	986.31	837.81	663.39
	材料费(元)			958.85	639.09	524.63	481.93	429.24	333.85	214.85
	机械费(元)			14.92	9.89	296.41	295.83	250.96	249.60	266.59
名称		单位	单价(元)	消耗量						
人工	二类人工	工日	135.00	14.010	14.007	8.918	8.058	7.306	6.206	4.914
材料	预制混凝土盖板	m³	—	(10.100)	(10.100)	(10.100)	(10.100)	(10.100)	(10.100)	(10.100)
	干混抹灰砂浆 DP M20.0	m³	446.95	2.111	1.407	1.155	1.061	0.945	0.735	0.473
	水	m³	4.27	0.513	0.342	0.281	0.258	0.230	0.179	0.115
	其他材料费	元	1.00	13.15	8.77	7.20	6.61	5.89	4.58	2.95
机械	汽车式起重机 8t	台班	648.48	—	—	0.416	0.416	0.354	0.354	—
	汽车式起重机 12t	台班	748.60	—	—	—	—	—	—	0.327
	载货汽车 8t	台班	411.20	—	—	0.045	0.045	0.036	0.036	0.045
	干混砂浆罐式搅拌机 20000L	台班	193.83	0.077	0.051	0.042	0.039	0.034	0.027	0.017

(3)检查井过梁

工作内容:构件提升、就位、固定、铺底灰、调配砂浆、勾抹缝隙。

计量单位:10m³

定额编号				6-370	6-371
项目				预制混凝土过梁(体积:m³)	
				0.5 以内	1.0 以内
基价(元)				**2621.87**	**2324.65**
其中	人工费(元)			1572.08	1363.50
	材料费(元)			748.92	704.96
	机械费(元)			300.87	256.19
名称		单位	单价(元)	消耗量	
人工	二类人工	工日	135.00	11.645	10.100
材料	预制混凝土过梁	m³	—	(10.100)	(10.100)
	干混砌筑砂浆 DM M10.0	m³	413.73	1.789	1.684
	水	m³	4.27	0.434	0.409
	其他材料费	元	1.00	6.90	6.49
机械	汽车式起重机 8t	台班	648.48	0.416	0.354
	载货汽车 8t	台班	411.20	0.045	0.036
	干混砂浆罐式搅拌机 20000L	台班	193.83	0.065	0.061

九、排水管道出水口

1.砖　　砌

(1)一　字　式

工作内容:清底、铺装垫层、混凝土浇捣、养生、调制砂浆、砌砖、抹灰、勾缝、材料运输。　　计量单位:处

定额编号				6-372	6-373	6-374	6-375	6-376	6-377
项目				H(m以内)					
				1.0		1.5		2.0	
				管径(mm以内)					
				300	400	500	600	700	800
基价(元)				**4122.93**	**4200.72**	**5869.04**	**7040.14**	**10306.62**	**10403.26**
其中	人工费(元)			679.05	694.58	972.54	1143.18	1670.76	1686.02
	材料费(元)			3434.39	3494.88	4879.92	5875.03	8602.68	8683.92
	机械费(元)			9.49	11.26	16.58	21.93	33.18	33.32
名称		单位	单价(元)	消耗量					
人工	二类人工	工日	135.00	5.030	5.145	7.204	8.468	12.376	12.489
材料	非泵送商品混凝土 C15	m^3	399.00	2.009	2.050	2.509	2.570	3.468	3.570
	非泵送商品混凝土 C20	m^3	412.00	0.408	0.500	0.653	0.734	0.867	0.959
	干混抹灰砂浆 DP M20.0	m^3	446.95	0.012	0.017	0.018	0.025	0.039	0.039
	干混砌筑砂浆 DM M7.5	m^3	413.73	1.305	1.300	1.992	2.727	4.213	4.210
	混凝土实心砖 240×115×53 MU10	千块	388.00	3.017	3.021	4.614	6.200	9.556	9.551
	碎石 综合	t	102.00	6.876	6.910	9.033	9.067	12.594	12.637
	塑料薄膜	m^2	0.86	16.632	17.123	21.185	21.970	26.055	26.863
	水	m^3	4.27	1.716	1.755	2.431	2.804	4.158	4.194
	其他材料费	元	1.00	25.84	26.30	37.40	46.48	68.79	69.38
机械	干混砂浆罐式搅拌机 20000L	台班	193.83	0.048	0.048	0.073	0.100	0.154	0.154
	混凝土振捣器 平板式	台班	12.54	0.007	0.074	0.092	0.096	0.126	0.131
	混凝土振捣器 插入式	台班	4.65	0.021	0.222	0.275	0.288	0.377	0.394

工作内容:清底、铺装垫层、混凝土浇捣、养生、调制砂浆、砌砖、抹灰、勾缝、材料运输。 **计量单位**:处

定额编号				6-378	6-379	6-380	6-381	6-382	6-383
项目				H(m 以内)					
				2.5		3.0		3.5	
				管径(mm 以内)					
				900	1000	1100	1200	1350	1500
基价(元)				**14003.05**	**14185.84**	**18643.76**	**19847.13**	**24804.05**	**25990.40**
其中	人工费(元)			2342.66	2373.17	3113.64	3311.42	4142.34	4340.25
	材料费(元)			11614.36	11766.34	15466.27	16468.99	20576.72	21561.63
	机械费(元)			46.03	46.33	63.85	66.72	84.99	88.52
名称		单位	单价(元)	消耗量					
人工	二类人工	工日	135.00	17.353	17.579	23.064	24.529	30.684	32.150
材料	非泵送商品混凝土 C15	m^3	399.00	4.090	4.345	5.324	5.437	6.059	6.253
	非泵送商品混凝土 C20	m^3	412.00	1.091	1.204	1.346	1.428	1.622	1.754
	干混抹灰砂浆 DP M20.0	m^3	446.95	0.054	0.054	0.154	0.164	0.215	0.226
	干混砌筑砂浆 DM M7.5	m^3	413.73	5.926	5.915	8.180	8.549	10.998	11.449
	混凝土实心砖 240×115×53 MU10	千块	388.00	13.427	13.427	18.309	19.372	24.893	25.948
	碎石 综合	t	102.00	16.698	16.754	20.003	23.374	28.812	31.185
	塑料薄膜	m^2	0.86	31.166	32.495	37.804	39.619	44.772	46.148
	水	m^3	4.27	5.585	5.642	7.402	7.800	9.734	10.112
	其他材料费	元	1.00	93.54	94.67	125.98	133.15	167.24	174.67
机械	干混砂浆罐式搅拌机 20000L	台班	193.83	0.217	0.217	0.303	0.317	0.408	0.425
	混凝土振捣器 平板式	台班	12.54	0.150	0.161	0.193	0.199	0.223	0.232
	混凝土振捣器 插入式	台班	4.65	0.450	0.483	0.580	0.597	0.668	0.696

工作内容:清底、铺装垫层、混凝土浇捣、养生、调制砂浆、砌砖、抹灰、勾缝、材料运输。　　**计量单位**:处

定额编号				6-384	6-385	6-386	6-387	6-388
项目				H(m 以内)				
				4.0		4.5		5.0
				管径(mm 以内)				
				1650	1800	2000	2200	2400
基价(元)				**31244.16**	**32552.87**	**38441.89**	**39967.36**	**46412.93**
其中	人工费(元)			5217.62	5436.45	6417.90	6671.16	7739.42
	材料费(元)			25917.99	27004.14	31889.42	33157.16	38510.94
	机械费(元)			108.55	112.28	134.57	139.04	162.57
名称		单位	单价(元)	消耗量				
人工	二类人工	工日	135.00	38.649	40.270	47.540	49.416	57.329
材料	非泵送商品混凝土 C15	m^3	399.00	7.395	7.599	8.884	9.211	10.078
	非泵送商品混凝土 C20	m^3	412.00	1.928	2.060	2.285	2.468	2.713
	干混抹灰砂浆 DP M20.0	m^3	446.95	0.267	0.277	0.318	0.328	0.400
	干混砌筑砂浆 DM M7.5	m^3	413.73	14.094	14.596	17.558	18.112	21.259
	混凝土实心砖 240×115×53 MU10	千块	388.00	31.839	33.009	39.616	40.897	48.008
	碎石 综合	t	102.00	34.915	37.593	41.672	44.710	52.132
	塑料薄膜	m^2	0.86	51.345	52.744	58.685	66.742	72.444
	水	m^3	4.27	12.149	12.553	14.851	15.948	17.763
	其他材料费	元	1.00	211.71	219.87	261.45	271.13	315.08
机械	干混砂浆罐式搅拌机 20000L	台班	193.83	0.523	0.541	0.650	0.671	0.788
	混凝土振捣器 平板式	台班	12.54	0.271	0.280	0.324	0.339	0.371
	混凝土振捣器 插入式	台班	4.65	0.812	0.840	0.972	1.016	1.113

(2)八 字 式

工作内容:清底、铺装垫层、混凝土浇捣、养生、调制砂浆、砌砖、抹灰、勾缝、材料运输。 计量单位:处

定额编号				6-389	6-390	6-391	6-392	6-393	6-394
项目				$H \times L_1$(m以内)					
				0.83×1.11	0.94×1.32	1.04×1.53	1.15×1.75	1.26×1.96	1.37×2.18
				管径(mm以内)					
				300	400	500	600	700	800
基价(元)				**1816.57**	**2163.92**	**2534.38**	**2970.20**	**3459.97**	**4008.58**
其中	人工费(元)			309.02	368.01	437.13	504.36	586.44	678.38
	材料费(元)			1502.32	1789.80	2090.05	2457.30	2863.62	3318.32
	机械费(元)			5.23	6.11	7.20	8.54	9.91	11.88
名称		单位	单价(元)	消耗量					
人工	二类人工	工日	135.00	2.289	2.726	3.238	3.736	4.344	5.025
材料	非泵送商品混凝土 C15	m^3	399.00	0.653	0.826	1.010	1.224	1.469	1.734
	非泵送商品混凝土 C20	m^3	412.00	1.612	1.836	2.050	2.315	2.581	2.876
	干混抹灰砂浆 DP M20.0	m^3	446.95	0.010	0.010	0.010	0.010	0.010	0.010
	干混抹灰砂浆 DP M15.0	m^3	446.85	0.049	0.055	0.060	0.064	0.069	0.074
	干混砌筑砂浆 DM M7.5	m^3	413.73	0.420	0.513	0.615	0.748	0.902	1.076
	混凝土实心砖 240×115×53 MU10	千块	388.00	0.903	1.111	1.334	1.619	1.942	2.315
	塑料薄膜	m^2	0.86	12.558	14.175	17.056	20.441	23.980	27.890
	水	m^3	4.27	0.907	1.027	1.660	1.494	1.780	2.078
	其他材料费	元	1.00	12.46	14.86	17.39	20.48	23.91	27.75
机械	干混砂浆罐式搅拌机 20000L	台班	193.83	0.018	0.021	0.025	0.030	0.035	0.043
	混凝土振捣器 平板式	台班	12.54	0.066	0.077	0.089	0.103	0.118	0.134
	混凝土振捣器 插入式	台班	4.65	0.197	0.231	0.266	0.308	0.353	0.401

工作内容：清底、铺装垫层、混凝土浇捣、养生、调制砂浆、砌砖、抹灰、勾缝、材料运输。　　　　**计量单位：**处

定额编号				6-395	6-396	6-397	6-398	6-399	6-400
项目				$H \times L_1$(m以内)					
				1.47×2.39	1.58×2.60	1.69×2.82	1.79×3.03	1.96×3.36	2.12×3.68
				管径(mm以内)					
				900	1000	1100	1200	1350	1500
基价（元）				**4598.92**	**5246.39**	**6578.51**	**7339.76**	**8797.69**	**10577.96**
其中	人工费（元）			777.33	886.95	1104.57	1231.47	1476.09	1976.94
	材料费（元）			3807.90	4343.72	5454.97	6087.19	7295.72	8570.16
	机械费（元）			13.69	15.72	18.97	21.10	25.88	30.86
名称		单位	单价(元)	消耗量					
人工	二类人工	工日	135.00	5.758	6.570	8.182	9.122	10.934	14.644
材料	非泵送商品混凝土 C15	m^3	399.00	2.020	2.326	3.315	3.703	4.468	5.233
	非泵送商品混凝土 C20	m^3	412.00	3.193	3.509	4.457	4.835	5.498	6.181
	干混抹灰砂浆 DP M20.0	m^3	446.95	0.013	0.015	0.017	0.018	0.023	0.026
	干混抹灰砂浆 DP M15.0	m^3	446.85	0.080	0.085	0.089	0.095	0.102	0.110
	干混砌筑砂浆 DM M7.5	m^3	413.73	1.261	1.476	1.722	1.968	2.450	2.983
	混凝土实心砖 240×115×53 MU10	千块	388.00	2.715	3.183	3.712	4.242	5.285	6.421
	塑料薄膜	m^2	0.86	31.996	36.364	42.741	47.502	55.976	64.667
	水	m^3	4.27	2.410	2.776	3.223	3.617	4.354	5.129
	其他材料费	元	1.00	31.90	36.46	45.41	50.76	61.00	71.83
机械	干混砂浆罐式搅拌机 20000L	台班	193.83	0.050	0.058	0.067	0.075	0.094	0.114
	混凝土振捣器 平板式	台班	12.54	0.151	0.169	0.226	0.248	0.289	0.331
	混凝土振捣器 插入式	台班	4.65	0.453	0.507	0.677	0.743	0.867	0.993

工作内容:清底、铺装垫层、混凝土浇捣、养生、调制砂浆、砌砖、抹灰、勾缝、材料运输。 **计量单位**:处

定额编号				6-401	6-402	6-403	6-404	6-405
项目				$H \times L_1$(m 以内)				
				2.28 × 4.00	2.44 × 4.33	2.66 × 4.76	2.88 × 5.20	3.09 × 5.62
				管径(mm 以内)				
				1650	1800	2000	2200	2400
基价(元)				**12068.84**	**13941.35**	**16788.50**	**19984.92**	**23481.82**
其中	人工费(元)			2133.41	2445.53	2966.49	3537.41	4163.27
	材料费(元)			9899.58	11453.65	13770.46	16385.28	19244.53
	机械费(元)			35.85	42.17	51.55	62.23	74.02
名称		单位	单价(元)	消耗量				
人工	二类人工	工日	135.00	15.803	18.115	21.974	26.203	30.839
材料	非泵送商品混凝土 C15	m^3	399.00	5.987	6.875	8.150	9.527	11.016
	非泵送商品混凝土 C20	m^3	412.00	6.885	7.650	8.752	9.925	11.159
	干混抹灰砂浆 DP M20.0	m^3	446.95	0.029	0.033	0.039	0.045	0.051
	干混抹灰砂浆 DP M15.0	m^3	446.85	0.118	0.125	0.135	0.146	0.155
	干混砌筑砂浆 DM M7.5	m^3	413.73	3.547	4.233	5.279	6.509	7.872
	混凝土实心砖 240×115×53 MU10	千块	388.00	7.652	9.121	11.379	14.016	16.955
	塑料薄膜	m^2	0.86	73.689	83.712	97.952	113.394	129.641
	水	m^3	4.27	5.954	6.885	8.277	9.845	11.525
	其他材料费	元	1.00	83.18	96.46	116.32	138.82	163.46
机械	干混砂浆罐式搅拌机 20000L	台班	193.83	0.134	0.160	0.199	0.244	0.294
	混凝土振捣器 平板式	台班	12.54	0.373	0.421	0.490	0.564	0.643
	混凝土振捣器 插入式	台班	4.65	1.119	1.263	1.470	1.692	1.929

(3)门　字　式

工作内容:清底、铺装垫层、混凝土浇捣、养生、调制砂浆、砌砖、抹灰、勾缝、材料运输。　　**计量单位:**处

定　额　编　号				6-406	6-407	6-408	6-409	6-410	6-411
项　　目				$H \times L_1$(m 以内)					
				1.0×0.91		1.5×1.06			2.0×1.21
				管径(mm 以内)					
				300	400	500	600	700	800
基　价　(元)				**1758.54**	**1795.26**	**2710.24**	**2797.55**	**2886.68**	**3885.24**
其中	人　工　费　(元)			284.18	287.82	547.70	565.52	583.34	790.29
	材　料　费　(元)			1469.93	1502.96	2155.57	2224.76	2295.93	3084.42
	机　械　费　(元)			4.43	4.48	6.97	7.27	7.41	10.53
名　称		单位	单价(元)	消　耗　量					
人工	二类人工	工日	135.00	2.105	2.132	4.057	4.189	4.321	5.854
材料	非泵送商品混凝土 C15	m^3	399.00	0.806	0.847	1.306	1.387	1.479	2.009
	非泵送商品混凝土 C20	m^3	412.00	1.663	1.703	1.958	2.030	2.111	2.356
	干混抹灰砂浆 DP M20.0	m^3	446.95	0.006	0.006	0.013	0.013	0.013	0.018
	干混砌筑砂浆 DM M7.5	m^3	413.73	0.350	0.349	0.631	0.636	0.636	1.005
	混凝土实心砖 240×115×53 MU10	千块	388.00	0.753	0.753	1.361	1.371	1.371	2.170
	塑料薄膜	m^2	0.86	9.828	10.374	12.579	13.192	13.780	16.947
	水	m^3	4.27	0.717	0.691	0.989	1.035	1.045	1.443
	其他材料费	元	1.00	12.02	12.26	17.80	18.33	18.87	25.62
机械	干混砂浆罐式搅拌机 20000L	台班	193.83	0.013	0.013	0.023	0.024	0.024	0.037
	混凝土振捣器 平板式	台班	12.54	0.072	0.074	0.095	0.099	0.104	0.127
	混凝土振捣器 插入式	台班	4.65	0.216	0.222	0.284	0.297	0.312	0.380

工作内容:清底、铺装垫层、混凝土浇捣、养生、调制砂浆、砌砖、抹灰、勾缝、材料运输。 **计量单位**:处

定额编号				6-412	6-413	6-414	6-415	6-416	6-417
项目				$H \times L_1$(m 以内)					
				2.0×1.21	2.5×1.49	2.5×1.61	3.0×1.76		3.5×2.04
				管径(mm 以内)					
				900	1000	1100	1200	1350	1500
基价(元)				**3985.16**	**5437.27**	**6270.18**	**7856.78**	**8016.76**	**11183.13**
其中	人工费(元)			809.73	882.23	1046.79	1311.80	1337.99	2328.08
	材料费(元)			3164.76	4538.85	5204.78	6520.50	6654.05	8821.15
	机械费(元)			10.67	16.19	18.61	24.48	24.72	33.90
名称		单位	单价(元)	消耗量					
人工	二类人工	工日	135.00	5.998	6.535	7.754	9.717	9.911	17.245
材料	非泵送商品混凝土 C15	m^3	399.00	2.122	2.683	2.989	3.713	3.917	4.712
	非泵送商品混凝土 C20	m^3	412.00	2.438	3.244	3.825	4.172	4.294	5.345
	干混抹灰砂浆 DP M20.0	m^3	446.95	0.027	0.027	0.029	0.037	0.040	0.049
	干混砌筑砂浆 DM M7.5	m^3	413.73	1.005	1.640	1.876	2.563	2.563	3.670
	混凝土实心砖 240×115×53 MU10	千块	388.00	2.160	3.535	4.039	5.529	5.524	7.906
	塑料薄膜	m^2	0.86	17.646	25.423	29.322	33.678	35.074	43.222
	水	m^3	4.27	1.471	2.275	2.611	3.263	3.329	4.458
	其他材料费	元	1.00	26.22	38.06	43.65	55.07	56.08	74.90
机械	干混砂浆罐式搅拌机 20000L	台班	193.83	0.037	0.060	0.069	0.095	0.095	0.135
	混凝土振捣器 平板式	台班	12.54	0.132	0.172	0.198	0.229	0.238	0.292
	混凝土振捣器 插入式	台班	4.65	0.396	0.516	0.593	0.686	0.714	0.875

工作内容:清底、铺装垫层、混凝土浇捣、养生、调制砂浆、砌砖、抹灰、勾缝、材料运输。　　**计量单位**:处

定额编号				6-418	6-419	6-420	6-421	6-422
项目				$H \times L_1$(m 以内)				
				3.5×2.17	4.0×2.32		4.0×2.43	
				管径(mm 以内)				
				1650	1800	2000	2200	2400
基价(元)				**12671.06**	**15243.61**	**15426.12**	**16412.44**	**16816.03**
其中	人工费(元)			2596.86	3120.39	3166.97	3376.76	3458.97
	材料费(元)			10035.97	12075.90	12211.82	12984.80	13305.34
	机械费(元)			38.23	47.32	47.33	50.88	51.72
名称		单位	单价(元)	消耗量				
人工	二类人工	工日	135.00	19.236	23.114	23.459	25.013	25.622
材料	非泵送商品混凝土 C15	m^3	399.00	5.212	6.242	6.589	6.650	6.916
	非泵送商品混凝土 C20	m^3	412.00	6.181	6.650	6.834	7.099	7.405
	干混抹灰砂浆 DP M20.0	m^3	446.95	0.054	0.064	0.066	0.070	0.072
	干混砌筑砂浆 DM M7.5	m^3	413.73	4.121	5.238	5.166	5.658	5.720
	混凝土实心砖 240×115×53 MU10	千块	388.00	8.887	11.286	11.140	12.189	12.324
	塑料薄膜	m^2	0.86	48.987	55.276	57.637	64.319	66.742
	草袋	个	3.62	23.327	26.322	27.446	30.628	31.782
	水	m^3	4.27	5.029	6.051	6.109	6.796	6.937
	其他材料费	元	1.00	84.49	102.19	103.05	109.95	112.50
机械	干混砂浆罐式搅拌机 20000L	台班	193.83	0.152	0.193	0.191	0.208	0.210
	混凝土振捣器 平板式	台班	12.54	0.331	0.374	0.389	0.399	0.416
	混凝土振捣器 插入式	台班	4.65	0.992	1.122	1.167	1.196	1.247

2. 石　　砌

(1)一　字　式

工作内容:清底、铺装垫层、混凝土浇捣、养生、调制砂浆、砌砖、抹灰、勾缝、材料运输。　　计量单位:处

定额编号				6-423	6-424	6-425	6-426	6-427	6-428
项目				H(m 以内)					
				1.0		1.5		2.0	
				管径(mm 以内)					
				300	400	500	600	700	800
基价(元)				**6408.32**	**6487.19**	**8922.71**	**9018.84**	**12035.77**	**12266.37**
其中	人工费(元)			1167.48	1180.31	1628.78	1645.11	2200.64	2238.71
	材料费(元)			5209.95	5275.69	7249.30	7328.99	9773.59	9965.99
	机械费(元)			30.89	31.19	44.63	44.74	61.54	61.67
名称		单位	单价(元)	消耗量					
人工	二类人工	工日	135.00	8.648	8.743	12.065	12.186	16.301	16.583
材料	非泵送商品混凝土 C15	m^3	399.00	2.122	2.162	2.570	2.642	3.417	3.509
	非泵送商品混凝土 C20	m^3	412.00	0.490	0.581	0.755	0.836	1.000	1.081
	干混抹灰砂浆 DP M20.0	m^3	446.95	0.057	0.057	0.083	0.083	0.115	0.115
	干混砌筑砂浆 DM M7.5	m^3	413.73	4.049	4.059	5.884	5.894	8.118	8.128
	碎石 综合	t	102.00	8.059	8.102	10.487	10.543	12.915	13.955
	块石	t	77.67	20.368	20.400	29.539	29.621	40.816	40.898
	塑料薄膜	m^2	0.86	18.543	19.263	23.871	24.658	28.348	32.672
	水	m^3	4.27	1.909	1.951	2.640	2.668	3.389	3.622
	其他材料费	元	1.00	32.62	33.10	45.56	46.13	61.79	62.81
机械	干混砂浆罐式搅拌机 20000L	台班	193.83	0.149	0.150	0.217	0.217	0.300	0.300
	混凝土振捣器 平板式	台班	12.54	0.076	0.080	0.097	0.101	0.128	0.133
	混凝土振捣器 插入式	台班	4.65	0.227	0.239	0.290	0.303	0.384	0.399

工作内容:清底、铺装垫层、混凝土浇捣、养生、调制砂浆、砌砖、抹灰、勾缝、材料运输。　　**计量单位**:处

定额编号				6-429	6-430	6-431	6-432	6-433	6-434
项目				H(m以内)					
				2.5		3.0		3.5	
				管径(mm以内)					
				900	1000	1100	1200	1350	1500
基价(元)				**15943.39**	**16888.63**	**22077.84**	**24435.49**	**32098.26**	**32311.19**
其中	人工费(元)			3054.11	3251.07	4406.00	4730.81	6213.11	6259.55
	材料费(元)			12808.07	13551.04	17556.25	19576.53	25713.65	25880.29
	机械费(元)			81.21	86.52	115.59	128.15	171.50	171.35
名称		单位	单价(元)	消耗量					
人工	二类人工	工日	135.00	22.623	24.082	32.637	35.043	46.023	46.367
材料	非泵送商品混凝土 C15	m^3	399.00	4.294	4.570	5.146	5.528	6.467	6.671
	非泵送商品混凝土 C20	m^3	412.00	1.244	1.316	1.479	1.571	1.785	1.907
	干混抹灰砂浆 DP M20.0	m^3	446.95	0.153	0.163	0.218	0.246	0.328	0.328
	干混砌筑砂浆 DM M7.5	m^3	413.73	10.752	11.480	15.426	17.159	23.093	23.032
	碎石 综合	t	102.00	17.063	17.118	21.737	25.788	33.792	33.959
	块石	t	77.67	54.019	57.691	77.552	86.219	116.035	116.558
	塑料薄膜	m^2	0.86	34.856	35.729	42.458	43.397	48.987	50.362
	水	m^3	4.27	4.346	4.566	5.872	6.339	8.067	8.107
	其他材料费	元	1.00	80.81	85.83	111.79	123.07	161.23	162.44
机械	干混砂浆罐式搅拌机 20000L	台班	193.83	0.397	0.423	0.569	0.633	0.852	0.850
	混凝土振捣器 平板式	台班	12.54	0.161	0.171	0.200	0.206	0.240	0.249
	混凝土振捣器 插入式	台班	4.65	0.482	0.512	0.600	0.618	0.719	0.747

工作内容:清底、铺装垫层、混凝土浇捣、养生、调制砂浆、砌砖、抹灰、勾缝、材料运输。 **计量单位**:处

定额编号				6-435	6-436	6-437	6-438	6-439
项目				H(m 以内)				
				4.0		4.5		5.0
				管径(mm 以内)				
				1650	1800	2000	2200	2400
基价(元)				**40605.05**	**41236.29**	**51262.80**	**53856.02**	**65520.84**
其中	人工费(元)			8008.07	8021.03	9992.97	10524.06	12842.28
	材料费(元)			32373.36	32993.71	40991.42	43036.53	52316.85
	机械费(元)			223.62	221.55	278.41	295.43	361.71
名称		单位	单价(元)	消耗量				
人工	二类人工	工日	135.00	59.319	59.415	74.022	77.956	95.128
材料	非泵送商品混凝土 C15	m^3	399.00	7.650	7.854	8.966	8.996	10.486
	非泵送商品混凝土 C20	m^3	412.00	2.101	2.234	2.479	2.662	2.907
	干混抹灰砂浆 DP M20.0	m^3	446.95	0.377	0.420	0.533	0.564	0.697
	干混砌筑砂浆 DM M7.5	m^3	413.73	29.971	29.899	37.720	40.078	49.139
	碎石 综合	t	102.00	43.045	43.253	53.532	53.837	65.241
	块石	t	77.67	144.234	150.258	189.573	201.405	246.971
	塑料薄膜	m^2	0.86	55.999	57.439	63.794	65.848	72.335
	水	m^3	4.27	10.149	10.137	12.370	13.044	15.573
	其他材料费	元	1.00	202.26	206.70	256.44	270.00	327.92
机械	干混砂浆罐式搅拌机 20000L	台班	193.83	1.115	1.103	1.391	1.478	1.813
	混凝土振捣器 平板式	台班	12.54	0.283	0.293	0.332	0.338	0.389
	混凝土振捣器 插入式	台班	4.65	0.849	0.878	0.996	1.014	1.166

(2)八　字　式

工作内容:清底、铺装垫层、混凝土浇捣、养生、调制砂浆、砌砖、抹灰、勾缝、材料运输。　　**计量单位**:处

定额编号				6-440	6-441	6-442	6-443	6-444	6-445
项目				$H \times L_1$(m 以内)					
				0.83×1.26	0.94×1.47	1.04×1.68	1.15×1.90	1.26×2.11	1.37×2.18
				管径(mm 以内)					
				300	400	500	600	700	800
基价(元)				**2670.73**	**3133.34**	**3577.70**	**4115.54**	**4649.00**	**5241.90**
其中	人工费(元)			477.77	561.33	638.42	734.00	827.01	934.20
	材料费(元)			2179.65	2556.28	2921.37	3360.82	3798.66	4281.17
	机械费(元)			13.31	15.73	17.91	20.72	23.33	26.53
名称		单位	单价(元)	消耗量					
人工	二类人工	工日	135.00	3.539	4.158	4.729	5.437	6.126	6.920
材料	非泵送商品混凝土 C15	m^3	399.00	0.694	0.806	0.898	1.010	1.112	1.224
	非泵送商品混凝土 C20	m^3	412.00	1.244	1.489	1.724	1.999	2.244	2.519
	干混抹灰砂浆 DP M20.0	m^3	446.95	0.024	0.028	0.032	0.036	0.041	0.047
	干混砌筑砂浆 DM M7.5	m^3	413.73	1.671	1.948	2.224	2.563	2.921	3.311
	块石	t	77.67	8.389	9.776	11.179	12.877	14.656	16.614
	塑料薄膜	m^2	0.86	18.302	21.622	25.028	28.829	32.760	36.975
	水	m^3	4.27	1.257	1.570	1.822	2.090	2.369	2.689
	其他材料费	元	1.00	15.47	18.16	20.77	23.89	26.99	30.41
机械	干混砂浆罐式搅拌机 20000L	台班	193.83	0.061	0.072	0.082	0.095	0.107	0.122
	混凝土振捣器 平板式	台班	12.54	0.056	0.067	0.076	0.087	0.098	0.109
	混凝土振捣器 插入式	台班	4.65	0.168	0.200	0.228	0.261	0.293	0.326

工作内容:清底、铺装垫层、混凝土浇捣、养生、调制砂浆、砌砖、抹灰、勾缝、材料运输。 **计量单位**:处

定额编号				6-446	6-447	6-448	6-449	6-450	6-451
项目				$H \times L_1$(m 以内)					
				1.47 × 2.54	1.58 × 2.75	1.69 × 2.97	1.79 × 3.08	1.96 × 3.51	2.12 × 3.83
				管径(mm 以内)					
				900	1000	1100	1200	1350	1500
基价(元)				**5849.84**	**6519.38**	**8162.49**	**8921.82**	**10277.08**	**11792.49**
其中	人工费(元)			1043.01	1159.65	1451.25	1584.90	1826.69	2213.46
	材料费(元)			4777.10	5326.58	6669.29	7290.92	8397.00	9518.08
	机械费(元)			29.73	33.15	41.95	46.00	53.39	60.95
	名称	单位	单价(元)	消耗量					
人工	二类人工	工日	135.00	7.726	8.590	10.750	11.740	13.531	16.396
材料	非泵送商品混凝土 C15	m^3	399.00	1.336	1.438	1.938	2.060	2.275	2.468
	非泵送商品混凝土 C20	m^3	412.00	2.805	3.121	3.723	4.080	4.641	5.212
	干混抹灰砂浆 DP M20.0	m^3	446.95	0.052	0.085	0.075	0.082	0.095	0.109
	干混砌筑砂浆 DM M7.5	m^3	413.73	3.711	4.151	5.248	5.761	6.714	7.688
	块石	t	77.67	18.637	20.858	26.373	28.952	33.733	38.646
	塑料薄膜	m^2	0.86	41.278	45.820	52.286	57.200	65.499	73.928
	水	m^3	4.27	3.003	3.348	3.936	4.303	4.963	5.636
	其他材料费	元	1.00	33.92	37.84	47.21	51.60	59.38	67.25
机械	干混砂浆罐式搅拌机 20000L	台班	193.83	0.137	0.153	0.194	0.213	0.248	0.284
	混凝土振捣器 平板式	台班	12.54	0.120	0.132	0.164	0.178	0.201	0.223
	混凝土振捣器 插入式	台班	4.65	0.360	0.396	0.492	0.534	0.602	0.668

工作内容:清底、铺装垫层、混凝土浇捣、养生、调制砂浆、砌砖、抹灰、勾缝、材料运输。 **计量单位**:处

定额编号				6-452	6-453	6-454	6-455	6-456
项目				$H \times L_1$(m 以内)				
				2.28 × 4.15	2.44 × 4.48	2.66 × 4.91	2.88 × 5.35	3.09 × 5.77
				管径(mm 以内)				
				1650	1800	2000	2200	2400
基价(元)				**13243.22**	**14895.13**	**17229.40**	**19810.29**	**22561.24**
其中	人工费(元)			2483.33	2792.07	3233.25	3722.90	4234.82
	材料费(元)			10690.94	12025.13	13905.12	15981.83	18204.79
	机械费(元)			68.95	77.93	91.03	105.56	121.63
	名称	单位	单价(元)	消耗量				
人工	二类人工	工日	135.00	18.395	20.682	23.950	27.577	31.369
材料	非泵送商品混凝土 C15	m^3	399.00	2.662	2.866	3.131	3.407	3.672
	非泵送商品混凝土 C20	m^3	412.00	5.834	6.487	7.375	8.344	9.333
	干混抹灰砂浆 DP M20.0	m^3	446.95	0.124	0.140	0.164	0.191	0.320
	干混砌筑砂浆 DM M7.5	m^3	413.73	8.723	9.891	11.593	13.486	15.498
	块石	t	77.67	43.835	49.694	58.246	67.778	77.896
	塑料薄膜	m^2	0.86	66.851	92.165	105.422	119.683	134.404
	水	m^3	4.27	5.479	7.106	8.212	9.381	10.678
	其他材料费	元	1.00	75.25	84.84	97.98	112.48	128.09
机械	干混砂浆罐式搅拌机 20000L	台班	193.83	0.322	0.365	0.428	0.498	0.576
	混凝土振捣器 平板式	台班	12.54	0.247	0.271	0.305	0.341	0.377
	混凝土振捣器 插入式	台班	4.65	0.740	0.813	0.914	1.022	1.131

(3)门 字 式

工作内容:清底、铺装垫层、混凝土浇捣、养生、调制砂浆、砌砖、抹灰、勾缝、材料运输。 **计量单位**:处

定额编号				6-457	6-458	6-459	6-460	6-461	6-462
项目				$H \times L_1$(m 以内)					
				1.0×1.0		1.5×1.1			2.0×1.3
				管径(mm 以内)					
				300	400	500	600	700	800
基价(元)				**2147.45**	**2184.72**	**2824.20**	**2920.48**	**3009.82**	**3997.31**
其中	人工费(元)			371.39	378.54	495.05	510.98	525.15	725.63
	材料费(元)			1769.13	1799.20	2318.73	2398.94	2473.79	3256.33
	机械费(元)			6.93	6.98	10.42	10.56	10.88	15.35
名称		单位	单价(元)	消耗量					
人工	二类人工	工日	135.00	2.751	2.804	3.667	3.785	3.890	5.375
材料	非泵送商品混凝土 C15	m^3	399.00	1.000	1.040	1.275	1.367	1.459	1.897
	非泵送商品混凝土 C20	m^3	412.00	1.969	1.999	2.193	2.275	2.356	2.683
	干混抹灰砂浆 DP M20.0	m^3	446.95	0.010	0.010	0.015	0.015	0.023	0.024
	干混砌筑砂浆 DM M7.5	m^3	413.73	0.656	0.656	1.076	1.087	1.087	1.661
	块石	t	77.67	3.280	3.296	5.418	5.451	5.451	8.355
	塑料薄膜	m^2	0.86	13.675	13.824	14.872	16.664	17.319	20.574
	水	m^3	4.27	0.803	0.838	0.957	1.060	1.074	1.376
	其他材料费	元	1.00	13.08	13.31	16.92	17.54	18.11	23.60
机械	干混砂浆罐式搅拌机 20000L	台班	193.83	0.024	0.024	0.040	0.040	0.041	0.061
	混凝土振捣器 平板式	台班	12.54	0.086	0.088	0.101	0.106	0.111	0.133
	混凝土振捣器 插入式	台班	4.65	0.258	0.264	0.302	0.317	0.332	0.399

工作内容:清底、铺装垫层、混凝土浇捣、养生、调制砂浆、砌砖、抹灰、勾缝、材料运输。 **计量单位**:处

定额编号				6-463	6-464	6-465	6-466	6-467	6-468
项目				$H \times L_1$(m 以内)					
				2.5×1.6	2.5×1.7		3.0×1.9		3.5×2.1
				管径(mm 以内)					
				900	1000	1100	1200	1350	1500
基 价 (元)				**6205.60**	**6322.45**	**7060.52**	**8713.57**	**8890.91**	**11613.56**
其中	人工费(元)			1135.35	1154.79	1287.50	1599.62	1629.45	2142.05
	材料费(元)			5045.28	5141.47	5743.90	7076.25	7223.48	9419.35
	机械费(元)			24.97	26.19	29.12	37.70	37.98	52.16
名称		单位	单价(元)	消耗量					
人工	二类人工	工日	135.00	8.410	8.554	9.537	11.849	12.070	15.867
材料	非泵送商品混凝土 C15	m^3	399.00	2.683	2.805	3.080	3.703	3.907	4.865
	非泵送商品混凝土 C20	m^3	412.00	3.692	3.784	4.315	4.753	4.906	5.753
	干混抹灰砂浆 DP M20.0	m^3	446.95	0.042	0.042	0.046	0.062	0.062	0.087
	干混砌筑砂浆 DM M7.5	m^3	413.73	2.942	2.952	3.280	4.377	4.377	6.150
	块石	t	77.67	14.786	14.835	16.483	21.982	21.982	30.926
	塑料薄膜	m^2	0.86	28.239	29.112	32.651	37.216	38.745	46.431
	水	m^3	4.27	2.046	2.091	2.336	2.806	2.890	3.675
	其他材料费	元	1.00	36.24	36.96	41.32	50.58	51.70	67.01
机械	干混砂浆罐式搅拌机 20000L	台班	193.83	0.108	0.109	0.121	0.161	0.161	0.227
	混凝土振捣器 平板式	台班	12.54	0.135	0.191	0.214	0.245	0.256	0.308
	混凝土振捣器 插入式	台班	4.65	0.505	0.573	0.642	0.735	0.767	0.924

工作内容:清底、铺装垫层、混凝土浇捣、养生、调制砂浆、砌砖、抹灰、勾缝、材料运输。 **计量单位**:处

定额编号				6-469	6-470	6-471	6-472	6-473
项目				$H \times L_1$(m 以内)				
				3.5×2.2	4.0×2.4		4.0×2.55	
				管径(mm 以内)				
				1650	1800	2000	2200	2400
基 价 (元)				**12744.26**	**14780.26**	**15367.15**	**16328.28**	**16756.57**
其中	人工费(元)			2346.30	2803.28	2837.70	3021.30	3048.98
	材料费(元)			10340.86	11907.69	12459.18	13232.58	13632.43
	机械费(元)			57.10	69.29	70.27	74.40	75.16
名称		单位	单价(元)	消耗量				
人工	二类人工	工日	135.00	17.380	20.765	21.020	22.380	22.585
材料	非泵送商品混凝土 C15	m^3	399.00	5.304	6.181	6.518	6.814	7.069
	非泵送商品混凝土 C20	m^3	412.00	6.446	7.038	7.242	7.528	7.752
	干混抹灰砂浆 DP M20.0	m^3	446.95	0.095	0.118	0.117	0.126	0.126
	干混砌筑砂浆 DM M7.5	m^3	413.73	6.704	8.344	8.282	8.928	8.866
	块石	t	77.67	33.701	37.112	41.648	44.864	47.770
	塑料薄膜	m^2	0.86	51.477	57.876	60.367	69.932	72.509
	水	m^3	4.27	4.041	4.738	4.872	5.500	5.634
	其他材料费	元	1.00	73.62	84.42	88.47	93.95	96.92
机械	干混砂浆罐式搅拌机 20000L	台班	193.83	0.248	0.305	0.308	0.327	0.329
	混凝土振捣器 平板式	台班	12.54	0.341	0.384	0.399	0.416	0.430
	混凝土振捣器 插入式	台班	4.65	1.023	1.151	1.197	1.248	1.290

十、方沟闭水试验

工作内容:调制砂浆、砌砖堵、抹面、接(拆)水管、拆堵、材(废)料运输。　　**计量单位:**100m³

定额编号				6-474	6-475	6-476
项目				砖堵 24cm	砖堵 36cm	砖堵 49cm
基价(元)				1305.28	1587.11	2007.30
其中	人工费(元)			433.08	548.37	678.65
	材料费(元)			870.46	1036.03	1324.77
	机械费(元)			1.74	2.71	3.88
名称		单位	单价(元)	消耗量		
人工	二类人工	工日	135.00	3.208	4.062	5.027
材料	混凝土实心砖 240×115×53 MU10	千块	388.00	0.578	0.860	1.442
	干混砌筑砂浆 DM M5.0	m³	397.23	0.246	0.387	0.545
	干混抹灰砂浆 DP M20.0	m³	446.95	0.095	0.095	0.095
	碳素结构钢焊接钢管 *DN*40×3.5	m	9.93	0.071	0.071	0.071
	镀锌铁丝 10#	kg	5.38	0.700	0.700	0.700
	橡胶管	m	5.14	5.100	5.100	5.100
	水	m³	4.27	109.584	109.618	109.656
	防水剂	kg	3.65	2.030	2.030	2.030
机械	干混砂浆罐式搅拌机 20000L	台班	193.83	0.009	0.014	0.020

第三章

不开槽施工管道工程

说　　明

一、本章定额适用于雨、污水管(涵)以及外套管的不开槽埋管工程。包括人工挖工作坑、交汇坑土方,安拆顶进后座及坑内平台,安拆敞开式顶管设备及附属设施,安拆封闭式顶管设备及附属设施,敞开式管道顶进,封闭式管道顶进,安拆中继间,顶进触变泥浆减阻,压浆孔封拆,钢筋混凝土沉井洞口处理,钢管顶进,铸铁管顶进(挤压式),方(拱)涵顶进,水平定向钻牵引管道,共14节141个子目。

二、工作坑垫层、基础执行本册第二章"井、渠(管)道基础及砌筑"相应定额,其中人工乘以系数1.10,其他不变。如果钢管、铸铁管需设置导向装置,方(拱)涵管需设滑板和导向装置时,另行计算。

三、工作坑人工挖土方按土壤类别综合考虑。工作坑回填土视其回填的实际做法执行本定额第一册《通用项目》相应定额。

四、工作坑内管(涵)明敷应根据管径、接口做法执行本册第一章的相应定额,人工、机械乘以系数1.10,其他不变。

五、本章定额是按无地下水考虑的,如遇地下水时,排(降)水费用按相应定额另行计算。

六、本章定额材料消耗量中的电量包括顶管设备用电量及管道顶进过程中的照明用电量。

七、顶进施工的方(拱)涵断面大于$4m^2$的,按本定额第三册《桥涵工程》箱涵顶进部分有关定额或规定执行。

八、工作坑如设沉井,其制作、下沉执行本册定额第四章"给排水构筑物"相应定额。

九、本章定额未包括土方、泥浆场外运输处理费用,发生时可执行本定额第一册《通用项目》相应定额或其他有关规定。

十、单位工程中,管径ϕ1650以内敞开式顶进在100m以内、封闭式顶进(不分管径)在50m以内时,顶进定额中的人工费与机械费乘以系数1.30。

十一、顶管采用中继间顶进时,各级中继间后面的顶管人工与机械数量乘以下表中系数分级计算。

中继间顶进人工费、机械费调整系数表

中继间顶进分级	一级顶进	二级顶进	三级顶进	四级顶进	超过四级
人工费、机械费调整系数	1.20	1.45	1.75	2.10	另计

十二、顶管工程中的材料是按50m水平运距、坑边取料考虑的,如因场地等情况取用料水平运距超过50m时,根据超过距离和相应定额另行计算。

十三、钢板桩基坑支撑使用数量均已包括在安、拆支撑设备定额子目中。

十四、安拆顶管设备定额中,已包括双向顶进时设备调向的拆除、安装以及拆除后设备转移至另一顶进坑所需的人工和机械台班。

十五、安拆顶管后座及坑内平台定额已综合取定,适用于敞开式和封闭式施工方法,其中钢筋混凝土后座模板制作、安装、拆除执行本册定额第六章"模板、井字架工程"相应定额。

十六、全挤压不出土顶管定额适用于软土地区不出土挤压式施工。

十七、水平定向钻牵引管道定额适用于市政排水工程塑料管牵引项目,如采用其他管材,另行补充。

十八、水平定向钻牵引如使用钢筋辅助管道拖位,钢筋制作、安装执行本定额第一册《通用项目》相应定额。

十九、水平定向钻牵引定额未包括管材接口材料及连接费用,发生时按本册定额第一章"管道铺设"相应定额执行。

工程量计算规则

一、工作坑土方区分挖土深度以挖方体积计算。

二、各种材质管道的顶管工程量按实际顶进长度以“延长米”计算。

三、安拆中继间工程量按不同顶管管径以“套”计算。

四、触变泥浆减阻每两井间的工程量按两井间的净距离以“延长米”计算。

五、水平定向钻牵引工程量按井中到井中的中心距离以“延长米”计算,不扣除井所占长度。

六、水平定向钻牵引,清除泥浆工程量按管外径体积乘以系数 0.67 考虑。

一、人工挖工作坑、交汇坑土方

工作内容:人工挖土,少先吊配合吊土、卸土,场地清理。　　　　**计量单位:**100m³

定额编号				6-477	6-478	6-479
项目				挖土方(深度 m 以内)		
				4	6	8
基价(元)				**3750.12**	**5342.25**	**6436.28**
其中	人工费(元)			2669.76	4189.32	5253.66
	材料费(元)			—	—	—
	机械费(元)			1080.36	1152.93	1182.62
名称		单位	单价(元)	消耗量		
人工	二类人工	工日	135.00	19.776	31.032	38.916
机械	少先吊 1t	台班	164.94	6.550	6.990	7.170

二、安拆顶进后座及坑内平台

工作内容:1. 枋木后座:安拆顶进后座、安拆人工操作平台及千斤顶平台、清理现场;

2. 钢筋混凝土后座:钢筋除锈、制作、安装,混凝土拌和、浇捣、养护,安拆钢板后靠,搭拆人工操作平台及千斤顶平台,拆除混凝土后座,现场清理。

计量单位:个

	定额编号			6-480	6-481	6-482	6-483	6-484
	项目			垫枋木后座				钢筋混凝土后座
				φ600 ~ 1200	φ1400 ~ 1800	φ2000 ~ 2400	φ2400 ~ 3000	$10m^3$
	基价(元)			**2763.82**	**3949.14**	**5240.52**	**6193.61**	**12526.49**
其中	人工费(元)			969.57	1543.86	1951.29	2358.72	1957.50
	材料费(元)			1241.10	1428.67	1839.19	2062.21	6300.39
	机械费(元)			553.15	976.61	1450.04	1772.68	4268.60
	名称	单位	单价(元)	消耗量				
人工	二类人工	工日	135.00	7.182	11.436	14.454	17.472	14.500
材料	中厚钢板 综合	t	3750.00	0.150	0.150	0.200	0.200	0.190
	热轧带肋钢筋 HRB400 综合	t	3849.00	—	—	—	—	0.290
	非泵送商品混凝土 C20	m^3	412.00	—	—	—	—	10.100
	碎石 综合	t	102.00	2.002	2.002	2.725	3.448	—
	镀锌铁丝 16#	kg	6.55	—	—	—	—	0.950
	木模板	m^3	1445.00	0.002	0.004	0.005	0.006	—
	铁撑板	t	3578.00	0.007	0.008	0.009	0.010	—
	扒钉	kg	3.73	0.468	0.935	1.403	1.871	0.959
	枕木	m^3	2457.00	0.181	0.254	0.312	0.370	0.100
	塑料薄膜	m^2	0.86	—	—	—	—	4.200
	水	m^3	4.27	—	—	—	—	4.290
	其他材料费	元	1.00	—	—	—	—	33.05
机械	汽车式起重机 8t	台班	648.48	0.853	1.506	—	—	4.500
	汽车式起重机 12t	台班	748.60	—	—	1.937	2.368	—
	钢筋调直机 14mm	台班	37.97	—	—	—	—	0.014
	钢筋切断机 40mm	台班	43.28	—	—	—	—	0.014
	手持式风动凿岩机	台班	12.36	—	—	—	—	3.300
	混凝土振捣器 插入式	台班	4.65	—	—	—	—	1.184
	电动空气压缩机 $10m^3/min$	台班	394.85	—	—	—	—	3.300

三、安拆敞开式顶管设备及附属设施

工作内容：吊卸工具管，千斤顶，安拆油泵、油管、闸阀、配电设备、动力系统、电器线路及配电、油泵设备工作棚、基坑导轨、运土斗卷扬机、测量门架，清理工作井，顶管设备、千斤顶及吊装机机械等由一个坑转移另一个坑的全部工序。

计量单位：套

定额编号				6-485	6-486	6-487	6-488	6-489
项目				敞开式				
				φ1000	φ1200	φ1350	φ1500	φ1650
基价（元）				**5749.53**	**6825.73**	**7460.19**	**7681.50**	**7905.65**
其中	人工费（元）			1954.53	2421.09	2576.61	2654.37	2731.32
	材料费（元）			961.56	961.56	1068.87	1082.40	1091.42
	机械费（元）			2833.44	3443.08	3814.71	3944.73	4082.91
名称		单位	单价(元)	消耗量				
人工	二类人工	工日	135.00	14.478	17.934	19.086	19.662	20.232
材料	钢管栏杆	kg	6.90	54.000	54.000	54.000	54.000	54.000
	槽型钢板桩	t	4828.00	0.014	0.014	0.014	0.014	0.014
	铁撑板	t	3578.00	0.006	0.006	0.007	0.007	0.007
	扒钉	kg	3.73	1.020	1.020	1.020	1.020	1.020
	槽型钢板桩使用费	t·d	9.02	46.000	46.000	53.000	54.000	55.000
	铁撑板使用费	t·d	9.02	9.000	9.000	13.500	14.000	14.000
机械	挤压法顶管设备 1000mm	台班	154.05	1.498	—	—	—	—
	挤压法顶管设备 1200mm	台班	159.42	—	1.915	—	—	—
	挤压法顶管设备 1400mm	台班	193.43	—	—	2.041	—	—
	挤压法顶管设备 1500mm	台班	202.98	—	—	—	2.106	—
	挤压法顶管设备 1650mm	台班	215.65	—	—	—	—	2.170
	立式油压千斤顶 200t	台班	11.52	3.001	3.829	4.083	4.212	4.341
	汽车式起重机 8t	台班	648.48	3.016	3.566	3.917	4.024	4.132
	电动卷扬机－单筒慢速 30kN	台班	177.60	2.501	3.191	3.402	3.510	3.617
	油泵车	台班	112.00	1.501	1.915	2.041	2.106	2.170

工作内容:吊卸工具管,千斤顶,安拆油泵、油管、闸阀、配电设备、动力系统、电器线路及配电、油泵设备工作棚、基坑导轨、运土斗卷扬机、测量门架,清理工作井,顶管设备、千斤顶及吊装机机械等由一个坑转移另一个坑的全部工序。

计量单位:套

定额编号				6-490	6-491	6-492	6-493
项目				敞开式			
				$\phi1800$	$\phi2000$	$\phi2200$	$\phi2400$
基价(元)				**10706.44**	**12033.29**	**12799.31**	**13720.78**
其中	人工费(元)			3515.40	3986.82	4220.91	4454.19
	材料费(元)			1202.36	1220.40	1274.56	1310.64
	机械费(元)			5988.68	6826.07	7303.84	7955.95
名称		单位	单价(元)	消耗量			
人工	二类人工	工日	135.00	26.040	29.532	31.266	32.994
材料	钢管栏杆	kg	6.90	57.000	57.000	57.000	57.000
	槽型钢板桩	t	4828.00	0.014	0.014	0.014	0.014
	铁撑板	t	3578.00	0.009	0.009	0.011	0.011
	扒钉	kg	3.73	1.530	1.530	2.040	2.040
	槽型钢板桩使用费	t·d	9.02	60.000	61.500	63.000	66.000
	铁撑板使用费	t·d	9.02	18.000	18.500	22.000	23.000
机械	挤压法顶管设备 1800mm	台班	273.86	2.887	—	—	—
	挤压法顶管设备 2000mm	台班	280.25	—	3.310	—	—
	挤压法顶管设备 2200mm	台班	315.37	—	—	3.493	—
	挤压法顶管设备 2400mm	台班	372.57	—	—	—	3.676
	立式油压千斤顶 200t	台班	11.52	14.437	16.547	17.465	18.380
	汽车式起重机 8t	台班	648.48	5.444	6.148	6.453	6.758
	电动卷扬机-单筒慢速 30kN	台班	177.60	4.812	5.516	5.822	6.127
	油泵车	台班	112.00	5.775	6.619	6.986	8.072

四、安拆封闭式顶管设备及附属设施

工作内容：安拆工具管、千斤顶、顶铁、油泵、配电设备、进水泵、出泥泵、仪表操作台、油管闸阀、压力表、进水管、出泥管及铁梯等全部工序。

计量单位：套

定额编号				6-494	6-495	6-496
项目				泥水平衡		
				ϕ600	ϕ800	ϕ1000
基价（元）				**14155.03**	**15485.62**	**16691.46**
其中	人工费（元）			5675.54	6220.40	6817.50
	材料费（元）			4171.89	4602.20	5031.42
	机械费（元）			4307.60	4663.02	4842.54
名称		单位	单价（元）	消耗量		
人工	二类人工	工日	135.00	42.041	46.077	50.500
材料	槽钢 综合	t	4052.00	0.682	0.747	0.819
	中厚钢板 综合	t	3750.00	0.149	0.163	0.179
	碳素结构钢焊接钢管 综合	kg	3.88	63.000	63.000	63.000
	电焊条	kg	4.31	27.260	29.877	32.746
	氧气	m^3	3.62	31.672	34.712	38.044
	乙炔气	m^3	8.90	10.557	11.571	12.681
	电	kW·h	0.78	202.078	292.590	331.887
	其他材料费	元	1.00	121.51	134.04	146.55
机械	刀盘式泥水平衡顶管掘进机 ϕ600	台班	449.00	2.209	—	—
	刀盘式泥水平衡顶管掘进机 ϕ800	台班	455.00	—	2.961	—
	刀盘式泥水平衡顶管掘进机 ϕ1000	台班	466.00	—	—	3.110
	汽车式起重机 8t	台班	648.48	3.000	3.000	3.000
	汽车式起重机 16t	台班	875.04	1.000	1.000	1.000
	电动空气压缩机 $3m^3/min$	台班	122.54	0.063	0.063	0.063
	油泵车	台班	112.00	0.250	0.250	0.250
	电动多级离心清水泵 ϕ150 $h \leq 180m$	台班	283.02	0.250	0.250	0.250
	潜水泵 100mm	台班	30.38	0.125	0.125	0.125
	交流弧焊机 32kV·A	台班	92.84	4.147	4.147	4.982

工作内容:安拆工具管、千斤顶、顶铁、油泵、配电设备、进水泵、出泥泵、仪表操作台、油管闸阀、压力表、进水管、出泥管及铁梯等全部工序。

计量单位:套

定额编号				6-497	6-498	6-499
项目				泥水平衡		
				ϕ1200	ϕ1350	ϕ1500
基价(元)				**18367.27**	**20156.57**	**23406.00**
其中	人工费(元)			7471.98	8189.24	8705.21
	材料费(元)			5532.22	6033.65	6440.84
	机械费(元)			5363.07	5933.68	8259.95
	名称	单位	单价(元)	消耗量		
人工	二类人工	工日	135.00	55.348	60.661	64.483
材料	槽钢 综合	t	4052.00	0.898	0.984	1.046
	中厚钢板 综合	t	3750.00	0.196	0.215	0.228
	碳素结构钢焊接钢管 综合	kg	3.88	63.000	63.000	63.000
	电焊条	kg	4.31	35.889	39.334	41.813
	氧气	m^3	3.62	41.697	45.699	48.579
	乙炔气	m^3	8.90	13.899	15.233	16.193
	电	kW·h	0.78	414.907	448.099	532.335
	其他材料费	元	1.00	161.13	175.74	187.60
机械	刀盘式泥水平衡顶管掘进机 ϕ1200	台班	516.00	3.600	—	—
	刀盘式泥水平衡顶管掘进机 ϕ1400	台班	551.00	—	3.600	—
	刀盘式泥水平衡顶管掘进机 ϕ1600	台班	745.00	—	—	3.960
	汽车式起重机 8t	台班	648.48	3.000	—	—
	汽车式起重机 12t	台班	748.60	—	3.000	3.000
	汽车式起重机 20t	台班	942.85	1.000	—	—
	汽车式起重机 30t	台班	1038.45	—	1.000	—
	汽车式起重机 50t	台班	2353.88	—	—	1.000
	电动空气压缩机 $3m^3/min$	台班	122.54	0.063	0.063	0.063
	油泵车	台班	112.00	0.250	0.250	0.250
	电动多级离心清水泵 ϕ150 $h\leq$180m	台班	283.02	0.250	0.250	0.250
	潜水泵 100mm	台班	30.38	0.125	0.125	0.125
	轴流通风机 30kW	台班	146.68	—	—	0.063
	交流弧焊机 32kV·A	台班	92.84	5.460	5.984	6.361

工作内容：安拆工具管、千斤顶、顶铁、油泵、配电设备、进水泵、出泥泵、仪表操作台、油管闸阀、压力表、进水管、出泥管及铁梯等全部工序。

计量单位：套

定额编号				6-500	6-501	6-502
项目				泥水平衡		
				ϕ1650	ϕ1800	ϕ2000
基价（元）				**24598.58**	**27744.17**	**32439.66**
其中	人工费（元）			9253.71	9836.64	10456.29
	材料费（元）			6868.89	7368.26	7872.93
	机械费（元）			8475.98	10539.27	14110.44
	名称	单位	单价(元)	消耗量		
人工	二类人工	工日	135.00	68.546	72.864	77.454
材料	槽钢 综合	t	4052.00	1.112	1.182	1.256
	中厚钢板 综合	t	3750.00	0.243	0.258	0.274
	碳素结构钢焊接钢管 综合	kg	3.88	63.000	63.000	63.000
	电焊条	kg	4.31	44.447	47.247	50.223
	氧气	m^3	3.62	51.639	54.892	58.350
	乙炔气	m^3	8.90	17.213	18.297	19.450
	电	kW·h	0.78	609.773	752.640	873.815
	其他材料费	元	1.00	200.06	214.61	229.31
机械	刀盘式泥水平衡顶管掘进机 ϕ1600	台班	745.00	4.200	—	—
	刀盘式泥水平衡顶管掘进机 ϕ1800	台班	915.00	—	4.800	—
	刀盘式泥水平衡顶管掘进机 ϕ2000	台班	1159.00	—	—	5.160
	电动空气压缩机 $3m^3/min$	台班	122.54	0.063	0.063	0.063
	油泵车	台班	112.00	0.250	0.250	0.250
	电动多级离心清水泵 ϕ150 $h\leq180m$	台班	283.02	0.250	0.250	0.250
	潜水泵 100mm	台班	30.38	0.125	0.125	0.125
	轴流通风机 30kW	台班	146.68	0.063	0.063	0.063
	汽车式起重机 12t	台班	748.60	3.000	3.000	—
	汽车式起重机 16t	台班	875.04	—	—	3.000
	汽车式起重机 50t	台班	2353.88	1.000	—	—
	汽车式起重机 75t	台班	3154.17	—	1.000	—
	汽车式起重机 100t	台班	4718.03	—	—	1.000
	交流弧焊机 32kV·A	台班	92.84	6.762	6.762	7.188

工作内容:安拆工具管、千斤顶、顶铁、油泵、配电设备、进水泵、出泥泵、仪表操作台、油管闸阀、压力表、进水管、出泥管及铁梯等全部工序。

计量单位:套

定额编号				6-503	6-504
项目				泥水平衡	
				ϕ2200	ϕ2400
基价(元)				**39067.41**	**42696.04**
其中	人工费(元)			10942.56	11451.38
	材料费(元)			8307.23	9013.17
	机械费(元)			19817.62	22231.49
	名称	单位	单价(元)	消耗量	
人工	二类人工	工日	135.00	81.056	84.825
材料	槽钢 综合	t	4052.00	1.315	0.764
	中厚钢板 综合	t	3750.00	0.287	0.298
	碳素结构钢焊接钢管 综合	kg	3.88	63.000	63.000
	电焊条	kg	4.31	52.559	54.630
	氧气	m^3	3.62	61.064	63.470
	乙炔气	m^3	8.90	20.355	21.157
	电	kW·h	0.78	1009.564	1185.144
	重轨	kg	4.44	—	611.500
	其他材料费	元	1.00	241.96	262.52
机械	刀盘式泥水平衡顶管掘进机 ϕ2200	台班	1464.00	5.520	—
	刀盘式泥水平衡顶管掘进机 ϕ2400	台班	1695.00	—	6.000
	汽车式起重机 16t	台班	875.04	3.000	3.000
	汽车式起重机 125t	台班	8293.36	1.000	—
	汽车式起重机 150t	台班	8586.02	—	1.000
	电动空气压缩机 $3m^3/min$	台班	122.54	0.063	0.063
	油泵车	台班	112.00	0.250	0.250
	电动多级离心清水泵 ϕ150 $h\leq$180m	台班	283.02	0.250	0.250
	潜水泵 100mm	台班	30.38	0.125	0.125
	轴流通风机 30kW	台班	146.68	0.063	0.063
	交流弧焊机 32kV·A	台班	92.84	7.522	7.872

工作内容：安拆工具管、千斤顶、顶铁、油泵、配电设备、进水泵、出泥泵、仪表操作台、油管闸阀、压力表、进水管、出泥管及铁梯等全部工序。

计量单位：套

	定额编号			6-505	6-506
	项目			泥水平衡	
				ϕ2700	ϕ3000
	基价（元）			**46739.54**	**51937.33**
其中	人工费（元）			11983.82	12541.10
	材料费（元）			9483.41	10177.92
	机械费（元）			25272.31	29218.31
	名称	单位	单价(元)	消耗量	
人工	二类人工	工日	135.00	88.769	92.897
材料	槽钢 综合	t	4052.00	0.800	0.837
	中厚钢板 综合	t	3750.00	0.312	0.327
	碳素结构钢焊接钢管 综合	kg	3.88	63.000	63.000
	电焊条	kg	4.31	57.170	59.828
	氧气	m^3	3.62	66.421	69.510
	乙炔气	m^3	8.90	22.140	23.170
	电	kW·h	0.78	1315.512	1705.256
	重轨	kg	4.44	639.900	669.700
	其他材料费	元	1.00	276.22	296.44
机械	刀盘式泥水平衡顶管掘进机 ϕ2600	台班	1950.83	6.000	—
	刀盘式泥水平衡顶管掘进机 ϕ3000	台班	2040.00	—	7.000
	汽车式起重机 16t	台班	875.04	3.000	3.000
	汽车式起重机 200t	台班	10057.88	1.000	—
	汽车式起重机 260t	台班	11393.30	—	1.000
	电动空气压缩机 $3m^3/min$	台班	122.54	0.063	0.063
	油泵车	台班	112.00	0.250	0.250
	电动多级离心清水泵 ϕ150 $h\leq$180m	台班	283.02	0.250	0.250
	潜水泵 100mm	台班	30.38	0.125	0.125
	轴流通风机 30kW	台班	146.68	0.063	0.063
	交流弧焊机 32kV·A	台班	92.84	8.238	8.621

工作内容:安拆工具管、千斤顶、顶铁、油泵、配电设备、进水泵、出泥泵、仪表操作台、油管闸阀、压力表、进水管、出泥管及铁梯等全部工序。

计量单位:套

定额编号				6-507	6-508	6-509
项目				土压平衡		
				ϕ1650	ϕ1800	ϕ2000
基价(元)				**22073.70**	**24853.47**	**28380.59**
其中	人工费(元)			7891.56	8388.77	8917.16
	材料费(元)			6868.89	7368.26	7872.93
	机械费(元)			7313.25	9096.44	11590.50
名称		单位	单价(元)	消耗量		
人工	二类人工	工日	135.00	58.456	62.139	66.053
材料	槽钢 综合	t	4052.00	1.112	1.182	1.256
	中厚钢板 综合	t	3750.00	0.243	0.258	0.274
	碳素结构钢焊接钢管 综合	kg	3.88	63.000	63.000	63.000
	电焊条	kg	4.31	44.447	47.247	50.223
	氧气	m^3	3.62	51.639	54.892	58.350
	乙炔气	m^3	8.90	17.213	18.297	19.450
	电	kW·h	0.78	609.773	752.640	873.815
	其他材料费	元	1.00	200.06	214.61	229.31
机械	刀盘式土压平衡顶管掘进机 1650mm	台班	468.16	4.200	—	—
	刀盘式土压平衡顶管掘进机 1800mm	台班	614.41	—	4.800	—
	刀盘式土压平衡顶管掘进机 2000mm	台班	670.64	—	—	5.160
	汽车式起重机 12t	台班	748.60	3.000	3.000	—
	汽车式起重机 16t	台班	875.04	—	—	3.000
	汽车式起重机 50t	台班	2353.88	1.000	—	—
	汽车式起重机 75t	台班	3154.17	—	1.000	—
	汽车式起重机 100t	台班	4718.03	—	—	1.000
	电动空气压缩机 $3m^3/min$	台班	122.54	0.063	0.063	0.063
	油泵车	台班	112.00	0.250	0.250	0.250
	电动多级离心清水泵 ϕ150 $h\leq$180m	台班	283.02	0.250	0.250	0.250
	潜水泵 100mm	台班	30.38	0.125	0.125	0.125
	轴流通风机 30kW	台班	146.68	0.063	0.063	0.063
	交流弧焊机 32kV·A	台班	92.84	6.762	6.762	7.188

工作内容：安拆工具管、千斤顶、顶铁、油泵、配电设备、进水泵、出泥泵、仪表操作台、油管闸阀、压力表、进水管、出泥管及铁梯等全部工序。

计量单位：套

定额编号				6-510	6-511
项目				土压平衡	
				ϕ2200	ϕ2400
基价（元）				**33426.30**	**39285.49**
其中	人工费（元）			9331.88	9765.77
	材料费（元）			8307.23	9013.17
	机械费（元）			15787.19	20506.55
名称		单位	单价(元)	消耗量	
人工	二类人工	工日	135.00	69.125	72.339
材料	槽钢 综合	t	4052.00	1.315	0.764
	中厚钢板 综合	t	3750.00	0.287	0.298
	碳素结构钢焊接钢管 综合	kg	3.88	63.000	63.000
	电焊条	kg	4.31	52.559	54.630
	氧气	m^3	3.62	61.064	63.470
	乙炔气	m^3	8.90	20.355	21.157
	电	kW·h	0.78	1009.564	1185.144
	重轨	kg	4.44	—	611.500
	其他材料费	元	1.00	241.96	262.52
机械	刀盘式土压平衡顶管掘进机 2200mm	台班	733.85	5.520	—
	刀盘式土压平衡顶管掘进机 2400mm	台班	1407.51	—	6.000
	汽车式起重机 16t	台班	875.04	3.000	3.000
	汽车式起重机 125t	台班	8293.36	1.000	—
	汽车式起重机 150t	台班	8586.02	—	1.000
	电动空气压缩机 $3m^3/min$	台班	122.54	0.063	0.063
	油泵车	台班	112.00	0.250	0.250
	电动多级离心清水泵 $\phi150$ $h\leq180m$	台班	283.02	0.250	0.250
	潜水泵 100mm	台班	30.38	0.125	0.125
	轴流通风机 30kW	台班	146.68	0.063	0.063
	交流弧焊机 32kV·A	台班	92.84	7.522	7.872

工作内容:安拆工具管、千斤顶、顶铁、油泵、配电设备、进水泵、出泥泵、仪表操作台、油管闸阀、压力表、进水管、出泥管及铁梯等全部工序。

计量单位:套

定额编号				6-512	6-513
项目				土压平衡	
				ϕ2700	ϕ3000
基价(元)				**44089.45**	**47474.96**
其中	人工费(元)			10219.91	10695.11
	材料费(元)			9659.55	10177.92
	机械费(元)			24209.99	26601.93
名称		单位	单价(元)	消耗量	
人工	二类人工	工日	135.00	75.703	79.223
材料	槽钢 综合	t	4052.00	0.800	0.837
	中厚钢板 综合	t	3750.00	0.312	0.327
	碳素结构钢焊接钢管 综合	kg	3.88	63.000	63.000
	电焊条	kg	4.31	57.170	59.828
	氧气	m^3	3.62	66.421	69.510
	乙炔气	m^3	8.90	22.140	23.170
	电	kW·h	0.78	1534.764	1705.256
	重轨	kg	4.44	639.900	669.700
	其他材料费	元	1.00	281.35	296.44
机械	刀盘式土压平衡顶管掘进机 2800mm	台班	1520.38	7.000	—
	刀盘式土压平衡顶管掘进机 3000mm	台班	1637.17	—	7.000
	汽车式起重机 16t	台班	875.04	3.000	—
	汽车式起重机 20t	台班	942.85	—	3.000
	汽车式起重机 200t	台班	10057.88	1.000	—
	汽车式起重机 260t	台班	11393.30	—	1.000
	电动空气压缩机 $3m^3$/min	台班	122.54	0.063	0.063
	油泵车	台班	112.00	0.250	0.250
	电动多级离心清水泵 ϕ150 h≤180m	台班	283.02	0.250	0.250
	潜水泵 100mm	台班	30.38	0.125	0.125
	轴流通风机 30kW	台班	146.68	0.063	0.063
	交流弧焊机 32kV·A	台班	92.84	8.238	8.621

五、敞开式管道顶进

工作内容：吊卸管、安拆工具管、仪器及照明设备、替换顶铁、铺拆运土轨道、胶圈安装、顶进、挖吊卸土、抽水、机械切土运土、测量纠偏、场内运输。

计量单位：100m

定额编号				6-514	6-515
项目				全挤压式（不出土）	
				ϕ600	ϕ800
基价（元）				**71226.07**	**87623.10**
其中	人工费（元）			19736.19	19736.19
	材料费（元）			46002.36	61850.64
	机械费（元）			5487.52	6036.27
名称		单位	单价（元）	消耗量	
人工	二类人工	工日	135.00	146.194	146.194
材料	钢筋混凝土顶管（F管）ϕ600×3000	m	414.00	100.500	—
	钢筋混凝土顶管（F管）ϕ800×3000	m	563.00	—	100.500
	F管橡胶圈 ϕ600	只	67.24	34.000	—
	F管橡胶圈 ϕ800	只	72.41	—	34.000
	木衬垫 ϕ600	只	51.21	40.000	—
	木衬垫 ϕ800	只	68.28	—	40.000
	其他材料费	元	1.00	60.80	76.00
机械	挤压法顶管设备 1000mm	台班	154.05	8.000	8.800
	汽车式起重机 5t	台班	366.47	8.000	8.800
	立式油压千斤顶 200t	台班	11.52	16.000	17.600
	油泵车	台班	112.00	8.000	8.800
	潜水泵 100mm	台班	30.38	8.000	8.800

工作内容:吊卸管、安拆工具管、仪器及照明设备、替换顶铁、铺拆运土轨道、胶圈安装、顶进、挖吊卸土、抽水、机械切土运土、测量纠偏、场内运输。

计量单位:100m

定额编号				6-516	6-517	6-518	6-519	6-520
项目				挤压式(出土)				
				φ1000	φ1200	φ1350	φ1500	φ1650
基价(元)				**116190.04**	**149414.77**	**198732.31**	**249553.59**	**276696.27**
其中	人工费(元)			19736.19	21539.93	21562.20	24502.50	28957.50
	材料费(元)			82889.93	112275.68	152820.60	198095.56	215816.33
	机械费(元)			13563.92	15599.16	24349.51	26955.53	31922.44
名称		单位	单价(元)	消耗量				
人工	二类人工	工日	135.00	146.194	159.555	159.720	181.500	214.500
材料	钢筋混凝土顶管(F管) φ1000×3000	m	760.00	100.500	—	—	—	—
	钢筋混凝土顶管(F管) φ1200×3000	m	1041.00	—	100.500	—	—	—
	钢筋混凝土顶管(F管) φ1350×2500	m	1420.00	—	—	100.500	—	—
	钢筋混凝土顶管(F管) φ1500×2500	m	1859.00	—	—	—	100.500	—
	钢筋混凝土顶管(F管) φ1650×2500	m	2025.00	—	—	—	—	100.500
	F管橡胶圈 φ1000	只	77.59	34.000	—	—	—	—
	F管橡胶圈 φ1200	只	93.10	—	34.000	—	—	—
	F管橡胶圈 φ1350	只	114.00	—	—	40.000	—	—
	F管橡胶圈 φ1500	只	134.00	—	—	—	40.000	—
	F管橡胶圈 φ1650	只	150.00	—	—	—	—	40.000
	木衬垫 φ1000	只	85.34	34.000	—	—	—	—
	木衬垫 φ1200	只	102.00	—	34.000	—	—	—
	木衬垫 φ1350	只	111.00	—	—	40.000	—	—
	木衬垫 φ1500	只	119.00	—	—	—	40.000	—
	木衬垫 φ1650	只	128.00	—	—	—	—	40.000
	出土轨道	套	34.94	1.000	1.000	1.000	1.000	1.000
	六角带帽螺栓	kg	5.47	13.260	13.260	13.260	13.260	13.260
	机油 综合	kg	2.91	206.000	206.000	206.000	206.000	206.000
	环氧沥青漆	kg	12.07	13.872	15.912	17.993	19.393	20.033
	其他材料费	元	1.00	95.94	122.79	186.49	205.05	235.10
机械	挤压法顶管设备 1000mm	台班	154.05	14.060	—	—	—	—
	挤压法顶管设备 1200mm	台班	159.42	—	16.080	—	—	—
	挤压法顶管设备 1400mm	台班	193.43	—	—	18.780	—	—
	挤压法顶管设备 1500mm	台班	202.98	—	—	—	20.640	—
	挤压法顶管设备 1650mm	台班	215.65	—	—	—	—	22.500
	汽车式起重机 5t	台班	366.47	14.060	16.080	—	—	—
	汽车式起重机 8t	台班	648.48	—	—	18.780	20.640	—
	汽车式起重机 12t	台班	748.60	—	—	—	—	22.500
	叉式起重机 3t	台班	404.69	3.515	4.020	—	—	—
	叉式起重机 6t	台班	446.02	—	—	4.700	5.160	5.625
	立式油压千斤顶 200t	台班	11.52	28.125	32.180	37.580	41.280	45.000
	油泵车	台班	112.00	14.060	16.080	18.780	20.640	22.500
	电动卷扬机-单筒慢速 30kN	台班	177.60	14.060	16.080	18.780	20.640	22.500
	潜水泵 100mm	台班	30.38	14.060	16.080	18.780	20.640	22.500

工作内容：吊卸管、安拆工具管、仪器及照明设备、替换顶铁、铺拆运土轨道、胶圈安装、顶进、挖吊卸土、抽水、机械切土运土、测量纠偏、场内运输。

计量单位：100m

定额编号				6-521	6-522	6-523	6-524
项目				挤压式(出土)			
				ϕ1800	ϕ2000	ϕ2200	ϕ2400
基价（元）				**328075.57**	**373738.10**	**452366.14**	**550592.47**
其中	人工费（元）			34392.60	38580.30	44550.00	53460.00
	材料费（元）			250497.00	298596.51	337869.58	396752.77
	机械费（元）			43185.97	36561.29	69946.56	100379.70
名称		单位	单价(元)	消耗量			
人工	二类人工	工日	135.00	254.760	285.780	330.000	396.000
材料	钢筋混凝土顶管(F管) ϕ1800×2500	m	2353.00	100.500	—	—	—
	钢筋混凝土顶管(F管) ϕ2000×2500	m	2814.00	—	100.500	—	—
	钢筋混凝土顶管(F管) ϕ2200×2500	m	3184.00	—	—	100.500	—
	钢筋混凝土顶管(F管) ϕ2400×2500	m	3757.00	—	—	—	100.500
	F管橡胶圈 ϕ1800	只	160.00	40.000	—	—	—
	F管橡胶圈 ϕ2000	只	181.00	—	40.000	—	—
	F管橡胶圈 ϕ2200	只	194.00	—	—	40.000	—
	F管橡胶圈 ϕ2400	只	207.00	—	—	—	40.000
	木衬垫 ϕ1800	只	137.00	40.000	—	—	—
	木衬垫 ϕ2000	只	158.00	—	40.000	—	—
	木衬垫 ϕ2200	只	196.00	—	—	40.000	—
	木衬垫 ϕ2400	只	214.00	—	—	—	40.000
	出土轨道	套	34.94	1.000	1.000	1.000	1.000
	六角带帽螺栓	kg	5.47	13.260	13.260	13.260	13.260
	机油 综合	kg	2.91	515.000	515.000	515.000	515.000
	环氧沥青漆	kg	12.07	22.073	24.113	26.194	28.234
	其他材料费	元	1.00	267.96	332.34	355.30	387.36
机械	挤压法顶管设备 1800mm	台班	273.86	25.740	—	—	—
	挤压法顶管设备 2000mm	台班	280.25	—	16.650	—	—
	挤压法顶管设备 2200mm	台班	315.37	—	—	36.000	—
	挤压法顶管设备 2400mm	台班	372.57	—	—	—	45.000
	汽车式起重机 12t	台班	748.60	25.740	—	—	—
	汽车式起重机 16t	台班	875.04	—	16.650	—	—
	汽车式起重机 20t	台班	942.85	—	—	36.000	—
	汽车式起重机 32t	台班	1173.35	—	—	—	45.000
	叉式起重机 10t	台班	666.08	6.435	—	—	—
	叉式起重机 16t	台班	780.64	—	7.425	9.000	11.250
	油泵车	台班	112.00	51.300	56.610	72.000	90.000
	立式油压千斤顶 200t	台班	11.52	128.700	149.850	180.000	225.000
	电动卷扬机-单筒慢速 30kN	台班	177.60	25.740	16.650	36.000	45.000
	潜水泵 100mm	台班	30.38	25.740	16.650	36.000	45.000

六、封闭式管道顶进

工作内容:卸管、安拆进水管及出泥管、接拆照明设备,掘进、测量纠偏、泥浆出坑等全部工序,成品管场内运输。

计量单位:100m

定额编号				6-525	6-526	6-527
项目				泥水平衡		
				ϕ600	ϕ800	ϕ1000
基价(元)				**81343.05**	**100301.28**	**124560.27**
其中	人工费(元)			11921.45	13065.30	14319.59
	材料费(元)			47871.81	63544.87	84129.44
	机械费(元)			21549.79	23691.11	26111.24
名称		单位	单价(元)	消耗量		
人工	二类人工	工日	135.00	88.307	96.780	106.071
材料	钢筋混凝土顶管(F管) ϕ600×3000	m	414.00	100.500	—	—
	钢筋混凝土顶管(F管) ϕ800×3000	m	563.00	—	100.500	—
	钢筋混凝土顶管(F管) ϕ1000×3000	m	760.00	—	—	100.500
	F管橡胶圈 ϕ600	只	67.24	34.000	—	—
	F管橡胶圈 ϕ800	只	72.41	—	34.000	—
	F管橡胶圈 ϕ1000	只	77.59	—	—	34.000
	碳素结构钢流体无缝钢管 综合	kg	4.74	40.173	44.030	48.257
	六角带帽螺栓	kg	5.47	12.557	13.763	15.085
	电力电缆 YHC3×16+1×6	m	38.79	1.500	1.500	1.500
	电力电缆 YHC3×50+1×6	m	129.00	1.500	1.500	1.500
	电力电缆 VV 3×70+1×2	m	168.00	1.500	1.500	1.500
	机油 综合	kg	2.91	306.272	335.674	367.899
	电	kW·h	0.78	2888.347	3386.891	3974.159
	其他材料费	元	1.00	71.70	95.17	126.01
机械	刀盘式泥水平衡顶管掘进机 ϕ600	台班	449.00	11.038	—	—
	刀盘式泥水平衡顶管掘进机 ϕ800	台班	455.00	—	12.098	—
	刀盘式泥水平衡顶管掘进机 ϕ1000	台班	466.00	—	—	13.259
	汽车式起重机 12t	台班	748.60	9.382	10.283	11.270
	叉式起重机 6t	台班	446.02	2.760	3.024	3.315
	电动空气压缩机 3m^3/min	台班	122.54	5.519	6.049	6.629
	油泵车	台班	112.00	11.038	12.098	13.259
	电动多级离心清水泵 ϕ150 h≤180m	台班	283.02	22.076	24.195	26.518
	潜水泵 100mm	台班	30.38	5.887	6.452	7.071

工作内容:卸管、安拆进水管及出泥管、接拆照明设备,掘进、测量纠偏、泥浆出坑等全部工序,成品管场内运输。

计量单位:100m

定额编号				6-528	6-529	6-530
项目				泥水平衡		
				ϕ1200	ϕ1350	ϕ1500
基价(元)				**158652.14**	**211203.48**	**271234.11**
其中	人工费(元)			15694.16	21501.05	22855.64
	材料费(元)			113613.56	153939.16	199629.69
	机械费(元)			29344.42	35763.27	48748.78
	名称	单位	单价(元)	消耗量		
人工	二类人工	工日	135.00	116.253	159.267	169.301
材料	钢筋混凝土顶管(F管) ϕ1200×3000	m	1041.00	100.500	—	—
	钢筋混凝土顶管(F管) ϕ1350×2500	m	1420.00	—	100.500	—
	钢筋混凝土顶管(F管) ϕ1500×2500	m	1859.00	—	—	100.500
	F管橡胶圈 ϕ1200	只	93.10	34.000	—	—
	F管橡胶圈 ϕ1350	只	114.00	—	40.000	—
	F管橡胶圈 ϕ1500	只	134.00	—	—	40.000
	碳素结构钢流体无缝钢管 综合	kg	4.74	52.890	57.967	61.619
	六角带帽螺栓	kg	5.47	16.533	18.120	19.261
	电力电缆 YHC3×16+1×6	m	38.79	1.500	1.500	1.500
	电力电缆 YHC3×50+1×6	m	129.00	1.500	1.500	1.500
	电力电缆 VV 3×70+1×2	m	168.00	1.500	1.500	1.500
	机油 综合	kg	2.91	403.217	441.926	469.768
	电	kW·h	0.78	4665.785	5480.811	6247.492
	其他材料费	元	1.00	170.17	230.56	299.00
机械	刀盘式泥水平衡顶管掘进机 ϕ1200	台班	516.00	14.532	—	—
	刀盘式泥水平衡顶管掘进机 ϕ1400	台班	551.00	—	15.927	—
	刀盘式泥水平衡顶管掘进机 ϕ1600	台班	745.00	—	—	16.930
	汽车式起重机 12t	台班	748.60	12.352	—	—
	汽车式起重机 16t	台班	875.04	—	13.538	—
	汽车式起重机 20t	台班	942.85	—	—	14.391
	叉式起重机 6t	台班	446.02	3.633	—	—
	叉式起重机 16t	台班	780.64	—	3.982	4.233
	电动空气压缩机 $3m^3/min$	台班	122.54	7.266	7.963	8.465
	油泵车	台班	112.00	14.532	15.927	16.930
	电动多级离心清水泵 ϕ150 $h\leq$180m	台班	283.02	29.063	31.853	33.860
	潜水泵 100mm	台班	30.38	7.750	8.494	9.029
	轴流通风机 30kW	台班	146.68	—	—	44.124

工作内容:卸管、安拆进水管及出泥管、接拆照明设备,掘进、测量纠偏、泥浆出坑等全部工序,成品管场内运输。

计量单位:100m

定额编号				6-531	6-532	6-533
项目				泥水平衡		
				ϕ1650	ϕ1800	ϕ2000
基价(元)				**293890.16**	**336255.71**	**404449.61**
其中	人工费(元)			24295.55	25826.18	32943.78
	材料费(元)			217775.49	252092.50	302502.58
	机械费(元)			51819.12	58337.03	69003.25
	名称	单位	单价(元)	消耗量		
人工	二类人工	工日	135.00	179.967	191.305	244.028
材料	钢筋混凝土顶管(F管) ϕ1650×2500	m	2025.00	100.500	—	—
	钢筋混凝土顶管(F管) ϕ1800×2500	m	2353.00	—	100.500	—
	钢筋混凝土顶管(F管) ϕ2000×2500	m	2814.00	—	—	100.500
	F管橡胶圈 ϕ1650	只	150.00	40.000	—	—
	F管橡胶圈 ϕ1800	只	160.00	—	40.000	—
	F管橡胶圈 ϕ2000	只	181.00	—	—	40.000
	碳素结构钢流体无缝钢管 综合	kg	4.74	65.501	69.627	74.014
	六角带帽螺栓	kg	5.47	20.475	21.765	23.136
	电焊条	kg	4.31	—	—	58.410
	电力电缆 YHC3×16+1×6	m	38.79	1.500	1.500	—
	电力电缆 YHC3×50+1×6	m	129.00	1.500	1.500	—
	电力电缆 VV 3×70+1×2	m	168.00	1.500	1.500	4.500
	金属支架	kg	5.17	—	—	150.000
	机油 综合	kg	2.91	499.363	530.823	564.265
	电	kW·h	0.78	7125.015	8129.440	9279.322
	走道板	kg	8.62	—	—	100.000
	其他材料费	元	1.00	326.17	377.57	453.07
机械	刀盘式泥水平衡顶管掘进机 ϕ1600	台班	745.00	17.997	—	—
	刀盘式泥水平衡顶管掘进机 ϕ1800	台班	915.00	—	19.131	—
	刀盘式泥水平衡顶管掘进机 ϕ2000	台班	1159.00	—	—	20.336
	汽车式起重机 20t	台班	942.85	15.297	16.261	—
	汽车式起重机 30t	台班	1038.45	—	—	17.285
	叉式起重机 16t	台班	780.64	4.499	4.783	5.084
	电动空气压缩机 3m^3/min	台班	122.54	8.998	9.565	10.168
	油泵车	台班	112.00	17.997	19.131	20.336
	电动多级离心清水泵 ϕ150 $h \leq$180m	台班	283.02	35.993	38.261	40.671
	潜水泵 100mm	台班	30.38	9.598	10.203	10.846
	轴流通风机 30kW	台班	146.68	46.904	49.859	53.000
	交流弧焊机 32kV·A	台班	92.84	—	—	4.067

工作内容：卸管、安拆进水管及出泥管、接拆照明设备，掘进、测量纠偏、泥浆出坑等全部工序，成品管场内运输。

计量单位：100m

定额编号				6-534	6-535
项目				泥水平衡	
				ϕ2200	ϕ2400
基价（元）				**453602.53**	**523284.15**
其中	人工费（元）			34475.76	36078.89
	材料费（元）			341262.98	400575.23
	机械费（元）			77863.79	86630.03
名称		单位	单价(元)	消耗量	
人工	二类人工	工日	135.00	255.376	267.251
材料	钢筋混凝土顶管(F管) ϕ2200×2500	m	3184.00	100.500	—
	钢筋混凝土顶管(F管) ϕ2400×2500	m	3757.00	—	100.500
	F管橡胶圈 ϕ2200	只	194.00	40.000	—
	F管橡胶圈 ϕ2400	只	207.00	—	40.000
	碳素结构钢流体无缝钢管 综合	kg	4.74	77.456	81.057
	六角带帽螺栓	kg	5.47	24.212	25.338
	电焊条	kg	4.31	58.410	58.410
	电力电缆 VV 3×70+1×2	m	168.00	4.500	4.500
	金属支架	kg	5.17	150.000	150.000
	机油 综合	kg	2.91	590.503	617.961
	电	kW·h	0.78	10431.609	11731.348
	走道板	kg	8.62	100.000	100.000
	其他材料费	元	1.00	511.13	599.96
机械	刀盘式泥水平衡顶管掘进机 ϕ2200	台班	1464.00	21.281	—
	刀盘式泥水平衡顶管掘进机 ϕ2400	台班	1695.00	—	22.271
	汽车式起重机 30t	台班	1038.45	21.281	22.271
	电动空气压缩机 $3m^3/min$	台班	122.54	10.641	11.135
	油泵车	台班	112.00	21.281	22.271
	电动多级离心清水泵 ϕ150 $h\leq$180m	台班	283.02	42.563	44.542
	潜水泵 100mm	台班	30.38	11.350	11.878
	轴流通风机 30kW	台班	146.68	55.465	58.044
	交流弧焊机 32kV·A	台班	92.84	4.256	4.454

工作内容:卸管、安拆进水管及出泥管、接拆照明设备,掘进、测量纠偏、泥浆出坑等全部工序,成品管场内运输。

计量单位:100m

				6-536	6-537
定额编号				6-536	6-537
项目				泥水平衡	
				ϕ2700	ϕ3000
基价(元)				**652266.62**	**780276.54**
其中	人工费(元)			37756.53	39512.21
	材料费(元)			487229.33	585874.26
	机械费(元)			127280.76	154890.07
	名称	单位	单价(元)	消耗量	
人工	二类人工	工日	135.00	279.678	292.683
材料	钢筋混凝土顶管(F 管) ϕ2700×2500	m	4655.00	100.500	—
	钢筋混凝土顶管(F 管) ϕ3000×2500	m	5603.00	—	100.500
	F 管橡胶圈 ϕ2700	只	75.86	40.000	—
	F 管橡胶圈 ϕ3000	只	84.48	—	40.000
	碳素结构钢流体无缝钢管 综合	kg	4.74	84.826	88.771
	六角带帽螺栓	kg	5.47	26.516	27.749
	电焊条	kg	4.31	58.410	97.350
	电力电缆 VV 3×70+1×2	m	168.00	4.500	4.500
	金属支架	kg	5.17	150.000	250.000
	机油 综合	kg	2.91	646.696	676.768
	电	kW·h	0.78	13542.865	15657.730
	走道板	kg	8.62	100.000	150.000
	其他材料费	元	1.00	729.75	877.50
机械	刀盘式泥水平衡顶管掘进机 ϕ2600	台班	1950.83	23.307	—
	刀盘式泥水平衡顶管掘进机 ϕ3000	台班	2040.00	—	24.390
	汽车式起重机 50t	台班	2353.88	23.307	—
	汽车式起重机 75t	台班	3154.17	—	24.390
	电动空气压缩机 $3m^3$/min	台班	122.54	11.653	12.195
	油泵车	台班	112.00	23.307	24.390
	电动多级离心清水泵 ϕ150 h≤180m	台班	283.02	46.613	48.781
	潜水泵 100mm	台班	30.38	12.430	13.008
	轴流通风机 30kW	台班	146.68	60.743	63.568
	交流弧焊机 32kV·A	台班	92.84	4.661	4.878

工作内容:卸管、安拆进水管及出泥管、接拆照明设备,掘进、测量纠偏、泥浆出坑等全部工序,成品管场内运输。

计量单位:100m

定额编号				6-538	6-539	6-540
项目				土压平衡		
				ϕ1650	ϕ1800	ϕ2000
基价(元)				**289122.73**	**330809.30**	**394443.70**
其中	人工费(元)			23261.72	24727.28	31542.08
	材料费(元)			217908.08	252243.78	302422.56
	机械费(元)			47952.93	53838.24	60479.06
	名称	单位	单价(元)	消耗量		
人工	二类人工	工日	135.00	172.309	183.165	233.645
材料	钢筋混凝土顶管(F管) ϕ1650×2500	m	2025.00	100.500	—	—
	钢筋混凝土顶管(F管) ϕ1800×2500	m	2353.00	—	100.500	—
	钢筋混凝土顶管(F管) ϕ2000×2500	m	2814.00	—	—	100.500
	F管橡胶圈 ϕ1650	只	150.00	40.000	—	—
	F管橡胶圈 ϕ1800	只	160.00	—	40.000	—
	F管橡胶圈 ϕ2000	只	181.00	—	—	40.000
	碳素结构钢流体无缝钢管 综合	kg	4.74	65.501	69.627	74.014
	六角带帽螺栓	kg	5.47	20.475	21.765	23.136
	电焊条	kg	4.31	—	—	58.410
	电力电缆 YHC3×16+1×6	m	38.79	1.500	1.500	1.500
	电力电缆 YHC3×50+1×6	m	129.00	1.500	1.500	1.500
	电力电缆 VV 3×70+1×2	m	168.00	1.500	1.500	1.500
	金属支架	kg	5.17	—	—	150.000
	机油 综合	kg	2.91	499.363	530.823	564.265
	电	kW·h	0.78	7294.746	8323.098	9500.373
	走道板	kg	8.62	—	—	100.000
	其他材料费	元	1.00	326.37	377.80	452.95
机械	刀盘式土压平衡顶管掘进机 1650mm	台班	468.16	18.425	—	—
	刀盘式土压平衡顶管掘进机 1800mm	台班	614.41	—	19.586	—
	刀盘式土压平衡顶管掘进机 2000mm	台班	670.64	—	—	20.820
	汽车式起重机 20t	台班	942.85	15.662	16.648	—
	汽车式起重机 30t	台班	1038.45	—	—	17.697
	叉式起重机 16t	台班	780.64	4.606	4.897	5.205
	电动空气压缩机 $3m^3/min$	台班	122.54	9.213	9.793	10.410
	油泵车	台班	112.00	18.425	19.586	20.820
	电动多级离心清水泵 ϕ150 $h\leq$180m	台班	283.02	36.851	39.172	41.640
	潜水泵 100mm	台班	30.38	9.827	10.446	11.104
	轴流通风机 30kW	台班	146.68	48.022	51.047	54.263
	交流弧焊机 32kV·A	台班	92.84	—	—	4.164

工作内容:卸管、安拆进水管及出泥管、接拆照明设备,掘进、测量纠偏、泥浆出坑等全部工序,成品管场内运输。

计量单位:100m

定额编号				6-541	6-542
项目				土压平衡	
				ϕ2200	ϕ2400
基价(元)				**438276.17**	**528400.23**
其中	人工费(元)			33008.85	34543.67
	材料费(元)			341457.10	400793.54
	机械费(元)			63810.22	93063.02
名称		单位	单价(元)	消耗量	
人工	二类人工	工日	135.00	244.510	255.879
材料	钢筋混凝土顶管(F管) ϕ2200×2500	m	3184.00	100.500	—
	钢筋混凝土顶管(F管) ϕ2400×2500	m	3757.00	—	100.500
	F管橡胶圈 ϕ2200	只	194.00	40.000	—
	F管橡胶圈 ϕ2400	只	207.00	—	40.000
	碳素结构钢流体无缝钢管 综合	kg	4.74	77.456	81.057
	六角带帽螺栓	kg	5.47	24.212	25.338
	电焊条	kg	4.31	58.410	58.410
	电力电缆 VV 3×70+1×2	m	168.00	4.500	4.500
	机油 综合	kg	2.91	590.503	617.961
	金属支架	kg	5.17	150.000	150.000
	电	kW·h	0.78	10680.109	12010.810
	走道板	kg	8.62	100.000	100.000
	其他材料费	元	1.00	511.42	600.29
机械	刀盘式土压平衡顶管掘进机 2200mm	台班	733.85	21.788	—
	刀盘式土压平衡顶管掘进机 2400mm	台班	1407.51	—	22.801
	汽车式起重机 30t	台班	1038.45	21.788	—
	汽车式起重机 40t	台班	1517.63	—	22.801
	电动空气压缩机 3m^3/min	台班	122.54	10.894	11.401
	油泵车	台班	112.00	21.788	22.801
	电动多级离心清水泵 ϕ150 $h\leq$180m	台班	283.02	43.577	45.603
	潜水泵 100mm	台班	30.38	11.620	12.161
	轴流通风机 30kW	台班	146.68	56.786	59.427
	交流弧焊机 32kV·A	台班	92.84	4.358	4.560

工作内容:卸管、安拆进水管及出泥管、接拆照明设备,掘进、测量纠偏、泥浆出坑等全部工序,成品管场内运输。

计量单位:100m

定额编号				6-543	6-544
项目				土压平衡	
				ϕ2700	ϕ3000
基价(元)				**643671.78**	**772517.23**
其中	人工费(元)			36150.03	37830.92
	材料费(元)			487481.35	586165.63
	机械费(元)			120040.40	148520.68
	名称	单位	单价(元)	消耗量	
人工	二类人工	工日	135.00	267.778	280.229
材料	钢筋混凝土顶管(F管) ϕ2700×2500	m	4655.00	100.500	—
	钢筋混凝土顶管(F管) ϕ3000×2500	m	5603.00	—	100.500
	F管橡胶圈 ϕ2700	只	75.86	40.000	—
	F管橡胶圈 ϕ3000	只	84.48	—	40.000
	碳素结构钢流体无缝钢管 综合	kg	4.74	84.826	88.771
	六角带帽螺栓	kg	5.47	26.516	27.749
	电焊条	kg	4.31	58.410	97.350
	电力电缆 VV 3×70+1×2	m	168.00	4.500	4.500
	金属支架	kg	5.17	150.000	250.000
	机油 综合	kg	2.91	646.696	676.768
	电	kW·h	0.78	13865.480	16030.725
	走道板	kg	8.62	100.000	150.000
	其他材料费	元	1.00	730.13	877.93
机械	刀盘式土压平衡顶管掘进机 2800mm	台班	1520.38	23.862	—
	刀盘式土压平衡顶管掘进机 3000mm	台班	1637.17	—	24.971
	汽车式起重机 50t	台班	2353.88	23.862	—
	汽车式起重机 75t	台班	3154.17	—	24.971
	电动空气压缩机 $3m^3/min$	台班	122.54	11.931	12.486
	油泵车	台班	112.00	23.862	24.971
	电动多级离心清水泵 ϕ150 $h \leqslant 180m$	台班	283.02	47.723	49.943
	潜水泵 100mm	台班	30.38	12.726	13.318
	轴流通风机 30kW	台班	146.68	62.190	65.082
	交流弧焊机 32kV·A	台班	92.84	4.772	4.994

七、安拆中继间

工作内容:安装吊卸中继间、装油泵及油管、接缝防水,拆除中继间内的全部设备,吊出井口。 计量单位:套

定额编号				6-545	6-546	6-547	6-548
项目				安拆中继间			
				ϕ600	ϕ800	ϕ1000	ϕ1200
基价(元)				6290.41	7152.41	8187.41	9839.70
其中	人工费(元)			527.58	527.58	527.58	841.86
	材料费(元)			5172.00	6034.00	7069.00	8190.00
	机械费(元)			590.83	590.83	590.83	807.84
名称		单位	单价(元)	消耗量			
人工	二类人工	工日	135.00	3.908	3.908	3.908	6.236
材料	中继间 ϕ600	套	5172.00	1.000	—	—	—
	中继间 ϕ800	套	6034.00	—	1.000	—	—
	中继间 ϕ1000	套	7069.00	—	—	1.000	—
	中继间 ϕ1200	套	8190.00	—	—	—	1.000
机械	汽车式起重机 5t	台班	366.47	0.697	0.697	0.697	0.953
	载货汽车 4t	台班	369.21	0.697	0.697	0.697	0.953
	油泵车	台班	112.00	0.697	0.697	0.697	0.953

工作内容:安装吊卸中继间、装油泵及油管、接缝防水,拆除中继间内的全部设备,吊出井口。 计量单位:套

定额编号				6-549	6-550	6-551	6-552
项目				安拆中继间			
				ϕ1350	ϕ1500	ϕ1650	ϕ1800
基价(元)				12096.89	13819.56	14889.16	17785.33
其中	人工费(元)			927.72	1070.55	1035.05	1287.50
	材料费(元)			9983.00	11379.00	12414.00	14706.00
	机械费(元)			1186.17	1370.01	1440.11	1791.83
名称		单位	单价(元)	消耗量			
人工	二类人工	工日	135.00	6.872	7.930	7.667	9.537
材料	中继间 ϕ1350	套	9983.00	1.000	—	—	—
	中继间 ϕ1500	套	11379.00	—	1.000	—	—
	中继间 ϕ1650	套	12414.00	—	—	1.000	—
	中继间 ϕ1800	套	14706.00	—	—	—	1.000
机械	汽车式起重机 8t	台班	648.48	1.050	—	—	—
	汽车式起重机 12t	台班	748.60	—	1.114	1.171	1.457
	载货汽车 4t	台班	369.21	1.050	1.114	1.171	1.457
	油泵车	台班	112.00	1.050	1.114	1.171	1.457

工作内容：安装吊卸中继间、装油泵及油管、接缝防水，拆除中继间内的全部设备，吊出井口。　　计量单位：套

定额编号				6-553	6-554	6-555	6-556	6-557
项目				安拆中继间				
				ϕ2000	ϕ2200	ϕ2400	ϕ2700	ϕ3000
基价（元）				**21505.94**	**23486.25**	**24897.96**	**29150.48**	**33344.72**
其中	人工费（元）			1682.64	1803.74	1941.30	2135.70	2407.05
	材料费（元）			17241.00	18776.00	19828.00	23276.00	26724.00
	机械费（元）			2582.30	2906.51	3128.66	3738.78	4213.67
	名称	单位	单价(元)	消耗量				
人工	二类人工	工日	135.00	12.464	13.361	14.380	15.820	17.830
材料	中继间 ϕ2000	套	17241.00	1.000	—	—	—	—
	中继间 ϕ2200	套	18776.00	—	1.000	—	—	—
	中继间 ϕ2400	套	19828.00	—	—	1.000	—	—
	中继间 ϕ2700	套	23276.00	—	—	—	1.000	—
	中继间 ϕ3000	套	26724.00	—	—	—	—	1.000
机械	汽车式起重机 16t	台班	875.04	1.904	—	—	—	—
	汽车式起重机 20t	台班	942.85	—	2.041	2.197	—	—
	汽车式起重机 30t	台班	1038.45	—	—	—	2.417	2.724
	载货汽车 4t	台班	369.21	1.904	2.041	2.197	—	—
	载货汽车 6t	台班	396.42	—	—	—	2.417	2.724
	油泵车	台班	112.00	1.904	2.041	2.197	2.417	2.724

八、顶进触变泥浆减阻

工作内容：安拆操作机械、取料、拌浆、压浆、清理。　　计量单位：100m

定额编号				6-558	6-559	6-560	6-561
项目				顶进触变泥浆减阻			
				ϕ600	ϕ800	ϕ1000	ϕ1200
基价（元）				**15980.76**	**19011.02**	**21995.16**	**24820.50**
其中	人工费（元）			4039.88	4606.20	4937.76	5167.40
	材料费（元）			7613.83	9627.84	11936.55	14294.42
	机械费（元）			4327.05	4776.98	5120.85	5358.68
	名称	单位	单价(元)	消耗量			
人工	二类人工	工日	135.00	29.925	34.120	36.576	38.277
材料	膨润土	kg	0.47	2937.500	3714.600	4605.300	5515.000
	碳酸钠 纯碱	kg	0.87	1175.000	1485.800	1842.100	2206.000
	羧甲基纤维素	kg	13.14	391.672	495.275	614.040	735.332
	水	m^3	4.27	15.079	19.068	23.641	28.310
机械	泥浆系统	台班	525.00	8.242	9.099	9.754	10.207

工作内容:安拆操作机械、取料、拌浆、压浆、清理。

计量单位:100m

定额编号				6-562	6-563	6-564	6-565
项目				顶进触变泥浆减阻			
				ϕ1350	ϕ1500	ϕ1650	ϕ1800
基价(元)				**27160.92**	**30019.74**	**32879.12**	**36153.15**
其中	人工费(元)			5448.06	5983.61	6519.15	7258.28
	材料费(元)			16062.81	17831.15	19599.54	21367.94
	机械费(元)			5650.05	6204.98	6760.43	7526.93
	名称	单位	单价(元)	消耗量			
人工	二类人工	工日	135.00	40.356	44.323	48.290	53.765
材料	膨润土	kg	0.47	6197.300	6879.500	7561.800	8244.100
	碳酸钠 纯碱	kg	0.87	2478.900	2751.800	3024.700	3297.600
	羧甲基纤维素	kg	13.14	826.301	917.270	1008.239	1099.208
	水	m^3	4.27	31.813	35.315	38.817	42.320
机械	泥浆系统	台班	525.00	10.762	11.819	12.877	14.337

工作内容:安拆操作机械、取料、拌浆、压浆、清理。

计量单位:100m

定额编号				6-566	6-567	6-568	6-569	6-570
项目				顶进触变泥浆减阻				
				ϕ2000	ϕ2200	ϕ2400	ϕ2700	ϕ3000
基价(元)				**40848.77**	**43881.15**	**46940.27**	**50813.04**	**55047.43**
其中	人工费(元)			8405.91	8737.07	9081.32	9439.20	9878.09
	材料费(元)			23725.76	26083.63	28441.50	31585.21	34925.54
	机械费(元)			8717.10	9060.45	9417.45	9788.63	10243.80
	名称	单位	单价(元)	消耗量				
人工	二类人工	工日	135.00	62.266	64.719	67.269	69.920	73.171
材料	膨润土	kg	0.47	9153.700	10063.400	10973.100	12186.000	13474.800
	碳酸钠 纯碱	kg	0.87	3661.500	4025.400	4389.300	4874.400	5389.900
	羧甲基纤维素	kg	13.14	1220.500	1341.792	1463.084	1624.806	1796.637
	水	m^3	4.27	46.989	51.659	56.329	62.555	69.171
机械	泥浆系统	台班	525.00	16.604	17.258	17.938	18.645	19.512

九、压浆孔封拆

工作内容：混凝土凿洞、外接头、管堵安装、环氧树脂封洞。　　计量单位：孔

定额编号				6-571
项目				压浆孔封拆
基价（元）				**76.81**
其中	人工费（元）			45.50
	材料费（元）			24.04
	机械费（元）			7.27
	名称	单位	单价(元)	消耗量
人工	二类人工	工日	135.00	0.337
材料	活接头 ϕ50	个	4.24	1.000
	管堵 ϕ50	个	3.53	1.000
	环氧树脂	kg	15.52	1.015
	风镐凿子	根	4.31	0.120
机械	电动空气压缩机 1m³/min	台班	48.22	0.120
	手持式风动凿岩机	台班	12.36	0.120

十、钢筋混凝土沉井洞口处理

工作内容：洞口止水环运输、装配、起吊、就位、安装、拆除、安拆模板、混凝土配置、浇筑、养护。　　计量单位：个

定额编号				6-572	6-573	6-574	6-575
项目				ϕ600	ϕ800	ϕ1000	ϕ1200
基价（元）				**1637.34**	**1822.10**	**2061.12**	**3178.22**
其中	人工费（元）			341.96	395.96	420.53	445.50
	材料费（元）			961.12	1039.10	1229.06	2296.51
	机械费（元）			334.26	387.04	411.53	436.21
	名称	单位	单价(元)	消耗量			
人工	二类人工	工日	135.00	2.533	2.933	3.115	3.300
材料	洞口止水环 ϕ600	套	845.00	1.000	—	—	—
	洞口止水环 ϕ800	套	905.00	—	1.000	—	—
	洞口止水环 ϕ1000	套	1086.00	—	—	1.000	—
	洞口止水环 ϕ1200	套	2140.00	—	—	—	1.000
	电焊条	kg	4.31	10.919	12.645	13.431	14.228
	氧气	m³	3.62	9.759	11.300	12.003	12.715
	乙炔气	m³	8.90	3.253	3.767	4.001	4.239
	其他材料费	元	1.00	4.78	5.17	6.11	11.43
机械	汽车式起重机 16t	台班	875.04	0.215	0.249	0.265	0.281
	交流弧焊机 32kV·A	台班	92.84	1.574	1.822	1.935	2.050

工作内容:洞口止水环运输、装配、起吊、就位、安装、拆除、安拆模板、混凝土配置、浇筑、养护。　　**计量单位**:个

定额编号				6-576	6-577	6-578	6-579
项目				ϕ1350	ϕ1500	ϕ1650	ϕ1800
基价(元)				**3797.05**	**4143.88**	**4485.89**	**4984.96**
其中	人工费(元)			492.75	516.24	539.87	562.41
	材料费(元)			2822.48	3122.66	3417.80	3872.42
	机械费(元)			481.82	504.98	528.22	550.13
名称		单位	单价(元)	消耗量			
人工	二类人工	工日	135.00	3.650	3.824	3.999	4.166
材料	洞口止水环 ϕ1350	套	2648.00	1.000	—	—	—
	洞口止水环 ϕ1500	套	2939.00	—	1.000	—	—
	洞口止水环 ϕ1650	套	3225.00	—	—	1.000	—
	洞口止水环 ϕ1800	套	3670.00	—	—	—	1.000
	电焊条	kg	4.31	15.735	16.488	17.242	17.962
	氧气	m^3	3.62	14.062	14.736	15.409	16.053
	乙炔气	m^3	8.90	4.687	4.912	5.136	5.351
	其他材料费	元	1.00	14.04	15.54	17.00	19.27
机械	汽车式起重机 16t	台班	875.04	0.310	0.325	0.340	0.354
	交流弧焊机 32kV·A	台班	92.84	2.268	2.376	2.485	2.589

工作内容:洞口止水环运输、装配、起吊、就位、安装、拆除、安拆模板、混凝土配置、浇筑、养护。　　**计量单位**:个

定额编号				6-580	6-581	6-582	6-583	6-584
项目				ϕ2000	ϕ2200	ϕ2400	ϕ2700	ϕ3000
基价(元)				**5761.41**	**6569.37**	**7206.24**	**7806.28**	**8405.99**
其中	人工费(元)			607.23	652.32	675.00	742.37	810.00
	材料费(元)			4560.43	5278.70	5870.99	6337.25	6803.61
	机械费(元)			593.75	638.35	660.25	726.66	792.38
名称		单位	单价(元)	消耗量				
人工	二类人工	工日	135.00	4.498	4.832	5.000	5.499	6.000
材料	洞口止水环 ϕ2000	套	4340.00	1.000	—	—	—	—
	洞口止水环 ϕ2200	套	5040.00	—	1.000	—	—	—
	洞口止水环 ϕ2400	套	5622.00	—	—	1.000	—	—
	洞口止水环 ϕ2700	套	6064.00	—	—	—	1.000	—
	洞口止水环 ϕ3000	套	6506.00	—	—	—	—	1.000
	电焊条	kg	4.31	19.393	20.834	21.555	23.706	25.868
	氧气	m^3	3.62	17.331	18.619	19.263	21.186	23.118
	乙炔气	m^3	8.90	5.777	6.207	6.421	7.062	7.706
	其他材料费	元	1.00	22.69	26.26	29.21	31.53	33.85
机械	汽车式起重机 16t	台班	875.04	0.382	0.411	0.425	0.468	0.510
	交流弧焊机 32kV·A	台班	92.84	2.795	3.002	3.106	3.416	3.728

十一、钢管顶进

1. 手掘式顶进

工作内容:修整工作坑、安拆顶管设备,下管、切口、焊口,安、拆、换顶铁,挖、运、吊土,顶进,纠偏。 **计量单位**:100m

定额编号				6-585	6-586	6-587	6-588	6-589	6-590
项目				管径(mm 以内)					
				800	900	1000	1200	1400	1600
基价(元)				**42145.61**	**46097.18**	**50426.62**	**59180.65**	**72429.85**	**84875.45**
其中	人工费(元)			19887.12	20813.76	21411.54	25434.00	31492.80	35750.16
	材料费(元)			670.28	1048.30	1164.40	1381.10	1732.81	1918.33
	机械费(元)			21588.21	24235.12	27850.68	32365.55	39204.24	47206.96
名称		单位	单价(元)	消耗量					
人工	二类人工	工日	135.00	147.312	154.176	158.604	188.400	233.280	264.816
材料	碳素结构钢焊接钢管 综合	m	—	(102.000)	(102.000)	(102.000)	(102.000)	(102.000)	(102.000)
	电焊条	kg	4.31	116.000	198.000	220.000	264.000	330.000	363.000
	氧气	m^3	3.62	24.500	27.500	30.500	34.200	43.700	49.900
	乙炔气	m^3	8.90	8.170	9.170	10.170	11.400	14.570	16.630
	其他材料费	元	1.00	8.92	13.76	15.28	18.00	22.64	25.15
机械	人工挖土法顶管设备 1200mm	台班	139.48	26.440	28.920	30.430	32.560	—	—
	人工挖土法顶管设备 1650mm	台班	183.66	—	—	—	—	36.020	41.610
	汽车式起重机 8t	台班	648.48	7.970	9.640	—	—	—	—
	汽车式起重机 12t	台班	748.60	—	—	9.820	—	—	—
	汽车式起重机 16t	台班	875.04	—	—	—	10.790	11.850	—
	汽车式起重机 20t	台班	942.85	—	—	—	—	—	14.860
	电动卷扬机 - 双筒慢速 30kN	台班	204.80	26.360	28.840	30.340	32.470	35.920	41.490
	高压油泵 50MPa	台班	117.64	26.360	28.840	30.340	32.470	35.920	41.490
	立式油压千斤顶 200t	台班	11.52	52.720	57.680	60.680	64.930	71.830	83.070
	直流弧焊机 32kW	台班	97.11	37.330	41.050	59.450	73.780	101.020	115.530

工作内容:修整工作坑、安拆顶管设备,下管、切口、焊口,安、拆、换顶铁,挖、运、吊土,顶进,纠偏。 **计量单位**:100m

定额编号				6-591	6-592	6-593	6-594	6-595
项目				管径(mm 以内)				
				1800	2000	2200	2400	2600
基价(元)				**102116.06**	**118158.47**	**131154.47**	**166199.32**	**176670.69**
其中	人工费(元)			41431.50	46218.60	50680.08	55799.28	60302.88
	材料费(元)			2579.99	2868.88	3240.29	4239.44	4532.44
	机械费(元)			58104.57	69070.99	77234.10	106160.60	111835.37
名称		单位	单价(元)	消耗量				
人工	二类人工	工日	135.00	306.900	342.360	375.408	413.328	446.688
材料	碳素结构钢焊接钢管 综合	m	—	(102.000)	(102.000)	(102.000)	(102.000)	(102.000)
	电焊条	kg	4.31	495.000	550.000	627.000	825.000	880.000
	氧气	m^3	3.62	62.700	70.000	75.300	95.500	103.400
	乙炔气	m^3	8.90	20.900	23.330	25.100	31.830	34.470
	其他材料费	元	1.00	33.56	37.34	41.94	54.69	58.55
机械	人工挖土法顶管设备 2000mm	台班	224.56	43.120	45.960	—	—	—
	人工挖土法顶管设备 2460mm	台班	226.54	—	—	48.350	49.950	52.260
	汽车式起重机 32t	台班	1173.35	16.010	—	—	—	—
	汽车式起重机 40t	台班	1517.63	—	17.430	20.880	—	—
	汽车式起重机 50t	台班	2353.88	—	—	—	24.590	25.740
	电动卷扬机 - 双筒慢速 30kN	台班	204.80	42.990	45.820	48.210	49.800	52.100
	高压油泵 50MPa	台班	117.64	42.990	45.820	48.210	49.800	52.100
	立式油压千斤顶 200t	台班	11.52	85.980	91.650	96.420	99.610	104.210
	直流弧焊机 32kW	台班	97.11	152.240	169.580	184.710	203.460	220.450

2. 挤压式顶进

工作内容:修整工作坑、安拆顶管设备,下管、切口、焊口,安、拆、换顶铁,挖、运、吊土,顶进,纠偏。　**计量单位**:100m

定额编号				6-596	6-597	6-598	6-599	6-600	6-601
项目				管径(mm 以内)					
				150	200	300	400	500	600
基价(元)				**20220.19**	**23060.72**	**30958.51**	**34826.11**	**37777.40**	**40796.12**
其中	人工费(元)			15006.06	17172.00	24235.20	25419.42	26684.64	28799.55
	材料费(元)			724.95	764.37	1114.33	1161.09	1317.96	1317.96
	机械费(元)			4489.18	5124.35	5608.98	8245.60	9774.80	10678.61
名称		单位	单价(元)	消耗量					
人工	二类人工	工日	135.00	111.156	127.200	179.520	188.292	197.664	213.330
材料	碳素结构钢焊接钢管 综合	m	—	(102.000)	(102.000)	(102.000)	(102.000)	(102.000)	(102.000)
	热轧光圆钢筋 HPB300ϕ16	kg	3.98	82.160	82.160	—	—	—	—
	热轧光圆钢筋 HPB300ϕ18	kg	3.98	—	—	104.000	104.000	—	—
	热轧光圆钢筋 HPB300ϕ20	kg	3.98	—	—	—	—	128.440	128.440
	电焊条	kg	4.31	81.510	86.240	141.900	147.070	154.990	154.990
	氧气	m^3	3.62	5.900	8.700	11.600	15.200	18.800	18.800
	乙炔气	m^3	8.90	1.970	2.900	3.870	5.070	6.270	6.270
	其他材料费	元	1.00	7.75	8.37	12.39	13.15	14.90	14.90
机械	挤压法顶管设备 1000mm	台班	154.05	15.880	18.190	19.780	20.850	22.000	24.130
	汽车式起重机 8t	台班	648.48	—	—	—	3.540	5.310	5.310
	高压油泵 50MPa	台班	117.64	15.830	18.130	19.730	20.790	21.940	24.060
	直流弧焊机 32kW	台班	97.11	1.860	1.950	2.480	3.010	3.720	7.080

十二、铸铁管顶进(挤压式)

工作内容:修整工作坑、安拆顶管设备,下管、切口、焊口,安、拆、换顶铁,挖、运、吊土,顶进,纠偏。　　计量单位:100m

定额编号				6-602	6-603	6-604	6-605	6-606	6-607
项目				管径(mm 以内)					
				150	200	300	400	500	600
基价(元)				**18575.67**	**21357.21**	**25648.22**	**27097.50**	**29803.25**	**32465.91**
其中	人工费(元)			14186.34	16310.16	17805.42	18889.20	20029.68	22032.00
	材料费(元)			80.77	112.07	179.03	255.00	360.02	442.84
	机械费(元)			4308.56	4934.98	7663.77	7953.30	9413.55	9991.07
名称		单位	单价(元)	消耗量					
人工	二类人工	工日	135.00	105.084	120.816	131.892	139.920	148.368	163.200
材料	离心球墨铸铁上水管 综合	m	—	(101.000)	(101.000)	(101.000)	(101.000)	(101.000)	(101.000)
	氧气	m^3	3.62	0.900	1.600	2.400	4.500	5.700	6.900
	乙炔气	m^3	8.90	0.300	0.530	0.800	1.500	1.900	2.300
	速凝剂	kg	0.91	0.560	0.730	1.200	1.700	2.400	3.000
	油麻丝	kg	20.69	3.570	4.620	7.560	10.290	14.700	18.270
	石棉水泥 3:7	m^3	457.00	—	0.010	0.010	0.020	0.030	0.030
	其他材料费	元	1.00	0.47	0.74	1.14	1.77	2.44	2.95
机械	挤压法顶管设备 1000mm	台班	154.05	15.880	18.190	19.780	20.850	22.000	24.130
	汽车式起重机 8t	台班	648.48	—	—	3.540	3.540	5.310	5.310
	高压油泵 50MPa	台班	117.64	15.830	18.130	19.730	20.790	21.940	24.060

十三、方（拱）涵顶进

1. 顶　　进

工作内容：修整工作坑、安拆顶管设备，下方（拱）涵，安、拆、换顶铁，挖、运、吊土，顶进，纠偏。　　**计量单位**：100m

定额编号				6-608	6-609
项目				方（拱）涵截面积（m^2 以内）	
				2	4
基价（元）				**76889.53**	**94434.26**
其中	人工费（元）			59194.80	71031.33
	材料费（元）			648.35	1205.39
	机械费（元）			17046.38	22197.54
名称		单位	单价（元）	消耗量	
人工	二类人工	工日	135.00	438.480	526.158
材料	混凝土方拱涵	m	—	(10.100)	(10.100)
	扒钉	kg	3.73	0.190	0.300
	钢顶柱横梁	t	7586.00	0.080	0.150
	千斤顶支架油箱操作台	kg	5.47	2.600	4.100
	锭子油 20#机油	kg	5.78	2.900	4.580
	激光测量导向费	元	1.00	2.40	3.80
	其他材料费	元	1.00	7.38	13.67
机械	汽车式起重机 16t	台班	875.04	4.030	—
	汽车式起重机 32t	台班	1173.35	—	4.860
	少先吊 1t	台班	164.94	44.230	53.960
	高压油泵 50MPa	台班	117.64	44.230	53.960
	立式油压千斤顶 200t	台班	11.52	88.460	107.920
	其他机械费	元	1.00	2.40	3.80

2. 接　　口

工作内容:熬制沥青玛琋脂、裁油毡,制填石棉水泥,抹口。　　**计量单位:**10m²

定额编号				6-610
项目				方涵接口
基价(元)				**1679.70**
其中	人工费(元)			1364.85
	材料费(元)			314.85
	机械费(元)			—
名称		单位	单价(元)	消耗量
人工	二类人工	工日	135.00	10.110
材料	纯水泥浆	m³	430.36	0.017
	干混抹灰砂浆 DP M20.0	m³	446.95	0.129
	石棉水泥 3:7	m³	457.00	0.037
	石油沥青玛琋脂	m³	2263.90	0.059
	石油沥青油毡 350g	m²	1.90	29.679
	木柴	kg	0.16	25.927
	冷底子油	kg	5.57	4.040
	防水剂	kg	3.65	3.540
	其他材料费	元	1.00	3.44

十四、水平定向钻牵引管道

工作内容:施工准备、测量、机械就位、导向钻孔、扩孔、布管、回拖、场内运输、清理现场。 **计量单位:**10m

定额编号				6-611	6-612	6-613	6-614
项目				管径(mm 以内)			
				200	300	400	500
基价(元)				**1928.14**	**2773.82**	**4160.10**	**5821.80**
其中	人工费(元)			506.25	718.47	1146.15	1647.54
	材料费(元)			632.88	1001.07	1694.40	2589.44
	机械费(元)			789.01	1054.28	1319.55	1584.82
名称		单位	单价(元)	消耗量			
人工	二类人工	工日	135.00	3.750	5.322	8.490	12.204
材料	HDPE 缠绕结构壁管(A 型) SN8 *DN*200	m	52.33	10.200	—	—	—
	HDPE 缠绕结构壁管(A 型) SN8 *DN*300	m	84.57	—	10.200	—	—
	HDPE 缠绕结构壁管(A 型) SN8 *DN*400	m	147.00	—	—	10.200	—
	HDPE 缠绕结构壁管(A 型) SN8 *DN*500	m	228.00	—	—	—	10.200
	导向钻刀片	只	216.00	0.123	0.147	0.162	0.179
	钻杆	根	86.21	0.033	0.044	0.055	0.066
	回扩器 *DN*250	只	142.00	0.093	—	—	—
	回扩器 *DN*300	只	171.00	—	0.093	0.093	0.093
	回扩器 *DN*450	只	199.00	—	0.095	0.095	0.095
	回扩器 *DN*550	只	237.00	—	—	0.097	0.097
	回扩器 *DN*650	只	332.00	—	—	—	0.099
	水	m^3	4.27	4.800	4.943	6.432	7.920
	其他材料费	元	1.00	36.00	47.00	70.00	95.00
机械	定向钻机非开挖铺管钻机 ST-25 型	台班	1801.16	0.326	0.405	0.484	0.563
	汽车式起重机 5t	台班	366.47	0.274	0.398	0.522	0.646
	载货汽车 3t	台班	341.35	0.242	0.456	0.670	0.884
	电动单级离心清水泵 50mm	台班	29.31	0.642	0.795	0.948	1.101

工作内容:施工准备、测量、机械就位、导向钻孔、扩孔、布管、回拖、场内运输、清理现场。 **计量单位**:10m

定额编号				6-615	6-616	6-617
项目				管径(mm 以内)		
				600	800	1000
基价(元)				**8491.00**	**13596.84**	**19552.15**
其中	人工费(元)			2189.43	3414.96	4945.05
	材料费(元)			3905.58	6763.60	10336.32
	机械费(元)			2395.99	3418.28	4270.78
名称		单位	单价(元)	消耗量		
人工	二类人工	工日	135.00	16.218	25.296	36.630
材料	HDPE 缠绕结构壁管(A 型) SN8 *DN*600	m	346.00	10.200	—	—
	HDPE 缠绕结构壁管(A 型) SN8 *DN*800	m	601.00	—	10.200	—
	HDPE 缠绕结构壁管(A 型) SN8 *DN*1000	m	932.00	—	—	10.200
	导向钻刀片	只	216.00	0.196	0.216	0.238
	钻杆	根	86.21	0.077	0.088	0.110
	回扩器 *DN*300	只	171.00	0.093	0.093	0.093
	回扩器 *DN*450	只	199.00	0.095	0.095	0.095
	回扩器 *DN*550	只	237.00	0.097	0.097	0.097
	回扩器 *DN*650	只	332.00	0.099	0.099	0.099
	回扩器 *DN*750	只	379.00	0.202	0.100	0.100
	回扩器 *DN*850	只	616.00	—	0.102	0.102
	回扩器 *DN*950	只	759.00	—	0.208	0.104
	回扩器 *DN*1000	只	901.00	—	—	0.212
	水	m^3	4.27	9.410	12.621	15.852
	其他材料费	元	1.00	120.00	176.00	240.00
机械	定向钻机非开挖铺管钻机 ST-35 型	台班	2263.97	0.742	1.060	1.303
	汽车式起重机 5t	台班	366.47	0.886	1.184	1.482
	载货汽车 3t	台班	341.35	1.035	1.522	2.009
	电动单级离心清水泵 50mm	台班	29.31	1.301	2.219	3.137

第四章

给排水构筑物

说　　明

一、本章定额包括沉井，现浇钢筋混凝土池，预制混凝土构件，折板、壁板制作、安装，滤料铺设，防水工程，施工缝，井、池渗漏试验，共8节155个子目。

二、沉井：

1. 沉井工程系按深度12m以内，陆上排水沉井考虑的。水中沉井、陆上水冲法沉井以及离河岸边近的沉井，需要采取地基加固等特殊措施者，可执行本定额第一册《通用项目》相应子目。

2. 沉井下沉项目中已考虑了沉井下沉的纠偏因素，但不包括压重助沉措施，若发生可另行计算。

3. 沉井制作不包括外渗剂，若使用外渗剂时可按当地有关规定执行。

三、现浇钢筋混凝土池类：

1. 池壁遇有附壁柱时，按相应柱定额项目执行，其中人工乘以系数1.05，其他不变。

2. 池壁挑檐是指在池壁上向外出檐作走道板用，池壁牛腿是指池壁上向内出檐以承托池盖用。

3. 无梁盖柱包括柱帽及柱座。

4. 井字梁、框架梁均执行连续梁项目。

5. 混凝土池壁、柱（梁）、池盖项目按在设计室外地坪以上3.6m以内编制，如超过3.6m者按以下规定调整：

（1）采用卷扬机施工的：每10m³ 混凝土增加卷扬机（带塔）和人工消耗量见下表。

采用卷扬机施工人工、机械调整系数表

序　　号	项目名称	增加人工工日	增加卷扬机（带塔）台班
1	池壁、隔墙	7.83	0.59
2	柱、梁	5.49	0.39
3	池盖	5.49	0.39

（2）采用塔式起重机施工时，每10m³ 混凝土增加塔式起重机消耗量见下表。

采用塔式起重机施工机械调整系数表

序　　号	项 目 名 称	增加塔式起重机台班
1	池壁	0.319
2	隔墙	0.510
3	柱、梁	0.510
4	池盖	0.510

6. 池盖定额项目中不包括进人孔盖板，发生时另行计算。

7. 格型池池壁执行直型池壁相应项目（指厚度）人工乘以系数1.15，其他不变。

8. 悬空落泥斗按落泥斗相应项目人工乘以系数1.40，其他不变。

四、预制混凝土构件：

1. 预制混凝土滤板中已包括了所设置预埋件ABS塑料滤头的套管用工，不得另计。

2. 集水槽若需留孔时，按每10个孔增加0.5个工日计。

3. 除混凝土滤板、铸铁滤板、支墩安装外，其他预制混凝土构件安装均执行异型构件安装项目。

五、施工缝:

1. 各种材质填缝的断面取定见下表。

材质填缝断面尺寸表

序号	项 目 名 称	断 面 尺 寸
1	建筑油膏、聚氯乙烯胶泥	3cm×2cm
2	油浸木丝板	2.5cm×15cm
3	紫铜板、钢板止水带	展开宽 45cm
4	氯丁橡胶止水带	展开宽 30cm
5	白铁盖缝	展开宽平面 590cm,立面 250cm
6	其他	15cm×3cm

2. 如实际设计的施工缝断面与上表不同时,材料用量可以换算,其他不变。

3. 各项目的工作内容为:

(1)油浸麻丝:熬制沥青、调配沥青麻丝、填塞。

(2)油浸木丝板:熬制沥青、浸木丝板、嵌缝。

(3)玛𤨣脂:熬制玛𤨣脂、灌缝。

(4)建筑油膏、沥青砂浆:熬制油膏沥青,拌和沥青砂浆,嵌缝。

(5)紫铜板、钢板止水带:铜板、钢板的剪裁、焊接成型,铺设。

(6)橡胶止水带:止水带制作、接头及安装。

(7)铁皮盖板:平面埋木砖、钉木条、木条上钉铁皮;立面埋木砖、木砖上钉铁皮。

六、井、池渗漏试验:

1. 井池渗漏试验容量在 $500m^3$ 是指井或小型池槽。

2. 井、池渗漏试验注水采用电动单级离心清水泵,定额项目中已包括了泵的安装与拆除用工,不得再另计。

3. 如构筑物池容量较大,需从一个池子向另一个池注水作渗漏试验采用潜水泵时,其台班单价可以换算,其他均不变。

七、执行其他册或章节的项目如下:

1. 构筑物的垫层执行本册定额第二章"井、渠(管)道基础及砌筑"相应项目,其中人工乘以系数0.87,其他不变;如构筑物池底混凝土垫层需要找坡时,其中人工不变。

2. 构筑物混凝土项目中所需模板执行本册定额第六章"模板、井字架工程"相应定额,钢筋加工执行本定额第一册《通用项目》相应定额。

3. 砌筑物高度超过 1.2m 时应计算脚手架搭拆费用,脚手架搭拆高度在 8m 以内的,执行本定额第一册《通用项目》相应项目;大于 8m 的,执行本定额第四册《隧道工程》相应项目。

4. 泵站上部工程以及本章中未包括的建筑工程,执行本省建筑工程预算定额。

5. 构筑物中的金属构件支座安装执行安装定额相应子目。

6. 构筑物的防腐、内衬工程金属面应执行安装工程预算定额相应项目,非金属面应执行建筑工程预算定额相应项目。

7. 沉井预留孔洞砖砌封堵执行本定额第四册《隧道工程》第四章"盾构法掘进"相应子目。

工程量计算规则

一、沉井：

1. 沉井垫木按刃脚底中心线以“延长米”计算。

2. 沉井井壁及隔墙的厚度不同如上薄下厚时，可按平均厚度执行相应定额。

3. 刃脚的计算高度，从刃脚踏面至井壁外凸（内凹）口计算，如沉井井壁没有外凸（内凹）口时，则从刃脚踏面至底板顶面为准。底板下的地梁并入底板计算。框架梁的工程量包括切入井壁部分的体积。井壁、隔墙或底板混凝土中，不扣除单孔面积 0.3m^2 以内的孔洞所占体积。

4. 沉井制作的脚手架安、拆，不论分几次下沉，其工程量均按井壁中心线周长与隔墙长度之和乘以井高计算。井高按刃脚底面至井壁顶的高度计算。

5. 沉井下沉的土方工程量，按沉井外壁所围的平面投影面积乘以下沉深度（预制时刃脚底面至下沉后设计刃脚底面的高度），并乘以土方回淤系数 1.03 计算。

二、钢筋混凝土池：

1. 钢筋混凝土各类构件均按图示尺寸，以混凝土实体积计算，不扣除单孔面积 0.3m^2 以内的孔洞体积。

2. 各类池盖中的进人孔、透气孔盖以及与盖相连接的结构，工程量合并在池盖中计算。

3. 平底池的池底体积，应包括池壁下的扩大部分；池底带有斜坡时，斜坡部分应按坡底计算；锥形底应算至壁基梁底面，无壁基梁者算至锥底坡的上口。

4. 池壁分别不同厚度计算体积，如上薄下厚的壁，以平均厚度计算。池壁高度应自池底板面算至池盖下面。

5. 无梁盖柱的柱高，应自池底上表面算至池盖的下表面，并包括柱座、柱帽的体积。

6. 无梁盖应包括与池壁相连的扩大部分的体积；肋形盖应包括主、次梁及盖部分的体积；球形盖应自池壁顶面以上，包括边侧梁的体积在内。

7. 沉淀池水槽系指池壁上的环形溢水槽及纵横 U 形水槽，但不包括与水槽相连接的矩形梁，矩形梁可执行梁的相应项目。

三、预制混凝土构件：

1. 预制钢筋混凝土滤板按图示尺寸区分厚度以“m^3”计算，不扣除滤头套管所占体积。

2. 除钢筋混凝土滤板外其他预制混凝土构件均按图示尺寸以“m^3”计算，不扣除单孔面积 0.3m^2 以内的孔洞所占体积。

四、折板、壁板制作、安装：

1. 折板安装区分材质均按图示尺寸以“m^2”计算。

2. 稳流板安装区分材质不分断面均按图示长度以“延长米”计算。

五、滤料铺设：各种滤料铺设均按设计要求的铺设平面乘以铺设厚度以“m^3”计算，锰砂、铁矿石滤料以“t”计算。

六、防水工程：

1. 各种防水层按实铺面积以“m^2”计算，不扣除单孔面积 0.3m^2 以内的孔洞所占面积。

2. 平面与立面交接处的防水层，其上卷高度超过 500mm 时，按立面防水层计算。

七、施工缝：各种材质的施工缝填缝及盖缝均不分断面按设计缝长以“延长米”计算。

八、井、池渗漏试验：井、池的渗漏试验区分井、池的容量范围，以水容量计算。

一、沉　　井

1.沉井垫木、灌砂

工作内容:1. 垫木:人工挖槽弃土,铺砂、洒水、夯实,铺设和抽除垫木,回填砂;
2. 灌砂:人工装、运、卸砂,人工灌、捣砂;
3. 砂垫层:平整基坑、运砂、分层铺平、浇水、振实;
4. 混凝土垫层:搅捣、养生、凿除混凝土垫层。

定额编号				6-618	6-619	6-620	6-621
项目				垫木	灌砂	砂垫层	混凝土垫层
计量单位				100m	$10m^3$		
基价(元)				**16810.00**	**2169.89**	**2521.39**	**5854.99**
其中	人工费(元)			2516.67	707.94	636.39	605.88
	材料费(元)			14040.61	1461.95	1714.67	4102.64
	机械费(元)			252.72	—	170.33	1146.47
名称		单位	单价(元)	消耗量			
人工	二类人工	工日	135.00	18.642	5.244	4.714	4.488
材料	非泵送商品混凝土 C15	m^3	399.00	—	—	—	10.100
	黄砂 毛砂	t	87.38	136.919	16.500	19.545	—
	板枋材	m^3	2069.00	0.966	—	—	—
	无纺土工布	m^2	8.62	—	—	—	3.584
	水	m^3	4.27	18.260	4.725	1.600	9.800
机械	履带式起重机 15t	台班	702.00	0.360	—	0.230	0.780
	气腿式风动凿岩机	台班	13.62	—	—	—	7.800
	电动空气压缩机 $3m^3/min$	台班	122.54	—	—	—	3.900
	混凝土振捣器 平板式	台班	12.54	—	—	0.707	1.178

2.沉井制作

工作内容:混凝土浇捣、抹平、养护、场内材料运输。　　　　计量单位:$10m^3$

定额编号				6-622	6-623	6-624	6-625	6-626	6-627
项目				井壁及隔墙(厚度)		底板(厚度)		顶板	刃脚
				50cm 以内	50cm 以外	50cm 以内	50cm 以外		
基价(元)				**4895.50**	**4879.57**	**4804.05**	**4792.64**	**4860.69**	**4879.60**
其中	人工费(元)			303.75	294.98	218.03	211.41	257.58	292.41
	材料费(元)			4586.27	4579.11	4578.21	4573.42	4597.63	4581.71
	机械费(元)			5.48	5.48	7.81	7.81	5.48	5.48
名称		单位	单价(元)	消耗量					
人工	二类人工	工日	135.00	2.250	2.185	1.615	1.566	1.908	2.166
材料	泵送商品混凝土 C25	m^3	447.00	10.100	10.100	10.100	10.100	10.100	10.100
	无纺土工布	m^2	8.62	0.672	0.336	0.672	0.336	1.344	0.672
	水	m^3	4.27	3.710	2.727	1.837	1.407	4.987	2.650
	其他材料费	元	1.00	49.94	49.87	49.87	49.82	50.05	49.90
机械	混凝土振捣器 插入式	台班	4.65	1.178	1.178	0.884	0.884	1.178	1.178
	混凝土振捣器 平板式	台班	12.54	—	—	0.295	0.295	—	—

工作内容：混凝土浇捣、抹平、养护、场内材料运输。 计量单位：10m³

定额编号				6-628	6-629	6-630
项目				地下结构梁	地下结构柱	地下结构平台
基价（元）				**5067.51**	**4959.85**	**4928.88**
其中	人工费（元）			442.67	348.57	268.11
	材料费（元）			4619.36	4605.80	4652.96
	机械费（元）			5.48	5.48	7.81
名称		单位	单价(元)	消耗量		
人工	二类人工	工日	135.00	3.279	2.582	1.986
材料	泵送商品混凝土 C25	m^3	447.00	10.100	10.100	10.100
	无纺土工布	m^2	8.62	2.974	2.914	3.584
	水	m^3	4.27	6.736	3.710	13.300
	其他材料费	元	1.00	50.26	50.14	50.57
机械	混凝土振捣器 插入式	台班	4.65	1.178	1.178	0.884
	混凝土振捣器 平板式	台班	12.54	—	—	0.295

3. 沉井下沉

工作内容：搭拆平台及起吊设备、挖土、吊土、装车。 计量单位：10m³

定额编号				6-631	6-632	6-633	6-634	6-635
项目				人工挖一、二类土	人工挖三、四类土	人工挖淤泥、流砂	机械挖土	机械挖淤泥、流砂
				井深 8m 以内			井深 12m 以内	
基价（元）				**910.76**	**1210.37**	**1412.42**	**467.73**	**670.49**
其中	人工费（元）			711.18	925.02	1061.10	243.00	345.87
	材料费（元）			—	—	—	—	—
	机械费（元）			199.58	285.35	351.32	224.73	324.62
名称		单位	单价(元)	消耗量				
人工	二类人工	工日	135.00	5.268	6.852	7.860	1.800	2.562
机械	少先吊 1t	台班	164.94	1.210	1.730	2.130	—	—
	履带式单斗液压挖掘机 0.6m³	台班	624.26	—	—	—	0.360	0.520

二、现浇钢筋混凝土池

1. 池　　底

(1) 半地下室池底

工作内容：混凝土浇捣、养护、场内材料运输。　　计量单位：10m³

定额编号					6-636	6-637	6-638	6-639	6-640	6-641
项目					平池底(厚度)		锥坡池底(厚度)		圆池底(厚度)	
					50cm 以内	50cm 以外	50cm 以内	50cm 以外	50cm 以内	50cm 以外
基价(元)					4850.85	4837.78	4856.15	4841.84	4885.31	4872.23
其中	人工费(元)				315.09	306.18	320.76	311.04	349.92	341.01
	材料费(元)				4528.34	4524.18	4527.97	4523.38	4527.97	4523.80
	机械费(元)				7.42	7.42	7.42	7.42	7.42	7.42
名称		单位	单价(元)		消耗量					
人工	二类人工	工日	135.00		2.334	2.268	2.376	2.304	2.592	2.526
材料	泵送商品混凝土 C25	m³	447.00		10.100	10.100	10.100	10.100	10.100	10.100
	无纺土工布	m²	8.62		0.672	0.373	0.672	0.336	0.672	0.336
	水	m³	4.27		1.837	1.468	1.750	1.355	1.750	1.453
机械	混凝土振捣器 平板式	台班	12.54		0.280	0.280	0.280	0.280	0.280	0.280
	混凝土振捣器 插入式	台班	4.65		0.840	0.840	0.840	0.840	0.840	0.840

(2) 架空式池底

工作内容：混凝土搅拌、浇捣、养护、场内材料运输。　　计量单位：10m³

定额编号				6-642	6-643	6-644	6-645
项目				平池底(厚度)		方锥池底(厚度)	
				30cm 以内	30cm 以外	30cm 以内	30cm 以外
基价(元)				4888.48	4874.78	4894.15	4845.62
其中	人工费(元)			349.92	340.20	355.59	311.04
	材料费(元)			4531.14	4527.16	4531.14	4527.16
	机械费(元)			7.42	7.42	7.42	7.42
名称		单位	单价(元)	消耗量			
人工	二类人工	工日	135.00	2.592	2.520	2.634	2.304
材料	泵送商品混凝土 C25	m³	447.00	10.100	10.100	10.100	10.100
	无纺土工布	m²	8.62	0.672	0.420	0.672	0.420
	水	m³	4.27	2.494	2.071	2.494	2.071
机械	混凝土振捣器 平板式	台班	12.54	0.280	0.280	0.280	0.280
	混凝土振捣器 插入式	台班	4.65	0.840	0.840	0.840	0.840

2. 池壁(隔墙)

工作内容:混凝土浇捣、养护、场内材料运输。　　**计量单位:**$10m^3$

定额编号				6-646	6-647	6-648	6-649	6-650	6-651
项目				直、矩形(厚度)			圆、弧形(厚度)		
				20cm 以内	30cm 以内	30cm 以外	20cm 以内	30cm 以内	30cm 以外
基价(元)				**5057.47**	**5033.79**	**4994.19**	**5070.43**	**5043.93**	**4999.92**
其中	人工费(元)			435.24	413.37	375.30	448.34	424.31	381.65
	材料费(元)			4266.72	4264.91	4263.38	4266.58	4264.11	4262.76
	机械费(元)			355.51	355.51	355.51	355.51	355.51	355.51
名称		单位	单价(元)	消耗量					
人工	二类人工	工日	135.00	3.224	3.062	2.780	3.321	3.143	2.827
材料	非泵送商品混凝土 C25	m^3	421.00	10.100	10.100	10.100	10.100	10.100	10.100
	水	m^3	4.27	3.425	3.001	2.641	3.390	2.812	2.497
机械	混凝土振捣器 插入式	台班	4.65	1.120	1.120	1.120	1.120	1.120	1.120
	履带式起重机 15t	台班	702.00	0.499	0.499	0.499	0.499	0.499	0.499

工作内容:混凝土浇捣、养护、场内材料运输。　　**计量单位:**$10m^3$

定额编号				6-652	6-653	6-654
项目				折线形(厚度)		
				20cm 以内	30cm 以内	30cm 以外
基价(元)				**5074.25**	**5213.94**	**5144.68**
其中	人工费(元)			435.24	583.47	519.35
	材料费(元)			4283.50	4274.96	4269.82
	机械费(元)			355.51	355.51	355.51
名称		单位	单价(元)	消耗量		
人工	二类人工	工日	135.00	3.224	4.322	3.847
材料	非泵送商品混凝土 C25	m^3	421.00	10.100	10.100	10.100
	水	m^3	4.27	7.353	5.353	4.151
机械	混凝土振捣器 插入式	台班	4.65	1.120	1.120	1.120
	履带式起重机 15t	台班	702.00	0.499	0.499	0.499

工作内容:混凝土浇捣、养护、场内材料运输。　　计量单位:10m³

定额编号				6-655	6-656	6-657	6-658	6-659
项目				池壁挑檐	池壁牛腿	配水花墙(厚度) 20cm以内	配水花墙(厚度) 20cm以外	砖穿孔墙
基价(元)				**5091.80**	**5095.54**	**5047.14**	**4960.04**	**3560.06**
其中	人工费(元)			423.63	423.63	729.00	652.05	1500.53
	材料费(元)			4312.39	4316.13	4312.66	4302.51	2049.84
	机械费(元)			355.78	355.78	5.48	5.48	9.69
名称		单位	单价(元)	消耗量				
人工	二类人工	工日	135.00	3.138	3.138	5.400	4.830	11.115
材料	非泵送商品混凝土 C25	m³	421.00	10.100	10.100	10.100	10.100	—
	干混砌筑砂浆 DM M7.5	m³	413.73	—	—	—	—	1.179
	混凝土实心砖 240×115×53 MU10	千块	388.00	—	—	—	—	4.017
	无纺土工布	m²	8.62	2.133	2.133	1.602	1.338	—
	水	m³	4.27	9.814	10.690	10.949	9.104	0.809
机械	混凝土振捣器 插入式	台班	4.65	1.178	1.178	1.178	1.178	—
	履带式起重机 15t	台班	702.00	0.499	0.499	—	—	—
	干混砂浆罐式搅拌机 20000L	台班	193.83	—	—	—	—	0.050

3. 柱、梁

工作内容:混凝土浇捣、养护、场内材料运输。　　计量单位:10m³

定额编号				6-660	6-661	6-662
项目				无梁盖柱	矩(方)形柱	圆形柱
基价(元)				**5792.99**	**5792.09**	**5603.70**
其中	人工费(元)			1145.61	1145.61	944.19
	材料费(元)			4291.60	4290.70	4303.73
	机械费(元)			355.78	355.78	355.78
名称		单位	单价(元)	消耗量		
人工	二类人工	工日	135.00	8.486	8.486	6.994
材料	非泵送商品混凝土 C25	m³	421.00	10.100	10.100	10.100
	无纺土工布	m²	8.62	1.792	1.792	1.792
	水	m³	4.27	5.634	5.422	8.474
机械	混凝土振捣器 插入式	台班	4.65	1.178	1.178	1.178
	履带式起重机 15t	台班	702.00	0.499	0.499	0.499

工作内容:混凝土浇捣、养护、场内材料运输。　　计量单位:10m³

定额编号				6-663	6-664	6-665	6-666
项目				连续梁	单梁	悬臂梁	异型环梁
基价(元)				**5113.50**	**5054.29**	**5074.09**	**5056.38**
其中	人工费(元)			442.26	364.50	403.38	393.66
	材料费(元)			4315.46	4334.01	4314.93	4306.94
	机械费(元)			355.78	355.78	355.78	355.78
名称		单位	单价(元)	消耗量			
人工	二类人工	工日	135.00	3.276	2.700	2.988	2.916
材料	非泵送商品混凝土 C25	m³	421.00	10.100	10.100	10.100	10.100
	无纺土工布	m²	8.62	1.792	1.792	1.792	1.792
	水	m³	4.27	11.220	15.565	11.096	9.226
机械	混凝土振捣器 插入式	台班	4.65	1.178	1.178	1.178	1.178
	履带式起重机 15t	台班	702.00	0.499	0.499	0.499	0.499

4.池　盖

工作内容:混凝土浇捣、养护、场内材料运输。　　计量单位:10m³

定额编号				6-667	6-668	6-669	6-670
项目				肋形盖	无梁盖	锥形盖	球形盖
基价(元)				**5034.46**	**4972.51**	**4981.53**	**4989.59**
其中	人工费(元)			338.58	277.02	286.74	277.02
	材料费(元)			4340.10	4339.71	4339.01	4356.79
	机械费(元)			355.78	355.78	355.78	355.78
名称		单位	单价(元)	消耗量			
人工	二类人工	工日	135.00	2.508	2.052	2.124	2.052
材料	非泵送商品混凝土 C25	m³	421.00	10.100	10.100	10.100	10.100
	无纺土工布	m²	8.62	4.140	4.140	4.140	4.814
	水	m³	4.27	12.252	12.159	11.997	14.800
机械	混凝土振捣器 插入式	台班	4.65	1.178	1.178	1.178	1.178
	履带式起重机 15t	台班	702.00	0.499	0.499	0.499	0.499

5. 板

工作内容:混凝土浇捣、养护、场内材料运输。 计量单位:$10m^3$

定额编号				6-671	6-672	6-673	6-674	6-675	6-676
项目				平板、走道板(厚度)		悬空板(厚度)		挡水板(厚度)	
				8cm 以内	12cm 以内	10cm 以内	15cm 以内	7cm 以内	7cm 以外
基价(元)				**4681.06**	**4640.95**	**4705.58**	**4677.54**	**4886.23**	**4860.17**
其中	人工费(元)			232.47	216.27	271.35	262.44	443.07	421.20
	材料费(元)			4440.79	4416.88	4426.43	4407.30	4437.68	4433.49
	机械费(元)			7.80	7.80	7.80	7.80	5.48	5.48
名称		单位	单价(元)	消耗量					
人工	二类人工	工日	135.00	1.722	1.602	2.010	1.944	3.282	3.120
材料	泵送商品混凝土 C20	m^3	431.00	10.100	10.100	10.100	10.100	10.100	10.100
	无纺土工布	m^2	8.62	3.584	2.389	2.866	1.912	4.800	4.568
	水	m^3	4.27	13.300	10.113	11.387	8.834	10.118	9.605
机械	混凝土振捣器 插入式	台班	4.65	0.884	0.884	0.884	0.884	1.178	1.178
	混凝土振捣器 平板式	台班	12.54	0.294	0.294	0.294	0.294	—	—

6. 池 槽

工作内容:混凝土浇捣、养护、场内材料运输。 计量单位:$10m^3$

定额编号				6-677	6-678	6-679	6-680
项目				悬空 V、U 形集水槽(厚度)		悬空 L 形槽(厚度)	
				8cm 以内	12cm 以内	10cm 以内	20cm 以内
基价(元)				**4904.74**	**4859.02**	**4905.61**	**4875.52**
其中	人工费(元)			346.68	307.80	319.95	301.32
	材料费(元)			4202.28	4195.44	4229.88	4218.42
	机械费(元)			355.78	355.78	355.78	355.78
名称		单位	单价(元)	消耗量			
人工	二类人工	工日	135.00	2.568	2.280	2.370	2.232
材料	非泵送商品混凝土 C20	m^3	412.00	10.100	10.100	10.100	10.100
	无纺土工布	m^2	8.62	1.050	0.876	2.330	1.942
	水	m^3	4.27	7.502	6.251	11.380	9.481
机械	履带式起重机 15t	台班	702.00	0.499	0.499	0.499	0.499
	混凝土振捣器 插入式	台班	4.65	1.178	1.178	1.178	1.178

工作内容：混凝土浇捣、养护、场内材料运输。　　　　**计量单位**：$10m^3$

定额编号				6-681	6-682	6-683	6-684
项目				池底暗渠(厚度)		落泥斗、槽	
				10cm 以内	20cm 以内	混凝土	浆砌块石
基价（元）				**4858.41**	**4727.26**	**4468.91**	**4886.03**
其中	人工费（元）			283.50	162.00	292.41	1534.95
	材料费（元）			4219.13	4209.48	4171.02	2995.99
	机械费（元）			355.78	355.78	5.48	355.09
名称		单位	单价(元)	消耗量			
人工	二类人工	工日	135.00	2.100	1.200	2.166	11.370
材料	非泵送商品混凝土 C20	m^3	412.00	10.100	10.100	10.100	—
	干混砌筑砂浆 DM M10.0	m^3	413.73	—	—	—	3.700
	无纺土工布	m^2	8.62	2.425	2.021	0.521	—
	块石	t	77.67	—	—	—	18.800
	水	m^3	4.27	8.671	7.228	1.248	1.170
机械	混凝土振捣器 插入式	台班	4.65	1.178	1.178	1.178	—
	履带式起重机 15t	台班	702.00	0.499	0.499	—	—
	电动卷扬机－双筒慢速 30kN	台班	204.80	—	—	—	1.590
	干混砂浆罐式搅拌机 20000L	台班	193.83	—	—	—	0.152

工作内容：混凝土浇捣、养护、场内材料运输。　　　　**计量单位**：$10m^3$

定额编号				6-685	6-686	6-687
项目				沉淀池水槽	下药溶解槽	澄清池反应筒壁
基价（元）				**4549.48**	**4593.24**	**4531.38**
其中	人工费（元）			366.12	409.86	349.11
	材料费（元）			4177.88	4177.90	4176.79
	机械费（元）			5.48	5.48	5.48
名称		单位	单价(元)	消耗量		
人工	二类人工	工日	135.00	2.712	3.036	2.586
材料	非泵送商品混凝土 C20	m^3	412.00	10.100	10.100	10.100
	无纺土工布	m^2	8.62	0.450	0.316	0.422
	水	m^3	4.27	2.999	3.274	2.800
机械	混凝土振捣器 插入式	台班	4.65	1.178	1.178	1.178

7. 导流壁、筒

工作内容:调制砂浆、砌砖、场内材料运输。 **计量单位:**$10m^3$

定额编号					6-688	6-689	6-690	6-691	6-692
项目					砖砌导流墙			混凝土导流墙(厚度)	
					1/2 砖	1 砖	1 砖以上	20cm 以内	20cm 以外
基价(元)					**4733.52**	**4681.28**	**4641.63**	**4711.13**	**4695.23**
其中	人工费(元)				1688.18	1584.77	1505.52	444.15	430.38
	材料费(元)				3029.64	3077.71	3116.34	4259.45	4257.32
	机械费(元)				15.70	18.80	19.77	7.53	7.53
名称		单位	单价(元)		消耗量				
人工	二类人工	工日	135.00		12.505	11.739	11.152	3.290	3.188
材料	非泵送商品混凝土 C20	m^3	412.00		—	—	—	9.925	9.925
	干混抹灰砂浆 DP M20.0	m^3	446.95		—	—	—	0.284	0.284
	干混砌筑砂浆 DM M10.0	m^3	413.73		1.978	2.317	2.478	—	—
	无纺土工布	m^2	8.62		—	—	—	0.820	0.783
	混凝土实心砖 240×115×53 MU10	千块	388.00		5.686	5.449	5.377	—	—
	水	m^3	4.27		1.197	1.145	1.134	8.512	8.089
机械	干混砂浆罐式搅拌机 20000L	台班	193.83		0.081	0.097	0.102	0.012	0.012
	混凝土振捣器 插入式	台班	4.65		—	—	—	1.120	1.120

工作内容:调制砂浆、砌砖、场内材料运输。 **计量单位:**$10m^3$

定额编号				6-693	6-694	6-695	6-696
项目				混凝土砌块穿孔墙	混凝土导流筒(厚度)		砖导流筒
					20cm 以内	20cm 以外	
基价(元)				**5333.16**	**4732.07**	**4715.38**	**5159.64**
其中	人工费(元)			797.85	466.02	451.44	1778.90
	材料费(元)			4526.01	4258.52	4256.41	3354.96
	机械费(元)			9.30	7.53	7.53	25.78
名称		单位	单价(元)	消耗量			
人工	二类人工	工日	135.00	5.910	3.452	3.344	13.177
材料	蒸压砂加气混凝土砌块 B06 A5.0(600×240×180)	块	8.62	460.010	—	—	—
	非泵送商品混凝土 C20	m^3	412.00	—	9.925	9.925	—
	混凝土实心砖 240×115×53 MU10	千块	388.00	—	—	—	5.181
	干混砌筑砂浆 DM M10.0	m^3	413.73	1.345	—	—	3.239
	干混抹灰砂浆 DP M20.0	m^3	446.95	—	0.276	0.276	—
	无纺土工布	m^2	8.62	—	1.083	1.028	—
	水	m^3	4.27	0.998	8.602	8.219	1.092
机械	干混砂浆罐式搅拌机 20000L	台班	193.83	0.048	0.012	0.012	0.133
	混凝土振捣器 插入式	台班	4.65	—	1.120	1.120	—

8. 设 备 基 础

工作内容：混凝土浇捣、养护、场内材料运输。

计量单位：$10m^3$

定额编号				6-697	6-698	6-699	6-700	6-701
项目				独立设备基础(体积)			杯形基础(体积)	
				$2m^3$ 以内	$5m^3$ 以内	$5m^3$ 以外	$2m^3$ 以内	$2m^3$ 以外
基价（元）				**4554.66**	**4517.56**	**4505.88**	**4548.99**	**4529.71**
其中	人工费（元）			321.57	289.98	282.69	315.90	302.13
	材料费（元）			4227.88	4222.37	4217.98	4227.88	4222.37
	机械费（元）			5.21	5.21	5.21	5.21	5.21
	名称	单位	单价(元)	消耗量				
人工	二类人工	工日	135.00	2.382	2.148	2.094	2.340	2.238
材料	非泵送商品混凝土 C20	m^3	412.00	10.100	10.100	10.100	10.100	10.100
	无纺土工布	m^2	8.62	3.155	2.651	2.386	3.155	2.651
	水	m^3	4.27	9.246	8.975	8.481	9.246	8.975
机械	混凝土振捣器 插入式	台班	4.65	1.120	1.120	1.120	1.120	1.120

9. 其他现浇钢筋混凝土构件

工作内容：混凝土浇捣、养护、场内材料运输。

计量单位：$10m^3$

定额编号				6-702	6-703	6-704	6-705
项目				中心支筒	支撑墩	稳流筒	异型构件
基价（元）				**4662.39**	**5355.89**	**4834.44**	**5419.00**
其中	人工费（元）			385.83	451.98	450.36	476.28
	材料费（元）			4271.35	4898.70	4378.87	4937.51
	机械费（元）			5.21	5.21	5.21	5.21
	名称	单位	单价(元)	消耗量			
人工	二类人工	工日	135.00	2.858	3.348	3.336	3.528
材料	非泵送商品混凝土 C20	m^3	412.00	9.925	10.100	10.100	10.100
	干混抹灰砂浆 DP M20.0	m^3	446.95	0.284	—	—	—
	无纺土工布	m^2	8.62	1.303	73.163	18.271	77.016
	水	m^3	4.27	10.325	25.020	14.092	26.330
机械	混凝土振捣器 插入式	台班	4.65	1.120	1.120	1.120	1.120

三、预制混凝土构件

1. 构 件 制 作

工作内容:混凝土搅拌、运输、浇捣、养护、场内材料运输。 **计量单位**:10m³

定 额 编 号				6-706	6-707	6-708	6-709	6-710	6-711
项 目				滤板(厚度)		穿孔板		稳流板	井池内壁板
				6cm 以内	6cm 以外	三角槽孔板	平孔板		
						3cm 以内	12cm 以内		
基 价 (元)				**25322.70**	**20288.22**	**5902.54**	**5644.15**	**7148.83**	**5315.51**
其中	人 工 费 (元)			1090.53	1018.04	1285.34	1103.09	1035.32	1035.32
	材 料 费 (元)			24226.96	19264.97	4611.72	4535.58	6108.03	4274.71
	机 械 费 (元)			5.21	5.21	5.48	5.48	5.48	5.48
名 称		单位	单价(元)	消 耗 量					
人工	二类人工	工日	135.00	8.078	7.541	9.521	8.171	7.669	7.669
材料	非泵送商品混凝土 C20	m³	412.00	—	—	—	—	10.100	10.100
	非泵送商品混凝土 C30	m³	438.00	9.892	9.892	10.100	10.100	—	—
	热轧光圆钢筋 HPB300 综合	kg	3.98	—	—	3.233	—	—	—
	镀锌薄钢板 综合	m²	38.97	—	—	—	—	49.266	—
	滤头套箍 ϕ30	个	3.10	6060.121	4545.000	—	—	—	—
	无纺土工布	m²	8.62	99.051	74.286	—	—	—	—
	水	m³	4.27	31.458	25.332	36.551	21.819	—	22.701
	其他材料费	元	1.00	119.74	94.26	18.98	18.61	26.93	16.58
机械	混凝土振捣器 插入式	台班	4.65	1.120	1.120	1.178	1.178	1.178	1.178

工作内容:混凝土搅拌、运输、浇捣、养护、场内材料运输。 **计量单位**:10m³

定 额 编 号				6-712	6-713	6-714	6-715	6-716	6-717
项 目				混凝土构件制作					
				配孔集水槽	辐射槽	支墩	挡水板	导流隔板	异型构件
基 价 (元)				**6773.51**	**6822.94**	**5110.75**	**5440.22**	**5122.77**	**5227.59**
其中	人 工 费 (元)			742.64	773.42	592.52	1062.59	764.91	849.96
	材 料 费 (元)			6025.66	6044.31	4513.02	4372.15	4352.65	4372.15
	机 械 费 (元)			5.21	5.21	5.21	5.48	5.21	5.48
名 称		单位	单价(元)	消 耗 量					
人工	二类人工	工日	135.00	5.501	5.729	4.389	7.871	5.666	6.296
材料	非泵送商品混凝土 C20	m³	412.00	10.100	10.100	—	10.100	10.100	10.100
	非泵送商品混凝土 C30	m³	438.00	—	—	10.100	—	—	—
	塑料集水短管 $Dg25$ $L=80$	根	2.57	640.560	640.560	—	—	—	—
	无纺土工布	m²	8.62	13.364	14.701	3.155	13.932	12.540	13.932
	水	m³	4.27	16.412	18.060	10.185	17.273	15.540	17.273
	其他材料费	元	1.00	32.94	33.03	18.53	17.10	17.00	17.10
机械	混凝土振捣器 插入式	台班	4.65	1.120	1.120	1.120	1.178	1.120	1.178

2.构 件 安 装

工作内容:安装就位、找正、找平、清理、场内材料运输。

定额编号				6-718	6-719	6-720	6-721
项目				钢筋混凝土滤板安装	铸铁滤板安装	支墩安装	异型构件安装
计量单位				100m²		100m³	
基价(元)				**7033.54**	**6868.23**	**1788.24**	**2289.36**
其中	人工费(元)			2948.67	2954.61	1512.54	2013.66
	材料费(元)			3759.93	3449.31	275.70	275.70
	机械费(元)			324.94	464.31	—	—
	名称	单位	单价(元)	消耗量			
人工	二类人工	工日	135.00	21.842	21.886	11.204	14.916
材料	混凝土滤板	m²	—	(100.000)	—	—	—
	铸铁滤板	m²	—	—	(100.000)	—	—
	不锈钢板 304 δ4	kg	14.91	31.800	31.800	—	—
	干混抹灰砂浆 DP M20.0	m³	446.95	0.693	—	—	—
	不锈钢六角带帽螺栓 M10×150	百套	172.00	2.040	2.040	—	—
	密封胶 XY02#	kg	17.24	149.600	149.600	—	—
	麻绳	kg	7.51	—	—	0.051	0.051
	电焊条	kg	4.31	—	—	15.310	15.310
	平垫铁 综合	kg	6.90	—	—	26.433	26.433
	垫木	m³	2328.00	—	—	0.011	0.011
	其他材料费	元	1.00	46.07	45.19	1.34	1.34
机械	汽车式起重机 8t	台班	648.48	0.496	0.716	—	—
	干混砂浆罐式搅拌机 20000L	台班	193.83	0.017	—	—	—

四、折板、壁板制作、安装

1.折 板 安 装

工作内容:找平、找正、安装、固定等,场内材料运输。　　**计量单位:**100m²

定额编号				6-722	6-723	6-724
项目				玻璃钢折板	塑料折板 A 型	塑料折板 B 型
基价(元)				**3804.56**	**3310.46**	**2720.78**
其中	人工费(元)			3796.20	3302.10	2712.42
	材料费(元)			8.17	8.17	8.17
	机械费(元)			0.19	0.19	0.19
	名称	单位	单价(元)	消耗量		
人工	二类人工	工日	135.00	28.120	24.460	20.092
材料	干混抹灰砂浆 DP M20.0	m³	446.95	0.018	0.018	0.018
	水	m³	4.27	0.004	0.004	0.004
	其他材料费	元	1.00	0.11	0.11	0.11
机械	干混砂浆罐式搅拌机 20000L	台班	193.83	0.001	0.001	0.001

2. 壁板制作、安装

工作内容:1. 木制壁板制作、安装:木壁板制作,刨光企口,接装及各种铁件安装等;

2. 塑料壁板制作、安装:划线、下料、拼装及各种铁件安装等。

定额编号				6-725	6-726	6-727	6-728
项目				木制浓缩室壁板	木制稳流板	塑料浓缩室壁板	塑料稳流板
计量单位				$100m^2$	100m	$100m^2$	100m
基价(元)				**12023.41**	**11055.03**	**12551.25**	**8245.74**
其中	人工费(元)			5285.25	2631.69	6705.72	3158.19
	材料费(元)			6710.02	8407.23	5812.76	5073.20
	机械费(元)			28.14	16.11	32.77	14.35
名称		单位	单价(元)	消耗量			
人工	二类人工	工日	135.00	39.150	19.494	49.672	23.394
材料	扁钢 Q235B 5×50	t	3957.00	0.339	—	0.356	—
	角钢 Q235B 50×50×5	kg	3.97	0.326	—	0.342	—
	木模板	m^3	1445.00	3.467	5.143	—	—
	硬塑料板	m^2	38.79	—	—	102.000	102.000
	普碳钢六角螺栓 M10×100	百个	110.00	2.815	—	—	—
	普碳钢六角螺栓 M10×40	百个	43.45	—	—	3.264	—
	普碳钢六角螺母	10个	0.76	—	57.752	—	60.639
	普碳钢六角螺栓 M10×60	百个	67.67	0.326	—	2.958	—
	木螺丝 1寸	百个	2.16	2.815	—	2.958	—
	圆钉	kg	4.74	3.101	2.040	—	2.142
	铁件	kg	3.71	—	246.652	—	258.984
	其他材料费	元	1.00	5.00	6.95	97.75	99.55
机械	木工平刨床 300mm	台班	10.76	1.270	0.726	—	—
	木工圆锯机 500mm	台班	27.50	—	—	0.820	0.400
	木工打眼机 16mm	台班	8.38	—	—	1.220	0.400
	木工裁口机 多面 400mm	台班	35.31	0.410	0.235	—	—

五、滤料铺设

工作内容：筛、运、洗砂石，清底层，挂线，铺设砂石，整形找平等。　　**计量单位：**10m³

定额编号				6-729	6-730	6-731	6-732	6-733	6-734
项目				黄砂	石英砂	卵石	碎石	粉末活性炭	颗粒活性炭
基价（元）				**2692.01**	**18761.43**	**1722.58**	**2426.59**	**53906.86**	**48758.06**
其中	人工费（元）			989.01	916.11	774.36	782.46	1241.19	971.87
	材料费（元）			1487.96	17630.28	733.18	1429.09	52450.63	47478.99
	机械费（元）			215.04	215.04	215.04	215.04	215.04	307.20
名称		单位	单价(元)	消耗量					
人工	二类人工	工日	135.00	7.326	6.786	5.736	5.796	9.194	7.199
材料	黄砂 毛砂	t	87.38	16.860	—	—	—	—	—
	石英砂 综合	m³	1553.00	—	11.240	—	—	—	—
	卵石 综合	t	52.33	—	—	13.872	—	—	—
	碎石 综合	t	102.00	—	—	—	13.872	—	—
	粉末活性炭	m³	4526.00	—	—	—	—	11.474	—
	颗粒活性炭	m³	4224.00	—	—	—	—	—	11.129
	其他材料费	元	1.00	14.73	174.56	7.26	14.15	519.31	470.09
机械	电动卷扬机 - 双筒慢速 30kN	台班	204.80	1.050	1.050	1.050	1.050	1.050	1.500

工作内容：筛、运、洗砂石，清底层，挂线，铺设砂石，整形找平等。

定额编号				6-735	6-736	6-737
项目				锰砂	磁铁矿石	尼龙网板制作、安装
计量单位				10t		10m²
基价（元）				**1516.65**	**1784.77**	**6568.16**
其中	人工费（元）			710.37	781.38	1811.16
	材料费（元）			591.24	788.35	4738.60
	机械费（元）			215.04	215.04	18.40
名称		单位	单价(元)	消耗量		
人工	二类人工	工日	135.00	5.262	5.788	13.416
材料	锰砂	m³	58.25	10.150	—	—
	磁铁矿石	m³	77.67	—	10.150	—
	普碳钢六角螺栓 M10×150	百个	157.00	—	—	28.280
	热轧薄钢板 Q235B δ4.0	kg	3.72	—	—	27.840
	铁件	kg	3.71	—	—	27.760
	电焊条	kg	4.31	—	—	1.760
	尼龙网 30 目	m²	1.21	—	—	25.270
	其他材料费	元	1.00	—	—	53.92
机械	电动卷扬机 - 双筒慢速 30kN	台班	204.80	1.050	1.050	—
	剪板机 13×2500	台班	93.56	—	—	0.020
	直流弧焊机 20kW	台班	78.72	—	—	0.210

六、防 水 工 程

工作内容:1. 清扫及烘干基层,配料,熬油,清扫油毡,砂子筛洗;
2. 调制砂浆,抹灰找平,压光压实,场内材料运输。

计量单位:$100m^2$

定额编号				6-738	6-739	6-740	6-741	6-742
项目				防水砂浆				
				平池底	锥池底	直池壁	圆池壁	池沟槽
基价(元)				**2174.97**	**2351.16**	**2697.57**	**2971.76**	**3640.72**
其中	人工费(元)			756.27	859.82	1212.44	1414.80	2195.10
	材料费(元)			1402.61	1474.48	1468.27	1540.10	1429.34
	机械费(元)			16.09	16.86	16.86	16.86	16.28
名称		单位	单价(元)	消耗量				
人工	二类人工	工日	135.00	5.602	6.369	8.981	10.480	16.260
材料	纯水泥浆	m^3	430.36	0.609	0.641	0.641	0.672	0.641
	干混抹灰砂浆 DP M20.0	m^3	446.95	2.016	2.121	2.111	2.216	2.048
	防水剂	kg	3.65	55.549	58.334	57.885	60.772	56.381
	水	m^3	4.27	4.490	4.516	4.513	4.539	4.498
	其他材料费	元	1.00	17.54	18.44	18.35	19.26	13.13
机械	干混砂浆罐式搅拌机 20000L	台班	193.83	0.083	0.087	0.087	0.087	0.084

工作内容:1. 清扫及烘干基层,配料,熬油,清扫油毡,砂子筛洗;
2. 调制砂浆,抹灰找平,压光压实,场内材料运输。

计量单位:$100m^2$

定额编号				6-743	6-744	6-745	6-746
项目				五层防水			
				平池底	锥池底	直池壁	圆池壁
基价(元)				**2567.04**	**2810.14**	**2987.75**	**3357.53**
其中	人工费(元)			1192.05	1359.86	1548.05	1843.02
	材料费(元)			1362.20	1436.71	1426.33	1500.36
	机械费(元)			12.79	13.57	13.37	14.15
名称		单位	单价(元)	消耗量			
人工	二类人工	工日	135.00	8.830	10.073	11.467	13.652
材料	纯水泥浆	m^3	430.36	0.609	0.641	0.641	0.672
	干混抹灰砂浆 DP M20.0	m^3	446.95	1.569	1.662	1.641	1.732
	防水剂	kg	3.65	34.568	36.292	36.128	37.934
	防水油	kg	6.00	39.729	41.718	41.524	43.605
	水	m^3	4.27	4.391	4.415	4.620	4.643
	其他材料费	元	1.00	15.55	16.39	16.29	17.13
机械	干混砂浆罐式搅拌机 20000L	台班	193.83	0.066	0.070	0.069	0.073

工作内容：1. 清扫及烘干基层，配料，熬油，清扫油毡，砂子筛洗；
2. 调制砂浆，抹灰找平，压光压实，场内材料运输。

计量单位：100m²

定额编号				6-747	6-748	6-749	6-750
项目				涂沥青			
				平面一遍	平面每增一遍	立面一遍	立面每增一遍
基价（元）				**966.64**	**467.87**	**1125.14**	**588.07**
其中	人工费（元）			181.44	55.89	221.13	77.76
	材料费（元）			785.20	411.98	904.01	510.31
	机械费（元）			—	—	—	—
	名称	单位	单价(元)	消耗量			
人工	二类人工	工日	135.00	1.344	0.414	1.638	0.576
材料	石油沥青	kg	2.67	187.005	150.997	221.996	187.005
	冷底子油	kg	5.57	48.000	—	52.000	—
	木柴	kg	0.16	80.003	51.997	93.995	64.999
	其他材料费	元	1.00	5.74	0.50	6.60	0.61

工作内容：1. 清扫及烘干基层，配料，熬油，清扫油毡，砂子筛洗；
2. 调制砂浆，抹灰找平，压光压实，场内材料运输。

计量单位：100m²

定额编号				6-751	6-752	6-753	6-754	6-755	6-756
项目				油毡防水层				苯乙烯涂料	
				平面二毡三油	平面增减一毡一油	立面二毡三油	立面增减一毡一油	平面二遍	立面二遍
基价（元）				**1519.22**	**515.28**	**1954.83**	**651.20**	**492.62**	**501.93**
其中	人工费（元）			632.61	221.94	1065.96	357.21	179.01	179.01
	材料费（元）			886.61	293.34	888.87	293.99	313.61	322.92
	机械费（元）			—	—	—	—	—	—
	名称	单位	单价(元)	消耗量					
人工	二类人工	工日	135.00	4.686	1.644	7.896	2.646	1.326	1.326
材料	石油沥青油毡 350g	m²	1.90	305.630	148.486	305.630	148.486	—	—
	冷底子油	kg	5.57	48.000	—	48.000	—	—	—
	木柴	kg	0.16	211.002	63.998	225.005	68.002	—	—
	苯乙烯涂料	kg	6.21	—	—	—	—	50.500	52.000
	其他材料费	元	1.00	4.79	0.98	4.81	0.99	—	—

七、施 工 缝

工作内容:熬制沥青、玛瑶脂,调配沥青麻丝、浸木丝板、拌合沥青砂浆,填塞、嵌缝、灌缝,材料场内运输等。

计量单位:100m

定额编号				6-757	6-758	6-759	6-760	6-761	6-762
项目				油浸麻丝		油浸木丝板	玛瑶脂	建筑油膏	沥青砂浆
				平面	立面				
基价(元)				**2319.58**	**2616.85**	**1063.62**	**1657.81**	**673.22**	**1194.32**
其中	人工费(元)			609.12	906.39	475.47	539.46	450.36	532.98
	材料费(元)			1710.46	1710.46	588.15	1118.35	222.86	661.34
	机械费(元)			—	—	—	—	—	—
名称		单位	单价(元)	消耗量					
人工	二类人工	工日	135.00	4.512	6.714	3.522	3.996	3.336	3.948
材料	石油沥青	kg	2.67	216.240	216.240	163.240	—	—	—
	木丝板 25×610×1830	m^2	9.31	—	—	15.300	—	—	—
	石油沥青玛瑶脂	m^3	2263.90	—	—	—	0.480	—	—
	建筑油膏	kg	2.49	—	—	—	—	87.768	—
	石油沥青砂浆 1:2:7	m^3	1311.80	—	—	—	—	—	0.480
	木柴	kg	0.16	99.000	99.000	61.600	198.000	27.005	198.000
	油麻丝	kg	20.69	54.000	54.000	—	—	—	—

工作内容:清缝、隔纸、剪裁、焊接成型、涂胶、铺砂、熬灌胶泥等。止水带制作,接头安装。

计量单位:100m

定额编号				6-763	6-764	6-765	6-766	6-767	6-768
项目				预埋式止水带				铁皮盖缝	
				橡胶	钢板	塑料	紫铜板	平面	立面
基价(元)				**3819.88**	**6232.78**	**3819.88**	**50262.92**	**3179.38**	**1630.67**
其中	人工费(元)			787.32	1676.70	787.32	1946.43	594.54	524.07
	材料费(元)			3032.56	4477.00	3032.56	48237.41	2584.84	1106.60
	机械费(元)			—	79.08	—	79.08	—	—
名称		单位	单价(元)	消耗量					
人工	二类人工	工日	135.00	5.832	12.420	5.832	14.418	4.404	3.882
材料	橡胶止水带	m	27.93	105.000	—	—	—	—	—
	热轧薄钢板 Q235B δ4.0	t	3721.00	—	1.123	—	—	—	—
	热轧光圆钢筋 综合	t	3966.00	—	0.030	—	—	—	—
	塑料止水带	m	27.93	—	—	105.000	—	—	—
	紫铜板 δ2	kg	58.27	—	—	—	810.900	—	—
	镀锌薄钢板 综合	m^2	38.97	—	—	—	—	62.250	26.380
	铜焊条	kg	68.97	—	—	—	14.300	—	—
	电焊条	kg	4.31	—	28.000	—	—	—	—
	氧气	m^3	3.62	—	6.000	—	—	—	—
	乙炔气	m^3	8.90	—	2.600	—	—	—	—
	圆钉	kg	4.74	—	—	—	—	2.100	9.790
	其他材料费	元	1.00	99.91	13.80	99.91	—	149.00	32.17
机械	剪板机 20×2500	台班	128.07	—	0.110	—	0.110	—	—
	交流弧焊机 32kV·A	台班	92.84	—	0.700	—	0.700	—	—

八、井、池渗漏试验

工作内容：准备工具、灌水、检查、排水、现场清理等。

定额编号				6-769	6-770	6-771	6-772
项目				井容量(m^3)	池容量(m^3)		
				500以内	5000以内	10000以内	10000以上
计量单位				$100m^3$	$1000m^3$		
基价（元）				**969.40**	**5640.26**	**6249.63**	**6682.02**
其中	人工费（元）			483.44	877.64	1234.04	1412.24
	材料费（元）			456.61	4509.65	4509.65	4509.65
	机械费（元）			29.35	252.97	505.94	760.13
名称		单位	单价(元)	消耗量			
人工	二类人工	工日	135.00	3.581	6.501	9.141	10.461
材料	镀锌铁丝 10#	kg	5.38	0.497	0.400	0.400	0.400
	塑料软管 φ12	m	1.16	2.000	2.000	2.000	2.000
	木板标尺	m^3	1152.00	0.001	0.001	0.001	0.001
	水	m^3	4.27	105.000	1050.000	1050.000	1050.000
	其他材料费	元	1.00	2.11	20.53	20.53	20.53
机械	污水泵 100mm	台班	112.87	0.260	—	—	—
	电动单级离心清水泵 150mm	台班	60.81	—	4.160	8.320	12.500

第五章
给排水机械设备安装

说 明

一、本章定额包括拦污及提水设备,投药、消毒处理设备,水处理设备,排泥、撇渣和除砂机械,污泥脱水浓缩机械,除臭设备,膜处理设备,闸门及驱动装置,其他,共9节317个子目。

二、本章适用于给水厂、排水泵站及污水处理厂新建、扩建建设项目的专用设备安装。通用机械设备安装应套用《浙江省通用安装工程预算定额》(2018版)有关专业册的相应项目。

三、本章设备、机具和材料的搬运:

1. 设备:包括自安装现场指定堆放地点运至安装地点的水平和垂直搬运。

2. 机具和材料:包括施工单位现场仓库运至安装地点的水平和垂直搬运。

3. 垂直运输基准面:在室内,以室内地平面为基准面;在室外,以室外安装现场地平面为基准面。

四、工作内容:

1. 设备、材料及机具的搬运,设备开箱点件、外观检查,配合基础验收,起重机具的领用、搬运、装拆、清洗、退库。

2. 划线定位,铲麻面、吊装、组装、联接、放置垫铁及地脚螺栓,找正、找平、精平、焊接、固定、灌浆。

3. 施工及验收规范中规定的调整、试验及无负荷试运转。

4. 工种间交叉配合的停歇时间、配合质量检查、交工验收,收尾结束工作。

5. 设备本体带有的物体、机件等附件的安装。

五、本章定额除各节另有说明外,均未包括下列内容:

1. 设备、成品、半成品、构件等自安装现场指定堆放点外的搬运工作。

2. 因场地狭小、有障碍物,沟、坑等所引起的设备、材料、机具等增加的搬运、装拆工作。

3. 设备基础地脚螺栓孔、预埋件的修整及调整所增加的工作。

4. 供货设备整机、机件、零件、附件的处理、修补、修改、检修、加工、制作、研磨以及测量等工作。

5. 非与设备本体联体的附属设备或构件等的安装、制作、刷油、防腐、保温等工作和脚手架搭拆工作。

6. 设备变速箱、齿轮箱的用油,以及试运转所用的油、水、电等。

7. 专用垫铁、特殊垫铁、地脚螺栓和产品图纸注明的标准件、紧固件。

8. 负荷试运转、生产准备试运转工作。

六、本章设备的安装是按无外围护条件下施工考虑的,如在有外围护的施工条件下施工,定额人工及机械应乘以系数1.15,其他不变。

七、本章定额是按国内大多数施工企业普遍采用的施工方法、机械化程度和合理的劳动组织编制的。

八、一般起重机具的摊销费执行安装工程预算定额的有关规定。

九、各节有关说明。

(一)拦污及提水设备:

1. 格栅组对的胎具制作另行计算。

2. 格栅制作是按现场加工制作考虑的。

(二)投药、消毒设备:

1. 管式药液混合器,以两节为准,如为三节,乘以系数1.3。

2. 水射器安装以法兰式连接为准,不包括法兰及短管的焊接安装。

3. 加氯机为膨胀螺栓固定安装。

4. 溶药搅拌设备以混凝土基础为准考虑。

(三)水处理设备:

1. 曝气机以带有公共底座考虑,如无公共底座时,定额基价乘以系数 1.3。如需制作、安装钢制支承平台时,应另行计算。

2. 曝气管的分管以闸阀划分为界,包括钻孔。塑料管为成品件,如需粘接和焊接时,可按相应规格项目的定额基价分别乘以系数 1.2 和 1.3。

3. 卧式表曝机包括泵(E)型、平板型、倒伞型和 K 型叶轮。

(四)排泥、撇渣及除砂机械:

1. 排泥设备的池底找平由土建负责,如需钳工配合,另行计算。

2. 吸泥机以虹吸式为准,如采用泵吸式,定额基价乘以系数 1.3。

(五)污泥脱水浓缩机械:

污泥脱水设备安装就位的上排、拐弯、下排,定额中均已综合考虑,施工方法与定额不同时,不得调整。

(六)膜处理设备未包括膜处理系统单元以外的水泵、风机、曝气器、布空管、空压机、仪表、电气控制系统等附属配套设施的安装内容,执行本章相应项目。

(七)闸门及驱动装置:

1. 铸铁圆闸门包括升杆式和暗杆式,其安装深度按 6m 以内考虑。

2. 铸铁方闸门以带门框座为准,其安装深度按 6m 以内考虑。

3. 铸铁堰门安装深度按 3m 以内考虑。

4. 螺杆启闭机安装深度按手轮式为 3m、手摇式为 4.5m、电动为 6m、汽动为 3m 以内考虑。

(八)集水槽、堰板制作、安装及其他:

1. 集水槽制作、安装:

(1)集水槽制作项目中已包括了钻孔或铣孔的用工和机械,执行时,不得再另计。

(2)碳钢集水槽制作和安装中已包括了除锈和刷一遍防锈漆、二遍调和漆的人工和材料,不得再另计除锈刷油费用。但如果油漆种类不同,油漆的单价可以换算,其他不变。

2. 堰板制作、安装:

(1)碳钢、不锈钢矩型堰执行齿型堰相应项目,其中人工乘以系数 0.6,其他不变。

(2)金属齿型堰板安装方法是按有连接板考虑的,非金属堰板安装方法是按无连接板考虑的。

(3)金属堰板安装项目是按碳钢考虑的,不锈钢堰板按金属堰板安装相应项目基价乘以系数 1.2,主材另计,其他不变。

(4)非金属堰板安装项目适用于玻璃钢和塑料堰板。

3. 穿孔管、穿孔板钻孔:

(1)穿孔管钻孔项目适用于水厂的穿孔配水管、穿孔排泥管等各种材质管的钻孔。

(2)其工作内容包括:切管、划线、钻孔、场内材料运输。穿孔管的对接、安装应另按有关项目计算。

4. 斜板、斜管安装:

(1)斜板安装定额是按成品考虑的,其内容包括固定、螺栓连接等,不包括斜板的加工制作费用。

(2)聚丙烯斜管安装定额是按成品考虑的,其内容包括铺装、固定、安装等。

工程量计算规则

一、机械设备类:

1. 格栅除污机、滤网清污机、螺旋泵、搅拌机械、吸泥机、刮泥机、压榨机、带式压滤机、污泥脱水机、污泥浓缩机、污泥浓缩脱水一体机、污泥切割机、离子除臭设备等区分设备类型、材质、规格、型号和参数,以"台"计算;生物转盘区分设备重量以"台"计算,包括电动机的重量在内。

2. 水射器、管式混合器、曝气器区分直径以"个"计算;曝气器区分不同类型按设计图示数量以"个"计算。

3. 滗水器区分不同型号及堰长以"台"计算。

4. 闸门及驱动装置均区分直径或长×宽以"座"计算。

5. 曝气管不分曝气池和曝气沉砂池,均区分管径和材质按"延长米"计算。

6. 膜处理设备区分设备类型、工艺形式、材质结构以及膜处理系统单元产水能力,以"套"计算。

二、其他项目:

1. 集水槽制作、安装分别按碳钢、不锈钢,区分厚度以"m^2"计算。

2. 集水槽制作、安装以设计断面尺寸乘以相应长度以"m^2"计算,断面尺寸应包括需要折边的长度,不扣除出水孔所占面积。

3. 堰板制作分别按碳钢、不锈钢,区分厚度以"m^2"计算。

4. 堰板安装分别按金属和非金属,区分厚度以"m^2"计算。金属堰板适用于碳钢、不锈钢,非金属堰板适用于玻璃钢和塑料。

5. 齿型堰板制作,安装按堰板的设计宽度乘以长度以"m^2"计算,不扣除齿型间隔空隙所占面积。

6. 穿孔管钻孔项目,区分材质按管径以"孔"计算。钻孔直径是综合考虑取定的。

7. 斜板、斜管安装仅是安装费,以"m^2"计算。

8. 格栅制作安装区分材质按格栅重量以"t"计算,制作所需的主材应区分规格、型号分别按定额中规定的使用量计算。

一、拦污及提水设备

1. 格栅的制作、安装

工作内容:放样,下料,调直,打孔,加工,组对,点焊,成品校正,除锈刷油。 **计量单位:**t

定额编号				6-773	6-774	6-775	6-776	6-777	6-778
项目				格栅制作				格栅安装	
				碳钢		不锈钢		碳钢	不锈钢
				0.3t 以内	0.3t 以外	0.3t 以内	0.3t 以外		
基价(元)				**10528.84**	**9390.55**	**25787.60**	**24738.26**	**2646.96**	**3692.68**
其中	人工费(元)			4879.44	3807.81	5463.45	4434.75	1613.52	1613.52
	材料费(元)			4643.64	4703.17	19336.09	19419.30	345.44	1398.24
	机械费(元)			1005.76	879.57	988.06	884.21	688.00	680.92
名称		单位	单价(元)	消耗量					
人工	二类人工	工日	135.00	36.144	28.206	40.470	32.850	11.952	11.952
材料	型钢 综合	kg	3.84	1050.000	1050.000	—	—	72.890	—
	不锈钢型钢 综合	kg	18.10	—	—	1050.000	1050.000	—	70.200
	镀锌铁丝 10#	kg	5.38	0.500	0.500	0.500	0.500	0.500	0.500
	木模板	m^3	1445.00	0.004	0.004	0.004	0.004	0.004	0.004
	枕木 2500×250×200	根	159.00	0.050	0.050	0.050	0.050	0.050	0.050
	防锈漆 C53-1	kg	14.05	21.100	21.100	—	—	—	—
	酚醛调和漆	kg	11.29	9.200	9.200	—	—	—	—
	棉纱	kg	10.34	4.000	4.000	3.000	4.000	1.000	1.000
	不锈钢焊条 奥 102	kg	31.90	—	—	7.400	9.200	—	1.960
	电焊条	kg	4.31	7.420	8.950	—	—	1.810	1.815
	氧气	m^3	3.62	3.600	8.900	—	—	0.230	—
	乙炔气	m^3	8.90	1.200	2.967	—	—	0.077	—
	破布	kg	6.90	2.000	3.000	2.000	3.000	1.000	1.000
	黄油	kg	9.05	0.500	1.000	0.200	0.500	1.000	1.000
	煤油	kg	3.79	4.200	5.500	3.500	4.600	2.000	2.000
	汽油 综合	kg	6.12	8.400	8.400	—	—	—	—
	硝酸	kg	1.98	—	—	2.000	2.000	—	—
	氢氟酸 45%	kg	7.84	—	—	1.000	1.000	—	—
	其他材料费	元	1.00	12.19	13.87	6.91	8.58	5.93	6.98
机械	汽车式起重机 5t	台班	366.47	1.330	1.140	1.330	1.140	1.140	1.140
	电动卷扬机-双筒慢速 50kN	台班	223.12	1.260	1.260	1.260	1.260	1.000	1.000
	普通车床 400×2000	台班	49.85	0.650	—	0.650	—	—	—
	立式钻床 50mm	台班	21.16	2.600	—	2.600	—	0.500	0.500
	交流弧焊机 21kV·A	台班	63.33	—	—	1.897	2.359	—	0.465
	直流弧焊机 20kW	台班	78.72	1.903	2.295	—	—	0.464	—
	等离子切割机 400A	台班	239.40	—	—	0.050	0.150	—	—

2. 格栅除污机

工作内容:开箱点件、基础划线、场内运输、设备吊装就位、一次灌浆、精平、组装,附件组装、清洗、检查、加油,无负荷试运转。

计量单位:台

定额编号				6-779	6-780	6-781	6-782	6-783	6-784
项目				固定式(格栅宽度 m 以内)			移动式(设备重量 t 以内)		
				1.8	2.4	4	1	2	4
基价(元)				**5470.54**	**6483.15**	**8507.29**	**3506.90**	**4514.48**	**6134.56**
其中	人工费(元)			4477.14	5333.04	7148.25	2898.18	3652.29	5066.55
	材料费(元)			380.75	441.65	637.13	235.28	267.12	315.66
	机械费(元)			612.65	708.46	721.91	373.44	595.07	752.35
	名称	单位	单价(元)	消耗量					
人工	二类人工	工日	135.00	33.164	39.504	52.950	21.468	27.054	37.530
材料	镀锌铁丝 $10^{\#}$	kg	5.38	3.000	3.500	4.000	4.000	4.000	4.000
	木模板	m^3	1445.00	0.023	0.027	0.039	0.020	0.025	0.030
	枕木 2500×250×200	根	159.00	0.300	0.300	0.400	0.300	0.300	0.400
	复合硅酸盐水泥 P·C 32.5R 综合	kg	0.32	131.000	163.000	261.000	—	—	—
	黄砂 净砂	t	92.23	0.273	0.338	0.533	—	—	—
	碎石 综合	t	102.00	0.313	0.381	0.612	—	—	—
	棉纱	kg	10.34	1.060	1.560	2.560	3.000	3.000	3.000
	电焊条	kg	4.31	2.470	2.660	3.400	0.880	1.030	1.260
	平垫铁 $1^{\#}$	块	3.45	5.000	5.000	7.000	—	—	—
	斜垫铁 $1^{\#}$	块	5.34	10.000	10.000	14.000	—	—	—
	破布	kg	6.90	2.620	3.220	4.220	2.000	2.000	2.000
	黄油	kg	9.05	4.500	5.900	7.900	5.900	7.900	9.900
	机油 综合	kg	2.91	1.580	2.080	4.080	2.000	2.500	3.000
	煤油	kg	3.79	4.050	5.050	7.050	4.000	5.000	6.000
	汽油 综合	kg	6.12	1.130	1.150	1.650	1.500	1.500	1.500
	其他材料费	元	1.00	6.73	7.82	11.21	4.99	5.62	6.69
机械	汽车式起重机 8t	台班	648.48	0.750	0.880	0.860	0.460	0.750	0.950
	载货汽车 5t	台班	382.30	0.200	0.220	0.250	0.150	0.230	0.290
	直流弧焊机 20kW	台班	78.72	0.633	0.682	0.872	0.226	0.264	0.323

3. 滤网清污机

工作内容:开箱点件、基础划线、场内运输、设备吊装就位、一次灌浆、精平、组装,附件组装、清洗、检查、加油,无负荷试运转。

计量单位:台

定额编号				6-785	6-786	6-787	6-788	6-789
项目				设备重量(t 以内)				
				4	6	8	10	12
基价(元)				**6819.32**	**7618.17**	**8565.87**	**9876.55**	**10985.51**
其中	人工费(元)			5765.58	6329.34	6880.14	7754.13	8641.08
	材料费(元)			316.55	353.34	407.35	452.29	487.37
	机械费(元)			737.19	935.49	1278.38	1670.13	1857.06
	名称	单位	单价(元)	消耗量				
人工	二类人工	工日	135.00	42.708	46.884	50.964	57.438	64.008
材料	镀锌铁丝 10#	kg	5.38	3.000	3.500	3.500	3.500	4.000
	木模板	m^3	1445.00	0.020	0.022	0.024	0.026	0.028
	枕木 2500×250×200	根	159.00	0.300	0.300	0.300	0.300	0.300
	复合硅酸盐水泥 P·C 32.5R 综合	kg	0.32	88.000	106.000	131.000	157.000	174.000
	黄砂 净砂	t	92.23	0.195	0.234	0.273	0.325	0.364
	碎石 综合	t	102.00	0.218	0.258	0.258	0.354	0.394
	棉纱	kg	10.34	1.000	1.200	1.300	1.400	1.500
	电焊条	kg	4.31	2.100	2.300	2.400	2.600	2.800
	平垫铁 1#	块	3.45	4.000	4.000	6.000	6.000	6.000
	斜垫铁 1#	块	5.34	8.000	8.000	12.000	12.000	12.000
	破布	kg	6.90	2.000	2.300	2.500	2.800	3.000
	黄油	kg	9.05	3.500	4.000	4.000	4.800	5.000
	机油 综合	kg	2.91	1.500	2.000	2.500	3.200	4.000
	煤油	kg	3.79	3.000	4.000	5.000	6.000	8.000
	汽油 综合	kg	6.12	1.000	1.200	1.400	1.500	1.500
	氧气	m^3	3.62	0.300	0.300	0.300	0.300	0.300
	乙炔气	m^3	8.90	0.100	0.100	0.100	0.100	0.100
	中厚钢板 综合	kg	3.71	1.200	1.500	1.800	2.000	2.200
	其他材料费	元	1.00	5.76	6.43	7.26	8.02	8.66
机械	汽车式起重机 8t	台班	648.48	0.930	1.200	0.380	0.420	0.460
	汽车式起重机 12t	台班	748.60	—	—	1.130	—	—
	汽车式起重机 16t	台班	875.04	—	—	—	1.340	1.510
	载货汽车 8t	台班	411.20	—	—	—	0.420	0.440
	载货汽车 5t	台班	382.30	0.240	0.290	0.360	—	—
	直流弧焊机 20kW	台班	78.72	0.538	0.590	0.615	0.667	0.718

4.螺 旋 泵

工作内容:开箱点件、基础划线、场内运输、设备吊装就位、一次灌浆、精平、组装,附件组装、清洗、检查、加油,无负荷试运转。

计量单位:台

定额编号				6-790	6-791	6-792	6-793
项目				泵体直径(mm 以内)			
				ϕ600	ϕ800	ϕ1000	ϕ1200
基价(元)				**3155.10**	**4191.15**	**5555.17**	**5854.79**
其中	人工费(元)			1897.83	2783.97	3954.42	4109.13
	材料费(元)			288.66	318.01	361.85	398.37
	机械费(元)			968.61	1089.17	1238.90	1347.29
名称		单位	单价(元)	消耗量			
人工	二类人工	工日	135.00	14.058	20.622	29.292	30.438
材料	镀锌铁丝 10#	kg	5.38	3.000	4.000	5.000	5.000
	木模板	m^3	1445.00	0.030	0.030	0.034	0.038
	枕木 2500×250×200	根	159.00	0.200	0.200	0.200	0.200
	复合硅酸盐水泥 P·C 32.5R 综合	kg	0.32	18.000	37.000	57.000	80.000
	黄砂 净砂	t	92.23	0.039	0.078	0.117	0.169
	碎石 综合	t	102.00	0.041	0.082	0.136	0.190
	棉纱	kg	10.34	0.200	0.340	0.660	0.800
	电焊条	kg	4.31	1.820	1.910	1.970	2.430
	平垫铁 1#	块	3.45	8.000	8.000	8.000	8.000
	斜垫铁 1#	块	5.34	16.000	16.000	16.000	16.000
	破布	kg	6.90	0.800	1.000	1.990	2.390
	黄油	kg	9.05	3.020	3.230	3.480	3.720
	机油 综合	kg	2.91	1.140	1.380	1.620	1.860
	煤油	kg	3.79	3.340	4.310	5.070	5.930
	汽油 综合	kg	6.12	1.000	1.000	1.000	1.000
	其他材料费	元	1.00	5.93	6.55	7.49	8.24
机械	汽车式起重机 12t	台班	748.60	1.080	0.170	0.200	0.210
	汽车式起重机 16t	台班	875.04	—	0.980	1.110	1.210
	载货汽车 8t	台班	411.20	0.300	0.160	0.190	0.200
	直流弧焊机 20kW	台班	78.72	0.467	0.490	0.505	0.623

二、投药、消毒处理设备

1. 加 氯 机

工作内容:开箱点件、基础划线、场内运输、固定、安装。 计量单位:套

定额编号				6-794	6-795
项目				柜式加氯机	挂式加氯机
基价(元)				475.71	340.44
其中	人工费(元)			473.04	337.77
	材料费(元)			2.67	2.67
	机械费(元)			—	—
名称		单位	单价(元)	消耗量	
人工	二类人工	工日	135.00	3.504	2.502
材料	六角带帽螺栓 M8~10	套	0.44	4.000	4.000
	棉纱	kg	10.34	0.050	0.050
	破布	kg	6.90	0.050	0.050
	其他材料费	元	1.00	0.05	0.05

2. 水 射 器

工作内容:开箱点件、场内运输、制垫、安装、找平、加垫、紧固螺栓。 计量单位:个

定额编号				6-796	6-797	6-798	6-799	6-800	6-801
项目				公称直径(mm 以内)					
				*DN*25	*DN*32	*DN*40	*DN*50	*DN*65	*DN*80
基价(元)				43.91	50.76	58.71	66.86	77.55	90.35
其中	人工费(元)			43.74	50.49	58.32	66.42	76.95	89.64
	材料费(元)			0.17	0.27	0.39	0.44	0.60	0.71
	机械费(元)			—	—	—	—	—	—
名称		单位	单价(元)	消耗量					
人工	二类人工	工日	135.00	0.324	0.374	0.432	0.492	0.570	0.664
材料	石棉橡胶板 低压 δ0.8~6	kg	5.26	0.030	0.050	0.070	0.080	0.110	0.130
	其他材料费	元	1.00	0.01	0.01	0.02	0.02	0.02	0.03

3. 管式混合器

工作内容:外观检查、点件、安装、找平、制垫、加垫、紧固螺栓、水压试验。　　　　**计量单位**:个

定额编号				6-802	6-803	6-804	6-805	6-806	6-807
项目				公称直径(mm 以内)					
				*DN*400	*DN*600	*DN*900	*DN*1200	*DN*1600	*DN*2000
基价(元)				**681.57**	**1004.67**	**1557.55**	**2055.36**	**2804.88**	**3774.74**
其中	人工费(元)			478.71	713.61	1260.36	1696.95	2174.04	2789.64
	材料费(元)			4.83	7.57	13.70	16.56	25.22	28.50
	机械费(元)			198.03	283.49	283.49	341.85	605.62	956.60
名称		单位	单价(元)	消耗量					
人工	二类人工	工日	135.00	3.546	5.286	9.336	12.570	16.104	20.664
材料	石棉橡胶板 低压 δ0.8~6	kg	5.26	0.880	1.380	2.500	3.020	4.600	5.200
	其他材料费	元	1.00	0.20	0.31	0.55	0.67	1.02	1.15
机械	汽车式起重机 8t	台班	648.48	0.270	0.390	0.390	0.480	0.130	0.180
	汽车式起重机 12t	台班	748.60	—	—	—	—	0.630	1.030
	载货汽车 5t	台班	382.30	0.060	0.080	0.080	0.080	0.130	0.180

4.搅拌机械

工作内容:开箱点件、基础划线、场内运输、设备吊装就位、一次灌浆、精平、组装,附件组装、清洗、检查、加油,无负荷试运转。

计量单位:台

定额编号				6-808	6-809	6-810	6-811	6-812	6-813
项目				立式搅拌机(t 以内)				卧式搅拌机(t 以内)	
				1	3	5	8	4	8
基价(元)				**1583.07**	**2642.09**	**4147.58**	**5609.94**	**3752.64**	**5246.50**
其中	人工费(元)			1134.00	1880.82	3093.39	4093.74	2779.11	3792.42
	材料费(元)			84.98	122.71	147.93	188.87	221.13	249.91
	机械费(元)			364.09	638.56	906.26	1327.33	752.40	1204.17
	名称	单位	单价(元)	消耗量					
人工	二类人工	工日	135.00	8.400	13.932	22.914	30.324	20.586	28.092
材料	中厚钢板 综合	kg	3.71	2.800	5.600	7.400	9.300	7.600	10.400
	镀锌铁丝 10#	kg	5.38	1.500	2.000	2.000	2.500	3.000	3.000
	木模板	m^3	1445.00	0.010	0.010	0.010	0.010	0.010	0.010
	枕木 2000×200×200	根	138.00	0.020	0.040	0.080	0.100	0.100	0.100
	复合硅酸盐水泥 P·C 32.5R 综合	kg	0.32	8.000	17.000	26.000	37.000	24.000	35.000
	黄砂 净砂	t	92.23	0.013	0.026	0.039	0.052	0.039	0.052
	碎石 综合	t	102.00	0.014	0.027	0.041	0.054	0.041	0.054
	棉纱	kg	10.34	0.500	0.500	0.800	1.200	1.500	2.000
	电焊条	kg	4.31	0.400	1.900	2.000	2.200	2.400	2.800
	平垫铁 1#	块	3.45	4.000	4.000	4.000	4.000	12.000	12.000
	氧气	m^3	3.62	0.300	0.600	0.800	1.100	1.200	1.400
	乙炔气	m^3	8.90	0.100	0.200	0.267	0.367	0.400	0.467
	破布	kg	6.90	0.500	0.500	0.800	1.200	1.500	2.000
	黄油	kg	9.05	1.000	1.000	1.000	1.500	2.000	2.000
	机油 综合	kg	2.91	0.500	1.000	1.000	1.500	2.000	2.000
	煤油	kg	3.79	1.500	3.000	3.000	4.500	5.000	5.000
	其他材料费	元	1.00	1.82	2.72	3.31	4.31	4.71	5.39
机械	汽车式起重机 8t	台班	648.48	0.490	0.790	0.270	0.340	0.950	0.340
	汽车式起重机 12t	台班	748.60	—	—	0.790	—	—	1.070
	汽车式起重机 16t	台班	875.04	—	—	—	1.070	—	—
	载货汽车 5t	台班	382.30	0.100	0.230	0.260	0.330	0.230	0.330
	直流弧焊机 20kW	台班	78.72	0.103	0.487	0.513	0.564	0.615	0.718

三、水处理设备

1. 曝　气　器

工作内容：外观检查、场内运输、设备吊装就位、安装、固定、找平、找正调试。

定额编号				6-814	6-815	6-816	6-817	6-818	6-819	6-820
项目				抽桶曝气器	螺旋曝气器	盘式（球形、钟罩、平板）曝气器	旋流混合扩散曝气器	陶瓷、钛板曝气器	曝气头	滤帽
计量单位				个	10个					
基价（元）				**2037.20**	**1158.59**	**105.30**	**102.60**	**114.75**	**73.96**	**22.41**
其中	人工费（元）			1385.91	1027.08	105.30	102.60	114.75	52.11	22.41
	材料费（元）			94.88	13.68	—	—	—	21.85	—
	机械费（元）			556.41	117.83	—	—	—	—	—
名称		单位	单价（元）	消耗量						
人工	二类人工	工日	135.00	10.266	7.608	0.780	0.760	0.850	0.386	0.166
材料	热轧薄钢板 Q235B 综合	kg	3.97	2.000	—	—	—	—	—	—
	镀锌铁丝 10#	kg	5.38	1.500	—	—	—	—	—	—
	木模板	m^3	1445.00	0.010	—	—	—	—	—	—
	枕木 2500×250×200	根	159.00	0.010	—	—	—	—	—	—
	石棉橡胶板 低压 δ0.8～6	kg	5.26	—	1.500	—	—	—	—	—
	金属膨胀螺栓 M10×80	套	0.48	—	—	—	—	—	40.800	—
	棉纱	kg	10.34	2.000	0.300	—	—	—	—	—
	电焊条	kg	4.31	1.800	—	—	—	—	—	—
	平垫铁 1#	块	3.45	4.000	—	—	—	—	—	—
	氧气	m^3	3.62	0.600	—	—	—	—	—	—
	乙炔气	m^3	8.90	0.200	—	—	—	—	—	—
	破布	kg	6.90	2.000	0.300	—	—	—	—	—
	其他材料费	元	1.00	2.84	0.62	—	—	—	2.27	—
机械	汽车式起重机 8t	台班	648.48	0.580	0.150	—	—	—	—	—
	载货汽车 8t	台班	411.20	0.350	0.050	—	—	—	—	—
	直流弧焊机 20kW	台班	78.72	0.462	—	—	—	—	—	—

2. 布气管安装

工作内容:切管、坡口、调直、对口、挖眼接管、管道制安、盲板制安、水压试验、场内运输。　　计量单位:10m

定额编号				6-821	6-822	6-823	6-824	6-825	6-826
项目				碳钢管		塑料管		不锈钢管	
				DN100	DN150	DN100	DN150	DN100	DN150
基价(元)				251.62	298.22	174.96	205.10	425.19	499.05
其中	人工费(元)			162.00	196.83	110.97	134.46	179.82	221.13
	材料费(元)			71.44	80.77	63.99	70.64	161.31	175.14
	机械费(元)			18.18	20.62	—	—	84.06	102.78
名称		单位	单价(元)	消耗量					
人工	二类人工	工日	135.00	1.200	1.458	0.822	0.996	1.332	1.638
材料	镀锌铁丝 10#	kg	5.38	1.500	1.800	1.200	1.500	1.500	1.800
	木模板	m^3	1445.00	0.010	0.010	0.010	0.010	0.010	0.010
	枕木 2000×200×200	根	138.00	0.030	0.040	0.010	0.010	0.030	0.040
	石棉橡胶板 低压 δ0.8~6	kg	5.26	0.350	0.400	0.350	0.400	0.350	0.400
	不锈钢六角带帽螺栓 M16×45	套	4.25	—	—	—	—	20.000	20.000
	六角带帽螺栓 M16×45	套	0.91	20.000	20.000	20.000	20.000	—	—
	铅油	kg	5.60	0.600	0.800	0.600	0.800	0.600	0.800
	棉纱	kg	10.34	0.600	0.800	0.500	0.600	0.500	0.800
	不锈钢焊条 奥 102	kg	31.90	—	—	—	—	0.900	1.020
	电焊条	kg	4.31	0.900	1.020	—	—	—	—
	塑料焊条	kg	8.03	—	—	0.800	1.000	—	—
	氧气	m^3	3.62	0.600	0.700	—	—	—	—
	乙炔气	m^3	8.90	0.200	0.233	—	—	—	—
	破布	kg	6.90	0.600	0.800	0.500	0.600	0.500	0.800
	机油 综合	kg	2.91	0.200	0.200	0.200	0.200	0.200	0.200
	其他材料费	元	1.00	2.62	2.95	2.68	3.00	6.54	6.99
机械	交流弧焊机 21kV·A	台班	63.33	—	—	—	—	0.231	0.262
	直流弧焊机 20kW	台班	78.72	0.231	0.262	—	—	—	—
	等离子切割机 400A	台班	239.40	—	—	—	—	0.290	0.360

3. 曝　气　机

工作内容：开箱点件、基础划线、场内运输、设备吊装就位、一次灌浆、精平、组装，附件组装、清洗、检查、加油，无负荷运转。

计量单位：台

定额编号				6-827	6-828	6-829
项目				立式表面曝气机(叶轮直径 m 以内)		
				1	1.5	2
基价（元）				2899.82	3403.82	3854.97
其中	人工费（元）			2392.74	2799.36	3195.45
	材料费（元）			203.20	219.28	231.61
	机械费（元）			303.88	385.18	427.91
名称		单位	单价(元)	消耗量		
人工	二类人工	工日	135.00	17.724	20.736	23.670
材料	镀锌铁丝 10#	kg	5.38	1.500	1.500	1.800
	紫铜皮	kg	61.03	0.100	0.150	0.200
	木模板	m^3	1445.00	0.010	0.010	0.010
	枕木 2500×250×200	根	159.00	0.010	0.020	0.030
	复合硅酸盐水泥 P·C 32.5R 综合	kg	0.32	18.000	26.000	32.000
	黄砂 净砂	t	92.23	0.026	0.039	0.052
	碎石 综合	t	102.00	0.041	0.054	0.068
	棉纱	kg	10.34	1.000	1.200	1.200
	电焊条	kg	4.31	0.500	0.500	0.500
	平垫铁 1#	块	3.45	8.000	8.000	8.000
	斜垫铁 1#	块	5.34	16.000	16.000	16.000
	破布	kg	6.90	1.000	1.200	1.200
	黄油	kg	9.05	1.000	1.000	1.000
	机油 综合	kg	2.91	2.200	2.500	2.500
	煤油	kg	3.79	1.100	1.200	1.200
	汽油 综合	kg	6.12	0.600	0.800	1.000
	其他材料费	元	1.00	4.92	5.35	5.65
机械	汽车式起重机 8t	台班	648.48	0.400	0.490	0.550
	载货汽车 5t	台班	382.30	0.090	0.150	0.160
	直流弧焊机 20kW	台班	78.72	0.128	0.128	0.128

工作内容:开箱点件、基础划线、场内运输、设备吊装就位、一次灌浆、精平、组装,附件组装、清洗、检查、加油,无负荷运转。

计量单位:台

定额编号				6-830	6-831	6-832	6-833	6-834
项目				倒伞形叶轮曝气机(直径 m 以内)				
				1	1.65	2.55	3.25	3.25 以外
基价(元)				**2306.93**	**2650.48**	**3036.19**	**3578.14**	**4331.97**
其中	人工费(元)			1744.74	2008.80	2329.56	2774.25	3439.26
	材料费(元)			231.21	256.50	270.19	307.93	335.55
	机械费(元)			330.98	385.18	436.44	495.96	557.16
名称		单位	单价(元)	消耗量				
人工	二类人工	工日	135.00	12.924	14.880	17.256	20.550	25.476
材料	镀锌铁丝 10#	kg	5.38	1.500	1.500	2.000	2.500	3.000
	紫铜皮	kg	61.03	0.100	0.200	0.300	0.400	0.400
	木模板	m^3	1445.00	0.010	0.010	0.010	0.010	0.010
	枕木 2500×250×200	根	159.00	0.010	0.020	0.030	0.050	0.060
	复合硅酸盐水泥 P·C 32.5R 综合	kg	0.32	22.000	30.000	36.000	42.000	49.000
	黄砂 净砂	t	92.23	0.033	0.052	0.063	0.078	0.091
	碎石 综合	t	102.00	0.041	0.068	0.082	0.095	0.109
	棉纱	kg	10.34	1.200	1.500	1.500	2.000	2.500
	电焊条	kg	4.31	0.500	0.500	0.600	0.600	0.600
	平垫铁 1#	块	3.45	12.000	12.000	12.000	12.000	12.000
	斜垫铁 1#	块	5.34	16.000	16.000	16.000	16.000	16.000
	破布	kg	6.90	1.200	1.500	1.500	2.000	2.500
	黄油	kg	9.05	1.000	1.200	1.000	1.500	2.000
	机油 综合	kg	2.91	3.400	4.000	4.000	4.800	5.800
	煤油	kg	3.79	1.700	2.000	2.000	2.400	2.800
	汽油 综合	kg	6.12	1.000	1.000	1.000	1.500	1.500
	其他材料费	元	1.00	5.54	6.21	6.53	7.62	8.52
机械	汽车式起重机 8t	台班	648.48	0.430	0.490	0.560	0.640	0.720
	载货汽车 5t	台班	382.30	0.110	0.150	0.160	0.180	—
	载货汽车 8t	台班	411.20	—	—	—	—	0.190
	直流弧焊机 20kW	台班	78.72	0.128	0.128	0.154	0.154	0.154

工作内容：开箱点件、基础划线、场内运输、设备吊装就位、一次灌浆、精平、组装，附件组装、清洗、检查、加油，无负荷运转。

计量单位：台

定额编号				6-835	6-836	6-837
项目				转刷曝气机(长度m以内)		
				4.5	6	9
				转刷直径1m		
基价（元）				**3118.47**	**3591.38**	**8451.95**
其中	人工费（元）			2617.65	3013.20	3493.80
	材料费（元）			178.33	203.79	4534.12
	机械费（元）			322.49	374.39	424.03
名称		单位	单价(元)	消耗量		
人工	二类人工	工日	135.00	19.390	22.320	25.880
材料	镀锌铁丝 ϕ2.0～4.0	kg	5.01	1.515	1.515	2.020
	紫铜板 δ0.05～0.3	kg	47.48	0.106	0.212	0.318
	木材(成材)	m^3	2802.00	0.011	0.011	0.011
	枕木 2500×250×200	根	159.00	0.011	0.021	0.032
	普通硅酸盐水泥 P·O 42.5 综合	kg	0.34	22.000	30.000	36.000
	黄砂 净砂(中粗砂)	t	102.00	0.050	0.082	0.106
	碎石 综合	t	102.00	0.067	0.112	0.133
	低碳钢焊条 J422 综合	kg	4.74	0.550	0.550	0.660
	平垫铁 Q195－Q235 1#	块	3.45	4.080	4.080	4.080
	斜垫铁 Q195－Q235 1#	块	5.34	8.160	8.160	816.000
	破布	kg	6.90	1.260	1.575	1.575
	棉纱头	kg	10.34	1.212	1.515	1.515
	钙基润滑脂	kg	9.05	1.020	1.020	1.020
	机油 综合	kg	2.91	3.502	4.120	4.120
	煤油	kg	3.79	1.734	2.040	2.040
	汽油 综合	kg	6.12	1.020	1.020	1.020
机械	汽车式起重机 8t	台班	648.48	0.414	0.471	0.538
	载货汽车 5t	台班	382.30	0.106	0.145	0.154
	直流弧焊机 32kW	台班	97.11	0.138	0.138	0.166
	电焊条烘干箱 45×35×45cm^3	台班	8.99	0.011	0.014	0.017

工作内容:开箱点件、基础划线、场内运输、设备吊装就位、一次灌浆、精平、组装,附件组装、清洗、检查、加油,无负荷运转。

计量单位:台

定额编号				6-838	6-839	6-840	6-841
项目				转碟曝气机(长度 m 以内)			
				4.5	6	9	9 以上
				转盘直径 1.4、1.5m			
基价(元)				**3512.60**	**4081.48**	**4704.67**	**5353.01**
其中	人工费(元)			3010.50	3465.45	4017.60	4619.70
	材料费(元)			178.33	203.79	220.25	220.25
	机械费(元)			323.77	412.24	466.82	513.06
	名称	单位	单价(元)	消耗量			
人工	二类人工	工日	135.00	22.300	25.670	29.760	34.220
材料	镀锌铁丝 ϕ2.0~4.0	kg	5.01	1.515	1.515	2.020	2.020
	紫铜板 δ0.05~0.3	kg	47.48	0.106	0.212	0.318	0.318
	木材(成材)	m^3	2802.00	0.011	0.011	0.011	0.011
	枕木 2500×250×200	根	159.00	0.011	0.021	0.032	0.032
	普通硅酸盐水泥 P·O 42.5 综合	kg	0.34	22.000	30.000	36.000	36.000
	黄砂 净砂(中粗砂)	t	102.00	0.050	0.082	0.106	0.106
	碎石 综合	t	102.00	0.067	0.112	0.133	0.133
	棉纱头	kg	10.34	1.212	1.515	1.515	1.515
	低碳钢焊条 J422 综合	kg	4.74	0.550	0.550	0.660	0.660
	平垫铁 Q195-Q235 1#	块	3.45	4.080	4.080	4.080	4.080
	斜垫铁 Q195-Q235 1#	块	5.34	8.160	8.160	8.160	8.160
	破布	kg	6.90	1.260	1.575	1.575	1.575
	钙基润滑脂	kg	9.05	1.020	1.020	1.020	1.020
	机油 综合	kg	2.91	3.502	4.120	4.120	4.120
	煤油	kg	3.79	1.734	2.040	2.040	2.040
	汽油 综合	kg	6.12	1.020	1.020	1.020	1.020
机械	汽车式起重机 8t	台班	648.48	0.418	0.519	0.592	0.651
	载货汽车 5t	台班	382.30	0.102	0.159	0.170	0.186
	直流弧焊机 32kW	台班	97.11	0.140	0.152	0.183	0.202
	电焊条烘干箱 45×35×45cm^3	台班	8.99	0.013	0.015	0.018	0.020

工作内容：开箱点件、基础划线、场内运输、设备吊装就位、一次灌浆、精平、组装，附件组装、清洗、检查、加油，无负荷运转。

计量单位：台

				6-842	6-843	6-844	6-845
定额编号				6-842	6-843	6-844	6-845
项目				潜水离心式、射流式曝气机			
				进气量（m^3/h 以内）			
				100	200	300	300 以上
基价（元）				**1180.48**	**1280.38**	**1391.08**	**1393.16**
其中	人工费（元）			1007.10	1107.00	1217.70	1217.70
	材料费（元）			123.06	123.06	123.06	123.06
	机械费（元）			50.32	50.32	50.32	52.40
	名称	单位	单价（元）	消耗量			
人工	二类人工	工日	135.00	7.460	8.200	9.020	9.020
材料	热轧薄钢板 Q235B δ2.0	kg	3.97	0.180	0.180	0.180	0.180
	板枋材	m^3	2069.00	0.005	0.005	0.005	0.005
	普通硅酸盐水泥 P·O 42.5 综合	kg	0.34	39.194	39.194	39.194	39.194
	黄砂 净砂（中粗砂）	t	102.00	0.112	0.112	0.112	0.112
	碎石 综合	t	102.00	0.109	0.109	0.109	0.109
	厚漆	kg	8.62	0.154	0.154	0.154	0.154
	棉纱头	kg	10.34	0.244	0.244	0.244	0.244
	低碳钢焊条 J422 综合	kg	4.74	0.208	0.208	0.208	0.208
	平垫铁 Q195－Q235 1#	块	3.45	4.080	4.080	4.080	4.080
	斜垫铁 Q195－Q235 1#	块	5.34	8.160	8.160	8.160	8.160
	氧气	m^3	3.62	0.202	0.202	0.202	0.202
	乙炔气	kg	7.60	0.067	0.067	0.067	0.067
	破布	kg	6.90	0.276	0.276	0.276	0.276
	钙基润滑脂	kg	9.05	0.309	0.309	0.309	0.309
	机油 综合	kg	2.91	1.093	1.093	1.093	1.093
	煤油	kg	3.79	0.857	0.857	0.857	0.857
	汽油 综合	kg	6.12	0.208	0.208	0.208	0.208
机械	叉式起重机 5t	台班	409.00	0.102	0.102	0.102	0.104
	直流弧焊机 20kW	台班	78.72	0.108	0.108	0.108	0.124
	电焊条烘干箱 45×35×45cm³	台班	8.99	0.011	0.011	0.011	0.011

4. 生 物 转 盘

工作内容: 开箱点件、基础划线、场内运输、设备吊装就位、一次灌浆、精平、组装,附件组装、清洗、检查、加油、无负荷运转。

计量单位:台

定额编号				6-846	6-847	6-848	6-849	6-850	6-851
项目				设备重量(t 以内)					
				3	4.5	6.0	7.5	8	8 以上
基价(元)				**3463.25**	**4263.17**	**5347.22**	**6340.69**	**7258.72**	**8331.40**
其中	人工费(元)			2801.79	3432.78	4347.27	5062.50	5851.44	6714.90
	材料费(元)			150.06	167.32	210.71	234.36	281.79	316.39
	机械费(元)			511.40	663.07	789.24	1043.83	1125.49	1300.11
名称		单位	单价(元)	消耗量					
人工	二类人工	工日	135.00	20.754	25.428	32.202	37.500	43.344	49.740
材料	中厚钢板 综合	kg	3.71	1.200	2.000	3.400	4.800	7.100	7.800
	镀锌铁丝 10#	kg	5.38	2.000	2.000	2.000	3.000	3.000	3.500
	木模板	m^3	1445.00	0.010	0.010	0.020	0.020	0.030	0.030
	枕木 2000×200×200	根	138.00	0.020	0.040	0.060	0.080	0.110	0.130
	复合硅酸盐水泥 P·C 32.5R 综合	kg	0.32	9.000	19.000	26.000	34.000	41.000	48.000
	黄砂 净砂	t	92.23	0.013	0.026	0.039	0.052	0.065	0.078
	碎石 综合	t	102.00	0.014	0.027	0.041	0.054	0.068	0.082
	棉纱	kg	10.34	1.500	1.500	2.000	2.000	2.500	3.000
	电焊条	kg	4.31	0.400	0.600	0.800	0.800	1.100	1.300
	平垫铁 1#	块	3.45	4.000	4.000	4.000	4.000	4.000	4.000
	斜垫铁 1#	块	5.34	8.000	8.000	8.000	8.000	8.000	8.000
	氧气	m^3	3.62	0.340	0.400	0.400	0.400	0.600	0.600
	乙炔气	m^3	8.90	0.113	0.133	0.133	0.133	0.200	0.200
	破布	kg	6.90	1.500	1.500	2.000	2.000	2.500	3.000
	黄油	kg	9.05	1.000	1.200	1.500	2.000	2.000	2.500
	机油 综合	kg	2.91	3.000	3.500	4.000	4.000	4.800	6.400
	煤油	kg	3.79	1.000	1.200	1.500	1.500	1.600	2.100
	其他材料费	元	1.00	4.22	4.75	6.08	6.78	8.28	9.41
机械	汽车式起重机 8t	台班	648.48	0.670	0.880	1.040	—	—	—
	汽车式起重机 12t	台班	748.60	—	—	—	1.230	1.320	1.440
	载货汽车 5t	台班	382.30	0.180	0.210	—	—	—	—
	载货汽车 8t	台班	411.20	—	—	0.240	0.260	0.280	—
	载货汽车 15t	台班	653.04	—	—	—	—	—	0.300
	直流弧焊机 20kW	台班	78.72	0.103	0.154	0.205	0.205	0.282	0.333

5.滗　水　器

工作内容:开箱点件、基础划线、场内运输、设备吊装就位、一次灌浆、精平、组装,附件组装、清洗、检查、加油、无负荷运转。

计量单位:台

定　额　编　号				6-852	6-853	6-854	6-855
项　目				旋转式滗水器			
				堰长(m以内)			
				2	5	8	12
基　价 (元)				**2943.93**	**3233.29**	**3628.64**	**4026.56**
其中	人工费 (元)			2301.75	2531.93	2647.08	3045.74
	材料费 (元)			327.22	384.87	522.50	521.76
	机械费 (元)			314.96	316.49	459.06	459.06
名　称		单位	单价(元)	消　耗　量			
人工	二类人工	工日	135.00	17.050	18.755	19.608	22.561
材料	热轧薄钢板 Q235B δ2.0	kg	3.97	0.848	0.848	1.696	1.696
	中厚钢板 综合	kg	3.71	15.571	15.571	31.343	31.143
	镀锌铁丝 φ2.0~4.0	kg	5.01	3.030	3.030	3.030	3.030
	木材(成材)	m^3	2802.00	0.030	0.030	0.035	0.035
	枕木 2500×250×200	根	159.00	0.053	0.053	0.053	0.053
	普通硅酸盐水泥 P·O 42.5 综合	kg	0.34	23.460	23.460	32.640	32.640
	黄砂 净砂(中粗砂)	t	102.00	0.085	0.085	0.128	0.128
	碎石 综合	t	102.00	0.112	0.112	0.155	0.155
	棉纱线	kg	7.16	1.465	1.465	2.677	2.677
	低碳钢焊条 J422 综合	kg	4.74	2.651	2.651	3.421	3.421
	平垫铁 Q195~Q235 1#	块	3.45	4.080	8.160	8.160	8.160
	斜垫铁 Q195~Q235 1#	块	5.34	8.160	16.320	16.320	16.320
	氧气	m^3	3.62	0.847	0.847	1.694	1.694
	乙炔气	kg	7.60	0.283	0.283	0.565	0.565
	破布	kg	6.90	1.523	1.523	2.783	2.783
	钙基润滑脂	kg	9.05	2.856	2.856	4.692	4.692
	机油 综合	kg	2.91	0.515	0.515	0.927	0.927
	煤油	kg	3.79	1.734	1.734	3.264	3.264
机械	汽车式起重机 8t	台班	648.48	0.328	0.328	0.492	0.492
	载货汽车 5t	台班	382.30	0.097	0.101	0.146	0.146
	直流弧焊机 32kW	台班	97.11	0.665	0.665	0.859	0.859
	电焊条烘干箱 45×35×45cm^3	台班	8.99	0.066	0.066	0.086	0.086

工作内容: 开箱点件、基础划线、场内运输、设备吊装就位、一次灌浆、精平、组装,附件组装、清洗、检查、加油、无负荷运转。

计量单位: 台

定额编号				6-856	6-857	6-858
项目				旋转式滗水器		
				堰长(m 以内)		
				16	20	20 以上
基价(元)				**4500.27**	**5027.45**	**5550.01**
其中	人工费(元)			3519.45	4046.63	4432.73
	材料费(元)			521.76	521.76	658.38
	机械费(元)			459.06	459.06	458.90
	名称	单位	单价(元)	消耗量		
人工	二类人工	工日	135.00	26.070	29.975	32.835
材料	热轧薄钢板 Q235B δ2.0	kg	3.97	1.696	1.696	1.696
	中厚钢板 综合	kg	3.71	31.143	31.143	31.143
	镀锌铁丝 ϕ2.0~4.0	kg	5.01	3.030	3.030	30.300
	木材(成材)	m^3	2802.00	0.035	0.035	0.035
	枕木 2500×250×200	根	159.00	0.053	0.053	0.053
	普通硅酸盐水泥 P·O 42.5 综合	kg	0.34	32.640	32.640	32.640
	黄砂 净砂(中粗砂)	t	102.00	0.128	0.128	0.128
	碎石 综合	t	102.00	0.155	0.155	0.155
	棉纱线	kg	7.16	2.677	2.677	2.677
	低碳钢焊条 J422 综合	kg	4.74	3.421	3.421	3.421
	平垫铁 Q195-Q235 1#	块	3.45	8.160	8.160	8.160
	斜垫铁 Q195-Q235 1#	块	5.34	16.320	16.320	16.320
	氧气	m^3	3.62	1.694	1.694	1.694
	乙炔气	kg	7.60	0.565	0.565	0.565
	破布	kg	6.90	2.783	2.783	2.783
	钙基润滑脂	kg	9.05	4.692	4.692	4.692
	机油 综合	kg	2.91	0.927	0.927	0.927
	煤油	kg	3.79	3.264	3.264	3.264
机械	汽车式起重机 8t	台班	648.48	0.492	0.492	0.492
	载货汽车 5t	台班	382.30	0.146	0.146	0.146
	直流弧焊机 32kW	台班	97.11	0.859	0.859	0.859
	电焊条烘干箱 45×35×45cm³	台班	8.99	0.086	0.086	0.068

工作内容:开箱点件、基础划线、场内运输、设备吊装就位、一次灌浆、精平、组装,附件组装、清洗、检查、加油、无负荷运转。

计量单位:台

定额编号				6-859	6-860	6-861	6-862
项目				浮筒式滗水器			
				堰长(m 以内)			
				2	5	8	12
基价(元)				**3020.08**	**3213.13**	**3603.99**	**4022.76**
其中	人工费(元)			2463.62	2656.67	2778.44	3197.21
	材料费(元)			241.50	241.50	366.49	366.49
	机械费(元)			314.96	314.96	459.06	459.06
名称		单位	单价(元)	消耗量			
人工	二类人工	工日	135.00	18.249	19.679	20.581	23.683
材料	热轧薄钢板 Q235B δ2.0	kg	3.97	0.848	0.848	1.696	1.696
	中厚钢板 综合	kg	3.71	15.571	15.571	31.143	31.143
	镀锌铁丝 ϕ2.0~4.0	kg	5.01	3.030	3.030	3.030	3.030
	木材(成材)	m^3	2802.00	0.030	0.030	0.035	0.035
	枕木 2500×250×200	根	159.00	0.053	0.053	0.053	0.053
	棉纱线	kg	7.16	1.465	1.465	2.677	2.677
	低碳钢焊条 J422 综合	kg	4.74	2.651	2.651	3.421	3.421
	氧气	m^3	3.62	0.847	0.847	1.694	1.694
	乙炔气	kg	7.60	0.283	0.283	0.565	0.565
	破布	kg	6.90	1.523	1.523	2.783	2.783
	钙基润滑脂	kg	9.05	2.856	2.856	4.692	4.692
	机油 综合	kg	2.91	0.515	0.515	0.927	0.927
	煤油	kg	3.79	1.734	1.734	3.264	3.264
机械	汽车式起重机 8t	台班	648.48	0.328	0.328	0.492	0.492
	载货汽车 5t	台班	382.30	0.097	0.097	0.146	0.146
	直流弧焊机 32kW	台班	97.11	0.665	0.665	0.859	0.859
	电焊条烘干箱 45×35×45cm³	台班	8.99	0.066	0.066	0.086	0.086

工作内容:开箱点件、基础划线、场内运输、设备吊装就位、一次灌浆、精平、组装,附件组装、清洗、检查、加油、无负荷运转。

计量单位:台

定额编号					6-863	6-864	6-865
项目					浮筒式滗水器		
					堰长(m 以内)		
					16	20	20 以上
基价(元)					**4520.23**	**5074.41**	**5884.54**
其中	人工费(元)				3694.68	4248.86	5058.99
	材料费(元)				366.49	366.49	366.49
	机械费(元)				459.06	459.06	459.06
名称			单位	单价(元)	消耗量		
人工	二类人工		工日	135.00	27.368	31.473	37.474
材料	热轧薄钢板 Q235B δ2.0		kg	3.97	1.696	1.696	1.696
	中厚钢板 综合		kg	3.71	31.143	31.143	31.143
	镀锌铁丝 φ2.0~4.0		kg	5.01	3.030	3.030	3.030
	木材(成材)		m^3	2802.00	0.035	0.035	0.035
	枕木 2500×250×200		根	159.00	0.053	0.053	0.053
	棉纱线		kg	7.16	2.677	2.677	2.677
	低碳钢焊条 J422 综合		kg	4.74	3.421	3.421	3.421
	氧气		m^3	3.62	1.694	1.694	1.694
	乙炔气		kg	7.60	0.565	0.565	0.565
	破布		kg	6.90	2.783	2.783	2.783
	钙基润滑脂		kg	9.05	4.692	4.692	4.692
	机油 综合		kg	2.91	0.927	0.927	0.927
	煤油		kg	3.79	3.264	3.264	3.264
机械	汽车式起重机 8t		台班	648.48	0.492	0.492	0.492
	载货汽车 5t		台班	382.30	0.146	0.146	0.146
	直流弧焊机 32kW		台班	97.11	0.859	0.859	0.859
	电焊条烘干箱 45×35×45cm³		台班	8.99	0.086	0.086	0.086

工作内容：开箱点件、基础划线、场内运输、设备吊装就位、一次灌浆、精平、组装，附件组装、清洗、检查、加油、无负荷运转。

计量单位：台

定额编号				6-866	6-867	6-868	6-869
项目				虹吸式滗水器			
				堰长(m以内)			
				2	5	8	12
基价（元）				**1388.62**	**1514.85**	**1654.44**	**2109.07**
其中	人工费（元）			1262.25	1388.48	1528.07	1924.56
	材料费（元）			39.24	39.24	39.24	49.52
	机械费（元）			87.13	87.13	87.13	134.99
名称		单位	单价(元)	消耗量			
人工	二类人工	工日	135.00	9.350	10.285	11.319	14.256
材料	热轧薄钢板 Q235B δ2.0	kg	3.97	0.424	0.424	0.424	0.424
	镀锌铁丝 ϕ2.0～4.0	kg	5.01	0.808	0.808	0.808	0.808
	木板	m^3	1667.00	0.009	0.009	0.009	0.012
	低碳钢焊条 J422　综合	kg	4.74	0.208	0.208	0.208	0.266
	氧气	m^3	3.62	0.224	0.224	0.224	0.224
	乙炔气	kg	7.60	0.075	0.075	0.075	0.075
	破布	kg	6.90	0.166	0.166	0.166	0.254
	棉纱头	kg	10.34	0.167	0.167	0.167	0.211
	钙基润滑脂	kg	9.05	0.567	0.567	0.567	0.721
	汽油　综合	kg	6.12	0.312	0.312	0.312	0.416
	煤油	kg	3.79	0.964	0.964	0.964	1.285
	机油　综合	kg	2.91	0.885	0.885	0.885	1.124
机械	叉式起重机 5t	台班	409.00	0.192	0.192	0.192	0.288
	直流弧焊机 20kW	台班	78.72	0.108	0.108	0.108	0.216
	电焊条烘干箱 45×35×45cm^3	台班	8.99	0.011	0.011	0.011	0.022

工作内容:开箱点件、基础划线、场内运输、设备吊装就位、一次灌浆、精平、组装,附件组装、清洗、检查、加油、无负荷运转。

计量单位:台

定额编号				6-870	6-871	6-872
项目				虹吸式滗水器		
				堰长(m 以内)		
				16	20	20 以上
基价(元)				**2300.64**	**2925.34**	**3926.13**
其中	人工费(元)			2116.13	2668.55	3372.44
	材料费(元)			49.52	73.93	90.31
	机械费(元)			134.99	182.86	463.38
	名称	单位	单价(元)	消耗量		
人工	二类人工	工日	135.00	15.675	19.767	24.981
材料	热轧薄钢板 Q235B δ2.0	kg	3.97	0.424	0.477	0.530
	镀锌铁丝 φ2.0~4.0	kg	5.01	0.808	1.212	1.212
	木板	m^3	1667.00	0.012	0.020	0.026
	棉纱头	kg	10.34	0.211	0.267	0.300
	低碳钢焊条 J422 综合	kg	4.74	0.266	0.390	0.485
	氧气	m^3	3.62	0.224	0.449	0.561
	乙炔气	kg	7.60	0.075	0.150	0.187
	破布	kg	6.90	0.254	0.331	0.441
	钙基润滑脂	kg	9.05	0.721	0.927	0.927
	汽油 综合	kg	6.12	0.416	0.520	0.624
	煤油	kg	3.79	1.285	1.928	2.678
	机油 综合	kg	2.91	1.124	1.405	1.560
机械	汽车式起重机 8t	台班	648.48	—	—	0.480
	叉式起重机 5t	台班	409.00	0.288	0.384	0.288
	直流弧焊机 20kW	台班	78.72	0.216	0.324	0.432
	电焊条烘干箱 45×35×45cm^3	台班	8.99	0.022	0.033	0.034

四、排泥、撇渣和除砂机械

1. 行车式吸泥机

工作内容：开箱点件、场内运输、枕木堆搭设，主梁组对、吊装，组件安装，无负荷试运转。 **计量单位：**台

	定额编号			6-873	6-874	6-875	6-876	6-877	6-878	6-879
	项目			跨度(m以内)						
				8	10	12	14	16	18	20
	基价（元）			**8002.34**	**9078.84**	**10481.53**	**12274.84**	**14010.31**	**16091.07**	**17392.88**
其中	人工费（元）			5646.51	6593.40	7500.60	8922.96	10181.70	11343.24	12439.98
	材料费（元）			499.42	513.85	533.18	577.07	609.39	642.14	653.12
	机械费（元）			1856.41	1971.59	2447.75	2774.81	3219.22	4105.69	4299.78
	名称	单位	单价(元)	消耗量						
人工	二类人工	工日	135.00	41.826	48.840	55.560	66.096	75.420	84.024	92.148
材料	镀锌铁丝 10#	kg	5.38	3.000	3.000	3.000	3.000	3.500	3.500	3.500
	木模板	m^3	1445.00	0.020	0.020	0.020	0.030	0.030	0.040	0.040
	枕木 2500×250×200	根	159.00	0.020	0.040	0.060	0.080	0.100	0.120	0.150
	棉纱	kg	10.34	3.000	3.000	3.000	3.500	3.500	3.500	3.500
	电焊条	kg	4.31	46.500	46.500	46.500	46.500	52.400	52.400	52.400
	氧气	m^3	3.62	10.800	12.400	14.700	14.700	14.700	16.400	16.400
	乙炔气	m^3	8.90	3.600	4.133	4.900	4.900	4.900	5.467	5.467
	钢锯条	条	2.59	4.000	4.000	4.000	4.000	4.000	4.000	4.000
	铁砂布 0#～2#	张	1.03	2.000	2.000	2.000	4.000	4.000	4.000	4.000
	破布	kg	6.90	3.000	3.000	3.000	3.500	3.500	3.500	3.500
	黄油	kg	9.05	2.000	2.000	2.000	2.500	2.500	2.500	2.500
	机油 综合	kg	2.91	13.600	13.600	13.600	15.300	15.300	15.800	17.000
	煤油	kg	3.79	6.800	6.800	6.800	7.700	7.700	8.000	8.600
	汽油 综合	kg	6.12	2.400	2.400	2.400	2.600	2.600	2.600	2.600
	其他材料费	元	1.00	17.37	18.09	19.08	20.56	21.58	22.91	23.35
机械	汽车式起重机 8t	台班	648.48	0.300	0.330	0.350	0.430	0.460	0.530	—
	汽车式起重机 12t	台班	748.60	—	—	—	—	—	—	0.560
	汽车式起重机 16t	台班	875.04	0.900	1.000	—	—	—	—	—
	汽车式起重机 32t	台班	1173.35	—	—	1.130	1.340	1.610	—	—
	汽车式起重机 40t	台班	1517.63	—	—	—	—	—	1.780	1.850
	载货汽车 8t	台班	411.20	0.290	0.310	0.340	0.410	0.440	0.510	0.540
	交流弧焊机 21kV·A	台班	63.33	11.923	11.923	11.923	11.923	13.436	13.436	13.436

2. 行车式提板刮泥撇渣机

工作内容:开箱点件、场内运输,枕木堆搭设,主梁组对、吊装,组件安装,无负荷试运转。 计量单位:台

定额编号				6-880	6-881	6-882	6-883	6-884	6-885
项目				池宽(m 以内)					
				8	10	12	14	16	20
基价(元)				**10916.34**	**12349.10**	**12768.59**	**13505.13**	**14328.40**	**15010.19**
其中	人工费(元)			9447.03	10420.65	10690.38	11097.00	11523.87	11930.49
	材料费(元)			144.56	156.58	192.43	219.99	250.11	283.42
	机械费(元)			1324.75	1771.87	1885.78	2188.14	2554.42	2796.28
名称		单位	单价(元)	消耗量					
人工	二类人工	工日	135.00	69.978	77.190	79.188	82.200	85.362	88.374
材料	镀锌铁丝 10[#]	kg	5.38	2.000	2.000	2.500	2.500	3.000	3.000
	木模板	m^3	1445.00	0.010	0.010	0.020	0.030	0.040	0.050
	枕木 2500×250×200	根	159.00	0.020	0.030	0.040	0.050	0.080	0.100
	棉纱	kg	10.34	2.500	2.800	3.000	3.000	3.000	3.000
	电焊条	kg	4.31	1.600	1.600	1.800	1.800	2.000	2.000
	氧气	m^3	3.62	0.600	0.600	0.800	0.800	1.000	1.000
	乙炔气	m^3	8.90	0.200	0.200	0.267	0.267	0.333	0.333
	钢锯条	条	2.59	4.000	4.000	4.000	4.000	4.000	4.000
	破布	kg	6.90	2.500	2.800	3.000	3.000	3.000	3.000
	黄油	kg	9.05	2.000	2.000	2.200	2.400	2.500	2.500
	机油 综合	kg	2.91	4.800	5.800	7.500	8.800	9.600	11.600
	煤油	kg	3.79	2.400	2.900	3.500	4.500	4.800	6.300
	汽油 综合	kg	6.12	1.000	1.000	1.200	1.400	1.500	2.000
	其他材料费	元	1.00	4.58	5.03	6.27	7.18	8.23	9.35
机械	汽车式起重机 8t	台班	648.48	0.340	0.350	0.380	0.440	0.520	0.560
	汽车式起重机 16t	台班	875.04	1.070	—	—	—	—	—
	汽车式起重机 32t	台班	1173.35	—	1.170	1.240	1.440	1.680	1.850
	载货汽车 8t	台班	411.20	0.330	0.340	0.360	0.430	0.500	0.540
	直流弧焊机 20kW	台班	78.72	0.410	0.410	0.462	0.462	0.513	0.513

3. 链条牵引式刮泥机

工作内容：开箱点件，基础划线，场内运输，设备吊装就位，精平、组装，附件组装、清洗、检查、加油，无负荷试运转。

计量单位：台

定额编号				6-886	6-887	6-888	6-889	6-890	6-891
项目				单链(m 以内)			双链(m 以内)		
				6	10	10 以外	6	10	10 以上
基价(元)				**5901.28**	**6890.95**	**8128.35**	**7696.60**	**8891.71**	**10419.17**
其中	人工费(元)			5077.08	5961.60	7017.84	6621.48	7768.71	9108.45
	材料费(元)			182.96	202.07	221.75	229.41	245.34	263.44
	机械费(元)			641.24	727.28	888.76	845.71	877.66	1047.28
名称		单位	单价(元)	消耗量					
人工	二类人工	工日	135.00	37.608	44.160	51.984	49.048	57.546	67.470
材料	中厚钢板 综合	kg	3.71	1.000	1.000	1.000	1.400	1.400	1.400
	镀锌铁丝 10#	kg	5.38	2.000	2.500	3.000	2.000	2.500	3.000
	木模板	m^3	1445.00	0.020	0.020	0.020	0.030	0.030	0.030
	枕木 2500×250×200	根	159.00	0.250	0.300	0.350	0.250	0.300	0.350
	棉纱	kg	10.34	2.000	2.200	2.500	3.000	3.300	3.500
	电焊条	kg	4.31	4.680	4.680	4.680	5.030	5.030	5.030
	氧气	m^3	3.62	0.530	0.530	0.530	0.530	0.530	0.530
	乙炔气	m^3	8.90	0.177	0.177	0.177	0.177	0.177	0.177
	破布	kg	6.90	0.700	0.800	0.830	1.000	1.100	1.200
	黄油	kg	9.05	2.700	3.000	3.300	3.500	3.600	3.800
	机油 综合	kg	2.91	3.160	3.660	4.160	4.700	4.700	5.200
	煤油	kg	3.79	1.220	1.440	1.660	2.100	2.100	2.300
	汽油 综合	kg	6.12	1.000	1.000	1.000	1.000	1.000	1.000
	其他材料费	元	1.00	6.29	7.00	7.73	7.83	8.42	9.10
机械	汽车式起重机 8t	台班	648.48	0.710	0.830	1.060	0.970	1.070	0.310
	汽车式起重机 12t	台班	748.60	—	—	—	—	—	0.830
	载货汽车 8t	台班	411.20	0.210	0.230	0.260	0.280	0.200	0.300
	直流弧焊机 20kW	台班	78.72	1.200	1.200	1.200	1.290	1.290	1.290

4. 悬挂式中心传动刮泥机

工作内容:开箱点件,基础划线,场内运输,枕木堆搭设,主梁组对,主梁吊装就位,精平组装,附件组装、清洗、检查、加油,无负荷试运转。

计量单位:台

定额编号				6-892	6-893	6-894	6-895	6-896	6-897
项目				池径(m 以内)					
				6	8	10	12	14	14 以上
基价(元)				**4244.47**	**4860.87**	**5903.91**	**7136.80**	**8392.70**	**10166.72**
其中	人工费(元)			2886.03	3350.97	3857.22	4883.49	5918.67	7153.92
	材料费(元)			710.12	715.46	817.19	874.69	921.68	931.21
	机械费(元)			648.32	794.44	1229.50	1378.62	1552.35	2081.59
	名称	单位	单价(元)	消耗量					
人工	二类人工	工日	135.00	21.378	24.822	28.572	36.174	43.842	52.992
材料	热轧薄钢板 Q235B 综合	kg	3.97	0.900	0.900	1.000	1.000	1.400	1.400
	中厚钢板 综合	kg	3.71	11.790	11.790	12.430	12.430	12.430	12.430
	镀锌铁丝 10#	kg	5.38	3.500	3.500	3.500	3.500	3.500	3.500
	热轧光圆钢筋 综合	kg	3.97	27.120	27.120	27.120	27.120	27.120	27.120
	紫铜皮	kg	61.03	0.100	0.100	0.100	0.100	0.100	0.100
	碳素结构钢流体无缝钢管 76×4	m	33.62	1.440	1.440	1.440	1.440	1.440	1.440
	木模板	m^3	1445.00	0.120	0.120	0.160	0.185	0.210	0.210
	枕木 2500×250×200	根	159.00	0.900	0.900	1.100	1.100	1.100	1.100
	棉纱	kg	10.34	1.500	1.800	2.000	3.500	4.000	4.500
	电焊条	kg	4.31	5.030	5.030	5.030	5.030	5.030	5.030
	氧气	m^3	3.62	2.480	2.480	2.480	2.480	2.480	2.480
	乙炔气	m^3	8.90	0.827	0.827	0.827	0.827	0.827	0.827
	破布	kg	6.90	2.200	2.500	3.000	3.500	3.800	4.300
	黄油	kg	9.05	4.600	4.600	4.600	4.600	4.600	4.600
	机油 综合	kg	2.91	2.370	2.370	2.500	2.700	2.900	3.100
	煤油	kg	3.79	5.000	5.000	5.000	5.000	5.000	5.000
	汽油 综合	kg	6.12	1.000	1.000	1.000	1.000	1.000	1.000
	其他材料费	元	1.00	22.99	23.16	26.62	28.45	29.91	30.24
机械	汽车式起重机 8t	台班	648.48	0.710	0.230	0.260	0.290	0.310	0.340
	汽车式起重机 12t	台班	748.60	—	0.600	—	—	—	—
	汽车式起重机 32t	台班	1173.35	—	—	0.730	0.830	0.960	—
	汽车式起重机 40t	台班	1517.63	—	—	—	—	—	1.070
	载货汽车 8t	台班	411.20	0.210	0.230	0.250	0.280	0.300	0.330
	直流弧焊机 20kW	台班	78.72	1.290	1.290	1.290	1.290	1.290	1.290

5. 垂架式中心传动刮、吸泥机

工作内容：开箱点件，基础划线，场内运输，8t汽车吊进出池子，枕木堆搭设，脚手架搭设，设备组装，附件组装、清洗、检查、加油，无负荷试运转。

计量单位：台

定额编号				6-898	6-899	6-900	6-901	6-902	6-903
项目				刮泥机池径(m以内)			吸泥机池径(m以内)		
				22	30	40	22	30	40
基价（元）				**22125.03**	**25673.63**	**27943.41**	**29286.78**	**31196.22**	**38662.89**
其中	人工费（元）			13069.35	15267.69	15858.18	17768.16	17869.41	22333.32
	材料费（元）			1516.03	1591.56	1676.76	1632.29	1784.11	2154.38
	机械费（元）			7539.65	8814.38	10408.47	9886.33	11542.70	14175.19
名称		单位	单价(元)	消耗量					
人工	二类人工	工日	135.00	96.810	113.094	117.468	131.616	132.366	165.432
材料	热轧薄钢板 Q235B 综合	kg	3.97	3.000	4.000	4.000	3.000	4.000	4.000
	中厚钢板 综合	kg	3.71	33.040	33.940	33.940	31.270	31.270	31.270
	镀锌铁丝 10#	kg	5.38	3.300	3.300	3.300	3.300	3.300	3.300
	紫铜皮	kg	61.03	0.120	0.150	0.150	0.120	0.150	0.150
	碳素结构钢流体无缝钢管 50×3	m	13.80	4.150	4.150	4.150	4.150	4.150	4.150
	棉纱	kg	10.34	3.500	4.000	8.000	6.000	6.000	8.000
	电焊条	kg	4.31	25.440	27.790	30.000	24.450	40.780	73.200
	氧气	m^3	3.62	2.430	2.500	2.620	9.280	11.580	28.960
	乙炔气	m^3	8.90	0.810	0.833	0.873	3.093	3.860	9.653
	破布	kg	6.90	4.500	6.000	6.000	4.500	6.000	6.000
	黄油	kg	9.05	15.720	15.720	15.720	15.720	15.720	15.720
	机油 综合	kg	2.91	2.500	3.000	3.500	2.500	3.000	3.500
	煤油	kg	3.79	8.000	10.000	12.000	8.000	10.000	12.000
	汽油 综合	kg	6.12	5.000	5.000	5.000	5.000	5.000	5.000
	木模板	m^3	1445.00	0.315	0.335	0.350	0.345	0.370	0.420
	枕木 2500×250×200	根	159.00	2.450	2.450	2.450	2.500	2.500	2.500
	其他材料费	元	1.00	51.12	53.46	56.28	55.94	60.92	75.02
机械	汽车式起重机 8t	台班	648.48	4.950	6.070	8.040	7.940	9.730	12.000
	汽车式起重机 16t	台班	875.04	1.780	2.260	2.560	2.200	2.370	2.740
	汽车式起重机 40t	台班	1517.63	1.300	1.300	1.300	1.300	1.300	1.300
	载货汽车 10t	台班	476.15	0.600	0.770	0.790	0.740	0.780	—
	载货汽车 15t	台班	653.04	—	—	—	—	—	0.850
	直流弧焊机 20kW	台班	78.72	6.523	7.126	7.692	6.187	10.351	18.646

6.周边传动吸泥机

工作内容:开箱点件,基础划线,场内运输,8t汽车吊进出池子,枕木堆搭设,脚手架搭设,设备组装,附件组装、清洗、检查、加油,无负荷试运转。

计量单位:台

定额编号				6-904	6-905	6-906	6-907	6-908	6-909
项目				池径(m以内)					
				20	25	30	37	45	55
基价(元)				**19210.74**	**22683.74**	**25357.10**	**28686.22**	**33217.91**	**38781.44**
其中	人工费(元)			8411.85	10133.91	12179.97	13416.03	16119.00	19245.60
	材料费(元)			751.89	883.46	1016.62	1176.14	1312.09	1470.74
	机械费(元)			10047.00	11666.37	12160.51	14094.05	15786.82	18065.10
	名称	单位	单价(元)	消耗量					
人工	二类人工	工日	135.00	62.310	75.066	90.222	99.378	119.400	142.560
材料	热轧薄钢板 Q235B 综合	kg	3.97	3.000	5.000	8.000	10.000	13.000	14.200
	中厚钢板 综合	kg	3.71	31.380	37.360	45.700	52.390	58.340	64.300
	紫铜皮	kg	61.03	0.150	0.170	0.220	0.250	0.300	0.340
	木模板	m^3	1445.00	0.010	0.040	0.060	0.080	0.100	0.140
	枕木 2500×250×200	根	159.00	0.010	0.010	0.010	0.040	0.060	0.100
	六角带帽螺栓 M≥30	套	11.21	8.000	8.000	8.000	8.000	8.000	8.000
	棉纱	kg	10.34	3.000	3.500	4.000	4.500	4.500	4.500
	电焊条	kg	4.31	37.620	42.310	46.920	54.530	58.960	63.260
	氧气	m^3	3.62	14.820	16.730	19.810	24.890	29.460	33.580
	乙炔气	m^3	8.90	4.940	5.577	6.603	8.297	9.820	11.193
	钢锯条	条	2.59	4.000	4.000	4.000	4.000	6.000	8.000
	破布	kg	6.90	3.000	3.500	4.000	4.500	4.500	4.500
	黄油	kg	9.05	10.430	10.430	10.430	10.430	10.430	10.430
	机油 综合	kg	2.91	5.000	5.000	5.000	5.000	5.000	5.000
	煤油	kg	3.79	7.920	8.960	9.740	11.520	12.830	14.120
	汽油 综合	kg	6.12	3.780	4.970	5.320	5.970	6.430	7.100
	其他材料费	元	1.00	24.76	28.99	33.48	39.13	43.81	49.15
机械	汽车式起重机 8t	台班	648.48	7.980	9.740	8.950	12.060	13.400	15.950
	汽车式起重机 12t	台班	748.60	—	—	0.860	—	—	—
	汽车式起重机 16t	台班	875.04	2.070	2.470	2.740	3.000	3.690	4.230
	汽车式起重机 40t	台班	1517.63	1.300	1.300	1.300	1.300	1.300	1.300
	载货汽车 10t	台班	476.15	0.690	0.760	0.830	—	—	—
	载货汽车 15t	台班	653.04	—	—	—	0.880	1.080	1.180
	直流弧焊机 20kW	台班	78.72	9.646	10.849	12.031	13.982	15.118	16.221

7. 澄清池机械搅拌刮泥机

工作内容：开箱点件，基础划线，场内运输，设备吊装，一次灌浆，精平组装，附件组装、清洗、检查、加油，无负荷试运转。

计量单位：台

定额编号				6-910	6-911	6-912	6-913
项目				池径（m 以内）			
				8	12	15	15 以上
基价（元）				**3546.41**	**5026.11**	**6420.70**	**7227.21**
其中	人工费（元）			2892.51	4088.07	5291.73	5860.35
	材料费（元）			253.73	318.65	387.41	435.94
	机械费（元）			400.17	619.39	741.56	930.92
	名称	单位	单价（元）	消耗量			
人工	二类人工	工日	135.00	21.426	30.282	39.198	43.410
材料	热轧薄钢板 Q235B　综合	kg	3.97	1.000	1.000	1.000	1.000
	中厚钢板　综合	kg	3.71	8.800	10.400	12.200	13.600
	镀锌铁丝 10#	kg	5.38	3.000	3.000	3.500	3.500
	紫铜皮	kg	61.03	0.100	0.100	0.100	0.100
	木模板	m^3	1445.00	0.020	0.030	0.040	0.050
	枕木 2000×250×200	根	147.00	0.400	0.600	0.800	0.900
	复合硅酸盐水泥 P·C 32.5R　综合	kg	0.32	6.000	10.000	14.600	18.400
	黄砂 净砂	t	92.23	0.013	0.026	0.039	0.052
	碎石　综合	t	102.00	0.014	0.027	0.041	0.054
	棉纱	kg	10.34	2.000	2.500	3.000	3.500
	电焊条	kg	4.31	2.400	2.400	2.400	2.400
	氧气	m^3	3.62	0.900	0.900	0.900	0.900
	乙炔气	m^3	8.90	0.300	0.300	0.300	0.300
	破布	kg	6.90	2.000	2.500	3.000	3.500
	黄油	kg	9.05	2.500	2.500	2.500	2.500
	机油　综合	kg	2.91	2.000	2.200	2.400	2.500
	煤油	kg	3.79	4.000	4.000	4.000	4.000
	其他材料费	元	1.00	8.27	10.39	12.63	14.17
机械	汽车式起重机 8t	台班	648.48	0.460	0.760	0.220	0.230
	汽车式起重机 12t	台班	748.60	—	—	0.620	—
	汽车式起重机 16t	台班	875.04	—	—	—	0.730
	载货汽车 8t	台班	411.20	0.130	0.190	0.210	0.230
	直流弧焊机 20kW	台班	78.72	0.615	0.615	0.615	0.615

8. 钟罩吸泥机

工作内容：开箱点件，基础划线，场内运输，设备吊装，精平组装，附件组装、清洗、检查、加油，无负荷试运转。

计量单位：台

定额编号				6-914	6-915	6-916	6-917	6-918	6-919
项目				跨度(m 以内)					
				2	4	6	8	9	9 以上
基价(元)				**4292.77**	**6656.97**	**8006.62**	**9735.32**	**10667.29**	**10419.63**
其中	人工费(元)			2928.96	4850.28	5874.93	7047.00	7770.33	8453.16
	材料费(元)			438.36	498.97	539.15	602.20	602.20	625.50
	机械费(元)			925.45	1307.72	1592.54	2086.12	2294.76	1340.97
名称		单位	单价(元)	消耗量					
人工	二类人工	工日	135.00	21.696	35.928	43.518	52.200	57.558	62.616
材料	木模板	m^3	1445.00	0.020	0.020	0.020	0.020	0.020	0.020
	枕木 2000×250×200	根	147.00	0.010	0.010	0.010	0.010	0.010	0.010
	棉纱	kg	10.34	3.500	3.500	4.000	5.000	5.000	6.000
	电焊条	kg	4.31	27.780	34.720	39.860	48.790	48.790	48.790
	氧气	m^3	3.62	12.890	16.120	16.120	16.110	16.110	16.110
	乙炔气	m^3	8.90	4.297	5.373	5.373	5.370	5.370	5.370
	钢锯条	条	2.59	4.000	4.000	4.000	4.000	4.000	4.000
	破布	kg	6.90	3.500	3.500	4.000	5.000	5.000	6.000
	黄油	kg	9.05	2.100	2.500	2.700	2.900	2.900	3.100
	机油 综合	kg	2.91	15.360	15.360	16.140	16.140	16.140	16.140
	煤油	kg	3.79	7.920	8.130	8.370	8.990	8.990	9.640
	汽油 综合	kg	6.12	3.780	4.220	4.740	4.950	4.950	5.120
	其他材料费	元	1.00	15.80	18.12	19.36	21.30	21.30	22.04
机械	汽车式起重机 8t	台班	648.48	0.480	0.790	0.260	0.300	0.340	0.340
	汽车式起重机 12t	台班	748.60	—	—	0.690	—	—	—
	汽车式起重机 16t	台班	875.04	—	—	—	0.900	1.090	—
	载货汽车 8t	台班	411.20	0.130	0.230	0.250	0.290	0.330	0.330
	直流弧焊机 20kW	台班	78.72	7.123	8.903	10.221	12.510	12.510	12.510

9. 压　榨　机

工作内容：开箱点件、基础划线、场内运输、设备吊装就位、一次灌浆、精平、组装，附件组装、清洗、检查、加油、无负荷运转。

计量单位：台

定额编号				6-920	6-921	6-922	6-923
项目				螺旋输送压榨机(螺旋直径 mm 以内)			
				300		550	
				基本输送长(3m 以内)	输送长(每增加输送长 2m 以内)	基本输送长(3m 以内)	输送长(每增加输送长 2m 以内)
基价(元)				**972.54**	**82.89**	**1468.70**	**126.70**
其中	人工费(元)			762.75	76.28	1134.00	113.40
	材料费(元)			144.49	—	203.99	—
	机械费(元)			65.30	6.61	130.71	13.30
名称		单位	单价(元)	消耗量			
人工	二类人工	工日	135.00	5.650	0.565	8.400	0.840
材料	热轧薄钢板 Q235B δ2.0	kg	3.97	0.297	—	0.477	—
	镀锌铁丝 综合	kg	5.40	2.000	—	3.090	—
	木板	m^3	1667.00	0.006	—	0.022	—
	普通硅酸盐水泥 P·O 42.5 综合	kg	0.34	31.059	—	41.412	—
	黄砂 净砂(中粗砂)	t	102.00	0.055	—	0.069	—
	碎石 综合	t	102.00	0.055	—	0.083	—
	低碳钢焊条 J422 综合	kg	4.74	0.508	—	0.693	—
	平垫铁 Q195-Q235 1#	块	3.45	4.080	—	4.080	—
	斜垫铁 Q195-Q235 1#	块	5.34	8.160	—	8.160	—
	厚漆	kg	8.62	0.492	—	0.666	—
	破布	kg	6.90	1.058	—	1.433	—
	钙基润滑脂	kg	9.05	1.370	—	2.009	—
	汽油 综合	kg	6.12	0.677	—	1.040	—
	煤油	kg	3.79	2.978	—	3.803	—
	机油 综合	kg	2.91	0.448	—	1.248	—
机械	叉式起重机 5t	台班	409.00	0.077	0.008	0.154	0.016
	直流弧焊机 32kW	台班	97.11	0.345	0.034	0.691	0.069
	电焊条烘干箱 45×35×45cm³	台班	8.99	0.034	0.004	0.069	0.006

工作内容:开箱点件、基础划线、场内运输、设备吊装就位、一次灌浆、精平、组装,附件组装、清洗、检查、加油、无负荷运转。

计量单位:台

				6-924	6-925
定额编号				6-924	6-925
项目				螺旋压榨机(螺旋直径 mm 以内)	
				300	550
基价(元)				**954.25**	**1164.28**
其中	人工费(元)			810.00	972.00
	材料费(元)			98.43	119.67
	机械费(元)			45.82	72.61
名称		单位	单价(元)	消耗量	
人工	二类人工	工日	135.00	6.000	7.200
材料	热轧薄钢板 Q235B δ2.0	kg	3.97	0.119	0.190
	镀锌铁丝 综合	kg	5.40	0.784	1.177
	木板	m^3	1667.00	0.003	0.009
	普通硅酸盐水泥 P·O 42.5 综合	kg	0.34	12.424	16.565
	黄砂 净砂(中粗砂)	t	102.00	0.035	0.028
	碎石 综合	t	102.00	0.032	0.033
	石棉编绳 综合	kg	14.05	0.179	0.270
	低碳钢焊条 J422 综合	kg	4.74	0.203	0.277
	平垫铁 Q195 - Q235 1#	块	3.45	4.080	4.080
	斜垫铁 Q195 - Q235 1#	块	5.34	8.160	8.160
	破布	kg	6.90	0.423	0.573
	铅油(厚漆)	kg	7.33	0.197	0.267
	汽油 综合	kg	6.12	0.271	0.416
	煤油	kg	3.79	1.191	1.521
	机油 综合	kg	2.91	0.358	0.499
	钙基润滑脂	kg	9.05	0.548	0.804
机械	叉式起重机 5t	台班	409.00	0.045	0.090
	电动卷扬机 - 单筒慢速 50kN	台班	186.39	0.045	0.090
	交流弧焊机 32kV·A	台班	92.84	0.203	0.203
	电焊条烘干箱 45×35×45cm³	台班	8.99	0.020	0.020

五、污泥脱水浓缩机械

1. 辊压转鼓式污泥脱水机

工作内容：开箱点件，基础划线，场内运输，设备吊装，一次灌浆，精平组装，附件组装、清洗、检查、加油，无负荷试运转。

计量单位：台

定额编号				6-926	6-927
项目				转鼓直径(mm)	
				800以内	800以外
基价（元）				**1859.35**	**2295.52**
其中	人工费（元）			1666.17	2076.84
	材料费（元）			129.17	153.73
	机械费（元）			64.01	64.95
	名称	单位	单价(元)	消耗量	
人工	二类人工	工日	135.00	12.342	15.384
材料	中厚钢板 综合	kg	3.71	2.400	3.200
	镀锌铁丝 10#	kg	5.38	1.000	1.000
	枕木 2000×250×200	根	147.00	0.100	0.200
	复合硅酸盐水泥 P·C 32.5R 综合	kg	0.32	12.400	15.200
	黄砂 净砂	t	92.23	0.039	0.052
	碎石 综合	t	102.00	0.041	0.054
	棉纱	kg	10.34	0.500	0.500
	电焊条	kg	4.31	0.400	0.450
	平垫铁 1#	块	3.45	4.000	4.000
	斜垫铁 1#	块	5.34	8.000	8.000
	氧气	m^3	3.62	0.300	0.360
	乙炔气	m^3	8.90	0.100	0.120
	铁砂布 0#~2#	张	1.03	2.000	4.000
	破布	kg	6.90	0.500	0.500
	黄油	kg	9.05	0.400	0.400
	机油 综合	kg	2.91	1.000	1.000
	煤油	kg	3.79	2.000	2.000
	其他材料费	元	1.00	3.43	4.23
机械	电动卷扬机－双筒快速 50kN	台班	266.20	0.210	0.210
	直流弧焊机 20kW	台班	78.72	0.103	0.115

2. 带式压滤机

工作内容:开箱点件,基础划线,场内运输,设备吊装,一次灌浆,精平组装,附件组装、清洗、检查、加油,无负荷试运转。

计量单位:台

定额编号				6-928	6-929	6-930	6-931	6-932
项目				设备重量(t 以内)				
				6	9	11	15	20
基价(元)				4222.66	5265.00	6087.66	7047.98	8106.14
其中	人工费(元)			3815.10	4668.84	5313.60	6225.66	7114.23
	材料费(元)			308.90	338.40	418.50	509.35	594.88
	机械费(元)			98.66	257.76	355.56	312.97	397.03
	名称	单位	单价(元)	消耗量				
人工	二类人工	工日	135.00	28.260	34.584	39.360	46.116	52.698
材料	中厚钢板 综合	kg	3.71	8.600	12.400	16.800	22.400	28.400
	镀锌铁丝 10#	kg	5.38	3.000	3.500	4.000	4.500	4.500
	枕木 2000×250×200	根	147.00	0.400	0.400	0.600	0.800	1.000
	棉纱	kg	10.34	2.000	2.500	4.000	4.500	4.500
	电焊条	kg	4.31	0.800	0.900	1.000	1.100	1.200
	平垫铁 1#	块	3.45	6.000	6.000	6.000	6.000	8.000
	斜垫铁 1#	块	5.34	12.000	12.000	12.000	12.000	16.000
	氧气	m^3	3.62	0.800	0.900	1.000	1.200	1.300
	乙炔气	m^3	8.90	0.267	0.300	0.333	0.400	0.433
	铁砂布 0# ~2#	张	1.03	6.000	8.000	10.000	12.000	14.000
	破布	kg	6.90	2.000	2.500	4.000	4.500	4.500
	黄油	kg	9.05	1.000	1.000	1.000	2.000	2.000
	机油 综合	kg	2.91	4.000	4.000	4.000	6.000	6.000
	煤油	kg	3.79	10.000	10.000	10.000	12.000	12.000
	其他材料费	元	1.00	9.30	10.25	12.93	16.03	18.49
机械	电动卷扬机-双筒快速 50kN	台班	266.20	0.310	0.900	1.260	—	—
	电动卷扬机-单筒慢速 50kN	台班	186.39	—	—	—	1.560	2.000
	直流弧焊机 20kW	台班	78.72	0.205	0.231	0.256	0.282	0.308

3. 螺杆式污泥脱水机

工作内容:开箱点件,基础划线,场内运输,设备吊装,安装就位、找平找正、一次灌浆加油,试运转。　　**计量单位:**台

定　额　编　号				6-933	6-934	6-935
项　　目				杆直径(mm 以内)		
				200	300	350
基　价　(元)				**840.81**	**1901.20**	**2625.08**
其中	人工费　(元)			648.00	1576.80	2184.30
	材料费　(元)			144.95	189.41	257.92
	机械费　(元)			47.86	134.99	182.86
名　称		单位	单价(元)	消　耗　量		
人工	二类人工	工日	135.00	4.800	11.680	16.180
材料	热轧薄钢板 Q235B δ2.0	kg	3.97	0.318	0.424	0.477
	镀锌铁丝 ϕ0.7～1.0	kg	6.74	0.721	0.808	1.212
	木板 δ25	m^3	3103.00	0.006	0.012	0.020
	普通硅酸盐水泥 P·O 42.5　综合	kg	0.34	51.765	83.375	126.295
	黄砂 净砂(中粗砂)	t	102.00	0.144	0.149	0.225
	碎石　综合	t	102.00	0.142	0.162	0.247
	厚漆	kg	8.62	0.361	0.410	0.513
	棉纱头	kg	10.34	0.144	0.211	0.267
	低碳钢焊条 J422　综合	kg	4.74	0.139	0.266	0.393
	平垫铁 Q195－Q235 1#	块	3.45	4.080	4.080	4.080
	斜垫铁 Q195－Q235 1#	块	5.34	8.160	8.160	8.160
	氧气	m^3	3.62	0.224	0.224	0.449
	乙炔气	kg	7.60	0.075	0.075	0.150
	破布	kg	6.90	0.166	0.254	0.331
	钙基润滑脂	kg	9.05	0.206	0.721	0.927
	机油　综合	kg	2.91	0.624	1.124	1.405
	煤油	kg	3.79	0.804	1.285	1.928
	汽油　综合	kg	6.12	0.208	0.416	0.520
机械	叉式起重机 5t	台班	409.00	0.096	0.288	0.384
	直流弧焊机 20kW	台班	78.72	0.108	0.216	0.324
	电焊条烘干箱 45×35×45cm^3	台班	8.99	0.011	0.022	0.033

4. 螺压式污泥脱水机

工作内容:开箱点件,基础划线,场内运输,设备吊装,安装就位,找平找正、一次灌浆加油,试运转。 **计量单位**:台

定额编号				6-936	6-937	6-938	6-939	6-940
项目				转鼓直径(mm)				
				250	350	500	650	1000
基价(元)				**1387.47**	**2426.65**	**3527.72**	**5146.02**	**7311.38**
其中	人工费(元)			1127.25	1965.60	2758.05	3801.60	5197.50
	材料费(元)			173.09	278.19	306.21	417.33	595.52
	机械费(元)			87.13	182.86	463.46	927.09	1518.36
名称		单位	单价(元)	消耗量				
人工	二类人工	工日	135.00	8.350	14.560	20.430	28.160	38.500
材料	热轧薄钢板 Q235B δ2.0	kg	3.97	0.424	0.477	0.530	0.636	0.742
	镀锌铁丝 ϕ0.7~1.0	kg	6.74	0.808	1.212	1.212	2.151	4.040
	木板 δ25	m^3	3103.00	0.009	0.020	0.026	0.042	0.059
	厚漆	kg	8.62	0.308	0.513	0.564	0.718	0.841
	普通硅酸盐水泥 P·O 42.5 综合	kg	0.34	66.120	126.295	161.385	216.819	289.565
	黄砂 净砂	t	92.23	0.189	0.360	0.290	0.400	0.829
	碎石 综合	t	102.00	0.189	0.358	0.317	0.427	0.819
	棉纱头	kg	10.34	0.167	0.202	0.300	0.389	0.444
	低碳钢焊条 J422 ϕ4.0	kg	4.74	0.208	0.393	0.485	0.682	0.682
	平垫铁 1#	块	3.45	4.080	4.080	4.080	4.080	4.080
	斜垫铁 1#	块	5.34	8.160	8.160	8.160	8.160	8.160
	氧气	m^3	3.62	0.224	0.347	0.561	0.740	0.740
	乙炔气	kg	7.60	0.075	0.165	0.187	0.246	0.246
	破布	kg	6.90	0.166	0.277	0.441	0.662	0.772
	钙基润滑脂	kg	9.05	0.567	0.927	0.927	1.329	1.566
	机油 综合	kg	2.91	0.885	1.405	1.560	1.873	2.237
	煤油	kg	3.79	0.973	1.928	2.678	3.641	4.177
	汽油 综合	kg	6.12	0.312	0.520	0.624	0.708	0.770
机械	汽车式起重机 8t	台班	648.48	—	—	0.480	0.480	—
	汽车式起重机 16t	台班	875.04	—	—	—	—	0.480
	载货汽车 8t	台班	411.20	—	—	—	0.480	0.480
	叉式起重机 5t	台班	409.00	0.192	0.384	0.288	0.480	1.441
	电动卷扬机-单筒慢速 50kN	台班	186.39	—	—	—	0.961	1.441
	直流弧焊机 20kW	台班	78.72	0.108	0.324	0.432	0.540	0.540
	电焊条烘干箱 45×35×45cm^3	台班	8.99	0.011	0.033	0.043	0.055	0.055

5. 离心式污泥脱水机

工作内容:开箱点件,基础划线,场内运输,设备吊装,安装就位、找平找正、一次灌浆加油,试运转。　　**计量单位:**台

定额编号				6-941	6-942	6-943
项目				鼓径(mm)		
				550	1000	1600
基价(元)				**1316.57**	**2047.78**	**2848.33**
其中	人工费(元)			1070.55	1752.30	2409.75
	材料费(元)			158.89	160.49	255.72
	机械费(元)			87.13	134.99	182.86
名称		单位	单价(元)	消耗量		
人工	二类人工	工日	135.00	7.930	12.980	17.850
材料	热轧薄钢板 Q235B δ2.0	kg	3.97	0.424	0.424	0.477
	镀锌铁丝 φ0.7~1.0	kg	6.74	0.808	0.808	1.212
	木板 δ25	m^3	3103.00	0.009	0.009	0.020
	厚漆	kg	8.62	0.308	0.308	0.513
	普通硅酸盐水泥 P·O 42.5 综合	kg	0.34	66.120	66.120	126.295
	黄砂 净砂	t	92.23	0.118	0.118	0.225
	碎石 综合	t	102.00	0.130	0.130	0.247
	棉纱头	kg	10.34	0.131	0.167	0.267
	低碳钢焊条 J422 φ4.0	kg	4.74	0.208	0.208	0.393
	平垫铁 1#	块	3.45	4.080	4.080	4.080
	斜垫铁 1#	块	5.34	8.160	8.160	8.160
	氧气	m^3	3.62	0.132	0.224	0.449
	乙炔气	kg	7.60	0.396	0.075	0.150
	破布	kg	6.90	0.132	0.166	0.331
	钙基润滑脂	kg	9.05	0.408	0.567	0.927
	机油 综合	kg	2.91	0.885	0.885	1.405
	煤油	kg	3.79	0.525	0.964	1.928
	汽油 综合	kg	6.12	0.312	0.312	0.520
机械	叉式起重机 5t	台班	409.00	0.192	0.288	0.384
	直流弧焊机 20kW	台班	78.72	0.108	0.216	0.324
	电焊条烘干箱 45×35×45cm³	台班	8.99	0.011	0.022	0.033

6. 板框式污泥脱水机

工作内容:开箱点件,基础划线,场内运输,设备吊装,安装就位、找平找正、一次灌浆加油,试运转。 **计量单位:**台

定额编号				6-944	6-945	6-946	6-947
项目				滤板(mm)			
				650×650	810×810	870×870	920×920
基价(元)				**1987.49**	**2744.38**	**3725.36**	**4215.54**
其中	人工费(元)			1664.55	2305.80	2913.30	3350.70
	材料费(元)			187.95	255.72	306.21	306.21
	机械费(元)			134.99	182.86	505.85	558.63
名称		单位	单价(元)	消耗量			
人工	二类人工	工日	135.00	12.330	17.080	21.580	24.820
材料	热轧薄钢板 Q235B δ2.0	kg	3.97	0.424	0.477	0.530	0.530
	镀锌铁丝 φ0.7~1.0	kg	6.74	0.808	1.212	1.212	1.212
	普通硅酸盐水泥 P·O 42.5 综合	kg	0.34	83.375	126.295	161.385	161.385
	黄砂 净砂	t	92.23	0.149	0.225	0.290	0.290
	碎石 综合	t	102.00	0.162	0.247	0.317	0.317
	木板 δ25	m^3	3103.00	0.012	0.020	0.026	0.026
	厚漆	kg	8.62	0.410	0.513	0.564	0.564
	棉纱头	kg	10.34	0.211	0.267	0.300	0.300
	低碳钢焊条 J422 φ4.0	kg	4.74	0.266	0.393	0.485	0.485
	平垫铁 1#	块	3.45	4.080	4.080	4.080	4.080
	斜垫铁 1#	块	5.34	8.160	8.160	8.160	8.160
	氧气	m^3	3.62	0.224	0.449	0.561	0.561
	乙炔气	kg	7.60	0.075	0.150	0.187	0.187
	破布	kg	6.90	0.254	0.331	0.441	0.441
	钙基润滑脂	kg	9.05	0.721	0.927	0.927	0.927
	机油 综合	kg	2.91	1.124	1.405	1.560	1.560
	煤油	kg	3.79	1.285	1.928	2.678	2.678
	汽油 综合	kg	6.12	0.416	0.520	0.624	0.624
机械	汽车式起重机 8t	台班	648.48	—	—	0.241	0.241
	载货汽车 8t	台班	411.20	—	—	0.480	0.553
	叉式起重机 5t	台班	409.00	0.288	0.384	0.288	0.331
	直流弧焊机 20kW	台班	78.72	0.216	0.324	0.432	0.497
	电焊条烘干箱 $45\times35\times45cm^3$	台班	8.99	0.022	0.033	0.043	0.050

7. 箱式污泥脱水机

工作内容：开箱点件，基础划线，场内运输，设备吊装，安装就位、找平找正、一次灌浆加油，试运转。　**计量单位**：台

定额编号				6-948	6-949	6-950	6-951	6-952	6-953
项目				外框(mm)					
				400×400	500×500	800×800	1000×1000	1500×1500	2000×2000
基价（元）				**890.91**	**1347.94**	**2545.50**	**4650.80**	**6730.05**	**7777.91**
其中	人工费（元）			683.10	1070.55	2189.70	3832.65	5076.00	5972.40
	材料费（元）			159.95	190.26	220.81	354.69	579.12	680.20
	机械费（元）			47.86	87.13	134.99	463.46	1074.93	1125.31
名称		单位	单价(元)	消耗量					
人工	二类人工	工日	135.00	5.060	7.930	16.220	28.390	37.600	44.240
材料	热轧薄钢板 Q235B δ2.0	kg	3.97	0.318	0.424	0.424	0.530	0.636	0.742
	镀锌铁丝 φ0.7～1.0	kg	6.74	0.752	0.808	0.808	1.212	3.434	4.040
	木板 δ25	m^3	3103.00	0.006	0.009	0.012	0.026	0.053	0.059
	枕木	m^3	2457.00	0.007	0.007	0.007	0.008	0.011	0.011
	厚漆	kg	8.62	0.285	0.308	0.410	0.564	0.718	0.841
	普通硅酸盐水泥 P·O 42.5 综合	kg	0.34	50.750	66.120	83.375	161.385	246.130	289.565
	黄砂 净砂	t	92.23	0.144	0.189	0.238	0.290	0.702	0.829
	碎石 综合	t	102.00	0.142	0.189	0.235	0.317	0.695	0.819
	棉纱头	kg	10.34	0.144	0.167	0.211	0.300	0.374	0.444
	低碳钢焊条 J422 φ4.0	kg	4.74	0.139	0.208	0.266	0.485	0.583	0.682
	平垫铁 1#	块	3.45	4.080	4.080	4.080	6.120	6.120	8.160
	斜垫铁 1#	块	5.34	8.160	8.160	8.160	12.240	12.240	16.320
	氧气	m^3	3.62	0.224	0.224	0.224	0.561	0.627	0.740
	乙炔气	kg	7.60	0.075	0.075	0.075	0.187	0.209	0.246
	破布	kg	6.90	0.166	0.166	0.254	0.441	0.651	0.772
	钙基润滑脂	kg	9.05	0.206	0.567	0.721	0.927	1.326	1.566
	机油 综合	kg	2.91	0.624	0.885	1.124	1.560	1.906	2.237
	煤油	kg	3.79	0.804	0.964	1.285	2.678	3.550	4.177
	汽油 综合	kg	6.12	0.208	0.312	0.416	0.624	0.653	0.770
机械	汽车式起重机 8t	台班	648.48	—	—	—	0.480	—	—
	汽车式起重机 16t	台班	875.04	—	—	—	—	0.480	0.480
	载货汽车 8t	台班	411.20	—	—	—	—	0.480	0.480
	叉式起重机 5t	台班	409.00	0.096	0.192	0.288	0.288	0.433	0.480
	电动卷扬机－单筒慢速 50kN	台班	186.39	—	—	—	—	1.297	1.441
	直流弧焊机 20kW	台班	78.72	0.108	0.108	0.216	0.432	0.486	0.540
	电焊条烘干箱 45×35×45cm^3	台班	8.99	0.011	0.011	0.022	0.043	0.048	0.055

8. 污泥造粒脱水机

工作内容：开箱点件，基础划线，场内运输，设备吊装，一次灌浆，精平组装，附件组装、清洗、检查、加油，无负荷试运转。

计量单位：台

定额编号				6-954	6-955	6-956	6-957
项目				转鼓直径(m 以内)			
				1	2	3	3.5
基价(元)				**2683.81**	**3162.16**	**4093.98**	**4873.17**
其中	人工费(元)			1898.64	2542.59	3276.45	3940.65
	材料费(元)			184.08	231.33	302.19	364.50
	机械费(元)			601.09	388.24	515.34	568.02
名称		单位	单价(元)	消耗量			
人工	二类人工	工日	135.00	14.064	18.834	24.270	29.190
材料	中厚钢板 综合	kg	3.71	3.200	6.400	12.400	18.600
	镀锌铁丝 10#	kg	5.38	2.000	2.000	2.000	2.000
	枕木 2000×250×200	根	147.00	0.200	0.300	0.400	0.500
	复合硅酸盐水泥 P·C 32.5R 综合	kg	0.32	26.000	42.000	56.000	78.000
	黄砂 净砂	t	92.23	0.052	0.078	0.104	0.130
	碎石 综合	t	102.00	0.068	0.095	0.122	0.150
	棉纱	kg	10.34	1.000	1.000	1.500	2.000
	电焊条	kg	4.31	0.400	0.500	0.600	0.700
	平垫铁 1#	块	3.45	4.000	4.000	4.000	4.000
	斜垫铁 1#	块	5.34	8.000	8.000	8.000	8.000
	氧气	m^3	3.62	1.200	1.400	1.600	1.800
	乙炔气	m^3	8.90	0.400	0.467	0.533	0.600
	破布	kg	6.90	1.000	1.000	1.500	2.000
	黄油	kg	9.05	1.000	1.000	1.500	1.500
	机油 综合	kg	2.91	1.000	1.500	2.000	2.000
	煤油	kg	3.79	3.000	4.500	6.000	6.000
	其他材料费	元	1.00	5.28	6.79	9.03	10.98
机械	汽车式起重机 8t	台班	648.48	0.820	0.460	0.620	0.690
	电动卷扬机-双筒快速 50kN	台班	266.20	0.230	0.300	0.380	0.400
	直流弧焊机 20kW	台班	78.72	0.103	0.128	0.154	0.179

9. 转鼓式污泥浓缩机

工作内容：开箱点件，基础划线，场内运输，设备吊装，一次灌浆，精平组装，附件组装、清洗、检查、加油，无负荷试运转。

计量单位：台

定额编号				6-958	6-959	6-960	6-961	6-962
项目				处理量(m^3/h 以内)				
				10	20	30	50	100
基价(元)				**902.61**	**1379.79**	**1549.12**	**2071.10**	**2860.52**
其中	人工费(元)			719.55	1127.25	1296.00	1750.95	2427.30
	材料费(元)			135.20	165.41	152.85	185.13	250.36
	机械费(元)			47.86	87.13	100.27	135.02	182.86
	名称	单位	单价(元)	消耗量				
人工	二类人工	工日	135.00	5.330	8.350	9.600	12.970	17.980
材料	热轧薄钢板 Q235B δ2.0	kg	3.97	0.318	0.424	0.424	0.424	0.477
	木板 δ25	m^3	3103.00	0.006	0.009	0.009	0.012	0.020
	普通硅酸盐水泥 P·O 42.5 综合	kg	0.34	50.764	67.442	67.449	85.043	128.821
	黄砂 净砂	t	92.23	0.144	0.189	0.118	0.149	0.225
	碎石 综合	t	102.00	0.142	0.189	0.130	0.162	0.247
	棉纱头	kg	10.34	0.141	0.167	0.167	0.267	0.389
	低碳钢焊条 J422 ϕ4.0	kg	4.74	0.139	0.208	0.208	0.266	0.393
	平垫铁 1#	块	3.45	4.080	4.080	4.080	4.080	4.080
	斜垫铁 1#	块	5.34	8.160	8.160	8.160	8.160	8.160
	氧气	m^3	3.62	0.224	0.224	0.224	0.230	0.290
	乙炔气	kg	7.60	0.075	0.075	0.075	0.266	0.347
	破布	kg	6.90	0.166	0.166	0.166	0.428	0.536
	钙基润滑脂	kg	9.05	0.206	0.567	0.567	0.721	0.927
	机油 综合	kg	2.91	0.624	0.885	0.885	1.112	1.391
	煤油	kg	3.79	0.804	0.964	0.964	1.907	2.678
	汽油 综合	kg	6.12	0.208	0.312	0.312	0.418	0.515
机械	叉式起重机 5t	台班	409.00	0.096	0.192	0.221	0.288	0.384
	直流弧焊机 20kW	台班	78.72	0.108	0.108	0.124	0.216	0.324
	电焊条烘干箱 45×35×45cm³	台班	8.99	0.011	0.011	0.013	0.025	0.033

10. 离心式污泥浓缩机

工作内容:开箱点件,基础划线,场内运输,设备吊装,一次灌浆,精平组装,附件组装、清洗、检查、加油,无负荷试运转。

计量单位:台

定额编号				6-963	6-964	6-965	6-966	6-967
项目				处理量(m^3/h 以内)				
				10	20	30	50	100
基价(元)				**1505.75**	**2279.51**	**2888.42**	**3866.50**	**5676.76**
其中	人工费(元)			1239.30	1927.80	2427.30	3067.20	4457.70
	材料费(元)			170.68	202.78	278.26	335.84	456.53
	机械费(元)			95.77	148.93	182.86	463.46	762.53
	名称	单位	单价(元)	消耗量				
人工	二类人工	工日	135.00	9.180	14.280	17.980	22.720	33.020
材料	热轧薄钢板 Q235B δ2.0	kg	3.97	0.424	0.424	0.477	0.530	0.636
	镀锌铁丝 ϕ2.0~4.0	kg	5.01	0.808	0.808	1.212	1.212	2.151
	木板 δ25	m^3	3103.00	0.009	0.012	0.020	0.026	0.042
	厚漆	kg	8.62	0.308	0.410	0.513	0.564	0.718
	普通硅酸盐水泥 P·O 42.5 综合	kg	0.34	67.449	85.043	128.821	164.613	221.155
	黄砂 净砂	t	92.23	0.189	0.238	0.360	0.464	0.640
	碎石 综合	t	102.00	0.189	0.235	0.358	0.460	0.619
	棉纱头	kg	10.34	0.167	0.211	0.267	0.300	0.389
	低碳钢焊条 J422 ϕ4.0	kg	4.74	0.208	0.266	0.393	0.485	0.660
	平垫铁 1#	块	3.45	4.080	4.080	4.080	4.080	4.080
	斜垫铁 1#	块	5.34	8.160	8.160	8.160	8.160	8.160
	氧气	m^3	3.62	0.224	0.224	0.449	0.561	0.693
	乙炔气	kg	7.60	0.075	0.075	0.150	0.187	0.246
	破布	kg	6.90	0.166	0.254	0.331	0.441	0.662
	钙基润滑脂	kg	9.05	0.408	0.721	0.927	0.927	1.329
	机油 综合	kg	2.91	0.885	1.124	1.405	1.560	1.873
	煤油	kg	3.79	0.964	1.285	1.928	2.678	3.641
	汽油 综合	kg	6.12	0.312	0.416	0.520	0.624	0.708
机械	汽车式起重机 8t	台班	648.48	—	—	—	0.480	—
	汽车式起重机 12t	台班	748.60	—	—	—	—	0.457
	载货汽车 8t	台班	411.20	—	—	—	—	0.457
	叉式起重机 5t	台班	409.00	0.211	0.318	0.384	0.288	—
	电动卷扬机-双筒快速 30kN	台班	237.20	—	—	—	—	0.808
	直流弧焊机 20kW	台班	78.72	0.119	0.237	0.324	0.432	0.513
	电焊条烘干箱 45×35×45cm^3	台班	8.99	0.011	0.024	0.033	0.043	0.051

11. 螺压式污泥浓缩机

工作内容：开箱点件，基础划线，场内运输，设备吊装，一次灌浆，精平组装，附件组装、清洗、检查、加油，无负荷试运转。

计量单位：台

定额编号				6-968	6-969	6-970	6-971	6-972
项目				处理量（m³/h 以内）				
				10	20	30	50	100
基价（元）				**2575.48**	**3472.66**	**3933.22**	**5260.34**	**6910.04**
其中	人工费（元）			2184.30	2759.40	3172.50	4224.15	5659.20
	材料费（元）			208.32	249.80	249.80	334.27	445.75
	机械费（元）			182.86	463.46	510.92	701.92	805.09
	名称	单位	单价(元)	消耗量				
人工	二类人工	工日	135.00	16.180	20.440	23.500	31.290	41.920
材料	热轧薄钢板 Q235B δ2.0	kg	3.97	0.477	0.530	0.530	0.636	0.742
	镀锌铁丝 ϕ2.0～4.0	kg	5.01	1.212	1.212	1.212	2.151	4.040
	木板 δ25	m³	3103.00	0.020	0.026	0.026	0.042	0.059
	厚漆	kg	8.62	0.513	0.564	0.564	0.718	0.841
	普通硅酸盐水泥 P·O 42.5 综合	kg	0.34	51.765	67.442	67.442	85.048	130.847
	黄砂 净砂	t	92.23	0.144	0.189	0.189	0.238	0.368
	碎石 综合	t	102.00	0.142	0.189	0.189	0.235	0.365
	棉纱头	kg	10.34	0.265	0.300	0.300	0.389	0.444
	低碳钢焊条 J422 ϕ4.0	kg	4.74	0.393	0.485	0.485	0.682	0.682
	平垫铁 1#	块	3.45	4.080	4.080	4.080	4.080	4.080
	斜垫铁 1#	块	5.34	8.160	8.160	8.160	8.160	8.160
	氧气	m³	3.62	0.449	0.561	0.561	0.740	0.740
	乙炔气	kg	7.60	0.150	0.187	0.187	0.246	0.246
	破布	kg	6.90	0.336	0.441	0.441	0.662	0.772
	钙基润滑脂	kg	9.05	0.728	0.927	0.927	1.327	1.566
	机油 综合	kg	2.91	1.405	1.560	1.560	1.873	2.237
	煤油	kg	3.79	1.930	2.678	2.678	3.641	4.177
	汽油 综合	kg	6.12	0.520	0.624	0.624	0.708	0.770
机械	汽车式起重机 8t	台班	648.48	—	0.480	0.529	—	—
	汽车式起重机 12t	台班	748.60	—	—	—	0.433	0.463
	载货汽车 8t	台班	411.20	—	—	—	0.433	0.433
	叉式起重机 5t	台班	409.00	0.384	0.288	0.318	—	—
	电动卷扬机－单筒慢速 50kN	台班	186.39	—	—	—	0.864	1.297
	直流弧焊机 20kW	台班	78.72	0.324	0.432	0.475	0.486	0.486
	电焊条烘干箱 45×35×45cm³	台班	8.99	0.033	0.043	0.047	0.048	0.048

12. 带式浓缩脱水一体机

工作内容:开箱点件,基础划线,场内运输,设备吊装,一次灌浆,精平组装,附件组装、清洗、检查、加油,无负荷试运转。

计量单位:台

定额编号				6-973	6-974	6-975
项目				宽度(m 以内)		
				1	2	3
基价(元)				**4301.29**	**5860.93**	**6665.00**
其中	人工费(元)			3764.48	5022.27	5775.17
	材料费(元)			327.57	489.48	489.48
	机械费(元)			209.24	349.18	400.35
名称		单位	单价(元)	消耗量		
人工	二类人工	工日	135.00	27.885	37.202	42.779
材料	中厚钢板 综合	kg	3.71	13.144	23.744	23.744
	镀锌铁丝 ϕ2.0~4.0	kg	5.01	3.535	4.545	4.545
	枕木 2000×250×200	根	147.00	0.420	0.840	0.840
	棉纱头	kg	10.34	2.525	4.545	4.545
	低合金钢焊条 E43 系列	kg	4.74	0.990	1.210	1.210
	平垫铁 1#	块	3.45	6.120	6.120	6.120
	斜垫铁 1#	块	5.34	12.240	12.240	12.240
	氧气	m^3	3.62	0.990	1.320	1.320
	乙炔气	kg	7.60	0.330	0.440	0.440
	破布	kg	6.90	2.625	4.725	4.725
	砂布	张	0.86	8.400	12.600	12.600
	机油 综合	kg	2.91	4.120	6.180	6.180
	煤油	kg	3.79	10.200	12.240	12.240
机械	电动卷扬机-单筒慢速 30kN	台班	177.60	1.017	1.763	2.023
	直流弧焊机 32kW	台班	97.11	0.292	0.368	0.419
	电焊条烘干箱 45×35×45cm³	台班	8.99	0.029	0.037	0.042

13. 转鼓式浓缩脱水一体机

工作内容:开箱点件,基础划线,场内运输,设备吊装、安装就位、找平找正、一次灌浆、加油、试运转。

计量单位:台

定额编号				6-976	6-977	6-978
项目				宽度(m 以内)		
				1	2	3
基价(元)				**4281.69**	**5850.57**	**6654.64**
其中	人工费(元)			3764.48	5022.27	5775.17
	材料费(元)			307.97	479.12	479.12
	机械费(元)			209.24	349.18	400.35
名称		单位	单价(元)	消耗量		
人工	二类人工	工日	135.00	27.885	37.202	42.779
材料	中厚钢板 综合	kg	3.71	13.144	23.744	23.744
	镀锌铁丝 ϕ2.0~4.0	kg	5.01	3.535	4.545	4.545
	枕木 2000×250×200	根	147.00	0.420	0.840	0.840
	棉纱头	kg	10.34	2.525	4.545	4.545
	低碳钢焊条 J422 综合	kg	4.74	0.990	1.210	1.210
	平垫铁 1#	块	3.45	4.080	4.080	4.080
	斜垫铁 1#	块	5.34	8.160	8.160	8.160
	氧气	m^3	3.62	0.990	1.320	1.320
	乙炔气	kg	7.60	0.330	0.440	0.440
	砂布	张	0.86	8.400	12.600	12.600
	破布	kg	6.90	2.625	4.725	4.725
	钙基润滑脂	kg	9.05	1.020	2.040	2.040
	机油 综合	kg	2.91	4.120	6.180	6.180
	煤油	kg	3.79	10.200	12.240	12.240
机械	电动卷扬机-单筒慢速 30kN	台班	177.60	1.017	1.763	2.023
	直流弧焊机 32kW	台班	97.11	0.292	0.368	0.419
	电焊条烘干箱 45×35×45cm^3	台班	8.99	0.029	0.037	0.042

14. 污泥切割机

工作内容:开箱点件、基础划线、场内运输、设备吊装、一次灌浆、精平组装,附件组装、清洗、检查、加油,无负荷运转。

计量单位:台

定额编号				6-979
项目				污泥切割机
基价(元)				**1366.22**
其中	人工费(元)			1137.51
	材料费(元)			150.15
	机械费(元)			78.56
名称		单位	单价(元)	消耗量
人工	二类人工	工日	135.00	8.426
材料	热轧薄钢板 Q235B δ2.0	kg	3.97	0.382
	镀锌铁丝 φ2.0~4.0	kg	5.01	0.727
	木板	m^3	1667.00	0.009
	铅油(厚漆)	kg	7.33	0.277
	普通硅酸盐水泥 P·O 42.5 综合	kg	0.34	60.698
	黄砂 净砂	t	92.23	0.170
	碎石 综合	t	102.00	0.170
	棉纱头	kg	10.34	0.150
	低碳钢焊条 J422 φ4.0	kg	4.74	0.187
	平垫铁 1#	块	3.45	4.080
	斜垫铁 1#	块	5.34	8.160
	氧气	m^3	3.62	0.202
	乙炔气	kg	7.60	0.067
	破布	kg	6.90	0.149
	钙基润滑脂	kg	9.05	0.510
	汽油 综合	kg	6.12	0.281
	煤油	kg	3.79	0.868
	机油 综合	kg	2.91	0.796
机械	叉式起重机 5t	台班	409.00	0.173
	直流弧焊机 20kW	台班	78.72	0.098
	电焊条烘干箱 45×35×45cm³	台班	8.99	0.010

六、除 臭 设 备

工作内容：开箱检点，基础划线，场内运输，找平找正、固定安装、调试。　　计量单位：台

定额编号				6-980	6-981	6-982	6-983	6-984
项目				离子除臭设备主机（风量 m^3 以内）				
				10000	20000	30000	40000	50000
基价（元）				630.13	670.63	903.41	1042.28	1163.20
其中	人工费（元）			472.50	513.00	745.20	823.50	893.70
	材料费（元）			2.89	2.89	3.47	4.62	4.62
	机械费（元）			154.74	154.74	154.74	214.16	264.88
名称		单位	单价（元）	消耗量				
人工	二类人工	工日	135.00	3.500	3.800	5.520	6.100	6.620
材料	镀锌铁丝 ϕ1.2～1.8	kg	5.78	0.500	0.500	0.600	0.800	0.800
机械	载货汽车 5t	台班	382.30	0.102	0.102	0.102	0.113	0.113
	叉式起重机 5t	台班	409.00	0.283	0.283	0.283	0.418	0.542

七、膜处理设备

1. 反渗透(纳滤)膜组件与装置

工作内容:开箱点件,基础划线,场内运输,设备吊装就位,组装,附件组装,清洗,补漆,检查,水压试验。

计量单位:套

	定额编号			6-985
	项目			卷式膜 膜处理系统单元产水能力 $100m^3/h$ 以内
	基价(元)			**15221.85**
其中	人工费(元)			9422.33
	材料费(元)			2094.69
	机械费(元)			3704.83
	名称	单位	单价(元)	消耗量
人工	二类人工	工日	135.00	69.795
材料	热轧薄钢板 Q235B δ2.0	kg	3.97	8.250
	中厚钢板 Q235B δ10	kg	3.71	8.360
	不锈钢管 ϕ57	m	10.17	8.800
	不锈钢管 ϕ108	m	40.88	8.250
	热轧带肋钢筋 HRB400 综合	kg	3.85	13.035
	斜垫铁 综合	kg	8.62	12.000
	石棉橡胶板 低压 δ0.8~6	kg	5.26	5.000
	镀锌薄钢板 δ0.55	kg	4.48	27.500
	酚醛调和漆	kg	11.29	24.000
	不锈钢六角螺栓 M16×45	个	1.98	30.000
	不锈钢焊条 A102 ϕ2.5 以内	kg	31.90	2.435
	低碳钢焊条 J422 ϕ3.2	kg	4.74	5.500
	道木 250×200×2500	根	129.00	1.650
	盐(工业)	kg	0.74	165.000
	钙基润滑脂	kg	9.05	1.100
	机油 综合	kg	2.91	2.475
	煤油	kg	3.79	4.400
	铅油(厚漆)	kg	7.33	1.100
	硫酸 98%	kg	2.09	10.000
	氧气	m^3	3.62	16.500
	乙炔气	kg	7.60	6.270
	白棕绳	kg	14.31	5.400
	铁砂布 0#~2#	张	1.03	22.000
	钢锯条	条	2.59	5.000
	生料带	kg	103.00	0.275
	水	m^3	4.27	44.000
	电	kW·h	0.78	16.500
	其他材料费	元	1.00	19.85
机械	汽车式起重机 8t	台班	648.48	3.108
	电动卷扬机-单筒慢速 30kN	台班	177.60	6.215
	交流弧焊机 32kV·A	台班	92.84	3.493
	电动空气压缩机 $0.6m^3/min$	台班	33.06	6.215
	试压泵 25MPa	台班	21.19	2.486
	电焊条烘干箱 $45\times35\times45cm^3$	台班	8.99	0.349

2. 超滤(微滤)膜组件与装置

工作内容:开箱点件,基础划线,场内运输,设备吊装就位,一次灌浆,整平,组装,附件组装,清洗,补漆,检查,水压试验。

计量单位:套

定额编号				6-986
项目				中空纤维膜 膜处理系统单元产水能力 $100m^3/h$ 以内
基价(元)				**30313.72**
其中	人工费(元)			17988.08
	材料费(元)			5337.61
	机械费(元)			6988.03
	名称	单位	单价(元)	消耗量
人工	二类人工	工日	135.00	133.245
材料	热轧薄钢板 Q235B δ2.0	kg	3.97	15.960
	中厚钢板 Q235B δ10	kg	3.71	15.750
	不锈钢管 φ273	m	61.81	16.800
	不锈钢管 φ377	m	78.82	15.750
	热轧带肋钢筋 HRB400 综合	kg	3.85	24.885
	斜垫铁 综合	kg	8.62	24.000
	石棉橡胶板 低压 δ0.8~6	kg	5.26	10.000
	镀锌薄钢板 δ0.55	kg	4.48	52.500
	酚醛调和漆	kg	11.29	48.000
	不锈钢六角螺栓 M16×45	个	1.98	60.000
	不锈钢焊条 A102 φ2.5 以内	kg	31.90	4.648
	低碳钢焊条 J422 φ3.2	kg	4.74	10.500
	道木 250×200×2500	根	129.00	3.150
	盐(工业)	kg	0.74	315.000
	钙基润滑脂	kg	9.05	2.100
	机油 综合	kg	2.91	4.725
	煤油	kg	3.79	8.400
	铅油(厚漆)	kg	7.33	2.100
	硫酸 98%	kg	2.09	20.000
	氧气	m^3	3.62	31.500
	乙炔气	kg	7.60	11.970
	白棕绳	kg	14.31	10.800
	铁砂布 0#~2#	张	1.03	42.000
	钢锯条	条	2.59	10.000
	生料带	kg	103.00	0.525
	水	m^3	4.27	44.000
	电	kW·h	0.78	31.500
	其他材料费	元	1.00	30.28
机械	汽车式起重机 8t	台班	648.48	5.933
	电动卷扬机-单筒慢速 30kN	台班	177.60	11.865
	交流弧焊机 32kV·A	台班	92.84	6.668
	电动空气压缩机 $0.6m^3/min$	台班	33.06	4.746
	试压泵 25MPa	台班	21.19	11.865
	电焊条烘干箱 $45\times35\times45cm^3$	台班	8.99	0.667

3. 膜生物反应器(MBR)

工作内容:开箱点件,基础划线,场内运输,设备吊装就位,一次灌浆,整平,组装,附件组装,清洗,补漆,检查,水压试验。

计量单位:套

定额编号				6-987
项目				中控纤维帘式膜 膜处理系统单元产水能力 $200m^3/h$ 以内
基价(元)				**19585.51**
其中	人工费(元)			11992.05
	材料费(元)			2935.02
	机械费(元)			4658.44
	名称	单位	单价(元)	消耗量
人工	二类人工	工日	135.00	88.830
材料	热轧薄钢板 Q235B δ2.0	kg	3.97	10.510
	中厚钢板 Q235B δ10	kg	3.71	10.650
	不锈钢管 φ76	m	22.97	11.200
	不锈钢管 φ108	m	40.88	10.510
	热轧带肋钢筋 HRB400 综合	kg	3.85	16.598
	镀锌薄钢板 δ0.55	kg	4.48	35.000
	酚醛调和漆	kg	11.29	32.000
	不锈钢六角螺栓 M16×45	个	1.98	40.000
	不锈钢焊条 A102 φ2.5 以内	kg	31.90	3.100
	低碳钢焊条 J422 φ3.2	kg	4.74	7.000
	斜垫铁 综合	kg	8.62	24.000
	石棉橡胶板 低压 δ0.8~6	kg	5.26	10.000
	道木 250×200×2500	根	129.00	2.100
	盐(工业)	kg	0.74	210.000
	钙基润滑脂	kg	9.05	1.400
	机油 综合	kg	2.91	3.152
	煤油	kg	3.79	5.600
	铅油(厚漆)	kg	7.33	1.400
	硫酸 98%	kg	2.09	13.000
	氧气	m^3	3.62	21.011
	乙炔气	kg	7.60	7.984
	白棕绳	kg	14.31	7.200
	铁砂布 0#~2#	张	1.03	28.000
	钢锯条	条	2.59	7.000
	生料带	kg	103.00	0.350
	水	m^3	4.27	56.000
	电	kW·h	0.78	21.000
	其他材料费	元	1.00	29.05
机械	汽车式起重机 8t	台班	648.48	3.955
	电动卷扬机-单筒慢速 30kN	台班	177.60	7.910
	交流弧焊机 32kV·A	台班	92.84	4.445
	电动空气压缩机 $0.6m^3/min$	台班	33.06	3.164
	试压泵 25MPa	台班	21.19	7.910
	电焊条烘干箱 $45×35×45cm^3$	台班	8.99	0.445

八、闸门及驱动装置

1. 铸铁圆闸门

工作内容：开箱点件，基础划线，场内运输，闸门安装，找平，找正，试漏，试运转。　　**计量单位**：座

定额编号				6-988	6-989	6-990	6-991	6-992	6-993
项目				直径(mm 以内)					
				300	400	500	600	800	900
基价（元）				**879.58**	**962.78**	**1008.70**	**1169.90**	**1313.55**	**1446.41**
其中	人工费（元）			635.85	705.65	739.26	797.85	909.63	990.63
	材料费（元）			176.28	189.68	200.97	237.81	252.89	265.84
	机械费（元）			67.45	67.45	68.47	134.24	151.03	189.94
	名称	单位	单价(元)	消耗量					
人工	二类人工	工日	135.00	4.710	5.227	5.476	5.910	6.738	7.338
材料	中厚钢板 综合	kg	3.71	14.920	14.920	14.920	14.920	14.920	14.920
	镀锌铁丝 10#	kg	5.38	2.000	2.000	2.000	2.000	2.000	2.000
	木模板	m^3	1445.00	0.005	0.006	0.007	0.007	0.008	0.009
	枕木 2000×250×200	根	147.00	0.100	0.100	0.100	0.100	0.100	0.100
	膨胀水泥	kg	0.87	12.000	20.000	26.000	31.000	40.000	49.000
	黄砂 净砂	t	92.23	0.026	0.039	0.052	0.065	0.078	0.091
	碎石 综合	t	102.00	0.027	0.041	0.054	0.068	0.095	0.109
	棉纱	kg	10.34	0.150	0.200	0.250	0.250	0.250	0.250
	电焊条	kg	4.31	0.130	0.130	0.180	0.240	0.240	0.240
	平垫铁 1#	块	3.45	4.000	4.000	4.000	6.000	6.000	6.000
	斜垫铁 1#	块	5.34	8.000	8.000	8.000	12.000	12.000	12.000
	氧气	m^3	3.62	0.850	0.850	0.850	0.850	0.850	0.850
	乙炔气	m^3	8.90	0.283	0.283	0.283	0.283	0.283	0.283
	破布	kg	6.90	0.150	0.200	0.250	0.250	0.250	0.250
	黄油	kg	9.05	0.300	0.400	0.450	0.500	0.600	0.650
	机油 综合	kg	2.91	0.100	0.100	0.100	0.150	0.200	0.200
	煤油	kg	3.79	0.200	0.300	0.400	0.450	0.600	0.700
	其他材料费	元	1.00	3.62	3.85	4.04	4.59	4.83	5.04
机械	汽车式起重机 8t	台班	648.48	0.100	0.100	0.100	0.170	0.190	0.250
	载货汽车 5t	台班	382.30	—	—	—	0.050	0.060	0.060
	直流弧焊机 20kW	台班	78.72	0.033	0.033	0.046	0.062	0.062	0.062

工作内容:开箱点件,基础划线,场内运输,闸门安装,找平,找正,试漏,试运转。　　　　**计量单位**:座

定额编号				6-994	6-995	6-996	6-997	6-998	6-999
项目				直径(mm 以内)					
				1000	1200	1400	1600	1800	2000
基价(元)				**1593.94**	**1792.16**	**2595.53**	**3157.06**	**3763.33**	**4459.57**
其中	人工费(元)			1090.26	1189.08	1854.90	2400.84	2817.99	3365.55
	材料费(元)			311.38	338.29	473.00	488.59	537.01	708.15
	机械费(元)			192.30	264.79	267.63	267.63	408.33	385.87
	名称	单位	单价(元)	消耗量					
人工	二类人工	工日	135.00	8.076	8.808	13.740	17.784	20.874	24.930
材料	中厚钢板 综合	kg	3.71	14.920	14.920	23.720	23.720	23.720	23.720
	镀锌铁丝 10#	kg	5.38	2.000	2.000	2.000	2.000	2.000	2.000
	木模板	m^3	1445.00	0.010	0.011	0.013	0.015	0.017	0.019
	枕木 2000×250×200	根	147.00	0.100	0.100	0.100	0.120	0.120	0.120
	膨胀水泥	kg	0.87	58.000	76.000	123.000	131.000	163.000	261.000
	黄砂 净砂	t	92.23	0.117	0.156	0.273	0.273	0.338	0.533
	碎石 综合	t	102.00	0.136	0.177	0.313	0.313	0.382	0.694
	棉纱	kg	10.34	0.300	0.300	0.300	0.350	0.350	0.400
	电焊条	kg	4.31	0.360	0.360	0.501	0.501	1.030	1.030
	平垫铁 1#	块	3.45	8.000	8.000	10.000	10.000	10.000	12.000
	斜垫铁 1#	块	5.34	16.000	16.000	20.000	20.000	20.000	24.000
	氧气	m^3	3.62	0.850	0.850	0.980	0.980	0.980	0.980
	乙炔气	m^3	8.90	0.283	0.283	0.327	0.327	0.327	0.327
	破布	kg	6.90	0.300	0.300	0.300	0.350	0.350	0.400
	黄油	kg	9.05	0.700	0.800	0.900	1.000	1.100	1.200
	机油 综合	kg	2.91	0.250	0.300	0.350	0.400	0.450	0.500
	煤油	kg	3.79	0.750	0.900	1.050	1.200	1.350	1.500
	其他材料费	元	1.00	5.73	6.14	8.41	8.73	9.48	11.92
机械	汽车式起重机 8t	台班	648.48	0.250	0.350	0.350	0.350	0.100	0.100
	汽车式起重机 12t	台班	748.60	—	—	—	—	0.380	0.350
	载货汽车 5t	台班	382.30	0.060	0.080	0.080	0.080	0.100	0.100
	直流弧焊机 20kW	台班	78.72	0.092	0.092	0.128	0.128	0.264	0.264

2. 铸铁方闸门

工作内容：开箱点件，基础划线，场内运输，闸门安装，找平，找正，试漏，试运转。　　**计量单位：**座

定额编号				6-1000	6-1001	6-1002	6-1003	6-1004	6-1005
项目				长×宽(mm以内)					
				300×300	400×400	500×500	600×600	800×800	1000×1000
基价（元）				**936.00**	**1070.14**	**1203.12**	**1268.20**	**1471.05**	**1868.72**
其中	人工费（元）			718.47	829.44	909.63	959.85	1053.00	1325.97
	材料费（元）			151.03	173.25	218.93	233.00	283.81	406.15
	机械费（元）			66.50	67.45	74.56	75.35	134.24	136.60
名称		单位	单价(元)	消耗量					
人工	二类人工	工日	135.00	5.322	6.144	6.738	7.110	7.800	9.822
材料	镀锌铁丝 10#	kg	5.38	2.000	2.000	2.000	2.000	2.000	2.000
	木模板	m^3	1445.00	0.008	0.010	0.012	0.012	0.014	0.021
	枕木 2000×250×200	根	147.00	0.100	0.100	0.100	0.100	0.100	0.250
	膨胀水泥	kg	0.87	35.000	49.000	58.000	67.000	84.000	145.000
	黄砂 净砂	t	92.23	0.078	0.104	0.130	0.156	0.169	0.286
	碎石 综合	t	102.00	0.082	0.109	0.136	0.163	0.177	0.340
	棉纱	kg	10.34	0.250	0.250	0.250	0.250	0.250	0.300
	电焊条	kg	4.31	0.080	0.130	0.160	0.200	0.240	0.360
	平垫铁 1#	块	3.45	4.000	4.000	6.000	6.000	8.000	8.000
	斜垫铁 1#	块	5.34	8.000	8.000	12.000	12.000	16.000	16.000
	破布	kg	6.90	0.250	0.250	0.250	0.250	0.250	0.300
	黄油	kg	9.05	0.300	0.400	0.450	0.500	0.600	1.200
	机油 综合	kg	2.91	0.100	0.150	0.180	0.200	0.200	0.250
	煤油	kg	3.79	0.300	0.400	0.450	0.500	0.600	0.750
	其他材料费	元	1.00	2.68	3.04	3.73	3.94	4.73	6.89
机械	汽车式起重机 8t	台班	648.48	0.100	0.100	0.110	0.110	0.170	0.170
	载货汽车 5t	台班	382.30	—	—	—	—	0.050	0.050
	直流弧焊机 20kW	台班	78.72	0.021	0.033	0.041	0.051	0.062	0.092

工作内容:开箱点件,基础划线,场内运输,闸门安装,找平,找正,试漏,试运转。　　**计量单位:**座

定额编号				6-1006	6-1007	6-1008	6-1009	6-1010
项目				长×宽(mm以内)				
				1200×1200	1400×1400	1600×1600	1800×1800	2000×2000
基价(元)				**2216.26**	**2514.95**	**2962.99**	**3432.34**	**3748.01**
其中	人工费(元)			1573.02	1749.60	2041.20	2344.14	2575.80
	材料费(元)			506.64	573.05	709.03	793.93	877.94
	机械费(元)			136.60	192.30	212.76	294.27	294.27
名称		单位	单价(元)	消耗量				
人工	二类人工	工日	135.00	11.652	12.960	15.120	17.364	19.080
材料	镀锌铁丝 10#	kg	5.38	2.000	2.000	2.000	2.000	2.000
	木模板	m^3	1445.00	0.028	0.033	0.038	0.043	0.048
	枕木 2000×250×200	根	147.00	0.250	0.250	0.400	0.400	0.400
	膨胀水泥	kg	0.87	211.000	254.000	299.000	354.000	408.000
	黄砂 净砂	t	92.23	0.429	0.520	0.650	0.780	0.910
	碎石 综合	t	102.00	0.503	0.598	0.816	0.952	1.088
	棉纱	kg	10.34	0.300	0.350	0.400	0.450	0.500
	电焊条	kg	4.31	0.360	0.360	0.480	0.480	0.480
	平垫铁 1#	块	3.45	8.000	8.000	10.000	10.000	10.000
	斜垫铁 1#	块	5.34	16.000	16.000	20.000	20.000	20.000
	破布	kg	6.90	0.300	0.350	0.400	0.450	0.500
	黄油	kg	9.05	1.300	1.400	1.500	1.600	1.700
	机油 综合	kg	2.91	0.300	0.350	0.400	0.450	0.500
	煤油	kg	3.79	0.900	1.100	1.200	1.400	1.600
	其他材料费	元	1.00	8.41	9.44	11.70	12.99	14.26
机械	汽车式起重机 8t	台班	648.48	0.170	0.250	0.070	0.080	0.080
	汽车式起重机 12t	台班	748.60	—	—	0.180	0.270	0.270
	载货汽车 5t	台班	382.30	0.050	0.060	0.060	0.080	0.080
	直流弧焊机 20kW	台班	78.72	0.092	0.092	0.123	0.123	0.123

3. 钢制闸门

工作内容：开箱点件，基础划线，场内运输，闸门安装，找平，找正，试漏，试运转。　　　　**计量单位**：座

定额编号				6-1011	6-1012	6-1013	6-1014	6-1015
项目				进水口长×宽(mm)				
				1000×800	1800×1600	2000×1200	2500×1800	2500×2000
基价（元）				**783.41**	**1187.46**	**1116.30**	**1561.29**	**1923.09**
其中	人工费（元）			583.20	894.24	818.10	1249.83	1551.15
	材料费（元）			111.12	131.59	136.57	145.73	150.51
	机械费（元）			89.09	161.63	161.63	165.73	221.43
名称		单位	单价(元)	消耗量				
人工	二类人工	工日	135.00	4.320	6.624	6.060	9.258	11.490
材料	镀锌铁丝 10#	kg	5.38	1.500	2.000	2.000	2.000	2.000
	木模板	m^3	1445.00	0.008	0.010	0.010	0.012	0.012
	枕木 2000×250×200	根	147.00	0.050	0.080	0.100	0.120	0.120
	复合硅酸盐水泥 P·C 32.5R 综合	kg	0.32	8.000	14.600	16.400	19.800	23.600
	黄砂 净砂	t	92.23	0.013	0.026	0.033	0.039	0.052
	碎石 综合	t	102.00	0.027	0.041	0.048	0.054	0.068
	棉纱	kg	10.34	0.200	0.300	0.300	0.300	0.350
	电焊条	kg	4.31	1.200	1.600	1.600	1.800	1.800
	平垫铁 1#	块	3.45	4.000	4.000	4.000	4.000	4.000
	斜垫铁 1#	块	5.34	8.000	8.000	8.000	8.000	8.000
	破布	kg	6.90	0.200	0.300	0.300	0.300	0.350
	黄油	kg	9.05	1.000	1.000	1.000	1.000	1.000
	机油 综合	kg	2.91	0.200	0.300	0.300	0.300	0.300
	煤油	kg	3.79	0.200	0.600	0.600	0.600	0.600
	其他材料费	元	1.00	2.10	2.58	2.69	2.90	2.98
机械	汽车式起重机 8t	台班	648.48	0.100	0.170	0.170	0.170	0.250
	载货汽车 5t	台班	382.30	—	0.050	0.050	0.050	0.060
	直流弧焊机 20kW	台班	78.72	0.308	0.410	0.410	0.462	0.462

工作内容:开箱点件,基础划线,场内运输,闸门安装,找平,找正,试漏,试运转。　　**计量单位**:座

定额编号				6-1016	6-1017	6-1018	6-1019	6-1020
项目				进水口长×宽(mm)				
				2500×2200	4000×1200	3000×2000	3000×2500	3600×3000
基价(元)				**2155.01**	**2023.72**	**2517.39**	**2723.84**	**3147.79**
其中	人工费(元)			1777.95	1572.21	2056.59	2262.33	2577.42
	材料费(元)			155.63	226.07	235.36	236.07	245.40
	机械费(元)			221.43	225.44	225.44	225.44	324.97
	名称	单位	单价(元)	消耗量				
人工	二类人工	工日	135.00	13.170	11.646	15.234	16.758	19.092
材料	镀锌铁丝 10#	kg	5.38	2.000	3.000	3.000	3.000	3.000
	木模板	m^3	1445.00	0.012	0.016	0.018	0.018	0.020
	枕木 2000×250×200	根	147.00	0.120	0.200	0.200	0.200	0.200
	复合硅酸盐水泥 P·C 32.5R 综合	kg	0.32	28.400	36.600	42.400	44.600	50.800
	黄砂 净砂	t	92.23	0.065	0.078	0.091	0.091	0.104
	碎石 综合	t	102.00	0.082	0.095	0.109	0.109	0.122
	棉纱	kg	10.34	0.400	0.500	0.600	0.600	0.700
	电焊条	kg	4.31	1.800	2.000	2.000	2.000	2.000
	平垫铁 1#	块	3.45	4.000	6.000	6.000	6.000	6.000
	斜垫铁 1#	块	5.34	8.000	12.000	12.000	12.000	12.000
	破布	kg	6.90	0.400	0.500	0.600	0.600	0.700
	黄油	kg	9.05	1.000	2.000	2.000	2.000	2.000
	机油 综合	kg	2.91	0.300	0.400	0.400	0.400	0.400
	煤油	kg	3.79	0.600	0.800	0.800	0.800	0.800
	其他材料费	元	1.00	3.07	4.50	4.69	4.70	4.90
机械	汽车式起重机 8t	台班	648.48	0.250	0.250	0.250	0.250	0.080
	汽车式起重机 12t	台班	748.60	—	—	—	—	0.270
	载货汽车 5t	台班	382.30	0.060	0.060	0.060	0.060	0.080
	直流弧焊机 20kW	台班	78.72	0.462	0.513	0.513	0.513	0.513

4.旋　转　门

工作内容:开箱点件,基础划线,场内运输,闸门安装,找平,找正,试漏,试运转。　　**计量单位:**座

定额编号				6-1021	6-1022
项目				长×宽(mm)	
				2600×3000	3500×3100
基价(元)				**1979.40**	**2332.69**
其中	人工费(元)			1381.05	1669.41
	材料费(元)			331.90	367.36
	机械费(元)			266.45	295.92
名称		单位	单价(元)	消耗量	
人工	二类人工	工日	135.00	10.230	12.366
材料	中厚钢板 综合	kg	3.71	10.600	12.800
	镀锌铁丝 10#	kg	5.38	3.000	3.000
	木模板	m^3	1445.00	0.040	0.050
	膨胀水泥	kg	0.87	38.000	46.000
	黄砂 净砂	t	92.23	0.091	0.104
	碎石 综合	t	102.00	0.095	0.109
	棉纱	kg	10.34	0.800	0.800
	电焊条	kg	4.31	0.440	0.560
	平垫铁 1#	块	3.45	8.000	8.000
	斜垫铁 1#	块	5.34	16.000	16.000
	氧气	m^3	3.62	1.200	1.500
	乙炔气	m^3	8.90	0.400	0.500
	破布	kg	6.90	0.800	0.800
	黄油	kg	9.05	2.000	2.000
	机油 综合	kg	2.91	0.600	0.600
	煤油	kg	3.79	1.200	1.200
	其他材料费	元	1.00	6.46	7.23
机械	汽车式起重机 8t	台班	648.48	0.350	0.080
	汽车式起重机 12t	台班	748.60	—	0.270
	载货汽车 5t	台班	382.30	0.080	0.080
	直流弧焊机 20kW	台班	78.72	0.113	0.144

5.铸铁堰门

工作内容:开箱点件,基础划线,场内运输,闸门安装,找平,找正,试漏,试运转。 计量单位:座

定额编号				6-1023	6-1024	6-1025	6-1026	6-1027
项目				长×宽(mm)				
				400×300	600×300	800×400	1000×500	1200×600
基价(元)				**732.69**	**828.19**	**981.60**	**1157.85**	**1359.59**
其中	人工费(元)			522.72	615.60	751.68	870.75	993.06
	材料费(元)			142.52	145.14	162.47	217.37	232.29
	机械费(元)			67.45	67.45	67.45	69.73	134.24
名称		单位	单价(元)	消耗量				
人工	二类人工	工日	135.00	3.872	4.560	5.568	6.450	7.356
材料	中厚钢板 综合	kg	3.71	6.140	6.140	6.140	7.990	7.990
	镀锌铁丝 10#	kg	5.38	2.000	2.000	2.000	2.000	2.000
	木模板	m^3	1445.00	0.023	0.023	0.025	0.031	0.031
	膨胀水泥	kg	0.87	9.000	9.000	18.000	27.000	35.000
	黄砂 净砂	t	92.23	0.013	0.013	0.039	0.052	0.078
	碎石 综合	t	102.00	0.027	0.027	0.041	0.054	0.082
	棉纱	kg	10.34	0.200	0.250	0.300	0.350	0.400
	电焊条	kg	4.31	0.130	0.130	0.130	0.240	0.240
	平垫铁 1#	块	3.45	8.000	8.000	8.000	12.000	12.000
	斜垫铁 1#	块	5.34	4.000	4.000	4.000	6.000	6.000
	氧气	m^3	3.62	0.490	0.500	0.500	0.600	0.600
	乙炔气	m^3	8.90	0.163	0.167	0.167	0.200	0.200
	破布	kg	6.90	0.200	0.250	0.300	0.350	0.400
	黄油	kg	9.05	0.400	0.500	0.600	0.700	0.800
	机油 综合	kg	2.91	0.100	0.150	0.200	0.250	0.300
	煤油	kg	3.79	0.300	0.450	0.600	0.750	0.900
	其他材料费	元	1.00	2.72	2.79	3.09	4.01	4.24
机械	汽车式起重机 8t	台班	648.48	0.100	0.100	0.100	0.100	0.170
	载货汽车 5t	台班	382.30	—	—	—	—	0.050
	直流弧焊机 20kW	台班	78.72	0.033	0.033	0.033	0.062	0.062

6. 钢制调节堰门

工作内容：开箱点件，基础划线，场内运输，闸门安装，找平，找正，试漏，试运转。　　　　计量单位：座

定额编号				6-1028	6-1029	6-1030	6-1031
项目				宽度(mm 以内)			
				2000	2500	3000	4000
基价（元）				**1198.25**	**1357.69**	**1662.33**	**1934.81**
其中	人工费（元）			882.90	1040.04	1285.47	1519.56
	材料费（元）			151.51	153.81	157.32	162.72
	机械费（元）			163.84	163.84	219.54	252.53
名称		单位	单价(元)	消耗量			
人工	二类人工	工日	135.00	6.540	7.704	9.522	11.256
材料	镀锌铁丝 10#	kg	5.38	3.000	3.000	3.000	3.000
	木模板	m^3	1445.00	0.025	0.025	0.025	0.025
	枕木 2000×200×200	根	138.00	0.050	0.050	0.050	0.050
	复合硅酸盐水泥 P·C 32.5R 综合	kg	0.32	14.000	15.000	16.000	19.000
	黄砂 净砂	t	92.23	0.026	0.026	0.039	0.039
	碎石 综合	t	102.00	0.041	0.041	0.041	0.041
	棉纱	kg	10.34	0.250	0.300	0.350	0.500
	电焊条	kg	4.31	1.710	1.710	1.710	1.710
	平垫铁 1#	块	3.45	4.000	4.000	4.000	4.000
	斜垫铁 1#	块	5.34	8.000	8.000	8.000	8.000
	破布	kg	6.90	0.250	0.300	0.350	0.500
	黄油	kg	9.05	1.000	1.000	1.000	1.000
	机油 综合	kg	2.91	0.100	0.200	0.300	0.500
	煤油	kg	3.79	0.200	0.400	0.600	0.900
	其他材料费	元	1.00	2.99	3.05	3.13	3.27
机械	汽车式起重机 8t	台班	648.48	0.170	0.170	0.250	0.070
	汽车式起重机 12t	台班	748.60	—	—	—	0.200
	载货汽车 5t	台班	382.30	0.050	0.050	0.060	0.060
	直流弧焊机 20kW	台班	78.72	0.438	0.438	0.438	0.438

7. 升杆式铸铁泥阀

工作内容:开箱点件,基础划线,场内运输,闸门安装,找平,找正,试漏,试运转。 **计量单位**:座

定额编号				6-1032	6-1033	6-1034	6-1035	6-1036
项目				公称直径(mm 以内)				
				100	200	300	400	500
基价(元)				**444.09**	**491.00**	**552.10**	**673.32**	**787.00**
其中	人工费(元)			320.76	359.10	410.67	466.56	556.47
	材料费(元)			54.07	62.64	72.17	85.96	96.77
	机械费(元)			69.26	69.26	69.26	120.80	133.76
名称		单位	单价(元)	消耗量				
人工	二类人工	工日	135.00	2.376	2.660	3.042	3.456	4.122
材料	中厚钢板 综合	kg	3.71	0.800	0.900	1.010	1.110	1.230
	木模板	m^3	1445.00	0.008	0.008	0.009	0.010	0.010
	复合硅酸盐水泥 P·C 32.5R 综合	kg	0.32	27.000	32.000	40.000	53.000	69.000
	黄砂 净砂	t	92.23	0.052	0.065	0.078	0.104	0.117
	碎石 综合	t	102.00	0.054	0.082	0.095	0.122	0.136
	棉纱	kg	10.34	0.400	0.500	0.600	0.700	0.800
	电焊条	kg	4.31	0.220	0.220	0.220	0.220	0.220
	氧气	m^3	3.62	0.380	0.480	0.580	0.680	0.780
	乙炔气	m^3	8.90	0.127	0.160	0.193	0.227	0.260
	破布	kg	6.90	0.400	0.500	0.600	0.700	0.800
	黄油	kg	9.05	1.000	1.000	1.000	1.000	1.000
	其他材料费	元	1.00	1.20	1.36	1.57	1.85	2.09
机械	汽车式起重机 8t	台班	648.48	0.100	0.100	0.100	0.150	0.170
	载货汽车 5t	台班	382.30	—	—	—	0.050	0.050
	直流弧焊机 20kW	台班	78.72	0.056	0.056	0.056	0.056	0.056

8. 平 底 盖 闸

工作内容：开箱点件，基础划线，场内运输，闸门安装，找平，找正，试漏，试运转。　　**计量单位**：座

定额编号					6-1037	6-1038	6-1039	6-1040	6-1041
项目					公称直径(mm 以内)				
					300	500	800	900	1000
基价（元）					**528.06**	**709.58**	**893.05**	**1189.29**	**1341.64**
其中	人工费（元）				396.90	516.78	677.16	848.88	989.82
	材料费（元）				62.30	71.53	80.87	88.60	99.62
	机械费（元）				68.86	121.27	135.02	251.81	252.20
名称		单位	单价(元)		消耗量				
人工	二类人工	工日	135.00		2.940	3.828	5.016	6.288	7.332
材料	中厚钢板 综合	kg	3.71		0.600	0.750	0.900	1.050	1.200
	木模板	m^3	1445.00		0.009	0.010	0.011	0.012	0.013
	复合硅酸盐水泥 P·C 32.5R 综合	kg	0.32		24.000	30.000	36.000	42.000	48.000
	黄砂 净砂	t	92.23		0.052	0.065	0.078	0.091	0.104
	碎石 综合	t	102.00		0.068	0.082	0.095	0.109	0.122
	棉纱	kg	10.34		0.800	0.900	1.000	1.000	1.200
	电焊条	kg	4.31		0.200	0.240	0.280	0.300	0.320
	氧气	m^3	3.62		0.390	0.480	0.600	0.740	0.860
	乙炔气	m^3	8.90		0.130	0.160	0.200	0.247	0.287
	破布	kg	6.90		0.800	0.900	1.000	1.000	1.200
	黄油	kg	9.05		1.000	1.000	1.000	1.000	1.000
	其他材料费	元	1.00		1.38	1.58	1.78	1.95	2.20
机械	汽车式起重机 8t	台班	648.48		0.100	0.150	0.170	0.320	0.320
	载货汽车 5t	台班	382.30		—	0.050	0.050	0.100	0.100
	直流弧焊机 20kW	台班	78.72		0.051	0.062	0.072	0.077	0.082

9.启闭机械

工作内容:开箱点件,基础划线,场内运输,安装就位,找平,找正,检查,加油,无负荷试运转。 **计量单位**:台

定额编号				6-1042	6-1043	6-1044	6-1045
项目				手摇式	手轮式	手电两用	汽动
基价(元)				**707.58**	**524.64**	**1236.19**	**1297.01**
其中	人工费(元)			512.73	408.24	966.33	1034.37
	材料费(元)			76.25	28.97	126.41	119.98
	机械费(元)			118.60	87.43	143.45	142.66
名称		单位	单价(元)	消耗量			
人工	二类人工	工日	135.00	3.798	3.024	7.158	7.662
材料	热轧薄钢板 Q235B 综合	kg	3.97	—	—	0.800	0.800
	中厚钢板 综合	kg	3.71	8.220	0.800	14.690	13.570
	木模板	m^3	1445.00	0.004	0.004	0.004	0.004
	复合硅酸盐水泥 P·C 32.5R 综合	kg	0.32	5.000	—	9.000	9.000
	黄砂 净砂	t	92.23	0.013	—	0.026	0.026
	碎石 综合	t	102.00	0.014	—	0.027	0.027
	棉纱	kg	10.34	0.700	0.400	1.200	1.200
	电焊条	kg	4.31	0.390	0.170	0.700	0.660
	氧气	m^3	3.62	0.400	—	0.770	0.750
	乙炔气	m^3	8.90	0.133	—	0.257	0.250
	破布	kg	6.90	0.700	0.400	1.200	1.200
	黄油	kg	9.05	1.500	1.000	1.800	1.600
	机油 综合	kg	2.91	0.200	0.200	0.400	0.400
	煤油	kg	3.79	0.900	0.600	1.500	1.500
	其他材料费	元	1.00	1.80	0.69	3.00	2.85
机械	汽车式起重机 8t	台班	648.48	0.100	0.100	0.170	0.170
	载货汽车 5t	台班	382.30	0.120	0.050	0.050	0.050
	直流弧焊机 20kW	台班	78.72	0.100	0.044	0.179	0.169

九、其　他

1.集 水 槽

(1)集水槽制作

工作内容:放样、下料、折边、铣孔、法兰制作、组对、焊接、酸洗、材料场内运输等。　　计量单位:$10m^2$

定额编号				6-1046	6-1047	6-1048	6-1049	6-1050	6-1051
项目				碳钢(厚度 mm 以内)			不锈钢(厚度 mm 以内)		
				4	6	8	4	6	8
基价(元)				**2354.59**	**3313.14**	**4139.75**	**6232.72**	**9024.63**	**11653.09**
其中	人工费(元)			798.66	1039.23	1175.31	942.84	1174.50	1296.81
	材料费(元)			1388.19	2063.50	2688.59	5098.35	7624.27	10101.09
	机械费(元)			167.74	210.41	275.85	191.53	225.86	255.19
	名称	单位	单价(元)	消耗量					
人工	二类人工	工日	135.00	5.916	7.698	8.706	6.984	8.700	9.606
材料	中厚钢板 综合	kg	3.71	322.840	499.260	665.680	—	—	—
	不锈钢板 304 δ4~8	kg	14.91	—	—	—	328.600	492.900	657.200
	扁钢 Q235B 综合	kg	3.96	6.296	9.445	9.445	—	—	—
	不锈钢扁钢 综合	kg	15.95	—	—	—	6.212	9.317	9.317
	防锈漆 C53-1	kg	14.05	5.480	5.480	5.480	—	—	—
	酚醛调和漆	kg	11.29	3.920	3.920	3.920	—	—	—
	不锈钢焊条 奥 102	kg	31.90	—	—	—	2.013	2.915	3.696
	电焊条	kg	4.31	2.013	2.915	3.696	—	—	—
	氧气	m^3	3.62	1.815	2.310	2.794	—	—	—
	乙炔气	m^3	8.90	0.605	0.770	0.931	—	—	—
	砂轮片 ϕ200	片	10.34	0.735	0.840	0.945	1.890	1.680	1.890
	钢丝刷子	把	2.59	0.400	0.400	0.400	—	—	—
	铁砂布 0#~2#	张	1.03	3.000	3.000	3.000	—	—	—
	汽油 综合	kg	6.12	1.820	1.820	1.820	—	—	—
	硝酸	kg	1.98	—	—	—	0.900	0.900	0.900
	氢氟酸 45%	kg	7.84	—	—	—	1.800	1.800	1.800
	其他材料费	元	1.00	0.78	0.86	0.90	0.19	0.27	0.29
机械	汽车式起重机 8t	台班	648.48	0.070	0.070	0.100	0.070	0.070	0.070
	载货汽车 5t	台班	382.30	0.070	0.070	0.100	0.070	0.070	0.070
	立式铣床 320×1250	台班	28.05	0.630	0.630	0.680	0.690	0.690	0.750
	剪板机 20×2500	台班	128.07	0.250	0.400	0.500	0.250	0.400	0.500
	钢筋弯曲机 40mm	台班	26.38	0.200	0.400	0.570	0.250	0.450	0.530
	交流弧焊机 21kV·A	台班	63.33	—	—	—	0.516	0.747	0.948
	直流弧焊机 20kW	台班	78.72	0.516	0.747	0.948	—	—	—
	等离子切割机 400A	台班	239.40	—	—	—	0.120	0.100	0.100

(2)集水槽安装

工作内容:清基、放线、安装、固定、场内运输等。　　　　**计量单位**:10m^2

定额编号				6-1052	6-1053	6-1054	6-1055	6-1056	6-1057
项目				碳钢(厚度 mm 以内)			不锈钢(厚度 mm 以内)		
				4	6	8	4	6	8
基价(元)				**362.17**	**386.52**	**469.45**	**520.55**	**585.11**	**708.69**
其中	人工费(元)			86.67	99.63	113.40	95.58	109.35	124.74
	材料费(元)			137.71	145.95	157.90	287.18	334.82	385.80
	机械费(元)			137.79	140.94	198.15	137.79	140.94	198.15
名称		单位	单价(元)	消耗量					
人工	二类人工	工日	135.00	0.642	0.738	0.840	0.708	0.810	0.924
材料	中厚钢板 综合	kg	3.71	5.936	8.798	11.766	—	—	—
	不锈钢板 304 δ4	kg	14.91	—	—	—	5.830	8.692	11.660
	氯丁橡胶	kg	18.10	3.610	3.440	3.440	3.440	3.440	3.440
	不锈钢六角带帽螺栓 M16×200	套	8.41	—	—	—	14.280	14.280	14.280
	六角带帽螺栓 M16×200	套	1.67	14.280	14.280	14.280	—	—	—
	防锈漆 C53-1	kg	14.05	0.960	0.960	0.960	—	—	—
	酚醛调和漆	kg	11.29	0.690	0.690	0.690	—	—	—
	不锈钢焊条 奥 102	kg	31.90	—	—	—	0.550	0.704	0.913
	电焊条	kg	4.31	0.550	0.704	0.913	—	—	—
	汽油 综合	kg	6.12	0.321	0.321	0.321	—	—	—
	其他材料费	元	1.00	0.89	0.92	0.96	0.35	0.41	0.47
机械	汽车式起重机 8t	台班	648.48	0.160	0.160	0.230	0.160	0.160	0.230
	载货汽车 5t	台班	382.30	0.060	0.060	0.080	0.060	0.060	0.080
	直流弧焊机 20kW	台班	78.72	0.141	0.181	0.234	0.141	0.181	0.234

2. 堰 板

(1) 齿型堰板制作

工作内容:放样、下料、钻孔、清理、调直、酸洗、场内运输等。

计量单位:10m²

定额编号				6-1058	6-1059	6-1060	6-1061	6-1062	6-1063
项目				碳钢(厚度 mm 以内)			不锈钢(厚度 mm 以内)		
				4	6	8	4	6	8
基价 (元)				**3034.50**	**4203.47**	**4871.61**	**6786.85**	**9793.94**	**12347.35**
其中	人工费 (元)			1369.71	1850.04	1854.90	1571.40	2110.86	2116.53
	材料费 (元)			1535.42	2176.32	2825.06	4916.87	7372.90	9825.42
	机械费 (元)			129.37	177.11	191.65	298.58	310.18	405.40
	名称	单位	单价(元)	消耗量					
人工	二类人工	工日	135.00	10.146	13.704	13.740	11.640	15.636	15.678
材料	中厚钢板 综合	kg	3.71	332.840	499.260	665.680	—	—	—
	不锈钢板 304 δ4~8	kg	14.91	—	—	—	328.600	492.900	657.200
	防锈漆 C53-1	kg	14.05	5.480	5.480	5.480	—	—	—
	酚醛调和漆	kg	11.29	3.920	3.920	3.920	—	—	—
	不锈钢焊条 奥 102	kg	31.90	—	—	—	0.297	0.495	0.583
	电焊条	kg	4.31	0.297	0.495	0.583	—	—	—
	氧气	m³	3.62	12.210	15.620	18.920	—	—	—
	乙炔气	m³	8.90	4.070	5.207	6.307	—	—	—
	砂轮片 φ200	片	10.34	7.823	7.823	8.694	—	—	—
	钢丝刷子	把	2.59	0.400	0.400	0.400	—	—	—
	铁砂布 0#~2#	张	1.03	3.000	3.000	3.000	—	—	—
	汽油 综合	kg	6.12	1.820	1.820	1.820	—	—	—
	硝酸	kg	1.98	—	—	—	0.450	0.450	0.450
	氢氟酸 45%	kg	7.84	—	—	—	0.900	0.900	0.900
	其他材料费	元	1.00	1.48	1.64	1.84	0.02	0.02	0.02
机械	汽车式起重机 8t	台班	648.48	0.070	0.100	0.100	0.070	0.100	0.100
	载货汽车 5t	台班	382.30	0.070	0.100	0.100	0.070	0.100	0.100
	剪板机 20×2500	台班	128.07	0.400	0.500	0.600	1.450	1.330	2.100
	交流弧焊机 21kV·A	台班	63.33	—	—	—	0.076	0.127	0.149
	直流弧焊机 20kW	台班	78.72	0.076	0.127	0.149	—	—	—
	等离子切割机 400A	台班	239.40	—	—	—	0.150	0.120	0.100

(2)齿型堰板安装

工作内容:清基、放线、安装就位、固定、焊接或粘接、场内运输等。　　计量单位:10m²

定额编号				6-1064	6-1065	6-1066	6-1067	6-1068	6-1069
项目				金属(厚度 mm 以内)			非金属(厚度 mm 以内)		
				4	6	8	4	6	8
基价(元)				2638.47	3239.44	3652.26	1494.98	1763.90	1764.71
其中	人工费(元)			992.25	1342.98	1353.51	784.08	1053.00	1053.81
	材料费(元)			1449.50	1694.23	1994.58	710.90	710.90	710.90
	机械费(元)			196.72	202.23	304.17	—	—	—
	名称	单位	单价(元)	消耗量					
人工	二类人工	工日	135.00	7.350	9.948	10.026	5.808	7.800	7.806
材料	中厚钢板 综合	kg	3.71	145.750	218.678	291.500	—	—	—
	水泥砂浆 1:2	m³	268.85	0.329	0.329	0.329	0.168	0.168	0.168
	氯丁橡胶	kg	18.10	35.700	34.000	34.000	34.000	34.000	34.000
	镀锌六角螺栓带帽 M10×25	套	0.29	109.200	109.200	109.200	109.200	109.200	109.200
	防锈漆 C53-1	kg	14.05	2.420	2.420	2.420	—	—	—
	酚醛调和漆	kg	11.29	1.720	1.720	1.720	—	—	—
	电焊条	kg	4.31	9.746	10.021	15.070	—	—	—
	氧气	m³	3.62	1.760	2.200	2.640	—	—	—
	乙炔气	m³	8.90	0.587	0.733	0.880	—	—	—
	砂轮片 ϕ200	片	10.34	2.205	2.205	2.625	—	—	—
	汽油 综合	kg	6.12	0.803	0.803	0.803	—	—	—
	其他材料费	元	1.00	7.74	8.60	9.78	18.67	18.67	18.67
机械	直流弧焊机 20kW	台班	78.72	2.499	2.569	3.864	—	—	—

3. 穿孔管钻孔

工作内容:切管、划线、钻孔、场内材料运输等。　　计量单位:100 个

定额编号				6-1070	6-1071	6-1072	6-1073	6-1074	6-1075	6-1076	6-1077
项目				碳钢管(管径 mm)		铸铁管(管径 mm)		不锈钢管(管径 mm)		塑料管(管径 mm)	
				200 以内	200 以外	200 以内	200 以外	200 以内	200 以外	100 以内	200 以内
基价(元)				70.08	93.46	61.26	81.84	81.02	110.92	34.03	41.31
其中	人工费(元)			59.13	79.38	55.08	73.71	65.61	86.67	29.97	36.45
	材料费(元)			4.16	5.13	—	—	6.06	12.01	—	—
	机械费(元)			6.79	8.95	6.18	8.13	9.35	12.24	4.06	4.86
	名称	单位	单价(元)	消耗量							
人工	二类人工	工日	135.00	0.438	0.588	0.408	0.546	0.486	0.642	0.222	0.270
材料	氧气	m³	3.62	0.606	0.748	—	—	—	—	—	—
	乙炔气	m³	8.90	0.202	0.249	—	—	—	—	—	—
	砂轮片 ϕ200	片	10.34	—	—	—	—	0.571	1.131	—	—
	其他材料费	元	1.00	0.17	0.21	—	—	0.16	0.32	—	—
机械	木工圆锯机 500mm	台班	27.50	—	—	—	—	—	—	0.019	0.022
	立式钻床 50mm	台班	21.16	0.321	0.423	0.292	0.384	0.357	0.468	0.167	0.201
	管子切断机 250mm	台班	44.85	—	—	—	—	0.040	0.052	—	—

4. 斜板、斜管安装

工作内容：斜板、斜管铺装，固定，场内材料运输等。　　　　**计量单位**：$10m^2$

定额编号				6-1078	6-1079
项目				斜板安装	聚丙烯斜管安装
基价（元）				**4042.85**	**266.20**
其中	人工费（元）			401.76	81.00
	材料费（元）			3641.09	185.20
	机械费（元）			—	—
名称		单位	单价(元)	消耗量	
人工	二类人工	工日	135.00	2.976	0.600
材料	普碳钢六角螺栓 M10×40	百个	43.45	31.212	—
	斜板	m^2	216.00	10.000	—
	聚丙烯斜管	m	18.10	—	10.000
	其他材料费	元	1.00	124.93	4.20

5. 地脚螺栓孔灌浆

工作内容：清扫、冲洗地脚螺栓孔、筛洗砂石、人工搅拌、捣固、找平、养护。　　　　**计量单位**：m^3

定额编号				6-1080	6-1081	6-1082	6-1083	6-1084
项目				一台设备的灌浆体积(m^3 以内)				
				0.03	0.05	0.10	0.30	0.30 以外
基价（元）				**1204.92**	**1063.36**	**891.42**	**758.39**	**620.71**
其中	人工费（元）			765.45	638.28	488.43	383.13	255.15
	材料费（元）			439.47	425.08	402.99	375.26	365.56
	机械费（元）			—	—	—	—	—
名称		单位	单价(元)	消耗量				
人工	二类人工	工日	135.00	5.670	4.728	3.618	2.838	1.890
材料	复合硅酸盐水泥 P·C 32.5R 综合	kg	0.32	438.000	438.000	438.000	438.000	438.000
	黄砂 净砂	t	92.23	0.897	0.897	0.897	0.897	0.897
	碎石 综合	t	102.00	1.034	1.054	1.034	1.034	1.034
	草袋	个	3.62	13.000	12.000	10.000	4.700	3.200
	水	m^3	4.27	15.000	12.000	9.000	7.000	6.000

6. 设备底座与基础间灌浆

工作内容:清扫、冲洗地脚螺栓孔、筛洗砂石、人工搅拌、捣固、找平、养护。　　计量单位:m^3

				6-1085	6-1086	6-1087	6-1088	6-1089
定额编号				6-1085	6-1086	6-1087	6-1088	6-1089
项目				一台设备的灌浆体积(m^3 以内)				
				0.03	0.05	0.10	0.30	0.30 以外
基价(元)				**1606.49**	**1404.68**	**1196.42**	**990.65**	**815.71**
其中	人工费(元)			1046.52	876.42	703.08	540.27	375.03
	材料费(元)			555.54	524.57	490.02	447.80	438.10
	机械费(元)			4.43	3.69	3.32	2.58	2.58
名称		单位	单价(元)	消耗量				
人工	二类人工	工日	135.00	7.752	6.492	5.208	4.002	2.778
材料	复合硅酸盐水泥 P·C 32.5R 综合	kg	0.32	438.000	438.000	438.000	438.000	438.000
	黄砂 净砂	t	92.23	0.897	0.897	0.897	0.897	0.897
	碎石 综合	t	102.00	1.034	1.034	1.034	1.034	1.034
	圆钉	kg	4.74	0.100	0.080	0.070	0.060	0.060
	草袋	个	3.62	13.000	12.000	10.000	4.700	3.200
	木模板	m^3	1445.00	0.080	0.070	0.060	0.050	0.050
	水	m^3	4.27	15.000	12.000	9.000	7.000	6.000
机械	载货汽车 4t	台班	369.21	0.012	0.010	0.009	0.007	0.007

第六章
模板、井字架工程

说　　明

一、本章定额包括现浇混凝土模板工程、预制混凝土模板工程、钢管井字架，共3节86个子目。

二、本章定额适用于本册定额及本定额第五册《给水工程》第四章“管道附属构筑物”和第五章“取水工程”。

三、模板是分别按钢模钢撑、复合木模木撑、木模木撑区分不同材质分别列项的，其中钢模模数差部分采用木模。

四、本章定额中现浇、预制项目中，均已包括了钢筋垫块或第一层底浆的工、料，及嵌模工日，套用时不得重复计算。

五、预制构件模板中不包括地、胎模，需设置者，土地模可按本定额第一册《通用项目》平整场地的相应项目执行；水泥砂浆、混凝土砖地、胎模按本定额第三册《桥涵工程》相应项目执行。

六、模板安拆以槽(坑)深3m为准，超过3m时，人工增加8%系数，其他不变。

七、现浇混凝土梁、板、柱、墙的模板，支模高度是按3.6m考虑的，超过3.6m时，超过部分的工程量另按超高的项目执行。

八、模板的预留洞按水平投影面积计算，小于0.3m^2者：圆形洞每10个增加0.72工日，方形洞每10个增加0.62工日。

九、小型构件是指单件体积在0.05m^3以内的构件；地沟盖板项目适用于单块体积在0.3m^3内的矩形板；井盖项目适用于井口盖板，井室盖板按矩形板项目执行，预留口按第八条规定执行。

工程量计算规则

一、现浇混凝土构件模板按构件与模板的接触面积以“m^2”计算,不扣除单孔面积 0.3m^2 以内预留孔洞面积,洞侧壁模板亦不另行增加。

二、现浇小型构件以及预制混凝土构件模板按构件的实体积以“m^3”计算。

三、砖、石拱圈的拱盔和支架均以拱盔与圈孤弧形接触面积计算,并执行第三册《桥涵工程》相应子目。

四、各种材质的地模胎膜,按施工组织设计的工程量,并应包括操作等必要的宽度以“m^2”计算,执行本定额第三册《桥涵工程》相应项目。

五、井字架区分搭设高度以“架”计算,每座井计算一次。

六、井底流槽模板按混凝土与模板的接触面积计算。

一、现浇混凝土模板工程

1. 基　础

工作内容：模板制作、安装、拆除，清理杂物、刷隔离剂、整理堆放、场内外运输。　　**计量单位**：$100m^2$

定额编号				6-1090	6-1091	6-1092
项目				混凝土基础垫层	杯型基础	
				木模	钢模	复合木模
基价（元）				**2562.66**	**4564.68**	**5117.93**
其中	人工费（元）			995.09	2487.51	2180.12
	材料费（元）			1525.82	1860.09	2774.42
	机械费（元）			41.75	217.08	163.39
名称		单位	单价(元)	消耗量		
人工	二类人工	工日	135.00	7.371	18.426	16.149
材料	镀锌铁丝 10#	kg	5.38	—	50.150	41.780
	镀锌铁丝 φ0.7～1.0	kg	6.74	0.180	0.180	0.180
	干混抹灰砂浆 DP M20.0	m^3	446.95	0.012	0.012	0.012
	圆钉	kg	4.74	19.730	11.130	20.570
	草板纸 80#	张	2.67	—	30.000	30.000
	钢模板	kg	5.96	—	63.210	—
	木模板	m^3	1445.00	0.976	0.186	0.186
	复合木模板面板	m^2	56.03	—	—	14.740
	钢支撑	kg	3.97	—	29.723	—
	木支撑	m^3	1552.00	—	0.306	0.739
	零星卡具	kg	5.88	—	33.510	18.450
	脱模剂	kg	1.54	10.000	10.000	10.000
机械	汽车式起重机 8t	台班	648.48	—	0.133	0.062
	载货汽车 5t	台班	382.30	0.099	0.330	0.310
	木工圆锯机 500mm	台班	27.50	0.142	0.170	0.170

工作内容:模板制作、安装、拆除,清理杂物、刷隔离剂、整理堆放、场内外运输。 **计量单位**:$100m^2$

定额编号				6-1093	6-1094	6-1095	6-1096
项目				设备基础(单体在 $5m^3$ 以内)		设备基础(单体在 $5m^3$ 以外)	
				钢模	复合木模	钢模	复合木模
基价(元)				**4449.98**	**5308.18**	**4477.52**	**4851.87**
其中	人工费(元)			2913.57	2517.08	2860.11	2527.74
	材料费(元)			1344.10	2677.66	1480.77	2202.38
	机械费(元)			192.31	113.44	136.64	121.75
	名称	单位	单价(元)	消耗量			
人工	二类人工	工日	135.00	21.582	18.645	21.186	18.724
材料	镀锌铁丝 10#	kg	5.38	19.050	23.190	23.430	8.610
	圆钉	kg	4.74	6.640	18.550	8.500	11.860
	草板纸 80#	张	2.67	30.000	30.000	30.000	30.000
	钢模板	kg	5.96	68.530	—	68.030	—
	木模板	m^3	1445.00	0.120	0.120	0.089	0.089
	复合木模板面板	m^2	56.03	—	21.000	—	21.000
	钢支撑	kg	3.97	27.980	—	30.870	—
	木支撑	m^3	1552.00	0.109	0.523	0.216	0.346
	零星卡具	kg	5.88	42.950	35.330	32.630	27.570
	脱模剂	kg	1.54	10.000	10.000	10.000	10.000
	铁件	kg	3.71	—	—	9.490	—
机械	汽车式起重机 8t	台班	648.48	0.142	0.063	0.097	0.086
	木工圆锯机 500mm	台班	27.50	0.030	0.026	0.040	0.036
	载货汽车 5t	台班	382.30	0.260	0.188	0.190	0.170

工作内容:模板制作、安装、拆除,清理杂物、刷隔离剂、整理堆放、场内外运输。 **计量单位**:10 个

定额编号				6-1097	6-1098	6-1099	6-1100
项目				设备基础(螺栓套孔深度)			设备基础二次灌浆
				0.5m 以内	1.0m 以内	1.0m 以外	m^3
基价(元)				**289.33**	**459.50**	**817.93**	**828.16**
其中	人工费(元)			177.26	194.27	322.52	300.51
	材料费(元)			107.97	260.58	489.66	517.16
	机械费(元)			4.10	4.65	5.75	10.49
	名称	单位	单价(元)	消耗量			
人工	二类人工	工日	135.00	1.313	1.439	2.389	2.226
材料	镀锌铁丝 10#	kg	5.38	1.510	2.010	6.570	—
	干混抹灰砂浆 DP M20.0	m^3	446.95	—	—	—	1.030
	圆钉	kg	4.74	1.090	2.340	2.400	0.440
	木模板	m^3	1445.00	0.047	0.142	0.235	0.037
	木支撑	m^3	1552.00	0.017	0.021	0.065	—
	脱模剂	kg	1.54	0.250	0.580	1.610	—
	其他材料费	元	1.00	—	—	—	1.25
机械	载货汽车 5t	台班	382.30	0.010	0.010	0.010	0.010
	木工圆锯机 500mm	台班	27.50	0.010	0.030	0.070	0.010
	干混砂浆罐式搅拌机 20000L	台班	193.83	—	—	—	0.033

2. 构筑物及池类

(1)池 底

工作内容:模板制作、安装、拆除,清理杂物、刷隔离剂、整理堆放、场内外运输。 **计量单位**:100m²

定额编号				6-1101	6-1102	6-1103
项目				平池底钢模	平池底木模	锥形池底木模
基价(元)				**5215.39**	**5196.93**	**7860.07**
其中	人工费(元)			3448.17	3233.52	3845.07
	材料费(元)			1624.48	1821.37	3757.21
	机械费(元)			142.74	142.04	257.79
名称		单位	单价(元)	消耗量		
人工	二类人工	工日	135.00	25.542	23.952	28.482
材料	镀锌铁丝 10#	kg	5.38	67.341	—	—
	圆钉	kg	4.74	11.924	28.336	14.035
	草板纸 80#	张	2.67	30.000	—	—
	钢模板	kg	5.96	70.761	—	—
	木模板	m³	1445.00	0.011	0.756	2.133
	木支撑	m³	1552.00	0.336	0.339	0.373
	零星卡具	kg	5.88	19.074	—	—
	脱模剂	kg	1.54	10.000	10.000	10.000
	混凝土垫块	m³	284.00	0.137	0.137	—
	嵌缝料	kg	1.42	—	10.000	10.000
机械	汽车式起重机 8t	台班	648.48	0.071	—	—
	载货汽车 5t	台班	382.30	0.251	0.296	0.600
	木工圆锯机 500mm	台班	27.50	0.027	0.504	0.487
	木工压刨床 单面 600mm	台班	31.42	—	0.478	0.478

(2)池壁(隔墙)

工作内容:模板安装、拆除,涂刷隔离剂,清杂物,场内运输等。 计量单位:100m²

定额编号				6-1104	6-1105	6-1106	6-1107	6-1108
项目				矩形池壁		圆形池壁	支模高度超过3.6m,每增1m	
				钢模	木模		钢支撑	木支撑
基价(元)				**4054.41**	**4564.86**	**6491.16**	**165.47**	**235.64**
其中	人工费(元)			2839.46	2351.97	3561.98	147.29	147.29
	材料费(元)			1031.80	2013.76	2739.29	8.90	84.41
	机械费(元)			183.15	199.13	189.89	9.28	3.94
名称		单位	单价(元)	消耗量				
人工	二类人工	工日	135.00	21.033	17.422	26.385	1.091	1.091
材料	镀锌铁丝 10#	kg	5.38	0.690	6.098	10.743	—	—
	圆钉	kg	4.74	0.286	13.821	15.739	—	2.420
	铁件	kg	3.71	6.777	13.645	—	—	—
	嵌缝料	kg	1.42	—	10.000	10.000	—	—
	草板纸 80#	张	2.67	30.000	—	—	—	—
	钢模板	kg	5.96	71.841	—	—	—	—
	木模板	m³	1445.00	0.004	0.622	0.812	—	—
	钢支撑	kg	3.97	28.684	—	—	1.850	—
	木支撑	m³	1552.00	—	0.587	0.582	0.001	0.047
	零星卡具	kg	5.88	52.867	4.320	85.150	—	—
	尼龙帽	个	0.60	79.000	—	—	—	—
	脱模剂	kg	1.54	10.000	10.000	10.000	—	—
机械	汽车式起重机 8t	台班	648.48	0.150	—	—	0.009	—
	载货汽车 5t	台班	382.30	0.224	0.430	0.376	0.009	0.009
	木工圆锯机 500mm	台班	27.50	0.009	0.717	1.132	—	0.018
	木工压刨床 单面 600mm	台班	31.42	—	0.478	0.478	—	—

(3)池　盖

工作内容:木模制作、安装、拆除,涂刷隔离剂,清杂物,场内运输等。　　　　**计量单位**:100m²

定额编号				6-1109	6-1110	6-1111	6-1112	6-1113	6-1114
项目				无梁池盖		肋形池盖		球形池盖	支模高度超过3.6m,每增1m
				木模	复合木模	木模	复合木模	木模	
基价(元)				**7005.59**	**6665.96**	**5429.46**	**4842.65**	**10114.05**	**902.32**
其中	人工费(元)			3380.40	2678.40	2959.61	2521.53	6471.36	537.17
	材料费(元)			3347.31	3726.84	2326.91	2155.01	3382.14	341.80
	机械费(元)			277.88	260.72	142.94	166.11	260.55	23.35
名称		单位	单价(元)	消耗量					
人工	二类人工	工日	135.00	25.040	19.840	21.923	18.678	47.936	3.979
材料	镀锌铁丝 10#	kg	5.38	1.590	1.590	—	—	—	—
	圆钉	kg	4.74	42.024	20.340	21.808	21.200	14.880	3.350
	铁件	kg	3.71	—	—	—	—	19.130	—
	嵌缝料	kg	1.42	10.000	—	10.000	—	—	—
	草板纸 80#	张	2.67	—	30.000	—	—	—	—
	木模板	m³	1445.00	0.771	0.600	1.472	0.878	2.232	—
	木支撑	m³	1552.00	1.286	1.123	—	—	—	0.210
	零星卡具	kg	5.88	—	17.789	—	—	—	—
	脱模剂	kg	1.54	10.000	10.000	10.000	10.000	10.000	—
	复合木模板面板	m²	56.03	—	14.490	1.194	13.750	—	—
机械	汽车式起重机 8t	台班	648.48	—	0.062	—	—	—	0.036
	载货汽车 5t	台班	382.30	0.636	0.573	0.278	0.340	0.403	—
	木工圆锯机 500mm	台班	27.50	0.717	0.053	0.787	0.778	3.326	—
	木工压刨床 单面 600mm	台班	31.42	0.478	—	0.478	0.469	0.478	—

(4)柱、梁

工作内容:模板安装、拆除,涂刷隔离剂,清杂物,场内运输等。 **计量单位:**100m²

定额编号				6-1115	6-1116	6-1117	6-1118	6-1119	6-1120	6-1121
项目				无梁盖柱		矩形柱		圆形、异型柱	柱支模高度超过3.6m,每增1m	
				钢模	木模	钢模	复合木模	木模	钢支撑	木支撑
基价(元)				**7188.70**	**7815.96**	**4896.15**	**5298.12**	**8620.74**	**295.52**	**432.97**
其中	人工费(元)			4742.55	5051.84	3176.42	2696.22	4720.55	243.27	243.27
	材料费(元)			2147.49	2490.64	1519.21	2441.58	3734.91	45.97	185.05
	机械费(元)			298.66	273.48	200.52	160.32	165.28	6.28	4.65
名称		单位	单价(元)	消耗量						
人工	二类人工	工日	135.00	35.130	37.421	23.529	19.972	34.967	1.802	1.802
材料	镀锌铁丝 10#	kg	5.38	—	53.828	—	—	9.490	—	—
	圆钉	kg	4.74	29.631	76.286	1.800	4.020	48.490	—	3.350
	铁件	kg	3.71	—	—	—	11.420	—	—	—
	嵌缝料	kg	1.42	—	10.000	—	—	10.000	—	—
	草板纸 80#	张	2.67	30.000	—	30.000	30.000	—	—	—
	钢模板	kg	5.96	68.276	—	78.090	—	—	—	—
	木模板	m³	1445.00	0.328	0.172	0.064	0.064	1.618	—	—
	复合木模板面板	m²	56.03	—	—	—	18.400	—	—	—
	钢支撑	kg	3.97	62.963	—	45.940	—	—	3.370	—
	木支撑	m³	1552.00	0.303	1.006	0.182	0.519	0.700	0.021	0.109
	零星卡具	kg	5.88	52.795	—	66.740	60.500	—	—	—
	脱模剂	kg	1.54	10.000	10.000	10.000	10.000	10.000	—	—
机械	汽车式起重机 8t	台班	648.48	0.159	—	0.159	0.097	—	0.004	—
	载货汽车 5t	台班	382.30	0.439	0.573	0.251	0.251	0.314	0.009	0.009
	木工圆锯机 500mm	台班	27.50	1.008	1.433	0.053	0.053	1.645	0.009	0.044
	木工压刨床 单面 600mm	台班	31.42	—	0.478	—	—	—	—	—

工作内容：模板安装、拆除，涂刷隔离剂，清杂物，场内运输等。　　**计量单位**：$100m^2$

定额编号				6-1122	6-1123	6-1124	6-1125	6-1126	6-1127
项目				连续梁、单梁		池壁基梁	异型梁	梁支模高度超过3.6m，每增1m	
				钢模	复合木模	木模		钢支撑	木支撑
基价（元）				**5487.23**	**6476.70**	**8466.60**	**8292.37**	**509.40**	**844.45**
其中	人工费（元）			3843.59	3358.94	5489.10	4197.29	444.56	547.97
	材料费（元）			1414.74	2921.72	2717.49	3960.59	47.64	280.76
	机械费（元）			228.90	196.04	260.01	134.49	17.20	15.72
名称		单位	单价（元）	消耗量					
人工	二类人工	工日	135.00	28.471	24.881	40.660	31.091	3.293	4.059
材料	镀锌铁丝 10#	kg	5.38	16.250	0.180	—	33.390	—	—
	干混抹灰砂浆 DP M20.0	m^3	446.95	0.012	0.012	—	0.012	—	—
	圆钉	kg	4.74	0.470	36.240	19.931	73.740	—	2.260
	铁件	kg	3.71	—	4.150	—	—	—	—
	嵌缝料	kg	1.42	—	—	10.000	10.000	—	—
	草板纸 80#	张	2.67	30.000	30.000	—	—	—	—
	钢模板	kg	5.96	77.340	—	—	—	—	—
	木模板	m^3	1445.00	0.017	0.017	0.725	1.183	—	—
	复合木模板面板	m^2	56.03	—	17.000	—	—	—	—
	钢支撑	kg	3.97	69.480	—	—	—	12.000	—
	木支撑	m^3	1552.00	0.029	0.914	0.996	1.087	—	0.174
	零星卡具	kg	5.88	67.290	36.550	—	—	—	—
	尼龙帽	个	0.60	37.000	37.000	—	—	—	—
	脱模剂	kg	1.54	10.000	10.000	10.000	10.000	—	—
机械	汽车式起重机 8t	台班	648.48	0.177	0.088	—	—	—	—
	载货汽车 5t	台班	382.30	0.296	0.340	0.511	0.278	0.045	0.036
	木工圆锯机 500mm	台班	27.50	0.035	0.327	1.805	1.026	—	0.071
	木工压刨床 单面 600mm	台班	31.42	—	—	0.478	—	—	—

(5)板

工作内容:模板安装、拆除,涂刷隔离剂,清杂物,场内运输等。　　计量单位:100m²

定额编号				6-1128	6-1129	6-1130	6-1131	6-1132	6-1133	6-1134
项目				平板、走道板		悬空板		挡水板	板支模高度超过3.6m,每增1m	
				钢模	复合木模	钢模	复合木模	木模	钢支撑	木支撑
基价(元)				**4336.46**	**5476.83**	**4751.14**	**5616.91**	**8618.11**	**574.28**	**918.83**
其中	人工费(元)			2803.95	2439.59	3050.73	2646.27	5272.97	507.87	512.33
	材料费(元)			1298.93	2859.02	1501.81	2814.64	3195.73	40.97	386.88
	机械费(元)			233.58	178.22	198.60	156.00	149.41	25.44	19.62
名称		单位	单价(元)	消耗量						
人工	二类人工	工日	135.00	20.770	18.071	22.598	19.602	39.059	3.762	3.795
材料	镀锌铁丝 10#	kg	5.38	—	—	—	—	9.950	—	—
	镀锌铁丝 φ0.7~1.0	kg	6.74	0.180	0.180	0.180	0.180	—	—	—
	干混抹灰砂浆 DP M20.0	m³	446.95	0.003	0.003	0.003	0.003	—	—	—
	圆钉	kg	4.74	1.790	19.790	9.100	19.960	27.510	—	12.860
	铁件	kg	3.71	—	—	—	—	7.970	—	—
	嵌缝料	kg	1.42	—	—	—	—	10.000	—	—
	草板纸 80#	张	2.67	30.000	30.000	30.000	30.000	—	—	—
	钢模板	kg	5.96	68.280	—	56.710	—	—	—	—
	木模板	m³	1445.00	0.051	0.051	0.182	0.182	1.133	—	—
	复合木模板面板	m²	56.03	—	14.300	—	16.900	—	—	—
	钢支撑	kg	3.97	48.010	—	34.250	—	—	10.320	—
	木支撑	m³	1552.00	0.231	1.050	0.303	0.811	0.838	—	0.210
	零星卡具	kg	5.88	27.660	27.660	26.090	26.090	2.530	—	—
	脱模剂	kg	1.54	10.000	10.000	10.000	10.000	10.000	—	—
机械	汽车式起重机 8t	台班	648.48	0.177	0.071	0.133	0.062	—	0.018	—
	载货汽车 5t	台班	382.30	0.305	0.340	0.278	0.287	0.233	0.036	0.045
	木工圆锯机 500mm	台班	27.50	0.080	0.080	0.221	0.221	2.194	—	0.088

(6)池槽及其他

工作内容:模板安装、拆除,涂刷隔离剂,清杂物,场内运输等。

定额编号				6-1135	6-1136	6-1137	6-1138	6-1139	6-1140
项目				配、出水槽	沉淀池	澄清池反应筒壁		导流墙(筒)	小型池槽
				木模		钢模	复合木模	木模	
				100m²					10m³
基价(元)				**6313.59**	**8005.32**	**4027.12**	**3848.20**	**5087.09**	**6987.44**
其中	人工费(元)			4150.31	4048.65	2765.61	2360.21	2227.50	4154.76
	材料费(元)			2044.74	3833.47	1110.88	1365.89	2793.45	2670.46
	机械费(元)			118.54	123.20	150.63	122.10	66.14	162.22
	名称	单位	单价(元)	消耗量					
人工	二类人工	工日	135.00	30.743	29.990	20.486	17.483	16.500	30.776
材料	镀锌铁丝 10#	kg	5.38	—	—	—	37.590	24.490	—
	圆钉	kg	4.74	42.040	13.005	9.880	10.580	17.960	45.100
	铁件	kg	3.71	—	—	6.770	6.770	7.970	—
	嵌缝料	kg	1.42	10.000	10.000	—	—	10.000	7.300
	草板纸 80#	张	2.67	—	—	30.000	30.000	—	—
	钢模板	kg	5.96	—	—	65.760	—	—	—
	木模板	m³	1445.00	0.841	1.099	0.149	0.149	1.475	1.320
	复合木模板面板	m²	56.03	—	—	—	1.880	—	—
	钢支撑	kg	3.97	—	—	19.380	—	—	—
	木支撑	m³	1552.00	0.387	1.388	—	0.298	0.243	0.340
	零星卡具	kg	5.88	—	—	38.990	30.570	1.510	—
	尼龙帽	个	0.60	—	—	50.000	50.000	—	—
	脱模剂	kg	1.54	10.000	10.000	10.000	10.000	10.000	7.300
机械	汽车式起重机 8t	台班	648.48	—	—	0.115	0.071	—	—
	载货汽车 5t	台班	382.30	0.179	0.206	0.197	0.197	0.152	0.376
	木工圆锯机 500mm	台班	27.50	1.822	1.070	0.027	0.027	0.292	0.672
	木工压刨床 单面 600mm	台班	31.42	—	0.478	—	—	—	—

3. 管、渠道及其他

工作内容:模板安装、拆除,涂刷隔离剂,清杂物,场内运输等。　　**计量单位**:100m²

定额编号				6-1141	6-1142	6-1143	6-1144	6-1145	6-1146
项目				管、渠道平基		管座		渠(涵)直墙	
				钢模	复合木模	钢模	复合木模	钢模	复合木模
基价(元)				**4074.93**	**4432.01**	**5450.48**	**5316.60**	**3484.41**	**4668.06**
其中	人工费(元)			2205.23	1885.41	3576.42	2753.19	2255.18	1993.14
	材料费(元)			1700.74	2396.24	1705.10	2413.05	1050.96	2492.78
	机械费(元)			168.96	150.36	168.96	150.36	178.27	182.14
名称		单位	单价(元)	消耗量					
人工	二类人工	工日	135.00	16.335	13.966	26.492	20.394	16.705	14.764
材料	镀锌铁丝 10#	kg	5.38	26.224	—	26.224	—	—	60.605
	镀锌铁丝 ϕ0.7～1.0	kg	6.74	0.175	0.175	0.175	0.175	—	—
	干混抹灰砂浆 DP M20.0	m³	446.95	0.012	0.012	0.012	0.012	—	—
	圆钉	kg	4.74	9.721	20.941	9.721	20.941	0.551	3.397
	铁件	kg	3.71	24.390	—	24.390	—	3.540	5.797
	草板纸 80#	张	2.67	30.000	30.000	30.000	30.000	30.000	30.000
	钢模板	kg	5.96	63.549	—	63.499	—	71.831	—
	木模板	m³	1445.00	0.144	0.144	0.144	0.144	0.029	0.029
	复合木模板面板	m²	56.03	—	16.500	—	16.800	—	14.300
	木支撑	m³	1552.00	0.239	0.601	0.242	0.601	0.016	0.609
	零星卡具	kg	5.88	48.620	22.042	48.620	22.042	68.616	36.312
	尼龙帽	个	0.60	129.000	—	129.000	—	69.000	53.000
	脱模剂	kg	1.54	10.000	10.000	10.000	10.000	10.000	10.000
机械	汽车式起重机 8t	台班	648.48	0.106	0.071	0.106	0.071	0.133	0.080
	载货汽车 5t	台班	382.30	0.260	0.270	0.260	0.270	0.240	0.340
	木工圆锯机 500mm	台班	27.50	0.030	0.040	0.030	0.040	0.010	0.010

工作内容：模板安装、拆除，涂刷隔离剂，清杂物，场内运输等。　　**计量单位：**100m²

定额编号			6-1147	6-1148	6-1149	6-1150
项目			顶(盖)板		井底流槽	小型构件
			钢模	复合木模	木模	
基价（元）			**4569.17**	**5603.74**	**3928.69**	**7358.25**
其中 人工费（元）			2931.39	2550.96	2616.17	3687.80
材料费（元）			1390.54	2858.99	1201.99	3670.45
机械费（元）			247.24	193.79	110.53	—
名称	单位	单价(元)	消耗量			
人工 二类人工	工日	135.00	21.714	18.896	19.379	27.317
材料 镀锌铁丝 ϕ0.7～1.0	kg	6.74	0.175	0.175	—	—
干混抹灰砂浆 DP M20.0	m³	446.95	0.003	0.003	—	—
圆钉	kg	4.74	1.785	19.788	35.414	76.090
嵌缝料	kg	1.42	—	—	—	10.000
草板纸 80#	张	2.67	30.000	30.000	—	—
钢模板	kg	5.96	68.276	—	—	—
木模板	m³	1445.00	0.051	0.051	0.705	1.733
复合木模板面板	m²	56.03	—	14.300	—	—
木支撑	m³	1552.00	0.231	1.050	—	0.500
零星卡具	kg	5.88	75.667	27.662	—	—
脱模剂	kg	1.54	10.000	10.000	10.000	10.000
机械 汽车式起重机 8t	台班	648.48	0.177	0.071	—	—
载货汽车 5t	台班	382.30	0.340	0.380	0.233	—
木工圆锯机 500mm	台班	27.50	0.090	0.090	0.780	—

二、预制混凝土模板工程

1. 构筑物及池类

(1)壁　板

工作内容:工具式钢模板安装、清理、刷隔离剂、拆除、整理堆放、场内运输。　　　计量单位:10m³

	定额编号			6-1151	6-1152	6-1153	6-1154	6-1155	6-1156
项目				平板		滤板穿孔板	稳流板	壁(隔)板	挡水板
				钢模	木模				
基价(元)				546.88	572.55	7904.39	1238.08	1085.95	711.74
其中	人工费(元)			326.03	332.37	920.57	717.12	519.62	476.01
	材料费(元)			46.69	238.59	6929.08	517.84	563.74	234.67
	机械费(元)			174.16	1.59	54.74	3.12	2.59	1.06
	名称	单位	单价(元)	消耗量					
人工	二类人工	工日	135.00	2.415	2.462	6.819	5.312	3.849	3.526
材料	镀锌铁丝 ϕ0.7~1.0	kg	6.74	0.350	0.361	0.979	0.540	0.890	0.410
	干混抹灰砂浆 DP M20.0	m³	446.95	0.020	0.020	0.060	0.030	0.050	0.020
	圆钉	kg	4.74	—	2.468	81.610	5.540	5.477	2.330
	钢模板	kg	5.96	4.690	—	—	—	—	—
	木模板	m³	1445.00	—	0.144	4.452	0.320	0.345	0.142
	脱模剂	kg	1.54	4.830	4.830	49.150	7.880	7.080	4.370
机械	自升式塔式起重机 600kN·m	台班	596.43	0.292	—	—	—	—	—
	木工圆锯机 500mm	台班	27.50	—	0.027	0.929	0.053	0.044	0.018
	木工压刨床 单面 600mm	台班	31.42	—	0.027	0.929	0.053	0.044	0.018

(2)柱、梁及池槽

工作内容:工具式钢模板安装、清理、刷隔离剂、拆除、整理堆放、场内运输。　　**计量单位**:10m³

定额编号				6-1157	6-1158	6-1159	6-1160	6-1161	6-1162	6-1163
项目				矩形柱	矩形板	矩形梁		异型梁	集水槽、辐射槽	小型池槽
				钢模	复合木模	钢模	木模			
基价(元)				**1916.96**	**1761.91**	**5943.34**	**5554.21**	**4272.65**	**2880.50**	**3294.14**
其中	人工费(元)			1210.82	1094.18	2966.09	2673.00	1602.05	1399.82	1514.57
	材料费(元)			625.20	586.79	2811.62	2715.58	2540.23	1472.88	1770.73
	机械费(元)			80.94	80.94	165.63	165.63	130.37	7.80	8.84
名称		单位	单价(元)	消耗量						
人工	二类人工	工日	135.00	8.969	8.105	21.971	19.800	11.867	10.369	11.219
材料	镀锌铁丝 10#	kg	5.38	20.487	20.487	23.422	23.422	—	—	—
	镀锌铁丝 ϕ0.7～1.0	kg	6.74	0.170	0.170	0.247	0.247	0.196	0.240	0.258
	干混抹灰砂浆 DP M20.0	m³	446.95	0.010	0.010	0.020	0.020	0.010	0.010	0.020
	圆钉	kg	4.74	4.274	4.274	9.200	9.200	9.853	4.040	8.344
	草板纸 80#	张	2.67	15.140	15.140	36.780	36.780	—	—	—
	钢模板	kg	5.96	11.322	0.740	31.573	4.929	—	—	—
	木模板	m³	1445.00	0.090	0.090	0.070	0.070	1.711	0.990	1.180
	复合木模板面板	m²	56.03	—	0.440	—	1.120	—	—	—
	木支撑	m³	1552.00	0.090	0.090	1.310	1.310	—	—	—
	零星卡具	kg	5.88	17.636	17.636	32.100	32.100	—	—	—
	脱模剂	kg	1.54	5.050	5.050	14.290	14.290	9.960	11.100	10.000
机械	汽车式起重机 8t	台班	648.48	0.071	0.071	0.142	0.142	—	—	—
	载货汽车 5t	台班	382.30	0.090	0.090	0.179	0.179	0.296	—	—
	木工圆锯机 500mm	台班	27.50	0.018	0.018	0.186	0.186	0.292	0.142	0.150
	木工压刨床 单面 600mm	台班	31.42	—	—	—	—	0.292	0.124	0.150

2. 管、渠道及其他

工作内容:工具式钢模板安装、清理、刷隔离剂、拆除、整理堆放、场内运输。 计量单位:10m³

定额编号				6-1164	6-1165	6-1166	6-1167	6-1168	6-1169	6-1170
项目				槽形板		地沟盖板	井盖板	井圈	拱块	小型构件
				钢模	木模					
基价(元)				1624.67	1789.36	693.15	2286.83	4574.21	3218.88	6168.45
其中	人工费(元)			1278.59	1381.59	455.22	1097.01	2307.02	1677.78	3375.95
	材料费(元)			255.29	399.11	235.87	1186.17	2255.23	1535.74	2763.81
	机械费(元)			90.79	8.66	2.06	3.65	11.96	5.36	28.69
名称		单位	单价(元)	消耗量						
人工	二类人工	工日	135.00	9.471	10.234	3.372	8.126	17.089	12.428	25.007
材料	镀锌铁丝 φ0.7~1.0	kg	6.74	0.515	0.175	0.319	0.876	0.330	—	1.009
	热轧带肋钢筋 HRB400 综合	kg	3.85	—	—	—	—	—	3.432	—
	角钢 Q235B 综合	kg	3.97	—	—	—	—	—	25.111	—
	干混抹灰砂浆 DP M20.0	m³	446.95	0.030	0.030	0.020	0.050	0.020	—	0.060
	六角带帽螺栓 M12×100	套	0.59	—	—	—	—	—	19.706	—
	六角带帽螺栓 M16×150	套	1.42	—	—	—	—	—	4.927	—
	圆钉	kg	4.74	—	6.967	1.989	2.366	3.988	—	20.716
	草板纸 80#	张	2.67	—	25.000	—	—	—	—	—
	钢模板	kg	5.96	33.542	—	—	—	—	—	—
	木模板	m³	1445.00	—	—	0.142	0.788	1.520	0.960	1.799
	复合木模板面板	m²	56.03	—	0.240	—	—	—	—	—
	木支撑	m³	1552.00	—	0.150	—	—	—	—	—
	脱模剂	kg	1.54	25.000	25.000	6.600	5.220	18.680	11.050	21.070
机械	门式起重机 10t	台班	447.22	0.203	—	—	—	—	—	—
	木工圆锯机 500mm	台班	27.50	—	0.147	0.035	0.062	0.203	0.091	0.487
	木工压刨床 单面 600mm	台班	31.42	—	0.147	0.035	0.062	0.203	0.091	0.487

三、钢管井字架

工作内容:各种扣件安装、铺翻板子、拆除、场内运输。 计量单位:座

定额编号				6-1171	6-1172	6-1173	6-1174	6-1175
项目				井深(m以内)				
				2	4	6	8	10
基价(元)				77.70	149.22	222.75	295.74	369.35
其中	人工费(元)			73.31	143.91	215.87	287.42	359.37
	材料费(元)			4.39	5.31	6.88	8.32	9.98
	机械费(元)			—	—	—	—	—
名称		单位	单价(元)	消耗量				
人工	二类人工	工日	135.00	0.543	1.066	1.599	2.129	2.662
材料	碳素结构钢焊接钢管 *DN*40×3.5	kg	3.88	0.350	0.571	0.938	1.244	1.550
	零星卡具	kg	5.88	0.124	0.134	0.156	0.196	0.273
	木脚手板	m³	1124.00	0.002	0.002	0.002	0.002	0.002
	其他材料费	元	1.00	0.05	0.06	0.08	0.09	0.11

浙江省市政工程预算定额

（2018 版）

第七册　燃气与集中供热工程
第八册　路灯工程
第九册　生活垃圾处理工程

中国计划出版社

2018　北　京

总　说　明

一、《浙江省市政工程预算定额》(2018 版)(以下简称本定额)共分九册,具体包括:第一册《通用项目》、第二册《道路工程》、第三册《桥涵工程》、第四册《隧道工程》、第五册《给水工程》、第六册《排水工程》、第七册《燃气与集中供热工程》、第八册《路灯工程》、第九册《生活垃圾处理工程》。

二、本定额是指导设计概算、施工图预算、招标控制价的编审以及工程合同价约定、竣工结算办理、工程计价纠纷调解处理、工程造价鉴定等的依据。

三、本定额适用于城镇管辖范围内的新建、改建、扩建市政工程。

四、本定额是按照正常的施工条件,目前多数企业的施工机械装备程度,合理的施工工期、施工工艺和劳动组织编制的,反映了社会平均消耗量水平。

五、本定额是在《市政工程消耗量定额》ZYA 1－31－2015、《浙江省市政工程预算定额》(2010 版)的基础上,依据国家、浙江省有关现行产品标准、设计规范和施工验收规范、质量评定标准、安全技术操作规程进行编制的,同时参考了公路、水利等专业定额和其他省市相关定额,以及有代表性的工程设计、施工资料和其他资料。

六、关于人工工日消耗量:

本定额人工按定额用工的技术含量综合为一类人工和二类人工,其内容包括基本用工、超运距用工、人工幅度差和辅助用工。其中土石方工程人工为一类人工,其余均为二类人工。本定额中的人工每工日按 8 小时工作制计算。

七、关于材料消耗量:

1. 本定额中的材料消耗包括主要材料、辅助材料。材料消耗量包括净用量和损耗量。损耗量包括:从工地仓库、现场集中堆放地点或现场加工地点至操作或安装地点的现场施工场内运输损耗、施工操作损耗、施工现场堆放损耗等,规范(设计文件)规定的预留量、搭接量不在损耗量中考虑;

2. 本定额中的混凝土、沥青混凝土、砌筑砂浆、抹灰砂浆及各种胶泥等均按半成品消耗量以体积表示。本定额中混凝土的养护,除另有说明者外,均按自然养护考虑;

3. 本定额中的周转性材料已按规定的材料周转次数摊销计入定额内;

4. 用量少、价值小的材料合并为其他材料,以其他材料费的形式表示。

八、关于施工机械台班消耗量:

1. 本定额中的机械按常用机械、合理机械配备和施工企业的机械化装备程度,并结合工程实际综合确定;

2. 本定额中的机械台班消耗量已包括了机械幅度差内容;

3. 定额中均已包括材料、成品、半成品从工地仓库、现场集中堆放地点或现场加工地点至操作安装地点的水平和垂直运输所需要的人工和机械消耗量。如需要再次搬运的,应在二次搬运费项目中列支。

九、关于定额单价的取定:人工单价,一类人工 125 元/工日,二类人工 135 元/工日;材料单价按《浙江省建筑安装材料基期价格》(2018 版)取定;机械台班单价根据《浙江省施工机械台班费用定额》(2018 版)取定。

十、本定额中的混凝土、沥青混凝土、厂拌三渣等均按商品价考虑,其单价中除包括产品出厂价外,还包括了至施工现场的运输、装卸费用。采用泵送混凝土的,其单价包括泵送费用。

十一、本定额中混凝土项目按运至施工现场的商品混凝土编制,若实际采用现拌混凝土浇捣的,人工、机械消耗量调整如下:

1. 人工增加0.392工日/m^3；

2. 增加500L混凝土搅拌机0.03台班/m^3。

十二、混凝土定额中已按结构部位取定泵送混凝土或非泵送混凝土的材料价格，若定额所列混凝土形式与实际不同时，除混凝土单价换算外，人工消耗量调整如下：

1. 泵送商品混凝土调整为非泵送商品混凝土：定额人工乘以系数1.35；

2. 非泵送商品混凝土调整为泵送商品混凝土：定额人工乘以系数0.75。

十三、本定额中所使用的砂浆按干混预拌砂浆编制，若实际使用现拌砂浆或湿拌预拌砂浆时，按以下方法调整：

1. 实际使用现拌砂浆的，除将定额中的干混预拌砂浆调换为现拌砂浆外，另按相应定额中每立方米砂浆增加人工0.382工日、200L灰浆搅拌机0.167台班，同时扣除原定额中干混砂浆罐式搅拌机台班。

2. 实际使用湿拌预拌砂浆的，除将定额中的干混预拌砂浆调换为湿拌预拌砂浆外，另按相应定额中每立方米砂浆扣除人工0.20工日，并扣除干混砂浆罐式搅拌机台班数量。

十四、本定额中混凝土养护已根据不同定额子目综合考虑养护材料。若定额按塑料薄膜考虑，实际使用土工布养护时，土工布消耗量按塑料薄膜定额用量乘以系数0.4，其他不变；若定额按土工布考虑，而实际使用塑料薄膜养护时，塑料薄膜消耗量按土工布定额用量乘以系数2.5，其他不变。

十五、本定额中周转材料的回库维修费及场外运费：

1. 钢模板（含钢支撑）的回库维修费已按其材料单价的8%计入消耗量；

2. 钢模板（含钢支撑）、木模、脚手架的场外运费已按机械台班形式计入定额子目，不另单独计算。

十六、本定额中混凝土及钢筋混凝土预制桩、小型预制构件等制作的工程量计算，应按施工图构件净用量另加1.5%损耗率。

十七、本定额施工用水、电是按现场有水、电考虑的，如现场无水、电时，可根据实际情况进行调整。

十八、本定额的工作内容中已说明了主要的施工工序，次要工序虽未说明，但已考虑在定额内。

十九、施工与生产同时进行、在有害身体健康的环境中施工时的降效增加费，本定额未考虑，发生时另行计算。

二十、本定额与浙江省其他工程预算定额的关系：凡本定额包含的项目，应按本定额项目执行；本定额缺项部分，可按其他工程预算定额有关册、章的相关说明执行。

二十一、本定额中用括号“（ ）”表示的消耗量，均未计入基价。

二十二、本定额中注有“××以内”或“××以下”者均包括××本身，“××以外”或“××以上”者，则不包括××本身。

二十三、本定额由浙江省建设工程造价管理总站负责解释与管理。

目　　录

第七册　燃气与集中供热工程

第五章　燃气集中供热用容器具安装

第六章　管道试压、吹扫

第七章　桥管制作、安装

第八册　路 灯 工 程

第一章　变配电设备工程

第二章　10kV 以下架空线路工程

第三章　电 缆 工 程

第四章　配管、配线工程

第五章　照明器具安装工程

第六章　防雷接地装置工程

第九册　生活垃圾处理工程

第一章　生活垃圾卫生填埋

第二章　生活垃圾焚烧

第七册　燃气与集中供热工程

册 说 明

一、《浙江省市政工程预算定额》(2018 版)第七册《燃气与集中供热工程》(以下简称本册定额),包括管道安装,管件制作、安装,法兰、阀门安装,燃气用设备安装,燃气集中供热用容器具安装,管道试压、吹扫及桥管制作、安装,共 7 章 987 个子目。

二、本册定额适用于市政工程新建和扩建的城镇燃气和集中供热等工程。

三、本册定额的编制依据:

1.《市政工程工程量计算规范》GB 50857—2013;

2.《市政工程消耗量定额》ZYA 1-31-2015;

3.《通用安装工程消耗量定额》TY02-31-2015;

4.《浙江省市政工程预算定额》(2010 版);

5.《浙江省安装工程预算定额》(2010 版);

6.《上海市公用管线工程预算定额》(2016 版);

7. 国家和有关专业部的现行设计、施工验收技术规范、操作规程、质量评定标准、安全操作规程。

四、有关规定:

(一)本册定额未包括的项目:

1. 管道沟槽土、石方工程及搭、拆脚手架,按本定额第一册《通用项目》相应定额执行。

2. 过街管沟的砌筑、顶管、管道基础及井室,按本定额第六册《排水工程》相应定额执行。

3. 带气碰接参照《浙江省通用安装工程预算定额》(2018 版)相应定额以及具体施工方案执行。

4. 本册定额中煤气和集中供热的容器具、设备安装缺项部分,按《浙江省通用安装工程预算定额》(2018 版)相应定额执行。

5. 本册定额不包括管道穿跨越工程。

6. 刷油、防腐、保温和焊缝探伤,按《浙江省通用安装工程预算定额》(2018 版)相应定额执行。

7. 管道支墩、铸铁管安装除机械接口外其他接口形式,按本定额第五册《给水工程》相应定额执行。

8. 管件的氩电联焊,异径管、三通制作,刚性套管和柔性套管制作、安装及管道支架制作、安装按《浙江省通用安装工程预算定额》(2018 版)相应定额执行。

(二)本册定额是按无地下水考虑的。$Dg \leq 1800$mm 是按沟深 3m 以内考虑的,$Dg > 1800$mm 是按沟深 5m 以内考虑的。超过时另行计算。

(三)本册定额中各种燃气管道的输送压力(P)按中压 B 级及低压考虑。如安装中压 A 级煤气管道和高压煤气管道,定额人工乘以系数 1.3,碳钢管道、管件安装均不再做调整。

燃气工程压力 P(MPa)划分范围为:

高压 A 级 $0.8\text{MPa} < P \leq 1.6\text{MPa}$

B 级 $0.4\text{MPa} < P \leq 0.8\text{MPa}$

中压 A 级 $0.2\text{MPa} < P \leq 0.4\text{MPa}$

B 级 $0.005\text{MPa} < P \leq 0.2\text{MPa}$

低压 $P \leq 0.005\text{MPa}$

(四)本册定额中集中供热工程压力 P(MPa)划分范围:

低压 $P \leq 1.6\text{MPa}$

中压 $1.6\text{MPa} < P \leq 2.5\text{MPa}$

热力管道设计参数标准见下表。

热力管道设计参数表

介质名称	温度 T(℃)	压力 P(MPa)
蒸　　汽	$T \leq 350$	$P \leq 1.6$
热　　水	$T \leq 200$	$P \leq 2.5$

五、本说明未尽事宜详见各章节说明。

第一章
管 道 安 装

说　　明

一、本章包括碳钢管安装、直埋式预制保温管安装、碳素钢板卷管安装、活动法兰承插铸铁管安装（机械接口）、塑料管安装、套管内铺设钢板卷管、套管内铺设铸铁管安装（机械接口）、管线警示及标志，共8节160个子目。

二、本章工作内容除各节另有说明外，均包括沿沟排管、50mm以内的清沟底、外观检查及清扫管材。管道安装中不包括整体气密性试验和强度试验。

三、新旧管道带气接头未列项目，各地区可按煤气管理条例和施工组织设计以实际发生的人工、材料、机械台班的耗用量和煤气管理部门收取的费用进行结算。

四、预制直埋保温管未包括塑封的费用。

五、螺纹钢管安装参照碳钢管定额相应子目。

工程量计算规则

一、本章中各种管道的工程量均按“延长米”计算,管件、阀门、法兰所占长度已在管道施工损耗中综合考虑,计算工程量时均不扣除其所占长度。

二、埋地钢管使用套管时(不包括顶进的套管),按套管管径套用同一安装项目。套管封堵的材料费可按实际耗用量进行调整。

三、铸铁管安装按 N1 型和 X 型接口计算,如采用 N 型和 SMJ 型,则人工乘以系数 1.05。

一、碳钢管安装

1. 碳钢管(电弧焊)

工作内容：切管、坡口、对口、调直、焊接、找坡、找正、安装等操作过程。　　**计量单位：**10m

定额编号				7-1	7-2	7-3	7-4	7-5	7-6
项目				公称直径（mm 以内）					
				50	65	80	100	125	150
基价（元）				**78.19**	**101.59**	**119.52**	**135.24**	**161.13**	**190.72**
其中	人工费（元）			69.80	89.37	105.57	117.99	139.19	163.89
	材料费（元）			3.97	5.07	5.62	6.66	8.22	9.74
	机械费（元）			4.42	7.15	8.33	10.59	13.72	17.09
名称		单位	单价(元)	消耗量					
人工	二类人工	工日	135.00	0.517	0.662	0.782	0.874	1.031	1.214
材料	碳钢管	m	—	(10.150)	(10.140)	(10.130)	(10.120)	(10.110)	(10.100)
	电焊条	kg	4.31	0.097	0.173	0.205	0.264	0.423	0.538
	氧气	m^3	3.62	0.170	0.250	0.283	0.340	0.429	0.545
	乙炔气	m^3	8.90	0.059	0.083	0.094	0.113	0.143	0.182
	尼龙砂轮片 ϕ100	片	1.29	0.014	0.021	0.025	0.034	0.043	0.056
	棉纱	kg	10.34	0.011	0.014	0.018	0.021	0.025	0.031
	电	kW·h	0.78	0.069	0.096	0.111	0.136	0.170	0.217
	破布	kg	6.90	0.250	0.280	0.300	0.350	0.380	0.400
	镀锌铁丝 8# ~12#	kg	6.55	0.077	0.077	0.077	0.077	0.077	0.077
机械	交流弧焊机 21kV·A	台班	63.33	0.068	0.110	0.128	0.163	0.211	0.263
	电焊条烘干箱 60×50×75cm^3	台班	16.84	0.007	0.011	0.013	0.016	0.021	0.026

工作内容:切管、坡口、对口、调直、焊接、找坡、找正、安装等操作过程。 **计量单位**:10m

				7-7	7-8	7-9	7-10	7-11	7-12
定额编号				7-7	7-8	7-9	7-10	7-11	7-12
项目				公称直径(mm 以内)					
				200	250	300	400	450	500
基价(元)				**226.26**	**292.82**	**361.76**	**464.02**	**551.37**	**665.51**
其中	人工费(元)			187.65	236.79	262.85	329.81	402.03	482.76
	材料费(元)			14.36	21.76	24.43	36.64	40.76	53.40
	机械费(元)			24.25	34.27	74.48	97.57	108.58	129.35
	名称	单位	单价(元)	消耗量					
人工	二类人工	工日	135.00	1.390	1.754	1.947	2.443	2.978	3.576
材料	碳钢管	m	—	(10.090)	(10.080)	(10.070)	(10.050)	(10.040)	(10.030)
	电焊条	kg	4.31	0.919	1.806	2.155	3.864	4.376	6.321
	氧气	m^3	3.62	0.805	1.202	1.361	1.972	2.149	2.665
	乙炔气	m^3	8.90	0.268	0.442	0.454	0.657	0.716	0.888
	尼龙砂轮片 ϕ100	片	1.29	0.091	0.136	0.163	0.276	0.299	0.353
	棉纱	kg	10.34	0.041	0.050	0.058	0.079	0.088	0.097
	角钢 Q235B 综合	kg	3.97	0.127	0.127	0.167	0.167	0.167	0.167
	电	kW·h	0.78	0.306	0.428	0.519	0.663	0.755	0.861
	破布	kg	6.90	0.480	0.530	0.550	0.600	0.680	0.770
	镀锌铁丝 8# ~ 12#	kg	6.55	0.077	0.077	0.077	0.077	0.077	0.077
机械	交流弧焊机 21kV·A	台班	63.33	0.373	0.527	0.631	0.871	0.984	1.132
	电焊条烘干箱 60×50×75cm³	台班	16.84	0.037	0.053	0.063	0.087	0.098	0.113
	载货汽车 5t	台班	382.30	—	—	0.030	0.040	0.040	0.050
	汽车式起重机 5t	台班	366.47	—	—	0.060	0.070	0.080	0.100

2. 碳钢管(氩电联焊)

工作内容:切管、坡口、对口、调直、焊接、找坡、找正、安装等操作过程。 **计量单位**:10m

定额编号				7-13	7-14	7-15	7-16	7-17	7-18
项目				公称直径(mm 以内)					
				50	65	80	100	125	150
基价(元)				**97.46**	**123.02**	**144.58**	**175.20**	**194.54**	**217.10**
其中	人工费(元)			82.62	103.28	121.77	146.75	159.17	175.64
	材料费(元)			6.41	7.51	8.43	10.14	12.47	14.99
	机械费(元)			8.43	12.23	14.38	18.31	22.90	26.47
名称		单位	单价(元)	消耗量					
人工	二类人工	工日	135.00	0.612	0.765	0.902	1.087	1.179	1.301
材料	碳钢管	m	—	(10.150)	(10.140)	(10.130)	(10.120)	(10.110)	(10.100)
	电焊条	kg	4.31	0.097	0.173	0.205	0.264	0.423	0.538
	氧气	m^3	3.62	0.170	0.250	0.283	0.340	0.429	0.545
	氩气	m^3	7.00	0.110	0.110	0.130	0.160	0.190	0.230
	乙炔气	m^3	8.90	0.059	0.083	0.094	0.113	0.143	0.182
	尼龙砂轮片 ϕ100	片	1.29	0.014	0.021	0.025	0.034	0.043	0.056
	棉纱	kg	10.34	0.011	0.014	0.018	0.021	0.025	0.031
	电	kW·h	0.78	0.069	0.096	0.111	0.136	0.170	0.217
	破布	kg	6.90	0.250	0.280	0.300	0.350	0.380	0.400
	镀锌铁丝 8#~12#	kg	6.55	0.077	0.077	0.077	0.077	0.077	0.077
	钍钨极棒	g	0.86	1.940	1.940	2.200	2.740	3.390	4.230
机械	交流弧焊机 21kV·A	台班	63.33	0.068	0.110	0.128	0.163	0.211	0.263
	氩弧焊机 500A	台班	97.67	0.041	0.052	0.062	0.079	0.094	0.096
	电焊条烘干箱 60×50×75cm³	台班	16.84	0.007	0.011	0.013	0.016	0.021	0.026

工作内容:切管、坡口、对口、调直、焊接、找坡、找正、安装等操作过程。 **计量单位:**10m

定额编号					7-19	7-20	7-21	7-22	7-23	7-24
项目					公称直径(mm 以内)					
					200	250	300	400	450	500
基价(元)					**256.20**	**328.28**	**404.88**	**521.33**	**618.13**	**739.99**
其中	人工费(元)				201.15	253.94	284.04	356.67	433.76	518.67
	材料费(元)				21.23	30.31	34.64	48.53	55.28	69.50
	机械费(元)				33.82	44.03	86.20	116.13	129.09	151.82
名称		单位	单价(元)		消耗量					
人工	二类人工	工日	135.00		1.490	1.881	2.104	2.642	3.213	3.842
材料	碳钢管	m	—		(10.090)	(10.080)	(10.070)	(10.050)	(10.040)	(10.030)
	电焊条	kg	4.31		0.919	1.806	2.155	3.864	4.376	6.321
	角钢 Q235B 综合	kg	3.97		0.127	0.127	0.167	0.167	0.167	0.167
	氧气	m^3	3.62		0.805	1.202	1.361	1.972	2.149	2.665
	氩气	m^3	7.00		0.310	0.390	0.460	0.590	0.660	0.730
	乙炔气	m^3	8.90		0.268	0.442	0.454	0.657	0.716	0.888
	尼龙砂轮片 ϕ100	片	1.29		0.091	0.136	0.163	0.276	0.299	0.353
	棉纱	kg	10.34		0.041	0.050	0.058	0.079	0.088	0.097
	电	kW·h	0.78		0.306	0.428	0.519	0.663	0.755	0.861
	破布	kg	6.90		0.480	0.530	0.550	0.600	0.680	0.770
	镀锌铁丝 8# ~12#	kg	6.55		0.077	0.077	0.077	0.077	0.077	0.077
	钍钨极棒	g	0.86		5.470	6.770	8.120	9.030	11.515	12.770
机械	交流弧焊机 21kV·A	台班	63.33		0.373	0.527	0.631	0.871	0.984	1.132
	氩弧焊机 500A	台班	97.67		0.098	0.100	0.120	0.190	0.210	0.230
	电焊条烘干箱 60×50×75cm³	台班	16.84		0.037	0.053	0.063	0.087	0.098	0.113
	载货汽车 5t	台班	382.30		—	—	0.030	0.040	0.040	0.050
	汽车式起重机 5t	台班	366.47		—	—	0.060	0.070	0.080	0.100

二、直埋式预制保温管安装

1. 直埋式预制保温管(电弧焊)

工作内容:切管、对口、坡口、焊接、找坡、找正、安装等操作过程。　　**计量单位:**100m

	定额编号			7-25	7-26	7-27	7-28	7-29	7-30
	项目			公称直径(mm 以内)					
				50	65	80	100	125	150
	基价(元)			**763.41**	**1038.45**	**1214.93**	**1299.27**	**1626.29**	**1842.39**
其中	人工费(元)			706.46	919.62	1071.50	1120.23	1400.76	1574.91
	材料费(元)			34.72	41.71	45.48	51.99	62.18	79.14
	机械费(元)			22.23	77.12	97.95	127.05	163.35	188.34
	名称	单位	单价(元)	消耗量					
人工	二类人工	工日	135.00	5.233	6.812	7.937	8.298	10.376	11.666
材料	聚氨酯硬质泡沫预制管	m	—	(101.500)	(101.400)	(101.300)	(101.200)	(101.100)	(101.000)
	电焊条	kg	4.31	0.491	0.866	1.024	1.250	2.112	3.320
	乙炔气	m^3	8.90	0.267	0.381	0.431	0.494	0.647	0.963
	氧气	m^3	3.62	0.800	1.142	1.288	1.480	1.946	2.889
	尼龙砂轮片 ϕ100	片	1.29	0.212	0.339	0.403	0.492	0.718	1.191
	电	kW·h	0.78	3.530	4.318	4.700	5.134	5.956	6.925
	棉纱	kg	10.34	0.082	0.102	0.130	0.146	0.180	0.226
	镀锌铁丝 8#	kg	6.55	0.810	0.810	0.810	0.810	0.810	0.810
	破布	kg	6.90	2.630	2.940	3.150	3.680	3.990	4.525
机械	交流弧焊机 21kV·A	台班	63.33	0.342	0.549	0.640	0.768	1.054	1.346
	电焊条烘干箱 60×50×75cm^3	台班	16.84	0.034	0.055	0.064	0.077	0.105	0.135
	载货汽车 5t	台班	382.30	—	0.024	0.040	0.056	0.064	0.072
	汽车式起重机 5t	台班	366.47	—	0.088	0.112	0.152	0.192	0.200

工作内容:切管、对口、坡口、焊接、找坡、找正、安装等操作过程。

计量单位:100m

定额编号				7-31	7-32	7-33	7-34
项目				公称直径(mm以内)			
				200	250	300	350
基价(元)				**2169.12**	**3639.20**	**4254.14**	**5377.92**
其中	人工费(元)			1803.60	3139.56	3588.03	4531.14
	材料费(元)			98.75	143.28	162.39	193.28
	机械费(元)			266.77	356.36	503.72	653.50
名称		单位	单价(元)	消耗量			
人工	二类人工	工日	135.00	13.360	23.256	26.578	33.564
材料	聚氨酯硬质泡沫预制管	m	—	(100.900)	(100.800)	(100.700)	(100.600)
	电焊条	kg	4.31	4.592	9.029	10.772	14.673
	角钢 Q235B 综合	kg	3.97	0.833	0.833	0.833	0.833
	氧气	m^3	3.62	4.488	6.326	7.408	8.453
	乙炔气	m^3	8.90	1.498	2.109	2.350	2.818
	尼龙砂轮片 ϕ100	片	1.29	1.667	2.839	3.393	4.546
	电	kW·h	0.78	0.208	10.367	10.976	13.332
	棉纱	kg	10.34	0.337	0.412	0.505	0.570
	镀锌铁丝 8#	kg	6.55	0.840	0.840	1.050	1.050
	破布	kg	6.90	5.040	5.490	5.780	6.090
机械	交流弧焊机 21kV·A	台班	63.33	1.827	2.568	3.070	3.680
	电焊条烘干箱 60×50×75cm^3	台班	16.84	0.183	0.257	0.307	0.368
	载货汽车 5t	台班	382.30	0.088	0.112	0.136	0.240
	汽车式起重机 5t	台班	366.47	0.312	0.400	0.688	0.880

工作内容：切管、对口、坡口、焊接、找坡、找正、安装等操作过程。　　计量单位：100m

定额编号				7-35	7-36	7-37	7-38
项目				公称直径（mm 以内）			
				400	500	600	700
基价（元）				6154.22	8198.67	10563.56	12928.44
其中	人工费（元）			5114.34	6868.13	8945.24	11022.35
	材料费（元）			226.89	266.85	312.44	358.03
	机械费（元）			812.99	1063.69	1305.88	1548.06
名称		单位	单价(元)	消耗量			
人工	二类人工	工日	135.00	37.884	50.875	66.261	81.647
材料	聚氨酯硬质泡沫预制管	m	—	(100.500)	(100.400)	(100.300)	(100.200)
	电焊条	kg	4.31	19.253	24.179	28.895	33.611
	角钢 Q235B 综合	kg	3.97	0.833	0.833	0.842	0.851
	氧气	m^3	3.62	9.854	11.437	13.825	16.213
	乙炔气	m^3	8.90	3.285	3.811	4.609	5.407
	尼龙砂轮片 ϕ100	片	1.29	5.725	7.274	8.764	10.254
	电	kW·h	0.78	14.473	16.893	18.993	21.093
	棉纱	kg	10.34	0.645	0.785	0.953	1.121
	镀锌铁丝 8#	kg	6.55	1.050	1.260	1.260	1.260
	破布	kg	6.90	6.300	6.533	7.140	7.747
机械	交流弧焊机 21kV·A	台班	63.33	4.310	5.402	6.402	7.402
	电焊条烘干箱 60×50×75cm^3	台班	16.84	0.431	0.540	0.640	0.740
	载货汽车 5t	台班	382.30	0.320	0.560	0.640	0.720
	汽车式起重机 5t	台班	366.47	1.120	1.360	1.760	2.160

2. 直埋式预制保温管(氩电联焊)

工作内容:切管、对口、坡口、焊接、找坡、找正、安装等操作过程。　　**计量单位:**100m

定额编号				7-39	7-40	7-41	7-42
项目				公称直径(mm以内)			
				50	65	80	100
基价(元)				**856.83**	**1151.58**	**1348.81**	**1456.78**
其中	人工费(元)			753.57	980.91	1142.91	1194.89
	材料费(元)			45.29	49.73	55.51	67.44
	机械费(元)			57.97	120.94	150.39	194.45
名称		单位	单价(元)	消耗量			
人工	二类人工	工日	135.00	5.582	7.266	8.466	8.851
材料	聚氨酯硬质泡沫预制管	m	—	(101.500)	(101.400)	(101.300)	(101.200)
	电焊条	kg	4.31	0.393	0.693	0.819	1.000
	碳钢焊丝	kg	12.93	0.400	0.400	0.400	0.600
	氩气	m^3	7.00	1.100	1.100	1.300	1.600
	氧气	m^3	3.62	0.800	1.142	1.288	1.480
	乙炔气	m^3	8.90	0.267	0.381	0.431	0.494
	尼龙砂轮片 ϕ100	片	1.29	0.212	0.339	0.403	0.492
	电	kW·h	0.78	3.001	3.670	3.995	4.364
	钍钨极棒	g	0.86	19.400	19.400	22.000	27.400
	棉纱	kg	10.34	0.082	0.102	0.130	0.146
	镀锌铁丝 8#	kg	6.55	0.810	0.810	0.810	0.810
机械	交流弧焊机 21kV·A	台班	63.33	0.274	0.439	0.512	0.614
	氩弧焊机 500A	台班	97.67	0.410	0.520	0.620	0.790
	电焊条烘干箱 60×50×75cm^3	台班	16.84	0.034	0.055	0.064	0.077
	载货汽车 5t	台班	382.30	—	0.024	0.040	0.056
	汽车式起重机 5t	台班	366.47	—	0.088	0.112	0.152

工作内容：切管、对口、坡口、焊接、找坡、找正、安装等操作过程。　　**计量单位：**100m

定额编号					7-43	7-44	7-45
项目					公称直径（mm 以内）		
					125	150	200
基价（元）					**1819.60**	**2052.07**	**2427.27**
其中	人工费（元）				1494.18	1679.94	1923.75
	材料费（元）				83.63	107.07	164.15
	机械费（元）				241.79	265.06	339.37
名称		单位	单价(元)		消耗量		
人工	二类人工	工日	135.00		11.068	12.444	14.250
材料	聚氨酯硬质泡沫预制管	m	—		(101.100)	(101.100)	(100.900)
	电焊条	kg	4.31		1.690	2.656	3.674
	碳钢焊丝	kg	12.93		0.700	0.800	1.100
	氩气	m^3	7.00		1.900	2.300	3.100
	氧气	m^3	3.62		1.946	2.889	1.498
	乙炔气	m^3	8.90		0.647	0.963	4.488
	尼龙砂轮片 ϕ100	片	1.29		0.718	1.191	1.667
	电	kW·h	0.78		5.063	5.886	7.108
	钍钨极棒	g	0.86		33.900	42.300	54.700
	棉纱	kg	10.34		0.180	0.226	0.337
	镀锌铁丝 8#	kg	6.55		0.810	0.810	0.840
	角钢 Q235B 综合	kg	3.97		—	—	0.833
机械	交流弧焊机 21kV·A	台班	63.33		0.843	1.077	1.462
	氩弧焊机 500A	台班	97.67		0.940	0.960	0.980
	电焊条烘干箱 60×50×75cm³	台班	16.84		0.105	0.135	0.183
	载货汽车 5t	台班	382.30		0.064	0.072	0.088
	汽车式起重机 5t	台班	366.47		0.192	0.200	0.312

工作内容:切管、对口、坡口、焊接、找坡、找正、安装等操作过程。 **计量单位**:100m

定额编号				7-46	7-47	7-48	7-49
项目				公称直径(mm 以内)			
				250	300	350	400
基价(元)				**3164.03**	**3725.24**	**4737.25**	**5435.86**
其中	人工费(元)			2511.68	2870.37	3624.89	4091.45
	材料费(元)			222.70	263.08	304.48	357.63
	机械费(元)			429.65	591.79	807.88	986.78
名称		单位	单价(元)	消耗量			
人工	二类人工	工日	135.00	18.605	21.262	26.851	30.307
材料	聚氨酯硬质泡沫预制管	m	—	(100.800)	(100.700)	(100.600)	(100.500)
	电焊条	kg	4.31	7.223	8.618	11.738	15.402
	碳钢焊丝	kg	12.93	1.400	1.700	1.800	2.100
	角钢 Q235B 综合	kg	3.97	0.833	0.833	0.833	0.833
	氩气	m^3	7.00	3.900	4.600	5.100	5.900
	氧气	m^3	3.62	2.109	2.350	2.818	3.285
	乙炔气	m^3	8.90	6.326	7.408	8.453	9.854
	尼龙砂轮片 ϕ100	片	1.29	2.839	3.393	4.546	5.725
	电	kW·h	0.78	9.330	9.878	12.665	13.749
	棉纱	kg	10.34	0.412	0.505	0.570	0.645
	镀锌铁丝 8#	kg	6.55	0.840	1.050	1.050	1.050
	钍钨极棒	g	0.86	67.700	81.200	90.300	102.600
机械	交流弧焊机 21kV·A	台班	63.33	2.183	2.610	3.496	4.095
	氩弧焊机 500A	台班	97.67	1.000	1.200	1.700	1.900
	电焊条烘干箱 60×50×75cm^3	台班	16.84	0.257	0.307	0.368	0.431
	载货汽车 5t	台班	382.30	0.112	0.136	0.240	0.320
	汽车式起重机 5t	台班	366.47	0.400	0.688	0.880	1.125

工作内容:切管、对口、坡口、焊接、找坡、找正、安装等操作过程。　　**计量单位:**100m

定额编号				7-50	7-51	7-52
项目				公称直径(mm 以内)		
				500	600	700
基价(元)				**7200.80**	**9200.89**	**9437.27**
其中	人工费(元)			5494.50	7156.22	7054.29
	材料费(元)			435.07	505.12	575.11
	机械费(元)			1271.23	1539.55	1807.87
	名称	单位	单价(元)	消耗量		
人工	二类人工	工日	135.00	40.700	53.009	52.254
材料	聚氨酯硬质泡沫预制管	m	—	(100.400)	(100.300)	(100.200)
	电焊条	kg	4.31	19.343	23.116	26.889
	碳钢焊丝	kg	12.93	2.600	3.000	3.400
	角钢 Q235B 综合	kg	3.97	0.833	0.842	0.851
	氩气	m^3	7.00	7.300	7.900	8.500
	氧气	m^3	3.62	3.811	4.609	5.407
	乙炔气	m^3	8.90	11.437	13.825	16.213
	尼龙砂轮片 ϕ100	片	1.29	7.274	8.764	10.254
	电	kW·h	0.78	16.048	18.043	20.038
	棉纱	kg	10.34	0.785	0.953	1.121
	镀锌铁丝 8#	kg	6.55	1.260	1.260	1.260
	钍钨极棒	g	0.86	127.700	145.100	162.500
	六角带帽螺栓	套	0.28	—	0.200	0.200
机械	交流弧焊机 21kV·A	台班	63.33	5.132	6.082	7.032
	氩弧焊机 500A	台班	97.67	2.300	2.600	2.900
	电焊条烘干箱 60×50×75cm^3	台班	16.84	0.540	0.640	0.740
	载货汽车 5t	台班	382.30	0.560	0.640	0.720
	汽车式起重机 5t	台班	366.47	1.360	1.760	2.160

三、碳素钢板卷管安装

工作内容:切管、坡口、对口、调直、焊接、找坡、找正、直管安装等操作过程。 **计量单位:**10m

定额编号					7-53	7-54	7-55	7-56	7-57	7-58
项目					管外径×壁厚(mm×mm 以内)					
					219×5	219×6	219×7	273×6	273×7	273×8
基价(元)					**182.16**	**186.37**	**193.42**	**213.66**	**222.86**	**228.85**
其中	人工费(元)				159.30	161.73	165.38	183.74	188.73	191.84
	材料费(元)				9.73	11.24	13.15	13.27	15.59	17.57
	机械费(元)				13.13	13.40	14.89	16.65	18.54	19.44
名称		单位	单价(元)		消耗量					
人工	二类人工	工日	135.00		1.180	1.198	1.225	1.361	1.398	1.421
材料	钢板卷管	m	—		(10.140)	(10.140)	(10.140)	(10.135)	(10.135)	(10.135)
	氧气	m^3	3.62		0.823	0.943	1.055	1.075	1.206	1.329
	乙炔气	m^3	8.90		0.274	0.314	0.351	0.359	0.402	0.443
	电焊条	kg	4.31		0.696	0.861	1.129	1.092	1.427	1.693
	尼龙砂轮片 ϕ100	片	1.29		0.076	0.080	0.085	0.100	0.107	0.115
	棉纱	kg	10.34		0.044	0.044	0.044	0.054	0.054	0.054
	角钢 Q235B 综合	kg	3.97		0.156	0.156	0.156	0.156	0.156	0.156
	电	kW·h	0.78		0.180	0.182	0.195	0.222	0.236	0.247
机械	交流弧焊机 21kV·A	台班	63.33		0.202	0.206	0.229	0.256	0.285	0.299
	电焊条烘干箱 60×50×75cm³	台班	16.84		0.020	0.021	0.023	0.026	0.029	0.030

工作内容:切管、坡口、对口、调直、焊接、找坡、找正、直管安装等操作过程。 **计量单位:**10m

定额编号					7-59	7-60	7-61	7-62	7-63	7-64
项目					管外径×壁厚(mm×mm 以内)					
					325×6	325×7	325×8	377×8	377×9	377×10
基价(元)					**253.42**	**264.00**	**296.76**	**351.98**	**360.05**	**374.79**
其中	人工费(元)				218.43	224.10	227.61	269.06	273.24	276.48
	材料费(元)				15.09	17.80	20.12	22.63	25.22	28.20
	机械费(元)				19.90	22.10	49.03	60.29	61.59	70.11
名称		单位	单价(元)		消耗量					
人工	二类人工	工日	135.00		1.618	1.660	1.686	1.993	2.024	2.048
材料	钢板卷管	m	—		(10.130)	(10.130)	(10.130)	(10.125)	(10.125)	(10.125)
	氧气	m^3	3.62		1.186	1.332	1.472	1.615	1.762	1.902
	乙炔气	m^3	8.90		0.396	0.444	0.491	0.538	0.587	0.634
	电焊条	kg	4.31		1.302	1.702	2.020	2.346	2.715	3.190
	尼龙砂轮片 ϕ100	片	1.29		0.119	0.127	0.137	0.169	0.184	0.193
	棉纱	kg	10.34		0.066	0.066	0.066	0.075	0.075	0.075
	角钢 Q235B 综合	kg	3.97		0.156	0.156	0.156	0.156	0.156	0.156
	电	kW·h	0.78		0.269	0.289	0.299	0.347	0.360	0.363
机械	交流弧焊机 21kV·A	台班	63.33		0.306	0.340	0.357	0.415	0.435	0.451
	电焊条烘干箱 60×50×75cm³	台班	16.84		0.031	0.034	0.036	0.042	0.044	0.045
	载货汽车 5t	台班	382.30		—	—	0.010	0.020	0.020	0.030
	汽车式起重机 5t	台班	366.47		—	—	0.060	0.070	0.070	0.080

工作内容：切管、坡口、对口、调直、焊接、找坡、找正、直管安装等操作过程。　　**计量单位**：10m

定额编号				7-65	7-66	7-67	7-68	7-69	7-70
项目				管外径×壁厚（mm×mm 以内）	管外径×壁厚（mm×mm 以内）	管外径×壁厚（mm×mm 以内）	管外径×壁厚（mm×mm 以内）	管外径×壁厚（mm×mm 以内）	管外径×壁厚（mm×mm 以内）
				426×8	426×9	426×10	478×8	478×9	478×10
基价（元）				**401.74**	**418.32**	**437.32**	**497.12**	**518.60**	**527.35**
其中	人工费（元）			312.93	317.39	321.03	383.40	388.53	392.45
	材料费（元）			25.02	28.10	31.29	27.55	30.98	34.51
	机械费（元）			63.79	72.83	85.00	86.17	99.09	100.39
名称		单位	单价(元)	消耗量					
人工	二类人工	工日	135.00	2.318	2.351	2.378	2.840	2.878	2.907
材料	钢板卷管	m	—	(10.120)	(10.120)	(10.120)	(10.115)	(10.115)	(10.115)
	氧气	m^3	3.62	1.753	1.914	2.070	1.894	2.069	2.238
	乙炔气	m^3	8.90	0.584	0.639	0.690	0.631	0.691	0.746
	电焊条	kg	4.31	2.654	3.112	3.610	2.981	3.496	4.055
	尼龙砂轮片 ϕ100	片	1.29	0.191	0.209	0.218	0.226	0.246	0.257
	棉纱	kg	10.34	0.084	0.084	0.084	0.094	0.094	0.094
	角钢 Q235B 综合	kg	3.97	0.156	0.156	0.156	0.156	0.156	0.156
	电	kW·h	0.78	0.393	0.407	0.417	0.450	0.465	0.477
机械	交流弧焊机 21kV·A	台班	63.33	0.469	0.493	0.511	0.529	0.556	0.576
	电焊条烘干箱 60×50×75cm^3	台班	16.84	0.047	0.049	0.051	0.053	0.056	0.058
	载货汽车 5t	台班	382.30	0.020	0.030	0.030	0.030	0.040	0.040
	汽车式起重机 5t	台班	366.47	0.070	0.080	0.110	0.110	0.130	0.130

工作内容：切管、坡口、对口、调直、焊接、找坡、找正、直管安装等操作过程。　　**计量单位**：10m

定额编号				7-71	7-72	7-73	7-74	7-75	7-76
项目				管外径×壁厚（mm×mm 以内）	管外径×壁厚（mm×mm 以内）	管外径×壁厚（mm×mm 以内）	管外径×壁厚（mm×mm 以内）	管外径×壁厚（mm×mm 以内）	管外径×壁厚（mm×mm 以内）
				529×8	529×9	529×10	630×8	630×9	630×10
基价（元）				**568.19**	**590.48**	**647.91**	**702.90**	**720.52**	**765.91**
其中	人工费（元）			447.93	453.47	498.02	542.84	547.16	550.67
	材料费（元）			30.18	33.89	37.80	39.75	44.20	74.03
	机械费（元）			90.08	103.12	112.09	120.31	129.16	141.21
名称		单位	单价(元)	消耗量					
人工	二类人工	工日	135.00	3.318	3.359	3.689	4.021	4.053	4.079
材料	钢板卷管	m	—	(10.110)	(10.110)	(10.110)	(10.105)	(10.105)	(10.105)
	氧气	m^3	3.62	2.031	2.212	2.400	2.465	2.687	2.901
	乙炔气	m^3	8.90	0.678	0.740	0.800	0.822	0.896	0.967
	电焊条	kg	4.31	3.334	3.905	4.525	4.765	5.448	6.186
	尼龙砂轮片 ϕ100	片	1.29	0.263	0.285	0.297	0.329	0.356	0.370
	棉纱	kg	10.34	0.103	0.103	0.103	0.125	0.125	0.125
	角钢 Q235B 综合	kg	3.97	0.156	0.156	0.156	0.156	0.156	0.156
	电	kW·h	0.78	0.515	0.532	0.546	0.660	0.674	0.683
	六角带帽螺栓	10套	3.28	—	—	—	0.038	0.038	7.726
机械	交流弧焊机 21kV·A	台班	63.33	0.589	0.618	0.641	0.826	0.847	0.861
	电焊条烘干箱 60×50×75cm^3	台班	16.84	0.059	0.062	0.064	0.083	0.085	0.086
	载货汽车 5t	台班	382.30	0.030	0.040	0.050	0.040	0.050	0.060
	汽车式起重机 5t	台班	366.47	0.110	0.130	0.140	0.140	0.150	0.170

工作内容:切管、坡口、对口、调直、焊接、找坡、找正、直管安装等操作过程。 **计量单位:**10m

定额编号				7-77	7-78	7-79	7-80	7-81	7-82
项目				管外径×壁厚(mm×mm 以内)					
				720×8	720×9	720×10	820×9	820×10	820×12
基价(元)				**821.59**	**844.53**	**915.67**	**1009.62**	**1037.96**	**1085.62**
其中	人工费(元)			637.20	642.33	646.25	730.62	734.94	746.15
	材料费(元)			44.97	50.01	55.27	57.05	63.04	75.82
	机械费(元)			139.42	152.19	214.15	221.95	239.98	263.65
名称		单位	单价(元)	消耗量					
人工	二类人工	工日	135.00	4.720	4.758	4.787	5.412	5.444	5.527
材料	钢板卷管	m	—	(10.100)	(10.100)	(10.100)	(10.095)	(10.095)	(10.095)
	氧气	m^3	3.62	2.750	3.000	3.240	3.387	3.660	4.179
	乙炔气	m^3	8.90	0.917	1.000	1.080	1.129	1.220	1.393
	电焊条	kg	4.31	5.456	6.234	7.080	7.173	8.138	10.301
	尼龙砂轮片 ϕ100	片	1.29	0.376	0.407	0.424	0.503	0.522	0.527
	棉纱	kg	10.34	0.140	0.140	0.140	0.162	0.162	0.162
	六角带帽螺栓	10套	3.28	0.038	0.038	0.038	0.038	0.038	0.038
	角钢 Q235B 综合	kg	3.97	0.172	0.172	0.172	0.172	0.172	0.172
	电	kW·h	0.78	0.763	0.777	0.787	0.887	0.898	0.937
机械	交流弧焊机 21kV·A	台班	63.33	0.946	0.971	0.987	1.107	1.126	1.191
	电焊条烘干箱 60×50×75cm^3	台班	16.84	0.095	0.097	0.099	0.111	0.113	0.119
	载货汽车 5t	台班	382.30	0.060	0.070	0.070	0.070	0.080	0.080
	汽车式起重机 5t	台班	366.47	0.150	0.170	—	—	—	—
	汽车式起重机 8t	台班	648.48	—	—	0.190	0.190	0.210	0.240

工作内容：切管、坡口、对口、调直、焊接、找坡、找正、直管安装等操作过程。　　计量单位：10m

定额编号				7-83	7-84	7-85	7-86	7-87	7-88
项目				管外径×壁厚（mm×mm 以内）					
				920×9	920×10	920×12	1020×10	1020×12	1020×14
基价（元）				**1130.77**	**1162.67**	**1205.30**	**1264.05**	**1349.68**	**1429.58**
其中	人工费（元）			819.59	824.45	837.00	908.42	922.46	953.51
	材料费（元）			63.67	69.83	84.78	78.26	94.22	111.70
	机械费（元）			247.51	268.39	283.52	277.37	333.00	364.37
名称		单位	单价(元)	消耗量					
人工	二类人工	工日	135.00	6.071	6.107	6.200	6.729	6.833	7.063
材料	钢板卷管	m	—	(10.090)	(10.090)	(10.090)	(10.085)	(10.085)	(10.085)
	氧气	m^3	3.62	3.769	3.922	4.658	4.482	5.125	5.735
	乙炔气	m^3	8.90	1.256	1.358	1.552	1.506	1.721	1.924
	电焊条	kg	4.31	8.056	9.139	11.570	10.140	12.839	15.923
	尼龙砂轮片 ϕ100	片	1.29	0.565	0.587	0.623	0.651	0.692	0.735
	棉纱	kg	10.34	0.181	0.181	0.181	0.233	0.233	0.233
	六角带帽螺栓	10套	3.28	0.038	0.038	0.038	0.038	0.038	0.038
	角钢 Q235B 综合	kg	3.97	0.172	0.172	0.172	0.172	0.172	0.172
	电	kW·h	0.78	0.915	0.928	0.971	1.116	1.165	1.314
机械	交流弧焊机 21kV·A	台班	63.33	1.242	1.264	1.338	1.402	1.484	1.736
	电焊条烘干箱 60×50×75cm³	台班	16.84	0.124	0.126	0.134	0.140	0.148	0.174
	载货汽车 5t	台班	382.30	0.080	0.080	0.090	0.080	0.090	0.090
	汽车式起重机 8t	台班	648.48	0.210	0.240	0.250	0.240	—	—
	汽车式起重机 12t	台班	748.60	—	—	—	—	0.270	0.290

工作内容:切管、坡口、对口、调直、焊接、找坡、找正、直管安装等操作过程。 **计量单位:**10m

定额编号				7-89	7-90	7-91	7-92	7-93	7-94
项目				管外径×壁厚(mm×mm 以内)					
				1220×10	1220×12	1220×14	1420×10	1420×12	1420×14
基价(元)				**1720.10**	**1805.21**	**1985.54**	**2108.97**	**2203.70**	**2382.39**
其中	人工费(元)			1228.37	1249.83	1300.32	1507.41	1524.15	1583.28
	材料费(元)			123.89	149.21	177.23	143.05	172.53	205.02
	机械费(元)			367.84	406.17	507.99	458.51	507.02	594.09
名称		单位	单价(元)	消耗量					
人工	二类人工	工日	135.00	9.099	9.258	9.632	11.166	11.290	11.728
材料	钢板卷管	m	—	(10.080)	(10.080)	(10.080)	(10.075)	(10.075)	(10.075)
	氧气	m^3	3.62	7.086	8.117	9.075	8.105	9.291	10.391
	乙炔气	m^3	8.90	2.362	2.706	3.024	2.702	3.097	3.464
	电焊条	kg	4.31	16.187	20.469	25.427	18.856	23.846	29.628
	尼龙砂轮片 ϕ100	片	1.29	1.041	1.045	1.175	1.179	1.254	1.336
	棉纱	kg	10.34	0.320	0.320	0.320	0.371	0.371	0.371
	六角带帽螺栓	10 套	3.28	0.050	0.050	0.050	0.050	0.050	0.050
	角钢 Q235B 综合	kg	3.97	0.306	0.306	0.306	0.306	0.306	0.306
	电	kW·h	0.78	1.826	1.901	2.141	2.120	2.207	2.488
机械	交流弧焊机 21kV·A	台班	63.33	2.250	2.379	2.784	2.620	2.769	3.242
	电焊条烘干箱 60×50×75cm^3	台班	16.84	0.225	0.238	0.278	0.262	0.277	0.324
	载货汽车 5t	台班	382.30	0.090	0.090	0.100	0.090	0.100	0.110
	汽车式起重机 12t	台班	748.60	0.250	0.290	—	—	—	—
	汽车式起重机 16t	台班	875.04	—	—	0.330	0.290	0.330	0.390

工作内容:切管、坡口、对口、调直、焊接、找坡、找正、直管安装等操作过程。　　**计量单位:**10m

定额编号				7-95	7-96	7-97	7-98	7-99	7-100
项目				管外径×壁厚(mm×mm 以内)					
				1620×10	1620×12	1620×14	1820×12	1820×14	1820×16
基价(元)				**2292.68**	**2419.32**	**2612.52**	**2751.15**	**3030.69**	**3159.39**
其中	人工费(元)			1603.40	1628.64	1688.85	1850.31	1915.65	1929.15
	材料费(元)			165.00	198.67	235.77	222.48	264.21	318.73
	机械费(元)			524.28	592.01	687.90	678.36	850.83	911.51
名称		单位	单价(元)	消耗量					
人工	二类人工	工日	135.00	11.877	12.064	12.510	13.706	14.190	14.290
材料	钢板卷管	m	—	(10.070)	(10.070)	(10.070)	(10.065)	(10.065)	(10.065)
	氧气	m^3	3.62	9.471	10.824	12.079	12.078	13.488	14.844
	乙炔气	m^3	8.90	3.157	3.608	4.027	4.026	4.497	4.948
	电焊条	kg	4.31	21.524	27.224	33.827	30.600	38.027	48.561
	尼龙砂轮片 ϕ100	片	1.29	1.385	1.471	1.565	1.654	1.761	1.891
	棉纱	kg	10.34	0.424	0.424	0.424	0.474	0.474	0.474
	六角带帽螺栓	10套	3.28	0.098	0.098	0.098	0.098	0.098	0.098
	角钢 Q235B 综合	kg	3.97	0.371	0.371	0.371	0.371	0.371	0.371
	电	kW·h	0.78	2.419	2.519	2.841	2.836	3.197	3.234
机械	交流弧焊机 21kV·A	台班	63.33	2.990	3.161	3.702	3.555	4.162	4.225
	电焊条烘干箱 60×50×75cm^3	台班	16.84	0.299	0.316	0.370	0.356	0.416	0.423
	载货汽车 8t	台班	411.20	0.100	0.110	0.130	0.130	0.150	0.150
	汽车式起重机 16t	台班	875.04	0.330	0.390	0.450	0.450	—	—
	汽车式起重机 20t	台班	942.85	—	—	—	—	0.550	0.610

工作内容:切管、坡口、对口、调直、焊接、找坡、找正、直管安装等操作过程。　　**计量单位:**10m

定额编号				7-101	7-102	7-103	7-104	7-105	7-106
项目				管外径×壁厚(mm×mm 以内)					
				2020×12	2020×14	2020×16	2220×12	2220×14	2220×16
基价(元)				**3421.47**	**3701.69**	**3951.54**	**4170.47**	**4537.98**	**4696.72**
其中	人工费(元)			2389.50	2471.31	2487.92	2736.05	2841.35	2862.81
	材料费(元)			246.36	293.01	353.25	360.09	427.79	516.62
	机械费(元)			785.61	937.37	1110.37	1074.33	1268.84	1317.29
名称		单位	单价(元)	消耗量					
人工	二类人工	工日	135.00	17.700	18.306	18.429	20.267	21.047	21.206
材料	钢板卷管	m	—	(10.060)	(10.060)	(10.060)	(10.055)	(10.055)	(10.055)
	氧气	m^3	3.62	13.333	14.987	16.404	19.452	21.773	23.983
	乙炔气	m^3	8.90	4.444	4.966	5.468	6.484	7.257	7.994
	电焊条	kg	4.31	33.980	42.228	53.928	49.890	61.895	79.049
	尼龙砂轮片 ϕ100	片	1.29	1.837	1.956	2.101	2.698	2.868	3.093
	棉纱	kg	10.34	0.529	0.529	0.529	0.680	0.680	0.680
	六角带帽螺栓	10套	3.28	0.098	0.098	0.098	0.131	0.131	0.131
	角钢 Q235B 综合	kg	3.97	0.371	0.371	0.371	0.603	0.603	0.603
	电	kW·h	0.78	3.150	3.550	3.592	4.625	5.205	5.265
机械	交流弧焊机 21kV·A	台班	63.33	3.947	4.623	4.692	5.796	6.776	6.878
	电焊条烘干箱 60×50×75cm^3	台班	16.84	0.395	0.462	0.469	0.580	0.678	0.688
	载货汽车 8t	台班	411.20	0.140	0.150	0.170	0.160	0.180	0.190
	汽车式起重机 20t	台班	942.85	0.500	0.610	0.780	0.670	0.800	0.840

工作内容:切管、坡口、对口、调直、焊接、找坡、找正、直管安装等操作过程。 **计量单位**:10m

定额编号				7-107	7-108	7-109	7-110	7-111	7-112
项目				管外径×壁厚(mm×mm 以内)					
				2420×12	2420×14	2420×16	2620×12	2620×14	2620×16
基价(元)				**4705.78**	**5027.71**	**5215.83**	**5472.65**	**5824.30**	**6050.76**
其中	人工费(元)			3097.44	3211.25	3234.60	3695.90	3823.20	3849.12
	材料费(元)			392.12	465.95	562.82	423.82	503.85	608.76
	机械费(元)			1216.22	1350.51	1418.41	1352.93	1497.25	1592.88
名称		单位	单价(元)	消耗量					
人工	二类人工	工日	135.00	22.944	23.787	23.960	27.377	28.320	28.512
材料	钢板卷管	m	—	(10.050)	(10.050)	(10.050)	(10.045)	(10.045)	(10.045)
	氧气	m^3	3.62	21.175	23.706	26.116	22.849	25.586	28.196
	乙炔气	m^3	8.90	7.058	7.901	8.705	7.616	8.529	9.399
	电焊条	kg	4.31	54.400	67.495	86.204	58.894	73.094	93.358
	尼龙砂轮片 ϕ100	片	1.29	2.943	3.127	3.361	3.186	3.388	3.641
	棉纱	kg	10.34	0.738	0.738	0.738	0.801	0.801	0.801
	六角带帽螺栓	10套	3.28	0.131	0.131	0.131	0.131	0.131	0.131
	角钢 Q235B 综合	kg	3.97	0.603	0.603	0.603	0.603	0.603	0.603
	电	kW·h	0.78	5.044	5.677	5.742	5.475	6.162	6.233
机械	交流弧焊机 21kV·A	台班	63.33	6.320	7.389	7.500	6.846	8.006	8.127
	电焊条烘干箱 60×50×75cm^3	台班	16.84	0.632	0.739	0.750	0.685	0.801	0.813
	载货汽车 8t	台班	411.20	0.170	0.190	0.200	0.190	0.220	0.250
	汽车式起重机 20t	台班	942.85	0.780	0.840	0.900	0.880	0.940	1.020

工作内容:切管、坡口、对口、调直、焊接、找坡、找正、直管安装等操作过程。 **计量单位**:10m

定额编号				7-113	7-114	7-115	7-116	7-117	7-118
项目				管外径×壁厚(mm×mm 以内)					
				2820×12	2820×14	2820×16	3020×12	3020×14	3020×16
基价(元)				**6135.43**	**6489.18**	**6742.85**	**6889.98**	**7292.99**	**7443.86**
其中	人工费(元)			4199.72	4336.07	4360.10	4672.62	4817.75	4846.77
	材料费(元)			455.61	541.75	634.87	554.94	623.32	700.08
	机械费(元)			1480.10	1611.36	1747.88	1662.42	1851.92	1897.01
名称		单位	单价(元)	消耗量					
人工	二类人工	工日	135.00	31.109	32.119	32.297	34.612	35.687	35.902
材料	钢板卷管	m	—	(10.040)	(10.040)	(10.040)	(10.035)	(10.035)	(10.035)
	氧气	m^3	3.62	24.520	27.467	30.276	26.193	29.349	32.358
	乙炔气	m^3	8.90	8.174	9.157	10.093	8.398	9.782	10.771
	电焊条	kg	4.31	63.413	78.694	95.918	84.294	94.436	107.577
	尼龙砂轮片 ϕ100	片	1.29	3.431	3.649	3.921	3.675	3.909	4.195
	棉纱	kg	10.34	0.860	0.860	0.860	0.923	0.923	0.923
	六角带帽螺栓	10套	3.28	0.131	0.131	0.131	0.131	0.131	0.131
	角钢 Q235B 综合	kg	3.97	0.603	0.603	0.603	0.603	0.603	0.603
	电	kW·h	0.78	5.959	6.697	6.751	6.368	7.160	7.238
机械	交流弧焊机 21kV·A	台班	63.33	7.389	8.638	8.726	7.910	9.248	9.380
	电焊条烘干箱 60×50×75cm^3	台班	16.84	0.739	0.864	0.873	0.791	0.925	0.938
	载货汽车 8t	台班	411.20	0.230	0.260	0.280	0.270	0.290	0.310
	汽车式起重机 20t	台班	942.85	0.960	1.000	1.130	1.100	1.200	1.230

四、活动法兰承插铸铁管安装(机械接口)

工作内容:上法兰、胶圈,紧螺栓,安装,试压等操作过程。 **计量单位:**10m

定额编号				7-119	7-120	7-121	7-122	7-123
项目				公称直径(mm以内)				
				75	100	150	200	250
基价(元)				**140.00**	**149.12**	**191.40**	**209.58**	**250.87**
其中	人工费(元)			130.68	139.46	178.34	195.08	235.04
	材料费(元)			9.32	9.66	13.06	14.50	15.83
	机械费(元)			—	—	—	—	—
名称		单位	单价(元)	消耗量				
人工	二类人工	工日	135.00	0.968	1.033	1.321	1.445	1.741
材料	活动法兰铸铁管	m	—	(10.000)	(10.000)	(10.000)	(10.000)	(10.000)
	活动法兰	个	—	(2.000)	(2.000)	(2.000)	(2.000)	(2.000)
	橡胶圈(机接)综合	个	—	(2.060)	(2.060)	(2.060)	(2.060)	(2.060)
	支撑圈 *DN*75	只	—	(2.060)	—	—	—	—
	支撑圈 *DN*100	只	—	—	(2.060)	—	—	—
	支撑圈 *DN*150	只	—	—	—	(2.060)	—	—
	支撑圈 *DN*200	只	—	—	—	—	(2.060)	—
	支撑圈 *DN*250	只	—	—	—	—	—	(2.060)
	六角带帽螺栓 M12×100	套	0.59	8.240	8.240	12.360	12.360	12.360
	镀锌铁丝 8# ~12#	kg	6.55	0.050	0.060	0.060	0.060	0.060
	镀锌铁丝 18# ~22#	kg	6.55	0.010	0.020	0.030	0.030	0.040
	黄油	kg	9.05	0.111	0.120	0.140	0.180	0.220
	破布	kg	6.90	0.250	0.260	0.290	0.370	0.400
	塑料布	m^2	5.79	0.230	0.240	0.330	0.420	0.540

工作内容:上法兰、胶圈,紧螺栓,安装,试压等操作过程。 **计量单位**:10m

定额编号				7-124	7-125	7-126	7-127	7-128	7-129
项目				公称直径(mm 以内)					
				300	350	400	450	500	600
基价(元)				**398.15**	**470.57**	**594.94**	**702.37**	**949.88**	**1139.38**
其中	人工费(元)			314.42	381.78	491.94	593.60	813.24	948.92
	材料费(元)			46.45	47.85	58.39	60.50	80.88	93.53
	机械费(元)			37.28	40.94	44.61	48.27	55.76	96.93
名称		单位	单价(元)	消耗量					
人工	二类人工	工日	135.00	2.329	2.828	3.644	4.397	6.024	7.029
材料	活动法兰铸铁管	m	—	(10.000)	(10.000)	(10.000)	(10.000)	(10.000)	(10.000)
	活动法兰	个	—	(2.000)	(2.000)	(2.000)	(2.000)	(2.000)	(2.000)
	橡胶圈(机接)综合	个	—	(2.060)	(2.060)	(2.060)	(2.060)	(2.060)	(2.060)
	支撑圈 *DN*300	只	—	(2.060)	—	—	—	—	—
	支撑圈 *DN*350	只	—	—	(2.060)	—	—	—	—
	支撑圈 *DN*400	只	—	—	—	(2.060)	—	—	—
	支撑圈 *DN*450	只	—	—	—	—	(2.060)	—	—
	支撑圈 *DN*500	只	—	—	—	—	—	(2.060)	—
	支撑圈 *DN*600	只	—	—	—	—	—	—	(2.060)
	六角带帽螺栓 M20×100	套	2.22	16.480	16.480	20.600	20.600	28.840	32.960
	镀锌铁丝 8#~12#	kg	6.55	0.060	0.060	0.060	0.060	0.060	0.060
	镀锌铁丝 18#~22#	kg	6.55	0.050	0.055	0.060	0.070	0.080	0.100
	黄油	kg	9.05	0.260	0.310	0.360	0.430	0.500	0.620
	破布	kg	6.90	0.430	0.445	0.460	0.520	0.580	0.710
	塑料布	m^2	5.79	0.660	0.800	0.940	1.111	1.280	1.520
机械	汽车式起重机 5t	台班	366.47	0.060	0.070	0.080	0.090	0.100	—
	汽车式起重机 8t	台班	648.48	—	—	—	—	—	0.120
	载货汽车 5t	台班	382.30	0.040	0.040	0.040	0.040	0.050	0.050

五、塑料管安装

聚乙烯管安装(热熔)

工作内容:场内搬运,切管,对口,热熔,下管,找坡找正,直管安装,数据处理等。 **计量单位:**m

定额编号				7-130	7-131	7-132	7-133
项目				管外径(mm 以内)			
				110	160	200	250
基价(元)				**7.66**	**10.49**	**14.36**	**16.73**
其中	人工费(元)			4.32	5.54	8.24	9.59
	材料费(元)			0.06	0.11	0.18	0.27
	机械费(元)			3.28	4.84	5.94	6.87
名称		单位	单价(元)	消耗量			
人工	二类人工	工日	135.00	0.032	0.041	0.061	0.071
材料	聚乙烯管	m	—	(1.012)	(1.012)	(1.015)	(1.015)
	其他材料费	元	1.00	0.06	0.11	0.18	0.27
机械	汽车式起重机 5t	台班	366.47	0.002	0.003	0.003	0.004
	载货汽车 4t	台班	369.21	0.001	0.001	0.002	0.002
	聚乙烯专用断管机	台班	75.20	—	—	—	0.001
	热熔焊接机 110~250	台班	224.00	0.009	0.014	0.017	0.019
	其他机械费	元	1.00	0.16	0.24	0.29	0.33

工作内容:场内搬运,切管,对口,热熔,下管,找坡找正,直管安装,数据处理等。 **计量单位:**m

定额编号				7-134	7-135
项目				管外径(mm 以内)	
				315	400
基价(元)				**24.89**	**28.50**
其中	人工费(元)			10.94	12.15
	材料费(元)			0.43	0.68
	机械费(元)			13.52	15.67
名称		单位	单价(元)	消耗量	
人工	二类人工	工日	135.00	0.081	0.090
材料	聚乙烯管	m	—	(1.015)	(1.015)
	其他材料费	元	1.00	0.43	0.68
机械	汽车式起重机 5t	台班	366.47	0.005	0.007
	载货汽车 8t	台班	411.20	0.003	0.004
	聚乙烯专用断管机	台班	75.20	0.001	0.001
	全自动热熔焊接机 400	台班	457.00	0.021	0.023
	其他机械费	元	1.00	0.78	0.87

六、套管内铺设钢板卷管

工作内容:铺设工具制作、安装、焊口、直管安装、牵引推进等操作过程。 计量单位:10m

定额编号				7-136	7-137	7-138	7-139	7-140	7-141
项目				管外径(mm 以内)					
				219	273	325	377	426	529
基价(元)				**774.11**	**905.21**	**1190.88**	**1341.61**	**1491.22**	**1967.82**
其中	人工费(元)			583.61	679.05	883.58	975.24	1077.17	1445.72
	材料费(元)			147.76	172.24	200.71	224.21	247.59	303.18
	机械费(元)			42.74	53.92	106.59	142.16	166.46	218.92
名称		单位	单价(元)	消耗量					
人工	二类人工	工日	135.00	4.323	5.030	6.545	7.224	7.979	10.709
材料	钢板卷管	m	—	(10.150)	(10.140)	(10.130)	(10.120)	(10.110)	(10.090)
	滚轮	套	—	(2.000)	(2.000)	(2.000)	(2.000)	(2.000)	(2.000)
	垫圈	kg	—	(0.854)	(0.854)	(0.854)	(0.854)	(0.854)	(0.854)
	扁钢 Q235B 10×100	kg	3.96	33.080	38.750	44.210	49.510	54.810	65.620
	角钢 Q235B 综合	kg	3.97	0.156	0.156	0.156	0.156	0.156	0.156
	六角带帽螺栓 M16×90	套	1.38	4.000	4.000	4.000	4.000	4.000	4.000
	电焊条	kg	4.31	0.861	1.092	2.020	2.346	2.654	4.525
	尼龙砂轮片 ϕ100	片	1.29	0.080	0.100	0.137	0.169	0.191	0.297
	氧气	m^3	3.62	0.943	1.075	1.472	1.615	1.753	2.400
	乙炔气	m^3	8.90	0.315	0.359	0.491	0.538	0.584	0.800
	棉纱	kg	10.34	0.044	0.054	0.066	0.075	0.084	0.103
	电	kW·h	0.78	0.182	0.222	0.299	0.347	0.393	0.546
机械	电动卷扬机-双筒快速 50kN	台班	266.20	0.110	0.140	0.160	0.210	0.260	0.360
	汽车式起重机 5t	台班	366.47	—	—	0.080	0.120	0.130	0.170
	载货汽车 5t	台班	382.30	—	—	0.030	0.040	0.050	0.050
	交流弧焊机 21kV·A	台班	63.33	0.207	0.256	0.357	0.415	0.469	0.641
	电焊条烘干箱 60×50×75cm^3	台班	16.84	0.021	0.026	0.036	0.042	0.047	0.064

工作内容：铺设工具制作、安装、焊口、直管安装、牵引推进等操作过程。　　**计量单位：**10m

定额编号					7-142	7-143	7-144	7-145	7-146	7-147
项目					管外径（mm 以内）					
					630	720	820	920	1020	1220
基价（元）					**2519.10**	**2890.52**	**3377.86**	**3816.39**	**4043.91**	**5164.59**
其中	人工费（元）				1833.03	2108.97	2468.61	2775.47	2913.57	3696.98
	材料费（元）				356.17	400.04	449.35	497.04	547.73	701.88
	机械费（元）				329.90	381.51	459.90	543.88	582.61	765.73
名称		单位	单价(元)		消耗量					
人工	二类人工	工日	135.00		13.578	15.622	18.286	20.559	21.582	27.385
材料	钢板卷管	m	—		(10.080)	(10.070)	(10.060)	(10.050)	(10.040)	(10.030)
	滚轮	套	—		(2.000)	(2.000)	(2.000)	(2.000)	(2.000)	(2.000)
	垫圈	kg	—		(0.854)	(0.854)	(0.854)	(0.854)	(0.854)	(0.854)
	扁钢 Q235B 10×100	kg	3.96		76.220	85.670	96.160	106.670	117.160	138.150
	角钢 Q235B 综合	kg	3.97		0.156	0.172	0.172	0.172	0.172	0.306
	六角带帽螺栓 M16×90	套	1.38		4.000	4.000	4.000	4.000	4.000	4.000
	电焊条	kg	4.31		6.186	7.080	8.138	9.139	10.140	20.469
	尼龙砂轮片 ϕ100	片	1.29		0.370	0.424	0.522	0.587	0.651	1.105
	氧气	m^3	3.62		2.901	3.240	3.660	3.722	4.482	8.117
	乙炔气	m^3	8.90		0.967	1.080	1.220	1.358	1.506	2.706
	棉纱	kg	10.34		0.125	0.140	0.162	0.181	0.233	0.320
	六角带帽螺栓	10 套	3.28		0.038	0.038	0.038	0.038	0.038	0.050
	电	kW·h	0.78		0.683	0.787	0.898	0.928	1.116	1.901
机械	电动卷扬机－双筒快速 50kN	台班	266.20		0.470	0.560	0.660	0.830	0.830	1.070
	汽车式起重机 8t	台班	648.48		0.200	0.230	0.290	0.330	0.370	0.450
	载货汽车 5t	台班	382.30		0.050	0.050	0.060	0.070	0.080	0.090
	交流弧焊机 21kV·A	台班	63.33		0.861	0.987	1.126	1.264	1.402	2.379
	电焊条烘干箱 60×50×75cm³	台班	16.84		0.086	0.099	0.113	0.126	0.140	0.238

七、套管内铺设铸铁管安装(机械接口)

工作内容:铺设工具制作、安装、焊口、直管安装、牵引推进等操作过程。 **计量单位:**10m

定额编号					7-148	7-149	7-150	7-151	7-152
项目					公称直径(mm 以内)				
					100	150	200	250	300
基价(元)					**486.68**	**521.27**	**633.37**	**706.54**	**870.54**
其中	人工费(元)				428.36	459.54	547.02	601.83	710.64
	材料费(元)				31.70	35.11	54.41	64.78	77.37
	机械费(元)				26.62	26.62	31.94	39.93	82.53
名称		单位	单价(元)		消耗量				
人工	二类人工	工日	135.00		3.173	3.404	4.052	4.458	5.264
材料	活动法兰铸铁管	m	—		(10.000)	(10.000)	(10.000)	(10.000)	(10.000)
	活动法兰	个	—		(2.000)	(2.000)	(2.000)	(2.000)	(2.000)
	滑杆	kg	—		(12.600)	(12.600)	(12.600)	(12.600)	(12.600)
	橡胶圈 *DN*100	个	—		(2.060)	—	—	—	—
	橡胶圈 *DN*150	个	—		—	(2.060)	—	—	—
	橡胶圈 *DN*200	个	—		—	—	(2.060)	—	—
	橡胶圈 *DN*250	个	—		—	—	—	(2.060)	—
	橡胶圈 *DN*300	个	—		—	—	—	—	(2.060)
	六角带帽螺栓 M12×100	套	0.59		8.240	12.360	12.360	12.360	16.480
	六角带帽螺栓 M18×50	套	1.11		1.740	1.740	1.740	1.740	1.740
	扁钢 Q235B 综合	kg	3.96		5.080	5.080	9.610	11.875	14.140
	镀锌铁丝 8#~12#	kg	6.55		0.060	0.060	0.060	0.060	0.060
	镀锌铁丝 18#~22#	kg	6.55		0.020	0.030	0.030	0.040	0.050
	黄油	kg	9.05		0.120	0.140	0.180	0.220	0.260
	破布	kg	6.90		0.260	0.290	0.360	0.400	0.410
	塑料布	m^2	5.79		0.240	0.330	0.420	0.540	0.660
机械	电动卷扬机-双筒快速 50kN	台班	266.20		0.100	0.100	0.120	0.150	0.170
	汽车式起重机 5t	台班	366.47		—	—	—	—	0.060
	载货汽车 5t	台班	382.30		—	—	—	—	0.040

工作内容:铺设工具制作、安装、焊口、直管安装、牵引推进等操作过程。 **计量单位**:10m

定额编号				7-153	7-154	7-155	7-156	7-157
项目				公称直径(mm 以内)				
				350	400	450	500	600
基价(元)				**1011.84**	**1214.14**	**1400.46**	**1755.92**	**2073.19**
其中	人工费(元)			822.83	993.74	1152.77	1472.31	1697.36
	材料费(元)			86.84	98.59	108.91	124.03	145.80
	机械费(元)			102.17	121.81	138.78	159.58	230.03
名称		单位	单价(元)	消耗量				
人工	二类人工	工日	135.00	6.095	7.361	8.539	10.906	12.573
材料	活动法兰铸铁管	m	—	(10.000)	(10.000)	(10.000)	(10.000)	(10.000)
	活动法兰	个	—	(2.000)	(2.000)	(2.000)	(2.000)	(2.000)
	滑杆	kg	—	(12.600)	(12.600)	(12.600)	(12.600)	(12.600)
	橡胶圈 *DN*350	个	—	(2.060)	—	—	—	—
	橡胶圈 *DN*400	个	—	—	(2.060)	—	—	—
	橡胶圈 *DN*450	只	—	—	—	(2.060)	—	—
	橡胶圈 *DN*500	个	—	—	—	—	(2.060)	—
	橡胶圈 *DN*600	只	—	—	—	—	—	(2.060)
	六角带帽螺栓 M12×100	套	0.59	16.480	20.600	20.600	28.840	32.960
	六角带帽螺栓 M18×50	套	1.11	1.740	1.740	1.740	1.740	1.740
	镀锌铁丝 8#~12#	kg	6.55	0.060	0.060	0.060	0.060	0.060
	镀锌铁丝 18#~22#	kg	6.55	0.050	0.062	0.070	0.080	0.100
	扁钢 Q235B 综合	kg	3.96	16.150	18.160	20.220	22.280	26.330
	黄油	kg	9.05	0.310	0.360	0.430	0.500	0.620
	破布	kg	6.90	0.445	0.445	0.520	0.580	0.680
	塑料布	m^2	5.79	0.800	0.944	1.110	1.280	1.520
机械	电动卷扬机-双筒快速 50kN	台班	266.20	0.230	0.290	0.340	0.390	0.500
	汽车式起重机 5t	台班	366.47	0.070	0.080	0.090	0.100	—
	汽车式起重机 8t	台班	648.48	—	—	—	—	0.120
	载货汽车 5t	台班	382.30	0.040	0.040	0.040	0.050	0.050

八、管线警示及标志

工作内容:1. 土面平整,示踪线铺设;
2. 土面平整,警示带铺设;
3. 土面平整,警示板铺设;
4. 测量定位、挖坑、安装、回填。

定额编号				7-158	7-159	7-160	7-161
项目				示踪线安装	警示带安装	警示板安装	标志桩
计量单位				m			个
基价(元)				**0.54**	**0.27**	**4.05**	**193.80**
其中	人工费(元)			0.54	0.27	4.05	54.00
	材料费(元)			—	—	—	4.01
	机械费(元)			—	—	—	135.79
名称		单位	单价(元)	消耗量			
人工	二类人工	工日	135.00	0.004	0.002	0.030	0.400
材料	示踪线	m	—	(1.050)	—	—	—
	警示带	m	—	—	(1.050)	—	—
	警示板	m	—	—	—	(1.010)	—
	地面警示标志桩	个	—	—	—	—	(1.000)
	复合硅酸盐水泥 P·C 32.5R 综合	t	319.00	—	—	—	0.002
	醇酸调和漆 各色	kg	8.44	—	—	—	0.400
机械	载货汽车 4t	台班	369.21	—	—	—	0.070
	汽车式起重机 5t	台班	366.47	—	—	—	0.300

第二章
管件制作、安装

说　　明

一、本章定额包括焊接弯头制作，弯头（异径管）安装，三通安装，挖眼接管，钢管煨弯，铸铁管件安装（机械接口），盲堵板安装，钢塑过渡接头安装（法兰连接），聚乙烯燃气管件（弯头）安装（热熔），聚乙烯燃气管件（三通）安装（热熔），防雨环帽制作、安装，直埋式预制保温管管件安装，共12节380个子目。

二、异径管安装以大口径为准，长度综合取定。

三、中频煨弯不包括煨制时胎具更换。

四、挖眼接管加强筋已在定额中综合考虑。

工程量计算规则

一、焊接弯头制作工程量按不同弯头角度(30°、45°、60°、90°)、管外径×壁厚,以制作焊接弯头的个数计算。

二、弯头(异径管)安装工程量按不同管外径×壁厚,以安装弯头(异径管)的个数计算。管外径以大口径为准。

三、三通安装工程量按不同管外径×壁厚,以安装三通的个数计算。

四、挖眼接管工程量按不同管外径×壁厚,以挖眼接管的个数计算。

五、钢管煨弯(机械煨弯)工程量按不同钢管外径,以钢管煨弯的个数计算。

六、钢管煨弯(中频弯管机煨弯)工程量按不同钢管公称直径,以钢管煨弯的个数计算。

七、铸铁管件安装(机械接口)工程量按不同铸铁管管件公称直径,以铸铁管件安装件数计算。

八、盲堵板安装工程量按不同盲堵板公称直径,以安装盲堵板的组数计算。

九、钢塑过渡接头安装工程量按不同管外径,以安装钢塑过渡接头的个数计算。

十、防雨环帽制作工程量按不同单个环帽重量,以制作防雨环帽的总重量计算,计量单位:100kg。防雨环帽安装工程量以防雨环帽的总重量计算,计量单位:100kg。

十一、直埋式预制保温管管件安装工程量按不同保温管管件公称直径,以安装保温管管件的个数计算。

一、焊接弯头制作

1. 焊接弯头制作(30°)

工作内容:量尺寸、切管、组对、焊接成型、成品码垛等操作过程。 计量单位:个

定额编号				7-162	7-163	7-164	7-165	7-166	7-167
项目				管外径×壁厚(mm×mm 以内)					
				219×5	219×6	219×7	273×6	273×7	273×8
基价(元)				**63.27**	**67.36**	**74.79**	**81.24**	**89.97**	**96.00**
其中	人工费(元)			46.85	49.41	54.27	59.81	65.48	69.26
	材料费(元)			8.03	9.37	10.96	10.77	12.66	14.32
	机械费(元)			8.39	8.58	9.56	10.66	11.83	12.42
名称		单位	单价(元)	消耗量					
人工	二类人工	工日	135.00	0.347	0.366	0.402	0.443	0.485	0.513
材料	钢板卷管	m	—	(0.234)	(0.234)	(0.234)	(0.235)	(0.235)	(0.235)
	氧气	m^3	3.62	0.814	0.946	1.073	1.051	1.194	1.332
	乙炔气	m^3	8.90	0.272	0.316	0.358	0.351	0.399	0.444
	电焊条	kg	4.31	0.446	0.551	0.723	0.699	0.914	1.084
	尼龙砂轮片 ϕ100	片	1.29	0.048	0.051	0.055	0.064	0.068	0.074
	棉纱	kg	10.34	0.014	0.014	0.014	0.017	0.017	0.017
	角钢 Q235B 综合	kg	3.97	0.100	0.100	0.100	0.100	0.100	0.100
	电	kW·h	0.78	0.115	0.117	0.125	0.142	0.153	0.158
	其他材料费	元	1.00	0.05	0.06	0.06	0.06	0.07	0.08
机械	交流弧焊机 21kV·A	台班	63.33	0.129	0.132	0.147	0.164	0.182	0.191
	电焊条烘干箱 60×50×75cm^3	台班	16.84	0.013	0.013	0.015	0.016	0.018	0.019

工作内容:量尺寸、切管、组对、焊接成型、成品码垛等操作过程。 **计量单位**:个

定额编号				7-168	7-169	7-170	7-171	7-172	7-173
项目				管外径×壁厚(mm×mm 以内)					
				325×6	325×7	325×8	377×8	377×9	377×10
基价(元)				**97.67**	**107.47**	**114.40**	**130.04**	**137.39**	**143.66**
其中	人工费(元)			72.90	79.11	83.43	94.91	99.23	102.60
	材料费(元)			12.02	14.18	16.08	17.83	20.02	22.27
	机械费(元)			12.75	14.18	14.89	17.30	18.14	18.79
名称		单位	单价(元)	消耗量					
人工	二类人工	工日	135.00	0.540	0.586	0.618	0.703	0.735	0.760
材料	钢板卷管	m	—	(0.235)	(0.235)	(0.235)	(0.250)	(0.250)	(0.250)
	氧气	m^3	3.62	1.141	1.297	1.448	1.564	1.723	1.877
	乙炔气	m^3	8.90	0.380	0.432	0.483	0.521	0.574	0.626
	电焊条	kg	4.31	0.834	1.090	1.293	1.502	1.760	2.041
	尼龙砂轮片 φ100	片	1.29	0.076	0.082	0.088	0.108	0.118	0.123
	棉纱	kg	10.34	0.021	0.021	0.021	0.024	0.024	0.024
	角钢 Q235B 综合	kg	3.97	0.100	0.100	0.100	0.100	0.100	0.100
	电	kW·h	0.78	0.172	0.185	0.191	0.222	0.230	0.236
	其他材料费	元	1.00	0.07	0.08	0.09	0.10	0.11	0.12
机械	交流弧焊机 21kV·A	台班	63.33	0.196	0.218	0.229	0.266	0.279	0.289
	电焊条烘干箱 $60\times50\times75cm^3$	台班	16.84	0.020	0.022	0.023	0.027	0.028	0.029

工作内容:量尺寸、切管、组对、焊接成型、成品码垛等操作过程。 **计量单位**:个

定额编号				7-174	7-175	7-176	7-177	7-178	7-179
项目				管外径×壁厚(mm×mm 以内)					
				426×8	426×9	426×10	478×8	478×9	478×10
基价(元)				**145.84**	**154.15**	**161.10**	**164.84**	**174.07**	**181.97**
其中	人工费(元)			106.52	111.38	115.02	121.10	126.50	130.82
	材料费(元)			19.82	22.28	24.82	21.70	24.42	27.22
	机械费(元)			19.50	20.49	21.26	22.04	23.15	23.93
名称		单位	单价(元)	消耗量					
人工	二类人工	工日	135.00	0.789	0.825	0.852	0.897	0.937	0.969
材料	钢板卷管	m	—	(0.280)	(0.280)	(0.280)	(0.300)	(0.300)	(0.300)
	氧气	m^3	3.62	1.723	1.900	2.073	1.859	2.050	2.237
	乙炔气	m^3	8.90	0.575	0.634	0.692	0.619	0.683	0.745
	电焊条	kg	4.31	1.699	1.991	2.310	1.908	2.237	2.595
	尼龙砂轮片 φ100	片	1.29	0.122	0.134	0.140	0.145	0.158	0.165
	棉纱	kg	10.34	0.027	0.027	0.027	0.030	0.030	0.030
	角钢 Q235B 综合	kg	3.97	0.100	0.100	0.100	0.100	0.100	0.100
	电	kW·h	0.78	0.251	0.260	0.267	0.288	0.298	0.305
	其他材料费	元	1.00	0.11	0.13	0.14	0.12	0.14	0.15
机械	交流弧焊机 21kV·A	台班	63.33	0.300	0.315	0.327	0.339	0.356	0.368
	电焊条烘干箱 $60\times50\times75cm^3$	台班	16.84	0.030	0.032	0.033	0.034	0.036	0.037

工作内容：量尺寸、切管、组对、焊接成型、成品码垛等操作过程。 计量单位：个

定额编号				7-180	7-181	7-182	7-183	7-184	7-185
项目				管外径×壁厚（mm×mm 以内）					
				529×8	529×9	529×10	630×8	630×9	630×10
基价（元）				**181.00**	**192.24**	**201.05**	**228.92**	**237.69**	**247.32**
其中	人工费（元）			132.84	139.86	144.72	163.89	168.21	173.61
	材料费（元）			23.64	26.63	29.67	30.70	34.25	37.89
	机械费（元）			24.52	25.75	26.66	34.33	35.23	35.82
名称		单位	单价(元)	消耗量					
人工	二类人工	工日	135.00	0.984	1.036	1.072	1.214	1.246	1.286
材料	钢板卷管	m	—	(0.330)	(0.330)	(0.330)	(0.350)	(0.350)	(0.350)
	氧气	m^3	3.62	1.990	2.196	2.397	2.412	2.658	2.897
	乙炔气	m^3	8.90	0.663	0.732	0.798	0.804	0.886	0.966
	电焊条	kg	4.31	2.133	2.499	2.895	3.052	3.487	3.959
	尼龙砂轮片 ϕ100	片	1.29	0.168	0.183	0.190	0.210	0.228	0.237
	棉纱	kg	10.34	0.033	0.033	0.033	0.040	0.040	0.040
	角钢 Q235B 综合	kg	3.97	0.100	0.100	0.100	0.100	0.100	0.100
	电	kW·h	0.78	0.329	0.341	0.349	0.424	0.432	0.437
	六角带帽螺栓	10套	3.28	—	—	—	0.024	0.024	0.024
	其他材料费	元	1.00	0.13	0.15	0.16	0.17	0.19	0.21
机械	交流弧焊机 21kV·A	台班	63.33	0.377	0.396	0.410	0.528	0.542	0.551
	电焊条烘干箱 60×50×75cm^3	台班	16.84	0.038	0.040	0.041	0.053	0.054	0.055

工作内容：量尺寸、切管、组对、焊接成型、成品码垛等操作过程。 计量单位：个

定额编号				7-186	7-187	7-188	7-189	7-190	7-191
项目				管外径×壁厚（mm×mm 以内）					
				720×8	720×9	720×10	820×9	820×10	820×12
基价（元）				**259.70**	**270.67**	**280.59**	**311.30**	**322.31**	**347.33**
其中	人工费（元）			186.17	192.24	197.37	222.21	227.75	240.30
	材料费（元）			34.12	38.06	42.13	43.06	47.69	57.43
	机械费（元）			39.41	40.37	41.09	46.03	46.87	49.60
名称		单位	单价(元)	消耗量					
人工	二类人工	工日	135.00	1.379	1.424	1.462	1.646	1.687	1.780
材料	钢板卷管	m	—	(0.380)	(0.380)	(0.380)	(0.430)	(0.430)	(0.430)
	氧气	m^3	3.62	2.612	2.877	3.136	3.210	3.499	4.058
	乙炔气	m^3	8.90	0.871	0.959	1.045	1.069	1.166	1.352
	电焊条	kg	4.31	3.492	3.990	4.531	4.591	5.209	6.593
	尼龙砂轮片 ϕ100	片	1.29	0.241	0.261	0.271	0.322	0.334	0.355
	棉纱	kg	10.34	0.045	0.045	0.045	0.052	0.052	0.052
	六角带帽螺栓	10套	3.28	0.024	0.024	0.024	0.024	0.024	0.024
	角钢 Q235B 综合	kg	3.97	0.110	0.110	0.110	0.110	0.110	0.110
	电	kW·h	0.78	0.488	0.498	0.504	0.567	0.575	0.599
	其他材料费	元	1.00	0.19	0.21	0.23	0.23	0.26	0.31
机械	交流弧焊机 21kV·A	台班	63.33	0.606	0.621	0.632	0.708	0.721	0.763
	电焊条烘干箱 60×50×75cm^3	台班	16.84	0.061	0.062	0.063	0.071	0.072	0.076

工作内容:量尺寸、切管、组对、焊接成型、成品码垛等操作过程。 计量单位:个

定额编号					7-192	7-193	7-194	7-195	7-196	7-197
项目					管外径×壁厚(mm×mm 以内)					
					920×9	920×10	920×12	1020×10	1020×12	1020×14
基价(元)					**347.30**	**359.73**	**387.38**	**406.81**	**441.93**	**498.38**
其中	人工费(元)				247.46	253.67	267.44	280.26	296.06	326.70
	材料费(元)				48.15	53.46	64.28	58.85	70.97	84.05
	机械费(元)				51.69	52.60	55.66	67.70	74.90	87.63
名称		单位	单价(元)		消耗量					
人工	二类人工	工日	135.00		1.833	1.879	1.981	2.076	2.193	2.420
材料	钢板卷管	m	—		(0.460)	(0.460)	(0.460)	(0.480)	(0.480)	(0.480)
	氧气	m^3	3.62		3.581	3.941	4.535	4.284	4.976	5.644
	乙炔气	m^3	8.90		1.194	1.302	1.512	1.436	1.667	1.889
	电焊条	kg	4.31		5.155	5.849	7.405	6.490	8.217	10.191
	尼龙砂轮片 ϕ100	片	1.29		0.362	0.376	0.399	0.417	0.443	0.470
	棉纱	kg	10.34		0.058	0.058	0.058	0.064	0.064	0.064
	六角带帽螺栓	10套	3.28		0.024	0.024	0.024	0.024	0.024	0.024
	角钢 Q235B 综合	kg	3.97		0.110	0.110	0.110	0.110	0.110	0.110
	电	kW·h	0.78		0.636	0.644	0.672	0.714	0.745	0.841
	其他材料费	元	1.00		0.26	0.29	0.34	0.32	0.38	0.44
机械	交流弧焊机 21kV·A	台班	63.33		0.795	0.809	0.856	0.897	0.950	1.111
	电焊条烘干箱 60×50×75cm^3	台班	16.84		0.080	0.081	0.086	0.090	0.095	0.111
	汽车式起重机 12t	台班	748.60		—	—	—	0.011	0.015	0.017
	载货汽车 5t	台班	382.30		—	—	—	0.003	0.005	0.007

工作内容：量尺寸、切管、组对、焊接成型、成品码垛等操作过程。　　计量单位：个

定额编号				7-198	7-199	7-200	7-201	7-202	7-203
项目				管外径×壁厚（mm×mm 以内）					
				1220×10	1220×12	1220×14	1420×10	1420×12	1420×14
基价（元）				**498.53**	**539.69**	**609.60**	**578.16**	**625.33**	**702.37**
其中	人工费（元）			341.55	360.45	396.63	393.93	413.91	457.11
	材料费（元）			71.36	86.09	101.98	81.00	97.82	116.09
	机械费（元）			85.62	93.15	110.99	103.23	113.60	129.17
名称		单位	单价(元)	消耗量					
人工	二类人工	工日	135.00	2.530	2.670	2.938	2.918	3.066	3.386
材料	钢板卷管	m	—	(0.580)	(0.580)	(0.580)	(0.645)	(0.645)	(0.645)
	氧气	m^3	3.62	5.267	6.127	6.959	5.836	6.786	7.733
	乙炔气	m^3	8.90	1.756	2.043	2.320	1.945	2.262	2.567
	电焊条	kg	4.31	7.771	9.841	12.207	9.052	11.465	14.223
	尼龙砂轮片 ϕ100	片	1.29	0.499	0.531	0.564	0.566	0.603	0.642
	棉纱	kg	10.34	0.077	0.077	0.077	0.089	0.089	0.089
	六角带帽螺栓	10 套	3.28	0.024	0.024	0.024	0.024	0.024	0.024
	角钢 Q235B 综合	kg	3.97	0.147	0.147	0.147	0.147	0.147	0.147
	电	kW·h	0.78	0.876	0.914	1.028	1.018	1.061	1.195
	其他材料费	元	1.00	0.39	0.46	0.54	0.44	0.52	0.61
机械	交流弧焊机 21kV·A	台班	63.33	1.080	1.144	1.337	1.258	1.331	1.557
	电焊条烘干箱 60×50×75cm^3	台班	16.84	0.108	0.114	0.134	0.126	0.133	0.156
	汽车式起重机 12t	台班	748.60	0.017	0.021	—	—	—	—
	汽车式起重机 16t	台班	875.04	—	—	0.024	0.021	0.027	0.028
	载货汽车 5t	台班	382.30	0.007	0.008	0.008	0.008	0.009	0.009

工作内容:量尺寸、切管、组对、焊接成型、成品码垛等操作过程。 **计量单位:**个

定额编号				7-204	7-205	7-206	7-207	7-208	7-209
项目				管外径×壁厚(mm×mm 以内)					
				1620×10	1620×12	1620×14	1820×12	1820×14	1820×16
基价(元)				**658.40**	**709.84**	**797.49**	**800.59**	**906.26**	**958.82**
其中	人工费(元)			444.42	470.61	519.62	530.42	585.63	600.21
	材料费(元)			93.29	111.33	133.26	126.07	149.43	178.98
	机械费(元)			120.69	127.90	144.61	144.10	171.20	179.63
名称		单位	单价(元)	消耗量					
人工	二类人工	工日	135.00	3.292	3.486	3.849	3.929	4.338	4.446
材料	钢板卷管	m	—	(0.705)	(0.705)	(0.705)	(0.760)	(0.760)	(0.760)
	氧气	m^3	3.62	6.768	7.530	8.900	8.785	9.964	11.109
	乙炔气	m^3	8.90	2.256	2.618	2.967	2.928	3.321	3.702
	电焊条	kg	4.31	10.333	13.089	16.239	14.712	18.256	23.313
	尼龙砂轮片 ϕ100	片	1.29	0.665	0.707	0.752	0.795	0.845	0.908
	棉纱	kg	10.34	0.102	0.102	0.102	0.114	0.114	0.114
	六角带帽螺栓	10 套	3.28	0.047	0.047	0.047	0.047	0.047	0.047
	角钢 Q235B 综合	kg	3.97	0.178	0.178	0.178	0.178	0.178	0.178
	电	kW·h	0.78	1.162	1.211	1.364	1.363	1.535	1.553
	其他材料费	元	1.00	0.50	0.59	0.70	0.67	0.79	0.92
机械	交流弧焊机 21kV·A	台班	63.33	1.436	1.520	1.777	1.709	1.998	2.028
	电焊条烘干箱 60×50×75cm^3	台班	16.84	0.144	0.152	0.178	0.171	0.200	0.203
	汽车式起重机 16t	台班	875.04	0.027	0.029	0.029	0.033	—	—
	汽车式起重机 20t	台班	942.85	—	—	—	—	0.039	0.045
	载货汽车 8t	台班	411.20	0.009	0.009	0.009	0.010	0.011	0.013

工作内容：量尺寸、切管、组对、焊接成型、成品码垛等操作过程。 **计量单位**：个

				7-210	7-211	7-212
定额编号				7-210	7-211	7-212
项目				管外径×壁厚（mm×mm 以内）		
				2020×12	2020×14	2020×16
基价（元）				**879.99**	**1008.46**	**1081.63**
其中	人工费（元）			575.64	650.84	667.04
	材料费（元）			139.66	165.58	198.43
	机械费（元）			164.69	192.04	216.16
名称		单位	单价(元)	消耗量		
人工	二类人工	工日	135.00	4.264	4.821	4.941
材料	钢板卷管	m	—	(0.820)	(0.820)	(0.820)
	氧气	m^3	3.62	9.718	11.026	12.298
	乙炔气	m^3	8.90	3.240	3.675	4.100
	电焊条	kg	4.31	16.336	20.273	25.889
	尼龙砂轮片 $\phi100$	片	1.29	0.883	0.939	1.009
	棉纱	kg	10.34	0.127	0.127	0.127
	六角带帽螺栓	10套	3.28	0.047	0.047	0.047
	角钢 Q235B 综合	kg	3.97	0.178	0.178	0.178
	电	kW·h	0.78	1.514	1.704	1.724
	其他材料费	元	1.00	0.74	0.87	1.02
机械	交流弧焊机 21kV·A	台班	63.33	1.898	2.219	2.252
	电焊条烘干箱 60×50×75cm^3	台班	16.84	0.190	0.222	0.225
	载货汽车 8t	台班	411.20	0.011	0.013	0.016
	汽车式起重机 20t	台班	942.85	0.039	0.045	0.067

2. 焊接弯头制作(45°、60°)

工作内容:量尺寸、切管、组对、焊接成型、成品码垛等操作过程。 计量单位:个

定额编号				7-213	7-214	7-215	7-216	7-217	7-218
项目				管外径×壁厚(mm×mm 以内)					
				219×5	219×6	219×7	273×6	273×7	273×8
基价(元)				**124.35**	**131.60**	**145.25**	**159.78**	**175.96**	**186.84**
其中	人工费(元)			92.61	97.07	105.84	118.26	128.66	135.27
	材料费(元)			14.90	17.37	20.37	20.19	23.64	26.74
	机械费(元)			16.84	17.16	19.04	21.33	23.66	24.83
名称		单位	单价(元)	消耗量					
人工	二类人工	工日	135.00	0.686	0.719	0.784	0.876	0.953	1.002
材料	钢板卷管(45°弯头用)	m	—	(0.310)	(0.310)	(0.310)	(0.315)	(0.315)	(0.315)
	钢板卷管(60°弯头用)	m	—	(0.390)	(0.390)	(0.390)	(0.390)	(0.390)	(0.390)
	氧气	m^3	3.62	1.457	1.689	1.919	1.886	2.137	2.378
	乙炔气	m^3	8.90	0.485	0.563	0.636	0.639	0.712	0.793
	电焊条	kg	4.31	0.890	1.101	1.445	1.398	1.827	2.167
	尼龙砂轮片 φ100	片	1.29	0.097	0.102	0.109	0.128	0.136	0.147
	棉纱	kg	10.34	0.028	0.028	0.028	0.034	0.034	0.034
	角钢 Q235B 综合	kg	3.97	0.200	0.200	0.200	0.200	0.200	0.200
	电	kW·h	0.78	0.230	0.233	0.250	0.284	0.305	0.316
	其他材料费	元	1.00	0.09	0.10	0.12	0.12	0.13	0.15
机械	交流弧焊机 21kV·A	台班	63.33	0.259	0.264	0.293	0.328	0.364	0.382
	电焊条烘干箱 60×50×75cm³	台班	16.84	0.026	0.026	0.029	0.033	0.036	0.038

工作内容:量尺寸、切管、组对、焊接成型、成品码垛等操作过程。 计量单位:个

定额编号				7-219	7-220	7-221	7-222	7-223	7-224
项目				管外径×壁厚(mm×mm 以内)					
				325×6	325×7	325×8	377×8	377×9	377×10
基价(元)				**192.54**	**211.02**	**223.49**	**254.94**	**268.92**	**281.22**
其中	人工费(元)			144.45	156.06	163.62	186.84	194.94	201.69
	材料费(元)			22.54	26.61	30.15	33.58	37.70	41.95
	机械费(元)			25.55	28.35	29.72	34.52	36.28	37.58
名称		单位	单价(元)	消耗量					
人工	二类人工	工日	135.00	1.070	1.156	1.212	1.384	1.444	1.494
材料	钢板卷管(45°弯头用)	m	—	(0.315)	(0.315)	(0.315)	(0.340)	(0.340)	(0.340)
	钢板卷管(60°弯头用)	m	—	(0.390)	(0.390)	(0.390)	(0.430)	(0.430)	(0.430)
	氧气	m^3	3.62	2.054	2.329	2.594	2.813	3.091	3.362
	乙炔气	m^3	8.90	0.685	0.776	0.865	0.938	1.030	1.121
	电焊条	kg	4.31	1.667	2.179	2.585	3.003	3.521	4.083
	尼龙砂轮片 φ100	片	1.29	0.152	0.163	0.176	0.216	0.236	0.247
	棉纱	kg	10.34	0.042	0.042	0.042	0.048	0.048	0.048
	角钢 Q235B 综合	kg	3.97	0.200	0.200	0.200	0.200	0.200	0.200
	电	kW·h	0.78	0.345	0.370	0.382	0.445	0.461	0.472
	其他材料费	元	1.00	0.13	0.15	0.17	0.19	0.21	0.23
机械	交流弧焊机 21kV·A	台班	63.33	0.393	0.436	0.457	0.531	0.558	0.578
	电焊条烘干箱 60×50×75cm³	台班	16.84	0.039	0.044	0.046	0.053	0.056	0.058

工作内容:量尺寸、切管、组对、焊接成型、成品码垛等操作过程。 **计量单位:**个

定额编号				7-225	7-226	7-227	7-228	7-229	7-230
项目				管外径×壁厚(mm×mm 以内)					
				426×8	426×9	426×10	478×8	478×9	478×10
基价(元)				**286.13**	**301.61**	**315.32**	**323.89**	**341.27**	**356.37**
其中	人工费(元)			209.79	218.70	226.13	238.95	249.08	257.18
	材料费(元)			37.27	41.89	46.68	40.86	45.97	51.27
	机械费(元)			39.07	41.02	42.51	44.08	46.22	47.92
名称		单位	单价(元)	消耗量					
人工	二类人工	工日	135.00	1.554	1.620	1.675	1.770	1.845	1.905
材料	钢板卷管(45°弯头用)	m	—	(0.380)	(0.380)	(0.380)	(0.420)	(0.420)	(0.420)
	钢板卷管(60°弯头用)	m	—	(0.480)	(0.480)	(0.480)	(0.530)	(0.530)	(0.530)
	氧气	m^3	3.62	3.089	3.399	3.701	3.332	3.667	3.994
	乙炔气	m^3	8.90	1.030	1.133	1.234	1.111	1.222	1.331
	电焊条	kg	4.31	3.399	3.984	4.620	3.815	4.474	5.191
	尼龙砂轮片 ϕ100	片	1.29	0.245	0.267	0.279	0.289	0.315	0.329
	棉纱	kg	10.34	0.054	0.054	0.054	0.060	0.060	0.060
	角钢 Q235B 综合	kg	3.97	0.200	0.200	0.200	0.200	0.200	0.200
	电	kW·h	0.78	0.503	0.520	0.534	0.575	0.596	0.610
	其他材料费	元	1.00	0.21	0.23	0.26	0.23	0.25	0.28
机械	交流弧焊机 21kV·A	台班	63.33	0.601	0.631	0.654	0.678	0.711	0.737
	电焊条烘干箱 60×50×75cm^3	台班	16.84	0.060	0.063	0.065	0.068	0.071	0.074

工作内容:量尺寸、切管、组对、焊接成型、成品码垛等操作过程。 **计量单位:**个

定额编号				7-231	7-232	7-233	7-234	7-235	7-236
项目				管外径×壁厚(mm×mm 以内)					
				529×8	529×9	529×10	630×8	630×9	630×10
基价(元)				**357.37**	**376.45**	**393.18**	**450.59**	**468.98**	**485.14**
其中	人工费(元)			263.79	274.86	283.91	323.73	333.72	341.82
	材料费(元)			44.57	50.17	55.96	58.14	64.79	71.68
	机械费(元)			49.01	51.42	53.31	68.72	70.47	71.64
名称		单位	单价(元)	消耗量					
人工	二类人工	工日	135.00	1.954	2.036	2.103	2.398	2.472	2.532
材料	钢板卷管(45°弯头用)	m	—	(0.460)	(0.460)	(0.460)	(0.500)	(0.500)	(0.500)
	钢板卷管(60°弯头用)	m	—	(0.590)	(0.590)	(0.590)	(0.630)	(0.630)	(0.630)
	氧气	m^3	3.62	3.569	3.930	4.280	4.328	4.757	5.174
	乙炔气	m^3	8.90	1.189	1.309	1.426	1.444	1.586	1.725
	电焊条	kg	4.31	4.267	4.998	5.791	6.104	6.973	7.918
	尼龙砂轮片 ϕ100	片	1.29	0.337	0.365	0.381	0.421	0.455	0.474
	棉纱	kg	10.34	0.066	0.066	0.066	0.080	0.080	0.080
	角钢 Q235B 综合	kg	3.97	0.200	0.200	0.200	0.202	0.202	0.202
	电	kW·h	0.78	0.659	0.681	0.699	0.847	0.863	0.874
	六角带帽螺栓	10套	3.28	—	—	—	0.048	0.048	0.048
	其他材料费	元	1.00	0.25	0.27	0.30	0.32	0.35	0.39
机械	交流弧焊机 21kV·A	台班	63.33	0.754	0.791	0.820	1.057	1.084	1.102
	电焊条烘干箱 60×50×75cm^3	台班	16.84	0.075	0.079	0.082	0.106	0.108	0.110

工作内容:量尺寸、切管、组对、焊接成型、成品码垛等操作过程。 **计量单位:个**

定额编号				7-237	7-238	7-239	7-240	7-241	7-242
项目				管外径×壁厚(mm×mm 以内)					
				720×8	720×9	720×10	820×9	820×10	820×12
基价(元)				**512.01**	**532.84**	**551.04**	**610.53**	**632.51**	**682.41**
其中	人工费(元)			368.42	379.76	388.80	428.09	438.08	461.84
	材料费(元)			64.86	72.34	80.07	82.03	90.79	109.39
	机械费(元)			78.73	80.74	82.17	100.41	103.64	111.18
名称		单位	单价(元)	消耗量					
人工	二类人工	工日	135.00	2.729	2.813	2.880	3.171	3.245	3.421
材料	钢板卷管(45°弯头用)	m	—	(0.535)	(0.535)	(0.535)	(0.610)	(0.610)	(0.610)
	钢板卷管(60°弯头用)	m	—	(0.690)	(0.690)	(0.690)	(0.790)	(0.790)	(0.790)
	氧气	m^3	3.62	4.717	5.184	5.640	5.799	6.309	7.291
	乙炔气	m^3	8.90	1.572	1.728	1.879	1.933	2.102	2.431
	电焊条	kg	4.31	6.984	7.980	9.062	9.182	10.417	13.185
	尼龙砂轮片 ϕ100	片	1.29	0.482	0.521	0.542	0.644	0.668	0.710
	棉纱	kg	10.34	0.090	0.090	0.090	0.104	0.104	0.104
	六角带帽螺栓	10 套	3.28	0.048	0.048	0.048	0.048	0.048	0.048
	角钢 Q235B 综合	kg	3.97	0.220	0.220	0.220	0.220	0.220	0.220
	电	kW·h	0.78	0.977	0.995	1.008	1.135	1.149	1.199
	其他材料费	元	1.00	0.35	0.39	0.43	0.44	0.48	0.58
机械	交流弧焊机 21kV·A	台班	63.33	1.211	1.242	1.264	1.417	1.441	1.525
	电焊条烘干箱 60×50×75cm³	台班	16.84	0.121	0.124	0.126	0.142	0.144	0.153
	汽车式起重机 8t	台班	648.48	—	—	—	0.011	0.013	0.015
	载货汽车 5t	台班	382.30	—	—	—	0.003	0.004	0.006

工作内容：量尺寸、切管、组对、焊接成型、成品码垛等操作过程。 **计量单位：**个

定额编号				7-243	7-244	7-245	7-246	7-247	7-248
项目				管外径×壁厚（mm×mm 以内）					
				920×9	920×10	920×12	1020×10	1020×12	1020×14
基价（元）				**682.59**	**706.29**	**762.66**	**782.25**	**845.91**	**953.80**
其中	人工费（元）			476.55	487.62	513.95	538.52	568.35	627.89
	材料费（元）			91.68	101.52	122.41	112.10	135.25	160.43
	机械费（元）			114.36	117.15	126.30	131.63	142.31	165.48
	名称	单位	单价(元)	消耗量					
人工	二类人工	工日	135.00	3.530	3.612	3.807	3.989	4.210	4.651
材料	钢板卷管（45°弯头用）	m	—	(0.650)	(0.650)	(0.650)	(0.690)	(0.690)	(0.690)
	钢板卷管（60°弯头用）	m	—	(0.830)	(0.830)	(0.830)	(0.880)	(0.880)	(0.880)
	氧气	m^3	3.62	6.467	7.038	8.143	7.725	8.943	10.144
	乙炔气	m^3	8.90	2.155	2.346	2.714	2.590	2.997	3.388
	电焊条	kg	4.31	10.311	11.699	14.810	12.980	16.434	20.381
	尼龙砂轮片 φ100	片	1.29	0.724	0.751	0.798	0.834	0.886	0.941
	棉纱	kg	10.34	0.116	0.116	0.116	0.128	0.128	0.128
	六角带帽螺栓	10套	3.28	0.048	0.048	0.048	0.048	0.048	0.048
	角钢 Q235B 综合	kg	3.97	0.220	0.220	0.220	0.220	0.220	0.220
	电	kW·h	0.78	1.272	1.288	1.344	1.428	1.491	1.681
	其他材料费	元	1.00	0.49	0.54	0.64	0.60	0.71	0.83
机械	交流弧焊机 21kV·A	台班	63.33	1.590	1.617	1.712	1.794	1.900	2.222
	电焊条烘干箱 60×50×75cm³	台班	16.84	0.159	0.162	0.171	0.179	0.190	0.222
	汽车式起重机 8t	台班	648.48	0.014	0.015	0.019	0.019	—	—
	汽车式起重机 12t	台班	748.60	—	—	—	—	0.021	0.024
	载货汽车 5t	台班	382.30	0.005	0.006	0.007	0.007	0.008	0.008

工作内容:量尺寸、切管、组对、焊接成型、成品码垛等操作过程。 **计量单位**:个

定额编号				7-249	7-250	7-251	7-252	7-253	7-254
项目				管外径×壁厚(mm×mm 以内)					
				1220×10	1220×12	1220×14	1420×10	1420×12	1420×14
基价(元)				**953.93**	**1026.26**	**1157.35**	**1101.76**	**1182.92**	**1335.88**
其中	人工费(元)			656.91	691.88	762.62	756.68	794.34	878.04
	材料费(元)			135.50	163.53	193.89	154.49	186.64	221.50
	机械费(元)			161.52	170.85	200.84	190.59	201.94	236.34
名称		单位	单价(元)	消耗量					
人工	二类人工	工日	135.00	4.866	5.125	5.649	5.605	5.884	6.504
材料	钢板卷管(45°弯头用)	m	—	(0.810)	(0.810)	(0.810)	(0.910)	(0.910)	(0.910)
	钢板卷管(60°弯头用)	m	—	(1.300)	(1.300)	(1.300)	(1.400)	(1.400)	(1.400)
	氧气	m^3	3.62	9.447	10.952	12.401	10.539	12.213	13.824
	乙炔气	m^3	8.90	3.149	3.650	4.134	3.514	4.071	4.609
	电焊条	kg	4.31	15.542	19.681	24.414	18.104	22.929	28.447
	尼龙砂轮片 ϕ100	片	1.29	0.999	1.062	1.128	1.132	1.223	1.283
	棉纱	kg	10.34	0.154	0.154	0.154	0.178	0.178	0.178
	六角带帽螺栓	10 套	3.28	0.048	0.048	0.048	0.048	0.048	0.048
	角钢 Q235B 综合	kg	3.97	0.294	0.294	0.294	0.294	0.294	0.294
	电	kW·h	0.78	1.753	1.828	2.056	2.035	2.122	2.389
	其他材料费	元	1.00	0.72	0.86	1.01	0.82	0.98	1.15
机械	交流弧焊机 21kV·A	台班	63.33	2.161	2.287	2.673	2.515	2.663	3.113
	电焊条烘干箱 60×50×75cm³	台班	16.84	0.216	0.229	0.267	0.252	0.266	0.311
	汽车式起重机 12t	台班	748.60	0.024	0.025	—	—	—	—
	汽车式起重机 16t	台班	875.04	—	—	0.027	0.027	0.029	0.034
	载货汽车 5t	台班	382.30	0.008	0.009	0.009	0.009	0.009	0.011

工作内容：量尺寸、切管、组对、焊接成型、成品码垛等操作过程。　　　　**计量单位**：个

定额编号				7-255	7-256	7-257	7-258	7-259	7-260
项目				管外径×壁厚（mm×mm 以内）					
				1620×10	1620×12	1620×14	1820×12	1820×14	1820×16
基价（元）				**1254.10**	**1353.34**	**1527.84**	**1620.60**	**1738.60**	**1839.32**
其中	人工费（元）			854.28	902.34	997.52	1109.03	1123.61	1150.20
	材料费（元）			178.02	214.71	254.54	244.63	285.37	342.59
	机械费（元）			221.80	236.29	275.78	266.94	329.62	346.53
名称		单位	单价(元)	消耗量					
人工	二类人工	工日	135.00	6.328	6.684	7.389	8.215	8.323	8.520
材料	钢板卷管（45°弯头用）	m	—	(0.980)	(0.980)	(0.980)	(1.300)	(1.300)	(1.300)
	钢板卷管（60°弯头用）	m	—	(1.500)	(1.500)	(1.500)	(1.600)	(1.600)	(1.600)
	氧气	m^3	3.62	12.242	14.154	15.993	15.827	17.894	19.896
	乙炔气	m^3	8.90	4.081	4.718	5.331	5.726	5.965	6.632
	电焊条	kg	4.31	20.667	26.173	32.479	29.425	36.512	46.626
	尼龙砂轮片 $\phi100$	片	1.29	1.330	1.414	1.503	1.590	1.690	1.816
	棉纱	kg	10.34	0.204	0.204	0.204	0.228	0.228	0.228
	六角带帽螺栓	10套	3.28	0.094	0.094	0.094	0.094	0.094	0.094
	角钢 Q235B 综合	kg	3.97	0.356	0.356	0.356	0.356	0.356	0.356
	电	kW·h	0.78	2.323	2.422	2.727	2.722	3.070	3.105
	其他材料费	元	1.00	0.95	1.13	1.32	1.30	1.48	1.74
机械	交流弧焊机 21kV·A	台班	63.33	2.871	3.040	3.554	3.418	3.997	4.056
	电焊条烘干箱 $60\times50\times75cm^3$	台班	16.84	0.287	0.304	0.355	0.342	0.400	0.406
	汽车式起重机 16t	台班	875.04	0.035	0.039	0.045	0.045	—	—
	汽车式起重机 20t	台班	942.85	—	—	—	—	0.067	0.080
	载货汽车 8t	台班	411.20	0.011	0.011	0.013	0.013	0.016	0.018

工作内容:量尺寸、切管、组对、焊接成型、成品码垛等操作过程。 **计量单位:**个

定额编号					7-261	7-262	7-263
项目					管外径×壁厚(mm×mm 以内)		
					2020×12	2020×14	2020×16
基价(元)					**1706.21**	**1939.56**	**2141.13**
其中	人工费(元)				1129.41	1247.81	1375.38
	材料费(元)				266.46	316.20	379.77
	机械费(元)				310.34	375.55	385.98
名称			单位	单价(元)	消耗量		
人工	二类人工		工日	135.00	8.366	9.243	10.188
材料	钢板卷管(45°弯头用)		m	—	(1.400)	(1.400)	(1.400)
	钢板卷管(60°弯头用)		m	—	(1.700)	(1.700)	(1.700)
	氧气		m^3	3.62	17.499	19.795	22.019
	乙炔气		m^3	8.90	5.832	6.598	7.340
	电焊条		kg	4.31	32.673	40.545	51.779
	尼龙砂轮片 ϕ100		片	1.29	1.766	1.878	2.017
	棉纱		kg	10.34	0.254	0.254	0.254
	六角带帽螺栓		10套	3.28	0.094	0.094	0.094
	角钢 Q235B 综合		kg	3.97	0.356	0.356	0.356
	电		kW·h	0.78	3.029	3.409	3.448
	其他材料费		元	1.00	1.40	1.64	1.93
机械	交流弧焊机 21kV·A		台班	63.33	3.794	4.438	4.505
	电焊条烘干箱 60×50×75cm³		台班	16.84	0.379	0.444	0.451
	汽车式起重机 20t		台班	942.85	0.061	0.084	0.090
	载货汽车 8t		台班	411.20	0.015	0.019	0.020

3. 焊接弯头制作(90°)

工作内容:量尺寸、切管、组对、焊接成型、成品码垛等操作过程。 **计量单位:**个

定额编号				7-264	7-265	7-266	7-267	7-268	7-269
项目				管外径×壁厚(mm×mm 以内)					
				219×5	219×6	219×7	273×6	273×7	273×8
基价(元)				**184.86**	**195.11**	**214.80**	**236.37**	**259.94**	**275.80**
其中	人工费(元)			137.43	143.91	156.47	174.96	189.81	199.40
	材料费(元)			22.20	25.38	29.72	29.43	34.63	39.15
	机械费(元)			25.23	25.82	28.61	31.98	35.50	37.25
名称		单位	单价(元)	消耗量					
人工	二类人工	工日	135.00	1.018	1.066	1.159	1.296	1.406	1.477
材料	钢板卷管	m	—	(0.515)	(0.515)	(0.515)	(0.530)	(0.530)	(0.530)
	氧气	m^3	3.62	2.099	2.429	2.745	2.721	3.079	3.423
	乙炔气	m^3	8.90	0.745	0.811	0.915	0.907	1.026	1.141
	电焊条	kg	4.31	1.336	1.653	2.168	2.097	2.741	3.250
	尼龙砂轮片 ϕ100	片	1.29	0.145	0.153	0.163	0.192	0.205	0.220
	棉纱	kg	10.34	0.042	0.042	0.042	0.051	0.051	0.051
	角钢 Q235B 综合	kg	3.97	0.300	0.300	0.300	0.300	0.300	0.300
	电	kW·h	0.78	0.345	0.350	0.376	0.426	0.458	0.474
	其他材料费	元	1.00	0.13	0.15	0.17	0.17	0.20	0.22
机械	交流弧焊机 21kV·A	台班	63.33	0.388	0.397	0.440	0.492	0.546	0.573
	电焊条烘干箱 60×50×75cm^3	台班	16.84	0.039	0.040	0.044	0.049	0.055	0.057

工作内容:量尺寸、切管、组对、焊接成型、成品码垛等操作过程。 **计量单位:**个

定额编号				7-270	7-271	7-272	7-273	7-274	7-275
项目				管外径×壁厚(mm×mm 以内)					
				325×6	325×7	325×8	377×8	377×9	377×10
基价(元)				**284.49**	**312.54**	**330.77**	**377.48**	**397.70**	**415.48**
其中	人工费(元)			213.98	230.99	241.92	276.35	287.96	297.54
	材料费(元)			32.22	39.04	44.24	49.31	55.38	61.63
	机械费(元)			38.29	42.51	44.61	51.82	54.36	56.31
名称		单位	单价(元)	消耗量					
人工	二类人工	工日	135.00	1.585	1.711	1.792	2.047	2.133	2.204
材料	钢板卷管	m	—	(0.530)	(0.530)	(0.530)	(0.600)	(0.600)	(0.600)
	氧气	m^3	3.62	2.741	3.361	3.741	4.062	4.461	4.848
	乙炔气	m^3	8.90	0.989	1.121	1.247	1.353	1.486	1.616
	电焊条	kg	4.31	2.500	3.269	3.878	4.505	5.282	6.124
	尼龙砂轮片 ϕ100	片	1.29	0.228	0.245	0.264	0.324	0.354	0.370
	棉纱	kg	10.34	0.063	0.063	0.063	0.072	0.072	0.072
	角钢 Q235B 综合	kg	3.97	0.300	0.300	0.300	0.300	0.300	0.300
	电	kW·h	0.78	0.517	0.555	0.574	0.667	0.691	0.709
	其他材料费	元	1.00	0.18	0.22	0.25	0.27	0.31	0.34
机械	交流弧焊机 21kV·A	台班	63.33	0.589	0.654	0.686	0.797	0.836	0.866
	电焊条烘干箱 60×50×75cm^3	台班	16.84	0.059	0.065	0.069	0.080	0.084	0.087

工作内容:量尺寸、切管、组对、焊接成型、成品码垛等操作过程。 **计量单位**:个

定额编号				7-276	7-277	7-278	7-279	7-280	7-281
项目				管外径×壁厚(mm×mm 以内)					
				426×8	426×9	426×10	478×8	478×9	478×10
基价(元)				**423.39**	**446.36**	**470.42**	**635.04**	**668.55**	**698.20**
其中	人工费(元)			310.10	323.33	338.18	467.78	486.95	503.01
	材料费(元)			54.71	61.52	68.53	79.16	89.09	99.37
	机械费(元)			58.58	61.51	63.71	88.10	92.51	95.82
名称		单位	单价(元)	消耗量					
人工	二类人工	工日	135.00	2.297	2.395	2.505	3.465	3.607	3.726
材料	钢板卷管	m	—	(0.675)	(0.675)	(0.675)	(0.760)	(0.760)	(0.760)
	氧气	m^3	3.62	4.455	4.897	5.328	6.279	6.902	7.509
	乙炔气	m^3	8.90	1.485	1.634	1.777	2.093	2.301	2.503
	电焊条	kg	4.31	5.098	5.975	6.930	7.630	8.949	10.381
	尼龙砂轮片 ϕ100	片	1.29	0.367	0.401	0.419	0.579	0.630	0.658
	棉纱	kg	10.34	0.081	0.081	0.081	0.120	0.120	0.120
	角钢 Q235B 综合	kg	3.97	0.300	0.300	0.300	0.400	0.400	0.400
	电	kW·h	0.78	0.754	0.781	0.801	1.151	1.191	1.221
	其他材料费	元	1.00	0.30	0.34	0.37	0.44	0.49	0.54
机械	交流弧焊机 21kV·A	台班	63.33	0.901	0.946	0.980	1.355	1.423	1.474
	电焊条烘干箱 60×50×75cm³	台班	16.84	0.090	0.095	0.098	0.136	0.142	0.147

工作内容:量尺寸、切管、组对、焊接成型、成品码垛等操作过程。 **计量单位**:个

定额编号				7-282	7-283	7-284	7-285	7-286	7-287
项目				管外径×壁厚(mm×mm 以内)					
				529×8	529×9	529×10	630×8	630×9	630×10
基价(元)				**704.17**	**741.86**	**774.99**	**889.96**	**927.41**	**958.81**
其中	人工费(元)			516.38	537.57	554.99	634.37	653.54	668.79
	材料费(元)			86.42	97.30	108.55	112.96	125.87	139.23
	机械费(元)			101.37	106.99	111.45	142.63	148.00	150.79
名称		单位	单价(元)	消耗量					
人工	二类人工	工日	135.00	3.825	3.982	4.111	4.699	4.841	4.954
材料	钢板卷管	m	—	(0.840)	(0.840)	(0.840)	(0.900)	(0.900)	(0.900)
	氧气	m^3	3.62	6.728	7.397	8.048	8.161	8.956	9.729
	乙炔气	m^3	8.90	2.243	2.466	2.683	2.720	2.985	3.243
	电焊条	kg	4.31	8.534	9.996	11.583	12.208	13.947	15.836
	尼龙砂轮片 ϕ100	片	1.29	0.673	0.731	0.761	0.842	0.910	0.947
	棉纱	kg	10.34	0.132	0.132	0.132	0.160	0.160	0.160
	角钢 Q235B 综合	kg	3.97	0.400	0.400	0.400	0.404	0.404	0.404
	电	kW·h	0.78	1.318	1.363	1.397	1.694	1.726	1.749
	六角带帽螺栓	10 套	3.28	—	—	—	0.096	0.096	0.096
	其他材料费	元	1.00	0.47	0.53	0.59	0.61	0.68	0.74
机械	交流弧焊机 21kV·A	台班	63.33	1.508	1.583	1.640	2.114	2.168	2.205
	电焊条烘干箱 60×50×75cm³	台班	16.84	0.151	0.158	0.164	0.211	0.217	0.221
	汽车式起重机 5t	台班	366.47	0.007	0.008	0.009	0.010	0.014	0.014
	载货汽车 5t	台班	382.30	0.002	0.003	0.004	0.004	0.005	0.006

工作内容：量尺寸、切管、组对、焊接成型、成品码垛等操作过程。　　**计量单位**：个

定额编号				7-288	7-289	7-290	7-291	7-292	7-293
项目				管外径×壁厚(mm×mm 以内)					
				720×8	720×9	720×10	820×9	820×10	820×12
基价(元)				**1014.28**	**1055.63**	**1096.81**	**1200.40**	**1247.76**	**1335.41**
其中	人工费(元)			722.66	744.26	761.54	839.57	858.87	904.77
	材料费(元)			126.37	140.90	155.98	159.97	177.05	213.34
	机械费(元)			165.25	170.47	179.29	200.86	211.84	217.30
名称		单位	单价(元)	消耗量					
人工	二类人工	工日	135.00	5.353	5.513	5.641	6.219	6.362	6.702
材料	钢板卷管	m	—	(1.000)	(1.000)	(1.000)	(1.500)	(1.500)	(1.500)
	氧气	m^3	3.62	8.926	9.799	10.647	10.980	11.930	13.764
	乙炔气	m^3	8.90	2.976	3.267	3.550	3.661	3.979	4.588
	电焊条	kg	4.31	13.968	15.959	18.124	18.364	20.834	26.370
	尼龙砂轮片 ϕ100	片	1.29	0.963	1.042	1.085	1.288	1.337	1.420
	棉纱	kg	10.34	0.180	0.180	0.180	0.208	0.208	0.208
	六角带帽螺栓	10套	3.28	0.096	0.096	0.096	0.096	0.096	0.096
	角钢 Q235B 综合	kg	3.97	0.440	0.440	0.440	0.440	0.440	0.440
	电	kW·h	0.78	1.954	1.990	2.015	2.270	2.278	2.398
	其他材料费	元	1.00	0.68	0.75	0.83	0.85	0.94	1.11
机械	交流弧焊机 21kV·A	台班	63.33	2.422	2.485	2.527	2.833	2.982	3.050
	电焊条烘干箱 60×50×75cm^3	台班	16.84	0.242	0.249	0.253	0.283	0.298	0.305
	汽车式起重机 5t	台班	366.47	0.015	0.017	—	—	—	—
	汽车式起重机 8t	台班	648.48	—	—	0.019	0.021	0.023	0.024
	载货汽车 5t	台班	382.30	0.006	0.007	0.007	0.008	0.008	0.009

工作内容:量尺寸、切管、组对、焊接成型、成品码垛等操作过程。 **计量单位:**个

定额编号				7-294	7-295	7-296	7-297	7-298	7-299
项目				管外径×壁厚(mm×mm 以内)					
				920×9	920×10	920×12	1020×10	1020×12	1020×14
基价(元)				**1338.47**	**1384.24**	**1488.05**	**1527.91**	**1651.04**	**1860.65**
其中	人工费(元)			934.34	955.67	1006.43	1054.62	1112.40	1229.99
	材料费(元)			178.76	197.94	238.72	218.62	263.81	312.84
	机械费(元)			225.37	230.63	242.90	254.67	274.83	317.82
名称		单位	单价(元)	消耗量					
人工	二类人工	工日	135.00	6.921	7.079	7.455	7.812	8.240	9.111
材料	钢板卷管	m	—	(1.600)	(1.600)	(1.600)	(1.700)	(1.700)	(1.700)
	氧气	m^3	3.62	12.238	13.305	15.363	14.606	16.876	19.053
	乙炔气	m^3	8.90	4.080	4.435	5.121	4.901	5.658	6.384
	电焊条	kg	4.31	20.623	23.398	29.620	25.960	32.868	40.762
	尼龙砂轮片 ϕ100	片	1.29	1.447	1.502	1.596	1.667	1.772	1.881
	棉纱	kg	10.34	0.232	0.232	0.232	0.256	0.256	0.256
	六角带帽螺栓	10 套	3.28	0.096	0.096	0.096	0.096	0.096	0.096
	角钢 Q235B 综合	kg	3.97	0.440	0.440	0.440	0.440	0.440	0.440
	电	kW·h	0.78	2.544	2.576	2.689	2.857	2.981	3.363
	其他材料费	元	1.00	0.95	1.05	1.25	1.15	1.38	1.61
机械	交流弧焊机 21kV·A	台班	63.33	3.180	3.235	3.424	3.589	3.800	4.444
	电焊条烘干箱 60×50×75cm³	台班	16.84	0.318	0.324	0.342	0.359	0.380	0.444
	汽车式起重机 8t	台班	648.48	0.024	0.026	0.026	0.027	—	—
	汽车式起重机 12t	台班	748.60	—	—	—	—	0.032	0.033
	载货汽车 5t	台班	382.30	0.008	0.009	0.009	0.010	0.010	0.011

工作内容：量尺寸、切管、组对、焊接成型、成品码垛等操作过程。　　**计量单位**：个

定额编号				7-300	7-301	7-302	7-303	7-304	7-305
项目				管外径×壁厚（mm×mm 以内）					
				1220×10	1220×12	1220×14	1420×10	1420×12	1420×14
基价（元）				**1866.07**	**2010.66**	**2273.19**	**2159.33**	**2329.84**	**2631.67**
其中	人工费（元）			1287.50	1354.86	1494.86	1481.36	1554.93	1719.63
	材料费（元）			263.80	319.78	377.71	301.85	364.28	432.50
	机械费（元）			314.77	336.02	400.62	376.12	410.63	479.54
名称		单位	单价(元)	消耗量					
人工	二类人工	工日	135.00	9.537	10.036	11.073	10.973	11.518	12.738
材料	钢板卷管	m	—	(2.000)	(2.000)	(2.000)	(2.050)	(2.050)	(2.050)
	氧气	m^3	3.62	17.806	20.600	23.285	19.943	23.068	26.065
	乙炔气	m^3	8.90	5.936	7.017	7.761	6.694	7.689	8.689
	电焊条	kg	4.31	31.085	39.363	48.828	36.209	45.869	56.894
	尼龙砂轮片 $\phi100$	片	1.29	1.998	2.124	2.256	2.264	2.411	2.566
	棉纱	kg	10.34	0.308	0.308	0.308	0.356	0.356	0.356
	六角带帽螺栓	10 套	3.28	0.096	0.096	0.096	0.096	0.096	0.096
	角钢 Q235B 综合	kg	3.97	0.588	0.588	0.588	0.588	0.588	0.588
	电	kW·h	0.78	3.506	3.655	4.112	4.071	4.245	4.799
	其他材料费	元	1.00	1.39	1.68	1.95	1.59	1.89	2.22
机械	交流弧焊机 21kV·A	台班	63.33	4.322	4.574	5.347	5.030	5.326	6.226
	电焊条烘干箱 $60\times50\times75cm^3$	台班	16.84	0.432	0.457	0.535	0.503	0.533	0.623
	汽车式起重机 12t	台班	748.60	0.039	0.045	—	—	—	—
	汽车式起重机 16t	台班	875.04	—	—	0.054	0.050	0.067	0.078
	载货汽车 5t	台班	382.30	0.012	0.013	0.015	0.014	0.015	0.017

工作内容:量尺寸、切管、组对、焊接成型、成品码垛等操作过程。　　**计量单位:**个

定额编号				7-306	7-307	7-308	7-309	7-310	7-311
项目				管外径×壁厚(mm×mm 以内)					
				1620×10	1620×12	1620×14	1820×12	1820×14	1820×16
基价(元)				**2472.02**	**2659.52**	**2999.25**	**2930.30**	**3397.82**	**3579.59**
其中	人工费(元)			1673.87	1765.94	1953.05	1921.05	2199.15	2249.91
	材料费(元)			347.44	419.14	497.10	469.49	557.24	669.79
	机械费(元)			450.71	474.44	549.10	539.76	641.43	659.89
名称		单位	单价(元)	消耗量					
人工	二类人工	工日	135.00	12.399	13.081	14.467	14.230	16.290	16.666
材料	钢板卷管	m	—	(2.200)	(2.200)	(2.200)	(2.400)	(2.400)	(2.400)
	氧气	m^3	3.62	23.189	26.755	30.178	29.909	33.755	37.471
	乙炔气	m^3	8.90	7.730	8.918	10.059	9.957	11.252	12.490
	电焊条	kg	4.31	41.334	52.354	64.959	58.850	73.024	93.252
	尼龙砂轮片 φ100	片	1.29	2.659	2.828	3.006	3.181	3.381	3.631
	棉纱	kg	10.34	0.408	0.408	0.408	0.456	0.456	0.456
	六角带帽螺栓	10 套	3.28	0.188	0.188	0.188	0.188	0.188	0.188
	角钢 Q235B 综合	kg	3.97	0.712	0.712	0.712	0.712	0.712	0.712
	电	kW·h	0.78	4.646	4.845	5.456	5.454	6.139	6.210
	其他材料费	元	1.00	1.83	2.18	2.56	2.44	2.86	3.38
机械	交流弧焊机 21kV·A	台班	63.33	5.742	6.080	7.108	6.836	7.993	8.113
	电焊条烘干箱 60×50×75cm³	台班	16.84	0.574	0.608	0.711	0.684	0.799	0.811
	汽车式起重机 16t	台班	875.04	0.080	0.082	0.090	0.100	—	—
	汽车式起重机 20t	台班	942.85	—	—	—	—	0.120	0.130
	载货汽车 8t	台班	411.20	0.018	0.018	0.020	0.019	0.021	0.024

工作内容：量尺寸、切管、组对、焊接成型、成品码垛等操作过程。　　计量单位：个

定额编号				7-312	7-313	7-314
项目				管外径×壁厚（mm×mm 以内）		
				2020×12	2020×14	2020×16
基价（元）				**3354.86**	**3807.68**	**4045.49**
其中	人工费（元）			2208.33	2442.15	2498.31
	材料费（元）			520.29	617.42	742.46
	机械费（元）			626.24	748.11	804.72
	名称	单位	单价(元)	消耗量		
人工	二类人工	工日	135.00	16.358	18.090	18.506
材料	钢板卷管	m	—	(2.500)	(2.500)	(2.500)
	氧气	m^3	3.62	33.119	37.332	41.460
	乙炔气	m^3	8.90	11.019	12.444	13.822
	电焊条	kg	4.31	65.346	81.090	103.558
	尼龙砂轮片 φ100	片	1.29	3.533	3.756	4.034
	棉纱	kg	10.34	0.508	0.508	0.508
	六角带帽螺栓	10套	3.28	0.188	0.188	0.188
	角钢 Q235B 综合	kg	3.97	0.712	0.712	0.712
	电	kW·h	0.78	6.057	6.817	6.897
	其他材料费	元	1.00	2.71	3.17	3.74
机械	交流弧焊机 21kV·A	台班	63.33	7.589	8.877	9.010
	电焊条烘干箱 $60\times50\times75cm^3$	台班	16.84	0.759	0.888	0.901
	汽车式起重机 20t	台班	942.85	0.130	0.170	0.220
	载货汽车 8t	台班	411.20	0.025	0.026	0.028

二、弯头(异径管)安装

工作内容：切管、管口修整、坡口、组对安装、点焊、焊接等操作过程。　　计量单位：个

定额编号				7-315	7-316	7-317	7-318	7-319	7-320
项目				管外径×壁厚（mm×mm 以内）					
				57×3.5	75×4	89×4	114×4	133×4.5	159×5
基价（元）				**40.44**	**55.74**	**63.74**	**77.27**	**96.35**	**122.77**
其中	人工费（元）			32.81	43.88	49.95	59.94	73.58	94.23
	材料费（元）			2.30	3.28	3.78	4.64	6.33	8.05
	机械费（元）			5.33	8.58	10.01	12.69	16.44	20.49
	名称	单位	单价(元)	消耗量					
人工	二类人工	工日	135.00	0.243	0.325	0.370	0.444	0.545	0.698
材料	异径管弯头	个	—	(1.000)	(1.000)	(1.000)	(1.000)	(1.000)	(1.000)
	氧气	m^3	3.62	0.267	0.329	0.371	0.449	0.568	0.724
	乙炔气	m^3	8.90	0.076	0.109	0.125	0.149	0.189	0.241
	电焊条	kg	4.31	0.116	0.208	0.246	0.317	0.507	0.645
	尼龙砂轮片 φ100	片	1.29	0.017	0.025	0.030	0.041	0.052	0.067
	棉纱	kg	10.34	0.007	0.010	0.012	0.014	0.017	0.021
	电	kW·h	0.78	0.082	0.115	0.133	0.163	0.204	0.260
机械	交流弧焊机 21kV·A	台班	63.33	0.082	0.132	0.154	0.195	0.253	0.315
	电焊条烘干箱 $60\times50\times75cm^3$	台班	16.84	0.008	0.013	0.015	0.020	0.025	0.032

工作内容:切管、管口修整、坡口、组对安装、点焊、焊接等操作过程。 **计量单位**:个

定额编号				7-321	7-322	7-323	7-324	7-325	7-326
项目				管外径×壁厚(mm×mm 以内)					
				219×5	219×6	219×7	273×6	273×7	273×8
基价(元)				**115.55**	**121.26**	**132.81**	**148.36**	**161.46**	**171.66**
其中	人工费(元)			86.13	89.51	96.66	109.89	118.53	124.07
	材料费(元)			12.58	14.59	17.11	17.14	19.27	22.76
	机械费(元)			16.84	17.16	19.04	21.33	23.66	24.83
名称		单位	单价(元)	消耗量					
人工	二类人工	工日	135.00	0.638	0.663	0.716	0.814	0.878	0.919
材料	异径管弯头	个	—	(1.000)	(1.000)	(1.000)	(1.000)	(1.000)	(1.000)
	氧气	m^3	3.62	1.116	1.282	1.436	1.454	1.600	1.801
	乙炔气	m^3	8.90	0.372	0.427	0.479	0.485	0.532	0.598
	电焊条	kg	4.31	0.891	1.102	1.445	1.398	1.667	2.167
	尼龙砂轮片 ϕ100	片	1.29	0.097	0.102	0.109	0.128	0.136	0.147
	棉纱	kg	10.34	0.028	0.028	0.028	0.034	0.034	0.034
	角钢 Q235B 综合	kg	3.97	0.200	0.200	0.200	0.200	0.200	0.200
	电	kW·h	0.78	0.230	0.233	0.250	0.284	0.305	0.316
机械	交流弧焊机 21kV·A	台班	63.33	0.259	0.264	0.293	0.328	0.364	0.382
	电焊条烘干箱 60×50×75cm^3	台班	16.84	0.026	0.026	0.029	0.033	0.036	0.038

工作内容:切管、管口修整、坡口、组对安装、点焊、焊接等操作过程。 **计量单位**:个

定额编号				7-327	7-328	7-329	7-330	7-331	7-332
项目				管外径×壁厚(mm×mm 以内)					
				325×7	325×8	325×9	377×8	377×9	377×10
基价(元)				**181.42**	**196.76**	**207.19**	**237.49**	**250.00**	**260.70**
其中	人工费(元)			135.54	145.40	151.47	173.75	180.90	186.57
	材料费(元)			20.33	23.01	26.00	29.22	32.82	36.55
	机械费(元)			25.55	28.35	29.72	34.52	36.28	37.58
名称		单位	单价(元)	消耗量					
人工	二类人工	工日	135.00	1.004	1.077	1.122	1.287	1.340	1.382
材料	异径管弯头	个	—	(1.000)	(1.000)	(1.000)	(1.000)	(1.000)	(1.000)
	氧气	m^3	3.62	1.634	1.805	1.992	2.181	2.382	2.577
	乙炔气	m^3	8.90	0.545	0.602	0.662	0.727	0.794	0.859
	电焊条	kg	4.31	1.827	2.179	2.585	3.003	3.521	4.083
	尼龙砂轮片 ϕ100	片	1.29	0.152	0.163	0.176	0.216	0.236	0.247
	棉纱	kg	10.34	0.042	0.042	0.042	0.048	0.048	0.048
	角钢 Q235B 综合	kg	3.97	0.200	0.200	0.200	0.200	0.200	0.200
	电	kW·h	0.78	0.345	0.370	0.382	0.445	0.461	0.472
机械	交流弧焊机 21kV·A	台班	63.33	0.393	0.436	0.457	0.531	0.558	0.578
	电焊条烘干箱 60×50×75cm^3	台班	16.84	0.039	0.044	0.046	0.053	0.056	0.058

工作内容:切管、管口修整、坡口、组对安装、点焊、焊接等操作过程。 **计量单位:**个

定额编号					7-333	7-334	7-335	7-336	7-337	7-338
项目					管外径×壁厚(mm×mm 以内)					
					426×8	426×9	426×10	478×8	478×9	478×10
基价(元)					**266.76**	**280.30**	**292.45**	**302.13**	**317.38**	**330.62**
其中	人工费(元)				195.35	202.91	209.39	222.48	231.12	238.01
	材料费(元)				32.34	36.37	40.55	35.57	40.04	44.69
	机械费(元)				39.07	41.02	42.51	44.08	46.22	47.92
名称		单位	单价(元)		消耗量					
人工	二类人工	工日	135.00		1.447	1.503	1.551	1.648	1.712	1.763
材料	异径管弯头	个	—		(1.000)	(1.000)	(1.000)	(1.000)	(1.000)	(1.000)
	氧气	m^3	3.62		2.373	2.596	2.810	2.563	2.804	3.037
	乙炔气	m^3	8.90		0.791	0.865	0.937	0.855	0.935	1.012
	电焊条	kg	4.31		3.399	3.984	4.620	3.815	4.474	5.191
	尼龙砂轮片 φ100	片	1.29		0.245	0.267	0.279	0.289	0.315	0.329
	棉纱	kg	10.34		0.054	0.054	0.054	0.060	0.060	0.060
	角钢 Q235B 综合	kg	3.97		0.200	0.200	0.200	0.200	0.200	0.200
	电	kW·h	0.78		0.503	0.520	0.534	0.575	0.596	0.610
机械	交流弧焊机 21kV·A	台班	63.33		0.601	0.631	0.654	0.678	0.711	0.737
	电焊条烘干箱 60×50×75cm³	台班	16.84		0.060	0.063	0.065	0.068	0.071	0.074

工作内容:切管、管口修整、坡口、组对安装、点焊、焊接等操作过程。 **计量单位:**个

定额编号					7-339	7-340	7-341	7-342	7-343	7-344
项目					管外径×壁厚(mm×mm 以内)					
					529×8	529×9	529×10	630×8	630×9	630×10
基价(元)					**333.21**	**349.99**	**364.81**	**423.21**	**439.14**	**452.84**
其中	人工费(元)				245.30	254.75	262.58	303.21	311.58	318.06
	材料费(元)				38.90	43.82	48.92	51.28	57.09	63.14
	机械费(元)				49.01	51.42	53.31	68.72	70.47	71.64
名称		单位	单价(元)		消耗量					
人工	二类人工	工日	135.00		1.817	1.887	1.945	2.246	2.308	2.356
材料	异径管弯头	个	—		(1.000)	(1.000)	(1.000)	(1.000)	(1.000)	(1.000)
	氧气	m^3	3.62		2.747	3.007	3.257	3.335	3.641	3.937
	乙炔气	m^3	8.90		0.915	1.002	1.085	1.113	1.214	1.312
	电焊条	kg	4.31		4.267	4.998	5.791	6.104	6.973	7.918
	尼龙砂轮片 φ100	片	1.29		0.337	0.365	0.381	0.421	0.455	0.474
	棉纱	kg	10.34		0.066	0.066	0.066	0.080	0.080	0.080
	角钢 Q235B 综合	kg	3.97		0.200	0.200	0.200	0.202	0.202	0.202
	电	kW·h	0.78		0.659	0.681	0.699	0.847	0.863	0.874
	六角带帽螺栓	10套	3.28		—	—	—	0.048	0.048	0.048
机械	交流弧焊机 21kV·A	台班	63.33		0.754	0.791	0.820	1.057	1.084	1.102
	电焊条烘干箱 60×50×75cm³	台班	16.84		0.075	0.079	0.082	0.106	0.108	0.110

工作内容:切管、管口修整、坡口、组对安装、点焊、焊接等操作过程。　　　　**计量单位:**个

定额编号				7-345	7-346	7-347	7-348	7-349	7-350
项目				管外径×壁厚(mm×mm 以内)					
				720×8	720×9	720×10	820×9	820×10	820×12
基价(元)				**483.65**	**501.31**	**517.05**	**577.85**	**596.99**	**642.80**
其中	人工费(元)			347.09	356.13	363.56	402.98	411.08	432.00
	材料费(元)			57.83	64.44	71.32	73.43	81.24	98.59
	机械费(元)			78.73	80.74	82.17	101.44	104.67	112.21
	名称	单位	单价(元)	消耗量					
人工	二类人工	工日	135.00	2.571	2.638	2.693	2.985	3.045	3.200
材料	异径管弯头	个	—	(1.000)	(1.000)	(1.000)	(1.000)	(1.000)	(1.000)
	氧气	m^3	3.62	3.702	4.045	4.375	4.559	4.932	5.646
	乙炔气	m^3	8.90	1.234	1.348	1.458	1.520	1.643	1.882
	电焊条	kg	4.31	6.984	7.980	9.062	9.182	10.417	13.185
	尼龙砂轮片 ϕ100	片	1.29	0.482	0.521	0.543	0.644	0.668	0.710
	棉纱	kg	10.34	0.090	0.090	0.090	0.104	0.104	0.104
	六角带帽螺栓	10套	3.28	0.048	0.048	0.048	0.048	0.048	0.048
	角钢 Q235B 综合	kg	3.97	0.220	0.220	0.220	0.220	0.220	0.220
	电	kW·h	0.78	0.977	0.995	1.008	1.135	1.149	1.990
机械	交流弧焊机 21kV·A	台班	63.33	1.211	1.242	1.264	1.417	1.441	1.525
	电焊条烘干箱 60×50×75cm³	台班	16.84	0.121	0.124	0.126	0.142	0.144	0.153
	汽车式起重机 8t	台班	648.48	—	—	—	0.012	0.014	0.016
	载货汽车 5t	台班	382.30	—	—	—	0.004	0.005	0.007

工作内容:切管、管口修整、坡口、组对安装、点焊、焊接等操作过程。　　　　**计量单位:**个

定额编号				7-351	7-352	7-353	7-354	7-355	7-356
项目				管外径×壁厚(mm×mm 以内)					
				920×9	920×10	920×12	1020×10	1020×12	1020×14
基价(元)				**646.41**	**667.18**	**718.19**	**738.65**	**796.04**	**898.56**
其中	人工费(元)			449.01	458.19	481.28	505.58	531.36	587.93
	材料费(元)			82.01	90.81	109.58	100.41	121.24	144.02
	机械费(元)			115.39	118.18	127.33	132.66	143.44	166.61
	名称	单位	单价(元)	消耗量					
人工	二类人工	工日	135.00	3.326	3.394	3.565	3.745	3.936	4.355
材料	异径管弯头	个	—	(1.000)	(1.000)	(1.000)	(1.000)	(1.000)	(1.000)
	氧气	m^3	3.62	5.074	5.493	6.293	6.040	6.925	7.765
	乙炔气	m^3	8.90	1.691	1.831	2.097	2.029	2.324	2.605
	电焊条	kg	4.31	10.311	11.700	14.810	12.980	16.434	20.381
	尼龙砂轮片 ϕ100	片	1.29	0.724	0.751	0.798	0.834	0.886	0.941
	棉纱	kg	10.34	0.116	0.116	0.116	0.128	0.128	0.128
	六角带帽螺栓	10套	3.28	0.048	0.048	0.048	0.048	0.048	0.048
	角钢 Q235B 综合	kg	3.97	0.220	0.220	0.220	0.220	0.220	0.220
	电	kW·h	0.78	1.272	1.288	1.344	1.428	1.491	1.681
机械	交流弧焊机 21kV·A	台班	63.33	1.590	1.617	1.712	1.794	1.900	2.222
	电焊条烘干箱 60×50×75cm³	台班	16.84	0.159	0.162	0.171	0.179	0.190	0.222
	汽车式起重机 8t	台班	648.48	0.015	0.016	0.020	0.020	—	—
	汽车式起重机 12t	台班	748.60	—	—	—	—	0.022	0.025
	载货汽车 5t	台班	382.30	0.006	0.007	0.008	0.008	0.009	0.009

工作内容：切管、管口修整、坡口、组对安装、点焊、焊接等操作过程。　　计量单位：个

定额编号				7-357	7-358	7-359	7-360	7-361	7-362
项目				管外径×壁厚（mm×mm以内）					
				1220×10	1220×12	1220×14	1420×10	1420×12	1420×14
基价（元）				**901.82**	**966.51**	**1090.78**	**1048.63**	**1118.18**	**1262.39**
其中	人工费（元）			618.71	648.54	715.77	713.75	747.23	825.66
	材料费（元）			120.46	145.99	172.91	143.04	167.75	199.51
	机械费（元）			162.65	171.98	202.10	191.84	203.20	237.22
名称		单位	单价(元)	消耗量					
人工	二类人工	工日	135.00	4.583	4.804	5.302	5.287	5.535	6.116
材料	异径管弯头	个	—	(1.000)	(1.000)	(1.000)	(1.000)	(1.000)	(1.000)
	氧气	m^3	3.62	7.273	8.347	9.368	8.272	9.496	10.659
	乙炔气	m^3	8.90	2.424	2.835	3.123	2.758	3.166	3.554
	电焊条	kg	4.31	15.542	19.681	24.414	19.104	22.929	28.447
	尼龙砂轮片 $\phi100$	片	1.29	0.999	1.062	1.128	1.132	1.206	1.283
	棉纱	kg	10.34	0.154	0.154	0.154	0.178	0.178	0.178
	六角带帽螺栓	10套	3.28	0.048	0.048	0.048	0.048	0.048	0.048
	角钢 Q235B 综合	kg	3.97	0.294	0.294	0.294	0.294	0.294	0.294
	电	kW·h	0.78	1.753	1.828	2.056	2.035	2.122	2.389
机械	交流弧焊机 21kV·A	台班	63.33	2.161	2.287	2.673	2.515	2.663	3.113
	电焊条烘干箱 60×50×75cm³	台班	16.84	0.216	0.229	0.267	0.252	0.266	0.311
	汽车式起重机 12t	台班	748.60	0.025	0.026	—	—	—	—
	汽车式起重机 16t	台班	875.04	—	—	0.028	0.028	0.030	0.035
	载货汽车 5t	台班	382.30	0.009	0.010	0.010	0.010	0.010	0.011

工作内容:切管、管口修整、坡口、组对安装、点焊、焊接等操作过程。 计量单位:个

定额编号				7-363	7-364	7-365	7-366	7-367	7-368
项目				管外径×壁厚(mm×mm 以内)					
				1620×10	1620×12	1620×14	1820×12	1820×14	1820×16
基价(元)				**1192.09**	**1279.26**	**1444.05**	**1444.86**	**1641.42**	**1723.87**
其中	人工费(元)			809.33	848.88	937.98	956.34	1056.65	1078.25
	材料费(元)			160.02	193.15	229.41	220.69	257.12	309.42
	机械费(元)			222.74	237.23	276.66	267.83	327.65	336.20
名称		单位	单价(元)	消耗量					
人工	二类人工	工日	135.00	5.995	6.288	6.948	7.084	7.827	7.987
材料	异径管弯头	个	—	(1.000)	(1.000)	(1.000)	(1.000)	(1.000)	(1.000)
	氧气	m^3	3.62	9.653	11.051	12.378	13.538	13.828	15.255
	乙炔气	m^3	8.90	3.218	3.683	4.126	4.113	4.611	5.085
	电焊条	kg	4.31	20.667	26.177	32.479	29.425	36.512	46.426
	尼龙砂轮片 ϕ100	片	1.29	1.330	1.414	1.503	1.590	1.690	1.816
	棉纱	kg	10.34	0.204	0.204	0.204	0.228	0.228	0.228
	六角带帽螺栓	10 套	3.28	0.094	0.094	0.094	0.094	0.094	0.094
	角钢 Q235B 综合	kg	3.97	0.356	0.356	0.356	0.356	0.356	0.356
	电	kW·h	0.78	2.323	2.422	2.727	2.727	3.070	3.105
机械	交流弧焊机 21kV·A	台班	63.33	2.871	3.040	3.554	3.418	3.997	4.056
	电焊条烘干箱 60×50×75cm^3	台班	16.84	0.287	0.304	0.355	0.342	0.400	0.406
	汽车式起重机 16t	台班	875.04	0.036	0.040	0.046	0.046	—	—
	汽车式起重机 20t	台班	942.85	—	—	—	—	0.065	0.070
	载货汽车 5t	台班	382.30	0.012	0.012	0.014	0.014	0.017	0.017

工作内容:切管、管口修整、坡口、组对安装、点焊、焊接等操作过程。 计量单位:个

定额编号				7-369	7-370	7-371
项目				管外径×壁厚(mm×mm 以内)		
				2020×12	2020×14	2020×16
基价(元)				**1613.90**	**1832.41**	**1927.40**
其中	人工费(元)			1062.99	1174.10	1198.13
	材料费(元)			239.54	284.81	343.87
	机械费(元)			311.37	373.50	385.40
名称		单位	单价(元)	消耗量		
人工	二类人工	工日	135.00	7.874	8.697	8.875
材料	异径管弯头	个	—	(1.000)	(1.000)	(1.000)
	氧气	m^3	3.62	13.624	15.278	16.862
	乙炔气	m^3	8.90	4.541	5.093	5.621
	电焊条	kg	4.31	32.673	40.545	51.779
	尼龙砂轮片 ϕ100	片	1.29	1.766	1.878	2.017
	棉纱	kg	10.34	0.254	0.254	0.254
	六角带帽螺栓	10 套	3.28	0.094	0.094	0.094
	角钢 Q235B 综合	kg	3.97	0.356	0.356	0.356
	电	kW·h	0.78	3.029	3.409	3.448
机械	交流弧焊机 21kV·A	台班	63.33	3.796	4.438	4.505
	电焊条烘干箱 60×50×75cm^3	台班	16.84	0.380	0.444	0.451
	汽车式起重机 20t	台班	942.85	0.062	0.082	0.090
	载货汽车 5t	台班	382.30	0.016	0.020	0.020

三、三 通 安 装

工作内容：切管、管口修整、坡口、组对安装、点焊、焊接等操作过程。 **计量单位**：个

定额编号				7-372	7-373	7-374	7-375	7-376	7-377
项目				管外径×壁厚(mm 以内)					
				219×5	219×6	219×7	273×6	273×7	273×8
基价(元)				**171.65**	**180.28**	**196.99**	**220.32**	**240.61**	**253.99**
其中	人工费(元)			128.12	133.25	143.51	163.35	175.64	183.47
	材料费(元)			18.30	21.21	24.87	24.99	29.47	33.27
	机械费(元)			25.23	25.82	28.61	31.98	35.50	37.25
	名称	单位	单价(元)	消耗量					
人工	二类人工	工日	135.00	0.949	0.987	1.063	1.210	1.301	1.359
材料	碳钢三通	个	—	(1.000)	(1.000)	(1.000)	(1.000)	(1.000)	(1.000)
	氧气	m^3	3.62	1.588	1.819	2.035	2.073	2.325	2.564
	乙炔气	m^3	8.90	0.529	0.607	0.678	0.691	0.775	0.855
	电焊条	kg	4.31	1.336	1.653	2.168	2.097	2.741	3.250
	尼龙砂轮片 φ100	片	1.29	0.145	0.153	0.163	0.192	0.205	0.220
	棉纱	kg	10.34	0.042	0.042	0.042	0.051	0.051	0.051
	角钢 Q235B 综合	kg	3.97	0.300	0.300	0.300	0.300	0.300	0.300
	电	kW·h	0.78	0.345	0.350	0.376	0.426	0.458	0.474
机械	交流弧焊机 21kV·A	台班	63.33	0.388	0.397	0.440	0.492	0.546	0.573
	电焊条烘干箱 60×50×75cm^3	台班	16.84	0.039	0.040	0.044	0.049	0.055	0.057

工作内容：切管、管口修整、坡口、组对安装、点焊、焊接等操作过程。 **计量单位**：个

定额编号				7-378	7-379	7-380	7-381	7-382	7-383
项目				管外径×壁厚(mm 以内)					
				325×6	325×7	325×8	377×8	377×9	377×10
基价(元)				**268.50**	**291.99**	**307.43**	**352.69**	**370.54**	**386.19**
其中	人工费(元)			201.83	215.87	224.78	258.12	268.11	276.35
	材料费(元)			28.38	33.61	38.04	42.75	48.07	53.53
	机械费(元)			38.29	42.51	44.61	51.82	54.36	56.31
	名称	单位	单价(元)	消耗量					
人工	二类人工	工日	135.00	1.495	1.599	1.665	1.912	1.986	2.047
材料	碳钢三通	个	—	(1.000)	(1.000)	(1.000)	(1.000)	(1.000)	(1.000)
	氧气	m^3	3.62	2.287	2.569	2.838	3.114	3.397	3.670
	乙炔气	m^3	8.90	0.763	0.857	0.946	1.037	1.132	1.223
	电焊条	kg	4.31	2.500	3.269	3.878	4.505	5.282	6.124
	尼龙砂轮片 φ100	片	1.29	0.228	0.245	0.264	0.324	0.354	0.370
	棉纱	kg	10.34	0.063	0.063	0.063	0.072	0.072	0.072
	角钢 Q235B 综合	kg	3.97	0.300	0.300	0.300	0.300	0.300	0.300
	电	kW·h	0.78	0.517	0.555	0.574	0.617	0.691	0.709
机械	交流弧焊机 21kV·A	台班	63.33	0.589	0.654	0.686	0.797	0.836	0.866
	电焊条烘干箱 60×50×75cm^3	台班	16.84	0.059	0.065	0.069	0.080	0.084	0.087

工作内容:切管、管口修整、坡口、组对安装、点焊、焊接等操作过程。 **计量单位**:个

定额编号				7-384	7-385	7-386	7-387	7-388	7-389
项目				管外径×壁厚(mm 以内)					
				426×8	426×9	426×10	478×8	478×9	478×10
基价(元)				**395.62**	**415.80**	**433.44**	**453.39**	**477.54**	**496.63**
其中	人工费(元)			289.71	301.05	310.37	330.08	342.77	353.03
	材料费(元)			47.33	53.24	59.36	52.07	59.10	65.46
	机械费(元)			58.58	61.51	63.71	71.24	75.67	78.14
名称		单位	单价(元)	消耗量					
人工	二类人工	工日	135.00	2.146	2.230	2.299	2.445	2.539	2.615
材料	碳钢三通	个	—	(1.000)	(1.000)	(1.000)	(1.000)	(1.000)	(1.000)
	氧气	m^3	3.62	3.381	3.692	3.991	3.652	3.990	4.316
	乙炔气	m^3	8.90	1.127	1.232	1.332	1.217	1.382	1.439
	电焊条	kg	4.31	5.098	5.975	6.930	5.723	6.712	7.786
	尼龙砂轮片 ϕ100	片	1.29	0.367	0.401	0.419	0.434	0.473	0.493
	棉纱	kg	10.34	0.081	0.081	0.081	0.090	0.090	0.090
	角钢 Q235B 综合	kg	3.97	0.300	0.300	0.300	0.300	0.300	0.300
	电	kW·h	0.78	0.754	0.781	0.801	0.863	0.893	0.916
机械	交流弧焊机 21kV·A	台班	63.33	0.901	0.946	0.980	1.016	1.067	1.105
	电焊条烘干箱 60×50×75cm^3	台班	16.84	0.090	0.095	0.098	0.102	0.107	0.111
	汽车式起重机 5t	台班	366.47	—	—	—	0.011	0.013	0.013
	载货汽车 5t	台班	382.30	—	—	—	0.003	0.004	0.004

工作内容:切管、管口修整、坡口、组对安装、点焊、焊接等操作过程。 **计量单位**:个

定额编号				7-390	7-391	7-392	7-393	7-394	7-395
项目				管外径×壁厚(mm 以内)					
				529×8	529×9	529×10	630×8	630×9	630×10
基价(元)				**505.64**	**530.77**	**554.45**	**640.20**	**665.60**	**687.15**
其中	人工费(元)			364.10	377.73	389.07	450.50	462.38	471.96
	材料费(元)			57.02	64.22	71.71	75.27	83.80	92.67
	机械费(元)			84.52	88.82	93.67	114.43	119.42	122.52
名称		单位	单价(元)	消耗量					
人工	二类人工	工日	135.00	2.697	2.798	2.882	3.337	3.425	3.496
材料	碳钢三通	个	—	(1.000)	(1.000)	(1.000)	(1.000)	(1.000)	(1.000)
	氧气	m^3	3.62	3.915	4.279	4.630	4.755	5.183	5.596
	乙炔气	m^3	8.90	1.306	1.427	1.544	1.585	1.728	1.865
	电焊条	kg	4.31	6.401	7.497	8.687	9.156	10.460	11.877
	尼龙砂轮片 ϕ100	片	1.29	0.505	0.548	0.571	0.631	0.683	0.710
	棉纱	kg	10.34	0.099	0.099	0.099	0.120	0.120	0.120
	角钢 Q235B 综合	kg	3.97	0.300	0.300	0.300	0.303	0.303	0.303
	电	kW·h	0.78	0.988	1.022	1.048	1.270	1.295	1.312
	六角带帽螺栓	10套	3.28	—	—	—	0.072	0.072	0.072
机械	交流弧焊机 21kV·A	台班	63.33	1.131	1.187	1.230	1.585	1.626	1.654
	电焊条烘干箱 60×50×75cm^3	台班	16.84	0.113	0.119	0.123	0.159	0.163	0.165
	汽车式起重机 8t	台班	648.48	0.014	0.015	0.017	0.014	0.017	0.019
	载货汽车 5t	台班	382.30	0.005	0.005	0.007	0.006	0.007	0.007

工作内容:切管、管口修整、坡口、组对安装、点焊、焊接等操作过程。 **计量单位:**个

定额编号				7-396	7-397	7-398	7-399	7-400	7-401
项目				管外径×壁厚(mm 以内)					
				720×8	720×9	720×10	820×9	820×10	820×12
基价(元)				**729.89**	**756.62**	**786.84**	**865.04**	**893.56**	**959.91**
其中	人工费(元)			515.70	528.93	539.87	598.86	610.88	641.39
	材料费(元)			85.07	94.79	104.91	108.10	119.62	144.25
	机械费(元)			129.12	132.90	142.06	158.08	163.06	174.27
名称		单位	单价(元)	消耗量					
人工	二类人工	工日	135.00	3.820	3.918	3.999	4.436	4.525	4.751
材料	碳钢三通	个	—	(1.000)	(1.000)	(1.000)	(1.000)	(1.000)	(1.000)
	氧气	m^3	3.62	5.300	5.783	6.247	6.529	7.055	8.057
	乙炔气	m^3	8.90	1.766	1.927	2.083	2.177	2.352	2.686
	电焊条	kg	4.31	10.476	11.969	13.593	13.773	15.626	19.778
	尼龙砂轮片 φ100	片	1.29	0.723	0.782	0.814	0.966	1.002	1.065
	棉纱	kg	10.34	0.135	0.135	0.135	0.156	0.156	0.156
	六角带帽螺栓	10 套	3.28	0.072	0.072	0.072	0.072	0.072	0.072
	角钢 Q235B 综合	kg	3.97	0.330	0.330	0.330	0.330	0.330	0.330
	电	kW·h	0.78	1.465	1.493	1.511	1.702	1.724	1.798
机械	交流弧焊机 21kV·A	台班	63.33	1.817	1.864	1.895	2.125	2.162	2.288
	电焊条烘干箱 60×50×75cm³	台班	16.84	0.182	0.186	0.190	0.213	0.216	0.229
	汽车式起重机 5t	台班	366.47	0.021	0.023	—	—	—	—
	汽车式起重机 8t	台班	648.48	—	—	0.024	0.025	0.029	0.033
	载货汽车 8t	台班	411.20	0.008	0.008	0.008	0.009	0.009	0.010

工作内容:切管、管口修整、坡口、组对安装、点焊、焊接等操作过程。　　计量单位:个

	定额编号			7-402	7-403	7-404	7-405	7-406	7-407
	项目			管外径×壁厚(mm 以内)					
				920×9	920×10	920×12	1020×10	1020×12	1020×14
	基价(元)			**965.36**	**997.03**	**1073.77**	**1103.22**	**1192.02**	**1357.75**
其中	人工费(元)			667.31	680.40	714.29	750.87	788.40	872.64
	材料费(元)			120.74	133.68	161.35	147.84	178.54	212.15
	机械费(元)			177.31	182.95	198.13	204.51	225.08	272.96
	名称	单位	单价(元)	消耗量					
人工	二类人工	工日	135.00	4.943	5.040	5.291	5.562	5.840	6.464
材料	碳钢三通	个	—	(1.000)	(1.000)	(1.000)	(1.000)	(1.000)	(1.000)
	氧气	m^3	3.62	7.263	7.854	8.978	8.637	9.882	11.059
	乙炔气	m^3	8.90	2.422	2.619	2.993	2.904	3.318	3.711
	电焊条	kg	4.31	15.467	17.549	22.215	19.470	24.651	30.572
	尼龙砂轮片 ϕ100	片	1.29	1.085	1.126	1.197	1.251	1.329	1.411
	棉纱	kg	10.34	0.174	0.174	0.174	0.192	0.192	0.192
	六角带帽螺栓	10套	3.28	0.072	0.072	0.072	0.072	0.072	0.072
	角钢 Q235B 综合	kg	3.97	0.330	0.330	0.330	0.330	0.330	0.330
	电	kW·h	0.78	1.908	1.932	2.017	2.143	2.236	2.522
机械	交流弧焊机 21kV·A	台班	63.33	2.385	2.426	2.568	2.692	2.850	3.333
	电焊条烘干箱 60×50×75cm³	台班	16.84	0.239	0.243	0.257	0.269	0.285	0.333
	汽车式起重机 8t	台班	648.48	0.029	0.033	0.041	0.039	—	—
	汽车式起重机 12t	台班	748.60	—	—	—	—	0.046	0.067
	载货汽车 5t	台班	382.30	0.009	0.010	0.012	0.011	0.014	0.016

工作内容：切管、管口修整、坡口、组对安装、点焊、焊接等操作过程。　　　　**计量单位**：个

定额编号				7-408	7-409	7-410	7-411	7-412	7-413
项目				管外径×壁厚（mm以内）					
				1220×10	1220×12	1220×14	1420×10	1420×12	1420×14
基价（元）				**1363.31**	**1464.63**	**1671.57**	**1592.61**	**1723.56**	**1960.97**
其中	人工费（元）			919.22	962.69	1062.72	1059.62	1109.03	1225.53
	材料费（元）			177.11	213.99	254.36	203.92	247.15	294.03
	机械费（元）			266.98	287.95	354.49	329.07	367.38	441.41
名称		单位	单价(元)	消耗量					
人工	二类人工	工日	135.00	6.809	7.131	7.872	7.849	8.215	9.078
材料	碳钢三通	个	—	(1.000)	(1.000)	(1.000)	(1.000)	(1.000)	(1.000)
	氧气	m^3	3.62	10.365	11.869	13.293	11.840	13.565	15.197
	乙炔气	m^3	8.90	3.455	3.957	4.431	3.947	4.522	5.066
	电焊条	kg	4.31	23.314	29.522	36.621	27.057	34.394	42.670
	尼龙砂轮片 φ100	片	1.29	1.498	1.593	1.692	1.698	1.809	1.925
	棉纱	kg	10.34	0.231	0.231	0.231	0.267	0.267	0.267
	六角带帽螺栓	10套	3.28	0.072	0.072	0.072	0.072	0.072	0.072
	角钢 Q235B 综合	kg	3.97	0.441	0.441	0.441	0.441	0.441	0.441
	电	kW·h	0.78	2.629	2.741	3.084	3.053	3.183	3.584
机械	交流弧焊机 21kV·A	台班	63.33	3.241	3.431	4.010	3.773	3.994	4.670
	电焊条烘干箱 60×50×75cm³	台班	16.84	0.324	0.343	0.401	0.377	0.399	0.467
	汽车式起重机 16t	台班	875.04	—	—	0.098	0.087	0.110	0.140
	汽车式起重机 12t	台班	748.60	0.067	0.078	—	—	—	—
	载货汽车 5t	台班	382.30	0.016	0.017	0.021	0.020	0.030	0.040

工作内容:切管、管口修整、坡口、组对安装、点焊、焊接等操作过程。 计量单位:个

定额编号				7-414	7-415	7-416	7-417	7-418	7-419
项目				管外径×壁厚(mm 以内)					
				1620×10	1620×12	1620×14	1820×12	1820×14	1820×16
基价(元)				**1848.16**	**1992.45**	**2253.87**	**2265.87**	**2576.28**	**2709.50**
其中	人工费(元)			1202.18	1259.55	1391.58	1418.72	1567.22	1596.92
	材料费(元)			235.76	284.62	338.16	318.78	378.97	457.78
	机械费(元)			410.22	448.28	524.13	528.37	630.09	654.80
名称		单位	单价(元)	消耗量					
人工	二类人工	工日	135.00	8.905	9.330	10.308	10.509	11.609	11.829
材料	碳钢三通	个	—	(1.000)	(1.000)	(1.000)	(1.000)	(1.000)	(1.000)
	氧气	m^3	3.62	13.832	15.799	17.662	17.634	19.726	21.721
	乙炔气	m^3	8.90	4.611	5.267	5.888	5.879	6.576	7.241
	电焊条	kg	4.31	31.001	39.266	48.719	44.137	54.768	69.939
	尼龙砂轮片 ϕ100	片	1.29	1.994	2.121	2.254	2.386	2.536	2.723
	棉纱	kg	10.34	0.306	0.306	0.306	0.342	0.342	0.342
	六角带帽螺栓	10 套	3.28	0.141	0.141	0.141	0.141	0.141	0.141
	角钢 Q235B 综合	kg	3.97	0.534	0.534	0.534	0.534	0.534	0.534
	电	kW·h	0.78	3.485	3.634	4.091	4.090	4.604	4.658
机械	交流弧焊机 21kV·A	台班	63.33	4.307	4.560	5.331	5.127	5.995	6.085
	电焊条烘干箱 60×50×75cm³	台班	16.84	0.431	0.456	0.533	0.513	0.600	0.609
	汽车式起重机 16t	台班	875.04	0.130	0.150	0.170	0.190	—	—
	汽车式起重机 20t	台班	942.85	—	—	—	—	0.220	0.240
	载货汽车 8t	台班	411.20	0.040	0.050	0.070	0.070	0.080	0.080

工作内容:切管、管口修整、坡口、组对安装、点焊、焊接等操作过程。 计量单位:个

定额编号				7-420	7-421	7-422
项目				管外径×壁厚(mm 以内)		
				2020×12	2020×14	2020×16
基价(元)				**2548.93**	**2862.77**	**3014.13**
其中	人工费(元)			1576.13	1741.50	1775.93
	材料费(元)			352.93	419.79	507.32
	机械费(元)			619.87	701.48	730.88
名称		单位	单价(元)	消耗量		
人工	二类人工	工日	135.00	11.675	12.900	13.155
材料	碳钢三通	个	—	(1.000)	(1.000)	(1.000)
	氧气	m^3	3.62	19.466	21.789	24.005
	乙炔气	m^3	8.90	6.489	7.263	8.001
	电焊条	kg	4.31	49.009	60.818	77.668
	尼龙砂轮片 ϕ100	片	1.29	2.650	2.817	3.026
	棉纱	kg	10.34	0.381	0.381	0.381
	六角带帽螺栓	10 套	3.28	0.141	0.141	0.141
	角钢 Q235B 综合	kg	3.97	0.534	0.534	0.534
	电	kW·h	0.78	4.543	5.113	5.173
机械	交流弧焊机 21kV·A	台班	63.33	5.693	6.658	6.757
	电焊条烘干箱 60×50×75cm³	台班	16.84	0.569	0.666	0.676
	汽车式起重机 20t	台班	942.85	0.230	0.250	0.270
	载货汽车 8t	台班	411.20	0.080	0.080	0.090

四、挖眼接管

工作内容：切割、坡口、组对安装、点焊、焊接等操作过程。　　计量单位：个

定额编号				7-423	7-424	7-425	7-426	7-427	7-428
项目				管外径×壁厚（mm 以内）					
				219×5	219×6	219×7	273×6	273×7	273×8
基价（元）				**61.68**	**65.01**	**71.49**	**81.25**	**88.79**	**93.91**
其中	人工费（元）			44.28	46.31	50.36	56.57	61.29	64.40
	材料费（元）			9.01	10.12	11.57	14.02	15.67	17.09
	机械费（元）			8.39	8.58	9.56	10.66	11.83	12.42
	名称	单位	单价(元)	消耗量					
人工	二类人工	工日	135.00	0.328	0.343	0.373	0.419	0.454	0.477
材料	热轧光圆钢筋 HPB300 综合	kg	3.98	0.540	0.540	0.540	1.190	1.190	1.190
	氧气	m^3	3.62	0.644	0.743	0.836	0.835	0.942	1.046
	乙炔气	m^3	8.90	0.215	0.248	0.288	0.279	0.315	0.349
	电焊条	kg	4.31	0.445	0.551	0.723	0.699	0.914	1.083
	尼龙砂轮片 ϕ100	片	1.29	0.048	0.051	0.055	0.064	0.068	0.074
	棉纱	kg	10.34	0.014	0.014	0.014	0.017	0.017	0.017
	角钢 Q235B 综合	kg	3.97	0.100	0.100	0.100	0.100	0.100	0.100
	电	kW·h	0.78	0.115	0.117	0.125	0.142	0.153	0.158
机械	交流弧焊机 21kV·A	台班	63.33	0.129	0.132	0.147	0.164	0.182	0.191
	电焊条烘干箱 60×50×75cm^3	台班	16.84	0.013	0.013	0.015	0.016	0.018	0.019

工作内容：切割、坡口、组对安装、点焊、焊接等操作过程。　　计量单位：个

定额编号				7-429	7-430	7-431	7-432	7-433	7-434
项目				管外径×壁厚（mm 以内）					
				325×6	325×7	325×8	377×8	377×9	377×10
基价（元）				**111.12**	**121.31**	**128.90**	**147.77**	**157.28**	**164.74**
其中	人工费（元）			69.66	75.06	78.44	89.64	93.42	96.39
	材料费（元）			16.11	18.01	19.65	22.33	24.26	26.25
	机械费（元）			25.35	28.24	30.81	35.80	39.60	42.10
	名称	单位	单价(元)	消耗量					
人工	二类人工	工日	135.00	0.516	0.556	0.581	0.664	0.692	0.714
材料	热轧光圆钢筋 HPB300 综合	kg	3.98	1.420	1.420	1.420	1.680	1.680	1.680
	氧气	m^3	3.62	0.914	1.033	1.147	1.248	1.368	1.485
	乙炔气	m^3	8.90	0.305	0.344	0.382	0.415	0.456	0.495
	电焊条	kg	4.31	0.833	1.090	1.293	1.502	1.761	2.041
	尼龙砂轮片 ϕ100	片	1.29	0.076	0.082	0.088	0.108	0.118	0.123
	棉纱	kg	10.34	0.021	0.021	0.021	0.024	0.024	0.024
	角钢 Q235B 综合	kg	3.97	0.100	0.100	0.100	0.100	0.100	0.100
	电	kW·h	0.78	0.172	0.185	0.191	0.222	0.230	0.236
机械	交流弧焊机 21kV·A	台班	63.33	0.196	0.218	0.229	0.266	0.279	0.289
	电焊条烘干箱 60×50×75cm^3	台班	16.84	0.020	0.022	0.023	0.027	0.028	0.029
	汽车式起重机 5t	台班	366.47	0.025	0.029	0.033	0.039	0.045	0.049
	载货汽车 5t	台班	382.30	0.009	0.009	0.010	0.011	0.013	0.014

工作内容:切割、坡口、组对安装、点焊、焊接等操作过程。 **计量单位**:个

定额编号				7-435	7-436	7-437	7-438	7-439	7-440
项目				管外径×壁厚(mm 以内)					
				426×8	426×9	426×10	478×8	478×9	478×10
基价(元)				**166.43**	**175.97**	**188.63**	**192.53**	**204.81**	**215.19**
其中	人工费(元)			100.71	104.90	108.27	114.48	119.21	122.99
	材料费(元)			24.75	26.91	29.16	32.33	34.73	37.22
	机械费(元)			40.97	44.16	51.20	45.72	50.87	54.98
名称		单位	单价(元)	消耗量					
人工	二类人工	工日	135.00	0.746	0.777	0.802	0.848	0.883	0.911
材料	热轧光圆钢筋 HPB300 综合	kg	3.98	1.860	1.860	1.860	—	—	—
	热轧光圆钢筋 HPB300 $\phi16$	kg	3.98	—	—	—	3.336	3.336	3.336
	氧气	m^3	3.62	1.365	1.498	1.627	1.474	1.618	1.758
	乙炔气	m^3	8.90	0.455	0.500	0.544	0.492	0.541	0.588
	电焊条	kg	4.31	1.699	1.992	2.310	1.908	2.237	2.595
	尼龙砂轮片 $\phi100$	片	1.29	0.122	0.134	0.140	0.145	0.158	0.165
	棉纱	kg	10.34	0.027	0.027	0.027	0.030	0.030	0.030
	角钢 Q235B 综合	kg	3.97	0.100	0.100	0.100	0.100	0.100	0.100
	电	kW·h	0.78	0.251	0.260	0.267	0.288	0.298	0.305
机械	交流弧焊机 21kV·A	台班	63.33	0.300	0.315	0.327	0.339	0.356	0.368
	电焊条烘干箱 $60\times50\times75cm^3$	台班	16.84	0.030	0.032	0.033	0.034	0.036	0.037
	汽车式起重机 5t	台班	366.47	0.045	0.050	0.065	0.050	0.060	0.067
	载货汽车 5t	台班	382.30	0.013	0.014	0.016	0.014	0.015	0.017

工作内容:切割、坡口、组对安装、点焊、焊接等操作过程。 **计量单位**:个

定额编号				7-441	7-442	7-443	7-444	7-445	7-446
项目				管外径×壁厚(mm 以内)					
				529×8	529×9	529×10	630×8	630×9	630×10
基价(元)				**217.77**	**230.42**	**239.35**	**271.65**	**287.75**	**302.52**
其中	人工费(元)			126.63	131.36	135.95	155.93	160.52	164.16
	材料费(元)			35.21	37.84	40.55	44.43	47.54	50.76
	机械费(元)			55.93	61.22	62.85	71.29	79.69	87.60
名称		单位	单价(元)	消耗量					
人工	二类人工	工日	135.00	0.938	0.973	1.007	1.155	1.189	1.216
材料	热轧光圆钢筋 HPB300 $\phi16$	kg	3.98	3.620	3.620	3.620	4.310	4.310	4.310
	氧气	m^3	3.62	1.579	1.735	1.885	1.916	2.100	2.278
	乙炔气	m^3	8.90	0.526	0.578	0.627	0.639	0.700	0.759
	电焊条	kg	4.31	2.134	2.499	2.896	3.052	3.487	3.959
	尼龙砂轮片 $\phi100$	片	1.29	0.161	0.183	0.190	0.210	0.228	0.237
	棉纱	kg	10.34	0.033	0.033	0.033	0.040	0.040	0.040
	角钢 Q235B 综合	kg	3.97	0.100	0.100	0.100	0.101	0.101	0.101
	六角带帽螺栓	10 套	3.28	—	—	—	0.024	0.024	0.024
	电	kW·h	0.78	0.329	0.341	0.349	0.424	0.432	0.437
机械	交流弧焊机 21kV·A	台班	63.33	0.377	0.396	0.410	0.528	0.542	0.551
	电焊条烘干箱 $60\times50\times75cm^3$	台班	16.84	0.038	0.040	0.041	0.053	0.054	0.055
	汽车式起重机 5t	台班	366.47	0.068	0.078	0.080	0.080	0.090	0.110
	载货汽车 5t	台班	382.30	0.017	0.018	0.018	0.020	0.030	0.030

工作内容：切割、坡口、组对安装、点焊、焊接等操作过程。 计量单位：个

定额编号				7-447	7-448	7-449	7-450	7-451	7-452
项目				管外径×壁厚（mm 以内）					
				720×8	720×9	720×10	820×9	820×10	820×12
基价（元）				**308.43**	**333.19**	**385.26**	**413.40**	**433.28**	**476.63**
其中	人工费（元）			178.07	182.93	187.25	206.69	211.28	222.48
	材料费（元）			50.17	53.68	57.33	61.08	65.22	74.03
	机械费（元）			80.19	96.58	140.68	145.63	156.78	180.12
名称		单位	单价(元)	消耗量					
人工	二类人工	工日	135.00	1.319	1.355	1.387	1.531	1.565	1.648
材料	热轧光圆钢筋 HPB300 ϕ16	kg	3.98	4.920	4.920	4.920	5.610	5.610	5.610
	氧气	m^3	3.62	2.105	2.307	2.504	2.590	2.811	3.235
	乙炔气	m^3	8.90	0.702	0.769	0.835	0.863	0.936	1.078
	电焊条	kg	4.31	3.492	3.990	4.531	4.591	5.209	6.593
	尼龙砂轮片 ϕ100	片	1.29	0.241	0.261	0.271	0.322	0.334	0.355
	棉纱	kg	10.34	0.045	0.045	0.045	0.052	0.052	0.052
	六角带帽螺栓	10套	3.28	0.024	0.024	0.024	0.024	0.024	0.024
	角钢 Q235B 综合	kg	3.97	0.110	0.110	0.110	0.110	0.110	0.110
	电	kW·h	0.78	0.488	0.498	0.504	0.567	0.575	0.599
机械	交流弧焊机 21kV·A	台班	63.33	0.606	0.621	0.632	0.708	0.721	0.763
	电焊条烘干箱 60×50×75cm³	台班	16.84	0.061	0.062	0.063	0.071	0.072	0.076
	汽车式起重机 5t	台班	366.47	0.080	0.120	—	—	—	—
	汽车式起重机 8t	台班	648.48	—	—	0.130	0.130	0.140	0.160
	载货汽车 5t	台班	382.30	0.030	0.032	0.040	0.040	0.050	0.070

工作内容:切割、坡口、组对安装、点焊、焊接等操作过程。 **计量单位**:个

定额编号				7-453	7-454	7-455	7-456	7-457	7-458
项目				管外径×壁厚(mm 以内)					
				920×9	920×10	920×12	1020×10	1020×12	1020×14
基价(元)				**460.39**	**481.52**	**530.03**	**532.41**	**615.46**	**689.35**
其中	人工费(元)			230.45	235.71	248.00	260.15	274.19	303.21
	材料费(元)			68.34	73.00	82.88	80.76	91.72	103.66
	机械费(元)			161.60	172.81	199.15	191.50	249.55	282.48
	名称	单位	单价(元)	消耗量					
人工	二类人工	工日	135.00	1.707	1.746	1.837	1.927	2.031	2.246
材料	热轧光圆钢筋 HPB300 ϕ16	kg	3.98	6.290	6.290	6.290	6.980	6.980	6.980
	氧气	m^3	3.62	2.885	3.134	3.610	3.441	3.967	4.470
	乙炔气	m^3	8.90	0.962	1.045	1.203	1.155	1.330	1.498
	电焊条	kg	4.31	5.156	5.850	7.405	6.490	8.217	10.191
	尼龙砂轮片 ϕ100	片	1.29	0.362	0.376	0.399	0.417	0.443	0.470
	棉纱	kg	10.34	0.058	0.058	0.058	0.064	0.064	0.064
	六角带帽螺栓	10 套	3.28	0.024	0.024	0.024	0.024	0.024	0.024
	角钢 Q235B 综合	kg	3.97	0.110	0.110	0.110	0.110	0.110	0.110
	电	kW·h	0.78	0.636	0.644	0.672	0.714	0.745	0.841
机械	交流弧焊机 21kV·A	台班	63.33	0.795	0.809	0.856	0.897	0.950	1.111
	电焊条烘干箱 60×50×75cm^3	台班	16.84	0.080	0.081	0.086	0.090	0.095	0.111
	汽车式起重机 8t	台班	648.48	0.140	0.150	0.180	0.170	—	—
	汽车式起重机 12t	台班	748.60	—	—	—	—	0.210	0.240
	载货汽车 5t	台班	382.30	0.050	0.060	0.070	0.060	0.080	0.080

五、钢管煨弯

1. 钢管煨弯(机械煨弯)

工作内容:划线、涂机油、上管压紧、煨弯、修整等操作过程。 **计量单位**:个

定额编号				7-459	7-460	7-461	7-462
项目				管外径(mm 以内)			
				57	76	89	108
基价(元)				**11.30**	**20.75**	**26.46**	**36.88**
其中	人工费(元)			8.10	15.12	19.85	28.49
	材料费(元)			0.24	0.48	0.53	0.75
	机械费(元)			2.96	5.15	6.08	7.64
	名称	单位	单价(元)	消耗量			
人工	二类人工	工日	135.00	0.060	0.112	0.147	0.211
材料	氧气	m^3	3.62	0.036	0.055	0.062	0.095
	乙炔气	m^3	8.90	0.012	0.018	0.021	0.032
	机油 综合	kg	2.91	—	0.040	0.040	0.040
机械	弯管机 WC27~108	台班	156.00	0.019	0.033	0.039	0.049

2. 钢管煨弯(中频弯管机煨弯)

工作内容:划线、涂机油、上胎具、加热、煨弯、下胎具、成品检查等操作过程。　　　　**计量单位**:个

定额编号				7-463	7-464	7-465	7-466
项目				公称直径(mm 以内)			
				100	150	200	250
基价(元)				**68.91**	**76.66**	**97.68**	**119.11**
其中	人工费(元)			33.89	39.42	55.22	69.66
	材料费(元)			29.72	31.04	32.35	36.82
	机械费(元)			5.30	6.20	10.11	12.63
名称		单位	单价(元)	消耗量			
人工	二类人工	工日	135.00	0.251	0.292	0.409	0.516
材料	氧气	m^3	3.62	0.095	0.135	0.174	0.261
	乙炔气	m^3	8.90	0.032	0.045	0.058	0.087
	电	kW·h	0.78	37.300	38.650	40.000	45.000
机械	中频煨弯机 160kW	台班	74.70	0.071	0.083	0.100	0.125
	电动葫芦－单速 3t	台班	26.36	—	—	0.100	0.125

工作内容:划线、涂机油、上胎具、加热、煨弯、下胎具、成品检查等操作过程。　　　　**计量单位**:个

定额编号				7-467	7-468	7-469	7-470	7-471
项目				公称直径(mm 以内)				
				300	350	400	450	500
基价(元)				**162.17**	**224.75**	**254.22**	**316.51**	**487.95**
其中	人工费(元)			104.36	154.85	176.99	230.99	381.65
	材料费(元)			40.93	44.63	48.33	51.87	55.77
	机械费(元)			16.88	25.27	28.90	33.65	50.53
名称		单位	单价(元)	消耗量				
人工	二类人工	工日	135.00	0.773	1.147	1.311	1.711	2.827
材料	氧气	m^3	3.62	0.293	0.361	0.429	0.475	0.572
	乙炔气	m^3	8.90	0.098	0.120	0.143	0.158	0.191
	电	kW·h	0.78	50.000	54.167	58.333	62.498	66.660
机械	中频煨弯机 160kW	台班	74.70	0.167	0.250	0.286	0.333	0.500
	电动葫芦－单速 3t	台班	26.36	0.167	0.250	0.286	0.333	0.500

六、铸铁管件安装(机械接口)

工作内容:管口处理,找正、找平,上胶圈、法兰,紧螺栓等操作过程。 **计量单位**:件

定额编号				7-472	7-473	7-474	7-475	7-476
项目				公称直径(mm 以内)				
				75	100	150	200	250
基价(元)				**100.81**	**106.46**	**112.76**	**116.52**	**142.02**
其中	人工费(元)			90.86	95.31	97.61	99.77	120.96
	材料费(元)			9.95	11.15	15.15	16.75	21.06
	机械费(元)			—	—	—	—	—
名称		单位	单价(元)	消耗量				
人工	二类人工	工日	135.00	0.673	0.706	0.723	0.739	0.896
材料	铸铁管件	个	—	(1.000)	(1.000)	(1.000)	(1.000)	(1.000)
	橡胶圈(机接)综合	个	—	(2.369)	(2.369)	(2.369)	(2.369)	(2.369)
	支撑圈 *DN*75	只	—	(2.369)	—	—	—	—
	支撑圈 *DN*100	只	—	—	(2.369)	—	—	—
	支撑圈 *DN*150	只	—	—	—	(2.369)	—	—
	支撑圈 *DN*200	只	—	—	—	—	(2.369)	—
	支撑圈 *DN*250	只	—	—	—	—	—	(2.369)
	活动法兰	个	—	(2.300)	(2.300)	(2.300)	(2.300)	(2.300)
	六角带帽螺栓 M12×100	套	0.59	9.476	9.476	14.210	14.210	18.952
	黄油	kg	9.05	0.092	0.129	0.166	0.212	0.259
	破布	kg	6.90	0.276	0.313	0.350	0.423	0.456
	镀锌铁丝 8#~12#	kg	6.55	0.069	0.069	0.069	0.069	0.069
	镀锌铁丝 18#~22#	kg	6.55	0.024	0.028	0.032	0.039	0.047
	塑料布	m^2	5.79	0.175	0.276	0.377	0.488	0.626

工作内容：管口处理，找正、找平，上胶圈、法兰，紧螺栓等操作过程。　　**计量单位：**件

定额编号				7-477	7-478	7-479	7-480	7-481	7-482
项目				公称直径（mm 以内）					
				300	350	400	450	500	600
基价（元）				**202.46**	**253.18**	**297.20**	**358.30**	**445.33**	**550.48**
其中	人工费（元）			142.29	180.90	219.65	256.91	294.03	357.08
	材料费（元）			53.45	65.56	67.16	90.62	136.48	157.15
	机械费（元）			6.72	6.72	10.39	10.77	14.82	36.25
	名称	单位	单价(元)	消耗量					
人工	二类人工	工日	135.00	1.054	1.340	1.627	1.903	2.178	2.645
材料	铸铁管件	个	—	(1.000)	(1.000)	(1.000)	(1.000)	(1.000)	(1.000)
	活动法兰	个	—	(2.300)	(2.300)	(2.300)	(2.300)	(2.300)	(2.300)
	橡胶圈(机接)综合	个	—	(2.369)	(2.369)	(2.369)	(2.369)	(2.369)	(2.369)
	支撑圈 *DN*300	只	—	(2.369)	—	—	—	—	—
	支撑圈 *DN*350	只	—	—	(2.369)	—	—	—	—
	支撑圈 *DN*400	只	—	—	—	(2.369)	—	—	—
	支撑圈 *DN*450	只	—	—	—	—	(2.369)	—	—
	支撑圈 *DN*500	只	—	—	—	—	—	(2.369)	—
	支撑圈 *DN*600	只	—	—	—	—	—	—	(2.369)
	六角带帽螺栓 M20×100	套	2.22	18.952	23.690	23.690	33.166	—	—
	黄油	kg	9.05	0.306	0.360	0.414	0.495	0.575	0.713
	破布	kg	6.90	0.488	0.506	0.524	0.599	0.674	0.812
	镀锌铁丝 8#～12#	kg	6.55	0.069	0.069	0.069	0.069	0.069	0.069
	镀锌铁丝 18#～22#	kg	6.55	0.055	0.063	0.071	0.079	0.087	0.110
	塑料布	m^2	5.79	0.764	0.925	1.086	1.279	1.472	1.748
	六角带帽螺栓 M22×120	套	3.53	—	—	—	—	33.166	37.904
机械	汽车式起重机 5t	台班	366.47	0.010	0.010	0.020	0.020	0.030	—
	汽车式起重机 8t	台班	648.48	—	—	—	—	—	0.050
	载货汽车 5t	台班	382.30	0.008	0.008	0.008	0.009	0.010	0.010

七、盲堵板安装

工作内容:切管、坡口、对口、焊接、上法兰、找平、找正,制作、加垫,紧螺栓、压力试验等操作过程。 计量单位:组

定额编号				7-483	7-484	7-485	7-486	7-487
项目				公称直径(mm 以内)				
				50	100	150	200	300
基价(元)				**27.31**	**39.24**	**50.50**	**87.56**	**145.17**
其中	人工费(元)			23.76	32.13	40.10	68.18	110.97
	材料费(元)			1.60	3.46	5.20	7.74	13.59
	机械费(元)			1.95	3.65	5.20	11.64	20.61
名称		单位	单价(元)	消耗量				
人工	二类人工	工日	135.00	0.176	0.238	0.297	0.505	0.822
材料	盲堵板	片	—	(1.000)	(1.000)	(1.000)	(1.000)	(1.000)
	平焊法兰	片	—	(1.000)	(1.000)	(1.000)	(1.000)	(1.000)
	电焊条	kg	4.31	0.057	0.156	0.247	0.556	1.428
	氧气	m^3	3.62	0.036	0.073	0.122	0.203	0.300
	乙炔气	m^3	8.90	0.012	0.024	0.041	0.068	0.100
	尼龙砂轮片 $\phi100$	片	1.29	0.016	0.037	0.082	0.115	0.235
	石棉橡胶板 低压 $\delta0.8\sim6$	kg	5.26	0.070	0.170	0.280	0.330	0.400
	铅油	kg	5.60	0.040	0.100	0.140	0.170	0.250
	清油	kg	14.22	0.010	0.020	0.030	0.030	0.050
	破布	kg	6.90	0.020	0.030	0.030	0.030	0.050
	机油 综合	kg	2.91	0.070	0.100	0.100	0.150	0.150
	电	kW·h	0.78	0.020	0.038	0.056	0.119	0.209
机械	交流弧焊机 21kV·A	台班	63.33	0.030	0.056	0.080	0.179	0.317
	电焊条烘干箱 $60\times50\times75cm^3$	台班	16.84	0.003	0.006	0.008	0.018	0.032

工作内容:切管、坡口、对口、焊接、上法兰、找平、找正,制作、加垫,紧螺栓、压力试验等操作过程。　　**计量单位**:组

定额编号				7-488	7-489	7-490	7-491	7-492
项目				公称直径(mm 以内)				
				400	500	600	800	1000
基价(元)				**212.90**	**252.16**	**280.07**	**390.20**	**564.33**
其中	人工费(元)			167.27	196.43	217.89	310.50	399.87
	材料费(元)			21.18	25.30	28.90	36.39	43.86
	机械费(元)			24.45	30.43	33.28	43.31	120.60
	名称	单位	单价(元)	消耗量				
人工	二类人工	工日	135.00	1.239	1.455	1.614	2.300	2.962
材料	盲堵板	片	—	(1.000)	(1.000)	(1.000)	(1.000)	(1.000)
	平焊法兰	片	—	(1.000)	(1.000)	(1.000)	(1.000)	(1.000)
	电焊条	kg	4.31	2.407	2.993	3.780	4.860	6.046
	氧气	m^3	3.62	0.445	0.512	0.619	0.688	0.842
	乙炔气	m^3	8.90	0.149	0.171	0.207	0.229	0.281
	尼龙砂轮片 ϕ100	片	1.29	0.397	0.498	0.585	0.773	0.964
	石棉橡胶板 低压 δ0.8～6	kg	5.26	0.690	0.830	0.840	1.160	1.310
	铅油	kg	5.60	0.300	0.330	—	—	—
	清油	kg	14.22	0.060	0.060	0.060	0.070	0.070
	破布	kg	6.90	0.060	0.070	0.070	0.080	0.090
	机油 综合	kg	2.91	0.200	0.200	0.250	0.250	0.300
	电	kW·h	0.78	0.254	0.316	0.343	0.455	0.566
	黑铅粉	kg	17.00	—	—	0.060	0.070	0.070
机械	交流弧焊机 21kV·A	台班	63.33	0.376	0.468	0.512	0.666	0.828
	电焊条烘干箱 60×50×75cm³	台班	16.84	0.038	0.047	0.051	0.067	0.083
	汽车式起重机 12t	台班	748.60	—	—	—	—	0.080
	载货汽车 5t	台班	382.30	—	—	—	—	0.018

八、钢塑过渡接头安装(法兰连接)

工作内容:钢管接头焊接、塑料管接头熔接等操作过程。 **计量单位:**个

定额编号				7-493	7-494	7-495	7-496
项目				管外径(mm 以内)			
				200	250	315	400
基价(元)				**196.60**	**260.85**	**357.55**	**553.78**
其中	人工费(元)			93.15	125.96	171.99	262.44
	材料费(元)			9.66	15.56	18.74	29.52
	机械费(元)			93.79	119.33	166.82	261.82
名称		单位	单价(元)	消耗量			
人工	二类人工	工日	135.00	0.690	0.933	1.274	1.944
材料	钢塑过度接头	个	—	(1.000)	(1.000)	(1.000)	(1.000)
	尼龙砂轮片 ϕ100	片	1.29	0.156	0.226	0.269	0.407
	低碳钢焊条 综合	kg	6.72	0.590	1.223	1.517	2.559
	清油	kg	14.22	0.030	0.040	0.050	0.060
	白铅油	kg	8.34	0.170	0.200	0.250	0.300
	三氯乙烯	kg	10.09	0.020	0.040	0.040	0.060
	氧气	m^3	3.62	0.164	0.245	0.275	0.403
	乙炔气	m^3	8.90	0.055	0.082	0.092	0.134
	石棉橡胶板 低压 δ0.8~6	kg	5.26	0.330	0.370	0.400	0.690
	破布	kg	6.90	0.077	0.101	0.129	0.183
	其他材料费	元	1.00	0.10	0.15	0.19	0.29
机械	直流弧焊机 20kW	台班	78.72	0.165	0.236	0.293	0.348
	热熔对接焊机(综合) 630mm	台班	296.00	0.272	0.339	0.484	0.790
	电焊条烘干箱 60×50×75cm^3	台班	16.84	0.017	0.024	0.029	0.035

九、聚乙烯燃气管件(弯头)安装(热熔)

工作内容:管座整理,管件外观检验,场内搬运,切管,对口,热熔,数据处理等。　　**计量单位:**个

定额编号				7-497	7-498	7-499	7-500	7-501	7-502
项目				公称直径(mm 以内)					
				110	160	200	250	315	400
基价(元)				**45.65**	**62.45**	**80.61**	**91.58**	**188.10**	**206.36**
其中	人工费(元)			22.28	28.08	39.42	44.69	67.50	71.96
	材料费(元)			0.07	0.10	0.20	0.30	0.41	0.50
	机械费(元)			23.30	34.27	40.99	46.59	120.19	133.90
名称		单位	单价(元)	消耗量					
人工	二类人工	工日	135.00	0.165	0.208	0.292	0.331	0.500	0.533
材料	聚乙烯弯头(PE、热熔) dn110	只	—	(1.010)	—	—	—	—	—
	聚乙烯弯头(PE、热熔) dn160	只	—	—	(1.010)	—	—	—	—
	聚乙烯弯头(PE、热熔) dn200	只	—	—	—	(1.010)	—	—	—
	聚乙烯弯头(PE、热熔) dn250	只	—	—	—	—	(1.010)	—	—
	聚乙烯弯头(PE、热熔) dn315	只	—	—	—	—	—	(1.010)	—
	聚乙烯弯头(PE、热熔) dn400	只	—	—	—	—	—	—	(1.010)
	其他材料费	元	1.00	0.07	0.10	0.20	0.30	0.41	0.50
机械	热熔焊接机 110~250mm	台班	224.00	0.104	0.153	0.183	0.208	—	—
	全自动热熔焊接机 400mm	台班	457.00	—	—	—	—	0.263	0.293

十、聚乙烯燃气管件(三通)安装(热熔)

工作内容:管座整理,管件外观检验,场内搬运,切管,对口,热熔,数据处理等。　　**计量单位:**个

定额编号				7-503	7-504	7-505	7-506	7-507	7-508
项目				公称直径(mm 以内)					
				110	160	200	250	315	400
基价(元)				**68.46**	**93.67**	**120.93**	**137.18**	**281.72**	**309.58**
其中	人工费(元)			33.48	42.26	59.13	66.96	101.25	108.00
	材料费(元)			0.04	0.11	0.20	0.33	0.41	0.50
	机械费(元)			34.94	51.30	61.60	69.89	180.06	201.08
名称		单位	单价(元)	消耗量					
人工	二类人工	工日	135.00	0.248	0.313	0.438	0.496	0.750	0.800
材料	聚乙烯三通(PE、热熔) dn110	只	—	(1.010)	—	—	—	—	—
	聚乙烯三通(PE、热熔) dn160	只	—	—	(1.010)	—	—	—	—
	聚乙烯三通(PE、热熔) dn200	只	—	—	—	(1.010)	—	—	—
	聚乙烯三通(PE、热熔) dn250	只	—	—	—	—	(1.010)	—	—
	聚乙烯三通(PE、热熔) dn315	只	—	—	—	—	—	(1.010)	—
	聚乙烯三通(PE、热熔) dn400	只	—	—	—	—	—	—	(1.010)
	其他材料费	元	1.00	0.04	0.11	0.20	0.33	0.41	0.50
机械	热熔焊接机 110~250mm	台班	224.00	0.156	0.229	0.275	0.312	—	—
	全自动热熔焊接机 400mm	台班	457.00	—	—	—	—	0.394	0.440

十一、防雨环帽制作、安装

工作内容:1. 制作:放样、下料、切割、坡口、卷圆、找圆、组对、点焊、焊接等操作过程;
2. 安装:吊装、组对、焊接等操作过程。

计量单位:100kg

定额编号				7-509	7-510	7-511	7-512	7-513
项目				制作(重量:kg 以内)				安装
				20	50	100	200	
基价(元)				**406.57**	**347.43**	**309.48**	**265.70**	**249.07**
其中	人工费(元)			310.50	260.55	233.55	201.15	183.60
	材料费(元)			22.12	26.06	20.01	18.67	7.54
	机械费(元)			73.95	60.82	55.92	45.88	57.93
名称		单位	单价(元)	消耗量				
人工	二类人工	工日	135.00	2.300	1.930	1.730	1.490	1.360
材料	中厚钢板 综合	kg	—	(106.000)	(106.000)	(106.000)	(106.000)	—
	电焊条	kg	4.31	2.651	2.850	2.740	2.450	1.430
	氧气	m^3	3.62	1.320	1.740	1.000	1.000	0.110
	乙炔气	m^3	8.90	0.530	0.700	0.400	0.400	0.040
	其他材料费	元	1.00	1.20	1.25	1.02	0.93	0.62
机械	交流弧焊机 42kV·A	台班	129.55	0.510	0.410	0.390	0.320	0.320
	卷板机 20×2500	台班	84.13	0.020	0.020	0.015	0.015	—
	剪板机 20×2500	台班	128.07	0.010	0.010	0.005	0.005	—
	电动空气压缩机 10m^3/min	台班	394.85	0.010	0.010	0.007	0.005	—
	立式钻床 25mm	台班	5.80	0.022	0.020	0.010	0.007	—
	电焊条烘干箱 60×50×75cm^3	台班	16.84	0.050	0.040	0.040	0.030	0.030
	电动卷扬机-双筒快速 50kN	台班	266.20	—	—	—	—	0.060

十二、直埋式预制保温管管件安装

1. 直埋式预制保温管管件安装(电弧焊)

工作内容:切管、管口修整、坡口、组对安装、点焊、焊接等操作过程。 **计量单位**:个

定额编号				7-514	7-515	7-516	7-517
项目				公称直径(mm)			
				50	65	80	100
基价(元)				**50.29**	**68.97**	**78.73**	**95.23**
其中	人工费(元)			42.66	57.11	64.94	77.90
	材料费(元)			2.30	3.28	3.78	4.64
	机械费(元)			5.33	8.58	10.01	12.69
名称		单位	单价(元)	消耗量			
人工	二类人工	工日	135.00	0.316	0.423	0.481	0.577
材料	聚氨酯硬质泡沫预制管件	个	—	(1.000)	(1.000)	(1.000)	(1.000)
	氧气	m^3	3.62	0.267	0.329	0.371	0.449
	乙炔气	m^3	8.90	0.076	0.109	0.125	0.149
	尼龙砂轮片 $\phi100$	片	1.29	0.017	0.025	0.030	0.041
	电焊条	kg	4.31	0.116	0.208	0.246	0.317
	棉纱	kg	10.34	0.007	0.010	0.012	0.014
	电	kW·h	0.78	0.082	0.115	0.133	0.163
机械	交流弧焊机 21kV·A	台班	63.33	0.082	0.132	0.154	0.195
	电焊条烘干箱 $60\times50\times75cm^3$	台班	16.84	0.008	0.013	0.015	0.020

工作内容:切管、管口修整、坡口、组对安装、点焊、焊接等操作过程。 **计量单位**:个

定额编号				7-518	7-519	7-520
项目				公称直径(mm)		
				125	150	200
基价(元)				**118.49**	**137.31**	**143.18**
其中	人工费(元)			95.72	108.81	111.92
	材料费(元)			6.33	8.01	14.10
	机械费(元)			16.44	20.49	17.16
名称		单位	单价(元)	消耗量		
人工	二类人工	工日	135.00	0.709	0.806	0.829
材料	聚氨酯硬质泡沫预制管件	个	—	(1.000)	(1.000)	(1.000)
	氧气	m^3	3.62	0.568	0.724	1.282
	乙炔气	m^3	8.90	0.189	0.241	0.372
	尼龙砂轮片 $\phi100$	片	1.29	0.052	0.067	0.102
	电焊条	kg	4.31	0.507	0.645	1.102
	棉纱	kg	10.34	0.017	0.021	0.028
	电	kW·h	0.78	0.204	0.204	0.233
	角钢 Q235B 综合	kg	3.97	—	—	0.200
机械	交流弧焊机 21kV·A	台班	63.33	0.253	0.315	0.264
	电焊条烘干箱 $60\times50\times75cm^3$	台班	16.84	0.025	0.032	0.026

工作内容:切管、管口修整、坡口、组对安装、点焊、焊接等操作过程。 **计量单位**:个

定额编号				7-521	7-522	7-523	7-524
项目				公称直径(mm)			
				250	300	350	400
基价(元)				**188.00**	**237.00**	**299.24**	**335.76**
其中	人工费(元)			143.24	182.52	225.86	253.94
	材料费(元)			17.14	20.33	29.22	31.99
	机械费(元)			27.62	34.15	44.16	49.83
名称		单位	单价(元)	消耗量			
人工	二类人工	工日	135.00	1.061	1.352	1.673	1.881
材料	聚氨酯硬质泡沫预制管件	个	—	(1.000)	(1.000)	(1.000)	(1.000)
	氧气	m^3	3.62	1.454	1.634	2.181	2.373
	乙炔气	m^3	8.90	0.485	0.545	0.727	0.791
	尼龙砂轮片 ϕ100	片	1.29	0.128	0.152	0.216	0.245
	电焊条	kg	4.31	1.398	1.827	3.003	3.399
	角钢 Q235B 综合	kg	3.97	0.200	0.200	0.200	0.200
	电	kW·h	0.78	0.284	0.345	0.445	0.053
	棉纱	kg	10.34	0.034	0.042	0.048	0.054
机械	交流弧焊机 21kV·A	台班	63.33	0.328	0.393	0.531	0.601
	电焊条烘干箱 60×50×75cm^3	台班	16.84	0.033	0.044	0.053	0.060
	汽车式起重机 5t	台班	366.47	0.013	0.017	0.019	0.021
	载货汽车 5t	台班	382.30	0.004	0.006	0.007	0.008

工作内容:切管、管口修整、坡口、组对安装、点焊、焊接等操作过程。 **计量单位**:个

定额编号				7-525	7-526	7-527
项目				公称直径(mm)		
				500	600	700
基价(元)				**412.99**	**547.18**	**625.34**
其中	人工费(元)			318.87	405.00	462.92
	材料费(元)			32.50	56.91	64.29
	机械费(元)			61.62	85.27	98.13
名称		单位	单价(元)	消耗量		
人工	二类人工	工日	135.00	2.362	3.000	3.429
材料	聚氨酯硬质泡沫预制管件	个	—	(1.000)	(1.000)	(1.000)
	氧气	m^3	3.62	2.747	3.641	4.045
	乙炔气	m^3	8.90	0.195	1.214	1.348
	尼龙砂轮片 ϕ100	片	1.29	0.337	0.445	0.521
	电焊条	kg	4.31	4.267	6.973	7.980
	角钢 Q235B 综合	kg	3.97	0.200	0.202	0.220
	电	kW·h	0.78	0.659	0.863	0.995
	棉纱	kg	10.34	0.066	0.080	0.090
机械	交流弧焊机 21kV·A	台班	63.33	0.754	1.084	1.242
	电焊条烘干箱 60×50×75cm^3	台班	16.84	0.075	0.108	0.124
	汽车式起重机 5t	台班	366.47	0.025	0.031	0.037
	载货汽车 5t	台班	382.30	0.009	0.009	0.010

2. 直埋式预制保温管管件安装(氩电联焊)

工作内容:切管、管口修整、坡口、组对安装、点焊、焊接等操作过程。　　**计量单位:**个

定额编号				7-528	7-529	7-530	7-531
项目				公称直径(mm)			
				50	65	80	100
基价(元)				**52.15**	**71.54**	**82.37**	**110.42**
其中	人工费(元)			43.47	56.97	65.21	84.24
	材料费(元)			1.79	3.35	4.01	5.82
	机械费(元)			6.89	11.22	13.15	20.36
名称		单位	单价(元)	消耗量			
人工	二类人工	工日	135.00	0.322	0.422	0.483	0.624
材料	聚氨酯硬质泡沫预制管件	个	—	(1.000)	(1.000)	(1.000)	(1.000)
	氧气	m^3	3.62	0.009	0.143	0.163	0.242
	乙炔气	m^3	8.90	0.003	0.048	0.054	0.081
	尼龙砂轮片 $\phi100$	片	1.29	0.093	0.143	0.240	0.240
	电焊条	kg	4.31	0.002	0.103	0.123	0.291
	碳钢焊丝	kg	12.93	0.040	0.044	0.052	0.066
	氩气	m^3	7.00	0.112	0.123	0.145	0.185
	电	kW·h	0.78	0.025	0.046	0.052	0.065
	钍钨极棒	g	0.86	0.240	0.245	0.290	0.370
	棉纱	kg	10.34	0.007	0.010	0.012	0.014
机械	交流弧焊机 21kV·A	台班	63.33	0.011	0.070	0.081	0.156
	氩弧焊机 500A	台班	97.67	0.060	0.064	0.076	0.097
	电焊条烘干箱 $60\times50\times75cm^3$	台班	16.84	—	0.006	0.007	0.014
	砂轮切割机 $\phi500$	台班	47.92	0.007	0.009	0.010	0.016

工作内容:切管、管口修整、坡口、组对安装、点焊、焊接等操作过程。　　计量单位:个

定额编号					7-532	7-533	7-534
项目					公称直径(mm)		
					125	150	200
基价(元)					124.53	165.03	222.15
其中	人工费(元)				91.94	124.07	163.89
	材料费(元)				6.43	9.00	14.26
	机械费(元)				26.16	31.96	44.00
名称			单位	单价(元)	消耗量		
人工	二类人工		工日	135.00	0.681	0.919	1.214
材料	聚氨酯硬质泡沫预制管件		个	—	(1.000)	(1.000)	(1.000)
	角钢 Q235B 综合		kg	3.97	—	—	0.200
	氧气		m^3	3.62	0.246	0.436	0.639
	乙炔气		m^3	8.90	0.082	0.145	0.213
	尼龙砂轮片 ϕ100		片	1.29	0.240	0.244	0.414
	电焊条		kg	4.31	0.310	0.466	0.812
	碳钢焊丝		kg	12.93	0.078	0.094	0.130
	氩气		m^3	7.00	0.220	0.263	0.363
	电		kW·h	0.78	0.082	0.104	0.112
	钍钨极棒		g	0.86	0.440	0.525	0.726
	棉纱		kg	10.34	0.017	0.021	0.028
机械	交流弧焊机 21kV·A		台班	63.33	0.159	0.254	0.335
	氩弧焊机 500A		台班	97.67	0.154	0.138	0.191
	砂轮切割机 ϕ500		台班	47.92	0.017	0.043	0.060
	电焊条烘干箱 60×50×75cm^3		台班	16.84	0.014	0.020	0.030
	汽车式起重机 5t		台班	366.47	—	—	0.001
	载货汽车 5t		台班	382.30	—	—	0.001

工作内容：切管、管口修整、坡口、组对安装、点焊、焊接等操作过程。　　**计量单位：**个

定额编号				7-535	7-536	7-537	7-538
项目				公称直径（mm）			
				250	300	350	400
基价（元）				**284.89**	**330.66**	**400.88**	**452.55**
其中	人工费（元）			195.89	223.97	267.03	301.73
	材料费（元）			21.67	25.37	35.06	39.38
	机械费（元）			67.33	81.32	98.79	111.44
	名称	单位	单价(元)	消耗量			
人工	二类人工	工日	135.00	1.451	1.659	1.978	2.235
材料	聚氨酯硬质泡沫预制管件	个	—	(1.000)	(1.000)	(1.000)	(1.000)
	角钢 Q235B 综合	kg	3.97	0.200	0.200	0.200	0.200
	氧气	m^3	3.62	0.951	1.075	1.408	1.552
	乙炔气	m^3	8.90	0.317	0.358	0.469	0.517
	尼龙砂轮片 $\phi100$	片	1.29	0.430	0.514	0.768	0.871
	电焊条	kg	4.31	1.770	2.111	3.498	3.959
	碳钢焊丝	kg	12.93	0.160	0.193	0.222	0.255
	氩气	m^3	7.00	0.449	0.539	0.622	0.706
	电	kW·h	0.78	0.114	0.138	0.182	0.201
	钍钨极棒	g	0.86	0.898	1.078	1.244	1.421
	棉纱	kg	10.34	0.034	0.042	0.048	0.054
机械	交流弧焊机 21kV·A	台班	63.33	0.522	0.626	0.793	0.897
	氩弧焊机 500A	台班	97.67	0.236	0.283	0.327	0.371
	电焊条烘干箱 $60\times50\times75cm^3$	台班	16.84	0.048	0.057	0.074	0.084
	砂轮切割机 $\phi500$	台班	47.92	0.086	0.095	0.120	0.130
	汽车式起重机 5t	台班	366.47	0.013	0.017	0.019	0.021
	载货汽车 5t	台班	382.30	0.004	0.006	0.007	0.008

工作内容:切管、管口修整、坡口、组对安装、点焊、焊接等操作过程。 **计量单位:**个

定额编号				7-539	7-540	7-541
项目				公称直径(mm)		
				500	600	700
基价(元)				**597.30**	**719.86**	**889.24**
其中	人工费(元)			395.96	490.32	643.14
	材料费(元)			57.60	69.27	76.94
	机械费(元)			143.74	160.27	169.16
名称		单位	单价(元)	消耗量		
人工	二类人工	工日	135.00	2.933	3.632	4.764
材料	聚氨酯硬质泡沫预制管件	个	—	(1.000)	(1.000)	(1.000)
	角钢 Q235B 综合	kg	3.97	0.200	0.200	0.200
	氧气	m^3	3.62	2.094	2.636	3.019
	乙炔气	m^3	8.90	0.698	0.791	0.840
	尼龙砂轮片 ϕ100	片	1.29	1.308	1.571	1.742
	电焊条	kg	4.31	6.659	8.423	9.678
	碳钢焊丝	kg	12.93	0.314	0.336	0.340
	氩气	m^3	7.00	0.880	0.949	0.967
	电	kW·h	0.78	0.264	0.294	0.308
	钍钨极棒	g	0.86	1.760	1.889	1.917
	棉纱	kg	10.34	0.066	0.070	0.070
机械	交流弧焊机 21kV·A	台班	63.33	1.199	1.351	1.428
	氩弧焊机 500A	台班	97.67	0.462	0.498	0.507
	电焊条烘干箱 60×50×75cm^3	台班	16.84	0.112	0.126	0.133
	砂轮切割机 ϕ500	台班	47.92	0.171	0.191	0.200
	汽车式起重机 5t	台班	366.47	0.025	0.031	0.037
	载货汽车 5t	台班	382.30	0.009	0.009	0.010

第三章

法兰、阀门安装

说 明

一、本章包括法兰安装，阀门安装，阀门水压试验，低压阀门解体、检查、清洗、研磨，中压阀门解体、检查、清洗、研磨，阀门操纵装置安装，共6节159个子目。

二、电动阀门安装不包括电动机的安装。

三、阀门解体、检查和研磨已包括一次试压，均按实际发生的数量按相应项目执行。

四、阀门压力试验介质是按水考虑的，如设计要求其他介质，可按实调整。

五、定额内垫片均按橡胶石棉板考虑，如垫片材质与实际不符时，可按实调整。

六、各种法兰、阀门安装，定额中只包括一个垫片，不包括螺栓使用量，螺栓用量参考下表。

平焊法兰安装用螺栓用量表

外径×壁厚(mm)	规格	重量(kg)	外径×壁厚(mm)	规格	重量(kg)
57×4	M12×50	0.319	377×10	M20×75	3.906
159×6	M16×60	1.338	426×10	M20×80	5.420
76×4	M12×50	0.319	720×10	M22×90	10.668
219×6	M16×65	1.404	478×10	M20×80	5.420
89×4	M16×55	0.635	820×10	M27×95	19.962
273×8	M16×70	2.208	529×10	M20×85	5.840
108×5	M16×55	0.635	920×10	M27×100	19.962
325×8	M20×70	3.747	630×8	M22×85	8.890
133×5	M16×60	1.338	1020×10	M27×105	24.633

对焊法兰安装用螺栓用量表

外径×壁厚(mm)	规格	重量(kg)	外径×壁厚(mm)	规格	重量(kg)
57×3.5	M12×50	0.319	325×8	M20×75	3.906
76×4	M12×50	0.319	377×9	M20×75	3.906
89×4	M16×60	0.669	426×9	M20×75	5.208
108×4	M16×60	0.669	478×9	M20×75	5.208
133×4	M16×65	1.404	529×9	M20×80	5.420
159×5	M16×65	1.404	630×9	M22×80	8.250
219×6	M16×70	1.472	720×9	M22×80	9.900
273×8	M16×75	2.310	820×10	M27×85	18.804

七、中压法兰、阀门安装执行低压相应项目，其人工乘以系数1.2。

一、法兰安装

1.平焊法兰

工作内容:切管、坡口、组对、制加垫、紧螺栓、焊接等操作过程。　　**计量单位:**副

定额编号				7-542	7-543	7-544	7-545
项目				公称直径(mm 以内)			
				50	65	80	100
基价(元)				**45.13**	**51.32**	**57.60**	**68.24**
其中	人工费(元)			38.61	42.93	47.52	55.08
	材料费(元)			1.91	2.67	3.45	4.58
	机械费(元)			4.61	5.72	6.63	8.58
名称		单位	单价(元)	消耗量			
人工	二类人工	工日	135.00	0.286	0.318	0.352	0.408
材料	平焊法兰	片	—	(2.000)	(2.000)	(2.000)	(2.000)
	氧气	m^3	3.62	0.051	0.068	0.079	0.117
	乙炔气	m^3	8.90	0.017	0.022	0.027	0.039
	电焊条	kg	4.31	0.117	0.216	0.254	0.337
	尼龙砂轮片 ϕ100	片	1.29	0.022	0.030	0.037	0.054
	棉纱	kg	10.34	0.007	0.010	0.012	0.014
	石棉橡胶板 中压 δ0.6~8	kg	5.86	0.070	0.090	0.130	0.170
	铅油	kg	5.60	0.040	0.050	0.070	0.100
	清油	kg	14.22	0.010	0.010	0.020	0.020
	破布	kg	6.90	0.020	0.020	0.020	0.030
	电	kW·h	0.78	0.076	0.089	0.102	0.126
机械	交流弧焊机 21kV·A	台班	63.33	0.071	0.088	0.102	0.132
	电焊条烘干箱 60×50×75cm^3	台班	16.84	0.007	0.009	0.010	0.013

工作内容：切管、坡口、组对、制加垫、紧螺栓、焊接等操作过程。 **计量单位：**副

定额编号					7-546	7-547	7-548
项目					公称直径（mm 以内）		
					125	150	200
基价（元）					**73.97**	**96.08**	**144.20**
其中	人工费（元）				59.40	77.22	106.38
	材料费（元）				5.47	6.90	12.86
	机械费（元）				9.10	11.96	24.96
名称			单位	单价(元)	消耗量		
人工	二类人工		工日	135.00	0.440	0.572	0.788
材料	平焊法兰		片	—	(2.000)	(2.000)	(2.000)
	氧气		m^3	3.62	0.137	0.176	0.448
	乙炔气		m^3	8.90	0.045	0.058	0.149
	电焊条		kg	4.31	0.393	0.515	1.140
	尼龙砂轮片 ϕ100		片	1.29	0.066	0.086	0.123
	棉纱		kg	10.34	0.017	0.021	0.028
	角钢 Q235B 综合		kg	3.97	—	—	0.200
	石棉橡胶板 中压 δ0.6～8		kg	5.86	0.230	0.280	0.330
	铅油		kg	5.60	0.120	0.140	0.170
	清油		kg	14.22	0.020	0.030	0.030
	破布		kg	6.90	0.030	0.030	0.030
	电		kW·h	0.78	0.137	0.183	0.304
机械	交流弧焊机 21kV·A		台班	63.33	0.140	0.184	0.384
	电焊条烘干箱 60×50×75cm^3		台班	16.84	0.014	0.018	0.038

工作内容:切管、坡口、组对、制加垫、紧螺栓、焊接等操作过程。　　计量单位:副

定额编号					7-549	7-550	7-551	7-552
项目					公称直径(mm 以内)			
					250	300	350	400
基价(元)					**197.68**	**245.90**	**274.71**	**312.19**
其中	人工费(元)				142.83	179.15	197.64	224.78
	材料费(元)				19.62	23.06	30.91	35.27
	机械费(元)				35.23	43.69	46.16	52.14
名称		单位	单价(元)		消耗量			
人工	二类人工	工日	135.00		1.058	1.327	1.464	1.665
材料	平焊法兰	片	—		(2.000)	(2.000)	(2.000)	(2.000)
	角钢 Q235B 综合	kg	3.97		0.200	0.200	0.200	0.200
	氧气	m^3	3.62		0.550	0.570	0.677	0.736
	乙炔气	m^3	8.90		0.184	0.190	0.226	0.246
	电焊条	kg	4.31		2.358	2.924	4.342	4.905
	尼龙砂轮片 ϕ100	片	1.29		0.180	0.215	0.303	0.344
	棉纱	kg	10.34		0.034	0.042	0.048	0.054
	石棉橡胶板 中压 δ0.6~8	kg	5.86		0.370	0.400	0.540	0.690
	铅油	kg	5.60		0.200	0.250	0.250	0.300
	清油	kg	14.22		0.040	0.050	0.050	0.060
	破布	kg	6.90		0.040	0.050	0.050	0.060
	电	kW·h	0.78		0.410	0.510	0.551	0.622
机械	交流弧焊机 21kV·A	台班	63.33		0.542	0.672	0.710	0.802
	电焊条烘干箱 60×50×75cm^3	台班	16.84		0.054	0.067	0.071	0.080

工作内容:切管、坡口、组对、制加垫、紧螺栓、焊接等操作过程。 **计量单位**:副

定额编号				7-553	7-554	7-555
项目				公称直径(mm 以内)		
				450	500	600
基价(元)				**356.61**	**396.63**	**425.98**
其中	人工费(元)			258.53	288.63	311.72
	材料费(元)			39.17	42.73	48.79
	机械费(元)			58.91	65.27	65.47
名称		单位	单价(元)	消耗量		
人工	二类人工	工日	135.00	1.915	2.138	2.309
材料	平焊法兰	片	—	(2.000)	(2.000)	(2.000)
	角钢 Q235B 综合	kg	3.97	0.200	0.200	0.202
	氧气	m^3	3.62	0.786	0.837	0.979
	乙炔气	m^3	8.90	0.262	0.279	0.327
	电焊条	kg	4.31	5.525	6.141	7.019
	尼龙砂轮片 ϕ100	片	1.29	0.403	0.462	0.523
	棉纱	kg	10.34	0.060	0.066	0.080
	石棉橡胶板 中压 δ0.6~8	kg	5.86	0.810	0.830	0.840
	铅油	kg	5.60	0.300	0.330	—
	清油	kg	14.22	0.060	0.060	0.180
	破布	kg	6.90	0.060	0.070	0.070
	电	kW·h	0.78	0.710	0.807	0.818
	黑铅粉	kg	17.00	—	—	0.060
	六角带帽螺栓	10套	3.28	—	—	0.048
机械	交流弧焊机 21kV·A	台班	63.33	0.906	1.004	1.007
	电焊条烘干箱 60×50×75cm³	台班	16.84	0.091	0.100	0.101

工作内容:切管、坡口、组对、制加垫、紧螺栓、焊接等操作过程。 **计量单位:**副

定额编号				7-556	7-557	7-558	7-559
项目				公称直径(mm 以内)			
				700	800	900	1000
基价(元)				**525.49**	**608.77**	**690.94**	**789.10**
其中	人工费(元)			384.62	448.61	512.19	576.59
	材料费(元)			59.08	67.06	74.33	81.38
	机械费(元)			81.79	93.10	104.42	131.13
名称		单位	单价(元)	消耗量			
人工	二类人工	工日	135.00	2.849	3.323	3.794	4.271
材料	平焊法兰	片	—	(2.000)	(2.000)	(2.000)	(2.000)
	角钢 Q235B 综合	kg	3.97	0.220	0.220	0.220	0.220
	氧气	m^3	3.62	1.134	1.241	1.352	1.448
	乙炔气	m^3	8.90	0.378	0.413	0.451	0.499
	电焊条	kg	4.31	8.784	10.090	11.314	12.541
	尼龙砂轮片 ϕ100	片	1.29	0.653	0.794	0.893	0.991
	棉纱	kg	10.34	0.090	0.104	0.116	0.128
	石棉橡胶板 中压 δ0.6~8	kg	5.86	1.030	1.160	1.300	1.310
	清油	kg	14.22	0.180	0.200	0.200	0.240
	黑铅粉	kg	17.00	0.060	0.070	0.070	0.070
	破布	kg	6.90	0.080	0.080	0.090	0.090
	六角带帽螺栓	10 套	3.28	0.048	0.048	0.048	0.048
	电	kW·h	0.78	1.004	1.144	1.287	1.420
机械	交流弧焊机 21kV·A	台班	63.33	1.258	1.432	1.606	1.780
	电焊条烘干箱 60×50×75cm^3	台班	16.84	0.126	0.143	0.161	0.178
	汽车式起重机 12t	台班	748.60	—	—	—	0.017
	载货汽车 5t	台班	382.30	—	—	—	0.007

工作内容：切管、坡口、组对、制加垫、紧螺栓、焊接等操作过程。　　计量单位：副

定额编号				7-560	7-561	7-562
项目				公称直径（mm 以内）		
				1200	1400	1600
基价（元）				**924.39**	**1157.46**	**1302.12**
其中	人工费（元）			673.65	831.47	933.66
	材料费（元）			105.51	134.59	168.14
	机械费（元）			145.23	191.40	200.32
名称		单位	单价(元)	消耗量		
人工	二类人工	工日	135.00	4.990	6.159	6.916
材料	平焊法兰	片	—	(2.000)	(2.000)	(2.000)
	角钢 Q235B 综合	kg	3.97	0.294	0.294	0.356
	氧气	m^3	3.62	1.781	1.880	2.361
	乙炔气	m^3	8.90	0.593	0.627	0.787
	电焊条	kg	4.31	17.045	22.372	28.589
	尼龙砂轮片 $\phi100$	片	1.29	1.188	1.352	1.606
	棉纱	kg	10.34	0.154	0.178	0.204
	石棉橡胶板 中压 $\delta0.6\sim8$	kg	5.86	1.460	2.160	2.450
	清油	kg	14.22	0.280	0.320	0.360
	黑铅粉	kg	17.00	0.080	0.080	0.090
	破布	kg	6.90	0.100	0.100	0.110
	六角带帽螺栓	10套	3.28	0.048	0.048	0.094
	电	kW·h	0.78	1.642	2.070	2.183
机械	交流弧焊机 21kV·A	台班	63.33	1.974	2.574	2.634
	电焊条烘干箱 $60\times50\times75cm^3$	台班	16.84	0.197	0.257	0.263
	汽车式起重机 12t	台班	748.60	0.019	—	—
	汽车式起重机 16t	台班	875.04	—	0.024	0.029
	载货汽车 5t	台班	382.30	0.007	0.008	—
	载货汽车 8t	台班	411.20	—	—	0.009

工作内容: 切管、坡口、组对、制加垫、紧螺栓、焊接等操作过程。 **计量单位:** 副

	定额编号			7-563	7-564	7-565	7-566
	项目			公称直径(mm 以内)			
				1800	2000	2200	2400
	基价(元)			**1758.80**	**1990.76**	**2353.84**	**2640.31**
其中	人工费(元)			1264.01	1437.62	1691.55	1902.56
	材料费(元)			226.39	250.55	298.15	325.47
	机械费(元)			268.40	302.59	364.14	412.28
	名称	单位	单价(元)	消耗量			
人工	二类人工	工日	135.00	9.363	10.649	12.530	14.093
材料	平焊法兰	片	—	(2.000)	(2.000)	(2.000)	(2.000)
	角钢 Q235B 综合	kg	3.97	0.356	0.356	0.434	0.434
	氧气	m^3	3.62	3.439	3.748	4.058	4.403
	乙炔气	m^3	8.90	1.147	1.249	1.352	1.468
	电焊条	kg	4.31	39.706	44.069	53.592	58.419
	尼龙砂轮片 ϕ100	片	1.29	2.211	2.345	2.702	2.948
	棉纱	kg	10.34	0.228	0.254	0.280	0.304
	石棉橡胶板 中压 δ0.6~8	kg	5.86	2.600	2.900	3.230	3.600
	清油	kg	14.22	0.400	0.450	0.510	0.580
	黑铅粉	kg	17.00	0.100	0.110	0.120	0.130
	破布	kg	6.90	0.120	0.120	0.130	0.140
	六角带帽螺栓	10 套	3.28	0.094	0.094	0.094	0.094
	电	kW·h	0.78	2.847	3.161	3.740	4.078
机械	交流弧焊机 21kV·A	台班	63.33	3.621	4.019	4.866	5.304
	电焊条烘干箱 60×50×75cm^3	台班	16.84	0.362	0.402	0.487	0.530
	汽车式起重机 16t	台班	875.04	0.033	—	—	—
	汽车式起重机 20t	台班	942.85	—	0.039	0.045	0.065
	载货汽车 8t	台班	411.20	0.010	0.011	0.013	0.015

工作内容:切管、坡口、组对、制加垫、紧螺栓、焊接等操作过程。 **计量单位**:副

定额编号				7-567	7-568	7-569
项目				公称直径(mm 以内)		
				2600	2800	3000
基价(元)				**2939.90**	**3465.08**	**3856.89**
其中	人工费(元)			2140.43	2509.11	2736.86
	材料费(元)			352.14	410.54	470.65
	机械费(元)			447.33	545.43	649.38
名称		单位	单价(元)	消耗量		
人工	二类人工	工日	135.00	15.855	18.586	20.273
材料	平焊法兰	片	—	(2.000)	(2.000)	(2.000)
	角钢 Q235B 综合	kg	3.97	0.434	0.434	0.434
	氧气	m^3	3.62	4.510	5.018	5.846
	乙炔气	m^3	8.90	1.570	1.673	1.949
	电焊条	kg	4.31	63.245	74.930	86.380
	尼龙砂轮片 ϕ100	片	1.29	3.194	3.440	3.604
	棉纱	kg	10.34	0.330	0.354	0.380
	石棉橡胶板 中压 δ0.6~8	kg	5.86	4.020	4.480	5.000
	清油	kg	14.22	0.640	0.720	0.810
	黑铅粉	kg	17.00	0.150	0.160	0.180
	破布	kg	6.90	0.150	0.170	0.180
	六角带帽螺栓	10套	3.28	0.094	0.094	0.094
	电	kW·h	0.78	4.425	5.163	5.269
机械	交流弧焊机 21kV·A	台班	63.33	5.745	6.793	7.850
	电焊条烘干箱 60×50×75cm^3	台班	16.84	0.575	0.679	0.785
	汽车式起重机 20t	台班	942.85	0.070	0.097	0.130
	载货汽车 8t	台班	411.20	0.019	0.030	0.040

2.对焊法兰

工作内容:切管、坡口、组对、制加垫、紧螺栓、焊接等操作过程。 **计量单位:**副

定额编号				7-570	7-571	7-572	7-573	7-574	7-575
项目				公称直径(mm 以内)					
				50	65	80	100	125	150
基价(元)				**59.65**	**74.13**	**82.46**	**96.13**	**122.21**	**150.19**
其中	人工费(元)			51.30	61.43	67.37	77.09	97.47	118.94
	材料费(元)			2.50	3.53	4.43	5.64	7.50	9.86
	机械费(元)			5.85	9.17	10.66	13.40	17.24	21.39
名称		单位	单价(元)	消耗量					
人工	二类人工	工日	135.00	0.380	0.455	0.499	0.571	0.722	0.881
材料	对焊法兰	片	—	(2.000)	(2.000)	(2.000)	(2.000)	(2.000)	(2.000)
	氧气	m^3	3.62	0.137	0.198	0.225	0.274	0.347	0.556
	乙炔气	m^3	8.90	0.045	0.065	0.076	0.091	0.116	0.148
	电焊条	kg	4.31	0.121	0.213	0.255	0.328	0.528	0.683
	尼龙砂轮片 ϕ100	片	1.29	0.017	0.025	0.030	0.040	0.052	0.067
	棉纱	kg	10.34	0.007	0.010	0.012	0.014	0.019	0.023
	石棉橡胶板 中压 δ0.6~8	kg	5.86	0.071	0.090	0.130	0.170	0.230	0.280
	铅油	kg	5.60	0.040	0.050	0.070	0.110	0.120	0.140
	清油	kg	14.22	0.010	0.010	0.020	0.020	0.020	0.030
	破布	kg	6.90	0.020	0.020	0.020	0.030	0.030	0.030
	电	kW·h	0.78	0.082	0.115	0.133	0.163	0.204	0.260
机械	交流弧焊机 21kV·A	台班	63.33	0.090	0.141	0.164	0.206	0.265	0.329
	电焊条烘干箱 60×50×75cm^3	台班	16.84	0.009	0.014	0.016	0.021	0.027	0.033

工作内容:切管、坡口、组对、制加垫、紧螺栓、焊接等操作过程。 **计量单位**:副

定额编号				7-576	7-577	7-578	7-579	7-580	7-581
项目				公称直径(mm以内)					
				200	250	300	350	400	450
基价(元)				**162.98**	**206.96**	**256.26**	**365.05**	**426.15**	**487.08**
其中	人工费(元)			122.31	161.73	206.55	296.73	344.12	392.58
	材料费(元)			16.05	21.17	23.70	33.21	37.17	41.84
	机械费(元)			24.62	24.06	26.01	35.11	44.86	52.66
名称		单位	单价(元)	消耗量					
人工	二类人工	工日	135.00	0.906	1.198	1.530	2.198	2.549	2.908
材料	对焊法兰	片	—	(2.000)	(2.000)	(2.000)	(2.000)	(2.000)	(2.000)
	角钢 Q235B 综合	kg	3.97	0.200	0.200	0.200	0.200	0.200	0.200
	氧气	m^3	3.62	0.865	1.074	1.167	1.510	1.644	1.772
	乙炔气	m^3	8.90	0.288	0.359	0.387	0.504	0.548	0.591
	电焊条	kg	4.31	1.198	1.947	2.319	3.687	4.002	4.684
	尼龙砂轮片 ϕ100	片	1.29	0.102	0.136	0.163	0.236	0.267	0.315
	棉纱	kg	10.34	0.028	0.034	0.042	0.048	0.054	0.060
	石棉橡胶板 中压 δ0.6~8	kg	5.86	0.330	0.370	0.400	0.540	0.690	0.810
	铅油	kg	5.60	0.200	0.200	0.200	0.250	0.300	0.300
	清油	kg	14.22	0.030	0.040	0.040	0.040	0.060	0.060
	破布	kg	6.90	0.040	0.040	0.040	0.040	0.060	0.060
	电	kW·h	0.78	0.283	0.305	0.370	0.461	0.520	0.596
机械	交流弧焊机 21kV·A	台班	63.33	0.380	0.370	0.400	0.540	0.690	0.810
	电焊条烘干箱 60×50×75cm³	台班	16.84	0.033	0.037	0.040	0.054	0.069	0.081

工作内容:切管、坡口、组对、制加垫、紧螺栓、焊接等操作过程。　　计量单位:副

定额编号				7-582	7-583	7-584	7-585	7-586
项目				公称直径(mm 以内)				
				500	600	700	800	900
基价(元)				584.93	770.64	965.46	1236.53	1580.88
其中	人工费(元)			484.11	637.07	813.92	1055.43	1364.85
	材料费(元)			45.56	58.55	66.04	82.03	104.86
	机械费(元)			55.26	75.02	85.50	99.07	111.17
	名称	单位	单价(元)	消耗量				
人工	二类人工	工日	135.00	3.586	4.719	6.029	7.818	10.110
材料	对焊法兰	片	—	(2.000)	(2.000)	(2.000)	(2.000)	(2.000)
	角钢 Q235B 综合	kg	3.97	0.200	0.202	0.220	0.220	0.220
	氧气	m^3	3.62	1.897	2.341	2.558	3.087	3.423
	乙炔气	m^3	8.90	0.632	0.781	0.852	1.028	1.141
	电焊条	kg	4.31	5.231	7.250	8.264	10.778	15.251
	尼龙砂轮片 $\phi100$	片	1.29	0.365	0.455	0.521	0.668	0.798
	棉纱	kg	10.34	0.066	0.080	0.090	0.104	0.116
	石棉橡胶板 中压 $\delta0.6\sim8$	kg	5.86	0.830	0.840	1.030	1.160	1.300
	铅油	kg	5.60	0.330	—	—	—	—
	清油	kg	14.22	0.060	0.180	0.180	0.200	0.200
	破布	kg	6.90	0.070	0.070	0.080	0.080	0.090
	电	kW·h	0.78	0.681	0.863	0.995	1.149	1.344
	黑铅粉	kg	17.00	—	0.060	0.060	0.070	0.070
	六角带帽螺栓	10 套	3.28	—	—	0.048	0.048	0.048
机械	交流弧焊机 21kV·A	台班	63.33	0.850	1.154	1.315	1.524	1.710
	电焊条烘干箱 $60\times50\times75cm^3$	台班	16.84	0.085	0.115	0.132	0.152	0.171

3. 绝 缘 法 兰

工作内容:切管、坡口、组对、制加绝缘垫片、垫圈、制加绝缘套管、组对、紧螺栓等操作过程。　**计量单位:**副

定额编号				7-587	7-588	7-589	7-590	7-591
项目				公称直径（mm 以内）				
				150	200	300	400	500
基价（元）				**114.87**	**176.36**	**266.23**	**408.09**	**460.83**
其中	人工费（元）			82.35	133.65	207.90	319.95	349.65
	材料费（元）			11.13	18.00	27.71	43.99	55.92
	机械费（元）			21.39	24.71	30.62	44.15	55.26
名称		单位	单价(元)	消耗量				
人工	二类人工	工日	135.00	0.610	0.990	1.540	2.370	2.590
材料	碳钢法兰	片	—	(2.000)	(2.000)	(2.000)	(2.000)	(2.000)
	绝缘垫圈	m^2	37.07	0.003	0.005	0.005	0.006	0.008
	绝缘套管 3240 酚醛玻璃布板	m	4.06	0.006	0.009	0.009	0.012	0.015
	绝缘垫片 3240 酚醛玻璃布板	m^2	34.48	0.033	0.050	0.110	0.190	0.290
	氧气	m^3	3.62	0.556	0.865	1.167	1.644	1.897
	乙炔气	m^3	8.90	0.148	0.288	0.387	0.548	0.632
	电焊条	kg	4.31	0.683	1.198	2.319	4.002	5.231
	尼龙砂轮片 ϕ100	片	1.29	0.067	0.102	0.163	0.267	0.365
	棉纱	kg	10.34	0.023	0.028	0.042	0.054	0.066
	石棉橡胶板 中压 δ0.6～8	kg	5.86	0.280	0.330	0.400	0.690	0.830
	铅油	kg	5.60	0.140	0.200	0.200	0.300	0.330
	清油	kg	14.22	0.030	0.030	0.040	0.060	0.060
	破布	kg	6.90	0.030	0.040	0.040	0.060	0.070
	电	kW·h	0.78	0.260	0.283	0.370	0.520	0.681
	角钢 Q235B 综合	kg	3.97	—	0.200	0.200	0.200	0.200
机械	交流弧焊机 21kV·A	台班	63.33	0.329	0.380	0.471	0.679	0.850
	电焊条烘干箱 60×50×75cm³	台班	16.84	0.033	0.038	0.047	0.068	0.085

工作内容:切管、坡口、组对、制加绝缘垫片、垫圈、制加绝缘套管、组对、紧螺栓等操作过程。 计量单位:副

定额编号				7-592	7-593	7-594	7-595	7-596
项目				公称直径(mm 以内)				
				600	700	800	900	1000
基价(元)				**546.31**	**647.15**	**793.23**	**914.89**	**1023.06**
其中	人工费(元)			398.25	476.55	587.25	664.20	722.25
	材料费(元)			73.04	85.10	106.91	139.52	168.78
	机械费(元)			75.02	85.50	99.07	111.17	132.03
名称		单位	单价(元)	消耗量				
人工	二类人工	工日	135.00	2.950	3.530	4.350	4.920	5.350
材料	碳钢法兰	片	—	(2.000)	(2.000)	(2.000)	(2.000)	(2.000)
	角钢 Q235B 综合	kg	3.97	0.202	0.220	0.220	0.220	0.220
	氧气	m^3	3.62	2.341	2.558	3.087	3.423	3.759
	乙炔气	m^3	8.90	0.781	0.852	1.028	1.141	1.254
	电焊条	kg	4.31	7.250	8.264	10.778	15.251	19.724
	尼龙砂轮片 ϕ100	片	1.29	0.455	0.546	0.668	0.798	0.834
	棉纱	kg	10.34	0.080	0.090	0.104	0.116	0.128
	电	kW·h	0.78	0.863	0.995	1.149	1.344	1.428
	破布	kg	6.90	0.070	0.080	0.080	0.090	0.090
	绝缘垫圈	m^2	37.07	0.008	0.009	0.009	0.105	0.105
	绝缘套管 3240 酚醛玻璃布板	m	4.06	0.015	0.018	0.018	0.021	0.021
	绝缘垫片 3240 酚醛玻璃布板	m^2	34.48	0.410	0.540	0.710	0.890	1.090
	石棉橡胶板 中压 δ0.6~8	kg	5.86	0.840	1.030	1.160	1.300	1.310
	清油	kg	14.22	0.180	0.180	0.200	0.200	0.240
	黑铅粉	kg	17.00	0.060	0.060	0.070	0.070	0.070
	六角带帽螺栓	10 套	3.28	—	0.048	0.048	0.048	0.048
机械	交流弧焊机 21kV·A	台班	63.33	1.154	1.315	1.524	1.710	1.794
	电焊条烘干箱 60×50×75cm^3	台班	16.84	0.115	0.132	0.152	0.171	0.179
	载货汽车 5t	台班	382.30	—	—	—	—	0.007
	汽车式起重机 12t	台班	748.60	—	—	—	—	0.017

二、阀 门 安 装

1. 螺纹阀门安装

工作内容：外观检查、除锈、切管、套丝、上阀门、调直。　　计量单位：个

定额编号				7-597	7-598	7-599	7-600	7-601
项目				公称直径（mm 以内）				
				15	20	25	32	40
基价（元）				31.03	33.71	38.65	45.41	55.49
其中	人工费（元）			27.00	28.35	31.05	35.10	41.85
	材料费（元）			4.03	5.36	7.60	10.31	13.64
	机械费（元）			—	—	—	—	—
名称		单位	单价(元)	消耗量				
人工	二类人工	工日	135.00	0.200	0.210	0.230	0.260	0.310
材料	螺纹阀门	个	—	(1.000)	(1.000)	(1.000)	(1.000)	(1.000)
	丁腈橡胶垫	个	—	(1.000)	(1.000)	(1.000)	(1.000)	(1.000)
	镀锌内接头 *DN*15	个	1.10	1.000	—	—	—	—
	镀锌内接头 *DN*20	个	1.45	—	1.000	—	—	—
	镀锌内接头 *DN*25	个	2.07	—	—	1.000	—	—
	镀锌内接头 *DN*32	个	3.26	—	—	—	1.000	—
	镀锌内接头 *DN*40	个	4.31	—	—	—	—	1.000
	镀锌活接头 *DN*15	个	2.78	1.000	—	—	—	—
	镀锌活接头 *DN*20	个	3.74	—	1.000	—	—	—
	镀锌活接头 *DN*25	个	5.34	—	—	1.000	—	—
	镀锌活接头 *DN*32	个	6.83	—	—	—	1.000	—
	镀锌活接头 *DN*40	个	9.06	—	—	—	—	1.000
	其他材料费	元	1.00	0.15	0.17	0.19	0.22	0.27

工作内容:外观检查、除锈、切管、套丝、上阀门、调直。　　　　**计量单位**:个

定额编号				7-602	7-603	7-604	7-605
项目				公称直径(mm以内)			
				50	70	80	100
基价(元)				**68.17**	**91.55**	**125.00**	**203.32**
其中	人工费(元)			48.60	49.95	70.20	125.55
	材料费(元)			19.57	41.60	54.80	77.77
	机械费(元)			—	—	—	—
名称		单位	单价(元)	消耗量			
人工	二类人工	工日	135.00	0.360	0.370	0.520	0.930
材料	螺纹阀门	个	—	(1.000)	(1.000)	(1.000)	(1.000)
	丁腈橡胶垫	个	—	(1.000)	(1.000)	(1.000)	(1.000)
	镀锌内接头 *DN*50	个	6.16	1.000	—	—	—
	镀锌内接头 *DN*70	个	11.05	—	1.000	—	—
	镀锌内接头 *DN*80	个	17.29	—	—	1.000	—
	镀锌内接头 *DN*100	个	28.03	—	—	—	1.000
	镀锌活接头 *DN*50	个	13.09	1.000	—	—	—
	镀锌活接头 *DN*65	个	30.17	—	1.000	—	—
	镀锌活接头 *DN*80	个	37.07	—	—	1.000	—
	镀锌活接头 *DN*100	个	49.24	—	—	—	1.000
	其他材料费	元	1.00	0.32	0.38	0.44	0.50

2. 焊接法兰、阀门安装

工作内容:制加垫、紧螺栓等操作过程。　　　　**计量单位**:个

定额编号				7-606	7-607	7-608	7-609	7-610	7-611
项目				公称直径(mm以内)					
				50	65	80	100	125	150
基价(元)				**20.66**	**36.31**	**37.35**	**54.73**	**66.96**	**68.47**
其中	人工费(元)			20.25	35.78	36.59	53.73	65.61	66.83
	材料费(元)			0.41	0.53	0.76	1.00	1.35	1.64
	机械费(元)			—	—	—	—	—	—
名称		单位	单价(元)	消耗量					
人工	二类人工	工日	135.00	0.150	0.265	0.271	0.398	0.486	0.495
材料	法兰阀门	个	—	(1.000)	(1.000)	(1.000)	(1.000)	(1.000)	(1.000)
	石棉橡胶板 中压 δ0.6~8	kg	5.86	0.070	0.090	0.130	0.170	0.230	0.280

工作内容：制加垫、紧螺栓等操作过程。 计量单位：个

定额编号				7-612	7-613	7-614	7-615	7-616	7-617
项目				公称直径（mm 以内）					
				200	250	300	350	400	450
基价（元）				**91.03**	**135.15**	**180.65**	**208.48**	**248.37**	**278.42**
其中	人工费（元）			89.10	132.98	137.84	142.70	181.71	207.23
	材料费（元）			1.93	2.17	2.34	3.16	4.04	4.75
	机械费（元）			—	—	40.47	62.62	62.62	66.44
名称		单位	单价(元)	消耗量					
人工	二类人工	工日	135.00	0.660	0.985	1.021	1.057	1.346	1.535
材料	法兰阀门	个	—	(1.000)	(1.000)	(1.000)	(1.000)	(1.000)	(1.000)
	石棉橡胶板 中压 δ0.6～8	kg	5.86	0.330	0.370	0.400	0.540	0.690	0.810
机械	汽车式起重机 5t	台班	366.47	—	—	0.100	0.150	0.150	0.150
	载货汽车 5t	台班	382.30	—	—	0.010	0.020	0.020	0.030

工作内容：制加垫、紧螺栓等操作过程。 计量单位：个

定额编号				7-618	7-619	7-620	7-621	7-622	7-623
项目				公称直径（mm 以内）					
				500	600	700	800	900	1000
基价（元）				**314.80**	**381.25**	**457.70**	**616.22**	**662.55**	**760.55**
其中	人工费（元）			225.18	273.24	326.43	359.51	372.60	411.35
	材料费（元）			4.86	4.92	6.04	6.80	7.62	7.68
	机械费（元）			84.76	103.09	125.23	249.91	282.33	341.52
名称		单位	单价(元)	消耗量					
人工	二类人工	工日	135.00	1.668	2.024	2.418	2.663	2.760	3.047
材料	法兰阀门	个	—	(1.000)	(1.000)	(1.000)	(1.000)	(1.000)	(1.000)
	石棉橡胶板 中压 δ0.6～8	kg	5.86	0.830	0.840	1.030	1.160	1.300	1.310
机械	汽车式起重机 5t	台班	366.47	0.200	0.250	0.300	—	—	—
	汽车式起重机 8t	台班	648.48	—	—	—	0.350	0.400	0.450
	载货汽车 5t	台班	382.30	0.030	0.030	0.040	0.060	0.060	0.130

工作内容:制加垫、紧螺栓等操作过程。 **计量单位**:个

定额编号				7-624	7-625	7-626	7-627
项目				公称直径(mm 以内)			
				1200	1400	1600	1800
基价(元)				**918.07**	**1117.90**	**1398.01**	**1748.12**
其中	人工费(元)			466.56	498.83	579.29	653.13
	材料费(元)			8.56	12.66	14.36	15.24
	机械费(元)			442.95	606.41	804.36	1079.75
名称		单位	单价(元)	消耗量			
人工	二类人工	工日	135.00	3.456	3.695	4.291	4.838
材料	法兰阀门	个	—	(1.000)	(1.000)	(1.000)	(1.000)
	石棉橡胶板 中压 δ0.6～8	kg	5.86	1.460	2.160	2.450	2.600
机械	汽车式起重机 12t	台班	748.60	0.510	—	—	—
	汽车式起重机 16t	台班	875.04	—	0.610	0.810	—
	汽车式起重机 20t	台班	942.85	—	—	—	1.010
	载货汽车 5t	台班	382.30	0.160	0.190	0.250	—
	载货汽车 8t	台班	411.20	—	—	—	0.310

工作内容:制加垫、紧螺栓等操作过程。 **计量单位**:个

定额编号				7-628	7-629	7-630
项目				公称直径(mm 以内)		
				2000	2200	2400
基价(元)				**2041.01**	**2314.87**	**2573.62**
其中	人工费(元)			731.03	789.89	833.63
	材料费(元)			16.99	18.75	20.51
	机械费(元)			1292.99	1506.23	1719.48
名称		单位	单价(元)	消耗量		
人工	二类人工	工日	135.00	5.415	5.851	6.175
材料	法兰阀门	个	—	(1.000)	(1.000)	(1.000)
	石棉橡胶板 中压 δ0.6～8	kg	5.86	2.900	3.200	3.500
机械	汽车式起重机 20t	台班	942.85	1.210	1.410	1.610
	载货汽车 8t	台班	411.20	0.370	0.430	0.490

3.低压齿轮、电动传动阀门安装

工作内容:除锈、制加垫、吊装、紧螺栓等操作过程。 **计量单位**:个

定额编号				7-631	7-632	7-633	7-634	7-635
项目				公称直径(mm 以内)				
				250	300	400	500	600
基价(元)				**168.46**	**181.28**	**291.31**	**361.88**	**460.85**
其中	人工费(元)			152.55	160.65	256.50	302.40	373.95
	材料费(元)			4.06	4.71	6.72	7.70	8.99
	机械费(元)			11.85	15.92	28.09	51.78	77.91
名称		单位	单价(元)	消耗量				
人工	二类人工	工日	135.00	1.130	1.190	1.900	2.240	2.770
材料	阀门	个	—	(1.000)	(1.000)	(1.000)	(1.000)	(1.000)
	石棉橡胶板 低压 δ0.8~6	kg	5.26	0.370	0.400	0.690	0.830	0.840
	铅油	kg	5.60	0.200	0.250	0.300	0.330	—
	清油	kg	14.22	0.040	0.050	0.060	0.060	0.060
	破布	kg	6.90	0.040	0.050	0.060	0.070	0.070
	机油 综合	kg	2.91	0.050	0.050	0.050	0.050	0.060
	黑铅粉	kg	17.00	—	—	—	—	0.180
机械	汽车式起重机 5t	台班	366.47	0.024	0.033	0.061	0.110	0.150
	载货汽车 5t	台班	382.30	0.008	0.010	0.015	0.030	0.060

工作内容:除锈、制加垫、吊装、紧螺栓等操作过程。 **计量单位**:个

定额编号				7-636	7-637	7-638	7-639	7-640
项目				公称直径(mm 以内)				
				700	800	900	1000	1200
基价(元)				**664.17**	**797.70**	**841.21**	**960.89**	**1182.69**
其中	人工费(元)			487.35	589.95	619.65	696.60	781.65
	材料费(元)			10.06	11.22	12.06	12.79	14.47
	机械费(元)			166.76	196.53	209.50	251.50	386.57
名称		单位	单价(元)	消耗量				
人工	二类人工	工日	135.00	3.610	4.370	4.590	5.160	5.790
材料	阀门	个	—	(1.000)	(1.000)	(1.000)	(1.000)	(1.000)
	石棉橡胶板 低压 δ0.8~6	kg	5.26	1.030	1.160	1.300	1.310	1.460
	清油	kg	14.22	0.060	0.070	0.070	0.070	0.080
	黑铅粉	kg	17.00	0.180	0.200	0.200	0.240	0.280
	破布	kg	6.90	0.080	0.080	0.090	0.090	0.100
	机油 综合	kg	2.91	0.060	0.060	0.070	0.070	0.070
机械	汽车式起重机 8t	台班	648.48	0.210	0.250	0.270	—	—
	汽车式起重机 12t	台班	748.60	—	—	—	0.290	0.450
	载货汽车 5t	台班	382.30	0.080	0.090	0.090	0.090	0.130

4. 中压齿轮、电动传动阀门安装

工作内容:除锈、制加垫、吊装、紧螺栓等操作过程。 **计量单位:**个

定额编号				7-641	7-642	7-643	7-644	7-645
项目				公称直径(mm 以内)				
				250	300	400	500	600
基价(元)				**186.01**	**215.03**	**318.31**	**396.98**	**505.40**
其中	人工费(元)			170.10	194.40	283.50	337.50	418.50
	材料费(元)			4.06	4.71	6.72	7.70	8.99
	机械费(元)			11.85	15.92	28.09	51.78	77.91
名称		单位	单价(元)	消耗量				
人工	二类人工	工日	135.00	1.260	1.440	2.100	2.500	3.100
材料	阀门	个	—	(1.000)	(1.000)	(1.000)	(1.000)	(1.000)
	石棉橡胶板 低压 δ0.8~6	kg	5.26	0.370	0.400	0.690	0.830	0.840
	铅油	kg	5.60	0.200	0.250	0.300	0.330	—
	清油	kg	14.22	0.040	0.050	0.060	0.060	0.060
	破布	kg	6.90	0.040	0.050	0.060	0.070	0.070
	机油 综合	kg	2.91	0.050	0.050	0.050	0.050	0.060
	黑铅粉	kg	17.00	—	—	—	—	0.180
机械	汽车式起重机 5t	台班	366.47	0.024	0.033	0.061	0.110	0.150
	载货汽车 5t	台班	382.30	0.008	0.010	0.015	0.030	0.060

5. 聚乙烯阀门安装(热熔)

工作内容:外观检验,场内搬运,焊机检查,切管,对口,热熔,数据处理等。 **计量单位:**个

定额编号				7-646	7-647	7-648
项目				公称直径(mm 以内)		
				160	200	250
基价(元)				**153.34**	**241.09**	**291.73**
其中	人工费(元)			140.81	222.48	267.44
	材料费(元)			3.47	4.90	7.23
	机械费(元)			9.06	13.71	17.06
名称		单位	单价(元)	消耗量		
人工	二类人工	工日	135.00	1.043	1.648	1.981
材料	塑料阀门	个	—	(1.000)	(1.000)	(1.000)
	其他材料费	元	1.00	3.47	4.90	7.23
机械	汽车式起重机 5t	台班	366.47	0.010	0.016	0.018
	载货汽车 4t	台班	369.21	0.005	0.008	0.009
	热熔焊接机 110~250	台班	224.00	0.014	0.020	0.030
	内燃空气压缩机 $6m^3/min$	台班	417.52	0.001	0.001	0.001

三、阀门水压试验

工作内容：除锈、切管、焊接、制加垫、固定、紧螺栓、压力试验等操作过程。　　**计量单位：**个

定额编号				7-649	7-650	7-651	7-652	7-653
项目				公称直径（mm 以内）				
				50	100	150	200	300
基价（元）				**59.56**	**72.57**	**96.50**	**127.05**	**161.13**
其中	人工费（元）			13.50	16.20	24.30	32.40	45.90
	材料费（元）			40.00	48.26	53.83	76.28	96.86
	机械费（元）			6.06	8.11	18.37	18.37	18.37
	名称	单位	单价（元）	消耗量				
人工	二类人工	工日	135.00	0.100	0.120	0.180	0.240	0.340
材料	水	m^3	—	—	(0.001)	(0.004)	(0.009)	(0.030)
	中厚钢板 Q235B δ20	kg	3.53	0.200	0.361	0.612	0.875	1.651
	碳素结构钢流体无缝钢管 22×2.5	m	8.15	0.100	0.100	0.100	0.100	0.100
	截止阀 J11T-16K *DN*15	个	19.83	0.200	0.200	0.200	0.200	0.200
	橡胶管	m	5.14	0.200	0.200	0.200	0.200	0.200
	电焊条	kg	4.31	0.165	0.165	0.165	0.165	0.165
	氧气	m^3	3.62	0.141	0.204	0.312	0.447	0.750
	乙炔气	m^3	8.90	0.047	0.068	0.104	0.149	0.250
	石棉橡胶板 低压 δ0.8～6	kg	5.26	0.140	0.340	0.560	0.660	0.800
	弹簧压力表 Y-100 0～40kg/cm^2	只	32.84	0.200	0.200	0.200	0.200	0.200
	铝板 1200×300×1	m^2	82.57	0.200	0.200	0.200	0.200	0.200
	压力表气门 *DN*15	个	12.12	0.200	0.200	0.200	0.200	0.200
	压力表补芯	个	12.93	0.200	0.200	0.200	0.200	0.200
	铅油	kg	5.60	0.080	0.200	0.280	0.340	0.500
	清油	kg	14.22	0.020	0.040	0.060	0.060	0.100
	破布	kg	6.90	0.040	0.060	0.060	0.060	0.100
	机油 综合	kg	2.91	0.070	0.100	0.100	0.150	0.150
	六角带帽螺栓 M16×80	套	1.13	1.600	—	—	—	—
	六角带帽螺栓 M20×80	套	2.14	—	3.200	—	—	—
	六角带帽螺栓 M22×90	套	2.79	—	—	3.200	—	—
	六角带帽螺栓 M27×95	套	5.95	—	—	—	4.800	—
	六角带帽螺栓 M27×120	套	6.55	—	—	—	—	6.400
机械	泥浆泵 100mm	台班	205.25	0.020	0.030	0.080	0.080	0.080
	交流弧焊机 21kV·A	台班	63.33	0.030	0.030	0.030	0.030	0.030
	电焊条烘干箱 60×50×75cm^3	台班	16.84	0.003	0.003	0.003	0.003	0.003

工作内容:除锈、切管、焊接、制加垫、固定、紧螺栓、压力试验等操作过程。　　　　**计量单位**:个

定额编号				7-654	7-655	7-656	7-657	7-658
项目				公称直径(mm 以内)				
				400	600	800	1000	1200
基价(元)				**250.58**	**437.33**	**790.83**	**720.31**	**1071.38**
其中	人工费(元)			83.70	166.05	326.70	499.50	820.80
	材料费(元)			130.45	227.87	404.50	138.81	152.52
	机械费(元)			36.43	43.41	59.63	82.00	98.06
	名称	单位	单价(元)	消耗量				
人工	二类人工	工日	135.00	0.620	1.230	2.420	3.700	6.080
材料	水	m^3	—	(0.070)	(0.237)	(0.331)	(0.460)	(0.543)
	中厚钢板 Q235B δ20	kg	3.53	2.624	—	—	—	—
	碳素结构钢流体无缝钢管 22×2.5	m	8.15	0.100	0.100	0.100	0.150	0.150
	截止阀 J11T-16K *DN*15	个	19.83	0.200	0.200	0.200	0.200	0.200
	橡胶管	m	5.14	0.200	0.200	0.200	0.400	0.400
	电焊条	kg	4.31	0.165	0.165	0.165	0.165	0.292
	氧气	m^3	3.62	0.910	1.275	1.590	2.160	2.790
	乙炔气	m^3	8.90	0.367	0.425	0.530	0.720	0.930
	石棉橡胶板 低压 δ0.8~6	kg	5.26	1.400	1.680	2.320	2.620	2.920
	弹簧压力表 Y-100 0~40kg/cm^2	只	32.84	0.200	0.200	0.200	0.200	0.200
	铝板 1200×300×1	m^2	82.57	0.200	0.200	0.200	0.200	0.200
	压力表气门 *DN*15	个	12.12	0.200	0.200	0.200	0.200	0.200
	压力表补芯	个	12.93	0.200	0.200	0.200	0.200	0.200
	铅油	kg	5.60	0.600	0.750	0.880	1.000	1.100
	清油	kg	14.22	0.120	0.120	0.140	0.140	0.160
	破布	kg	6.90	0.120	0.140	0.160	0.180	0.200
	机油 综合	kg	2.91	0.200	0.250	0.250	0.300	0.300
	中厚钢板 Q235B δ30	kg	3.53	—	8.256	12.173	18.428	20.254
	六角带帽螺栓 M30×130	套	10.34	6.400	—	—	—	—
	六角带帽螺栓 M36×160	套	17.41	—	8.000	—	—	—
	六角带帽螺栓 M42×180	套	30.78	—	—	9.600	—	—
机械	泥浆泵 100mm	台班	205.25	0.168	0.202	0.281	0.390	0.461
	交流弧焊机 21kV·A	台班	63.33	0.030	0.030	0.030	0.030	0.053
	电焊条烘干箱 60×50×75cm^3	台班	16.84	0.003	0.003	0.003	0.003	0.005

四、低压阀门解体、检查、清洗、研磨

工作内容：阀门解体、检查、填料更换或增加、清洗、研磨、恢复、堵板制作、上堵板、试压等操作过程。 **计量单位：**个

定额编号				7-659	7-660	7-661	7-662	7-663	7-664
项目				公称直径（mm 以内）					
				40	50	65	80	100	125
基价（元）				**43.31**	**56.56**	**86.18**	**117.47**	**148.08**	**195.87**
其中	人工费（元）			27.95	41.04	69.80	100.04	129.20	170.91
	材料费（元）			9.30	9.46	9.71	10.14	10.77	11.72
	机械费（元）			6.06	6.06	6.67	7.29	8.11	13.24
名称		单位	单价(元)	消耗量					
人工	二类人工	工日	135.00	0.207	0.304	0.517	0.741	0.957	1.266
材料	中厚钢板 Q235B δ20	kg	3.53	0.131	0.160	0.202	0.238	0.289	0.374
	碳素结构钢流体无缝钢管 22×2.5	m	8.15	0.080	0.080	0.080	0.080	0.080	0.080
	塑料软管 ϕ20	m	1.44	0.160	0.160	0.160	0.160	0.160	0.160
	截止阀 J11T-16K *DN*15	个	19.83	0.160	0.160	0.160	0.160	0.160	0.160
	压力表 0~2.5MPa ϕ50	只	6.90	0.160	0.160	0.160	0.160	0.160	0.160
	压力表补芯	个	12.93	0.160	0.160	0.160	0.160	0.160	0.160
	电焊条	kg	4.31	0.132	0.132	0.132	0.132	0.132	0.132
	氧气	m^3	3.62	0.113	0.113	0.113	0.127	0.163	0.218
	乙炔气	m^3	8.90	0.038	0.038	0.038	0.042	0.054	0.073
	石棉橡胶板 中压 δ0.6~8	kg	5.86	0.050	0.060	0.078	0.114	0.150	0.198
机械	交流弧焊机 21kV·A	台班	63.33	0.030	0.030	0.030	0.030	0.030	0.030
	电焊条烘干箱 60×50×75cm^3	台班	16.84	0.003	0.003	0.003	0.003	0.003	0.003
	泥浆泵 100mm	台班	205.25	0.020	0.020	0.023	0.026	0.030	0.055

工作内容:阀门解体、检查、填料更换或增加、清洗、研磨、恢复、堵板制作、上堵板、试压等操作过程。 **计量单位:**个

定额编号				7-665	7-666	7-667	7-668	7-669	7-670
项目				公称直径(mm 以内)					
				150	200	250	300	350	400
基价(元)				**243.71**	**406.09**	**583.23**	**728.20**	**872.99**	**1030.40**
其中	人工费(元)			212.76	373.41	537.98	681.08	820.67	968.49
	材料费(元)			12.58	14.31	16.58	18.45	20.71	23.17
	机械费(元)			18.37	18.37	28.67	28.67	31.61	38.74
名称		单位	单价(元)	消耗量					
人工	二类人工	工日	135.00	1.576	2.766	3.985	5.045	6.079	7.174
材料	水	m^3	—	(0.002)	(0.005)	(0.010)	(0.017)	(0.027)	(0.040)
	中厚钢板 Q235B δ20	kg	3.53	0.490	0.700	1.024	1.321	1.687	2.099
	碳素结构钢流体无缝钢管 22×2.5	m	8.15	0.080	0.080	0.080	0.080	0.080	0.080
	塑料软管 φ20	m	1.44	0.160	0.160	0.160	0.160	0.160	0.160
	截止阀 J11T-16K *DN*15	个	19.83	0.160	0.160	0.160	0.160	0.160	0.160
	压力表 0~2.5MPa φ50	只	6.90	0.160	0.160	0.160	0.160	0.160	0.160
	压力表补芯	个	12.93	0.160	0.160	0.160	0.160	0.160	0.160
	电焊条	kg	4.31	0.132	0.132	0.132	0.132	0.132	0.132
	氧气	m^3	3.62	0.250	0.358	0.502	0.600	0.638	0.675
	乙炔气	m^3	8.90	0.083	0.119	0.167	0.200	0.213	0.225
	石棉橡胶板 中压 δ0.6~8	kg	5.86	0.240	0.288	0.318	0.348	0.470	0.600
机械	交流弧焊机 21kV·A	台班	63.33	0.030	0.030	0.030	0.030	0.030	0.030
	电焊条烘干箱 60×50×75cm^3	台班	16.84	0.003	0.003	0.003	0.003	0.003	0.003
	泥浆泵 100mm	台班	205.25	0.080	0.080	0.080	0.080	0.090	0.100
	门式起重机 10t	台班	447.22	—	—	0.018	0.018	0.020	0.028
	汽车式起重机 5t	台班	366.47	—	—	0.003	0.003	0.003	0.005
	载货汽车 5t	台班	382.30	—	—	0.003	0.003	0.003	0.005

工作内容:阀门解体、检查、填料更换或增加、清洗、研磨、恢复、堵板制作、上堵板、试压等操作过程。 **计量单位**:个

定额编号				7-671	7-672	7-673	7-674
项目				公称直径(mm 以内)			
				450	500	600	700
基价(元)				**1186.07**	**1336.65**	**1808.39**	**2364.60**
其中	人工费(元)			1113.89	1254.42	1705.59	2246.94
	材料费(元)			30.49	34.01	42.05	48.00
	机械费(元)			41.69	48.22	60.75	69.66
名称		单位	单价(元)	消耗量			
人工	二类人工	工日	135.00	8.251	9.292	12.634	16.644
材料	水	m^3	—	(0.058)	(0.078)	(0.136)	(0.160)
	中厚钢板 Q235B δ30	kg	3.53	3.832	4.652	6.605	7.751
	碳素结构钢流体无缝钢管 22×2.5	m	8.15	0.080	0.080	0.080	0.080
	塑料软管 φ20	m	1.44	0.160	0.160	0.160	0.160
	截止阀 J11T-16K *DN*15	个	19.83	0.160	0.160	0.160	0.160
	压力表 0~2.5MPa φ50	只	6.90	0.160	0.160	0.160	0.160
	压力表补芯	个	12.93	0.160	0.160	0.160	0.160
	电焊条	kg	4.31	0.132	0.132	0.132	0.132
	氧气	m^3	3.62	0.761	0.845	1.020	1.164
	乙炔气	m^3	8.90	0.254	0.282	0.340	0.388
	石棉橡胶板 中压 δ0.6~8	kg	5.86	0.708	0.720	0.720	0.883
机械	交流弧焊机 21kV·A	台班	63.33	0.030	0.030	0.030	0.030
	电焊条烘干箱 60×50×75cm^3	台班	16.84	0.003	0.003	0.003	0.003
	泥浆泵 100mm	台班	205.25	0.110	0.120	0.120	0.130
	门式起重机 10t	台班	447.22	0.030	0.035	0.063	0.075
	汽车式起重机 5t	台班	366.47	0.005	0.008	0.008	0.010
	载货汽车 5t	台班	382.30	0.005	0.008	0.008	0.010

工作内容:阀门解体、检查、填料更换或增加、清洗、研磨、恢复、堵板制作、上堵板、试压等操作过程。　**计量单位**:个

定额编号				7-675	7-676	7-677
项目				公称直径(mm 以内)		
				800	900	1000
基价(元)				**2781.76**	**3310.67**	**3852.24**
其中	人工费(元)			2644.11	3154.55	3667.95
	材料费(元)			56.38	65.74	78.36
	机械费(元)			81.27	90.38	105.93
名称		单位	单价(元)	消耗量		
人工	二类人工	工日	135.00	19.586	23.367	27.170
材料	水	m^3	—	(0.161)	(0.229)	(0.314)
	中厚钢板 Q235B δ30	kg	3.53	9.738	11.742	14.742
	碳素结构钢流体无缝钢管 22×2.5	m	8.15	0.080	0.120	0.120
	塑料软管 ϕ20	m	1.44	0.160	0.320	0.320
	截止阀 J11T-16K *DN*15	个	19.83	0.160	0.160	0.160
	压力表 0~2.5MPa ϕ50	只	6.90	0.160	0.160	0.160
	压力表补芯	个	12.93	0.160	0.160	0.160
	电焊条	kg	4.31	0.132	0.132	0.132
	氧气	m^3	3.62	1.272	1.428	1.728
	乙炔气	m^3	8.90	0.424	0.476	0.576
	石棉橡胶板 中压 δ0.6~8	kg	5.86	0.995	1.115	1.123
机械	交流弧焊机 21kV·A	台班	63.33	0.030	0.030	0.030
	电焊条烘干箱 60×50×75cm^3	台班	16.84	0.003	0.003	0.003
	泥浆泵 100mm	台班	205.25	0.140	0.140	0.140
	门式起重机 10t	台班	447.22	0.088	0.100	0.113
	汽车式起重机 5t	台班	366.47	0.015	0.020	0.033
	载货汽车 5t	台班	382.30	0.015	0.020	0.033

工作内容:阀门解体、检查、填料更换或增加、清洗、研磨、恢复、堵板制作、上堵板、试压等操作过程。　**计量单位:**个

定额编号				7-678	7-679	7-680	7-681
项目				公称直径（mm 以内）			
				1200	1400	1600	1800
基价（元）				**4934.73**	**5731.05**	**6773.02**	**8260.74**
其中	人工费（元）			4673.30	5433.75	6445.98	7862.54
	材料费（元）			97.07	119.36	141.79	175.07
	机械费（元）			164.36	177.94	185.25	223.13
	名称	单位	单价(元)	消耗量			
人工	二类人工	工日	135.00	34.617	40.250	47.748	58.241
材料	水	m^3	—	(0.543)	(0.862)	(1.286)	(1.832)
	中厚钢板 Q235B δ30	kg	3.53	16.203	20.492	25.694	31.484
	碳素结构钢流体无缝钢管 22×2.5	m	8.15	0.120	0.120	0.120	0.120
	塑料软管 φ20	m	1.44	0.320	0.320	0.320	0.320
	截止阀 J11T－16K *DN*15	个	19.83	0.160	0.160	0.160	0.160
	压力表 0～2.5MPa φ50	只	6.90	0.160	0.160	0.160	0.160
	压力表补芯	个	12.93	0.160	0.160	0.160	0.160
	电焊条	kg	4.31	2.332	2.332	2.332	4.532
	氧气	m^3	3.62	2.232	2.784	3.180	3.576
	乙炔气	m^3	8.90	0.744	0.928	1.060	1.192
	石棉橡胶板 中压 δ0.6～8	kg	5.86	1.252	1.852	2.100	2.229
机械	交流弧焊机 21kV·A	台班	63.33	0.530	0.530	0.530	1.030
	电焊条烘干箱 60×50×75cm^3	台班	16.84	0.053	0.053	0.053	0.103
	泥浆泵 100mm	台班	205.25	0.150	0.150	0.150	0.150
	门式起重机 10t	台班	447.22	0.158	0.180	0.193	0.205
	汽车式起重机 5t	台班	366.47	0.038	0.043	0.045	0.045
	载货汽车 5t	台班	382.30	0.038	0.043	0.045	0.045

工作内容:阀门解体、检查、填料更换或增加、清洗、研磨、恢复、堵板制作、上堵板、试压等操作过程。 **计量单位**:个

定额编号					7-682	7-683	7-684
项目					公称直径(mm 以内)		
					2000	2200	2400
基价(元)					**9697.36**	**11135.48**	**12686.41**
其中	人工费(元)				9259.11	10658.12	12127.86
	材料费(元)				201.70	230.55	271.17
	机械费(元)				236.55	246.81	287.38
名称			单位	单价(元)	消耗量		
人工	二类人工		工日	135.00	68.586	78.949	89.836
材料	水		m^3	—	(2.514)	(3.345)	(4.343)
	中厚钢板 Q235B δ30		kg	3.53	37.862	44.827	52.381
	碳素结构钢流体无缝钢管 22×2.5		m	8.15	0.120	0.120	0.120
	塑料软管 ϕ20		m	1.44	0.320	0.320	0.320
	截止阀 J11T-16K DN15		个	19.83	0.160	0.160	0.160
	压力表 0~2.5MPa ϕ50		只	6.90	0.160	0.160	0.160
	压力表补芯		个	12.93	0.160	0.160	0.160
	电焊条		kg	4.31	4.532	4.532	6.732
	氧气		m^3	3.62	3.972	4.368	4.764
	乙炔气		m^3	8.90	1.324	1.456	1.588
	石棉橡胶板 中压 δ0.6~8		kg	5.86	2.486	2.769	3.086
机械	交流弧焊机 21kV·A		台班	63.33	1.030	1.030	1.530
	电焊条烘干箱 60×50×75cm³		台班	16.84	0.103	0.103	0.153
	泥浆泵 100mm		台班	205.25	0.150	0.160	0.160
	门式起重机 10t		台班	447.22	0.230	0.245	0.258
	汽车式起重机 5t		台班	366.47	0.048	0.050	0.053
	载货汽车 5t		台班	382.30	0.048	0.050	0.053

五、中压阀门解体、检查、清洗、研磨

工作内容：阀门解体、检查、填料更换或增加、清洗、研磨、恢复、堵板制作、上堵板、试压等操作过程。　**计量单位：**个

	定额编号			7-685	7-686	7-687	7-688	7-689
	项目			公称直径（mm 以内）				
				40	50	65	80	100
	基　价（元）			**47.88**	**63.55**	**99.05**	**135.97**	**172.44**
其中	人工费（元）			31.73	47.25	81.68	117.59	152.42
	材料费（元）			9.27	9.42	9.67	10.07	10.68
	机械费（元）			6.88	6.88	7.70	8.31	9.34
	名称	单位	单价(元)	消耗量				
人工	二类人工	工日	135.00	0.235	0.350	0.605	0.871	1.129
材料	中厚钢板 Q235B δ20	kg	3.53	0.131	0.160	0.202	0.238	0.289
	碳素结构钢流体无缝钢管 22×2.5	m	8.15	0.080	0.080	0.080	0.080	0.080
	塑料软管 ϕ20	m	1.44	0.160	0.160	0.160	0.160	0.160
	截止阀 J11T-16K *DN*15	个	19.83	0.160	0.160	0.160	0.160	0.160
	压力表 0~2.5MPa ϕ50	只	6.90	0.160	0.160	0.160	0.160	0.160
	压力表补芯	个	12.93	0.160	0.160	0.160	0.160	0.160
	电焊条	kg	4.31	0.132	0.132	0.132	0.132	0.132
	氧气	m^3	3.62	0.113	0.113	0.113	0.127	0.163
	乙炔气	m^3	8.90	0.038	0.038	0.038	0.042	0.054
	石棉橡胶板 低压 δ0.8~6	kg	5.26	0.050	0.060	0.078	0.114	0.150
机械	交流弧焊机 21kV·A	台班	63.33	0.030	0.030	0.030	0.030	0.030
	电焊条烘干箱 60×50×75cm^3	台班	16.84	0.003	0.003	0.003	0.003	0.003
	泥浆泵 100mm	台班	205.25	0.024	0.024	0.028	0.031	0.036

工作内容:阀门解体、检查、填料更换或增加、清洗、研磨、恢复、堵板制作、上堵板、试压等操作过程。 **计量单位**:个

定额编号				7-690	7-691	7-692	7-693	7-694
项目				公称直径(mm 以内)				
				125	150	200	250	300
基价(元)				**229.06**	**296.39**	**478.73**	**682.17**	**857.36**
其中	人工费(元)			201.96	262.31	442.94	633.83	807.17
	材料费(元)			11.60	12.43	14.14	16.39	18.24
	机械费(元)			15.50	21.65	21.65	31.95	31.95
名称		单位	单价(元)	消耗量				
人工	二类人工	工日	135.00	1.496	1.943	3.281	4.695	5.979
材料	水	m^3	—	(0.002)	(0.002)	(0.005)	(0.010)	(0.017)
	中厚钢板 Q235B δ20	kg	3.53	0.374	0.490	0.700	1.024	1.321
	碳素结构钢流体无缝钢管 22×2.5	m	8.15	0.080	0.080	0.080	0.080	0.080
	塑料软管 ϕ20	m	1.44	0.160	0.160	0.160	0.160	0.160
	截止阀 J11T-16K *DN*15	个	19.83	0.160	0.160	0.160	0.160	0.160
	压力表 0~2.5MPa ϕ50	只	6.90	0.160	0.160	0.160	0.160	0.160
	压力表补芯	个	12.93	0.160	0.160	0.160	0.160	0.160
	电焊条	kg	4.31	0.132	0.132	0.132	0.132	0.132
	氧气	m^3	3.62	0.218	0.250	0.358	0.502	0.600
	乙炔气	m^3	8.90	0.073	0.083	0.119	0.167	0.200
	石棉橡胶板 低压 δ0.8~6	kg	5.26	0.198	0.240	0.288	0.318	0.348
机械	交流弧焊机 21kV·A	台班	63.33	0.030	0.030	0.030	0.030	0.030
	电焊条烘干箱 60×50×75cm^3	台班	16.84	0.003	0.003	0.003	0.003	0.003
	泥浆泵 100mm	台班	205.25	0.066	0.096	0.096	0.096	0.096
	门式起重机 10t	台班	447.22	—	—	—	0.018	0.018
	汽车式起重机 5t	台班	366.47	—	—	—	0.003	0.003
	载货汽车 5t	台班	382.30	—	—	—	0.003	0.003

工作内容:阀门解体、检查、填料更换或增加、清洗、研磨、恢复、堵板制作、上堵板、试压等操作过程。 **计量单位**:个

定额编号				7-695	7-696	7-697	7-698	7-699
项目				公称直径(mm 以内)				
				350	400	450	500	600
基价(元)				**1027.82**	**1214.73**	**1398.67**	**1577.21**	**2138.05**
其中	人工费(元)			972.14	1149.12	1322.46	1490.54	2030.81
	材料费(元)			20.42	22.81	30.06	33.57	41.62
	机械费(元)			35.26	42.80	46.15	53.10	65.62
名称		单位	单价(元)	消耗量				
人工	二类人工	工日	135.00	7.201	8.512	9.796	11.041	15.043
材料	水	m^3	—	(0.027)	(0.040)	(0.058)	(0.078)	(0.136)
	中厚钢板 Q235B δ20	kg	3.53	1.687	2.099	—	—	—
	中厚钢板 Q235B δ30	kg	3.53	—	—	3.832	4.652	6.605
	碳素结构钢流体无缝钢管 22×2.5	m	8.15	0.080	0.080	0.080	0.080	0.080
	塑料软管 φ20	m	1.44	0.160	0.160	0.160	0.160	0.160
	截止阀 J11T-16K *DN*15	个	19.83	0.160	0.160	0.160	0.160	0.160
	压力表 0~2.5MPa φ50	只	6.90	0.160	0.160	0.160	0.160	0.160
	压力表补芯	个	12.93	0.160	0.160	0.160	0.160	0.160
	电焊条	kg	4.31	0.132	0.132	0.132	0.132	0.132
	氧气	m^3	3.62	0.638	0.675	0.761	0.845	1.020
	乙炔气	m^3	8.90	0.213	0.225	0.254	0.282	0.340
	石棉橡胶板 低压 δ0.8~6	kg	5.26	0.468	0.600	0.708	0.720	0.720
机械	交流弧焊机 21kV·A	台班	63.33	0.030	0.030	0.030	0.030	0.030
	泥浆泵 100mm	台班	205.25	0.108	0.120	0.132	0.144	0.144
	门式起重机 10t	台班	447.22	0.020	0.028	0.030	0.035	0.063
	汽车式起重机 5t	台班	366.47	0.003	0.005	0.005	0.008	0.008
	载货汽车 5t	台班	382.30	0.003	0.005	0.005	0.008	0.008

六、阀门操纵装置安装

工作内容:部件检查及组合装配、找平、找正、安装、固定、试调、调整等操作过程。 **计量单位:**100kg

定额编号				7-700
项目				阀门操纵装置安装
基价(元)				**1188.51**
其中	人工费(元)			1156.95
	材料费(元)			10.11
	机械费(元)			21.45
名称		单位	单价(元)	消耗量
人工	二类人工	工日	135.00	8.570
材料	阀门操作装置	kg	—	(100.000)
	电焊条	kg	4.31	0.836
	氧气	m^3	3.62	0.950
	乙炔气	m^3	8.90	0.330
	尼龙砂轮片 ϕ100	片	1.29	0.080
	电	kW·h	0.78	0.030
机械	交流弧焊机 21kV·A	台班	63.33	0.330
	电焊条烘干箱 60×50×75cm^3	台班	16.84	0.033

第四章
燃气用设备安装

说　　明

一、本章定额包括凝水缸制作、安装，调压器安装，鬃毛过滤器安装，萘油分离器安装，安全水封、检漏管安装，铸铁管钻眼攻丝，煤气调长器安装，共7节110个子目。

二、凝水缸安装：

1. 碳钢、铸铁凝水缸安装如使用成品头部装置时，只允许调整材料费，其他不变。

2. 碳钢凝水缸安装未包括缸体、套管、抽水管的刷油、防腐，应按不同设计要求另行套用其他定额相应项目计算。

3. 凝水缸安装中，定额内标注“( )”的未计价材料，如实际未发生时，则不得计算。

三、各种调压器安装：

1. 雷诺式调压器、T形调压器(TMJ、TMZ)安装是指调压器成品安装，调压站内组装的各种管道、管件、各种阀门根据不同设计要求，套用本定额的相应项目另行计算。

2. 各类型调压器安装均不包括过滤器、萘油分离器(脱萘筒)、安全放散装置(包括水封)安装，发生时，可执行本定额相应项目另行计算。

3. 本章定额过滤器、萘油分离器均按成品件考虑。

四、检漏管安装是按在套管上钻眼攻丝安装考虑的，已包括水井砌筑。

五、煤气调长器是按焊接法兰考虑的，如采用直接对焊时，应减去法兰安装用材料，其他不变。

六、煤气调长器是按三波考虑的，如安装三波以上者，其人工乘以系数1.33，其他不变。

一、凝水缸制作、安装

1. 低压碳钢凝水缸制作

工作内容:放样、下料、切割、坡口、对口、点焊、焊接成型、强度试验等操作过程。

计量单位:个

定额编号				7-701	7-702	7-703	7-704	7-705
项目				公称直径(mm 以内)				
				80	100	150	200	250
基价(元)				**261.56**	**283.27**	**382.26**	**407.77**	**377.23**
其中	人工费(元)			166.32	182.39	274.05	286.34	301.46
	材料费(元)			47.78	49.52	51.65	56.42	36.76
	机械费(元)			47.46	51.36	56.56	65.01	39.01
名称		单位	单价(元)	消耗量				
人工	二类人工	工日	135.00	1.232	1.351	2.030	2.121	2.233
材料	碳钢管 $D89\times4.5$	m	—	(0.360)	—	—	—	—
	碳钢管 $D108\times4.5$	m	—	—	(0.360)	—	—	—
	碳钢管 $D159\times4.5$	m	—	—	—	(0.360)	—	—
	碳钢管 $D219\times6$	m	—	—	—	—	(0.402)	—
	碳钢管 $D273\times7$	m	—	(0.465)	(0.495)	(0.556)	(0.617)	(1.011)
	碳钢管 $D42\times3.5$	m	—	(0.160)	(0.160)	(0.160)	(0.160)	(0.160)
	中厚钢板 Q235B $\delta8$	kg	3.91	7.740	7.740	7.740	7.740	—
	中厚钢板 Q235B $\delta10$	kg	3.71	—	—	—	—	4.920
	氧气	m^3	3.62	1.290	1.430	1.650	2.010	1.590
	乙炔气	m^3	8.90	0.420	0.480	0.540	0.680	0.530
	电焊条	kg	4.31	2.040	2.200	2.380	2.880	1.800
	尼龙砂轮片 $\phi100$	片	1.29	0.110	0.115	0.125	0.145	0.090
	电	kW·h	0.78	0.220	0.230	0.237	0.288	0.200
机械	交流弧焊机 21kV·A	台班	63.33	0.730	0.790	0.870	1.000	0.600
	电焊条烘干箱 $60\times50\times75cm^3$	台班	16.84	0.073	0.079	0.087	0.100	0.060

工作内容:放样、下料、切割、坡口、对口、点焊、焊接成型、强度试验等操作过程。　　**计量单位**:个

定额编号				7-706	7-707	7-708
项目				公称直径（mm 以内）		
				300	400	500
基价（元）				**454.43**	**596.28**	**789.86**
其中	人工费（元）			340.20	437.54	568.89
	材料费（元）			50.58	79.49	115.80
	机械费（元）			63.65	79.25	105.17
名称		单位	单价(元)	消耗量		
人工	二类人工	工日	135.00	2.520	3.241	4.214
材料	碳钢管 $D325\times8$	m	—	(1.050)	—	—
	碳钢管 $D426\times9$	m	—	—	(1.150)	—
	碳钢管 $D530\times10$	m	—	—	—	(1.250)
	碳钢管 $D42\times3.5$	m	—	(0.160)	(0.160)	(0.160)
	中厚钢板 Q235B $\delta10$	kg	3.71	6.980	11.980	18.530
	氧气	m^3	3.62	2.010	2.670	3.330
	乙炔气	m^3	8.90	0.680	0.890	1.100
	电焊条	kg	4.31	2.560	3.940	5.700
	尼龙砂轮片 $\phi100$	片	1.29	0.115	0.175	0.235
	电	kW·h	0.78	0.220	0.315	0.435
机械	交流弧焊机 21kV·A	台班	63.33	0.730	0.970	1.250
	电焊条烘干箱 $60\times50\times75cm^3$	台班	16.84	0.073	0.097	0.125
	汽车式起重机 5t	台班	366.47	0.040	0.040	0.060
	载货汽车 5t	台班	382.30	0.004	0.004	0.005

2. 中压碳钢凝水缸制作

工作内容:放样、下料、切割、坡口、对口、点焊、焊接成型、强度试验等操作过程。 **计量单位:**个

定额编号				7-709	7-710	7-711	7-712	7-713
项目				公称直径(mm 以内)				
				80	100	150	200	250
基价(元)				**301.44**	**325.86**	**470.46**	**499.91**	**532.48**
其中	人工费(元)			199.40	218.30	328.86	343.04	360.99
	材料费(元)			44.83	46.45	67.48	72.35	77.87
	机械费(元)			57.21	61.11	74.12	84.52	93.62
名称		单位	单价(元)	消耗量				
人工	二类人工	工日	135.00	1.477	1.617	2.436	2.541	2.674
材料	碳钢管 $D60\times3.5$	m	—	(0.160)	(0.160)	(0.160)	(0.160)	(0.160)
	碳钢管 $D89\times4$	m	—	(0.360)	—	—	—	—
	碳钢管 $D108\times4.5$	m	—	—	(0.360)	—	—	—
	碳钢管 $D159\times4.5$	m	—	—	—	(0.360)	—	—
	碳钢管 $D219\times6$	m	—	—	—	—	(0.360)	—
	碳钢管 $D273\times7$	m	—	—	—	—	—	(0.360)
	碳钢管 $D325\times8$	m	—	(0.410)	(0.460)	—	—	—
	碳钢管 $D377\times9$	m	—	—	—	(0.510)	(0.560)	(0.610)
	中厚钢板 Q235B $\delta8$	kg	3.91	5.560	5.560	—	—	—
	中厚钢板 Q235B $\delta10$	kg	3.71	—	—	9.420	9.420	9.420
	氧气	m^3	3.62	1.590	1.720	2.190	2.570	2.970
	乙炔气	m^3	8.90	0.540	0.580	0.730	0.870	0.990
	电焊条	kg	4.31	2.820	3.000	4.080	4.580	5.260
	电	kW·h	0.78	0.260	0.267	0.349	0.439	0.487
	尼龙砂轮片 $\phi100$	片	1.29	0.135	0.140	0.190	0.215	0.240
机械	交流弧焊机 21kV·A	台班	63.33	0.880	0.940	1.140	1.300	1.440
	电焊条烘干箱 $60\times50\times75cm^3$	台班	16.84	0.088	0.094	0.114	0.130	0.144

工作内容:放样、下料、切割、坡口、对口、点焊、焊接成型、强度试验等操作过程。　　**计量单位:**个

定额编号					7-714	7-715	7-716	7-717
项目					公称直径（mm 以内）			
					300	400	500	600
基价（元）					**628.03**	**684.13**	**918.45**	**1092.55**
其中	人工费（元）				406.35	523.53	681.35	792.86
	材料费（元）				96.27	80.70	131.28	174.22
	机械费（元）				125.41	79.90	105.82	125.47
名称		单位	单价(元)		消耗量			
人工	二类人工	工日	135.00		3.010	3.878	5.047	5.873
材料	碳钢管 $D60\times3.5$	m	—		(0.160)	(0.160)	(0.160)	(0.160)
	碳钢管 $D325\times8$	m	—		(0.360)	—	—	—
	碳钢管 $D426\times9$	m	—		(0.690)	(1.200)	—	—
	碳钢管 $D530\times10$	m	—		—	—	(1.410)	—
	碳钢管 $D630\times10$	m	—		—	—	—	(1.510)
	中厚钢板 Q235B $\delta10$	kg	3.71		11.980	11.980	—	—
	中厚钢板 Q235B $\delta12$	kg	3.71		—	—	22.260	31.460
	氧气	m^3	3.62		3.500	2.860	3.580	4.180
	乙炔气	m^3	8.90		1.170	0.940	1.180	1.390
	电焊条	kg	4.31		6.480	3.960	5.700	6.780
	尼龙砂轮片 $\phi100$	片	1.29		0.285	0.175	0.235	0.280
	电	kW·h	0.78		0.573	0.315	0.461	0.534
机械	交流弧焊机 21kV·A	台班	63.33		1.680	0.980	1.260	1.500
	电焊条烘干箱 $60\times50\times75cm^3$	台班	16.84		0.168	0.098	0.126	0.150
	汽车式起重机 5t	台班	366.47		0.040	0.040	0.060	0.070
	载货汽车 5t	台班	382.30		0.004	0.004	0.005	0.006

3. 低压碳钢凝水缸安装

工作内容:安装罐体、找平、找正、对口、焊接、量尺寸、配管、组装、水井防护罩安装等操作过程。 **计量单位:**组

定额编号				7-718	7-719	7-720	7-721
项目				公称直径(mm 以内)			
				80	100	150	200
基价(元)				**164.37**	**178.63**	**220.83**	**254.90**
其中	人工费(元)			103.95	108.68	146.48	166.32
	材料费(元)			31.81	37.44	39.89	45.02
	机械费(元)			28.61	32.51	34.46	43.56
	名称	单位	单价(元)	消耗量			
人工	二类人工	工日	135.00	0.770	0.805	1.085	1.232
材料	碳素结构钢镀锌焊接钢管 *DN*50×3.8	m	—	(2.060)	(2.060)	(2.060)	(2.060)
	碳钢凝水缸	个	—	(1.000)	(1.000)	(1.000)	(1.000)
	防护罩	套	—	(1.000)	(1.000)	(1.000)	(1.000)
	碳素结构钢镀锌焊接钢管 *DN*25×3.2	m	11.38	2.050	2.440	2.540	2.590
	镀锌丝堵 *DN*25	个	1.92	1.010	1.010	1.010	1.010
	氧气	m^3	3.62	0.520	0.600	0.700	0.990
	乙炔气	m^3	8.90	0.200	0.230	0.270	0.370
	电焊条	kg	4.31	0.500	0.600	0.690	1.250
	碳钢气焊条 <ϕ2	kg	10.34	0.070	0.090	0.110	0.130
机械	交流弧焊机 21kV·A	台班	63.33	0.440	0.500	0.530	0.670
	电焊条烘干箱 60×50×75cm^3	台班	16.84	0.044	0.050	0.053	0.067

工作内容:安装罐体、找平、找正、对口、焊接、量尺寸、配管、组装、水井防护罩安装等操作过程。 **计量单位:**组

定额编号				7-722	7-723	7-724
项目				公称直径(mm 以内)		
				250	300	400
基价(元)				**276.81**	**339.21**	**426.38**
其中	人工费(元)			178.61	210.74	272.16
	材料费(元)			53.34	58.97	73.67
	机械费(元)			44.86	69.50	80.55
	名称	单位	单价(元)	消耗量		
人工	二类人工	工日	135.00	1.323	1.561	2.016
材料	碳素结构钢镀锌焊接钢管 *DN*50×3.8	m	—	(2.060)	(2.060)	(2.060)
	碳钢凝水缸	个	—	(1.000)	(1.000)	(1.000)
	防护罩	套	—	(1.000)	(1.000)	(1.000)
	碳素结构钢镀锌焊接钢管 *DN*25×3.2	m	11.38	2.640	2.740	2.890
	镀锌丝堵 *DN*25	个	1.92	1.010	1.010	1.010
	氧气	m^3	3.62	1.300	1.590	2.270
	乙炔气	m^3	8.90	0.500	0.610	0.870
	电焊条	kg	4.31	2.470	2.970	4.830
	碳钢气焊条 <ϕ2	kg	10.34	0.150	0.180	0.200
机械	交流弧焊机 21kV·A	台班	63.33	0.690	0.820	0.990
	电焊条烘干箱 60×50×75cm^3	台班	16.84	0.069	0.082	0.099
	汽车式起重机 5t	台班	366.47	—	0.040	0.040
	载货汽车 5t	台班	382.30	—	0.004	0.004

工作内容：安装罐体、找平、找正、对口、焊接、量尺寸、配管、组装、水井防护罩安装等操作过程。　　　　**计量单位**：组

定额编号				7-725	7-726	7-727	7-728
项目				公称直径（mm 以内）			
				500	600	700	800
基价（元）				**509.46**	**632.30**	**749.12**	**896.09**
其中	人工费（元）			352.49	469.67	556.61	654.89
	材料费（元）			83.78	89.44	106.67	115.42
	机械费（元）			73.19	73.19	85.84	125.78
名称		单位	单价(元)	消耗量			
人工	二类人工	工日	135.00	2.611	3.479	4.123	4.851
材料	碳素结构钢镀锌焊接钢管 *DN*50×3.8	m	—	(2.060)	(2.060)	(2.060)	(2.060)
	碳钢凝水缸	个	—	(1.000)	(1.000)	(1.000)	(1.000)
	防护罩	套	—	(1.000)	(1.000)	(1.000)	(1.000)
	碳素结构钢镀锌焊接钢管 *DN*25×3.2	m	11.38	3.050	3.150	3.350	3.450
	镀锌丝堵 *DN*25	个	1.92	1.010	1.010	1.010	1.010
	氧气	m^3	3.62	2.600	2.830	3.240	3.530
	乙炔气	m^3	8.90	1.000	1.090	1.250	1.360
	电焊条	kg	4.31	6.160	6.780	9.480	10.680
	碳钢气焊条 $<\phi2$	kg	10.34	0.220	0.240	0.280	0.320
机械	交流弧焊机 21kV·A	台班	63.33	1.040	1.040	1.150	1.650
	电焊条烘干箱 60×50×75cm³	台班	16.84	0.104	0.104	0.115	0.165
	汽车式起重机 5t	台班	366.47	0.010	0.010	0.025	—
	汽车式起重机 8t	台班	648.48	—	—	—	0.025
	载货汽车 5t	台班	382.30	0.005	0.005	0.005	0.006

工作内容:安装罐体、找平、找正、对口、焊接、量尺寸、配管、组装、水井防护罩安装等操作过程。 **计量单位**:组

定额编号				7-729	7-730	7-731
项目				公称直径(mm 以内)		
				900	1000	1200
基价(元)				**1042.34**	**1239.78**	**1468.51**
其中	人工费(元)			775.85	926.10	1110.38
	材料费(元)			126.42	158.52	182.48
	机械费(元)			140.07	155.16	175.65
名称		单位	单价(元)	消耗量		
人工	二类人工	工日	135.00	5.747	6.860	8.225
材料	碳素结构钢镀锌焊接钢管 *DN*50×3.8	m	—	(2.060)	(2.060)	(2.060)
	碳钢凝水缸	个	—	(1.000)	(1.000)	(1.000)
	防护罩	套	—	(1.000)	(1.000)	(1.000)
	碳素结构钢镀锌焊接钢管 *DN*25×3.2	m	11.38	3.650	3.850	4.060
	镀锌丝堵 *DN*25	个	1.92	1.010	1.010	1.010
	氧气	m^3	3.62	3.940	5.010	5.980
	乙炔气	m^3	8.90	1.520	1.930	2.280
	电焊条	kg	4.31	11.980	17.060	20.430
	碳钢气焊条 <ϕ2	kg	10.34	0.340	0.380	0.420
机械	交流弧焊机 21kV·A	台班	63.33	1.820	2.000	2.200
	电焊条烘干箱 60×50×75cm^3	台班	16.84	0.182	0.200	0.220
	汽车式起重机 8t	台班	648.48	0.030	—	—
	汽车式起重机 12t	台班	748.60	—	0.030	0.040
	载货汽车 5t	台班	382.30	0.006	0.007	0.007

4. 中压碳钢凝水缸安装

工作内容:安装罐体、找平、找正、对口、焊接、量尺寸、配管、组装、头部安装、井盖安装等操作过程。 **计量单位**:组

定额编号				7-732	7-733	7-734	7-735
项目				公称直径(mm 以内)			
				80	100	150	200
基价(元)				**172.56**	**198.10**	**272.29**	**289.32**
其中	人工费(元)			113.40	129.47	199.40	202.23
	材料费(元)			30.55	36.12	38.43	43.53
	机械费(元)			28.61	32.51	34.46	43.56
名称		单位	单价(元)	消耗量			
人工	二类人工	工日	135.00	0.840	0.959	1.477	1.498
材料	碳素结构钢镀锌焊接钢管 *DN*50×3.8	m	—	(2.060)	(2.060)	(2.060)	(2.060)
	碳钢凝水缸	个	—	(1.000)	(1.000)	(1.000)	(1.000)
	头部装置	套	—	(1.000)	(1.000)	(1.000)	(1.000)
	铸铁井盖	套	—	(1.000)	(1.000)	(1.000)	(1.000)
	碳素结构钢镀锌焊接钢管 *DN*25×3.2	m	11.38	2.050	2.440	2.540	2.590
	氧气	m^3	3.62	0.540	0.620	0.720	1.020
	乙炔气	m^3	8.90	0.210	0.240	0.280	0.390
	电焊条	kg	4.31	0.500	0.610	0.690	1.240
	碳钢气焊条 <ϕ2	kg	10.34	0.120	0.130	0.140	0.150
机械	交流弧焊机 21kV·A	台班	63.33	0.440	0.500	0.530	0.670
	电焊条烘干箱 60×50×75cm^3	台班	16.84	0.044	0.050	0.053	0.067

工作内容：安装罐体、找平、找正、对口、焊接、量尺寸、配管、组装、头部安装、井盖安装等操作过程。　**计量单位：**组

定额编号				7-736	7-737	7-738
项目				公称直径（mm 以内）		
				250	300	400
基价（元）				**306.80**	**360.11**	**438.79**
其中	人工费（元）			209.79	233.42	286.34
	材料费（元）			52.15	57.19	71.90
	机械费（元）			44.86	69.50	80.55
名称		单位	单价(元)	消耗量		
人工	二类人工	工日	135.00	1.554	1.729	2.121
材料	碳素结构钢镀锌焊接钢管 DN50×3.8	m	—	(2.060)	(2.060)	(2.060)
	碳钢凝水缸	个	—	(1.000)	(1.000)	(1.000)
	头部装置	套	—	(1.000)	(1.000)	(1.000)
	铸铁井盖	套	—	(1.000)	(1.000)	(1.000)
	碳素结构钢镀锌焊接钢管 DN25×3.2	m	11.38	2.640	2.740	2.890
	氧气	m^3	3.62	1.370	1.610	2.290
	乙炔气	m^3	8.90	0.530	0.620	0.880
	电焊条	kg	4.31	2.500	2.970	4.830
	碳钢气焊条 <φ2	kg	10.34	0.160	0.180	0.200
机械	交流弧焊机 21kV·A	台班	63.33	0.690	0.820	0.990
	电焊条烘干箱 60×50×75cm^3	台班	16.84	0.069	0.082	0.099
	汽车式起重机 5t	台班	366.47	—	0.040	0.040
	载货汽车 5t	台班	382.30	—	0.004	0.004

工作内容：安装罐体、找平、找正、对口、焊接、量尺寸、配管、组装、头部安装、井盖安装等操作过程。　**计量单位：**组

定额编号				7-739	7-740	7-741	7-742
项目				公称直径（mm 以内）			
				500	600	700	800
基价（元）				**545.88**	**677.05**	**802.38**	**976.63**
其中	人工费（元）			370.44	492.35	584.01	687.96
	材料费（元）			82.01	87.61	104.73	113.48
	机械费（元）			93.43	97.09	113.64	175.19
名称		单位	单价(元)	消耗量			
人工	二类人工	工日	135.00	2.744	3.647	4.326	5.096
材料	碳素结构钢镀锌焊接钢管 DN50×3.8	m	—	(2.060)	(2.060)	(2.060)	(2.060)
	碳钢凝水缸	个	—	(1.000)	(1.000)	(1.000)	(1.000)
	头部装置	套	—	(1.000)	(1.000)	(1.000)	(1.000)
	铸铁井盖	套	—	(1.000)	(1.000)	(1.000)	(1.000)
	碳素结构钢镀锌焊接钢管 DN25×3.2	m	11.38	3.050	3.150	3.350	3.450
	氧气	m^3	3.62	2.620	2.850	3.240	3.530
	乙炔气	m^3	8.90	1.010	1.100	1.250	1.360
	电焊条	kg	4.31	6.160	6.770	9.480	10.680
	碳钢气焊条 <φ2	kg	10.34	0.220	0.240	0.280	0.320
机械	交流弧焊机 21kV·A	台班	63.33	1.040	1.040	1.150	1.650
	电焊条烘干箱 60×50×75cm^3	台班	16.84	0.104	0.104	0.115	0.165
	汽车式起重机 5t	台班	366.47	0.060	0.070	0.080	—
	汽车式起重机 8t	台班	648.48	—	—	—	0.090
	载货汽车 5t	台班	382.30	0.010	0.010	0.025	0.025

工作内容:安装罐体、找平、找正、对口、焊接、量尺寸、配管、组装、头部安装、井盖安装等操作过程。 **计量单位**:组

定额编号				7-743	7-744	7-745
项目				公称直径(mm 以内)		
				900	1000	1200
基价(元)				**1133.71**	**1368.08**	**1617.46**
其中	人工费(元)			814.59	972.41	1166.13
	材料费(元)			124.48	156.85	180.72
	机械费(元)			194.64	238.82	270.61
名称		单位	单价(元)	消耗量		
人工	二类人工	工日	135.00	6.034	7.203	8.638
材料	碳素结构钢镀锌焊接钢管 *DN*50×3.8	m	—	(2.060)	(2.060)	(2.060)
	碳钢凝水缸	个	—	(1.000)	(1.000)	(1.000)
	头部装置	套	—	(1.000)	(1.000)	(1.000)
	铸铁井盖	套	—	(1.000)	(1.000)	(1.000)
	碳素结构钢镀锌焊接钢管 *DN*25×3.2	m	11.38	3.650	3.850	4.060
	氧气	m^3	3.62	3.940	5.010	5.980
	乙炔气	m^3	8.90	1.520	1.960	2.300
	电焊条	kg	4.31	11.980	17.060	20.430
	碳钢气焊条 $<\phi2$	kg	10.34	0.340	0.380	0.420
机械	交流弧焊机 21kV·A	台班	63.33	1.820	2.000	2.200
	电焊条烘干箱 $60\times50\times75cm^3$	台班	16.84	0.182	0.200	0.220
	汽车式起重机 8t	台班	648.48	0.100	—	—
	汽车式起重机 12t	台班	748.60	—	0.130	0.150
	载货汽车 5t	台班	382.30	0.030	0.030	0.040

5. 低压铸铁凝水缸安装(机械接口)

工作内容:抽水立管安装、抽水缸与管道连接、防护罩、井盖安装等操作过程。 **计量单位:**组

定额编号				7-746	7-747	7-748	7-749
项目				公称直径(mm 以内)			
				100	150	200	300
基价(元)				**198.11**	**241.56**	**281.56**	**355.24**
其中	人工费(元)			132.30	160.65	198.45	236.25
	材料费(元)			65.81	80.91	83.11	102.80
	机械费(元)			—	—	—	16.19
名称		单位	单价(元)	消耗量			
人工	二类人工	工日	135.00	0.980	1.190	1.470	1.750
材料	防护罩	套	—	(1.000)	(1.000)	(1.000)	(1.000)
	铸铁凝水器	个	—	(1.000)	(1.000)	(1.000)	(1.000)
	活动法兰	个	—	(2.000)	(2.000)	(2.000)	(2.000)
	橡胶密封圈 *DN*100	个	—	(2.060)	—	—	—
	橡胶密封圈 *DN*150	个	—	—	(2.060)	—	—
	橡胶密封圈 *DN*200	个	—	—	—	(2.060)	—
	橡胶密封圈 *DN*300	个	—	—	—	—	(2.060)
	支撑圈 *DN*100	只	—	(2.060)	—	—	—
	支撑圈 *DN*150	只	—	—	(2.060)	—	—
	支撑圈 *DN*200	只	—	—	—	(2.060)	—
	支撑圈 *DN*300	只	—	—	—	—	(2.060)
	六角带帽螺栓 M20×100	套	2.22	8.240	12.360	12.360	16.480
	镀锌垫圈 M20	个	0.41	8.240	12.360	12.360	16.480
	碳素结构钢镀锌焊接钢管 *DN*25×3.2	m	11.38	2.440	2.540	2.590	2.740
	碳素结构钢镀锌焊接钢管 *DN*50×3.8	m	—	(2.060)	(2.060)	(2.060)	(2.060)
	镀锌管箍 *DN*25	个	1.65	2.020	2.020	2.020	2.020
	镀锌丝堵 *DN*25	个	1.92	1.010	1.010	1.010	1.010
	耐酸橡胶板 δ3	kg	11.21	0.560	0.810	0.920	1.500
	平焊法兰	片	—	(2.000)	(2.000)	(2.000)	(2.000)
	玻璃布 综合	m^2	2.59	0.550	0.550	0.550	0.550
	石油沥青	kg	2.67	0.960	0.960	0.960	0.960
	聚乙烯薄膜	m^2	0.86	0.510	0.510	0.510	0.510
	氧气	m^3	3.62	0.060	0.100	0.160	0.240
	乙炔气	m^3	8.90	0.020	0.040	0.060	0.100
机械	汽车式起重机 5t	台班	366.47	—	—	—	0.040
	载货汽车 5t	台班	382.30	—	—	—	0.004

工作内容:抽水立管安装、抽水缸与管道连接、防护罩、井盖安装等操作过程。 **计量单位**:组

定额编号				7-750	7-751	7-752
项目				公称直径(mm 以内)		
				400	500	600
基价(元)				**424.27**	**550.43**	**682.63**
其中	人工费(元)			283.50	368.55	473.45
	材料费(元)			124.58	157.98	181.62
	机械费(元)			16.19	23.90	27.56
名称		单位	单价(元)	消耗量		
人工	二类人工	工日	135.00	2.100	2.730	3.507
材料	防护罩	套	—	(1.000)	(1.000)	(1.000)
	铸铁凝水器	个	—	(1.000)	(1.000)	(1.000)
	活动法兰	个	—	(2.000)	(2.000)	(2.000)
	橡胶密封圈 *DN*400	个	—	(2.060)	—	—
	橡胶密封圈 *DN*500	个	—	—	(2.060)	—
	橡胶密封圈 *DN*600	个	—	—	—	(2.060)
	支撑圈 *DN*400	只	—	(2.060)	—	—
	支撑圈 *DN*500	只	—	—	(2.060)	—
	支撑圈 *DN*600	只	—	—	—	(2.060)
	碳素结构钢镀锌焊接钢管 *DN*50×3.8	m	—	(2.060)	(2.060)	(2.060)
	平焊法兰	片	—	(2.000)	(2.000)	(2.000)
	碳素结构钢镀锌焊接钢管 *DN*25×3.2	m	11.38	2.890	3.050	3.150
	六角带帽螺栓 M20×100	套	2.22	20.600	28.840	32.960
	镀锌垫圈 M20	个	0.41	20.600	28.840	32.960
	镀锌管箍 *DN*25	个	1.65	2.020	2.020	2.020
	镀锌丝堵 *DN*25	个	1.92	1.010	1.010	1.010
	耐酸橡胶板 $\delta 3$	kg	11.21	2.190	3.010	3.980
	玻璃布 综合	m^2	2.59	0.550	0.550	0.550
	石油沥青	kg	2.67	0.960	0.960	0.960
	聚乙烯薄膜	m^2	0.86	0.510	0.510	0.510
	氧气	m^3	3.62	0.460	0.560	0.680
	乙炔气	m^3	8.90	0.180	0.220	0.260
机械	汽车式起重机 5t	台班	366.47	0.040	0.060	0.070
	载货汽车 5t	台班	382.30	0.004	0.005	0.005

6. 中压铸铁凝水缸安装(机械接口)

工作内容:抽水立管安装、抽水缸与管道连接、防护罩、井座、井盖安装等操作过程。 **计量单位**:组

	定额编号			7-753	7-754	7-755	7-756
	项目			公称直径(mm 以内)			
				100	150	200	300
	基价(元)			**219.30**	**274.09**	**315.97**	**397.21**
其中	人工费(元)			158.76	198.45	238.14	283.50
	材料费(元)			60.54	75.64	77.83	97.52
	机械费(元)			—	—	—	16.19
	名称	单位	单价(元)	消耗量			
人工	二类人工	工日	135.00	1.176	1.470	1.764	2.100
材料	铸铁井盖	套	—	(1.000)	(1.000)	(1.000)	(1.000)
	铁爬梯 型钢	kg	—	(3.200)	(3.200)	(3.200)	(3.200)
	铸铁凝水器	个	—	(1.000)	(1.000)	(1.000)	(1.000)
	活动法兰	个	—	(2 000)	(2.000)	(2.000)	(2.000)
	橡胶密封圈 *DN*100	个	—	(2.060)	—	—	—
	橡胶密封圈 *DN*150	个	—	—	(2.060)	—	—
	橡胶密封圈 *DN*200	个	—	—	—	(2.060)	—
	橡胶密封圈 *DN*300	个	—	—	—	—	(2.060)
	支撑圈 *DN*100	只	—	(2.060)	—	—	—
	支撑圈 *DN*150	只	—	—	(2.060)	—	—
	支撑圈 *DN*200	只	—	—	—	(2.060)	—
	支撑圈 *DN*300	只	—	—	—	—	(2.060)
	碳素结构钢镀锌焊接钢管 *DN*50×3.8	m	—	(2.060)	(2.060)	(2.060)	(2.060)
	平焊法兰	片	—	(2.000)	(2.000)	(2.000)	(2.000)
	碳素结构钢镀锌焊接钢管 *DN*25×3.2	m	11.38	2.440	2.540	2.590	2.740
	六角带帽螺栓 M20×100	套	2.22	8.240	12.360	12.360	16.480
	镀锌垫圈 M20	个	0.41	8.240	12.360	12.360	16.480
	头部装置	套	—	(1.000)	(1.000)	(1.000)	(1.000)
	耐酸橡胶板 δ3	kg	11.21	0.560	0.810	0.920	1.500
	玻璃布 综合	m^2	2.59	0.550	0.550	0.550	0.550
	石油沥青	kg	2.67	0.960	0.960	0.960	0.960
	聚乙烯薄膜	m^2	0.86	0.510	0.510	0.510	0.510
	氧气	m^3	3.62	0.060	0.100	0.160	0.240
	乙炔气	m^3	8.90	0.020	0.040	0.060	0.100
机械	汽车式起重机 5t	台班	366.47	—	—	—	0.040
	载货汽车 5t	台班	382.30	—	—	—	0.004

工作内容:抽水立管安装、抽水缸与管道连接、防护罩、井座、井盖安装等操作过程。 **计量单位:**组

定额编号				7-757	7-758	7-759
项目				公称直径(mm 以内)		
				400	500	600
基价(元)				**475.70**	**618.69**	**771.86**
其中	人工费(元)			340.20	442.26	567.95
	材料费(元)			119.31	152.53	176.35
	机械费(元)			16.19	23.90	27.56
	名称	单位	单价(元)	消耗量		
人工	二类人工	工日	135.00	2.520	3.276	4.207
材料	铸铁井盖	套	—	(1.000)	(1.000)	(1.000)
	铁爬梯 型钢	kg	—	(3.200)	(3.200)	(3.200)
	铸铁凝水器	个	—	(1.000)	(1.000)	(1.000)
	活动法兰	个	—	(2.000)	(2.000)	(2.000)
	橡胶密封圈 *DN*400	个	—	(2.060)	—	—
	橡胶密封圈 *DN*500	个	—	—	(2.060)	—
	橡胶密封圈 *DN*600	个	—	—	—	(2.060)
	支撑圈 *DN*400	只	—	(2.060)	—	—
	支撑圈 *DN*500	只	—	—	(2.060)	—
	支撑圈 *DN*600	只	—	—	—	(2.060)
	碳素结构钢镀锌焊接钢管 *DN*50×3.8	m	—	(2.060)	(2.060)	(2.060)
	平焊法兰	片	—	(2.000)	(2.000)	(2.000)
	碳素结构钢镀锌焊接钢管 *DN*25×3.2	m	11.38	2.890	3.050	3.150
	六角带帽螺栓 M20×100	套	2.22	20.600	28.840	32.960
	镀锌垫圈 M20	个	0.41	20.600	28.840	32.960
	头部装置	套	—	(1.000)	(1.000)	(1.000)
	耐酸橡胶板 $\delta 3$	kg	11.21	2.190	3.010	3.980
	玻璃布 综合	m^2	2.59	0.550	0.550	0.550
	石油沥青	kg	2.67	0.960	0.960	0.960
	聚乙烯薄膜	m^2	0.86	0.510	0.510	0.510
	氧气	m^3	3.62	0.460	0.560	0.680
	乙炔气	m^3	8.90	0.180	0.200	0.260
机械	汽车式起重机 5t	台班	366.47	0.040	0.060	0.070
	载货汽车 5t	台班	382.30	0.004	0.005	0.005

7. 低压铸铁凝水缸安装(青铅接口)

工作内容: 抽水立管安装、化铅、灌铅、打口、防护罩、井座、井盖安装等操作过程。 **计量单位:** 组

				7-760	7-761	7-762	7-763
定额编号				7-760	7-761	7-762	7-763
项目				公称直径(mm以内)			
				100	150	200	300
基价(元)				259.74	328.39	401.87	565.70
其中	人工费(元)			139.86	168.21	207.90	248.54
	材料费(元)			119.88	160.18	193.97	300.97
	机械费(元)			—	—	—	16.19
	名称	单位	单价(元)	消耗量			
人工	二类人工	工日	135.00	1.036	1.246	1.540	1.841
材料	碳素结构钢镀锌焊接钢管 $DN50\times3.8$	m	—	(2.060)	(2.060)	(2.060)	(2.060)
	铸铁凝水器	个	—	(1.000)	(1.000)	(1.000)	(1.000)
	平焊法兰	片	—	(2.000)	(2.000)	(2.000)	(2.000)
	防护罩	套	—	(1.000)	(1.000)	(1.000)	(1.000)
	碳素结构钢镀锌焊接钢管 $DN25\times3.2$	m	11.38	2.440	2.540	2.590	2.740
	镀锌管箍 $DN25$	个	1.65	2.020	2.020	2.020	2.020
	镀锌丝堵 $DN25$	个	1.92	1.010	1.010	1.010	1.010
	氧气	m^3	3.62	0.060	0.100	0.160	0.240
	乙炔气	m^3	8.90	0.020	0.040	0.060	0.100
	油麻丝	kg	20.69	0.280	0.400	0.500	0.860
	木柴	kg	0.16	0.200	0.400	0.400	0.800
	焦炭	kg	0.71	2.360	3.400	4.340	6.760
	青铅	kg	12.23	5.580	8.260	10.620	17.890
	耐酸橡胶板 $\delta3$	kg	11.21	0.560	0.810	0.920	1.500
	玻璃布 综合	m^2	2.59	0.550	0.550	0.550	0.550
	石油沥青	kg	2.67	0.960	0.960	0.960	0.960
	聚乙烯薄膜	m^2	0.86	0.510	0.510	0.510	0.510
机械	汽车式起重机 5t	台班	366.47	—	—	—	0.040
	载货汽车 5t	台班	382.30	—	—	—	0.004

工作内容:抽水立管安装、化铅、灌铅、打口、防护罩、井座、井盖安装等操作过程。 计量单位:组

定额编号				7-764	7-765	7-766
项目				公称直径(mm 以内)		
				400	500	600
基价(元)				**717.20**	**963.95**	**1204.94**
其中	人工费(元)			297.68	387.45	496.13
	材料费(元)			403.33	552.60	681.25
	机械费(元)			16.19	23.90	27.56
	名称	单位	单价(元)	消耗量		
人工	二类人工	工日	135.00	2.205	2.870	3.675
材料	碳素结构钢镀锌焊接钢管 DN50×3.8	m	—	(2.060)	(2.060)	(2.060)
	铸铁凝水器	个	—	(1.000)	(1.000)	(1.000)
	平焊法兰	片	—	(2.000)	(2.000)	(2.000)
	防护罩	套	—	(1.000)	(1.000)	(1.000)
	碳素结构钢镀锌焊接钢管 DN25×3.2	m	11.38	2.890	3.050	3.150
	镀锌管箍 DN25	个	1.65	2.020	2.020	2.020
	镀锌丝堵 DN25	个	1.92	1.010	1.010	1.010
	氧气	m^3	3.62	0.460	0.560	0.680
	乙炔气	m^3	8.90	0.180	0.220	0.260
	油麻丝	kg	20.69	1.200	1.680	2.100
	木柴	kg	0.16	1.000	1.200	1.200
	焦炭	kg	0.71	9.280	12.060	14.680
	青铅	kg	12.23	24.640	34.910	43.520
	耐酸橡胶板 δ3	kg	11.21	2.190	3.010	3.980
	玻璃布 综合	m^2	2.59	0.550	0.550	0.550
	石油沥青	kg	2.67	0.960	0.960	0.960
	聚乙烯薄膜	m^2	0.86	0.510	0.510	0.510
机械	汽车式起重机 5t	台班	366.47	0.040	0.060	0.070
	载货汽车 5t	台班	382.30	0.004	0.005	0.005

8. 中压铸铁凝水缸安装(青铅接口)

工作内容：抽水立管安装、头部安装、化铅、灌铅、打口、防护罩、井座、井盖安装等操作过程。　　**计量单位**：组

定额编号				7-767	7-768	7-769	7-770
项目				公称直径（mm 以内）			
				100	150	200	300
基价（元）				**280.93**	**362.80**	**439.13**	**613.35**
其中	人工费（元）			166.32	207.90	250.43	301.46
	材料费（元）			114.61	154.90	188.70	295.70
	机械费（元）			—	—	—	16.19
名称		单位	单价(元)	消耗量			
人工	二类人工	工日	135.00	1.232	1.540	1.855	2.233
材料	铁爬梯 型钢	kg	—	(3.200)	(3.200)	(3.200)	(3.200)
	铸铁凝水器	个	—	(1.000)	(1.000)	(1.000)	(1.000)
	头部装置	套	—	(1.000)	(1.000)	(1.000)	(1.000)
	平焊法兰	片	—	(2.000)	(2.000)	(2.000)	(2.000)
	铸铁井盖	套	—	(1.000)	(1.000)	(1.000)	(1.000)
	碳素结构钢镀锌焊接钢管 *DN*50×3.8	m	—	(2.060)	(2.060)	(2.060)	(2.060)
	碳素结构钢镀锌焊接钢管 *DN*25×3.2	m	11.38	2.440	2.540	2.590	2.740
	氧气	m^3	3.62	0.060	0.100	0.160	0.240
	乙炔气	m^3	8.90	0.020	0.040	0.060	0.100
	油麻丝	kg	20.69	0.280	0.400	0.500	0.860
	木柴	kg	0.16	0.200	0.400	0.400	0.800
	焦炭	kg	0.71	2.360	3.400	4.340	6.760
	青铅	kg	12.23	5.580	8.260	10.620	17.890
	耐酸橡胶板 δ3	kg	11.21	0.560	0.810	0.920	1.500
	玻璃布 综合	m^2	2.59	0.550	0.550	0.550	0.550
	石油沥青	kg	2.67	0.960	0.960	0.960	0.960
	聚乙烯薄膜	m^2	0.86	0.510	0.510	0.510	0.510
机械	汽车式起重机 5t	台班	366.47	—	—	—	0.040
	载货汽车 5t	台班	382.30	—	—	—	0.004

工作内容:抽水立管安装、头部安装、化铅、灌铅、打口、防护罩、井座、井盖安装等操作过程。 计量单位:组

				7-771	7-772	7-773
定额编号				7-771	7-772	7-773
项目				公称直径(mm 以内)		
				400	500	600
基价(元)				771.46	1034.28	1290.39
其中	人工费(元)			357.21	463.05	586.85
	材料费(元)			398.06	547.33	675.98
	机械费(元)			16.19	23.90	27.56
名称		单位	单价(元)	消耗量		
人工	二类人工	工日	135.00	2.646	3.430	4.347
材料	铁爬梯 型钢	kg	—	(3.200)	(3.200)	(3.200)
	铸铁凝水器	个	—	(1.000)	(1.000)	(1.000)
	头部装置	套	—	(1.000)	(1.000)	(1.000)
	平焊法兰	片	—	(2.000)	(2.000)	(2.000)
	铸铁井盖	套	—	(1.000)	(1.000)	(1.000)
	碳素结构钢镀锌焊接钢管 *DN*50×3.8	m	—	(2.060)	(2.060)	(2.060)
	碳素结构钢镀锌焊接钢管 *DN*25×3.2	m	11.38	2.890	3.050	3.150
	氧气	m^3	3.62	0.460	0.560	0.680
	乙炔气	m^3	8.90	0.180	0.220	0.260
	油麻丝	kg	20.69	1.200	1.680	2.100
	木柴	kg	0.16	1.000	1.200	1.200
	焦炭	kg	0.71	9.280	12.060	14.680
	青铅	kg	12.23	24.640	34.910	43.520
	耐酸橡胶板 $\delta3$	kg	11.21	2.190	3.010	3.980
	玻璃布 综合	m^2	2.59	0.550	0.550	0.550
	石油沥青	kg	2.67	0.960	0.960	0.960
	聚乙烯薄膜	m^2	0.86	0.510	0.510	0.510
机械	汽车式起重机 5t	台班	366.47	0.040	0.060	0.070
	载货汽车 5t	台班	382.30	0.004	0.005	0.005

二、调压器安装

1. 雷诺调压器

工作内容：安装、调试等操作过程。　　计量单位：组

				7-774	7-775	7-776	7-777
定额编号				7-774	7-775	7-776	7-777
项目				雷诺调压器			
				LN100	LN150	LN200	LN300
基价（元）				**1315.83**	**1721.28**	**2282.89**	**3606.30**
其中	人工费（元）			1221.75	1599.75	2104.65	3334.50
	材料费（元）			35.38	59.58	102.15	176.20
	机械费（元）			58.70	61.95	76.09	95.60
名称		单位	单价(元)	消耗量			
人工	二类人工	工日	135.00	9.050	11.850	15.590	24.700
材料	调压器	台	—	(1.000)	(1.000)	(1.000)	(1.000)
	碳钢法兰	片	—	(4.000)	(4.000)	(4.000)	(4.000)
	碳素结构钢流体无缝钢管 108×4.5	m	58.45	0.410	—	—	—
	碳素结构钢流体无缝钢管 159×6	m	102.00	—	0.410	—	—
	碳素结构钢流体无缝钢管 219×8	m	187.00	—	—	0.410	—
	碳素结构钢流体无缝钢管 325×8	m	314.00	—	—	—	0.410
	耐酸橡胶板 $\delta 3$	kg	11.21	0.520	0.830	1.000	1.200
	氧气	m^3	3.62	0.380	0.660	1.030	1.840
	乙炔气	m^3	8.90	0.090	0.260	0.400	0.710
	电焊条	kg	4.31	0.790	0.870	1.620	4.880
机械	交流弧焊机 21kV·A	台班	63.33	0.550	0.600	0.700	1.000
	电焊条烘干箱 $60\times50\times75cm^3$	台班	16.84	0.055	0.060	0.070	0.100
	载货汽车 5t	台班	382.30	0.060	0.060	0.080	0.080

2. T 形调压器

工作内容:安装、调试等操作过程。 **计量单位**:组

定额编号				7-778	7-779	7-780	7-781
项目				T 形调压器			
				TMJ314	TMJ316	TMJ318	TMJ439
基价(元)				**577.66**	**789.34**	**988.37**	**1434.21**
其中	人工费(元)			498.15	680.40	827.55	1177.20
	材料费(元)			32.28	54.64	96.20	169.06
	机械费(元)			47.23	54.30	64.62	87.95
名称		单位	单价(元)	消耗量			
人工	二类人工	工日	135.00	3.690	5.040	6.130	8.720
材料	T 形调压器	台	—	(1.000)	(1.000)	(1.000)	(1.000)
	碳钢法兰	片	—	(4.000)	(4.000)	(4.000)	(4.000)
	碳素结构钢流体无缝钢管 108×4.5	m	58.45	0.410	—	—	—
	碳素结构钢流体无缝钢管 159×6	m	102.00	—	0.410	—	—
	碳素结构钢流体无缝钢管 219×8	m	187.00	—	—	0.410	—
	碳素结构钢流体无缝钢管 325×8	m	314.00	—	—	—	0.410
	石棉橡胶板 低压 δ0.8~6	kg	5.26	0.520	0.830	1.000	1.200
	氧气	m^3	3.62	0.380	0.660	1.030	1.840
	乙炔气	m^3	8.90	0.090	0.260	0.400	0.710
	电焊条	kg	4.31	0.790	0.870	1.620	4.880
机械	交流弧焊机 21kV·A	台班	63.33	0.550	0.600	0.700	1.000
	电焊条烘干箱 60×50×75cm³	台班	16.84	0.055	0.060	0.070	0.100
	载货汽车 5t	台班	382.30	0.030	0.040	0.050	0.060

3. 箱式调压器

工作内容:进、出管焊接,调试、调压箱体固定安装等操作过程。 **计量单位:**组

定额编号				7-782	7-783	7-784
项目				箱式调压器		
				24	40	50
基价(元)				**167.83**	**258.15**	**333.83**
其中	人工费(元)			151.20	232.20	298.35
	材料费(元)			11.51	19.53	27.76
	机械费(元)			5.12	6.42	7.72
名称		单位	单价(元)	消耗量		
人工	二类人工	工日	135.00	1.120	1.720	2.210
材料	箱式调压器	台	—	(1.000)	(1.000)	(1.000)
	调压箱罩	套	—	(1.000)	(1.000)	(1.000)
	镀锌活接头 *DN*25	个	5.34	2.020	—	—
	镀锌活接头 *DN*40	个	9.06	—	2.020	—
	镀锌活接头 *DN*50	个	13.09	—	—	2.020
	石棉橡胶板 低压 δ0.8~6	kg	5.26	—	0.070	0.070
	金属膨胀螺栓 M8×60	套	0.27	2.000	2.000	2.000
	电焊条	kg	4.31	0.034	0.060	0.080
	尼龙砂轮片 ϕ100	片	1.29	0.005	0.010	0.010
	电	kW·h	0.78	0.040	0.060	0.073
机械	交流弧焊机 21kV·A	台班	63.33	0.020	0.040	0.060
	电焊条烘干箱 60×50×75cm^3	台班	16.84	0.002	0.004	0.006
	载货汽车 5t	台班	382.30	0.010	0.010	0.010

三、鬃毛过滤器安装

工作内容:成品安装、调试等操作过程。　　　　**计量单位:**组

定额编号				7-785	7-786	7-787	7-788	7-789
项目				公称直径(mm 以内)				
				100	150	200	300	400
基价(元)				**102.37**	**161.59**	**215.25**	**304.15**	**512.80**
其中	人工费(元)			64.80	99.90	141.75	198.45	353.70
	材料费(元)			10.79	18.91	29.54	44.46	70.81
	机械费(元)			26.78	42.78	43.96	61.24	88.29
	名称	单位	单价(元)	消耗量				
人工	二类人工	工日	135.00	0.480	0.740	1.050	1.470	2.620
材料	鬃毛过滤器	台	—	(1.000)	(1.000)	(1.000)	(1.000)	(1.000)
	碳钢法兰	片	—	(4.000)	(4.000)	(4.000)	(4.000)	(4.000)
	石棉橡胶板 低压 δ0.8~6	kg	5.26	0.340	0.560	0.660	0.800	1.380
	氧气	m^3	3.62	0.548	1.112	1.730	2.334	3.288
	乙炔气	m^3	8.90	0.182	0.296	0.576	0.774	1.096
	电焊条	kg	4.31	0.656	1.366	2.396	4.638	8.004
	尼龙砂轮片 φ100	片	1.29	0.081	0.135	0.205	0.326	0.535
	铅油	kg	5.60	0.220	0.280	0.400	0.400	0.600
	清油	kg	14.22	0.040	0.060	0.060	0.080	0.120
	破布	kg	6.90	0.060	0.060	0.080	0.080	0.120
	电	kW·h	0.78	0.326	0.520	0.566	0.740	1.040
机械	交流弧焊机 21kV·A	台班	63.33	0.412	0.658	0.676	0.942	1.358
	电焊条烘干箱 60×50×75cm³	台班	16.84	0.041	0.066	0.068	0.094	0.136

四、萘油分离器安装

工作内容：成品安装、调试等操作过程。 **计量单位：**组

定额编号				7-790	7-791	7-792	7-793
项目				公称直径（mm 以内）			
				100	150	200	300
基价（元）				**177.62**	**232.29**	**268.19**	**377.09**
其中	人工费（元）			139.05	174.15	198.45	270.00
	材料费（元）			8.22	15.49	25.19	39.54
	机械费（元）			30.35	42.65	44.55	67.55
名称		单位	单价(元)	消耗量			
人工	二类人工	工日	135.00	1.030	1.290	1.470	2.000
材料	萘油分离器	个	—	(1.000)	(1.000)	(1.000)	(1.000)
	碳钢法兰	片	—	(4.000)	(4.000)	(4.000)	(4.000)
	石棉橡胶板 低压 δ0.8～6	kg	5.26	0.340	0.560	0.660	0.800
	氧气	m^3	3.62	0.548	1.112	1.730	2.334
	乙炔气	m^3	8.90	0.182	0.296	0.576	0.774
	电焊条	kg	4.31	0.656	1.366	2.396	4.638
机械	交流弧焊机 21kV·A	台班	63.33	0.468	0.658	0.688	0.984
	电焊条烘干箱 60×50×75cm^3	台班	16.84	0.042	0.058	0.058	0.084
	载货汽车 5t	台班	382.30	—	—	—	0.010

五、安全水封、检漏管安装

工作内容:排尺、下料、焊接法兰、紧螺栓等操作过程。 计量单位:组

	定额编号			7-794	7-795	7-796
	项目			安全水封安装		检漏管安装
				DN200	DN300	
	基价(元)			299.71	426.98	272.94
其中	人工费(元)			138.92	236.93	234.90
	材料费(元)			112.23	118.44	38.04
	机械费(元)			48.56	71.61	—
	名称	单位	单价(元)	消耗量		
人工	二类人工	工日	135.00	1.029	1.755	1.740
材料	安全水封	组	—	(1.000)	(1.000)	—
	防护罩	套	—	—	—	(1.000)
	碳素结构钢镀锌焊接钢管 DN20	m	7.90	0.620	0.620	2.120
	碳素结构钢镀锌焊接钢管 DN32×3.5	m	14.69	—	—	0.200
	中厚钢板 Q235B δ8	kg	3.91	8.480	8.480	—
	热轧薄钢板 Q235B δ4.0	kg	3.72	—	—	0.300
	混凝土实心砖 240×115×53 MU10	千块	388.00	—	—	0.024
	水泥砂浆 M7.5	m^3	215.81	—	—	0.013
	玻璃管	m	34.48	0.900	0.900	—
	氧气	m^3	3.62	1.590	1.990	—
	乙炔气	m^3	8.90	0.610	0.820	—
	电焊条	kg	4.31	2.370	3.040	—
	镀锌补芯 DN20	个	1.12	1.010	1.010	—
	镀锌活接头 DN20	个	3.74	2.020	2.020	1.000
	镀锌丝堵 DN20	个	1.38	—	—	1.000
	闸阀 Z15T-10K DN20	个	12.93	1.010	1.010	—
机械	交流弧焊机 21kV·A	台班	63.33	0.688	0.984	—
	电焊条烘干箱 60×50×75cm^3	台班	16.84	0.069	0.098	—
	载货汽车 5t	台班	382.30	0.010	0.020	—

六、铸铁管钻眼攻丝

工作内容：划线，安装工具，钻眼攻丝。 **计量单位：**处

定额编号				7-797
项目				公称直径（mm 以内）
				20～32
基价（元）				**52.75**
其中	人工费（元）			52.65
	材料费（元）			0.10
	机械费（元）			—
	名称	单位	单价(元)	消耗量
人工	二类人工	工日	135.00	0.390
材料	其他材料费	元	1.00	0.10

七、煤气调长器安装

工作内容：熬制沥青、灌沥青、量尺寸、断管、焊法兰、制加垫、找平、找正、紧螺栓等操作过程。 **计量单位：**个

定额编号				7-798	7-799	7-800	7-801	7-802	7-803
项目				公称直径（mm 以内）					
				80	100	150	200	300	400
基价（元）				**164.92**	**214.15**	**279.19**	**356.57**	**493.59**	**673.15**
其中	人工费（元）			124.20	157.95	203.85	267.30	367.20	491.40
	材料费（元）			18.29	21.45	30.36	43.11	60.69	87.90
	机械费（元）			22.43	34.75	44.98	46.16	65.70	93.85
	名称	单位	单价(元)	消耗量					
人工	二类人工	工日	135.00	0.920	1.170	1.510	1.980	2.720	3.640
材料	煤气调长器	个	—	(1.000)	(1.000)	(1.000)	(1.000)	(1.000)	(1.000)
	碳钢法兰	片	—	(2.000)	(2.000)	(2.000)	(2.000)	(2.000)	(2.000)
	氧气	m^3	3.62	0.450	0.548	1.112	1.730	2.334	3.288
	乙炔气	m^3	8.90	0.152	0.182	0.296	0.576	0.774	1.096
	电焊条	kg	4.31	0.510	0.656	1.366	2.396	4.638	8.004
	尼龙砂轮片 ϕ100	片	1.29	0.060	0.081	0.135	0.205	0.326	0.535
	角钢 Q235B 综合	kg	3.97	—	—	—	0.400	0.400	0.400
	石油沥青	kg	2.67	4.290	4.820	5.350	5.850	6.950	8.010
	石棉橡胶板 低压 δ0.8～6	kg	5.26	0.260	0.340	0.560	0.660	0.800	1.380
	电	kW·h	0.78	0.266	0.326	0.520	0.566	0.740	1.040
	其他材料费	元	1.00	—	—	—	0.01	0.01	0.01
机械	交流弧焊机 21kV·A	台班	63.33	0.328	0.512	0.658	0.676	0.942	1.358
	电焊条烘干箱 60×50×75cm^3	台班	16.84	0.033	0.051	0.066	0.068	0.094	0.136
	汽车式起重机 5t	台班	366.47	0.003	0.004	0.006	0.006	0.008	0.011
	载货汽车 5t	台班	382.30	—	—	—	—	0.004	0.004

工作内容:热制沥青、灌沥青、量尺寸、断管、焊法兰、制加垫、找平、找正、紧螺栓等操作过程。 **计量单位**:个

定额编号				7-804	7-805	7-806	7-807
项目				公称直径(mm 以内)			
				500	600	700	800
基价(元)				**826.05**	**1005.62**	**1148.53**	**1316.79**
其中	人工费(元)			592.65	706.05	803.25	893.70
	材料费(元)			106.69	133.33	150.39	184.10
	机械费(元)			126.71	166.24	194.89	238.99
名称		单位	单价(元)	消耗量			
人工	二类人工	工日	135.00	4.390	5.230	5.950	6.620
材料	煤气调长器	个	—	(1.000)	(1.000)	(1.000)	(1.000)
	碳钢法兰	片	—	(2.000)	(2.000)	(2.000)	(2.000)
	氧气	m^3	3.62	3.794	4.682	5.116	6.174
	乙炔气	m^3	8.90	1.264	1.562	1.704	2.056
	电焊条	kg	4.31	10.462	14.500	16.528	21.556
	尼龙砂轮片 ϕ100	片	1.29	0.731	0.910	1.042	1.337
	石油沥青	kg	2.67	9.090	10.120	11.220	12.320
	六角带帽螺栓	10 套	3.28	—	—	0.048	0.048
	石棉橡胶板 低压 δ0.8~6	kg	5.26	1.660	1.680	2.060	2.320
	角钢 Q235B 综合	kg	3.97	0.400	0.400	0.400	0.440
	电	kW·h	0.78	1.362	1.726	1.990	2.298
	其他材料费	元	1.00	0.02	0.02	0.03	0.03
机械	交流弧焊机 21kV·A	台班	63.33	1.700	2.308	2.630	3.048
	电焊条烘干箱 60×50×75cm^3	台班	16.84	0.170	0.231	0.263	0.305
	汽车式起重机 5t	台班	366.47	0.040	0.040	0.060	—
	汽车式起重机 8t	台班	648.48	—	—	—	0.060
	载货汽车 5t	台班	382.30	0.004	0.004	0.005	0.005

工作内容：热制沥青、灌沥青、量尺寸、断管、焊法兰、制加垫、找平、找正、紧螺栓等操作过程。　　**计量单位**：个

定额编号					7-808	7-809	7-810
项目					公称直径（mm 以内）		
					900	1000	1200
基价（元）					**1476.90**	**1662.63**	**1840.62**
其中	人工费（元）				974.70	1088.10	1185.30
	材料费（元）				232.16	280.31	329.59
	机械费（元）				270.04	294.22	325.73
名称		单位	单价(元)		消耗量		
人工	二类人工	工日	135.00		7.220	8.060	8.780
材料	煤气调长器	个	—		(1.000)	(1.000)	(1.000)
	碳钢法兰	片	—		(2.000)	(2.000)	(2.000)
	氧气	m^3	3.62		6.846	7.518	8.200
	乙炔气	m^3	8.90		2.282	2.506	2.733
	电焊条	kg	4.31		30.502	39.448	48.404
	尼龙砂轮片 $\phi100$	片	1.29		1.596	1.855	2.114
	石油沥青	kg	2.67		13.420	14.520	15.620
	六角带帽螺栓	10 套	3.28		0.048	0.048	0.048
	石棉橡胶板 低压 $\delta0.8\sim6$	kg	5.26		2.600	2.900	3.300
	角钢 Q235B 综合	kg	3.97		0.440	0.440	0.440
	电	kW·h	0.78		2.688	3.078	4.115
	其他材料费	元	1.00		0.04	0.05	0.06
机械	交流弧焊机 21kV·A	台班	63.33		3.420	3.792	4.165
	电焊条烘干箱 $60\times50\times75cm^3$	台班	16.84		0.342	0.379	0.417
	汽车式起重机 8t	台班	648.48		0.070	0.070	0.080
	载货汽车 5t	台班	382.30		0.006	0.006	0.008

第五章

燃气集中供热用
容器具安装

说　　明

一、本章定额包括除污器组成安装和补偿器安装,共2节33个子目。
二、碳钢波纹补偿器是按焊接法兰考虑的,如直接焊接时,应减去法兰安装用材料,其他不变。
三、法兰用螺栓按本册定额第三章“阀门水压试验”的螺栓用量表选用。

工程量计算规则

一、除污器组成安装工程量按不同除污器公称直径、有无调温、调压装置,以除污器组成安装的组数计算。除污器安装工程量按不同除污器公称直径,以除污器安装的组数计算。

二、焊接钢套筒补偿器安装工程量按不同套筒补偿器公称直径,以套筒补偿器安装的个数计算。

三、焊接法兰式波纹补偿器安装工程量按不同波纹补偿器公称直径,以波纹补偿器安装的个数计算。

一、除污器组成安装

1. 除污器组成安装(带调温、调压装置)

工作内容:清洗、切管、套丝、上零件、焊接、组对,制、加垫,找平、找正、器具安装、压力试验等操作过程。 **计量单位**:组

定额编号				7-811	7-812	7-813	7-814	7-815
项目				公称直径(mm 以内)				
				50	65	80	100	150
基价(元)				**1467.19**	**1780.24**	**1936.67**	**2169.78**	**3102.79**
其中	人工费(元)			513.00	654.75	783.00	1007.10	1552.50
	材料费(元)			897.85	1053.84	1067.21	1052.53	1381.92
	机械费(元)			56.34	71.65	86.46	110.15	168.37
名称		单位	单价(元)	消耗量				
人工	二类人工	工日	135.00	3.800	4.850	5.800	7.460	11.500
材料	除污器	个	—	(1.000)	(1.000)	(1.000)	(1.000)	(1.000)
	闸阀	个	—	(4.040)	(4.040)	(4.040)	(4.040)	(4.040)
	调压板	个	—	(1.000)	(1.000)	(1.000)	(1.000)	(1.000)
	平焊法兰 1.0MPa *DN*50	片	—	(12.000)	—	—	(2.000)	—
	平焊法兰 1.0MPa *DN*65	片	—	—	(12.000)	—	—	(2.000)
	平焊法兰 1.0MPa *DN*80	片	—	—	—	(12.000)	—	—
	平焊法兰 1.0MPa *DN*100	片	—	—	—	—	(12.000)	—
	平焊法兰 1.6MPa *DN*150	片	—	—	—	—	—	(12.000)
	碳素结构钢焊接钢管 *DN*15×2.8	m	4.40	1.000	1.000	1.200	1.200	1.200
	碳素结构钢焊接钢管 *DN*20×2.8	m	5.73	0.500	0.500	0.500	0.500	0.500
	碳素结构钢焊接钢管 *DN*25×3.2	m	8.34	0.500	—	—	—	—
	碳素结构钢焊接钢管 *DN*32×3.5	m	8.09	—	0.600	0.600	—	—
	碳素结构钢流体无缝钢管 57×3.5	m	19.40	7.000	—	—	0.700	—
	碳素结构钢流体无缝钢管 73×4	m	39.66	—	7.000	—	—	0.800
	碳素结构钢流体无缝钢管 89×4	m	36.98	—	—	7.600	—	—
	碳素结构钢流体无缝钢管 108×4	m	40.34	—	—	—	8.000	—
	碳素结构钢流体无缝钢管 159×4.5	m	69.22	—	—	—	—	8.500
	旋塞阀 X13T-10 *DN*15	个	68.97	3.030	3.030	3.030	3.030	3.030
	旋塞阀 X13T-10 *DN*20	个	90.52	1.010	1.010	1.010	1.010	1.010

工作内容:清洗、切管、套丝、上零件、焊接、组对,制、加垫,找平、找正、器具安装、压力试验等操作过程。　　**计量单位**:组

				7-811	7-812	7-813	7-814	7-815
定额编号				7-811	7-812	7-813	7-814	7-815
项目				公称直径(mm 以内)				
				50	65	80	100	150
名称		单位	单价(元)	消耗量				
材料	截止阀 J11T-16K DN15	个	19.83	1.010	1.010	1.010	1.010	1.010
	截止阀 J11T-16K DN25	个	68.97	1.010	—	—	—	—
	截止阀 J11T-16K DN32	个	73.28	—	1.010	1.010	—	—
	弹簧压力表 Y100 0~16kg/cm^2	只	34.48	2.000	2.000	2.000	2.000	2.000
	压力表气门 DN15	个	12.12	2.000	2.000	2.000	2.000	2.000
	铝板 1200×300×1	m^2	82.57	2.000	2.000	2.000	2.000	2.000
	压力表补芯	个	12.93	2.000	2.000	2.000	2.000	2.000
	黑玛钢管箍 DN15	个	0.86	7.070	7.070	7.070	7.070	7.070
	温度计 0~120℃	支	26.98	1.000	1.000	1.000	1.000	1.000
	黑玛钢活接头 DN15	个	2.98	1.010	1.010	1.010	1.010	1.010
	黑玛钢活接头 DN25	个	4.98	1.010	—	—	—	—
	黑玛钢活接头 DN32	个	7.26	—	1.010	1.010	—	—
	电焊条	kg	4.31	1.750	2.190	2.460	3.210	5.970
	碳钢气焊条 <ϕ2	kg	10.34	0.120	0.140	0.140	0.080	0.080
	氧气	m^3	3.62	0.480	0.520	0.620	0.710	0.860
	乙炔气	m^3	8.90	0.170	0.190	0.220	0.260	0.310
	石棉橡胶板 低压 δ0.8~6	kg	5.26	0.840	1.050	1.560	2.040	3.360
	石棉扭绳 ϕ11~25	kg	2.27	0.020	0.020	0.020	0.020	0.020
	清油	kg	14.22	0.120	0.120	0.240	0.240	0.360
	铅油	kg	5.60	0.530	0.840	0.960	1.380	1.950
	机油 综合	kg	2.91	0.700	0.700	0.700	0.700	1.100
	焦炭	kg	0.71	5.010	7.000	10.000	20.040	46.680
	线麻	kg	10.86	0.120	0.120	0.120	0.120	0.120
	破布	kg	6.90	0.240	0.240	0.240	0.360	0.360
	尼龙砂轮片 ϕ100	片	1.29	0.197	0.298	0.351	0.438	0.994
	钢锯条	条	2.59	2.000	2.000	2.000	2.000	2.000
	电	kW·h	0.78	0.083	0.108	0.125	0.156	0.251
机械	交流弧焊机 21kV·A	台班	63.33	0.820	1.040	1.260	1.570	2.450
	电焊条烘干箱 60×50×75cm^3	台班	16.84	0.082	0.104	0.126	0.157	0.245
	液压弯管机 D60	台班	50.49	0.060	0.080	0.090	0.160	0.180

2. 除污器组成安装(不带调温、调压装置)

工作内容:清洗、切管、套丝、上零件、焊接、组对,制、加垫,找平、找正、器具安装、压力试验等操作过程。

计量单位:组

定额编号				7-816	7-817	7-818	7-819	7-820
项目				公称直径(mm 以内)				
				50	65	80	100	150
基价(元)				**758.21**	**964.71**	**1093.82**	**1340.49**	**2000.68**
其中	人工费(元)			459.00	584.55	699.30	897.75	1381.05
	材料费(元)			247.42	314.36	315.21	341.69	465.56
	机械费(元)			51.79	65.80	79.31	101.05	154.07
名称		单位	单价(元)	消耗量				
人工	二类人工	工日	135.00	3.400	4.330	5.180	6.650	10.230
材料	除污器	个	—	(1.000)	(1.000)	(1.000)	(1.000)	(1.000)
	闸阀 Z45T-10 *DN*65	个	—	(3.030)	(3.030)	(3.030)	(3.030)	(3.030)
	平焊法兰	片	—	(8.000)	(8.000)	(8.000)	(8.000)	(8.000)
	碳素结构钢流体无缝钢管 57×3.5	m	19.40	3.000	—	—	—	—
	碳素结构钢流体无缝钢管 73×4	m	39.66	—	3.000	—	—	—
	碳素结构钢流体无缝钢管 89×4	m	36.98	—	—	3.000	—	—
	碳素结构钢流体无缝钢管 108×4	m	40.34	—	—	—	3.000	—
	碳素结构钢流体无缝钢管 159×4.5	m	69.22	—	—	—	—	3.000
	旋塞阀 X13T-10 *DN*15	个	68.97	1.010	1.010	1.010	1.010	1.010
	旋塞阀 X13T-10 *DN*20	个	90.52	1.010	1.010	1.010	1.010	1.010
	碳素结构钢焊接钢管 *DN*15×2.8	m	4.40	0.300	0.300	0.300	0.300	0.300
	碳素结构钢焊接钢管 *DN*20×2.8	m	5.73	0.300	0.300	0.300	0.300	0.300
	电焊条	kg	4.31	1.190	1.720	1.880	2.630	4.730
	碳钢气焊条 <ϕ2	kg	10.34	0.100	0.100	0.100	0.100	0.100
	氧气	m^3	3.62	0.350	0.490	0.830	1.050	1.430
	乙炔气	m^3	8.90	0.130	0.180	0.300	0.380	0.510
	石棉橡胶板 低压 δ0.8~6	kg	5.26	0.560	0.740	1.060	1.400	2.240
	焦炭	kg	0.71	5.010	7.020	10.020	20.060	45.090
	线麻	kg	10.86	0.010	0.010	0.010	0.010	0.010
	石棉编绳 ϕ6	kg	14.05	0.010	0.010	0.010	0.010	0.010
	清油	kg	14.22	0.080	0.080	0.160	0.160	0.240
	铅油	kg	5.60	0.320	0.400	0.560	0.810	1.130
	机油 综合	kg	2.91	0.560	0.560	0.560	0.800	0.800
	破布	kg	6.90	0.160	0.160	0.160	0.240	0.240
	尼龙砂轮片 ϕ100	片	1.29	0.131	0.200	0.234	0.292	0.660
	钢锯条	条	2.59	1.500	1.500	1.500	1.500	1.500
	电	kW·h	0.78	0.055	0.072	0.084	0.104	0.167
机械	交流弧焊机 21kV·A	台班	63.33	0.750	0.950	1.150	1.430	2.230
	电焊条烘干箱 60×50×75cm^3	台班	16.84	0.075	0.095	0.115	0.143	0.223
	液压弯管机 *D*60	台班	50.49	0.060	0.080	0.090	0.160	0.180

3. 除污器安装

工作内容:切管、焊接,制、加垫,除污器、放风管、阀门安装,压力试验等操作过程。 计量单位:组

定额编号				7-821	7-822	7-823	7-824	7-825
项目				公称直径(mm以内)				
				200	250	300	350	400
基价(元)				**538.46**	**760.33**	**974.71**	**1481.62**	**2070.61**
其中	人工费(元)			432.00	619.25	821.61	1298.84	1856.52
	材料费(元)			80.12	104.80	108.83	136.03	161.38
	机械费(元)			26.34	36.28	44.27	46.75	52.71
名称		单位	单价(元)	消耗量				
人工	二类人工	工日	135.00	3.200	4.587	6.086	9.621	13.752
材料	除污器	个	—	(1.000)	(1.000)	(1.000)	(1.000)	(1.000)
	平焊法兰	片	—	(2.000)	(2.000)	(2.000)	(2.000)	(2.000)
	碳素结构钢焊接钢管 *DN*20×2.8	m	5.73	0.700	0.700	0.700	0.700	0.700
	截止阀 J11T-16K *DN*20	个	27.59	1.010	1.010	1.010	1.010	1.010
	六角带帽螺栓 M20×80	套	2.14	16.320	24.480	24.480	32.640	—
	六角带帽螺栓 M22×90	套	2.79	—	—	—	—	32.640
	电焊条	kg	4.31	1.110	2.300	2.850	4.610	4.820
	氧气	m^3	3.62	0.174	0.260	0.290	0.360	0.430
	乙炔气	m^3	8.90	0.058	0.090	0.100	0.120	0.140
	石棉橡胶板 低压 δ0.8~6	kg	5.26	0.660	0.740	0.800	1.080	1.380
	清油	kg	14.22	0.060	0.080	0.100	0.100	0.120
	铅油	kg	5.60	0.340	0.400	0.500	0.500	0.600
	机油 综合	kg	2.91	0.090	0.100	0.100	0.100	0.100
	尼龙砂轮片 φ100	片	1.29	0.229	0.394	0.471	0.645	0.794
	破布	kg	6.90	0.060	0.080	0.100	0.100	0.120
	电	kW·h	0.78	0.238	0.337	0.420	0.448	0.497
机械	交流弧焊机 21kV·A	台班	63.33	0.358	0.511	0.634	0.666	0.752
	电焊条烘干箱 60×50×75cm³	台班	16.84	0.036	0.051	0.063	0.067	0.075
	载货汽车 5t	台班	382.30	0.008	0.008	0.008	0.009	0.010

二、补偿器安装

1. 焊接钢套筒补偿器安装

工作内容:切管、补偿器安装、对口、焊接,制、加垫,紧螺栓、压力试验等操作过程。　　**计量单位**:个

定额编号				7-826	7-827	7-828	7-829	7-830
项目				公称直径(mm 以内)				
				50	80	100	150	200
基价(元)				**77.06**	**108.42**	**142.54**	**221.07**	**292.83**
其中	人工费(元)			63.45	90.45	120.15	183.60	241.65
	材料费(元)			2.92	4.99	5.59	10.75	16.06
	机械费(元)			10.69	12.98	16.80	26.72	35.12
名称		单位	单价(元)	消耗量				
人工	二类人工	工日	135.00	0.470	0.670	0.890	1.360	1.790
材料	法兰套筒补偿器	个	—	(1.000)	(1.000)	(1.000)	(1.000)	(1.000)
	电焊条	kg	4.31	0.116	0.246	0.302	0.796	1.102
	氧气	m^3	3.62	0.136	0.225	0.260	0.507	0.865
	乙炔气	m^3	8.90	0.046	0.076	0.086	0.169	0.288
	尼龙砂轮片 ϕ100	片	1.29	0.034	0.063	0.077	0.179	0.250
	磨头	个	5.17	0.053	0.083	0.100	—	—
	角钢 Q235B 综合	kg	3.97	—	—	—	—	0.200
	棉纱	kg	10.34	0.008	0.012	0.014	0.021	0.028
	机油 综合	kg	2.91	0.040	0.050	0.050	0.070	0.090
	铁砂布 0# ~2#	张	1.03	0.400	0.500	0.500	1.000	1.000
	钢锯条	条	2.59	0.200	0.400	0.400	0.800	1.000
	电	kW·h	0.78	0.087	0.142	0.163	0.285	0.418
机械	电弧焊机	台班	74.67	0.140	0.170	0.220	0.350	0.460
	电焊条烘干箱 60×50×75cm^3	台班	16.84	0.014	0.017	0.022	0.035	0.046

工作内容:切管、补偿器安装、对口、焊接,制、加垫,紧螺栓、压力试验等操作过程。 **计量单位**:个

定额编号				7-831	7-832	7-833	7-834	7-835	7-836
项目				公称直径(mm 以内)					
				300	400	500	600	800	1000
基价(元)				**426.12**	**582.72**	**698.60**	**900.21**	**1295.56**	**1526.99**
其中	人工费(元)			342.90	463.05	552.15	718.20	1062.45	1237.95
	材料费(元)			27.32	41.67	49.70	67.07	83.98	102.38
	机械费(元)			55.90	78.00	96.75	114.94	149.13	186.66
名称		单位	单价(元)	消耗量					
人工	二类人工	工日	135.00	2.540	3.430	4.090	5.320	7.870	9.170
材料	法兰套筒补偿器	个	—	(1.000)	(1.000)	(1.000)	(1.000)	(1.000)	(1.000)
	电焊条	kg	4.31	2.585	4.620	5.802	7.935	10.417	12.980
	氧气	m^3	3.62	1.281	1.773	2.047	2.519	3.086	3.744
	乙炔气	m^3	8.90	0.427	0.591	0.683	0.841	1.028	1.264
	尼龙砂轮片 $\phi100$	片	1.29	0.495	0.827	1.063	1.288	1.730	2.160
	角钢 Q235B 综合	kg	3.97	0.200	0.200	0.200	0.202	0.220	0.220
	六角带帽螺栓	kg	5.47	—	—	—	0.480	0.480	0.480
	棉纱	kg	10.34	0.042	0.054	0.066	0.080	0.200	0.230
	机油 综合	kg	2.91	0.100	0.100	0.100	0.120	0.140	0.140
	铁砂布 $0^{\#}\sim2^{\#}$	张	1.03	1.200	1.500	2.000	2.500	3.000	3.500
	钢锯条	条	2.59	1.500	2.000	2.000	2.500	2.500	3.000
	电	kW·h	0.78	0.594	0.823	1.062	1.224	1.270	1.518
机械	交流弧焊机 21kV·A	台班	63.33	0.740	1.040	1.300	1.540	1.860	2.280
	电焊条烘干箱 $60\times50\times75cm^3$	台班	16.84	0.074	0.104	0.130	0.154	0.186	0.228
	汽车式起重机 5t	台班	366.47	0.015	0.020	0.024	0.030	—	—
	汽车式起重机 8t	台班	648.48	—	—	—	—	0.037	0.051
	载货汽车 5t	台班	382.30	0.006	0.008	0.009	0.010	0.011	0.014

2. 焊接法兰式波纹补偿器安装

工作内容：除锈、切管、焊法兰、吊装、就位、找正、找平，制、加垫，紧螺栓、水压试验等操作过程。　　**计量单位：**个

定额编号				7-837	7-838	7-839	7-840
项目				公称直径（mm 以内）			
				200	250	400	500
基价（元）				**260.84**	**376.39**	**528.68**	**595.81**
其中	人工费（元）			224.24	322.65	434.70	479.25
	材料费（元）			13.32	20.52	38.43	46.12
	机械费（元）			23.28	33.22	55.55	70.44
名称		单位	单价(元)	消耗量			
人工	二类人工	工日	135.00	1.661	2.390	3.220	3.550
材料	法兰波纹补偿器	个	—	(1.000)	(1.000)	(1.000)	(1.000)
	平焊法兰	片	—	(2.000)	(2.000)	(2.000)	(2.000)
	电焊条	kg	4.31	1.110	2.300	4.813	5.986
	氧气	m^3	3.62	0.174	0.261	0.429	0.479
	乙炔气	m^3	8.90	0.058	0.087	0.143	0.160
	尼龙砂轮片 $\phi100$	片	1.29	0.229	0.394	0.794	0.993
	石棉橡胶板 低压 $\delta0.8\sim6$	kg	5.26	0.660	0.740	1.380	1.660
	清油	kg	14.22	0.060	0.080	0.120	0.120
	铅油	kg	5.60	0.340	0.400	0.600	0.660
	机油 综合	kg	2.91	0.090	0.100	0.100	0.100
	破布	kg	6.90	0.060	0.080	0.120	0.140
	电	kW·h	0.78	0.238	0.337	0.497	0.632
机械	交流弧焊机 21kV·A	台班	63.33	0.358	0.511	0.752	0.935
	电焊条烘干箱 $60\times50\times75cm^3$	台班	16.84	0.036	0.051	0.075	0.094
	汽车式起重机 5t	台班	366.47	—	—	0.014	0.019
	载货汽车 5t	台班	382.30	—	—	0.004	0.007

工作内容:除锈、切管、焊法兰、吊装、就位、找正、找平,制、加垫,紧螺栓、水压试验等操作过程。 **计量单位**:个

定额编号				7-841	7-842	7-843
项目				公称直径(mm 以内)		
				600	800	1000
基价(元)				**688.06**	**985.15**	**1192.18**
其中	人工费(元)			553.50	807.30	969.30
	材料费(元)			56.14	71.60	86.62
	机械费(元)			78.42	106.25	136.26
名称		单位	单价(元)	消耗量		
人工	二类人工	工日	135.00	4.100	5.980	7.180
材料	法兰波纹补偿器	个	—	(1.000)	(1.000)	(1.000)
	平焊法兰	片	—	(2.000)	(2.000)	(2.000)
	电焊条	kg	4.31	7.476	9.726	12.093
	氧气	m^3	3.62	0.571	0.688	0.842
	乙炔气	m^3	8.90	0.190	0.229	0.281
	尼龙砂轮片 $\phi100$	片	1.29	1.169	1.547	1.929
	石棉橡胶板 低压 $\delta0.8\sim6$	kg	5.26	1.680	2.320	2.620
	清油	kg	14.22	0.120	0.140	0.140
	机油 综合	kg	2.91	0.120	0.120	0.140
	破布	kg	6.90	0.160	0.160	0.180
	黑铅粉	kg	17.00	0.360	0.400	0.480
	电	kW·h	0.78	0.685	0.909	1.131
机械	交流弧焊机 21kV·A	台班	63.33	1.024	1.332	1.657
	电焊条烘干箱 $60\times50\times75cm^3$	台班	16.84	0.102	0.133	0.166
	汽车式起重机 5t	台班	366.47	0.024	—	—
	汽车式起重机 8t	台班	648.48	—	0.025	—
	汽车式起重机 12t	台班	748.60	—	—	0.033
	载货汽车 5t	台班	382.30	0.008	0.009	0.010

第六章

管道试压、吹扫

说 明

一、本章包括管道强度试验，气密性试验，管道吹扫，气体置换，管道总试压及冲洗，牺牲阳极、测试桩安装，钢管胶带防腐，管线聚乙烯热收缩套(带)补口，管道清通，共9节86个子目。

二、强度试验、气密性试验、管道总试压：

1. 管道压力试验不分材质和作业环境均执行本章定额。试压水如需加温，热源费用及排水设施另行计算。

2. 强度试验、气密性试验项目均包括了一次试压的人工、材料和机械台班的耗用量。

3. 液压试验是按普通水考虑的，如试压介质有特殊要求，介质可按实调整。

4. 管线管径同定额表列管径不同时，按管径比例采用比例内插法计算。

5. 管线聚乙烯热收缩套(带)的消耗量按下表中的有效节长取定，其中损耗率取3%。

钢管有效节长表

规格	DN100	DN150	DN200	DN250	DN300	DN350	DN400	DN450	DN500
有效节长(m)	6	6	6	8	10	10	10	10	10

工程量计算规则

一、强度试验、气密性试验项目,分段试验合格后,如需总体试压和发生二次或二次以上试压时,应再套用本定额相应项目计算试压费用。

二、管道长度未满 10m 者,以 10m 计,超过 10m 者按实际长度计。

三、管道总试压按每公里为一个打压次数,执行本章定额一次项目,不足 0.5 公里按实计算,超过 0.5 公里计算一次。

四、集中供热高压管道压力试验执行低中压相应定额,其人工乘以系数 1.3。

一、强 度 试 验

工作内容：准备工具、材料，装、拆临时管线，制作、安装盲堵板，充气加压，检查、找漏、清理现场等操作过程。

计量单位：100m

定额编号				7-844	7-845	7-846	7-847	7-848	7-849
项目				公称直径（mm 以内）					
				50	100	150	200	300	400
基价（元）				**257.90**	**296.28**	**334.02**	**363.69**	**430.47**	**586.82**
其中	人工费（元）			164.43	195.62	218.30	240.98	288.23	379.89
	材料费（元）			57.35	59.76	66.94	71.95	83.57	130.60
	机械费（元）			36.12	40.90	48.78	50.76	58.67	76.33
名称		单位	单价(元)	消耗量					
人工	二类人工	工日	135.00	1.218	1.449	1.617	1.785	2.135	2.814
材料	热轧薄钢板 Q235B δ4.0	kg	3.72	0.050	0.270	1.340	2.000	4.660	13.000
	碳素结构钢流体无缝钢管 22×2.5	m	8.15	1.500	1.500	1.500	1.500	1.500	1.500
	氧气	m^3	3.62	0.040	0.070	0.180	0.270	0.300	0.570
	乙炔气	m^3	8.90	0.010	0.020	0.060	0.090	0.100	0.190
	电焊条	kg	4.31	0.040	0.090	0.520	0.700	1.050	2.710
	尼龙砂轮片 ϕ100	片	1.29	0.008	0.013	0.023	0.030	0.045	0.075
	旋塞阀 X13T－10 *DN*15	个	68.97	0.200	0.200	0.200	0.200	0.200	0.200
	旋塞阀 X13T－10 *DN*20	个	90.52	0.200	0.200	0.200	0.200	0.200	0.200
	镀锌三通 *DN*20	个	2.59	0.400	0.400	0.400	0.400	0.400	0.400
	石棉橡胶板 中压 δ0.6～8	kg	5.86	0.400	0.600	0.700	0.900	0.900	2.100
	压力表 0～16MPa	只	19.22	0.200	0.200	0.200	0.200	0.200	0.200
	温度计 0～120℃	支	26.98	0.200	0.200	0.200	0.200	0.200	0.200
机械	立式钻床 25mm	台班	5.80	0.010	0.020	0.025	0.030	0.040	0.050
	交流弧焊机 21kV·A	台班	63.33	0.008	0.020	0.080	0.110	0.170	0.380
	电焊条烘干箱 60×50×75cm^3	台班	16.84	0.001	0.002	0.008	0.011	0.017	0.038
	电动空气压缩机 10m^3/min	台班	394.85	0.090	0.100	0.110	0.110	0.120	0.130

工作内容:准备工具、材料,装、拆临时管线,制作、安装盲堵板,充气加压,检查、找漏、清理现场等操作过程。

计量单位:100m

定额编号				7-850	7-851	7-852	7-853
项目				公称直径(mm 以内)			
				500	600	700	800
基价(元)				**712.80**	**816.77**	**918.10**	**1071.86**
其中	人工费(元)			425.25	478.17	515.97	554.72
	材料费(元)			192.91	232.21	283.97	385.25
	机械费(元)			94.64	106.39	118.16	131.89
名称		单位	单价(元)	消耗量			
人工	二类人工	工日	135.00	3.150	3.542	3.822	4.109
材料	中厚钢板 Q235B δ10	kg	3.71	23.300	32.620	44.270	66.570
	碳素结构钢流体无缝钢管 22×2.5	m	8.15	1.500	1.500	1.500	1.500
	氧气	m^3	3.62	0.710	0.860	0.880	1.090
	乙炔气	m^3	8.90	0.240	0.290	0.290	0.360
	电焊条	kg	4.31	4.320	5.180	6.050	8.930
	尼龙砂轮片 φ100	片	1.29	0.110	0.133	0.155	0.198
	旋塞阀 X13T-10 DN15	个	68.97	0.200	0.200	0.200	0.200
	旋塞阀 X13T-10 DN50	个	172.00	0.200	0.200	0.200	0.200
	镀锌三通 DN20	个	2.59	0.400	0.400	0.400	0.400
	石棉橡胶板 中压 δ0.6~8	kg	5.86	2.100	2.100	2.900	3.700
	压力表 0~16MPa	只	19.22	0.200	0.200	0.200	0.200
	温度计 0~120℃	支	26.98	0.200	0.200	0.200	0.200
机械	立式钻床 25mm	台班	5.80	0.060	0.060	0.065	0.070
	交流弧焊机 21kV·A	台班	63.33	0.600	0.720	0.840	0.990
	电焊条烘干箱 60×50×75cm^3	台班	16.84	0.060	0.072	0.084	0.099
	电动空气压缩机 10m^3/min	台班	394.85	0.140	0.150	0.160	0.170

工作内容：准备工具、材料，装、拆临时管线，制作、安装盲堵板，充气加压，检查、找漏、清理现场等操作过程。

计量单位：100m

定额编号				7-854	7-855	7-856
项目				公称直径（mm 以内）		
				900	1000	1200
基价（元）				**1213.30**	**1318.07**	**1658.68**
其中	人工费（元）			608.58	661.50	871.29
	材料费（元）			460.31	500.35	625.59
	机械费（元）			144.41	156.22	161.80
名称		单位	单价(元)	消耗量		
人工	二类人工	工日	135.00	4.508	4.900	6.454
材料	中厚钢板 Q235B δ10	kg	3.71	85.200	94.530	123.090
	碳素结构钢流体无缝钢管 22×2.5	m	8.15	1.500	1.500	1.500
	氧气	m^3	3.62	1.280	1.340	1.730
	乙炔气	m^3	8.90	0.410	0.450	0.580
	电焊条	kg	4.31	10.040	11.160	13.390
	尼龙砂轮片 ϕ100	片	1.29	0.220	0.245	0.295
	旋塞阀 X13T－10 *DN*15	个	68.97	0.200	0.200	0.200
	旋塞阀 X13T－10 *DN*50	个	172.00	0.200	0.200	0.200
	镀锌三通 *DN*20	个	2.59	0.400	0.400	0.400
	石棉橡胶板 中压 δ0.6～8	kg	5.86	3.700	3.700	4.900
	压力表 0～16MPa	只	19.22	0.200	0.200	0.200
	温度计 0～120℃	支	26.98	0.200	0.200	0.200
机械	立式钻床 25mm	台班	5.80	0.090	0.100	0.100
	交流弧焊机 21kV·A	台班	63.33	1.120	1.240	1.265
	电焊条烘干箱 60×50×75cm^3	台班	16.84	0.112	0.124	0.127
	电动空气压缩机 10m^3/min	台班	394.85	0.180	0.190	0.200

工作内容:准备工具、材料,装、拆临时管线,制作、安装盲堵板,充气加压,检查、找漏、清理现场等操作过程。

计量单位:100m

定额编号				7-857	7-858	7-859	7-860
项目				公称直径(mm 以内)			
				1400	1600	1800	2000
基价(元)				**1887.81**	**2023.44**	**2430.04**	**2740.04**
其中	人工费(元)			1023.84	1100.12	1260.63	1337.04
	材料费(元)			736.55	777.77	972.01	1165.08
	机械费(元)			127.42	145.55	197.40	237.92
名称		单位	单价(元)	消耗量			
人工	二类人工	工日	135.00	7.584	8.149	9.338	9.904
材料	中厚钢板 Q235B δ12	kg	3.71	150.450	160.770	203.470	251.200
	碳素结构钢流体无缝钢管 22×2.5	m	8.15	1.500	1.500	1.500	1.500
	氧气	m^3	3.62	2.130	2.320	2.730	3.040
	乙炔气	m^3	8.90	0.710	0.770	0.910	1.010
	电焊条	kg	4.31	13.899	14.295	19.853	22.035
	旋塞阀 X13T-10 *DN*15	个	68.97	0.200	0.200	0.200	0.200
	旋塞阀 X13T-10 *DN*50	个	172.00	0.200	0.200	0.200	0.200
	镀锌三通 *DN*20	个	2.59	0.400	0.400	0.400	0.400
	石棉橡胶板 中压 δ0.6~8	kg	5.86	5.760	5.760	7.320	8.100
	压力表 0~16MPa	只	19.22	0.200	0.200	0.200	0.200
	温度计 0~120℃	支	26.98	0.200	0.200	0.200	0.200
机械	交流弧焊机 21kV·A	台班	63.33	1.283	1.317	1.811	2.009
	电焊条烘干箱 60×50×75cm³	台班	16.84	0.128	0.132	0.181	0.201
	电动空气压缩机 10m³/min	台班	394.85	0.110	0.150	0.200	0.270
	立式钻床 25mm	台班	5.80	0.100	0.120	0.120	0.120

工作内容：准备工具、材料，装、拆临时管线，制作、安装盲堵板，充气加压，检查、找漏、清理现场等操作过程。

计量单位：100m

定额编号				7-861	7-862	7-863	7-864	7-865
项目				公称直径（mm 以内）				
				2200	2400	2600	2800	3000
基价（元）				**3163.21**	**3582.49**	**4021.76**	**4523.20**	**5029.00**
其中	人工费（元）			1497.56	1650.38	1803.20	1963.58	2116.40
	材料费（元）			1388.15	1620.63	1872.97	2160.21	2459.12
	机械费（元）			277.50	311.48	345.59	399.41	453.48
名称		单位	单价（元）	消耗量				
人工	二类人工	工日	135.00	11.093	12.225	13.357	14.545	15.677
材料	中厚钢板 Q235B δ12	kg	3.71	303.950	361.730	424.530	492.350	562.970
	碳素结构钢流体无缝钢管 22×2.5	m	8.15	1.500	1.500	1.500	1.500	1.500
	氧气	m^3	3.62	3.350	3.650	3.950	4.260	4.560
	乙炔气	m^3	8.90	1.120	1.220	1.320	1.420	1.520
	电焊条	kg	4.31	26.796	29.209	31.623	37.465	43.190
	旋塞阀 X13T－10 *DN*15	个	68.97	0.200	0.200	0.200	0.200	0.200
	旋塞阀 X13T－10 *DN*50	个	172.00	0.200	0.200	0.200	0.200	0.200
	镀锌三通 *DN*20	个	2.59	0.400	0.400	0.400	0.400	0.400
	石棉橡胶板 中压 δ0.6～8	kg	5.86	8.910	9.890	11.080	12.520	14.270
	压力表 0～16MPa	只	19.22	0.200	0.200	0.200	0.200	0.200
	温度计 0～120℃	支	26.98	0.200	0.200	0.200	0.200	0.200
机械	交流弧焊机 21kV·A	台班	63.33	2.433	2.652	2.873	3.397	3.925
	电焊条烘干箱 60×50×75cm^3	台班	16.84	0.243	0.265	0.287	0.340	0.393
	电动空气压缩机 10m^3/min	台班	394.85	0.300	0.350	0.400	0.450	0.500
	立式钻床 25mm	台班	5.80	0.150	0.150	0.150	0.150	0.150

二、气密性试验

工作内容:准备工具、材料,装、拆临时管线,制作、安装盲堵板,充气试验,清理现场等操作过程。 **计量单位**:100m

定额编号				7-866	7-867	7-868	7-869	7-870	7-871
项目				公称直径(mm 以内)					
				50	100	150	200	300	400
基价(元)				**548.08**	**644.37**	**725.59**	**800.07**	**955.95**	**1287.94**
其中	人工费(元)			468.45	557.55	623.70	691.20	827.55	1094.85
	材料费(元)			43.51	45.92	53.11	58.11	69.73	116.76
	机械费(元)			36.12	40.90	48.78	50.76	58.67	76.33
名称		单位	单价(元)	消耗量					
人工	二类人工	工日	135.00	3.470	4.130	4.620	5.120	6.130	8.110
材料	碳素结构钢流体无缝钢管 22×2.5	m	8.15	1.000	1.000	1.000	1.000	1.000	1.000
	氧气	m^3	3.62	0.040	0.070	0.180	0.270	0.300	0.570
	乙炔气	m^3	8.90	0.010	0.020	0.060	0.090	0.100	0.190
	电焊条	kg	4.31	0.040	0.090	0.520	0.700	1.050	2.710
	旋塞阀 X13T-10 *DN*15	个	68.97	0.200	0.200	0.200	0.200	0.200	0.200
	镀锌三通 *DN*20	个	2.59	0.200	0.200	0.200	0.200	0.200	0.200
	石棉橡胶板 中压 δ0.6~8	kg	5.86	0.400	0.600	0.700	0.900	0.900	2.100
	热轧薄钢板 Q235B δ4.0	kg	3.72	0.050	0.270	1.340	2.000	4.660	13.000
	尼龙砂轮片 φ100	片	1.29	0.008	0.013	0.023	0.030	0.045	0.075
	旋塞阀 X13T-10 *DN*20	个	90.52	0.200	0.200	0.200	0.200	0.200	0.200
机械	交流弧焊机 21kV·A	台班	63.33	0.008	0.020	0.080	0.110	0.170	0.380
	电焊条烘干箱 60×50×75cm^3	台班	16.84	0.001	0.002	0.008	0.011	0.017	0.038
	电动空气压缩机 10m^3/min	台班	394.85	0.090	0.100	0.110	0.110	0.120	0.130
	立式钻床 25mm	台班	5.80	0.010	0.020	0.025	0.030	0.040	0.050

工作内容:准备工具、材料,装、拆临时管线;制作、安装盲堵板,充气试验,清理现场等操作过程。　　**计量单位**:100m

定额编号				7-872	7-873	7-874	7-875
项目				公称直径(mm 以内)			
				500	600	700	800
基价(元)				**1495.16**	**1706.85**	**1900.02**	**2160.78**
其中	人工费(元)			1228.50	1374.30	1518.75	1664.55
	材料费(元)			172.02	226.16	263.08	364.36
	机械费(元)			94.64	106.39	118.19	131.87
名称		单位	单价(元)	消耗量			
人工	二类人工	工日	135.00	9.100	10.180	11.250	12.330
材料	中厚钢板 Q235B δ10	kg	3.71	23.300	36.620	44.270	66.570
	碳素结构钢流体无缝钢管 22×2.5	m	8.15	1.000	1.000	1.000	1.000
	氧气	m^3	3.62	0.710	0.860	0.880	1.090
	乙炔气	m^3	8.90	0.240	0.290	0.290	0.360
	电焊条	kg	4.31	4.320	5.180	6.050	8.930
	尼龙砂轮片 φ100	片	1.29	0.110	0.133	0.155	0.198
	旋塞阀 X13T-10 *DN*15	个	68.97	0.200	0.200	0.200	0.200
	旋塞阀 X13T-10 *DN*20	个	90.52	0.200	0.200	0.200	0.200
	镀锌三通 *DN*20	个	2.59	0.200	0.200	0.200	0.200
	石棉橡胶板 中压 δ0.6~8	kg	5.86	2.100	2.100	2.900	3.700
	压力表 0~16MPa	只	19.22	0.200	0.200	0.200	0.200
	温度计 0~120℃	支	26.98	0.200	0.200	0.200	0.200
机械	交流弧焊机 21kV·A	台班	63.33	0.600	0.720	0.840	0.990
	电焊条烘干箱 60×50×75cm^3	台班	16.84	0.060	0.072	0.084	0.099
	电动空气压缩机 10m^3/min	台班	394.85	0.140	0.150	0.160	0.170
	立式钻床 25mm	台班	5.80	0.060	0.060	0.070	0.065

工作内容:准备工具、材料,装、拆临时管线,制作、安装盲堵板,充气试验,清理现场等操作过程。 **计量单位**:100m

定额编号				7-876	7-877	7-878
项目				公称直径(mm 以内)		
				900	1000	1200
基价(元)				**2394.18**	**2591.84**	**2883.07**
其中	人工费(元)			1810.35	1956.15	2101.95
	材料费(元)			439.42	479.47	604.70
	机械费(元)			144.41	156.22	176.42
名称		单位	单价(元)	消耗量		
人工	二类人工	工日	135.00	13.410	14.490	15.570
材料	中厚钢板 Q235B δ10	kg	3.71	85.200	94.530	123.090
	碳素结构钢流体无缝钢管 22×2.5	m	8.15	1.000	1.000	1.000
	氧气	m^3	3.62	1.280	1.340	1.730
	乙炔气	m^3	8.90	0.410	0.450	0.580
	电焊条	kg	4.31	10.040	11.160	13.390
	尼龙砂轮片 ϕ100	片	1.29	0.220	0.245	0.295
	旋塞阀 X13T-10 *DN*15	个	68.97	0.200	0.200	0.200
	旋塞阀 X13T-10 *DN*20	个	90.52	0.200	0.200	0.200
	镀锌三通 *DN*20	个	2.59	0.200	0.200	0.200
	石棉橡胶板 中压 δ0.6~8	kg	5.86	3.700	3.700	4.900
	压力表 0~16MPa	只	19.22	0.200	0.200	0.200
	温度计 0~120℃	支	26.98	0.200	0.200	0.200
机械	交流弧焊机 21kV·A	台班	63.33	1.120	1.240	1.490
	电焊条烘干箱 60×50×75cm^3	台班	16.84	0.112	0.124	0.149
	电动空气压缩机 10m^3/min	台班	394.85	0.180	0.190	0.200
	立式钻床 25mm	台班	5.80	0.090	0.100	0.100

三、管 道 吹 扫

工作内容：准备工具、材料，装、拆临时管线，制作、安装盲堵板、加压、吹扫、清理等操作过程。 **计量单位**：100m

定额编号				7-879	7-880	7-881	7-882	7-883	7-884
项目				公称直径（mm 以内）					
				50	100	200	300	400	500
基价（元）				**256.08**	**305.58**	**397.50**	**492.95**	**634.83**	**713.58**
其中	人工费（元）			191.70	226.80	280.80	336.15	442.80	495.45
	材料费（元）			30.18	40.57	74.49	114.53	145.75	167.85
	机械费（元）			34.20	38.21	42.21	42.27	46.28	50.28
名称		单位	单价(元)	消耗量					
人工	二类人工	工日	135.00	1.420	1.680	2.080	2.490	3.280	3.670
材料	平焊法兰 1.6MPa *DN*32	片	—	(0.800)	(0.800)	—	—	—	—
	平焊法兰 1.6MPa *DN*50	片	—	—	—	(0.800)	(0.800)	(0.800)	(0.800)
	中厚钢板 Q235B δ12	kg	3.71	0.610	2.450	7.380	16.640	21.320	26.380
	碳素结构钢流体无缝钢管 32×3.5	m	15.34	0.500	0.500	—	—	—	—
	碳素结构钢流体无缝钢管 57×3.5	m	19.40	—	—	0.500	0.500	0.500	0.500
	六角带帽螺栓	套	0.28	3.200	4.700	10.500	28.200	40.700	43.800
	电焊条	kg	4.31	0.200	0.200	0.200	0.200	0.200	0.200
	氧气	m^3	3.62	0.150	0.300	0.460	0.460	0.610	0.760
	乙炔气	m^3	8.90	0.050	0.100	0.150	0.150	0.200	0.250
	石棉橡胶板 低压 δ0.8~6	kg	5.26	0.540	0.950	1.560	1.700	3.480	3.760
	截止阀 J11T-16K *DN*32	个	73.28	0.200	0.200	—	—	—	—
	截止阀 J11T-16K *DN*50	个	112.00	—	—	0.200	0.200	0.200	0.200
机械	交流弧焊机 21kV·A	台班	63.33	0.100	0.100	0.100	0.100	0.100	0.100
	电焊条烘干箱 60×50×75cm^3	台班	16.84	0.010	0.010	0.010	0.010	0.010	0.010
	电动空气压缩机 10m^3/min	台班	394.85	0.070	0.080	0.090	0.090	0.100	0.110
	立式钻床 25mm	台班	5.80	0.010	0.020	0.030	0.040	0.050	0.060

工作内容:准备工具、材料,装、拆临时管线,制作、安装盲堵板、加压、吹扫、清理等操作过程。 **计量单位**:100m

定额编号				7-885	7-886	7-887	7-888	7-889	7-890
项目				公称直径(mm 以内)					
				600	700	800	900	1000	1200
基价(元)				**805.26**	**875.00**	**940.56**	**1049.97**	**1159.44**	**1520.20**
其中	人工费(元)			557.55	602.10	646.65	708.75	770.85	1015.20
	材料费(元)			190.23	211.41	232.42	275.72	319.03	428.24
	机械费(元)			57.48	61.49	61.49	65.50	69.56	76.76
名称		单位	单价(元)	消耗量					
人工	二类人工	工日	135.00	4.130	4.460	4.790	5.250	5.710	7.520
材料	平焊法兰 1.6MPa *DN*50	片	—	(0.800)	(0.800)	(0.800)	(0.800)	(0.800)	(0.800)
	中厚钢板 Q235B δ12	kg	3.71	31.650	36.930	42.200	52.500	62.800	90.430
	碳素结构钢流体无缝钢管 57×3.5	m	19.40	0.500	0.500	0.500	0.500	0.500	0.500
	电焊条	kg	4.31	0.300	0.300	0.300	0.300	0.300	0.400
	氧气	m^3	3.62	0.910	1.070	1.220	1.370	1.520	1.830
	乙炔气	m^3	8.90	0.300	0.360	0.410	0.460	0.510	0.610
	石棉橡胶板 低压 δ0.8~6	kg	5.26	6.360	6.450	6.540	7.320	8.100	8.910
	截止阀 J11T-16K *DN*50	个	112.00	0.200	0.200	0.200	0.200	0.200	0.200
机械	交流弧焊机 21kV·A	台班	63.33	0.150	0.150	0.150	0.150	0.150	0.200
	电焊条烘干箱 60×50×75cm^3	台班	16.84	0.015	0.015	0.015	0.015	0.015	0.020
	电动空气压缩机 10m^3/min	台班	394.85	0.120	0.130	0.130	0.140	0.150	0.160
	立式钻床 25mm	台班	5.80	0.060	0.070	0.070	0.080	0.100	0.100

四、气 体 置 换

工作内容：准备工具、材料，装、拆临时管线仪表，制作盲堵板，安装消声器，安装过滤网罩，充气、气体检测。

计量单位：10m

定额编号				7-891	7-892	7-893	7-894	7-895	7-896
项目				公称直径(mm 以内)					
				50	100	150	200	300	500
基价（元）				**22.21**	**26.99**	**31.02**	**33.82**	**43.18**	**60.70**
其中	人工费（元）			19.85	23.76	26.87	27.14	35.10	39.15
	材料费（元）			2.11	2.98	3.90	4.42	5.82	17.96
	机械费（元）			0.25	0.25	0.25	2.26	2.26	3.59
名称		单位	单价(元)	消耗量					
人工	二类人工	工日	135.00	0.147	0.176	0.199	0.201	0.260	0.290
材料	置换气体	m^3	—	(0.029)	(0.118)	(0.265)	(0.471)	(0.707)	(2.945)
	热轧薄钢板 Q235B δ0.7～0.9	kg	4.05	0.370	0.410	0.435	0.460	0.510	0.630
	石棉橡胶板 低压 δ0.8～6	kg	5.26	0.007	0.018	0.025	0.033	0.040	0.083
	镀锌六角螺栓带螺母、2 平 1 弹 M16×100 内	10 套	20.13	0.018	0.045	—	—	—	—
	镀锌六角螺栓带螺母、2 平 1 弹 M20×100 内	10 套	27.21	—	—	0.060	0.072	0.114	—
	镀锌六角螺栓带螺母、2 垫圈 M22×200 以内	10 套	67.24	—	—	—	—	—	0.210
	电焊条 E43 系列	kg	4.74	0.020	0.020	0.020	0.020	0.020	0.020
	氧气	m^3	3.62	0.013	0.027	0.033	0.039	0.039	0.065
	乙炔气	kg	7.60	0.004	0.009	0.011	0.013	0.013	0.022
	其他材料费	元	1.00	0.04	0.06	0.08	0.09	0.11	0.35
机械	工程修理车 JX－12A	台班	667.47	—	—	—	0.003	0.003	0.005
	交流弧焊机 21kV·A	台班	63.33	0.004	0.004	0.004	0.004	0.004	0.004

五、管道总试压及冲洗

工作内容:安装临时水、电源,制作盲堵板,灌水,试压,检查放水,拆除水、电源,填写记录等操作过程。 **计量单位**:km

				7-897	7-898	7-899	7-900
定额编号				7-897	7-898	7-899	7-900
项目				公称直径(mm 以内)			
				100	200	400	600
基价(元)				**6450.37**	**8119.77**	**13823.50**	**18364.97**
其中	人工费(元)			6161.40	7562.70	12249.90	15913.80
	材料费(元)			148.26	256.58	815.35	1010.40
	机械费(元)			140.71	300.49	758.25	1440.77
	名称	单位	单价(元)	消耗量			
人工	二类人工	工日	135.00	45.640	56.020	90.740	117.880
材料	水	m^3	—	(24.730)	(105.970)	(407.610)	(920.120)
	平焊法兰	片	—	(0.500)	(0.500)	(0.500)	(0.500)
	钢制弯头 *DN*80	个	—	(0.050)	—	—	—
	钢制弯头 *DN*100	个	—	(0.200)	—	—	—
	钢制弯头 *DN*125	个	—	—	(0.050)	—	—
	钢制弯头 *DN*200	个	—	—	(0.200)	(0.050)	—
	钢制弯头 *DN*300	个	—	—	—	—	(0.050)
	钢制弯头 *DN*400	个	—	—	—	(0.200)	—
	钢制弯头 *DN*600	个	—	—	—	—	(0.200)
	钢制异径管 100×80	个	—	(0.050)	—	—	—
	钢制异径管 200×125	个	—	—	(0.050)	—	—
	钢制异径管 400×200	个	—	—	—	(0.050)	—
	钢制异径管 600×300	个	—	—	—	—	(0.050)
	除污器	个	—	(0.025)	(0.025)	(0.025)	(0.025)
	碳素结构钢流体无缝钢管 57×3.5	m	19.40	0.080	0.080	0.080	—
	碳素结构钢流体无缝钢管 89×4	m	36.98	0.010	—	—	—
	碳素结构钢流体无缝钢管 108×4	m	40.34	0.060	—	—	0.080
	碳素结构钢流体无缝钢管 133×4	m	98.77	—	0.010	—	—
	碳素结构钢流体无缝钢管 219×6	m	121.00	—	0.600	0.010	—
	碳素结构钢流体无缝钢管 325×8	m	314.00	—	—	—	0.010
	碳素结构钢流体无缝钢管 426×10	m	858.00	—	—	0.600	—
	碳素结构钢流体无缝钢管 630×10	m	809.00	—	—	—	0.600

工作内容：安装临时水、电源，制作盲堵板，灌水，试压，检查放水，拆除水、电源，填写记录等操作过程。

定额编号				7-897	7-898	7-899	7-900
项目				公称直径（mm 以内）			
				100	200	400	600
材料	中厚钢板 Q235B δ12	kg	3.71	0.260	0.710	—	—
	中厚钢板 Q235B δ20	kg	3.53	—	—	3.260	8.600
	闸阀 Z45T－10 *DN*50	个	250.00	0.200	0.200	0.200	—
	闸阀 Z45T－10 *DN*100	个	431.00	—	—	—	0.200
	橡胶管 *D*65	m	23.67	1.000	1.000	1.000	—
	橡胶管 *D*125	m	30.51	—	—	—	1.000
	弹簧压力表 Y－100 0～40kg/cm^2	只	32.84	0.200	0.200	0.200	0.200
	压力表气门 *DN*15	个	12.12	0.200	0.200	0.200	0.200
	铝板 1200×300×1	m^2	82.57	0.200	0.200	0.200	0.200
	压力表补芯	个	12.93	0.200	0.200	0.200	0.200
	六角带帽螺栓 M16×60	套	1.04	12.240	6.120	2.040	4.080
	六角带帽螺栓 M20×65	套	1.84	—	8.160	4.080	6.120
	六角带帽螺栓 M22×75	套	2.56	—	—	16.320	—
	六角带帽螺栓 M27×95	套	5.95	—	—	—	20.400
	氧气	m^3	3.62	1.450	3.310	7.540	10.690
	乙炔气	m^3	8.90	0.480	1.020	2.510	3.570
	尼龙砂轮片 φ100	片	1.29	0.290	0.840	2.890	4.340
	电焊条	kg	4.31	0.910	2.690	10.310	18.310
	石棉橡胶板 低压 δ0.8～6	kg	5.26	1.080	1.920	3.560	4.500
	铅油	kg	5.60	0.620	1.000	1.080	0.700
	黑铅粉	kg	17.00	—	—	—	0.720
	清油	kg	14.22	0.140	0.180	0.320	0.380
	破布	kg	6.90	0.400	0.400	0.700	0.700
	镀锌铁丝 8#	kg	6.55	0.100	0.100	0.100	0.120
	电	kW·h	0.78	0.110	0.320	0.640	0.960
机械	交流弧焊机 21kV·A	台班	63.33	0.600	1.000	2.400	3.600
	电焊条烘干箱 60×50×75cm^3	台班	16.84	0.060	0.100	0.240	0.360
	试压泵 30MPa	台班	21.74	1.000	2.000	3.000	3.000
	电动式离心泵 KQL *DN*80	台班	53.31	1.500	—	—	—
	电动式离心泵 KQL *DN*125	台班	128.00	—	1.500	—	—
	电动式离心泵 KQL *DN*200	台班	358.00	—	—	1.500	—
	电动式离心泵 KQL *DN*300	台班	761.00	—	—	—	1.500

工作内容:安装临时水、电源,制作盲堵板,灌水,试压,检查放水,拆除水、电源,填写记录等操作过程。 **计量单位**:km

定额编号				7-901	7-902	7-903
项目				公称直径(mm 以内)		
				800	1000	1200
基价(元)				**23240.10**	**25673.63**	**28588.58**
其中	人工费(元)			17782.20	19758.60	20949.30
	材料费(元)			1727.63	2089.27	2613.50
	机械费(元)			3730.27	3825.76	5025.78
	名称	单位	单价(元)	消耗量		
人工	二类人工	工日	135.00	131.720	146.360	155.180
材料	水	m^3	—	(1590.500)	(2472.150)	(3559.500)
	平焊法兰	片	—	(0.700)	(0.700)	(0.800)
	钢制弯头 *DN*300	个	—	(0.050)	(0.050)	(0.050)
	钢制弯头 *DN*800	个	—	(0.200)	—	—
	钢制弯头 *DN*1000	个	—	—	(0.200)	—
	钢制弯头 *DN*1200	个	—	—	—	(0.200)
	钢制异径管 800×300	个	—	(0.050)	—	—
	钢制异径管 1000×300	个	—	—	(0.050)	—
	钢制异径管 1200×300	个	—	—	—	(0.050)
	钢制三通 800×300	个	—	(0.100)	—	—
	钢制三通 1000×300	个	—	—	(0.100)	—
	钢制三通 1200×300	个	—	—	—	(0.150)
	除污器	个	—	(0.075)	(0.075)	(0.100)
	碳素结构钢流体无缝钢管 133×4	m	98.77	0.080	0.080	0.080
	碳素结构钢流体无缝钢管 325×8	m	314.00	0.030	0.030	0.050
	碳素结构钢流体无缝钢管 820×10	m	1162.00	0.750	—	—
	碳素结构钢流体无缝钢管 1020×10	m	1449.00	—	0.750	—
	碳素结构钢流体无缝钢管 1220×10	m	1736.00	—	—	0.830
	中厚钢板 综合	kg	3.71	19.220	33.890	60.060
	闸阀 Z45T-10 *DN*125	个	560.00	0.200	0.200	0.200
	橡胶管 *D*150	m	50.86	1.000	1.000	1.000
	弹簧压力表 Y-100 0~40kg/cm^2	只	32.84	0.200	—	0.200
	压力表气门 *DN*15	个	12.12	0.200	0.200	0.200
	铅板 1200×300×1	m^2	82.57	0.200	0.200	0.200
	压力表补芯	个	12.93	0.200	0.200	0.200
	六角带帽螺栓 M16×60	套	1.04	4.080	4.080	4.080
	六角带帽螺栓 M20×65	套	1.84	18.360	18.360	24.480
	六角带帽螺栓 M30×140	套	10.34	24.480	28.560	28.560
	氧气	m^3	3.62	14.040	17.200	21.310
	乙炔气	m^3	8.90	4.650	5.730	7.100
	尼龙砂轮片 ϕ100	片	1.29	6.000	7.410	9.360
	电焊条	kg	4.31	24.400	30.740	30.760
	石棉橡胶板 低压 δ0.8~6	kg	5.26	7.500	8.100	9.500
	铅油	kg	5.60	1.740	1.740	2.240
	黑铅粉	kg	17.00	0.800	0.960	1.140
	清油	kg	14.22	0.620	0.620	0.760
	破布	kg	6.90	1.000	1.000	1.500
	镀锌铁丝 8#	kg	6.55	0.150	0.150	0.200
	电	kW·h	0.78	1.020	1.370	1.670
机械	交流弧焊机 21kV·A	台班	63.33	3.700	4.500	5.400
	电焊条烘干箱 60×50×75cm^3	台班	16.84	0.370	0.450	0.540
	试压泵 30MPa	台班	21.74	3.000	5.000	5.000
	电动式离心泵 KQL *DN*300	台班	761.00	4.500	4.500	6.000

六、牺牲阳极、测试桩安装

工作内容：牺牲阳极表面处理、焊接、配添料，牺牲阳极包制作、安装，测试桩安装、夯填、沥青防腐处理等操作过程。

计量单位：组

定额编号				7-904
项目				牺牲阳极、测试桩安装
基价（元）				**1798.47**
其中	人工费（元）			977.13
	材料费（元）			818.03
	机械费（元）			3.31
名称		单位	单价(元)	消耗量
人工	二类人工	工日	135.00	7.238
材料	混凝土测试桩 100#	个	—	(1.000)
	牺牲阳极棒	个	—	(4.000)
	铜管 $\phi12\times1.2$	kg	58.99	0.250
	中厚钢板 综合	kg	3.71	1.700
	中厚钢板 Q235B $\delta10$	kg	3.71	2.130
	紫铜板 $\delta2$	kg	47.48	0.015
	铜垫圈 M8	个	0.14	25.000
	木螺钉 M5×30	个	0.06	2.000
	铜六角带帽螺栓 M8	套	3.32	5.000
	铜螺母 M8	个	0.58	15.000
	电焊条	kg	4.31	0.560
	铜焊条	kg	68.97	0.200
	铜焊粉	kg	30.17	0.050
	焊锡	kg	103.00	0.600
	石油沥青	kg	2.67	45.000
	麻袋	个	5.17	4.000
	铜芯塑料绝缘线 BVV1×10	m	5.17	24.000
	铜接线端子 DT-120	个	14.66	1.000
	硫酸镁	kg	4.31	63.000
	硫酸钙	kg	2.84	27.000
	塑料软管 *De*9	m	0.41	24.000
	膨润土	kg	0.47	90.000
机械	交流弧焊机 21kV·A	台班	63.33	0.050
	电焊条烘干箱 60×50×75cm³	台班	16.84	0.005
	立式钻床 25mm	台班	5.80	0.010

七、钢管胶带防腐

工作内容：搬运、除锈、刷底胶，缠绕胶带、补口等。　　计量单位：10m²

定额编号				7-905	7-906
项目				钢管胶带防腐	
				加强级	特加强级
基价（元）				128.95	135.70
其中	人工费（元）			128.25	135.00
	材料费（元）			0.70	0.70
	机械费（元）			—	—
名称		单位	单价(元)	消耗量	
人工	二类人工	工日	135.00	0.950	1.000
材料	聚乙烯外带	m²	—	(21.050)	(21.050)
	聚乙烯内带	m²	—	(11.760)	(21.050)
	底胶	kg	—	(0.900)	(0.900)
	其他材料费	元	1.00	0.70	0.70

八、管线聚乙烯热收缩套(带)补口

1. 无缝钢管聚乙烯热收缩套(带)补口

工作内容：装收缩套或收缩带、管口预热等。　　计量单位：个

定额编号				7-907	7-908	7-909	7-910	7-911
项目				管线聚乙烯热收缩套(带)补口				
				ϕ108	ϕ114	ϕ127	ϕ133	ϕ159
基价（元）				12.57	12.89	13.36	13.69	14.50
其中	人工费（元）			9.05	9.32	9.72	9.86	10.67
	材料费（元）			0.64	0.69	0.76	0.95	0.95
	机械费（元）			2.88	2.88	2.88	2.88	2.88
名称		单位	单价(元)	消耗量				
人工	二类人工	工日	135.00	0.067	0.069	0.072	0.073	0.079
材料	热收缩套(带)	个	—	(1.000)	(1.000)	(1.000)	(1.000)	(1.000)
	液化气	kg	5.42	0.114	0.121	0.134	0.169	0.168
	钢丝刷子 ϕ150	片	2.59	0.005	0.005	0.006	0.006	0.007
	其他材料费	元	1.00	0.01	0.02	0.02	0.02	0.02
机械	载货汽车 2t	台班	305.93	0.005	0.005	0.005	0.005	0.005
	汽油发电机组 10kW	台班	270.44	0.005	0.005	0.005	0.005	0.005

工作内容:装收缩套或收缩带、管口预热等。　　　　**计量单位:**个

定　额　编　号				7-912	7-913	7-914	7-915	7-916
项　　目				管线聚乙烯热收缩套(带)补口				
				ϕ168	ϕ194	ϕ219	ϕ245	ϕ273
基　价　(元)				**14.83**	**16.37**	**17.19**	**37.35**	**39.89**
其中	人　工　费　(元)			10.94	11.75	12.42	26.87	28.49
	材　料　费　(元)			1.01	1.16	1.31	2.99	3.33
	机　械　费　(元)			2.88	3.46	3.46	7.49	8.07
名　称		单位	单价(元)	消　耗　量				
人工	二类人工	工日	135.00	0.081	0.087	0.092	0.199	0.211
材料	热收缩套(带)	个	—	(1.000)	(1.000)	(1.000)	(1.000)	(1.000)
	液化气	kg	5.42	0.178	0.205	0.232	0.527	0.587
	钢丝刷子 ϕ150	片	2.59	0.008	0.009	0.010	0.023	0.026
	其他材料费	元	1.00	0.02	0.02	0.03	0.07	0.08
机械	载货汽车 2t	台班	305.93	0.005	0.006	0.006	0.013	0.014
	汽油发电机组 10kW	台班	270.44	0.005	0.006	0.006	0.013	0.014

2. 螺旋缝、直缝钢管聚乙烯热收缩套(带)补口

工作内容:装收缩套或收缩带、管口预热等。　　　　**计量单位:**个

定　额　编　号				7-917	7-918	7-919	7-920
项　　目				管线聚乙烯热收缩套(带)补口			
				ϕ219	ϕ273	ϕ323	ϕ355
基　价　(元)				**21.79**	**33.00**	**45.68**	**48.69**
其中	人　工　费　(元)			15.53	23.36	32.40	34.43
	材　料　费　(元)			1.65	2.72	4.06	4.46
	机　械　费　(元)			4.61	6.92	9.22	9.80
名　称		单位	单价(元)	消　耗　量			
人工	二类人工	工日	135.00	0.115	0.173	0.240	0.255
材料	热收缩套(带)	个	—	(1.000)	(1.000)	(1.000)	(1.000)
	液化气	kg	5.42	0.290	0.481	0.715	0.785
	钢丝刷子 ϕ150	片	2.59	0.013	0.021	0.032	0.035
	其他材料费	元	1.00	0.04	0.06	0.10	0.11
机械	载货汽车 2t	台班	305.93	0.008	0.012	0.016	0.017
	汽油发电机组 10kW	台班	270.44	0.008	0.012	0.016	0.017

工作内容:装收缩套或收缩带、管口预热等。 **计量单位**:个

定额编号				7-921	7-922	7-923
项目				管线聚乙烯热收缩套(带)补口		
				ϕ406	ϕ457	ϕ508
基价(元)				**53.57**	**58.02**	**62.92**
其中	人工费(元)			37.53	40.77	43.88
	材料费(元)			5.09	5.72	6.36
	机械费(元)			10.95	11.53	12.68
名称		单位	单价(元)	消耗量		
人工	二类人工	工日	135.00	0.278	0.302	0.325
材料	热收缩套(带)	个	—	(1.000)	(1.000)	(1.000)
	液化气	kg	5.42	0.897	1.008	1.121
	钢丝刷子 ϕ150	片	2.59	0.040	0.045	0.050
	其他材料费	元	1.00	0.12	0.14	0.15
机械	载货汽车 2t	台班	305.93	0.019	0.020	0.022
	汽油发电机组 10kW	台班	270.44	0.019	0.020	0.022

九、管道清通

工作内容:准备工具、材料,装、拆临时管线及仪表,收、发球筒的制作、安装、拆除,制作盲堵板,加压,清球。 **计量单位**:1000m

定额编号				7-924	7-925	7-926	7-927	7-928	7-929
项目				公称直径					
				150	200	300	400	500	600
基价(元)				**3747.70**	**4229.31**	**5653.91**	**7135.29**	**8616.68**	**9502.90**
其中	人工费(元)			3196.80	3628.80	4812.48	6190.56	7568.64	8320.32
	材料费(元)			173.14	189.07	213.37	263.88	314.39	372.94
	机械费(元)			377.76	411.44	628.06	680.85	733.65	809.64
名称		单位	单价(元)	消耗量					
人工	二类人工	工日	135.00	23.680	26.880	35.648	45.856	56.064	61.632
材料	清管器(规格同主管)	个	—	(0.070)	(0.070)	(0.070)	(0.070)	(0.070)	(0.070)
	碳素结构钢焊接钢管	kg	—	(15.066)	(15.066)	(28.100)	(28.100)	(59.151)	(59.151)
	中厚钢板 综合	kg	3.71	34.800	36.800	40.800	45.600	50.400	56.400
	镀锌六角螺栓带帽	kg	5.47	1.600	1.920	3.040	5.960	8.880	11.120
	电焊条	kg	4.31	1.600	1.600	1.600	1.600	1.600	2.000
	氧气	m^3	3.62	2.640	3.120	3.120	4.160	5.200	6.240
	乙炔气	kg	7.60	0.880	1.040	1.040	1.400	1.760	2.080
	石棉橡胶板 中压 δ0.6~8	kg	5.86	2.000	2.640	3.200	4.920	6.640	9.360
	其他材料费	元	1.00	0.42	0.47	0.53	0.68	0.83	1.00
机械	直流电焊机 15kW	台班	50.62	0.800	0.800	0.640	0.640	0.640	0.720
	内燃空气压缩机 $6m^3$/min	台班	417.52	0.800	0.880	0.960	1.040	1.120	1.200
	工程车 小型	台班	94.55	—	—	2.000	2.200	2.400	2.800
	其他机械费	元	1.00	3.25	3.53	5.74	6.22	6.71	7.43

第七章
桥管制作、安装

说　　明

一、本章定额包括单跨桥管制作、安装(跨度15m),单跨桥管制作、安装(跨度20m),单跨桥管制作、安装(跨度25m),双跨桥管制作、安装(跨度50m),多跨桥管制作、安装(跨度75m),共5节53个子目。

二、本章定额桥管安装是按照河道通航设计净高5m取定的,适用于单跨或多跨平管跨越过河,如设计需要加高或采用斜拉,钢桁架等其他加固形式时其加固消耗量另计,折拱形桥管可按本章定额计算。

三、桥管安装跨度指起讫点支墩间水平距离,如实际跨度不同时,按接近的跨度选套,其中人工及机械消耗不做调整,管材可按实际长度调整。

四、50m跨度桥管以15m、20m、15m的主跨分档,以4个立柱计算托架抱箍;75m跨度桥管以15m、20m、25m、15m的主跨分档,以5个立柱计算托架抱箍。定额子目中已考虑了桥管托架及两端的防护栅。定额子目中未考虑桥管桥管内外涂、落水、加强箍的耗量,施工时可根据实际桥管工程量另行计取。

五、实际施工时管道规格与定额子目规格不符时,按接近规格套用,中间规格按较大规格计算。超过本章定额最大规格时应另行计算。

六、定额中取定钢管外径与公称直径对应下表:

公称直径(mm以内)	管外径×壁厚(mm×mm以内)	公称直径(mm以内)	管外径×壁厚(mm×mm以内)
300	325×8	1000	1020×12
400	426×8	1200	1220×12
500	529×10	1400	1420×14
600	630×10	1600	1620×16
700	720×10	1800	1820×16
800	820×10	2000	2020×16
900	920×10	—	—

七、钢管安装如实际管壁厚与定额取定不同时,电焊条及焊机消耗量可按下表所列系数调整:

公称直径(mm以内)	400		800		1200		1500		2000	
壁厚(mm)	4	6	6	8	8	10	10	12	12	14
调整系数	0.313	0.622	0.540	0.894	0.645	0.779	0.621	0.799	0.645	0.815
壁厚(mm)	10	12	12	14	14	16	16	18	18	20
调整系数	1.236	1.538	1.332	1.594	1.253	1.603	1.284	1.538	1.198	1.415

一、单跨桥管制作、安装(跨度 15m)

工作内容:钢管及管件预安装,整体吊装,拼,焊,附件制作及安装。 **计量单位:**座

定额编号				7-930	7-931	7-932	7-933
项目				公称直径(mm 以内)			
				300	400	500	600
基价(元)				**7535.03**	**9323.88**	**11199.13**	**12795.99**
其中	人工费(元)			5321.16	6833.97	8332.74	9672.62
	材料费(元)			578.97	653.78	781.87	861.74
	机械费(元)			1634.90	1836.13	2084.52	2261.63
名称		单位	单价(元)	消耗量			
人工	二类人工	工日	135.00	39.416	50.622	61.724	71.649
材料	碳素结构钢流体无缝钢管	m	—	(28.080)	(28.080)	(28.080)	(28.080)
	中厚钢板 综合	kg	—	(250.000)	(250.000)	(270.000)	(280.000)
	热轧光圆钢筋 HPB300 综合	kg	3.98	40.800	40.800	40.800	40.800
	扁钢 Q235B 12×75	kg	3.96	45.600	50.400	55.200	60.000
	电焊条	kg	4.31	33.261	43.858	65.703	78.489
	氧气	m^3	3.62	4.800	5.520	7.350	7.780
	乙炔气	m^3	8.90	1.600	1.840	2.450	2.593
	橡皮 3~5	kg	5.00	5.500	6.500	7.000	7.500
	钢丝绳 综合	kg	6.45	5.000	5.000	5.000	5.000
	尼龙砂轮片 φ100	片	1.29	0.999	1.296	1.593	1.917
机械	汽车式起重机 5t	台班	366.47	0.342	0.369	0.387	0.414
	汽车式起重机 16t	台班	875.04	0.990	0.990	0.990	0.990
	载货汽车 5t	台班	382.30	0.252	0.333	0.441	0.441
	交流弧焊机 32kV·A	台班	92.84	5.117	6.747	8.760	10.465
	电焊条烘干箱 60×50×75cm^3	台班	16.84	0.554	0.731	1.095	1.308
	其他机械费	元	1.00	62.55	68.61	76.09	81.43

工作内容：钢管及管件预安装，整体吊装，拼，焊，附件制作及安装。 **计量单位：**座

定额编号				7-934	7-935	7-936
项目				公称直径（mm 以内）		
				700	800	900
基价（元）				**14318.03**	**15907.91**	**19366.01**
其中	人工费（元）			10862.91	12020.40	14852.97
	材料费（元）			1027.66	1119.81	1257.40
	机械费（元）			2427.46	2767.70	3255.64
名称		单位	单价（元）	消耗量		
人工	二类人工	工日	135.00	80.466	89.040	110.022
材料	碳素结构钢流体无缝钢管	m	—	(28.080)	(28.080)	(28.080)
	中厚钢板 综合	kg	—	(290.000)	(290.000)	(300.000)
	热轧光圆钢筋 HPB300 综合	kg	3.98	62.400	64.800	64.800
	扁钢 Q235B 12×75	kg	3.96	64.800	69.600	76.800
	电焊条	kg	4.31	89.882	102.542	115.201
	氧气	m^3	3.62	8.760	9.390	11.870
	乙炔气	m^3	8.90	2.920	3.354	4.239
	橡皮 3~5	kg	5.00	8.500	9.000	10.000
	钢丝绳 综合	kg	6.45	5.000	5.000	10.000
	尼龙砂轮片 φ100	片	1.29	2.214	2.511	2.835
机械	汽车式起重机 5t	台班	366.47	0.459	—	—
	汽车式起重机 8t	台班	648.48	—	0.522	0.585
	汽车式起重机 16t	台班	875.04	0.990	0.990	—
	汽车式起重机 20t	台班	942.85	—	—	1.170
	载货汽车 5t	台班	382.30	0.441	0.441	0.513
	交流弧焊机 32kV·A	台班	92.84	11.984	13.672	15.360
	电焊条烘干箱 60×50×75cm³	台班	16.84	1.498	1.709	1.920
	其他机械费	元	1.00	86.55	96.22	118.67

工作内容:钢管及管件预安装,整体吊装,拼,焊,附件制作及安装。 计量单位:座

定额编号				7-937	7-938	7-939	7-940	7-941	7-942
项目				公称直径(mm 以内)					
				1000	1200	1400	1600	1800	2000
基价(元)				21279.39	25122.57	30440.74	35113.58	39508.50	45373.36
其中	人工费(元)			16128.86	19301.76	22961.88	26175.69	29452.41	34581.06
	材料费(元)			1510.81	1737.78	2215.06	2824.38	3134.64	3427.64
	机械费(元)			3639.72	4083.03	5263.80	6113.51	6921.45	7364.66
名称		单位	单价(元)	消耗量					
人工	二类人工	工日	135.00	119.473	142.976	170.088	193.894	218.166	256.156
材料	碳素结构钢流体无缝钢管	m	—	(28.080)	(28.080)	(28.080)	(28.080)	(28.080)	(28.080)
	中厚钢板 综合	kg	—	(310.000)	(320.000)	(330.000)	(340.000)	(350.000)	(370.000)
	热轧光圆钢筋 HPB300 综合	kg	3.98	69.600	74.400	76.800	84.000	88.800	91.200
	扁钢 Q235B 12×75	kg	3.96	79.200	91.200	100.800	110.400	122.400	132.000
	电焊条	kg	4.31	164.450	197.079	287.709	403.209	453.485	503.760
	氧气	m^3	3.62	12.910	14.980	19.580	25.050	27.800	30.830
	乙炔气	m^3	8.90	4.611	4.993	6.527	8.350	9.267	10.277
	橡皮 3~5	kg	5.00	10.500	12.000	13.500	15.000	16.500	18.000
	钢丝绳 综合	kg	6.45	10.000	10.000	10.000	10.000	10.000	10.000
	尼龙砂轮片 ϕ100	片	1.29	5.130	6.156	7.155	8.181	9.207	10.206
机械	汽车式起重机 8t	台班	648.48	0.657	0.702	0.774	—	—	—
	汽车式起重机 16t	台班	875.04	—	—	—	1.098	1.269	1.458
	汽车式起重机 20t	台班	942.85	1.170	1.170	—	—	—	—
	汽车式起重机 32t	台班	1173.35	—	—	1.170	1.170	1.350	1.350
	载货汽车 5t	台班	382.30	0.621	0.765	—	—	—	—
	载货汽车 8t	台班	411.20	—	—	0.765	0.801	0.837	0.873
	交流弧焊机 32kV·A	台班	92.84	18.272	21.898	30.285	33.601	37.790	40.301
	电焊条烘干箱 60×50×75cm^3	台班	16.84	2.741	3.285	4.795	6.720	7.558	8.396
	其他机械费	元	1.00	130.59	143.87	182.08	217.84	247.13	262.92

二、单跨桥管制作、安装(跨度 20m)

工作内容:钢管及管件预安装,整体吊装,拼,焊,附件制作及安装。 **计量单位:**座

	定额编号			7-943	7-944	7-945	7-946	7-947	7-948
	项目			公称直径(mm 以内)					
				400	500	600	700	800	900
	基价(元)			**9728.61**	**12068.21**	**13602.67**	**15413.32**	**16962.20**	**20582.78**
其中	人工费(元)			7143.93	9050.67	10274.31	11801.70	12861.05	15833.07
	材料费(元)			671.65	826.70	958.28	1061.79	1151.36	1300.17
	机械费(元)			1913.03	2190.84	2370.08	2549.83	2949.79	3449.54
	名称	单位	单价(元)	消耗量					
人工	二类人工	工日	135.00	52.918	67.042	76.106	87.420	95.267	117.282
材料	碳素结构钢流体无缝钢管	m	—	(33.280)	(33.280)	(33.280)	(33.280)	(33.280)	(33.280)
	中厚钢板 综合	kg	—	(260.000)	(280.000)	(280.000)	(290.000)	(300.000)	(300.000)
	热轧光圆钢筋 HPB300 综合	kg	3.98	40.800	45.600	57.600	62.400	63.600	64.800
	扁钢 Q235B 12×75	kg	3.96	50.400	55.200	60.000	64.800	69.600	76.800
	电焊条	kg	4.31	45.946	68.831	82.286	94.162	107.424	120.687
	氧气	m^3	3.62	6.670	8.950	9.480	10.760	11.570	14.700
	乙炔气	m^3	8.90	2.223	2.983	3.160	3.587	3.857	4.900
	橡皮 3~5	kg	5.00	6.500	7.000	7.500	8.500	9.000	10.000
	钢丝绳 综合	kg	6.45	5.000	5.000	5.000	5.000	5.000	10.000
	尼龙砂轮片 ϕ100	片	1.29	1.536	1.888	2.272	2.624	2.976	3.360
	砂轮片 ϕ200	片	10.34	0.096	0.128	0.160	0.192	0.224	0.224
机械	汽车式起重机 5t	台班	366.47	0.432	0.459	0.486	0.549	—	—
	汽车式起重机 8t	台班	648.48	—	—	—	—	0.603	0.693
	汽车式起重机 16t	台班	875.04	0.990	0.990	0.990	0.990	0.990	—
	汽车式起重机 20t	台班	942.85	—	—	—	—	—	1.170
	载货汽车 5t	台班	382.30	0.387	0.522	0.522	0.522	0.603	0.603
	交流弧焊机 32kV·A	台班	92.84	7.069	9.178	10.964	12.555	14.323	16.092
	电焊条烘干箱 60×50×75cm^3	台班	16.84	0.766	1.472	1.370	1.570	1.790	2.011
	其他机械费	元	1.00	71.29	79.91	85.16	90.74	102.05	138.64

工作内容:钢管及管件预安装,整体吊装,拼,焊,附件制作及安装。　　　　**计量单位**:座

定额编号				7-949	7-950	7-951	7-952	7-953	7-954
项目				公称直径(mm 以内)					
				1000	1200	1400	1600	1800	2000
基价(元)				**22926.39**	**27780.41**	**33331.03**	**37331.53**	**42717.78**	**49346.47**
其中	人工费(元)			17509.91	21476.34	25180.34	27860.76	31985.96	37397.30
	材料费(元)			1566.38	1807.26	2308.94	2952.17	3278.45	3587.43
	机械费(元)			3850.10	4496.81	5841.75	6518.60	7453.37	8361.74
	名称	单位	单价(元)	消耗量					
人工	二类人工	工日	135.00	129.703	159.084	186.521	206.376	236.933	277.017
材料	碳素结构钢流体无缝钢管	m	—	(33.280)	(33.280)	(33.280)	(33.280)	(33.280)	(33.280)
	中厚钢板 综合	kg	—	(310.000)	(320.000)	(340.000)	(350.000)	(360.000)	(370.000)
	热轧光圆钢筋 HPB300 综合	kg	3.98	69.600	74.420	76.800	84.000	88.800	91.700
	扁钢 Q235B 12×75	kg	3.96	79.200	91.200	100.800	110.400	122.400	132.000
	电焊条	kg	4.31	172.281	206.464	301.409	422.410	475.079	527.749
	氧气	m^3	3.62	16.050	18.750	24.610	31.590	35.170	38.720
	乙炔气	m^3	8.90	5.350	6.250	8.203	10.530	11.723	12.907
	橡皮 3~5	kg	5.00	10.500	12.000	13.500	15.000	16.500	18.000
	钢丝绳 综合	kg	6.45	10.000	10.000	10.000	10.000	10.000	10.000
	尼龙砂轮片 ϕ100	片	1.29	6.080	7.296	8.480	9.696	10.912	12.096
	砂轮片 ϕ200	片	10.34	0.256	0.256	—	—	—	—
机械	汽车式起重机 8t	台班	648.48	0.774	1.080	1.080	—	—	—
	汽车式起重机 16t	台班	875.04	—	—	—	1.296	1.584	1.728
	汽车式起重机 20t	台班	942.85	1.170	1.170	—	—	—	—
	汽车式起重机 32t	台班	1173.35	—	—	1.170	1.170	1.350	—
	汽车式起重机 40t	台班	1517.63	—	—	—	—	—	1.350
	载货汽车 5t	台班	382.30	0.738	0.909	—	—	—	—
	载货汽车 8t	台班	411.20	—	—	0.909	0.954	0.990	1.035
	交流弧焊机 32kV·A	台班	92.84	19.142	22.941	33.490	35.201	39.590	42.220
	电焊条烘干箱 60×50×75cm^3	台班	16.84	2.871	3.441	5.024	7.040	7.918	8.796
	其他机械费	元	1.00	137.41	158.02	200.98	232.83	267.32	307.45

三、单跨桥管制作、安装（跨度 25m）

工作内容：钢管及管件预安装、整体吊装，拼，焊，附件制作及安装。　　　　计量单位：座

定额编号				7-955	7-956	7-957	7-958	7-959	7-960
项目				公称直径（mm 以内）					
				500	600	700	800	900	1000
基价（元）				12704.86	14579.33	16171.36	18521.27	21409.69	24511.18
其中	人工费（元）			9571.10	11114.96	12412.58	14219.01	16684.11	19094.67
	材料费（元）			848.39	982.57	1090.06	1183.09	1338.54	1613.69
	机械费（元）			2285.37	2481.80	2668.72	3119.17	3387.04	3802.82
名称		单位	单价(元)	消耗量					
人工	二类人工	工日	135.00	70.897	82.333	91.945	105.326	123.586	141.442
材料	碳素结构钢流体无缝钢管	m	—	(38.480)	(38.480)	(38.480)	(38.480)	(38.480)	(38.480)
	中厚钢板 综合	kg	—	(280.000)	(290.000)	(290.000)	(300.000)	(300.000)	(320.000)
	热轧光圆钢筋 HPB300 综合	kg	3.98	45.600	57.600	62.400	63.600	64.800	69.600
	扁钢 Q235B 12×75	kg	3.96	55.200	60.000	64.800	69.600	76.800	79.200
	电焊条	kg	4.31	71.960	85.964	98.442	112.307	126.173	180.112
	氧气	m^3	3.62	10.550	11.190	12.760	13.750	17.520	19.200
	乙炔气	m^3	8.90	3.517	3.730	4.253	4.583	5.840	6.400
	橡皮 3～5	kg	5.00	7.000	7.500	8.500	9.000	10.000	10.500
	钢丝绳 综合	kg	6.45	5.000	5.000	5.000	5.000	10.000	10.000
	尼龙砂轮片 φ100	片	1.29	1.099	1.369	1.569	1.931	2.172	2.560
机械	汽车式起重机 5t	台班	366.47	0.531	0.567	0.630	—	0.801	0.900
	汽车式起重机 8t	台班	648.48	—	—	—	0.702	—	—
	汽车式起重机 16t	台班	875.04	0.990	0.990	0.990	0.990	—	—
	汽车式起重机 20t	台班	942.85	—	—	—	—	1.170	1.170
	载货汽车 5t	台班	382.30	0.603	0.603	0.603	0.702	0.702	0.846
	交流弧焊机 32kV·A	台班	92.84	9.595	11.462	13.126	14.974	16.823	20.013
	电焊条烘干箱 60×50×75cm³	台班	16.84	1.199	1.433	1.641	1.872	2.103	3.002
	其他机械费	元	1.00	82.97	88.93	94.78	107.56	124.73	137.88

工作内容:钢管及管件预安装、整体吊装,拼,焊,附件制作及安装。 **计量单位**:座

定额编号				7-961	7-962	7-963	7-964	7-965
项目				公称直径(mm 以内)				
				1200	1400	1600	1800	2000
基价(元)				**29172.73**	**35044.72**	**40771.50**	**46009.82**	**52927.93**
其中	人工费(元)			22730.22	26605.94	29981.07	34303.91	40146.57
	材料费(元)			1865.32	2398.06	3073.45	3414.95	3737.19
	机械费(元)			4577.19	6040.72	7716.98	8290.96	9044.17
名称		单位	单价(元)	消耗量				
人工	二类人工	工日	135.00	168.372	197.081	222.082	254.103	297.382
材料	碳素结构钢流体无缝钢管	m	—	(38.480)	(38.480)	(38.480)	(38.480)	(38.480)
	中厚钢板 综合	kg	—	(330.000)	(340.000)	(350.000)	(360.000)	(370.000)
	热轧光圆钢筋 HPB300 综合	kg	3.98	74.400	76.800	84.000	88.800	91.200
	扁钢 Q235B 12×75	kg	3.96	91.200	100.800	110.400	122.400	132.000
	电焊条	kg	4.31	215.849	315.110	441.610	496.674	551.737
	氧气	m^3	3.62	22.510	29.640	38.140	42.530	46.910
	乙炔气	m^3	8.90	7.503	9.880	12.713	14.177	15.637
	橡皮 3~5	kg	5.00	12.000	13.800	15.000	16.500	18.000
	钢丝绳 综合	kg	6.45	10.000	10.000	10.000	10.000	10.000
	尼龙砂轮片 φ100	片	1.29	3.867	4.943	6.120	6.997	7.774
机械	汽车式起重机 8t	台班	648.48	0.963	1.062	—	—	—
	汽车式起重机 16t	台班	875.04	—	—	1.503	1.836	1.998
	汽车式起重机 20t	台班	942.85	1.170	—	—	—	—
	汽车式起重机 32t	台班	1173.35	—	1.170	1.170	1.350	—
	汽车式起重机 40t	台班	1517.63	—	—	—	—	1.350
	载货汽车 5t	台班	382.30	1.053	—	—	—	—
	载货汽车 8t	台班	411.20	—	1.053	1.098	1.152	1.197
	交流弧焊机 32kV·A	台班	92.84	23.983	35.012	45.058	45.152	45.978
	电焊条烘干箱 60×50×75cm^3	台班	16.84	3.598	5.252	7.360	8.278	9.196
	其他机械费	元	1.00	159.84	207.26	270.35	295.35	331.38

四、双跨桥管制作、安装(跨度 50m)

工作内容:钢管及管件预安装、整体吊装,拼,焊,附件制作及安装。　　　　**计量单位:**座

定额编号				7-966	7-967	7-968	7-969	7-970	7-971
项目				公称直径(mm 以内)					
				500	600	700	800	900	1000
基价(元)				**20914.73**	**24352.66**	**26821.81**	**30885.74**	**35530.42**	**41363.89**
其中	人工费(元)			16416.68	19328.09	21211.34	24395.04	28289.12	33102.27
	材料费(元)			1006.98	1156.79	1287.29	1404.48	1575.47	1931.32
	机械费(元)			3491.07	3867.78	4323.18	5086.22	5665.83	6330.30
名称		单位	单价(元)	消耗量					
人工	二类人工	工日	135.00	121.605	143.171	157.121	180.704	209.549	245.202
材料	碳素结构钢流体无缝钢管	m	—	(64.480)	(64.480)	(64.480)	(64.480)	(64.480)	(64.480)
	中厚钢板 综合	kg	—	(280.000)	(290.000)	(290.000)	(300.000)	(300.000)	(320.000)
	热轧光圆钢筋 HPB300 综合	kg	3.98	45.600	57.600	62.400	64.800	64.800	69.600
	扁钢 Q235B 12×75	kg	3.96	55.200	60.000	64.800	69.600	76.800	79.200
	电焊条	kg	4.31	87.603	104.651	119.843	136.722	153.601	219.267
	氧气	m^3	3.62	17.359	17.955	20.442	21.967	24.575	30.396
	乙炔气	m^3	8.90	5.786	5.985	6.814	7.322	8.192	10.132
	橡皮 3~5	kg	5.00	14.140	15.150	17.170	18.180	20.200	21.210
	钢丝绳 综合	kg	6.45	6.500	6.500	6.500	6.500	13.000	13.000
	尼龙砂轮片 ϕ100	片	1.29	1.841	2.294	2.629	3.236	3.639	4.290
机械	汽车式起重机 5t	台班	366.47	0.989	1.056	1.173	—	—	—
	汽车式起重机 8t	台班	648.48	—	—	—	1.307	1.491	1.676
	汽车式起重机 16t	台班	875.04	1.659	1.751	1.935	2.028	—	—
	汽车式起重机 20t	台班	942.85	—	—	—	—	2.113	2.157
	载货汽车 5t	台班	382.30	1.010	1.123	1.235	1.307	1.307	1.575
	交流弧焊机 32kV·A	台班	92.84	12.241	14.514	16.539	18.790	21.040	24.923
	电焊条烘干箱 60×50×75cm^3	台班	16.84	1.460	1.744	1.997	2.279	2.560	3.655
	其他机械费	元	1.00	129.78	142.42	158.86	181.57	210.57	232.20

工作内容:钢管及管件预安装、整体吊装,拼,焊,附件制作及安装。 计量单位:座

				7-972	7-973	7-974	7-975	7-976
定额编号				7-972	7-973	7-974	7-975	7-976
项目				公称直径(mm 以内)				
				1200	1400	1600	1800	2000
基价(元)				**47596.68**	**56854.14**	**64888.71**	**75581.88**	**85064.56**
其中	人工费(元)			38281.01	44817.57	50489.33	58472.42	66501.14
	材料费(元)			2236.93	2895.56	3718.08	4140.54	4544.40
	机械费(元)			7078.74	9141.01	10681.30	12968.92	14019.02
名称		单位	单价(元)	消耗量				
人工	二类人工	工日	135.00	283.563	331.982	373.995	433.129	492.601
材料	碳素结构钢流体无缝钢管	m	—	(64.480)	(64.480)	(64.480)	(64.480)	(64.480)
	中厚钢板 综合	kg	—	(330.000)	(340.000)	(350.000)	(360.000)	(370.000)
	热轧光圆钢筋 HPB300 综合	kg	3.98	74.400	76.800	84.000	88.800	91.200
	扁钢 Q235B 12×75	kg	3.96	91.200	100.800	110.400	122.400	132.000
	电焊条	kg	4.31	262.773	383.612	537.612	604.646	671.680
	氧气	m^3	3.62	35.481	46.529	57.827	65.399	73.074
	乙炔气	m^3	8.90	11.827	15.510	19.276	21.800	24.358
	橡皮 3~5	kg	5.00	24.240	27.270	30.300	33.330	36.360
	钢丝绳 综合	kg	6.45	13.000	13.000	13.000	13.000	13.000
	尼龙砂轮片 ϕ100	片	1.29	6.479	8.283	10.255	11.724	13.026
机械	汽车式起重机 8t	台班	648.48	1.793	1.977	—	—	—
	汽车式起重机 16t	台班	875.04	—	—	2.798	3.418	3.720
	汽车式起重机 20t	台班	942.85	2.200	—	—	—	—
	汽车式起重机 32t	台班	1173.35	—	2.244	2.244	—	—
	汽车式起重机 40t	台班	1517.63	—	—	—	2.438	2.589
	载货汽车 5t	台班	382.30	1.961	—	—	—	—
	载货汽车 8t	台班	411.20	—	1.961	2.044	2.145	2.229
	交流弧焊机 32kV·A	台班	92.84	29.757	42.940	45.361	50.947	56.533
	电焊条烘干箱 60×50×75cm^3	台班	16.84	4.380	6.394	8.960	10.077	11.195
	其他机械费	元	1.00	255.66	325.38	397.25	496.41	481.11

五、多跨桥管制作、安装(跨度75m)

工作内容:钢管及管件预安装、整体吊装,拼,焊,附件制作及安装。 **计量单位:**座

定额编号				7-977	7-978	7-979	7-980	7-981	7-982
项目				公称直径(mm以内)					
				500	600	700	800	900	1000
基价(元)				**30176.27**	**32147.19**	**34985.38**	**40444.96**	**45754.53**	**54094.77**
其中	人工费(元)			23025.33	24537.47	26925.75	31130.87	36125.60	42271.20
	材料费(元)			1016.75	1168.59	1309.02	1473.22	1604.45	1960.73
	机械费(元)			6134.19	6441.13	6750.61	7840.87	8024.48	9862.84
名称		单位	单价(元)	消耗量					
人工	二类人工	工日	135.00	170.558	181.759	199.450	230.599	267.597	313.120
材料	碳素结构钢流体无缝钢管	m	—	(90.480)	(90.480)	(90.480)	(90.480)	(90.480)	(90.480)
	中厚钢板 综合	kg	—	(280.000)	(290.000)	(290.000)	(300.000)	(300.000)	(320.000)
	热轧光圆钢筋 HPB300 综合	kg	3.98	45.600	57.600	62.400	64.800	64.800	69.600
	扁钢 Q235B 12×75	kg	3.96	55.200	60.000	64.800	69.600	76.800	79.200
	电焊条	kg	4.31	87.603	104.651	119.843	136.722	153.601	219.267
	氧气	m^3	3.62	17.359	17.955	20.442	21.967	24.575	30.396
	乙炔气	m^3	8.90	5.213	5.392	6.139	6.597	7.380	9.128
	橡皮 3~5	kg	5.00	15.918	17.380	21.513	22.725	25.250	26.563
	钢丝绳 综合	kg	6.45	7.300	7.300	7.300	14.500	14.500	14.500
	尼龙砂轮片 $\phi100$	片	1.29	2.472	2.884	3.296	3.914	4.635	5.768
机械	汽车式起重机 5t	台班	366.47	1.701	1.818	2.016	—	—	—
	汽车式起重机 8t	台班	648.48	—	—	—	2.268	2.565	2.889
	汽车式起重机 16t	台班	875.04	3.618	3.618	3.618	3.618	—	—
	汽车式起重机 20t	台班	942.85	—	—	—	—	3.015	4.005
	载货汽车 5t	台班	382.30	1.935	1.935	1.935	2.133	2.250	2.718
	交流弧焊机 32kV·A	台班	92.84	14.426	17.105	19.492	22.145	24.797	29.374
	电焊条烘干箱 60×50×75cm³	台班	16.84	1.721	2.056	2.354	2.686	3.017	4.307
	其他机械费	元	1.00	236.89	246.59	256.88	287.60	305.30	374.56

工作内容:钢管及管件预安装、整体吊装,拼,焊,附件制作及安装。 **计量单位**:座

定额编号				7-983	7-984	7-985	7-986	7-987
项目				公称直径(mm 以内)				
				1200	1400	1600	1800	2000
基价(元)				**62038.22**	**73904.96**	**84717.61**	**100506.55**	**119861.82**
其中	人工费(元)			48956.13	57252.69	64527.57	76236.26	93187.94
	材料费(元)			2267.15	2926.90	3749.74	4174.52	4580.91
	机械费(元)			10814.94	13725.37	16440.30	20095.77	22092.97
名称		单位	单价(元)	消耗量				
人工	二类人工	工日	135.00	362.638	424.094	477.982	564.713	690.281
材料	碳素结构钢流体无缝钢管	m	—	(90.480)	(90.480)	(90.480)	(90.480)	(90.480)
	中厚钢板 综合	kg	—	(330.000)	(340.000)	(350.000)	(360.000)	(370.000)
	热轧光圆钢筋 HPB300 综合	kg	3.98	74.400	76.800	84.000	88.800	91.200
	扁钢 Q235B 12×75	kg	3.96	91.200	100.800	110.400	122.400	132.000
	电焊条	kg	4.31	262.773	383.612	537.612	604.646	671.680
	氧气	m^3	3.62	35.481	46.529	57.827	65.399	73.074
	乙炔气	m^3	8.90	10.655	13.973	17.365	19.639	21.944
	橡皮 3~5	kg	5.00	30.300	34.138	37.875	41.713	45.450
	钢丝绳 综合	kg	6.45	14.500	14.500	14.500	14.500	14.500
	尼龙砂轮片 ϕ100	片	1.29	7.004	9.064	11.124	12.978	15.244
机械	汽车式起重机 8t	台班	648.48	3.087	3.402	—	—	—
	汽车式起重机 16t	台班	875.04	—	—	4.824	5.778	6.408
	汽车式起重机 20t	台班	942.85	4.005	—	—	—	—
	汽车式起重机 32t	台班	1173.35	—	4.275	4.275	—	—
	汽车式起重机 40t	台班	1517.63	—	—	—	4.580	5.022
	载货汽车 5t	台班	382.30	3.375	—	—	—	—
	载货汽车 8t	台班	411.20	—	3.375	3.474	3.690	3.843
	交流弧焊机 32kV·A	台班	92.84	35.071	48.251	53.461	60.045	66.629
	电焊条烘干箱 60×50×75cm^3	台班	16.84	5.162	7.535	10.560	11.877	13.194
	其他机械费	元	1.00	403.79	508.86	633.38	797.13	875.91

第八册　路灯工程

册　说　明

一、《浙江省市政工程预算定额》(2018 版)第八册《路灯工程》(以下简称本册定额),包括变配电设备工程,10kV 以下架空线路工程,电缆工程,配管、配线工程,照明器具安装工程,防雷接地装置工程,共6 章 512 个子目。

二、本册定额适用于新建、扩建的城镇道路、市政地下通道的照明工程,不适用于维修改造及庭院(园)内的照明工程。

三、本册定额的编制依据:

1.《市政工程工程量计算规范》GB 50857—2013;

2.《市政工程消耗量定额》ZYA 1－31－2015;

3.《通用安装工程消耗量定额》TY 02－31－2015;

4.《浙江省市政工程预算定额》(2010 版);

5.《浙江省安装工程预算定额》(2010 版);

6. 国家和有关专业部的现行设计、施工验收技术规范、操作规程、质量评定标准、安全操作规程。

四、本册定额与《浙江省通用安装工程预算定额》(2018 版)相关项目的界线划分:市政道路路灯安装工程、市政庭院艺术喷泉等电气安装工程的项目,按本册定额相应项目执行;厂区、住宅小区的道路路灯安装工程、庭院艺术喷泉等电气设备安装工程按《浙江省通用安装工程预算定额》(2018 版)相应项目执行。

五、本册定额不包括线路参数的测定和运行工作。

六、本册定额电压等级是按 10kV 以下考虑的。

七、路灯设施迁移、迁改的保护性拆除费用按相应项目人工费和机械费之和乘以系数 0.5。

八、未尽事宜详见各章节说明。

第一章
变配电设备工程

说　　明

一、本章定额包括变压器安装，组合型成套箱式变电站安装，电力电容器安装，配电柜、箱安装，铁构件制作、安装及箱、盒制作，成套配电箱安装，熔断器、限位开关安装，控制器、启动器安装，盘、柜配线，接线端子，控制继电器保护屏安装，控制台安装，仪表、电器、小母线、分流器安装，共13节108个子目。

二、变压器安装用枕木、绝缘导线、石棉布是按一定的折旧率摊销的，实际摊销量与定额不符时不做换算。

三、变压器油按设备带来考虑，但施工中变压器油的过滤损耗及操作损耗已包括在有关定额中。

四、地埋变压器安装执行组合型成套箱式变电站安装子目。

五、干式变压器安装执行《浙江省通用安装工程预算定额》(2018版)相应子目。

六、高压成套配电柜安装定额是综合考虑编制的，执行中不做换算。

七、配电及控制设备安装按成套完整设备考虑，均不包括支架制作和基础型钢制作、安装，也不包括设备元件安装，如发生时应另执行相应定额。

八、铁构件制作、安装适用于本章定额范围的各种支架制作、安装，但铁构件制作、安装均不包括镀锌。若需镀锌，则基价乘以系数0.9，镀锌费另计。轻型铁构件是指厚度在3mm以内的构件。

九、各项设备安装均未包括二次接线。

工程量计算规则

一、变压器安装按不同容量以“台”计算。一般情况下不需要变压器干燥,如确实需要干燥,可执行《浙江省通用安装工程预算定额》(2018 版)相应项目。

二、变压器油过滤,不论过滤多少次,直到过滤合格为止,以“t”计算,变压器油的过滤量可按制造厂提供的油量计算。

三、高压成套配电柜和组合箱式变电站安装以“台”计算,均未包括基础槽钢、母线及引下线的配置安装。

四、各种配电箱、柜安装均按不同半周长以“套”计算。

五、铁构件制作安装按施工图示以“100kg”计算。

六、盘柜配线定额只适用于盘上小设备元件的少量现场配线。

七、焊(压)接线端定额只适用于导线,电缆终端头制作定额中已包括压接线端子,不得重复计算。

一、变压器安装

1. 杆上安装变压器

工作内容：支架、横担、撑铁安装，变压器吊装固定，配线，接线，接地。　　　　**计量单位**：台

定额编号				8-1	8-2	8-3	8-4	8-5	8-6
项目				杆上安装					
				容量(kV·A 以内)					
				50	100	160	315	400	630
基价（元）				**821.63**	**907.51**	**1074.95**	**1252.86**	**1430.91**	**1608.82**
其中	人工费（元）			457.11	540.95	704.30	879.26	1054.35	1229.31
	材料费（元）			40.28	42.32	46.41	49.36	52.32	55.27
	机械费（元）			324.24	324.24	324.24	324.24	324.24	324.24
名称		单位	单价(元)	消耗量					
人工	二类人工	工日	135.00	3.386	4.007	5.217	6.513	7.810	9.106
材料	棉纱	kg	10.34	0.080	0.080	0.080	0.080	0.080	0.080
	镀锌铁丝 8# ~12#	kg	6.55	0.800	0.800	0.800	0.800	0.800	0.800
	调和漆	kg	11.21	0.400	0.480	0.640	0.800	0.960	1.120
	防锈漆 C53－1	kg	14.05	0.160	0.240	0.400	0.480	0.560	0.640
	钢垫板	kg	4.74	3.264	3.264	3.264	3.264	3.264	3.264
	钢锯条	条	2.59	1.200	1.200	1.200	1.200	1.200	1.200
	汽油 综合	kg	6.12	0.120	0.120	0.120	0.120	0.120	0.120
	电力复合脂	kg	17.24	0.080	0.080	0.080	0.080	0.080	0.080
	镀锌六角螺栓带帽 M16×85	套	1.54	4.100	4.100	4.100	4.100	4.100	4.100
	镀锌圆钢 ϕ10	t	4.67	0.003	0.003	0.003	0.003	0.003	0.003
	其他材料费	元	1.00	0.46	0.48	0.53	0.56	0.60	0.63
机械	汽车式起重机 8t	台班	648.48	0.500	0.500	0.500	0.500	0.500	0.500

注：支架、横担、撑铁材料费按实际发生计算。

2. 地上安装变压器

工作内容: 开箱检查,本体就位,器身检查,套管,油枕及散热器的清洗,油柱试验,风扇油泵电机解体检查,接线,接地,附件安装,垫铁及止轮器制作、安装,补充注油及安装后的整体密封试验。**计量单位:** 台

定额编号				8-7
项目				台上安装
				500kV·A
基价(元)				1406.07
其中	人工费(元)			814.32
	材料费(元)			98.67
	机械费(元)			493.08
	名称	单位	单价(元)	消耗量
人工	二类人工	工日	135.00	6.032
材料	棉纱	kg	10.34	0.400
	铁砂布 0# ~2#	张	1.03	0.400
	塑料布	m^2	5.79	1.200
	电焊条	kg	4.31	0.240
	镀锌铁丝 8# ~12#	kg	6.55	0.800
	白布	m^2	5.34	0.360
	调和漆	kg	11.21	0.960
	防锈漆 C53－1	kg	14.05	0.720
	钢垫板	kg	4.74	4.000
	汽油 综合	kg	6.12	0.320
	电力复合脂	kg	17.24	0.040
	滤油纸 300×300	张	0.35	24.000
	白纱布带 19×20000	卷	1.21	1.200
	镀锌扁钢 4×25	kg	4.50	3.600
	酚醛磁漆	kg	12.07	0.160
	镀锌六角螺栓带帽 M18×95	套	1.95	4.100
	青壳纸 δ0.1~1.0	kg	4.31	0.120
机械	汽车式起重机 8t	台班	648.48	0.600
	载货汽车 5t	台班	382.30	0.140
	滤油机 LX100 型	台班	44.32	0.710
	交流弧焊机 21kV·A	台班	63.33	0.300

3. 变压器油过滤

工作内容：过滤前的准备以及过滤后的清理，油过滤，取油样，配合试验。　　　　**计量单位**：t

定额编号				8-8
项目				变压器油过滤
基价（元）				**548.86**
其中	人工费（元）			221.81
	材料费（元）			130.78
	机械费（元）			196.27
名称		单位	单价(元)	消耗量
人工	二类人工	工日	135.00	1.643
材料	中厚钢板	kg	3.71	26.530
	低碳钢焊条 J427	kg	6.72	0.050
	镀锌铁丝 ϕ2.0～4.0	kg	5.01	0.400
	棉纱	kg	10.34	0.300
	电气绝缘胶带 18mm×10m×0.13mm	卷	2.59	0.080
	滤油纸 300×300	张	0.35	72.000
	其他材料费	元	1.00	1.50
机械	汽车式起重机 8t	台班	648.48	0.053
	滤油机 LX100 型	台班	44.32	0.785
	交流弧焊机 21kV·A	台班	63.33	0.425
	真空滤油机 6000L/h	台班	262.72	0.336
	电焊条烘干箱 60×50×75cm^3	台班	16.84	0.708

二、组合型成套箱式变电站安装

工作内容:开箱,检查,安装固定,接线,接地。 计量单位:台

定额编号				8-9	8-10	8-11	8-12	8-13	8-14
项目				不带高压开关柜			带高压开关柜		
				变压器容量(kV·A 以内)					
				100	315	630	100	315	630
基价(元)				1458.53	1661.73	1904.50	1880.37	2225.37	2507.61
其中	人工费(元)			635.18	754.52	909.36	819.45	1075.41	1270.22
	材料费(元)			295.29	379.15	467.08	529.70	618.74	706.17
	机械费(元)			528.06	528.06	528.06	531.22	531.22	531.22
名称		单位	单价(元)	消耗量					
人工	二类人工	工日	135.00	4.705	5.589	6.736	6.070	7.966	9.409
材料	变压器油	kg	8.62	0.160	0.160	0.160	0.480	0.640	0.800
	棉纱	kg	10.34	0.080	0.080	0.080	0.120	0.120	0.120
	铁砂布 0# ~2#	张	1.03	1.200	1.600	1.600	1.600	2.000	2.400
	电焊条	kg	4.31	0.160	0.160	0.160	0.200	0.200	0.200
	白布	m^2	5.34	0.400	0.400	0.400	0.640	0.640	0.640
	调和漆	kg	11.21	0.400	0.400	0.400	0.480	0.480	0.480
	防锈漆 C53-1	kg	14.05	0.400	0.400	0.400	0.480	0.480	0.480
	汽油 综合	kg	6.12	0.400	0.400	0.400	0.640	0.640	0.800
	焊锡丝	kg	86.21	0.240	0.280	0.320	0.280	0.320	0.360
	焊锡膏	kg	31.03	0.048	0.056	0.064	0.056	0.064	0.072
	电力复合脂	kg	17.24	0.160	0.160	0.200	0.160	0.160	0.240
	钢锯条	条	2.59	0.800	0.800	0.800	0.800	0.800	0.800
	钢垫板	kg	4.74	6.400	8.400	11.200	8.800	11.600	14.800
	镀锌扁钢 6×60	kg	3.66	57.600	76.800	96.000	115.200	134.400	152.000
	镀锌六角带帽螺栓 M16×250 内 2 平 1 弹	10 套	17.02	0.488	0.488	0.488	0.488	0.488	0.488
机械	汽车式起重机 8t	台班	648.48	0.500	0.500	0.500	0.500	0.500	0.500
	载货汽车 5t	台班	382.30	0.500	0.500	0.500	0.500	0.500	0.500
	交流弧焊机 21kV·A	台班	63.33	0.200	0.200	0.200	0.250	0.250	0.250

三、电力电容器安装

工作内容：开箱检查，安装固定，配合试验，接地。 **计量单位：**个(台)

定额编号				8-15	8-16	8-17	8-18
项目				重量(kg以内)			
				30	60	120	200
基价(元)				**46.66**	**57.39**	**72.86**	**81.55**
其中	人工费(元)			22.95	32.81	44.69	52.52
	材料费(元)			19.51	20.38	23.97	24.83
	机械费(元)			4.20	4.20	4.20	4.20
名称		单位	单价(元)	消耗量			
人工	二类人工	工日	135.00	0.170	0.243	0.331	0.389
材料	调和漆	kg	11.21	0.050	0.050	0.100	0.100
	防锈漆 C53-1	kg	14.05	0.050	0.050	0.100	0.100
	汽油 综合	kg	6.12	0.100	0.100	0.100	0.100
	焊锡膏	kg	31.03	0.010	0.010	0.010	0.010
	电力复合脂	kg	17.24	0.010	0.010	0.020	0.020
	钢锯条	条	2.59	0.500	0.500	1.000	1.000
	镀锌裸铜绞线 16	kg	50.00	0.300	0.300	0.300	0.300
	焊锡丝	kg	86.21	0.010	0.020	0.030	0.040
机械	氩弧焊机 500A	台班	97.67	0.043	0.043	0.043	0.043

四、配电柜、箱安装

1. 高压成套配电柜安装

工作内容：开箱检查，安装固定，放注油，导电接触面的检查调整，附件的拆装，接地。　　计量单位：台

定额编号				8-19	8-20	8-21	8-22
项目				单母线柜		双母线柜	
				断路器柜	互感器柜	断路器柜	互感器柜
基价（元）				**715.74**	**569.17**	**869.86**	**730.99**
其中	人工费（元）			557.69	444.83	676.49	547.83
	材料费（元）			37.50	27.84	43.19	32.98
	机械费（元）			120.55	96.50	150.18	150.18
名称		单位	单价(元)	消耗量			
人工	二类人工	工日	135.00	4.131	3.295	5.011	4.058
材料	变压器油	kg	8.62	0.344	0.160	0.456	0.160
	棉纱	kg	10.34	0.160	0.160	0.160	0.160
	铁砂布 0# ~2#	张	1.03	0.400	0.400	0.800	0.800
	电焊条	kg	4.31	0.120	0.120	0.120	0.120
	白布	m^2	5.34	0.240	0.240	0.160	0.240
	调和漆	kg	11.21	0.080	0.080	0.080	0.080
	防锈漆 C53－1	kg	14.05	0.080	0.080	0.080	0.080
	焊锡丝	kg	86.21	0.200	0.120	0.240	0.160
	焊锡膏	kg	31.03	0.040	0.024	0.048	0.032
	电力复合脂	kg	17.24	0.080	0.040	0.080	0.040
	汽油 综合	kg	6.12	0.160	0.160	0.160	0.160
	钢锯条	条	2.59	0.400	0.400	0.800	0.800
	钢垫板	kg	4.74	0.400	0.400	0.400	0.400
	镀锌六角螺栓带帽 M12×80	套	0.80	6.100	6.100	6.100	6.100
机械	汽车式起重机 8t	台班	648.48	0.120	0.100	0.160	0.160
	载货汽车 4t	台班	369.21	0.090	0.060	0.100	0.100
	交流弧焊机 21kV·A	台班	63.33	0.150	0.150	0.150	0.150

2. 成套低压路灯控制柜安装

工作内容：开箱检查，柜体组装，导线挂锡压焊，接地排安装，负载平衡。　　　　**计量单位**：套

定额编号				8-23	8-24	8-25	8-26	8-27
项目				常规电气配电柜				
				计量柜	控制总柜	照明分柜	动力分柜	电容器分柜
基价（元）				**431.42**	**430.70**	**504.32**	**356.36**	**128.43**
其中	人工费（元）			344.79	346.28	417.69	269.73	43.74
	材料费（元）			31.25	29.04	31.25	31.25	29.31
	机械费（元）			55.38	55.38	55.38	55.38	55.38
	名称	单位	单价(元)	消耗量				
人工	二类人工	工日	135.00	2.554	2.565	3.094	1.998	0.324
材料	铜排 25×3	m	31.03	0.656	0.656	0.656	0.656	0.656
	六角带帽螺栓 M12×55	套	0.53	8.160	4.080	8.160	8.160	8.160
	六角带帽螺栓 M16×60	套	1.04	4.080	4.080	4.080	4.080	4.080
	电缆头固定板(铁件)	kg	10.43	0.184	0.184	0.184	0.184	—
	其他材料费	元	1.00	0.41	0.36	0.41	0.41	0.39
机械	载货汽车 4t	台班	369.21	0.150	0.150	0.150	0.150	0.150

3. 落地式控制箱安装

工作内容：箱体安装，接线，接地，调试和平衡分路负载，销链加油润滑。　　　　**计量单位**：套

定额编号				8-28	8-29	8-30	8-31
项目				半周长 1m 以内			
				二路	三路	四路	六路
基价（元）				**171.63**	**178.17**	**184.77**	**192.13**
其中	人工费（元）			116.64	122.45	128.25	134.87
	材料费（元）			17.44	18.17	18.97	19.71
	机械费（元）			37.55	37.55	37.55	37.55
	名称	单位	单价(元)	消耗量			
人工	二类人工	工日	135.00	0.864	0.907	0.950	0.999
材料	路灯控制箱	个	—	(1.000)	(1.000)	(1.000)	(1.000)
	铜接线端子 DT－25	个	3.45	1.600	1.600	1.600	1.600
	电缆固定压板（铁件）	kg	3.62	0.408	0.608	0.816	1.016
	六角带帽螺栓 M12×120	套	0.61	4.000	4.000	4.000	4.000
	电焊条	kg	4.31	0.080	0.080	0.080	0.080
	凡士林	kg	2.67	0.016	0.016	0.032	0.032
	棉纱	kg	10.34	0.016	0.016	0.016	0.016
	铜芯塑料绝缘线 BV25	m	11.21	0.640	0.640	0.640	0.640
	其他材料费	元	1.00	0.28	0.28	0.29	0.30
机械	载货汽车 4t	台班	369.21	0.100	0.100	0.100	0.100
	交流弧焊机 21kV·A	台班	63.33	0.010	0.010	0.010	0.010

工作内容:箱体安装,接线,接地,调试和平衡分路负载,销链加油润滑。　　**计量单位**:套

定额编号				8-32	8-33	8-34	8-35
项目				半周长 2m 以内			
				二路	三路	四路	六路
基价(元)				**269.79**	**280.12**	**309.51**	**321.19**
其中	人工费(元)			193.86	203.45	213.57	224.51
	材料费(元)			19.92	20.66	21.46	22.20
	机械费(元)			56.01	56.01	74.48	74.48
	名称	单位	单价(元)	消耗量			
人工	二类人工	工日	135.00	1.436	1.507	1.582	1.663
材料	路灯控制箱	个	—	(1.000)	(1.000)	(1.000)	(1.000)
	铜接线端子 DT-25	个	3.45	1.600	1.600	1.600	1.600
	电缆固定压板(铁件)	kg	3.62	0.408	0.608	0.816	1.016
	六角带帽螺栓 M12×120	套	0.61	8.000	8.000	8.000	8.000
	电焊条	kg	4.31	0.080	0.080	0.080	0.080
	凡士林	kg	2.67	0.016	0.016	0.032	0.032
	棉纱	kg	10.34	0.016	0.016	0.016	0.016
	铜芯塑料绝缘线 BV25	m	11.21	0.640	0.640	0.640	0.640
	其他材料费	元	1.00	0.32	0.33	0.34	0.35
机械	载货汽车 4t	台班	369.21	0.150	0.150	0.200	0.200
	交流弧焊机 21kV·A	台班	63.33	0.010	0.010	0.010	0.010

4. 杆上配电设备安装

工作内容:支架,横担,撑铁安装,设备安装固定,检查,调整,油开关注油,配线,接线,接地。

定额编号				8-36	8-37	8-38	8-39	8-40
项目				跌落式熔断器	避雷器	隔离开关	油开关	配电箱
计量单位				组			台	
基价(元)				**120.45**	**137.77**	**224.68**	**552.83**	**262.44**
其中	人工费(元)			89.64	97.74	188.06	196.16	229.64
	材料费(元)			30.81	40.03	36.62	32.43	30.90
	机械费(元)			—	—	—	324.24	1.90
	名称	单位	单价(元)	消耗量				
人工	二类人工	工日	135.00	0.664	0.724	1.393	1.453	1.701
材料	棉纱	kg	10.34	0.080	0.080	0.080	0.080	0.080
	调和漆	kg	11.21	0.160	0.160	0.320	0.400	0.320
	防锈漆 C53-1	kg	14.05	0.080	0.080	0.160	0.240	0.160
	钢锯条	条	2.59	0.800	0.800	0.800	0.800	0.800
	铁绑线 $\phi 2$	m	0.10	2.880	2.880	2.880	2.880	—
	电力复合脂	kg	17.24	0.040	0.040	0.040	0.040	—
	镀锌六角螺栓带帽 M12×80	套	0.80	6.100	2.000	—	—	6.100
	镀锌六角螺栓带帽 M16×85	套	1.54	3.100	9.200	8.100	4.100	—
	镀锌圆钢 $\phi 10 \sim 14$	kg	4.67	3.000	3.000	3.000	3.000	3.000
	镀锌接地板 40×5×120	个	1.72	—	1.664	—	—	—
	塑料软管 $\phi 5$	m	0.22	—	—	—	—	14.000
	其他材料费	元	1.00	0.35	0.60	0.42	0.37	0.20
机械	汽车式起重机 8t	台班	648.48	—	—	—	0.500	—
	交流弧焊机 21kV·A	台班	63.33	—	—	—	—	0.030

5. 杆上控制箱安装

工作内容：支架，横担，撑铁安装，箱体吊装固定，接线，接地，试运行。　　**计量单位**：套

定额编号				8-41	8-42	8-43	8-44
项目				距地 10m 以内			
				二路	三路	四路	六路
基价（元）				**546.50**	**557.43**	**581.46**	**599.69**
其中	人工费（元）			251.51	262.44	286.47	304.70
	材料费（元）			209.02	209.02	209.02	209.02
	机械费（元）			85.97	85.97	85.97	85.97
名称		单位	单价(元)	消耗量			
人工	二类人工	工日	135.00	1.863	1.944	2.122	2.257
材料	镀锌支架支撑 ∟50×50×1320	副	39.73	2.020	2.020	2.020	2.020
	镀锌横担 ∟5×50×1500	根	25.86	2.020	2.020	2.020	2.020
	镀锌 M 形抱铁	个	6.00	2.020	2.020	2.020	2.020
	六角带帽螺栓 M12×55	套	0.53	4.100	4.100	4.100	4.100
	六角带帽螺栓 M16×60	套	1.04	8.200	8.200	8.200	8.200
	镀锌铁丝 16#	kg	6.55	0.120	0.120	0.120	0.120
	铜芯塑料绝缘线 BV25	m	11.21	3.000	3.000	3.000	3.000
	开关箱固定压板 4×50	副	2.59	1.000	1.000	1.000	1.000
	电焊条	kg	4.31	0.100	0.100	0.100	0.100
	镀锌 V 形横箍	副	7.91	2.020	2.020	2.020	2.020
	凡士林	kg	2.67	0.020	0.020	0.020	0.020
	其他材料费	元	1.00	0.24	0.24	0.24	0.24
机械	载货汽车 3t	台班	341.35	0.250	0.250	0.250	0.250
	交流弧焊机 21kV·A	台班	63.33	0.010	0.010	0.010	0.010

6. 控制箱、柜附件安装

工作内容:开箱检查,安装固定,校验,接线,接地。 计量单位:个

定额编号				8-45	8-46	8-47
项目				户外式端子箱	光电控制器	时间控制器
基价(元)				**249.94**	**34.51**	**31.54**
其中	人工费(元)			210.74	23.36	20.39
	材料费(元)			35.40	11.15	11.15
	机械费(元)			3.80	—	—
	名称	单位	单价(元)	消耗量		
人工	二类人工	工日	135.00	1.561	0.173	0.151
材料	钢垫板	kg	4.74	0.240	—	—
	扁钢 Q235B 4×60	kg	3.96	2.400	—	—
	六角带帽螺栓 M6×20	套	0.39	—	4.000	4.000
	六角带帽螺栓 M10×30	套	0.28	4.100	—	—
	花线 2×16/0.15	m	0.86	1.600	2.440	2.440
	铜芯塑料绝缘线 BV35	m	16.38	1.200	—	—
	铜接线端子 DT-6	个	2.24	—	3.280	3.280
	电焊条	kg	4.31	0.160	—	—
	钢锯条	条	2.59	0.400	—	—
	调和漆	kg	11.21	0.040	—	—
	其他材料费	元	1.00	0.40	0.14	0.14
机械	交流弧焊机 21kV·A	台班	63.33	0.060	—	—

7. 配电板制作、安装

工作内容:制作,下料,做榫,拼缝,钻孔,拼装,砂光,油漆,包钉铁皮,安装,接线。 计量单位:m^2

定额编号				8-48	8-49	8-50	8-51
项目				制作			木配电板包铁皮
				木板	塑料板	胶木板	
基价(元)				**144.56**	**174.61**	**301.51**	**34.16**
其中	人工费(元)			97.74	50.36	101.39	16.07
	材料费(元)			46.82	124.25	200.12	18.09
	机械费(元)			—	—	—	—
	名称	单位	单价(元)	消耗量			
人工	二类人工	工日	135.00	0.724	0.373	0.751	0.119
材料	木板	m^3	1667.00	0.024	—	—	—
	牛皮胶	kg	20.95	0.080	—	—	—
	硬聚氯乙烯板 δ12	kg	8.19	—	14.952	—	—
	电表板酚醛布板	kg	17.24	—	—	11.504	—
	镀锌薄钢板 δ0.55	kg	4.48	—	—	—	3.704
	圆钉	kg	4.74	0.088	—	—	0.024
	破布	kg	6.90	0.200	0.200	0.200	0.200
	铁砂布 0#~2#	张	1.03	0.800	0.400	0.400	—
	调和漆	kg	11.21	0.224	—	—	—

工作内容：制作，下料，做榫，拼缝，钻孔，拼装，砂光，油漆，包钉铁皮，安装，接线。　　**计量单位：**块

定额编号				8-52	8-53	8-54
项目				安装(半周长 m 以内)		
				1.0	1.5	2.5
基价（元）				**54.78**	**116.91**	**140.37**
其中	人工费（元）			43.74	102.06	121.77
	材料费（元）			7.87	10.42	12.90
	机械费（元）			3.17	4.43	5.70
名称		单位	单价(元)	消耗量		
人工	二类人工	工日	135.00	0.324	0.756	0.902
材料	镀锌扁钢 4×25	kg	4.50	0.504	0.664	0.880
	金属膨胀螺栓 M8	套	0.31	—	4.100	6.200
	棉纱	kg	10.34	0.400	0.400	0.400
	电焊条	kg	4.31	0.040	0.040	0.056
	调和漆	kg	11.21	0.040	0.064	0.096
	黑胶布 20mm×20m	卷	1.29	0.080	0.128	0.176
	塑料软管 综合	kg	7.59	0.080	0.128	0.176
	塑料胀管 $\phi6\times45$	只	0.04	3.280	—	—
机械	交流弧焊机 21kV·A	台班	63.33	0.050	0.070	0.090

五、铁构件制作、安装及箱、盒制作

工作内容:制作,平直,划线,下料,钻孔,组对,焊接,刷油(喷漆),安装,补刷油。　　计量单位:100kg

定额编号				8-55	8-56	8-57	8-58
项目				一般铁构件		轻型铁构件	
				制作	安装	制作	安装
基价(元)				**610.33**	**367.09**	**776.61**	**424.88**
其中	人工费(元)			472.37	307.13	602.37	358.29
	材料费(元)			84.99	17.53	94.00	15.93
	机械费(元)			52.97	42.43	80.24	50.66
名称		单位	单价(元)	消耗量			
人工	二类人工	工日	135.00	3.499	2.275	4.462	2.654
材料	角钢 Q235B 40×40×5	kg	—	(75.000)	—	—	(5.000)
	扁钢 Q235B 4×30	kg	—	(22.000)	—	—	—
	热轧带肋钢筋 HRB400 ϕ10 以内	kg	—	(8.000)	—	—	—
	热轧薄钢板 δ1.0	kg	—	—	—	(104.000)	—
	破布	kg	6.90	0.160	0.160	0.280	0.160
	铁砂布 $0^{\#}\sim2^{\#}$	张	1.03	4.000	—	2.400	—
	电焊条	kg	4.31	1.120	1.440	0.960	0.480
	溶剂汽油	kg	5.40	0.352	0.080	0.600	0.080
	调和漆	kg	11.21	1.120	0.160	1.920	0.160
	防锈漆 C53-1	kg	14.05	1.416	0.240	2.400	0.320
	钢锯条	条	2.59	1.600	0.800	1.600	0.800
	松香水	kg	4.74	0.400	—	0.680	—
	清油	kg	14.22	0.480	—	0.816	—
	镀锌六角螺栓带帽 M10×80	套	0.55	50.400	4.640	14.560	7.200
机械	交流弧焊机 21kV·A	台班	63.33	0.740	0.670	0.650	0.800
	联合冲剪机 16mm	台班	61.10	0.100	—	0.200	—
	电动空气压缩机 0.6m^3/min	台班	33.06	—	—	0.400	—
	卷板机 20×2000	台班	54.54	—	—	0.250	—

工作内容:制作,平直,划线,下料,钻孔,组对,焊接,刷油(喷漆),安装,补刷油。

定额编号				8-59	8-60	8-61
项目				箱、盒制作	网门保护网制作、安装	二次喷漆
计量单位				100kg		m^2
基价(元)				**1547.15**	**321.75**	**75.33**
其中	人工费(元)			850.50	158.22	52.52
	材料费(元)			575.70	151.96	16.20
	机械费(元)			120.95	11.57	6.61
	名称	单位	单价(元)	消耗量		
人工	二类人工	工日	135.00	6.300	1.172	0.389
材料	破布	kg	6.90	0.320	0.160	0.160
	铁砂布 0# ~2#	张	1.03	2.400	2.400	2.400
	电焊条	kg	4.31	1.200	0.048	—
	溶剂汽油	kg	5.40	0.240	—	—
	防锈漆 C53-1	kg	14.05	2.880	0.080	0.160
	钢锯条	条	2.59	1.600	0.400	—
	稀释剂	kg	12.07	3.840	—	0.560
	喷漆	kg	12.93	2.480	—	0.280
	热轧薄钢板 Q235B δ1.0	t	3974.00	0.104	—	—
	镀锌六角螺栓带帽 M10×80	套	0.55	14.560	—	—
	石膏粉	kg	0.68	0.576	—	—
	角钢 Q235B 40×40×5	t	3966.00	0.005	0.031	—
	钢丝网	m^2	6.29	—	0.880	—
	镀锌铁丝 8# ~12#	kg	6.55	—	0.160	—
	调和漆	kg	11.21	—	0.080	—
	紫铜皮	kg	61.03	—	0.056	—
	网门合页 110-55	副	6.90	—	1.600	—
	清油	kg	14.22	—	0.080	—
机械	联合冲剪机 16mm	台班	61.10	0.300	0.050	—
	交流弧焊机 21kV·A	台班	63.33	0.980	0.030	—
	卷板机 20×2000	台班	54.54	0.380	—	—
	电动空气压缩机 0.6m^3/min	台班	33.06	0.600	0.200	0.200

六、成套配电箱安装

工作内容:开箱,检查,安装,接线,接地。　　　　计量单位:台

定额编号				8-62	8-63	8-64	8-65	8-66
项目				落地式	悬挂嵌入式(半周长 m)			
					0.5	1.0	1.5	2.5
基价(元)				**346.44**	**124.76**	**150.17**	**186.79**	**239.21**
其中	人工费(元)			251.37	103.95	124.61	159.30	193.86
	材料费(元)			15.80	20.81	25.56	27.49	39.02
	机械费(元)			79.27	—	—	—	6.33
名称		单位	单价(元)	消耗量				
人工	二类人工	工日	135.00	1.862	0.770	0.923	1.180	1.436
材料	镀锌扁钢 综合	kg	3.93	1.800	—	—	—	1.500
	棉纱	kg	10.34	0.100	0.080	0.100	0.100	0.120
	调和漆	kg	11.21	0.050	0.030	0.030	0.030	0.050
	钢垫板	kg	4.74	0.300	0.150	0.150	0.150	0.200
	自粘性塑料带 20mm×20m	卷	3.02	0.200	0.100	0.100	0.150	0.200
	塑料管综合	kg	9.72	0.300	0.130	0.150	0.180	0.250
	醇酸防锈漆 C53-1	kg	6.90	0.020	0.010	0.010	0.010	0.020
	铜接线端子 DT-6	个	2.24	—	2.030	2.030	2.030	2.030
	硬铜绞线 TJ-2.5~4	m	1.72	—	3.132	5.618	6.461	8.320
	低碳钢焊条 J422 综合	kg	4.74	0.180	—	—	—	0.150
	电力复合脂	kg	17.24	0.050	0.410	0.410	0.410	0.410
	松香焊锡丝 综合	m	1.03	0.150	0.050	0.070	0.080	0.100
	其他材料费	元	1.00	0.18	0.25	0.30	0.33	0.46
机械	汽车式起重机 8t	台班	648.48	0.084	—	—	—	—
	载货汽车 4t	台班	369.21	0.050	—	—	—	—
	交流弧焊机 21kV·A	台班	63.33	0.100	—	—	—	0.100

七、熔断器、限位开关安装

工作内容：开箱，检查，安装，接线，接地。　　　　计量单位：个

定额编号					8-67	8-68	8-69
项目					熔断器		限位开关
					瓷插螺旋式	管式	普通式
基价（元）					13.71	54.14	58.60
其中	人工费（元）				10.94	51.03	43.74
	材料费（元）				2.77	3.11	11.69
	机械费（元）				—	—	3.17
名称		单位	单价(元)		消耗量		
人工	二类人工	工日	135.00		0.081	0.378	0.324
材料	熔断器	组	—		(1.010)	(1.010)	—
	限位开关	个	—		—	—	(1.000)
	镀锌扁钢 综合	kg	3.93		—	—	0.700
	白布	kg	11.64		0.050	0.050	0.150
	焊锡膏	kg	31.03		0.010	0.010	—
	保险丝 10A	轴	7.33		0.060	—	—
	石棉橡胶板 δ1.5	m^2	11.43		0.010	—	—
	低碳钢焊条 综合	kg	6.72		—	—	0.150
	焊锡丝	kg	86.21		0.015	0.025	—
	铜接线端子 DT－6	个	2.24		—	—	2.030
	硬铜绞线 TJ－6	kg	50.00		—	—	0.030
	其他材料费	元	1.00		0.03	0.06	0.14
机械	交流弧焊机 21kV·A	台班	63.33		—	—	0.050

八、控制器、启动器安装

工作内容：开箱，检查，安装，触头调整，注油，接线，接地。 计量单位：台

定额编号				8-70	8-71	8-72
项目				控制器		接触器磁力起动器
				主令	鼓形凸轮	
基价（元）				159.80	157.19	161.36
其中	人工费（元）			145.80	145.80	145.80
	材料费（元）			11.66	10.19	15.56
	机械费（元）			2.34	1.20	—
名称		单位	单价(元)	消耗量		
人工	二类人工	工日	135.00	1.080	1.080	1.080
材料	镀锌扁钢 综合	kg	3.93	0.670	0.200	—
	低碳钢焊条 综合	kg	6.72	0.100	0.100	—
	铜接线端子 DT-10	个	2.59	2.030	—	2.030
	电力复合脂	kg	17.24	0.030	0.050	0.020
	白布	kg	11.64	—	0.150	0.170
	铜接线端子 DT-6	个	2.24	—	2.030	—
	裸铜线 6	kg	50.00	0.050	0.030	0.050
	铁砂布 0#~2#	张	1.03	—	—	0.500
	塑料软管 *De*40	m	1.53	0.050	0.050	0.050
	焊锡丝	kg	86.21	—	—	0.045
	焊锡膏	kg	31.03	—	—	0.020
	塑料带 20×40000	kg	12.07	—	—	0.032
机械	交流弧焊机 21kV·A	台班	63.33	0.037	0.019	—

九、盘、柜配线

工作内容:放线,下料,包绝缘带,排线,卡线,校线,接线。　　　**计量单位:**10m

定额编号				8-73	8-74	8-75	8-76
项目				导线截面(mm²以内)			
				2.5	6.0	10	25
基价(元)				**63.37**	**70.80**	**83.61**	**116.35**
其中	人工费(元)			38.61	46.04	53.46	75.74
	材料费(元)			24.76	24.76	30.15	40.61
	机械费(元)			—	—	—	—
名称		单位	单价(元)	消耗量			
人工	二类人工	工日	135.00	0.286	0.341	0.396	0.561
材料	绝缘导线	m	—	(10.200)	(10.200)	(10.200)	(10.200)
	棉纱	kg	10.34	0.050	0.050	0.080	0.080
	铁砂布 0#~2#	张	1.03	2.002	2.002	2.503	2.503
	汽油 综合	kg	6.12	0.200	0.200	0.220	0.220
	钢筋扎头 1#~5#	包	1.29	0.330	0.330	0.330	—
	黑胶布 20mm×20m	卷	1.29	0.400	0.400	0.400	0.501
	焊锡丝	kg	86.21	0.100	0.100	0.150	0.220
	焊锡膏	kg	31.03	0.010	0.010	0.010	0.020
	电力复合脂	kg	17.24	0.010	0.010	0.010	0.020
	黄腊带 20mm×40m	卷	12.93	0.240	0.240	0.240	0.521
	异型塑料管 φ2.5~5	m	0.94	0.400	0.400	0.400	—
	塑料软管 φ7	kg	6.89	0.020	0.020	0.030	—
	尼龙扎带 综合	根	0.43	16.016	16.016	16.016	16.016
	钢锯条	条	2.59	—	—	—	0.400
	其他材料费	元	1.00	0.41	0.41	0.47	0.62

工作内容:放线,下料,包绝缘带,排线,卡线,校线,接线。 计量单位:10m

定额编号					8-77	8-78	8-79
项目					导线截面(mm²以内)		
					50	95	120
基价(元)					**179.90**	**277.28**	**376.93**
其中	人工费(元)				99.50	152.96	197.51
	材料费(元)				80.40	124.32	179.42
	机械费(元)				—	—	—
名称			单位	单价(元)	消耗量		
人工	二类人工		工日	135.00	0.737	1.133	1.463
材料	绝缘导线		m	—	(10.200)	(10.200)	(10.200)
	棉纱		kg	10.34	0.100	0.100	0.120
	铁砂布 0#~2#		张	1.03	2.803	2.803	2.803
	汽油 综合		kg	6.12	0.601	1.001	1.502
	钢锯条		条	2.59	0.801	1.001	1.001
	黑胶布 20mm×20m		卷	1.29	0.561	0.881	1.341
	焊锡丝		kg	86.21	0.601	1.001	1.502
	焊锡膏		kg	31.03	0.060	0.100	0.150
	电力复合脂		kg	17.24	0.030	0.040	0.050
	黄腊带 20mm×40m		卷	12.93	0.601	0.921	1.361
	尼龙扎带 综合		根	0.43	16.016	16.016	16.016
	其他材料费		元	1.00	1.15	1.66	2.29

十、接 线 端 子

1. 焊铜接线端子

工作内容：剥线头，套绝缘管，焊接头，包缠绝缘带。　　　　计量单位：10 个

定额编号				8-80	8-81	8-82	8-83
项目				导线截面（mm^2以内）			
				16	35	70	120
基价（元）				**61.10**	**92.29**	**152.21**	**254.10**
其中	人工费（元）			21.87	29.16	36.45	54.68
	材料费（元）			39.23	63.13	115.76	199.42
	机械费（元）			—	—	—	—
名称		单位	单价(元)	消耗量			
人工	二类人工	工日	135.00	0.162	0.216	0.270	0.405
材料	铜接线端子 DT－16	个	2.59	10.150	—	—	—
	铜接线端子 DT－25	个	3.45	—	5.080	—	—
	铜接线端子 DT－35	个	4.31	—	5.080	—	—
	铜接线端子 DT－50	个	6.03	—	—	5.080	—
	铜接线端子 DT－70	个	8.62	—	—	5.080	—
	铜接线端子 DT－95	个	11.21	—	—	—	5.080
	铜接线端子 DT－120	个	14.66	—	—	—	5.080
	破布	kg	6.90	0.240	0.240	0.320	0.320
	铁砂布 0#～2#	张	1.03	0.800	0.800	1.200	1.200
	黑胶布 20mm×20m	卷	1.29	0.088	0.160	0.200	0.280
	焊锡丝	kg	86.21	0.080	0.184	0.352	0.632
	焊锡膏	kg	31.03	0.008	0.016	0.032	0.064
	电力复合脂	kg	17.24	0.008	0.016	0.024	0.032
	黄腊带 20mm×40m	卷	12.93	0.048	0.080	0.112	0.128
	汽油 综合	kg	6.12	0.400	0.480	0.640	0.800
	钢锯条	条	2.59	—	0.160	0.200	0.240

2. 压铜接线端子

工作内容:剥线头,套绝缘管,压接头,包缠绝缘带。　　计量单位:10 个

定额编号				8-84	8-85	8-86	8-87
项目				导线截面(mm²以内)			
				16	35	70	120
基价(元)				**50.88**	**72.22**	**116.24**	**196.28**
其中	人工费(元)			21.06	27.54	34.83	51.84
	材料费(元)			29.82	44.68	81.41	144.44
	机械费(元)			—	—	—	—
名称		单位	单价(元)	消耗量			
人工	二类人工	工日	135.00	0.156	0.204	0.258	0.384
材料	铜接线端子 DT-16	个	2.59	10.150	—	—	—
	铜接线端子 DT-25	个	3.45	—	5.080	—	—
	铜接线端子 DT-35	个	4.31	—	5.080	—	—
	铜接线端子 DT-50	个	6.03	—	—	5.080	—
	铜接线端子 DT-70	个	8.62	—	—	5.080	—
	铜接线端子 DT-95	个	11.21	—	—	—	5.080
	铜接线端子 DT-120	个	14.66	—	—	—	5.080
	破布	kg	6.90	0.120	0.160	0.200	0.640
	铁砂布 0#~2#	张	1.03	0.800	0.800	1.200	2.800
	电力复合脂	kg	17.24	0.016	0.024	0.040	0.056
	黄腊带 20mm×40m	卷	12.93	0.048	0.080	0.112	0.128
	汽油 综合	kg	6.12	0.160	0.240	0.280	0.320
	钢锯条	条	2.59	—	0.160	0.200	0.240
	黑胶布 20mm×20m	卷	1.29	—	—	—	0.400

3. 压铝接线端子

工作内容:剥线头,套绝缘管,压接头,包缠绝缘带。　　计量单位:10 个

定额编号				8-88	8-89	8-90	8-91
项目				导线截面(mm²以内)			
				16	35	70	120
基价(元)				**34.15**	**42.50**	**78.31**	**84.88**
其中	人工费(元)			14.58	21.87	29.97	44.55
	材料费(元)			19.57	20.63	48.34	40.33
	机械费(元)			—	—	—	—
名称		单位	单价(元)	消耗量			
人工	二类人工	工日	135.00	0.108	0.162	0.222	0.330
材料	铝接线端子 16~35	个	1.72	10.150	10.150	—	—
	铝接线端子 50~95	个	4.31	—	—	10.150	5.080
	铝接线端子 120~150	个	2.59	—	—	—	5.080
	破布	kg	6.90	0.040	0.040	0.064	0.064
	铁砂布 0#~2#	张	1.03	0.800	0.800	1.200	1.200
	黑胶布 20mm×20m	卷	1.29	0.088	0.160	0.200	0.280
	电力复合脂	kg	17.24	0.016	0.024	0.040	0.056
	黄腊带 20mm×40m	卷	12.93	0.048	0.080	0.112	0.128
	钢锯条	条	2.59	—	0.160	0.200	0.240

十一、控制继电器保护屏安装

工作内容： 开箱，检查，安装，电器、表计及继电器等附件的拆装、送交试验，盘内整理及一次校线、接线。

计量单位：台

定额编号				8-92	8-93	8-94	8-95	8-96
项目				控制屏	继电、信号屏	配电(电源)屏(低压开关柜)	弱电控制返回屏	同期小屏控制箱
基价（元）				**432.34**	**541.63**	**453.13**	**472.15**	**211.86**
其中	人工费（元）			317.52	424.31	344.79	364.50	145.80
	材料费（元）			32.24	34.74	25.76	25.07	18.13
	机械费（元）			82.58	82.58	82.58	82.58	47.93
名称		单位	单价(元)	消耗量				
人工	二类人工	工日	135.00	2.352	3.143	2.554	2.700	1.080
材料	棉纱	kg	10.34	0.080	0.080	0.080	0.080	0.024
	电焊条	kg	4.31	0.120	0.120	0.120	0.120	0.080
	调和漆	kg	11.21	0.080	0.080	0.040	0.040	0.024
	钢垫板	kg	4.74	0.160	0.160	0.160	0.160	0.080
	塑料带 20×40000	kg	12.07	0.400	0.400	0.240	0.240	0.240
	镀锌扁钢 4×40	t	4009.00	0.002	0.002	0.002	0.002	—
	镀锌扁钢 5×50	t	3922.00	—	—	—	—	0.001
	镀锌六角螺栓带帽 M10×70	套	0.51	6.100	6.100	6.100	6.100	4.100
	自粘橡胶带 20×5	卷	1.60	0.080	0.080	0.080	0.080	—
	胶木线夹	个	0.17	8.000	12.000	4.800	4.800	6.400
	塑料软管 综合	kg	7.59	0.960	1.200	0.400	0.400	0.400
	异型塑料管 ϕ2.5~5	m	0.94	4.800	4.800	4.800	4.800	4.000
	电力复合脂	kg	17.24	—	—	0.040	—	—
	酚醛磁漆	kg	12.07	—	—	—	—	0.008
机械	汽车式起重机 8t	台班	648.48	0.088	0.088	0.088	0.088	0.044
	载货汽车 4t	台班	369.21	0.054	0.054	0.054	0.054	0.045
	交流弧焊机 21kV·A	台班	63.33	0.088	0.088	0.088	0.088	0.044

十二、控制台安装

工作内容:开箱,检查,安装,各种电器、表计等附件的拆装、送交试验,盘内整理,一次接线。 **计量单位**:台

定额编号				8-97	8-98	8-99
项目				控制台		集中控制台
				1m 以内	2m 以内	2~4m 以内
基价(元)				**507.65**	**850.57**	**1595.22**
其中	人工费(元)			417.69	699.84	1312.20
	材料费(元)			17.13	33.68	73.36
	机械费(元)			72.83	117.05	209.66
名称		单位	单价(元)	消耗量		
人工	二类人工	工日	135.00	3.094	5.184	9.720
材料	棉纱	kg	10.34	0.080	0.120	0.240
	电焊条	kg	4.31	0.080	0.080	0.400
	调和漆	kg	11.21	0.080	0.160	0.640
	钢垫板	kg	4.74	0.240	0.240	4.840
	塑料软管 综合	kg	7.59	0.400	1.200	1.600
	塑料带 20×40000	kg	12.07	0.240	0.480	0.800
	胶木线夹	个	0.17	6.400	9.600	16.000
	酚醛磁漆	kg	12.07	0.024	0.040	0.080
	异型塑料管 ϕ2.5~5	m	0.94	4.800	9.600	14.400
	镀锌扁钢 5×50	kg	3.92	0.002	0.002	0.004
	镀锌六角螺栓带帽 M10×70	套	0.51	4.100	6.100	—
机械	汽车式起重机 8t	台班	648.48	0.056	0.093	0.093
	汽车式起重机 32t	台班	1173.35	—	—	0.093
	载货汽车 4t	台班	369.21	0.056	0.093	0.093
	交流弧焊机 21kV·A	台班	63.33	0.093	0.093	0.093
	电动卷扬机-单筒慢速 30kN	台班	177.60	0.056	0.093	—

十三、仪表、电器、小母线、分流器安装

1. 仪表、电器、小母线安装

工作内容：开箱，检查，盘上划线，钻眼，安装固定，编号，下料布线，上卡子。　　**计量单位**：个

定额编号				8-100	8-101	8-102	8-103	8-104	8-105
项目				测量表计	继电器	电磁锁	屏上辅助设备	小母线（每10m）	辅助电压互感器
基价（元）				**23.50**	**29.44**	**47.58**	**34.19**	**30.60**	**64.38**
其中	人工费（元）			20.25	26.73	45.90	30.65	17.55	61.29
	材料费（元）			3.25	2.71	1.68	3.54	13.05	3.09
	机械费（元）			—	—	—	—	—	—
名称		单位	单价(元)	消耗量					
人工	二类人工	工日	135.00	0.150	0.198	0.340	0.227	0.130	0.454
材料	铁砂布 $0^{\#}\sim2^{\#}$	张	1.03	0.080	0.016	—	—	0.320	—
	棉纱	kg	10.34	0.040	—	0.040	0.040	0.080	0.040
	塑料软管 $\phi25$	m	0.16	1.400	0.800	0.400	0.800	—	—
	焊锡丝	kg	86.21	0.024	0.024	—	0.008	0.040	—
	焊锡膏	kg	31.03	0.008	0.008	—	0.008	0.008	—
	电力复合脂	kg	17.24	0.008	0.008	—	—	0.080	0.016
	异型塑料管 $\phi2.5\sim5$	m	0.94	0.080	0.120	—	—	—	—
	钢锯条	条	2.59	—	—	0.072	0.400	0.160	0.400
	镀锌六角螺栓带帽 M10×70	套	0.51	—	—	2.000	2.000	7.500	2.000
	标志牌	个	0.43	—	—	—	—	6.000	0.800

2. 分流器安装

工作内容：接触面加工，钻眼，连接，固定。　　**计量单位**：个

定额编号				8-106	8-107	8-108
项目				分流器（A以内）		
				150	750	1500
基价（元）				**67.89**	**102.98**	**117.26**
其中	人工费（元）			64.94	99.90	114.48
	材料费（元）			2.95	3.08	2.78
	机械费（元）			—	—	—
名称		单位	单价(元)	消耗量		
人工	二类人工	工日	135.00	0.481	0.740	0.848
材料	棉纱	kg	10.34	0.080	0.080	—
	铁砂布 $0^{\#}\sim2^{\#}$	张	1.03	0.800	0.800	—
	电力复合脂	kg	17.24	0.016	0.024	0.040
	镀锌六角螺栓带帽 M10×70	套	0.51	2.000	2.000	4.100

第二章

10kV 以下架空线路工程

说　　明

一、本章定额包括底盘、卡盘、拉盘安装及电杆焊接，立杆，引下线支架安装，10kV 以下横担安装，1kV 以下横担安装，进户线横担安装，拉线制作、安装，导线架设，导线跨越架设，路灯设施编号，基础制作和绝缘子安装，共 12 节 69 个子目。

二、本章定额按平原条件编制，如在丘陵（市区）施工时，其人工和机械乘以系数 1.2；在一般山地施工时，其人工和机械乘以系数 1.6。地形划分标准如下：

1. 平原地带：指地形比较平坦，地面比较干燥的地带。

2. 丘陵地带：指地形起伏的矮岗、土丘等地带。

3. 一般山地：指一般山岭、沟谷地带、高原台地等。

三、线路一次施工工程量按 5 根以上电杆考虑；如 5 根以内者，电杆组立定额人工和机械乘以系数 1.2。

四、导线跨越：在同一跨越档内，有两种以上跨越物时，则每一跨越物视为"一处"跨越，分别套用定额；单线广播线不算跨越物。

五、横担安装定额已包括金具及绝缘子安装人工。

六、本章定额基础子目适用于路灯杆塔、金属灯柱、控制箱安置基础工程，其他混凝土工程套用有关定额。

七、本章定额不包括灯杆坑挖填土工作，应执行本定额第一册《通用项目》有关子目。

工程量计算规则

一、底盘、卡盘、拉线盘按设计用量以“块”计算。

二、各种电线杆组立分材质与高度,按设计数量以“根”计算。

三、拉线制作、安装按施工图设计规定,分不同形式以“组”计算。

四、横担安装按施工图设计规定,分不同线数以“组”计算。

五、导线架设分导线类型与截面,按 1km/单线计算,导线预留长度规定见下表:

导线预留长度表

项目名称		长度(m)	项目名称		长度(m)
高压	转角	2.5	低压	分支、终端	0.5
	分支、终端	2		交叉跳线转交	1.5
与设备连接		0.5			

注:导线长度按线路总长加预留长度计算。

六、导线跨越架设指越线架的搭设、拆除和越线架的运输以及因跨越施工难度而增加的工作量,以“处”计算,每个跨越间距按 50m 以内考虑的,大于 50m 而小于 100m 时,按 2 处计算,以此类推。

七、路灯设施编号按“100 个”计算;开关箱号不满 10 只按 10 只计算;路灯编号不满 15 只按 15 只计算;钉粘贴号牌不满 20 个按 20 个计算。

八、混凝土基础制作以“m^3”计算。

九、绝缘子安装以“10 个”计算。

一、底盘、卡盘、拉盘安装及电杆焊接

工作内容：基坑整理，移、运盘安装，操平、找正，卡盘螺栓紧固，工器具转移，对口焊接。　　**计量单位：**块

定额编号				8-109	8-110	8-111	8-112
项目				底盘	卡盘	拉盘	水泥杆焊接（一个口）
基价（元）				**45.23**	**19.71**	**16.07**	**141.01**
其中	人工费（元）			45.23	19.71	16.07	89.64
	材料费（元）			—	—	—	19.70
	机械费（元）			—	—	—	31.67
名称		单位	单价(元)	消耗量			
人工	二类人工	工日	135.00	0.335	0.146	0.119	0.664
材料	氧气	m^3	3.62	—	—	—	1.600
	乙炔气	m^3	8.90	—	—	—	0.700
	碳钢气焊条 <φ2	kg	10.34	—	—	—	0.710
	其他材料费	元	1.00	—	—	—	0.34
机械	交流弧焊机 21kV·A	台班	63.33	—	—	—	0.500

注：主要材料：混凝土底盘、拉盘、卡盘、拉棒、抱箍、连接螺栓及金具。

二、立　　杆

1. 单　　杆

工作内容：立杆，找正，工器具转移。　　**计量单位：**根

定额编号				8-113	8-114	8-115	8-116
项目				水泥杆（m 以内）			
				9	11	13	15
基价（元）				**181.16**	**208.83**	**263.38**	**317.38**
其中	人工费（元）			150.26	177.93	219.51	273.51
	材料费（元）			4.96	4.96	4.96	4.96
	机械费（元）			25.94	25.94	38.91	38.91
名称		单位	单价(元)	消耗量			
人工	二类人工	工日	135.00	1.113	1.318	1.626	2.026
材料	水泥杆	根	—	(1.005)	(1.005)	(1.005)	(1.005)
	硝基磁漆	kg	12.48	0.020	0.020	0.020	0.020
	垫木	m^3	2328.00	0.002	0.002	0.002	0.002
	其他材料费	元	1.00	0.05	0.05	0.05	0.05
机械	汽车式起重机 8t	台班	648.48	0.040	0.040	0.060	0.060

2.撑　杆

工作内容:立杆,装抱箍,填土夯实。

计量单位:根

定额编号				8-117	8-118	8-119
项目				水泥撑杆(m以内)		
				9	11	13
基价(元)				**204.68**	**233.03**	**302.84**
其中	人工费(元)			178.74	207.09	263.93
	材料费(元)			—	—	—
	机械费(元)			25.94	25.94	38.91
名称		单位	单价(元)	消耗量		
人工	二类人工	工日	135.00	1.324	1.534	1.955
机械	汽车式起重机 8t	台班	648.48	0.040	0.040	0.060

注:主要材料:撑杆、连接铁件及螺栓。

3.立金属杆

工作内容:灯柱柱基杂物清理,立杆,找正,紧固螺栓并上防锈油。

计量单位:根

定额编号				8-120	8-121	8-122
项目				单杆式(杆长m以内)		
				5	10	15
基价(元)				**81.18**	**111.56**	**159.79**
其中	人工费(元)			26.33	41.31	60.62
	材料费(元)			12.05	14.48	18.11
	机械费(元)			42.80	55.77	81.06
名称		单位	单价(元)	消耗量		
人工	二类人工	工日	135.00	0.195	0.306	0.449
材料	金属杆	根	—	(1.000)	(1.000)	(1.000)
	防锈漆 C53-1	kg	14.05	0.200	0.250	0.300
	钢垫板 δ2.5~5	kg	5.60	0.500	0.500	0.800
	弹簧垫圈 M16~30	10个	2.41	0.612	0.816	0.816
	酚醛磁漆	kg	12.07	0.400	0.500	0.600
	其他材料费	元	1.00	0.14	0.17	0.21
机械	汽车式起重机 8t	台班	648.48	0.066	0.086	0.125

工作内容:灯柱柱基杂物清理,立杆,找正,紧固螺栓并上防锈油。　　**计量单位**:根

定额编号				8-123	8-124	8-125	8-126
项目				单杆式(杆长 m 以内)			
				20	25	30	40
基价(元)				**257.28**	**651.84**	**945.13**	**1229.58**
其中	人工费(元)			103.68	169.43	208.04	273.24
	材料费(元)			31.69	33.95	59.42	59.42
	机械费(元)			121.91	448.46	677.67	896.92
名称		单位	单价(元)	消耗量			
人工	二类人工	工日	135.00	0.768	1.255	1.541	2.024
材料	金属杆	根	—	(1.000)	(1.000)	(1.000)	(1.000)
	防锈漆 C53－1	kg	14.05	0.600	0.600	1.050	1.050
	钢垫板 δ2.5～5	kg	5.60	0.800	1.200	2.100	2.100
	弹簧垫圈 M16～30	10个	2.41	1.632	1.632	2.856	2.856
	酚醛磁漆	kg	12.07	1.200	1.200	2.100	2.100
	其他材料费	元	1.00	0.36	0.38	0.68	0.68
机械	汽车式起重机 8t	台班	648.48	0.188	—	—	—
	汽车式起重机 25t	台班	996.58	—	0.450	0.680	0.900

三、引下线支架安装

工作内容:支架安装,找正,上瓷瓶,紧固。　　**计量单位**:10副

定额编号				8-127	8-128	8-129	8-130
项目				距地面高度(m 以内)			
				6	8	10	13
基价(元)				**104.46**	**110.27**	**116.88**	**124.17**
其中	人工费(元)			58.32	64.13	70.74	78.03
	材料费(元)			46.14	46.14	46.14	46.14
	机械费(元)			—	—	—	—
名称		单位	单价(元)	消耗量			
人工	二类人工	工日	135.00	0.432	0.475	0.524	0.578
材料	镀锌引下线支架	副	—	(10.050)	(10.050)	(10.050)	(10.050)
	蝶式绝缘子 ED－3	个	1.33	20.000	20.000	20.000	20.000
	六角带帽螺栓 M12×100	套	0.59	20.400	20.400	20.400	20.400
	镀锌六角螺栓带帽	套	0.65	10.200	10.200	10.200	10.200
	其他材料费	元	1.00	0.87	0.87	0.87	0.87

四、10kV 以下横担安装

工作内容:量尺寸、定位、上抱箍,装横担、支撑及杆顶支座,安装绝缘子。

计量单位:组

定额编号				8-131	8-132	8-133	8-134
项目				铁、木横担		瓷横担	
				单根	双根	直线杆	承力杆
基价(元)				**27.24**	**42.29**	**16.48**	**32.54**
其中	人工费(元)			24.03	37.94	16.07	32.13
	材料费(元)			3.21	4.35	0.41	0.41
	机械费(元)			—	—	—	—
名称		单位	单价(元)	消耗量			
人工	二类人工	工日	135.00	0.178	0.281	0.119	0.238
材料	棉纱	kg	10.34	0.040	0.040	0.040	0.040
	镀锌铁丝 8#	kg	6.55	0.400	0.560	—	—
	调和漆	kg	11.21	0.016	0.024	—	—
	横担	根	—	(1.030)	(1.030)	(1.030)	(1.030)

五、1kV 以下横担安装

工作内容:定位、上抱箍,装支架、横担、支撑及杆顶支座,装瓷瓶。

计量单位:组

定额编号				8-135	8-136	8-137	8-138	8-139	8-140
项目				二线	四线		六线		瓷横担
					单根	双根	单根	双根	
基价(元)				**16.60**	**22.92**	**35.67**	**28.05**	**43.77**	**14.32**
其中	人工费(元)			13.91	19.71	31.32	24.84	39.42	13.91
	材料费(元)			2.69	3.21	4.35	3.21	4.35	0.41
	机械费(元)			—	—	—	—	—	—
名称		单位	单价(元)	消耗量					
人工	二类人工	工日	135.00	0.103	0.146	0.232	0.184	0.292	0.103
材料	棉纱	kg	10.34	0.040	0.040	0.040	0.040	0.040	0.040
	镀锌铁丝 8#	kg	6.55	0.320	0.400	0.560	0.400	0.560	—
	调和漆	kg	11.21	0.016	0.016	0.024	0.016	0.024	—
	横担	根	—	(1.030)	(1.030)	(1.030)	(1.030)	(1.030)	(1.030)

六、进户线横担安装

工作内容：测位、划线、打眼、钻孔、横担安装、装瓷瓶及防水弯头。　　**计量单位：**根

定额编号				8-141	8-142	8-143	8-144	8-145	8-146
项目				一端埋设式			两端埋设式		
				二线	四线	六线	二线	四线	六线
基价（元）				**18.16**	**45.89**	**55.34**	**24.91**	**65.35**	**86.83**
其中	人工费（元）			17.55	27.00	36.45	24.03	27.00	29.84
	材料费（元）			0.61	18.89	18.89	0.88	38.35	56.99
	机械费（元）			—	—	—	—	—	—
名称		单位	单价(元)	消耗量					
人工	二类人工	工日	135.00	0.130	0.200	0.270	0.178	0.200	0.221
材料	横担	根	—	(1.030)	(1.030)	(1.030)	(1.030)	(1.030)	(1.030)
	棉纱	kg	10.34	0.030	0.050	0.050	0.050	0.050	0.050
	调和漆	kg	11.21	0.020	0.030	0.030	0.020	0.030	0.030
	冲击钻头 φ16	个	6.47	0.010	0.010	0.010	0.020	0.020	0.020
	地脚螺栓 M12×120	个	1.37	—	1.020	1.020	—	—	—
	镀锌六角螺栓带帽 M12×80	套	0.80	—	1.000	1.000	—	4.080	6.120
	镀锌六角螺栓带帽 M12×130	套	1.15	—	—	—	—	4.100	6.100
	镀锌圆钢 φ16×1000	根	14.92	—	1.050	1.050	—	—	—
	镀锌铁拉板 40×4×200～350	块	4.31	—	—	—	—	6.720	10.080
	其他材料费	元	1.00	0.01	0.11	0.11	0.01	0.43	0.65

七、拉线制作、安装

工作内容：放线、下料，上铁件，装拉线盘，调整，紧线，填土夯实。　　**计量单位：**组

定额编号				8-147	8-148	8-149	8-150	8-151	8-152
项目				普通拉线（截面 mm^2 以内）			水平及弓形拉线（截面 mm^2 以内）		
				35	70	120	35	70	120
基价（元）				**35.61**	**44.16**	**53.27**	**77.19**	**103.15**	**114.56**
其中	人工费（元）			32.81	40.10	48.06	74.39	99.09	109.35
	材料费（元）			2.80	4.06	5.21	2.80	4.06	5.21
	机械费（元）			—	—	—	—	—	—
名称		单位	单价(元)	消耗量					
人工	二类人工	工日	135.00	0.243	0.297	0.356	0.551	0.734	0.810
材料	镀锌铁丝	kg	6.55	0.184	0.184	0.184	0.184	0.184	0.184
	防锈漆 C53-1	kg	14.05	0.040	0.056	0.064	0.040	0.056	0.064
	钢锯条	条	2.59	0.400	0.800	1.200	0.400	0.800	1.200

注：主要材料：拉线、金具、抱箍。

工作内容:放线、下料,上铁件,装拉线盘,调整,紧线,填土夯实。 **计量单位**:组

定额编号				8-153	8-154	8-155
项目				VY 形拉线(截面 mm^2 以内)		
				35	70	120
基价(元)				**101.22**	**175.38**	**267.65**
其中	人工费(元)			98.42	171.32	262.44
	材料费(元)			2.80	4.06	5.21
	机械费(元)			—	—	—
名称		单位	单价(元)	消耗量		
人工	二类人工	工日	135.00	0.729	1.269	1.944
材料	镀锌铁丝	kg	6.55	0.184	0.184	0.184
	防锈漆 C53－1	kg	14.05	0.040	0.056	0.064
	钢锯条	条	2.59	0.400	0.800	1.200

注:主要材料:拉线、金具、抱箍。

八、导线架设

工作内容：线材外观检查，架线盘，放线，直线接头连接，紧线，弛度观测，耐张终端头制作，绑扎，跳线安装。

计量单位：1km/单线

定额编号				8-156	8-157	8-158	8-159	8-160
项目				裸铝绞线（截面 mm^2 以内）			钢芯铝绞线（截面 mm^2 以内）	
				35	95	150	35	95
基价（元）				**660.05**	**1243.25**	**1878.00**	**714.74**	**1381.37**
其中	人工费（元）			531.36	1035.18	1632.96	585.63	1172.88
	材料费（元）			82.52	140.51	163.75	82.94	140.93
	机械费（元）			46.17	67.56	81.29	46.17	67.56
	名称	单位	单价(元)	消耗量				
人工	二类人工	工日	135.00	3.936	7.668	12.096	4.338	8.688
材料	裸铝绞线	m	—	(1013.000)	(1013.000)	(1013.000)	—	—
	钢芯铝绞线	m	—	—	—	—	(1013.000)	(1013.000)
	棉纱	kg	10.34	0.040	0.048	0.056	0.040	0.048
	防锈漆 C53-1	kg	14.05	0.040	0.040	0.040	0.040	0.040
	钢锯条	条	2.59	0.640	0.800	1.200	0.800	0.960
	铝包带 1×10	kg	41.81	1.016	2.032	2.168	1.016	2.032
	汽油 综合	kg	6.12	0.040	0.040	0.040	0.040	0.040
	电力复合脂	kg	17.24	0.016	0.040	0.064	0.016	0.040
	铝绑线 $\phi2$	m	0.26	64.184	80.232	85.576	64.184	80.232
	钳接管 QL-35	个	3.45	0.808	—	—	—	—
	钳接管 QL-95	个	6.03	—	1.616	—	—	—
	钳接管 QL-150	个	12.93	—	—	1.616	—	—
	钳接管 QJG-35	个	3.45	—	—	—	0.808	—
	钳接管 QJG-95	个	6.03	—	—	—	—	1.616
	并沟线夹 JB-1	只	4.31	4.040	—	—	4.040	—
	并沟线夹 JB-2	只	5.17	—	4.040	—	—	4.040
	并沟线夹 JB-3	只	6.03	—	—	4.040	—	—
机械	载货汽车 5t	台班	382.30	0.100	0.150	0.180	0.100	0.150
	液压压接机 100t	台班	113.45	0.070	0.090	0.110	0.070	0.090

工作内容:线材外观检查,架线盘,放线,直线接头连接,紧线,弛度观测,耐张终端头制作,绑扎,跳线安装。

计量单位:1km/单线

定额编号				8-161	8-162	8-163	8-164
项目				钢芯铝绞线(截面 mm^2 以内)	绝缘铝绞线(截面 mm^2 以内)		
				150	35	95	150
基价(元)				**2014.49**	**687.04**	**1334.79**	**2014.51**
其中	人工费(元)			1769.04	585.63	1171.26	1769.04
	材料费(元)			164.16	55.24	95.97	164.18
	机械费(元)			81.29	46.17	67.56	81.29
名称		单位	单价(元)	消耗量			
人工	二类人工	工日	135.00	13.104	4.338	8.676	13.104
材料	钢芯铝绞线	m	—	(1013.000)	—	—	—
	绝缘铝绞线	m	—	—	(1018.000)	(1018.000)	(1018.000)
	棉纱	kg	10.34	0.056	0.032	0.032	0.040
	防锈漆 C53-1	kg	14.05	0.040	0.040	0.040	0.040
	钢锯条	条	2.59	1.360	0.640	0.800	1.200
	铝包带 1×10	kg	41.81	2.168	—	—	—
	汽油 综合	kg	6.12	0.040	0.032	0.032	0.040
	电力复合脂	kg	17.24	0.064	0.016	0.016	0.024
	自粘性橡胶带 20×5000	卷	2.67	—	6.400	12.800	16.000
	铝绑线 φ2	m	0.26	85.576	—	—	—
	铁绑线 φ2	m	0.10	—	65.695	82.322	87.793
	并沟线夹 JB-1	只	4.31	—	4.040	—	—
	并沟线夹 JB-2	只	5.17	—	—	4.040	—
	并沟线夹 JB-3	只	6.03	4.040	—	—	4.040
	钳接管 QLG-150	个	12.93	1.616	—	—	—
	钳接管 QL-35	个	3.45	—	3.232	—	—
	钳接管 QL-95	个	6.03	—	—	4.848	—
	钳接管 QL-150	个	12.93	—	—	—	6.464
机械	载货汽车 5t	台班	382.30	0.180	0.100	0.150	0.180
	液压压接机 100t	台班	113.45	0.110	0.070	0.090	0.110

九、导线跨越架设

工作内容：跨越架的搭拆，架线中的监护转移。 **计量单位**：处

定额编号				8-165	8-166	8-167
项目				导线跨越		
				电力线、通讯线、公路	铁路	河流
基价（元）				**786.74**	**1047.73**	**666.29**
其中	人工费（元）			611.55	789.75	594.00
	材料费（元）			136.96	189.17	17.79
	机械费（元）			38.23	68.81	54.50
名称		单位	单价(元)	消耗量		
人工	二类人工	工日	135.00	4.530	5.850	4.400
材料	镀锌铁丝 8#～12#	kg	6.55	7.080	8.360	0.496
	木脚手杆 φ100×6000 杉木	根	45.45	1.552	2.400	0.320
	安全网	m^2	7.76	2.584	3.264	—
机械	载货汽车 5t	台班	382.30	0.100	0.180	—
	船舶 5t	台班	54.50	—	—	1.000

十、路灯设施编号

工作内容：定位，去尘，杆刷漆，编号，量高度，钉或粘号牌。 **计量单位**：100 个

定额编号				8-168	8-169	8-170
项目				开关箱	路灯杆号	钉或粘路灯号牌
基价（元）				**398.79**	**289.56**	**183.44**
其中	人工费（元）			364.50	243.54	182.25
	材料费（元）			34.29	46.02	1.19
	机械费（元）			—	—	—
名称		单位	单价(元)	消耗量		
人工	二类人工	工日	135.00	2.700	1.804	1.350
材料	路灯号牌	个	—	(101.000)	(101.000)	(101.000)
	红酚醛调和漆	kg	12.76	1.150	—	—
	油漆刷 25～40mm	把	2.97	5.000	6.000	—
	溶剂汽油	kg	5.40	0.500	1.000	—
	棉纱	kg	10.34	0.200	0.300	—
	酚醛黑板漆	kg	7.16	—	1.600	—
	白酚醛漆	kg	9.70	—	0.850	—
	水泥钉	kg	5.60	—	—	0.212

十一、基础制作

工作内容：钢模板安装、拆除、清理、刷润滑剂，木模制作、安装、拆除，模板场外运输。钢筋制作、绑扎、安装。混凝土浇捣，养护。螺栓定位，预埋安装，焊接固定。

	定额编号			8-171	8-172	8-173
	项目			C20 钢筋混凝土基础	C20 无筋混凝土基础	预埋安装地脚螺栓
	计量单位			m³		t
	基价（元）			**704.48**	**569.32**	**3027.52**
其中	人工费（元）			121.77	101.39	2421.50
	材料费（元）			577.36	461.73	183.74
	机械费（元）			5.35	6.20	422.28
	名称	单位	单价(元)	消耗量		
人工	二类人工	工日	135.00	0.902	0.751	17.937
材料	地脚螺栓 成套	kg	—	—	—	(1020.000)
	热轧带肋钢筋 HRB400 综合	t	3849.00	0.030	—	—
	非泵送商品混凝土 C30	m³	438.00	1.000	1.000	—
	钢模板	kg	5.96	0.980	1.040	—
	木模板	m³	1445.00	0.005	0.005	—
	圆钉	kg	4.74	0.100	0.110	—
	镀锌铁丝 8#	kg	6.55	0.130	—	—
	镀锌铁丝 20#	kg	6.55	0.180	—	—
	电焊条	kg	4.31	0.070	—	42.144
	零星卡具	kg	5.88	0.080	0.250	—
	钢支撑	kg	3.97	0.390	0.910	—
	其他材料费	元	1.00	6.00	4.70	2.10
机械	汽车式起重机 8t	台班	648.48	0.003	0.005	—
	载货汽车 4t	台班	369.21	0.004	0.008	—
	钢筋调直机 14mm	台班	37.97	0.009	—	—
	钢筋切断机 40mm	台班	43.28	0.009	—	—
	钢筋弯曲机 40mm	台班	26.38	0.009	—	—
	交流弧焊机 32kV·A	台班	92.84	0.002	—	4.500
	直流弧焊机 32kW	台班	97.11	0.008	—	—
	电焊条烘干箱 45×35×45cm³	台班	8.99	—	—	0.500

十二、绝缘子安装

工作内容：开箱检查、清扫、绝缘测试、组合安装、固定、接地、刷漆。　　**计量单位：**10 个

定额编号					8-174	8-175	8-176
项目					10kV 以下		
					户外式支持绝缘子		
					1 孔	2 孔	3 孔
基价（元）					**123.93**	**198.26**	**231.32**
其中	人工费（元）				48.87	120.96	153.77
	材料费（元）				63.03	65.27	65.52
	机械费（元）				12.03	12.03	12.03
名称		单位	单价(元)		消耗量		
人工	二类人工	工日	135.00		0.362	0.896	1.139
材料	绝缘子	个	—		(10.200)	(20.400)	(30.600)
	镀锌扁钢 4×25	kg	4.50		12.400	12.400	12.400
	棉纱	kg	10.34		0.080	0.240	0.240
	调和漆	kg	11.21		0.096	0.096	0.096
	钢锯条	条	2.59		1.600	1.600	1.600
	汽油 综合	kg	6.12		0.080	0.120	0.160
	电焊条	kg	4.31		0.160	0.240	0.240
机械	交流弧焊机 21kV·A	台班	63.33		0.190	0.190	0.190

第三章
电 缆 工 程

说 明

一、本章定额包括电缆沟铺设盖板、揭盖板,电缆保护管敷设,顶管敷设,铝芯电力电缆敷设,铜芯电力电缆敷设,排管内铜芯电力电缆敷设,电力电缆终端头制作、安装,电力电缆中间头制作、安装,电缆穿刺线夹安装,电缆井设置,共10节67个子目。

二、本章定额包括常用的10kV以下电缆敷设,未考虑在河流和水区、水底、井下等条件的电缆敷设。

三、电缆在一般山地地区直埋敷设时,人工乘以系数1.6;在丘陵地区直埋敷设时,人工乘以系数1.15。该地段所需的材料如固定桩、夹具等按实计算。

四、本章定额的电缆敷设定额综合考虑了各种不同敷设方式,实际工程中不论采取何种方式,一律不做换算和调整。排管外混凝土包封参照《浙江省通用安装工程预算定额》(2018版)的相应定额执行。

五、电缆敷设定额中均未考虑波形增加长度及预留等富余长度,该长度应按实际预留长度为准,计入工程量之内。

六、本章定额未包括隔热层、保护层的制作、安装及电缆的冬季施工加温工作。

七、电力电缆敷设及电力电缆头制作、安装定额均按三芯及三芯以上电缆考虑,单芯、双芯电力电缆敷设及电缆头制作、安装调整系数按下表执行:

单芯、双芯电力电缆敷设及电缆头制作、安装调整系数表

名称 \ 规格		35mm² 及以上			25mm² 及以下		10mm² 及以下	
		三芯及以上	双芯	单芯	三芯及以上	双芯、单芯	三芯及以上	双芯、单芯
电缆头制作、安装	铜芯	1.00	0.40	0.30	0.40	0.20	0.30	0.15
	铝芯	0.80	0.32	0.24	0.32	0.16	0.24	0.12
电缆敷设	铜芯	1.00	0.50	0.30	0.40	0.20	0.25	0.20
	铝芯	1.00	0.50	0.30	0.40	0.20	0.25	0.20

1. 截面400～800mm² 的单芯电力电缆敷设按400mm² 电力电缆定额执行;

2. 截面800～1000mm² 的单芯电力电缆敷设按400mm² 电力电缆定额乘以系数1.25执行;

3. 400mm² 以上单芯电缆头制作、安装,实际发生时可按同材质240mm² 电力电缆头制作、安装定额执行;

4. 240mm² 以上电缆头的接线端子为异型端子,需要单独加工的,可按实际加工价格计补差价。

工程量计算规则

一、直埋电缆的挖、填土(石)方,除特殊要求外,可按下表计算土方量:

直埋电缆土方工程量计算表

项　目	电缆根数	
每米沟长挖方量(m^3/m)	1~2根	每增1根
	0.45	0.153

二、电缆沟盖板揭、盖定额按每揭盖一次以延长米计算。如又揭又盖,则按两次计算。

三、电缆保护管长度除按设计规定长度计算外,遇有下列情况,应按以下规定增加保护管长度:

1. 横穿道路,按路基宽度两端各加2m;
2. 垂直敷设时,管口离地面加2m;
3. 穿过建筑物外墙时,按基础外缘以外加2m;
4. 穿过排水沟,按沟壁外缘以外加1m;
5. 实际未按要求敷设不得计算工程量。

四、电缆保护管埋地敷设时,其土方量有施工图注明的,按施工图计算;无施工图的,一般按沟深0.9m,沟宽按最外边的保护管两侧边缘外各加0.3m工作面计算。

五、电缆敷设按单根延长米计算。

六、电缆敷设长度应根据敷设路径的水平和垂直敷设长度,并根据实际发生增加下表中规定附加长度后计算:

电缆敷设附加长度表

序号	项　目	预留长度	说　明
1	电缆敷设弛度、波形弯度、交叉	2.5%	按电缆全长计算
2	电缆进入灯杆接线盒内	2.0m	规范规定最小值
3	电缆进入沟内或吊架时引上预留	1.5m	规范规定最小值
4	变电所进出线	1.5m	规范规定最小值
5	电缆终端头	1.5m	检修余量
6	电缆中间头盒	两端各2.0m	检修余量
7	高压开关柜	2.0m	柜下进出线

注:电缆附加及预留长度只有在实际发生,并已按预留量敷设的情况下,才能计入电缆长度工程量之内。

七、电缆终端头及中间头均以"个"计算。电缆头按实际制作个数计算,未按电缆头标准制作时,只能按焊(压)接线端子计算工程量。一根电缆按两个终端头,中间头设计有图示的,按图示确定,没有图示,按实际计算。当电缆头制安使用成套供应的"电缆头套件"时,定额内除其他材料费保留外,其余计价材料应全部扣除,"电缆头套件"按主材费计价。

一、电缆沟铺砂盖板、揭盖板

工作内容：调整电缆间距，铺砂，盖砖，盖保护板，埋设标桩，揭、盖盖板。　　**计量单位：**100m

定额编号				8-177	8-178	8-179	8-180
项目				铺砂盖砖		铺砂、盖保护板	
				1～2根	每增1根	1～2根	每增1根
基价（元）				**2006.03**	**726.89**	**2036.13**	**756.86**
其中	人工费（元）			364.50	97.20	364.50	97.20
	材料费（元）			1641.53	629.69	1671.63	659.66
	机械费（元）			—	—	—	—
名称		单位	单价（元）	消耗量			
人工	二类人工	工日	135.00	2.700	0.720	2.700	0.720
材料	黄砂 净砂（中粗砂）	m^3	158.00	7.776	2.912	7.776	2.912
	混凝土实心砖 240×115×53 MU10	千块	388.00	0.830	0.420	—	—
	混凝土标桩 1200×100×100	个	18.10	4.004	—	4.004	—
	混凝土保护板 300×150×30	块	0.52	—	—	—	370.370
	混凝土保护板 300×250×30	块	0.95	—	—	370.370	—
	其他材料费	元	1.00	18.41	6.63	18.70	6.97

工作内容：调整电缆间距，铺砂，盖砖，盖保护板，埋设标桩，揭盖盖板。　　**计量单位：**100m

定额编号				8-181	8-182	8-183
项目				揭盖盖板（板长 mm 以下）		
				500	1000	1500
基价（元）				**513.54**	**869.13**	**1224.72**
其中	人工费（元）			513.54	869.13	1224.72
	材料费（元）			—	—	—
	机械费（元）			—	—	—
名称		单位	单价（元）	消耗量		
人工	二类人工	工日	135.00	3.804	6.438	9.072

二、电缆保护管敷设

工作内容:测位,沟底夯实,锯管,接口,敷设,刷漆。　　计量单位:10m

定额编号				8-184	8-185	8-186	8-187
项目				铸铁管	石棉水泥、混凝土		钢管
				公称直径(mm 以内)			
				150	100	200	100 ~ 150
基价(元)				**105.16**	**77.45**	**128.13**	**156.49**
其中	人工费(元)			78.17	74.25	124.61	115.70
	材料费(元)			26.99	3.20	3.52	26.27
	机械费(元)			—	—	—	14.52
名称		单位	单价(元)	消耗量			
人工	二类人工	工日	135.00	0.579	0.550	0.923	0.857
材料	沥青漆	kg	9.83	0.640	—	—	1.280
	复合硅酸盐水泥 P·C 32.5R 综合	kg	0.32	—	10.010	11.010	—
	镀锌铁丝 8# ~ 12#	kg	6.55	0.880	—	—	0.880
	石棉绒	kg	3.49	0.960	—	—	—
	油麻丝	kg	20.69	0.400	—	—	—
	氧气	m^3	3.62	—	—	—	1.216
	电焊条	kg	4.31	—	—	—	0.240
	乙炔气	m^3	8.90	—	—	—	0.280
	破布	kg	6.90	0.480	—	—	—
机械	半自动切割机 100mm	台班	92.61	—	—	—	0.020
	交流弧焊机 21kV·A	台班	63.33	—	—	—	0.200

注:主要材料:保护管。

三、顶管敷设

工作内容：测位，安装机具，顶管接管，清理，扫管。　　　　**计量单位**：根

定额编号					8-188	8-189
项目					顶管（每根）	
					10m 以内	20m 以内
					*DN*100 以内	
基价（元）					**800.28**	**1166.79**
其中	人工费（元）				397.17	612.36
	材料费（元）				211.03	323.19
	机械费（元）				192.08	231.24
名称			单位	单价（元）	消耗量	
人工	二类人工		工日	135.00	2.942	4.536
材料	钢套管		kg	3.88	1.600	3.200
	中厚钢板 Q235B　δ7		t	3709.00	0.003	0.003
	电焊条		kg	4.31	0.192	0.384
	镀锌铁丝 8# ~ 12#		kg	6.55	0.704	1.408
	氧气		m^3	3.62	0.160	0.168
	乙炔气		m^3	8.90	0.064	0.096
	汽油　综合		kg	6.12	0.416	0.640
	枕木		m^3	2457.00	0.064	0.096
	沥青漆		kg	9.83	2.240	4.160
	破布		kg	6.90	0.768	0.960
机械	交流弧焊机 21kV·A		台班	63.33	0.240	0.480
	立式油压千斤顶 200t		台班	11.52	2.080	4.160
	载货汽车 5t		台班	382.30	0.400	0.400

四、铝芯电力电缆敷设

工作内容:开箱,检查,架线盘,敷设,锯断,排列,整理,固定,收盘,临时封头,挂牌。 计量单位:100m

定额编号				8-190	8-191	8-192	8-193	8-194	8-195
项目				水平电缆(截面 mm^2 以内)			竖直通道电缆(截面 mm^2 以内)		
				35	120	240	35	120	240
基价(元)				356.82	652.49	1093.10	1340.26	2156.48	3351.77
其中	人工费(元)			304.02	547.97	772.61	1067.45	1662.93	2264.63
	材料费(元)			42.49	52.98	94.31	204.14	279.89	636.38
	机械费(元)			10.31	51.54	226.18	68.67	213.66	450.76
名称		单位	单价(元)	消耗量					
人工	二类人工	工日	135.00	2.252	4.059	5.723	7.907	12.318	16.775
材料	铝芯电缆	m	—	(101.000)	(101.000)	(101.000)	(101.000)	(101.000)	(101.000)
	镀锌铁丝 16#	kg	6.55	0.256	0.360	0.384	2.402	2.722	2.882
	标志牌 塑料扁形	个	0.26	4.800	4.800	4.800	4.800	4.800	4.800
	橡皮垫 2mm	m^2	17.67	0.056	0.056	0.056	0.120	0.208	0.256
	合金钢钻头 ϕ10	个	5.60	0.128	0.112	—	0.192	0.192	0.064
	汽油 综合	kg	6.12	0.600	0.760	0.832	0.600	0.760	0.832
	镀锌电缆卡子 2×35	套	0.97	18.720	—	—	136.800	—	—
	镀锌电缆卡子 3×50	套	1.48	—	17.840	—	—	136.800	—
	镀锌电缆卡子 3×100	套	3.51	—	—	17.120	—	—	136.800
	镀锌六角螺栓带帽 M8×80	套	0.52	24.480	24.480	—	81.600	81.600	—
	镀锌六角螺栓带帽 M10×80	套	0.55	—	—	34.240	—	—	208.000
	破布	kg	6.90	0.400	0.480	0.640	0.400	0.480	0.640
	其他材料费	元	1.00	0.54	0.66	1.13	2.40	3.20	7.30
机械	汽车式起重机 8t	台班	648.48	0.010	0.050	—	0.100	0.300	—
	汽车式起重机 12t	台班	748.60	—	—	0.200	—	—	0.500
	载货汽车 5t	台班	382.30	0.010	0.050	0.200	0.010	0.050	0.200

五、铜芯电力电缆敷设

工作内容:开盘,检查,架线盘,敷设,锯断,排列,整理,固定,收盘,临时封头,挂牌。 **计量单位:**100m

定额编号				8-196	8-197	8-198	8-199	8-200	8-201
项目				水平电缆(截面 mm^2 以内)			竖直通道电缆(截面 mm^2 以内)		
				35	120	240	35	120	240
基价(元)				**478.86**	**982.38**	**1642.16**	**1766.86**	**3121.25**	**4729.40**
其中	人工费(元)			426.06	857.25	1231.20	1494.05	2561.63	3499.34
	材料费(元)			42.49	52.98	94.31	204.14	279.95	636.43
	机械费(元)			10.31	72.15	316.65	68.67	279.67	593.63
名称		单位	单价(元)	消耗量					
人工	二类人工	工日	135.00	3.156	6.350	9.120	11.067	18.975	25.921
材料	铜芯电缆	m	—	(101.000)	(101.000)	(101.000)	(101.000)	(101.000)	(101.000)
	汽油 综合	kg	6.12	0.600	0.760	0.832	0.600	0.760	0.832
	镀锌铁丝 16#	kg	6.55	0.256	0.360	0.384	2.402	2.722	2.882
	标志牌 塑料扁形	个	0.26	4.800	4.800	4.800	4.800	4.800	4.800
	橡皮垫 2mm	m^2	17.67	0.056	0.056	0.056	0.120	0.208	0.256
	合金钢钻头 $\phi10$	个	5.60	0.128	0.112	—	0.192	0.192	0.064
	镀锌电缆卡子 3×100	套	3.51	—	—	17.120	—	—	136.800
	镀锌电缆卡子 2×35	套	0.97	18.720	—	—	136.800	—	—
	镀锌电缆卡子 3×50	套	1.48	—	17.840	—	—	136.800	—
	镀锌六角螺栓带帽 M8×80	套	0.52	24.480	24.480	—	81.600	81.600	—
	镀锌六角螺栓带帽 M10×80	套	0.55	—	—	34.240	—	—	208.000
	破布	kg	6.90	0.400	0.480	0.640	0.400	0.480	0.640
	其他材料费	元	1.00	0.54	0.66	1.13	2.40	3.26	7.35
机械	汽车式起重机 8t	台班	648.48	0.010	0.070	—	0.100	0.390	—
	汽车式起重机 12t	台班	748.60	—	—	0.280	—	—	0.650
	载货汽车 5t	台班	382.30	0.010	0.070	0.280	0.010	0.070	0.280

六、排管内铜芯电力电缆敷设

工作内容:开盘,检查,架线盘,敷设,锯断,临时封头,挂牌。 **计量单位**:100m

定额编号				8-202	8-203	8-204	8-205
项目				电缆(截面 mm^2 以内)			
				35	70	120	240
基价(元)				**557.70**	**1021.41**	**1350.84**	**1843.57**
其中	人工费(元)			426.47	726.98	884.66	1248.62
	材料费(元)			41.08	48.41	66.21	78.94
	机械费(元)			90.15	246.02	399.97	516.01
名称		单位	单价(元)	消耗量			
人工	二类人工	工日	135.00	3.159	5.385	6.553	9.249
材料	电力电缆	m	—	(101.000)	(101.000)	(101.000)	(101.000)
	热轧光圆钢筋 综合	t	3966.00	0.003	0.003	0.003	0.003
	钢丝绳 综合	kg	6.45	0.800	1.000	1.500	1.800
	汽油 综合	kg	6.12	0.250	0.250	0.400	0.400
	镀锌铁丝 14#	kg	5.38	0.160	0.180	0.300	0.300
	塑料带 20×40000	kg	12.07	0.200	0.300	0.600	0.600
	凡士林	kg	2.67	5.000	6.000	8.000	12.000
	铜丝 16#	kg	58.28	0.060	0.080	0.100	0.100
	自粘性橡胶带 20×5000	卷	2.67	0.700	1.000	2.000	2.000
	其他材料费	元	1.00	0.50	0.59	0.80	0.92
机械	电动卷扬机-单筒慢速 30kN	台班	177.60	—	0.390	—	—
	汽车式起重机 12t	台班	748.60	0.080	0.080	0.190	0.240
	载货汽车 5t	台班	382.30	0.070	0.070	0.180	0.220
	载货汽车 8t	台班	411.20	—	—	0.190	0.240
	柴油发电机组 30kW	台班	409.55	—	0.200	0.240	0.320
	其他机械费	元	1.00	3.50	8.20	12.50	22.50

七、电力电缆终端头制作、安装

1. 干包式电力电缆终端头制作、安装

工作内容：定位，量尺寸，锯断，剥护套，焊接地线，装手套包缠绝缘，压接线端子，安装固定。 **计量单位**：个

定额编号				8-206	8-207	8-208
项目				1kV 以下(截面 mm² 以内)		
				35	120	240
基价（元）				**81.67**	**152.06**	**243.89**
其中	人工费（元）			30.38	49.68	64.53
	材料费（元）			51.29	102.38	179.36
	机械费（元）			—	—	—
名称		单位	单价(元)	消耗量		
人工	二类人工	工日	135.00	0.225	0.368	0.478
材料	电缆终端盒	套	—	(1.020)	(1.020)	(1.020)
	镀锡裸铜绞线 TJRX 16～25	kg	50.00	0.160	0.200	0.280
	铜接线端子 DT－25	个	3.45	1.020	1.020	1.020
	铜接线端子 DT－35	个	4.31	3.760	—	—
	铜接线端子 DT－120	个	14.66	—	3.760	—
	铜接线端子 DT－240	个	30.17	—	—	3.760
	镀锌六角螺栓带帽 M10×100	套	0.65	7.200	3.200	3.200
	镀锌六角螺栓带帽 M12×100	套	0.94	—	4.000	5.600
	固定卡子 3×80	套	2.04	2.060	2.060	2.060
	破布	kg	6.90	0.240	0.400	0.640
	塑料手套 ST 型	个	3.88	1.050	1.050	1.050
	焊锡丝	kg	86.21	0.040	0.080	0.160
	焊锡膏	kg	31.03	0.008	0.016	0.032
	电力复合脂	kg	17.24	0.024	0.040	0.064
	自粘性橡胶带 20×5000	卷	2.67	0.480	0.640	0.800
	塑料带 20×40000	kg	12.07	0.112	0.360	0.560
	汽油 综合	kg	6.12	0.240	0.280	0.320
	其他材料费	元	1.00	0.74	1.01	1.62

2.浇注式电力电缆终端头制作、安装

工作内容:定位,量尺寸,锯断,剥切,焊接地线,缠涂绝缘层,压接线柱,装终端盒,配料浇注。 计量单位:个

定额编号				8-209	8-210	8-211
项目				浇注式 10kV 以下(截面 mm^2 以内)		
				35	120	240
基价(元)				303.68	468.96	605.67
其中	人工费(元)			159.44	233.28	282.96
	材料费(元)			144.24	235.68	322.71
	机械费(元)			—	—	—
名称		单位	单价(元)	消耗量		
人工	二类人工	工日	135.00	1.181	1.728	2.096
材料	电缆终端盒	套	—	(1.020)	(1.020)	(1.020)
	石英粉 综合	kg	0.97	2.000	2.880	3.360
	汽油 综合	kg	6.12	0.640	0.840	0.960
	镀锡裸铜绞线 TJRX 16~25	kg	50.00	0.160	0.240	0.280
	铜接线端子 DT-16	个	2.59	1.020	1.020	1.020
	铜接线端子 DT-25	个	3.45	3.060	—	—
	铜接线端子 DT-95	个	11.21	—	3.060	—
	铜接线端子 DT-185	个	21.55	—	—	3.060
	镀锌六角螺栓带帽 M10×100	套	0.65	6.560	3.280	3.280
	镀锌六角螺栓带帽 M12×100	套	0.94	—	3.280	3.280
	固定卡子 3×80	套	2.04	2.060	2.060	2.060
	破布	kg	6.90	0.400	0.640	1.040
	色带	卷	6.47	0.080	0.128	0.160
	焊锡丝	kg	86.21	0.040	0.080	0.160
	焊锡膏	kg	31.03	0.008	0.016	0.032
	电力复合脂	kg	17.24	0.024	0.040	0.064
	自粘性橡胶带 20×5000	卷	2.67	0.400	0.960	1.640
	环氧树脂	kg	15.52	2.000	2.880	3.360
	聚酰胺树脂	kg	34.66	0.800	1.120	1.280
	硬脂酸 一级	kg	7.02	0.008	0.008	0.016
	封铅 含铅 65% 含锡 35%	kg	22.04	1.048	1.400	1.624
	聚四氟乙烯带 1×30	kg	68.97	0.240	0.520	0.816
	其他材料费	元	1.00	1.79	3.20	4.40

3. 热缩式电力电缆终端头制作、安装

工作内容：定位，量尺寸，锯断，剥切清洗，内屏蔽层处理，焊接地线，套热缩管，压接线端子，装终端盒，安装。 **计量单位**：个

定额编号				8-212	8-213	8-214
项目				10kV 以下热缩式(截面 mm^2 以内)		
				35	120	240
基价（元）				**186.01**	**288.80**	**381.68**
其中	人工费（元）			143.37	210.06	254.88
	材料费（元）			42.64	78.74	126.80
	机械费（元）			—	—	—
名称		单位	单价(元)	消耗量		
人工	二类人工	工日	135.00	1.062	1.556	1.888
材料	电缆终端盒	套	—	(1.020)	(1.020)	(1.020)
	汽油 综合	kg	6.12	0.640	0.840	0.960
	镀锡裸铜绞线 TJRX 16～25	kg	50.00	0.160	0.200	0.280
	铜接线端子 DT－16	个	2.59	1.020	1.020	1.020
	铜接线端子 DT－25	个	3.45	3.060	—	—
	铜接线端子 DT－95	个	11.21	—	3.060	—
	铜接线端子 DT－185	个	21.55	—	—	3.060
	镀锌六角螺栓带帽 M10×100	套	0.65	6.560	3.280	3.280
	镀锌六角螺栓带帽 M12×100	套	0.94	—	3.280	3.280
	固定卡子 3×80	套	2.04	2.060	2.060	2.060
	破布	kg	6.90	0.400	0.640	0.800
	色带	卷	6.47	0.080	0.128	0.160
	焊锡丝	kg	86.21	0.040	0.080	0.160
	焊锡膏	kg	31.03	0.008	0.016	0.032
	电力复合脂	kg	17.24	0.024	0.040	0.064
	自粘性橡胶带 20×5000	卷	2.67	0.400	0.960	1.640
	其他材料费	元	1.00	0.60	1.35	2.10

注：1kV 以下热缩式电缆头制作、安装参照干包式定额乘以系数 1.1。

八、电力电缆中间头制作、安装

1. 干包式电力电缆中间头制作、安装

工作内容:定位,量尺寸,锯断,剥护套及绝缘层,焊接地线,清洗,包缠绝缘,压连接管安装,接线。 **计量单位**:个

定额编号				8-215	8-216	8-217
项目				干包中间头 1kV 以下(截面 mm^2 以内)		
				35	120	240
基价(元)				**92.27**	**164.13**	**257.62**
其中	人工费(元)			59.00	97.07	125.69
	材料费(元)			33.27	67.06	120.58
	机械费(元)			—	—	11.35
名称		单位	单价(元)	消耗量		
人工	二类人工	工日	135.00	0.437	0.719	0.931
材料	电缆中间接头盒	套	—	(1.020)	(1.020)	(1.020)
	镀锡裸铜绞线 TJRX 16~25	kg	50.00	0.200	0.200	0.280
	铜压接管 $25mm^2$	个	2.59	3.760	—	—
	铜压接管 $95mm^2$	个	8.62	—	3.760	—
	铜压接管 $185mm^2$	个	17.24	—	—	3.760
	汽油 综合	kg	6.12	0.320	0.480	0.640
	破布	kg	6.90	0.240	0.400	0.640
	焊锡丝	kg	86.21	0.040	0.080	0.160
	焊锡膏	kg	31.03	0.008	0.016	0.032
	电力复合脂	kg	17.24	0.024	0.040	0.064
	自粘性橡胶带 20×5000	卷	2.67	0.960	1.440	2.000
	塑料带 20×40000	kg	12.07	0.240	0.520	0.896
	其他材料费	元	1.00	0.35	0.75	1.38
机械	液压压接机 100t	台班	113.45	—	—	0.100

2. 浇注式电力电缆中间头制作、安装

工作内容:定位,量尺寸,锯断,剥切,压边接管,包缠涂绝缘层,焊接地线,封铅管式装连接盒,配料浇注。

计量单位:个

定额编号				8-218	8-219	8-220	8-221	8-222	8-223
项目				1kV 以下(截面 mm^2 以内)			10kV 以下(截面 mm^2 以内)		
				35	120	240	35	120	240
基价(元)				**158.27**	**265.57**	**374.93**	**261.21**	**392.46**	**531.77**
其中	人工费(元)			74.39	117.99	152.15	92.07	142.29	181.44
	材料费(元)			83.88	147.58	222.78	169.14	250.17	350.33
	机械费(元)			—	—	—	—	—	—
名称		单位	单价(元)	消耗量					
人工	二类人工	工日	135.00	0.551	0.874	1.127	0.682	1.054	1.344
材料	电缆中间接头盒	套	—	(1.020)	(1.020)	(1.020)	(1.020)	(1.020)	(1.020)
	镀锡裸铜绞线 TJRX 16～25	kg	50.00	0.200	0.240	0.280	0.200	0.240	0.280
	铜压接管 $25mm^2$	个	2.59	3.760	—	—	3.060	—	—
	铜压接管 $95mm^2$	个	8.62	—	3.760	—	—	3.060	—
	铜压接管 $185mm^2$	个	17.24	—	—	3.760	—	—	3.060
	石英粉 综合	kg	0.97	0.400	0.640	0.960	0.480	0.800	1.200
	汽油 综合	kg	6.12	0.400	0.560	0.720	0.480	0.640	0.800
	破布	kg	6.90	0.400	0.640	0.800	0.400	0.640	1.040
	色带	卷	6.47	0.080	0.128	0.160	0.080	0.128	0.160
	焊锡丝	kg	86.21	0.040	0.080	0.160	0.040	0.080	0.160
	焊锡膏	kg	31.03	0.008	0.016	0.032	0.008	0.016	0.032
	电力复合脂	kg	17.24	0.024	0.040	0.064	0.024	0.040	0.064
	自粘性橡胶带 20×5000	卷	2.67	0.400	0.960	1.640	8.800	13.600	14.400
	环氧树脂	kg	15.52	0.320	0.560	0.800	0.400	0.640	1.120
	聚酰胺树脂	kg	34.66	0.128	0.224	0.320	0.160	0.240	0.520
	封铅 含铅 65% 含锡 35 %	kg	22.04	0.288	0.472	0.568	0.352	0.512	0.632
	沥青绝缘漆	kg	10.34	3.200	4.800	6.400	4.000	5.600	7.200
	硬脂酸 一级	kg	7.02	0.024	0.032	0.040	0.024	0.032	0.040
	塑料带 20×40000	kg	12.07	0.240	0.400	0.560	—	—	—
	铝箔带 30×0.08	m	0.43	—	—	—	12.000	12.000	14.400
	双面半导体布带 20×5000	m	2.27	—	—	—	12.000	12.000	14.400
	聚四氟乙烯带 1×30	kg	68.97	—	—	—	0.240	0.400	0.560
	其他材料费	元	1.00	0.95	1.69	2.55	6.93	9.81	13.40

3. 热缩式电力电缆中间头制作、安装

工作内容:定位,量尺寸,锯断,剥切清洗,内屏蔽层处理,焊接地线,套热缩管,压接线端子,加热成形,安装。**计量单位**:个

				8-224	8-225	8-226	8-227	8-228	8-229
定额编号				8-224	8-225	8-226	8-227	8-228	8-229
项目				1kV 以下(截面 mm^2 以内)			10kV 以下(截面 mm^2 以内)		
				35	120	240	35	120	240
基价(元)				**151.10**	**249.69**	**349.80**	**188.81**	**299.38**	**411.41**
其中	人工费(元)			79.52	125.96	162.54	98.42	151.88	193.59
	材料费(元)			71.58	123.73	187.26	90.39	147.50	217.82
	机械费(元)			—	—	—	—	—	—
名称		单位	单价(元)	消耗量					
人工	二类人工	工日	135.00	0.589	0.933	1.204	0.729	1.125	1.434
材料	电缆中间接头盒	套	—	(1.020)	(1.020)	(1.020)	(1.020)	(1.020)	(1.020)
	镀锡裸铜绞线 TJRX 16～25	kg	50.00	0.240	0.280	0.280	0.200	0.240	0.280
	铜压接管 $25mm^2$	个	2.59	3.760	—	—	3.060	—	—
	铜压接管 $95mm^2$	个	8.62	—	3.760	—	—	3.060	—
	铜压接管 $185mm^2$	个	17.24	—	—	3.760	—	—	3.060
	汽油 综合	kg	6.12	0.400	0.560	0.720	0.480	0.640	0.800
	破布	kg	6.90	0.400	0.640	0.800	0.400	0.640	1.040
	色带	卷	6.47	0.080	0.128	0.160	0.080	0.128	0.160
	焊锡丝	kg	86.21	0.040	0.080	0.160	0.040	0.080	0.160
	焊锡膏	kg	31.03	0.008	0.016	0.032	0.008	0.016	0.032
	电力复合脂	kg	17.24	0.024	0.040	0.064	0.024	0.040	0.064
	自粘性橡胶带 20×5000	卷	2.67	0.400	0.960	1.640	0.400	0.960	1.640
	沥青绝缘漆	kg	10.34	3.200	4.800	6.400	4.000	5.600	7.200
	塑料带 20×40000	kg	12.07	0.240	0.400	0.560	—	—	—
	镀锌六角螺栓带帽 M8×80	套	0.52	4.100	4.100	4.100	4.100	4.100	4.100
	聚四氟乙烯带 1×30	kg	68.97	—	—	—	0.240	0.400	0.560
	其他材料费	元	1.00	0.82	1.41	2.14	1.03	1.69	2.49

九、电缆穿刺线夹安装

工作内容：定位，量尺寸，剥保护层，安装，包缠绝缘封堵。　　　　计量单位：个

定额编号				8-230	8-231	8-232	8-233
项目				电缆穿刺线夹(截面 mm² 以内)			
				16	35	70	120
基价(元)				**18.29**	**33.52**	**44.98**	**53.62**
其中	人工费(元)			16.47	31.59	42.66	50.90
	材料费(元)			1.82	1.93	2.32	2.72
	机械费(元)			—	—	—	—
名称		单位	单价(元)	消耗量			
人工	二类人工	工日	135.00	0.122	0.234	0.316	0.377
材料	线夹	只	—	(1.000)	(1.000)	(1.000)	(1.000)
	电力复合脂	kg	17.24	0.008	0.008	0.008	0.008
	自粘性橡胶带 20×5000	卷	2.67	0.080	0.120	0.120	0.160
	塑料带 20×40000	kg	12.07	0.032	0.032	0.064	0.088
	固定卡子 3×80	套	2.04	0.520	0.520	0.520	0.520
	其他材料费	元	1.00	0.02	0.02	0.03	0.03

工作内容：定位，量尺寸，剥保护层，安装，包缠绝缘封堵。　　　　计量单位：个

定额编号				8-234	8-235	8-236	8-237
项目				电缆穿刺线夹(截面 mm² 以内)			
				150	185	240	400
基价(元)				**60.98**	**69.54**	**80.74**	**156.03**
其中	人工费(元)			57.78	66.15	77.09	151.47
	材料费(元)			3.20	3.39	3.65	4.56
	机械费(元)			—	—	—	—
名称		单位	单价(元)	消耗量			
人工	二类人工	工日	135.00	0.428	0.490	0.571	1.122
材料	线夹	只	—	(1.000)	(1.000)	(1.000)	(1.000)
	电力复合脂	kg	17.24	0.016	0.016	0.016	0.016
	自粘性橡胶带 20×5000	卷	2.67	0.177	0.177	0.200	0.320
	塑料带 20×40000	kg	12.07	0.112	0.128	0.144	0.192
	固定卡子 3×80	套	2.04	0.520	0.520	0.520	0.520
	其他材料费	元	1.00	0.04	0.04	0.04	0.05

十、电缆井设置

工作内容:挖土方,运构件,坑底平整夯实,拼装壁、底、盖,回填夯实,余土外运,清理现场。调制砂浆,砌砖,搭拆简易脚手架,材料运输等。调制砂浆,铺灰,安装。

定额编号				8-238	8-239	8-240	8-241	8-242	8-243
项目				预制混凝土井安装	砖砌井		井盖安装		
					圆形	矩形	铸铁盖、座	混凝土盖、座	复合树脂盖、座
计量单位				(座)	(m^3)		套		
基价(元)				**98.41**	**709.09**	**665.60**	**65.45**	**61.81**	**56.78**
其中	人工费(元)			84.51	379.76	349.92	48.06	44.42	42.12
	材料费(元)			1.67	323.82	311.15	17.39	17.39	14.66
	机械费(元)			12.23	5.51	4.53	—	—	—
名称		单位	单价(元)	消耗量					
人工	二类人工	工日	135.00	0.626	2.813	2.592	0.356	0.329	0.312
材料	预制混凝土井	套	—	(1.010)	—	—	—	—	—
	井盖 综合	个	—	—	—	—	(1.000)	(1.000)	(1.000)
	复合硅酸盐水泥 P·C 32.5R 综合	t	319.00	—	0.064	0.051	0.012	0.012	0.012
	黄砂 毛砂	t	87.38	—	0.389	0.310	0.031	0.031	—
	水泥砂浆 M7.5	m^3	215.81	—	0.259	0.206	0.022	0.022	0.022
	水泥砂浆 1:2	m^3	268.85	—	—	—	0.022	0.022	0.022
	混凝土实心砖 240×115×53 MU10	千块	388.00	—	0.519	0.545	—	—	—
	普碳钢六角螺母 M12	个	0.26	6.400	—	—	—	—	—
	木模板	m^3	1445.00	—	0.004	0.004	—	—	—
	水	m^3	4.27	—	0.648	0.632	0.006	0.006	0.006
	其他材料费	元	1.00	0.01	3.60	3.40	0.17	0.17	0.14
机械	载货汽车 5t	台班	382.30	0.032	0.001	0.001	—	—	—
	机动翻斗车 1t	台班	197.36	—	0.026	0.021	—	—	—

第四章
配管、配线工程

说 明

一、本章定额包括电缆管敷设,钢管敷设,塑料管敷设,管内穿线,塑料护套线明敷设,钢索架设,母线拉紧装置及钢索拉紧装置制作、安装,接线箱安装、接线盒安装,开关、按钮、插座安装,带形母线安装,带形母线下引线安装,共12节124个子目。

二、塑料护套线用于临时线路敷设或在吊顶内穿管,不得套用塑料护套线明敷设定额。

三、钢管敷设按丝接编制采用焊接方法安装时参照《浙江省通用安装工程预算定额》(2018版)相关子目。

工程量计算规则

一、各种配管的工程量计算应区别不同敷设方式、敷设位置、管材材质、规格,以“延长米”计算。不扣除管路中间的接线箱(盒)、灯盒、开关盒所占长度。

二、本章定额中未包括钢索架设及拉紧装置、接线箱(盒)、支架的制作、安装,其工程量另行计算。

三、管内穿线定额工程量计算应区别线路性质、导线材质、导线截面积,按单线延长米计算。线路的分支接头线的长度已综合考虑在定额中,不再计算接头长度。

四、塑料护套线明敷设工程量计算,应区别导线截面积、导线芯数,敷设位置,按单线路延长米计算。

五、钢索架设工程量计算应区分圆钢、钢索直径,按图示墙柱内缘距离,按延长米计算,不扣除拉紧装置所占长度。

六、母线拉紧装置及钢索拉紧装置制作、安装工程量计算应区别母线截面积、花篮螺栓直径以“10 套”计算。

七、带形母线安装工程量计算应区分母线材质、母线截面积、安装位置,按“延长米”计算。

八、接线盒安装工程量计算,应区别安装形式,以及接线盒类型,以“10 个”计算。

九、开关、插座、按钮等的预留线已分别综合在相应定额内,不另计算。

一、电线管敷设

1. 砖、混凝土结构明、暗配

工作内容：测位，划线，打眼，埋螺栓，锯管，套丝，煨弯，配管，接地刷漆。　　　　计量单位：100m

定额编号				8-244	8-245	8-246	8-247	8-248	8-249
项目				砖、混凝土结构明配			砖、混凝土结构暗配		
				电线管公称直径（mm 以内）					
				20	32	50	20	32	50
基价（元）				**777.23**	**881.03**	**1047.16**	**415.36**	**624.25**	**826.02**
其中	人工费（元）			656.78	736.97	819.45	344.12	528.39	647.33
	材料费（元）			91.95	115.11	177.23	39.57	66.91	126.31
	机械费（元）			28.50	28.95	50.48	31.67	28.95	52.38
名称		单位	单价(元)	消耗量					
人工	二类人工	工日	135.00	4.865	5.459	6.070	2.549	3.914	4.795
材料	电线管	m	—	(103.000)	(103.000)	(103.000)	(103.000)	(103.000)	(103.000)
	镀锌管接头 1.5×20	个	1.00	20.600	—	—	20.600	—	—
	镀锌管接头 1.5×32	个	2.10	—	20.600	—	—	20.600	—
	镀锌管接头 1.5×50	个	3.59	—	—	20.600	—	—	20.600
	镀锌锁紧螺母 *DN*20×1.5	个	0.36	12.360	—	—	12.360	—	—
	镀锌锁紧螺母 *DN*32×1.5	个	0.39	—	12.360	—	—	12.360	—
	镀锌锁紧螺母 *DN*50×1.5	个	1.90	—	—	12.360	—	—	12.360
	塑料护口(电线管用) 20	个	0.09	12.360	—	—	12.360	—	—
	塑料护口(电线管用) 32	个	0.17	—	12.360	—	—	12.360	—
	塑料护口(电线管用) 50	个	0.26	—	—	12.360	—	—	12.360
	管卡子(电线管用) 15～20	个	0.28	57.600	—	—	—	—	—
	管卡子(电线管用) 25～32	个	0.40	—	33.600	—	—	—	—
	管卡子(电线管用) 45～50	个	0.37	—	—	28.000	—	—	—
	热轧光圆钢筋 综合	kg	3.97	0.744	0.664	1.928	0.744	0.664	1.928
	木螺钉 M4×65	个	0.08	120.000	72.000	28.000	—	—	—
	塑料胀管 ϕ6×45	只	0.04	117.600	69.600	28.000	—	—	—
	电焊条	kg	4.31	0.688	0.616	1.024	0.688	0.616	1.024
	钢锯条	条	2.59	2.080	1.440	1.600	2.080	1.440	1.600
	冲击钻头 ϕ12	个	4.48	0.480	0.240	0.160	—	—	—
	厚漆	kg	8.62	0.488	0.880	1.304	0.040	0.080	0.120
	醇酸防锈漆	kg	7.76	1.416	1.472	1.400	—	—	—
	溶剂汽油	kg	5.40	0.224	0.360	0.536	—	—	—
	清油	kg	14.22	0.224	0.360	0.536	—	—	—
	镀锌铁丝 16#	kg	6.55	0.200	0.200	0.200	0.200	0.200	0.200
	沥青漆	kg	9.83	—	0.424	0.504	—	0.496	0.576
	金属膨胀螺栓 M6×50	套	0.18	—	—	28.000	—	—	—
	其他材料费	元	1.00	1.00	1.30	2.00	0.45	0.83	1.44
机械	交流弧焊机 21kV·A	台班	63.33	0.450	0.400	0.670	0.500	0.400	0.700
	电动弯管机 108mm	台班	80.50	—	0.045	0.100	—	0.045	0.100

2. 钢结构支架、钢索配管

工作内容:测位,划线,打眼,上卡子,安装支架,锯管,套丝,煨弯配管,接地,刷漆。 **计量单位**:100m

				定额编号	8-250	8-251	8-252	8-253	8-254
项目					钢结构支架配管			钢索配管	
					电线管公称直径(mm 以内)				
					20	32	50	20	32
基价(元)					**687.11**	**890.53**	**1145.30**	**931.47**	**1167.41**
其中	人工费(元)				577.40	750.20	916.38	823.77	1023.03
	材料费(元)				81.21	111.38	178.44	79.20	115.43
	机械费(元)				28.50	28.95	50.48	28.50	28.95
名称		单位	单价(元)		消耗量				
人工	二类人工	工日	135.00		4.277	5.557	6.788	6.102	7.578
材料	电线管	m	—		(103.000)	(103.000)	(103.000)	(103.000)	(103.000)
	镀锌管接头 1.5×20	个	1.00		20.600	—	—	20.600	—
	镀锌管接头 1.5×32	个	2.10		—	20.600	—	—	20.600
	镀锌管接头 1.5×50	个	3.59		—	—	20.600	—	—
	镀锌锁紧螺母 *DN*20×1.5	个	0.36		12.360	—	—	12.360	—
	镀锌锁紧螺母 *DN*32×1.5	个	0.39		—	12.360	—	—	12.360
	镀锌锁紧螺母 *DN*50×1.5	个	1.90		—	—	12.360	—	—
	塑料护口(电线管用) 20	个	0.09		12.360	—	—	12.360	—
	塑料护口(电线管用) 32	个	0.17		—	12.360	—	—	12.360
	塑料护口(电线管用) 50	个	0.26		—	—	12.360	—	—
	管卡子(电线管用) 15~20	个	0.28		49.600	—	—	53.600	—
	管卡子(电线管用) 25~32	个	0.40		—	34.400	—	—	41.600
	管卡子(电线管用) 45~50	个	0.37		—	—	27.200	—	—
	半圆头螺钉 M6×12	个	0.08		100.000	69.600	55.200	108.160	83.200
	热轧光圆钢筋 综合	kg	3.97		0.744	0.664	1.928	0.744	0.664
	电焊条	kg	4.31		0.688	0.616	1.024	0.688	0.616
	镀锌铁丝 16#	kg	6.55		0.200	0.200	0.200	0.200	0.200
	钢锯条	条	2.59		2.080	1.440	1.600	2.080	1.440
	醇酸防锈漆	kg	7.76		1.416	1.472	2.200	0.936	1.472
	溶剂汽油	kg	5.40		0.224	0.360	0.536	0.224	0.360
	厚漆	kg	8.62		0.488	0.880	1.304	0.488	0.880
	清油	kg	14.22		0.224	0.360	0.536	0.224	0.360
	沥青漆	kg	9.83		—	0.424	0.504	—	0.424
	其他材料费	元	1.00		0.95	1.30	2.00	0.90	1.38
机械	交流弧焊机 21kV·A	台班	63.33		0.450	0.400	0.670	0.450	0.400
	电动弯管机 108mm	台班	80.50		—	0.045	0.100	—	0.045

二、钢 管 敷 设

1. 镀锌钢管地埋敷设

工作内容：测位、锯管、套丝、煨弯、配管、接地、补漆。　　　　**计量单位：**100m

定额编号				8-255	8-256	8-257	8-258	8-259
项目				钢管公称直径（mm 以内）				
				20	32	50	70	100
基价（元）				**478.50**	**590.57**	**944.70**	**1344.13**	**1909.48**
其中	人工费（元）			398.93	473.72	733.46	1035.18	1470.02
	材料费（元）			79.57	116.85	199.66	280.47	410.98
	机械费（元）			—	—	11.58	28.48	28.48
名称		单位	单价(元)	消耗量				
人工	二类人工	工日	135.00	2.955	3.509	5.433	7.668	10.889
材料	镀锌对缝钢管 φ50～100	m	—	(103.000)	(103.000)	(103.000)	(103.000)	(103.000)
	镀锌钢管接头 20×2.75	个	1.00	16.517	—	—	—	—
	镀锌钢管接头 32×3.25	个	2.10	—	16.517	—	—	—
	镀锌钢管接头 50×3.5	个	3.59	—	—	16.517	—	—
	镀锌钢管接头 80×4	个	6.21	—	—	—	15.516	—
	镀锌钢管接头 100×4	个	9.83	—	—	—	—	15.516
	塑料护口(钢管用) 20	个	0.09	10.210	—	—	—	—
	塑料护口(钢管用) 32	个	0.16	—	8.208	—	—	—
	塑料护口(钢管用) 50	个	0.24	—	—	8.208	—	—
	塑料护口(钢管用) 70	个	0.35	—	—	—	8.208	—
	塑料护口(钢管用) 100	个	0.62	—	—	—	—	8.208
	镀锌锁紧螺母 *DN*20×3	个	0.44	10.210	—	—	—	—
	镀锌锁紧螺母 *DN*32×3	个	0.52	—	8.008	—	—	—
	镀锌锁紧螺母 *DN*50×3	个	4.91	—	—	8.008	—	—
	镀锌锁紧螺母 *DN*65×3	个	7.03	—	—	—	8.008	—
	镀锌锁紧螺母 *DN*100×3	个	12.21	—	—	—	—	8.008
	镀锌铁丝 φ1.2～1.8	kg	5.78	0.400	0.400	0.400	0.400	0.400
	铜芯塑料绝缘线 BVR4	m	2.16	8.709	12.262	17.618	21.421	25.726
	镀锌地线夹 20	套	0.78	24.224	—	—	—	—
	镀锌地线夹 32	套	0.95	—	24.224	—	—	—
	镀锌地线夹 50	套	1.03	—	—	24.224	—	—
	镀锌地线夹 80	套	1.55	—	—	—	24.224	—
	镀锌地线夹 100	套	2.16	—	—	—	—	24.224
	醇酸磁漆	kg	15.52	0.200	0.400	0.601	0.701	0.901
	钢锯条	条	2.59	3.003	3.003	3.003	3.003	3.003
	铅油(厚漆)	kg	7.33	0.601	1.001	1.502	1.702	1.902
	溶剂汽油	kg	5.40	0.200	0.300	0.501	0.701	0.801
	其他材料费	元	1.00	1.26	1.93	2.94	3.90	5.36
机械	管子切断机 150mm	台班	29.76	—	—	0.105	0.105	0.105
	电动弯管机 108mm	台班	80.50	—	—	0.105	0.315	0.315

2. 砖、混凝土结构明配

工作内容:测位,划线,打眼,埋螺栓,锯管,套丝,煨弯,配管,接地刷漆。　　　　**计量单位:**100m

定额编号				8-260	8-261	8-262	8-263	8-264
项目				钢管公称直径(mm 以内)				
				20	32	50	70	100
基价(元)				**956.13**	**1258.09**	**1738.18**	**2883.34**	**4488.28**
其中	人工费(元)			733.32	896.67	1167.89	1848.02	2748.33
	材料费(元)			222.81	361.42	558.71	1006.84	1711.47
	机械费(元)			—	—	11.58	28.48	28.48
	名称	单位	单价(元)	消耗量				
人工	二类人工	工日	135.00	5.432	6.642	8.651	13.689	20.358
材料	镀锌对缝钢管 φ50~100	m	—	(103.000)	(103.000)	(103.000)	(103.000)	(103.000)
	镀锌钢管接头 20×2.75	个	1.00	16.517	—	—	—	—
	镀锌钢管接头 32×3.25	个	2.10	—	16.517	—	—	—
	镀锌钢管接头 50×3.5	个	3.59	—	—	16.016	—	—
	镀锌钢管接头 80×4	个	6.21	—	—	—	15.015	—
	镀锌钢管接头 100×4	个	9.83	—	—	—	—	15.015
	镀锌锁紧螺母 *DN*20×1.5	个	0.36	16.016	—	—	—	—
	镀锌锁紧螺母 *DN*32×3	个	0.52	—	16.016	—	—	—
	镀锌锁紧螺母 *DN*50×3	个	4.91	—	—	12.020	—	—
	镀锌锁紧螺母 *DN*80×3	个	9.58	—	—	—	12.020	—
	镀锌锁紧螺母 *DN*100×3	个	12.21	—	—	—	—	12.020
	镀锌钢管塑料护口 *DN*20	个	0.09	41.241	—	—	—	—
	塑料护口(钢管用) 32	个	0.16	—	15.015	—	—	—
	镀锌钢管塑料护口 *DN*50	个	0.24	—	—	15.015	—	—
	镀锌钢管塑料护口 *DN*80	个	0.38	—	—	—	15.015	—
	镀锌钢管塑料护口 *DN*100	个	0.62	—	—	—	—	15.015
	镀锌管箍 *DN*20	个	1.02	123.724	—	—	—	—
	镀锌管箍 *DN*32	个	2.77	—	85.586	—	—	—
	镀锌管箍 *DN*50	个	4.93	—	—	68.068	—	—
	镀锌管箍 *DN*75	个	12.93	—	—	—	52.025	—
	镀锌管箍 *DN*100	个	24.14	—	—	—	—	52.025
	镀锌地线夹 20	套	0.78	31.982	—	—	—	—
	镀锌地线夹 32	套	0.95	—	31.982	—	—	—
	镀锌地线夹 50	套	1.03	—	—	31.982	—	—
	镀锌地线夹 80	套	1.55	—	—	—	31.031	—
	镀锌地线夹 100	套	2.16	—	—	—	—	31.031
	镀锌铁丝 φ1.2~1.8	kg	5.78	0.801	0.801	1.001	1.001	1.001
	金属膨胀螺栓 M6	10 套	1.90	—	—	7.007	10.010	10.010
	木螺钉 M4×65	个	0.08	25.025	17.317	7.007	—	—
	钢锯条	条	2.59	3.003	3.003	3.003	1.001	1.001
	醇酸清漆	kg	12.50	0.300	0.501	1.001	1.001	1.001
	铅油(厚漆)	kg	7.33	0.701	1.301	2.002	2.002	3.003
	油漆溶剂油	kg	3.79	0.601	0.901	1.001	2.002	3.003
	塑料胀管 φ6~8	个	0.04	264.264	182.783	73.073	—	—
	冲击钻头 φ6~8	个	4.48	1.702	1.201	1.001	1.001	1.001
	其他材料费	元	1.00	1.90	2.85	4.25	5.30	7.10
机械	管子切断机 150mm	台班	29.76	—	—	0.105	0.105	0.105
	电动弯管机 108mm	台班	80.50	—	—	0.105	0.315	0.315

3. 砖、混凝土结构暗配

工作内容：测位，划线，打眼，安装支架，上卡子，锯管，套丝，煨弯，配管，接地，刷漆。　　**计量单位**：100m

定额编号				8-265	8-266	8-267	8-268	8-269
项目				钢管公称直径（mm 以内）				
				20	32	50	70	100
基价（元）				**599.07**	**751.26**	**1367.05**	**2041.23**	**3083.33**
其中	人工费（元）			498.69	611.55	1101.20	1613.25	2504.25
	材料费（元）			100.38	139.71	254.27	399.50	550.60
	机械费（元）			—	—	11.58	28.48	28.48
名称		单位	单价(元)	消耗量				
人工	二类人工	工日	135.00	3.694	4.530	8.157	11.950	18.550
材料	镀锌对缝钢管 φ50～100	m	—	(103.000)	(103.000)	(103.000)	(103.000)	(103.000)
	镀锌钢管接头 20×2.75	个	1.00	16.061	—	—	—	—
	镀锌钢管接头 32×3.25	个	2.10	—	16.061	—	—	—
	镀锌钢管接头 50×3.5	个	3.59	—	—	16.517	—	—
	镀锌钢管接头 80×4	个	6.21	—	—	—	15.516	—
	镀锌钢管接头 100×4	个	9.83	—	—	—	—	15.516
	塑料护口(钢管用) 20	个	0.09	41.241	—	—	—	—
	塑料护口(钢管用) 32	个	0.16	—	15.015	—	—	—
	塑料护口(钢管用) 50	个	0.24	—	—	15.516	—	—
	塑料护口(钢管用) 70	个	0.35	—	—	—	15.516	—
	塑料护口(钢管用) 100	个	0.62	—	—	—	—	15.516
	镀锌锁紧螺母 *DN*20×1.5	个	0.36	41.241	—	—	—	—
	镀锌锁紧螺母 *DN*32×3	个	0.52	—	20.020	—	—	—
	镀锌锁紧螺母 *DN*50×3	个	4.91	—	—	16.016	—	—
	镀锌锁紧螺母 *DN*80×3	个	9.58	—	—	—	16.016	—
	镀锌锁紧螺母 *DN*100×3	个	12.21	—	—	—	—	16.016
	镀锌地线夹 20	套	0.78	32.032	—	—	—	—
	镀锌地线夹 32	套	0.95	—	32.032	—	—	—
	镀锌地线夹 50	套	1.03	—	—	31.982	—	—
	镀锌地线夹 80	套	1.55	—	—	—	30.931	—
	镀锌地线夹 100	套	2.16	—	—	—	—	30.931
	铜芯塑料绝缘线 BVR4	m	2.16	8.508	12.513	17.618	25.726	31.482
	镀锌铁丝 φ1.2～1.8	kg	5.78	1.001	1.001	1.001	1.001	1.001
	钢锯条	条	2.59	3.003	3.003	3.003	—	—
	醇酸清漆	kg	12.50	—	1.001	0.701	0.901	1.410
	油漆溶剂油	kg	3.79	—	—	0.601	0.901	1.301
	铅油(厚漆)	kg	7.33	1.001	1.001	1.802	2.102	3.103
	其他材料费	元	1.00	1.50	2.30	3.80	4.90	7.00
机械	管子切断机 150mm	台班	29.76	—	—	0.105	0.105	0.105
	电动弯管机 108mm	台班	80.50	—	—	0.105	0.315	0.315

4. 钢结构支架配管

工作内容:测位,划线,打眼,安装支架,上卡子,锯管,套丝,煨弯,配管,接地,刷漆。 **计量单位**:100m

	定额编号			8-270	8-271	8-272	8-273	8-274
	项目			钢管公称直径(mm 以内)				
				20	32	50	70	100
	基价(元)			**809.47**	**1109.03**	**1663.58**	**2679.74**	**4217.07**
其中	人工费(元)			533.66	717.39	1069.47	1611.09	2430.54
	材料费(元)			275.81	391.64	582.53	1040.17	1758.05
	机械费(元)			—	—	11.58	28.48	28.48
	名称	单位	单价(元)	消耗量				
人工	二类人工	工日	135.00	3.953	5.314	7.922	11.934	18.004
材料	镀锌对缝钢管 ϕ50 ~ 100	m	—	(103.000)	(103.000)	(103.000)	(103.000)	(103.000)
	镀锌钢管接头 20×2.75	个	1.00	16.517	—	—	—	—
	镀锌钢管接头 32×3.25	个	2.10	—	16.517	—	—	—
	镀锌钢管接头 50×3.5	个	3.59	—	—	16.517	—	—
	镀锌钢管接头 80×4	个	6.21	—	—	—	15.516	—
	镀锌钢管接头 100×4	个	9.83	—	—	—	—	15.516
	镀锌锁紧螺母 *DN*20×1.5	个	0.36	41.241	—	—	—	—
	镀锌锁紧螺母 *DN*32×3	个	0.52	—	16.016	—	—	—
	镀锌锁紧螺母 *DN*50×3	个	4.91	—	—	16.016	—	—
	镀锌锁紧螺母 *DN*80×3	个	9.58	—	—	—	16.016	—
	镀锌锁紧螺母 *DN*100×3	个	12.21	—	—	—	—	16.016
	镀锌钢管塑料护口 *DN*20	个	0.09	41.241	—	—	—	—
	塑料护口(电线管用) 32	个	0.17	—	15.516	—	—	—
	塑料护口(电线管用) 50	个	0.26	—	—	15.516	—	—
	塑料护口(钢管用) 80	个	0.38	—	—	—	15.516	—
	塑料护口(钢管用) 100	个	0.62	—	—	—	—	15.516
	镀锌管箍 *DN*20	个	1.02	123.724	—	—	—	—
	镀锌管箍 *DN*32	个	2.77	—	85.586	—	—	—
	镀锌管箍 *DN*50	个	4.93	—	—	68.068	—	—
	镀锌管箍 *DN*75	个	12.93	—	—	—	51.552	—
	镀锌管箍 *DN*100	个	24.14	—	—	—	—	51.552
	镀锌地线夹 20	套	0.78	31.982	—	—	—	—
	镀锌地线夹 32	套	0.95	—	31.982	—	—	—
	镀锌地线夹 50	套	1.03	—	—	31.982	—	—
	镀锌地线夹 80	套	1.55	—	—	—	30.931	—
	镀锌地线夹 100	套	2.16	—	—	—	—	30.931
	半圆头螺钉 M6 ~ 8×12 ~ 30	10 个	2.59	24.525	16.917	13.514	10.210	10.210
	镀锌铁丝 ϕ1.2 ~ 1.8	kg	5.78	0.801	0.801	0.801	0.801	0.801
	钢锯条	条	2.59	3.003	3.003	—	—	—
	醇酸清漆	kg	12.50	0.300	0.501	0.701	0.901	1.401
	油漆溶剂油	kg	3.79	0.601	0.901	1.401	1.802	2.703
	铅油(厚漆)	kg	7.33	0.701	1.301	1.902	2.102	3.103
	其他材料费	元	1.00	2.50	3.10	4.40	5.40	7.50
机械	管子切断机 150mm	台班	29.76	—	—	0.105	0.105	0.105
	电动弯管机 108mm	台班	80.50	—	—	0.105	0.315	0.315

5. 杆上控制柜、箱进出线管管架安装

工作内容:定位,配料,横担、抱箍安装,竖钢管,上压板,螺栓紧固。 **计量单位:**套

定额编号				8-275	8-276	8-277	8-278	8-279	8-280
项目				镀锌管 *DN*40			镀锌管 *DN*50		
				沿杆安装高度(m 以内)					
				4	8	12	4	8	12
基价(元)				**137.23**	**193.19**	**285.82**	**137.23**	**193.19**	**285.82**
其中	人工费(元)			54.68	85.32	126.90	54.68	85.32	126.90
	材料费(元)			76.22	101.54	152.59	76.22	101.54	152.59
	机械费(元)			6.33	6.33	6.33	6.33	6.33	6.33
	名称	单位	单价(元)	消耗量					
人工	二类人工	工日	135.00	0.405	0.632	0.940	0.405	0.632	0.940
材料	镀锌角钢横担 50×5×800	根	21.55	2.424	3.232	4.848	2.424	3.232	4.848
	镀锌扁钢抱箍 -40×4	副	6.81	2.424	3.232	4.848	2.424	3.232	4.848
	镀锌扁钢卡子 25×4	kg	4.83	0.824	1.080	1.680	0.824	1.080	1.680
	六角带帽螺栓 M12×55	套	0.53	4.896	6.528	9.792	4.896	6.528	9.792
	其他材料费	元	1.00	0.90	1.20	1.80	0.90	1.20	1.80
机械	交流弧焊机 21kV·A	台班	63.33	0.100	0.100	0.100	0.100	0.100	0.100

注:杆上控制箱进出线管管架制作、安装以套为单位,一箱一套,多管排列不重复计,镀锌管应计入敷管工程量中。

三、塑料管敷设

1. 塑料管地埋敷设

工作内容:配管,锯管,煨弯,管口处理,接管,埋设,封管口。 **计量单位:**100m

定额编号				8-281	8-282	8-283	8-284	8-285
项目				塑料管公称直径(mm 以内)				
				20	32	50	70	100
基价(元)				**244.78**	**305.30**	**410.53**	**472.74**	**512.50**
其中	人工费(元)			187.92	240.17	308.48	369.63	372.47
	材料费(元)			3.41	3.41	3.41	4.47	4.47
	机械费(元)			53.45	61.72	98.64	98.64	135.56
	名称	单位	单价(元)	消耗量				
人工	二类人工	工日	135.00	1.392	1.779	2.285	2.738	2.759
材料	硬塑料管	m	—	(106.000)	(106.000)	(106.000)	(106.000)	(106.000)
	镀锌铁丝 16#	kg	6.55	0.200	0.200	0.200	0.200	0.200
	钢锯条	条	2.59	0.800	0.800	0.800	1.200	1.200
	其他材料费	元	1.00	0.03	0.03	0.03	0.05	0.05
机械	载货汽车 4t	台班	369.21	0.100	0.100	0.200	0.200	0.300
	电动空气压缩机 0.6m³/min	台班	33.06	0.500	0.750	0.750	0.750	0.750

注:管接头、挖填土按实计算,公称直径 100mm 以上塑料管埋设,可按 100mm 定额乘以相应系数:150mm 及以下乘以系数 1.2;200mm 及以下乘以系数 1.5;250mm 及以下乘以系数 2.0。

2. 砖、混凝土结构暗配及钢索配管

工作内容:测位,划线,打眼,埋螺栓,锯管,煨弯,配管,接管。 **计量单位**:100m

定额编号				8-286	8-287	8-288	8-289	8-290
项目				砖、混凝土暗配				
				塑料管公称直径(mm 以内)				
				20	32	50	70	100
基价(元)				**440.19**	**525.80**	**659.17**	**799.20**	**1003.25**
其中	人工费(元)			418.77	495.99	627.75	766.67	970.52
	材料费(元)			4.89	5.01	6.62	7.73	7.93
	机械费(元)			16.53	24.80	24.80	24.80	24.80
名称		单位	单价(元)	消耗量				
人工	二类人工	工日	135.00	3.102	3.674	4.650	5.679	7.189
材料	硬塑料管	m	—	(106.000)	(106.000)	(106.000)	(106.000)	(106.000)
	镀锌铁丝 16#	kg	6.55	0.200	0.200	0.200	0.200	0.200
	钢锯条	条	2.59	0.800	0.800	0.800	1.200	1.200
	塑料焊条	kg	8.03	0.176	0.192	0.384	0.392	0.416
	其他材料费	元	1.00	0.09	0.09	0.15	0.16	0.17
机械	电动空气压缩机 0.6m^3/min	台班	33.06	0.500	0.750	0.750	0.750	0.750

工作内容:测位,划线,打眼,埋螺栓,锯管,煨弯,配管,接管。 **计量单位**:100m

定额编号				8-291	8-292
项目				钢索配管	
				塑料管公称直径(mm 以内)	
				20	32
基价(元)				**579.84**	**664.80**
其中	人工费(元)			459.00	520.16
	材料费(元)			104.31	119.84
	机械费(元)			16.53	24.80
名称		单位	单价(元)	消耗量	
人工	二类人工	工日	135.00	3.400	3.853
材料	硬塑料管	m	—	(106.000)	(106.000)
	镀锌铁丝 16#	kg	6.55	0.200	0.200
	钢锯条	条	2.59	0.800	0.800
	吊管卡子 20mm	个	1.47	60.000	—
	吊管卡子 32mm	个	2.28	—	46.400
	塑料焊条	kg	8.03	0.192	0.192
	半圆头螺钉 M6×12	个	0.08	124.800	96.512
	其他材料费	元	1.00	1.20	1.40
机械	电动空气压缩机 0.6m^3/min	台班	33.06	0.500	0.750

3. 砖、混凝土结构明配

工作内容：测位，划线，打眼，埋螺栓，锯管，煨弯，配管，接管。 **计量单位**：100m

定额编号				8-293	8-294	8-295	8-296	8-297
项目				塑料管公称直径（mm 以内）				
				20	32	50	70	100
基价（元）				**754.97**	**838.07**	**894.84**	**1039.38**	**1336.46**
其中	人工费（元）			661.37	739.53	840.24	974.84	1275.75
	材料费（元）			77.07	73.74	29.80	39.74	35.91
	机械费（元）			16.53	24.80	24.80	24.80	24.80
名称		单位	单价(元)	消耗量				
人工	二类人工	工日	135.00	4.899	5.478	6.224	7.221	9.450
材料	硬塑料管	m	—	(106.000)	(106.000)	(106.000)	(106.000)	(106.000)
	塑料管卡 FCL20	个	0.72	65.600	—	—	—	—
	塑料管卡 FCL32	个	1.03	—	48.800	—	—	—
	塑料管卡子 50	个	0.32	—	—	33.600	—	—
	塑料管卡子	个	0.69	—	—	—	27.200	—
	塑料管卡子 100	个	0.55	—	—	—	—	27.200
	塑料胀管 $\phi6\times45$	只	0.04	133.600	99.200	68.000	—	—
	木螺钉 M4×65	个	0.08	133.600	99.200	68.000	—	—
	塑料焊条	kg	8.03	0.192	0.192	0.384	0.384	0.384
	镀锌铁丝 16#	kg	6.55	0.200	0.200	0.200	0.200	0.200
	钢锯条	条	2.59	0.800	0.800	0.800	1.200	1.200
	冲击钻头 $\phi12$	个	4.48	1.776	1.288	0.896	0.704	0.704
	金属膨胀螺栓 M6×50	套	0.18	—	—	—	54.400	54.400
	其他材料费	元	1.00	0.93	0.88	0.41	0.52	0.50
机械	电动空气压缩机 $0.6m^3/min$	台班	33.06	0.500	0.750	0.750	0.750	0.750

四、管内穿线

工作内容：穿引线，扫管，涂滑石粉，穿线，编号。 **计量单位**：100m

定额编号				8-298	8-299	8-300	8-301
项目				照明线路			
				导线截面（mm^2以内）			
				2.5	4	6	16
基价（元）				**60.37**	**43.84**	**49.64**	**68.03**
其中	人工费（元）			58.32	40.77	46.71	64.13
	材料费（元）			2.05	3.07	2.93	3.90
	机械费（元）			—	—	—	—
名称		单位	单价(元)	消耗量			
人工	二类人工	工日	135.00	0.432	0.302	0.346	0.475
材料	绝缘导线	m	—	(116.000)	(110.000)	(105.000)	(105.000)
	钢丝 综合	kg	5.28	0.072	0.104	0.080	0.104
	棉纱	kg	10.34	0.160	0.240	0.240	0.320
	其他材料费	元	1.00	0.02	0.04	0.03	0.04

工作内容:穿引线,扫管,涂滑石粉,穿线,编号。 计量单位:100m

定额编号				8-302	8-303	8-304
项目				照明线路		
				导线截面(mm²以内)		
				35	70	120
基价(元)				**89.29**	**182.09**	**228.60**
其中	人工费(元)			84.51	176.04	221.67
	材料费(元)			4.78	6.05	6.93
	机械费(元)			—	—	—
名称		单位	单价(元)	消耗量		
人工	二类人工	工日	135.00	0.626	1.304	1.642
材料	绝缘导线	m	—	(105.000)	(105.000)	(105.000)
	钢丝 综合	kg	5.28	0.112	0.192	0.200
	棉纱	kg	10.34	0.400	0.480	0.560
	其他材料费	元	1.00	0.05	0.07	0.08

五、塑料护套线明敷设

1. 砖、混凝土结构

工作内容:测位,划线,打眼,埋螺栓,下过墙管,上卡子,装盒子,配线。 计量单位:100m

定额编号				8-305	8-306	8-307	8-308	8-309	8-310
项目				二芯			三芯		
				导线截面(mm² 以内)					
				2.5	6	10	2.5	6	10
基价(元)				**822.76**	**828.14**	**934.04**	**874.78**	**890.10**	**996.00**
其中	人工费(元)			768.42	783.00	896.00	809.19	823.77	936.77
	材料费(元)			54.34	45.14	38.04	65.59	66.33	59.23
	机械费(元)			—	—	—	—	—	—
名称		单位	单价(元)	消耗量					
人工	二类人工	工日	135.00	5.692	5.800	6.637	5.994	6.102	6.939
材料	绝缘导线	m	—	(111.000)	(104.900)	(104.900)	(111.000)	(104.900)	(104.900)
	复合硅酸盐水泥 P·C 32.5R 综合	kg	0.32	4.000	4.000	4.000	4.800	4.800	4.800
	接线盒 (50~70)×(50~70)×25	个	8.62	4.000	3.200	2.400	4.000	3.200	2.400
	直瓷管 ϕ9~15×305	个	1.29	6.400	4.800	4.800	14.832	—	—
	直瓷管 ϕ19~25×300	个	5.60	—	—	—	—	4.800	4.800
	钢筋扎头 1#~5#	包	1.29	5.840	5.840	5.840	5.840	5.840	5.840
	鞋钉 20mm	kg	8.72	0.168	0.168	0.168	0.168	0.168	0.168
	木螺钉 M4×65	个	0.08	8.800	7.200	5.600	8.800	7.200	5.600
	其他材料费	元	1.00	0.62	0.51	0.43	0.74	0.76	0.68

2.沿 钢 索

工作内容:测位,划线,上卡子,装盒子,配线。 计量单位:100m

定额编号				8-311	8-312	8-313	8-314	8-315	8-316
项目				二芯			三芯		
				导线截面(mm^2 以内)					
				2.5	6	10	2.5	6	10
基价(元)				263.98	319.76	452.70	334.73	405.75	592.69
其中	人工费(元)			220.19	283.64	424.31	290.93	369.63	564.30
	材料费(元)			43.79	36.12	28.39	43.80	36.12	28.39
	机械费(元)			—	—	—	—	—	—
名称		单位	单价(元)	消耗量					
人工	二类人工	工日	135.00	1.631	2.101	3.143	2.155	2.738	4.180
材料	绝缘导线	m	—	(107.900)	(104.900)	(104.900)	(107.900)	(104.900)	(104.900)
	接线盒 (50~70)×(50~70)×25	个	8.62	4.000	3.200	2.400	4.000	3.200	2.400
	中厚钢板 60×110×1.5	块	0.58	4.000	3.200	2.400	4.000	3.200	2.400
	钢筋扎头 1#~5#	包	1.29	4.080	4.080	4.080	4.080	4.080	4.080
	半圆头螺钉 M6×20	个	0.07	17.600	14.400	10.400	17.600	14.400	10.400
	其他材料费	元	1.00	0.49	0.41	0.32	0.50	0.41	0.32

3.砖、混凝土结构粘接

工作内容:测位,划线,打眼,下过墙管,配料,粘接底板,上卡子,装盒子,配线。 计量单位:100m

定额编号				8-317	8-318	8-319	8-320	8-321	8-322
项目				二芯			三芯		
				导线截面(mm^2 以内)					
				2.5	6	10	2.5	6	10
基价(元)				561.93	598.09	732.44	581.18	721.71	910.11
其中	人工费(元)			448.34	493.56	634.91	466.56	596.30	791.64
	材料费(元)			113.59	104.53	97.53	114.62	125.41	118.47
	机械费(元)			—	—	—	—	—	—
名称		单位	单价(元)	消耗量					
人工	二类人工	工日	135.00	3.321	3.656	4.703	3.456	4.417	5.864
材料	绝缘导线	m	—	(111.000)	(104.900)	(104.900)	(111.000)	(104.900)	(104.900)
	接线盒 (50~70)×(50~70)×25	个	8.62	4.000	3.200	2.400	4.000	3.200	2.400
	直瓷管 ϕ9~15×305	个	1.29	6.400	4.800	4.800	7.200	—	—
	直瓷管 ϕ19~25×300	个	5.60	—	—	—	—	4.800	4.800
	钢筋扎头 1#~5#	包	1.29	5.840	5.840	5.840	5.840	5.840	5.840
	钢筋扎头底板	kg	5.17	0.320	0.320	0.320	0.320	0.320	0.320
	粘合剂	kg	26.29	2.296	2.296	2.296	2.296	2.296	2.296
	其他材料费	元	1.00	1.30	1.20	1.10	1.30	1.40	1.35

六、钢 索 架 设

工作内容:测位,断料,调直,架设,绑扎,拉紧,刷漆。 **计量单位**:100m

定额编号				8-323	8-324	8-325	8-326
项目				直径(mm 以内)			
				圆钢		钢丝绳	
				$\phi6$	$\phi9$	$\phi6$	$\phi9$
基价(元)				**245.58**	**282.45**	**187.32**	**221.39**
其中	人工费(元)			201.15	218.03	126.90	143.64
	材料费(元)			44.43	64.42	60.42	77.75
	机械费(元)			—	—	—	—
名称		单位	单价(元)	消耗量			
人工	二类人工	工日	135.00	1.490	1.615	0.940	1.064
材料	热轧光圆钢筋	m	—	(105.000)	(105.000)	—	—
	钢丝绳 1×19	m	—	—	—	(105.000)	(105.000)
	钢线卡子 $\phi6$	个	2.59	8.160	—	8.160	—
	钢线卡子 $\phi10\sim20$	个	2.59	—	8.160	—	8.160
	铁件	kg	3.71	2.816	4.576	2.816	4.576
	镀锌六角螺栓带帽 M6×40	套	0.19	15.600	—	15.600	—
	镀锌六角螺栓带帽 M14×50	套	0.84	—	15.600	—	15.600
	厚漆	kg	8.62	0.512	0.704	—	—
	清油	kg	14.22	0.256	0.320	—	—
	钢锯条	条	2.59	0.400	0.400	0.400	0.400
	镀锌铁丝 16#	kg	6.55	0.024	0.032	—	—
	溶剂汽油	kg	5.40	—	—	0.400	0.400
	心形环	个	5.40	—	—	4.080	4.080
	其他材料费	元	1.00	0.64	1.34	0.65	1.31

七、母线拉紧装置及钢索拉紧装置制作、安装

工作内容：下料，钻眼，煨弯，组装，测位，打眼，埋螺栓，连接固定，刷漆。 **计量单位**：10 套

定额编号				8-327	8-328	8-329	8-330	8-331
项目				母线拉紧装置		钢索（钢绞线）拉紧装置		
				母线截面（mm^2 以内）		花篮螺栓直径（mm 以内）		
				500	1200	12	16	20
基价（元）				**838.73**	**991.58**	**790.33**	**941.95**	**1120.23**
其中	人工费（元）			400.95	517.59	513.27	604.40	683.10
	材料费（元）			423.55	459.76	277.06	337.55	437.13
	机械费（元）			14.23	14.23	—	—	—
名称		单位	单价（元）	消耗量				
人工	二类人工	工日	135.00	2.970	3.834	3.802	4.477	5.060
材料	热轧薄钢板 Q235B δ3.5	kg	3.77	42.150	51.650	—	—	—
	拉紧绝缘子 J-2	个	6.90	20.200	20.200	—	—	—
	花篮螺栓 M12×200	个	5.17	—	—	10.200	—	—
	花篮螺栓 M16×250	个	10.34	—	—	—	10.200	—
	花篮螺栓 M20×300	个	18.97	—	—	—	—	10.200
	镀锌六角螺栓带帽 M16×430	套	9.16	—	—	20.400	20.400	20.400
	双头带帽螺栓 M16×340	套	11.81	10.200	10.200	—	—	—
	铁件	kg	3.71	—	—	9.290	11.150	13.940
	其他材料费	元	1.00	4.80	5.20	3.00	3.85	5.05
机械	交流弧焊机 21kV·A	台班	63.33	0.200	0.200	—	—	—
	台式钻床 16mm	台班	3.90	0.400	0.400	—	—	—

八、接线箱安装

工作内容：测位，打眼，埋螺栓，箱子开孔，刷漆，固定。 **计量单位**：10 个

定额编号				8-332	8-333	8-334	8-335
项目				明装		暗装	
				接线箱半周长（mm 以内）			
				700	1500	700	1500
基价（元）				**424.95**	**577.26**	**472.45**	**717.71**
其中	人工费（元）			417.02	564.30	466.56	707.13
	材料费（元）			7.93	12.96	5.89	10.58
	机械费（元）			—	—	—	—
名称		单位	单价（元）	消耗量			
人工	二类人工	工日	135.00	3.089	4.180	3.456	5.238
材料	接线箱	个	—	(10.000)	(10.000)	(10.000)	(10.000)
	金属膨胀螺栓 M6	10 套	1.90	4.080	—	—	—
	金属膨胀螺栓 M8	10 套	3.10	—	4.080	—	—
	沥青漆	kg	9.83	—	—	0.592	1.064
	其他材料费	元	1.00	0.18	0.31	0.07	0.12

九、接线盒安装

工作内容:测位,打眼,埋螺栓,箱子开孔,刷漆,固定。 **计量单位**:10 个

定额编号				8-336	8-337	8-338	8-339
项目				暗装		明装	钢索上安装
				接线盒	开关盒	普通接线盒	接线盒
基价(元)				**45.62**	**38.46**	**67.33**	**25.78**
其中	人工费(元)			38.07	34.97	58.32	18.23
	材料费(元)			7.55	3.49	9.01	7.55
	机械费(元)			—	—	—	—
名称		单位	单价(元)	消耗量			
人工	二类人工	工日	135.00	0.282	0.259	0.432	0.135
材料	接线盒	个	—	(10.200)	—	(10.200)	—
	开关盒(暗装)	个	—	—	(10.200)	—	—
	钢索上安装接线盒	个	—	—	—	—	(10.200)
	塑料胀管 $\phi6\times45$	只	0.04	—	—	20.600	—
	半圆头螺钉 M4×30	个	0.03	—	—	20.600	—
	塑料护口(电线管用) 15	个	0.04	22.250	10.300	22.250	22.250
	镀锌锁紧螺母 *DN*15×3	个	0.29	22.250	10.300	22.250	22.250
	其他材料费	元	1.00	0.21	0.09	0.23	0.21

十、开关、按钮、插座安装

1. 开关、按钮安装

工作内容:测位,划线,打眼,缠埋螺栓,清扫盒子,上木台,缠钢丝弹簧垫,装开关、按钮,接线,装盖。 **计量单位**:10 套

定额编号				8-340	8-341	8-342	8-343
项目				板式开关暗装			
				单联	双联	三联	四联
基价(元)				**73.92**	**75.92**	**77.91**	**79.91**
其中	人工费(元)			69.93	69.93	69.93	69.93
	材料费(元)			3.99	5.99	7.98	9.98
	机械费(元)			—	—	—	—
名称		单位	单价(元)	消耗量			
人工	二类人工	工日	135.00	0.518	0.518	0.518	0.518
材料	扳把暗装开关	套	—	(10.200)	(10.200)	(10.200)	(10.200)
	铜芯塑料绝缘线 BV2.5	m	1.29	3.050	4.580	6.110	7.640
	其他材料费	元	1.00	0.06	0.08	0.10	0.12

工作内容:测位,划线,打眼,缠埋螺栓,清扫盒子,上木台,缠钢丝弹簧垫,装开关、按钮,接线,装盖。**计量单位**:10 套

定额编号				8-344	8-345	8-346	8-347
项目				扳把开关明装	拉线开关安装	一般按钮	
						明装	暗装
基价(元)				**87.93**	**93.47**	**78.98**	**74.63**
其中	人工费(元)			79.92	85.46	72.23	72.23
	材料费(元)			8.01	8.01	6.75	2.40
	机械费(元)			—	—	—	—
名称		单位	单价(元)	消耗量			
人工	二类人工	工日	135.00	0.592	0.633	0.535	0.535
材料	扳把明装开关	套	—	(10.200)	—	—	—
	单拉线单控开关	个	—	—	(10.200)	—	—
	按钮	个	—	—	—	(10.200)	(10.200)
	铜芯塑料绝缘线 BV1.5	m	0.78	3.050	3.050	3.050	3.050
	圆木台 63~138×22	块	0.29	10.500	10.500	10.500	—
	木螺钉 M4×50	个	0.06	41.600	41.600	20.800	—
	其他材料费	元	1.00	0.09	0.09	0.08	0.02

2.插座安装

工作内容:测位,划线,打眼,缠埋螺栓,清扫盒子,上木台,缠钢丝弹簧垫,装插座,接线,装盖。　**计量单位**:10 个

定额编号				8-348	8-349	8-350	8-351	8-352	8-353
项目				明插座					
				单相		单相三孔		三相四孔	
				15A	30A	15A	30A	15A	30A
基价(元)				**91.46**	**96.79**	**93.46**	**101.54**	**95.44**	**106.11**
其中	人工费(元)			87.48	87.48	87.48	87.48	87.48	87.48
	材料费(元)			3.98	9.31	5.98	14.06	7.96	18.63
	机械费(元)			—	—	—	—	—	—
名称		单位	单价(元)	消耗量					
人工	二类人工	工日	135.00	0.648	0.648	0.648	0.648	0.648	0.648
材料	明装插座	套	—	(10.200)	(10.200)	(10.200)	(10.200)	(10.200)	(10.200)
	铜芯塑料绝缘线 BV2.5	m	1.29	3.050	—	4.580	—	6.100	—
	铜芯塑料绝缘线 BV6	m	3.02	—	3.050	—	4.580	—	6.100
	其他材料费	元	1.00	0.05	0.10	0.07	0.23	0.09	0.21

工作内容:测位,划线,打眼,缠埋螺栓,清扫盒子,上木台,缠钢丝弹簧垫,装插座,接线,装盖。 计量单位:10 个

定额编号				8-354	8-355	8-356	8-357	8-358	8-359
项目				暗插座					
				单相		单相三孔		三相四孔	
				15A	30A	15A	30A	15A	30A
基价(元)				**84.17**	**89.50**	**86.17**	**94.18**	**88.15**	**98.82**
其中	人工费(元)			80.19	80.19	80.19	80.19	80.19	80.19
	材料费(元)			3.98	9.31	5.98	13.99	7.96	18.63
	机械费(元)			—	—	—	—	—	—
名称		单位	单价(元)	消耗量					
人工	二类人工	工日	135.00	0.594	0.594	0.594	0.594	0.594	0.594
材料	暗装插座	套	—	(10.200)	(10.200)	(10.200)	(10.200)	(10.200)	(10.200)
	铜芯塑料绝缘线 BV2.5	m	1.29	3.050	—	4.580	—	6.100	—
	铜芯塑料绝缘线 BV6	m	3.02	—	3.050	—	4.580	—	6.100
	其他材料费	元	1.00	0.05	0.10	0.07	0.16	0.09	0.21

十一、带形母线安装

工作内容:平直,下料,煨弯,钻眼,安装固定,刷项色漆。

计量单位:10m/单相

定额编号				8-360	8-361	8-362	8-363
项目				带形铜母线安装		带形铝母线安装	
				每相一片(mm² 以内)			
				360	800	360	800
基价(元)				**240.89**	**313.57**	**165.24**	**212.85**
其中	人工费(元)			133.79	186.84	94.10	131.22
	材料费(元)			71.79	79.75	42.93	44.68
	机械费(元)			35.31	46.98	28.21	36.95
	名称	单位	单价(元)	消耗量			
人工	二类人工	工日	135.00	0.991	1.384	0.697	0.972
材料	氩气	m^3	7.00	0.672	0.720	0.560	0.560
	棉纱	kg	10.34	0.040	0.048	0.032	0.048
	铁砂布 0#~2#	张	1.03	0.400	0.640	0.400	0.400
	钢锯条	条	2.59	0.560	0.800	0.400	0.400
	汽油 综合	kg	6.12	0.256	0.320	—	—
	焊锡丝	kg	86.21	0.048	0.056	—	—
	焊锡膏	kg	31.03	0.016	0.016	—	—
	电力复合脂	kg	17.24	0.016	0.016	0.008	0.008
	酚醛磁漆	kg	12.07	0.280	0.360	0.280	0.360
	木工铅笔	支	1.29	0.224	0.336	—	—
	铜焊条	kg	68.97	0.352	0.408	—	—
	六角带帽螺栓 M16×25	套	0.65	5.760	5.760	5.712	5.712
	镀锌六角螺栓带帽 M16×100 2 平 1 弹垫	套	2.01	9.760	9.760	9.760	9.760
	绝缘清漆	kg	12.93	0.096	0.144	0.096	0.144
	铝焊条 铝 109 $\phi4$	kg	38.59	—	—	0.112	0.112
	钍钨极棒	g	0.86	6.720	6.720	5.600	5.600
机械	氩弧焊机 500A	台班	97.67	0.140	0.170	0.100	0.100
	立式钻床 25mm	台班	5.80	0.040	0.040	0.010	0.010
	万能母线煨弯机	台班	30.14	0.710	1.000	0.610	0.900

十二、带形母线引下线安装

工作内容:平直,下料,煨弯,钻眼,安装固定,刷项色漆。　　计量单位:10m/单相

定额编号				8-364	8-365	8-366	8-367
项目				带形铜母线安装		带形铝母线安装	
				每相一片(mm² 以内)			
				360	800	360	800
基价(元)				249.23	344.52	149.47	206.96
其中	人工费(元)			134.19	196.83	95.45	133.38
	材料费(元)			91.90	115.69	34.71	45.29
	机械费(元)			23.14	32.00	19.31	28.29
	名称	单位	单价(元)	消耗量			
人工	二类人工	工日	135.00	0.994	1.458	0.707	0.988
材料	棉纱	kg	10.34	0.040	0.048	0.040	0.064
	钢锯条	条	2.59	1.440	1.840	1.200	1.600
	汽油 综合	kg	6.12	0.496	0.720	—	—
	焊锡丝	kg	86.21	0.384	0.448	—	—
	焊锡膏	kg	31.03	0.096	0.128	—	—
	电力复合脂	kg	17.24	0.096	0.128	0.040	0.064
	酚醛磁漆	kg	12.07	0.280	0.360	0.280	0.360
	木工铅笔	支	1.29	0.382	0.574	—	—
	六角带帽螺栓 M16×25	套	0.65	5.712	5.712	5.712	5.712
	镀锌六角螺栓带帽 M16×100 2平1弹垫	套	2.01	19.600	26.080	—	—
	镀锌六角螺栓带帽 M12×100 2平1弹垫	套	1.11	—	—	19.600	26.080
	铁砂布 0#~2#	张	1.03	—	—	0.400	0.800
	绝缘清漆	kg	12.93	—	—	0.096	0.120
机械	立式钻床 25mm	台班	5.80	0.300	0.320	0.160	0.200
	万能母线煨弯机	台班	30.14	0.710	1.000	0.610	0.900

第五章

照明器具安装工程

说　　明

一、本章定额包括常规路灯安装、中杆灯安装、高杆灯安装、电车合杆安装、其他灯具安装、照明器件安装、太阳能电池板及蓄电池安装，杆座安装，共8节124个子目。

二、各种灯架元器具件的安装配线均已综合考虑在定额内，使用时不做调整。灯具、灯泡等主材费按实际加损耗计算，灯具中已包括灯泡者，灯泡不得重复计算主材费，灯架主材已包含在灯柱（成套订货）中时，不得重复计算灯架主材费。

三、各种灯柱穿线（仅指灯柱，不包括灯架部分）均套相应的管内穿线定额。

四、本章定额已考虑了高空作业因素。

五、本章定额已包括利用仪表测量绝缘及一般灯具的试亮工作。

六、本章定额未包括电缆接头的制作及导线的焊压接线端子。如实际使用时，可套用有关章节的定额。本章灯具安装定额已包括了路灯电源（含接地、接零）与每根灯柱的接线工作内容。

工程量计算规则

一、各种常规路灯、中杆灯、高杆灯、电车合杆、其他灯具以及照明元器件分别以“10 套”、“套”计算。

二、灯杆座安装以“10 只”计算。

三、与常规路灯、中杆灯、高杆灯、电车合杆、其他灯具配套的镇流器、触发器、电容器、保险盒、灯泡等电气元件安装接线均已包括在灯具安装中,不得重复计算工程量。

一、常规路灯安装

1. 单臂悬挑灯安装

工作内容:定位、抱箍灯架安装、接线。 **计量单位:**10 套

定额编号				8-368	8-369	8-370	8-371	8-372
项目				单抱箍臂长(m)		双抱箍臂长(m)		
				1.2 以下	3 以下	3 以下	5 以下	5 以上
基价(元)				**903.16**	**978.08**	**1151.96**	**1271.71**	**1401.71**
其中	人工费(元)			512.33	587.25	761.13	880.88	1010.88
	材料费(元)			34.31	34.31	34.31	34.31	34.31
	机械费(元)			356.52	356.52	356.52	356.52	356.52
名称		单位	单价(元)	消耗量				
人工	二类人工	工日	135.00	3.795	4.350	5.638	6.525	7.488
材料	灯架	套	—	(10.100)	(10.100)	(10.100)	(10.100)	(10.100)
	白布	kg	11.64	1.000	1.000	1.000	1.000	1.000
	金属清洗剂	kg	11.03	2.000	2.000	2.000	2.000	2.000
	其他材料费	元	1.00	0.61	0.61	0.61	0.61	0.61
机械	载货汽车 4t	台班	369.21	0.480	0.480	0.480	0.480	0.480
	高架车 13m	台班	326.00	0.550	0.550	0.550	0.550	0.550

工作内容:定位、抱箍灯架安装、配线、接线。 **计量单位:**10 套

定额编号				8-373	8-374	8-375	8-376	8-377
项目				双拉梗臂长(m)			双臂架臂长(m)	
				3 以下	5 以下	5 以上	3 以下	5 以下
基价(元)				**1430.20**	**1647.98**	**1893.68**	**1311.40**	**1449.13**
其中	人工费(元)			1039.37	1208.25	1388.75	920.57	1009.40
	材料费(元)			34.31	34.31	34.31	34.31	34.31
	机械费(元)			356.52	405.42	470.62	356.52	405.42
名称		单位	单价(元)	消耗量				
人工	二类人工	工日	135.00	7.699	8.950	10.287	6.819	7.477
材料	成套灯具	套	—	(10.100)	(10.100)	(10.100)	(10.100)	(10.100)
	金属清洗剂	kg	11.03	2.000	2.000	2.000	2.000	2.000
	白布	kg	11.64	1.000	1.000	1.000	1.000	1.000
	其他材料费	元	1.00	0.61	0.61	0.61	0.61	0.61
机械	载货汽车 4t	台班	369.21	0.480	0.480	0.480	0.480	0.480
	高架车 13m	台班	326.00	0.550	0.700	0.900	0.550	0.700

2. 双臂悬挑灯安装

(1)成　套　型

工作内容:配件检查、定位安装、螺栓固定、接线。　　　　**计量单位:**10 套

定额编号				8-378	8-379	8-380	8-381	8-382	8-383
项目				双臂悬挑灯架对称式			双臂悬挑灯架非对称式		
				臂长(m)					
				2.5 以下	5 以下	5 以上	2.5 以下	5 以下	5 以上
基价(元)				**1270.11**	**1408.11**	**1594.81**	**1252.56**	**1385.16**	**1586.71**
其中	人工费(元)			858.60	947.70	1069.20	841.05	924.75	1061.10
	材料费(元)			54.99	54.99	54.99	54.99	54.99	54.99
	机械费(元)			356.52	405.42	470.62	356.52	405.42	470.62
名称		单位	单价(元)	消耗量					
人工	二类人工	工日	135.00	6.360	7.020	7.920	6.230	6.850	7.860
材料	成套灯具	套	—	(10.100)	(10.100)	(10.100)	(10.100)	(10.100)	(10.100)
	金属清洗剂	kg	11.03	3.000	3.000	3.000	3.000	3.000	3.000
	白布	kg	11.64	1.800	1.800	1.800	1.800	1.800	1.800
	其他材料费	元	1.00	0.95	0.95	0.95	0.95	0.95	0.95
机械	载货汽车 4t	台班	369.21	0.480	0.480	0.480	0.480	0.480	0.480
	高架车 13m	台班	326.00	0.550	0.700	0.900	0.550	0.700	0.900

(2)组　装　型

工作内容:配件检查、定位安装、螺栓固定、接线。　　　　**计量单位:**10 套

定额编号				8-384	8-385	8-386	8-387	8-388	8-389
项目				双臂悬挑灯架对称式			双臂悬挑灯架非对称式		
				臂长(m)					
				2.5 以下	5 以下	5 以上	2.5 以下	5 以下	5 以上
基价(元)				**1458.06**	**1600.01**	**1777.06**	**1409.46**	**1547.36**	**1716.31**
其中	人工费(元)			997.65	1107.00	1251.45	949.05	1054.35	1190.70
	材料费(元)			54.99	54.99	54.99	54.99	54.99	54.99
	机械费(元)			405.42	438.02	470.62	405.42	438.02	470.62
名称		单位	单价(元)	消耗量					
人工	二类人工	工日	135.00	7.390	8.200	9.270	7.030	7.810	8.820
材料	成套灯具	套	—	(10.100)	(10.100)	(10.100)	(10.100)	(10.100)	(10.100)
	金属清洗剂	kg	11.03	3.000	3.000	3.000	3.000	3.000	3.000
	白布	kg	11.64	1.800	1.800	1.800	1.800	1.800	1.800
	其他材料费	元	1.00	0.95	0.95	0.95	0.95	0.95	0.95
机械	载货汽车 4t	台班	369.21	0.480	0.480	0.480	0.480	0.480	0.480
	高架车 13m	台班	326.00	0.700	0.800	0.900	0.700	0.800	0.900

3. 常规柱灯安装

(1)成　套　型

工作内容:灯架检查,测试定位,配线、灯架、灯具、附件安装,螺栓紧固,导线连接,包头。　　**计量单位:**套

定额编号				8-390	8-391	8-392	8-393	8-394	8-395
项目				灯高15m以下					
				灯火数(火)					
				1	2	3	4	7	9
基价(元)				**155.73**	**233.53**	**389.27**	**545.00**	**778.52**	**900.29**
其中	人工费(元)			98.15	147.15	245.30	343.44	490.59	612.36
	材料费(元)			1.47	2.22	3.70	5.18	7.39	7.39
	机械费(元)			56.11	84.16	140.27	196.38	280.54	280.54
	名称	单位	单价(元)	消耗量					
人工	二类人工	工日	135.00	0.727	1.090	1.817	2.544	3.634	4.536
材料	常规路灯	套	—	(1.010)	(1.010)	(1.010)	(1.010)	(1.010)	(1.010)
	金属清洗剂	kg	11.03	0.080	0.120	0.200	0.280	0.400	0.400
	白布	kg	11.64	0.050	0.075	0.125	0.175	0.250	0.250
	其他材料费	元	1.00	0.01	0.02	0.04	0.05	0.07	0.07
机械	汽车式起重机 8t	台班	648.48	0.050	0.075	0.125	0.175	0.250	0.250
	载货汽车 4t	台班	369.21	0.020	0.030	0.050	0.070	0.100	0.100
	高架车 13m	台班	326.00	0.050	0.075	0.125	0.175	0.250	0.250

(2)组　装　型

工作内容:灯架检查,测试定位,灯具组装,配线、灯架、灯具、附件安装,螺栓紧固,导线连接,包头。　　**计量单位:**套

定额编号				8-396	8-397	8-398	8-399	8-400	8-401
项目				灯高15m以下					
				灯火数(火)					
				1	2	3	4	7	9
基价(元)				**193.60**	**290.80**	**483.99**	**677.59**	**967.98**	**1066.40**
其中	人工费(元)			127.44	191.57	318.60	446.04	637.20	735.62
	材料费(元)			2.05	3.07	5.12	7.17	10.24	10.24
	机械费(元)			64.11	96.16	160.27	224.38	320.54	320.54
	名称	单位	单价(元)	消耗量					
人工	二类人工	工日	135.00	0.944	1.419	2.360	3.304	4.720	5.449
材料	常规路灯	套	—	(1.010)	(1.010)	(1.010)	(1.010)	(1.010)	(1.010)
	金属清洗剂	kg	11.03	0.110	0.165	0.275	0.385	0.550	0.550
	白布	kg	11.64	0.070	0.105	0.175	0.245	0.350	0.350
	其他材料费	元	1.00	0.02	0.03	0.05	0.07	0.10	0.10
机械	汽车式起重机 8t	台班	648.48	0.050	0.075	0.125	0.175	0.250	0.250
	载货汽车 4t	台班	369.21	0.020	0.030	0.050	0.070	0.100	0.100
	高架车 20m	台班	486.00	0.050	0.075	0.125	0.175	0.250	0.250

二、中杆灯安装

1.成 套 型

工作内容:灯架检查,测试定位,配线、灯架、灯具、附件安装,螺栓紧固,导线连接,包头。 **计量单位**:套

定额编号				8-402	8-403	8-404	8-405	8-406	8-407
项目				灯高 19m 以下					
				灯火数(火)					
				7	9	12	15	20	25
基价(元)				**959.11**	**1112.20**	**1322.49**	**1587.50**	**1881.63**	**2244.07**
其中	人工费(元)			613.04	766.13	957.96	1101.47	1377.14	1721.12
	材料费(元)			10.21	10.21	10.21	10.21	10.21	10.21
	机械费(元)			335.86	335.86	354.32	475.82	494.28	512.74
	名称	单位	单价(元)	消耗量					
人工	二类人工	工日	135.00	4.541	5.675	7.096	8.159	10.201	12.749
材料	中杆路灯	套	—	(1.010)	(1.010)	(1.010)	(1.010)	(1.010)	(1.010)
	金属清洗剂	kg	11.03	0.600	0.600	0.600	0.600	0.600	0.600
	白布	kg	11.64	0.300	0.300	0.300	0.300	0.300	0.300
	其他材料费	元	1.00	0.10	0.10	0.10	0.10	0.10	0.10
机械	载货汽车 4t	台班	369.21	0.100	0.100	0.150	0.150	0.200	0.250
	汽车式起重机 10t	台班	709.76	0.250	0.250	0.250	0.250	0.250	0.250
	高架车 20m	台班	486.00	0.250	0.250	0.250	0.500	0.500	0.500

注:5 火以下乘以系数 0.7,3 火乘以系数 0.5,2 火乘以系数 0.3,单火乘以系数 0.2,下同。

2.组 装 型

工作内容:灯架检查,测试定位,灯具组装,配线、灯架、灯具、附件安装,螺栓紧固,导线连接,包头。 **计量单位**:套

定额编号				8-408	8-409	8-410	8-411	8-412	8-413
项目				灯高 19m 以下					
				灯火数(火)					
				7	9	12	15	20	25
基价(元)				**1147.30**	**1270.42**	**1519.32**	**1812.81**	**2162.29**	**2593.31**
其中	人工费(元)			796.10	919.22	1149.66	1321.65	1652.67	2065.23
	材料费(元)			15.34	15.34	15.34	15.34	15.34	15.34
	机械费(元)			335.86	335.86	354.32	475.82	494.28	512.74
	名称	单位	单价(元)	消耗量					
人工	二类人工	工日	135.00	5.897	6.809	8.516	9.790	12.242	15.298
材料	中杆路灯	套	—	(1.010)	(1.010)	(1.010)	(1.010)	(1.010)	(1.010)
	金属清洗剂	kg	11.03	0.850	0.850	0.850	0.850	0.850	0.850
	白布	kg	11.64	0.500	0.500	0.500	0.500	0.500	0.500
	其他材料费	元	1.00	0.14	0.14	0.14	0.14	0.14	0.14
机械	载货汽车 4t	台班	369.21	0.100	0.100	0.150	0.150	0.200	0.250
	汽车式起重机 10t	台班	709.76	0.250	0.250	0.250	0.250	0.250	0.250
	高架车 20m	台班	486.00	0.250	0.250	0.250	0.500	0.500	0.500

三、高杆灯安装

1.成　套　型

工作内容:测位,划线,成套吊装,找正,螺栓紧固,配线,焊压包头。　　**计量单位:**套

定额编号				8-414	8-415	8-416	8-417	8-418	8-419
项目				灯盘固定式					
				灯火数(火)					
				12	18	24	36	48	60
基价(元)				**2773.71**	**2963.25**	**3171.02**	**4081.17**	**4332.68**	**4610.37**
其中	人工费(元)			1893.24	2082.78	2290.55	2520.18	2771.69	3049.38
	材料费(元)			15.34	15.34	15.34	15.34	15.34	15.34
	机械费(元)			865.13	865.13	865.13	1545.65	1545.65	1545.65
	名称	单位	单价(元)	消耗量					
人工	二类人工	工日	135.00	14.024	15.428	16.967	18.668	20.531	22.588
材料	高杆路灯	套	—	(1.010)	(1.010)	(1.010)	(1.010)	(1.010)	(1.010)
	金属清洗剂	kg	11.03	0.850	0.850	0.850	0.850	0.850	0.850
	白布	kg	11.64	0.500	0.500	0.500	0.500	0.500	0.500
	其他材料费	元	1.00	0.14	0.14	0.14	0.14	0.14	0.14
机械	汽车式起重机 16t	台班	875.04	0.500	0.500	0.500	1.000	1.000	1.000
	载货汽车 4t	台班	369.21	0.500	0.500	0.500	0.500	0.500	0.500
	高架车 20m	台班	486.00	0.500	0.500	0.500	1.000	1.000	1.000

注:1.灯具安装高度大于19m的灯架称高杆灯架,高杆灯架安装均已包括灯具及附件安装。

2.8火以下乘以系数0.8,5火以下乘以系数0.6,2火以下乘以系数0.5,下同。

工作内容:测位,划线,成套吊装,找正,螺栓紧固,配线,焊压包头,传动装置安装,清洗上油,升降试验。　　**计量单位:**套

定额编号				8-420	8-421	8-422	8-423	8-424	8-425
项目				灯盘升降式					
				灯火数(火)					
				12	18	24	36	48	60
基价(元)				**3075.01**	**3292.90**	**3531.31**	**4481.19**	**4769.96**	**5089.91**
其中	人工费(元)			2177.55	2395.44	2633.85	2898.45	3187.22	3507.17
	材料费(元)			32.33	32.33	32.33	37.09	37.09	37.09
	机械费(元)			865.13	865.13	865.13	1545.65	1545.65	1545.65
	名称	单位	单价(元)	消耗量					
人工	二类人工	工日	135.00	16.130	17.744	19.510	21.470	23.609	25.979
材料	高杆路灯	套	—	(1.010)	(1.010)	(1.010)	(1.010)	(1.010)	(1.010)
	升降传动装置	套	—	(1.000)	(1.000)	(1.000)	(1.000)	(1.000)	(1.000)
	金属清洗剂	kg	11.03	1.000	1.000	1.000	1.000	1.000	1.000
	黄甘油	kg	10.78	1.000	1.000	1.000	1.000	1.000	1.000
	黄油	kg	9.05	0.300	0.300	0.300	0.500	0.500	0.500
	白布	kg	11.64	0.500	0.500	0.500	0.750	0.750	0.750
	肥皂	块	3.28	0.500	0.500	0.500	0.500	0.500	0.500
	其他材料费	元	1.00	0.34	0.34	0.34	0.38	0.38	0.38
机械	汽车式起重机 16t	台班	875.04	0.500	0.500	0.500	1.000	1.000	1.000
	载货汽车 4t	台班	369.21	0.500	0.500	0.500	0.500	0.500	0.500
	高架车 20m	台班	486.00	0.500	0.500	0.500	1.000	1.000	1.000

2. 组 装 型

工作内容:测位,划线,组合吊装,找正,螺栓紧固,配线,焊压包头。

计量单位:套

定额编号				8-426	8-427	8-428	8-429	8-430	8-431
项目				灯盘固定式					
				灯火数(火)					
				12	18	24	36	48	60
基价(元)				**2868.48**	**3067.47**	**3285.50**	**4207.26**	**4471.19**	**4763.46**
其中	人工费(元)			1988.01	2187.00	2405.03	2646.27	2910.20	3202.47
	材料费(元)			15.34	15.34	15.34	15.34	15.34	15.34
	机械费(元)			865.13	865.13	865.13	1545.65	1545.65	1545.65
	名称	单位	单价(元)	消耗量					
人工	二类人工	工日	135.00	14.726	16.200	17.815	19.602	21.557	23.722
材料	高杆路灯	套	—	(1.010)	(1.010)	(1.010)	(1.010)	(1.010)	(1.010)
	金属清洗剂	kg	11.03	0.850	0.850	0.850	0.850	0.850	0.850
	白布	kg	11.64	0.500	0.500	0.500	0.500	0.500	0.500
	其他材料费	元	1.00	0.14	0.14	0.14	0.14	0.14	0.14
机械	汽车式起重机 16t	台班	875.04	0.500	0.500	0.500	1.000	1.000	1.000
	载货汽车 4t	台班	369.21	0.500	0.500	0.500	0.500	0.500	0.500
	高架车 20m	台班	486.00	0.500	0.500	0.500	1.000	1.000	1.000

工作内容:测位,划线,组合吊装,找正,螺栓紧固,配线,焊压包头,传动装置安装,清洗上油,升降试验。

计量单位:套

定额编号				8-432	8-433	8-434	8-435	8-436	8-437
项目				灯盘升降式					
				灯火数(火)					
				12	18	24	36	48	60
基价(元)				**3183.55**	**3412.51**	**3663.34**	**4631.77**	**4934.98**	**5271.13**
其中	人工费(元)			2286.09	2515.05	2765.88	3043.58	3346.79	3682.94
	材料费(元)			32.33	32.33	32.33	42.54	42.54	42.54
	机械费(元)			865.13	865.13	865.13	1545.65	1545.65	1545.65
	名称	单位	单价(元)	消耗量					
人工	二类人工	工日	135.00	16.934	18.630	20.488	22.545	24.791	27.281
材料	高杆路灯	套	—	(1.010)	(1.010)	(1.010)	(1.010)	(1.010)	(1.010)
	升降传动装置	套	—	(1.000)	(1.000)	(1.000)	(1.000)	(1.000)	(1.000)
	金属清洗剂	kg	11.03	1.000	1.000	1.000	1.000	1.000	1.000
	黄甘油	kg	10.78	1.000	1.000	1.000	1.500	1.500	1.500
	黄油	kg	9.05	0.300	0.300	0.300	0.500	0.500	0.500
	白布	kg	11.64	0.500	0.500	0.500	0.750	0.750	0.750
	肥皂	块	3.28	0.500	0.500	0.500	0.500	0.500	0.500
	其他材料费	元	1.00	0.34	0.34	0.34	0.44	0.44	0.44
机械	汽车式起重机 16t	台班	875.04	0.500	0.500	0.500	1.000	1.000	1.000
	载货汽车 4t	台班	369.21	0.500	0.500	0.500	0.500	0.500	0.500
	高架车 20m	台班	486.00	0.500	0.500	0.500	1.000	1.000	1.000

四、电车合杆安装

1.成　套　型

工作内容:测位,划线,成套吊装,找正,螺栓紧固,配线,焊压包头。　　计量单位:套

定额编号				8-438	8-439	8-440	8-441	8-442	8-443
项目				灯高15m以下					
				灯火数(火)					
				1	2	3	4	7	9
基价(元)				**303.28**	**454.80**	**758.09**	**1061.37**	**1516.15**	**1610.11**
其中	人工费(元)			189.54	284.18	473.72	663.26	947.43	1041.39
	材料费(元)			1.47	2.22	3.70	5.18	7.39	7.39
	机械费(元)			112.27	168.40	280.67	392.93	561.33	561.33
	名称	单位	单价(元)	消耗量					
人工	二类人工	工日	135.00	1.404	2.105	3.509	4.913	7.018	7.714
材料	电车合杆	套	—	(1.010)	(1.010)	(1.010)	(1.010)	(1.010)	(1.010)
	金属清洗剂	kg	11.03	0.080	0.120	0.200	0.280	0.400	0.400
	白布	kg	11.64	0.050	0.075	0.125	0.175	0.250	0.250
	其他材料费	元	1.00	0.01	0.02	0.04	0.05	0.07	0.07
机械	汽车式起重机 12t	台班	748.60	0.070	0.105	0.175	0.245	0.350	0.350
	载货汽车 4t	台班	369.21	0.070	0.105	0.175	0.245	0.350	0.350
	高架车 20m	台班	486.00	0.070	0.105	0.175	0.245	0.350	0.350

工作内容:测位,划线,成套吊装,找正,螺栓紧固,配线,焊压包头。　　计量单位:套

定额编号				8-444	8-445	8-446
项目				灯高19m以下		
				灯火数(火)		
				7	9	12
基价(元)				**1791.09**	**1900.03**	**2019.24**
其中	人工费(元)			1088.78	1197.72	1316.93
	材料费(元)			10.21	10.21	10.21
	机械费(元)			692.10	692.10	692.10
	名称	单位	单价(元)	消耗量		
人工	二类人工	工日	135.00	8.065	8.872	9.755
材料	电车合杆	套	—	(1.010)	(1.010)	(1.010)
	金属清洗剂	kg	11.03	0.600	0.600	0.600
	白布	kg	11.64	0.300	0.300	0.300
	其他材料费	元	1.00	0.10	0.10	0.10
机械	汽车式起重机 16t	台班	875.04	0.400	0.400	0.400
	载货汽车 4t	台班	369.21	0.400	0.400	0.400
	高架车 20m	台班	486.00	0.400	0.400	0.400

注:5火以下乘以系数0.7,3火乘以系数0.5,2火乘以系数0.3,单火乘以系数0.2。

2.组　装　型

工作内容:测位,划线,组合吊装,找正,螺栓紧固,配线,焊压包头。　　**计量单位**:套

定额编号				8-447	8-448	8-449	8-450	8-451	8-452
项目				灯高 15m 以下					
				灯火数(火)					
				1	2	3	4	7	9
基价(元)				**313.18**	**469.69**	**782.86**	**1095.89**	**1565.58**	**1665.07**
其中	人工费(元)			198.86	298.22	497.07	695.79	994.01	1093.50
	材料费(元)			2.05	3.07	5.12	7.17	10.24	10.24
	机械费(元)			112.27	168.40	280.67	392.93	561.33	561.33
名称		单位	单价(元)	消耗量					
人工	二类人工	工日	135.00	1.473	2.209	3.682	5.154	7.363	8.100
材料	电车合杆	套	—	(1.010)	(1.010)	(1.010)	(1.010)	(1.010)	(1.010)
	金属清洗剂	kg	11.03	0.110	0.165	0.275	0.385	0.550	0.550
	白布	kg	11.64	0.070	0.105	0.175	0.245	0.350	0.350
	其他材料费	元	1.00	0.02	0.03	0.05	0.07	0.10	0.10
机械	汽车式起重机 12t	台班	748.60	0.070	0.105	0.175	0.245	0.350	0.350
	载货汽车 4t	台班	369.21	0.070	0.105	0.175	0.245	0.350	0.350
	高架车 20m	台班	486.00	0.070	0.105	0.175	0.245	0.350	0.350

工作内容:测位,划线,组合吊装,找正,螺栓紧固,配线,焊压包头。　　**计量单位**:套

定额编号				8-453	8-454	8-455
项目				灯高 19m 以下		
				灯火数(火)		
				7	9	12
基价(元)				**1850.49**	**1964.97**	**2090.38**
其中	人工费(元)			1143.05	1257.53	1382.94
	材料费(元)			15.34	15.34	15.34
	机械费(元)			692.10	692.10	692.10
名称		单位	单价(元)	消耗量		
人工	二类人工	工日	135.00	8.467	9.315	10.244
材料	电车合杆	套	—	(1.010)	(1.010)	(1.010)
	金属清洗剂	kg	11.03	0.850	0.850	0.850
	白布	kg	11.64	0.500	0.500	0.500
	其他材料费	元	1.00	0.14	0.14	0.14
机械	汽车式起重机 16t	台班	875.04	0.400	0.400	0.400
	载货汽车 4t	台班	369.21	0.400	0.400	0.400
	高架车 20m	台班	486.00	0.400	0.400	0.400

注:5 火以下乘以系数 0.7,3 火乘以系数 0.5,2 火乘以系数 0.3,单火乘以系数 0.2,下同。

五、其他灯具安装

1.桥 栏 杆 灯

工作内容:打眼,埋螺栓,支架安装,灯具组装,配线,接线,焊接包头,校试。 **计量单位:**10 套

定 额 编 号				8-456	8-457	8-458	8-459
项 目				成套嵌入式	成套明装式	组装嵌入式	组装明装式
基 价 (元)				**688.17**	**590.43**	**796.22**	**680.25**
其中	人 工 费 (元)			489.92	392.18	586.85	470.88
	材 料 费 (元)			50.57	50.57	61.69	61.69
	机 械 费 (元)			147.68	147.68	147.68	147.68
名 称		单位	单价(元)	消 耗 量			
人工	二类人工	工日	135.00	3.629	2.905	4.347	3.488
材料	成套灯具	套	—	(10.100)	(10.100)	(10.100)	(10.100)
	铜芯塑料绝缘线 BV1.5	m	0.78	50.000	50.000	50.000	50.000
	金属膨胀螺栓 M8×60	套	0.27	40.800	40.800	81.600	81.600
	其他材料费	元	1.00	0.55	0.55	0.66	0.66
机械	载货汽车 4t	台班	369.21	0.400	0.400	0.400	0.400

2.地道涵洞灯

工作内容:打眼,埋螺栓,支架安装,灯具组装,配线,接线,焊接包头,校试。 **计量单位:**10 套

定 额 编 号				8-460	8-461	8-462	8-463
项 目				吸顶式敞开型	吸顶式密封型	嵌入式敞开型	嵌入式密封型
基 价 (元)				**399.79**	**436.06**	**414.37**	**450.64**
其中	人 工 费 (元)			266.09	305.51	280.67	320.09
	材 料 费 (元)			26.90	23.75	26.90	23.75
	机 械 费 (元)			106.80	106.80	106.80	106.80
名 称		单位	单价(元)	消 耗 量			
人工	二类人工	工日	135.00	1.971	2.263	2.079	2.371
材料	成套灯具	套	—	(10.100)	(10.100)	(10.100)	(10.100)
	铜芯塑料绝缘线 BV1.5	m	0.78	20.000	16.000	20.000	16.000
	金属膨胀螺栓 M8×60	套	0.27	40.800	40.800	40.800	40.800
	其他材料费	元	1.00	0.28	0.25	0.28	0.25
机械	高架车 9m	台班	267.00	0.400	0.400	0.400	0.400

六、照明器件安装

工作内容:开箱检查,固定,配线,测位,划线,打眼,埋螺栓,支架安装,灯具组装,接线焊包头,灯泡安装。

计量单位:10套

定额编号				8-464	8-465	8-466	8-467	8-468	8-469
项目				碘钨灯	管形氙灯	投光灯	高压汞灯泡	高(低)压钠灯泡	白炽灯泡
基价(元)				**278.00**	**434.27**	**366.16**	**124.53**	**124.53**	**58.32**
其中	人工费(元)			225.99	244.89	225.99	64.13	64.13	58.32
	材料费(元)			52.01	151.38	102.17	—	—	—
	机械费(元)			—	38.00	38.00	60.40	60.40	—
	名称	单位	单价(元)	消耗量					
人工	二类人工	工日	135.00	1.674	1.814	1.674	0.475	0.475	0.432
材料	成套灯具	套	—	(10.100)	(10.100)	(10.100)	—	—	—
	高压汞灯泡	个	—	—	—	—	(10.100)	—	—
	高(低)压钠灯泡	个	—	—	—	—	—	(10.100)	—
	普通灯泡 220V 100W	个	—	—	—	—	—	—	(10.100)
	绝缘导线 BX-10	m	1.90	20.400	—	20.400	—	—	—
	六角带帽螺栓 M10×35	10套	3.10	4.080	4.080	—	—	—	—
	六角带帽螺栓 M10×75	套	0.52	—	—	40.800	—	—	—
	六角带帽螺栓 M12×75	套	0.55	—	40.800	—	—	—	—
	中厚钢板	kg	3.71	—	29.700	9.900	—	—	—
	电焊条	kg	4.31	—	1.000	1.000	—	—	—
	其他材料费	元	1.00	0.60	1.79	1.15	—	—	—
机械	交流弧焊机 21kV·A	台班	63.33	—	0.600	0.600	—	—	—
	高架车 11m	台班	302.00	—	—	—	0.200	0.200	—

注:各种灯泡安装,仅适用于维修或试亮后因灯泡故障需调换的场合。

工作内容:开箱检查,固定,配线,测位,划线,打眼,埋螺栓,支架安装,灯具组装,接线焊包头,灯泡安装。

计量单位:10套

定额编号				8-470	8-471	8-472	8-473	8-474
项目				照明灯具				
				敞开式	双光源式	密封式	普通	悬吊式
基价(元)				**163.50**	**286.61**	**200.99**	**72.90**	**515.04**
其中	人工费(元)			72.90	127.58	80.19	72.90	231.80
	材料费(元)			—	8.03	—	—	132.24
	机械费(元)			90.60	151.00	120.80	—	151.00
	名称	单位	单价(元)	消耗量				
人工	二类人工	工日	135.00	0.540	0.945	0.594	0.540	1.717
材料	照明器	套	—	(10.100)	(10.100)	(10.100)	(10.100)	(10.100)
	铜芯塑料绝缘线 BV1.5	m	0.78	—	10.180	—	—	20.360
	镀锌悬吊铁件	kg	6.90	—	—	—	—	11.000
	蝶式绝缘子 ED-3	个	1.33	—	—	—	—	20.600
	六角带帽螺栓 M12×75	套	0.55	—	—	—	—	20.400
	其他材料费	元	1.00	—	0.09	—	—	1.84
机械	高架车 11m	台班	302.00	0.300	0.500	0.400	—	0.500

注:各种灯泡安装,仅适用于维修或试亮后因灯泡故障需调换的场合。

工作内容:开箱检查,固定,配线,测位,划线,打眼,埋螺栓,支架安装,灯具组装,接线焊包头,灯泡安装。

计量单位:10 套

定额编号				8-475	8-476	8-477	8-478
项目				镇流器	触发器	电容器	风雨灯头
基价(元)				**201.22**	**156.52**	**162.48**	**44.26**
其中	人工费(元)			97.74	61.97	61.97	36.45
	材料费(元)			12.88	3.95	9.91	7.81
	机械费(元)			90.60	90.60	90.60	—
名称		单位	单价(元)	消耗量			
人工	二类人工	工日	135.00	0.724	0.459	0.459	0.270
材料	镇流器	套	—	(10.100)	—	—	—
	触发器	套	—	—	(10.100)	—	—
	电容器 400W	套	—	—	—	(10.100)	—
	风雨灯头连铅吊环	套	—	—	—	—	(10.100)
	铜芯塑料绝缘线 BV1.5	m	0.78	5.000	5.000	5.000	9.900
	六角带帽螺栓 M8×30	套	0.29	30.600	—	20.400	—
	其他材料费	元	1.00	0.11	0.05	0.09	0.09
机械	高架车 11m	台班	302.00	0.300	0.300	0.300	—

注:镇流器、触发器、电容器仅适用于维修或试亮后上述元件有故障需调换重装的场合。

七、太阳能电池板及蓄电池安装

1. 太阳能电池板安装

工作内容:搬运,开箱,检查,支架固定,整理检查,连接与接线。

计量单位:块

定额编号				8-479	8-480	8-481
项目				路灯柱上安装		
				柱高 5m 以下	柱高 12m 以下	柱高 20m 以下
基价(元)				**61.32**	**78.84**	**103.04**
其中	人工费(元)			22.68	34.16	45.63
	材料费(元)			6.72	6.72	6.72
	机械费(元)			31.92	37.96	50.69
名称		单位	单价(元)	消耗量		
人工	二类人工	工日	135.00	0.168	0.253	0.338
材料	座箱	个	—	(10.100)	(10.100)	(10.100)
	电气绝缘胶带 18mm×10m×0.13mm	卷	2.59	0.200	0.200	0.200
	铜芯橡皮绝缘线 BX 2.5	m	1.29	0.220	0.220	0.220
	白布	kg	11.64	0.500	0.500	0.500
	其他材料费	元	1.00	0.10	0.10	0.10
机械	汽车式高空作业车 21m	台班	670.36	0.047	0.056	0.075
	手持式万用表 50000 计数	台班	6.96	0.060	0.060	0.060

2. 蓄电池安装

工作内容:搬运,开箱,检查,支架固定,蓄电池就位,整理检查,连接与接线,护罩安装,标志标号。 **计量单位**:组件

定额编号				8-482	8-483	8-484	8-485	8-486
项目				蓄电池电压/容量				
				12V/100A·h	12V/200A·h	12V/290A·h	12V/500A·h	12V/570A·h
基价(元)				**78.73**	**80.35**	**81.97**	**87.51**	**93.58**
其中	人工费(元)			33.75	35.37	36.99	42.53	48.60
	材料费(元)			3.75	3.75	3.75	3.75	3.75
	机械费(元)			41.23	41.23	41.23	41.23	41.23
	名称	单位	单价(元)	消耗量				
人工	二类人工	工日	135.00	0.250	0.262	0.274	0.315	0.360
材料	三色塑料带 20mm×40m	m	0.69	0.110	0.110	0.110	0.110	0.110
	金属膨胀螺栓 M12	套	0.64	1.430	1.430	1.430	1.430	1.430
	合金钢钻头 $\phi16$	个	11.64	0.020	0.020	0.020	0.020	0.020
	钢锯条	条	2.59	0.300	0.300	0.300	0.300	0.300
	电力复合脂	kg	17.24	0.010	0.010	0.010	0.010	0.010
	肥皂水	kg	6.90	0.200	0.200	0.200	0.200	0.200
	白布	m^2	5.34	0.030	0.030	0.030	0.030	0.030
	其他材料费	元	1.00	0.04	0.04	0.04	0.04	0.04
机械	汽车式起重机 8t	台班	648.48	0.040	0.040	0.040	0.040	0.040
	载货汽车 5t	台班	382.30	0.040	0.040	0.040	0.040	0.040

八、杆座安装

工作内容:座箱部件检查,安装,找正,箱体接地,接点防水,绝缘处理。 **计量单位**:10 只

定额编号				8-487	8-488	8-489	8-490	8-491
项目				成套型		组装型		
				金属杆座	玻璃钢杆座	金属杆座	玻璃钢杆座	混凝土制件
基价(元)				**391.28**	**355.29**	**468.23**	**406.59**	**600.99**
其中	人工费(元)			238.95	203.85	315.90	255.15	449.55
	材料费(元)			1.37	0.48	1.37	0.48	0.48
	机械费(元)			150.96	150.96	150.96	150.96	150.96
	名称	单位	单价(元)	消耗量				
人工	二类人工	工日	135.00	1.770	1.510	2.340	1.890	3.330
材料	座箱	个	—	(10.100)	(10.100)	(10.100)	(10.100)	(10.100)
	低碳钢焊条 J422 综合	kg	4.74	0.100	0.100	0.100	0.100	0.100
	弹簧垫片 综合	10 个	0.86	1.020	—	1.020	—	—
	其他材料费	元	1.00	0.02	0.01	0.02	0.01	0.01
机械	载货汽车 4t	台班	369.21	0.390	0.390	0.390	0.390	0.390
	交流弧焊机 21kV·A	台班	63.33	0.110	0.110	0.110	0.110	0.110

注:灯柱与杆座连体者,杆座不能重复套用本定额,成套灯柱含杆座者,不得重复计算杆座主材费。

第六章
防雷接地装置工程

说　　明

一、本章定额包括接地极(板)制作、安装,接地母线敷设,接地跨越线安装,避雷针安装,避雷引下线敷设,供电系统、接地装置调试,共6节21个子目。

二、接地母线敷设定额按自然地坪和一般土质考虑的,包括地沟的挖填土和夯实工作,执行本章定额不应再计算土方量。如遇有石方、矿渣、积水、障碍物等情况可另行计算。

三、本章定额不适用于采用爆破法施工敷设接地线、安装接地极,也不包括高土壤电阻率地区采用换土或化学处理的接地装置及接地电阻的测试工作。

四、本章定额避雷针安装、避雷引下线的安装均已考虑了高空作业的因素。

五、本章定额避雷针是按成品件考虑的。

工程量计算规则

一、接地极制作、安装以“根”计算,其长度按设计长度计算,设计无规定时,按每根2.5m计算,若设计有管冒时,管冒另按加工件计算。

二、接地母线敷设按设计长度以“10m”计算。接地母线、避雷线敷设均按“延长米”计算,其长度按施工图设计水平和垂直规定长度另加3.9%的附加长度(包括转弯、上下波动、避绕障碍物、搭接头所占长度)。计算主材费时另加规定的损耗率。

三、接地跨接线以“10处”计算。按规程规定凡需做接地跨接线的工作内容,每跨接一次按一处计算。当接地工作内容已包括在其他定额中时,不得重复计算,如灯杆与接地线的连接、管子的接地等。

四、接地电阻测试套用8-510~8-512子目,工程量应以实际测试报告记录的工程量为准。

一、接地极(板)制作、安装

工作内容:下料,尖端加工,油漆,焊接并打入地下。　　**计量单位:**根(块)

定额编号				8-492	8-493	8-494	8-495	8-496
项目				钢管接地极		角钢接地极		圆钢接地极
				普通土	坚土	普通土	坚土	普通土
基价(元)				**60.25**	**63.77**	**43.50**	**47.91**	**35.06**
其中	人工费(元)			38.34	41.58	29.16	32.94	24.17
	材料费(元)			4.81	5.09	3.57	3.57	1.39
	机械费(元)			17.10	17.10	10.77	11.40	9.50
名称		单位	单价(元)	消耗量				
人工	二类人工	工日	135.00	0.284	0.308	0.216	0.244	0.179
材料	电焊条	kg	4.31	0.168	0.232	0.120	0.120	0.128
	钢锯条	条	2.59	1.200	1.200	0.800	0.800	0.136
	扁钢 Q235B 4×45	kg	3.96	0.208	0.208	0.208	0.208	0.104
	沥青漆	kg	9.83	0.016	0.016	0.016	0.016	0.008
机械	交流弧焊机 21kV·A	台班	63.33	0.270	0.270	0.170	0.180	0.150

二、接地母线敷设

工作内容:挖地沟,接地线平直,下料,测位,打眼,埋卡子,煨弯,敷设,焊接,回填,夯实,刷漆。　　**计量单位:**10m

定额编号				8-497
项目				接地母线敷设
基价(元)				**227.74**
其中	人工费(元)			214.65
	材料费(元)			3.59
	机械费(元)			9.50
名称		单位	单价(元)	消耗量
人工	二类人工	工日	135.00	1.590
材料	电焊条	kg	4.31	0.200
	钢锯条	条	2.59	1.000
	沥青漆	kg	9.83	0.010
	其他材料费	元	1.00	0.04
机械	交流弧焊机 21kV·A	台班	63.33	0.150

三、接地跨接线安装

工作内容:下料、钻孔、煨弯,挖填土,固定,刷漆。

定额编号				8-498	8-499
项目				接地跨接线	构架接地
计量单位				10 处	处
基价(元)				**129.49**	**184.61**
其中	人工费(元)			88.02	143.37
	材料费(元)			28.80	36.81
	机械费(元)			12.67	4.43
名称		单位	单价(元)	消耗量	
人工	二类人工	工日	135.00	0.652	1.062
材料	扁钢 Q235B 4×45	kg	3.96	3.672	5.824
	铅油	kg	5.60	0.016	—
	六角带帽螺栓 M16×60	套	1.04	10.200	1.000
	钢锯条	条	2.59	0.800	0.800
	电焊条	kg	4.31	0.320	0.104
	调和漆	kg	11.21	—	0.040
	清油	kg	14.22	0.008	—
	镀锌接地线板 40×5×120	个	8.62	—	1.130
机械	交流弧焊机 21kV·A	台班	63.33	0.200	0.070

四、避雷针安装

工作内容：底座制作，组装，焊接，吊装，找正，固定，补漆。　　　　**计量单位**：套

定额编号				8-500	8-501	8-502	8-503
项目				独立安装针高			
				18m 以下	24m 以下	30m 以下	30m 以上
基价（元）				**936.79**	**1038.89**	**1147.29**	**1294.46**
其中	人工费（元）			477.09	538.65	592.92	673.92
	材料费（元）			167.81	187.46	205.22	216.36
	机械费（元）			291.89	312.78	349.15	404.18
名称		单位	单价(元)	消耗量			
人工	二类人工	工日	135.00	3.534	3.990	4.392	4.992
材料	避雷针	根	—	(1.000)	(1.000)	(1.000)	(1.000)
	热轧光圆钢筋 HPB300 ϕ25	kg	3.98	26.800	26.800	26.800	26.800
	六角带帽螺栓 M16×80	套	1.13	6.000	6.000	6.000	6.200
	六角带帽螺栓 M18×95	套	1.47	6.000	12.000	18.000	18.600
	钢板底座 300×300×6	kg	4.70	4.800	4.800	4.800	4.800
	电焊条	kg	4.31	0.800	1.000	1.200	1.600
	镀锌铁丝 8#～12#	kg	6.55	2.000	2.800	4.000	5.248
	调和漆	kg	11.21	0.400	0.800	0.800	0.800
	其他材料费	元	1.00	1.95	2.20	2.42	2.55
机械	汽车式起重机 8t	台班	648.48	0.300	0.300	—	—
	汽车式起重机 12t	台班	748.60	—	—	0.300	—
	汽车式起重机 16t	台班	875.04	—	—	—	0.300
	载货汽车 4t	台班	369.21	0.200	0.200	0.200	0.200
	交流弧焊机 21kV·A	台班	63.33	0.300	0.630	0.730	1.000
	普通车床 400×1000	台班	34.62	0.130	0.130	0.130	0.130

工作内容:底座制作,组装,焊接,吊装,找正,固定,补漆。　　**计量单位**:套

定额编号				8-504	8-505
项目				水泥杆上安装	金属杆上安装
基价(元)				**222.13**	**85.18**
其中	人工费(元)			97.20	33.21
	材料费(元)			105.30	46.27
	机械费(元)			19.63	5.70
名称		单位	单价(元)	消耗量	
人工	二类人工	工日	135.00	0.720	0.246
材料	镀锌接地线板 40×5×120	个	8.62	1.000	—
	热轧光圆钢筋 HPB300 ϕ25	kg	3.98	6.672	7.704
	中厚钢板	kg	3.71	13.608	—
	氧气	m^3	3.62	0.456	—
	电焊条	kg	4.31	—	0.224
	铅油	kg	5.60	0.048	0.016
	防锈漆 C53-1	kg	14.05	0.048	0.016
	清油	kg	14.22	0.024	0.008
	乙炔气	m^3	8.90	0.200	—
	镀锌扁钢抱箍 -40×4	副	6.81	2.010	2.010
	其他材料费	元	1.00	1.24	0.53
机械	交流弧焊机 21kV·A	台班	63.33	0.310	0.090

注:金属灯柱上安装避雷针(避雷针长 2m 以下),已包括在灯架安装中,不得重复计算。

五、避雷引下线敷设

工作内容:平直,下料,测位,打眼,埋卡子,焊接,固定,刷漆。　　**计量单位**:10m

定额编号				8-506	8-507	8-508
项目				高度(m 以下)		高空引下接地线安装
				25	30	
基价(元)				**95.29**	**148.75**	**198.16**
其中	人工费(元)			69.66	123.12	172.53
	材料费(元)			12.96	12.96	12.96
	机械费(元)			12.67	12.67	12.67
名称		单位	单价(元)	消耗量		
人工	二类人工	工日	135.00	0.516	0.912	1.278
材料	引下线	m	—	(10.500)	(10.500)	(10.500)
	镀锌扁钢卡子 25×4	kg	4.83	0.416	0.416	0.416
	碳素结构钢焊接钢管 *DN*25×3.2	m	8.34	0.824	0.824	0.824
	铅油	kg	5.60	0.056	0.056	0.056
	防锈漆 C53-1	kg	14.05	0.112	0.112	0.112
	润滑油	kg	4.33	0.240	0.240	0.240
	电焊条	kg	4.31	0.232	0.232	0.232
	其他材料费	元	1.00	0.15	0.15	0.15
机械	交流弧焊机 21kV·A	台班	63.33	0.200	0.200	0.200

六、供电系统、接地装置调试

工作内容：自动开关或断路器、常规保护装置、电测量仪表、电力电缆等，一、二次回路系统的调试，接地电阻测试。

计量单位：系统

定额编号				8-509	8-510	8-511	8-512
项目				1kV 以下三相交流供电	独立接地装置	路灯柱接地测试	接地网
				综合	6 根接地极内	一柱、一独立接地、一测	20 根接地极内
基价（元）				**171.53**	**76.19**	**20.16**	**190.45**
其中	人工费（元）			145.80	58.32	14.58	145.80
	材料费（元）			3.71	1.49	1.49	3.71
	机械费（元）			22.02	16.38	4.09	40.94
名称		单位	单价(元)	消耗量			
人工	二类人工	工日	135.00	1.080	0.432	0.108	1.080
材料	校验材料费	元	1.00	3.71	1.49	1.49	3.71
机械	2000A 大电流发生器	台班	31.34	0.200	—	—	—
	电能校验仪 ST9040	台班	56.07	0.200	—	—	—
	数字万用表 F－87	台班	6.14	0.400	—	—	—
	电缆测试仪 JH5132	台班	10.42	0.200	—	—	—
	接地电阻测试仪 DET－3/2	台班	40.94	—	0.400	0.100	1.000

第九册　生活垃圾处理工程

册 说 明

一、《浙江省市政工程预算定额》(2018 版)第九册《生活垃圾处理工程》(以下简称本册定额)包括生活垃圾卫生填埋、生活垃圾焚烧,共 2 章 194 个子目。

二、本册定额适用于城镇范围内的新建、扩建和改建的生活垃圾设施工程。

三、本册定额的编制依据:

1.《市政工程工程量计算规范》GB 50857—2013;

2.《市政工程消耗量定额》ZYA 1-31-2015;

3. 现行工程设计和施工验收规范、安全操作规程、质量评定标准等。

四、本册定额中的大型机械是按《浙江省施工机械台班费用定额》(2018 版)中机械的种类、型号、功率等分别考虑的,在执行中应根据企业的机械组合情况及施工组织设计分别套用相应定额。

五、定额子目表中的施工机械是按常规、科学、合理的施工组织设计或施工方案进行配备。

六、未尽事宜详见各章说明。

第一章
生活垃圾卫生填埋

说　明

一、本章定额包括场地整理、垃圾坝、压实黏土防渗层、高密度聚乙烯(HDPE)土工膜敷设、钠基膨润土防水毯敷设、土工合成材料敷设、防渗膜保护层、帷幕灌浆垂直防渗、膜下导流层、高密度聚乙烯(HDPE)管道敷设、盲沟填筑、导气石笼井、调节池浮盖、填埋气体处理系统、地下水监测井、封场覆盖、防飞散网、渗滤液处理设备安装、其他工程,共19节139个子目。

二、场地整理中未包括的填埋场土、石方工程执行本定额第一册《通用项目》相应项目。

三、砌石坝已综合考虑砌镶面石和砌腹石,当设计与定额取定的材料规格不同时,定额中的相关材料可以调整,人工、机械不调整。构筑物中的模板工程可执行本定额第六册《排水工程》相应项目。

四、压实黏土防渗层已综合考虑了黏土的压实系数及压实遍数、实际使用时均按本章相应子目执行。黏土防渗层标准应按照《生活垃圾卫生填埋场防渗系统工程技术规范》CJJ 113—2007执行。

五、高密度聚乙烯(HDPE)土工膜厚度是按1.5mm规格编制的,实际规格不同时,材料消耗量不变,人工、机械乘以下表系数:

定额消耗量调整系数

高密度聚乙烯(HDPE) 土工膜规格(mm)	0.75	1.0	1.5	2.0
系数	1.10	1.05	1.00	1.33

六、钠基膨润土防水毯敷设子目中钠基膨润土防水毯(GCL)按4800g/m² 规格编制,实际规格不同时,材料消耗量不变,人工、机械乘以下表系数:

定额消耗量调整系数

GCL规格(g/m²)	4800	5000	5500	6000
系数	1.00	1.05	1.10	1.20

七、土工合成材料敷设子目中土工布按200g/m² 规格编制,实际规格不同时,材料消耗量不变,人工、机械乘以下表系数:

定额消耗量调整系数

土工布规格(g/m²)	200以内	300以内	400以内	600以内	600以上
系数	1.00	1.15	1.30	1.50	1.60

土工合成材料敷设子目中土工复合排水网按照网芯厚度5.0mm规格编制,实际规格不同时,材料消耗量不变,人工、机械乘以下表系数:

定额消耗量调整系数

土工复合排水网规格(mm)	5.0	6.0	7.0	8.0
系数	1.00	1.08	1.15	1.20

八、防渗膜保护层中橡胶轮胎规格型号按 $R = 415$mm 编制,实际使用其他规格型号时,材料按实进行调整,但人工、机械消耗量不做调整。

土工布袋规格按 430mm × 810mm 编制,实际使用不同规格时,材料按实进行调整,但人工、机械消耗量不变。

九、帷幕灌浆垂直防渗。

1. 帷幕灌浆地质钻机钻孔按露天钻垂直孔孔径 91mm 以内、孔深 30 ~ 50m 编制,如为地下作业或钻孔角度、深度与孔径不同时,人工、机械消耗量按下表系数进行调整:

地质钻机角度调整系数

调整项目	钻孔与水平夹角(向下)				角度向上
	0° ~ 60°	60° ~ 75°	75° ~ 85°	85° ~ 90°	1.25
人工、钻机	1.19	1.05	1.02	1.00	

地质钻机钻孔孔深调整系数

调整项目	孔深 h(m)				
	$h \leqslant 30$	$30 < h \leqslant 50$	$50 < h \leqslant 70$	$70 < h \leqslant 90$	$h > 90$
人工、钻机	0.94	1.00	1.07	1.17	1.31

地质钻机钻孔孔径调整系数

调整项目	孔径(mm)					备注
	≤91	110	130	150	200	
人工、钻机	1.00	1.05	1.25	1.52	1.82	终孔孔径大于或等于 130mm 或孔深超过 70m 时钻机换成 300 型,消耗量不变

2. 钻机钻土坝(堤)灌浆孔子目按露天作业、垂直孔、孔深 50m 以内编制。

钻机钻岩石层灌浆孔:自下而上灌浆法子目按露天作业,帷幕灌浆孔、固结灌浆孔、排水孔、水位观测孔编制,发生下列情况时、调整如下:

(1)钻试验孔,人工、机械乘以系数 1.10;

(2)钻观测孔,人工、机械乘以系数 1.25。

3. 坝基岩帷幕灌浆:自下而上灌浆法子目按露天作业,一排帷幕,自下而上分段灌浆编制。设计为二排、三排帷幕时,按下表规定调整:

灌浆定额消耗量调整表

排数	人工、气动灌浆机	水泥	水
二排	0.97	0.75	0.96
三排	0.94	0.53	0.92

设计要求采用磨细水泥灌浆的,水泥品种应调整为干磨磨细水泥。

4. 土坝(堤)充填灌浆子目按垂直孔、孔深 50m 以内编制。

本定额子目按灌注黏土浆液考虑,如采用水泥黏土浆,则水泥加上黏土的总重量等于本子目的黏土重量,水泥掺量由设计确定,一般为总重量的 15% ~20%;取消水玻璃用量,泥浆搅拌机台班减少 20%,其他不变。

十、盲沟填筑定额项目中未考虑土工布包裹的工作内容，实际发生时，执行本章第六节“零星土工布”子目。

十一、浮力块、走道板按常用设计规格编制，实际规格与定额子目规格不同时，主材按实际规格进行计算，人工、机械消耗量按表面积比例进行调整。

调节池浮盖施工按干法施工考虑，如现场采用带水施工时，措施费用按实际情况另行计算。

辅助系统中如各种井的设计规格与定额子目不同时，主材（井管）按实际情况进行调整，各种辅材及人工、机械不变。

十二、填埋气体处理系统按燃烧火炬成套设备综合考虑，相应安装辅材已配套计入待安装设备本体中，定额子目仅包含工作内容范围内设备安装的人工与机械消耗量。火炬基础混凝土及其模板工程执行本定额第六册《排水工程》相应子目，基础钢筋及预埋件执行本定额第一册《通用项目》相应子目。

十三、地下水监测井钻孔执行本章帷幕灌浆钻孔相应子目，成井消耗量为综合考虑，如实际与本章定额子目主材（成井管道）不一致时，可按实际调整，但辅材、人工、机械不作调整。

十四、封场覆盖使用的高密度聚乙烯（HDPE）土工膜、钠基膨润土防水毯等按本章相应子目执行，人工、机械消耗量乘以系数1.05。

封场覆盖适用于垃圾场内倒运、整形，如垃圾需要外运，挖垃圾装车、运输执行本定额第一册《通用项目》相应子目，人工、机械乘以系数1.20。

封场固土土工网垫执行土工复合排水网（6.0mm）子目。

十五、渗滤液处理设备安装中氨吹脱塔子目未包括风机、氨尾气吸收装置等附属配套机械设备的安装内容，实际发生时，可执行《浙江省通用安装工程预算定额》（2018版）相应子目。

十六、膜生物反应器（MBR）以及纳滤、反渗透膜组件与装置等定额子目未包括膜处理系统单元以外的水泵、风机、曝气器、布气管、空压机、仪表、电气控制系统等附属配套设施的安装内容，膜处理系统单元以外与主体设备装置配套的管路系统（管道、阀门、法兰、泵）、风路系统、电气系统、控制系统等，应根据其设计或二次设计内容执行《浙江省通用安装工程预算定额》（2018版）和本定额第六册《排水工程》中相应子目。

十七、渗滤液主体处理构筑物中各类钢筋混凝土调节池、混合池、反应池、沉淀池、集水井（池）、滤池、厌氧池、好氧池（SBR）、氧化沟、浓缩池等现浇、预制混凝土构件及其模板工程、吸附过滤活性炭等滤料敷设工程，执行本定额第六册《排水工程》相应子目；渗滤液主体处理构筑物现浇及预制混凝土的钢筋、预埋铁件、止水螺栓等的制作、安装执行本定额第一册《通用项目》相应子目；主体处理构筑物的防腐、内衬工程，金属面防腐处理执行《浙江省通用安装工程预算定额》（2018版）相应子目；非金属面执行本定额第六册《排水工程》相应子目，其他防腐处理执行《浙江省房屋建筑与装饰工程预算定额》（2018版）相应子目。

十八、渗滤液主体处理构筑物中钢制池、槽、罐、斗、塔及其他各类金属构件制作、安装及其防腐处理，渗滤液处理配套工程中的泵、风机等各类通用机械设备安装，通风管、输配水等各类工艺管道安装，供配电、自控仪表、检测仪器和报警装置等的安装执行《浙江省通用安装工程预算定额》（2018版）相应子目。

十九、渗滤液处理设备中的格栅、加药设备、曝气设施、生物转盘、压滤机、污泥浓缩机、脱水机等其他水处理专用设备安装执行本定额第六册《排水工程》相应子目。

二十、填埋库区边坡土石方工程执行本定额第一册《通用项目》相关子目。边坡土石方自上而下翻挖传送垂直高度超过8m时需增加的费用另计。

二十一、填埋库区边坡表面喷射混凝土处理（含随喷随抹）执行本定额第一册《通用项目》相应子目，定额人工、机械消耗量乘以系数1.2。

二十二、边坡坡面脚手架搭拆执行本定额第一册《通用项目》相应项目，人工消耗量乘以系数1.2。

二十三、本章定额中材料上山、下山人力搬运费均未考虑。在遇到有山地等上下坡地形采用人力运输材料时，除按水平距离计算运距外，另按下表规定增加运距：

增加运距表

升降坡度	高度差	
	每升高 1m	每降低 1m
10% 以下	7m	不增加
11% ~30%		4m
30% 以上	10m	7m

二十四、填埋库区边坡块石砌筑执行本定额第一册《通用项目》相应项目,人工乘以系数 1.20。

工程量计算规则

一、场地整理按设计图示尺寸以面积计算。

二、垃圾坝、压实黏土防渗层按设计图示尺寸以体积计算。

三、高密度聚乙烯(HDPE)土工膜、钠基膨润土防水毯、土工复合排水网、土工合成材料按设计图示以面积计算，锚固沟、盲沟等按展开面积计算。

四、导流层敷设均按设计图示尺寸以面积计算。

五、高密度聚乙烯(HDPE)管道敷设按设计图示尺寸以长度计算。

六、高密度聚乙烯(HDPE)花管敷设时，应另执行高密度聚乙烯(HDPE)管钻孔加工子目，按设计管道敷设长度区分管径以长度计算。

七、导气石笼井钻孔区分孔深，按设计深度乘以设计井径截面积以体积计算。

八、浮力块、走道板工程按设计规格数量以“块”计算。

九、氨吹脱塔安装区分填料高度及塔体直径按设计图示数量以“台”计算。

十、膜生物反应器(MBR)以及纳滤、反渗透膜组件与装置安装区分膜处理系统单元产水能力按设计图示数量以“套”计算。

十一、锚固钢套管打拔、泄水管成孔及泄水管安装按设计图示尺寸以长度计算。

十二、填埋库区边坡岩面处理、修面及岩石修面按坡面斜面面积计算。

一、场 地 整 理

1. 地表土层清理

工作内容:清理表土,整理堆放。　　　　**计量单位**:1000m²

定额编号				9-1	9-2	9-3
项目				人工清理		机械清理
				厚 5cm 以内	每增 5cm	30cm 以内
基价(元)				**2301.13**	**2147.75**	**2646.18**
其中	人工费(元)			2301.13	2147.75	578.75
	材料费(元)			—	—	—
	机械费(元)			—	—	2067.43
名称		单位	单价(元)	消耗量		
人工	一类人工	工日	125.00	18.409	17.182	4.630
机械	履带式单斗液压挖掘机 1m³	台班	914.79	—	—	2.260

注:厚度超过 30cm,按挖土方计算。

2. 基层修整、碾压

工作内容:削坡、找平、碾压、夯实等。　　　　**计量单位**:1000m²

定额编号				9-4	9-5
项目				场底修整	边坡、平台修整
基价(元)				**2512.68**	**5003.35**
其中	人工费(元)			1027.25	1046.88
	材料费(元)			—	—
	机械费(元)			1485.43	3956.47
名称		单位	单价(元)	消耗量	
人工	一类人工	工日	125.00	8.218	8.375
机械	履带式推土机 75kW	台班	625.55	0.504	—
	钢轮振动压路机 15t	台班	907.60	0.864	—
	履带式单斗液压挖掘机 1m³	台班	914.79	—	4.325
	洒水车 4000L	台班	428.87	0.900	—

二、垃 圾 坝

工作内容：1. 测量放样、清理基层、配拌砂浆、水平运料、砌筑、勾缝、养生；
2. 测量放样、基底夯实、分层找平、碾压、修坡、检测等；
3. 测量放样、清理基层、分仓、接缝面铺砂浆、混凝土运输、浇筑、捣固、养生、检测等。

定额编号				9-6	9-7	9-8	9-9	9-10
项目				浆砌石坝	碾压式土坝	混凝土坝		模板
						混凝土	毛石混凝土	
计量单位				100m³				10m²
基价（元）				**38810.65**	**693.96**	**45731.30**	**42275.45**	**476.06**
其中	人工费（元）			10521.90	428.75	2916.00	2924.10	218.03
	材料费（元）			28017.97	63.36	42807.35	39343.40	243.15
	机械费（元）			270.78	201.85	7.95	7.95	14.88
名称		单位	单价(元)	消耗量				
人工	一类人工	工日	125.00	—	3.430	—	—	—
	二类人工	工日	135.00	77.940	—	21.600	21.660	1.615
材料	黏土	m^3	—	—	(128.000)	—	—	—
	非泵送商品混凝土 C20	m^3	412.00	—	—	101.000	82.820	—
	块石	t	77.67	173.400	—	—	—	—
	块石 200~500	t	77.67	—	—	—	51.800	—
	干混砌筑砂浆 DM M7.5	m^3	413.73	34.070	—	—	—	—
	干混抹灰砂浆 DP M20.0	m^3	446.95	—	—	1.000	1.000	—
	干混地面砂浆 DS M20.0	m^3	443.08	—	—	—	—	0.001
	圆钉	kg	4.74	—	—	—	—	2.057
	木模板	m^3	1445.00	—	—	—	—	0.019
	复合模板 综合	m^2	32.33	—	—	—	—	1.474
	镀锌铁丝 10#	kg	5.38	—	—	—	—	4.178
	镀锌铁丝 ϕ0.7~1.0	kg	6.74	—	—	—	—	0.018
	草板纸 80#	张	2.67	—	—	—	—	3.000
	木支撑	m^3	1552.00	—	—	—	—	0.074
	零星卡具	kg	5.88	—	—	—	—	1.845
	脱模剂	kg	1.54	—	—	—	—	1.000
	水	m^3	4.27	8.977	—	23.000	36.000	—
	其他材料费	元	1.00	415.88	63.36	650.19	597.58	—
机械	履带式推土机 75kW	台班	625.55	—	0.168	—	—	—
	钢轮内燃压路机 15t	台班	537.56	—	0.168	—	—	—
	电动夯实机 250N·m	台班	28.03	—	0.230	—	—	—
	干混砂浆罐式搅拌机 20000L	台班	193.83	1.397	—	0.041	0.041	—
	汽车式起重机 5t	台班	366.47	—	—	—	—	0.007
	载货汽车 5t	台班	382.30	—	—	—	—	0.031
	木工圆锯机 500mm	台班	27.50	—	—	—	—	0.017

注：毛石混凝土子目中毛石的投入量按 18% 考虑，设计不同时混凝土及毛石按比例调整。

三、压实黏土防渗层

工作内容:筛、挑土样、放样、场内运输、推平、洒水、碾压。 **计量单位:**1000m³

定额编号				9-11
项目				膜下黏土层
基价(元)				**5219.74**
其中	人工费(元)			1656.88
	材料费(元)			64.05
	机械费(元)			3498.81
名称		单位	单价(元)	消耗量
人工	一类人工	工日	125.00	13.255
材料	黏土	m³	—	(1300.000)
	水	m³	4.27	15.000
机械	平地机 120kW	台班	747.25	2.470
	钢轮振动压路机 15t	台班	907.60	1.467
	洒水车 4000L	台班	428.87	0.750

四、高密度聚乙烯(HDPE)土工膜敷设

工作内容:场内运输、裁剪、铺设、焊接、焊缝、检测、修补。 **计量单位:**100m²

定额编号				9-12	9-13	9-14
项目				HDPE膜1.5mm		零星HDPE膜1.5mm
				平铺	斜铺	
基价(元)				**2311.76**	**2427.39**	**3032.86**
其中	人工费(元)			203.45	244.22	528.53
	材料费(元)			2002.53	2055.83	2474.62
	机械费(元)			105.78	127.34	29.71
名称		单位	单价(元)	消耗量		
人工	二类人工	工日	135.00	1.507	1.809	3.915
材料	高密度聚乙烯土工膜 δ1.5	m²	18.71	105.200	108.000	130.000
	其他材料费	元	1.00	34.24	35.15	42.32
机械	轮胎式装载机 3m³	台班	850.27	0.103	0.124	—
	双轨焊接机	台班	119.00	0.103	0.124	—
	单轨焊接机	台班	57.69	0.103	0.124	0.515

五、钠基膨润土防水毯敷设

工作内容：场内运输、裁剪、铺设、搭接、撒膨润土粉。　　　　**计量单位**：$100m^2$

定额编号				9-15	9-16
项目				平铺	斜铺
				4800g/m^2	
基价（元）				**7830.42**	**7985.57**
其中	人工费（元）			198.86	238.55
	材料费（元）			7543.98	7641.59
	机械费（元）			87.58	105.43
	名称	单位	单价(元)	消耗量	
人工	二类人工	工日	135.00	1.473	1.767
材料	膨润土防水毯	m^2	68.53	108.200	109.600
	其他材料费	元	1.00	129.03	130.70
机械	轮胎式装载机 $3m^3$	台班	850.27	0.103	0.124

六、土工合成材料敷设

1.土　工　布

工作内容：1. 场内运输、裁剪、铺设、焊接；
2. 场内运输、铺设、缝合。　　　　**计量单位**：$100m^2$

定额编号				9-17	9-18	9-19	9-20	9-21
项目				焊接		缝合		零星土工布
				平铺	斜铺	平铺	斜铺	
				200g/m^2				
基价（元）				**703.48**	**737.20**	**733.54**	**772.12**	**1334.71**
其中	人工费（元）			162.81	183.20	195.35	219.78	845.78
	材料费（元）			470.95	475.78	459.11	463.06	488.93
	机械费（元）			69.72	78.22	79.08	89.28	—
	名称	单位	单价(元)	消耗量				
人工	二类人工	工日	135.00	1.206	1.357	1.447	1.628	6.265
材料	土工布	m^2	4.31	107.400	108.500	104.700	105.600	111.500
	其他材料费	元	1.00	8.06	8.14	7.85	7.92	8.36
机械	轮胎式装载机 $3m^3$	台班	850.27	0.082	0.092	0.093	0.105	—

2. 土工复合排水网

工作内容:场内运输、裁剪、铺设、搭接、缝合。　　　　**计量单位**:100m²

定额编号				9-22	9-23	9-24
项目				土工复合排水网 5.0mm 平铺	土工复合排水网 5.0mm 斜铺	土工滤网
基价（元）				**457.99**	**503.37**	**4007.18**
其中	人工费（元）			244.22	274.73	209.25
	材料费（元）			110.04	111.30	3704.40
	机械费（元）			103.73	117.34	93.53
名称		单位	单价(元)	消耗量		
人工	二类人工	工日	135.00	1.809	2.035	1.550
材料	土工滤网	m²	34.48	—	—	107.310
	土工复合排水网 5.0mm	m²	1.03	105.000	106.200	—
	其他材料费	元	1.00	1.89	1.91	4.35
机械	轮胎式装载机 3m³	台班	850.27	0.122	0.138	0.110

七、防渗膜保护层

工作内容:1. 轮胎保护层:运输、堆筑、固定、黏土填充;

2. 袋装石料、沙土:土工布袋装石料(砂土)、封包运输、堆筑;

3. 土工复合网 + 脚手片:场内运输、土工排水网裁剪、拼接、脚手片固定、铺设。

定额编号				9-25	9-26	9-27	9-28
项目				充泥橡胶轮胎保护层	袋装石料	袋装砂土	3cm 土工复合网 + 脚手片
计量单位				100m³			100m²
基价（元）				**15017.22**	**61193.36**	**46762.31**	**35977.08**
其中	人工费（元）			8399.70	35226.63	23484.47	5294.70
	材料费（元）			6617.52	25966.73	23277.84	30682.38
	机械费（元）			—	—	—	—
名称		单位	单价(元)	消耗量			
人工	二类人工	工日	135.00	62.220	260.938	173.959	39.220
材料	废旧轮胎	个	32.76	202.000	—	—	—
	黏土	m³	—	(90.000)	—	—	—
	卵石 2.5~6	t	126.00	—	137.700	—	—
	黄砂 净砂(中粗砂)	m³	158.00	—	—	91.800	—
	土工布袋	条	2.24	—	3751.200	3751.200	—
	土工复合排水网 30mm	m²	267.00	—	—	—	106.200
	竹脚手片	m²	8.19	—	—	—	220.000
	其他材料费	元	1.00	—	213.84	370.75	525.18

八、帷幕灌浆垂直防渗

1. 钻机钻土坝(堤)灌浆孔

工作内容:1. 固定孔位、准备,泥浆制备、运送、固壁,钻孔,记录,孔位转移;
2. 固定孔位、准备,钻孔,下套管,记录,拔套管,孔位转移。

计量单位:100m

定额编号				9-29	9-30
项目				泥浆固壁钻井	套管固壁钻井
				深 50m 以内	
基价(元)				**12583.44**	**12888.07**
其中	人工费(元)			4970.43	7390.58
	材料费(元)			4279.62	951.08
	机械费(元)			3333.39	4546.41
名称		单位	单价(元)	消耗量	
人工	二类人工	工日	135.00	36.818	54.745
材料	黏土	m^3	32.04	17.000	—
	合金钢钻头	个	21.55	1.500	2.500
	合金刀片	kg	7.76	0.200	0.400
	岩心管	m	99.14	1.500	8.000
	钻杆	m	32.76	1.500	2.000
	钻杆接头	个	17.24	1.400	1.900
	水	m^3	4.27	800.000	—
	其他材料费	元	1.00	63.08	2.70
机械	工程地质液压钻机	台班	484.95	6.250	9.375
	气动灌浆机	台班	11.20	6.250	—
	灰浆搅拌机 200L	台班	154.97	1.500	—

2. 钻机钻岩石层灌浆孔－自下而上灌浆法

工作内容:钻孔、孔位转移。　　**计量单位**:100m

定额编号				9-31	9-32	9-33	9-34
项目				岩石级别			
				软岩	较软岩	较硬岩	坚硬岩
基价(元)				**10269.77**	**16006.07**	**22540.12**	**35412.58**
其中	人工费(元)			3253.10	4725.00	6988.82	11779.29
	材料费(元)			2652.12	4916.10	6155.39	7993.65
	机械费(元)			4364.55	6364.97	9395.91	15639.64
	名称	单位	单价(元)	消耗量			
人工	二类人工	工日	135.00	24.097	35.000	51.769	87.254
材料	合金钢钻头	个	21.55	5.900	—	—	—
	合金刀片	kg	7.76	0.400	—	—	—
	金钢石钻头	个	431.00	—	3.000	3.600	4.500
	扩孔器	个	264.00	—	2.100	2.500	3.200
	岩心管	m	99.14	2.400	3.000	4.500	5.700
	钻杆	m	32.76	2.200	2.600	3.900	4.900
	钻杆接头	个	17.24	2.300	2.900	4.400	5.500
	水	m^3	4.27	500.000	600.000	750.000	1000.000
	其他材料费	元	1.00	37.21	74.11	91.54	118.91
机械	工程地质液压钻机	台班	484.95	9.000	13.125	19.375	32.250

3. 坝基岩帷幕灌浆－自下而上灌浆法

工作内容:洗孔,压水,制浆,灌浆,记录、下钻扫孔、复灌、封孔,孔位转移。　　**计量单位**:100m

定额编号				9-35	9-36	9-37	9-38
项目				透水率(Lu)			
				≤2	2～4	4～6	6～8
基价(元)				**15152.52**	**15757.07**	**16458.37**	**20468.95**
其中	人工费(元)			8881.65	8997.62	9183.24	11686.55
	材料费(元)			2917.96	3356.69	3795.43	4586.18
	机械费(元)			3352.91	3402.76	3479.70	4196.22
	名称	单位	单价(元)	消耗量			
人工	二类人工	工日	135.00	65.790	66.649	68.024	86.567
材料	普通硅酸盐水泥 P·O 42.5 综合	t	346.00	2.500	3.500	4.500	6.500
	水	m^3	4.27	470.000	490.000	510.000	530.000
	其他材料费	元	1.00	46.06	53.39	60.73	74.08
机械	工程地质液压钻机	台班	484.95	1.500	1.500	1.500	1.500
	气动灌浆机	台班	11.20	15.800	16.100	16.563	20.875
	灰浆搅拌机 200L	台班	154.97	15.800	16.100	16.563	20.875

工作内容：洗孔，压水，制浆，灌浆，记录、下钻扫孔、复灌、封孔，孔位转移。　　**计量单位**：100m

定额编号				9-39	9-40	9-41	9-42
项目				透水率(Lu)			
				8～10	10～20	20～50	50～100
基价（元）				**24830.34**	**29287.23**	**35114.17**	**43230.24**
其中	人工费（元）			14433.26	17156.88	20112.57	23971.82
	材料费（元）			5376.93	6295.19	8256.66	11393.99
	机械费（元）			5020.15	5835.16	6744.94	7864.43
名称		单位	单价(元)	消耗量			
人工	二类人工	工日	135.00	106.913	127.088	148.982	177.569
材料	普通硅酸盐水泥 P·O 42.5 综合	t	346.00	8.500	10.000	12.000	15.000
	水	m^3	4.27	550.000	640.000	930.000	1410.000
	其他材料费	元	1.00	87.43	102.39	133.56	183.29
机械	工程地质液压钻机	台班	484.95	1.500	1.500	1.500	1.500
	气动灌浆机	台班	11.20	25.838	30.738	36.213	42.950
	灰浆搅拌机 200L	台班	154.97	25.833	30.738	36.213	42.950

4. 土坝(堤)充填灌浆

工作内容：检查钻孔，制浆，灌浆，记录、复灌、封孔，孔位转移。　　**计量单位**：100m

定额编号				9-43	9-44	9-45	9-46	9-47
项目				单位孔深干土灌入量(t/m)				
				≤0.5	1	1.5	2	3
基价（元）				**9177.37**	**12123.63**	**16632.69**	**23913.43**	**34035.55**
其中	人工费（元）			6907.68	8391.20	10801.76	15468.71	22604.13
	材料费（元）			1708.87	2826.89	4514.17	6593.51	8815.87
	机械费（元）			560.82	905.54	1316.76	1851.21	2615.55
名称		单位	单价(元)	消耗量				
人工	二类人工	工日	135.00	51.168	62.157	80.013	114.583	167.438
材料	硅酸钠 水玻璃	kg	0.70	210.000	315.000	525.000	783.000	1050.000
	黏土	m^3	32.04	35.000	64.000	105.000	157.000	210.000
	水	m^3	4.27	97.000	120.000	167.000	214.000	285.000
	其他材料费	元	1.00	26.28	43.43	69.38	101.35	135.52
机械	气动灌浆机	台班	11.20	3.375	4.750	6.875	9.625	13.875
	灰浆搅拌机 200L	台班	154.97	3.375	5.500	8.000	11.250	15.875

5. 压水试验

工作内容:钻检查孔、冲洗孔内岩粉、稳定水位、起下试验栓塞、观测压水试验、填写记录等。　　计量单位:段

定额编号					9-48	9-49
项目					一个压力点	三压力五阶段
基价(元)					**914.23**	**1306.39**
其中	人工费(元)				531.23	826.47
	材料费(元)				216.80	216.80
	机械费(元)				166.20	263.12
名称			单位	单价(元)	消耗量	
人工	二类人工		工日	135.00	3.935	6.122
材料	水		m^3	4.27	50.000	50.000
	其他材料费		元	1.00	3.30	3.30
机械	工程地质液压钻机		台班	484.95	0.323	0.513
	气动灌浆机		台班	11.20	0.854	1.280

九、膜下导流层

工作内容:场内运输、放样、取(运)料、摊铺、找平。　　计量单位:$100m^2$

定额编号				9-50	9-51	9-52	9-53
项目				卵石		碎石	
				厚 30cm	每增减 5cm	厚 30cm	每增减 5cm
基价(元)				**7467.62**	**1244.52**	**6471.58**	**1080.97**
其中	人工费(元)			1877.00	312.75	2226.75	373.50
	材料费(元)			5590.62	931.77	4244.83	707.47
	机械费(元)			—	—	—	—
名称		单位	单价(元)	消耗量			
人工	一类人工	工日	125.00	15.016	2.502	17.814	2.988
材料	卵石 2.5~6	t	126.00	44.370	7.395	—	—
	碎石 40~60	t	102.00	—	—	41.616	6.936

注:膜上渗滤液导流层,执行本定额,人工乘以 1.5 系数。

十、高密度聚乙烯(HDPE)管道敷设

1.高密度聚乙烯(HDPE)管焊接敷设

工作内容:检查标高、场内运输、放线、找坡、铺管、清理管口、焊接。 **计量单位**:100m

定额编号				9-54	9-55	9-56
项目				管外径(mm以内)		
				200	315	400
基价(元)				**1637.49**	**2796.00**	**4864.08**
其中	人工费(元)			823.91	1603.80	2993.76
	材料费(元)			3.30	5.55	9.34
	机械费(元)			810.28	1186.65	1860.98
名称		单位	单价(元)	消耗量		
人工	二类人工	工日	135.00	6.103	11.880	22.176
材料	HDPE 实壁管	m	—	(106.000)	(106.000)	(106.000)
	破布	kg	6.90	0.470	0.790	1.330
	其他材料费	元	1.00	0.06	0.10	0.16
机械	轮胎式装载机 $3m^3$	台班	850.27	0.650	0.982	1.482
	热熔对接焊机(综合) 250mm	台班	224.00	1.150	1.570	—
	热熔对接焊机(综合) 630mm	台班	296.00	—	—	2.030

工作内容:检查标高、场内运输、放线、找坡、铺管、清理管口、焊接。 **计量单位**:100m

定额编号				9-57	9-58	9-59
项目				管外径(mm以内)		
				500	630	800
基价(元)				**7916.08**	**10182.02**	**11588.00**
其中	人工费(元)			4624.43	5498.01	6791.04
	材料费(元)			15.86	17.48	28.78
	机械费(元)			3275.79	4666.53	4768.18
名称		单位	单价(元)	消耗量		
人工	二类人工	工日	135.00	34.255	40.726	50.304
材料	HDPE 实壁管	m	—	(106.000)	(106.000)	(106.000)
	破布	kg	6.90	2.260	2.490	4.100
	其他材料费	元	1.00	0.27	0.30	0.49
机械	轮胎式装载机 $3m^3$	台班	850.27	2.237	3.379	5.102
	热熔对接焊机(综合) 630mm	台班	296.00	4.641	6.059	—
	热熔焊机 800mm	台班	55.85	—	—	7.701

2. 高密度聚乙烯(HDPE)管套管连接敷设

工作内容:检查标高、场内运输、放线、找坡、铺管、套管连接。 **计量单位**:100m

定额编号				9-60	9-61	9-62
项目				管外径(mm以内)		
				200	315	400
基价(元)				**2067.97**	**4148.83**	**6757.27**
其中	人工费(元)			367.61	761.13	1146.56
	材料费(元)			1147.68	2552.73	4350.61
	机械费(元)			552.68	834.97	1260.10
名称		单位	单价(元)	消耗量		
人工	二类人工	工日	135.00	2.723	5.638	8.493
材料	HDPE 实壁管	m	—	(106.000)	(106.000)	(106.000)
	HDPE 承插管 *dn*225	m	63.84	17.670	—	—
	HDPE 承插管 *dn*355	m	142.00	—	17.670	—
	HDPE 承插管 *dn*450	m	242.00	—	—	17.670
	其他材料费	元	1.00	19.63	43.59	74.47
机械	轮胎式装载机 $3m^3$	台班	850.27	0.650	0.982	1.482

工作内容:检查标高、场内运输、放线、找坡、铺管、套管连接。 **计量单位**:100m

定额编号				9-63	9-64	9-65
项目				管外径(mm以内)		
				500	630	800
基价(元)				**9964.48**	**16022.35**	**30618.51**
其中	人工费(元)			1734.35	2614.41	3934.58
	材料费(元)			6328.08	10534.88	22345.85
	机械费(元)			1902.05	2873.06	4338.08
名称		单位	单价(元)	消耗量		
人工	二类人工	工日	135.00	12.847	19.366	29.145
材料	HDPE 实壁管	m	—	(106.000)	(106.000)	(106.000)
	HDPE 承插管 *dn*560	m	352.00	17.670	—	—
	HDPE 承插管 *dn*710	m	586.00	—	17.670	—
	HDPE 承插管 *dn*900	m	1243.00	—	—	17.670
	其他材料费	元	1.00	108.24	180.26	382.04
机械	轮胎式装载机 $3m^3$	台班	850.27	2.237	3.379	5.102

3. 高密度聚乙烯(HDPE)管钻孔加工

工作内容:划线、打冲眼、清扫塑料屑。　　　　**计量单位:**100m

定额编号				9-66	9-67	9-68
项目				管外径(mm 以内)		
				200	315	400
基价(元)				**917.33**	**1424.39**	**1834.38**
其中	人工费(元)			917.33	1424.39	1834.38
	材料费(元)			—	—	—
	机械费(元)			—	—	—
名称		单位	单价(元)	消耗量		
人工	二类人工	工日	135.00	6.795	10.551	13.588

工作内容:划线、打冲眼、清扫塑料屑。　　　　**计量单位:**100m

定额编号				9-69	9-70	9-71
项目				管外径(mm 以内)		
				500	630	800
基价(元)				**2295.27**	**2910.60**	**3693.47**
其中	人工费(元)			2295.27	2910.60	3693.47
	材料费(元)			—	—	—
	机械费(元)			—	—	—
名称		单位	单价(元)	消耗量		
人工	二类人工	工日	135.00	17.002	21.560	27.359

十一、盲沟填筑

工作内容:放样、取(运)料、填充、夯实、找平。　　　　**计量单位:**$10m^3$

定额编号				9-72	9-73	9-74	9-75
项目				渗滤液集排盲沟粒料人工敷设		地下水集排盲沟粒料人工敷设	
				卵石	碎石	卵石	碎石
基价(元)				**2888.75**	**2546.22**	**2779.25**	**2428.47**
其中	人工费(元)			652.50	706.75	543.00	589.00
	材料费(元)			2236.25	1839.47	2236.25	1839.47
	机械费(元)			—	—	—	—
名称		单位	单价(元)	消耗量			
人工	一类人工	工日	125.00	5.220	5.654	4.344	4.712
材料	卵石 2.5~6	t	126.00	17.748	—	17.748	—
	碎石 40~60	t	102.00	—	18.034	—	18.034

十二、导气石笼井

1. 导气井钻孔

工作内容:移机、定位、钻井。

计量单位:$10m^3$

定额编号				9-76	9-77
项目				孔深	
				12m 以内	12m 以上
基价(元)				**5951.40**	**7525.75**
其中	人工费(元)			1340.55	1377.95
	材料费(元)			—	—
	机械费(元)			4610.85	6147.80
名称		单位	单价(元)	消耗量	
人工	二类人工	工日	135.00	9.930	10.207
机械	履带式旋挖钻机 SH36	台班	4098.53	1.125	1.500

2. 中心管安装

工作内容:场内运输、测量、定位、立管、临时固定。

计量单位:100m

定额编号				9-78	9-79
项目				管外径(mm)	
				160	225
基价(元)				**756.00**	**847.80**
其中	人工费(元)			756.00	847.80
	材料费(元)			—	—
	机械费(元)			—	—
名称		单位	单价(元)	消耗量	
人工	二类人工	工日	135.00	5.600	6.280
材料	HDPE 花管	m	—	(106.000)	(106.000)

3. 井 筒 安 装

工作内容：1. 钢筋骨架：钢筋制作、绑扎、安装、钢筋笼焊接、拼装、安放；
2. 土工滤网、钢丝网：运输、制作、搭接、固定。

定额编号				9-80	9-81	9-82
项目				钢筋骨架	土工滤网	钢丝网
计量单位				t	100m²	
基价（元）				**6388.68**	**4432.57**	**1349.21**
其中	人工费（元）			2330.51	467.37	625.86
	材料费（元）			4037.72	3965.20	723.35
	机械费（元）			20.45	—	—
名称		单位	单价（元）	消耗量		
人工	二类人工	工日	135.00	17.263	3.462	4.636
材料	热轧带肋钢筋 HRB400 综合	t	3849.00	0.513	—	—
	热轧光圆钢筋 HPB300 综合	t	3981.00	0.513	—	—
	土工滤网	m²	34.48	—	115.000	—
	钢丝网 综合	m²	6.29	—	—	115.000
	低碳钢焊条 J422 ϕ4.0	kg	4.74	0.187	—	—
	镀锌铁丝 ϕ2.0～4.0	kg	5.01	4.000	—	—
机械	钢筋切断机 40mm	台班	43.28	0.161	—	—
	钢筋调直机 14mm	台班	37.97	0.125	—	—
	交流弧焊机 21kV·A	台班	63.33	0.138	—	—

4. 导气石笼井填充

工作内容：场内运输、回填、扶正。　　**计量单位：**100m³

定额编号				9-83	9-84
项目				卵石回填	片石回填
基价（元）				**16202.61**	**22855.26**
其中	人工费（元）			8463.00	11071.00
	材料费（元）			7739.61	11784.26
	机械费（元）			—	—
名称		单位	单价（元）	消耗量	
人工	一类人工	工日	125.00	67.704	88.568
材料	卵石 综合	t	52.33	147.900	—
	片石	t	67.96	—	173.400

十三、调节池浮盖

1.浮盖高密度聚乙烯(HDPE)土工膜

工作内容:场内运输、裁剪、铺设、焊接、焊缝检测、移位、安装。　　　　计量单位:100m²

定额编号				9-85	9-86
项目				厚度(mm)	
				1.5	2
基价(元)				**2583.99**	**3535.93**
其中	人工费(元)			346.01	481.01
	材料费(元)			2051.07	2806.40
	机械费(元)			186.91	248.52
名称		单位	单价(元)	消耗量	
人工	二类人工	工日	135.00	2.563	3.563
材料	高密度聚乙烯土工膜 δ1.5	m²	18.71	107.750	—
	高密度聚乙烯土工膜 δ2.0	m²	25.60	—	107.750
	其他材料费	元	1.00	35.07	48.00
机械	双轨焊接机	台班	119.00	0.182	0.242
	单轨焊接机	台班	57.69	0.182	0.242
	轮胎式装载机 3m³	台班	850.27	0.182	0.242

2.压重系统

(1)高密度聚乙烯(HDPE)土工膜带连接

工作内容:场内运输、切割、灌砂、封堵、连接、固定。　　　　计量单位:100m

定额编号				9-87	9-88	9-89
项目				HDPE 管灌砂		
				管外径(mm)		
				160	200	250
基价(元)				**18830.30**	**20541.71**	**22622.98**
其中	人工费(元)			8451.00	9963.00	11718.00
	材料费(元)			10158.17	10318.62	10560.64
	机械费(元)			221.13	260.09	344.34
名称		单位	单价(元)	消耗量		
人工	二类人工	工日	135.00	62.600	73.800	86.800
材料	HDPE 实壁管 *dn*160	m	63.84	106.000	—	—
	HDPE 实壁管 *dn*200	m	63.84	—	106.000	—
	HDPE 实壁管 *dn*250	m	63.84	—	—	106.000
	黄砂 毛砂	t	87.38	2.665	4.164	6.505
	高密度聚乙烯土工膜 δ2.0	m²	25.60	116.600	117.654	118.971
	其他材料费	元	1.00	173.30	175.79	179.54
机械	单轨焊接机	台班	57.69	2.618	2.889	3.701
	管子切断机 250mm	台班	44.85	1.563	2.083	2.917

(2)不锈钢链条连接

工作内容:场内运输、切割、灌砂、封堵、连接、固定。　　**计量单位**:100m

定额编号				9-90	9-91	9-92
项目				HDPE 管灌砂		
				管外径(mm)		
				160	200	250
基价(元)				**20437.77**	**22178.57**	**24307.35**
其中	人工费(元)			8451.00	9963.00	11718.00
	材料费(元)			11765.64	11955.48	12245.01
	机械费(元)			221.13	260.09	344.34
名称		单位	单价(元)	消耗量		
人工	二类人工	工日	135.00	62.600	73.800	86.800
材料	HDPE 实壁管 *dn*160	m	63.84	106.000	—	—
	HDPE 实壁管 *dn*200	m	63.84	—	106.000	—
	HDPE 实壁管 *dn*250	m	63.84	—	—	106.000
	黄砂 毛砂	t	87.38	2.665	4.164	6.505
	高密度聚乙烯土工膜 δ2.0	m^2	25.60	93.323	95.505	98.646
	成品链条 L900	根	90.95	16.190	16.190	16.190
	地锚杆	条	25.86	5.100	5.100	5.100
	锚环	个	17.24	10.200	10.200	10.200
	U 形扣 综合	付	38.79	10.200	10.200	10.200
	其他材料费	元	1.00	200.79	203.79	208.35
机械	单轨焊接机	台班	57.69	2.618	2.889	3.701
	管子切断机 250mm	台班	44.85	1.563	2.083	2.917

3. 浮动系统

工作内容:裁剪、焊接、封装、场内运输、固定焊接。　　**计量单位**:10 块

定额编号				9-93	9-94
项目				浮力垫	走道板
				1000×500×200	2000×330×100
基价(元)				**2270.47**	**2417.69**
其中	人工费(元)			1215.27	1500.12
	材料费(元)			980.20	827.57
	机械费(元)			75.00	90.00
名称		单位	单价(元)	消耗量	
人工	二类人工	工日	135.00	9.002	11.112
材料	高密度聚乙烯土工膜 δ1.5	m^2	18.71	20.800	23.218
	聚苯乙烯泡沫板	m^3	504.00	1.150	0.759
	其他材料费	元	1.00	11.43	10.63
机械	单轨焊接机	台班	57.69	1.300	1.560

4. 辅 助 系 统

工作内容:管道切割、土工材料裁剪、场内运输、拼装、固定焊接、检测。　　**计量单位:**个

定 额 编 号				9-95	9-96	9-97
项 目				检查孔	取样孔	雨水收集泵井
				孔径(mm)		
				1000	250	1000
基 价 (元)				**3956.48**	**1886.86**	**4427.67**
其中	人 工 费 (元)			1733.40	1479.33	2092.91
	材 料 费 (元)			1976.92	196.79	2036.62
	机 械 费 (元)			246.16	210.74	298.14
名 称		单位	单价(元)	消 耗 量		
人工	二类人工	工日	135.00	12.840	10.958	15.503
材料	HDPE 实壁管 *dn*200	m	63.84	—	0.742	—
	HDPE 实壁管 *dn*250	m	63.84	—	0.742	—
	HDPE 实壁管 *dn*800	m	1328.00	1.060	—	—
	HDPE 实壁管 *dn*1000	m	1707.00	—	—	1.060
	非泵送商品混凝土 C15	m^3	399.00	—	—	0.204
	高密度聚乙烯土工膜 δ2.0	m^2	25.60	13.772	—	4.082
	高密度聚乙烯土工膜 δ1.5	m^2	18.71	9.287	4.992	—
	高密度聚乙烯防水板 δ10	m^2	1.55	1.300	0.325	2.925
	土工复合排水网 5.0mm	m^2	1.03	—	—	2.041
	聚苯乙烯泡沫板 δ30	m^2	15.13	2.080	0.319	—
	其他材料费	元	1.00	9.43	3.32	34.67
机械	单轨焊接机	台班	57.69	4.267	3.653	5.168

十四、填埋气体处理系统

工作内容:燃烧火炬系统安装、通气、试火、调试。　　**计量单位:**套

定 额 编 号				9-98	9-99
项 目				气量(N·m^3/h)	
				200	500
基 价 (元)				**8502.13**	**11299.25**
其中	人 工 费 (元)			6210.00	7861.05
	材 料 费 (元)			—	—
	机 械 费 (元)			2292.13	3438.20
名 称		单位	单价(元)	消 耗 量	
人工	二类人工	工日	135.00	46.000	58.230
机械	汽车式起重机 25t	台班	996.58	2.300	3.450

十五、地下水监测井

工作内容：配管、下料、加反滤料、洗孔、分段计管口封塞等。　　计量单位：100m

定额编号				9-100	9-101
项目				成井	
				井深 50m	每增 1m
基价（元）				6467.28	88.82
其中	人工费（元）			2069.96	12.83
	材料费（元）			3872.91	71.29
	机械费（元）			524.41	4.70
名称		单位	单价(元)	消耗量	
人工	二类人工	工日	135.00	15.333	0.095
材料	非泵送商品混凝土 C25	m^3	421.00	0.330	—
	HDPE 实壁管 *dn*160	m	63.84	53.000	1.060
	黏土	m^3	32.04	3.180	0.075
	碎石 40～60	t	102.00	1.605	—
	土工布	m^2	4.31	4.500	—
	其他材料费	元	1.00	65.47	1.22
机械	履带式电动起重机 5t	台班	235.09	1.875	0.020
	电动单级离心清水泵 150mm	台班	60.81	1.375	—

十六、封场覆盖

1. 堆体整形

工作内容：垃圾堆体挖方、倒运、修整。　　计量单位：$1000m^3$

定额编号				9-102	9-103	9-104	9-105
项目				垃圾挖方	倒运一次	推土机推垃圾	
						运距 20m 以内	每增 20m
基价（元）				5597.35	4304.59	7005.51	4697.22
其中	人工费（元）			356.00	—	1135.00	1340.00
	材料费（元）			—	—	—	—
	机械费（元）			5241.35	4304.59	5870.51	3357.22
名称		单位	单价(元)	消耗量			
人工	一类人工	工日	125.00	2.848	—	9.080	10.720
机械	履带式单斗液压挖掘机 $1.25m^3$	台班	1115.18	4.700	3.860	—	—
	履带式推土机 135kW	台班	927.41	—	—	6.330	3.620

工作内容:垃圾堆体碾压。 **计量单位**:$1000m^2$

定额编号				9-106	9-107	9-108
项目				压路机碾压	压实机碾压	
					三遍	每增加一遍
基价(元)				**4712.58**	**958.40**	**91.71**
其中	人工费(元)			1135.00	665.63	—
	材料费(元)			—	—	—
	机械费(元)			3577.58	292.77	91.71
名称		单位	单价(元)	消耗量		
人工	一类人工	工日	125.00	9.080	5.325	—
机械	轮胎压路机 20t	台班	718.39	4.980	—	—
	手扶式振动压实机 1t	台班	58.79	—	4.980	1.560

2. 植被土层铺设

工作内容:摊铺、找平。 **计量单位**:$10m^3$

定额编号				9-109
项目				自然土层
				厚 400mm 以上
基价(元)				**276.50**
其中	人工费(元)			276.50
	材料费(元)			—
	机械费(元)			—
名称		单位	单价(元)	消耗量
人工	一类人工	工日	125.00	2.212
材料	黏土	m^3	—	(10.400)

3. 植草护坡

工作内容:1. 草床找平,清杂,搬运草皮,铺草,浇水,碾压,清理;
2. 草床找平,覆膜,揭膜,浇水镇压,播种,覆盖无纺布,浇水。 **计量单位**:$100m^2$

定额编号				9-110	9-111
项目				铺种草皮	喷播植草
基价(元)				**3141.66**	**1899.03**
其中	人工费(元)			1419.12	988.88
	材料费(元)			1722.54	910.15
	机械费(元)			—	—
名称		单位	单价(元)	消耗量	
人工	二类人工	工日	135.00	10.512	7.325
材料	草皮	m^2	15.52	102.000	—
	无纺布	m^2	7.93	—	100.000
	塑料薄膜	kg	12.07	—	6.650
	水	m^3	4.27	11.000	5.000
	其他材料费	元	1.00	92.53	15.53

注:喷播的草种用量按设计另行计算。

十七、防飞散网

工作内容：放样、截料、展料、安装、绑扎。 **计量单位：**100m²

定额编号					9-112	9-113	9-114	9-115
项目					钢丝网		尼龙网	
					高6m以内	高6m以外	高6m以内	高6m以外
基价（元）					**1162.20**	**1259.40**	**349.52**	**412.97**
其中	人工费（元）				486.00	583.20	222.75	286.20
	材料费（元）				676.20	676.20	126.77	126.77
	机械费（元）				—	—	—	—
名称			单位	单价(元)	消耗量			
人工	二类人工		工日	135.00	3.600	4.320	1.650	2.120
材料	钢丝网 综合		m²	6.29	105.000	105.000	—	—
	尼龙网 30目		m²	1.21	—	—	102.981	102.981
	其他材料费		元	1.00	15.75	15.75	2.16	2.16

工作内容：放样、划线、截料、平直、钻孔、坡口、拼装、焊接、成品矫正、除锈、刷防锈漆一遍及安放。 **计量单位：**t

定额编号				9-116
项目				立杆支撑
基价（元）				**6821.71**
其中	人工费（元）			1701.00
	材料费（元）			4411.01
	机械费（元）			709.70
名称		单位	单价(元)	消耗量
人工	二类人工	工日	135.00	12.600
材料	型钢 综合	t	3836.00	1.060
	低碳钢焊条 J422 ϕ4.0	kg	4.74	17.140
	氧气	m³	3.62	3.890
	乙炔气	m³	8.90	1.750
	防锈漆	kg	14.05	10.440
	油漆溶剂油	kg	3.79	3.000
	其他材料费	元	1.00	75.90
机械	汽车式起重机 8t	台班	648.48	0.360
	型钢剪断机 500mm	台班	82.19	0.120
	交流弧焊机 42kV·A	台班	129.55	3.600

十八、渗滤液处理设备安装

1.氨吹脱塔

工作内容:开箱点件、基础划线、场内运输、设备吊装就位、组装、附件组装、清洗、检查、水压试验、试运转。

计量单位:台

定额编号				9-117	9-118
项目				填料高(m)	
				2	3
				直径(mm 以内)	
				1000	2000
基价(元)				**4967.55**	**8096.18**
其中	人工费(元)			3705.89	5991.57
	材料费(元)			410.86	672.37
	机械费(元)			850.80	1432.24
名称		单位	单价(元)	消耗量	
人工	二类人工	工日	135.00	27.451	44.382
材料	垫铁	kg	8.62	12.000	20.040
	煤油	kg	3.79	1.000	1.500
	汽油 70#~90#	kg	6.12	1.000	1.500
	氧气	m^3	3.62	4.000	6.000
	乙炔气	kg	7.60	1.490	2.508
	油漆溶剂油	kg	3.79	0.392	0.661
	破布	kg	6.90	2.100	3.465
	铁砂布 0#~2#	张	1.03	3.000	5.010
	热轧薄钢板 Q235B δ3.5	kg	3.77	13.720	23.101
	铬不锈钢电焊条	kg	38.79	0.200	0.300
	低碳钢焊条 J422 ϕ3.2	kg	4.74	2.000	3.000
	酚醛调和漆	kg	11.29	4.900	8.250
	耐酸橡胶板 δ3	kg	11.21	1.000	1.500
	型钢 综合	kg	3.84	9.800	16.500
	羊毛毡 6~8	m^2	50.86	0.030	0.050
	毛刷 2″	把	2.16	1.000	1.000
	镀锌铁丝 ϕ2.0~4.0	kg	5.01	6.000	9.000
	钙基润滑脂	kg	9.05	0.200	0.300
	水	m^3	4.27	8.624	14.520
	其他材料费	元	1.00	7.13	11.63
机械	汽车式起重机 8t	台班	648.48	0.255	0.429
	汽车式起重机 16t	台班	875.04	0.294	0.495
	载货汽车 5t	台班	382.30	0.882	1.485
	交流弧焊机 32kV·A	台班	92.84	0.980	1.650

工作内容：开箱点件、基础划线、场内运输、设备吊装就位、组装、附件组装、清洗、检查、水压试验、试运转。

计量单位：台

定额编号				9-119	9-120
项目				填料高(m)	
				4	5
				直径(mm 以内)	
				3000	4000
基价（元）				**12683.65**	**19065.46**
其中	人工费（元）			9433.13	14221.71
	材料费（元）			1037.05	1501.85
	机械费（元）			2213.47	3341.90
名称		单位	单价(元)	消耗量	
人工	二类人工	工日	135.00	69.875	105.346
材料	垫铁	kg	8.62	30.000	40.000
	煤油	kg	3.79	2.500	3.500
	汽油 70# ~90#	kg	6.12	2.500	3.500
	氧气	m^3	3.62	10.000	15.000
	乙炔气	kg	7.60	3.880	5.850
	油漆溶剂油	kg	3.79	1.020	1.540
	破布	kg	6.90	5.400	8.100
	铁砂布 0# ~2#	张	1.03	8.000	12.000
	热轧薄钢板 Q235B δ3.5	kg	3.77	35.700	53.900
	铬不锈钢电焊条	kg	38.79	0.350	0.400
	低碳钢焊条 J422 ϕ3.2	kg	4.74	4.000	5.000
	酚醛调和漆	kg	11.29	12.750	19.250
	耐酸橡胶板 δ3	kg	11.21	2.500	3.500
	型钢 综合	kg	3.84	25.500	38.500
	羊毛毡 6~8	m^2	50.86	0.070	0.115
	毛刷 2″	把	2.16	2.000	2.000
	镀锌铁丝 ϕ2.0~4.0	kg	5.01	15.000	23.000
	钙基润滑脂	kg	9.05	0.500	0.700
	水	m^3	4.27	22.400	33.800
	其他材料费	元	1.00	18.40	26.63
机械	汽车式起重机 8t	台班	648.48	0.663	1.001
	汽车式起重机 16t	台班	875.04	0.765	1.155
	载货汽车 5t	台班	382.30	2.295	3.465
	交流弧焊机 32kV·A	台班	92.84	2.550	3.850

2. 膜生物反应器

工作内容:开箱点件、基础划线、场内运输、设备吊装就位、组装、附件组装、清洗、检查、水压试验。 **计量单位:**套

定额编号				9-121	9-122
项目				内置(浸没)式	外置式
				中空纤维帘式超滤(微滤)膜	管式超滤(微滤)膜
				膜处理系统单元产水能力(m^3/h 以内)	
				15	30
基价(元)				**3944.57**	**5886.75**
其中	人工费(元)			2391.26	3598.16
	材料费(元)			737.57	1064.97
	机械费(元)			815.74	1223.62
	名称	单位	单价(元)	消耗量	
人工	二类人工	工日	135.00	17.713	26.653
材料	热轧薄钢板 Q235B δ3.0	m^2	20.30	2.102	3.150
	垫铁	kg	8.62	10.000	10.000
	石棉橡胶板 高压 δ0.5~8	kg	6.90	5.000	5.000
	钙基润滑脂	kg	9.05	0.280	0.420
	机油 综合	kg	2.91	0.630	0.945
	煤油	kg	3.79	1.120	1.680
	铅油(厚漆)	kg	7.33	0.280	0.420
	盐(工业)	kg	0.74	42.000	63.000
	硫酸 98%	kg	2.09	2.600	4.000
	氧气	m^3	3.62	4.203	6.300
	乙炔气	kg	7.60	1.597	2.394
	白棕绳	kg	14.31	5.400	5.400
	电	kW·h	0.78	4.202	6.300
	水	m^3	4.27	11.200	16.800
	铁砂布 0#~2#	张	1.03	5.600	8.400
	中厚钢板 Q235B δ10	kg	3.71	2.130	3.192
	低碳钢焊条 J422 ϕ3.2	kg	4.74	1.400	2.100
	热轧带肋钢筋 HRB400 ϕ10	kg	3.94	3.320	4.977
	不锈钢六角螺栓 M16×45	个	1.98	8.000	12.000
	不锈钢管 ϕ57	m	10.17	2.240	—
	不锈钢管 ϕ76	m	22.97	—	3.360
	不锈钢管 ϕ108	m	40.88	2.102	—
	不锈钢管 ϕ159	m	48.28	—	3.150
	钢锯条	条	2.59	5.000	5.000
	道木 250×200×2500	根	129.00	0.420	0.630
	生料带	kg	103.00	0.070	0.105
	镀锌薄钢板 综合	kg	4.46	7.000	10.500
	酚醛调和漆	kg	11.29	6.400	9.600
	铬不锈钢电焊条	kg	38.79	0.620	0.930
	其他材料费	元	1.00	11.49	15.02
机械	汽车式起重机 8t	台班	648.48	0.700	1.050
	电动卷扬机-单筒慢速 30kN	台班	177.60	1.400	2.100
	试压泵 25MPa	台班	21.19	1.400	2.100
	电动空气压缩机 $0.6m^3/min$	台班	33.06	0.560	0.840
	交流弧焊机 32kV·A	台班	92.84	0.700	1.050

3. 纳滤、反渗透膜组件与装置

工作内容:开箱点件、基础划线、场内运输、设备吊装就位、组装、附件组装、清洗、检查、水压试验。 **计量单位**:套

定额编号				9-123	9-124
项目				卷式膜	
				膜处理系统单元产水能力(m^3/h 以内)	
				20	40
基价(元)				**4599.68**	**9023.23**
其中	人工费(元)			2812.32	5646.51
	材料费(元)			825.95	1453.90
	机械费(元)			961.41	1922.82
	名称	单位	单价(元)	消耗量	
人工	二类人工	工日	135.00	20.832	41.826
材料	热轧薄钢板 Q235B δ3.0	m^2	20.30	2.476	4.950
	垫铁	kg	8.62	10.000	12.000
	石棉橡胶板 高压 δ0.5~8	kg	6.90	5.000	5.000
	钙基润滑脂	kg	9.05	0.330	0.660
	机油 综合	kg	2.91	0.743	1.485
	煤油	kg	3.79	1.320	2.640
	铅油(厚漆)	kg	7.33	0.330	0.660
	盐(工业)	kg	0.74	49.500	99.000
	硫酸 98%	kg	2.09	3.000	6.000
	氧气	m^3	3.62	4.950	9.900
	乙炔气	kg	7.60	1.881	3.762
	白棕绳	kg	14.31	5.400	5.400
	电	kW·h	0.78	4.950	9.900
	水	m^3	4.27	13.200	26.400
	铁砂布 0#~2#	张	1.03	6.600	13.200
	中厚钢板 Q235B δ10	kg	3.71	2.508	5.016
	铬不锈钢电焊条	kg	38.79	0.731	1.461
	低碳钢焊条 J422 ϕ3.2	kg	4.74	1.650	3.300
	酚醛调和漆	kg	11.29	7.200	14.400
	热轧带肋钢筋 HRB400 ϕ10	kg	3.94	3.911	7.821
	不锈钢管 ϕ57	m	10.17	2.640	5.280
	不锈钢管 ϕ108	m	40.88	2.475	4.950
	钢锯条	条	2.59	5.000	5.000
	道木 250×200×2500	根	129.00	0.495	0.990
	生料带	kg	103.00	0.083	0.165
	镀锌薄钢板 δ0.55	kg	4.48	8.250	16.500
	不锈钢六角螺栓 M16×45	个	1.98	9.000	18.000
	其他材料费	元	1.00	12.67	21.21
机械	汽车式起重机 8t	台班	648.48	0.825	1.650
	电动卷扬机-单筒慢速 30kN	台班	177.60	1.650	3.300
	试压泵 25MPa	台班	21.19	1.650	3.300
	电动空气压缩机 $0.6m^3/min$	台班	33.06	0.660	1.320
	交流弧焊机 32kV·A	台班	92.84	0.825	1.650

十九、其 他 工 程

1. 边坡岩体表面处理

工作内容:1. 岩面修凿:边坡岩石爆破后表面凹凸不平处的修凿、平整,清理;
2. 砂浆找平:边坡填筑面,清理,水泥砂浆修补抹平;
3. 细石混凝土找平:边坡面清理,细石混凝土抹平。

计量单位:100m^2

定额编号				9-125	9-126	9-127
项目				边坡岩石面修凿	边坡块石面层砂浆找平	边坡细石混凝土找平厚度4cm
基价(元)				**2899.80**	**2175.72**	**2600.51**
其中	人工费(元)			2899.80	1053.00	931.50
	材料费(元)			—	1101.40	1669.01
	机械费(元)			—	21.32	—
名称		单位	单价(元)	消耗量		
人工	二类人工	工日	135.00	21.480	7.800	6.900
材料	干混地面砂浆 DS M15.0	m^3	443.08	—	2.480	—
	水	m^3	4.27	—	0.600	1.060
	非泵送商品混凝土 C20	m^3	412.00	—	—	4.040
机械	干混砂浆罐式搅拌机 20000L	台班	193.83	—	0.110	—

2. 锚固沟填筑

工作内容:锚固沟石料填筑、平整。

计量单位:10m^3

定额编号				9-128	9-129
项目				锚固沟填筑	
				碎石	卵石
基价(元)				**2391.34**	**1495.59**
其中	人工费(元)			540.00	540.00
	材料费(元)			1851.34	955.59
	机械费(元)			—	—
名称		单位	单价(元)	消耗量	
人工	二类人工	工日	135.00	4.000	4.000
材料	碎石 综合	t	102.00	18.034	—
	卵石 综合	t	52.33	—	18.034
	其他材料费	元	1.00	11.87	11.87

3. 边坡锚固钢套管打拔

工作内容:场地清理、钢管制作、就位、顶进,拔管。 **计量单位**:m

定额编号				9-130	9-131
项目				钢套管护孔	
				ϕ102 以内	ϕ219 以内
基价(元)				**281.44**	**312.31**
其中	人工费(元)			154.44	171.45
	材料费(元)			16.47	17.49
	机械费(元)			110.53	123.37
	名称	单位	单价(元)	消耗量	
人工	二类人工	工日	135.00	1.144	1.270
材料	碳素结构钢流体无缝钢管 102×4	m	53.45	0.113	—
	碳素结构钢流体无缝钢管 219×8	kg	4.74	—	1.488
	合金钢钻头 ϕ150 以内	个	94.83	0.005	0.005
	钻杆	根	86.21	0.067	0.067
	水	m^3	4.27	0.200	0.200
	其他材料费	元	1.00	3.33	3.33
机械	液压钻机 XU-100	台班	243.89	0.129	0.143
	电动空气压缩机 20m^3/min	台班	568.57	0.064	0.072
	内燃空气压缩机 12m^3/min	台班	610.40	0.064	0.072
	管子切断套丝机 159mm	台班	21.59	0.013	0.013
	其他机械费	元	1.00	3.33	3.33

4. 边坡泄水管安装

(1)钻孔、清孔

工作内容:钻孔、清孔。 **计量单位**:100m

定额编号				9-132	9-133	9-134	9-135	9-136
项目				钻孔	钻孔			钻泄水管孔
				土质层	岩石层			
					极软岩	软质岩	较硬岩	坚硬岩
基价(元)				**1483.06**	**2966.00**	**3557.15**	**4271.14**	**5125.26**
其中	人工费(元)			544.05	1087.97	1305.59	1566.68	1880.01
	材料费(元)			78.47	156.94	188.33	225.99	271.19
	机械费(元)			860.54	1721.09	2063.23	2478.47	2974.06
	名称	单位	单价(元)	消耗量				
人工	二类人工	工日	135.00	4.030	8.059	9.671	11.605	13.926
材料	金属周转材料	kg	3.95	18.600	37.200	44.640	53.568	64.282
	其他材料费	元	1.00	5.00	10.00	12.00	14.40	17.28
机械	内燃空气压缩机 9m^3/min	台班	518.40	1.660	3.320	3.980	4.781	5.737

(2)边坡安装泄水管

工作内容:清理孔洞,管子钻渗水孔,包无纺布,安装泄水管。　　**计量单位**:100m

定额编号				9-137
项目				安装泄水管
基价(元)				**3070.70**
其中	人工费(元)			1622.84
	材料费(元)			1447.86
	机械费(元)			—
名称		单位	单价(元)	消耗量
人工	二类人工	工日	135.00	12.021
材料	土工布	m^2	4.31	51.000
	UPVC 塑料管 *De*75	m	11.21	105.000
	其他材料费	元	1.00	51.00

注:泄水管成孔按直径75mm考虑,规格不同不做换算;泄水管材料不同,按实换算。

5. 上山材料人力搬运

工作内容:人力装、运送、清理道路、卸至指定地点。　　**计量单位**:100t

定额编号				9-138	9-139
项目				人力搬运	
				运距20m以内	运距每增加20m
基价(元)				**999.00**	**341.00**
其中	人工费(元)			999.00	341.00
	材料费(元)			—	—
	机械费(元)			—	—
名称		单位	单价(元)	消耗量	
人工	一类人工	工日	125.00	7.992	2.728

第二章

生活垃圾焚烧

说　　明

一、本章定额包括自动感应洗车装置安装、垃圾破碎机安装、垃圾卸料门及车辆感应器安装、垃圾抓斗桥式起重机安装、生活垃圾焚烧炉安装、烟气净化处理设备安装、除臭装置设备安装，共 7 个章节 55 个子目。

二、生活垃圾焚烧处理工程中的垃圾计量系统、烟气净化处理系统、余热利用系统、灰渣处理系统、飞灰输送和储存系统、电气和自动化控制系统、热力系统汽水管道安装及油漆、防腐、炉墙砌筑及保温系统、供水系统、化学水处理系统、燃油供应、消防、通风空调等配套设备以及水压试验、风压试验、烘炉、煮炉、酸洗、蒸汽严密性试验及安全门调整等，执行《浙江省通用安装工程预算定额》(2018 版)相应子目。

三、本章定额已包括设备单体和配合分系统试运时施工方面的人工、材料、机械的消耗量。分系统调试、整套启动调试、特殊项目测试与试验等调试工程，执行《浙江省通用安装工程预算定额》(2018 年版)相应子目。

四、本章脚手架搭拆费按《浙江省通用安装工程预算定额》(2018 版)的相应规定计算。

五、工程范围及未包括的工作内容：

1. 自动感应洗车装置安装的工程范围：设备搬运、开箱、清点、编号、分类复核、基础验收、中心线校核、垫铁配制、配合二次灌浆。

2. 垃圾破碎机安装的工程范围：电动或液压双轴破碎机机架底座、活动齿轮、润滑系统、液压管路、随设备供应的梯子、平台、栏杆的安装。大件垃圾破碎机底座、切断机具、润滑系统、液压管路、随设备供应的梯子、平台、栏杆安装。

未包括的工作内容：电动机检查接线。

3. 垃圾卸料门及车辆感应器安装的工程范围：成套卸料门及门框、电液推杆或驱动装置、预埋件、附件及紧固件的安装。车辆感应器定位切槽、下线、固定等安装。

未包括的工作内容：卸料门的指示灯、控制台、就地控制箱、动力柜、限位开关的安装，卸料门的表面涂装由厂家负责。

4. 垃圾抓斗桥式起重机安装的工程范围：大车、小车行走机构和垃圾抓斗的检查，车梁、行走机构、抓斗及其他附件如本体平台扶梯等的安装。

未包括的工作内容：起重机设备安装脚手架搭拆、轨道安装、垃圾抓斗控制系统的安装。

5. 生活垃圾焚烧炉安装：

(1) 垃圾进料斗及溜槽安装的工程范围：垃圾料斗、垃圾料斗支架、料斗盖驱动装置、架桥破解装置、垃圾溜槽的安装。

(2) 液压推杆给料装置安装的工程范围：液压推杆给料装置整体安装和传动机构的检查、组合、固定、安装、推料器、液压缸、料位探测器支架的固定、安装。

未包括的工作内容：料位探测器的检测、组合、安装。

(3) 垃圾焚烧炉炉排安装的工程范围：干燥炉排、燃烧炉排、燃烬炉排、炉排液压驱动装置、润滑设备配管及阀门、炉排冷却设备、炉排驱动装置(电磁阀组)及其附件的安装。

(4) 炉排下渣斗安装的工程范围：炉排下部漏渣斗、渣斗溜管、漏渣挡板、漏渣斗用气缸、一次风集管、落渣管、风室及风室下通道等的安装。

(5) 除渣装置安装的工程范围：除渣机安装在焚烧炉炉后下部，采用液压驱动方式，内容包括除渣机、液压油缸、控制水箱、控制水阀等的安装。

(6) 液压站安装的工程范围：成套液压装置包括液压泵、油箱、液压油冷却器、温度开关、就地型温度计、液位开关、就地型液位计、设备本体管道及附件等的安装。

未包括的工作内容:设备本体以外的液压管道及阀门的安装。

(7)燃烧装置安装的工程范围:燃烧器装置包括点火燃烧器和辅助燃烧器,内容分别包括燃烧器本体及支架、高能点火装置、火焰检测装置、隔离门及其支吊架等的安装。

未包括的工作内容:管路及阀门系统、就地柜、风机、消音器、电源电缆、通信电缆及附件等的安装。

(8)清灰装置安装:

振打清灰装置的工程范围:电机、减速机、转轴、振打锤、传动杆、密封装置、内部振打杆的安装。

固定爆破式清灰装置的工程范围:可燃气混合装置、放水阀、对夹止回阀、火焰导管、旋转集箱、脉冲罐等的安装。

6. 烟气净化处理设备安装。

(1)喷雾反应塔安装的工程范围:雾化器及其清洗装置和冷却装置、反应塔本体(含顶部蜗壳、钢结构、平台扶梯)、灰斗及其破桥装置和出灰装置、阀门、灰斗拌热装置等的安装。

未包括的工作内容:基础预埋框架、地脚螺栓、支架、底座的配制,不随设备供货而与设备连接的各种管道的安装、设备的衬里等。

(2)活性炭喷射系统安装的工程范围:活性炭仓、仓顶除尘器、破拱装置、活性炭储存和输送系统设备平台扶梯的组合、安装,随设备供货的管道、阀门、管件等的安装。

7. 除臭装置设备安装的工程范围:设备、附件、底座螺栓的开箱检查,吊装、找平、找正、支架的固定及安装。

未包括的工作内容:不随设备供货而与设备连接的各种管道等的安装。

工程量计算规则

一、本章以设备重量计算的项目，除另有规定外，应按设备本体及联体的平台、梯子、栏杆、支架、屏盘、电机、安全罩和设备本体第一个法兰以内的管道等全部重量计算。

二、生活垃圾焚烧炉本体重量以制造厂供货的金属质量为准，不包括设备的包装材料、运输加固件、炉墙及保温等的质量。

三、垃圾卸料门安装按门框外尺寸以面积计算，包括成套卸料门及门框、电液推杆或驱动装置、预埋件、附件及紧固件等。

四、除渣装置按设备重量以“t”计算，包括除渣机、液压油缸、控制水箱、控制水阀等。

五、炉排液压站按设备重量以“t”计算，包括液压泵、油箱、液压油冷却器、设备本体管道及附件等。

六、燃烧器装置按设计数量以“台”计算，包括燃烧器本体及支架、高能点火装置、火焰检测装置、隔离门及其支吊架等。

七、振打清灰装置按设计数量以“点”计算，包括电机、减速机、转轴、振打锤、传动杆、密封装置、内部振打杆等。

八、固定爆破式清灰装置按设计数量以“点”计算，包括可燃气混合装置、放水阀、对夹止回阀、火焰导管、旋转集箱、脉冲灌等。

九、喷雾反应塔系统按设备重量以“t”计算，包括雾化器及其清洗装置和冷却装置、反应塔本体(含顶部蜗壳、钢结构、平台扶梯)、灰斗及其破桥装置和出灰装置、阀门、灰斗拌热装置等。

十、活性炭喷射系统按设备重量以“t”计算，包括活性炭仓、仓顶除尘器、破拱装置、活性炭储存和输送系统设备平台扶梯，随设备供货的管道、阀门、管件等。

十一、除臭剂喷雾系统按设计数量以“套”计算，包括溶液箱、高压泵等，未包括高压管道和雾化喷嘴、控制箱等。

一、自动感应洗车装置安装

工作内容：设备检查、组合、吊装、就位、安装调试。　　计量单位：套

定额编号				9-140
项目				自动感应洗车装置
基价（元）				**5616.18**
其中	人工费（元）			4144.50
	材料费（元）			229.54
	机械费（元）			1242.14
名称		单位	单价(元)	消耗量
人工	二类人工	工日	135.00	30.700
材料	中厚钢板 综合	kg	3.71	5.000
	垫铁	kg	8.62	18.000
	镀锌铁丝 ϕ2.0～4.0	kg	5.01	5.500
	低碳钢焊条 J422 ϕ4.0	kg	4.74	2.100
	氧气	m^3	3.62	2.200
	乙炔气	kg	7.60	0.846
	其他材料费	元	1.00	3.93
机械	汽车式起重机 16t	台班	875.04	0.800
	直流弧焊机 20kW	台班	78.72	0.250
	载货汽车 15t	台班	653.04	0.800

二、垃圾破碎机安装

1. 电动双轴破碎机

工作内容：设备检查、组合、吊装、就位、安装调试。　　　　计量单位：台

定额编号				9-141
项目				电动双轴破碎机
				45t/h
基价（元）				3467.09
其中	人工费（元）			2622.11
	材料费（元）			282.78
	机械费（元）			562.20
名称		单位	单价(元)	消耗量
人工	二类人工	工日	135.00	19.423
材料	中厚钢板 综合	kg	3.71	14.286
	低碳钢焊条 J422 ϕ4.0	kg	4.74	0.213
	道木	m^3	1034.00	0.050
	钙基润滑脂	kg	9.05	0.490
	垫铁	kg	8.62	17.690
	氧气	m^3	3.62	2.339
	乙炔气	kg	7.60	0.900
	其他材料费	元	1.00	4.84
机械	汽车式起重机 30t	台班	1038.45	0.385
	交流弧焊机 32kV·A	台班	92.84	0.044
	载货汽车 8t	台班	411.20	0.385

2. 液压双轴破碎机

工作内容:设备检查、组合、吊装、就位、安装调试。　　　　计量单位:台

定额编号					9-142	9-143
项目					液压双轴破碎机(t/h 以内)	
					20	45
基价(元)					**3197.56**	**4695.41**
其中	人工费(元)				2393.82	3862.62
	材料费(元)				241.91	270.40
	机械费(元)				561.83	562.39
名称			单位	单价(元)	消耗量	
人工	二类人工		工日	135.00	17.732	28.612
材料	中厚钢板 综合		kg	3.71	7.619	8.762
	低碳钢焊条 J422 ϕ4.0		kg	4.74	0.194	0.223
	道木		m^3	1034.00	0.050	0.058
	钙基润滑脂		kg	9.05	0.294	0.490
	垫铁		kg	8.62	16.708	17.690
	氧气		m^3	3.62	1.559	2.339
	乙炔气		kg	7.60	0.600	0.900
	其他材料费		元	1.00	4.14	4.63
机械	汽车式起重机 30t		台班	1038.45	0.385	0.385
	交流弧焊机 32kV·A		台班	92.84	0.040	0.046
	载货汽车 8t		台班	411.20	0.385	0.385

3. 大件垃圾破碎机

工作内容:设备检查、组合、吊装、就位、安装调试。　　　　计量单位:台

定额编号				9-144	9-145	9-146	9-147
项目				大件垃圾破碎机(t/h 以内)			
				30	45	60	90
基价(元)				**4110.40**	**5034.38**	**5472.31**	**5962.15**
其中	人工费(元)			3132.54	4015.04	4412.48	4857.03
	材料费(元)			245.55	265.19	285.30	305.85
	机械费(元)			732.31	754.15	774.53	799.27
名称		单位	单价(元)	消耗量			
人工	二类人工	工日	135.00	23.204	29.741	32.685	35.978
材料	中厚钢板 综合	kg	3.71	6.667	7.000	7.350	7.718
	低碳钢焊条 J422 ϕ4.0	kg	4.74	0.243	0.246	0.252	0.256
	道木	m^3	1034.00	0.050	0.060	0.070	0.080
	垫铁	kg	8.62	16.708	17.543	18.420	19.341
	钙基润滑脂	kg	9.05	0.490	0.496	0.503	0.509
	氧气	m^3	3.62	2.339	2.410	2.482	2.556
	乙炔气	kg	7.60	0.900	0.927	0.955	0.983
	其他材料费	元	1.00	4.20	4.54	4.88	5.23
机械	汽车式起重机 30t	台班	1038.45	0.501	0.516	0.530	0.547
	交流弧焊机 32kV·A	台班	92.84	0.065	0.066	0.067	0.068
	载货汽车 8t	台班	411.20	0.501	0.516	0.530	0.547

三、垃圾卸料门及车辆感应器安装

1. 卸　料　门

(1) 立式垃圾卸料门

工作内容：卸料门检查、组合、吊装、就位、安装调试。　　**计量单位**：m^2

定　额　编　号				9-148	9-149
项　　目				立式平开垃圾卸料门	立式提升垃圾卸料门
基　价（元）				**334.97**	**377.19**
其中	人工费（元）			254.88	267.71
	材料费（元）			8.66	14.48
	机械费（元）			71.43	95.00
名　称		单位	单价(元)	消耗量	
人工	二类人工	工日	135.00	1.888	1.983
材料	中厚钢板 综合	kg	3.71	0.190	0.150
	低碳钢焊条 J422 ϕ4.0	kg	4.74	0.162	0.194
	道木	m^3	1034.00	0.005	0.010
	煤油	kg	3.79	0.078	0.098
	钙基润滑脂	kg	9.05	0.049	0.105
	氧气	m^3	3.62	0.132	0.166
	乙炔气	kg	7.60	0.051	0.064
	其他材料费	元	1.00	0.41	0.25
机械	汽车式起重机 25t	台班	996.58	0.062	0.085
	交流弧焊机 32kV·A	台班	92.84	0.033	0.040
	载货汽车 8t	台班	411.20	0.016	0.016

(2)提拉式垃圾卸料门

工作内容:卸料门检查、组合、吊装、就位、安装调试。 **计量单位:**m^2

定额编号				9-150
项目				提拉式垃圾卸料门
基价(元)				**339.23**
其中	人工费(元)			238.01
	材料费(元)			10.09
	机械费(元)			91.13
名称		单位	单价(元)	消耗量
人工	二类人工	工日	135.00	1.763
材料	中厚钢板 综合	kg	3.71	0.095
	低碳钢焊条 J422 ϕ4.0	kg	4.74	0.185
	道木	m^3	1034.00	0.006
	煤油	kg	3.79	0.196
	钙基润滑脂	kg	9.05	0.069
	氧气	m^3	3.62	0.172
	乙炔气	kg	7.60	0.066
	其他材料费	元	1.00	0.17
机械	汽车式起重机 25t	台班	996.58	0.078
	交流弧焊机 32kV·A	台班	92.84	0.038
	载货汽车 8t	台班	411.20	0.024

(3)卷帘式垃圾卸料门

工作内容:卸料门检查、组合、吊装、就位、安装调试。 **计量单位:**m^2

定额编号				9-151
项目				卷帘式垃圾卸料门
基价(元)				**326.74**
其中	人工费(元)			209.52
	材料费(元)			86.48
	机械费(元)			30.74
名称		单位	单价(元)	消耗量
人工	二类人工	工日	135.00	1.552
材料	中厚钢板 综合	kg	3.71	0.095
	低碳钢焊条 J422 ϕ4.0	kg	4.74	0.055
	道木	m^3	1034.00	0.080
	煤油	kg	3.79	0.163
	钙基润滑脂	kg	9.05	0.041
	氧气	m^3	3.62	0.104
	乙炔气	kg	7.60	0.040
	其他材料费	元	1.00	1.48
机械	汽车式起重机 25t	台班	996.58	0.029
	交流弧焊机 32kV·A	台班	92.84	0.011
	载货汽车 8t	台班	411.20	0.002

2. 车辆感应器

工作内容：开箱检查、器材搬运、定位切槽、下线、安装调试、保护、清场。　　**计量单位：**套

定额编号				9-152	9-153	9-154
项目				电感线圈车辆探测器	红外车辆探测器	红外车型识别仪
基价（元）				**211.81**	**256.49**	**355.59**
其中	人工费（元）			117.45	234.90	351.27
	材料费（元）			40.32	21.59	4.32
	机械费（元）			54.04	—	—
名称		单位	单价(元)	消耗量		
人工	二类人工	工日	135.00	0.870	1.740	2.602
材料	环氧树脂	kg	15.52	2.280	—	—
	金属膨胀螺栓 M16	套	1.34	3.071	15.353	3.071
	其他材料费	元	1.00	0.82	1.02	0.20
机械	混凝土切缝机 7.5kW	台班	32.71	1.652	—	—

四、垃圾抓斗桥式起重机安装

工作内容:行车梁校直检测、组合、吊装、安装就位、道轨水平测量、运行调试。　　**计量单位:**台

定额编号				9-155	9-156	9-157	9-158
项目				起重量(t以内)			
				5		8	
				跨距(m以内)			
				10	25.5	13.5	25.5
基价(元)				**12120.92**	**18135.56**	**15097.92**	**19692.56**
其中	人工费(元)			8917.29	10510.16	10254.33	11618.64
	材料费(元)			647.13	736.86	733.54	809.74
	机械费(元)			2556.50	6888.54	4110.05	7264.18
名称		单位	单价(元)	消耗量			
人工	二类人工	工日	135.00	66.054	77.853	75.958	86.064
材料	中厚钢板 综合	kg	3.71	0.850	0.850	1.000	1.000
	低碳钢焊条 J422 ϕ4.0	kg	4.74	4.494	4.967	5.492	6.017
	木板	m^3	1667.00	0.063	0.105	0.088	0.125
	道木	m^3	1034.00	0.344	0.344	0.344	0.344
	煤油	kg	3.79	8.831	9.765	10.374	11.466
	机油 综合	kg	2.91	3.939	4.343	4.798	5.303
	氧气	m^3	3.62	2.800	3.098	2.868	3.290
	乙炔气	kg	7.60	1.077	1.192	1.103	1.265
	汽油 综合	kg	6.12	2.183	2.407	2.662	2.948
	钙基润滑脂	kg	9.05	8.151	9.019	11.039	11.100
	其他材料费	元	1.00	11.58	13.16	13.17	14.53
机械	汽车式起重机 8t	台班	648.48	0.767	1.534	1.534	1.534
	汽车式起重机 16t	台班	875.04	0.767	—	—	—
	汽车式起重机 25t	台班	996.58	—	1.534	—	—
	汽车式起重机 32t	台班	1173.35	0.819	—	2.270	—
	汽车式起重机 50t	台班	2353.88	—	1.534	—	2.332
	载货汽车 8t	台班	411.20	0.767	1.534	0.767	1.534
	交流弧焊机 32kV·A	台班	92.84	1.202	1.329	1.469	1.609

工作内容：行车梁校直检测、组合、吊装、安装就位、道轨水平测量、运行调试。　　**计量单位：**台

定额编号				9-159	9-160	9-161	9-162
项目				起重量(t以内)			
				13		18	
				跨距(m以内)			
				13.5	31.5	16.5	31.5
基价（元）				**16799.78**	**23246.72**	**22703.54**	**29323.21**
其中	人工费（元）			11500.92	13882.32	13529.16	16362.41
	材料费（元）			815.32	931.97	882.84	980.94
	机械费（元）			4483.54	8432.43	8291.54	11979.86
名称		单位	单价(元)	消耗量			
人工	二类人工	工日	135.00	85.192	102.832	100.216	121.203
材料	中厚钢板 综合	kg	3.71	1.100	1.100	1.100	1.100
	低碳钢焊条 J422 ϕ4.0	kg	4.74	6.027	6.615	6.720	6.825
	木板	m^3	1667.00	0.120	0.175	0.150	0.200
	道木	m^3	1034.00	0.344	0.344	0.344	0.344
	汽油 综合	kg	6.12	3.070	3.203	3.325	3.478
	煤油	kg	3.79	11.666	12.905	12.915	12.915
	机油 综合	kg	2.91	5.333	5.838	5.858	6.060
	钙基润滑脂	kg	9.05	12.474	13.787	12.928	13.938
	氧气	m^3	3.62	3.194	3.386	3.356	3.644
	乙炔气	kg	7.60	1.228	1.302	1.291	1.402
	其他材料费	元	1.00	14.63	16.69	15.86	17.56
机械	汽车式起重机 8t	台班	648.48	1.534	1.534	1.534	1.534
	汽车式起重机 32t	台班	1173.35	2.577	—	—	—
	汽车式起重机 50t	台班	2353.88	—	2.822	2.761	—
	汽车式起重机 75t	台班	3154.17	—	—	—	3.129
	载货汽车 8t	台班	411.20	0.767	1.534	1.534	2.301
	交流弧焊机 32kV·A	台班	92.84	1.612	1.769	1.798	1.826

五、生活垃圾焚烧炉安装

1. 垃圾进料斗及溜槽

工作内容:料斗及支架的校正、组合、安装,驱动装置、架桥破解装置的检查、安装调试,垃圾溜槽及水冷夹套的组合、安装调试。

计量单位:t

				9-163	9-164	9-165
定额编号				9-163	9-164	9-165
项目				焚烧炉出力(t/d 以内)		
				400	600	800
基价(元)				**1909.05**	**1671.82**	**1611.06**
其中	人工费(元)			991.58	978.08	895.73
	材料费(元)			166.93	148.19	134.21
	机械费(元)			750.54	545.55	581.12
	名称	单位	单价(元)	消耗量		
人工	二类人工	工日	135.00	7.345	7.245	6.635
材料	型钢 综合	kg	3.84	7.120	6.410	5.940
	中厚钢板 综合	kg	3.71	5.550	3.800	3.450
	低碳钢焊条 J422 ϕ4.0	kg	4.74	5.910	5.740	5.440
	氧气	m^3	3.62	7.150	6.490	6.180
	乙炔气	kg	7.60	2.750	2.496	2.377
	钍钨极棒	g	0.86	15.020	14.690	12.940
	煤油	kg	3.79	7.500	6.500	5.000
	其他材料费	元	1.00	2.86	2.54	2.30
机械	汽车式起重机 16t	台班	875.04	0.190	—	0.073
	汽车式起重机 25t	台班	996.58	0.200	0.229	0.222
	汽车式起重机 30t	台班	1038.45	0.262	0.200	0.185
	交流弧焊机 32kV·A	台班	92.84	1.216	1.181	1.119

2. 液压推杆给料装置

工作内容：液压推杆给料装置整体安装和传动机构的检查、组合、固定、安装调试，推料器、液压缸、料位探测器支架的固定、安装调试。

计量单位：t

定额编号				9-166	9-167	9-168
项目				焚烧炉出力(t/d 以内)		
				400	600	800
基价（元）				**2135.97**	**1871.84**	**1680.01**
其中	人工费（元）			1015.61	882.50	767.75
	材料费（元）			177.52	144.84	130.88
	机械费（元）			942.84	844.50	781.38
名称		单位	单价(元)	消耗量		
人工	二类人工	工日	135.00	7.523	6.537	5.687
材料	型钢 综合	kg	3.84	8.338	7.862	6.125
	中厚钢板 综合	kg	3.71	7.586	3.864	3.516
	低碳钢焊条 J422 ϕ4.0	kg	4.74	10.161	9.003	8.673
	钍钨极棒	g	0.86	23.041	18.905	18.314
	氧气	m^3	3.62	7.083	5.945	5.381
	乙炔气	kg	7.60	2.724	2.287	2.070
	其他材料费	元	1.00	3.04	2.48	2.24
机械	汽车式起重机 25t	台班	996.58	0.339	0.301	0.278
	汽车式起重机 30t	台班	1038.45	0.339	0.301	0.266
	电动空气压缩机 $10m^3$/min	台班	394.85	0.149	0.152	0.158
	交流弧焊机 32kV·A	台班	92.84	2.091	1.852	1.785

3. 垃圾焚烧炉炉排

工作内容：炉排片及附件(属制造厂模块化单元结构，零部件已组装)的吊装就位和拼装，传动及液压润滑装置、冷却装置、测温装置的检查、组合、安装调试。

计量单位：t

定额编号				9-169	9-170	9-171
项目				焚烧炉出力(t/d 以内)		
				400	600	800
基价（元）				**2538.95**	**2213.25**	**1953.95**
其中	人工费（元）			1361.88	1174.37	994.14
	材料费（元）			190.88	155.73	140.72
	机械费（元）			986.19	883.15	819.09
名称		单位	单价(元)	消耗量		
人工	二类人工	工日	135.00	10.088	8.699	7.364
材料	型钢 综合	kg	3.84	8.965	8.454	6.586
	中厚钢板 综合	kg	3.71	8.157	4.155	3.781
	低碳钢焊条 J422 ϕ4.0	kg	4.74	10.926	9.681	9.326
	钍钨极棒	g	0.86	24.775	20.328	19.693
	氧气	m^3	3.62	7.616	6.392	5.786
	乙炔气	kg	7.60	2.929	2.458	2.225
	其他材料费	元	1.00	3.27	2.66	2.41
机械	汽车式起重机 25t	台班	996.58	0.364	0.323	0.299
	平板拖车组 30t	台班	965.81	0.364	0.323	0.286
	电动空气压缩机 $10m^3$/min	台班	394.85	0.160	0.163	0.169
	交流弧焊机 32kV·A	台班	92.84	2.248	1.992	1.919

4. 炉排下渣斗

工作内容:渣(灰)斗及支架的校正、组合、安装调试。　　**计量单位:**t

定额编号				9-172
项目				炉排下渣斗
基价(元)				**1537.59**
其中	人工费(元)			669.87
	材料费(元)			196.72
	机械费(元)			671.00
名称		单位	单价(元)	消耗量
人工	二类人工	工日	135.00	4.962
材料	型钢 综合	kg	3.84	8.421
	中厚钢板 综合	kg	3.71	2.411
	低碳钢焊条 J422 φ4.0	kg	4.74	13.745
	石棉扭绳 综合	kg	2.27	0.840
	枕木 2500×200×160	根	155.00	0.124
	氧气	m^3	3.62	10.055
	乙炔气	kg	7.60	3.867
	其他材料费	元	1.00	3.37
机械	汽车式起重机 8t	台班	648.48	0.420
	汽车式起重机 16t	台班	875.04	0.070
	自升式塔式起重机 600kN·m	台班	596.43	0.091
	载货汽车 8t	台班	411.20	0.050
	交流弧焊机 32kV·A	台班	92.84	2.828

5.除渣装置

工作内容:除渣机、液压驱动装置的检查、组合、固定、安装调试。 **计量单位:**t

定额编号				9-173
项目				除渣装置
基价(元)				**1556.48**
其中	人工费(元)			787.32
	材料费(元)			136.17
	机械费(元)			632.99
名称		单位	单价(元)	消耗量
人工	二类人工	工日	135.00	5.832
材料	型钢 综合	kg	3.84	4.380
	中厚钢板 综合	kg	3.71	5.865
	低碳钢焊条 J422 ϕ4.0	kg	4.74	1.870
	石棉扭绳 综合	kg	2.27	1.060
	石棉橡胶板 低压 δ0.8~6	kg	5.26	0.990
	煤油	kg	3.79	1.100
	钙基润滑脂	kg	9.05	0.660
	枕木 2500×200×160	根	155.00	0.036
	氧气	m^3	3.62	8.370
	乙炔气	kg	7.60	3.219
	铅油(厚漆)	kg	7.33	1.120
	其他材料费	元	1.00	2.42
机械	汽车式起重机 30t	台班	1038.45	0.170
	门式起重机 30t	台班	692.75	0.530
	平板拖车组 40t	台班	1071.11	0.050
	交流弧焊机 32kV·A	台班	92.84	0.385

6.液 压 站

工作内容:成套液压设备和附带管道及附件的检查、就位、安装调试。 **计量单位:**t

定额编号				9-174	9-175	9-176
项目				油箱容积(m^3 以内)		
				0.5	1	2
基价(元)				**5079.52**	**4871.53**	**4234.14**
其中	人工费(元)			3649.59	3501.36	3042.36
	材料费(元)			406.71	389.70	338.94
	机械费(元)			1023.22	980.47	852.84
	名称	单位	单价(元)	消耗量		
人工	二类人工	工日	135.00	27.034	25.936	22.536
材料	垫铁	kg	8.62	10.800	10.350	9.000
	低碳钢焊条 J422 ϕ4.0	kg	4.74	3.753	3.597	3.128
	氧气	m^3	3.62	5.669	5.433	4.724
	乙炔气	kg	7.60	2.180	2.090	1.817
	煤油	kg	3.79	2.412	2.311	2.010
	汽油 综合	kg	6.12	1.206	1.156	1.005
	纱锭油	kg	22.41	1.206	1.156	1.005
	机油 综合	kg	2.91	0.162	0.155	0.135
	钙基润滑脂	kg	9.05	1.296	1.242	1.080
	液压油	kg	14.74	0.162	0.155	0.135
	石棉橡胶板 低压 δ0.8~6	kg	5.26	0.432	0.413	0.359
	耐油橡胶板	kg	11.21	0.254	0.243	0.211
	石棉编绳	kg	14.05	1.269	1.216	1.058
	密封带	m	0.22	0.076	0.073	0.063
	青壳纸 δ0.1~1.0	kg	4.31	0.254	0.243	0.211
	密封膏	kg	56.03	0.127	0.121	0.106
	铅粉石棉绳 ϕ6	kg	3.10	0.127	0.121	0.106
	碳钢氩弧焊丝	kg	12.93	4.500	4.312	3.750
	钍钨棒	kg	9.66	0.171	0.164	0.143
	氩气	m^3	7.00	12.600	12.074	10.500
	盐酸	kg	0.82	9.000	8.625	7.500
	氢氧化钠(烧碱)	kg	2.59	2.700	2.587	2.250
	其他材料费	元	1.00	6.62	6.34	5.52
机械	汽车式起重机 8t	台班	648.48	0.321	0.308	0.268
	履带式起重机 10t	台班	589.37	0.138	0.132	0.115
	载货汽车 5t	台班	382.30	0.191	0.183	0.159
	电动空气压缩机 10m^3/min	台班	394.85	0.255	0.244	0.212
	交流弧焊机 32kV·A	台班	92.84	0.772	0.740	0.644
	氩弧焊机 500A	台班	97.67	5.000	4.791	4.167

工作内容：成套液压设备和附带管道及附件的检查、就位、安装调试。　　　　**计量单位**：t

定额编号					9-177	9-178
项目					油箱容积(m^3 以内)	
					5	10
基价（元）					**3753.18**	**3333.76**
其中	人工费（元）				2767.23	2560.14
	材料费（元）				288.65	238.19
	机械费（元）				697.30	535.43
名称			单位	单价(元)	消耗量	
人工	二类人工		工日	135.00	20.498	18.964
材料	垫铁		kg	8.62	8.250	7.500
	低碳钢焊条 J422 ϕ4.0		kg	4.74	2.963	2.790
	氧气		m^3	3.62	4.463	4.210
	乙炔气		kg	7.60	1.717	1.619
	煤油		kg	3.79	1.901	1.792
	汽油 综合		kg	6.12	0.951	0.897
	纱锭油		kg	22.41	0.951	0.896
	机油 综合		kg	2.91	0.116	0.097
	钙基润滑脂		kg	9.05	0.930	0.780
	液压油		kg	14.74	0.116	0.097
	石棉橡胶板 低压 δ0.8～6		kg	5.26	0.285	0.207
	耐油橡胶板		kg	11.21	0.167	0.122
	石棉编绳		kg	14.05	0.836	0.611
	密封带		m	0.22	0.050	0.037
	青壳纸 δ0.1～1.0		kg	4.31	0.167	0.122
	密封膏		kg	56.03	0.084	0.061
	铅粉石棉绳 ϕ6		kg	3.10	0.084	0.061
	碳钢氩弧焊丝		kg	12.93	2.888	2.025
	钍钨棒		kg	9.66	0.112	0.083
	氩气		m^3	7.00	8.086	5.670
	盐酸		kg	0.82	5.625	3.750
	氢氧化钠（烧碱）		kg	2.59	1.687	1.125
	其他材料费		元	1.00	4.66	3.79
机械	载货汽车 5t		台班	382.30	0.149	0.138
	汽车式起重机 8t		台班	648.48	0.230	0.186
	履带式起重机 10t		台班	589.37	0.099	0.080
	电动空气压缩机 10m^3/min		台班	394.85	0.159	0.106
	交流弧焊机 32kV·A		台班	92.84	0.610	0.574
	氩弧焊机 500A		台班	97.67	3.209	2.250

7.燃 烧 装 置

工作内容:燃烧装置及附件的检查、组合、就位、固定、安装调试。

计量单位:台

	定额编号			9-179
	项目			燃烧装置
	基价(元)			**1856.80**
其中	人工费(元)			1156.01
	材料费(元)			162.90
	机械费(元)			537.89
	名称	单位	单价(元)	消耗量
人工	二类人工	工日	135.00	8.563
材料	型钢 综合	kg	3.84	4.987
	中厚钢板 综合	kg	3.71	6.080
	低碳钢焊条 J422 ϕ4.0	kg	4.74	8.170
	氧气	m^3	3.62	7.888
	乙炔气	kg	7.60	3.034
	镀锌铁丝 ϕ2.0~4.0	kg	5.01	4.089
	铅油(厚漆)	kg	7.33	0.380
	石棉扭绳 综合	kg	2.27	0.380
	花篮螺栓 M16×250	个	10.34	0.380
	其他材料费	元	1.00	2.79
机械	载货汽车 5t	台班	382.30	0.094
	汽车式起重机 8t	台班	648.48	0.094
	履带式起重机 15t	台班	702.00	0.401
	试压泵 60MPa	台班	23.30	0.059
	立式钻床 25mm	台班	5.80	0.354
	交流弧焊机 32kV·A	台班	92.84	1.681

8.清 灰 装 置

工作内容:设备检查、清理、组合、就位、固定、安装调试。

计量单位:点

	定额编号			9-180	9-181
	项目			固定爆破式	振打式
	基价(元)			**1459.84**	**2387.78**
其中	人工费(元)			675.00	1636.07
	材料费(元)			72.51	39.38
	机械费(元)			712.33	712.33
	名称	单位	单价(元)	消耗量	
人工	二类人工	工日	135.00	5.000	12.119
材料	型钢 综合	kg	3.84	1.342	—
	热轧薄钢板 Q235B 综合	kg	3.97	2.233	0.770
	低碳钢焊条 J422 ϕ4.0	kg	4.74	5.038	5.038
	氧气	m^3	3.62	4.268	0.968
	乙炔气	kg	7.60	1.642	0.372
	铅油(厚漆)	kg	7.33	0.743	0.743
	其他材料费	元	1.00	1.24	0.67
机械	汽车式起重机 8t	台班	648.48	0.950	0.950
	交流弧焊机 32kV·A	台班	92.84	1.037	1.037

六、烟气净化处理设备安装

1. 喷雾反应塔

工作内容：设备检查、清理、组合(现场组装)、吊装、就位、固定、调整及安装调试。　　**计量单位：**t

定额编号				9-182
项目				喷雾反应塔
基价（元）				**2402.69**
其中	人工费（元）			1059.08
	材料费（元）			265.77
	机械费（元）			1077.84
名称		单位	单价(元)	消耗量
人工	二类人工	工日	135.00	7.845
材料	型钢 综合	kg	3.84	8.776
	低碳钢焊条 J422 ϕ4.0	kg	4.74	25.901
	铬不锈钢电焊条	kg	38.79	1.435
	六角带帽螺栓 综合	kg	5.47	4.535
	氧气	m^3	3.62	3.653
	乙炔气	kg	7.60	1.405
	其他材料费	元	1.00	4.93
机械	汽车式起重机 25t	台班	996.58	0.250
	汽车式起重机 40t	台班	1517.63	0.096
	汽车式起重机 100t	台班	4718.03	0.026
	平板拖车组 30t	台班	965.81	0.031
	交流弧焊机 32kV·A	台班	92.84	5.713

2. 活性炭喷射系统

工作内容:设备检查、组装、喷嘴调整、支架的固定及安装调试。 计量单位:t

定额编号				9-183
项目				活性炭喷射系统
基价(元)				**2272.81**
其中	人工费(元)			1277.51
	材料费(元)			299.52
	机械费(元)			695.78
名称		单位	单价(元)	消耗量
人工	二类人工	工日	135.00	9.463
材料	型钢 综合	kg	3.84	8.776
	低碳钢焊条 J422 ϕ4.0	kg	4.74	30.045
	铬不锈钢电焊条	kg	38.79	1.500
	六角带帽螺栓 综合	kg	5.47	4.535
	氧气	m^3	3.62	5.335
	乙炔气	kg	7.60	2.052
	其他材料费	元	1.00	5.51
机械	汽车式起重机 8t	台班	648.48	0.095
	汽车式起重机 16t	台班	875.04	0.011
	载货汽车 5t	台班	382.30	0.035
	交流弧焊机 32kV·A	台班	92.84	6.583

七、除臭装置设备安装

1. 活性炭吸附器

工作内容：设备、附件、底座螺栓开箱检查，吊装、找平、找正、支架的固定及安装调试。　　计量单位：台

定额编号					9-184	9-185	9-186
项目					处理风量(m^3/h以下)		
					30000	90000	120000
基价（元）					**5618.76**	**8185.70**	**10759.47**
其中	人工费（元）				4363.34	5853.06	6768.09
	材料费（元）				154.15	308.30	369.97
	机械费（元）				1101.27	2024.34	3621.41
名称			单位	单价(元)	消耗量		
人工	二类人工		工日	135.00	32.321	43.356	50.134
材料	中厚钢板 综合		kg	3.71	20.600	41.200	49.440
	低碳钢焊条 J422 ϕ4.0		kg	4.74	4.550	9.100	10.920
	氧气		m^3	3.62	8.180	16.360	19.632
	乙炔气		kg	7.60	3.146	6.292	7.551
	其他材料费		元	1.00	2.64	5.27	6.33
机械	汽车式起重机 16t		台班	875.04	0.400	—	—
	汽车式起重机 25t		台班	996.58	—	0.700	—
	汽车式起重机 50t		台班	2353.88	—	—	0.840
	载货汽车 5t		台班	382.30	1.200	1.500	—
	载货汽车 8t		台班	411.20	0.500	—	1.800
	平板拖车组 30t		台班	965.81	—	0.600	0.720
	交流弧焊机 32kV·A		台班	92.84	0.936	1.872	2.247

工作内容:设备、附件、底座螺栓开箱检查,吊装、找平、找正、支架的固定及安装调试。　　**计量单位**:台

定额编号				9-187	9-188
项目				处理风量(m^3/h以下)	
				180000	210000
基价(元)				**12808.21**	**18366.63**
其中	人工费(元)			8018.60	9757.26
	材料费(元)			443.95	532.75
	机械费(元)			4345.66	8076.62
名称		单位	单价(元)	消耗量	
人工	二类人工	工日	135.00	59.397	72.276
材料	中厚钢板 综合	kg	3.71	59.328	71.194
	低碳钢焊条 J422 ϕ4.0	kg	4.74	13.104	15.725
	氧气	m^3	3.62	23.558	28.270
	乙炔气	kg	7.60	9.061	10.873
	其他材料费	元	1.00	7.59	9.11
机械	汽车式起重机 50t	台班	2353.88	1.008	—
	汽车式起重机 100t	台班	4718.03	—	1.210
	载货汽车 8t	台班	411.20	2.160	2.592
	平板拖车组 30t	台班	965.81	0.864	1.037
	交流弧焊机 32kV·A	台班	92.84	2.696	3.236

2. 紫外线除臭器

工作内容:设备、附件、底座螺栓开箱检查,吊装、找平、找正、支架的固定及安装调试。　　**计量单位**:台

定额编号				9-189	9-190	9-191
项目				处理风量(m^3/h以下)		
				30000	90000	120000
基价(元)				**3825.94**	**4454.85**	**5343.35**
其中	人工费(元)			2978.91	3405.11	4081.32
	材料费(元)			80.14	80.14	93.75
	机械费(元)			766.89	969.60	1168.28
名称		单位	单价(元)	消耗量		
人工	二类人工	工日	135.00	22.066	25.223	30.232
材料	中厚钢板 综合	kg	3.71	10.600	10.600	10.600
	低碳钢焊条 J422 ϕ4.0	kg	4.74	2.550	2.550	3.400
	氧气	m^3	3.62	4.180	4.180	5.610
	乙炔气	kg	7.60	1.608	1.608	2.158
	其他材料费	元	1.00	1.37	1.37	1.60
机械	汽车式起重机 8t	台班	648.48	0.400	0.400	0.500
	载货汽车 5t	台班	382.30	1.200	1.300	1.500
	载货汽车 8t	台班	411.20	—	0.400	0.500
	交流弧焊机 32kV·A	台班	92.84	0.525	0.525	0.700

工作内容：设备、附件、底座螺栓开箱检查，吊装、找平、找正、支架的固定及安装调试。　　**计量单位**：台

定额编号				9-192	9-193
项目				处理风量(m^3/h以下)	
				180000	210000
基价（元）				**7282.44**	**8568.12**
其中	人工费（元）			5688.77	6653.61
	材料费（元）			136.99	189.36
	机械费（元）			1456.68	1725.15
名称		单位	单价(元)	消耗量	
人工	二类人工	工日	135.00	42.139	49.286
材料	中厚钢板 综合	kg	3.71	14.840	20.670
	低碳钢焊条 J422 φ4.0	kg	4.74	5.100	7.600
	氧气	m^3	3.62	8.470	11.220
	乙炔气	kg	7.60	3.258	4.315
	其他材料费	元	1.00	2.34	3.24
机械	汽车式起重机 8t	台班	648.48	0.600	0.700
	载货汽车 5t	台班	382.30	2.000	2.300
	载货汽车 8t	台班	411.20	0.500	0.600
	交流弧焊机 32kV·A	台班	92.84	1.049	1.564

3. 除臭剂喷雾系统

工作内容：设备、附件、底座螺栓开箱检查，吊装、找平、找正、支架的固定及安装调试。　　**计量单位**：套

定额编号				9-194
项目				除臭剂喷雾系统
基价（元）				**1344.81**
其中	人工费（元）			733.32
	材料费（元）			170.34
	机械费（元）			441.15
名称		单位	单价(元)	消耗量
人工	二类人工	工日	135.00	5.432
材料	中厚钢板 综合	kg	3.71	6.800
	垫铁	kg	8.62	8.328
	低碳钢焊条 J422 φ4.0	kg	4.74	0.850
	镀锌铁丝 φ2.0～4.0	kg	5.01	1.620
	油浸石棉盘根 编织 φ6～10(250℃)	kg	17.93	0.260
	耐酸橡胶板 δ3	kg	11.21	2.200
	煤油	kg	3.79	4.100
	钙基润滑脂	kg	9.05	0.500
	氧气	m^3	3.62	1.300
	乙炔气	kg	7.60	0.500
	其他材料费	元	1.00	3.29
机械	汽车式起重机 8t	台班	648.48	0.465
	载货汽车 8t	台班	411.20	0.300
	交流弧焊机 32kV·A	台班	92.84	0.175